四川省重点出版规划项目

NOISE AND VIBRATION MEASUREMENT TECHNOLOGY HANDBOOK

噪声与振动测量技术手册

张绍栋　主编

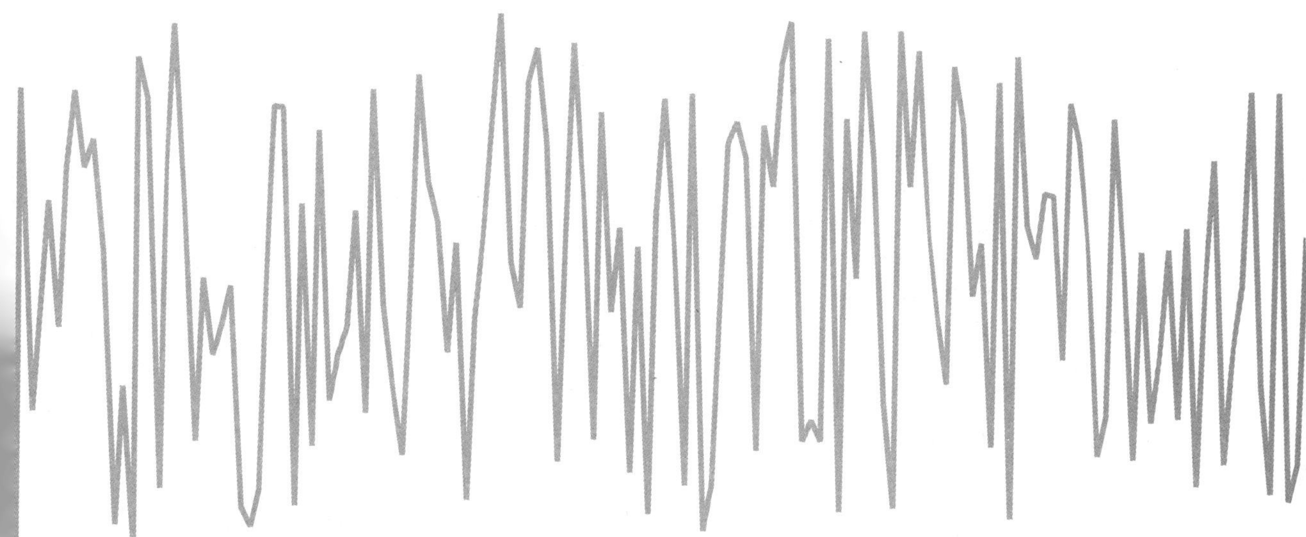

电子科技大学出版社
University of Electronic Science and Technology of China Press
·成都·

图书在版编目(CIP)数据

噪声与振动测量技术手册 / 张绍栋主编. — 成都：电子科技大学出版社，2023.12

ISBN 978-7-5770-0042-8

Ⅰ. ①噪…　Ⅱ. ①张…　Ⅲ. ①噪声测量-手册②振动测量-手册　Ⅳ. ①TB53-62

中国国家版本馆CIP数据核字（2023）第005073号

噪声与振动测量技术手册

ZAOSHENG YU ZHENDONG CELIANG JISHU SHOUCE

张绍栋　主编

策划编辑　高小红　李　倩　刘　愚
责任编辑　李　倩　刘　愚

出版发行　电子科技大学出版社
　　　　　成都市一环路东一段159号电子信息产业大厦九楼　邮编 610051
主　　页　www.uestcp.com.cn
服务电话　028-83203399
邮购电话　028-83201495

印　　刷　成都市金雅迪彩色印刷有限公司
成品尺寸　185 mm×260 mm
印　　张　43.25
字　　数　1080千字
版　　次　2023年12月第1版
印　　次　2023年12月第1次印刷
书　　号　ISBN 978-7-5770-0042-8
定　　价　268.00元

主　编

张绍栋

副主编

熊文波　　熊明华

参编人员

郑　红　　闫建伟　　钱利军　　苏宽慧

晏敏锋　　罗高锋　　张　静　　袁　芳

张凯帆　　许　力　　周香春　　金纪存

序

张绍栋先生将其大作《噪声与振动测量技术手册》的书稿发给我，嘱我作序，我欣然允诺。

我与绍栋先生相识于20世纪八九十年代。其时我在浙江大学任教，绍栋也在杭州工作。我们都是浙江省声学学会的骨干成员，多次一道参加学会的活动，故此交往甚密，相知相识。

绍栋先生曾是江西红声器材厂的技术带头人，在该厂负责声学仪器的研制与生产，曾担任该厂厂长职务。后来，他又创办了杭州爱华仪器有限公司。该公司在21世纪初就成功研发了数字化的AWA6291型实时信号分析仪，开创了国产声级计数字化的先河。杭州爱华仪器有限公司成为我国研制与生产声学仪器的著名公司，为我国声学仪器产业的发展厥功甚伟。绍栋先生也成为我国声学仪器产业的领军人物之一。

这次绍栋先生及其团队编写的这本手册，凝结了他们多年来从事声学仪器研发的心血与经验，是不可多得的重要学术著作。该手册内容丰富，涵盖噪声与振动的评价及其相关标准、噪声与振动的测量方法、相关测量仪器的校准与检定等。在测量方法中，详细介绍了职业卫生噪声监测方法、环境噪声测量方法、机器设备噪声测量方法、交通工具噪声测量方法及建筑声学测量和振动测量等，可以说是噪声与振动测量领域的一本小百科全书，可谓一册在手，应知尽知。相信本书的出版，将会对我国的噪声与振动测量领域的发展产生重要的推动与指导作用。

我的恩师马大猷院士生前就把噪声污染列入四大环境污染，曾大力推动我国噪声防治工作的开展。2018年12月，全国人大常委会通过对《中华人民共和国环境噪声污染防治法》作出修改，2021年12月颁布的《中华人民共和国噪声污染防治法》必将进一步加强全国的噪声控制工作。相信通过大家的努力，对14亿人民的听觉关怀将得到进一步重视，我国的人居环境品质将有一个质的提升。

中国科学院院士

华南理工大学教授

吴硕贤

2022年6月30日

目录

CONTENTS

绪　论

我国声学测量仪器发展历程回顾

我国声学测量仪器已经走过60多年的发展历程,从无到有、从小到大,取得了长足的进步。回顾60多年的发展历程,既要看到成绩,也要看到差距,更要总结经验与教训,以便今后更好地发展。

0.1　我国声学测量仪器发展的几个阶段

0.1.1　起步阶段

我国声学测量仪器是从20世纪50年代末起步的。1956年,我国从当时的联邦德国西门子公司引进了4套客观参考当量测试系统(Objektives Referenzäquivalent-Prüfsystem),后来称之为电声测试仪。该仪器是西门子公司在50年代初期研发的产品,主要用于测量电话机的客观参考当量,它由扫频振荡器、仿真嘴及放大器、仿真耳及放大器、参考当量表、频率特性绘迹仪、馈电电源和配接箱等组成,有的还配有声级计。4套仪器分配在原电子部三所、南京734厂、上海邮电一所和上海自动电话厂,这可能是我国最早引进的声学测量仪器。

20世纪50年代末,中国科学院声学研究所陶中达、上海同济大学声学实验室方启文、南京734厂王忠毅分别开始研制测量电容传声器,并取得科研成果或产品。

20世纪60年代初,上海无线电技术研究所仿制成功丹麦B&K公司的拍频信号发生器、测量放大器等产品。南京734厂王信权等也仿制成功西门子公司的客观参考当量测试系统的DSY-1型电声测试仪并用于本厂电话机和电声器件的生产测试。1966年前后,南京734厂陈盘荣等继续张绍栋的工作研制成功DSY-2S型精密声级计,北京无线电二厂研制成功SJ1型普通声级计(图0-1),这可能是我国最早的声级计。当时,我国还没有有关声级计的国家标准,但是从一开始,我国的声学仪器就是按国际标准生产的,声级计参考的是IEC 123:1961《声级计》、IEC 179:1965《精密声级计》和IEC 179A:1965《精密脉冲声级计》,这几个标准由张绍栋翻译并由原四机部标准化研究所收集整理,内部发行。后来张绍栋又翻译了IEC 651:1979和IEC 804:1985等标准,并由江西4380厂内部发行。

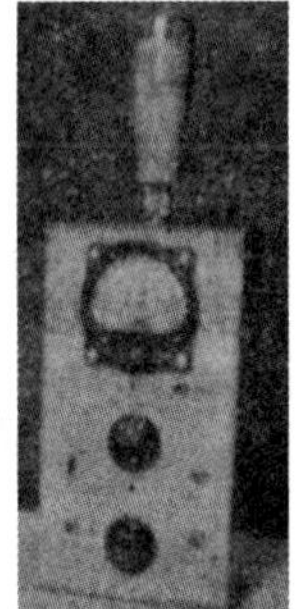

图0-1　早期声级计

1969年,中国科学院声学所利用进口实时1/3倍频程分析仪开始语音识别研究工作,由于当时的技术条件限制,研究工作进展非常艰难。

这十年是我国声学测量仪器发展的起步阶段。这一阶段的研究使我国声学测量仪器从无到有,特点是产品完全是仿制,大多采用电子管,产量不大,没有获得普遍应用。

0.1.2 初步发展阶段

20世纪70年代初，我国声学仪器进入初步发展阶段。

1966年年底，南京734厂的电声仪小组随迁到江西4380厂，冯俊高等在1970年研制成功全部采用晶体管的DSY-70型电声测试仪，并开始批量生产，生产的电声测试仪不仅满足本厂生产测试需要，还供应国内各电话机和电声器件生产厂家需求。根据中央乐团和中央歌舞团出国演出需要，由原第四机械工业部计划安排，张绍栋等于1974年国庆前研制成功ND2型精密声级计倍频程滤波器、NX6型活塞发声器，后来又研制成功ND6型精密脉冲声级计等产品，初步形成声学仪器生产规模。

几乎与此同时，北京无线电二厂开始声学仪器的研制，李健、杨明杰等一批技术人员先后研制成功并生产了XFS-9型声频信号发生器、FDC-2型传声放大器、NL6型带通滤波器、NJ1型电平记录仪等声学仪器产品，初步形成实验室声学仪器系列配套。可惜的是，该厂后来被调整并入北京无线电仪器二厂，后来从事声学测量仪器研制的技术人员又被并入北京长城无线电厂，由于这两个厂的主业不是声学测量仪器，声学测量仪器的发展从此止步并倒退。

北京797厂是国内最早生产测量传声器的厂家，在20世纪70年代形成从ϕ24 mm（1 inch）到ϕ3 mm（1/8 inch）测量电容传声器的生产能力，采用中国科学院声学所的镀膜脱胎技术，可惜一直未形成生产规模，满足不了国内需求。

面对国内声学测量仪器远远跟不上发展需要而严重依赖进口的局面，国内许多声学专家学者和有关人士，如中国科学院声学所的马大猷先生、北京劳保所的方丹群、南京大学的孙广荣、原电子部四所的王萍等多次向有关部门反映，要求采取措施，推动我国声学测量仪器事业的发展。原电子工业部于1977年分别在电子部哈尔滨935厂（国营前卫无线电仪器厂）投资200万元、在江西4380厂（红声器材厂）投资86万元，用于建设声学仪器生产线。

哈尔滨935厂是电子工业部直属的专业仪器生产厂，以前主要从事脉冲信号发生器的生产。哈尔滨935厂获得投资后，建设了消声室，研制了普通声级计等产品、套件组装了3台电平记录仪，但是一直没有得到批量生产。不久，该厂改制，并入哈尔滨电缆厂，声学仪器也从此“寿终正寝”。

江西4380厂充分利用资金，先集中全厂力量，在严忠德、陈华春的组织领导下，仅仅用6个月时间便研制成功并批量生产测量电容传声器，解决了长期制约声学仪器发展的瓶颈问题。该厂又先后研制生产了NX7型扫频振荡器、NF6型测量放大器、NT2型频率特性显示器等一系列新产品，产品年产量达到4000台，销售产值达到600多万元，初步形成声学仪器生产规模。该厂研制的ND2型精密声级计倍频程滤波器于1978年获全国科学大会奖，后又于1984年获国家质量银奖（图0-2）。

图0-2 获国家质量银奖的声级计

湖南衡阳仪表厂也在机械工业部和中国科学院声学所的支持下，建立了声学仪器生产线，先后研制成功并批量生产测量传声器、精密声级计、倍频程滤波器、活塞发声器等产品，在机械工业系统获得较好应用。

上海风雷广播器材厂在上海同济大学声学所的帮助下，研制和生产了半英寸测量传声器和SJ系列普通声级计，一度普通声级计的产量更是高达1000多台，主要技术人员何雁良因工作突出被评为上海市劳动模范。

1978年成立的宁波东风无线电厂（1992年改名为宁波中策电子有限公司）从20世纪70年代开始电声测试仪器的研制生产，形成低频信号发生器、频率响应图示仪、失真度测试仪、扫频仪等系列产品，在扬声器行业占有较大市场份额。

1983年，由江西4380厂张鸿泉和张绍栋、原电子工业部四所韦锦松起草的国家标准GB 3785—83《声级计的电、声性能及测试方法》发布，该标准主要参考国际电工委员会（IEC）发布的IEC 651：1979《声级计》标准，这使我国声学测量仪器和噪声测量技术开始有国家标准可以遵照。

通过这些厂家的努力，我国声学仪器的发展呈现较好发展势头，基本上满足了国内需求，尤其是配合了当时迅速兴起的环境噪声控制和监测的需要。但是由于当时技术力量和信息闭塞的限制，总体来讲声学仪器的技术水平不高，主要是指针式模拟仪器，人工读数，功能单一，产品品种不多，配套能力不强，与国外先进企业的差距非常大。而且这些厂家的主业都不是声学仪器，有的厂家后来又转向生产红灯电子管收音机或汽车收录机等其他产品，总的发展都不太理想。

0.1.3　引进合作阶段

针对国内声学测量仪器存在的问题，根据当时国内经济发展的趋势，把引进国外技术作为发展的突破口。在原电子工业部的支持下，通过北京劳动保护科学研究所方丹群和孙家麒及日本高立理化株式会社西村竜泰的牵线搭桥，在日本RION株式会社董事局主席三泽泰太郎的支持下，江西4380厂自行筹资59万美元，从日本RION公司引进数显和智能声级计生产线，以及浸焊机、自动贴片机、自动测试系统等设备。后来又通过研制改进，实现国产化，形成HS5633型数显声级计、HS5670型精密积分脉冲声级计、HS5721型倍频程和1/3倍频程滤波器等系列产品，从而使我国声学仪器产品从模拟仪器向智能仪器跨了一大步，技术水平得到较大提高，产品能更好地满足国内各项事业的需要，取得了较好的社会效益和经济效益。

湖南衡阳仪表厂通过与中国科学院声学所和英国CIRRUS公司合作，一方面引进国外技术，生产HY122型数字脉冲积分声级计和HY123型数字式倍频程脉冲积分声级计；另一方面出口测量电容传声器，也取得了较好的社会效益和经济效益。

南京前卫电子技术应用所在南京大学声学所的帮助下，研制生产了带PC-1500计算机的智能化噪声测量仪器。一段时期，配备PC-1500计算机的具有数据自动采集、存储、处理功能的智能化噪声测量仪器成为环境噪声自动监测的主流产品，在环境监测部门得到广泛应用。

1986年，《音频声学测量》（陶擎天、赵其昌、沙家正编著）和《声级计的原理和应用》（张绍栋和孙家麒编著）分别由中国计量出版社出版，这是我国最早的声学测量和声级计的专著，对于声学测量的知识普及和应用起到了一定的促进作用。

0.1.4　快速发展阶段

随着我国改革开放步伐的加快和国民经济发展需求的增长，我国声学测量仪器进入快速发展阶段。

这一阶段的特点，一是新技术，尤其是大规模集成电路和软件技术的应用，使产品技术水平大大提高，产品更新换代速度大大加快，进一步向小型化、便携性、多功能发展；二是原国营企事业单位逐步退出主导地位，民营企业逐步进入行业并迅速发展壮大。

1985年10月，以应怀樵为首的一批研究人员创立北京东方噪声振动技术研究所，该所一直专注于振动、冲击、噪声、动态测试、信号处理、模态分析、试验技术、教学实验、虚拟仪器和测控技术等领域的软、硬件开发，已创新了100多项特殊波谱新技术和工程应用技术，并且应用到DASP系列产品中，其中部分技术达到国际先进水平，填补了国内多项技术空白。他们是我国虚拟仪器的创始人和奠基者，并不断推动着我国波谱应用分析技术的进步。该所同时还推动创立振动工程学科，筹建中国振动工程学会4个专业委员会和北京振动工程学会，在国内主办了20多次全国振动技术交流会和各种培训班，既促进了交流，也培养了大批国内急需的动态测试与波谱技术方面的专业人才。

宁波东风无线电厂的DF 4074信号分析仪于1989年列入国家火炬计划，该仪器是一种内带CRT的高性能、四通道FFT信号分析仪，采用16位Intel 8086微处理器为CPU，运用离散信号处理方法，实现各种工程信号的频谱分析（相关、传递函数、相干、概率统计、倒谱、三维谱、1/3倍频程等十几种信号分析）。

杭州爱华仪器有限公司（简称杭州爱华仪器）的前身是成立于1992年11月的杭州爱华电子研究所，从成立之初就坚持以声学测量仪器为主导产品方向，并以智能化仪器作为起步产品。公司成立不久就研发出采用单片机的积分声级计，随之研发出噪声统计分析仪、智能化电声测试仪、噪声频谱分析仪，很快占领市场并逐渐做大。在此基础上，公司一方面向深度发展，提高技术水平；另一方面向广度发展，发展系列产品，填补空白。前者的标志是先后两次承担国家技术创新基金项目，并将技术成果转化为产品，2005年由熊文波等研制成功数字化的AWA6291型实时信号分析仪（图0-3），这是国内第一款自行研制的、具有完全自主知识产权的数字化手持声学测量仪器，开创了国产声级计数字化的良好开端，使我国声级计的技术水平达到国际同类产品先进水平。后来又陆续开发以AWA6290型多通道信号分析仪为代表的多用途声学测量仪器，适用于机器噪声、建筑声学、电声及振动等测量分析。AWA6218J型环境噪声自动监测系统不仅可测量环境噪声，还能对噪声进行实时频谱分析和远程数据传输，是当时国内功能最强的环境噪声自动监测系统。该公司另一突出点是，按《中华人民共和国计量法》要求，所有依法管理计量器具产品都通过国家计量部门型式评价试验，这也给该公司产品的质量可信度提供了最好的证明。

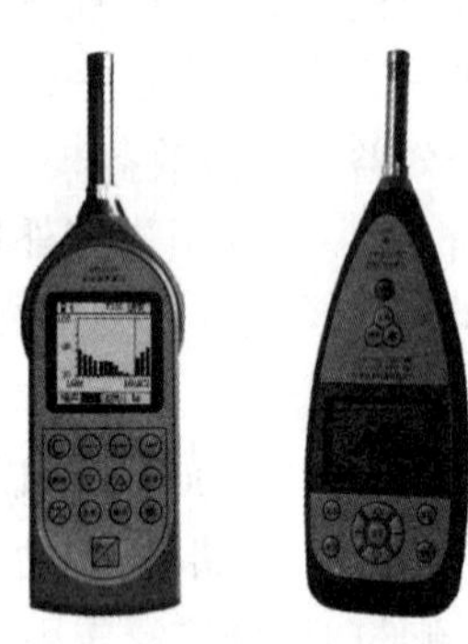

图0-3　数字化声级计

北京声望声电技术有限公司（BSWA）创建于1998年，是中国科学院声学所与新加坡UPHD Technologies合资的高新技术企业，由吴群力担任法人。该公司的优势是采用中国科学院声学所技术的测量传声器，不仅满足自己配套和为国内多家研究机构及企事业单位提供产品及服务，还为国外15家企业贴牌生产传声器。另外，该公司的声学与振动测量分析仪器、产品降噪设计和咨询，降噪工程、建筑声学设计和咨询，机场及环境噪声预测软件和预测咨询，以及环境噪声测量仪器等，都为客户提供了全方位的服务。

上海声望声电技术有限公司专业从事消声室和声学实验室的设计和建造，在国内建造了超过200座不同形式、规模，具有不同技术要求和特点的声学实验室。

1988年，国家发布GB 10070—88《城市区域环境振动标准》和GB 10071—88《城市区域环境振动测量方法》，杭州电子工业学院机电总厂和北京测振仪器厂先后研制成功环境振动测量仪器，张绍栋、金忠权合编的《环境振动测量技术》在《噪声与振动控制》杂志发表，推动了我国环境振动的测量和防治工作的开展。

在电声测量仪器方面，上海交通大学与邮电一所合作，以及南京大学声学所分别研发计算机控制的电声测试仪，使电声测试仪从模拟向智能化转换。台湾阳光电声有限公司、上海精汇电子设备有限公司、红声器材厂嘉兴分厂和嘉兴市佳宏电声科技有限公司先后研制生产由计算机控制的智能化电声测试仪器，曾在电话机和电声测试仪器上占据主要市场。杭州吉高电声科技有限公司（原浙大通信设备厂）后来居上，通过不断创新，技术水平不断进步，成为国内电声测试仪器的龙头企业。

进入20世纪90年代后期，国内科研院所和大专院校开始研究以计算机为中心的数字信号处理技术，采用数字信号采集板或DSP芯片进行数据采集分析。1996年，合肥工业大学朱玉田、陈心昭、李登啸发表论文《基于单片机的便携式互谱声强测量仪的研究》，同时设计并研制了一台便携式互谱声强测量仪器，后经不断改进、完善、产业化，定型为GS-4型声强测量分析仪器并被很多用户选用。1998年，中国科学院声学所研发成功手持式倍频程实时信号分析仪和多通道信号分析仪。

以江苏联能电子有限公司（原扬州无线电二厂）和杭州亿恒科技有限公司为代表的主要从事振动测量仪器的研究生产企业，也研究生产声学测量仪器，杭州亿恒在多通道（最多1024通道）数据采集与分析仪器和振动台校准控制仪器领域，具有较高的技术水平。

中国计量测试技术研究院声学室陈剑林等主持起草并由原国家质量监督检验检疫总局发布JJG 188—2002《声级计检定规程》（比声级计国家标准发布早8年时间），与同年发布的IEC 61672-1:2002《电声学　声级计　第1部分:规范》基本同步，从而促进了我国声级计的技术性能在第一时间与国际对接，大大促进了我国声级计技术水平的提高。

随着声学测量仪器技术水平的提高，我国声学仪器厂家不仅出口测量传声器，还出口整机产品。杭州爱华仪器的实时信号分析仪等产品已出口到东南亚、南美等国家和地区。北京声望声电技术有限公司和杭州爱华仪器多次参加INTERNOISE等国际会议，展示自己的技术和产品，受到世界各地声学专家和客户的高度关注。

0.1.5　创新发展阶段

进入21世纪后，随着互联网和人工智能技术的突飞猛进，我国声学测量仪器也迈入创新发展阶段。一些大专院校和科研院所不断研制出各类创新技术，而且重视成果转化和产业化。中国科学院声学所主要致力于声学和信息处理技术学科的应用基础和高技术发展研究，特色研究方向包括：水声物理与水声探测技术、环境声学与噪声控制技术、超声学与声学微机电技术、通信声学和语言语音信息处理技术、声学与数字系统集成技术、高性能网络与网络新媒体技术，在合肥、苏州、广东等地都有声学产业化基地。南京大学声学研究所在基础研究领域形成了光声信息技术、声电子器件与系统、有源噪声控制、通信声学、声学人工材料、医学超声等特色交叉研究方向；而且注重应用声学技术的开发，在光声检测、生物样品超声处理、声表面波通信器件、噪声控制、电声技术、厅堂系统设计、音频数字化测量仪器等领域取得了显著的社会效益和经济效益。上海交通大学振动、冲击、噪声研究所主要研究方向包括振动、冲击分析与控制，信号处理及机械故障诊断，噪声机理和控制等，并于1995年9月创建振动、冲击、噪声国家重点实验室。西安交通大学装备智能诊断与控制研究所在监测诊断领域、液压传动及控制、早期故障智能预示及阻尼减振降噪技术等研究方面取得显著成果。西北工业大学航海学院声与振动实验室以噪声与振动源识别、测试和控制技术为研究对象，利用声与振动测试技术平台开展多种材料声学性能、力学性能的测试技术，突破由于测试频带窄、精度低而导致的声学控制手段尚未充分发挥效用的问题；利用Pulse多通道系统、DIRAC系统、SYSNOISE等设备，开展飞机、潜艇舱内噪声场预计、模拟、评价和室内声环境的测试与声学设计方面的研究工作。哈尔滨工业大学在声学和人工智能软、硬件研发方面，尤其是人工智能机器人、声光电传感器等技术处于全国领先地位。吴硕贤院士长期从事建筑与环境声学研究，系统提出城市交通噪声预报、仿真及防噪规划的理论与方法，阐明声学虚边界原理，推导出混响场车流噪声简洁公式，较好地解决了国际上20多年未解决的问题；完成首例将建筑辅助设计软件与声学软件链接以分析室内音质的工作；提出厅堂响度评价新指标和计算公式，用模糊集理论进行厅堂音质评价，指导并与合作者提出扩散声场仿真新计算模型和界面声能扩散系数的改进测量方法和计算公式开展建筑环境评价方法体系、人的行为模式和使用后评价研究，初步建立了建筑环境主观评价理论体系。

由于国家的重视和投入的加强，中国计量测试技术研究院声学研究室引进数名名校高学历人才，使基础研究的力量大幅提升，通过国际合作在多项声学计量技术领域与国际接轨，得到国际同行的认可。制定的声学计量检定规程和校准规范已经覆盖所有空气声计量范畴。力学与声学研究室与浙江大学合作，在于梅和何闻团队的努力下研究建成超低频振动国家计量基准装置，其频率范围为0.002 Hz～160 Hz，振幅为峰峰1 m，承载30 kg，加速度波形失真小于1%。在水平向振动台、拖曳同步跟踪系统、负反馈控制系统、零差正交激光干涉仪、超低频伺服加速度计套组等部分都实现了关键技术的创新突破，解决了很多困扰振动计量界的技术难题。

创建于1960年的中国电子科技集团公司第三研究所是国内从事音频、视频技术、军用与民用相结合的综合性科研机构，从事消费类和专业类音频、视频信号处理，设备与部件的设计、开发、生产，在声学测量领域一直走在前沿，如声探测气象雷达、轨道车辆轴承故障轨边声学诊断系统，取得科研成果300余项，荣获国家级、部级科技奖130余项，申报国家专利16项，为我国国防现代化建设与电视电声事业的发展做出了突出贡献。

随着科技的发展和国家建设的需要，声学测量仪器的研制生产厂家不断涌现并往做强做大方面发展。科大讯飞股份有限公司成立于1999年，一直从事智能语音、自然语言理解、计算机视觉等核心技术研究，在语音识别、语音合成、机器翻译、图文识别、图像理解、阅读理解、机器推理等保持了国际前沿技术水平，并积极推动人工智能产品和行业应用落地。2008年，该公司在深圳证券交易所挂牌上市，2021年销售额达183亿元。

杭州爱华仪器的测量传声器和声级计（图0-4）在性能和质量上都有很大提升，在产品噪声在线测量、声品质测量和声阵列噪声源定位、多频声校准器、LS级活塞发声器、传声器和声级计自动检测系统等方面都取得显著成绩，2021年获工信部专精特新“小巨人”企业荣誉称号。北京声望声电技术有限公司的声级计2016年随神舟十一号走入太空，2020年传感器助力火星探测火箭成功发射，2021年制成180 dB高声压传声器及配套的高声压校准装置。上海其高电子科技有限公司自主研发的机动车鸣笛监测系统、炸街车高噪声监测系统、声学相机、语音增强系统、风力发电机噪声测量系统等多款旗舰产品，在智能交通、航空航天、船舶、消费电子、风力发电等多个行业取得了较高的市场地位。杭州兆华电子股份有限公司研发的蓝牙耳机电声测试仪独占鳌头，“工业声学成像仪关键技术研究与系统研制”项目成功入选2022年浙江省“领雁”研发攻关计划项目。

图0-4　最新型的声级计

由于国家的重视，在全国电声学标准化技术委员会的领导组织下，陆续制定了声级计、滤波器、声校准器等各种电声测量仪器的标准，这些标准基本上都是采用IEC标准。李晓东、牛峰等有关专家还参加IEC TC23年会，与各国专家学者共同讨论国际标准的制定。

现在国内从事声学测量仪器研制生产厂家（不包括台湾在大陆组装工厂）约有50家，专业从事声学测量仪器生产的厂家约20家，产品品种500余种，达到年生产各类声学仪器约15万台、销售产值约10亿元的规模，基本上能满足国内对声学测量仪器的需要。研制和生产测量传声器的单位有10多家，年生产测量传声器约8万只，无论是生产厂家数量还是年产量，在世界上都名列前茅。

0.2　几点思考

0.2.1　我国声学测量仪器的发展是与国家对噪声防治控制的重视息息相关的

1979年，国务院原环境保护领导小组办公室在衡阳举办了环境保护系统第一次噪声监测与控制培训班，为环境保护系统培养了首批噪声监测人员，全国环境噪声普查工作随之迅速在全国开展。1982年4月7日至13日，国务院原环境保护领导小组办公室在天津市召开全国环境噪声防治工作会议，先后发布《城市区域环境噪声标准》(GB 3096—82)、《城市环境噪声测量方法》(GB 3222—82)等一系列国家标准。1986年，中国环境监测总站组织有关部门制定了我国第一部《环境监测技术规范(噪声部分)》，大大促进了声级计类声学测量仪器的发展。1988年，原国家环境保护局发布《城市区域环境振动标准》(GB 10070—88)和《城市区域环境振动测量方法》(GB 10071—88)，推动了环境振动测量仪器的研制和生产。

《中华人民共和国环境噪声污染防治条例》是中国防治噪声污染的主要法规，1989年9月26日国务院发布，自1989年12月1日起施行。1996年10月29日，中华人民共和国第八届全国人民代表大会常务委员会第二十二次会议通过《中华人民共和国环境噪声污染防治法》，这使我国噪声污染防治工作在立法层面上得到更多关注和重视。

2008年，原国家环境保护部同时发布《声环境质量标准》(GB 3096—2008)、《工业企业厂界环境噪声排放标准》(GB 12348—2008)和《社会生活环境噪声排放标准》(GB 22337—2008)3个新的环境噪声国家标准，推动了1级声级计和实时倍频程分析仪的应用。

2010年12月15日，原国家环境保护部、发展和改革委员会、科学技术部、工业和信息化部、公安部、财政部、住房和城乡建设部、交通运输部、原铁道部、文化和旅游部、原工商总局11个部门联合发布了《关于加强环境噪声污染防治工作　改善城乡声环境质量的指导意见》(环发〔2010〕144号)，从"加大重点领域噪声污染防治力度、强化噪声排放源监督管理、加强城乡声环境质量管理、强化监管支撑能力建设、夯实基础保障条件、抓好评估检查和宣传教育"六大方面，提出了当前和今后一段时期噪声污染防治工作的任务和举措。

随着国家对职业卫生和安全工作的重视，原卫生部于1979年发布由北京市劳动保护科学研究所、北京市耳鼻咽喉科研究所同北京医学院、北京市卫生防疫站和中国科学院心理研究所协作，共同研究编制的《工业企业噪声卫生标准(试行草案)》，又于1999年颁布了由原国家经贸委安全科学技术研究中心和北京医科大学起草的《工业企业职工听力保护规范》(卫法监发〔1999〕620号)。2001年10月，全国人大常委会第二十次会议通过《中华人民共和国职业病防治法》，并分别于2011年、2016年、2017年和2018年进行了4次修订。该防治法明确"职业病是指企业、事业单位和个体经济组织等用人单位的劳动者在职业活动中，因接触粉尘、放射性物质和其他有毒、有害因素而引起的疾病。劳动者依法享有职业卫生保护的权利"。后来又陆续发布了《工作场所有害因素职业接触限值：物理因素》(GBZ 2.2—2007)等国家标准，对于工矿企业噪声防治工作起到引领作用，也促进了声学测量仪器在职业卫生领域的推广应用。

0.2.2　我国声学测量仪器的发展是与国内各行各业的支持和帮助分不开的

中国科学院声学所是我国最早从事噪声控制研究的单位，也是最早研发测量传声器的单位，国内许多厂家的测量传声器生产技术，尤其是我国独创的镀膜脱胎技术都是承接中国科学院声学所的技术。在智能化数字化测量仪器方面的研究也走在国内前面。南京大学声学所和同济大学声学所都是最早开展声学专业教学和研究的高等学府，他们不仅培养了大批声学专业人才，也产生了许多研究成果。北京劳动保护科学研究所是我国较早从事噪声控制工程研究的单位，早在70年代初，方丹群、战嘉凯等就出版了噪声控制方面的著作，对国内噪声控制工作和声学测量仪器起了启蒙和推动作用。

1981年11月20日至23日，在浙江黄岩召开了第一届全国噪声控制工程学术会议筹备会议。1982年9月19日至22日，在安徽黄山召开了第一届全国噪声与振动控制工程学术会议，至今该会议已举办16届，每一次会议的召开都对我国噪声控制工作起到推动作用。许多国内声学专家学者、各级环境保护和监测部门、大专院校科研院所和其他各行各业用户在他们的工作中，优先选用国产声学测量仪器，对声学测量仪器提出宝贵意见，支持国产声学测量仪器的发展，也为声学测量仪器的发展起到有力的促进作用。

0.2.3　我国声学测量仪器的发展凝聚了老一代科学家、领导和工程技术人员的毕生心血

老一辈的科学家一直关心支持我国声学测量仪器的发展。早在20世纪60年代，在著名声学专家马大猷先生的主持下，中国科学院声学所举办了第一期全国噪声培训班。1973年，在国务院召开的第一次全国环保工作会议上，马大猷先生提出，应将噪声列为除废气、废水、废渣三大公害之外的第四大公害，该提议在会议中得到认可。1974年9月24日，在北京劳

保所，马大猷先生观看和亲自操作刚刚研制成功的ND2型精密声级计倍频程滤波器，非常高兴。

2002年，马大猷先生主编并出版《噪声与振动控制工程手册》，中国船舶总公司第九设计院吕玉恒分别在1988年、1999年、2019年、2021年主编出版《噪声与振动控制设备选用手册》《噪声与振动控制设备及材料选用手册》《噪声与振动控制技术手册》《噪声与振动控制数字资源库》，这些书籍不仅搜集整理了大量的噪声与振动控制工程理论、材料、方法、设备和案例，也推荐介绍了国产的声学和振动测量仪器。陈克安在2005年出版的《声学测量》，同济大学王佐民在2009年出版的《噪声与振动测量》等著作，更是从理论到实际系统介绍了声学测量的原理和应用。

从事声学测量仪器的老一代工程技术人员，他们在当年物质条件相对贫乏的艰苦条件下，不求名，不为利，为我国声学测量仪器事业付出了青春和毕生心血。

0.3 存在的问题

尽管我国声学测量仪器已取得较大的发展，但是与国外先进公司相比，与国内迅速发展的科研、生产和计量测试要求，还有很大差距。国产声学测量仪器只占国内市场的小部分，大部分市场还是被国外知名企业占领，高档测量分析仪器基本上是国外产品。

声学测量仪器的差距首先表现在测量传声器的技术水平上。虽然传声器的灵敏度、频响等主要技术性能与国外差距不大，但是产品的长时间稳定性与国外却有很大差距，造成产品附加价值低，特别用途的传声器和用作计量校准的标准传声器还要依靠进口。另外，在传声器生产和校准中，由于缺乏高端的校准设备，部分测试功能未能实际验证。

其次是创新能力不强，这也是国内其他行业企业的通病。我国多数从事声学测量仪器研究与生产的企业规模小，只是为生存而勉强维持，企业的生产基本上是手工作坊性质，在人员、资金和设备方面投入严重不足。我国的国家标准基本上都是等同采用国际标准，真正自主创新的国家和行业标准寥寥可数。在国际标准的制定方面，我国的参与度还很不够，一度多年没有参与国际标准化机构的专业会议，至今很少有由我国主导制定的声学测量仪器的国际标准。

再次是产学研相结合还很不够。作为产学研各方均各有所长，高等院校和科研院所在基础理论研究和应用研究方面有无可比拟的优势，许多应用成果都是基于基础理论或应用研究方面的突破，而且近些年来随着高学历人才培养水平的不断提高，国家对科研投入的不断增加，高等院校和科研院所的科技成果大量涌现，有很多已经在国民经济和国防装备上起到很大的作用。但还是有大量科研成果停留在实验室或论文阶段，甚至被束之高阁。而企业由于各种原因，往往只是着眼于当前企业效益，技术研发的层次还是限于产品研发，甚至停留在主要参照国内外其他厂家的现成产品。虽然国家也大力提倡产学研结合，但是实现起来困难较多，还需加大力度，克服各种障碍，努力实现多赢。

企业竞争主要是人才竞争，现在优秀人才向往国外、考公务员、进大专院校科研院所和国有大型企业，像声学测量仪器这种产业，规模都不可能做得很大，很难招揽和留住高学历人才，技术人员平均学历水平不够高，从事专业时间不长，技术沉积较浅，因此也就难以研制出真正高水平的技术和产品，也很难在国际竞争中有更大的作为。

0.4 展望

2021年11月2日中共中央、国务院发布《关于深入打好污染防治攻坚战的意见》，提出“加强大气面源和噪声污染治理。实施噪声污染防治行动，加快解决群众关心的突出噪声问题。到2025年，地级及以上城市全面实现功能区声环境质量自动监测，全国声环境功能区夜间达标率达到85%”。2021年12月24日，全国人大常委会通过新的《中华人民共和国噪声污染防治法》，噪声污染防治不仅限于环境噪声，而是全方位、各行各业的噪声污染防治。其中规定：“实行排污许可管理的单位应当按照规定，对工业噪声开展自行监测，保存原始监测记录，向社会公开监测结果，对监测数据的真实性和准确性负责。噪声重点排污单位应当按照国家规定，安装、使用、维护噪声自动监测设备，与生态环境主管部门的监控设备联网。”“在噪声敏感建筑物集中区域施工作业，建设单位应当按照国家规定，设置噪声自动监测系统，与监督管理部门联网。”“民用机场管理机构应当按照国家规定，对机场周围民用航空器噪声进行监测。”以上国家有关噪声法规的发布不仅对环境保护和职业卫生防护，而且对全国各行各业的噪声与振动防治和控制都会产生重大影响和促进。随着云计算技术、物联网技术的普及推广和噪声地图技术的应用，手持式声级计、移动式噪声监测子站和固定式自动噪声监测系统在不同测点分别监测、上传数据、联机联网和同步处理，使环境噪声监测数据处理实现实时化、自动化和计算机化，并融入智慧城市、智慧小区、智慧楼宇、智慧工厂的建设。

当代人工智能（AI）的研究成果为机器故障检测和故障诊断注入了新的活力，噪声和振动故障诊断的专家系统不仅在理论上得到了相当的发展，而且已有成功的应用实例。作为人工智能的一个重要分支，人工神经网络在算法、数据处理、深度学习等方面的研究推动声学和振动测量仪器实现了噪声源定位、识别和声源图像化，提高了声学与振动测量的可视化和可操作性。如图0-5所示为声学相机。大数据与人工智能的结合，尤其是生成式人工智能的发展和普遍应用，将在机器故障监测和诊断、车辆安全运行、电网放电、输气管道故障监测和检测等方面获得更加广泛的应用。全国各行业都很重视在关键设备上装备故障监测和诊断系统，特别是智能化的故障诊断专家系统，在电力系统、石化系统、冶金系统、核电站、航空部门和载人航天工程等，都具有广阔的市场前景。

图0-5 声学相机

随着科技不断进步，经济持续发展，对噪声振动测量仪器的需求将会更加广泛。声学振动测量仪器企业要紧跟行业发展潮流，加大创新研发力度，不断推出新产品、新技术和新应用，提高产品质量，增强核心竞争能力，提升品牌效应，进一步扩大市场占有率，依托中国，面向世界。我国声学测量仪器事业前景广阔，任重而道远，相信我国声学振动测量仪器行业必将迎来一个更好发展的明天。

第1篇

基础篇

1

第1章 声 波

1.1 振动与声音

声音是我们非常熟悉的一种物理现象,我们每时每刻都能听到各种不同的声音:滔滔不绝的谈话声,孩子们的欢笑声,机器的轰隆声,汽车的喇叭声,等等。没有声音,就没有动听的音乐,人们将失去欢乐;没有声音,就没有大自然美妙的声音,世界将毫无生气,一片死寂。因此,很难想象我们将如何生活和工作。但是有的声音也给我们带来烦恼,过强的声音还会损伤听力或引起身体的不适,这些声音又是我们不需要的并努力去减弱的。声音究竟是什么?声音是怎样产生的?又怎样被我们听到呢?

当我们听到锣鼓声的时候,那是有人在敲锣打鼓。用手掌轻轻按在敲响的锣面上,就会感觉手掌由于锣面的迅速振动而发麻。在槌响的鼓皮上扔一个小纸团,小纸团就会随着鼓皮的振动瑟瑟跳动,鼓的余音徐徐减弱,纸团的跳动越来越弱,声音没了,纸团也停止了跳动。可见,物体振动可以发声。工厂中,物体振动发声的例子更为常见,铁锤敲钢板,钢板振动发声,纺织机由于飞速运动的梭子不断与打板撞击而发声。不仅成形的固体器件会因振动而发声,液体和气体的振动亦能发声。化工厂中的管道阀门噪声就是液体振动发声的现象,高压容器排气放空时的排气噪声就是高速气流与周围静止空气互相作用而引起空气振动的结果。总之,声音是由物体的机械振动而产生的,振动的物体(固体、气体或液体)称为声源。

声音总是通过一段距离从声源传入人耳。在声源与人耳之间,物体振动的能量是靠什么传递的呢?或者说声音是靠什么传播的呢?科学实践告诉我们,声音可通过空气传播。敲击一个鼓面,鼓面上下不断振动,会引起空气分子有节奏地振动,使周围的空气产生疏密变化,形成疏密相间的纵波,这就产生了声波。这种现象会一直延续到振动消失为止。这个振动的能量通过空气分子传入人耳中,使鼓膜振动,就引起声音的感觉,我们则听到了鼓声。

声音也能在固体和液体中传播。如在工厂里有的工人用木棒或起子的一端放在运转机器的某个部件上,耳朵贴在另一端上,机器的声音就通过木棒或起子传入人耳。工人采用这种办法来判别机器的运转是否正常;水中的鱼听到人在岸边行走的脚步声会迅速逃走。

声音在气体、液体或固体介质中传播时,介质的质点只在其平衡位置附近往返振动,并不随同声波流动。这就像石子投入水中激起的水波一样,当圆形的水波一圈圈扩散传播开去时,水的质点并未与水波一起前进,只是在原地上下运动。一般把振动传播的现象称为波动,声音是一种波动,通常称为声波。

声波的幅值p随时间的变化图称为声波的波形。如果波形是正弦波(图1-1),它可以用下述函数描述:

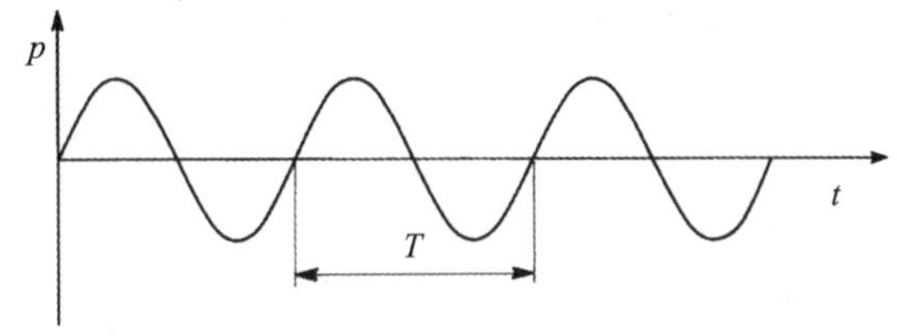

图1-1　正弦波声波

$$p = P\sin(\omega t+\varphi) \tag{1-1}$$

式中，P——幅值，单位为Pa；

ω——角频率，$\omega=2\pi f$，这里的f是频率，单位为Hz；

φ——初始相位，单位为°。

1.2　声音的性质

1.2.1　声压和声压级

声音的第一个特点就是有强弱之分。

我们仍以鼓皮发声为例，简单谈一下声音的强弱是怎么一回事。振动的鼓面，在其位置上下运动，当鼓皮被槌击变形在平静位置之下最低位置，由于弹力作用往上运动的一瞬间，弹力除使鼓皮迅速向上运动外，一部分变为鼓皮给空气的压力，紧贴鼓皮的气体分子与鼓皮一起向上运动，离鼓皮稍远的气体分子还处在静止状态或来不及跟鼓皮一起向上运动，则空气被压缩而变密了；反之，鼓皮往下迅速运动，又使得这层空气被拉伸而变得稀疏了，同时原来被压缩变密的部分，通过气体分子传递到了较远的空气层。鼓皮上下振动一次，空气就被压变密、被拉变疏各一次，同时向外辐射出一个疏密波。鼓皮连续振动，则鼓皮上面不断形成密疏相间的空气层，并传播开，故声波亦称疏密波。

通常，我们生活的环境大气压强是一个大气压。当声音这个疏密波传来时，疏部的压强就稍稍低于一个大气压，密部的压强稍稍高于一个大气压，如图1-2所示。声音是在大气压上的压强波动，这个压强波动的大小简称声压，以p表示，单位为Pa（帕），1 Pa=1 N/m^2。一个大气压等于1.013×10^5 Pa或1013 hPa（百帕）。

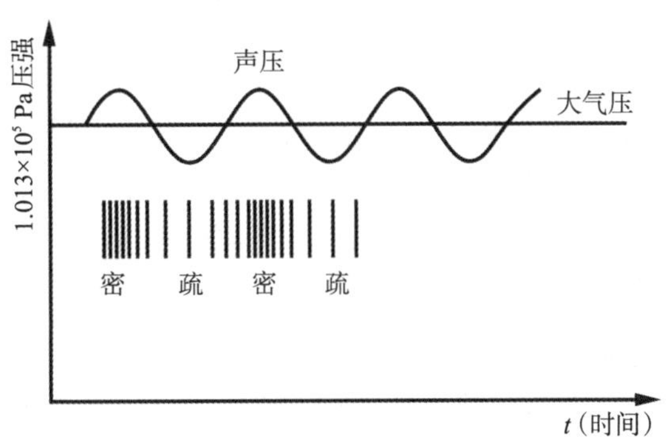

图1-2　声音是大气压上的压强波动

鼓皮敲得重，上下振动得剧烈，声压大，听起来声音就响；反之，振动小，声压小，听起来声音就弱。

声压可以用峰值、平均值和有效值表示。

峰值是指在规定时间间隔内最大瞬时声压的绝对值。

平均值 p_{avg} 是瞬时声压 $p(t)$ 的绝对值在一段时间内的平均数，其表达式为

$$p_{avg}=\frac{1}{T}\int_0^T\left|p(t)\right|dt \tag{1-2}$$

有效值 p_{RMS} 是瞬时声压 $p(t)$ 的平方值在一段时间内的平均数的平方根，又称均方根值（RMS），其表达式为

$$p_{RMS}=\sqrt{\frac{1}{T}\int_0^T p^2(t)dt} \tag{1-3}$$

声压的有效值直接与声波能量有关，所以声压一般用有效值表示，以下若无特别注明，所论声压均指有效值。

人耳刚刚能听到的最小声压约为 2×10^{-5} Pa，只有一个大气压的50亿分之一。而喷气式飞机附近的声压可达数百帕，这是人耳能短时忍受的最大声压级，可这也不过是一个大气压的千分之几。在这么强的声音下，人会感到耳压痛、头昏，时间稍长就会引起失聪。

从人耳刚能听到的声音到人耳不堪忍受的声音，声压相差数万倍，显然，用声压表达各种不同大小的声音实在太不方便了。为了使用上方便，同时考虑到人耳对声音强弱反应的（对数）特性，（用对数方法）将声压分为百十个级，称为声压级。

声压级的定义：声压与参考声压之比的平方取常用对数的10倍，单位为dB（分贝），其表达式为

$$L_p=10\lg\frac{p^2}{{p_0}^2}=20\lg\frac{p}{p_0} \tag{1-4}$$

式中，p——声压，单位为Pa；

p_0——参考声压，一般取 $p_0=2\times10^{-5}$ Pa，它是人耳刚刚可以听到的声音。

如 $p=p_0=2\times10^{-5}$ Pa，则 $L_p=20\lg1=0$ dB；如 $p=1$ Pa，则 $L_p=20\lg(0.5\times10^5)=94$ dB；如 $p=200$ Pa，则 $L_p=20\lg10^7=140$ dB。

1.2.2 声音的音调、频率和周期

声音的第二个特点是音调有高低之分。

音乐中有高低音之别，噪声中也有尖锐的电锯声，也有低沉闷响的空气压缩机声。这又是为什么呢？观察和实验表明，声源振动的快慢决定了其发声音调的高低：振动慢，音调低；振动快，音调高。物理学上用频率这个术语来表示声源的振动快慢。频率表示物体在一秒内振动的次数，用符号 f 表示，单位为Hz（赫）。

物体完整振动一次所需的时间称为振动周期，用符号 T 表示，单位为s（秒）。显然，物体振动愈快，即 f 高，则振动一次所需时间愈短，即 T 愈小。周期与频率互为倒数，即

$$T=\frac{1}{f} \tag{1-5}$$

振动过慢或过快的声音人们都是感觉不到的。人耳只可以听到每秒振动20～20 000次

的声音，我们称20 Hz～20 000 Hz的声音为可听声，低于20 Hz的声音为次声，高于20 000 Hz的声音为超声。虽然次声和超声人耳听不到，但它们是客观存在的，如老鼠可以听到次声，蝙蝠可以听到超声。

电锯主要噪声频率在1000 Hz以上，听起来尖锐刺耳；818型高压风机主要噪声频率在500 Hz左右，听起来比电锯低沉一些；而空压机主要噪声频率在200 Hz左右，它发出的噪声更为低沉。人类说话的频率范围是100 Hz～2000 Hz，一般男同志正常讲话的声音多在500 Hz以下，女同志正常讲话的声音多在500 Hz以上，所以通常男同志的声音音调比女同志的低。

1.2.3 声音有不同的相位

相位是描述信号波形变化的度量，通常以度(°)为单位，也称作相角。对于一个声波，相位是指特定的时刻在声波循环中的位置，即相位是声波是否在波峰、波谷或波峰与波谷之间的某点的标度。在式(1-1)中，$(\omega t+\varphi)$就是声波的相位，其中φ是初始相位。由图1-1可以看出，声波在传输过程中相位是不断变化的，在不同的相位，声压也是不一样的。当信号波形以周期的方式变化，波形循环一周即为360º。

1.3 声强、声功率与声能量

1.3.1 声强

在垂直于声波传播的方向上，单位时间内通过单位面积的声能称为声强，以符号I表示，单位为W/m^2 (瓦/米^2)。声强与声压的平方成正比，对于平面波声场，声强I和声压p的关系用下式表示：

$$I=\frac{p^2}{\rho c} \tag{1-6}$$

式中，ρ——介质密度，单位为kg/m^3；

c——声速，单位为m/s。

介质密度和声速的乘积ρc是介质的一种固有属性，称为特性阻抗。对于空气来说，在标准大气压力和常温20 ℃时，ρc=414 Pa·s/m(瑞利)。大气压力和温度不同时，介质的特性阻抗也不一样。

1.3.2 声功率

声源在单位时间内辐射的总声能，称为该声源的声功率，用符号P表示，单位为W(瓦)。声功率是声源的基本特征之一，它实际上等于包围声源的一个封闭面上的声强总和，即

$$P=\oint_S I_n \mathrm{d}S \tag{1-7}$$

式中，积分号表示在封闭面S上进行求和积分；I_n是声强在面积元dS法线方向的分量。

在自由声场中，声波无反射地自由传播，点声源向四周辐射球面声波，其声功率为

$$P=I_r 4\pi r^2 \tag{1-8}$$

式中，I_r——距离点声源为r处的声强。

如果声源在开阔的地面上，声波只向半球面辐射，此时

$$P = I_r 2\pi r^2 \tag{1-9}$$

这里的I_r是半径等于r的半球面上的平均声强。

可以看出，对于一个稳定的声源，不管其所处环境条件如何，其产生的声功率是一个恒量，但是分布在距点声源不同距离上的声压是不同的。

将用对数表示的声强定义为声强级，其表示式为

$$L_I = 10\lg\frac{I}{I_0} \tag{1-10}$$

式中，I——声强；

I_0——参考声强，一般取$I_0 = 10^{-12}$ W/m^2，这是相应参考声压 $p_0 = 2\times10^{-5}$ Pa时的声强。

一般情况下，可以认为声压级等于声强级，即

$$L_p = 10\lg\frac{p^2}{p_0^2} = 10\lg\frac{L}{L_0} = L_I \tag{1-11}$$

同理，可以通过声功率定义声功率级：给定声功率与参考声功率之比以10为底的对数乘以10，单位为dB，其表达式为

$$L_P = 10\lg\frac{P}{P_0} \tag{1-12}$$

式中，P——声源的声功率，单位为W；

P_0——参考声功率，一般取$P_0 = 10^{-12}$ W。

表1-1给出了几种声源的声功率和相应的声功率级。

表1-1　几种声源的声功率和声功率级

声功率/W	声功率级/dB	声源
40 000 000	196	土星火箭
4 000 000	186	冲压式喷气飞机
100 000	170	有后燃室的涡轮喷气发动机
10 000	160	3125 kg推力的涡轮喷气发动机
1 000	150	四桨引擎飞机
100	140	爆炸声
10	130	小型飞机发动机
1	120	大型錾平锤
0.1	110	钢琴和大号在1/8 s间歇内峰值
0.01	100	大音量的收音机、离心通风机（368 m^3/min）
0.001	90	1.2 m织机，汽车引擎噪声，轴流风机（42.5 m^3/min）
0.000 1	80	咖啡机声
0.000 01	70	交谈声（长期平均有效值）
0.000 001	60	吸尘器、洗衣机
0.000 0001	50	风扇、空调声
0.000 000 01	40	语言平均
0.000 000 001	30	很轻的耳语声
10^{-12}	0	青年人的听阈

为便于换算，图1-3给出了声压与声压级、声强与声强级、声功率与声功率级的换算列线图。

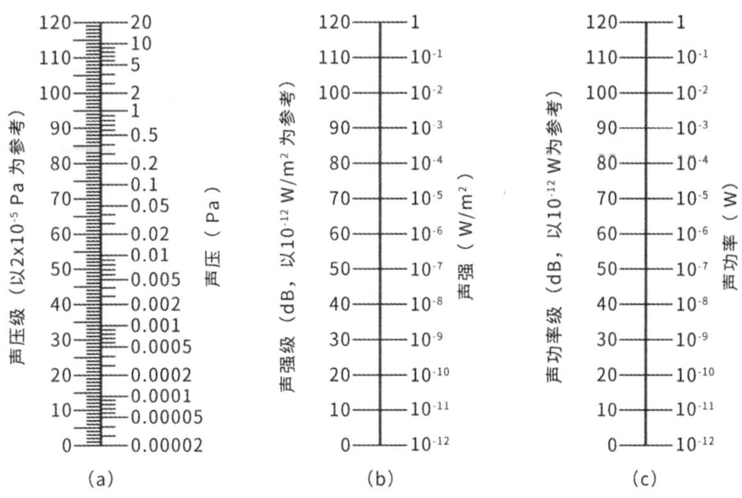

图1-3 声压、声强和声功率与其相应级的换算列线图

1.3.3 声能量

声波在介质中传播，一方面介质质点在平衡位置附近往复运动产生动能；另一方面介质不断地压缩、膨胀产生形变势能。这两部分能量之和就是声波传播过程中介质具有的声能量，记为J，单位为J（焦耳）。声能量定义为声功率P在一定持续时间T（起始于t_1，终止于t_2）的积分，其数字表达式为

$$J=\int_{t_1}^{t_2}P(t)\mathrm{d}t \tag{1-13}$$

式中，J——声能量，单位为J；

$P(t)$——声功率，单位为W。

声能量特别适用于非稳态、间隙的声音事件。

声能量级的定义：声能量J与基准声能量J_0之比取以10为底的对数的10倍，单位为dB（分贝）。

$$L_J=10\lg\left(\frac{J}{J_0}\right) \tag{1-14}$$

式中，J_0——基准声能量，一般取$J_0=1\times10^{-12}$J。

如果是A频率计权声能量级，用L_{JA}表示。

声场中单位体积介质所含有的声能量称为声能密度，记为E，单位为J/m³（焦耳/立方米）。

$$E=\frac{I}{c}=\frac{p^2}{\rho c^2} \tag{1-15}$$

式中，ρ——介质密度，单位为kg/m³；

c——声速，单位为m/s。

因为声能密度可不考虑方向，所以用其来描述房间中反射声来自各个方向的声场时十分方便。

1.4 声波的传播特性

1.4.1 声速和波长

声波在介质中的传播速度称为声速，通常用c表示，单位是m/s。声速不仅与介质状态（气态、液态、固态）有关，对于气态物质还与密度、温度有关。一般空气中的声速可以表示为

$$c = 331.5 + 0.6t \tag{1-16}$$

式中，t——空气温度，单位为℃。

在常温(20 ℃)和标准大气压(1.013×10^5 Pa)下，大气中的声速约为344 m/s。声波在液体介质中的传播速度较快，在固体介质中的传播速度最快。表1-2中列出了声波在几种介质中的声速。

表1-2 几种介质的密度、声速和特性阻抗

介质	温度t/℃	密度ρ/(kg·m^2)	声速c/(m·s^{-1})	特性阻抗ρc/(kg·m^{-2}·s^{-1})
空气	0	1.293	332	429
	20	1.205	344	415
二氧化碳	0	1.977	259	512
水蒸气	100	0.596	405	241
水	17	0.999×10^3	1.430×10^3	1.429×10^6
海水	17	1.025×10^3	1.510×10^2	1.548×10^6
石油	15	0.700×10^2	1.330×10^3	0.931×10^6
钢		7.800×10^3	6.100×10^3	4.758×10^6
混凝土		～2.600×10^3	～5.000×10^3	～13×10^6
砖		～1.800×10^3	～3.600×10^3	～6.480×10^6

我们已经知道，在常温和标准大气压下，声速为344 m/s，假如声源的振动频率为344 Hz，也就是说在一秒内声源辐射出344个完整的波，这些波均匀地分布在344 m的传播距离上，可见，每个完整的波具有1 m的长度。

在瞬时声波的空间分布上，两个相邻的密部或疏部之间的距离叫波长，用符号λ表示，单位为m。前面所述频率为344 Hz的声波，波长为1 m；若频率为3440 Hz，则波长为0.1 m。显然，频率愈高，波长就愈短，波长与频率成反比。波长λ与频率f、声速c之间的关系为

$$\lambda = \frac{c}{f} \tag{1-17}$$

1.4.2 声学边界条件

在大气中传播着的声波常常会遇到“障碍物”，如声波从一种介质进入另一种介质，则会在两种介质的分界面上产生反射、透射（对垂直入射声波）和折射（对斜入射声波）现象。要获得入射波、反射波、透射波（或折射波）之间的定量关系，需要用到边界条件。

在无限大的分界面上，两种介质的特性阻抗分别是$\rho_1 c_1$和$\rho_2 c_2$。声波从第1介质传来，遇到第2介质界面时，一部分声波会反射回第1介质，而另一部分声波会透射到第2介质中去。这时，在第1介质一边的界面处总声压为p_1，而在第2介质一边的界面处总声压为p_2。因为界

面实际上是无限薄的,所以界面两边的力必须维持平衡,也就是两种介质的声压在分界面上必须是连续的,在界面处必须满足如下声学边界条件:

$$p_1 = p_2 \tag{1-18}$$

此时,设分界面两边的介质由于声扰动而得到的法向质点速度(垂直于分界面的质点速度)分别为 v_1 和 v_2,因为两种介质运动时始终保持恒定接触,所以两种介质在分界面上的法向质点速度必定相等,也即分界面两边的法向质点速度必须连续,即

$$v_1 = v_2 \tag{1-19}$$

式(1-18)与式(1-19)就是介质分界面处必须遵循的两个声学边界条件。

1.4.3 垂直入射的反射和透射

设分界面的坐标为x=0,如果一列声压为 $p_{\mathrm{i}} = p_{\mathrm{ia}}\mathrm{e}^{\mathrm{j}(\omega t - k_1 x)}$ 的平面声波从介质1垂直入射到分界面上,由于分界面两边的特性阻抗不一样,一般来讲,会有一部分声波被反射回去,形成负x方向行进的反射波 $p_{\mathrm{r}} = p_{\mathrm{ra}}\mathrm{e}^{\mathrm{j}(\omega t + k_1 x)}$;另一部分透射入介质2中,形成正$x$方向行进的透射波 $p_{\mathrm{t}} = p_{\mathrm{ta}}\mathrm{e}^{\mathrm{j}(\omega t - k_2 x)}$。介质1中声波的声压是入射波和反射波之和,即

$$p_1 = p_{\mathrm{i}} + p_{\mathrm{r}} = p_{\mathrm{ia}}\mathrm{e}^{\mathrm{j}(\omega t - k_1 x)} + p_{\mathrm{ra}}\mathrm{e}^{\mathrm{j}(\omega t + k_1 x)} \tag{1-20}$$

介质2中的声波就是透射波,即

$$p_2 = p_{\mathrm{t}} = p_{\mathrm{ta}}\mathrm{e}^{\mathrm{j}(\omega t - k_2 x)} \tag{1-21}$$

介质1和介质2中的质点速度 v_1 和 v_2 分别为

$$v_1 = v_{\mathrm{ia}}\mathrm{e}^{\mathrm{j}(\omega t - k_1 x)} + v_{\mathrm{ra}}\mathrm{e}^{\mathrm{j}(\omega t + k_1 x)} \tag{1-22}$$

$$v_2 = v_{\mathrm{ta}}\mathrm{e}^{\mathrm{j}(\omega t + k_2 x)} \tag{1-23}$$

式中,$v_{\mathrm{ia}} = \dfrac{p_{\mathrm{ia}}}{\rho_1 c_1}$,$v_{\mathrm{ra}} = \dfrac{p_{\mathrm{ra}}}{\rho_1 c_1}$,$v_{\mathrm{ta}} = \dfrac{p_{\mathrm{ta}}}{\rho_2 c_2}$。

根据声学边界条件可知,在x=0的分界面处有声压连续和法向质点速度连续,即

$$\begin{cases}(p_1)_{x=0} = (p_2)_{x=0} \\ (v_1)_{x=0} = (v_2)_{x=0}\end{cases} \tag{1-24}$$

将式(1-20)~(1-23)代入式(1-24),得

$$\begin{cases}p_{\mathrm{ia}} + p_{\mathrm{ra}} = p_{\mathrm{ta}} \\ v_{\mathrm{ia}} + v_{\mathrm{ra}} = v_{\mathrm{ta}}\end{cases} \tag{1-25}$$

由式(1-25)可以求得分界面上反射声波声压与入射声波声压之比(声压反射因数)r_p为

$$r_p = \frac{p_{\mathrm{ra}}}{p_{\mathrm{ia}}} = \frac{\rho_2 c_2 - \rho_1 c_1}{\rho_2 c_2 + \rho_1 c_1} \tag{1-26}$$

透射声波声压与入射声波声压之比(声压透射因数)t_p为

$$t_p = \frac{p_{\mathrm{ta}}}{p_{\mathrm{ia}}} = \frac{2\rho_2 c_2}{\rho_2 c_2 + \rho_1 c_1} \tag{1-27}$$

反射波质点速度与入射波质点速度之比 r_v 为

$$r_v = \frac{v_{\mathrm{ra}}}{v_{\mathrm{ia}}} = \frac{\rho_1 c_1 - \rho_2 c_2}{\rho_1 c_1 + \rho_2 c_2} \tag{1-28}$$

透射波质点速度与入射波质点速度之比 t_v 为

$$t_v = \frac{v_{ta}}{v_{ia}} = \frac{2\rho_1 c_1}{\rho_1 c_1 + \rho_2 c_2} \tag{1-29}$$

由此可见，声波在分界面上反射与透射的大小仅决定于介质的特性阻抗，例如当$\rho_1 c_1=\rho_2 c_2$时，表明声波没有反射，而全部透射，即

$$\begin{cases} r_p = r_v = 0 \\ t_p = t_v = 1 \end{cases} \tag{1-30}$$

1.4.4 斜入射的反射和折射

当声波不是垂直而是斜着入射到不同介质的分界面时，一部分声波将按一定角度反射回第1介质，另一部分也将透射入第2介质，但是穿过分界面时会偏离原来的入射方向形成折射（如图1-4所示）。这时，反射波和折射波的大小不仅与分界面两边介质的特性阻抗有关，还与声波入射角有关。对于斜入射平面波的入射声压和质点速度可表示为

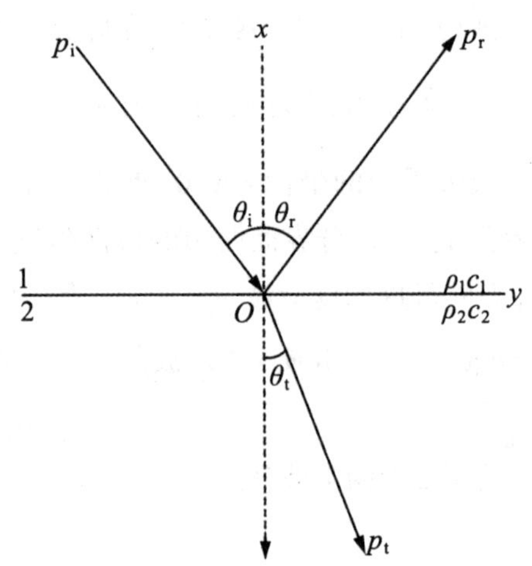

图1-4 声波的反射和折射

$$\begin{aligned} p_i &= p_{ia} e^{j(\omega t - k_1 x \cos\theta_i - k_1 y \sin\theta_i)} \\ v_{ix} &= -\frac{\cos\theta_i}{\rho_1 c_1} p_i \end{aligned} \tag{1-31}$$

反射声压和质点速度可表示为

$$\begin{cases} p_r = p_{ra} e^{j(\omega t + k_1 x \cos\theta_r - k_1 y \sin\theta_r)} \\ v_{rx} = -\dfrac{\cos\theta_r}{\rho_1 c_1} p_r \end{cases} \tag{1-32}$$

在介质2中，折射声压和质点速度可表示为

$$\begin{cases} p_t = p_{ta} e^{j(\omega t + k_2 x \cos\theta_t - k_2 y \sin\theta_t)} \\ v_{tx} = -\dfrac{\cos\theta_t}{\rho_2 c_2} p_t \end{cases} \tag{1-33}$$

在分界面上有以下边界条件：

$$\begin{cases} p_i + p_r = p_t \\ v_{ix} + v_{rx} = v_{tx} \end{cases} \tag{1-34}$$

由此可以获得声波反射与折射定律：

$$\begin{cases} \theta_i = \theta_r \\ \dfrac{\sin\theta_i}{\sin\theta_t} = \dfrac{k_2}{k_1} = \dfrac{c_1}{c_2} \end{cases} \tag{1-35}$$

这就是著名的斯涅尔定律。它说明声波遇到分界面时,反射角等于入射角,而折射角的大小与两种介质中的声速之比有关,介质2的声速愈大,则折射波偏离分界面法线的角度愈大。

在山谷中喊话,可以听到清晰的回声,有时山的远近不一样,就可以听到两三次回声,这是声波与山相碰后又折回传播的缘故。声波不仅遇到固体会产生反射,遇到液体也会产生反射。比如声波遇到含有大量水蒸气的乌云时也能产生反射,有时雷声隆隆一连几响,就是雷声在地面与乌云之间反射的结果。在管道中传播的声音由于管道截面积突变,如出现拐折、弯头时,也会有部分声音反射回来。总之,声波从一种介质传至另一种介质的分界面时,由于两种介质传播条件不一样,一部分声能被反射回去,一部分声能传入另一介质。两种介质的物理性质相差越大,反射声就越强。

由于空气的特性阻抗远远小于固体或液体的特性阻抗,所以在大气中传播的声波遇到这些障碍物时反射相当明显,就会产生回声。

有人问,为什么在屋里听不到回声?这是因为即使在一间长宽各15 m的大房间中央大喊一声,来自四面的回声仅用不到0.05 s的时间就传入你的耳中了。此时人耳尚来不及反应,所以分辨不出清晰的回声。不过这种回声会增加你喊话的强度。一般人都有体会,在室内关窗讲话比四面开窗时讲话要响。

声音在表面光滑、坚实的物体上的反射很强,如在大理石上的反射声级可高达入射声能的99%以上。用这种材料制作壁面的礼堂是无法听清讲话的,由于反射声衰减慢,我们说第二句话时,第一句话的声音仍很强。这种由于声反射产生的余音现象称为混响。一般礼堂、电影院都要避免这种过强的混响,所以常在天花板或壁面上采用表面粗糙多孔的木丝板,或用质地柔软的帐幕挂在壁面上以吸收声能,避免反射过强,同时又可使礼堂更加肃静。工厂中,有的车间较吵,用吸声吊顶可以降低混响和噪声。

当介质本身存在温度差时,声波也会产生折射(如图1-5所示)。例如,白天太阳照射使地面附近的空气的温度比上层空气的温度高,所以地面附近的声速快,上层空气中的声速慢,声波就向上折;夜晚的情况刚好与白天的相反,上层空气的温度高,声速快,于是声波就折向地面,这就是在旷野里夜晚声音比白天声音传播得更远的原因。

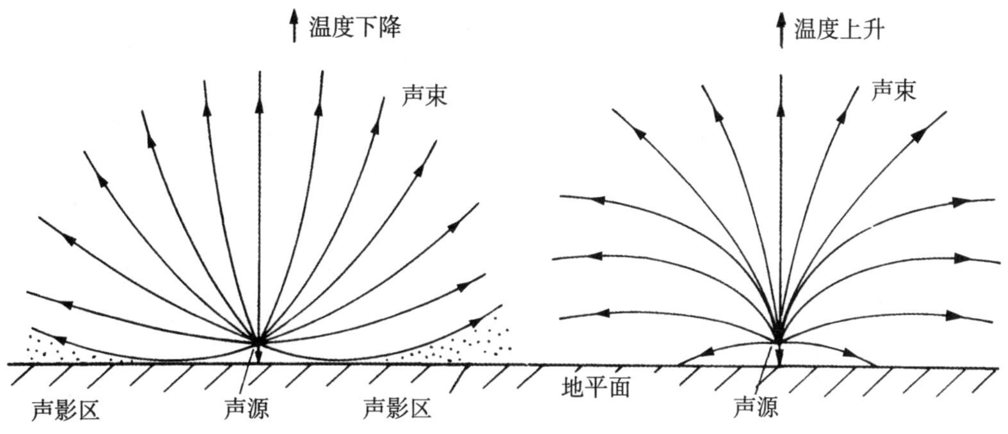

图1-5 大气中声波的折射现象

当有风时亦将产生声波的折射现象(如图1-6所示)。由于地面附近风的阻力大,风速小,因此在顺风时,声波在空气上层传播得快,向下折射;逆风时,声波向上折射。这也是声音顺风传播得更远的原因。

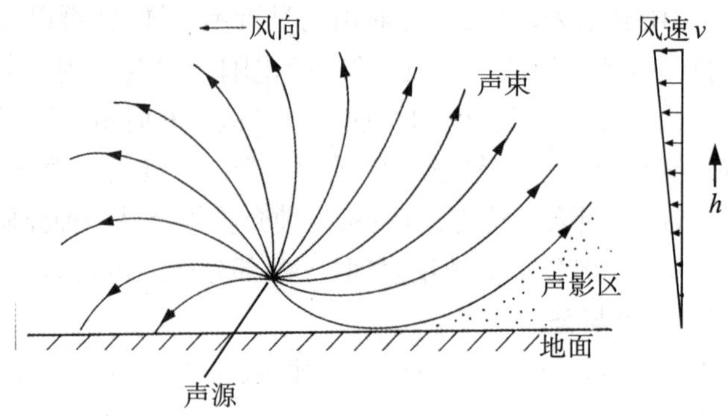

图1-6 风引起的折射

1.4.5 声波的散射和衍射

当声波在介质中传播时,有时会遇到几何尺寸大小不一的“障碍物”,例如,不平滑的表面、大气中悬浮着的灰尘和水雾、水中的气泡、街道上的树木和行人等,这些障碍物都会引起声波的散射,即声波将偏离原来的方向而分散传播。

当障碍物的尺寸远远大于声波波长时,产生的主要是声反射现象,绝大部分声波被阻挡回去,在障碍物背后形成一片声波到达不了的声影区。

当声波遇到相对于其波长而言很小的障碍物时,声波会绕着它传播,形成的声影区非常小。

当声波在传播途径中遇到一有限长屏障时,会从屏障边缘绕到障板的背后,改变传播方向后继续传播,这种现象称为绕射,亦称衍射[如图1-7(a)所示]。且波长越长,这种现象越明显,这也是低频声不易被隔绝的主要原因之一。

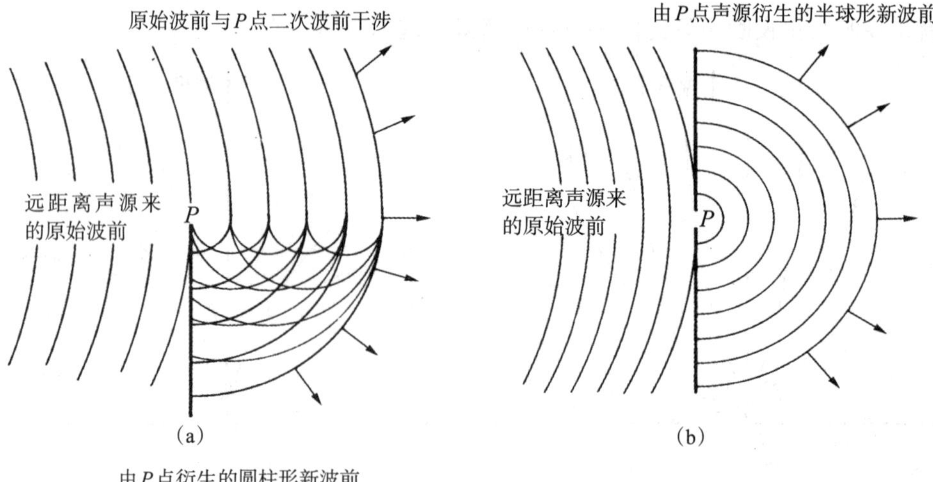

图1-7 低频衍射效应

当声波在传播途径中遇到一块有小孔的屏障时，声波会穿过孔继续传播，这也是一种衍射现象。如孔的尺度（直径d）与波长λ相比很小（即$d \ll \lambda$），孔处的质点可近似地看作一个集中的新声源，产生新的半球面波，向前继续传播，它与原来的波形无关[如图1-7(b)所示]。

这些现象首先可以通过介绍波前构建的惠更斯原理来解释。惠更斯原理指出，一个声源可以被视为覆盖其表面的无限多个点声源，并向所有方向辐射。每个点都会在瞬间发出声波，这些声波合在一起形成一个整体波前。波前上的每个点都可以被视为一个新的声源，因此波前的下一个位置可以从上一个位置构建出来。将这一概念扩展到图1-7(a)和图1-7(b)中的两种情况，我们可以看到，当来自远处声源的波前撞击到一个原本无限大的屏障的边缘或屏障上的小孔时，波形发生了变化。

在图1-7(a)的情况下，根据惠更斯原理，可以将屏障边缘视为向各个方向辐射二次小波的一个声源。这些二次小波组合在一起在屏障后的象限中即所谓的声影区形成波前，呈圆柱形展开。对于图1-7(b)的情况，小孔实际上成为一个新的点声源，产生的声波半球形状地辐射到屏障后的空间，但新声波的强度低于入射声，新声波的强度取决于开口的大小。

波长与障碍物尺寸之比较大时，即低频时，会产生如图1-7(a)和图1-7(b)所示的衍射模式。波长与障碍物尺寸之比较小时，即高频时，会导致屏障后面形成更清晰的声影区，如图1-8(a)所示；或通过开口形成一束声音，如图1-8(b)所示。如果从声源到屏障顶部的声束与从屏障顶部到接受者的直线之间的角度尽可能小，那么屏障后面的衰减最大。这就意味着屏障应尽可能靠近声源或接受者，以获得最好的衰减效果。在现场测量噪声源时，除非屏障效应具有直接意义，否则始终首选无障碍情况进行测量。

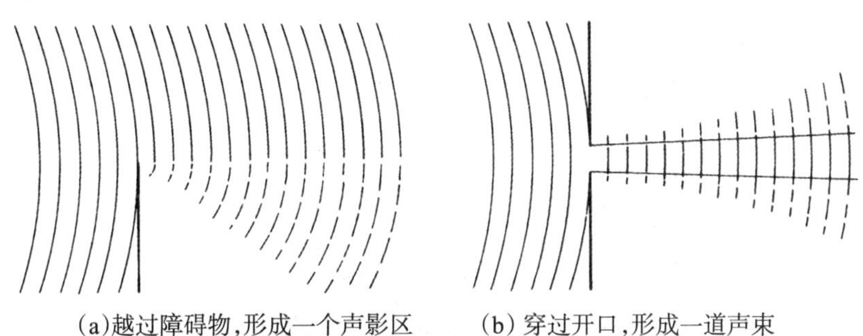

(a)越过障碍物，形成一个声影区　　(b) 穿过开口，形成一道声束

图1-8　高频衍射效应

在声学测量过程中，将传声器和声级计等声学仪器放入待测声场，就会改变声波的传播路径，发生散射和衍射现象，从而影响声场特性。

1.4.6　声波的叠加和驻波

前面讨论了由单一声源发出的含有单一频率的简谐声波。现实中的声音往往是若干个声源发出的含有许多频率成分的声波，这就涉及声波的叠加。各个声源所发出的声波将各自在同一介质中独立传播，但是在各波交叠的区域，介质质点的振动将由各个波在该点所激励的振动叠加而成。

设声场中存在n个独立的声波，于是空间某点处的总声压应为

$$p_T = p_1 + p_2 + \cdots + p_n = \sum_{i=1}^{n} p_i \tag{1-36}$$

式中，p_i——第i个声波在该点的声压，单位为Pa。

如果声波p_1和p_2的频率相同，但是两个声源到该点的距离不同，即存在一定相位差，它们的相位分别为φ_1和φ_2。声压在该点相互叠加后的总声压为

$$p_T = p_1 + p_2 = P_T \cos(\omega t + \varphi_0) \tag{1-37}$$

式中，φ_0——初始相位。这里

$$\varphi_0 = \arctan\frac{P_1 \sin\varphi_1 + P_2 \sin\varphi_2}{P_1 \cos\varphi_1 + P_2 \cos\varphi_2} \tag{1-38}$$

$$P_T^2 = P_1^2 + P_2^2 + 2P_1P_2\cos(\varphi_2 - \varphi_1) \tag{1-39}$$

其中，P_T——总声压振幅；

P_1、P_2——声压振幅。

由于这两个声波的频率相同，对空间固定位置，两者的相位差$\Delta\varphi = \varphi_2 - \varphi_1$恒为常数，这就形成了声波的干涉现象。

由式(1-39)可知，叠加后的总声压振幅P_T与相位差$\Delta\varphi$有关，对于不同的空间位置，$\Delta\varphi$取值不同。当$\Delta\varphi = \pm 2n\pi$（$n$为正整数）时，两个声波到达某一点刚好都是声波的密部或都是声波的疏部，也就是它们的相位相同，则它们互相加强，使在这点的声压增大，$P_{Tmax}=P_1+P_2$是极大值。当$\Delta\varphi = \pm(2n+1)\pi$时，$P_{Tmin}=|P_1-P_2|$是极小值。这种$P_T$值随空间位置不同，有极大值和极小值分布的声场称为驻波声场。如果两个声波的振幅P_1和P_2相同，则驻波的最小声压$P_{Tmin}=0$，其所在的位置称为波节；驻波的最大声压振幅$P_{Tmax}=2P_1$，其所在位置称为波腹。两个波节（或波腹）之间的距离为原声波波长的一半，即$\lambda/2$，如图1-9所示。

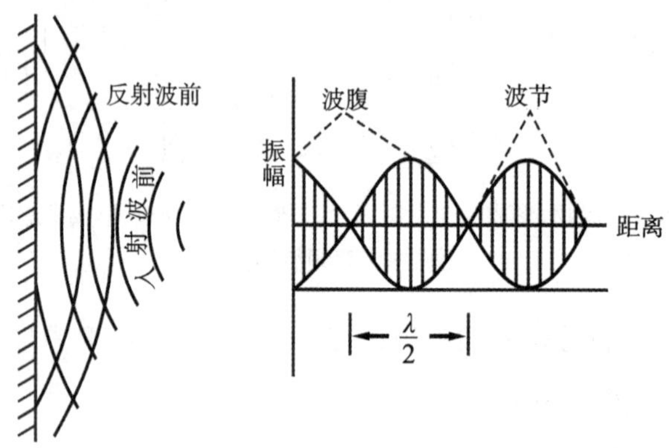

图1-9　驻波的形成和驻波

驻波是一种特殊的干涉现象，是两个相干平面波在同一直线相向传播时（如在室内垂直于墙壁的入射波和反射波），两个声波的叠加在空间中形成合成声压随位置变化出现的周期性的极大值和极小值。利用驻波原理测量吸声材料的吸声系数（驻波管法），是一种简便易行、使用广泛的方法。

一般情况下，各声波所产生的声压p_i之间的相位差在时间上是随机的，声源是不相关

的，这时不会产生干涉现象。对于不相关声源，若要求计算空间某处在某一瞬时的声压值，仍应由叠加原理式(1-36)来计算。

至于该点处的总声能密度 ε_T 等于各个声波声能密度 ε_i 的总和，即

$$\varepsilon_T=\varepsilon_1+\varepsilon_2+\cdots+\varepsilon_n=\sum_{i=1}^{n}\varepsilon_i \tag{1-40}$$

或者用声压的有效值表示为

$$p_T^2=p_1^2+p_2^2+\cdots+p_n^2=\sum_{i=1}^{n}p_i^2 \tag{1-41}$$

声音的叠加实质上是声能密度的叠加，而声能密度与声压的平方成正比。设两个频谱无关的声源同时发声，声压分别是 p_1 与 p_2，则其合成总声压为 $p_T=\sqrt{p_1^2+p_2^2}$，以dB表示的总声压级 L_{p_T} 由式(1-42)计算。

$$L_{p_T}=20\lg\frac{\sqrt{p_1{}^2+p_2{}^2}}{p_0} \tag{1-42}$$

当 $p_1=p_2$ 时，则

$$L_{p_T}=20\lg\frac{\sqrt{2p_1{}^2}}{p_0}=20\lg\sqrt{2}\left(\frac{p_1}{p_0}\right)=L_{p_1}+3\ (\text{dB}) \tag{1-43}$$

从式(1-43)可看出，声压加倍，声压级仅增加3 dB。同样通过计算可以得知，声压增加10倍，声压级增加20 dB，声压增加100倍，声压级增加40 dB。

如果以分贝表示的声压级分别是 L_{p_1} 和 L_{p_2}，其和 L_{p_T} 由式(1-44)计算。

$$L_{p_T}=10\lg(10^{L_{p_1}/10}+10^{L_{p_2}/10}) \tag{1-44}$$

当存在 n 个声源时，平均声压级 $\overline{L_p}$ 由式(1-45)计算。

$$\overline{L_p}=10\lg\frac{1}{n}(10^{L_{p_1}/10}+10^{L_{p_2}/10}+\cdots+10^{L_{p_n}/10}) \tag{1-45}$$

以上例子说明，两个声压级或多个声压级相加绝不是分贝数的简单算术相加，而必须按照对数的运算规律相加。为了简便起见，可以运用图1-10进行不同声压级的合成，图中横轴 $|L_1-L_2|$ 表示声压级的绝对差值，合成声压级 L_{p_T} 取较大的一个声压级与增量 ΔL 的和表示，即

$$L_{p_T}=L_{p_{大}}+\Delta L \tag{1-46}$$

如两个声压级分别为100 dB和95 dB，则$|L_1-L_2|$=5 dB，ΔL=1.2 dB，合成声压级 L_{p_T}= 100 dB+ 1.2 dB= 101.2 dB。对于多个声压级合成，先找其中两个声压级相加，再将合成声压级与第三个声压级相加，如此类推，直到合成完。亦可一对一对地合成以后，再将合成声压级进行相加，得到最后的合成声压级。

实际测量中经常遇到干扰噪声(背景噪声)不能排除的情况，这时被测信号声压级 L_S 与干扰声压级 L_N 叠加在一起时测得的声压级为 L_{S+N}，若它与 L_N 之差已知，则从图1-11可以求得 L_{S+N} 与 L_S 的差值，从而求得 L_S 值。

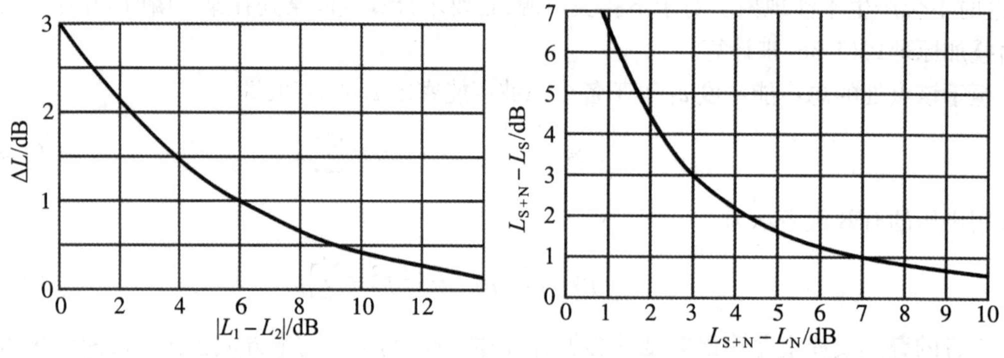

图1-10　两个声级的合成　　　图1-11　由混合声级与干扰声级差值得到修正值

1.5　平面波、球面波、柱面波

在声波传播的过程中，如果将同相位的点相连，得到的是一系列平行的平面，称为平面波。显然，平面波的波阵面与传播方向是垂直的。平面声波的一个重要特点是，它的振幅不随传播距离变化(假定媒质没有吸收)。平面声波的声压为

$$p(t,\ x)=p_{\mathrm{a}}\mathrm{e}^{\mathrm{j}(\omega t-kx)} \tag{1-47}$$

质点速度为

$$v(t,\ x)=v_{\mathrm{a}}\mathrm{e}^{\mathrm{j}(\omega t-kx)} \tag{1-48}$$

式中，$v_{\mathrm{a}}=\dfrac{p_{\mathrm{a}}}{\rho_0 c_0}$，为质点速度的幅值。

如果将声波同相位的点相连，得到的是一系列同心球面，这种声波称为球面波，其波阵面(球面)也与传播方向(径向)垂直。脉动球声源向外辐射(发散)球面波，其声压为

$$p=\frac{A}{r}\mathrm{e}^{\mathrm{j}(\omega t-kr)} \tag{1-49}$$

式中，r——离声源的距离；

A——待定常数，一般来讲可能是复数。$\dfrac{A}{r}$的绝对值即为声压的振幅。

径向质点速度为

$$v_{\mathrm{r}}=\frac{A}{r\rho_0 c_0}\left(1+\frac{1}{\mathrm{j}kr}\right)\mathrm{e}^{\mathrm{j}(\omega t-kr)} \tag{1-50}$$

式中，$\dfrac{A}{r\rho_0 c_0}\left(1+\dfrac{1}{\mathrm{j}kr}\right)$的绝对值即为径向速度的振幅。

待定常数A取决于边界条件，也就是取决于球面的振动情况。设球源表面的振动速度为u，且

$$u=u_{\mathrm{a}}\mathrm{e}^{\mathrm{j}(\omega t-kr_0)} \tag{1-51}$$

式中，r_0——球声源的半径；

u_{a}——振速幅值，即振动速度的振幅；

kr_0——为计算方便引入的初始相位。

在球源表面处的媒质质点速度应等于球源表面的振动速度，即有如下边界条件：

$$(v_r)_{r=r_0}=u \tag{1-52}$$

将式(1-50)代入式(1-52)就可以得到

$$A=\frac{\rho_0 c_0 k r_0^2}{1+(kr_0)^2}u_a(kr_0+j)=|A|e^{j\theta} \tag{1-53}$$

式中，$|A|=\dfrac{\rho_0 c_0 k r_0^2 u_a}{\sqrt{1+(kr_0)^2}}$，$\theta=\arctan\left(\dfrac{1}{kr_0}\right)$。

由以上公式可得出如下结论。

(1)球面波的声压幅值$|A|$不仅与球源的振速幅值u_a有关，还与声波频率和球源半径有关。如果球源的振速幅值u_a保持不变，则球源比较小或者振动频率比较低时，其辐射的声压幅值较小；球源较大或振动频率较高时，其辐射的声压幅值就较大。如果球源大小一定，则频率愈高，辐射的声压幅值就愈大；频率愈低，辐射的声压幅值就愈小。对于一定的频率，球源半径愈大，辐射的声压幅值就愈大；球源半径愈小，辐射的声压幅值就愈小。

(2)球面声波的一个重要特点是，它的振幅与传播距离r成反比关系，离声源距离加倍，声压幅值降低一半，即声压级降低6 dB。

(3)如果球源的尺寸比所辐射声波的波长小得多，此声源可被看作点声源。

(4)球面声波在远离球源，即r很大时，波阵面已经很大，局部范围内的球面波可以近似看作平面波。

如果同相位的点相连得到的是平行的柱面，就称为柱面波，其声源一般可视为线声源。柱面波的振幅与传播距离的平方根成反比。

虽然平面波、球面波、柱面波是理想的波的传播类型，但在实际情况下经常只能找到近似为某种类型波的条件。例如，一列火车或公路上的一个车队，往往可视为线声源，当声波传播距离小于该线声源的长度时，则可以认为它遵循柱面波的传播规律；当声波传播距离甚大于该线声源的长度时，则在某个方向上的传播，又可当作球面波的一部分来考虑；如果研究在远小于传播距离的某个小区域内的传播问题，则又可将其简化为平面波的传播，正如在一个很大的球上截取一小块面元，可将其视为一小块平面。

1.6 声波的衰减与吸收

声波在传播时，随着离声源距离的增加，声压要降低。由点声源辐射出的声波在自由声场中传播时，距离点声源为r_1和r_2两点之间的声压级差值为

$$L_{p_1}-L_{p_2}=20\lg\frac{r_2}{r_1} \tag{1-54}$$

从上式可以看出，距离增大一倍时，声压级减小6 dB；距离增大10倍时，声压级减少20 dB。

对于线声源，若其长度远大于传播距离，则有

$$L_{p_1}-L_{p_2}=10\lg\frac{r_2}{r_1} \tag{1-55}$$

这时，距离增大一倍，声压级减小3 dB；距离增大10倍，声压级减少10 dB。

对于面声源，可以认为是辐射平面波，平面波不随与声源距离的变化而变化。

图1-12画出了距离不同时声压级的衰减特性。图中点声源、线声源和面声源在离声源

1 m处产生的声压级都是80 dB。

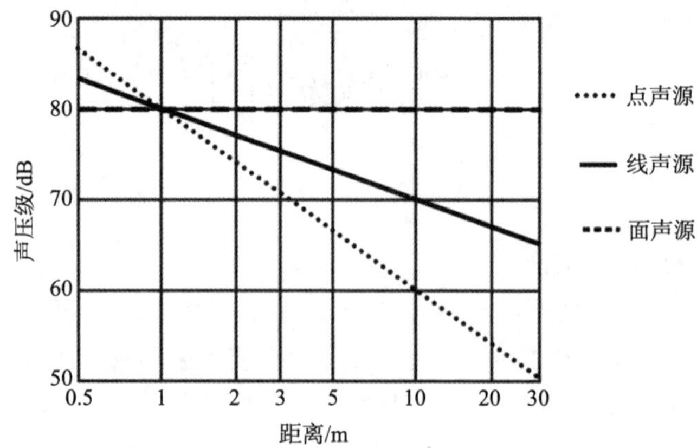

图1-12　离声源不同距离时声压级的衰减特性

声波在大气中传播时，空气分子的黏滞性、热传导等引起的吸收也会使声波衰减。衰减的大小与声波的频率、空气的温度和湿度有关。频率越高，衰减就越大，尤其对超过2000 Hz的高频声音，吸收效应更加明显，使声波随着与声源距离的增加，衰减量变得更大。实验表明，常温、常湿、常压下，距离声源100 m时，125 Hz、500 Hz、2000 Hz声波的衰减量分别为0.05 dB、0.27 dB、2.8 dB。我们离飞机很远时，听到的主要是低频噪声；当飞机飞近我们时，我们听到的高频噪声就显著增加。雷电产生时的声音是含有大量高频成分的霹雳声，由于雷电距离我们很远，大多高频成分被大气吸收了，因此传到我们耳朵里的往往是隆隆的低频声。

大气对声波能量的吸收机制来源于传热损失、黏性损失和弛豫现，这些因素导致一部分声能被转化为热能或空气内能，从而降低了声波振动的强度。

(1)传热损失。当声波通过某处时，空气压强会升高，造成温度升高。温度实际上反映了流体分子随机运动的剧烈程度。高温区的分子运动速度更高，运动更剧烈，并通过碰撞向周围低温区扩散动能，以使得温度均匀化。一旦声能转化为局部高温被扩散出去后，能量转化将不可逆，被扩散的能量就是声能的传热损失。

(2)黏性损失。与热能从高温区向低温区扩散类似，由于空气的黏性作用，空气分子的动量也会从高动量区向低动量区扩散，分子之间产生碰撞，从而也会造成能量的扩散损失，这部分损失的能量即黏性损失。

(3)弛豫现象。就某系统特性而言，例如流体的温度，大部分时间处于稳定的平衡状态，当由于某种外界干扰或刺激，系统会偏离平衡状态，外界干扰或刺激消失后，系统又将回到平衡状态，这一现象称作弛豫现象，这一过程所经历的时间称作弛豫时间。在自然界中，弛豫现象普遍存在，有的弛豫时间只有几微秒，有的需要几百年。声波通过时，空气中的氧分子和氮分子的运动速度、自旋状况和振动状况都存在弛豫现象，弛豫开始时吸收一些声波能量，在弛豫结束时再将能量返还给声能。如果弛豫时间很长，由于声波的波动变化很迅速，弛豫现象对整体声能影响很小；如果弛豫时间很短，比一次声压波动还短得多，弛豫现象来回传递能量频繁，同样对声能的影响很小。如果弛豫时间正好处于某特殊范围内，声波正向的高压区到来时弛豫现象开始发生，声能被转换成其他模式；而声波的负向低压区到来时，弛豫现象结束，其他模式的能量又被返还给声波，这种相位不同步的能量传递，对声波起到了“消峰填谷”的作用，降低了声波的振幅，减弱了声能。当声波频率与空气分子振动模式的弛豫频率处于同一数量级时，会引起极大的声衰减。不同类型的分子、振动模式以及分子间的相互作用（如水分子对氧分子和氮分子的作用）都会存在不同的弛豫频率，声衰减的程度也有所不同。

空气的温度和相对湿度、声波的频率能够显著地影响大气对声波的吸收。一般规律是空气的相对湿度越大，大气对声波的吸收就越少；声波频率越高，大气对声波的吸收就越多。例如，常温20 ℃条件下，1000 Hz声波在相对湿度为10%（秋冬季）和70%（夏季）的大气吸收衰减分别为14 dB/km和5 dB/km；而4000 Hz声波在相对湿度为10%和70%的大气吸收衰减分别为109 dB/km和23 dB/km。大气吸收衰减的计算方法和数值表可参见国家标准GB/T 17247.1—2000《声学 户外声传播衰减 第1部分：大气声吸收的计算》。

当声波遇到障碍物时，还会被障碍物吸收，这种现象称为吸声。吸声的效果视障碍物材料的不同而不同。一般来说，表面松软多孔材料的吸声性能较好，而坚硬平滑材料的吸声性能就差。为了衡量材料的吸声性能，用吸声系数α来表示，它等于声波入射到材料表面被吸收的声能与入射声能之比值，即

$$\alpha = \frac{E_s}{E_i} = \frac{E_i - E_r}{E_i} \tag{1-56}$$

式中，E_i——入射到材料上的声能；

E_s——材料吸收的声能；

E_r——从材料上反射回去的声能。

可以看出，若为全反射，$E_i = E_r$，则$\alpha=0$；若是全吸声，则$E_i = E_s$，$\alpha=1$。一般材料的吸声系数在0～1之间，吸声材料在建筑声学和噪声控制等方面的应用很广。在自然界，花草、树木、积雪等都有一定的吸声效果。表1-3列出了一些常用材料的吸声系数。

表1-3 常用材料的吸声系数

材料名称	厚度/cm	密度/($kg\cdot m^{-3}$)	不同频率下的吸声系数α					
			125 Hz	250 Hz	500 Hz	1000 Hz	2000 Hz	4000 Hz
抹灰了的坚硬墙面	—	—	0.02	0.03	0.03	0.04	0.04	0.03
木丝板	4	—	0.19	0.20	0.48	0.79	0.42	0.70
纸板、软木屑板	2.5	260	0.05	0.11	0.25	0.63	0.70	0.77
棉絮	2.5	10	0.03	0.07	0.15	0.30	0.62	0.60
聚氨酯泡沫塑料	4	45	0.10	0.19	0.36	0.70	0.75	0.80
超细玻璃棉	5	20	0.10	0.35	0.85	0.85	0.86	0.86

不同状况的地面对声波的衰减作用不同。例如草地、坑洼不平的地面、雪地等，由于对声波的掠射吸收作用，与平整的硬质地面（如混凝土、沥青路面、石板路等）相比，它们对声波具有更大的衰减作用。

在工业场所,地面上有较多的设备、堆料或其他物体,它们会对声波的传播产生阻挡、散射等衰减作用,而且设备(各种管道、阀门、箱体及结构单元等)的多少、密集程度都会对声波衰减产生不同程度的影响。

声源和接收点之间若存在房屋群,例如公路、铁路附近整齐成排的建筑群,由于房屋产生的阻挡、反射、绕射等作用,也将对声波产生影响。大多数情况下,建筑群对声波是衰减的,但可能存在特殊情况,某些建筑对声波的反射作用可能造成局部噪声增大。

1.7 多普勒效应

如果声源和接收点之间的位置是固定的,那么声源发出的声音的频率和接收点接收的声音的频率是一致的。如果声源相对于接收点的位置是移动变化的,那么接收点接收的声音的频率会发生变化。1842年的一天,奥地利一位名叫多普勒的物理学家经过铁路道口时,一列火车从他身旁驰过,他发现火车从远而近时汽笛声变大,但波长变短,频率变高;而火车从近而远时,汽笛声变小,但波长变长,频率变低。他对这个物理现象产生了极大兴趣,立马进行了研究。他发现,这是由于波源与观察者之间存在着相对运动,观察者听到的波长不同于声源波长的现象。这就是波长移动现象:当波源离观测者而去时,声波的波长增加;当波源接近观测者时,声波的波长减小。波长的变化同波源与观测者间的相对速度和声速的比值有关。这一比值越大,波长的改变就越显著,后人把它称为多普勒效应(Doppler Effect)。多普勒效应不仅仅适用于机械波,也适用于所有类型的波,包括光波、电磁波和引力波。

设声源固定,声源频率为 f_s,观察者以速度 v_r 相对于介质运动,则接收频率 f_r 为

$$f_r = \frac{c+v_r}{c} f_s = \left(1+\frac{v_r}{c}\right) f_s = \left(1+M_r\right) f_s \tag{1-57}$$

式中,M_r——观察者运动的马赫数,$M_r = \frac{v_r}{c}$。观察者接近声源时,v_r 和 M_r 为正值;观察者远离声源时,v_r 和 M_r 取负值。

设观察者固定,声源以速度 v_s 相对于介质运动,则接收频率 f_r 为

$$f_r = \frac{c}{c-v_s} f_s = \frac{1}{1-\frac{v_s}{c}} f_s = \frac{1}{1-M_s} f_s \tag{1-58}$$

式中,M_s——声源运动的马赫数,$M_s = \frac{v_s}{c}$。声源接近观察者时,v_s 和 M_s 为正值;声源远离观察者时,v_s 和 M_s 取负值。

一般运动声源,如汽车、普快火车的运动速度较慢,大多小于100 km/h(相当于28 m/s),多普勒效应对这类声源的影响较小。而对于磁悬浮列车(平均时速430 km,相当于120 m/s),以及大量开通的高速铁路(平均时速350 km,相当于100 m/s),迎面接近和远离而去因多普勒效应引起的声音频率差别可达一个倍频程。当高速列车迎面驶来时,与远离而去相比,声能频谱整体向高频移动约一个倍频程,即后者63 Hz与前者125 Hz的声压级相等,后者125 Hz与前者250 Hz的声压级相等,以此类推。列车声源的特点是随频率增加声压级降低,当发生频率移动时,也就是说迎面接近比远离而去时的运行噪声含有更多的高频成分,因大气吸收对高频声音更显著,所以迎面接近时接收点获得的声能要小。对京津城际高速铁路

350 km/h高速列车在运行状态下的噪声进行测定，一定条件下，列车迎面接近比远离而去时的等效噪声级小2 dB。

1.8 声源辐射的近场区和远场区

媒质中有声波存在的区域称为声场。自由场是指声场中只有直达声而没有反射声的声场。如果媒质是均匀、各向同性的，并且范围足够大，以至于边界的影响可以忽略不计，也没有任何障碍物的影响，这样的声场称自由声场。扩散场是由声波在一封闭空间内多次漫反射而引起的，它满足下列条件：①空间各点声能密度均匀；②从各个方向到达某一点的声能流的概率相同；③各方向到某点的声波相位是无规的。

声源是某种类型的振动源。当声源在自由声场中向周围媒质辐射声波时，声场中任何一点的声压是声源表面各点的振动辐射在这一点叠加的结果。在离声源表面很近的区域，表面各点的振动传播到某点的声压的振幅和相位有很大的差别，接收点的位置稍远一点，叠加的声压可能有较大不同。最重要的一个特点是：在很靠近振动表面的区域内，瞬时声压与质点振动的瞬时速度的相位不同，这个区域称为声源辐射的近场区；在离声源较远的区域内，瞬时声压与质点振动的瞬时速度的相位相同，这个区域称为声源辐射的远场区。

远场区与近场区的声场的特性有很大的不同，很重要的一个问题是如何判断近场区与远场区的分界，这是比较复杂的。不同形状的声源有不同的辐射特性。对于形状最为简单的平面圆形活塞声源，假定活塞直径为d，安装在无限大的平面上，经过计算，当传播距离r满足条件

$$\begin{cases} r \gg d \\ r \geqslant \dfrac{d^2}{\lambda} \end{cases} \tag{1-59}$$

时，可近似为远场区。式中，λ是声波波长。对于其他形状的声源，远场区条件的表示式要复杂些，但大致上都可按式(1-59)来估计。式中d可理解为声源的长度，即传播距离远大于声源的长度，实际上只要$r>d$即可近似满足；$r \geqslant d^2/\lambda$的条件说明，远场区条件与频率有关，频率高即波长短的声波，在更远距离处才满足远场区条件。

在任何封闭声场中，也存在近场区和远场区。如图1-13所示，在最靠近声源处是近场区，这里声源的线度对声场影响很大。远场区由两部分组成：离声源稍近的是自由场，这里直达声是主要的，没有反射表面干扰它的传播；远离声源部分是混响场，这里混响声是主要的，它由大量从各个方向的反射声波组成，场内的平均能量密度是相同的。

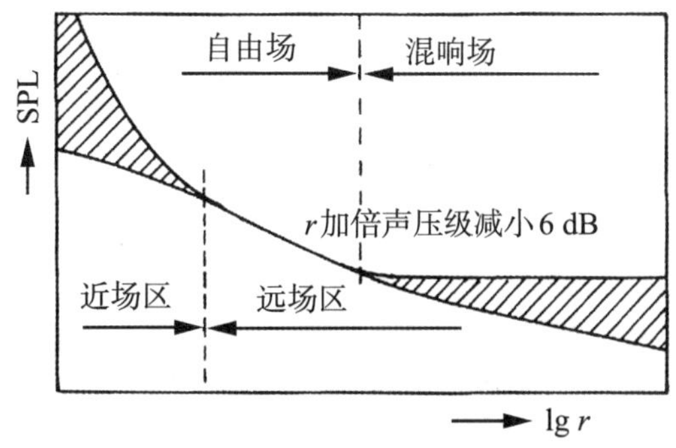

图1-13 房间中声压的变化

一般声学测量都在远场区进行，因为在近场区声压随位置变化很大且变化规律很复杂，而且瞬时声压与质点振动的瞬时速度不同相，难以从测得的声压值计算出声强。当然，在特殊情况下，也有利用近场条件进行声学测量的（例如对传声器和电话机的电声特性进行测量），但一定有专门说明。

第2章 噪声及其危害

2.1 噪声

2.1.1 无规噪声、白噪声和粉红噪声

噪声也是一种声音。声音的幅值随时间的变化图称为声波的波形。如果波形是正弦波，称为纯音,如1000 Hz声音就是指频率为1000 Hz的纯音。如果波形是不规则的或随机的,则称为噪声。如果噪声的幅值对时间的分布满足正态(高斯)分布曲线,则称为无规噪声。

白噪声的定义:用恒定频带宽度测量时,频谱连续并且均匀的噪声(如图2-1所示)。白噪声的功率谱密度(PSD)不随频率改变。或者说,如果在某个频率范围内单位频带宽度噪声成分的强度与频率无关,也就是具有均匀而连续的频谱,则此噪声称为白噪声。白噪声的幅值不一定满足正态分布,因此,白噪声不一定是无规噪声。描述信号的频谱除了用恒定频带带宽测量之外,还可以用等比带宽来测量,如倍频程。如果用倍频程来描述白噪声,则中心频率每增加一个倍频程,倍频带噪声的幅值增加3 dB(如图2-2所示)。

粉红噪声的定义:用正比于频率的频带宽度测量时,频谱连续并且均匀的噪声。粉红噪声的功率谱密度与频率成反比。对于粉红噪声而言,满足单位频带宽度的噪声强度以每升高一个倍频程下降3 dB的规律变化(如图2-1所示),在等比带宽内它是能量分布相等的连续谱噪声(如图2-2所示)。因此,粉红噪声的能量主要分布在中低频段。

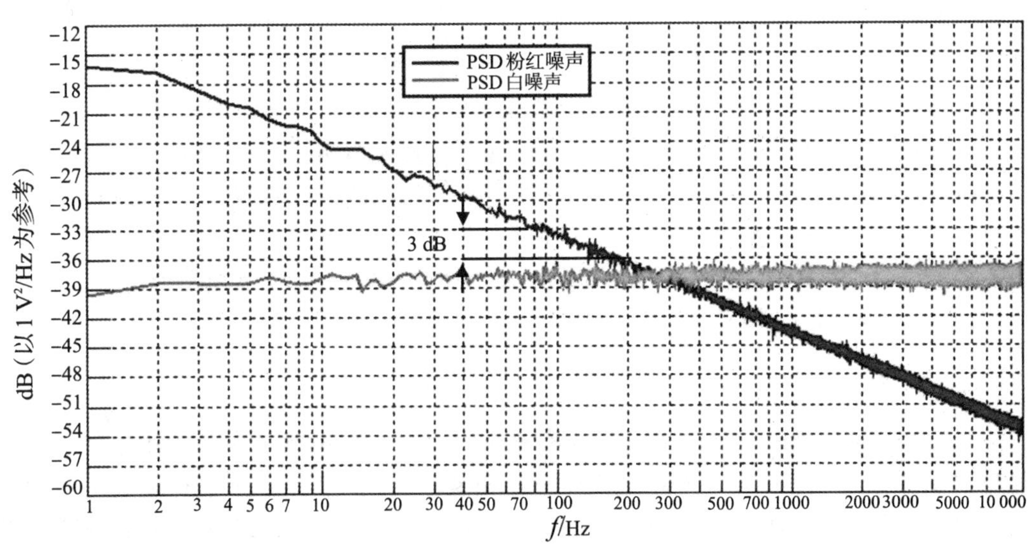

图2-1 恒定频带带宽下的粉红噪声和白噪声的PSD

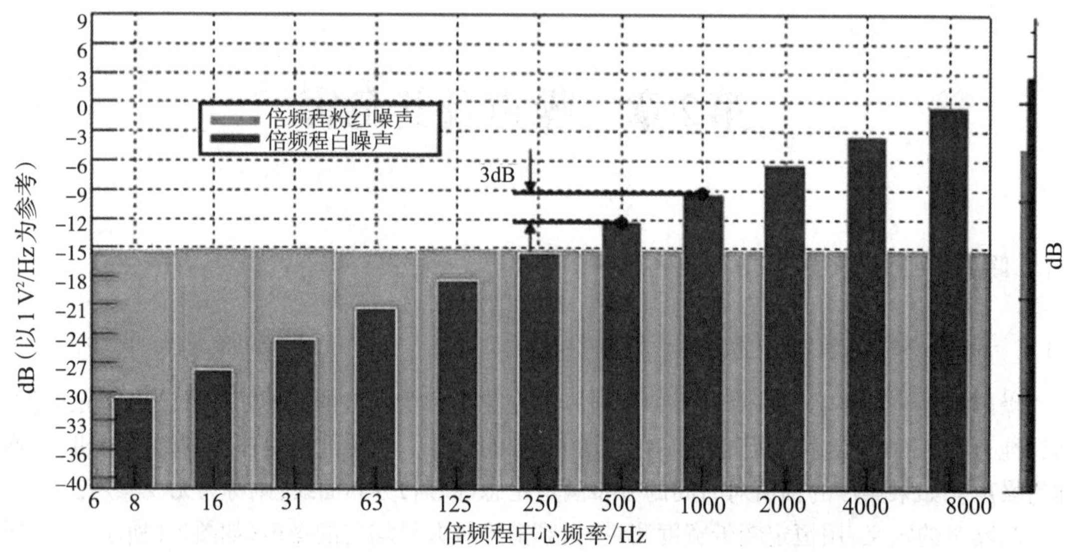

图2-2 倍频程（等比）带宽下的粉红噪声和白噪声的PSD

粉红噪声是最常用于声学测试的声音。利用粉红噪声可以模拟出比如瀑布或者下雨的声音。白噪声的应用领域之一是建筑声学，为了减弱内部空间中不希望出现的噪声（如人的交谈声），常使用持续的低强度噪声作为背景声音。白噪声制造了一个掩蔽效应（masking effect），相当于屏蔽了很多细小的外界声音变化，也就达到了一定的噪声消除作用。

2.1.2 噪声的声源特性

通常情况下，我们往往把那些不希望听见的声音称为噪声，如环境噪声等。钢琴声是乐声，但对于正在学习或睡觉的人就成了扰人的噪声。

按照声源的不同，噪声可以分为机械噪声、空气动力性噪声和电磁性噪声。机械噪声主要是由于固体振动而产生的。在机械运转中，由于机械撞击、摩擦、交变的机械应力以及运转中因动力不平均等原因，机械的金属板、齿轮、轴承等发生振动，从而辐射机械噪声，如机床、织布机、球磨机等产生的噪声。当气体与气体、气体与其他物体（固体或液体）之间做高速相对运动时，由于黏滞作用引起了气体扰动，就产生空气动力性噪声，如各类风机进排气、喷气式飞机、内燃机排气、储气罐排气所产生的噪声。爆炸引起周围空气急速膨胀所产生的噪声亦是一种空气动力性噪声。电磁性噪声是由于磁场脉动、磁致伸缩引起电磁部件振动而产生的噪声，如变压器产生的噪声。

2.1.3 噪声的时间变化特性

按照噪声的时间变化特性，可分为以下四种情况：噪声的强度随时间变化不显著，称为稳定噪声［如图2-3(a)所示］，如电机、织布机的噪声；噪声的强度随时间有规律地起伏，时大时小地周期性出现，称为周期性变化噪声［如图2-3(b)所示］，如蒸汽机车的噪声；噪声随时间起伏变化但无一定的规律，称为无规噪声［如图2-3(c)所示］，如街道上的交通噪声；如果噪声突然爆发又很快消失，持续时间不超过1 s，并且两个连续爆发声之间的间隔大于1 s，则称为脉冲噪声［如图2-3(d)所示］，如冲床噪声、枪炮噪声等。

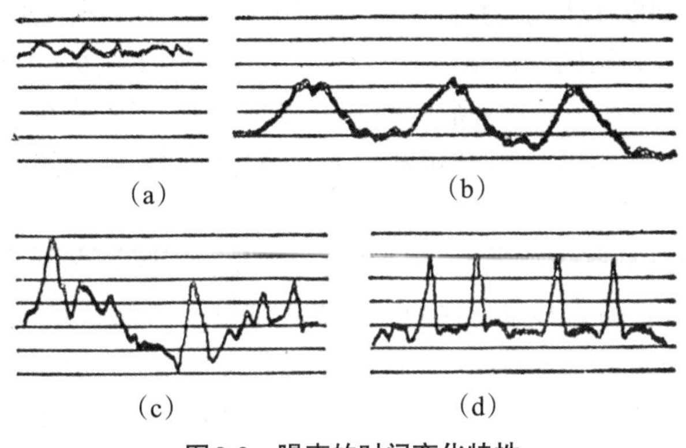

图2-3　噪声的时间变化特性

2.1.4　环境噪声

在工业生产、建筑施工、交通运输和社会生活中所产生的干扰周围生活环境的声音称为环境噪声。环境噪声在噪声研究中占有很重要的地位。它又可细分为交通运输噪声、工业噪声、建筑施工噪声和社会生活噪声。

交通运输噪声是指机动车、铁路机车车辆、城市轨道交通车辆、机动船舶、航空器等交通运输工具在运行时产生的干扰周围生活环境的声音。由于机动车辆的日益增多和超声速飞机的大量使用,运输工具(如汽车、拖拉机、火车、飞机等)产生的噪声成了环境噪声的主要污染源之一。

工业噪声是指在工业生产活动中由于机械振动、摩擦撞击及气流扰动产生的干扰周围生活环境的声音。在工业生产中,纺织厂的噪声在90 dB～106 dB,机械厂的噪声在80 dB～120 dB,大型球磨机、大型鼓风机产生的噪声在130 dB以上,这是造成噪声性耳聋的主要原因,直接对生产工人带来危害。

建筑施工噪声是指在建筑施工过程中产生的干扰周围生活环境的声音,它是由于建筑工地使用各种打桩机、搅拌机、切割机等施工机械引起的噪声。

社会生活噪声是指人为活动产生的除工业噪声、建筑施工噪声和交通运输噪声之外的干扰周围生活环境的声音。社会活动噪声也是普遍存在的,例如为了宣传活动或在街道、广场、公园等公共场所组织开展娱乐、健身等活动而过量地使用高音喇叭,就会产生令人烦恼的噪声。在社会生活中,不当地使用收音机、录音机、电视机,在很多情况下也会成为一种对邻居产生干扰的噪声源。使用空调、电风扇、电冰箱、洗衣机、油烟机等家用电器,如设计制造不合理或安装使用不当,亦会成为噪声源。楼房里安装的冷却塔、水泵、风机、电梯、发电机、变压器、锅炉、装卸设备等也可能产生社会生活噪声。在已竣工交付使用的住宅楼、商铺、办公楼等建筑物进行室内装修活动,甚至在乘坐公共交通工具、饲养宠物和进行其他日常活动时,都可能产生噪声而对周围人员造成干扰,引起噪声纠纷。

2.2　噪声的频谱

实际上,任何机器运转时的噪声都不是一个频率的声音,它们是从低频到高频的无数频率声音的大合奏。有的机器高频率的声音多一些,听起来高亢刺耳,如电锯、铆钉枪,它们辐射的主要噪声频率在1000 Hz以上，我们把这种噪声称为高频噪声。有的机器低频率的声音多一些，如空压机、汽车，辐射的噪声低沉有力，其主要噪声频率在500 Hz以下，我们把这种噪声称为低频噪声。而8-18型、9-27型高压风机的噪声主要频率成分在500 Hz～1000 Hz范围内，我们称这种噪声为中频噪声。有的机器较为均匀地辐射从低频到高频的噪声，如纺织机噪声，我们称之为宽频带噪声。

噪声的主要特点是：具备一定强度，用声压表示；具有不同频率成分，用频谱表示。机器噪声之所以可以区分就是因为其具备这两个特点。把每一部机器的所有频率成分的声压一一分析出来，虽然技术上可以办得到，但并没有太大必要。为了方便，并根据人耳对声音频率变化的反应，把人耳可听到的频率范围分成数段，再按每段内的声音强度进行分析。通常可以使用滤波器把一段一段的频率成分选出来进行测量，这种滤波器只允许一定范围的频率成分通过，其他频率成分被衰减掉。

在声学测量中，常常使用带通滤波器。带通滤波器只允许一定频率范围（通带）内的信号通过，高于或低于这一频率范围的信号不能通过。图2-4中的虚线画出了理想带通滤波器的幅度特性，在 f_1 至 f_2 频率范围（通带）内信号不衰减，f_1 以下及 f_2 以上频率范围（阻带）信号全部被衰减到0。f_1 和 f_2 分别称为滤波器的下限截止频率和上限截频率。但是，实际滤波器在通带内不可能没有衰减，在阻带内亦不可能衰减到0。图2-4亦画出了实际滤波器的幅频特性（实线）。一般认为，实际滤波器的幅频特性降低到0.707（–3 dB）时为其通带范围，即在截止频率 f_1 和 f_2 处幅度衰减到0.707，即所谓半功率点。

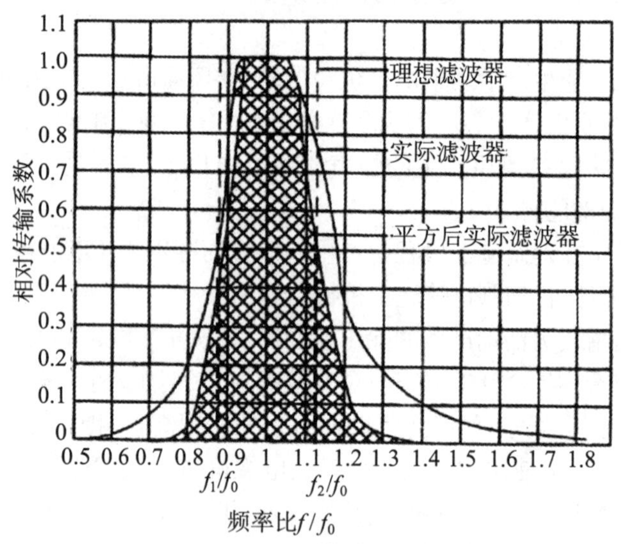

图2-4 滤波器的幅度频率特性

带通滤波器又分为恒带宽滤波器和恒百分比带宽滤波器。恒带宽滤波器是指每一个滤波器的带宽是恒定的，例如6 Hz、10 Hz；而恒百分比带宽滤波器是指每一个滤波器的带宽是恒定的百分比，例如3%、10%。如图2-5(a)所示，频率轴为线性频率刻度，恒带宽滤波器从低频到高频都具有相等的宽度，而恒百分比带宽滤波器则是低频时宽度很窄，频率越高，宽度就越宽。如图2-5(b)所示，频率轴为对数频率刻度，恒带宽滤波器在低频时宽度很宽，频率越高，宽度就越窄，而恒百分比带宽滤波器则是从低频到高频都具有相等的宽度。

恒带宽分析通常采用线性频率刻度，适用于周期信号的分析和波形失真分析，现在经常使用的FFT（快速傅里叶变换）分析就是一种恒带宽频谱分析；恒百分比带宽分析所得频谱的频率轴采用对数刻度，具有较宽的频率覆盖，能兼顾低频和高频频段的频率分辨率，适用于噪声类随机信号的连续形式的谱密度分析。

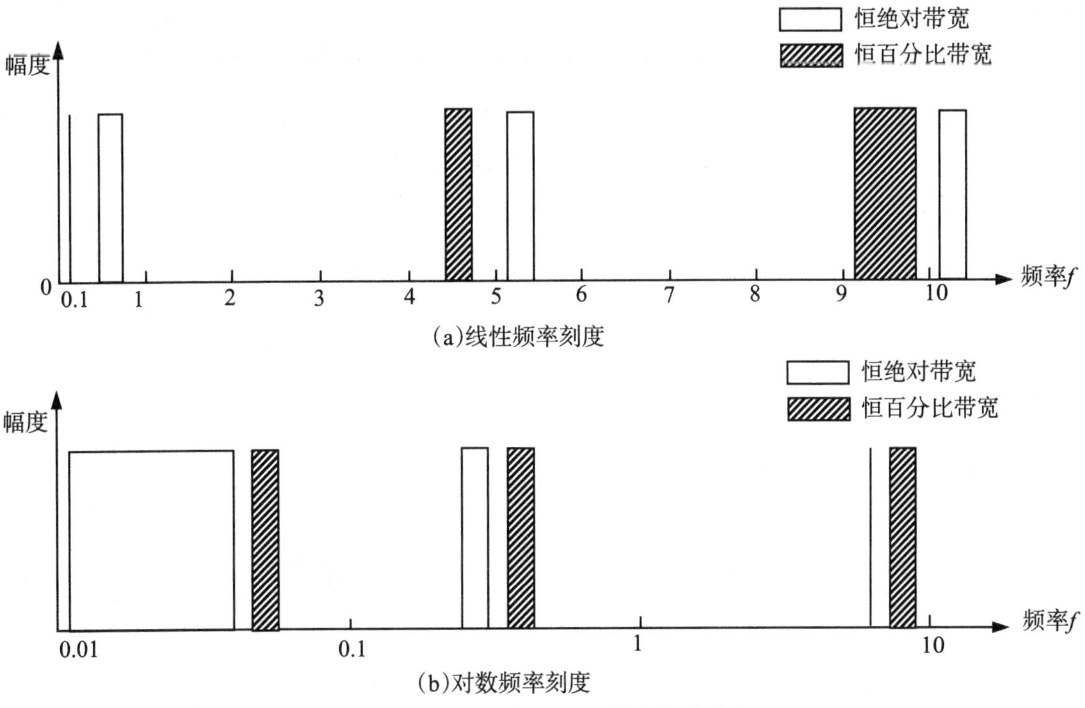

图2-5 恒带宽和恒百分比带宽频谱对比

倍频程和1/3倍频程滤波器是常用的恒百分比带宽滤波器。所谓一个倍频程，就是上限频率f_2比下限频率f_1高一倍，例如从707 Hz～1414 Hz就是一个倍频程。在音乐乐谱中，1与$\dot{1}$，2与$\dot{2}$之间均差一个倍频程。所以倍频程又叫音程，在音乐中又叫高八度。但是1/3倍频程并不是上限频率比下限频率高1/3倍，而是上限频率为下限频率的$2^{1/3}=\sqrt[3]{2}=1.26$倍。一般来说，$f_2/f_1=2^n$，式中n既可以是整数，也可以是分数，既可以是正数，也可以是负数。当n是正数时，表示f_2比f_1高；当n是负数时，表示f_2比f_1低。n=1即为1倍频程，n=1/3即为1/3倍频程。知道了f_2和f_1就可以知道其中心频率f_0，即

$$f_0=\sqrt{f_1 f_2} \tag{2-1}$$

同样，知道了f_0就可以求出f_1和f_2。对于倍频程来说，$f_2=\sqrt{2}\,f_0=1.414f_0$，$f_1=(1/\sqrt{2})\,f_0=0.707f_0$。对于1/3倍频程，$f_2=\sqrt[6]{2}\,f_0=1.123f_0$，$f_1=(1/\sqrt[6]{2})\,f_0=0.89f_0$。

为了统一，国际标准化组织（ISO）规定了倍频程和1/3倍频程的中心频率。倍频程的中心频率及频率范围见表2-1所列。由表2-1可以看出，10个倍频程包括了声频的整个频率范围。

表 2-1 倍频程的中心频率及频率范围

中心频率/Hz	31.5	63	125	250	500
频率范围/Hz	22.4～45	45～90	90～180	180 ～354	354～707
中心频率/Hz	1000	2000	4000	8000	16 000
频率范围/Hz	707～1414	1414～2828	2828～5656	5656～11 212	11 212～22 424

以中心频率(Hz)为横坐标，以声压级(dB)为纵坐标，作出噪声按倍频带或1/3倍频带的声压分布图，就可通观噪声的特性，这个方法称为噪声的倍频带或1/3倍频带频谱分析。

图2-6和图2-7分别画出了两种机器的倍频带和1/3倍频带噪声频谱。

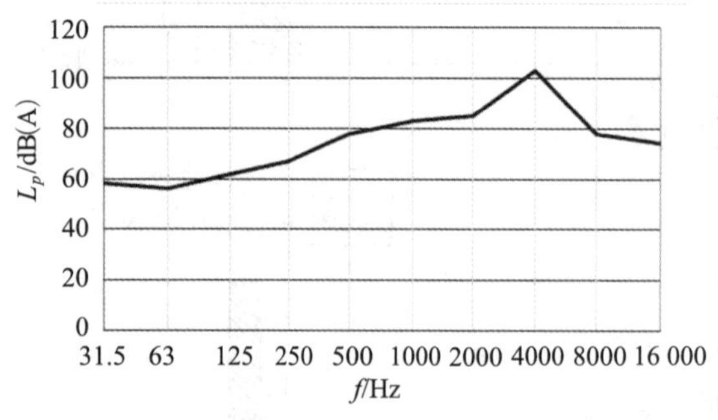

图2-6 圆电锯的噪声频谱（倍频带）

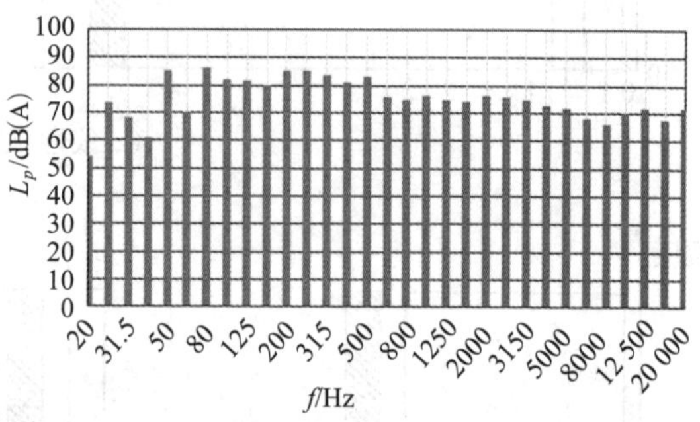

图2-7 空压机电动机噪声频谱（1/3倍频带）

在噪声控制工作中，了解噪声源的频谱很重要。降低不同频率成分的噪声，采用的控制方法及选用的声学材料也不一样。对症下药，才能有效合理地降低噪声。

在噪声测量与频谱分析中，利用倍频程和1/3倍频程滤波器或实时信号分析仪测得倍频程和1/3倍频带声压级后，可以由它们计算合成的A声级。

以倍频带声压级为例，设各个倍频带声压级为 L_{p_i}，那么合成A声级为

$$L_A = 10\lg\left[\sum_{i=1}^{n} 10^{0.1(L_{p_i}-\Delta L_i)}\right] \tag{2-2}$$

式中，n——总倍频带数；

ΔL_i——第 i 个倍频带的A频率计权修正值，单位为dB。修正值可从本手册的表6-18中A计权值查得。

1/3倍频带声压级可按同样方法进行计算。如果仪器已经对各频带声压级进行计权，就不要再对 L_{p_i} 进行频率计权修正。

现在的声学仪器大都已经数字化，它们已经在测量频带声压级的同时，自动计算合成或直接同时测量并显示A声级以及C声级和Z声级，所以一般不需另行计算。

2.3 噪声的危害

2.3.1 噪声对听力的损伤

如果我们短时间处于高噪声环境中，会产生双耳难受、头痛等不舒服症状，过一段时间这些症状又会消失，但双耳会嗡鸣，此时听力一般损失15 dB。休息几小时后，我们的听力会逐渐恢

复。这种情况则叫暂时性听力损伤(又称听阈偏移、听觉疲劳),听觉器官未受到器质性损害。

如果长期在高噪声环境下工作,日积月累,内耳器官会发生器质性病变,听觉疲劳不能恢复,发展成为永久性听阈偏移,这就是噪声性耳聋。

如何确定为耳聋?国际标准化组织规定,在500 Hz、1000 Hz、2000 Hz三个倍频程内听阈提高的平均值在25 dB时,即认为听力受到损伤,又叫轻度噪声性耳聋。

噪声性耳聋与噪声强度、频率以及作用时间的长短有关。强度越大,频率越高,作用时间越长,噪声性耳聋的发病率就越高。工人在85 dB(A)环境下工作15年,发病率为5%,90 dB为14%,105 dB则在50%以上。如达到120 dB,即使作用时间短也会对人造成永久性听力损伤。当达到140 dB时,听觉器官会发生急性创伤,鼓膜破裂出血,双耳突然失聪,这是一次性使人耳聋的恶性噪声性耳聋。

噪声性耳聋分两种情况:一是机械传导性耳聋,由外耳道阻塞,耳鼓或听觉系统损坏或功能降低引起;二是神经感觉性耳聋,由耳蜗中听觉神经功能衰退引起,也可由传导神经和大脑听觉中枢功能的降低引起。

噪声性耳聋有两个特征:一是有一个持续积累的过程,一开始感觉不明显,容易被忽视;二是不能被治愈。

2.3.2 噪声对人体健康的影响

(1) 作用于人的中枢神经系统,引起头痛、脑胀、耳鸣、失眠、全身无力、神经官能症。

(2) 引起消化不良、食欲不振、恶心呕吐,导致肠胃病和溃疡病。

(3) 引起心跳加快、心律不齐、血压升高、动脉硬化、冠心病。

(4) 视力减退、眼花,使劳动生产率下降。

(5) 影响内分泌功能,影响胎儿正常发育,以及影响胎儿的听觉器官。机场噪声无论大小对儿童健康都有不良影响,会引起儿童的血压升高和紧张荷尔蒙凝聚度显著上升。

2.3.3 噪声对正常生活和工作的干扰

(1) 影响睡眠。40 dB(A)连续噪声使10%的人睡眠受到影响,70 dB(A)影响达50%。突发噪声40 dB(A),可使10%的人惊醒,60 dB可使70%的人惊醒。我国大城市的城市道路的汽车噪声(70 dB～85 dB)、火车噪声(75 dB)、飞机噪声(95 dB～120 dB)、工厂噪声(60 dB～70 dB)、建筑施工噪声(80 dB～90 dB),均会影响居民的睡眠。

(2) 影响交谈和通信。通常谈话声不大于70 dB,大声谈话可达85 dB,当噪声级与谈话声级相接近时,正常交谈会受到干扰。噪声级比谈话声级高10 dB以上时,谈话声会被完全掩蔽。一般65 dB的噪声就会干扰普通谈话,必须提高嗓门或相互靠近才能交谈。如果噪声级超过90 dB,大声喊叫也听不清。

(3) 影响工作。噪声会分散人的注意力,使人容易疲劳、反应迟钝,从而影响工作效率,使工作差错率增高。上课时受噪声干扰,教师要提高嗓门,使劳累增加;学生注意力分散,影响学习效果。

(4)特强噪声能损害仪器设备和建筑物。噪声引起仪器设备振动,噪声超过135 dB时,会使电子仪器发生故障;超过150 dB时,元器件可能损坏。在特强噪声作用下,材料或结构会产生疲劳而断裂——声疲劳现象。噪声超过140 dB,如超音速飞机低空掠过时引起的轰声,会使建筑物门窗损坏、墙面开裂、屋顶掀起、烟囱倒塌等。

《中华人民共和国噪声污染防治法》中对噪声的定义是：噪声是指在工业生产、建筑施工、交通运输和社会生活中产生的干扰周围生活环境的声音。噪声污染，是指超过噪声排放标准或者未依法采取防控措施产生噪声，并干扰他人正常生活、工作和学习的现象。而因从事本职生产经营工作受到噪声危害的防治，适用劳动保护等其他有关法律的规定。

2.4 低频噪声

在GB/T 3222.2—2022《声学　环境噪声的描述、测量与评价　第2部分：声压级测定》中，将低频噪声定义为包含有在1/3倍频带16 Hz～200 Hz范围内频率成分的声音。该标准并指出，有研究表明，低频声的人体感受及影响与中高频声音相比有显著差异。这些差异的主要原因有：

(1)当声音频率在60 Hz以下时，对有调声的感觉随频率的降低而变弱；

(2)声音的感觉有如脉动和起伏；

(3)当声压级增加时，低频响度和烦恼度比中高频提高得更快；

(4)关于耳压感觉的抱怨；

(5)诸如建筑构件、门窗的颤振声或者小摆设的叮当声的二次效应造成的烦恼度；

(6)低频声在建筑结构中的传声损失小于中高频。

因为强低频声产生的烦恼度比用A计权声级评价预期的要大，为了评价强低频声，宜修改评价方法。测试位置要改变，频率计权方式也要改变。

生活中低频噪声按传播途径主要分为两大类：结构传播噪声和空气传播噪声。

空气传播噪声主要是指通过窗户从外面传进户内的低频噪声。

结构传播噪声，也叫固体声，主要是指安装在大楼内的变压器、水泵、中央空调主机通过居住大楼的基础结构大梁、承重梁、地板、墙体等以振动的形式在建筑物结构内传播，再对外辐射出的噪声传导到各家各户。有两种情况可以产生结构传播噪声：一是声波入射到建筑结构上时，激发结构本身振动，再向外辐射声音；二是声源以振动直接激发结构振动，并以弹性波的形式在结构中传播，在传播过程中再向周围辐射声音。图2-8显示了离心机和轴流风机结构传播噪声的途径。

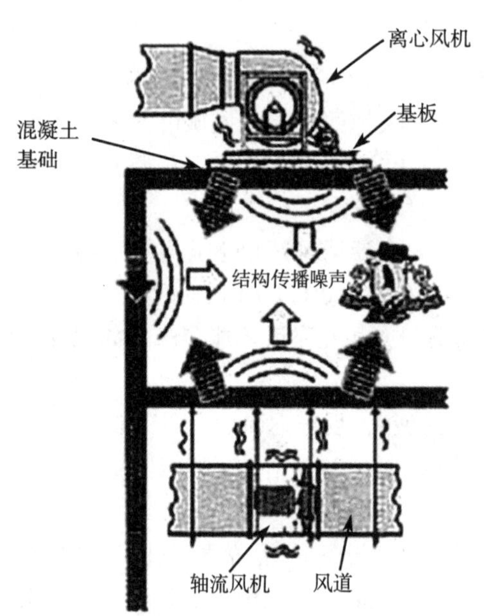

图2-8　离心机和轴流风机结构传播噪声

这种结构噪声低频丰富、传播距离远、影响范围大，往往造成室内监测的A声级噪声并不高，但是住户却感觉很不舒服。单纯用A声级来评价低频成分丰富的噪声，其结果往往与人们的主观感觉相差较大。因此，对于结构传播噪声已经有国家标准和行业标准规定其限值和测量方法。

例如，在JGJ/T 170—2009《城市轨道交通引起建筑物振动与二次辐射噪声限值及其测量方法》中规定，测量16 Hz～200 Hz范围内的A计权等效压级作为轨道交通沿线建筑物室内二次辐射噪声测量的量。而在GB 12348—2008《工业企业厂界环境噪声排放标准》和GB 22337—2008《社会生活环境噪声排放标准》中规定，一方面要用A计权等效声级评价，同时要测量31.5 Hz、63 Hz、125 Hz、250 Hz和500 Hz 5个倍频带声压级，并给每个频带声压级规定了噪声排放限值，这样它覆盖的频率范围就是22.4 Hz～707 Hz。我国台湾地区则是以20 Hz～200 Hz频率范围的A计权声级作为评价标准。

浙江大学环境污染控制技术研究所曾在杭州市典型的居住区对其配套设备噪声源用声学仪器进行测试分析。测试结果表明，在居民住宅中，以低频噪声为主的噪声源主要有水泵、电梯、变压器、中央空调(如冷却塔和热泵等)及交通噪声等。低频噪声成为城市居住区中影响最大的噪声源，相关扰民投诉呈增长之势。

低频噪声与高频噪声不同，高频噪声随着距离增加或遭遇障碍物，衰减较快，而低频噪声由于波长较长，穿透能力极强，衍射性能比较好，比较容易绕过障碍物，衰减得比较慢，经较长距离奔袭和穿墙透壁后直入人耳。如果人长期受到低频噪声的袭扰，容易产生头痛、失眠等不适反应。不少低频噪声往往从分贝数看，并不高，也没超标，但是由于低频噪声具有较大的烦恼度，因此经常出现分贝数不高但噪声扰民仍较突出的情况。

卢庆普、罗钦平根据长期环境噪声测量评价的工作实践，在研究了大量的通过结构传播噪声或空气传播噪声引起的室内外声环境质量问题个案的基础上，参考了国内外有关声环境质量评价的方法，从理论的研究到实际案例的反复验证，提出了一套室内低频噪声污染的测量和评价方法。这为几个涉及结构传播固定设备噪声的国家标准和技术规范提供了理论和实践依据。这套测量和评价方法包括A声级和倍频带声压级的评价量及限值，并明确地提出了判断影响评价地点噪声污染主要噪声源的判据。判据介绍如下：

(1)A声级的判据(这一条仅作参考)：主要噪声源运行与停止运行时，评价地点A声级的差异至少应大于3 dB(A)；

(2)倍频带声压级的判据(这一条是充分必要条件)：主要噪声源运行与停止运行时，评价地点噪声频谱中存在一个或若干个倍频带中心频率对应声压级的差异大于5 dB。

根据上述方法能对造成敏感建筑室内噪声污染问题的主要噪声源及污染特征、传播方式做出客观的分析，实现了对室内噪声污染问题主客观一致的评价，也同时为实现噪声污染主客观一致的治理目标奠定了基础。

该测量和评价方法对解决通过空气传声造成的噪声污染事件同样有效。目前，该测量和评价方法已经为各地环保部门、建设单位、环保产业、法院等单位提供了相应的服务，成功地解决了各种各样的噪声污染投诉事件。该方法获得了国家发明专利，详见本书参考文献[11]。

低频噪声的防治方法，对于结构传声，可在安装电梯、变压器、水泵等时加上减振措施，最好将变压器、水泵安装在户外；对于空气传声，可以在房屋的窗口上安装通风隔声窗。

2.5　次声及其危害

次声是指频率低于20 Hz的声音。次声学是研究次声波在媒质中的产生、传播、接收及其效应和应用的科学。自然界和人类活动中广泛存在着次声波。自然界中，海上风暴、火山爆发、大陨石落地、海啸、电闪雷鸣、波浪击岸、水中漩涡、空中湍流、龙卷风、磁暴、极光等都可能伴有次声波的发生。人类活动中，大炮发射、导弹飞行、核爆炸、轮船航行、汽车急驰、高楼和大桥摇晃，甚至像鼓风机、搅拌机、扩音喇叭等，也都能产生次声波。人们正是通过次声波引发的破坏现象逐步认识它的神奇威力的。

由于次声波的频率很低，所以大气对次声波的吸收系数很小，因而其穿透力极强，可传播至极远处而能量衰减却很少。10 Hz以下的次声波可以跨山越洋，传播至数千千米远。1883年夏季，印尼的喀拉喀托火山发生大爆发，岩浆喷发激起的强大次声波绕了地球3周，历时108小时，在离火山几万千米的观测站测到了它，这是世界上首次记录的次声波。1986年1月29日0时38分，美国航天飞机“挑战者”号升空爆炸，产生的次声波历时12小时53分钟。通常的隔音吸音方法对穿透力特强的次声波作用极微。而7 Hz的次声波用一堵厚墙也挡不住，它甚至可以穿透十几米厚的钢筋混凝土。

次声波具有较大的破坏性，能使机器设备破裂、飞机解体、建筑物遭到破坏等。高空大气湍流产生的次声波能折断万吨巨轮上的桅杆，能让飞机四分五裂；地震或核爆炸所激发的次声波能将高大的建筑物摧毁；海啸带来的次声波可将岸上的房屋毁坏。1948年，一艘名为“乌兰格梅奇号”的荷兰货船，在通过马六甲海峡时，突然遇到海上风暴，当救助人员赶到时，船上所有人员都莫名其妙地死了。后经科学家们调查发现，造成这场海难的罪魁是风暴与海面惊涛引起的次声波。有人把神秘莫测的百慕大三角区发生的悲剧也归咎于该地区的次声波。

由于人体各部位都存在细微而有节奏的脉动，这种脉动频率一般为2 Hz～16 Hz，如腹部内脏的固有频率为4 Hz～6 Hz，头部为8 Hz～12 Hz等。人体的这些固有频率正好在次声波的频率范围内，一旦大功率的次声波作用于人体，就会引起人体各部位强烈的共振，从而对人体造成极大的伤害。许多住在高层建筑物中的人，在有暴风时会感到头晕恶心，这就是次声波作怪的缘故。如果次声波的功率很强，人体受其影响后，便会呕吐不止、呼吸困难、肌肉痉挛、神经错乱、失去知觉，甚至因内脏血管破裂而丧命。经反复研究，科学家们普遍认为，次声波强度在140 dB左右，即使作用时间较短也会引起人体内脏器官的机能发生改变；当上升到150 dB时，则会引起人体内某些器官的病变；如强度再升高，不仅会有生理、病理方面的明显变化，甚至会导致人身伤亡。因此把150 dB的声压级定为人体承受次声波的安全极限。次声武器就是利用频率低于20 Hz的次声波与人体发生共振，使共振的器官或部位发生位移和变形而造成人体损伤以至死亡的一种武器。

2.6 超声及其危害

频率高于20 000 Hz的声波称为超声波。超声波具有如下特性：

——方向性好(几乎沿直线传播)，能量易于集中，可传递很强的能量；

——穿透能力强，可在气体、液体、固体、固溶体等介质中有效传播，且传播距离远；

——在媒质中传播时能产生巨大的作用力，如在液体介质中传播时，可在界面上产生强烈的冲击和空化现象；

——也会产生反射、干涉、叠加和共振现象。

超声波是一种波动形式，它可以作为探测与负载信息的载体或媒介(如B超利用此特性用作诊断);同时,超声波又是一种能量形式,当其强度超过一定值时,它就可以通过与传播超声波的媒质的相互作用,去影响、改变甚至破坏后者的状态、性质及结构(常利用此特性用作加工和治疗)。

目前,超声波已经被广泛地应用于工业上的超声波探伤、超声波清洗、超声波粉碎、超声波焊接、超声波切削、物质结构的分析,以及医学上的治疗、诊断等方面。

虽然我们听不到超声波,但是人体器官依旧会接受、反应这种震波。超声波是一种能量,传导到人体中必然会产生某种效果。几十年前,科学家在研究声音对人体的影响时发现了超声波对内脏器官的有害作用。正常的超声检查对人体基本没有危害,其穿透能力很弱。如长期接触强度较高的超声波就会对人体,特别是对大脑产生损害,使人出现耳鸣、心悸、头晕、恶心等症状,严重可致死。其危害程度取决于超声波的功率、距离和作用时间。

低剂量的超声波是潜在的致癌与致畸形的因素,而且不同频率、不同声强对不同个体有不同危害。因为超声波对固体和液体都有很强的穿透力,能量较大时可以使物质微粒做高频振动,部分能量还可以转变为热能,使局部温度升高。高强度的脉冲超声波在含有微米级小气泡的液体中传播时,可导致气泡收缩、膨胀以至猛烈爆炸,这种现象称为空化现象。美国著名超生物物理专家卡斯坦森指出,某些临床使用的超声图像诊断仪的最大输出强度已达1 kW/cm^2,这个强度足以使生物体产生瞬态空化现象。对生物体来说,瞬态空化作用时,靠近爆炸气泡附近的细胞会受到损伤。

医学上诊断用的B超,是根据超声波遇到物体反射成像的原理研制出来的。探头放在人体表面,产生进入人体的超声波,也接收反射回的超声波,经过处理,便产生了相应的图像。而超声波在生物组织中传播,就会对生物组织产生作用。从根本上来说,超声波对于生物组织的效应是物理作用,大体上可分为热效应和机械效应。当超声波在介质中传播时,它的部分能量会经过摩擦、热传导等过程不断转化为热能,使介质的温度升高,温度的升高会使组织产生很多变化。同时,大幅度的超声波产生的机械效应,可能造成生物组织断裂和粉碎。因而从这个意义上来说,超声波对生物组织不是绝对安全的,会对其产生一定的危害。但是医用超声波只要操作得当,对人体基本无害。

当工作需要用超声加工处理零件或材料时,长期接触这些零件与材料,可能会出现手指刺痛、麻木或发冷、手部体温不对称等周围神经及末梢血管的局部危害;长时间暴露于高能量超声环境下,可能会出现头晕目眩、睡眠不佳、听力下降及前庭功能紊乱等身体危害。

长期接触超声波的人群多为工人,若工作环境混杂有高频噪声,工人应对自身进行防护,如佩戴防噪声护耳器和防噪声耳塞,安装防护帘或者防护罩等。必要时使用隔绝超声传递的手套和手柄,避免身体直接与超声发射器接触。在应用超声波仪器时,在不影响其使用效果的条件下,应尽量降低超声波的功率。

不过,至今还没有类似噪声的关于超声危害的国际或国家标准,所以以上观点仅供参考。

2.7 脉冲噪声

脉冲噪声也是我们经常遇到的噪声。脉冲噪声可以是单次的,如炮击声;也可以是连续发生的,如冲压声、铆钉声、机枪声等。引人注意的脉冲噪声,主要是强度较大的声音。这类声音可以致人听力损失,引起神经系统和心血管系统功能损害。而且,脉冲噪声的危害比稳态噪声的大，这是由于脉冲噪声的冲击特性引起的。接触噪声的声级、时间等相同时，接触暴露脉冲噪声的工人耳聋、高血压及中枢神经系统功能异常等的发病率均较接触稳态噪声的工人高。

GB/T 3947—1996《声学名词术语》中对脉冲声的定义为：短促的声音，由正弦波的短波列或爆炸声形成。

GB/Z 2.2—2007《工作场所有害因素职业接触限值》中对脉冲噪声的定义为：噪声突然爆发又很快消失，持续时间≤0.5 s，间隔时间＞1 s，声级有效值变化≥40 dB的噪声。

GB/T 3222.1—2022《声学　环境噪声的描述、测量与评价　第1部分：基本参量与评价方法》中对脉冲声的定义为：具有声压猝增特征的声音。单个脉冲声的持续时间一般小于1 s。

对于一般脉冲噪声，以前用具有I(脉冲)时间计权的声级计测得的脉冲声级进行评价，并在IEC 179A：1965《精密脉冲声级计》和IEC 651：1979《声级计》(对应GB 3785—83)中规定了I时间计权的特性要求。但是IEC 60672-1：2002《电声学　声级计　第1部分：规范》(对应GB/T 3785.1—2010)的附录C中指出："通过各种调查研究已经确定，时间计权I不适宜于评价脉冲声的响度，也不适宜于估计听力损失的危险率，也不能确定声音的'脉冲度'。因为可能得到令人误解的结果，所以不推荐时间计权I用于上述目的。可是时间计权I已在一些文献中被引用，考虑历史的原因，时间计权I被包括在本资料性附录中。"而在IEC 60672-1：2013的附录中也不再列入时间计权I，而是规定了C计权峰值声压级(峰值C声级) L_{Cpeak} 的特性要求。现在通常使用C计权峰值声压级 L_{Cpeak} 来评价脉冲噪声。

GB/T 3222.1—2022中另外定义了以下三种脉冲声源，这三种类型的脉冲声与人们的反应有很好的相关性。

高能脉冲声源(high-energy impulsive sound source)是指相当于50 g TNT(2,4,6-三硝基甲苯，一种烈性炸药)当量以上的爆炸源或特性及侵扰程度与之相当的声源。例如，采石与采矿的爆炸声、轰声，应用烈性炸药的爆破或工业生产过程，爆炸性的工业电路断路器，军用兵器(如装甲车、大炮、迫击炮、炸弹、火箭与导弹的起爆点火)。而轰声声源包含诸如飞机、火箭、火炮炮弹、装甲车炮弹及其他类似声源。这类声源不包含由小型武器射击及其他类似声源发出的短持续时间轰声。

强脉冲声源(highly impulsive sound source)是指具有高脉冲性及高侵扰度的所有声源。例如，小型武器射击、锤打钢铁或木头、射钉枪、落锤、打桩机、落锤锻造、冲床、气锤、路面破碎或铁路场站调车作业时的金属撞击等均属于这类声源。

常规脉冲声源(regular impulsive sound source)是指强脉冲声源与高能脉冲声源之外的脉冲声源。例如，汽车关门声、户外球类如足球或篮球等运动发出的声音以及教堂里的钟声。飞快驶过的低空飞行的军用飞机发出的声音也可归入此类声源。此类声源包括有时被描述为脉冲声但通常不认为是强脉冲声的声源。

GB/T 3222.1—2022的附录B高能脉冲声，是基于德国、荷兰和美国发表的研究，以及美国国家研究委员会听觉、生物声学和生物力学委员会(CHABA)1996年对上述研究的综述。

对于单个事件高能脉冲声，基本描述量采用C计权暴露声级 L_{EC} 来表示。

对于每个高能脉冲单一事件下经过修正的评价暴露声级 L_{RE}，可根据式(2-3)和式(2-4)由C计权暴露声级 L_{EC} 计算得到，单位为dB。

$$L_{RE}=2L_{EC}-93,\text{当 } L_{EC}\geqslant 100\ \text{dB时} \tag{2-3}$$

$$L_{RE}=1.18L_{EC}-11,\text{当 } L_{EC}<100\ \text{dB时} \tag{2-4}$$

式(2-4)仅限定于70 dB以上的声级，低于这个声级的能量已不是高能，因此不再与人的反应相关。

评价声级与高能脉冲声C计权暴露声级的函数曲线如图2-9所示。两条曲线在C计权暴露声级为100 dB时相交。交点处的评价暴露声级为107 dB。

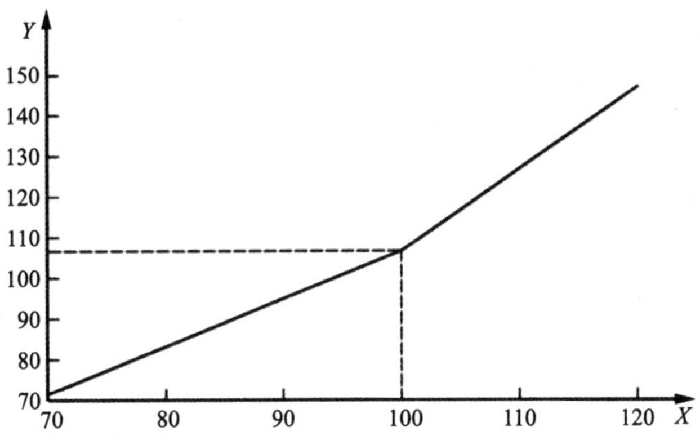

X—C计权暴露声级 L_{EC}；

Y—评价暴露声级 L_{RE}。

注：虚线表示 L_{EC} 等于100 dB时，两条曲线在C计权暴露声级等于100 dB处相交。

图2-9 评价声级与高能脉冲声C计权暴露声级的函数

根据现场和实验室真实声信号的数据，建立了两个评价从小型枪械到中大型口径(如35 mm)和大型口径(如155 mm)所有武器范围枪炮声的相关模型。每个模型都采用了A计权声级、C计权声级以及两者之差这三个参量。类似于基于响度函数的方法，它们本身对频谱成分比单独的A计权声级更敏感。

其中一种模型的基本方程如式(2-5)所示，单位为dB。

$$L_{RE}=1.40L_{EC}-0.92(L_{CFmax}-L_{AFmax})-21.9 \tag{2-5}$$

这个模式使用了F时间计权的C计权与A计权的最大声压级之差，以及C计权暴露声级。

在另一种模型中，基本方程如式(2-6)所示，单位为dB。

$$L_{RE}=L_{EA}+12+0.015(L_{EC}-L_{EA})(L_{EA}-47) \tag{2-6}$$

这里使用了两个参量：一个是C计权暴露声级与A计权暴露声级之差，另一个则是A计权暴露声级。然而，A计权暴露声级难以满足远处枪声的测量要求，故实际测试中需要一个适宜的传播模型。

第3章　噪声的评价

3.1　响度级和响度

声压和声强都是客观物理量，声压越高，声音就越强，声压越低，声音就越弱，但是它们不能完全反映人耳对声音的听觉感受，即人耳听觉系统的感知特性。

人耳对声音的感觉不仅和声压有关，也和频率有关。一般地，人耳对高频声音感觉灵敏，对低频声音感觉迟钝，而声压级相同而频率不同的声音听起来可能不一样响。为了既考虑到声音的物理效应，又考虑到声音对人耳听觉的生理效应，人们仿照声压级引出了响度级的概念，把声音的强度和频率用一个量统一起来。

采用等响实验方法，可以得到一族不同频率、不同声压级的等响度曲线。例如，实验时用1000 Hz，40 dB的声音为基准，用人耳试听的办法与其他频率（例如100 Hz）的声音进行比较，调节此声音的声压级，使它与1000 Hz声音听起来响度相同，记下此频率的声压级（例如50 dB）。再用其他频率的声音进行试验，并记下它们与1000 Hz声音响度相等的声压级，将这些数据画在坐标上，就得到一条与1000 Hz、40 dB声压级等响的曲线。这条曲线用1000 Hz时的声压级数值来表示它们的响度级值，单位为phon（方），这里就是40 phon。同样，以1000 Hz其他声压级的声音为基准，对不同频率的声音进行等响度比较，可以得出其他的等响度曲线。经过大量试验得到的并由国际标准化组织推荐为标准的等响度曲线如图3-1所示。GB/T 4963—2007/ISO 226:2003《声学　标准等响度曲线》发布的标准等响度曲线与此曲线略有不同。

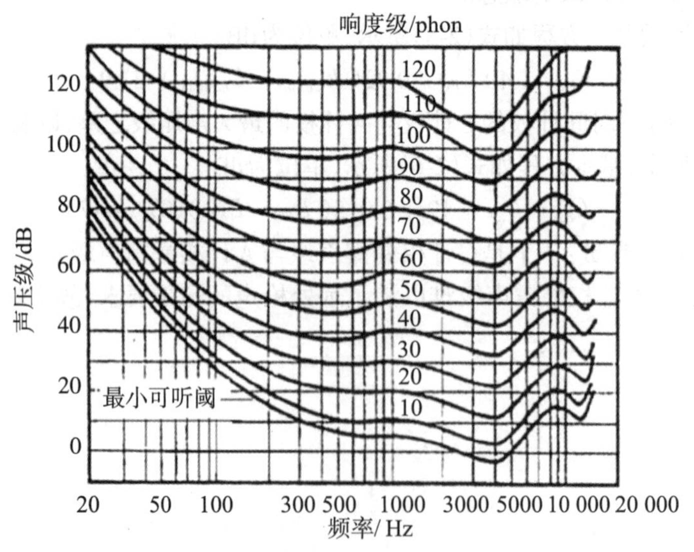

图3-1　等响度曲线

从图3-1中的等响度曲线可以看出以下三点。

(1)当响度级比较低时,低频段等响度曲线弯曲较大,即不同频率的响度级值与声压级值相差很大。例如,在响度级为40 phon的等响度曲线上,对1000 Hz声音来说声压级是40 dB,对100 Hz声音来说声压级是50 dB,对40 Hz声音来说声压级是70 dB,对20 Hz声音来说声压级是90 dB。

(2)当响度级高于100 phon时,等响度曲线变得比较平坦,也就是声音的响度级主要决定于声压级,与频率关系不大。

(3)人耳对高频声音,特别是3000 Hz～4000 Hz的声音最敏感,而对低频声音,则频率越低越不敏感。

响度级虽然定量地确定了人耳对响度的感觉与频率和声压级的关系,但是却未能确定两个不同响度级声音之间的大小关系。例如,80 phon的声音比50 phon的声音究竟响几倍?为此,人们引出了响度的概念。1947年国际标准化组织采用了一个新的主观评价量——sone(宋),并以40 phon为1 sone,响度级每增加10 phon,响度增加一倍,如50 phon为2 sone,60 phon为4 sone等。响度的表示式为

$$N=2^{\frac{L_N-40}{10}} \tag{3-1}$$

或

$$\lg N=0.03(L_N-40) \tag{3-2}$$

式中,N——响度,单位为sone;

L_N——响度级,单位为phon。

用响度表示声音的大小可以直接计算出声音响度增加或降低的百分数。如果声源经过隔声处理后响度级降低了10 phon,相当于响度降低了50%;响度级降低20 phon,相当于响度降低了75%等。

式(3-1)和式(3-2)只适用于纯音和窄带噪声,对于一般的宽带噪声则要采用响度指数的计算方法,或者利用史蒂文斯响度指数表来查找倍频带或1/3倍频带声压级对应的响度指数。

3.2　计权声压级和A声级(L_A)

声压级只反映声音强度对人耳响度感觉的影响,不能反映声音频率对人耳响度感觉的影响。响度级和响度解决了这个问题,但是用它们来反映人耳对声音的主观感觉过于复杂,于是又提出了计权声压级的概念。

在声学测量仪器中,通常根据等响度曲线,设置一定频率的计权网络,使接收的声音按不同程度进行频率滤波,以模拟人耳对声音的响度的感觉特性。当然我们不可能做无穷多个电网络来模拟无穷多根等响度曲线。一般设置A、B和C三种计权网络。其中,A计权网络是模拟人耳对40 phon纯音的响度,当信号通过时,其对信号的低中频段(1000 Hz以下)有较大的衰减作用;B计权网络是模拟人耳对70 phon纯音的响度,它对信号的低频段有一定的衰减作用;而C计权网络是模拟人耳对100 phon纯音的响度,在整个频率范围内有近乎平直的响应。A、B、C计权的频率响应曲线(简称计权曲线)已由国际电工委员会(IEC)定为标准,如图3-2所示。目前,B、D计权已不再使用,GB/T 3785.1—2023/IEC 61672-1:2013只规定了A、C及Z(不计权)频率计权的相对响应及接受限(详见第6章的表6-18)。

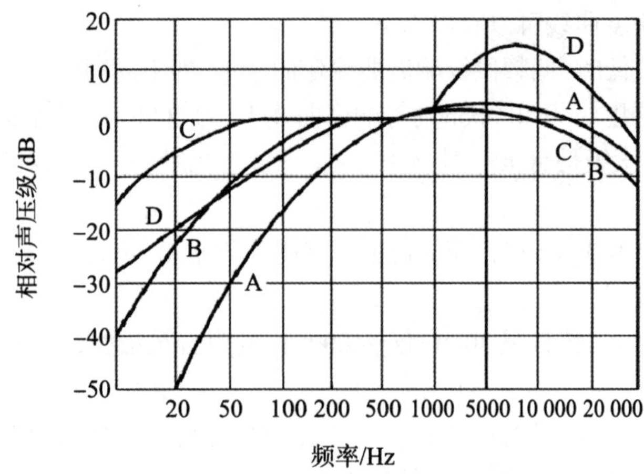

图 3-2　A、B、C、D 计权的频率响应曲线

利用具有一定频率计权网络和时间计权的声学测量仪器对声音进行声压级测量所得到的数值，称为计权声压级，简称声级，单位为 dB。所使用的计权网络类型应在测量值后面注明，如 70 dB(C)或 C 声级 70 dB。

某时间 t 的 A 频率计权和 F 时间计权声级 $L_{AF}(t)$ 用下式表示：

$$L_{AF}(t)=10\lg\left[\frac{(1/\tau_F)\int_{-\infty}^{t}p_A^2(\xi)e^{-(t-\xi)/\tau_F}d\xi}{p_0^2}\right] \tag{3-3}$$

式中，τ_F —— F 时间计权的指数时间常数，单位为 s；

ξ——从过去的某时刻，例如积分下限 $-\infty$ 到观测时刻 t 的时间积分的虚拟变量；

$p_A(\xi)$——A 计权瞬时声压信号；

p_0——参考值，一般取 p_0 =20 μPa。

在式(3-3)中，取对数运算的函数式的分子是在观察时间 t 上对频率计权声压取指数时间计权的均方根值。

可用图 3-3 所示的示意图说明形成时间计权声级的主要步骤。

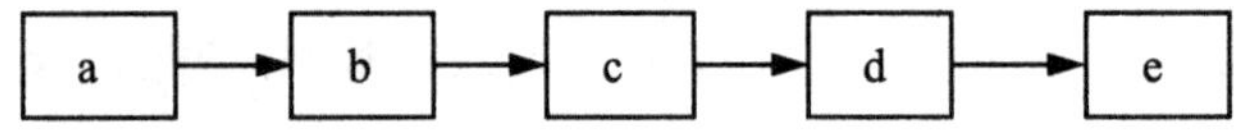

a—由频率计权电输入信号开始；

b—平方输入信号；

c—使用单实数极点为 $-1/\tau$(指数时间计权)的低通滤波器；

d—取以 10 为底的对数；

e—显示参考 20 μPa 平方的分贝值结果。

图 3-3　形成时间计权声级的主要步骤

在实际测量时到底用哪一种计权网络呢？曾规定，声级小于 70 dB 时用 A 计权网络测量，声级大于 70 dB 小于 90 dB 时用 B 计权网络测量，声级大于 90 dB 时用 C 计权网络测量。近年来的研究表明，不论噪声强度大小，利用 A 声级都能较好地反映噪声对人耳听觉的主观感觉和人耳听力损伤的影响。因此，现在基本上都用 A 声级来作为噪声评价的基本量，而且如果不另做说明，都是指的A声级。B声级基本上不用了。C声级只作为可听声范围的总声压级的读数来使用，有时只是为了判断噪声的频率特性才附带测量C声级。因为如果A、C两种声级基本相同，则该噪声特性是高频特性；如果C声级小于A声级，则该噪声为中频特性；如果C声级大于A声级，则该噪声为低频特性。表3-1列了几种常见声源的A声级。

表3-1 几种常见声源的A声级（测点距离声源1 m～1.5 m）

A声级/dB(A)	声源
180	核爆炸（在试验场测量）
160	宇宙火箭（在发射场测量）
140～150	喷气发动机（25 m外）、风洞、高射炮
130～140	疼阈
120～130	风铆、高射机枪、螺旋桨飞机
110～120	凿岩机、球磨机、柴油发动机
100～110	织布机、电锯、砂轮机、大型鼓风机
90	空压机站、泵房、嘈杂的街道
80	大声交谈、收音机、较吵的街道
60～70	普通交谈声、小空调机
50～60	一般办公室
40～50	普通室内
30～40	图书馆
20～30	轻声耳语
10～20	风吹树叶、人的呼吸声（3 m外）
0	最好的听阈

在有些声学测量仪器中，还具有D计权网络，它由IEC 537：1976《测量航空噪声的频率计权规范（D计权）》规定，主要用于航空噪声的测量。用D计权网络测得的D声级再加上7 dB，就直接得到飞机噪声的感觉噪声级PNdB。D计权的频率响应曲线示于图3-2中，它的响应特性对应于倒置的40 N（呐）等噪度曲线（具体如图3-6所示）。目前，D计权已不使用，有关标准也已不再规定它的特性。

最近国际上推荐的E、SI计权网络分别是根据史蒂文斯（Stevens）的响度计算方法和韦柏斯德尔（Webster）关于噪声的语言干扰评价做出的。

3.3 最大声级（L_{max}）和C计权峰值声级（L_{Cpeak}）

最大声级是指在规定时间间隔内时间计权声级的最大值。例如，对频率计权A和C，时间计权F和S的最大时间计权声级，分别用符号表示为L_{AFmax}、L_{ASmax}、L_{CFmax}和L_{CSmax}。

峰值声压是指规定时间间隔内的最大瞬时声压，其值可正可负。

峰值声级是频率计权峰值声压信号的平方与参考值平方之比的以10为底的对数的10倍，用符号表示为L_{Apeak}、L_{Cpeak}和L_{Zpeak}。常用的是C计权峰值声压级，GB/T 3222.1—2022指出，A频率计权不能用于度量峰值声压级。

最大声级和峰值声级的区别：最大声级是经过时间计权和平均后的声级的最大值，其值与时间计权（F、S或I）有关；而峰值声级是不经过时间计权和平均的原始瞬时信号的峰值，其值与时间计权和平均无关，所以通常峰值声级大于最大声级。

3.4 时间平均声级或等效（连续）声级（L_{eq}）

A声级能够较好地反映人耳对噪声的强度和频率的主观感觉。对于一个连续的稳定噪声，A声级是一种较好的评价方法，但是对于起伏的或不连续的噪声，很难确定它的大小。例如，我们测量交通干线噪声，当有汽车通过时噪声可能是75 dB，但当没有汽车通过时可能只有50 dB，这时就很难说交通干线噪声是75 dB还是50 dB。又如，一个人在噪声环境下工作，间歇接触噪声与一直接触噪声对人体的影响是不一样的，因为人所接触的噪声能量不一样。为此提出了用噪声能量平均的方法来评价噪声对人的影响，这就是时间平均声级或等效（连续）声级，用符号 L_{eq} 表示。这里仍用A计权，故亦称等效（连续）A声级 L_{Aeq}。

等效连续A声级的定义：一定测量时段 T（从 t_1 开始到 t_2 截止）内频率计权声压 p_A 平方的时间平均与基准声压 p_0 平方之比，取以10为底的对数再乘以10倍，即

$$L_{Aeq,T}=10\lg\left[\frac{\frac{1}{T}\int_{t_1}^{t_2}p_A^2(t)\mathrm{d}t}{{p_0}^2}\right] \tag{3-4}$$

式中，$p_A(t)$——时间 t 的A计权瞬时声压；

p_0——参考值，一般取 $p_0=20\ \mu\text{Pa}$；

T——平均时间间隔，$T=t_2-t_1$。

在声级计标准GB/T 3785.1/IEC 61672-1中，等效（连续）声级的公式有些不同，见式（3-5）。

$$L_{Aeq,T}=10\lg\left[\frac{\frac{1}{T}\int_{t-T}^{t}p_A^2(\xi)\mathrm{d}\xi}{p_0^2}\right] \tag{3-5}$$

式中，ξ——到观察时间 t 结束时的平均时间间隔内时间积分的虚拟变量；

T——平均时间间隔；

$p_A(\xi)$——A计权瞬时声压信号；

p_0——参考值，一般取 $p_0=20\ \mu\text{Pa}$。

标准中特别注明：原理上，时间平均声级的确定与F、S等时间计权无关。

实际上，也可以由测得的A声级瞬时值 L_A，通过式（3-6）计算时间平均声级。

$$L_{Aeq,T}=10\lg\left(\frac{1}{T}\int_0^T 10^{0.1L_A}\mathrm{d}t\right) \tag{3-6}$$

式中，L_A——变化A声级的瞬时值，单位为dB；

T——某段时间的总量。

实际上，噪声测量是通过不连续采样进行的。假如采样时间间隔相等，则

$$L_{Aeq}=10\lg\left(\frac{1}{N}\sum_{i=1}^{n}10^{0.1L_{Ai}}\right) \tag{3-7}$$

式中，N——测量的声级总个数；

L_{Ai}——采样到的第i个A声级。

对于连续的稳定噪声，等效（连续）声级就等于测得的A声级。

3.5　昼-夜等效（连续）声级（L_{dn}）

通常，晚上的噪声比白天的更显得吵，尤其对睡眠的干扰更是如此。评价结果表明，晚上噪声的干扰通常比白天高10 dB。为了把不同时间噪声对人的干扰的因素考虑进去，在计算一天24 h的等效（连续）声级时，要对夜间的噪声加上10 dB的计权，这样得到的等效（连续）声级为昼-夜等效（连续）声级，用符号L_{dn}表示。

$$L_{dn}=10\lg\left[\frac{1}{24}(16\times10^{L_d/10}+8\times10^{(L_n+10)/10})\right] \tag{3-8}$$

式中，L_d——白天的等效声级；

L_n——夜间的等效声级。

白天与夜间的时间界定可依地区的不同而异。一般16 h为白天小时数（06:00～22:00），8 h为夜间小时数（22:00～第二天06:00）；有些国家则是白天15 h（07:00～22:00），夜间9 h（22:00～第二天07:00）。

在GB/T 3222.1—2022《声学　环境噪声的描述、测量与评价　第1部分：基本参量与评价方法》中，将参考测量时段为昼间的等效连续声级L_d称为昼间声级（day sound level），用符号$L_{day,h}$表示；将参考测量时段为夜间的等效连续声级L_n称为夜间声级（night sound level），用符号$L_{night,h}$表示；还规定有晚间声级（evening sound level），用符号$L_{evening,h}$表示，指参考时间间隔为晚间的等效连续声级。符号中的下标h表示晚间的小时数，例如$L_{evening,4}$表示晚间4个小时的等效连续声级。通常晚间为18点到22点4个小时，但不同国家对晚间的定义不同，例如有的为19点到23点。

而昼-晚-夜声级（day-evening-night sound levels），用符号L_{den}表示，其数学表达式为

$$L_{den}=10\lg\left[\frac{1}{24}\left(t_{day}\cdot10^{0.1L_{day,12}}+t_{evening}\cdot10^{0.1(L_{evening,4}+5)}+t_{night}\cdot10^{0.1(L_{night,8}+10)}\right)\right] \tag{3-9}$$

式中，L_{den}——昼-晚-夜声级，单位为dB；

t_{day}、$t_{evening}$、t_{night}——昼、晚、夜的时间，用h表示，$t_{day}+t_{evening}+t_{night}=24$ h。

注：t_{day}、$t_{evening}$和t_{night}的默认值分别为12 h、4 h和8 h。但有的国家，如欧盟成员国缩短了晚间的时间。

典型的昼-夜声级L_{dn}和昼-晚-夜声级L_{den}之差是0.6 dB。

3.6　噪声暴露量（E）、噪声剂量（D）和时间计权平均级（TWA）

一个人在一定的噪声环境下工作，也就是暴露在噪声环境下时，噪声对人的影响不仅与噪声的强度有关，还与在噪声中暴露的时间有关。为评价噪声与暴露时间对人耳听力损伤的影响，引出了噪声暴露量的概念，用符号E表示，单位为Pa^2h（帕²时）。

噪声暴露量（E）的定义：在规定时间内，A计权噪声声压值平方对时间的积分，即

$$E_{A,T}=\int_{t_1}^{t_2}p_A^2(t)\mathrm{d}t \tag{3-10}$$

式中，$p_A^2(t)$——在t_1起始和t_2结束的积分时间T内，A计权声压信号的平方。

假如 $p_A(t)$在试验期保持恒定不变，则

$$E=p_A^2T \tag{3-11}$$

1 Pa^2h相当于85 dB声级暴露了8 h，我国GBZ 2.2—2007《工作场所有害因素职业接触限值 第2部分：物理因素》中规定了噪声职业接触限值，每周工作5天，每天工作8小时，稳态噪声限值为85 dB(A)，非稳态噪声等效声级的限值为85 dB(A)，相应的噪声暴露量为1 Pa^2h。如果工人每天工作4 h，允许噪声声级增加3 dB，噪声暴露量仍保持不变，这是根据等能量原理确定的。

某一时间内的等效连续声级($L_{eq,T}$)与噪声暴露量(E)之间的关系为

$$E=p_0^2T10^{0.1L_{eq,T}} \tag{3-12}$$

或

$$L_{eq,T}=10\lg\frac{E}{p_0^2T} \tag{3-13}$$

式中，p_0——基准声压，一般取 $p_0=20\ \mu Pa$；

T——暴露时间，单位为h。

有时将噪声暴露量用噪声剂量D来表示，它是某噪声级下的实际暴露时间与该噪声级下的允许暴露时间之比的百分数，工作日的总和噪声剂量可按式(3-14)计算。

$$D=\left(\frac{T_1}{T_{p_1}}+\frac{T_2}{T_{p_2}}+\cdots+\frac{T_n}{T_{p_n}}\right)\times 100\% \tag{3-14}$$

式中，D——工作日噪声剂量的总和；

T_n——特定噪声级下的实际暴露时间，单位为h；

T_{p_n}——特定噪声级下的允许暴露时间，单位为h。

噪声剂量也可以表述为在某一时间段对声压积分而测定噪声暴露并显示为评判标准声暴露的百分数或法定声暴露限值的百分数，按(3-15)式计算。

$$D=\frac{100}{T_c}\int_0^T 10^{\left[(L-L_c)/q\right]}\mathrm{d}t \tag{3-15}$$

式中，D——噪声剂量；

T_c——评判标准时间，T_c=8 h指用作测量基础的8 h的持续时间；

T——测量时间，单位为h；

L——暴露噪声级，单位为dB(可以是时间平均声级 L_{eq} 或时间计权平均声级 L_{avg})；

L_c——评判标准声级，单位为dB；指连续施加8 h，产生100%评判标准声暴露的声级，通常取85 dB或90 dB；

q——取决于交换率Q的参数，$q=Q/\lg 2$。

维持恒定的评判标准声暴露E_c(或其百分数)时，声级的持续时间加倍或减半的声级改变

量就称为(声级-时间)交换率,用符号 Q 表示,单位为dB。国际标准化组织和我国采用的交换率为3 dB,这时 E_c 是评判标准时间与相应于评判标准声级的均方声压的积,单位为二次方帕时(Pa^2h)或二次方帕秒(Pa^2s),1 Pa^2h=3600 Pa^2s;北美国家采用4 dB或5 dB的交换率,这时 E_c 分别是评判标准时间与相应于评判标准声级的均方声压的0.75或0.6次方的积。

对于稳态的信号而言,式(3-15)可转化成式(3-16)。

$$D = 100\frac{T}{T_c}10^{(L-L_c)/q} \tag{3-16}$$

对于 Q =3,则噪声剂量 D(%)为

$$D = 100\frac{T}{T_c}10^{(L-L_c)/10} \tag{3-17}$$

例如,以 T =8 h和 L_c=85 dB(1 Pa^2h)作为100%,则 T =8 h和 L_c=88 dB(2 Pa^2h)为200%,T=8 h和 L_c=91 dB(4 Pa^2h)为400%等。为保证噪声剂量不超过100%,在88 dB噪声中工作时间减半,在91 dB噪声中工作时间应减到1/4,也就是交换率 Q 为3 dB。如果交换率 Q 为4 dB或5 dB,则是工作时间减半,允许噪声声级增加4 dB或5 dB。

跟噪声剂量有关的还有美国采用的时间计权平均声压级(time weighted average),用符号 TWA 表示,它是指持续8 h的声暴露与被测声音的声暴露相等的恒定声级。它是采用了时间计权F或S和非3 dB的交换率(即 Q=4 dB、5 dB或6 dB)的A计权平均声级。

$$TWA = 10\lg[(2^{(L_1-CL)/Q} + \cdots + 2^{(L_n-CL)/Q})t_s] + CL - 44.6 \tag{3-18}$$

式中,L_n——第 n 次采样得到的超过 CL 的时间计权A声级,单位为dB;

CL——门限值,单位为dB,若时间计权声级低于此值则不参与计算;

t_s——采样间隔,单位为s;

Q——交换率,一般取值为3、4或5。

可以看出,TWA 是与时间计权和交换率有关的值,而且低于门限值的数据不参与计算,与时间平均声级(等效连续声级)$L_{eq,T}$ 不同。

通常的时间平均声级或等效连续声级与时间计权无关,对应等能量原理交换率 Q =3 dB。

已知 TWA,就可以计算 D:

$$D = 100 \times 2^{[(TWA-CL)/Q]} \tag{3-19}$$

也可以由 TWA 计算时间计权平均声级 L_{avg}(time-weighted sound level),它是采用了时间计权F或S和非3 dB的交换率(即 Q =4 dB或5 dB)的A计权平均声级,计算式为

$$L_{avg} = TWA + \frac{Q}{3}\cdot 10\lg\left(\frac{8}{T}\right) \tag{3-20}$$

式中,Q——交换率,一般取3、4或5;

T——测量时间,单位为h;

TWA——时间计权平均声压级。

3.7 暴露声级(L_{AE})

暴露声级(L_{AE})的定义:声暴露量 $E_{A,T}$ 与基准声暴露量 E_0 之比的以10为底的对数的10倍,即

$$L_{AE}=10\lg\left(\frac{E_{A,T}}{E_0}\right) \tag{3-21}$$

式中，$E_{A,T}$——时间T内的声暴露，单位为Pa^2s；

E_0——参考声暴露，一般取 $E_0=4\times10^{-10}$ Pa^2s。

对于单次或离散噪声事件，如锅炉超压放气、飞机的一次起飞或降落过程、一辆汽车驶过等，可用暴露声级 L_{AE} 来表示这一噪声事件的大小。

$$L_{AE}=10\lg\left[\frac{1}{t_0}\int_{t_1}^{t_2}\frac{p_A^2(t)}{p_0^2}dt\right] \tag{3-22}$$

式中，$p_A(t)$——声压；

p_0——参考声压级；

（t_2-t_1）——该噪声事件对声能有显著贡献的足够长的时间间隔；

t_0——参考时间，不注明时一般取 $t_0=1$ s 。

如一单次噪声事件的时间过程如图3-4所示，则在确定（t_2-t_1）的时间间隔时，可取最高声级以下降低10 dB以内的总能量计算，就不会引起不可忽略的误差了。如果用积分声级计进行暴露声级的自动测量，就可按此原则进行设计。暴露声级本身是单次噪声事件的评价量，此外，已知单次噪声事件的暴露声级，也可由它计算 T 时段内的等效连续声级，公式为

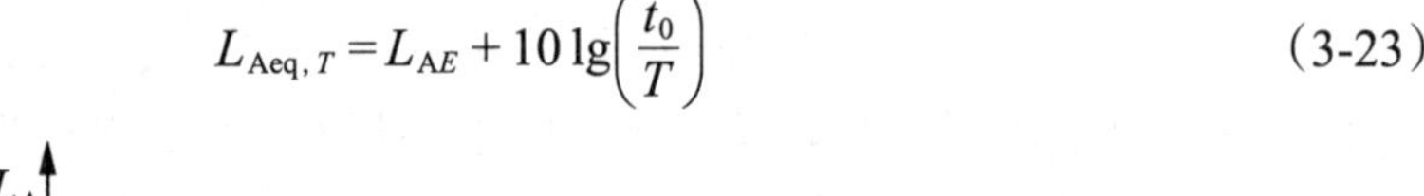

$$L_{Aeq,T}=L_{AE}+10\lg\left(\frac{t_0}{T}\right) \tag{3-23}$$

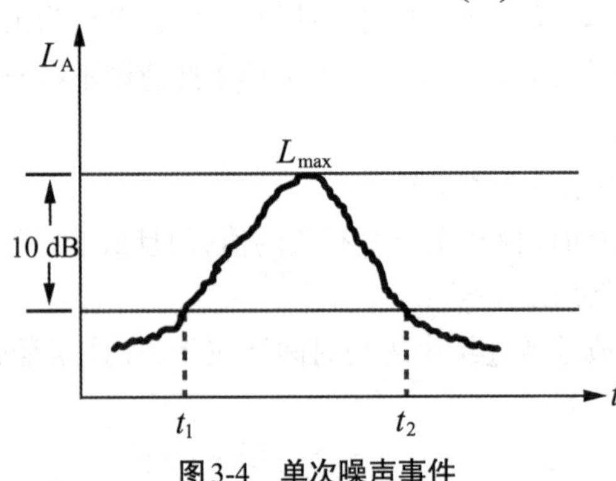

图3-4 单次噪声事件

如果在T时段内有n个单次噪声事件，其暴露声级为 L_{AE_i}，则T时段内的等效声级为

$$L_{Aeq,T}=10\lg\left[\frac{t_0}{T}\sum_{i=1}^{n}10^{0.1L_{AE_i}}\right] \tag{3-24}$$

3.8 归一化8 h平均声级（$L_{Aeq,8hn}$）

归一化8 h平均声级是指在归一化时间间隔 T_n 为8 h时的A计权声压时间均方级（以dB表示），它的声暴露等于发生在不一定为8 h的时间间隔内随时间变化的噪声的总声暴露。归一化8 h平均声级又称为额定8 h工作日规格化A计权暴露声级，用符号 $L_{EX,8h}$ 表示；或8 h工作日归一化A计权暴露声级，用符号 $L_{AE,8h}$ 表示。在GB/T 14366—2017《声学　噪声性听力损失的评估》中定义为“归一化至标称的8 h工作日的噪声暴露声级 $L_{EX,8h}$”。欧盟定义为“以dB

表示的日个人暴露声级 $L_{Ep,\mathrm{d}}$”。

相对于基准声压 p_0 和8 h归一化时间间隔 T_n 的归一化8 h平均声级用符号 $L_{\mathrm{Aeq,8\,h}n}$ 表示，单位为dB，表达式为

$$L_{\mathrm{Aeq,8\,h}n}=10\lg\left(\frac{E}{p_0^2T_n}\right) \tag{3-25}$$

式中，E——声暴露，单位为$\mathrm{Pa^2h}$；

p_0——基准声压，一般取 p_0=20 μPa；

T_n——归一化时间间隔，单位为h，一般取T_n=8 h。

为计算方便，将 p_0 = 20 μPa，T_n = 8 h 代入式(3-25)，其可简化为

$$L_{\mathrm{Aeq,8\,h}n}=10\lg\left(\frac{E\times10^9}{3.2}\right) \tag{3-26}$$

表3-2列出了声暴露与对应的归一化8 h平均声级的关系。

表3-2 声暴露与对应的归一化8 h平均声级的关系

$E/\mathrm{Pa^2h}$	$L_{\mathrm{Aeq,8\,h}n}$/dB	$E/\mathrm{Pa^2h}$	$L_{\mathrm{Aeq,8\,h}n}$/dB
0.32	80	6.39	93
0.40	81	8.04	94
0.51	82	10.12	95
0.64	83	12.74	96
0.80	84	16.04	97
1.01	85	20.19	98
1.27	86	25.42	99
1.60	87	32.00	100
2.02	88	40.29	101
2.54	89	50.72	102
3.20	90	63.85	103
4.03	91	80.38	104
5.07	92	101.19	105

当用等效连续A计权声压级$L_{\mathrm{Aeq},T}$间接描述总的声暴露时，对长于或短于归一化时间间隔8 h的平均时间T，归一化8 h平均声级可由式(3-27)确定。

$$L_{\mathrm{Aeq,8\,h}n}=L_{\mathrm{Aeq},T}+10\lg\left(\frac{T}{T_n}\right) \tag{3-27}$$

式中，$L_{\mathrm{Aeq,8\,h}n}$——归一化8 h平均声级，单位为dB；

$L_{\mathrm{Aeq},T}$—— 等效连续声级，单位为dB；

T ——平均时间，单位为h；

T_n ——归一化时间间隔，一般取 T_n =8 h。

如果希望计算n天的平均值，例如计算1周时间内平均每天的归一化8 h平均声级，则可由每天的归一化8 h平均声级按式(3-28)计算。

$$\bar{L}_{\mathrm{Aeq},8\,\mathrm{h}n}=10\lg\left[\frac{1}{c}\sum_{j=1}^{n}10^{0.1L_{\mathrm{Aeq},8\,h,j}}\right] \tag{3-28}$$

式中，$\bar{L}_{\mathrm{Aeq},8\,\mathrm{h}n}$ —— n天平均的归一化8 h平均声级，单位为dB；

$L_{\mathrm{Aeq},8\,\mathrm{h},j}$——第j天的归一化8 h平均声级，单位为dB；

c ——额定工作天数；

n ——实际工作天数。

c的取值根据平均过程的目的选取：如果希望的是平均值，则取c=n，即每周工作5 d时，平均每天的归一化8 h平均声级；如果将噪声暴露按额定工作日天数归一化，则c常常取整数，例如，当n=7，则由c=5得到的是每周实际工作7天，额定每周5个8 h工作日的归一化A计权暴露声级。

声暴露为1 $\mathrm{Pa^2h}$(不考虑测量的时间间隔)相当于归一化8 h平均声级为85 dB，声暴露3.2 $\mathrm{Pa^2h}$相当于归一化8 h平均声级为90 dB。

3.9 累计百分数声级（统计声级）(L_N)

由于环境噪声，如街道、住宅区的噪声往往呈现不规则且大幅度变动的情况，因此需要用统计的方法，用不同的噪声级出现的概率或累积概率来表示。

累计百分数声级的定义：测量时段内N%时间超过的时间计权与频率计权声压级，用符号L_{AFNT}表示。如$L_{\mathrm{AF5,1\,h}}$=70 dB表示1 h内有5%时间噪声超过70 dB A频率计权与F时间计权声压级。通常用简化符号L_N表示，如L_5、L_{50}和L_{90}。L_5相当于峰值平均噪声级，L_{50}相当于平均噪声级(又称中央值)，L_{95}相当于背景噪声级(又称本底噪声级)。如果测量是按一定时间间隔(例如每5 s一次)读取指示值的，那么L_{10}表示有10%的数据比它高，L_{50}表示有50%的数据比它高，L_{90}表示有90%的数据比它高。

如果噪声级的统计特性符合正态分布，那么

$$L_{\mathrm{eq}}=L_{50}+\frac{d^2}{60} \tag{3-29}$$

式中，$d=L_{10}-L_{90}$。

如果噪声级的统计特性符合对称正态分布，则$L_{10}-L_{50}$与$L_{50}-L_{90}$应该相同。如果不对称，则差值不同，差值越大说明分布越不集中。

3.10 交通噪声指数（TNI）

通常，起伏的噪声比稳态的噪声对人的干扰更大。交通噪声指数就是考虑到了噪声起伏的影响，加以计权得到的，通常记为TNI。因为噪声级的测量是用A计权，所以它的单位为dB(A)，其表达式为

$$TNI=L_{90}+4d-30 \tag{3-30}$$

式中，$d=L_{10}-L_{90}$。d反映了交通噪声起伏的程度，d越大，表示噪声起伏越大，则TNI就越大，也

就是说对人的干扰就越大。噪声干扰亦同噪声的本底有关，L_{90}越高，即本底越大，对人的干扰也就越大。

3.11 标准偏差（*SD*）和噪声污染级（*NPL*）

标准偏差（*SD*或σ）也可表示噪声起伏的大小，其表达式为

$$SD=\sqrt{\frac{1}{n-1}\sum_{i=1}^{n}(\overline{L_A}-L_{Ai})^2} \tag{3-31}$$

式中，$\overline{L_A}$——整个采样时间内所有A声级的算术平均值；

L_{Ai}——第i个瞬时A声级；

n——总的采样次数。

噪声污染级（*NPL*）也是用以评价噪声对人影响的一种方法，它是用噪声能量平均值和标准偏差来表示的，单位为dB，其表达式为

$$NPL=L_{eq}+2.56\sigma \tag{3-32}$$

在正态分布条件下，噪声污染级可用累积百分声级来表示。

$$NPL=L_{50}+d+\frac{d^2}{60} \tag{3-33}$$

3.12 噪声评价数（*NR*）

噪声评价数（*NR*）是国际标准化组织在1961年推荐的方法，它由如图3-5所示的一簇噪声评价数曲线（即*NR*曲线）所组成，国际标准化组织并推荐了作为听力损伤、会话干扰、烦人的噪声评价数。近年来，各国规定的噪声标准，都是以A声级（或等效连续A声级）作为评价标准，参考*NR*曲线。对于大多数噪声（航空噪声例外），$NR=L_A-5$。如保护听力的标准为85 dB，即相当于*N*-80，由*N*-80曲线即可知各倍频带声压级的允许标准。

求噪声评价数的方法：把各倍频带声压级画在图上，超过这些值的最低曲线的*NR*值即所求的值。对听力保护和语言可懂度，只用500 Hz、1000 Hz、2000 Hz三个倍频带。我国有关环境噪声的标准中，对于结构传播固定设备环境噪声采用$NR=L_A-10$，即如L_A标准为40 dB，即相当于*N*-30，由*N*-30曲线即可知各倍频带声压级的允许标准。

3.13 感觉噪声级（L_{PN}）和噪度（*N*）

随着航空事业的发展，飞机噪声对人的危害日趋严重，为了评价航空噪声的影响，人们提出用感觉噪声级L_{PN}和噪度*N*来进行评价。感觉噪声级的单位为PNdB（噪声分贝），噪度的单位为N（呐），分别与响度级、响度相对应，但它们是以复合声音作为基础的，而响度级和响度则是以纯音或窄带声为基础的。如图3-6所示为等噪度曲线以及噪度和感觉噪声级的换算图，噪度为1 N的声音同一个40 dB、中心频率为1000 Hz的倍频带（或1/3倍频带）的无规噪声听起来有相同的吵闹感觉。

感觉噪声级可通过以下方法进行测量和计算。

（1）测出某航空噪声的倍频带或1/3倍频带声压级，在图3-6等噪度曲线上查得各频带的噪度N_i。

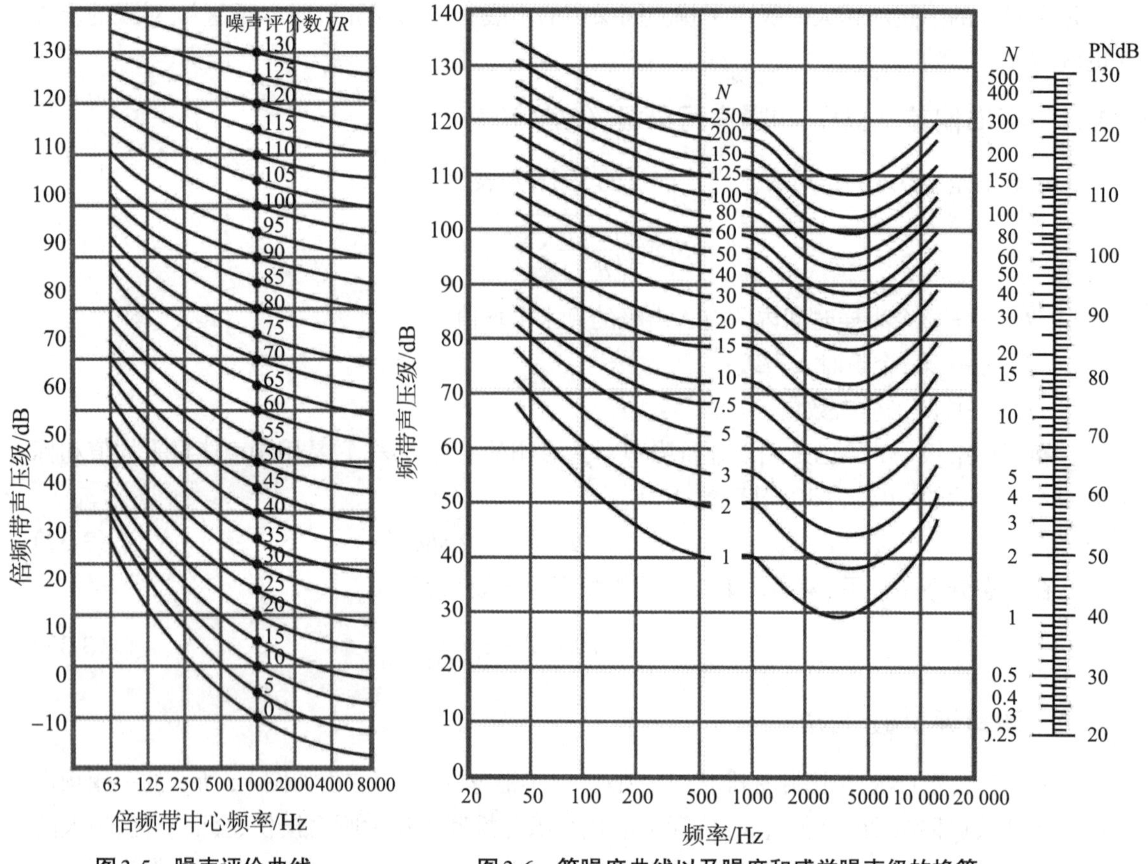

图3-5　噪声评价曲线

图3-6　等噪度曲线以及噪度和感觉噪声级的换算

（2）根据式（3-34）算出总噪度NT。

$$NT = N_m + F\left(\sum_{i=1}^{n} N_i - N_m\right) \tag{3-34}$$

式中，N_m——各噪度中最大的一个；

$\sum_{i=1}^{n} N_i$——所有频带噪度之和；

F——系数。对于倍频程，F=0.30，对于1/3倍频程，F=0.15。

（3）由图3-6或按式（3-35），将总噪度换算成感觉噪声级。

$$L_{PN} = 40 + 33.3\ \lg NT \tag{3-35}$$

对于具有用于航空噪声测量用的D计权网络的声级计，可以直接在测得的D计权声级上加7 dB，就得到感觉噪声级。例如，某飞机的D计权噪声级L_p=140 dB，则其感觉噪声级L_{PN}为147 PNdB，这就大大简化了测量和计算。

3.14　评价声级（L_R）

GB/T 3222.1—2022指出，A频率计权通常用于评价除高能脉冲声或低频成分丰富的声音之外的所有声源。研究表明，仅以A频率计权来评价具有单频特性、脉冲特性或低频成分丰富的声音是不够的。为了估计人们对某些包含这类特性的声音的长期烦恼反应，可用A计权暴露声级或等效连续A声级加以dB表示的修正量来表征。研究还表明，具有相同等效连续A声级的不同交通噪声或工业噪声引起的烦恼反应是不同的，飞机噪声比道路交通噪声更能引起人们的烦恼，而铁路噪声比道路交通噪声引起的烦恼度要小。

加上修正量的预测的或测得的声级称为评价声级L_R(rating level)。修正量是根据声音的某些特性以及一天中的时间或声源类型而附加到预测的或测得的声级上的正或负、恒定或变化的参量。评价声级用于描述附加了一个或多个修正值的客观声音的预测值或测量值，长期烦恼反应可以采用这些评价声级来评价。根据目前的技术水平，修正后的等效连续A声级(即评价声级)是评价长期噪声烦恼度的最佳参量。噪声可以以单独的或组合的声音形式进行评价，当有关主管部门认为必须时，可考虑其脉冲、有调和低频噪声的影响，也可考虑不同噪声如道路、飞机等交通噪声和工业噪声等的影响。为说明声音的某些特性产生的影响差异，如有调的或脉冲特性，通常在测得或预测的声级上加修正量产生评价声级。为说明不同噪声源的影响差异，可用道路交通噪声作为基本噪声源，飞机或铁路噪声源则使用一个修正量，通常分别为5 dB～8 dB和–3 dB～–6 dB进行评价。

昼–夜声压级或昼–晚–夜声压级的测量就是评价声级的例子，因为它们是从不同参考时段内测量或预测的声音中通过计算得到的，并且基于一天中的时间，在参考时段等效连续声压级上附加了一个修正量，如式(3-9)中，对于晚间等效声级$L_{evening}$加5 dB，对于夜间等效声级L_{night}加10 dB。

对于除高能脉冲声或低频成分丰富的声音之外的任何单一声事件，修正过的暴露声级L_{REij}通过第i个单一事件声的暴露声级L_{Eij}加上第j类声音的声级修正K_j而得到。其表达式见式(3-36)，单位为dB。

$$L_{REij}=L_{Eij}+K_j \tag{3-36}$$

测量时段T_n内，第j个声源修正过的等效连续声压级或评价声级$L_{\text{Req}j,T_n}$等于实际等效连续声压级$L_{\text{Aeq}j,T_n}$加上第j个声源的修正量K_j。其表达式见式(3-37)，单位为dB。

$$L_{\text{Req}j,T_n}=L_{\text{Aeq}j,T_n}+K_j \tag{3-37}$$

表3-3给出了具体声源类型和一天内不同时段的典型声级修正量。

表3-3　声源类型和一天内不同时段的典型声级修正量

类型	说明	声级修正量/dB
声源	道路交通	0
	飞机	5 ～ 8[a]
	铁路	–3 ～–6[b]
	工业	0[c]
声源特性	常规脉冲	5[d,e,f]
	高脉冲	12
	高能脉冲	详见GB/T 3222.1—2022的附录B
	显著单频	3 ～ 6[g]
时间段	晚间	5
	夜间	10
	周末昼间	5[h]

a. 飞机噪声修正量范围已从GB/T 3222.1—2006版本的+3 dB～+6 dB变为现在的+5 dB～+8 dB。

b. 此修正量适用于平常电力牵引的客运列车以及隔振的轨道或不传播振动的土壤条件。

c. 由于目前缺少足够的工业噪声剂量-反应关系的资料，因此未规定声级修正量。

d. 脉冲源特性的修正量只宜用于接收位置可听的脉冲声源。有调特性的修正量只宜用于接收位置总声中音调可闻时。

e. 当脉冲声源产生的声音很小，以致无法将其从其他声源产生的声音中分离出来或脉冲很小不影响结果时，这些脉冲声不宜考虑。当脉冲声事件发生的概率达到或超过相关机构规定的限值时，则修正量宜为5 dB。通常这个比率的范围从每几秒内一个事件到每几分钟一个事件。

f. 有些国家运用目标突出测试来评价声源是否发出有规律的脉冲声。

g. 假如突出的单频成分的存在有争议，则ISO 1996-2提供了用于证实其存在的测量方法。

h. 对受法规管制的声源，周末昼间（7点到22点）的修正量可使更多待在家中的人得到适当的休息和恢复。

对于在某个测量时段T_n内，仅有一个相关的单声源，其评价声级由式(3-38)进行计算。

$$L_{\mathrm{Req}j,\ Tn}=10\lg\left(\frac{1}{T_n/t_0}\sum_i 10^{0.1L_{\mathrm{RE}ij}}\right) \tag{3-38}$$

式中，$L_{\mathrm{Req}j,\mathrm{Tn}}$的单位为dB，$t_0=1$ s。

对于任何测量时段的组合声源，对每个声源j，测量时段T可细分为一系列时段T_{nj}的集合。评价等效连续声压级由公式(3-39)给出，单位为dB。

$$L_{\mathrm{Req},\ T}=10\lg\left(\frac{1}{T}\sum_n\sum_j T_{nj}\cdot 10^{0.1L_{\mathrm{Req}j,\ T_{nj}}}\right) \tag{3-39}$$

式中，对每个声源j，测量时段T由公式(3-40)给出。

$$T=\sum_n T_{nj} \tag{3-40}$$

实际上，式(3-39)通常是一个声源一个声源逐一计算的。

另一个广泛用于描述社区噪声环境的方法是评估由一天内不同时段的评价声级得到的全天复合评价声级，单位为dB。例如，昼-夜评价声级L_{Rdn}，它由式(3-41)给出。

$$L_{\mathrm{Rdn}}=10\lg\left(\frac{d}{24}\cdot 10^{0.1(L_{\mathrm{Rd}}+K_{\mathrm{d}})}+\frac{24-d}{24}\cdot 10^{0.1(L_{\mathrm{Rn}}+K_{\mathrm{n}})}\right) \tag{3-41}$$

式中，d——昼间的小时数；

L_{Rd}——昼间评价声级，包含对声源和声音特性的修正量；

L_{Rn}——夜间评价声级，包含对声源和声音特性的修正量；

K_{d} ——昼间的修正量；

K_{n} ——夜间的修正量。

可用类似的公式得到昼-晚-夜评价声级L_{Rden}，它们与式(3-8)和式(3-9)类似。

3.15 社区容忍声级（L_{ct}）和噪声烦恼度

在GB/T 3222.1—2022中规定了社区容忍声级和噪声烦恼度。

社区容忍声级（community tolerance level）的定义：特定社区里受噪声暴露的人群预计有50%感到高烦恼的昼、夜声级，用符号 L_{ct} 表示，单位为dB。L_{ct} 是用于说明预测高烦恼率时声源和/或公众差异的参数。表3-4 列出了四种不同交通运输噪声源的平均 L_{ct} 值。

表3-4 四种不同交通运输噪声源的平均 L_{ct} 值

声源与条件	平均 L_{ct} / dB	与道路交通噪声之差/dB
道路交通噪声	78.3	0
机场噪声	73.3	5
铁路(低振动级)	87.8	-9.5
铁路(高振动级)	75.8	2.5

假设声源A的社区容忍声级 L_{ct} 比声源B的 L_{ct} 大5 dB,这说明声源B要比声源A产生大5 dB的不利影响。

L_{ct} 的一个潜在用处是将不同噪声的有利之处和不利之处进行量化。因为 L_{ct} 是一个具有 L_{dn} 单位的自由变量,因此人们能够设想对诸如住宅单元隔声的有利之处、“安静一侧”的有利之处、“高烦恼”“中等烦恼”“很少烦恼” 之间的差异以及社会关系很差的不利之处等问题的答案进行量化研究。随着研究的不断深入,有理由期待人们能够根据社区范围特性、标准以及条件等预测不同社区的 L_{ct} 。

L_{ct} 可用来检验高烦恼率(P_{HA})随时间的变化。有文献显示,从1960—2005年,飞机噪声的 L_{ct} 每年减少0.2 dB,一共大约变化10 dB;从1969—1983年这15年,道路交通噪声的 L_{ct} 随时间变化的趋势为-0.3 dB/年,而从1989—2003年这15年,为+0.9 dB/年。

标准GB/T 322.1—2022中的参考文献[7]和[18],对烦恼度随各种运输方式噪声昼-夜等效声级 L_{dn} 的变化,可采用 L_{dn} 、持续时间、响度等进行理论解释。众所周知,响度大约正比于声压平方的0.3次方,烦恼度的增长与声音的持续时间成正比。所以把 L_{dn} 转换为声压平方的0.3次方,并继续按正比于声音持续时间增加。烦恼度被假设大致与响度和持续时间的乘积成正比。

除了假设高烦恼率是基于噪声暴露时间积分的响度外,还假设了一个形式为 e^{-x} 的传递函数。随着噪声从极其安静到极其吵闹,高烦恼率从0(噪声极其安静时社区的高烦恼率为0%)渐进过渡到100(噪声极其吵时社区的高烦恼率为100%)。

高烦恼率 P_{HA} 可用传递函数来表示,见式(3-42)。

$$P_{HA} = 100e^{-x} = 100e^{-\left(\frac{1}{m}\right)^{0.3}} \tag{3-42}$$

式中,m——用声压平方单位表示的噪声剂量;

具体而言,式(3-42)中的 x 等于 $1/m$,指数 0.3 将声压平方转换为正比于响度的值。

用总噪声剂量 $10^{0.1(L_{dn}-L_{ct}+5.3)}$ 替换式(3-42)中的 m,得到式(3-43)。

$$P_{HA} = 100e^{-\left[\frac{1}{10^{0.1\left(L_{dn}-L_{ct}+5.3\right)}}\right]^{0.3}} \tag{3-43}$$

式中,量 L_{ct} 用 L_{dn} 的单位表示。

以道路交通噪声为例，它的L_{ct}=78.3 dB，高烦恼率P_{HA}作为道路交通噪声L_{dn}函数进行量化，并用百分数表达，由式(3-44)给出。

$$P_{HA}=100e^{-\left[\frac{1}{10^{0.1(L_{dn}-73)}}\right]^{0.3}} \tag{3-44}$$

由式(3-44)可以得出，当道路交通的L_{dn}=78.3 dB时，高烦恼率P_{HA}=50%；当道路交通的L_{dn}增加3 dB，即为81.3 dB时，高烦恼率P_{HA}=57%；当道路交通的L_{dn}增加10 dB，即为88.3 dB时，高烦恼率P_{HA}=71%。

标准中还给出了作为道路交通噪声L_{den}函数的高烦恼率的公式，以及飞机噪声、铁路噪声等作为L_{dn}函数和L_{den}函数的高烦恼率的公式。昼-夜声级L_{den}和昼-晚-夜声级L_{den}之间的典型差异是0.6 dB，为了用L_{den}来表示P_{HA}，用(L_{den}-0.6)替代公式中的L_{dn}，就得到采用昼-晚-夜声级L_{den}的高烦恼率。

公众长期烦恼反应的评估用代表长期时段(通常为1年)的噪声评价来估计公众对总体稳定的噪声环境烦恼反应。

对于多声源环境声暴露引起的烦恼度评估的理论框架，可以采用单一事件法、等效声级法和响度法，不过这些方法还处于研发阶段。

GB/T 42473—2023《声学 噪声烦恼度的评价和预测方法》描述了基于听觉实验的噪声烦恼度评价方法和感知烦恼度、心理声学烦恼度预测模型及其换算模型建立方法，适用于室外环境噪声烦恼度的评价和预测，受室外环境噪声影响的室内环境噪声等其他噪声烦恼度的评价和预测可作为参考。

感知烦恼度(perceived annoyance)是指通过实验室听觉实验，被试者自我报告的噪声烦恼度。噪声样本的感知烦恼度通常用噪声烦恼度平均值(A_m)或高烦恼率(P_{HA})来表征(在GB/T 42473中P_{HA}用%HA表示)。心理声学烦恼度(psychoacoustic annoyance)是根据噪声样本的响度(N)、尖锐度(S)、波动度(F)、粗糙度(R)和音调度(T)等心理声学参量，利用心理声学模型计算得到的噪声烦恼度，用符号A_p表示。例如，基于茨维克尔(Zwicker)模型及其改进模型计算确定的噪声烦恼度。

噪声烦恼度评价的实验声样本应具有双耳特性，应采用经校准的双耳测量系统(如人工头)采样得到。实验中声样本宜使用耳机回放或通过扬声器回放。被试者应选择听力正常的成年人，有效被试者人数达到30人。采用问卷方式由被试者对噪声的烦恼度进行评价。采用“词语量表表达”和“数字量表表达”。

词语量表表达时，采用5个不同程度的词语(一点没有、轻微、一般、严重、非常严重)，来描述试验时被试者对所听到噪声感觉的打扰、干扰或烦恼的程度。5个不同程度的词语按等间隔赋值量化为0、2.5、5、7.5、10。

数字量表表达时，采用0～10这11个数字来描述试验时被试者对所听到噪声感觉的打扰、干扰或烦恼的程度。若一点不烦恼，则选择0；若极其烦恼，则选择10；如处在以上两种状态之间，则选择0～10的一个适当的数字。直接将被试者选择的数字作为噪声烦恼度量化值。

噪声烦恼度数据经量化和校准后，按式(3-45)计算声样本的噪声烦恼度平均值(A_m)。

$$A_m = \frac{1}{V}\sum_{i=1}^{V} A'_i \tag{3-45}$$

式中，V——有效被试数。

有时也会采用所有被试者烦恼度的中位数代替噪声烦恼度平均值，作为噪声烦恼度的单值评价量。

基于数字量表和词语量表获取的噪声烦恼度，噪声样本的高烦恼率可分别按式(3-46)和式(3-47)计算得到。

$$P_{HA} = \sum_{j=8}^{10} n_j / \sum_{j=0}^{10} n_j \tag{3-46}$$

$$P_{HA} = \sum_{k=4}^{5} n_k / \sum_{k=1}^{5} n_k \tag{3-47}$$

式中，j——数字量表中的烦恼等级(0～10)；

n_j——选择第j等级的被试者人次数；

k——词语量表中的烦恼等级(1级为一点没有，2级为轻微，3级为一般，4级为严重，5级为非常严重)；

n_k——选择等级k的被试者人次数。

噪声烦恼度预测模型可分为感知烦恼度模型和心理声学烦恼度模型两种。感知烦恼度模型基于个体自我报告的噪声感知烦恼度数据，采用逻辑斯蒂(Logistic)拟合，建立噪声感知烦恼度预测模型，一般针对不同种类噪声分别建立，仅适用于所述噪声种类。心理声学模型则基于个体的听觉心理学，采用改进后的茨维克尔心理声学烦恼度模型建立，主要参量为噪声的响度、尖锐度、粗糙度、波动度、音调度等心理声学参量，具有一定通用性。

噪声感知烦恼度(A_m或P_{HA})与心理声学烦恼度(A_p)的换算公式见式(3-48)和式(3-49)。

$$A_m = \frac{10}{1 + e^{-z(A_p - a)}} \tag{3-48}$$

$$P_{HA} = \frac{100\%}{1 + e^{-z(A_p - a)}} \tag{3-49}$$

式中，z——按式(3-48)或式(3-49)拟合确定的常数；

a——噪声烦恼度为上限一半(A_m和P_{HA}分别取5%和50%)时的心理声学烦恼度，按式(3-48)或式(3-49)拟合确定。

3.16　次声的评价和G声级

通常我们研究噪声都是在音频频率范围20 Hz～20 000 Hz内，或者在规定的较窄频带内

(例如飞机感觉的噪度评价时为45 Hz～11 200 Hz)。对于这样频率范围的各种噪声的描述和评价以及对人体的各种影响已经进行了标准化,这些影响包括听力受损的风险、烦躁的反应、响度、感知的噪度、对语音交流的干扰。这些方法已在ISO 2204中叙述,在其他国际标准中,包括ISO 226,ISO 1996-1,ISO 1999, ISO / TR 3352和ISO 3891有详细描述。20 Hz和20 000 Hz的频带限制也规定作为声级计特性的频率范围(详见 IEC 61672)。

实际上,某些噪声包含有低于20 Hz频率的次声成分。ISO 7196:1995《声学　次声测量的频率加权特性》根据已有次声对人体可能有害或不愉快影响,规定了一种描述直接感觉次声的人体响应的频率计权特性,命名为G,用于测定有部分或全部频谱在1 Hz～20 Hz频带内的声音或噪声的计权声压级。测量的G计权声压级将反映烦恼以及直接感觉。G计权标称频率响应如图3-7和表3-5。

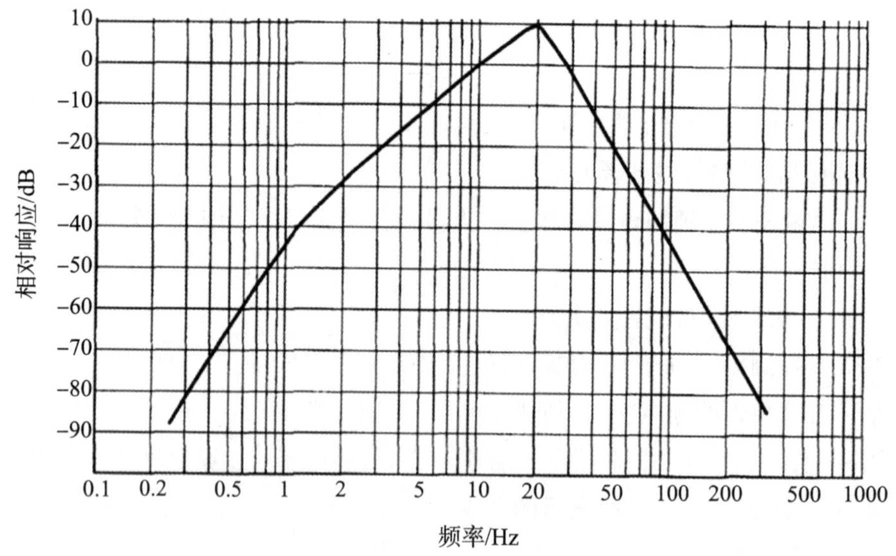

图3-7　G计权标称频率响应

G计权声压级 L_{pG} (也可表示为 L_G)由式(3-50)给出,单位为dB。

$$L_{pG} = 10\lg\frac{\overline{p^2}}{p_0^2} \tag{3-50}$$

式中, $\overline{p^2}$ —— G 计权声压的均方值;

p_0 —— 参考声压 ,一般取 p_0 =20 μPa 。

表3-5 G计权标称频率响应

标称1/3倍频程频率/Hz	相对响应/dB	允许误差/dB	标称1/3倍频程频率/Hz	相对响应/dB	允许误差/dB
0.25	−88.0	−∞～+1	10.0	0.0	±1
0.315	−80.0	−∞～+1	12.5	4.0	±1
0.4	−72.1	−∞～+1	16.0	7.7	±1
0.5	−64.3	−∞～+1	20.0	9.0	±1
0.63	−56.6	−∞～+1	25.0	3.7	−∞～+1
0.8	−49.5	−∞～+1	31.5	−4.0	−∞～+1
1.00	−43.0	±1	40	−12.0	−∞～+1
1.25	−37.5	±1	50	−20.0	−∞～+1
1.60	−32.6	±1	63	−28.0	−∞～+1
2.0	−28.3	±1	80	−36.0	−∞～+1
2.5	−24.1	±1	100	−44.0	−∞～+1
3.15	−20.0	±1	125	−52.0	−∞～+1
4.0	−16.0	±1	160	−60.0	−∞～+1
5.0	−12.0	±1	200	−68.0	−∞～+1
6.3	−8.0	±1	250	−76.0	−∞～+1
8.0	−4.0	±1	315	−84.0	−∞～+1

次声的感觉，尽管是通过听觉机制实现的，但是在某些方面与通常听觉所理解的有所不同。正常的感觉阈值远远高于音频频率(在10 Hz处相对于20 μPa，约为100 dB)，同时对高声级的容许没有相应提高，但是动态范围较小，感觉随声压级而增加的速率要快得多。在1 Hz～20 Hz的频率范围，根据标准ISO 7196:1995测量时，普通听众刚刚能听到的声音会产生接近100 dB的计权声压级，很响的噪声会产生约为120 dB的计权声压级，仅仅高了20 dB。约低于90 dB的计权声压级通常对人类感觉的影响不重要。另外，由于感知阈值的个体差异以及高于阈值的感觉急剧上升的综合影响，相同的次声噪声可能有些人会觉得很响且讨厌它，而另一些人则很难觉察到它。

3.17 语音传输指数（STI）

3.17.1 概述

言语是人与人之间沟通交流的主要手段。很多情况下，言语信号会受说话人与听者之间信号路径或传输通路的影响而减弱，导致在听者位置处的言语可懂度降低。

言语清晰度(又称言语可懂度)描述的是语音信息经公共广播系统传播后的清晰程度和完整性。很早的时候，人们通过人工测试的方式评估扩声系统的言语清晰度：一位朗读者在讲台上读一些没有意义的字词和音节，而听者要尽可能正确地记录听到的信息，结果以百分比形式给出，100%是满分。GB/T 15508—1995《声学 语言清晰度测试方法》就规定了这种“采用一个或几个听音人正确记录一个或几个发音人所发意义不连贯的音节比率，以定量地度量语言传递系统质量的一种方法”。这种主观方法不仅费时费力，试验结果还受各种因素影响且影响较大。

3.17.2 STI方法

为确定经过传输通路后言语可懂度的降低程度，一个快速客观的测量方法被开发出来，即语音传输指数(STI)。STI是预测说话人发出的言语经过传输通路到达听者后的可懂度的客观度量。通过对传输通路发出特定的测试信号，然后分析接收到的信号，导出传输通路的传输品质并使用0～1的值表达，这就是STI。根据STI值，就可确定传输通路可能的言语可懂度。虽然STI方法仍有一定的局限性，但也被证明在很多条件下是非常有效的。GB/T 12060.16—2017《声系统设备　第16部分：通过语音传输指数客观评价言语可懂度》(标准修改采用的IEC标准现有最新版本，为IEC 60268-16：2020)规定了有关要求，同时指出，虽然汉语语言体系与西方语言体系有较大区别，但有研究表明，使用现有的STI法客观评价汉语的言语可懂度也具有适用性，这仍需进一步的研究。

简单来说，STI是衡量语音传输质量的一个指标。该参数可以较为全面地反映混响时间、信噪比和回声等对言语清晰度的影响，并且考虑了系统失真、心理声学效果(掩蔽效应)等因素。其值的范围为0～1，值越大，说明清晰度越好。好的扩声系统即便用在声学条件较差的环境也能达到0.45～0.65的结果；而在声学环境较好的场所，能达到0.70～0.90。更直观的例子，一间优秀的录音棚内，从麦克风到监听音箱之间，典型的STI值能达到0.90～0.97。

表3-6给出的是一个STI评定分级与典型应用之间的关系示例。

表3-6　STI评定分级与典型应用之间的关系示例

分类	标称STI值	STI范围	信息类型	典型应用示例(适用于自然声或回放声)	备注
A+	>0.76	—	—	录音室	极高的言语可懂度，大部分环境很难达到
A	0.74	0.72～0.76	复杂信息，不熟悉的词	大剧院、话剧院、法庭、议会、听力辅助系统(AHS)	高的言语可懂度
B	0.7	0.68～0.72	复杂信息，不熟悉的词		
C	0.66	0.64～0.68	复杂信息，不熟悉的词	大剧院、话剧院、电话会议系统、议会、法庭	高的言语可懂度
D	0.62	0.60～0.64	复杂信息，熟悉的词	报告厅、教室、音乐厅	较好的言语可懂度
E	0.58	0.56～0.60	复杂信息，熟悉的语境	音乐厅、现代教堂	高品质的PA系统
F	0.54	0.52～0.56	复杂信息，熟悉的语境	购物中心的PA系统、开放式办公空间、VA系统、大教堂	较好品质的PA系统
G	0.5	0.48～0.52	复杂信息，熟悉的语境	购物中心、开放式办公空间、VA系统	VA系统的目标值

续表

分类	标称STI值	STI范围	信息类型	典型应用示例（适用于自然声或回放声）	备注
H	0.46	0.44~0.48	简单信息，熟悉的词	声学条件较差空间的VA和PA系统	VA系统的正常下限
I	0.42	0.40~0.44	简单信息，熟悉的语境	声学条件非常差空间的VA和PA系统	有限的言语可懂度
J	0.38	0.36~0.40		不宜用于PA系统	
U	<0.36			不宜用于PA系统	

注：1. 表中STI值是最低目标值。
2. 每个分级的可懂度感受还与听音位置处的频率响应有关。
3. STI是指在典型听音位置或按应用标准指定位置的测量值。
4. PA指公共广播系统，VA指语音报警系统。

STI可用来测量各种不同电子系统和声学环境下的言语可懂度，典型的应用包括：

(1)测量公共广播系统和扩声系统；

(2)测量和鉴定语音报警系统和紧急通知系统；

(3)测量和鉴定通信电路(系统)，例如内部通信和无线通信系统；

(4)测量房间和厅堂的言语可懂度(自然声或使用扩声系统)；

(5)评价直接的言语交流(不使用扩声系统)，包括房间和各种声学环境(例如在交通工具内)；

(6) 听力辅助系统的言语可懂度评价。

STI的用户来自各行各业，潜在的用户可能包括：

(1)语音报警系统和其他类型紧急通知系统的鉴定者；

(2)扩声系统和声频系统的鉴定者；

(3)声频和无线通信设备的制造商；

(4)声频和通信工程师；

(5)声学和电声工程师；

(6)声频系统的安装者；

(7)STI方法的研究者和STI测量仪器的开发者。

3.17.3 STI测量

在STI算法中，通过确定在自然语音信号的包络中存在的一系列频率的调制传递函数，对失真的影响进行了建模。这些调制频率从0.63 Hz~12.5 Hz，一共14个1/3倍频程中心频率。图3-8给出了STI方法的测量体系示意，其中调制传递函数 $m(f_m)$ 分别由各倍频带载波的调制频率决定。

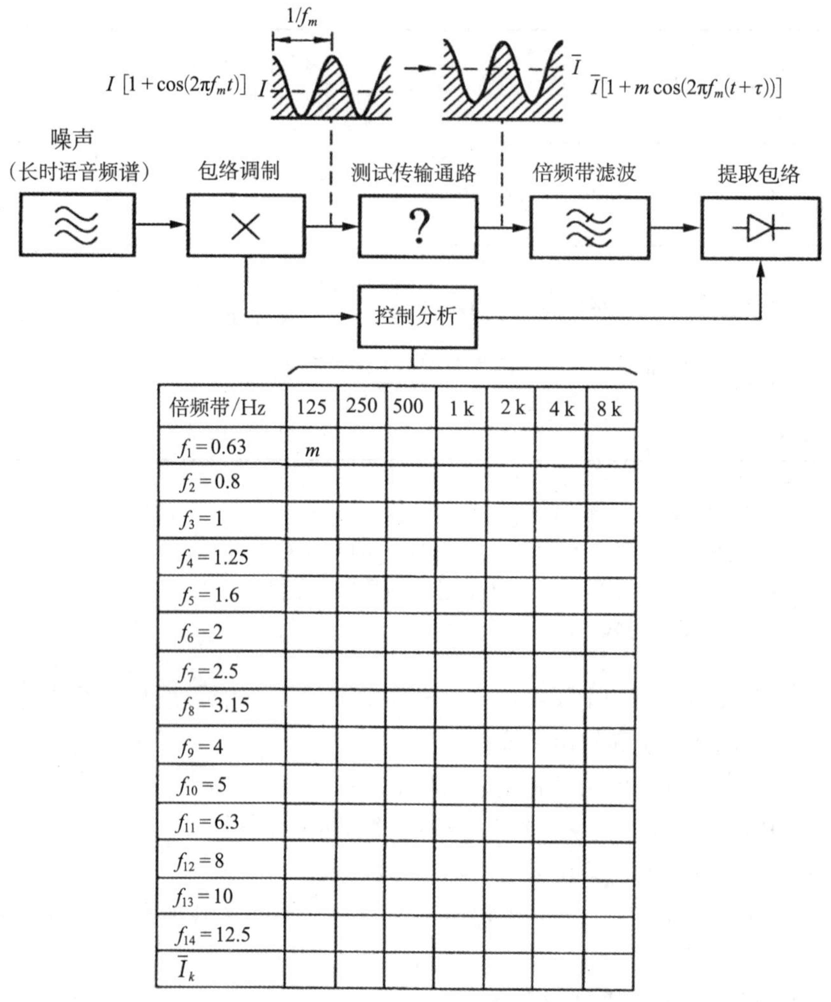

倍频带/Hz	125	250	500	1 k	2 k	4 k	8 k
$f_1=0.63$	m						
$f_2=0.8$							
$f_3=1$							
$f_4=1.25$							
$f_5=1.6$							
$f_6=2$							
$f_7=2.5$							
$f_8=3.15$							
$f_9=4$							
$f_{10}=5$							
$f_{11}=6.3$							
$f_{12}=8$							
$f_{13}=10$							
$f_{14}=12.5$							
$\bar{I}_k$							

注：图中MTF矩阵由14个调制频率×7个倍频程载波=98个调制传递比构成；
使用倍频带强度$\bar{I}_k$（等于声压的平方）计算听觉掩蔽效应。

图3-8　STI方法的测量体系及调制频率

STI测量方法介绍如下。

（1）确定测试信号。STI信号包含7个倍频带粉红噪声载波，其中心频率为125 Hz、250 Hz、500 Hz、1 kHz、2 kHz、4 kHz、8 kHz，每一个载波分别用14个极低频的简谐信号调制。调制信号的频率为0.63 Hz、0.80 Hz、1.0 Hz、1.25 Hz、1.6 Hz、2 Hz、2.5 Hz、3.15 Hz、4 Hz、5 Hz、6.3 Hz、8 Hz、10 Hz、12.5 Hz（相隔1/3倍频程），98个测试信号按序依次生成。发出的信号在倍频带k调制频率f_m处的调制深度为mdt_{k,f_m}。

（2）厅堂中放置全向测量传声器，测量调制信号通过扩声系统播放后的输出声。

（3）将信号分别通过对应的倍频程滤波器，再将滤波后输出信号的声压平方，得到时间强度信号；然后应用一个截止频率大约为100 Hz的低通滤波，得到每个倍频带的强度包络；再由式（3-51）计算接收信号的调制深度mdr_{k,f_m}。

$$mdr_{k,f_m}=2\cdot\frac{\sqrt{\left[\sum I_k(t)\cdot\sin(2\pi f_m t)\right]^2+\left[\sum I_k(t)\cdot\cos(2\pi f_m t)\right]^2}}{\sum I_k(t)} \tag{3-51}$$

式中，$I_k(t)$——倍频带k的强度包络，为时间的函数。

$I_k(t)\cdot\sin(2\pi f_m t)$是倍频带$k$的强度包络与指定正弦调制$f_m$的内积。

(4) 由接收信号的调制深度 mdr_{k,f_m} 与发出信号的调制深度 mdt_{k,f_m} 之比得到调制传递比 m_{k,f_m}。

$$m_{k,f_m}=\frac{mdr_{k,f_m}}{mdt_{k,f_m}}\quad(m_{k,f_m}\leqslant 1) \tag{3-52}$$

(5) 计算有效信噪比。将修正过的调制传递比 m'_{k,f_m} 转换为有效信噪比SNR_{eff}，单位为dB。倍频带k调制频率 f_m 处的有效信噪比按式(3-53)计算。

$$SNR_{\text{eff}k,f_m}=10\lg\frac{m'_{k,f_m}}{1-m'_{k,f_m}} \tag{3-53}$$

由于有效信噪比的计算结果可能很大或很小，高于15 dB的值按15 dB取值；低于-15 dB的值按-15 dB取值；

(6) 计算传输指数TI。倍频带k调制频率f_m处的传输指数TI_{k,f_m}按式(3-54)计算。

$$TI_{k,f_m}=\frac{SNR_{\text{eff}k,f_m}+15}{30} \tag{3-54}$$

(7) 计算调制传递指数MTI。将倍频带k各调制频率的传输指数进行平均，得到倍频带k的调制传递指数MTI_k。

$$MTI_k=\frac{1}{n}\sum_{m=1}^{n}TI_{k,f_m} \tag{3-55}$$

式中，m——调制频率编号；

n——每个倍频带的调制频率总数。

(8)计算STI。使用各频带的MTI_k按式(3-56)计算STI。

$$STI=\sum_{k=1}^{7}\alpha_k\cdot MTI_k-\sum_{k=1}^{6}\beta_k\cdot\sqrt{MTI_k\cdot MTI_{k+1}} \tag{3-56}$$

式中，α_k——倍频带k的权重因子；

β_k——倍频带k与倍频带k+1之间的冗余因子。

上述这样一个完整的STI的测量约需15 min。

3.17.4 STIPA方法

使用直接法测量完整STI在很多情况下是不现实的，它一般多用于基础研究。为了简化测量程序，提出了更快的方法，即STIPA(公共广播系统语音传输指数)方法和STITEL(通信系统语音传输指数)方法。STIPA方法使用1个测试信号，该信号包含7个倍频带，每个倍频带粉红噪声只用2个预设的调制频率调制，14个调制同时生成，一次测量只需15 s～20 s。STITEL方法使用1个测试信号，该信号包含7个倍频带与STIPA相同，但是其中的每个倍频带粉红噪声只用1个预设的调制频率调制，7个调制同时生成，一次测量约需12 s。

STIPA方法适用于评价包括扩声系统和房间声学特性的语言传输质量。与STI方法不同的是，STIPA方法简化了测量信号矩阵。STIPA方法只选用14个调制频率，7个倍频带各使用2个频率比为5的调制频率同时调制。由两个相位相差180°的正弦波相加，每个调制频率的最佳调制指数为0.55。这样，98个测量信号便缩减为14个。STIPA是世界上测量言语清晰度应用最广泛的方法。

STIPA测量分以下三种情况。

(1)对于没有扩声系统的房间，STIPA测试信号应通过合适的扬声器在说话人位置播放，声压级大小与说话人一致。扬声器应能模拟讲话者的声音大小，即距离1 m处声压级达到60 dB(A)，在IEC 60268-16标准中有明确定义它的要求。

(2)对于那些需要使用扩声传声器讲话或播音，再通过扩声系统播放的场所，STIPA信号必须对着扩声传声器发出。因此，也必须依据IEC 60268-16等标准，使用扬声器模拟讲话者发出测试信号。这样配置才能覆盖整个链路，考虑了传声器和环境因素，精确测量言语清晰度。测试时，测试声源应置于正常说话距离，传声器的轴线指向正常发话方向；测试信号级与正常说话声压级相当，声压级使用A计权，距离测试扬声器0.5 m处为66 dB；在传声器输入处检查测试信号频谱，88 Hz～11.3 kHz频率范围内±1 dB，调节人工嘴或测试扬声器的均衡来满足要求。

(3)如果扩声系统不含语音传声器而直接通过播放器播放音频，则需要通过外部信号发生器将STIPA信号输入系统。信号发生器必须能持续播放大小可调的STIPA测试信号。测量时，扩声系统处于最高可用增益工作状态，测试信号通过扩声调音台线路输入扩声系统，扩声系统处于稳定工作状态。

3.18 声品质的评价

随着科学技术的发展，大多数声源的辐射噪声已经降低到不会对人们的听觉造成物理伤害的程度。此时传统的声压级和1/3倍频程的评价标准已经不能反映人们对于噪声的主观判断，往往有声压级相同的声音，给人的主观感觉却截然不同；有的声音虽然声压级较高，但让人感觉比较愉悦。声品质(sound quality)便在这样的情况下应运而生了。

声品质属于心理声学的范畴，主要研究声音和人的听觉感受之间的关系。评价声品质的最佳方法是组织专家和一般听众直接听并发表感受。然而，在实际应用中人的主观评价有较强的个体差异性并受情绪影响严重，为此，使用客观的指标评价声品质成为必然。数十年来，汽车行业相当重视声品质，而现在越来越多的现代产品如家电、办公设备、电动工具、船舶设备、非公路施工车辆、农业设备等使用声品质指标进行噪声评价和改进。

传统评价噪声的方法主要为计权声压级，用以反映声音的大小。但是人耳的实际主观感受与不同频率、不同强度的声音有着非常复杂的关系，并不是简单的计权曲线所能描述的。声品质的评价指标是对多种声品质的客观度量办法，对声压信号做分析计算，得到与感觉相关的定量度量。主要的声品质指标有响度、尖锐度、波动度、粗糙度和烦恼度等。

3.18.1 响度

在声品质参量中，响度最为常用。响度(loudness)表示人耳对声音强弱的主观感觉，不仅与声压大小有关，还与频率、波形等因素有关。响度符号为N，单位为sone(宋)。此外也可以用响度级来表示，符号为 L_N，单位为phon（方），可与响度互算。响度计算方法已经具有相应的国际标准，即ISO 532。虽然响度与计权声级都是描述声音的强弱，但是等响曲线是一系列描述响度级相等的纯音或窄带噪声的声压级与频率之间关系的曲线簇，能较准确地反映人耳对声音强弱的主观感受。传统声压级的计权曲线则是通过某一条等响曲线修正而来的。以常用的A计权为例，由于它是接近40 phon（响度为1 sone）的等响曲线，因此对于其他大小的声音则具有较大的误差，其突出的缺点在于对较高声压的低频声音衰减过大，难以反映对高声压低频噪声的主观感受。有计算表明，对于同为60 dB(A)的声音，由于频率成分的不同，其响度可能从1.3 sone到21.1 sone不等。但是由于等响曲线是一系列的曲线簇，并且需要考虑掩蔽效应，对于复合音的响度计算非常复杂，而计权声压级的计算则简单得多。

在声级分析中，常常将人耳听觉频率范围按1/3倍频程方式进行划分，见表3-7所列；而响度分析中则将人耳听觉范围划分为24个临界频带（critical band），符号为z，单位为Bark（巴克），见表3-8所列。由于人耳对声音频率具有掩蔽效应，某纯音频率附近的某个频带范围内的声音会对该纯音产生掩蔽效应，即该纯音被其他声音所淹没。临界频带则是根据该特性进行划分的，在《声学名词术语》（GB 3947—1996）中对临界频带的定义为：宽带连续谱噪声中，其频带声功率等于在该噪声中刚能听到的、频率为该频带中心频率的纯音的声功率的频带宽度。比较表3-7和表3-8可知，在较高频率范围内，1/3倍频程频带较为接近于人耳的掩蔽效应，而低频范围内则划分过细，超出了实际人耳对频率的敏感能力。但是由于1/3倍频程是有规律的划分方式，因此在实际使用中不仅方便而且计算简单。

表3-7 听觉范围内的1/3倍频程划分

1/3倍频程划分	频率/Hz										
	18	22	28	36	45	56	71	89	112	141	178
	224	282	355	447	562	708	891	1122	1413	1778	2239
	2818	3548	4467	5623	7079	8913	11 224	14 131	17 789		

表3-8 听觉范围内的临界频带划分

临界频带划分	频率/Hz										
							0	100	200	300	400
	510	630	770	920	1080	1270	1480	1720	2000	2320	2700
	3150	3700	4400	5300	6400	7700	9500	12 000	15 500		

对于稳定声音的静态响度，一般使用线性平均方法来计算平均响度和平均响度谱。平均响度谱的横坐标为临界频带，单位为Bark，纵坐标单位为sone/Bark，相当于响度在临界频带内的分布，因此响度谱的积分就是总响度值，单位为sone。

对于非稳态的声音，多使用时变响度指标评价。时变响度的模型是以稳态模型为基础的，它不仅考虑了频域掩蔽效应，还考虑了时域掩蔽效应。在时间上相邻的声音之间的掩蔽现象，称为时域掩蔽。时域掩蔽又分为超前掩蔽（pre-masking）和滞后掩蔽（post-masking）。例如，如果一个很强的声音后面紧跟着一个很弱的声音，后一个声音就很难被听到。同样地，如果一个较弱的声音出现在一个较强的声音之前而且间隔很短，那么较弱的声音你也会听不到。

对机器运行不同工况的全过程声音，还可以使用响度谱阵分析手段来观察不同工况下的响度特性的变化情况。响度谱阵是一系列时间上的瞬时响度谱按时间进行排列的谱阵，响度谱的高度使用不同颜色来表示。

3.18.2 调制度

当两个或者多个不同频率的声波相互叠加时，其周期性的相位变化会导致叠加后的声波周期性地交替产生相长或相消干涉，于是形成了振幅起伏的现象，振幅的起伏度我们称之为调制度（modulation），以%表示。

如图3-9所示为波形调制示意图，其中，图（a）为调制信号的时域波形，图（b）为载波信号的时域波形，图（c）为两信号调制后信号包络为调制频率的波形。

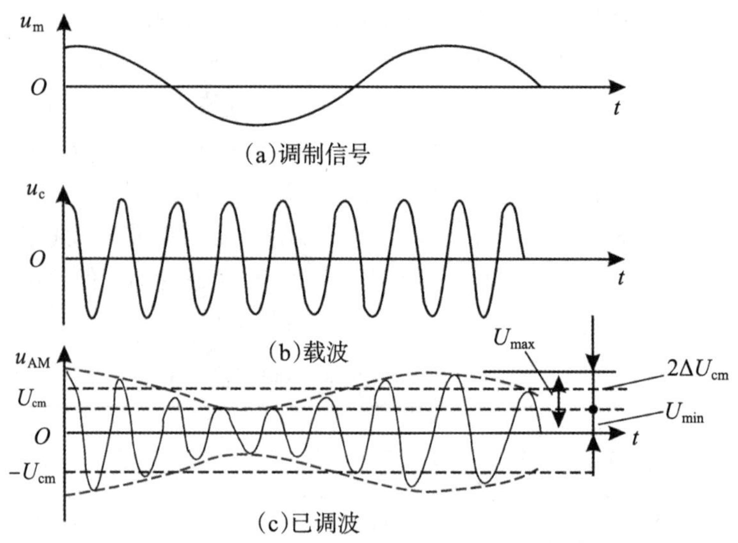

图3-9 波形调制示意图

3.18.3 尖锐度

尖锐度（sharpness）的定义：所有声音中高频成分所占的比率称为尖锐度。尖锐度的符号为S，单位为acum（奥库姆）。当噪声信号能量集中在以1 kHz为中心频率的临界频带，其幅值为60 dB时，对应的尖锐度为1 acum。尖锐度指标描述了声品质评价中的音色特征，对于频率较高的声音，感受到的尖锐度较大。因此实际声品质设计中有时会增加低频噪声以降低尖锐度，但响度会有所增加。目前，尖锐度没有标准算法，常见的计算方法有Zwicker、DIN 45692、Von Bismarck和Aures，其中，Aures分析方法考虑了不同响度值的影响，或者响度值变化很大的情况。可以使用式（3-57）计算尖锐度。

$$S=0.11\frac{\int N'(z)g(z)z\mathrm{d}z}{\int N'(z)\mathrm{d}z} \tag{3-57}$$

式中，z——临界频带，单位为Bark；

$N'(z)$——某个临界频带上的响度谱；

$g(z)$——附加系数，是临界频带的函数。

尖锐度尤其适用于评价由高频成分引起的急速噪声。对于宽带噪声，当宽带截止频率下限增大时，尖锐度降低；当宽带截止频率的上限减小时，尖锐度升高。

3.18.4 波动度和粗糙度

波动度（fluctuation strength，又称抖动强度）和粗糙度（roughness）反映声音的幅值调制特性。一般当调制频率低于20 Hz（参考频率为4 Hz）时，表现为波动度特性；当调制频率高于20 Hz（参考频率为70 Hz）时，表现为粗糙度特性。当1000 Hz的单频声音100%调制，调制频率从低到高变化时，人耳最开始感受到的是波动度，主观能够分辨声音信号幅值时域的变化，类似拍或者脉冲。对应不同调制频率的幅值调制特性曲线像带通滤波器曲线一样，一般在调制频率为4 Hz的时候，波动度感受最明显，依次向两边递减。当调制频率超过20 Hz以后，慢慢地过渡为粗糙度，变成另外一种不同的声音感受。到了70 Hz的时候，粗糙度感受最为明显，然后随着调制频率持续增加，主观逐渐可以分辨出来三种不同单频的声音（主频和旁瓣），超过300 Hz以后，粗糙度的感受就完全消失了。

波动度的符号为F，单位为vacil（瓦奇）。定义60 dB的1 kHz纯音在调制频率为4 Hz，幅值调制为100%的情况下，其波动度为1 vacil。

波动度表现为声音信号受到低频调制产生幅值变化，对人耳感受产生的影响。简单来说，就是信号的幅值有规律地低频波动，如果分析信号的包络曲线，可以明显看到像波浪一样的形状，给人的主观感受也是忽大忽小，忽上忽下。

波动度的计算方法同样没有标准化，可以使用式（3-58）计算声压信号的波动度。

$$F = C_{fr}\frac{\int dL(z)\mathrm{d}z}{f_{\mathrm{mod}}/4 + 4/f_{\mathrm{mod}}} \tag{3-58}$$

式中，C_{fr}——计算系数；

dL——单位为dB的调制深度；

f_{mod}——调制频率，在计算波动度时为最接近4 Hz的调制频率。

粗糙度的符号为R，单位为asper（奥斯珀）。定义60 dB的1 kHz纯音在调制频率为70 Hz，幅值调制为100%的情况下，其粗糙度为1 asper。

粗糙度描述了对声波快速（15 Hz～300 Hz）振幅调制的主观感知度。随着粗糙度的增加，即使响度或者A计权声压级完全不变，人耳感受到的噪声程度也有明显增加。因此，很多的窄带噪声表现出粗糙度的感受，虽然其时域波形并没有发生周期变化。主要影响粗糙度的变量有调制频率和调制深度，其他参数比如响度值或声压值对其影响较小。

粗糙度的计算也没有统一的标准，不同的人选择不同的模型进行计算。可以使用式（3-59）计算声压信号的粗糙度。

$$R = C_r\int dL(z)f_{\mathrm{mod}}\mathrm{d}z \tag{3-59}$$

式中，C_r——计算系数；

dL——单位为dB的调制深度；

f_{mod}——调制频率，在计算粗糙度时为最接近70 Hz的调制频率。

与响度一样，也可以得到以临界频带为横坐标的波动度谱曲线和粗糙度谱曲线，纵坐标分别为vacil/Bark和asper/Bark。

3.18.5 心理声学烦恼度

心理声学烦恼度(psychoacoustic annoyane,又称厌烦度、骚扰度等)描述声音的厌烦程度,符号为 A_P。它考虑了响度、尖锐度、粗糙度、波动度的综合影响,为无量纲系数。可以使用式(3-60)计算烦恼度。

$$A_P = N_S\left(1 + \sqrt{w_S^2 + w_{FR}^2 + w_T^2}\right) \tag{3-60}$$

式中, N_S——以sone为单位的累积百分比响度;

w_S——反映尖锐度的系数;

w_{FR}——反映波动度和粗糙度的系数;

w_T——反映噪声音调度的指标。

3.18.6 音调噪声比

音调噪声比(tone to noise ratio)是音调噪声级和掩蔽噪声级之间的分贝差,符号为*TNR*,其示意图如图3-10所示。由于存在的掩蔽噪声级,即使在声谱中可以看到单个频率,也并不意味着可以听到不同的音调。如果音调相对于掩蔽噪声不够高,听众将无法察觉。那么,一个音调必须高于掩蔽噪声多少才能被认为是突出的呢?在音调噪声比方法中,音调的幅度必须至少比掩蔽噪声幅度高8 dB,听众才能清楚地听到音调。

为了计算音调噪声比,对声音的频谱执行以下操作。

(1)计算音调的幅度 (T)。

(2)计算临界频带的幅度,包括音调。

(3)从临界频带幅度中减去音调幅度 ,得到掩蔽噪声幅度 (M)。这种减法还包括对音调和临界频带的频率宽度的调整。

(4)用式(3-61)计算音调幅度和掩蔽噪声幅度之间的差值,即为音调噪声比(*TNR*)。差值以分贝表示(这里幅度以Pa^2表示,并且没有对频谱应用A计权)。

$$TNR=10\lg(T/M) \tag{3-61}$$

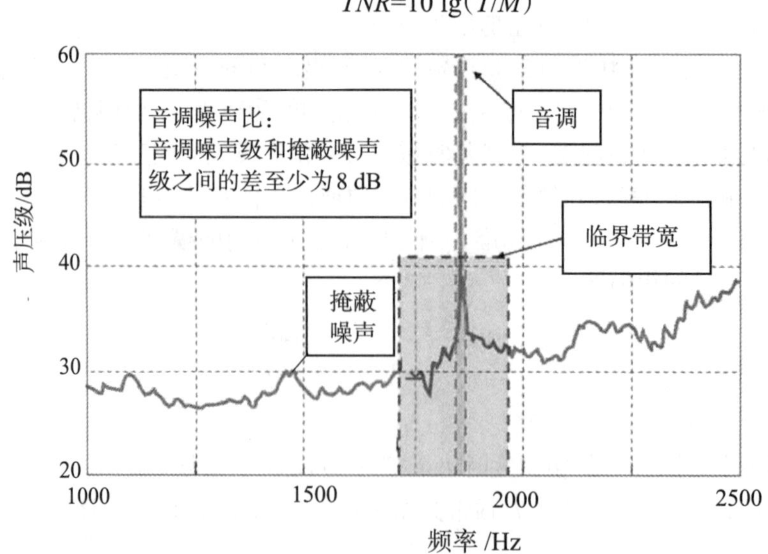

图3-10 音调噪声比示意图

3.18.7　显著率

不同音调混在一起的声音是烦人的。显著率(prominence ratio)有助于发现和显示一个信号的音调组成。显著率的符号为PR,单位为dB。

频率在临界频带之外的噪声对纯音的掩蔽作用并不显著。临界频带的宽度是频率的函数。一般而言,当纯音的声压级比以它为中心频率的掩蔽噪声级低4 dB时,纯音刚好能被听见,我们称之为阈值能听度。

当1 kHz或更高频率纯音的声压级超过掩蔽噪声临界频带声压级8 dB时,或当纯音频率较低但当声压级远大于掩蔽噪声临界频带声压级时,按音噪比方法,纯音被归类为显著的。一般而言,当纯音声压级高于阈值能听度12 dB时,就认为其是显著的。

用显著率方法,当以1 kHz纯音为中心频率的临界频带声压级等于或大于邻近临界频带平均声压级9 dB,或纯音频率低但其声压级差更大时,纯音被认为是显著的。

音调噪声比和显著率之间的主要区别是在音调噪声比中评估音调,而在显著率中评估临界频带。一些产品会发出几种音调,并聚集在一起。例如,齿轮啮合会产生主音和边带频率,使用显著率可以评估这组音调。

第4章　噪声允许标准

《中华人民共和国噪声污染防治法》第十三条:“国家推进噪声污染防治标准体系建设。国务院生态环境主管部门和国务院其他有关部门,在各自职责范围内,制定和完善噪声污染防治相关标准,加强标准之间的衔接协调。”

第十五条:“国务院生态环境主管部门根据国家声环境质量标准和国家经济、技术条件,制定国家噪声排放标准以及相关的环境振动控制标准。省、自治区、直辖市人民政府对尚未制定国家噪声排放标准的,可以制定地方噪声排放标准;对已经制定国家噪声排放标准的,可以制定严于国家噪声排放标准的地方噪声排放标准。地方噪声排放标准应当报国务院生态环境主管部门备案。”

第十六条:“国务院标准化主管部门会同国务院发展改革、生态环境、工业和信息化、住房和城乡建设、交通运输、铁路监督管理、民用航空、海事等部门,对可能产生噪声污染的工业设备、施工机械、机动车、铁路机车车辆、城市轨道交通车辆、民用航空器、机动船舶、电气电子产品、建筑附属设备等产品,根据声环境保护的要求和国家经济、技术条件,在其技术规范或者产品质量标准中规定噪声限值。规定的产品使用时产生噪声的限值,应当在有关技术文件中注明。禁止生产、进口或者销售不符合噪声限值的产品。”

第二十二条:“排放噪声、产生振动,应当符合噪声排放标准以及相关的环境振动控制标准和有关法律、法规、规章的要求。”

第二十六条:“建设噪声敏感建筑物,应当符合民用建筑隔声设计相关标准要求,不符合标准要求的,不得通过验收、交付使用;在交通干线两侧、工业企业周边等地方建设噪声敏感建筑物,还应当按照规定间隔一定距离,并采取减少振动、降低噪声的措施。”

第三十条:“排放噪声造成严重污染,被责令改正拒不改正的,生态环境主管部门或者其他负有噪声污染防治监督管理职责的部门,可以查封、扣押排放噪声的场所、设施、设备、工具和物品。”

4.1　世界卫生组织发布的声环境质量的指导值

世界卫生组织为了给各成员方制定合乎各自实际情况,但是同时又能够满足人类共同的噪声反应的环境噪声标准,于2000年发表了一个环境噪声的指导值,见表4-1所列。

表4-1　世界卫生组织发布的声环境质量的指导值

具体环境	健康影响	L_{Aeq}/dB(A)	时间/h	L_{AFmax}/dB(A)
户外生活区	严重烦恼,昼晚	55	16	—
	中度烦恼,昼晚	50	16	

续表

具体环境	健康影响	L_{Aeq}/dB(A)	时间/h	L_{AFmax}/dB(A)
起居室、卧室	语言干扰和中度烦恼,昼晚	35	16	45
	睡眠干扰,夜间	30	8	
卧室外	睡眠干扰,开窗(户外值)	45	8	60
学校及幼儿园室内	言语可懂度,交谈干扰	35	上课期间	—
幼儿园卧室	睡眠干扰	30	睡觉期间	45
学校户外活动场所	外部声源干扰	55	活动期间	—
医院监护室、病房	睡眠干扰,夜间	30	8	40
	睡眠干扰,昼晚	30	16	
医院治疗室	休息干扰	尽可能低	—	—
工业、商业/商场和交通区域,室内外	听力损失	70	24	110

4.2 工作场所噪声职业接触限值

GBZ 2.2—2007《工作场所有害因素职业接触限值 第2部分:物理因素》规定了噪声职业接触限值:每周工作5 d,每天工作8 h,稳态噪声限值为85 dB(A),非稳态噪声等效声级的限值为85 dB(A);每周工作日不是5 d,需计算40 h等效声级,限值为85 dB(A),见表4-2所列。

表4-2 工作场所噪声职业接触限值

接触时间	接触限值/dB(A)	备注
5 d/w,=8 h/d	85	非稳态噪声计算8 h等效声级
5 d/w,≠8 h/d	85	计算8 h等效声级
≠5 d/w	85	计算40 h等效声级

工作场所噪声声压级峰值和脉冲次数不应超过表4-3中的规定。脉冲噪声指噪声突然爆发又很快消失,持续时间≤0.5 s,间隔时间>1 s,声压有效值变化≥40 dB(A)的噪声。

表4-3 工作场所脉冲噪声职业接触限值

工作日接触脉冲次数n/次	峰值声压级/dB(A)
$n \leqslant 100$	140
$100 < n \leqslant 1000$	130
$1000 < n \leqslant 10\,000$	120

注:这里是用A计权峰值声压级进行评价的,但是通常是用C计权峰值声压级进行评价的。

噪声测量按GBZ/T 189.8《工作场所物理因素测量 噪声》规定的方法进行测量。

4.3 各类工作场所噪声限值

GB/T 50087—2013《工业企业噪声控制设计规范》规定了工业企业内各类工作场所噪声限值。它们应符合表4-4的规定。

表4-4 工业企业内各类工作场所噪声限值

序号	工作场所	噪声限值/dB(A)
1	生产车间	85
2	车间内值班室、观察室、休息室、办公室、设计室的室内背景噪声级	70
3	正常工作状态下精密装配线、精密加工车间、计算机房	70
4	主控制室、集中控制室、通信室、电话总机室、消防值班室、一般办公室、会议室、设计室、实验室的室内背景噪声级	60
5	医务室、教室、值班宿舍室内的背景噪声级	55

注:1. 这里生产车间噪声限值的规定与GBZ 2.2—2007中的规定相同。
2. 室内背景噪声级指室外传入室内的噪声级。

工业企业脉冲噪声C计权峰值声级不得超过140 dB。

4.4 工作场所噪声职业病危害作业分级

GBZ/T 229.4—2012《工作场所职业病危害作业分级 第4部分:噪声》规定了工作场所生产性噪声作业的分级原则和分级方法。该标准适用于各类存在生产性噪声作业的分级管理。表4-5和表4-6分别列出了噪声作业分级和脉冲噪声作业分级。

表4-5 噪声作业分级

分级	等效声级$L_{EX,8h}$/dB	危害程度
Ⅰ	$85 \leqslant L_{EX,8h} \leqslant 90$	轻度危害
Ⅱ	$90 \leqslant L_{EX,8h} < 94$	中度危害
Ⅲ	$95 \leqslant L_{EX,8h} < 100$	重度危害
Ⅳ	$L_{EX,8h} \geqslant 100$	极重危害

注:表中等效声级$L_{EX,8h}$与$L_{EX,w}$等效使用。

表4-6 脉冲噪声作业分级

分级	声压峰值/dB			危害程度
	$n \leqslant 100$	$100 \leqslant n \leqslant 1000$	$1000 \leqslant n \leqslant 10\ 000$	
Ⅰ	$140.0 \leqslant L_{peak} < 142.5$	$130.0 \leqslant L_{peak} < 132.5$	$120.0 \leqslant L_{peak} < 132.5$	轻度危害
Ⅱ	$142.5 \leqslant L_{peak} < 145$	$132.5 \leqslant L_{peak} < 135.0$	$122.5 \leqslant L_{peak} < 125.0$	中度危害
Ⅲ	$145 \leqslant L_{peak} < 147.5$	$135.0 \leqslant L_{peak} < 137.5$	$125.0 \leqslant L_{peak} < 127.5$	重度危害
Ⅳ	$L_{peak} \geqslant 147.5$	$L_{peak} \geqslant 137.5$	$L_{peak} \geqslant 127.5$	极重危害

注:n为每日脉冲次数,L_{peak}为峰值声级。

4.5　声环境质量标准

GB 3096—2008《声环境质量标准》规定了五类声环境功能区(包括城市和乡村)的环境噪声限值及测量方法,适用于声环境质量评价与管理。但是机场周围区域受飞机通过(起飞、降落、低空飞越)噪声的影响,不适用于该标准。

按区域的使用功能特点和环境质量要求,声环境功能区分为以下五种类型。

(1) 0类声环境功能区:指康复疗养区等特别需要安静的区域。

(2) 1类声环境功能区:指以居民住宅、医疗卫生、文化教育、科研设计、行政办公为主要功能,需要保持安静的区域。

(3) 2类声环境功能区:指以商业金融、集市贸易为主要功能,或者居住、商业、工业混杂,需要维护住宅安静的区域。

(4) 3类声环境功能区:指以工业生产、仓储物流为主要功能,需要防止工业噪声对周围环境产生严重影响的区域。

(5) 4类声环境功能区:指交通干线两侧一定距离之内,需要防止交通噪声对周围环境产生严重影响的区域,包括 4a 类和 4b 类两种类型。4a 类为高速公路、一级公路、二级公路、城市快速路、城市主干路、城市次干路、城市轨道交通(地面段)、内河航道两侧区域;4b 类为铁路干线两侧区域。

各类声环境功能区适用表4-7规定的环境噪声等效声级限值。

表4-7　各类声环境功能区环境噪声等效声级限值

声环境功能区类别		昼间/dB(A)	夜间/dB(A)
0类		50	40
1类		55	45
2类		60	50
3类		65	55
4类	4a 类	70	55
	4b 类	70	60

各类声环境功能区夜间突发噪声,其最大声级超过环境噪声限值的幅度不得高于 15 dB(A)。

表4-7中 4b 类声环境功能区环境噪声限值,适用于 2011 年 1 月 1 日起环境影响评价文件通过审批的新建铁路(含新开廊道的增建铁路)干线建设项目两侧区域。

对于穿越城区的既有铁路干线,以及对穿越城区的既有铁路干线进行改建、扩建的铁路建设项目,铁路干线两侧区域不通过列车时的环境背景噪声限值,按昼间 70 dB(A)、夜间 55 dB(A)执行。既有铁路指 2010 年 12 月 31 日前已建成运营的铁路或环境影响评价文件已通过审批的铁路建设项目。

4.6　工业企业厂界环境噪声排放标准

GB 12348—2008《工业企业厂界环境噪声排放标准》规定了工业企业和固定设备厂界环

境噪声排放限值及其测量方法。该标准适用于工业企业噪声排放的管理、评价及控制。机关、事业单位、团体等对外环境排放噪声的单位也按该标准执行。

工业企业厂界环境噪声不得超过表4-8规定的排放限值。

表4-8　工业企业厂界环境噪声排放限值　　单位：dB（A）

厂界外声环境功能区类别	时段	
	昼间	夜间
0	50	40
1	55	45
2	60	50
3	65	55
4	70	55

夜间频发噪声的最大声级超过限值的幅度不得高于10 dB(A)。夜间偶发噪声的最大声级超过限值的幅度不得高于15 dB(A)。

工业企业若位于未划分声环境功能区的区域，当厂界外有噪声敏感建筑物时，由当地县级以上人民政府参照GB 3096和GB/T 15190的规定确定厂界外区域的声环境质量要求，并执行相应的厂界环境噪声排放限值。

当厂界与噪声敏感建筑物距离小于1 m时，厂界环境噪声应在噪声敏感建筑物的室内测量，并将表4-8中相应的限值减10 dB(A)作为评价依据。

当固定设备排放的噪声通过建筑物结构传播至噪声敏感建筑物室内时，噪声敏感建筑物室内等效声级不得超过表4-9和表4-10规定的限值。

表4-9　结构传播固定设备室内噪声排放限值（等效声级）　　单位：dB（A）

噪声敏感建筑物所处声环境功能区类别	A类房间		B类房间	
	昼间	夜间	昼间	夜间
0	40	30	40	30
1	40	30	45	35
2、3、4	45	35	50	40

注：1. A类房间是指以睡眠为主要目的，需要保证夜间安静的房间，包括住宅卧室、医院病房、宾馆客房等。

2. B类房间是指主要在昼间使用，需要保证思考与精神集中、正常讲话不被干扰的房间，包括学校教室、会议室、办公室、住宅中卧室以外的其他房间等。

表4-10　结构传播固定设备室内噪声排放限值（倍频带声压级）　单位：dB

噪声敏感建筑所处声环境功能区类别	时段	房间类型	室内噪声倍频带声压级限值/dB				
			倍频带中心频率/Hz				
			31.5	63	125	250	500
0	昼间	A、B类房间	76	59	48	39	34
	夜间	A、B类房间	69	51	39	30	24
1	昼间	A类房间	76	59	48	39	34
		B类房间	79	63	52	44	38
	夜间	A类房间	69	51	39	30	24
		B类房间	72	55	43	35	29
2、3、4	昼间	A类房间	79	63	52	44	38
		B类房间	82	67	56	49	43
	夜间	A类房间	72	55	43	35	29
		B类房间	76	59	48	39	34

这里的倍频带声压级限值是根据*NR*噪声评价曲线得出的，具体是根据A声级限值减10 dB，即*NR*（A–10）曲线所对应的倍频带声压级值。例如，对于A声级的30 dB限值，选用*NR*20曲线，对应的31.5 Hz、63 Hz、125 Hz、250 Hz和500 Hz中心频率的倍频带声压级限值分别为69 dB、51 dB、39 dB、30 dB和24 dB。

在该标准和《社会生活环境噪声排放标准》（GB 22337—2008）中，首次提出了结构传播固定设备室内噪声排放限值，规定当排放的噪声通过建筑物结构传播至噪声敏感建筑物室内时，噪声敏感建筑物室内等效声级既不得超过规定的A声级限值，也不得超过规定的室内噪声倍频带声压级限值，倍频带中心频率为31.5 Hz、63 Hz、125 Hz、250 Hz、500 Hz，其覆盖频率范围为22 Hz～707 Hz。这是考虑到不管是工业企业固定设备排放的噪声，还是位于噪声敏感建筑物内的社会生活噪声排放源排放的噪声，它们通过建筑物结构传播至噪声敏感建筑室内（指医院、学校、机关、科研单位、住宅等需要保持安静的建筑物）时，噪声的主要成分呈低频特性，这时测量A声级可能不会超过规定限值，但是对于人的干扰却不能忽视，也就是说A声级限值还不能保证噪声敏感建筑室内声环境质量，因此增加低频段的倍频带声压级限值的要求。

4.7　社会生活环境噪声排放标准

GB 22337—2008《社会生活环境噪声排放标准》规定了营业性文化娱乐场所和商业经营活动中可能产生环境噪声污染的设备、设施边界噪声排放限值和测量方法。该标准适用于对营业性文化娱乐场所、商业经营活动中使用的向环境排放噪声的设备、设施的管理、评价与控制。

社会生活噪声排放源边界噪声不得超过表4-11规定的排放限值。

表4-11 社会生活环境噪声排放限值 单位：dB（A）

边界外声环境功能区类别	昼间	夜间
0	50	40
1	55	45
2	60	50
3	65	55
4	70	55

在社会生活噪声排放源边界处无法进行噪声测量或测量的结果不能如实反映其对噪声敏感建筑物的影响程度的情况下，噪声测量应在可能受影响的敏感建筑物窗外1 m处进行。

社会生活噪声排放源边界与噪声敏感建筑物距离小于1 m时，应在噪声敏感建筑物的室内测量，并将表4-11中相应的限值减10 dB(A)作为评价依据。

在社会生活噪声排放源位于噪声敏感建筑物内的情况下，噪声通过建筑物结构传播至噪声敏感建筑物室内时，噪声敏感建筑物室内等效声级不得超过表4-12和表4-13规定的限值。

表4-12 结构传播固定设备室内噪声排放限值（等效声级） 单位:dB(A)

噪声敏感建筑物所处功能区类别	A类房间		B类房间	
	昼间	夜间	昼间	夜间
0	40	30	40	30
1	40	30	45	35
2、3、4	45	35	50	40

注:1. A类房间是指以睡眠为主要目的，需要保证夜间安静的房间，包括住宅卧室、医院病房、宾馆客房等。

2. B类房间是指主要在昼间使用，需要保证思考与精神集中、正常讲话不被干扰的房间，包括学校教室、会议室、办公室、住宅中卧室以外的其他房间等。

表4-13 结构传播固定设备室内噪声排放限值（倍频带声压级）

噪声敏感建筑所处声环境功能区类别	时段	房间类型	室内噪声倍频带声压级限值/dB				
			倍频带中心频率/Hz				
			31.5	63	125	250	500
0	昼间	A、B类房间	76	59	48	39	34
	夜间	A、B类房间	69	51	39	30	24
1	昼间	A类房间	76	59	48	39	34
		B类房间	79	63	52	44	38
	夜间	A类房间	69	51	39	30	24
		B类房间	72	55	43	35	29
2、3、4	昼间	A类房间	79	63	52	44	38
		B类房间	82	67	56	49	43
	夜间	A类房间	72	55	43	35	29
		B类房间	76	59	48	39	34

对于在噪声测量期间发生非稳态噪声(如电梯噪声等)的情况,最大声级超过限值的幅度不得高于10 dB(A)。

4.8 建筑施工场界环境噪声排放标准

GB 12523—2011《建筑施工场界环境噪声排放标准》规定了建筑施工场界环境噪声排放限值及测量方法。该标准适用于周围有噪声敏感建筑物的建筑施工噪声排放的管理、评价及控制。市政、通信、交通、水利等其他类型的施工噪声排放可参照执行。不适用于抢修、抢险施工过程中产生噪声的排放监管。

建筑施工过程中场界环境噪声不得超过表4-14规定的排放限值。

表4-14 建筑施工场界环境噪声排放限值 单位：dB(A)

昼间	夜间
70	55

夜间噪声最大声级超过限值的幅度不得高于15 dB(A)。

当场界距噪声敏感建筑物较近,其室外不满足测量条件时,可在噪声敏感建筑物室内测量,并将表4-14中相应的限值减10 dB(A)作为评价依据。

4.9 铁路边界噪声限值

GB 12525—1990《铁路边界噪声限值及其测量方法》修改方案规定,既有铁路边界铁路噪声按表4-15的规定执行。既有铁路是指2010年12月31日前已建成运营的铁路或环境影响评价文件已通过审批的铁路建设项目。

表4-15 既有铁路边界铁路噪声限值(等效声级 L_{eq}) 单位：dB(A)

时段	噪声限值
昼间	70
夜间	70

改、扩建既有铁路,铁路边界铁路噪声按表4-15的规定执行。

新建铁路(含新开廊道的增建铁路)边界铁路噪声按表4-16的规定执行。新建铁路是指自2011年1月1日起环境影响评价文件通过审批的铁路建设项目(不包括改、扩建既有铁路建设项目)。

表4-16 新建铁路边界铁路噪声限值(等效声级 L_{eq}) 单位：dB(A)

时段	噪声限值
昼间	70
夜间	60

昼间和夜间时段的划分按《中华人民共和国环境噪声污染防治法》的规定执行,或按铁路所在地人民政府根据环境噪声污染防治需要所作的规定执行。

4.10 城市轨道交通列车噪声限值

GB 14892—2006《城市轨道交通列车噪声限值和测量方法》规定了城市轨道交通列车噪声限值、测量方法和试验报告的主要内容。该标准适用于城市轨道交通系统中地铁和轻轨列车的设计、制造和检验。

城市轨道交通系统中地铁和轻轨列车噪声等效声级 L_{eq} 的最大容许限值应符合表4-17的要求。

表4-17 列车噪声等效声级 L_{eq} 最大容许限值 单位：dB（A）

车辆类型	运行线路	位置	噪声限值
地铁	地下	司机室内	80
	地下	客室内	83
	地上	司机室内	75
	地上	客室内	75
轻轨	地上	司机室内	75
	地上	客室内	75

4.11 城市轨道交通引起建筑物室内二次辐射噪声限值

JGJ/T 170—2009《城市轨道交通引起建筑物振动与二次辐射噪声限值及其测量方法》规定了测量频率范围为16 Hz～200 Hz的室内二次辐射噪声的等效连续A声级的限值应符合表4-18的要求。

表4-18 轨道交通引起建筑物室内二次辐射噪声限值 单位：dB（A）

区域	昼间	夜间
0类	38	35
1类	38	35
2类	41	38
3类	45	42
4类	45	42

对于室内二次辐射噪声，要求使用1级声级计，测量频率范围为16 Hz～200 Hz的室内二次辐射噪声的等效连续A声级作为轨道交通沿线建筑物室内二次辐射噪声的评价量。可以利用AWA 6292型多功能声级计的2个自定义频率计权功能，将16 Hz～200 Hz频率范围内的各个1/3倍频程中心频率设定为对应的A计权因子，将其他中心频率点的计权因子设置为-∞。仪器在测量其他参数的同时，测量出自定义的计权声压级，并用SPL(T)或SPL(U)表示，它既可以是瞬时值，也可以是等效声级、最大声级或最小声级。

4.12 机场周围飞机噪声环境标准

GB 9660—88《机场周围飞机噪声环境标准》规定了机场周围飞机噪声的环境标准。该标准适用于机场周围受飞机通过所产生噪声影响的区域；采用一昼夜计权等效连续感觉噪声级作为评价量，用 L_{WECPN} 表示，单位为dB。标准值和适用区域见表4-19所列。

表4-19 机场周围飞机噪声环境标准的适用区域和L_{WECPN}的标准值 单位：dB

适用区域	标准值
一类区域:特殊住宅区;居住、文教区	≤70
二类区域:除一类区域以外的生活区	≤75

这里的标准值是户外允许噪声级。测点要选在户外平坦开阔的地方,传声器高于地面1.2 m、离开其他反射壁面1.0 m以上。

4.13 船用柴油机辐射的空气噪声限值

GB 11871—2009《船用柴油机辐射的空气噪声限值》规定了船用柴油机在台架试验时辐射空气噪声的A声功率级限值。该标准适用于船用柴油机台架试验。

船用柴油机在标定功率和标定转速下辐射空气噪声的A声功率级L_w应不大于式(4-1)计算所得数值。

$$L_w = 10\lg(n_r P_r) + C \tag{4-1}$$

式中,L_w——标定工况下辐射空气噪声的A声功率级限值,单位为dB(A);

n_r——标定转速的数值,单位为r/min;

P_r——标定功率的数值,单位为kW;

C——常数,单位为dB(A)。当$P_r < 736$ kW时,$C = 62.0$ dB(A)。当$P_r \geqslant 736$ kW时,$C = 64.1$ dB(A)($n_r \leqslant 300$ r/min),或$C = 63.0$ dB(A)($n_r > 300$ r/min)。

测量方法按GB/T 9911—2009《船用柴油机辐射的空气噪声的测量方法》规定的工程法测量。

4.14 汽车定置噪声限值

GB16170—1996《汽车定置噪声限值》规定了汽车定置噪声的限值。该标准适用于城市道路允许行驶的在用汽车噪声限值。汽车定置噪声限值应符合表4-20的要求。

表4-20 汽车定置噪声限值

车辆类型	燃料种类		噪声限值/dB(A)	
			在1998年1月1日前出厂的车辆	在1998年1月1日起后出厂的车辆
轿车	汽油		87	85
微型客车、货车	汽油		90	88
轻型客车、货车、越野车	汽油	n_r ≤4300 r/min	94	92
		n_r >4300 r/min	97	95
	柴油		100	98
中型客车、货车、大型客车	汽油		97	95
	柴油		103	101
重型货车	N≤147kW		101	99
	N≥147kW		105	103

注:n_r为汽车油缸转速,N为汽车牵引功率。

4.15 摩托车和轻便摩托车定置噪声排放限值

GB 4569—2005《摩托车和轻便摩托车　定置噪声限值及测量方法》规定了摩托车(赛车除外)和轻便摩托车定置噪声限值及测量方法。该标准适用于在用摩托车和轻便摩托。

在用的摩托车和轻便摩托车定置噪声限值见表4-21所列。

表4-21　摩托车和轻便摩托车定置噪声限值

发动机排量 V_h /ml	噪声限值/dB(A)	
	第一阶段	第二阶段
	2005年7月1日前生产的摩托车和轻便摩托车	2005年7月1日起生产的摩托车和轻便摩托车
≤50	85	83
>50且≤125	90	88
>125	94	92

4.16 汽车加速行驶车外噪声限值

GB 1495—20××《汽车加速行驶车外噪声限值及测量方法(中国第三、四阶段)(征求意见稿)》,参照欧洲、日本、美国的现行加速行驶车外噪声标准实施情况及汽车噪声水平,以国际标准ISO 362-1:2007《道路车辆加速行驶噪声测量方法　工程法　第一部分:M、N类车辆》及ECE R51/03法规为基础,根据国内汽车产品实际情况制定,修订并代替GB 1495—2002《汽车加速行驶车外噪声限值及测量方法》。标准规定了汽车加速行驶车外噪声的测量方法(详见第12章12.3节)和噪声限值(见表4-22所列)。原计划从2020年07月01日起,所有销售和注册登记的汽车应符合标准第三阶段要求;自2023年07月01日起,所有销售和注册登记的汽车应符合标准第四阶段要求。然而至本书出版时该标准还未发布,所以此部分内容仅供读者参考。

表4-22　汽车加速行驶车外噪声限值

汽车分类		噪声限值/dB(A)		典型车型
		第三阶段	第四阶段	
M_1	GVM ≤ 2.5 t[a,b]	72	71	普通轿车、城市SUV、MPV
	GVM > 2.5 t[c,d]	73	72	越野车或四驱
M_2	GVM ≤ 3.5 t	74	73	轻型客车
	GVM > 3.5 t	76	75	轻型客车
M_3	GVM ≤ 7.5 t	78	77	中型客车
	7.5 t< GVM ≤12 t	80	79	中型客车
	GVM > 12 t	81	80	大型客车
N_1^e	GVM ≤ 2.5 t	73	72	微型货车
	GVM > 2.5 t	74	73	轻型货车
N_2^f	GVM ≤ 7.5 t	78	77	轻、中型货车
	GVM > 7.5 t	79	78	中型货车
N_3^f	GVM ≤ 17 t	81	80	重型货车
	GVM > 17 t[g]	82	81	重型货车

注：1. GVM——汽车最大总质量，单位为t。

2. 对特殊车型的限值宽松说明，详见以下a～g条款（可叠加）。

a. GVM≤2.5 t的M_1类车型：如属于越野车（G类），或采用中置（后置）发动机且后轴参与驱动时，其限值增加1 dB（A）；其中，采用中置发动机仅后轴驱动的车型如果其驾驶员座椅R点离地高度≥800mm，其限值再增加1 dB（A）。

b. GVM≤2.5 t的M_1类车型：如PMR＞120 kW/t，其限值增加1 dB（A）；如PMR＞160 kW/t，其限值再增加2 dB（A）。

c. GVM＞2.5 t的M_1类车型：如属于越野车（G类），或其驾驶员座椅R点离地高度≥850 mm，其限值增加1 dB（A）。

d. GVM＞2.5 t的M_1类车型：如PMR＞160 kW/t，其限值增加2 dB（A）。

e. N_1类车型：如属于越野车（G类），或噪声测量时后轴参与驱动，其限值增加1 dB（A）。

f. M_2、M_3、N_2、N_3类车型：如噪声测量时采用多于两轴行驶，其限值增加1 dB（A）；如噪声测量时采用多轴驱动，其限值再增加1 dB（A）。

g. GVM＞17 t的N_3类车型：如属于越野车（G类），其限值增加1 dB（A）。

从型式检测限值来看，检测限值更为严苛。其“严”表现在以下方面。

（1）车型划分较前一阶段升了一个台阶，新标准GB 1495—20××中的M_1型和旧标准GB 1495—2002中的M_2型基本对等。

（2）在GVM相当的情况下，检测噪声限值普遍降低了3 dB，通俗理解就是第三阶段的噪声需要降低为第二阶段的一半。

（3）特殊车型的限值宽松说明更为详细。对G类、功率质量比系数（PWR）值较高、发动机中后置、多轴驱动等车型，都可以依照说明条款放宽。而旧版的宽松限值仅考虑了功率因素。

4.17 机动车用喇叭的性能要求

GB 15742—2019《机动车用喇叭的性能要求及试验方法》规定了M、N、L类机动车用电喇叭和气动喇叭的性能要求、试验方法及喇叭的装车性能要求、试验方法。L类机动车包括L1和L2类轻便摩托车。

喇叭应发出连续而均匀的声响，对于气动和电-气动喇叭，从喇叭刚被推动的瞬间至声压级达到表4-23所规定的声压级的时间不应超过0.2 s。

机动车用喇叭的主要性能要求列于表4-23。

表4-23 机动车用喇叭的主要性能要求

<table>
<tr><th rowspan="2">项目</th><th rowspan="2">测量条件</th><th colspan="3">喇叭</th></tr>
<tr><th>轻便摩托车用喇叭</th><th>功率不大于7 kW的摩托车用喇叭</th><th>M、N类汽车和功率大于7 kW的摩托车用喇叭</th></tr>
<tr><td rowspan="2">声压级要求</td><td>电喇叭在规定的试电压等条件下，距离喇叭2 m处测量</td><td>90 dB（A）≤L_A≤115 dB（A）</td><td>95 dB（A）≤L_A≤115 dB（A）</td><td>105 dB（A）≤L_A≤118dB（A）</td></tr>
<tr><td>气动和电-气动喇叭在制造厂规定的气压或电压条件下，距离喇叭2 m处测量</td><td colspan="3">≤125 dB（A）</td></tr>
<tr><td>耐久性</td><td>—</td><td colspan="2">10 000次</td><td>50 000次</td></tr>
<tr><td>装车性能要求</td><td>喇叭装于机动车辆的前部，在车辆前方7 m处测量声压级</td><td>75 dB（A）≤L_A≤112dB（A）</td><td>83 dB（A）≤L_A≤112dB（A）</td><td>87 dB（A）≤L_A≤112dB（A）</td></tr>
</table>

另外，要求所有机动车用喇叭在频率为1800 Hz～3550 Hz频带内的总声压级应大于频率超过3550 Hz的每一分量的声压级。

4.18 家用和类似用途电器噪声限值

GB 19606—2004《家用和类似用途电器噪声限值》规定了电冰箱、空调器、洗衣机、微波炉、吸油烟机、电风扇等的噪声限值和测试方法。产品的噪声值应标注在产品的铭牌或说明书上，实测值与明示值的允差不应超过+3 dB，且最高不应超过限定值。

4.18.1 电冰箱噪声限值

GB 19606—2004《家用和类似用途电器噪声限值》附录A规定了电冰箱噪声限值。该标准适用于家用和类似用途的冷藏箱、冷藏冷冻箱、冷冻箱、无霜冷藏箱、无霜冷冻食品储藏箱及无霜食品冷冻箱。

电冰箱噪声限值见表4-24所列。

表4-24 电冰箱噪声限值（声功率级）

容积/L	直冷式电冰箱噪声限值/dB(A)	风冷式电冰箱噪声限值/dB(A)	冰柜噪声限值/dB(A)
≤250	45	47	47
＞250	48	52	55

GB/T 8059—2016《家用和类似用途制冷器具》中的22条规定了电冰箱噪声试验方法。

4.18.2 空调器噪声限值

GB 19606—2004《家用和类似用途电器噪声限值》附录B规定了空调器噪声限值。该标准适用于采用风冷及水冷冷凝器、全封闭型电动机–压缩机、制冷量在28 kW以下的房间空气调节器。T1型和T2型空调器在半消声室测量的噪声限值应符合表4-25的规定，T3型空调器的噪声限值可以增加2 dB(A)。在全消声室测量的噪声值应注明。

表4-25 空调器噪声限值（声压级）

额定制冷量/kW	室内噪声限值/dB(A)		室外噪声限值/dB(A)	
	整体式	分体式	整体式	分体式
＜2.5	52	40	57	52
＞2.5～4.5	55	45	60	55
＞4.5～7.1	60	52	65	60
＞7.1～14	—	55	—	65
＞14~28	—	63	—	68

《房间空气调节器》(GB/T 7725—2022)中的附录Ⅰ规定了空调器噪声的测试条件和测试方法。

4.18.3 洗衣机噪声限值

GB/T 4288—2018《家用和类似用途电动洗衣机》规定了洗衣机噪声限值。该标准适用于单相额定电压不超过250 V，在家庭、商店、学校等场所由非专业人员使用的洗衣机（包括脱水机）。洗衣机噪声限值见表4-26所列。

表4-26 洗衣机噪声限值

工况	最高额定转速/($r \cdot min^{-1}$)	A计权声功率级/dB
洗衣机洗涤时	—	≤62
洗衣机脱水时	≤1200	≤72
	＞1200	≤76

洗衣机噪声试验按照GB/T 4214.4《家用和类似用途电器噪声测试方法 洗衣机和离心式脱水机的特殊要求》的相关要求进行试验。

4.18.4 微波炉噪声限值

GB 19606—2004《家用和类似用途电器噪声限值》附录D规定了微波炉的范围、噪声限值及测试方法。该标准适用于标称微波频率2450 MHz，额定微波输出功率不超过1 kW（含1 kW）的微波炉，也适用于具有烧烤功能（包括带热风对流烧烤功能）的微波炉。其他组合式、多功能复合型微波炉，其噪声值单独考核。

微波炉的噪声限值为68 dB（A计权声功率级）。

4.18.5 吸油烟机噪声限值

GB/T 17713—2011《吸油烟机》规定了吸油烟机噪声限值。该标准适用于在家用厨房环境中的吸油烟机。在额定电压、额定频率下，以最高转速挡运转，其噪声限值见表4-27所列。

表4-27 吸油烟机噪声限值（声功率级）

风量/($m^3 \cdot min^{-1}$)	噪声限值/dB(A)
12	72
≥12	73

吸油烟机噪声测试方法应符合该标准中6.4的要求。

4.18.6 电风扇噪声限值

GB/T 13380—2018《交流电风扇和调速器》规定了电风扇噪声限值。该标准适用于单相额定电压不超过250 V，其他额定电压不超过480 V，由交流电动机驱动的台扇、壁扇、台地扇、落地扇、吊扇、顶扇、转页扇和装饰型吊扇及其调速器。电风扇的噪声以A计权声功率级计，按标准中6.6规定的试验方法测定，台扇、壁扇、台地扇、落地扇、吊扇、转页扇、顶扇、装饰型吊扇的值应不大于表4-28所规定的值。各风扇的规格参见标准中的表1。

表4-28　电风扇噪声限值（声功率级）

台扇、壁扇、台地扇、落地扇、转页扇、顶扇		吊扇、装饰型吊扇	
规格/mm	最大噪声声功率级/ dB(A)	规格/mm	最大噪声声功率级/ dB(A)
(200)	59	900	62
(230)	60	1050	65
250	61	1200	67
300	63	1400	70
350	65	1500	72
400	67	1800	(75)
450	68	—	—
500	(70)	—	—
600	(73)	—	—

注：表中带括号的噪声声功率级数值为推荐值。

柱式扇在额定电压、额定频率、最高转速挡位及停止摆动送风的状态下运行，其A计权噪声声功率级应不大于63 dB(A)。

电风扇噪声的试验方法应符合GB/T 13380—2018《交流电风扇和调速器》中6.6的规定。

4.19　玩具声响要求

为丰富儿童生活，开发儿童的智力，促进儿童视、听觉器官的发育，扩大儿童对世界的认识，很多玩具都融入了光电、声响等现代化科学技术。毋庸置疑，这些玩具能够给儿童带来无限的快乐，但高脉冲噪声以及长时间播放，会危害儿童听力，严重时，甚至会造成永久性听力损伤和其他疾病的产生。因此，欧美国家都将玩具的声响作为玩具安全的一部分，规定了对其的要求和测量声压级的方法，我国国标GB 6675.2—2014《玩具安全　第2部分：机械与物理性能》(修改采用ISO 8124-1:2000)中规定类似的要求，具体如下。

(1) 近耳玩具产生的连续声音的A计权等效声压级 L_{pAeq}，不应超过65 dB。(近耳玩具测量距离定为50 cm。)

(2) 除近耳玩具外的所有其他玩具产生的连续声音的A计权等效声压级 L_{pAeq}（对于驶过试验，用最大A计权声压级 L_{Amax}），不应超过85 dB。

(3) 近耳玩具产生的脉冲声的C计权峰值声压级 L_{pCpeak}，不应超过95 dB。

(4) 除爆炸功能玩具(例如火药帽)外的任何类型的玩具产生的脉冲声音的C计权峰值声压级 L_{pCpeak}，不应超过115 dB。

(5) 火药帽玩具或爆炸功能玩具产生的脉冲声音的C计权峰值声压级 L_{pCpeak}，不应超过125 dB。

(6) 火药帽玩具或爆炸功能玩具产生的脉冲声音的C计权峰值声压级 L_{pCpeak} 如果超过115 dB，则应提醒使用者注意其对听力的潜在危险。

以上(1)和(2)的要求是预定针对由连续声音(例如演讲、音乐等)产生的危害。这种危害是慢性的,并且是在多年的暴露之下才会显露的。而(3)~(6)的要求是预定针对由脉冲声音(例如火药帽、爆裂的气球等)产生的危害。这种声响是特别有害的。仅仅暴露在高尖声响下一次,耳朵的听力就有可能造成永久的损坏。

这些要求不适用于:

(1)口动玩具(例如口哨和玩具乐器,类似喇叭和长笛);

(2)由儿童操作发出的声音,例如由木琴、铃、鼓和挤压玩具发出的声音;连续声压级的要求不适用于摇铃,但摇铃应满足脉冲声压级的要求;

(3)收音机、录音带播放机、CD播放机及类似电子玩具;

(4)由耳塞、头戴式耳机发出的声音。

表4-29列出了我国标准与欧美标准对发声玩具的声级限值要求的对比。

表4-29 我国标准与欧美标准对发声玩具的声级限值要求的对比

<table>
<tr><th rowspan="2">序号</th><th rowspan="2">发声玩具类别</th><th colspan="3">声级限值要求</th></tr>
<tr><th>GB 6675.2—2014/
ISO 8124-1:2000</th><th>EN 71-1</th><th>ASTM F963</th></tr>
<tr><td>1</td><td>近耳玩具</td><td>$L_{pAeq}\leqslant 65$ dB
$L_{pCpeak}\leqslant 95$ dB</td><td>$L_{pA}\leqslant 70$ dB
$L_{pCpeak}\leqslant 110$ dB</td><td>$L_{Aeq}\leqslant 65$ dB
$L_{pCpeak}\leqslant 110$ dB</td></tr>
<tr><td>2</td><td>火箭帽玩具或其他爆炸行为</td><td>$L_{pAeq}\leqslant 85$ dB
$L_{pCpeak}\leqslant 125$ dB
$L_{pCpeak}>115$ dB加告警</td><td>$L_{pA}\leqslant 90$ dB
$L_{pCpeak}\leqslant 125$ dB
$L_{pCpeak}>110$ dB加告警</td><td>$L_{Aeq}\leqslant 85$ dB
$L_{pCpeak}\leqslant 125$ dB</td></tr>
<tr><td>3</td><td>摇铃、敲击玩具或意图摇动的玩具</td><td rowspan="4">$L_{pAeq}\leqslant 85$ dB
$L_{pCpeak}\leqslant 115$ dB</td><td>$L_{pA}\leqslant 85$ dB
$L_{pCpeak}\leqslant 110$ dB
$L_{pCpeak}>110$ dB加告警</td><td rowspan="2">$L_{Aeq}\leqslant 85$ dB
$L_{pCpeak}\leqslant 115$ dB</td></tr>
<tr><td>4</td><td>手持玩具</td><td rowspan="3">$L_{pA}\leqslant 90$ dB
$L_{pCpeak}\leqslant 110$ dB</td></tr>
<tr><td>5</td><td>静止的桌面、地面和童床玩具</td><td>$L_{AFmax}\leqslant 85$ dB
$L_{pCpeak}\leqslant 115$ dB</td></tr>
<tr><td>6</td><td>推、拉玩具和手动弹簧驱动玩具</td><td>$L_{Aeq}\leqslant 85$ dB
$L_{pCpeak}\leqslant 115$ dB</td></tr>
</table>

注:表中L_{pAeq}、L_{pA}、L_{Aeq}均为声压级的A计权等效声级,L_{pCpeak}为脉冲声响的C计权峰值声级,L_{AFmax}为最大A计权声级。

4.20 机床电器噪声的限值

JB/T 10046—2017《机床电器噪声的限值及测定方法》规定了机床电器(以下简称电器)正常运行中噪声的极限值及其测定方法。该标准适用于交流50 Hz或60 Hz,额定工作电压1000 V及以下的机电式接触器、电动机起动器、接触器式继电器及交流电磁铁,当单台电器的电磁系统在正常闭合状态下,噪声的限值及测定方法。不适用于电器的电磁系统闭合或释放时产生的撞击噪声的限值及测定。

除非供需双方另有商定,电器噪声极限值(声功率级)应符合表4-30的要求。

表4-30 机床电器噪声限值（声功率级）

序号	产品名称	产品规格	噪声限值/dB(A)
1	机电式接触器	I_0≤63 A	40
		I_0>63 A	45
2	电动机起动器	I_0≤63 A	40
		I_0>63 A	45
3	接触器式继电器	全系列	40
4	交流电磁铁	全系列	65

注:I_0为额定电流。

4.21 电梯噪声标准

目前与电梯噪声相关的标准主要分为以下三类。

一是电梯本身的质量标准,主要包括GB/T 10058《电梯技术条件》、GB 7588《电梯制造与安装安全规范》等。对于电梯运行分贝的限值也有不同的规定:产品标准规定主机房的声音不得高于80 dB,轿厢的声音不得高于55 dB,开关门过程噪声平均值小于等于65 dB。载货电梯仅参考机房噪声值。

二是建筑方面的标准,主要包括GB 50096《住宅设计规范》、GB 50118《民用建筑隔声设计规范》。建筑设计标准规定,白天不得高于50 dB,晚上不得高于40 dB。

三是环保方面的标准,主要包括GB 3096《声环境质量标准》等。环保标准则规定,对于0类声环境功能区,白天不得高于40 dB,晚上不得高于30 dB。

4.22 民用建筑室内声环境标准

GB 55016—2021《建筑环境通用规范》规定,民用建筑室内应减少噪声干扰,应采取隔声、吸声、消声、隔振等措施使建筑声环境满足使用功能要求。该标准还对民用建筑室内声环境作了有关规定,同时规定GB 50118—2010《民用建筑隔声设计规范》中第4.1.1条废止。有关声功能区划分和昼间夜间的规定同GB 3096—2008《声环境质量标准》。

建筑物外部噪声源传至主要功能房间室内的噪声限值应符合表4-31中的规定。

表4-31 建筑物外部噪声源传至主要功能房间室内的噪声限值

房间的使用功能	噪声限值(等效声级$L_{Aeq,T}$)/dB	
	昼间	夜间
睡眠	40	30
日常生活	40	
阅读、自学、思考	35	
教学、医疗、办公、会议	40	

注:1. 当建筑位于2类、3类、4类声环境功能区时,噪声限值可放宽5 dB。

2. 夜间噪声限值应为夜间8 h连续测得的等效声级$L_{Aeq,8h}$。

3. 当1 h等效声级$L_{Aeq,1h}$能代表整个时段噪声水平时,测量时段可为1 h。

4. 噪声限值应为关闭门窗状态下的限值。

建筑物内部建筑设备传播至主要功能房间室内的噪声限值应符合表4-32中的规定。

表4-32　建筑物内部建筑设备传播至主要功能房间室内的噪声限值

房间的使用功能	噪声限值(等效声级$L_{Aeq,T}$)/dB
睡眠	33
日常生活	40
阅读、自学、思考	40
教学、医疗、办公、会议	45
人员密集的公共空间	55

主要功能房间室内的Z振级限值应符合表4-33中的规定。

表4-33　主要功能房间室内的Z振级限值

房间的使用功能	Z振级VL_Z/ dB	
	昼间	夜间
睡眠	78	75
日常生活	78	

第5章 信号的测量和分析

5.1 音频电压的测量

5.1.1 音频电压的度量

音频电压通常指频率在20 Hz～20 kHz范围内的交流信号电压。与声压一样，音频电压可以用平均值、峰值和均方根值（有效值）来度量。它们的定义和公式与声压相同（详见第1章1.2节）。

有效值实际上是指一交流电压加到一电阻上与一直流电压加到同样电阻上产生的热量相等，也就是两者功率相等，直流电压值就是交流电压的有效值。对于幅度（峰值）为1 V的正弦波来说，它与0.707 V的直流电压具有相等的功率，也就是说，对于正弦波，V_{RMS} = 0.707 V_{peak}= $\sqrt{1/2}$ V_{peak}。因为有效值与功率相关，所以有效值用得比较多。

同样，对于正弦波，V_{avg} = 0.637 V_{peak} = 0.9 V_{RMS}。

5.1.2 电平（级）

很多时候用对数来表示电压值，我们称之为电平（level），在声学测量中称之为级，它既可以表示放大和衰减的相对比值，当确定参考电压时又表示绝对电平值。电平用常用对数（以10为底）表示时，称为贝尔（Bell，简称B）。因为贝尔太大，通常用分贝（dB）作单位，1 dB= 1/10 B。对于电压来讲，分贝值可用式(5-1)表示。

$$分贝值(\mathrm{dB})=10\lg\frac{U_1^2}{U_2^2}=20\lg\frac{U_1}{U_2} \tag{5-1}$$

式中，U_1——被测电压值，单位为V；

U_2——比较电压值，单位为V。

当U_2取为参考电压U_0时，就能得到以U_0为参考的绝对电平。如取U_0= 1 V，得到的绝对电平以dBV表示；如取U_0=0.775 V，得到的绝对电平以dBm表示。0.775 V是在600 Ω电阻上消耗1 mW功率对应的电压有效值。在以前的指针式万用表和GB-9型真空管毫伏表上就是将0.775 V标示为0 dB的。

当电平用自然对数（以e为底）表示时，称为奈培（neper，简称Np），常用于电信网络。奈培值可用式(5-2)表示。

$$奈培值(\mathrm{Np})=\ln\frac{U_1}{U_2} \tag{5-2}$$

1 Np=8.686 dB。

5.1.3 峰值因数

峰值因数（CF）指信号的峰值与有效值之比。对于正弦波信号，其峰值因数为1.414；对于方波信号，因为它的峰值等于有效值，所以其峰值因数为1；对于三角波信号，其峰值因数为1.73；但是对于无规噪声，其峰值因数可能就比较高。在旧版声级计标准GB 3785—83中，要求2级和1级声级计能够测量峰值因数为3的信号，2级脉冲声级计能够测量峰值因数为5的信号，1级脉冲声级计、0级声级计和0级脉冲声级计能够测量峰值因数为10的信号。

5.1.4 检波和测量电路

音频电压的测量一般是将交流信号整流（检波）成直流信号再进行测量。检波器可以是平均值检波器、峰值检波器，也可以是有效值检波器。图5-1画出了最简单的三种检波器的原理图，图5-1（a）是平均值检波电路，图5-1（b）是峰值检波电路，图5-1（c）是近似有效值检波电路。

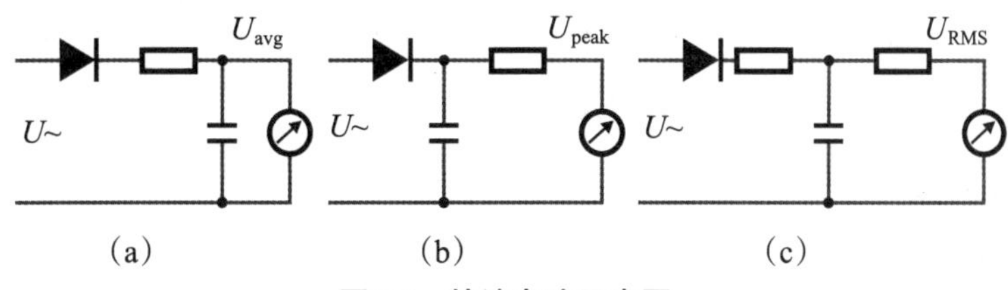

图5-1 检波电路示意图

图5-1（c）只是近似有效值检波电路，对于峰值因数为3的信号，可以提供有效值的正确指示。在模拟技术中，要做到真有效值检波是比较困难的，很多交流电压测量仪器，例如早期的万用表和毫伏表，虽然标示的是有效值刻度，但实际上是平均值检波电路。因为其是按正弦波的有效值进行的刻度，所以对正弦波来讲是符合有效值的。因为正弦波的有效值与平均值存在固定的关系，即$1V_{avg} = 0.9\ V_{RMS}$，而对于其他波形则不是这个关系，测量的就不是它的有效值。因此这类仪器通常都会标明是正弦波有效值。

为了实现真有效值测量，早期的方法是将交流电压加到热电偶上，通过测量由热电偶产生的直流电压（电流）来得到交流电压的真有效值，例如常州同惠电子的DA30A型真有效值电压表和以前的西门子公司的校准电平表。DA30A型真有效值电压表可测量各种波形电压和无规噪声电压的真有效值，测量频率范围为10 Hz ～ 10 MHz，基本精度在± 2%。但是这种电表需要一段加热和稳定时间，只能用于测量稳态信号。

在早期B&K的2600系列测量放大器中，利用3只二极管和1组电阻组成真有效值检波电路，适当选择电阻值使二极管在不同电压时依次导通来近似抛物线，对于峰值因数为3～10的信号，准确度优于0.5 dB；有的使用6只晶体三极管依次导通来近似抛物线，对于峰值因数为10～40的信号，仍能获得较准确的测量结果。

另外，美国ADI公司生产有多种真有效值-直流转换的单片集成电路。例如AD536A，直接将任何复杂的输入交流波形转换为与其真有效值成比例的直流电压，通过它很容易实现交流电压的有效值测量，在峰值因数达7时误差仅1%，最高频率为2 MHz；另外，还有60 dB动态范围的对数有效值输出信号，可以直接驱动直流数字电压表实现分贝的数字指示。该公司的AD8361型单片集成电路的最高频率可以达到2.5 GHz。

现在音频电压的测量多用数字信号处理的方法实现。通过信号处理器(CPU)对交流信号的采样将模拟信号转换为数字信号,再对数字信号进行有效值、峰值或平均值检波等数学运算,运算结果直接由显示单元显示。

常用的安捷伦34401A型六位半数字多用表,测量交流电压真有效值的频率范围为3 Hz～300 kHz。在20 Hz～20 kHz频率范围内,准确度为读数的0.04%±0.03%。

5.2 信号频率的测量

信号频率的测量在电子设计和测量领域中经常用到,因此在实际工程应用中对频率测量方法的研究具有重要意义。常用的频率测量方法有两种:频率测量法和周期测量法。频率测量法是在时间t内对被测信号的脉冲数N进行计数,然后求出单位时间内的脉冲数,即为被测信号的频率。周期测量法是先测量出被测信号的周期T,然后根据频率$f=1/T$求出被测信号的频率。但是上述两种方法都会产生±1个周期的误差,在实际应用中有一定的局限性。根据测量原理,很容易发现频率测量法适用于高频信号的测量,周期测量法适用于低频信号的测量,但二者都不能兼顾高低频率等精度的测量要求。

5.2.1 等精度测频

1. 等精度测频原理

等精度测量的一个最大特点是测量的实际闸门时间不是一个固定值,而是一个与被测信号有关的值,而且刚好是被测信号的整数倍。在计数允许时间内,同时对标准信号和被测信号进行计数,再通过数学公式推导得到被测信号的频率。由于标准信号是被测信号的整数倍,所以就消除了对被测信号产生的±1个周期误差,但是会对标准信号产生±1周期误差。等精度测量原理如图5-2所示。

从以上叙述的等精度的测量原理可以很容易得出如下结论:首先,被测信号频率f_x的相对误差与被测信号的频率无关;其次,增大测量时间段"软件闸门"或提高标准信号频率f_0,可以减小相对误差,提高测量精度;最后,由于一般提供标准信号频率f_0的石英晶振稳定性很高,所以标准信号的相对误差很小,可忽略。假设标准信号的频率为100 MHz,只要实际闸门时间大于或等于1 s,就可使测量的最大相对误差小于或等于10^{-8},即精度达到1/100 MHz。

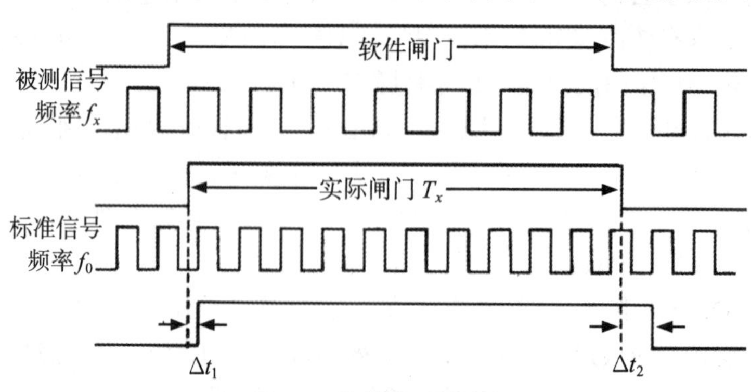

图5-2 等精度测量原理

2. 等精度测频的实现

等精度测量的核心思想在于如何保证在实际测量闸门内被测信号为整数个周期，这就需要在设计中让实际测量闸门信号与被测信号建立一定的关系。基于这种思想，在设计中以被测信号的上升沿作为开启闸门和关闭闸门的驱动信号，只有在被测信号的上升沿才将图5-2中预置的“软件闸门”的状态锁存，因此就能保证在“实际闸门”T_x内被测信号的个数为整数个周期，这样就避免普通测量方法中被测信号的±1个周期误差，但会产生高频的标准信号的±1个周期误差。由于标准信号的频率f_0远高于被测信号的频率，因此它产生的±1个周期误差对测量精度的影响十分有限，特别是在中低频测量的时候，相较于传统的频率测量和周期测量方法，可以大大提高测量精度。

等精度测频实现的原理图如图5-3所示，预置软件闸门信号GATE由FPGA的定时模块产生，GATE的时间宽度对测频精度的影响较少，故可以在较大的范围内选择。这里选择预置闸门信号的长度为1 s。图中的CNT1和CNT2是2个可控的32位高速计数器，CNT1_ENA和CNT2_ENA分别是其计数使能端，基准频率信号f_0从CNT1_CLK输入，待测信号f_x从CNT2的时钟输入端CNT2_CLK输入，并将f_x接到D触发器的CLK端。测量时，由FPGA的定时模块产生预置的GATE信号，在GATE为高电平，并且在f_x的上升沿时，启动2个计数器，分别对被测信号和基准信号计数，关闭计数闸门必须满足GATE为低电平，且在f_x的上升沿。若在一次实际闸门时间T_x中，计数器对被测信号的计数值为N_x，对标准信号的计数值为N_0，而标准信号的频率为f_0，则被测信号的频率$f_x=(N_0/N_x)f_0$。图5-2中的所有功能都在FPGA端实现。

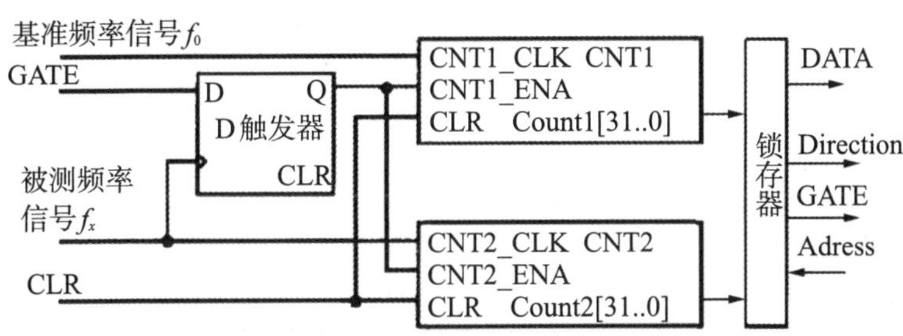

图5-3 FPGA实现的功能的原理图

如图5-3所示的单元是等精度测频的核心部分。在实际应用中，多数时候需要将测量的结果通过显示设备显示出来。从图5-3可以看出，本设计由于设计了锁存单元，将计数结果和一些控制信号进行了锁存处理，便于与单片机相连。因此在该FPGA实现的核心单元的基础上连接单片机，容易实现从计数值到实际频率值以及相应的周期值的转换，并通过单片机控制显示设备将最终需要的结果信息显示出来。FPGA器件与单片机硬件接口电路框图如图5-4所示，图中的等精度计数模块和锁存输出模块都由Altera公司的FPGA器件EP1C3T100C6实现，等精度计数模块输出的是2个32 bit的数据。为了方便与单片机连接，该输出数据由在FPGA器件内部的锁存器分8次锁存输出，单片机每次读取8 bit，连续读取8次即可。读取的N_x和N_0的计数值经过单片机按照等精度频率计算公式换算成实际频率值，最后通过DM12864显示。

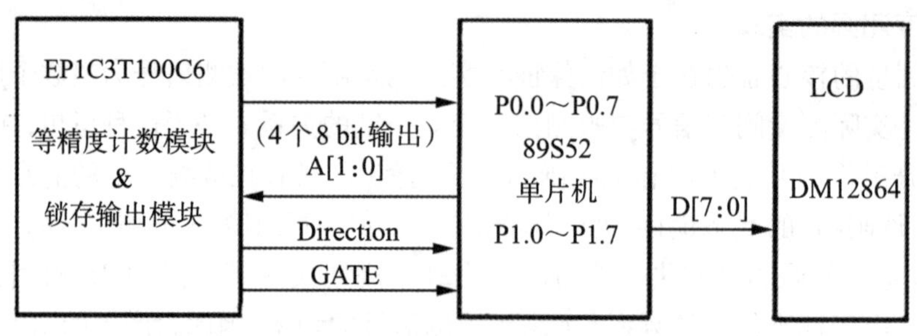

图5-4　FPGA与单片机硬件接口电路框图

3. 测量结果的误差分析

采用高精度信号源输出不同频率的正弦波信号，将经过信号调理电路整形得到的方波信号提供给FPGA进行计数测量，再将测量结果与高精度信号源输出的频率相比较，计算误差。具体数据见表5-1所列。

表5-1　频率和周期测量数据

信号源输入频率/Hz	测量值/Hz	相对误差
1.2	1.199 998	1.67×10^{-6}
12.567 8	12.567 78	1.59×10^{-6}
1 546.948	1 546.946	1.29×10^{-6}
98 542.37	98 542.26	1.12×10^{-6}
987 561.2	987 560.1	1.11×10^{-6}
1 235 610	1 235 608	1.62×10^{-6}
9 874 123	9 874 106	1.72×10^{-6}
13 654 123	13 654 107	1.17×10^{-6}
20 000 000	19 999 979	1.05×10^{-6}

表5-1给出了各种频率的测量结果和相对误差。结果显示，本设计在1 Hz～20 MHz全范围内的相对误差小于2×10^{-6}，测量结果的误差分布在同一个数量级附近，达到了等精度测量的目的。在实际测试中发现，如果提高系统晶振的频率或者提高晶振的精度级别，频率测量的误差还会进一步降低。

5.2.2　通过FFT测频

正弦信号频率估计的数字信号处理可采用时域估计算法和频域估计算法。时域估计算法不仅对信噪比要求较高，还不便于快速处理。频域估计算法主要利用FFT技术对信号进行谱估计，计算量小，便于快速实现。Rife算法是频域估计算法中的经典算法，通过谱线插值估计出实际频率相对于谱线最大值的偏移量。Rife算法在一定条件下有较好的估计效果，但是当实际频率位置接近量化频率时，误差较大，同时信号质量（信噪比）会直接影响估计精度。这里介绍基于Zoom-FFT的改进Rife算法。

通过FFT技术可以得到信号幅频、相频等频域信息。对于正弦信号，利用FFT对连续信号进行频谱分析，谱线最大值所在位置便是其频率。但是由于“栅栏效应”，当采样点没有落在信号最大值所在位置时，其谱线最大值所在的位置与真正频率会有偏差，偏差范围为±$0.5\Delta f$，Δf为信号的频谱分辨率，$\Delta f=f_s/N$。因此，通过FFT只能粗略地估计信号的频率。正弦信号频谱与频率位置关系如图5-5所示。

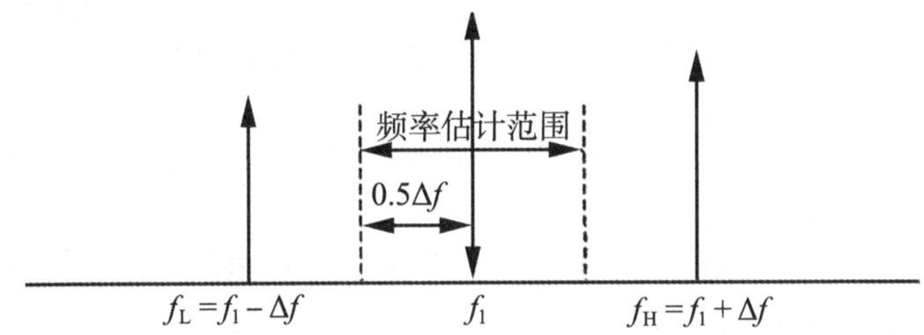

图5-5 正弦信号频谱与频率的位置关系

信号频率位于最大谱线与次大谱线之间的$0.5\Delta f$范围内，Rife算法所做的工作就是估计出真实频率在这个范围内的位置L，即有

$$L=a\cdot\frac{\left|G_{k_0+a}\right|}{\left|G_{k_0+a}\right|+\left|G_{k_0}\right|} \tag{5-3}$$

式中，$\left|G_{k_0}\right|$——在整数k_0处，谱线取到最大值；

$\left|G_{k_0+a}\right|$——谱线的次大值。当次大值对应频率大于最大值时，$a=1$，反之$a=-1$。

Rife算法的频率估计公式为

$$\hat{f}_c=\Delta f\cdot\left(k_0-1+a\cdot\frac{\left|G_{k_0+a}\right|}{\left|G_{k_0+a}\right|+\left|G_{k_0}\right|}\right) \tag{5-4}$$

在没有噪声的理想情况下，利用式(5-4)可以获得较好的估计效果。但是Rife算法的最大问题就是噪声易造成次大谱线的误判，由此所引起的误差必然大于$0.5\,\Delta f$。同时，在实际频率比较靠近量化频率时，Rife算法的估计精度会急剧下降。

通过Zoom-FFT的基本处理过程将高频信号搬移到低频段，再经过低通滤波保留所需频段，然后以适当的采样频率进行重新采样，这样既可以有效避免频谱混叠，同时又使分析带宽变小，所需采样频率大大降低。若降低到$1/D$，FFT点数N不变，则频率分辨率可相应提高D倍，这样就达到了对局部频谱进行放大的目的。

在频率分辨率较大的情况下，一般的频率估计算法难以有较高的估计精确度。对于正弦信号的频率估计问题，信号的真实频率必然处于图5-5所示f_L和f_H之间，所以真实的分析范围实际上只有$2\Delta f$。如果对包含这一频段的较小范围进行细化，其他频段予以滤除，便可以更加准确地估计出信号的频率。

基于Zoom-FFT的Rife算法具有局部频谱放大功能，且放大倍数可调节，实现过程如图5-6所示，对Rife算法进行改进。

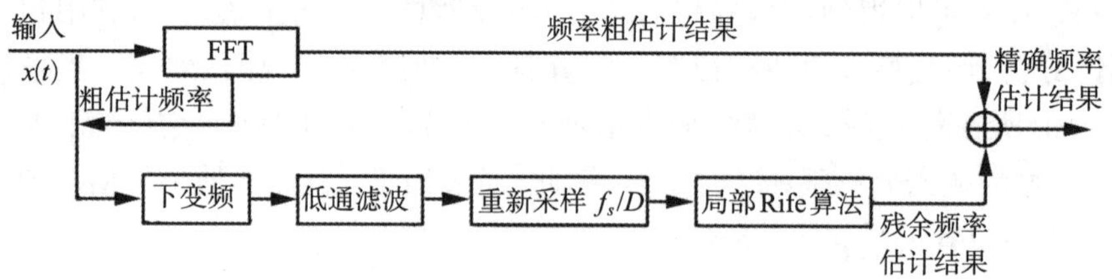

图5-6 基于Zoom-FFT的改进Rife算法原理图

基于Zoom-FFT的改进Rife算法分为粗估计和精估计两个过程。其基本流程及参数选择和确定方法如下。

(1)粗估计。直接对信号做FFT,确定最大谱线对应频率即为粗估计频率 f_1。此过程同时确定了细化频带的范围和下变频本振频率。理论上此过程可达到的最优估计误差在±0.5 Δf 以内,此误差即为残余频率。

(2)精估计。利用Rife算法对重采样后的细化频带进行频率估计,得到下变频后的残余频率估计结果 f_s,理论上 f_s 可达到的最优估计误差在 $\pm 0.5\Delta f/D$ 以内,那么频率估计结果即为 $\hat{f}_c = f_1 + f_s$。

这种基于Zoom-FFT的改进Rife算法,通过移频(下变频)降低采样率进而提高频率分辨率,由此大幅度消除了频率分辨率对频率估计精度的限制,在此基础上利用Rife算法对正弦信号进行精确频率估计,具有比Rife算法及其他改进算法更高的估计精度和低信噪比适应性,且对真实频率与量化频率点的位置关系不敏感。只是受制于Zoom-FFT的工作原理,计算量比普通Rife算法有所增加,但增加幅度可以接受。

5.3 失真度测量

5.3.1 失真的概念

失真,顾名思义就是与原始信号不同,或是附加了不希望有的成分,或是发生了各种变化。失真可以分成线性失真和非线性失真。

线性失真又可以分成两种:一是频率响应失真,指在非平坦的频率响应中的不同频率的振幅响应;二是相位失真,指输入信号的个别成分并未被放大成一致的相移,导致输出的信号成分中相位不一致。这类失真大部分源自抗性分量,例如容抗或感抗。

非线性失真是由器件的非线性引起的,如晶体管、运算放大器都不完全是线性的。我们通常所讲的失真是指非线性失真。

5.3.2 非线性失真的分类

非线性失真有谐波失真、互调失真和瞬态失真之分。

1. 谐波失真(HD)

谐波失真(harmonic distortion)是指正弦波信号中增加了原信号没有的高次谐波成分而导致的失真。我们平常所说的失真度指的是总谐波失真(total harmonic distortion,简称THD)。在实际工作中,谐波失真使用得最多,一般不加说明的失真均指谐波失真 。谐波失真是由器件(如放大器、传声器、扬声器等)的非线性引起的。失真的结果是使器件输出产生了原信号中没有的谐波分量，使声音失去了原有的音色，严重时声音会发破、刺耳。

2. **瞬态失真**(TD)

因为扬声器具有一定的惯性质量存在，盆体的震动无法跟上瞬间变化的电信号的震动而导致的原信号与回放音色之间存在的差异就为瞬态失真(transient distortion，简称TD)。在音箱与扬声器系统中，瞬态失真会直接影响到音质、音色的还原程度，所以音箱的品质与这项指标密切相关。

将方波信号输入放大器后，以其输出波形包络的保持能力来表达瞬态失真。如放大器的转换速率不够，则方波信号就会产生变形而产生瞬态失真。瞬态失真主要反映在快速的音乐突变信号中，如打击乐器、钢琴、木琴等。如瞬态失真大，则清脆的乐音将变得含混不清。

3. **互调失真**(IMD)

互调失真(intermodulation distortion，简称IMD)是指来自两个频率f_1与f_2，在f_1+f_2与f_1-f_2(取绝对值)之间所产生的谐波。这些谐波彼此之间又能继续组合出和、差、乘积，测量这些位置的谐波大小，就是互调失真。互调失真影响的主要是声音的音调。将互调失真仪输出的125 Hz与1 kHz的简谐信号合成波，按4:1的幅值输入被测量的放大器，从额定负载上测出互调失真系数。

4. **瞬态互调失真**(TIM)

在反馈深度较大的晶体管电路中，为了解决因引入深度负反馈而引起的寄生振荡的问题，常在激励级晶体管集基极间加入一个小电容抑制寄生振荡。当输入脉冲性瞬态信号到电路时，由于该电容的滞后效应，输出端不能立即得到应有的输出电压，使得负反馈电路不能得到及时的响应，放大器在这一瞬间处于开环状态，使输出瞬间过载而产生削波，这一削波失真称为瞬态互调失真(transient intermodulation distortion，简称TIM)。通常在脉冲上还叠加有正弦信号，那么输出端还会得到很多输入信号频谱不存在的互调频率成分。将3.15 kHz的方波信号与15 kHz的正弦波信号按峰值振幅比4:1混合，经放大器后，新增加全部互调失真的产物有效值与原来正弦振幅的百分比就测得瞬态互调失真。如放大器采用深度大回环负反馈，瞬态互调失真一般较大，具体反映出声音呆滞、生硬、无临场感；反之，则声音圆滑、细腻、自然。

5.3.3 傅里叶变换与频谱分析

傅里叶理论告诉我们，时域中的任何电信号都可以由一个或多个具有适当频率、幅度和相位的正弦波叠加而成。换句话说，任何时域信号都可以变换成相应的频域中若干个独立的正弦波或频谱分量，然后就可以对它们进行单独分析。每个正弦波都用幅度和相位加以表征。

$$u(t)=U_1\sin(\omega t+\varphi_1)+U_2\sin(2\omega t+\varphi_2)+U_3\sin(3\omega t+\varphi_3)+\cdots \tag{5-5}$$

这种将时域信号变换至频域信号加以分析的方法称为频谱分析。频谱分析的目的是把复杂的时间历程波形，经过傅里叶变换分解为若干单一的谐波分量来研究，以获得信号的频率结构以及各谐波和相位信息。图5-7显示了经傅里叶变换后的频谱分量示意图。

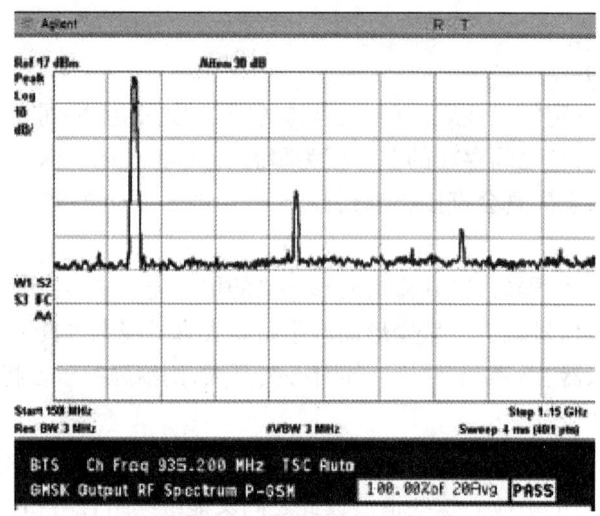

图5-7 傅里叶变换频谱分量示意图

5.3.4 失真度的定义

失真度的定义:全部谐波能量与基波能量之比的平方根值,其表达式为

$$K=\sqrt{\frac{P-P_1}{P_1}}=\sqrt{\frac{\sum_{n=2}^{\infty}P_n}{P_1}} \tag{5-6}$$

式中,P——信号总能量,单位为W;

P_1——信号基波的能量,单位为W;

P_n——信号的第n次谐波的能量,单位为W。

当负载为纯电阻负载时,也可以用全部谐波电压(或电流)的有效值与基波电压(或电流)的有效值之比的百分数来表示,其表达式为

$$K=\frac{\sqrt{U_2^2+U_3^2+\cdots+U_\infty^2}}{U_1}\times 100\% \tag{5-7}$$

或

$$K=\frac{\sqrt{\sum_{n=2}^{\infty}U_n^2}}{U_1}\times 100\% \tag{5-8}$$

式中,U_1——信号的基波电压的有效值,单位为V;

U_n——信号的第n次谐波电压的有效值,单位为V。

由式(5-8)可以看出,失真度K的值可由电压值导出,它仅与信号中所含基波及各次谐波的电压有效值相关,而与各谐波之间的相位无关。

失真度K(又称失真系数、非线性失真系数)是一个无量纲的比例系数,通常用百分数或分贝数(dB)表示,数值越小表示失真度越小。例如,失真度1%,它的分贝数就是−40 dB;失真度0.5%,它的分贝数就是−46 dB。

通常谐波失真主要是受二次谐波和三次谐波(如图5-8)的影响。

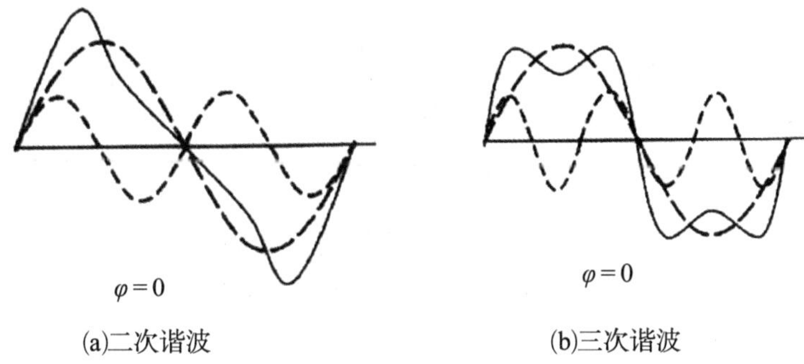

(a)二次谐波　　(b)三次谐波

图5-8　二次和三次谐波波形

5.3.5　失真度的测量方法

失真度的测量方法可以分为模拟法和数字化方法。

1. 模拟法

模拟法是指测量中直接应用模拟电路测量失真度的方法。模拟法又可分为基波抑制法、谐波分析法。一般模拟式的失真度测量仪都采用基波抑制法。

(1)基波抑制法

一般模拟式的失真度测量仪采用基波抑制原理,通过具有频率选择性的无源网络抑制基波,由总的电压有效值和抑制基波后的谐波电压有效值计算出失真度。

基波抑制电路通常采用具有频率选择性的无源网络,例如谐振电桥、文氏电桥、T型电桥等,也可以用截止频率高于基波频率而低于二次谐波频率的无源高通滤波器。

基波抑制法测得的失真度 K_x,其计算公式见式(5-9)。

$$K_x=\sqrt{\frac{\sum_{n=2}^{\infty}U_n^2}{\sum_{n=1}^{\infty}U_n^2}}\times 100\% \tag{5-9}$$

由于基波抑制法不能单独测量出基波电压的有效值,所以其测得的失真度值 K_x 与前面失真度定义式中的 K 不完全相同,两者之间的关系可通过以下简单的推导求得。

将式(5-8)的分子分母同乘以 $\sqrt{\frac{1}{\sum_{n=1}^{\infty}U_n^2}}$,便有

$$K=\frac{\sqrt{\sum_{n=2}^{\infty}U_n^2\frac{1}{\sum_{n=1}^{\infty}U_n^2}}}{\sqrt{U_1^2\frac{1}{\sum_{n=1}^{\infty}U_n^2}}}=\frac{K_x}{\sqrt{\frac{\sum_{n=1}^{\infty}U_n^2-\sum_{n=2}^{\infty}U_n^2}{\sum_{n=1}^{\infty}U_n^2}}}=\frac{K_x}{\sqrt{1-K_x^2}} \tag{5-10}$$

同理，将式(5-9)的分子分母同除以 $\sqrt{U_1^2}$，有

$$K_x=\sqrt{\frac{\sum_{n=2}^{\infty}\frac{U_n^2}{U_1^2}}{\sum_{n=1}^{\infty}\frac{U_n^2}{U_1^2}}}=\frac{K}{\sqrt{\frac{U_1^2+\sum_{n=2}^{\infty}U_n^2}{U_1^2}}}=\frac{K}{\sqrt{1+K^2}} \tag{5-11}$$

所以，基波抑制法测得的失真度K_x是定义式计算的失真度K的 $1/\sqrt{1+K^2}$。

当K=20%时，K与K_x的绝对差为0.4%；当K=10%时，K与K_x的绝对差为0.05%。K愈小，K_x与K的差就愈小。在小失真度测量时，$K\approx K_x$。

基波抑制法测量失真度的原理框图如图5-9所示。首先，当开关S接向1的位置，用电压表测出被测信号电压的总有效值。然后将开关S接到2的位置，即接入基波抑制电路，将基波信号滤除，再用电压表测出除基波外的全部谐波电压的总有效值。

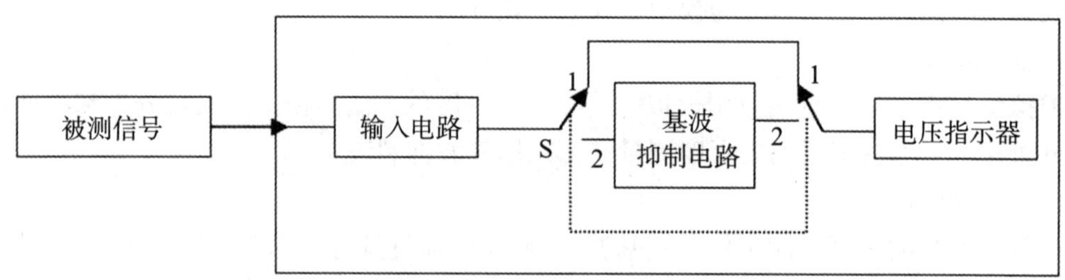

图5-9　基波抑制法测量失真度的原理框图

人工测量的失真度测量仪(如SD-2型失真度测量仪)的测量步骤如下：

①将失真度测量仪设为电压测量，使信号在电压表上获得适当示值；

②将失真度测量仪置于“校准”位置，调校准电位器使示值为满度值，并以此为100%；

③将失真度测量仪置于“失真”位置，调频率刻度盘改变带阻滤波器的中心频率，使示值最小(为使电表更灵敏，可以适当调节量程开关)；

④调节相位旋钮，使示值最小；

⑤反复调节频率旋钮和相位旋钮，直至最小示值；

⑥此最小示值与原来100%示值比较，即为失真度的百分数值。

现在多为自动失真度测量仪，不需调节频率和相位，使用就方便多了。

基波抑制法不仅可测量谐波失真，还可测量包括本底噪声在内的其他成分，有的把测得的失真称为总失真，甚至为了避免与总谐波失真混为一谈，又将它称为总失真+噪声(例如在声校准器标准中)。可以看出，基波抑制法和谐波分析法相比，具有结构简单、操作方便、不需要计算便可直接读出10%以下失真度值(电压表直接按失真度刻度)等特点，因而在低频段得到了广泛的应用。

按基波抑制法设计的失真测量仪可以测量的频率范围为1 Hz～1 MHz，测量准确度为5%～30%。

(2)谐波分析法

谐波分析法的失真度测量,用频谱分析仪或波形分析仪检测信号中的基波和各次谐波的电压,获得基波和各次谐波的有效电压,从而计算出失真度。频谱分析仪有扫频和非扫频两种测量方式,但扫频方式应用最广泛。

①非扫频法

使用恒带宽或恒百分比带宽的带通滤波器检测信号中的基波和各次谐波的电压,按式(5-8)或式(5-9)计算出失真度。

由于谐波失真主要是受二次谐波和三次谐波的影响,所以在非扫频测量时,一般只测量二次谐波和三次谐波,并由此计算失真度。

② 扫频法

使用带扫频功能的带通滤波器检测信号中的基波和各次谐波的电压,再按式(5-8)或式(5-9)计算出失真度。

扫频式频谱分析仪主要由外差接收机和示波器组成。接收机的本振频率由扫描电压控制,以实现扫频测量。扫描电压同时加到示波器的水平偏转板上,于是在示波器的荧光屏上便显示出被测信号的基波和各次谐波的谱线幅值,从而实现失真度的测量。测量原理框图如图5-10所示。

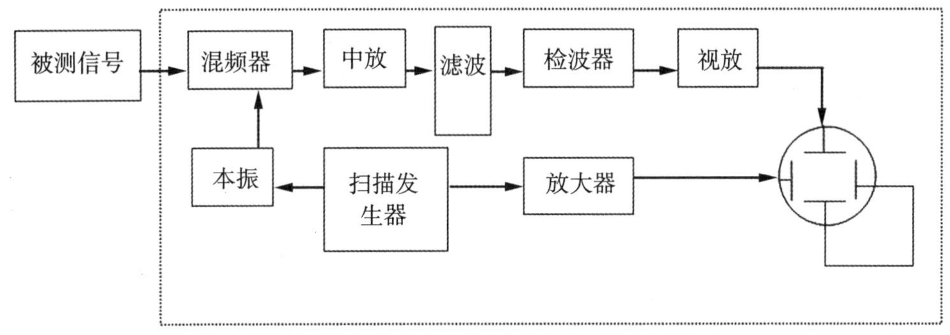

图5-10 频谱分析仪测量失真度的原理框图

谐波分析法可以根据不同频段选用不同的测量设备,在低频段可选用波形分析仪或选频电压表,在高频段可选用测量接收机或频谱分析仪,因此,这种方法可以实现宽频范围内的失真度测量。但这种方法操作计算复杂,所以在低频段(2 Hz以下)一般不采用。

另外,用谐波分析法测量的失真度下限受测量设备自身的失真度及动态范围的限制,如采用测量接收机,一般测量的最小失真度在0.1%左右;采用动态范围为80 dB的频谱分析仪在0.01%左右。

基于模拟法的失真度测量仪由于前级电路有源器件的非线性,因此对小信号的测量不够准确。

2. 数字化方法

数字化方法是先通过数字信号处理方法,将模拟信号转换成数字信号,并送入计算机,再由计算机进行数字运算,计算出各次谐波,进而计算出失真度。这种方法具有快速、准确的特点,频率范围也宽。

根据失真度的计算方法又可分为FFT法和曲线拟合法。此处不展开介绍。

5.3.6 失真对电压测量的影响

加上失真成分的电压U与相对于基波电压U_1的误差δ的计算式为

$$\delta=\frac{U-U_1}{U_1}=\frac{(U_1^2+U_2^2+\cdots+U_n^2)^{1/2}-U_1}{U_1}=\sqrt{1+K^2}-1 \tag{5-12}$$

式中，K——失真度定义值。

式(5-12)表明，有效值电压表的误差为正误差，只与失真度有关。当K=5%时(–26 dB)，δ=0.125%(约为0.01 dB)。由此可见，有效值电压表对波形的小失真并不敏感。

5.4 音频和传声器的相位测量

5.4.1 相位的基本概念

相位说明简谐振荡在某一瞬时的状态。在数学上定义为正弦或余弦函数的幅角，其数学表达式为

$$u(t)=U\sin(\omega t+\varphi) \tag{5-13}$$

式中，φ——初始角；

$(\omega t+\varphi)$——相位角，通常称为相位。

$$\Phi(t)=\omega t+\varphi \tag{5-14}$$

从式(5-14)中可以看出，相位是时间t的线性函数。令$\Phi_1(t)$、$\Phi_2(t)$表示角频率为ω_1、ω_2的两个简谐振荡的相位，则它们的相位差为

$$\Phi(t)=\Phi_1(t)-\Phi_2(t)=(\omega_1-\omega_2)t+(\varphi_1-\varphi_2) \tag{5-15}$$

若$\omega_1=\omega_2$，即对两个同频率的信号，则有

$$\Phi(t)=(\varphi_1-\varphi_2) \tag{5-16}$$

显然两个同频率的相位差为常数，并由初始相位角之差确定。

5.4.2 相位测量的原理和方法

相位的测量实际上是相位差的测量。因为简谐信号$U\sin(\omega t+\varphi)$的相位$(\omega t+\varphi)$是随时间t变化的，所以测量绝对相位差是无意义的。具有实际意义的相位测量是指两个同频率的正弦信号之间的相位差的测量。

相位测量的原理和方法主要有以下几种。

1. 示波器法

示波器法的测量机理是利用双踪示波器。将两个信号$u_1(t)$、$u_2(t)$分别接到示波器的两个Y通道，示波器置双路显示方式，同步触发源信号选择两被测信号之一(最好选择其中幅度较大的一个)，调节有关旋钮，使荧光屏上显示两条大小适中的稳定波形。如图5-11所示，利用荧光屏上的坐标测出信号的一个周期在水平方向所占的长度X_t，然后再测出两波形上对应点(如过零点、峰值点等)之间的水平距离X，则相位差$\Delta\varphi$为

$$\Delta\varphi=\frac{X}{X_t}\times 360^{\circ} \tag{5-17}$$

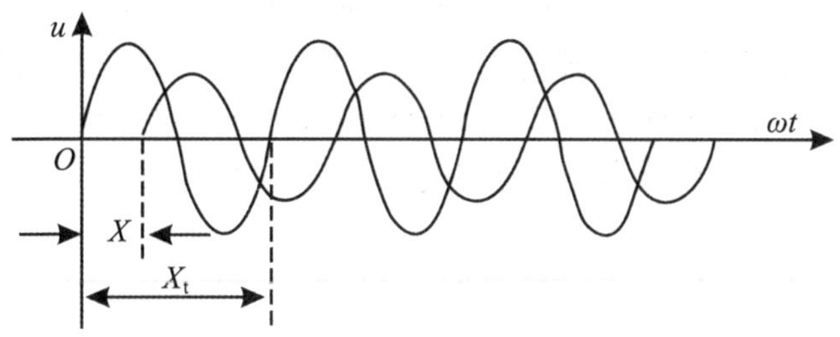

图5-11 双踪示波法测量相位差

利用示波器的多波显示来测量相位差是最直观、最简便的方法，而且这种方法对所有频率信号都适用，尤其适用于测量电路内部的固有位移，但准确度较低。

2. 乘法器法

假设被检测信号为 $u_1(t)=U_1\sin(\omega t+\varphi_1)$ 和 $u_2(t)=U_2\sin(\omega t+\varphi_2)$，将两信号输入乘法器的两输入端，两个被测信号相乘后根据积化和差公式输出结果。

$$
\begin{aligned}
u_1(t)\times u_2(t)&=U_1\sin(\omega t+\varphi_1)\times U_2\sin(\omega t+\varphi_2)\\
&=-[U_1U_2]\times[\cos(2\omega t+\varphi_1+\varphi_2)-cos(\varphi_1-\varphi_2)]\\
&=U_1U_2\cos(\varphi_1-\varphi_2)-U_1U_2\cos(2\omega t+\varphi_1+\varphi_2)
\end{aligned}
\tag{5-18}
$$

其中，$U_1U_2\cos(\varphi_1-\varphi_2)$ 是直流分量，$-U_1U_2\cos(2\omega t+\varphi_1+\varphi_2)$ 是交流分量。经积分滤波电路滤去交流分量，测出其直流分量的电压 V 为

$$V=K\cos(\varphi_1-\varphi_2) \tag{5-19}$$

式中，K 是与 U_1U_2 相关的传输系数。两信号的相位差为

$$\varphi=(\varphi_1-\varphi_2)=\arccos K/V \tag{5-20}$$

本方法可以滤除信号波形中的高次谐波，抑制了谐波对测量准确度的影响。相位测量的频率范围和测量误差与乘法器的性能有关。

3. 过零检测法

过零检测器通常是用它的输出信号的前后沿来分别指示正弦信号的正负向过零点的位置。因为两个同频率的正弦信号相应的过零点之间的距离即为它们的相位差，所以两路过零检测器输出的两个同频率的标准方波对应边之间的距离差等于两个正弦输入信号之间的相位差，这时用一个脉冲鉴相器就可以检测出输入信号之间的相位差。这就是现代相位计采用的过零检测技术。

目前，广泛使用的直读式数字相位计的相位测量原理图如图5-12所示。

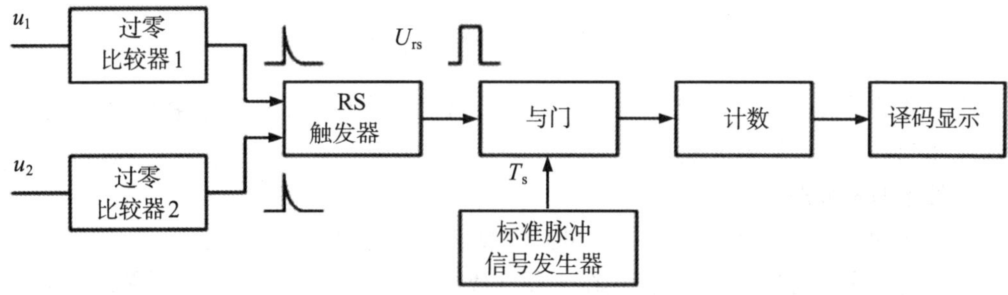

图5-12 相位测量原理图

图5-12中，被测电压信号 u_1、u_2 分别经过过零比较器1、2，使得信号由负到正通过过零点时各产生一个脉冲信号 u_3 和 u_4，控制RS触发器的工作状态，使RS触发器给出一个脉冲宽度等于两被测信号之间时延 τ 的矩形波 U_{rs}，如图5-13所示。用这个矩形波作为与门的门控信号，控制标准脉冲的个数，由计数器记录通过与门的标准脉冲个数。

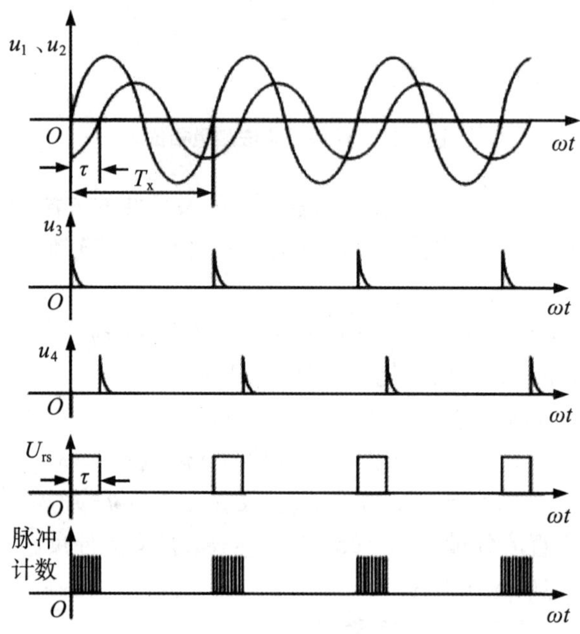

图5-13　过零比较测量相位差

设标准脉冲周期为 T_s，并以与门开启1 s作为计时标准，即与门开通1 s相当于两个信号的相位差为360°。此时，计数器的计数值应为 $1/T_s$。若两被测信号的周期为 T_x，则被测信号一周期内与门开通的时间为两被测信号之间的时延 τ。那么1 s内与门开通的总时间为

$$\Delta t=\frac{1}{T_x}\tau \tag{5-21}$$

而1 s内计数器的计数值 N 为

$$N=\frac{\Delta t}{T_s}=\frac{\tau}{T_xT_s} \tag{5-22}$$

两被测信号之间的时延 τ 为

$$\tau=NT_xT_s \tag{5-23}$$

两被测信号之间的相位差 $\Delta\varphi$ 为

$$\Delta\varphi=\frac{\tau}{T_x}\cdot 360=NT_s\cdot 360 \tag{5-24}$$

此部分的计算由CPU电路来完成，最后再由CPU驱动译码显示电路将测量结果在液晶显示屏（LCD）上直接显示出来。

4. 数字信号处理法

以上几种模拟相位测量方法的测量系统复杂，需专用器件，硬件成本高。近年来，相位测量逐渐向数字化方向发展，其优点在于硬件成本低、适应性强且测量结果精度一般高于模拟式。

FFT谱分析法是数字化测相中常用的手段。选取一路模拟信号(如放大器的输入信号)作为参考信号,另一路模拟信号(如放大器的输出信号)作为被测信号,两路信号经过A/D同步采样之后,就变成了数字信号。将数字信号做FFT变换,就可以得到信号的幅度和相位;对两路信号的相位做差值,即可得到相位差。

由于计算机不可能对无限长的信号进行运算,而是取其有限的时间间隔进行分析,所以就需要对信号进行截断,截取的方法是将无限长的信号乘以窗函数。加窗后会产生能量泄漏以及栅栏效应,从而导致测量出现误差,因此选择性能良好的窗函数可抑制能量泄漏。

当进行FFT谱分析法测量相位时,若不采用整周期采样,将会导致频谱泄漏严重,增大测量误差。通过测得的频率f,调整采样频率 f_s 的值,以求达到整周期采样的目的。

以计算机为中心,在LabVIEW平台上或通过C语言,实现基于FFT谱分析法而设计虚拟相位差计,可用于两个同频率正弦信号间相位的测量。

5.4.3 传声器的相位测量

在声学测量中也常常会遇到相位测量问题。例如,在声强测量中和声阵列中要求各个通道的相位特性在一定频率范围内保持一致,这就需要进行相位测量。

相位差的主要来源是测量传声器的相位特性。传声器的相位特性是指作用在传声器受声面上的声压的相位与传声器输出端的电压的相位之间的关系。这两者相位差的变化是频率的函数。测量电容传声器的相位特性可以用以下方法测量。

1. 静电激励器法

静电激励器法的测量原理如图5-14所示。声频信号发生器输出的音频信号通过静电激励器作用到传声器膜片上,传声器输出电压经过测量放大器与声频信号发生器输出信号同时加到相位计上,由相位计测得两者之间的相位差。改变信号发生器的频率就可测量出相位差随频率变化的特性。

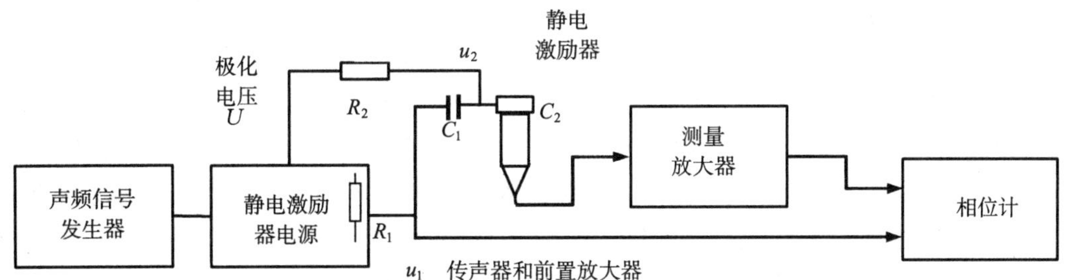

图5-14 静电激励器法测量传声器相位特性的原理图

由于静电激励器与电容传声器膜片组成了一个电容 C_2,因此,当电信号施加到静电激励器上时,加在电容 C_2 上的电压 u_2 与原电信号 u_1 之间将有一个相位。由静电激励器电源的放大器的输出阻抗 R_1,静电激励器电源的隔直电容 C_1,施加极化电压的电阻 R_2 和电容 C_2 组成的电路,计算静电激励器电路的相位 φ_e 的公式为

$$\varphi_e = \arctan\left(\frac{1}{\omega R_2 C_1} - \omega R_1 C_2\right) \tag{5-25}$$

由式(5-23)计算的静电激励器电路的相位 φ_e 如图 5-15 中的虚线所示。

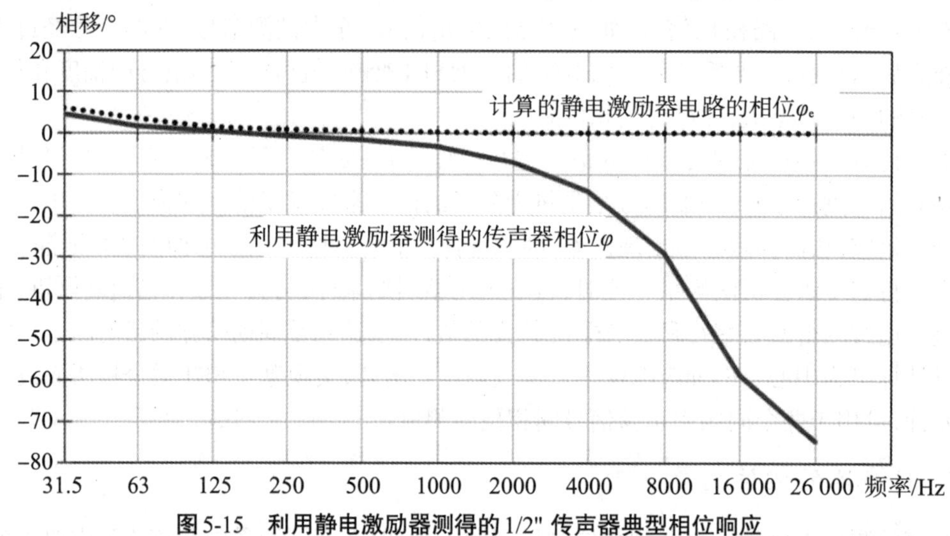

图 5-15　利用静电激励器测得的 1/2" 传声器典型相位响应

由前置放大器和测量放大器所组成的接收放大器的相位特性由实测确定。把 u_1 直接输入前置放大器，就可以测出该接收系统的相位特性 φ_c 。前置放大器的设计尽量保持输出信号的相位基本与输入信号相等。对于在 10 Hz～100 kHz 频率范围内增益保持恒定的前置放大器，在大约 100 Hz～10 kHz 频率范围内相应的相位响应通常接近 0°。低、高频可能会出现相位偏差，低频相位响应由传声器电容和前置放大器输入电阻决定，而输出阻抗和电缆负载决定了高频时的相位响应。

由测得的相位 φ 经过静电激励器电路的相位 φ_e 和接收放大电路的相位 φ_c 修正后，就可得电容传声器的相位特性。应用静电激励器法可测频率范围最高至 80 kHz。

杭州爱测科技有限公司的 ACE6606 型电容传声器测量系统可以在利用静电激励器测量传声器频响的同时测量传声器的相位特性，并自动扫频直接显示相位-频率特性。

利用静电激励器测得的 1/2" 传声器典型相位响应 φ 如图 5-15 中的粗实线所示。

2. 耦合腔比较法

将被测传声器和已知相位特性的标准传声器（或者连同它们的前置放大器等整个通道）同时放入特殊设计的比较耦合腔。耦合腔声音入口对称，使得插入的两个传声器膜片获得相等的声暴露和均衡排气孔，这样两个传声器就放在同一声场中。利用相位计在所需频率范围内测得两个传声器之间的相位差，根据标准传声器已知相位对测得的相位差进行修正，就得到被测传声器的相位响应。

在选择传声器进行声强测量时，通常并不在乎其绝对相位响应，而是关注一对传声器之间的相对相位响应，并要求它们的相位响应特性严格匹配，做成具有匹配相位响应的特殊传声器对。HBK 的 9721-B 型传声器相位匹配校准系统，配备了除相位比较外，还可以进行幅值匹配和声压-残余声强指数测量。对于 1/2" 传声器频率范围为 20 Hz～12.5 kHz，对于 1/4" 传声器频率范围为 20 Hz～20 kHz。

3. 自由场比较法

对于一般的测试传声器，常采用自由场比较法来测定它的相位特性。把待测相位特性的传声器和已知相位特性的传声器并列地放在扬声器的轴线上，距扬声器40 cm左右。将已知相位特性的标准传声器的输出输到测量放大器的前置放大输入端，而信号发生器的电信号输出到同一放大器的直接输入端，在每一频率上分别测出标准传声器与电信号之间相位差 φ_s'；再将待测传声器的输出输到测量放大器的前置放大输入端，而信号发生器的电信号输出到同一放大器的直接输入端，在每一频率上分别测出待测传声器与电信号之间的相位差 φ_e'，就可得出待测传声器与标准传声器之间的相位差，即修正量 $\Delta\varphi$：

$$\Delta\varphi = \varphi_e' - \varphi_s' \tag{5-26}$$

根据作为标准的电容传声器的相位特性曲线，就可求出待测传声器的相位特性。

$$\varphi = \varphi_s + \Delta\varphi \tag{5-27}$$

实验结果表明，在31.5 Hz～5000 Hz的频率范围内，采用自由场比较法测定传声器相位特性的方法是可行的，各频率点的相位偏差不大于±2.5°。在更高频率上，考虑到安装、声中心及衍射效应，该方法会产生更大的误差。

5.5　频谱分析

频谱分析（又称频率分析）是一种基本的测量分析，它是对动态信号在频率域内进行分析，分析的结果是以频率为坐标的各种物理量的谱线和曲线，可得到各种幅值以频率为变量的频谱函数 $F(\omega)$。频谱分析中可求得幅值谱、相位谱、功率谱和各种谱密度等。

信号有稳态信号和瞬态信号之分。稳态信号又可以分为周期信号和无规信号，它们的功率不随时间变化。实际上只要在观察的时间内信号的功率谱保持不变，就可以认为信号是稳态的。正弦波和脉冲序列都属于周期信号。瞬态信号也可以分为脉冲信号和随时间缓变的信号。

稳态信号和瞬态信号的分析方法有所不同。对稳态信号，通常感兴趣的是功率谱；对瞬态信号，则分析其能量谱。

传统的分析方法是将信号通过一系列不同中心频率的模拟滤波器，测定通过各个滤波器后信号成分的功率，从而获得信号的频谱。

对于缓变信号，可以将信号在时域中分段，然后假定每个时间段内的信号是稳态的，再分别进行分析，最后将各时间段的频谱连贯起来。

对于瞬态信号，如果能周期地加以重复，而且能够保证重复周期大于脉冲时间，这时也可以使用处理周期信号的方法来进行分析。

当信号突然作用于模拟滤波器的输入端时，滤波器需要经过一段时间才能产生响应，将这段时间称为滤波器的响应时间 T_R。响应时间 T_R 与滤波器的带宽 B 有关，即

$$T_R B \approx 1 \tag{5-28}$$

这就要求在分析过程中，对每个滤波器信号必须保持足够长的作用时间。在现代的实时分析仪中，基本上都用数字频率滤波器来进行频谱分析。数字频率滤波器是用数字运算的方法来实现的，它不受时间可逆性的限制，因此可以独立给出各类数字滤波器的振幅频率特性和相位频率特性。

有两种方法可实现数字滤波：一种是将分析信号 $x(t)$ 与滤波器的脉冲响应（时间特性）$h(\tau)$ 进行卷积运算，公式为

$$\widehat{x}(t) = x(t-\tau)h(\tau)\mathrm{d}\tau \tag{5-29}$$

所得的 $\hat{x}(t)$ 就是信号 $x(t)$ 通过滤波器后的输出。这是一种时域上的滤波运算，计算量很大。

另一种是先将分析信号 $x(t)$ 进行傅里叶变换，求得它的频谱 $X(\omega)$，再将 $X(\omega)$ 与滤波器的频响特性 $H(\omega)$ 相乘得到输出谱 $\hat{x}(\omega)$，最后进行傅里叶的逆变换运算得到 $\hat{x}(t)$。

第5.6～5.9节将详细介绍傅里叶变换和快速傅里叶变换的定义及有关知识。

5.6 信号采集

传统的声学测量是将连续变化的声学量转换为连续电压信号并进行测量、显示或进一步分析处理。这些连续变化的声信号和电压信号都是模拟量。模拟信号的缺点是显示精度低，元器件受温度等环境影响大，抗干扰能力差，而且不便进一步分析处理。数字信号则便于储存、传输和分析处理，精度和稳定度都好。目前，声学测量技术基本上已进入数字测量阶段，数字信号处理技术在声学测量技术和测量仪器中获得广泛应用。

在应用数字测量技术时，首先要将模拟信号转换成时间序列的数字信号，称为模数转换（A/D），这就需要进行采样和量化。反之，也可以将数字信号还原成模拟信号，称为数模转换（D/A）。

5.6.1 数据采样

所谓采样，就是将连续变化的信号转换为时间域离散的信号。采样的核心问题是要保证采样后的离散信号能够准确、不失真地代表原来的连续信号，信息不会丢失。

设模拟信号 $x(t)$，其频谱为 $X(\omega)$。当信号频谱的频带宽度有限，最高频率为 f_c 时，以相等时间间隔 Δt 提取各时刻的信号幅度，得到采样信号的离散序列 $x(n)$。

$$x(n)=x(n\Delta t) \tag{5-30}$$

式中，$1/\Delta t$——采样率，等于采样频率 f_s。

根据奈奎斯特（Nyquist）采样定理，只要采样频率 $f_s \geqslant 2f_c$，在 $0 \leqslant f \leqslant f_c$ 频率范围内，就能由离散的 $x(n)$ 序列唯一地确定原始信号 $x(t)$，即采样信号无失真。但是 $f_s < 2f_c$ 时，采样得到的频谱就会与原信号谱重叠，使某些频带的幅值与原始频谱不同，这种现象称为频率混叠。一般在采样前先用低通（抗混叠）滤波器滤去信号中不需分析的高频成分，然后根据奈奎斯特采样定理确定采样率，实际使用的采样率常取信号频率的2.5～3倍。

5.6.2 量化与动态范围

模拟信号经采样后要将幅值连续的离散信号（仍然是模拟量）变成幅值离散的量化数字信号，这一过程称为量化。量化的分档单位，即两个相邻量化水平的差，称为量化单位，用 q 表示。经量化后的数字量一般用二进制数 b 表示。归一化后的量化单位 q 与二进制数 b 的关系为

$$q=\frac{1}{2^b} \tag{5-31}$$

当模拟量不等于量化单位 q 的整倍数时，量化后就会产生误差，称之为量化误差。最大量化误差与量化的分档（即分辨率）直接相关。对于截断误差情况可能产生的最大量化误差为 q，对于舍入误差情况，最大量化误差则变成 $\pm q/2$。一般情况下，量化误差是随机的。

量化误差可看作在测量信号上叠加的一个随机噪声。这样，信噪比（SNR）也可以用来衡

量量化误差的大小，并作为反映量化过程的主要精度指标。设二进制总位数为$N=b+1$（加一个符号位），那么$q=\frac{1}{2^{N-1}}$，这时模数转换器的动态范围DR（单位为dB）和二进制总位数N的关系见式(5-32)。

$$DR=20\lg\frac{2}{q}=20\lg 2^{N}\approx 6N \tag{5-32}$$

如二进制总位数为24，则量化动态范围为144 dB左右，但这是在满量程信号的理想情况下，如果实际信号达不到满量程，量化动态范围要减小。为了充分利用量化动态范围，一般要在采样和量化前增加一个放大倍数可编程控制的程控放大器，使待测信号尽量接近满量程。

5.6.3 模数转换

在进行模数转换（A/D）前和数模转换（D/A）后需要对信号进行调理，完成多路转换、信号放大、抗混叠滤波、采样保持、平滑滤波等功能。

A/D转换器将采集到的模拟信号量化和编码后，转换成数字信号并输出。A/D转换器的品种很多，其主要指标有以下几种。

1. 分辨率

分辨率指A/D转换器所能分辨模拟输入信号的最小变化量，取决于A/D转换位数。例如一个12位的A/D转换器，它可将满量程的电压分为4096级，每一级仅占满量程的0.024 4%。

2. 精度

A/D转换器的精度指转换后所得结果相对于实际值的准确度，分为绝对精度和相对精度两种，绝对精度对应输出数码的实际模拟输入与理想模拟输入电压之差，而相对精度则为绝对精度与满量程电压值之比的百分数。

3. 转换时间和转换速率

转换时间指按照规定的精度将模拟信号转换为数字信号并输出所需要时间；转换速率指能够重复进行数模转换的速度，即每秒转换的次数。

5.6.4 平均

为了降低随机噪声对信号采集的影响，可以对采样数据进行平均处理。平均处理也能平滑信号的起伏变化。具体来说，平均是指对信号进行多次采样，将每次采样得到的数据（样本）以某种方法加以均衡。平均时可对“新”“旧”样本选取不同的权数。

平均可以在时域中进行，也可以在频域中进行。在时域中进行的平均称为时间平均。均方根（RMS）平均和指数（exp）平均是两种最常用的时间平均方法。

RMS平均又称正常平均、线性平均或稳态平均。RMS平均对各个样本选取的权数是相等的，即将各个样本的RMS值逐点对应相加，再取平均值。

exp平均的特性相当于模拟检波电路的RC电路特性，对“新”“旧”样本选取不同的权数。若选定总的采样样本数为N，则有

$$本次平均值=1/N(本次采样值)+\frac{N-1}{N}(上次平均值) \tag{5-33}$$

显然，当N取值较大时，新采样值对平均值的影响较小，显示的测量值（图像）变换不明

显；当N取值较小时，新采样值对平均值的影响增大，显示的测量值(图像)变化显著。这两种情况分别类似于选用声级计"S(慢)挡"或"F(快)挡"检波电路的响应特性。

在频域中进行的平均称为矢量平均。它是对复数值(实部、虚部)进行点对点平均。由于随机噪声的相位是不确定的，进行矢量平均时随机噪声会被相互抵消，起伏得到一定的抑制。

时间平均和矢量平均本质上是等效的。时间平均是先在时域进行平均，然后再将获得的平均信号进行谱分析。矢量平均是先对采样信号进行快速傅里叶变换，然后再进行平均。

对于稳态信号，测量精度原则上是随平均时间的增长而提高。因此，有必要在平均时间和测量精度之间进行权衡，确定合适的平均时间。当高斯白噪声通过理想带通滤波器时，其标准偏差σ近似为

$$\sigma=\frac{4.34}{\sqrt{BT}} \tag{5-34}$$

式中，σ——RMS级的标准偏差，单位为dB；

B——带通滤波器的带宽，单位为Hz；

T——平均时间，单位为s。

这时测量值在统计准确值$\pm\sigma$之内的概率是68. 3%，在$\pm2\sigma$之内的概率是95.5%，在$\pm3\sigma$之内的概率是99.7%。

对于快速傅里叶变换测量模式，线性带宽相等，因此可以选定相同的平均时间。对于倍频程滤波器或者分数倍频程滤波器，各个滤波器的带宽不同。为了保证各个频带具有相同的测量精度，就要求选取不同的平均时间，即要求对各个(滤波器)频带保持：

$$BT=\text{常数} \tag{5-35}$$

这种平均方式称为常置信时间平均。实际测量前，先根据精度要求确定标准偏差σ值，然后由式(5-34)求出相对应的BT值。例如，若选定σ=0.5 dB，则有 $BT\approx64$ ；若选定σ =0.1 dB，则有 $BT\approx2048$ 。

某些实时分析仪具有"快速平均"功能，其含义是在平均过程中不再逐次显示平均的中间结果，而只显示平均完成后的最终结果。这样就节省了许多显示时间，加快了平均过程。

5.7 傅里叶变换和快速傅里叶变换

5.7.1 傅里叶变换

在信号的频谱分析中，可以应用傅里叶变换(Fourier transform，简称FT)求得一个时域信号$x(t)$的频谱函数 $X(\omega)$。反之，也可以应用傅里叶逆变换由频谱函数 $X(\omega)$ 求出时域信号$x(t)$。它们之间存在的数学关系为

$$x(t)=\frac{1}{2\pi}\int_{-\infty}^{\infty}X(\omega)\mathrm{e}^{\mathrm{j}\omega t}\mathrm{d}\omega \tag{5-36}$$

$$X(\omega)=\int_{-\infty}^{\infty}x(t)\mathrm{e}^{-\mathrm{j}\omega t}\mathrm{d}t \tag{5-37}$$

傅里叶变换的物理意义是任何时域信号$x(t)$均可以被分解成一个直流分量与许多简谐波的叠加，其特性也将由这些简谐成分的特性共同确定。一般来讲，简谐波的频率数目是无穷的，频率变化是连续的。

5.7.2 傅里叶级数

如果时域信号$x(t)$是周期函数，周期为T，这时，傅里叶变换就演变成傅里叶级数，其关系式为

$$x(t)=\sum_{n=-\infty}^{\infty}C_n\mathrm{e}^{\mathrm{j}2\pi nt/T}=\sum_{n=-\infty}^{\infty}C_n\mathrm{e}^{\mathrm{j}\omega_0 nt} \tag{5-38}$$

$$C_n=\frac{1}{T}\int_{-\frac{T}{2}}^{\frac{T}{2}}x(t)\mathrm{e}^{\mathrm{j}2\pi nt/T}\mathrm{d}t=\frac{1}{T}\int_{-\frac{T}{2}}^{\frac{T}{2}}x(t)\mathrm{e}^{-\mathrm{j}\omega_0 nt}\mathrm{d}t \tag{5-39}$$

这时简谐波的频率是离散的，且是信号基频ω_0的整数倍。C_n是复数，故又称为复频谱。角频率的基频$\omega_0=2\pi/T_0$。

5.7.3 有限离散傅里叶变换

傅里叶变换及其逆变换的运算均不适合数字计算机处理。若要进行数字信号处理，先要将连续信号$x(t)$离散化，且要将无限多的数据有限化，即要进行采样和截断。这种有限离散数据的傅里叶变换称为有限离散傅里叶变换(discrete Fourier transform，简称DFT)。

对连续信号$x(t)$以时间间隔Δt采样，并截取N个数据，获得离散信号$x(n\Delta t)$(n=0，1，2，…，N−1)。根据奈奎斯特采样定理，对$x(t)$采样而不产生混叠的条件是$x(t)$有截止频率f_c，且保证采样频率$\frac{1}{\Delta t}\geqslant 2f_c$。这样就可以将信号展开成$\left(-\frac{1}{2\Delta t},\frac{1}{2\Delta t}\right)$区域内的傅里叶级数，即

$$\begin{cases}X_k=\sum\limits_{n=0}^{N-1}x_n\omega^{-nk}\\ x_n=\frac{1}{N}\sum\limits_{k=0}^{N-1}X_k\omega^{nk}\end{cases}\quad n,k=1,2,\cdots,N-1 \tag{5-40}$$

式中，$\omega=\mathrm{e}^{\mathrm{j}2\pi/N}$。

5.7.4 快速傅里叶变换

有限离散傅里叶变换在信号分析中相当有用。但是如果根据式(5-40)直接进行计算，所需运算量太大，以致在实际中难以使用。快速傅里叶变换(fast Fourier transform，简称FFT)是一种计算离散傅里叶变换的高效算法。

快速傅里叶变换的基本思路是利用$\omega^N=1$的性质，把计算离散傅里叶变换系数所需运行的乘法次数N^2压缩至$\frac{N}{2}\log_a N$。其中a为任取的正整数，一般取a=2。例如，N=1024，N^2=1 048 576，而$\frac{N}{2}\log_2 N=5120$。运算次数减少到原来的1/205左右。运算次数的减少大大地节省了计算时间，还能适当地减少依附于这些计算的舍取误差。

对连续信号$x(t)$进行快速傅里叶变换，实际上是对时间长度为$N=2^m$的离散信号$x(n)$=$x(n\Delta t)$(n=0，1，2，…，N−1)进行快速傅里叶变换。

对连续信号可用两个参数来描述它的快速傅里叶变换频谱特点：一是$x(t)$的截断频率或最高可能达到的频率f_c；二是$x(t)$频谱分析时希望达到的频率分辨率Δf，即相邻两条线谱之间的频率差值，两者的比值$L=\frac{f_c}{\Delta f}$就是整个分析频段中线谱的数目。常用的实时分析仪能够提

供100线、200线、400线、800线甚至更多线的快速傅里叶变换分析。当$x(t)$的谱曲线$|X(f)|$波动较小时，Δf就取大些，线数L就小些；反之，当$x(t)$的谱曲线波动较大时，Δf就取小些，线数L就多些。一般在做快速傅里叶变换分析前，根据实际需要先确定f_c及Δf，再确定其他分析参数。这些参数之间存在式(5-41)和式(5-42)所示的关系。

采样时间间隔：

$$\Delta t \leqslant \frac{1}{2f_c} \tag{5-41}$$

由于两相邻线谱的间隔为$\frac{1}{N\Delta t}$，为了满足$\frac{1}{N\Delta t} \leqslant \Delta f$的要求，则需保证采样数

$$N \geqslant \frac{2f_c}{\Delta f} = 2L \tag{5-42}$$

最后，得出信号记录长度，即所截取的信号$x(t)$的时间长度为

$$T=N\Delta t \tag{5-43}$$

5.8 窗函数

由于计算机只能处理有限长度的离散信号，因此往往是取连续信号$x(t)$的一段来加以分析。这就需要将时间函数截断，可以想象成用一个时间窗来对信号进行观察。最简单的方法是用一个幅度为1、长度等于信号记录长度T的矩形时间函数乘以原信号函数$x(t)$表示。若令窗函数为$\omega(t)$，则截取的信号

$$G(t)=x(t)\omega(t) \tag{5-44}$$

其离散形式为

$$G(n)=X(n)W(n) \tag{5-45}$$

通常将这种截断方法称为加窗处理，加简单矩形时间窗的含义是假设窗前后的信号全部为零。对于连续信号，这种截取显然与实际情况不符，会引起信息的丢失并产生截断误差。

截断误差主要是由有限窗长和窗函数的锐截止引起的。所以减少截断误差的主要措施是增加窗长和采用具有平滑截止特性的窗函数。对窗函数的分析可以按带通滤波器进行，主要分析等效噪声带宽、通带波动、3 dB带宽、选择性四个指标，它们的定义如图5-16所示。

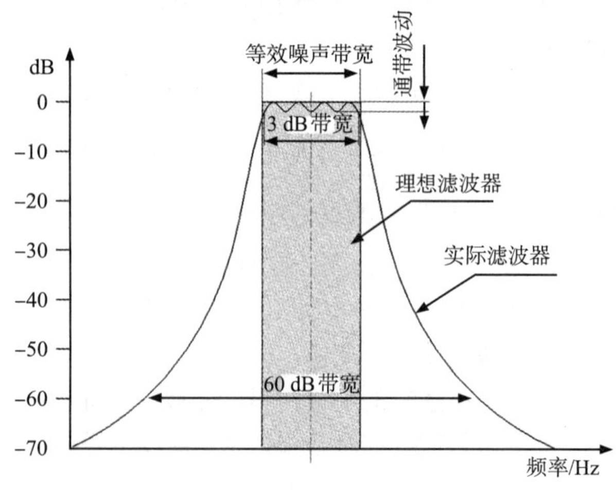

图5-16 滤波器的性能指标

等效噪声带宽指的是白噪声通过滤波器的能量与通过理想滤波器的能量相同时，理想滤波器的带宽。

通带波动指的是在中心频率两边 $\Delta f/2$ 范围内的最大波动。

3 dB带宽指的是两个半功率点之间的频率差值。

选择性常用形状因素来表示，形状因素规定为滤波器3 dB带宽与衰减60 dB带宽的比值。

用带宽和选择性来判定滤波器分辨信号频率的能力，用波动来判定滤波器在信号幅度上的精度。

从频响特性来看，一个理想的窗函数应该具有以下两方面的特性：

(1)窗函数的频率响应的主瓣较窄，且要能包含尽可能多的能量；

(2)窗函数的频率响应的旁(副)瓣所含的能量随频率的增加迅速减少，即不仅要求主瓣尽可能地窄，而且要求最大旁瓣相对于主瓣尽可能地小。

在测量分析仪器中，常用的窗函数有矩形窗、汉宁窗、凯塞窗、平顶窗，它们的时域图形如图5-17所示。

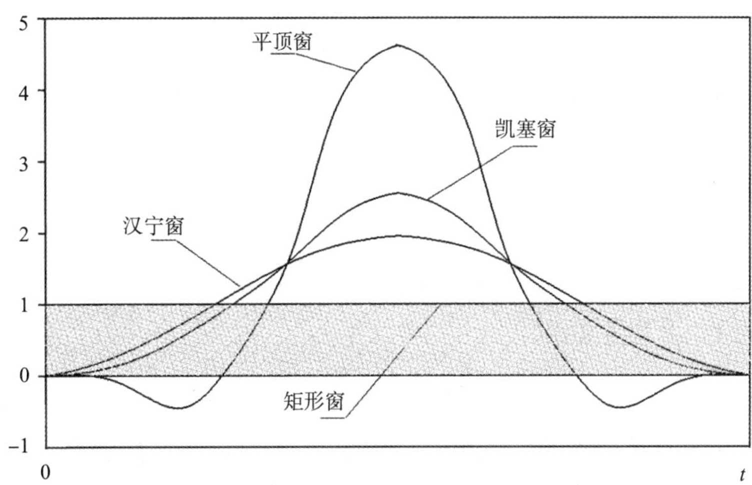

图5-17 常用窗函数的时域波形

5.8.1 矩形窗

矩形窗(rectangular window)又称均匀窗或瞬时窗。实际上它不对采样信号做任何的加权处理，比较适用于对瞬时信号或猝发信号的分析。

一个N点的矩形窗的定义式为

$$W(n)=\begin{cases}1, & 0\leqslant n\leqslant(N-1)\\ 0, & n\geqslant N\end{cases} \tag{5-46}$$

矩形窗函数实际不是真正的加窗，它是由采样上有限时间长度截取产生的。例如，一个正弦波在时间的截取时，如果不是整周期，在时域的起点和终点就会产生不连续，从而导致能量泄漏到正弦波的主频附近的频率上。矩形窗经傅里叶变换后在频域上的图形如图5-18所示。

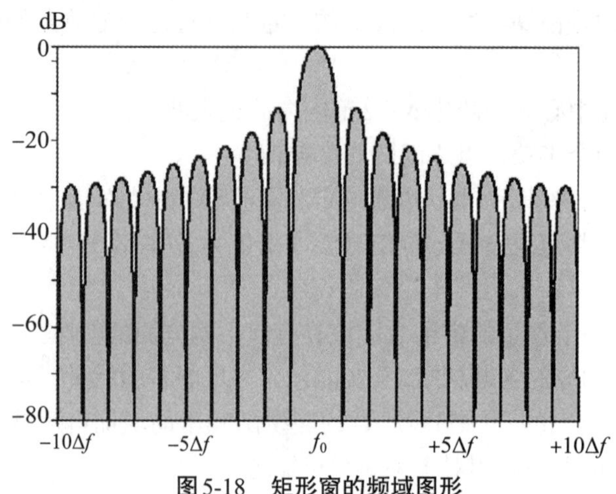

图 5-18　矩形窗的频域图形

当正弦波的频率刚好和某谱线重合时，在频域的采样刚好采到了主峰的最大值，此时信号的幅度误差为零，其他采样落在零点，所以此时误差最小，频率分辨率最高。但当不是整周期采样时，由于栅栏效应产生的最大误差可达3.9 dB，并会产生许多旁瓣，最高的一个旁瓣仅比主瓣低13 dB，所以矩形窗不是一个理想的窗。但当可以保证周期采样时，它却可以成为一个好的窗函数，在阶次分析中使用。

5.8.2　汉宁窗

汉宁窗(hanning window)又称升余弦窗，它具有较好的频率分辨率，但是幅值精度较差。汉宁窗比较适用于随机信号的分析，因此也被称为随机窗。

一个N点的汉宁窗的定义式为

$$W(n)=\frac{1}{2}\left[1-\cos\left(\frac{2\pi n}{N-1}\right)\right],\quad 0\leqslant n\leqslant N-1 \tag{5-47}$$

汉宁窗将时间载取的两端的信号进行了平滑，所以它减小了时域的不连续，泄漏也相应减小。它的主瓣有4个谱线的宽度，最高的旁瓣比主瓣低31 dB，旁瓣按每10倍频程60 dB衰减。通带波动为1.3 dB。可见，它与矩形窗相比，泄漏、波动都减小了，并且选择性也提高了。汉宁窗在频域的图形如图5-19所示。

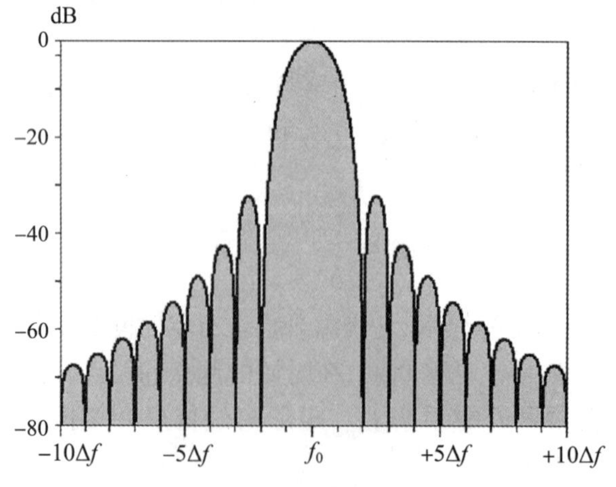

图 5-19　汉宁窗的频域图形

5.8.3 平顶窗

平顶窗(flat top window)又称正弦窗。平顶窗在频域时的表现就像它的名称一样有非常小的通带波动,如图5-20所示。由于在幅度上有较小的误差,所以它具有较高的幅值精度,但是频率分辨率较低。平顶窗比较适用于分析信号频谱成分中某些具体指定的频率分量,可以用在校准上。

一个N点的平顶窗的定义式为

$$W(n)=\begin{cases}\dfrac{1}{2}\left[1-\cos\left(\dfrac{10\pi n}{N}\right)\right], & 0\leqslant n\leqslant \dfrac{N}{10}\\ 1, & \dfrac{N}{10}\leqslant n\leqslant \dfrac{9N}{10}\\ \dfrac{1}{2}\left\{1+\cos\left[\dfrac{10\pi(n-0.9N)}{N}\right]\right\}, & \dfrac{9N}{10}\leqslant n\leqslant N-1\end{cases}\tag{5-48}$$

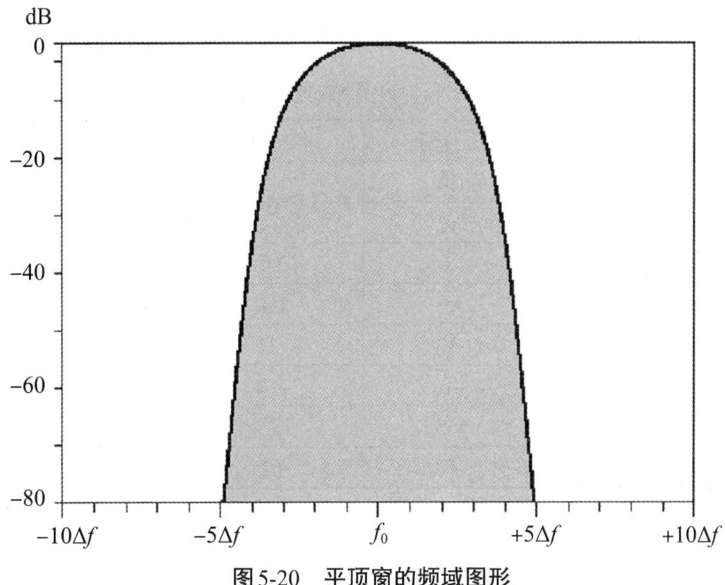

图5-20 平顶窗的频域图形

5.8.4 凯塞窗

一个N点的凯塞(Kaiser window)窗的定义式为

$$W(n)=\frac{I_0\left[2\pi a\sqrt{\dfrac{n}{N}\left(1-\dfrac{n}{N}\right)}\right]}{I_0(\pi a)},\quad 0\leqslant n\leqslant N-1\tag{5-49}$$

式中,I_0——零阶贝塞尔函数;

a——控制参量。

凯塞窗的旁瓣比较低,但等效噪声带宽比汉宁窗的要大一点,而波动要小一点。在频域上的图形如图5-21所示。因为凯塞窗有更好的选择性,所以常用来检测频率相近而幅度不同的两个信号。

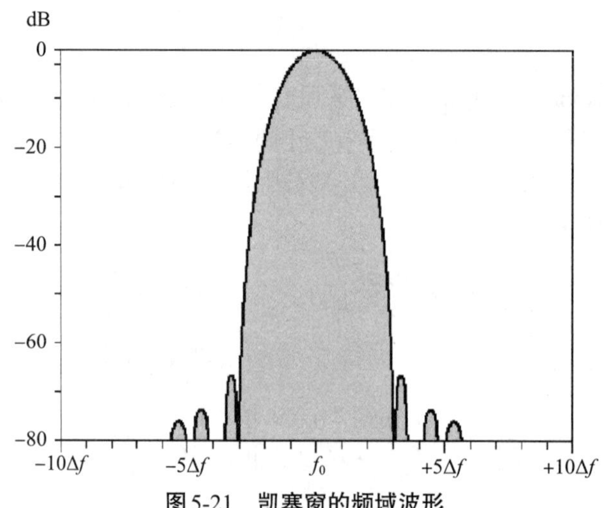

图5-21　凯塞窗的频域波形

表5-2列出了矩形窗、汉宁窗、凯塞窗、平顶窗的性能指标。

表5-2　几种窗函数的性能指标

	矩形窗	汉宁窗	凯塞窗	平顶窗
等效噪声带宽(Δf)	1.0	1.5	1.8	3.8
−3 dB带宽(Δf)	0.9	1.4	1.7	3.7
第一零点处(Δf)	1.0	2.0	3.1	5.0
通带波动/dB	3.9	1.4	1.0	0.01
最高旁瓣/dB	−13	−31	−68	−93
旁瓣衰减率/(dB/OCT)	−6	−18	−6	0
60 dB带宽(Δf)	665	13.3	6.1	9.1
形状因素	750	9.2	3.6	2.5

5.8.5　其他常见的窗函数

除了前面已经介绍的四种基本窗函数外，下面再列述四种在文献资料中常见的窗函数，以供参考。

1. 指数窗

指数窗是对输入信号根据选定的时间常数进行指数衰减。通常，选取时间常数等于信号记录长度的1/4。指数窗适用于对弱阻尼振动系统的频响分析。

一个N点的指数窗的定义式为

$$W(n)=\exp\left(-\frac{K_n}{N-1}\right),\quad 0\leqslant n\leqslant N-1 \tag{5-50}$$

式中，K——调节衰减时间常数的正值参量。

2. 力窗

在时域中可以将力窗(force window)分成前后两部分。在前段时间内，力窗允许信号畅通，加权系数为1。在前段时间采样结束后，立即求出这段时间内信号的平均值A。在后段时间内，输出为A。力窗适用于测量分析机械结构的振动特点。实际选用时，可以根据需要调节窗的宽度，选定两段时间的分界点k。但是，要求保证窗的宽度小于被测信号的时间长度。

一个N点的力窗作用于原信号序列$x(n)$后将得到

$$G(n)=\begin{cases}x(n), & 0\leqslant n\leqslant k\\ A, & k<n\leqslant N-1\end{cases} \tag{5-51}$$

式中，A——前段时间所采信号的平均值。

3. 汉明窗

汉明窗（Hamming window）又称改进的升余弦窗。汉明窗比汉宁窗旁瓣更小，但其旁瓣衰减速度慢。

一个N点的汉明窗的定义式为

$$W(n)=0.54-0.46\cos\left(\frac{2\pi n}{N-1}\right),\quad 0\leqslant n\leqslant N-1 \tag{5-52}$$

4. 布莱克曼窗

布莱克曼窗（Blackman window）又称二阶升余弦窗。二阶升余弦窗主瓣宽，旁瓣比较低，等效噪声带宽比汉宁窗要大一点，波动小一点。频率识别精度最低，但幅值识别精度最高，有更好的选择性。

一个N点布莱克曼窗的定义式为

$$W(n)=0.42-0.5\cos\left(\frac{2\pi n}{N-1}\right)+0.08\cos\left(\frac{4\pi n}{N-1}\right),\quad 0\leqslant n\leqslant N-1 \tag{5-53}$$

5. 三角窗

三角窗又称费杰窗（Fejer window），是幂窗的一次方形式。与矩形窗相比，其主瓣宽约等于矩形窗的两倍，但旁瓣小，而且无负旁瓣。

一个N点的三角窗的定义式为

$$W(n)=\begin{cases}\dfrac{2n}{N-1}, & 0\leqslant n\leqslant \dfrac{N-1}{2}\\ 2-\dfrac{2n}{N-1}, & \dfrac{N-1}{2}\leqslant n\leqslant N-1\end{cases} \tag{5-54}$$

5.8.6 窗函数的选用原则

窗函数的选取取决于被分析信号的特点及分析要求。不同的窗函数对于输入信号有不同的加权处理，具有各自的特性。对于随机信号，当要对频率进行精确分析时，可以选用汉宁窗或凯塞窗；当要对幅度进行精确分析时，可以选用平顶窗。如果信号是周期信号，并可以整周期采样时，矩形窗是最好的选择。

总的来说，应用窗函数处理数据集应遵循以下一般原则：

（1）当信号在“远”频段包含强干扰时，选择具有高旁瓣转降率的窗函数；

（2）当信号在有用频率附近包含强干扰时，选择具有较低的最大旁瓣级别的窗函数；

（3）当需要在某一频率附近分离两个或多个信号时，选择具有窄主瓣且平滑的窗函数；

（4）当信号频率组成的幅值比其频率精确位置更重要时，选择具有宽主瓣的窗函数；

（5）当信号的频段较宽或宽频，采用均衡的窗函数或不加窗函数。

5.9 频率细化

一般的FFT分析是对频率进行从0 Hz（直流分量）到f_c（截断频率）的全频带分析。若要提高分析的分辨率就必须增加采样数，这样势必会增加计算的工作量和内存。因此，有必要讨论更为方便的方法来提高频谱分析的分辨率。

频率细化是指将感兴趣的小段局部频谱放大，使这些局部频带获得较高的分辨率。频率细化的方法较多，这里仅介绍分析仪器中常用的复调制细化谱分析方法，简称ZOOM-FFT(ZFFT)法。

ZFFT法的基本思想是利用FFT的频移特性对时域样本进行改造，使感兴趣频段的中心频率移至频谱原点，经重新抽样并做FFT后得到更高的分辨率。

其运算步骤如下。

(1) 将时域信号$x(t)$由低通抗混叠滤波器滤波。滤波器截止频率$f_c \leqslant f_s/2$，f_s为采样频率。

(2) 模拟信号经过采样得到离散序列$x_0(n)$，采样时根据需要选定适当的窗函数。

(3) 根据频移定理，对采样序列$x_0(n)$进行复调制，把所需细化分析的频段($f_1 \sim f_2$)的中心频率$F_0=(f_1+f_2)/2$移至零频点，得到复调制后的序列$x(n)$。

$$x(n)=x_0(n)e^{\frac{j2\pi nF_0}{f_s}}=x_0(n)\cos\frac{2\pi nL_0}{N}-jx_0(n)\sin\frac{2\pi nL_0}{N} \tag{5-55}$$

式中，$L_0=\dfrac{F_0}{\Delta f}$，$\Delta f=\dfrac{f_s}{N}$，$N$为序列长度。

经过DFT运算，$x(n)$的离散谱$X(k)$同$x_0(n)$的离散谱$X_0(k)$之间存在如下关系：

$$X(k)=X_0(k+L_0) \tag{5-56}$$

式(5-56)表明，复调制使$x_0(n)$的频率成分F_0移到了$x(n)$的零频率处。

(4)为了得到$X(k)$零点附近这一部分的细化谱，可用选抽(重新采样)的方法把采样频率降低至f_s/D，D称为选抽比，且

$$D \leqslant \frac{2f_c}{f_2-f_1} \tag{5-57}$$

为了保证选抽时不产生频混现象，在选抽前将$X(k)$进行低通滤波，滤波器截止频率为$f_s/2D$。这时，滤波器的输出频谱为

$$Y(k)=X(k)H(k)=X_0(k+L_0)H(k) \tag{5-58}$$

式中，$H(k)$——理想低通滤波器的频率特性。

滤波器输出的时间序列为

$$y(n)=\frac{1}{N}\sum_{k=0}^{N-1}X_0(k+L_0)H(k)\omega^{nk} \tag{5-59}$$

式中，$\omega=e^{j2\pi/N}$。

(5)以采样间隔$D\Delta t$对$y(n)$抽样，得到

$$g(m)=y(Dm) \tag{5-60}$$

这里，已经默认$y(n)$是N点的周期序列，即

$$y(n+pN)=y(n),\quad p=1,2,3,\cdots \tag{5-61}$$

因此，$g(m)$可以从N点$y(k)$的周期性延拓序列中抽样。

(6)应用DFT运算，求出$g(m)$的频谱$G(k)$。

$$G(k)=\sum_{m=0}^{N-1}g(m)\omega^{-mk} \tag{5-62}$$

(7)最后进行变量代换,将$G(k)$中的零频率移回到原中心频率F_0处。

此外,还需注意经过这些步骤后,X_0与相对应的G之间存在恒定幅比值:

$$D=\frac{X_0}{G} \tag{5-63}$$

因为在直接进行FFT分析时,频率分辨率$\Delta f=\frac{f_s}{N}$。在ZFFT分析中,重采样的采样频率为$\frac{f_s}{D}$,采样点仍为N个,则有分辨率$\Delta f'=\frac{f_s}{DN}=\frac{\Delta f}{D}$,所以细化了分辨率。因此,有时也称$D$为细化倍数。

5.10 相关分析

相关函数可以描述两个信号之间的相互关系(或者相似程度),也可以描述同一信号在时序上的依从关系,所以在测量分析中的应用甚广。下面简单介绍一些相关概念。

5.10.1 自相关函数

随机信号$x(t)$的自相关函数的定义式为

$$R_x(\tau)=\lim_{T\to\infty}\frac{1}{T}\int_0^T x(t)x(t+\tau)\mathrm{d}t \tag{5-64}$$

式中,τ——任意时间延迟。

自相关函数描述了一个过程在不同时刻之间的相互依从关系。其值越大,说明该过程在不同时刻之间的关联程度越强;反之,该过程的关联程度微弱。

无量纲自相关指数的定义式为

$$\psi_x(\tau)=\lim_{T\to\infty}\frac{\int_0^T x(t)x(t+\tau)\mathrm{d}t}{\int_0^T x^2(t)\mathrm{d}t} \tag{5-65}$$

5.10.2 互相关函数

两个随机信号$x(t)$和$y(t)$之间的互相关函数的定义式为

$$R_{xy}(\tau)=\lim_{T\to\infty}\frac{1}{T}\int_0^T x(t)y(t+\tau)\mathrm{d}t \tag{5-66}$$

式中,τ——任意时间延迟。

互相关函数描述了两个随机过程在不同时刻的相互依从关系。

无量纲互相关指数的定义式为

$$\psi_{xy}(\tau)=\lim_{T\to\infty}\frac{\int_0^T x(t)y(t+\tau)\mathrm{d}t}{\left[\int_0^T x^2(t)\mathrm{d}t\cdot\int_0^T y^2(t)\mathrm{d}t\right]^{1/2}} \tag{5-67}$$

5.10.3 相关函数的特点

相关函数具有以下重要特点:

(1)随机信号是不确定的,但是它的相关函数是确定的,因此可以用相关函数来表征一个平稳过程的统计特性;

(2)若信号$x(t)$和$y(t)$来自独立无关的两个信号源，则它们的互相关函数$R_{xy}(\tau)=0$；

(3)任何随机信号$x(t)$的自相关函数R_x在$\tau=0$处有最大值，而且是偶对称函数；

(4)任何周期信号$x(t)$的自相关函数$R_x(\tau)$必定也是周期性函数；

(5)若周期信号$x(t)$是由完全独立的信号$s(t)$和背景噪声$n(t)$组成的，即$x(t)=s(t)+n(t)$，则$x(t)$的自相关函数是这两部分信号各自的相关函数之和，$R_x(\tau)=R_s(\tau)+R_n(\tau)$。

5.10.4 自功率谱密度函数

自功率谱密度函数简称功率谱密度(PSD)，定义为随机信号$x(t)$的自相关函数的傅里叶变换，其表示式为

$$S_x(\omega)=\int_{-\infty}^{\infty}R_x(\tau)\mathrm{e}^{-\mathrm{j}\omega\tau}\mathrm{d}\tau \tag{5-68}$$

式中，$R_x(\tau)$——函数$x(t)$的自相关函数。

功率谱密度又定义为单位频带内的"功率"(均方值)。功率谱密度所表现的是单位频带内信号功率随频率的分布情况。它用于随机信号的各种物理量，如噪声的声压称为声功率谱密度，单位为$\mathrm{Pa^2/Hz}$或$\mathrm{Pa^2s}$；又如振动的位移、速度、加速度、力等，分别称为位移功率谱密度(单位为$\mathrm{m^2/Hz}$或$\mathrm{m^2s}$)、速度功率谱密度[单位为$\mathrm{(m/s)^2/Hz}$或$\mathrm{m^2/s}$]、加速度功率谱密度[单位为$\mathrm{(m/s^2)^2/Hz}$或$\mathrm{m^2/s^3}$]、力功率谱密度[单位为$\mathrm{N^2/Hz}$或$\mathrm{N^2s}$]。在振动研究中，功率谱密度常指加速度的功率谱密度，即$x(t)$代表加速度。

如果$R_x(\tau)$是两个时间函数的互相关函数，则$S_x(\omega)$就是互功率谱密度(详见第5.10.5节)。

5.10.5 互功率谱密度函数

互功率谱密度函数的定义：互相关函数$R_{xy}(\tau)$的傅里叶函数，即

$$S_{xy}(\omega)=\int_{-\infty}^{\infty}R_{xy}(\tau)\mathrm{e}^{-\mathrm{j}\omega\tau}\mathrm{d}\tau \tag{5-69}$$

显然，自功率谱和互功率谱只是自相关函数和互相关函数的频域表示。

在使用自功率谱和互功率谱密度函数时，应该注意单边谱和双边谱的区别及联系。一般按上述定义求得的自功率谱和互功率谱，频率取值从$-\infty$到$+\infty$，称为双边频谱，用符号$S(\omega)$表示。但是考虑物理上的可实现性，实际频率只能取$0\sim+\infty$，即限定$\omega\geqslant0$，这就称为单边谱，用符号$G(\omega)$表示，一般有

$$G(\omega)=2S(\omega) \tag{5-70}$$

且有

$$G(f)=2\pi G(\omega) \tag{5-71}$$

式中，f——频率；

ω——角频率，且$\omega=2\pi f$。

常用的功率谱计算方法有两种：一是先对原始数据信号进行FFT运算，然后由信号谱求功率谱；二是先求相关函数再做FFT运算。

随着FFT算法的普及，第一种方法的使用日趋普遍。

对信号$x(t)$经采样、截断、FFT运算后得到功率谱X_k。

$$X_k=\sum_{n=0}^{N-1}x_n\mathrm{e}^{-\mathrm{j}2\pi kn/N} \tag{5-72}$$

其共轭

$$X_k^* = \sum_{n=0}^{N-1} x_n e^{-j2\pi kn/N} \tag{5-73}$$

则信号$x(t)$的单边自功率谱$G_x(f)$的离散值为

$$(G_x)_k = \frac{2\Delta t}{N} X_k X_k^* = \frac{2\Delta t}{N} |X_k|^2 \tag{5-74}$$

同样,对原始信号$y(t)$可获得

$$Y_k = \sum_{n=0}^{N-1} y_n e^{-j2\pi kn/N} \tag{5-75}$$

则信号$x(t)$和$y(t)$的单边互功率谱$G_{xy}(f)$的离散值为

$$(G_{xy})_k = \frac{2\Delta t}{N} X_k^* Y_k \tag{5-76}$$

式中,Δt——采样时间间隔;

N——采样点总数。

显然,利用FFT的逆变换,可以方便地从谱密度函数求得相应的相关函数。

5.10.6 置(补)零权函数

1. 相关运算的步骤

目前,大多数双通道实时分析仪是按照以下步骤来进行相关运算的:

(1)对输入的采样信号进行置(补)零(zero padding)加权处理;

(2)对加权处理后的信号进行FFT运算,将时域信号转换成频域信号,得到一组线性谱;

(3)对线性谱进行共轭乘运算,得到谱密度函数;

(4)利用FFT的逆运算,从谱密度函数得到相对应的相关函数。

2. 在相关运算中引入置(补)零处理的原因

根据相关函数的定义,在数值计算中不同的时间延迟τ是通过对信号序列数据进行逐次移项来完成的。然而,采样得到的信号序列数据的长度总是有限的,这就隐含要求储存的采样信号序列数据是周期的,在移项过程中可以周而复始地使用。如果把储存的时域采样信号序列数据假想成首尾衔接的圈,那么对于周期信号,其首尾必然衔接一致,不会存在偏差。但是,实际采样记录的信号序列不一定是周期的,其首尾也不一定能衔接一致,因而存在所谓的环绕误差(wrap-around error)。

为了保证进行FFT运算的信号序列是首尾能够相衔的周期序列,在进行FFT运算前先对信号序列进行置(补)零处理,即将序列的首或/和尾的若干数据设置为零,抑制信号序列的首尾。

3. 几种常用的置(补)零权函数

图5-22为几种常用的置(补)零权函数。图中,T表示采样周期,T_0表示采样周期的中点。$(-T/4, T/4)$权函数抑制信号序列的前1/4周期和后1/4周期的信号,$(0, T/2)$权函数抑制信号序列的前1/2周期。这两种权函数适用于处理随机信号。$(-T/2, T/2)$权函数实际上对信号序列不做任何抑制,适用于处理瞬时信号、猝发信号或周期信号。

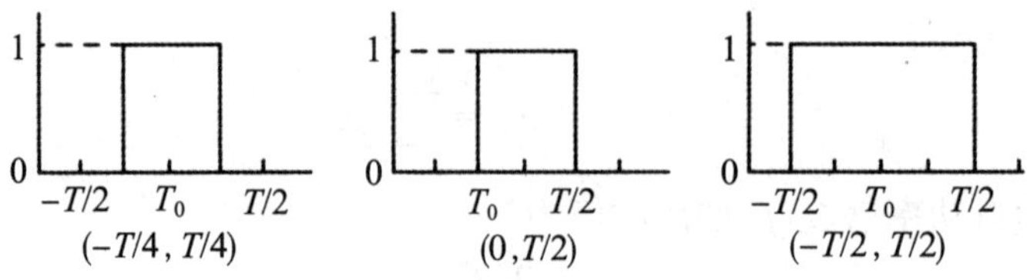

图5-22　置(补)零权函数

5.11　频率响应函数、脉冲响应函数和反滤波

对于一个线性系统可以用频率响应函数和脉冲响应函数来描述其特性。

5.11.1　频率响应函数

当角频率ω的信号$X(\omega)$输入线性系统时，在输出端输出相同角频率的信号$Y(\omega)$。两者存在如下关系：

$$Y(\omega)=X(\omega)H(\omega) \tag{5-77}$$

式中，$H(\omega)$称为系统的频率响应函数，它是由系统本身的结构参数决定的，关系如图5-23所示。

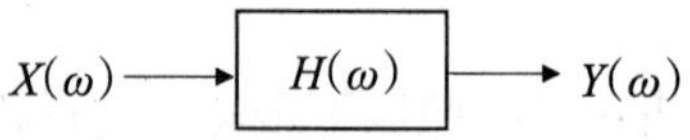

$X(\omega) \longrightarrow$ [$H(\omega)$] $\longrightarrow Y(\omega)$

图5-23　频率响应

一般来说，$H(\omega)$是复数，其实部称为系统的振幅特性，虚部称为系统的相位特性。利用FFT方法可以方便地导得

$$H(\omega)=\frac{Y(\omega)}{X(\omega)}=\frac{X^*(\omega)Y(\omega)}{X^*(\omega)X(\omega)}=\frac{G_{xy}(\omega)}{G_x(\omega)} \tag{5-78}$$

借助$G_{xy}(\omega)$和$G_x(\omega)$的多次采样平均可以减少测量$H(\omega)$时的随机误差，提高测量精度。

5.11.2　脉冲响应函数

若在线性系统输入端输入脉冲信号$\delta(t)$，在其输出端输出信号$h(t)$，则称$h(t)$为系统的脉冲响应函数，其离散形式为$h(n)$。脉冲响应函数有时也称为单位采样响应。

对于任意输入信号$x(t)$，系统的输出信号$y(t)$也可以由系统的脉冲响应函数求出。

$$y(t)=\int_{-\infty}^{\infty}x(\tau)h(t-\tau)\mathrm{d}\tau \tag{5-79}$$

其离散形式为

$$y(n)=\sum_{k=-\infty}^{\infty}x(k)h(n-k) \tag{5-80}$$

系统的频率响应和脉冲响应分别是从频域和时域两个角度来描述同一线性系统的特性的。因此，两者之间必然存在内在的转换关系，即

$$H(\omega)=\int_{-\infty}^{\infty}h(t)\mathrm{e}^{-\mathrm{j}\omega t}\mathrm{d}t \tag{5-81}$$

$$h(t)=\frac{1}{2\pi}\int_{-\infty}^{\infty}H(\omega)\mathrm{e}^{\mathrm{j}\omega t}\mathrm{d}\omega \tag{5-82}$$

对于离散形式则采用傅里叶级数变换关系。

5.11.3 反滤波

在信号的传递过程中往往会存在某些干扰,如回声或混响。可以认为,这些干扰本质上是一种特殊的滤波作用。在测量分析中希望能够消除这些干扰,即希望能寻找一个反滤波器,使其能抵消“干扰滤波器”的影响。

记原始信号和接收到的信号分别为序列$s(n)$和$x(n)$,它们的傅里叶变换分别为$S(\omega)$和$X(\omega)$。又设“干扰滤波器”的脉冲响应和频率响应分别为$p(n)$和$P(\omega)$,则有

$$x(n)=p(n)*s(n) \tag{5-83}$$

$$X(\omega)=P(\omega)S(\omega) \tag{5-84}$$

式中,*表示卷积。

令反滤波器的脉冲响应和频率响应为$h(n)$和$H(\omega)$,使得

$$h(n)*x(n)=s(n) \tag{5-85}$$

$$H(\omega)X(\omega)=S(\omega) \tag{5-86}$$

因此,反滤波器的脉冲响应和频率响应必须满足

$$p(n)*h(n)=1$$

$$P(\omega)H(\omega)=1$$

即有

$$h(n)=p(n)^{*^{-1}} \tag{5-87}$$

$$H(\omega)=\frac{1}{P(\omega)} \tag{5-88}$$

式中,$*^{-1}$表示反卷积。

可以利用最小平方滤波等技术来构造所需要的反滤波器,具体步骤读者可查阅有关文献。

5.12 相干分析

随机信号$x(t)$和$y(t)$之间相干函数的定义式为

$$\gamma_{xy}=\frac{\left|G_{xy}(\omega)\right|^2}{G_x(\omega)G_y(\omega)} \tag{5-89}$$

式中,$G_x(\omega)$——$x(t)$的单边自功率谱密度函数;

$G_y(\omega)$——$y(t)$的单边自功率谱密度函数;

$G_{xy}(\omega)$——$x(t)$与$y(t)$间的单边互谱密度函数。

显然,这里要求$G_x(\omega)$与$G_y(\omega)$均不为零,且不应包括δ函数。

相干谱的定义式为

$$G_{\gamma^2 y}(\omega)=\gamma_{xy}^2(\omega)G_y(\omega) \tag{5-90}$$

5.13 倒频谱分析

倒频谱分析技术可以分析复杂频谱图上的周期成分,分离和提取在密集泛频信号中的组

成分量。对于同族谐频、异族谐频和多成分边频等复杂信号，分析效果也很好。

传统的功率倒频谱的定义：功率谱对数的功率谱，其表达式为

$$C_p(q)=\left|F\{\lg G_x(\omega)\}\right|^2 \tag{5-91}$$

式中，$G(\omega)$——信号$x(t)$的单边自功率谱；

F——傅里叶变换算符。

实际工程常用的表达式为

$$C_a(q)=\sqrt{C_p(q)}=\left|F\{\lg G_x(\omega)\}\right| \tag{5-92}$$

式中，$C_a(q)$——幅值倒频谱，简称倒频谱。

上述定义中的变量q称为倒频率，它与自相干函数$R_x(\tau)$中延迟时间变量τ的量纲相同，一般以ms为单位。q值大的倒频率称为高倒频率，表示在频谱图上的快速波动和密集谐频；q值小的倒频率称为低倒频率，表示在频谱图上的缓慢波动和离散谐频。

采用倒频谱分析的原因是在倒频图中可以较容易地识别信号的组成分量，便于提取所需的信息。

倒频谱分析具有如下两个明显的优点。

(1)可以将信号源的输入效应和传递途径的效应分离开来，消除其相互之间的影响。例如，对某传递系统$H(\omega)$有

$$Y(\omega)=X(\omega)H(\omega) \tag{5-93}$$

等式两边取对数有

$$\lg Y(\omega)=\lg X(\omega)+\lg H(\omega) \tag{5-94}$$

经取对数将乘法运算变换成加法运算，在倒频谱图中可以十分方便地区分这两根谱线。

(2)能将原来功率谱上成簇的边频谱线演化成单根谱线，便于观察。利用这一特点可以检测出功率谱中肉眼难以区分的周期成分。

5.14 相关技术在声学测量中的应用实例

相关函数可以用来衡量两个波形的相似程度。如果两个相似的波形，存在相对的传播时延，那么它们间的相关函数就会在某些τ的位置出现峰值。利用这个特性，可将相关技术应用于声学测量的许多方面。

5.14.1 从多个独立声源(或振动源)中确定其中某个声源对被测点声功率的贡献

设有多个独立声源A，B，…，E，在被测点x处的声压应由各个声源所发声波传到该点的声压叠加而成。由传声器1在被测点x处测得的声压为

$$p_1(t)=\sum_n a_n p_A(t-\tau_n')+\cdots+\sum_m e_m p_E(t-\tau_m') \tag{5-95}$$

式中，a_n——由声源A产生的声波沿第n条路径传到x点的声压衰减系数；

τ_n'——声波从声源A沿第n条路径传到x点的时间；

$p_A(t)$——声源A产生的声压。

若希望测定声源E对点x处的贡献，可以将传声器1放置在点x处，测得声压$p_1(t)$；将传声器2放在声源E附近，测得声压$p_2(t)$。令$p_2(t)=\beta p_E(t-\tau_\beta)$，求出$p_1(t)$和$p_2(t)$的相关函数$R_{12}(\tau)$。

$$R_{12}(\tau)=\lim_{T\to\infty}\frac{1}{T}\int_0^T p_1(t)p_2(t+\tau)\mathrm{d}t=\sum_m \beta e_m \lim_{T\to\infty}\frac{1}{T}\int_0^T p_{\mathrm{E}}(t-\tau'_m)\cdot p_{\mathrm{E}}(t-\tau_\beta+\tau)\mathrm{d}t \qquad (5\text{-}96)$$

求和号内的各项表示声源E通过各条传递路径对点x处的作用。如果声源E的带宽很宽，这意味着相关函数的峰很尖锐。当传到点x处的不同路径的时延相差较大时，$R_{12}(\tau)$是由一些分离开的峰组成的(如图5-24所示)。

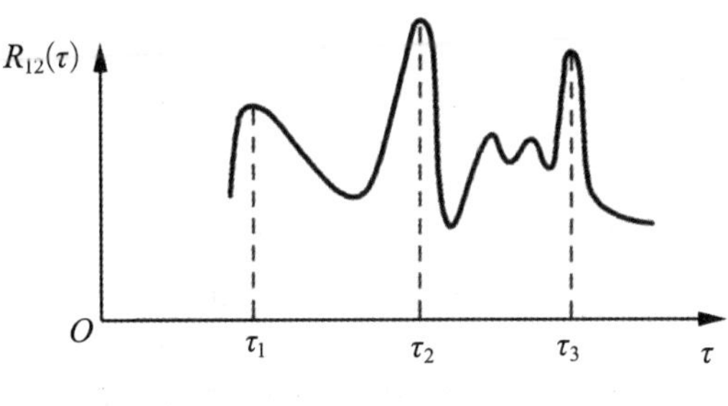

图5-24　$R_{12}(\tau)$的图形

每一个峰表示从声源E沿某一路径传到点x处的声功率。峰所对应的横坐标τ_i表示传播所用的时间。如果已知传播速度v，则就能求出各条传播路径的长度d_i。

$$d_i=v\tau_i \qquad (5\text{-}97)$$

5.14.2　测量障板的透射特性

在第5.14.1节的例子中已经提到利用相关方法可以把不同时刻到达的声音区分开来，基于这个特性还可以测量障板的透射特性。

如图5-25所示，在宽带声源$S(t)$附近放置被测障板，两者相距L_1。在声源近旁由传声器M_1测得声压信号$x_1(t)$，在板后贴近板面处由传声器M_2测得透射声压信号$x_2(t)$。由于在所有从声源$S(t)$到M_2处的传播途径中，穿透声波传播的距离最短，因此相关函数$R_{x_1x_2}(\tau)$的第一个峰就表示穿透声。为了提高测量精度，使绕射声波的相关峰远离透射声波的相关峰，要求障板的半宽度L_2与L_1的比值尽可能大，即要求障板尽可能大且尽可能靠近声源。

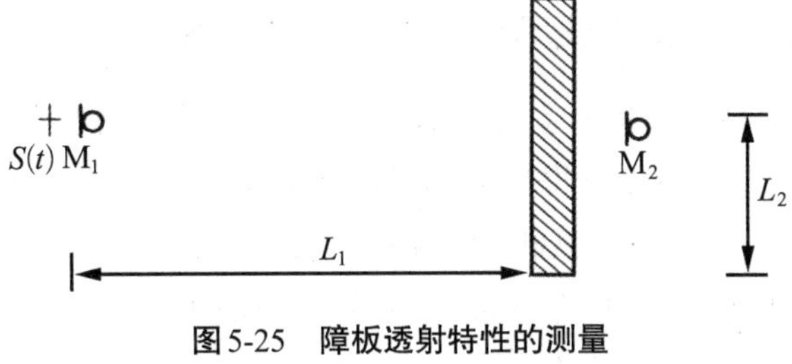

图5-25　障板透射特性的测量

5.14.3　测量物体的反射(吸声)特性

根据第5.14.2节中的声学测量原理，将传声器M_2移到声源与板之间，这时求出的相关函数的第一个峰是直达声(入射声)的相关峰，第二个峰是板的反射声的相关峰，两者的比值反映了板的反射特性。

5.14.4 提高野外测量的信噪比

在野外测量时，风或大气湍流会产生干扰。根据实测结果，大气湍流的空间相关距离在5 cm左右。若按图5-26进行声学测量，两传声器测得的由声源$S(t)$传来的信号$x_1(t)$和$x_2(t)$中均含有湍流干扰信号$x_T(t)$和有用信号$x_S(t)$。

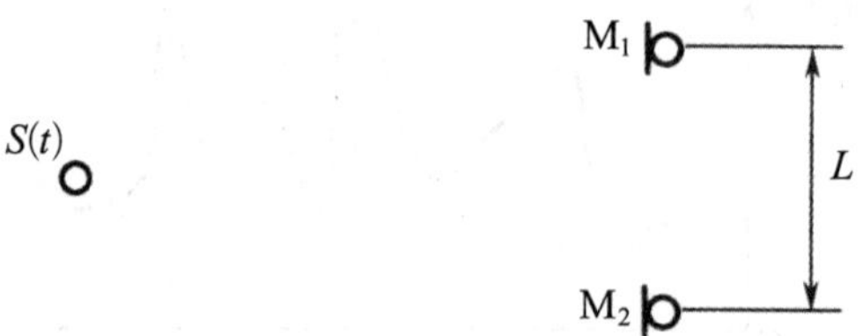

图5-26 在湍流干扰中进行声学测量

$$x_1(t)=x_{T_1}(t)+k_1x_S(t) \tag{5-98}$$

$$x_2(t)=x_{T_2}(t)+k_1x_S(t+\Delta\tau) \tag{5-99}$$

求$x_1(t)$和$x_2(t)$的相关函数：

$$R_{x_1x_2}(\tau)=R_{x_{T_1}}R_{x_{T_2}}(\tau)+k_1^2R_{x_S}(\tau)+k_1R_{x_{T_1}x_S}(\tau)+k_1R_{x_{T_2}x_S}(\tau) \tag{5-100}$$

式中，x_{T_1}与x_{T_2}是与x_S无关的湍流干扰。当两个传声器间的距离L大于湍流的相关距离时，相关函数中仅保存$k_1^2R_{x_S}(\tau)$项，其余各项均为零。据资料介绍，当风速为38 m/s，L=5 cm时，测量的信噪比可改善23.5 dB。

5.14.5 地下水管泄漏检测

由水管破漏处产生的漏水声通过水管向两端方向传播，这时在漏水管道两端布置测点拾取漏水信号，并对这两个信号进行互相关运算。根据峰值所对应的延迟时间τ_m、管道两端间的距离和管材中的声速，就可以确定漏水点的具体位置。

5.14.6 利用双传声器-互相关技术测试消声室本底噪声

当在消声室的安静环境下测量时，由于消声室的本底噪声低于或接近大部分传声器（含前置放大器）的自生噪声，传声器测得的数据可以认为是消声室的本底噪声加上传声器的自生噪声，因此使用传声器直接测量，其测量结果受到传声器自生噪声的影响较大。分析表明，消声室的本底噪声是基本相同的，即这部分信号呈高度相关，而传声器的自生噪声则是基本不相关的。通过双传声器同时测量消声室本底噪声，应用互相关法可以计算它们分别测得的两个信号的相关程度，抵消传声器自生噪声的影响，分离出消声室的真实本底噪声。通过测试证明，当所测本底噪声的声压级低于传声器自生噪声10 dB时，仍能测得准确的声压级。

5.15 互易法校准原理

5.15.1 线性网络互易原理

如果以恒定电流i_1流过线性四端网络的第一对电极，将在该网络的第二对电极上产生一个开路电压e_2；反过来，在第二对电极上有恒定电流i_2流过时，将在第一对电极上产生开路电压e_1，则这四个量之间有以下关系：

$$\frac{e_2}{i_1}=\frac{e_1}{i_2} \tag{5-101}$$

满足式(5-101)关系的系统称为互易系统，其中等式的两端均为转移电阻抗。

对于线性、可逆、无源的两端口网络，在只有一个激励源的情况下，当激励与响应互换位置时，其转移阻抗相等，这就是线性网络的互易原理。

5.15.2 电声互易原理

电声互易原理是指一个线性、无源、可逆的电声换能器，其用作接收器时的声场电压(或电流)灵敏度与用作发射器时的发送电流(或电压)响应之比与换能器结构无关，是一个常数。

电容传声器就是一种线性、无源、可逆换能器，它既可以用作声接受，也可以用作声发射，是满足电声互易原理的电声换能器。它用作接收器时的声场[电压]灵敏度与用作发射器时的发送电流响应的比值，或其声场电流灵敏度与发送电压响应的比值，称为互易常数，用符号J表示，其表达式为

$$J=\frac{M_V}{S_I}=\frac{M_I}{S_V} \tag{5-102}$$

式中，M_V——声场[电压]灵敏度，单位为V/Pa；

S_I——发送电流响应，单位为Pa/A；

M_I——声场电流灵敏度，单位为A/Pa；

S_V——发送电压响应，单位为Pa/V。

声场可以是自由声场，也可以是耦合腔中的声压场。

自由场球面波互易常数为

$$J=\frac{2d}{\rho f} \tag{5-103}$$

式中，d——离声源的距离，单位为m；

ρ——媒质密度，单位为kg/m^3；

f——频率，单位为Hz。

耦合腔互易常数为

$$J_c=2\pi f\beta V \tag{5-104}$$

式中，f——频率，单位为Hz；

β——媒质的绝热压缩系数；

V——耦合腔体积，单位为m^3。

5.15.3 传声器互易校准原理

互易校准又称原级校准方法，是指根据电声互易原理校准电声换能器的绝对校准方法。传声器的互易校准可以在自由场球面波条件下进行，校准所得结果为自由场灵敏度和发送电流响应。传声器的互易校准也可以在密闭的刚性腔中进行，要求腔中声压均匀，校准所得结果为声压灵敏度。

不管是自由场互易校准还是耦合腔校准，都可以采用两种校准方法：一种是用三传声器法，使用3只传声器来完成，其中至少2只应是互易传声器；另一种是辅助声源法，使用一个辅助声源和2只传声器完成，其中至少一只传声器应是互易的。非互易的传声器只能用作接收器。

下面以耦合腔互易校准为例进行介绍，其原理也适合自由场校准。

1. 三传声器法的原理

将两只传声器用耦合腔进行声学耦合，一只作为声源，另一只作为声接收器，测量其电转移阻抗。当系统的声转移阻抗已知时，两只耦合的传声器的声压灵敏度乘积便可确定。将传声器1、传声器2、传声器3两两互相配对，可得出3个互相独立的声压灵敏度乘积，再导出每只传声器的声压灵敏度表达式。

2. 使用两只传声器和一个辅助声源法的原理

首先，将两只传声器用耦合腔进行声学耦合，并测定两只传声器的声压灵敏度乘积（见三传声器法原理）。然后，辅助声源对两只传声器辐射相同的声压，则其输出电压之比等于声压灵敏度之比。根据两只传声器的灵敏度乘积和声压灵敏度之比，可导出每只传声器的声压灵敏度表达式。为了获得声压灵敏度的比值，可采用直接比较法。辅助声源可以是第三只传声器，其力学和声学特性与被校传声器可以不同。

5.15.4 基本表达式

电容传声器及相似的传声器具有互易性，因此传声器二端口方程可表示为式(5-105)，式中符号的下画线表示复数量。

$$
\begin{aligned}
\underline{z}_{11}\underline{i}+\underline{z}_{12}\underline{q}&=\underline{U}\\
\underline{z}_{21}\underline{i}+\underline{z}_{22}\underline{q}&=\underline{p}
\end{aligned}
\qquad (5\text{-}105)
$$

式中，$\underline{p}$——均匀作用在传声器声端（膜片）上的声压，单位为Pa；

$\underline{U}$——传声器电端的信号电压，单位为V；

$\underline{q}$——通过传声器声端（膜片）的体积速度，单位为m^3/s；

$\underline{i}$——流过传声器电端的电流，单位为A；

$\underline{z}_{11}$——膜片受挡时传声器的电阻抗，$\underline{z}_{11}=\underline{Z}_e$，单位为Ω；

$\underline{z}_{22}$——电端开路时传声器的声阻抗，$\underline{z}_{22}=\underline{Z}_a$，单位为$Pa\cdot s/m^3$；

$\underline{z}_{12}$——正向和逆向转移阻抗，$\underline{z}_{12}=\underline{z}_{21}=\underline{M}_p\underline{Z}_a$，单位为$V\cdot s/m^3$。$\underline{M}_p$是传声器的声压灵敏度，单位为V/Pa。

式(5-105)也可写为

$$
\begin{aligned}
\underline{Z}_e\underline{i}+\underline{M}_p\underline{Z}_a\underline{q}&=\underline{U}\\
\underline{M}_p\underline{Z}_a\underline{i}+\underline{Z}_a\underline{q}&=\underline{p}
\end{aligned}
\qquad (5\text{-}106)
$$

式(5-106)称为传声器的互易方程。

将声压灵敏度分别为$\underline{M}_{p,1}$和$\underline{M}_{p,2}$的两只传声器1和传声器2用耦合腔进行声学耦合，从式(5-106)可以看出，传声器1电端的电流i_1产生短路体积速度$\underline{M}_{p,1}\underline{i}_1$(膜片处$\underline{p}$=0)，而传声器2声端的声压$\underline{p}_2=\underline{Z}_{a,12}\underline{M}_{p,1}i_1$，其中$\underline{Z}_{a,12}$为系统的转移阻抗。

传声器2的开路电压为

$$\underline{U}_2=\underline{M}_{p,2}\underline{p}_2=\underline{M}_{p,1}\underline{M}_{p,2}\underline{Z}_{a,12}\underline{i}_1 \tag{5-107}$$

声压灵敏度的乘积由式(5-108)给出。

$$\underline{M}_{p,1}\underline{M}_{p,2}=\frac{1}{\underline{Z}_{a,12}}\frac{\underline{U}_2}{\underline{i}_1} \tag{5-108}$$

5.15.5 声转移阻抗的计算

声转移阻抗$\underline{Z}_{a,12}=\underline{p}_2/(\underline{M}_{p,1},i_1)$可通过图5-27所示的等效电路计算，图中$\underline{Z}_{a,1}$和$\underline{Z}_{a,2}$分别为传声器1和传声器2的声阻抗。(图中的符号请重贴)

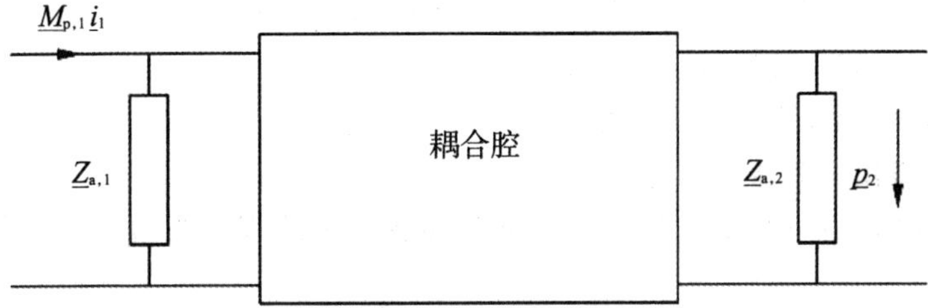

图5-27 计算声转移阻抗$\underline{Z}_{a,12}$的等效电路

在特定情况下，即当耦合腔的物理尺寸远小于声波波长时，假设耦合腔内声压处处相等，腔内气体相当于纯声顺，等效电路如图5-28所示。

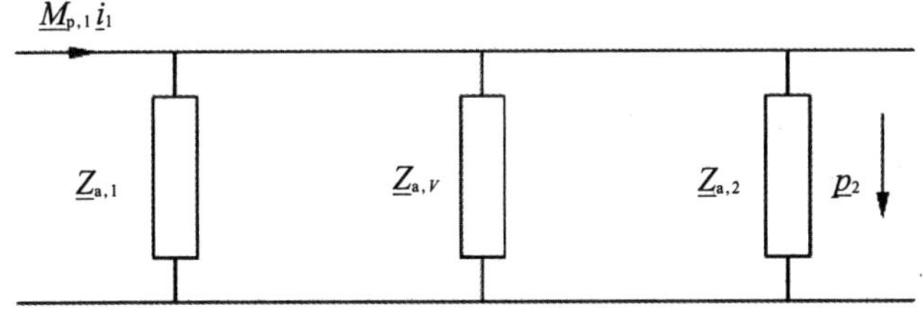

图5-28 当耦合腔尺寸小于声波波长时计算$\underline{Z}'_{a,12}$的等效电路

假设气体的压缩和膨胀过程是绝热的，$\underline{Z}_{a,12}$可用$\underline{Z}'_{a,12}$给出，表达式为

$$\frac{1}{\underline{Z}'_{a,12}}=\frac{1}{\underline{Z}_{a,V}}+\frac{1}{\underline{Z}_{a,1}}+\frac{1}{\underline{Z}_{a,2}}=\mathrm{j}\omega\left(\frac{V}{kp_s}+\frac{\underline{V}_{e,1}}{k_r p_{s,r}}+\frac{\underline{V}_{e,2}}{k_r p_{s,r}}\right) \tag{5-109}$$

式中，V——耦合腔的总几何体积，单位为m³；

$\underline{V}_{e,1}$——传声器1的等效体积，单位为m³；

$V_{e,2}$——传声器2的等效体积，单位为m³；

$\underline{Z}_{a,V}=\dfrac{kp_s}{j\omega V}$——封闭耦合腔中气体的声阻抗，单位为Pa·s/m³；

ω——角频率，单位为rad/s；

p_s——静压，单位为Pa；

$P_{s,r}$——参考条件下的静压，单位为Pa；

k——测量条件下的比热容比；

k_r——参考条件下的k值。

5.15.6 声压灵敏度的最终表达式

1. 三传声器法

使用三传声器法，传声器1的声压灵敏度的最终表达式为

$$\left|\underline{M}_{p,1}\right|=\left\{\left|\frac{\underline{Z}_{e,12}\underline{Z}_{e,31}}{\underline{Z}_{e,23}}\right|\left|\frac{\underline{Z}''_{a,23}}{\underline{Z}''_{a,12}\underline{Z}''_{a,31}}\right|\left|\frac{\underline{\Delta}_{c,12}\underline{\Delta}_{c,31}}{\underline{\Delta}_{c,23}}\right|\right\}^{\frac{1}{2}} \tag{5-110}$$

式中，$\underline{Z}_{e,12}$——电转移阻抗$\underline{U}_2/\underline{i}_1$（见5.15.4），其余传声器组合类似；

$\underline{\Delta}_{c,12}$——对毛细管的复数修正因子。

传声器2和传声器3的表达式类似。

2. 两只传声器和一个辅助声源

使用两只传声器和一个辅助声源，声压灵敏度模的最终表达式为

$$\left|\underline{M}_{p,1}\right|=\left\{\left|\frac{\underline{M}_{p,1}\underline{Z}_{e,12}}{\underline{M}_{p,2}\underline{Z}''_{a,12}}\underline{\Delta}_c\right|\right\}^{\frac{1}{2}} \tag{5-111}$$

式中，$\underline{\Delta}_c$——对毛细管的复数修正因子。

有关传声器耦合器互易法具体校准方法见第8章8.2.2节，有关机电式传感器的互易法校准方法见第15章15.12.4节。

第2篇

测量仪器篇

第6章　常用噪声测量仪器

6.1　噪声测量仪器概述

6.1.1　基本要求

噪声测量仪器，顾名思义就是用于测量噪声的测量仪器，它种类很多，有多种称谓，最典型的是声级计以及多功能声级计、噪声表、分贝仪、噪声采集器、噪声分析仪、噪声统计分析仪、噪声暴露计、噪声剂量计等。其他如测量放大器、信号分析仪、频谱分析仪、多通道信号采集器等具有噪声测量分析功能的，以及与这些仪器配套的如声校准器、音频信号发生器、滤波器、声级记录仪等也归在声学测量仪器范畴。噪声测量仪器广泛地应用于机器和工业噪声测量、职业卫生噪声测量、环境和社会噪声测量、建筑声学测量、电声测量等领域。噪声测量仪器与其他仪器相比有以下特点：

(1)它首先必须有把声信号转换为电信号的测量传声器；

(2)它必须有规定的频率计权特性(网络)，例如A、C计权，以模拟人耳对不同频率声压的响度感觉；

(3)它必须有响应声音时间的时间计权特性，例如“F”“S”计权；

(4)测量的量值必须是声压级，并以dB表示，而且规定以20 μPa为基准；

(5)其基本特性必须符合GB/T 3785和IEC 61672系列标准。虽然该系列标准是针对声级计制定的，但测量声压级的噪声测量仪器都要符合这些标准。

6.1.2　工作原理

以声级计为例，其构造及工作原理如图6-1所示。

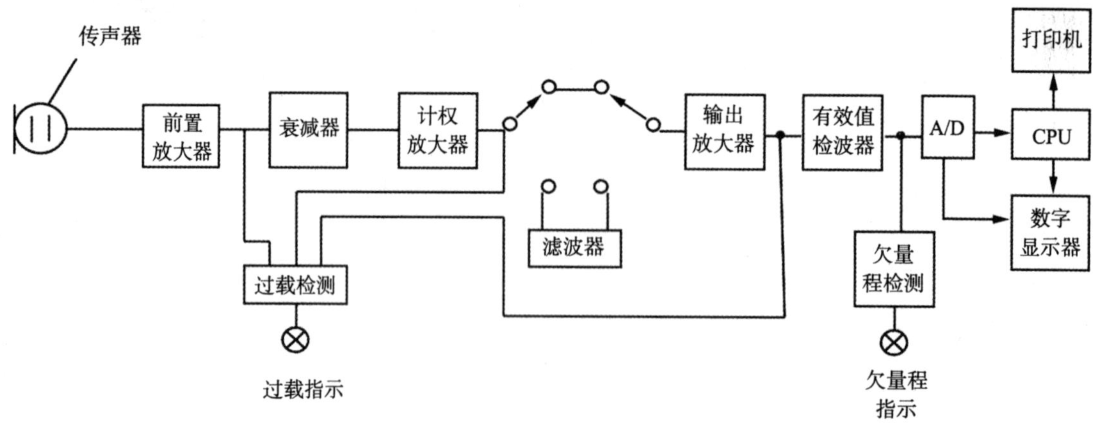

图6-1　声级计的工作原理方框图

1. **传声器**

传声器是把声信号转换成电信号的换能器，在声级计中一般均用测量电容传声器。

2. **前置放大器**

由于电容传声器的电容量很小，内阻很高，而后级衰减器和放大器阻抗不可能很高，因此中间需要加前置放大器进行阻抗变换。

3. **衰减器**

衰减器的作用是将大的信号衰减，提高测量范围。

4. **计权放大器**

计权放大器的作用是将微弱信号放大，按要求进行频率计权（频率滤波）。A、B、C及D计权频率响应曲线参见第3章的图3-2。声级计中一般均有A计权，另外也可有C计权或不计权（Zero，简称Z）及平直特性（F）。

5. **有效值检波器**

将交流信号检波整流成直流信号，直流信号大小与交流信号有效值成比例。检波器要有一定的时间计权特性，在指数时间计权声级测量中，F（快）特性时间常数为125 ms，S（慢）特性时间常数为1 s。在时间平均声级测量中，进行线性时间平均。为了测量不连续的脉冲声和冲击声，有的声级计设置有I（脉冲）特性，I特性具有快上升慢下降的特性，上升时间常数为35 ms，下降时间常数为1.5 s。但是，I特性并不反应脉冲声对人耳响度感觉的影响，在新的声级计标准中已不建议使用。几种时间计权对于一个方波脉冲的响应示意如图6-2所示。

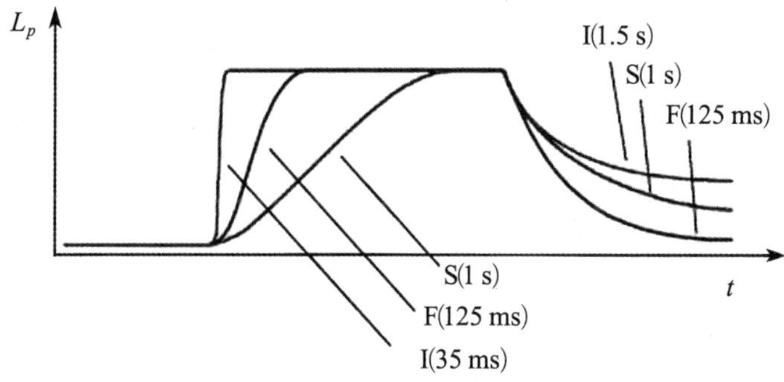

图6-2　几种时间计权对方波的响应示意图

在积分声级计中的线性平均方式仅在计算等效声压级值时使用。当需要测脉冲声如爆炸、冲击的最大声压级时，上面提到的指数和线性平均都不能提供准确的读数，这时应该使用Peak（峰值）检波方式，并且Peak检波器的检测时间要包含脉冲声产生的全部时间。用F、S挡测得的枪炮、爆炸脉冲声的最大声压级值要比真实值约小30 dB。

新的声级计标准GB/T 3785.1—2023中还有关于峰值C声级的规定，用它来测量评价脉冲噪声。

以前的检波器都是模拟检波器，这种检波器动态范围小、温度稳定性差。现在已普遍采用数字信号处理技术，这大大提高了检波器的动态范围和稳定性。

6. **A/D**

A/D的作用是将模拟信号变换成数字信号，以便进行数字指示或送CPU进行计算、处理。

7. 数字显示器

数字显示器以数字形式直接显示被测声级的分贝数，读数直观。以前采用电表作为模拟指示器，现已不采用。数字显示器通常为液晶显示器(LCD)或发光数码管显示器(LED)，前者耗电低，后者亮度高。采用数字显示器的声级计又称为数显声级计。

8. CPU

中央处理器(CPU)对测量值进行计算、处理。

9. 电源

一般是DC/DC(直流转直流电源)，将供电电源(电池)进行电压变换及稳压后，供给各部分电路工作。

10. 打印机

打印机用于打印测量结果，通常使用微型打印机。

随着微电子技术的发展，CPU的功能变得非常强大，不仅能对测量值进行计算处理，而且还可以直接对交流信号进行数字处理，这样从前置放大器传来的信号，经过一个程控放大器直接送到A/D转换器进行高速采样转换成数字信号，然后送到CPU进行数字信号运算，完成频率计权、倍频程或1/3倍频程数字滤波、数字检波和时间计权，最后结果再由数字显示器显示。通过D/A转换器又可以将处理过的数字信号转换为模拟交流信号输出，通过接口电路再以USB、RS232或网口等将数字信号输出。采样频率按奈奎斯特定律选择大于等于2倍待测信号的最高频率，例如要测量最高频率为20 kHz的信号，采样频率可选择48 kHz。采用数字信号处理技术，可大大简化模拟电路，因而避免了由于模拟器件引起的误差和不稳定，使仪器的准确性和稳定性得到提高。而且仪器性能设计更加灵活，在硬件不变的情况下，只需要改变软件就可以改变或增加仪器的性能。所以目前大多仪器都是采用数字信号处理技术。

6.1.3 主要性能指标

以声级计为例，其主要性能指标介绍如下。

1. 性能

(1)性能等级

GB/T 3785.1和IEC 61672-1规定了两种性能等级：1级和2级。1级和2级声级计的性能规范有相同的设计目标，主要是接受限(通常说的公差)和工作温度范围不同。2级的接受限大于1级。

(2)测量功能

测量功能主要包括测量指数时间计权声级(瞬时声级)、时间平均声级(等效连续声级)、暴露声级、最大声级、最小声级、峰值声级、统计声级、8小时等效声级、24小时昼间等效声级、晚间等效声级、夜间等效声级和昼-晚-夜等效声级、频带声压级，等等。

2. 电声性能指标

(1)频率范围

声级计在该频率范围满足规定的频率计权和频率响应的要求。对于1级声级计，频率范围应为10 Hz～20 kHz；对于2级声级计，频率范围应为20 Hz～8 kHz。制造厂也可以给出更宽的频率范围。

(2)频率计权和频率响应

对声级计而言,频率计权是显示装置上指示的频率计权信号级与相应恒幅稳态正弦输入信号级之差,是频率的特定函数。现在的各类声级计主要有A、C和Z频率计权,而A频率计权是所有声级计必须有的。1级声级计还必须有C频率计权。Z频率计权是任选的。有的声级计还有旧版的声级计标准规定的B频率计权和D频率计权,新版的声级计标准中没有B频率计权和D频率计权的相关规定。对于次声测量,ISO 7196规定了G频率计权特性。

(3)测量范围

标准GB/T 3785.1和IEC 61672-1中对级范围、线性工作范围和总范围的定义如下。

级范围(level range)的定义:用声级计控制器的特定挡位测量的标称声级范围称为级范围。级范围用dB表示。这里的级范围可以是对某个范围(量程),例如参考范围(参考量程)为50 dB～120 dB,声级计可能有几个级范围。

线性工作范围(linear operation range)的定义:在任何级范围和规定的频率上,级线性误差不超过标准规定的允差以内的声级范围称为线性工作范围。线性工作范围也用dB表示。

总范围(total range)的定义:响应正弦信号的A计权声级范围,从最灵敏级范围上的最小声级到最不灵敏级范围上的最高声级,测量时无过载或欠范围指示且级线性误差不超过标准规定的接受限。总范围用dB表示。这个总范围通常指的就是声级计的测量范围,但对于不同频率,A频率计权的测量范围不同,所以需要对不同频率分别给出测量范围,如无说明通常指1000 Hz频率处的测量范围。不同的频率计权,测量范围也不相同。有的时候生产厂家给出的测量范围其实是动态范围。而动态范围的定义为最大不失真电压和噪声电压的比值,这显然与总范围是不同的(详见第6.21节的动态范围和测量范围内容)。

(4)时间计权和时间平均

时间计权是规定时间常数的时间指数函数,该函数对瞬时声压的平方进行计权。时间计权有F(快)和S(慢),用于测量时间计权声级。有的声级计还有用于测量脉冲噪声的I(脉冲)计权,但是现在的声级计标准已不推荐。时间平均是一种线性时间平均,用于测量时间平均声级(等效连续声级)和声暴露级,它与时间计权无关。

(5)相对指向响应

对于任何频率计权和任何频率入射的正弦声信号,在包含传声器主轴的规定平面中,由给出的声入射角指示的声级减去由同一声源同一频率的声信号在参考方向入射指示的声级。

(6)猝发音及猝发音响应

波形起始和终止在零点上的一个或多个完整周期的正弦信号称为猝发音。用猝发音测量得到的最大时间计权声级或声暴露级减去用相应稳态正弦信号输入时测量的声级,称为猝发音响应。猝发音是从该稳态输入信号中提取的。

(7)自生噪声

将声级计放置在不会引起自生噪声示值明显增加的低声级声场中时,声级计在较灵敏的级范围上可能指示的声级称为自生噪声,又称本底噪声。当用说明书规定的电输入装置代替传声器接到输入端后,预期的最高自生噪声级称为自生电噪声,又称本底电噪声。

3. 环境影响

(1)静压

静压范围从85 kPa～108 kPa,测得的显示声级与参考静压时显示声级的偏差,对1级声级计不应超过±0.4 dB，对2级声级计不应超过±0.7 dB。

静压范围从65 kPa～85 kPa，测得的显示声级与参考静压时显示声级的偏差，对1级声级计不应超过±0.9 dB，对2级声级计不应超过±1.6 dB。

（2）温度

空气温度变化对被测信号级的影响，对1级声级计，在规定的温度范围-10 ℃～+50 ℃，在任何温度上测得的显示声级与参考空气温度时显示声级的偏差，不应超过± 0.5 dB；对2级声级计，在温度范围0 ℃～+40 ℃，不应超过± 1.0 dB。温度范围适用于完整声级计。对声级计的某些组件（例如计算机），使用说明书中规定只能用于环境条件受控的场所（如室内），可限制温度范围在+5 ℃～+35 ℃。这个受限制的温度范围不适用于传声器。

（3）湿度

相对湿度范围从25%～90%，在任何相对湿度上测得的显示声级与参考相对湿度时显示声级的偏差，对1级声级计不应超过±0.5 dB，对2级声级计不应超过±1.0 dB。

（4）电磁兼容性（CMC）

详见第6.24节电磁兼容性内容。

声级计的主要技术指标将在第8章8.3节详细介绍。

6.2 测量传声器

6.2.1 测量电容传声器的工作原理

传声器是一种把声信号转换成电信号的换能器，在声学测量中一般均用测量电容传声器，它具有动态范围宽、频响平直、失真小、性能稳定、体积小等特点。电容传声器主要由相互紧靠着的后极板和绷紧的金属膜片组成（图6-3）。后极板和膜片在电气上互相绝缘，构成以空气为介质的电容器的两个电极，不同传声器两电极之间的距离不同，一般在15 μm～30 μm。

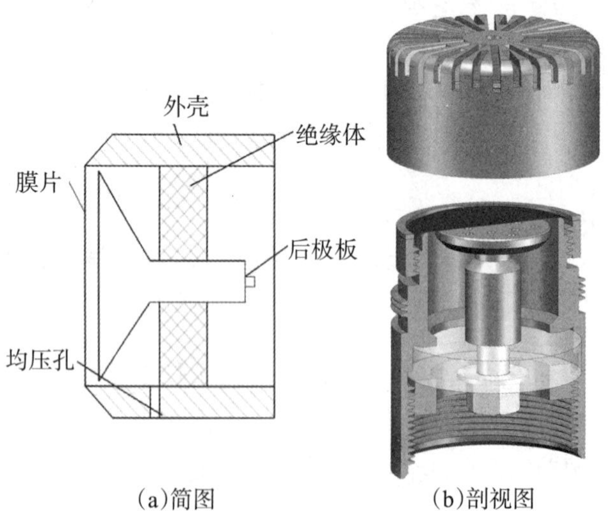

（a）简图　　（b）剖视图

图6-3　测量电容传声器的结构图

电容传声器的膜片一般由镍膜、钛膜或其他合金膜片做成，厚度视传声器不同在1.5 μm～8 μm。后极板和外壳一般选用与膜片线胀系数接近的材料，以保持温度的稳定性。绝缘体为石英玻璃或宝石，因为它们有很高的绝缘电阻（几千兆欧以上）。均压孔的作用是使传声器膜片后腔的气压与外界大气压力平衡，以避免当大气压力变化时传声器膜片鼓起或凹下导致膜片张力增大，从而使传声器灵敏度发生变化，甚至损坏传声器的膜片。

当一个电压加到两电极上时（极化电压，通常是200 V），电容器充电，并贮存电荷，充电电荷Q的大小由库仑定律决定。

$$Q = C_M U \tag{6-1}$$

式中，C_M——两极板之间的电容量，单位为F（法拉）；

U——极化电压，单位为V。

当声波作用在膜片上时，膜片发生振动，使膜片与后极板之间的距离发生变化，从而引起电容量的变化。由于充放电电路的时间常数很大，电容器来不及充放电，因此电容器上的电荷保持不变，电容器上的电压将发生变化。设电容的变化量为$\Delta C(t)$，电压的变化量为$\Delta U(t)$，则有

$$Q = [C_M \pm \Delta C(t)][U \pm \Delta U(t)] \tag{6-2}$$

$$\Delta U(t) = \frac{\Delta C(t)}{C_M \pm \Delta C(t)} U \tag{6-3}$$

因为电容量的变化很小，$\Delta C(t) \ll C_M$，所以

$$\Delta U(t) = \frac{\Delta C(t)}{C_M} U \tag{6-4}$$

式(6-4)说明，电容传声器的输出电压与传声器电容的变化量成正比，也就是与作用的声压成正比，也与所加极化电压成正比。为使传声器灵敏度保持恒定，要求极化电压保持恒定。因为传声器所外加的极化电压是正极化电压，所以当传声器施加正压力时会产生负电压。

另外一些不需要加极化电压的传声器称为预极化传声器。预先在后极板涂上一层驻极材料并给予极化，使驻极体层驻有电荷并保持电荷稳定，用来代替外加的极化电压，所以又称为驻极体传声器。由于所选驻极材料捕获负电荷的能力强于捕获正电荷的能力，所以选择负电晕极化。当施加正压力时，后极板产生正电压。如果意外地向预极化传声器施加外部极化电压，不会对传声器造成永久性损伤。但是，只要持续施加外部极化电压，传声器的灵敏度就会显著降低10 dB或更高。因为这时的极化电压是符号相反的外部和内部的极化电压之和。由于预极化传声器不需要外加极化电压，所以设备更加简单，而且防潮性能好，现在稳定性也已大大提高，因此得到广泛应用，尤其是应用于便携式声级计中。这种声级计重量小且不需要极化电压电源，在非常潮湿的环境中也能提供较好的性能。

电容传声器的性能受声学、机械和电气结构的影响，在所有元素均以等效单位给出的条件下，可以通过简单地连接适当的声学和电子元件来建模，通过机–电类比模型（如图6-4所示）对其影响进行分析。在图6-4所示的模型中，声顺（刚度倒数）转换为电容，声质量相当于一个电感，声阻尼由电阻表示，压力对应于电压，声体积速度对应于电流，声位移对应于电荷。

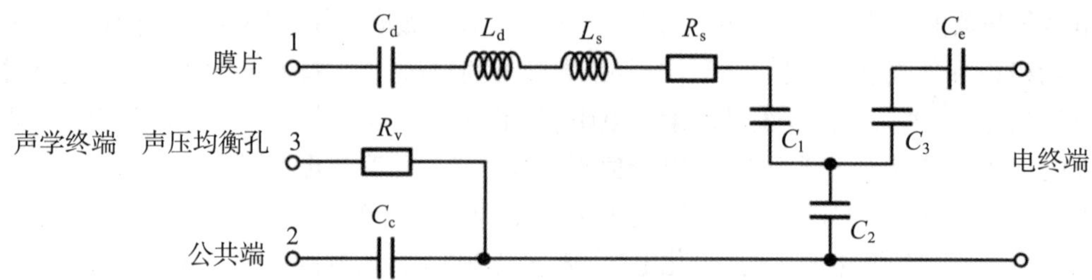

注:1. 模型的响应与静压力均衡孔的声压暴露有关(暴露:3连接至1;不暴露:3连接至2)。

2. 等效电路的元件表示机-电系统的刚度、质量和阻尼。

图6-4 传声器模型

表6-1中列出了图6-4所示传声器模型的元件值的示例,对应的传声器灵敏度为50 mV/Pa,其膜片具有在10 kHz谐振的临界阻尼。

表6-1 图6-4所示传声器模型的元件值示例

符号	模型元素	值	单位
C_d	膜片顺性	0.314×10^{-12}	m^5/N
L_d	膜片质量	600	kg/m^4
L_s	膜片后面空隙的声质量	296	kg/m^4
R_s	膜片后面空隙的声阻	56.2×10^6	Ns/m^5
C_c	内部空腔的声顺	2.83×10^{-12}	m^5/N
R_v	压力均衡孔的声阻	36×10^9	Ns/m^5
C_1	声耦合顺性	5.66×10^{-12}	m^5/N
C_2	耦合顺性/电容	-5.66×10^{-12}	m^5/N或F
C_3	电耦合电容	5.66×10^{-12}	F
C_e	电容(当膜片被锁定时)	17×10^{-12}	F

6.2.2 测量电容传声器的分类

传声器按照准确度和适用范围分为实验室标准传声器(类型标识为LS)、工作标准传声器(类型标识为WS)和工程测量传声器(类型标识为PM)三类。

实验室标准传声器应符合GB/T 20441.1/IEC 61094-1《电声学　测量传声器　第1部分:实验室标准传声器规范》的要求,它可用原级校准,如密闭耦合腔互易法可校准到很高的准确度。考虑到随时间和对环境条件的稳定性,实验室标准传声器应满足机械尺寸和电声性能方面的严格要求。

工作标准传声器应符合GB/T 20441.4/IEC 61094-4《电声学　测量传声器　第4部分:工作标准传声器规范》的要求,可用作声学测量仪器校准中的传递标准传声器。它至少可用以下方法之一校准:(1)GB/T 20441.2/IEC 61094-2中规定的互易声压校准和GB/T 20441.3/ IEC 61094-3中规定的互易自由场校准;(2)与已校准过的实验室标准传声器作比较;(3)使用GB/T 15173/IEC 60942中规定的声校准器。工作标准传声器应满足机械尺寸和电声性能方面的特定要求,特别是关于时间稳定性和环境条件相关性的要求。

工程测量传声器应符合SJ/T 10724《电声学　测量电容传声器通用规范》的要求,它是满足声级计及声压测试系统对电声性能和机械尺寸要求的传声器。它的灵敏度可用以下方法之一校准：(1)与已校准的标准传声器作比较；(2)使用GB/T 15173/IEC 60942中规定的声校准器校准。工程测量传声器分为1级和2级，分别适用于GB/T 3785.1中规定的1级和2级声级计及其他声压测量系统。

传声器按照机械尺寸又可以分为1"(ϕ23.77 mm)、1/2"(ϕ12.7 mm)、1/4"(ϕ6.35 mm)等类型，分别在类型标识后加数字1、2、3；另外还有1/8"(ϕ3.175 mm)的传感器。传声器外径小，频率范围宽，能测高声级，方向性好，但灵敏度低。现在用得最多的是1/2"的传声器，它的保护罩外径为13.2 mm。这里的1"仅仅是标称值，并不是准确值25.4 mm，而是23.77 mm。

传声器按照频率响应又可以分为声压场型、自由场型和扩散场型等类型，分别在标识数字后加P、F和D表示。

表6-2 测量传声器的类型标识

分类	类型标识		
	1"	1/2"	1/4"
实验室标准传声器	LS1P/F/D	LS2P/F/D	LS3P/F/D
工作标准传声器	WS1P/F/D	WS2P/F/D	WS3P/F/D
工程测量传声器	PM1P/F/D	PM2P/F/D	PM3P/F/D

表中类型标识开头英文字母LS表示实验室标准，WS表示工作标准，PM表示工程测量；后接的一位数字表示机械结构的代号，1表示1"、2表示1/2"、3表示1/4"；第三个字母P、F和D分别表示声压型、自由场型、扩散场型。

6.2.3 测量电容传声器的机械尺寸

根据GB/T 20441.4—2006《测量传声器 第4部分：工作标准传声器规范》和SJ/T 10724—2013《电声学 测量电容传声器通用规范》，传声器的机械尺寸应符合图6-5和表6-3的规定。表6-3中列出了标准中没有规定的HBK公司的1/8" 4138型传声器的机械尺寸。

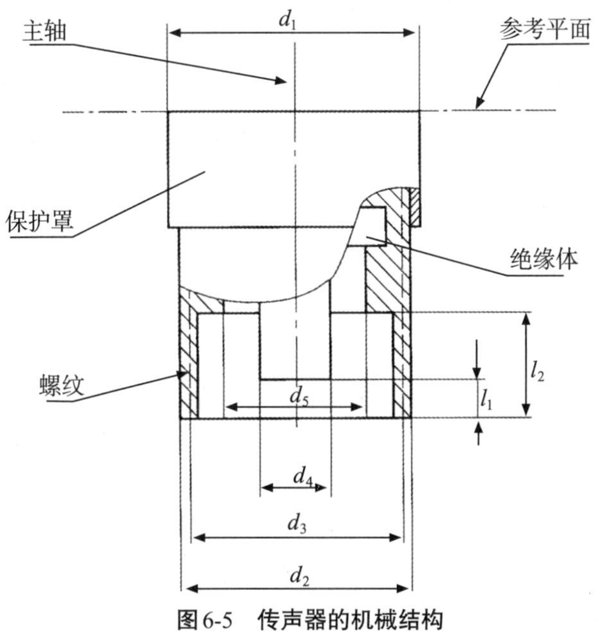

图6-5 传声器的机械结构

表6-3　工作标准传声器和工程测量传声器的机械尺寸及其允差　　单位：mm

<table>
<tr><th>尺寸符号</th><th>WS1P/F/D</th><th>PM1P/F/D</th><th>WS2P/F/D</th><th>PM2P/F/D</th><th>WS3P/F/D</th><th>PM3P/F/D</th><th>HBK4138</th></tr>
<tr><td>d_1</td><td colspan="2">$\phi 23.77^{+0.06}_{-0.1}$</td><td colspan="2">$\phi 13.2^{+0.05}_{-0.1}$</td><td colspan="2">$\phi 7.0^{+0.03}_{-0.05}$</td><td>$\phi$3.5</td></tr>
<tr><td>d_2</td><td colspan="2">ϕ23.77 ± 0.1</td><td colspan="2">ϕ12.7 ± 0.1</td><td colspan="2">ϕ6.35 ± 0.05</td><td>ϕ3.175</td></tr>
<tr><td>d_3</td><td colspan="2">ϕ23.11</td><td colspan="2">ϕ11.70</td><td colspan="2">ϕ5.7</td><td rowspan="2">高度:6
(不带保护罩)</td></tr>
<tr><td>d_4(d_5)</td><td colspan="2">ϕ4～ϕ6</td><td colspan="2">ϕ3～ϕ5</td><td colspan="2">ϕ2～ϕ3</td></tr>
<tr><td>d_5(d_4)</td><td colspan="2">＞ϕ12.2</td><td colspan="2">＞ϕ7.8</td><td colspan="2">＞ϕ3.5</td><td rowspan="2">高度:6.7
(带保护罩)</td></tr>
<tr><td>l_1</td><td colspan="2">3～4</td><td colspan="2">3.6～4.6</td><td colspan="2">0.8～1.4</td></tr>
<tr><td>螺纹长度l_2</td><td colspan="2">＞2.7</td><td colspan="2">＞2.2</td><td colspan="2">＞1.6</td><td></td></tr>
<tr><td>d_3的螺纹[a]</td><td colspan="2">60 UNS-2B</td><td colspan="2">60 UNS-2B</td><td colspan="2">60 UNS-2B</td><td>M3×0.2</td></tr>
</table>

a. 螺纹符合ASME B1.1:1989统一的英制螺纹(UN和UNR螺纹牙形)，d_3为2级英制螺纹的内径。

注:(d_4)与(d_5)是SJ/T 10724—2013尺寸标注。

6.2.4　电容传声器的主要性能指标

1. 灵敏度

电容传声器的灵敏度是用传声器输出端的开路电压与作用的声压之比来表示的，因此又称为传声器的开路灵敏度。开路灵敏度直接测量比较困难，而且传声器往往与前置放大器连接在一起使用，因此，有时用前置放大器的输出电压与作用的声压之比来表示电容传声器的灵敏度，称之为负载灵敏度，因为前置放大器已经成为电容传声器的负载。一般前置放大器的增益小于1，因此负载灵敏度总是小于开路灵敏度，使用时应该注意。

电容传声器的灵敏度有自由场灵敏度(M_f)、声压灵敏度(M_p)和扩散场灵敏度(M_d)三种。

自由场灵敏度是传声器输出端的开路电压与传声器放入自由场前该点声压之比值。

声压灵敏度是传声器输出端的开路电压与传声器放入声场后在膜片上的声压之比值。

扩散场灵敏度是在扩散声场中，传声器输出端的开路电压与传声器放入扩散声场前该点声压之比值。

电容传声器灵敏度的单位为V/Pa(或mV/Pa)，灵敏度与基准灵敏度之比的以10为底的对数乘以20，称为灵敏度级L_M，单位为dB，基准灵敏度为1 V/Pa。例如，某电容传声器标称灵敏度为50 mV/Pa，其灵敏度级为-26 dB。传声器出厂时均提供它的标称灵敏度或灵敏度级。以前还提供相对于-26 dB的修正值K，以便声级计内部电校准时使用。

2. 频率响应

频率响应是指传声器灵敏度随频率变化的特性，通常采用灵敏度与频率之间的关系曲线表示，称为传声器的频响曲线。频响曲线中平直部分的范围是传声器的频率使用范围，称为传声器的频率特性，又称频率带宽，它取决于传声器灵敏度在音频域(10 Hz～20 kHz)的平直程度。

由于灵敏度有自由场灵敏度、声压灵敏度和扩散场灵敏度之分，因此传声器的频率响应也有三个不同的概念，即自由场响应、声压响应和扩散场响应。它们分别表示自由场灵敏度与频率的关系、声压灵敏度与频率的关系和扩散场灵敏度与频率的关系。一个置于平面声波自由场中的传声器，入射到膜片上的声波必然有一部分被反射，所以膜片上接收到的压力除了声波压力之外，还有由于膜片反射声波而产生的压力增量。压力增量的大小与入射声波的频率、入射角度和传声器膜片尺寸等有关。一般当声波频率较高、波长接近或小于膜片尺寸、入射角接近零度时，反射较强，压力增量亦较大。一个传声器的自由场响应等于该传声器的压力响应与声波反射引起的压力增量响应之和，声场灵敏度大于声压灵敏度，这在高频时比较明显。

如图6-6所示为1/2" 自由场响应电容传声器的静电激励器灵敏度频响曲线（图中虚线），以及经修正后的自由场灵敏度频响曲线（图中实线）。它们在1 kHz以下频响是相同的而且基本平直，在1 kHz以上则不同。静电激励器的灵敏度频响比较接近声压响应，测试简单方便。通常都是通过测试静电激励器的频率响应，再加上自由场修正值获得自由场的频率响应。

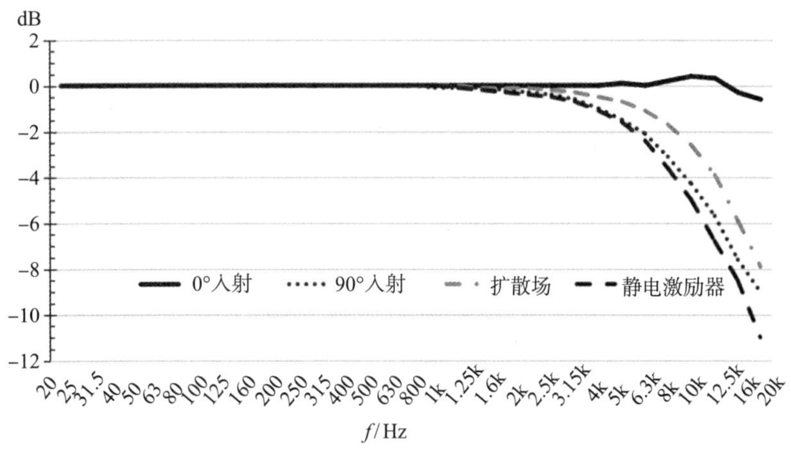

图6-6　1/2" 自由场响应电容传声器的频响曲线

与三种灵敏度相对应，上述自由场灵敏度频响平直的传声器叫自由场型（或声场型）传声器，主要用于消声室和空旷空间等自由场测试。它能比较真实地测量出传声器放入前该点原来的自由场声压，声级计和噪声测量中大多使用这种传声器。声压场灵敏度频响平直的传声器叫声压型传声器，主要用于仿真耳等腔室内使用。扩散场灵敏度频响平直的叫扩散场型传声器，主要用于扩散场测量。有的国家（如美国）规定声级计用扩散场型传声器。扩散场灵敏度 M_d 一般通过计算得到。对于指向性为旋转对称的传声器，其计算公式如下：

$$M_d = \sqrt{K_1 M_0^2 + K_2 M_{30}^2 + K_3 M_{60}^2 + \cdots + K_7 M_{180}^2} \tag{6-5}$$

式中，M_d——传声器的扩散场灵敏度。

$M_0, M_{30}, M_{60}, \cdots, M_{180}$——分别对应入射角的传声器自由场灵敏度。

K——修正值。$K_1=K_7=0.018$，$K_2=K_6=0.129$，$K_3=K_5=0.224$，$K_4=0.258$。

图6-6中也画出了1/2"自由场响应电容传声器的扩散场频响曲线（图中点画线）修正值。

3. 动态范围

传声器灵敏度保持不变的声压测量范围，称为传声器的动态范围。动态范围通常指动态范围上限的分贝数减去固有噪声的分贝数。动态范围越大，传声器可测量的声压范围就越宽。较好的传声器动态范围为100 dB～120 dB，更好的动态范围甚至能达到160 dB。

4. 动态范围上限

动态范围上限指传声器准确测量的最高声压级。在强声波作用下，传声器的输出会出现非线性失真，当非线性失真达到3%时的最高声压级就是动态范围上限。动态范围上限与频率有关，传声器的国标及行业标准在160 Hz～1000 Hz的频率范围内规定动态范围上限。典型的灵敏度为50 mV/Pa的1/2" 传声器，它的动态范围上限约为146 dB，有的可以达到160 dB。

5. 固有噪声(热噪声)

由于组成传声器的元件或负载上总会存在分子热运动，所以即使没有声波作用到传声器的振膜上，传声器仍有一定的电压输出，这称为传声器的固有噪声，也称为自生噪声或等效噪声级，单位为dB。固有噪声会影响传声器可测的最小声压，所以固有噪声愈低愈好。固有噪声一般与传声器的类型、加工工艺和使用环境有较大关系。典型的灵敏度为50 mV/Pa的1/2" 传声器，它的固有噪声约为15 dB(A)。

6. 线性范围

当声压级在某范围内变化时，传声器灵敏度的变化量不超过0.2 dB，该范围就称为线性范围，单位为dB。线性范围与频率有关，通常规定为在160 Hz～1000 Hz之间的频率范围。线性范围不同于动态范围，且小于动态范围。

7. 指向性

不同入射方向的声波作用在传声器的振膜上时，振膜受到的实际作用力有所不同，因此传声器的灵敏度与声波的入射方向有关，这就是传声器的指向性。一般来说，传声器的指向性函数可以定义为声波以α角入射时的灵敏度与声波沿轴向(α=0°)入射时的灵敏度的比值。通常用极坐标形式的指向性图来描述传声器灵敏度的指向性，频率越高，指向性影响就越明显；相同的频率，传声器的尺寸越小，指向性影响就越小。如图6-6所示，圆点线为1/2" 自由场响应电容传声器的90°入射(掠射)灵敏度频响曲线。

8. 传声器的声阻抗和等效体积

传声器的声阻抗，指对于给定频率的正弦信号，当传声器电端负载为无穷大阻抗时，均匀作用在膜片上的声压与膜片体积速度的复数比值，用 Z_a 表示，单位为Pa·s/m³。传声器用于驻波管或小封闭腔内测量声压时，通常要考虑传声器有限的声阻抗。在耦合腔进行互易校准时，传声器的声阻抗是总的声转移阻抗的主要部分。传声器的声阻抗通常用参考环境条件下相应的复数空气等效体积来表示。等效前腔体积是与传声器的参考平面、振膜和参考平面上的外圆柱体所限定的腔体具有相同的声顺的空气的体积，该腔体包括传声器结构的等效体积。传声器的声阻抗和其等效体积通常是频率的函数，本质上与环境条件无关。当用声校准器校准传声器时和传声器用于小的耦合腔如耳模拟器内测量声压时，传声器的等效前腔体积是一个重要的参数。

传声器的等效体积 V_e 与声阻抗 Z_a 的关系用式6-6表示。

$$V_e = \frac{\kappa_\tau P_{s,\tau}}{j\omega Z_a} \tag{6-6}$$

式中，V_e——传声器等效体积，单位为m³；

κ_τ——参考条件下的比热比，在空气中，其值为1.40；

$P_{s,r}$——参考静压，单位为Pa；

ω——角频率，单位为rad/s；

Z_a——传声器声阻抗，单位为Pa·s/m³。

9. **传声器声压灵敏度级的静压系数**

传声器的灵敏度与静压有关，静压会影响膜片后空腔内空气的阻抗（声顺和声质量）。静压影响用静压系数表示，它是在给定频率下，传声器声压灵敏度级随静压变化产生的增量与静压增量的比值，单位为dB/kPa。要求在65 kPa～115 kPa范围内，静压的影响应作为频率的函数给出。

10. **传声器声压灵敏度级的温度系数**

传声器的灵敏度与温度有关，温度会影响膜片后空腔内的空气质量。小幅且缓慢的温度变化通常会引起传声器灵敏度的可逆性变化，大幅度的或迅速的温度变化（温度冲击）会使传声器膜片的机械张力改变，从而导致传声器灵敏度的永久改变。该影响用温度系数表示，它是在给定频率下，传声器声压灵敏度级随温度变化产生的增量与温度增量的比值，单位为dB/K。要求在规定温度范围内（例如对工作标准传声器-10 ℃～+50 ℃的范围），温度对灵敏度的影响应作为频率的函数给出，一般高频时温度对灵敏度的影响较大。

11. **传声器声压灵敏度级的相对湿度系数**

传声器的灵敏度与相对湿度有关，用相对湿度系数表示它的影响，它是传声器声压灵敏度级随相对湿度变化产生的增量与相对湿度增量的比值，单位为dB/%。要求在参考温度和参考静压条件下，在规定的相对湿度范围（例如对工作标准传声器为10%～90%），相对湿度对灵敏度的影响应作为频率的函数给出。

12. **均压时间常数**

为了保证传声器振膜两侧的静压相等，振膜后腔通常配有一个狭窄的均压管，在极低的频率上，由于均压管也部分地均衡了声压，所以自由场灵敏度和扩散场灵敏度会明显低于声压灵敏度。声压均衡泄漏可用均压管和后腔系统的最小时间常数或下限频率来描述。下限频率定义为自由场灵敏度比250 Hz时的声压灵敏度低3 dB时所对应的频率，单位为Hz。

13. **传声器声压灵敏度级的稳定性系数**

传声器灵敏度即使在典型的气候条件下经过一段时间，灵敏度也会有所变化。传声器存放在典型的实验室条件下，在规定时间内传声器声压灵敏度级的变化率称为稳定性系数。稳定性由以下两个量表示。

（1）长期稳定性系数（系统漂移）：由回归曲线的斜率表示，这条回归曲线是由一年中不同时间测量得到的声压灵敏度级通过最小二乘法拟合得到，单位为dB/year。

（2）短期稳定性系数（可逆变化）：由10天中不同时间测量得到的声压灵敏度级标准偏差表示，单位为dB。

14. **绝缘电阻**

传声器的绝缘电阻指的是传声器的信号输出接点与传声器外壳之间的阻值，在常温环境中要求阻值大于10^{11} Ω～10^{13} Ω，且尽量不受温度尤其是湿度的影响。

15. **电容量**

传声器的电容量，单位为pF。主要是膜片与后极板之间的电容量，同时也与后极板与传声器壳体之间的杂散电容有关，还与频率和所加极化电压有关，通常以250 Hz频率，200 V极化电压(对外加极化电压传声器)或0 V(对预极化传声器)规定它的电容量。一般来说，1"传声器的电容量约为50 pF，1/2" 约为15 pF，1/4"约为6 pF，1/8"约为3.5 pF，具体由制造厂提供。传声器的电容量可以用于评估传声器在下限频率时的负载灵敏度和前置放大器的噪声。

16. **相位**

传声器的相位及测量详见第5章5.4.3节。

GB/T 20441.1、GB/T 20441.4 和SJ/T 10724分别对实验室标准传声器、工作标准传声器和工程测量传声器规定了相关的电声性能要求，具体见表6-4～6-6所列。

表6-4　实验室标准传声器的电声性能要求

序号	指标	说明	性能			
			LS1P型	LS2P型	LS2F型	单位
1	灵敏度级(基准为1 V/Pa)	200 Hz～500 Hz	−26±2	−37±3	−38±2	dB
2	频率响应[a]	在2 dB之内	10～8000	10～20 000	10～20 000	Hz
3	等效体积	200 Hz～500 Hz	150 ± 30	10 ± 5	9 ± 3	mm^3
4	共振频率		＞8	＞20	＞20	kHz
5	动态范围上限(基准为20 μPa)	失真1%	＞130	＞145	＞145	dB
6	静压系数	在80 kPa～110 kPa的范围内，静压的影响应作为频率的函数给出	−0.02～+0.02	−0.025～+0.025	−0.05～+0.05	dB/kPa
7	温度系数	在18 ℃～25 ℃的范围内，温度对灵敏度的影响应作为频率的函数给出	−0.02～+0.02	−0.02～+0.02	−0.035～+0.035	dB/K
8	相对湿度系数	温度为23 ℃、静压为101.325 kPa和相对湿度范围至少为25%～80%的条件下	＜0.000 4	＜0.000 4	＜0.000 4	dB/%
9	绝缘电阻	最小直流电阻	$>10^{13}$	$>10^{13}$	$>10^{13}$	Ω
10	均压时间常数[b]	—	＞0.05	＞0.05	＞0.05	s
11	长期稳定系数	15 ℃～25 ℃，250 Hz～1 kHz	＜0.02	＜0.02	＜0.02	dB/year
12	短期稳定系数[c]		＜0.02	＜0.02	＜0.02	dB

a. 根据类型标识，分别为声压场、自由场和扩散场灵敏度级的频率响应。
b. 除非有特殊用途，时间常数不应大于1 s，否则，可能不能满足短期稳定性的要求。
c. 在10 d内至少测量5次，每次间隔的时间不小于24 h。

表6-5 工作标准传声器的电声性能要求

序号	指标	说明	性能			单位
			WS1P/F/D型	WS2P/F/F型	WS3P/F/D型	
1	最小灵敏度级（基准为1 V/Pa）	在 200 Hz～1 000 Hz范围内的f_0处	–34	–40	–60	dB
2	频率响应[a]		10～8000	10～16000	10～31600	Hz
3	等效前腔体积	在160 Hz～1000 Hz	制造者应给出指定频率范围内的标称值及其允差			mm^3
4	等效体积模(仅适用于P型)	在200 Hz～500 Hz	＜200	＜50	＜3	mm^3
5	动态范围上限（基准为20 μPa）	在 160～1000 Hz范围内失真为3%	＞135	＞140	＞150	dB
6	线性范围(基准为20 μPa)	在 160～1000 Hz范围内灵敏度变化为0.2 dB	10～130	25～135	40～145	dB
7	静压系数	在65 kPa～115 kPa的范围内，静压的影响应作为频率的函数给出	–0.03～+0.03			dB/kPa
8	温度系数	在–10 ℃～+50 ℃的范围内，温度对灵敏度的影响应作为频率的函数给出	–0.03～+0.03			dB/℃
9	相对湿度系数	在参考温度和参考静压条件下，在相对湿度为10%～90%的范围内，相对湿度对灵敏度的影响应作为频率的函数给出	–0.001～+0.001			dB/RH%
10	均压时间常数		＞0.05(一般应≤1)			s
11	长期稳定性系数	在15 ℃～25 ℃，在200 Hz～1000 Hz	＜0.03			dB/a
12	短期稳定性系数[b]		＜0.03			dB
13	绝缘电阻		10^{12}			Ω
14	电容量	在250 Hz	由制造商提供			pF

a. 根据类型标识，分别为声压场、自由场和扩散场灵敏度级的频率响应。
b. 在10 d内至少测量5次，每次间隔的时间不小于24 h。

表6-6　工程测量传声器的电声性能要求

<table>
<tr><th rowspan="2">序号</th><th rowspan="2">指标</th><th rowspan="2">说明</th><th colspan="3">1级</th><th colspan="3">2级</th><th rowspan="2">单位</th></tr>
<tr><th>PM1P/F/D型</th><th>PM2P/F/D型</th><th>PM3P/F/D型</th><th>PM1P/F/D型</th><th>PM2P/F/D型</th><th>PM3P/F/D型</th></tr>
<tr><td rowspan="2">1</td><td rowspan="2">最小灵敏度级(基准为1V/Pa)</td><td rowspan="2">在200 Hz～1000 Hz范围内的某个参考频率f处</td><td>−26</td><td>−32</td><td>−38</td><td>−44</td><td>−50</td><td>−60</td><td rowspan="2">dB</td></tr>
<tr><td colspan="3">1级传声器允差±2.0</td><td colspan="3">2级传声器允差±3.0</td></tr>
<tr><td>2</td><td>频率响应[a]</td><td></td><td>10～20 000</td><td>10～31 500</td><td>10～50 000</td><td>10～12 500</td><td>10～20 000</td><td>10～31 500</td><td>Hz</td></tr>
<tr><td>3</td><td>等效前腔体积</td><td>在200 Hz～500 Hz</td><td>≤200</td><td>≤50</td><td>≤3</td><td>≤200</td><td>≤50</td><td>≤3</td><td>mm³</td></tr>
<tr><td>4</td><td>动态范围上限(基准为μPa)</td><td>在95 Hz～1000 Hz范围内总谐波失真为3%</td><td colspan="6">由制造商提供</td><td>dB</td></tr>
<tr><td>5</td><td>静压系数</td><td></td><td colspan="3">静压在85 kPa～108 kPa范围内变化时,不应超过±04 dB;
静压在65 kPa～85 kPa范围内变化时,不应超过±0.9 dB</td><td colspan="3">静压在85 kPa～108 kPa范围内变化时,不应超过±0.7 dB;
静压在65 kPa～85 kPa范围内变化时,不应超过±1.6 dB</td><td>dB/kPa</td></tr>
<tr><td>6</td><td>温度系数</td><td></td><td colspan="3">温度在−10 ℃～+50 ℃范围内,不应超过±0.5</td><td colspan="3">温度在0 ℃～+40 ℃范围内,不应超过±0.9</td><td>dB/℃</td></tr>
<tr><td>7</td><td>相对湿度系数</td><td></td><td colspan="3">温度在−10 ℃～+50 ℃范围内,相对湿度在25%～90%范围内,不应超过±0.5</td><td colspan="3">温度在0 ℃～+40 ℃范围内,相对湿度在25%～90%范围内,不应超过±1.0</td><td>dB/RH%</td></tr>
<tr><td>8</td><td>均压时间常数</td><td></td><td colspan="6">由制造商提供</td><td>s</td></tr>
<tr><td>9</td><td>长期稳定性系数</td><td rowspan="2">在5 ℃～25 ℃,在200 Hz～1000 Hz</td><td colspan="6">由制造商提供</td><td>dB</td></tr>
<tr><td>10</td><td>短期稳定性系数[b]</td><td colspan="3">≤0.15</td><td colspan="3">≤0.25</td><td>dB</td></tr>
<tr><td>11</td><td>绝缘电阻</td><td></td><td colspan="6">>10^{11}</td><td>Ω</td></tr>
<tr><td>12</td><td>电容量</td><td>在250 Hz</td><td colspan="6">由制造商提供</td><td>pF</td></tr>
</table>

a. 根据类型标识,分别为声压场、自由场和扩散场灵敏度级的频率响应。

b. 在10 d内至少测量5次,每次间隔的时间不小于24 h。

如图6-7所示为几种测量传声器。表6-7列出了杭州爱华仪器常用的几种测量传声器的主要技术性能。

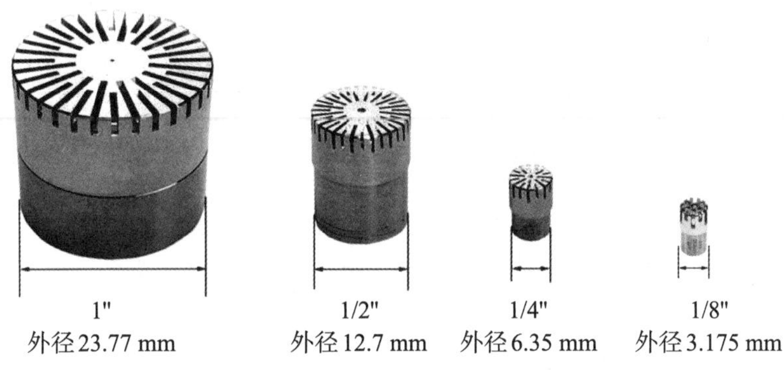

图6-7　测量传声器

表6-7　杭州爱华仪器常用的几种测量电容传声器的主要技术性能

产品型号	14421	14423	14425	14424D	14426	14429	14435
频率响应	自由场	自由场		声压		扩散场	自由场
外径 ϕ /mm	12.7(1/2")						6.35(1/4")
灵敏度/(mV·Pa^{-1})	31.6	50	45	26	12.6	33.5	4
动态范围[a]/dB	20～148	16～146		21～156	25～161	21～150	40～167
频率范围/Hz	3.15～12 500	3.15～20 000		5～16 000	3.15～20 000	3.15～12 500	5～20 000
极化电压/V	0						
类型标识	PM2F			PM2P		PM2D	PM3F
使用温度/℃	-30 ～ +80						
温度系数/(dB·℃$^{-1}$)	0.02	0.01				0.02	0.015

a. 动态范围指从A计权本底噪声至3%失真(单位为dB,以20 μPa为基准)。

6.2.5　特殊测量电容传声器

1. 标准传声器

标准传声器,是指在规定工作条件下,其灵敏度和频率响应已被精确校准,并具有优异的稳定性的传声器。标准传声器通常分为实验室标准传声器和工作标准传声器两类。实验室标准传声器应符合GB/T 20441.1/IEC 61094-1的要求,工作标准传声器应符合GB/T 20441.4/IEC 61094-4的要求。它们由精心挑选的高级金属及其他材料制成,结合严格的公差和专用工艺,以确保可靠和稳定地测量。振膜的前面有一个符合IEC 61094-1标准的前腔,使其适用于原级方法校准(互易法)和一般精确声压测量,并且经过优化可提供参考条件下最大的长期稳定性。经证实,长期稳定性大约为每年几个mdB,HBK公司的4180的长期稳定性在10年内变化只有0.2 dB。最早的实验室标准传声器是美国西电公司的WE640A型,现在用得较多的是HBK公司的4180型和4160型。

实验室标准传声器的主要用途：①用于达到最高精度的声压测量；②按照IEC 61094-2的规范用于互易测量；③适用于耦合器、耳模拟器和需要进行压力测量的封闭空间中的测量。

工作标准传声器适用于一般精密测量，最常见的是使用比较法进行校准。几种标准传声器的主要性能见表6-8所列。

表6-8　几种标准传声器的主要技术性能

产品型号	HBK4160	HBK4180	GRAS40AU-1	HBK4192	AWA14403	AWA14404
频率响应	声压	声压	声压	声压	自由场	声压
外径 ϕ /mm	23.77(1")	12.7(1/2")	12.7(1/2")	12.7 (1/2")	12.7(1/2")	
灵敏度/(mV·Pa^{-1})	47	12.5	12.5	12.5	14.1	12.6
动态范围/dB[a]	10～146	21～160	20～160	19～162	20～162	
频率范围/Hz	2.6～8000	4～20 000	3.15～20 000	3.15～20 000	3.15～40 000	3.15～20 000
极化电压/V	200					
类型标识	LS1P	LS2P	LS2aP	WS2P	WS2F	WS2P
使用温度/℃	-10～50	-30～100	5～50	-30～300	-20～70	
温度系数/(dB·℃$^{-1}$)	-0.003	-0.002	0.009	-0.0045	0.005	0.005
特性	实验室标准			工作标准		

a. 动态范围指从A计权本底噪声至3%失真(单位为dB，以20 μPa为基准)。

2. 高声压传声器

人们平常接触到的噪声级一般相对较低，所以常规声级计在设计时，其测量范围一般在20 dB～140 dB。随着大型机械、飞机、火箭和其他军工等的发展，人们对高声级测量的需求越来越多。如果要测量160 dB声压级，并不困难，只需选择常规的灵敏度约为5 mV/Pa的1/4"传声器即可，对前置放大器和后级分析仪没有特殊要求。如果要测量更高的声压级，就要从以下方面分析影响声级测量上限的因素：测量传声器的灵敏度、前置放大器的工作电压、传声器膜片承受高声压压力的能力等。为了解决高声压测量的需要，应选择合适的高声压传声器、前置放大器和信号分析仪。

对于高声压传声器，尺寸越小，灵敏度越低，测量的声压就越高。表6-9列出了几种高声压传声器的主要性能，其中HBK4941型1/4"超高声压传声器，是专门设计来测量超高声级的，如枪声、烟花和火箭的声级。这种传声器采用激光焊接，超厚的不锈钢膜片和特殊背极板设计，确保长期稳定性和结构坚固，使它能够承受高达201 dB的爆破压力而不受损坏。在压力场中具有平坦的频率响应，适用于所有高达20 kHz的高声级测量。如果在自由场条件下使用，HBK 4941型应在90°入射角下使用，且无保护罩。在这些条件下，典型的自由场响应直至20 kHz都优于2 dB。

表6-9 高声压传声器的主要技术性能

产品型号	HBK4941	HBK4944	AWA14434	HBK4138	GRAS40BH
外径 ϕ /mm	6.35(1/4")			3.175(1/8")	6.35(1/4")
频率响应	声压				
动态范围/dB	59～184	30～170	60～175	43～168	62～193
频率范围/Hz	4～ 20 000	4～70 000	3.15～40 000	6.5～140 000	10～20 000
灵敏度/(mV·Pa^{-1})	0.09	1	0.6	1	0.4
优点	高声压	高声压	高声压	高频	高声压
极化电压	200	0	0	200	200
配合前置放大器	B&K2670	B&K2670	AWA14614E	2670 + UA-0160	—

3. 低噪声传声器

前面说过灵敏度为50 mV/Pa的1/2" 传声器,其固有噪声约为15 dB(A)。为了测量更低的声级,可以选用低噪声传声器。表6-10列出了几种低噪声传声器的主要性能。

表6-10 几种低噪声传声器的主要技术性能

产品型号	HBK4955	HBK4179	GRAS40HL	GRAS40HF	AWA14411	AWA14412
频率响应	自由场			声压	自由场	声压
外径 ϕ /mm	12.7(1/2")	23.77(1")	12.7(1/2")	23.77(1")		
开路灵敏度/(mV·Pa^{-1})	1100	100	850	1 100	100	90
频率范围/Hz	10～16 000	10～10 000	10 ～16 000	10～10 000	10～16 000	10～8 000
动态范围/dB(A)	6.5 ～110	-2.5～102	6.5 ～113	-2～110	6.2～137	6.4～137
极化电压/V	200				0	
配用前置放大器	已包含	配2660型	内置	包括26HF	AWA14600	
前置放大器增益/dB	20	20	20	20	0	

注:动态范围的下限指A计权本底噪声,即传声器的热噪声。

从表6-10可以看出,这些传声器的灵敏度都比较高,有的高达1100 mV/Pa,与一般灵敏度为50 mV/Pa的传感器相比,其灵敏度级高了27 dB,似乎噪声测量下限可以降低27 dB,但是这已包括前置放大器放大的10倍(20 dB),传声器灵敏度只有110 mV/Pa,噪声测量下限大致可以降低6.8 dB。另外,它们的外形尺寸大都是1",因为1"传声器不仅灵敏度较高,而且它的电容较大,配合前置级的本底噪声也较低。

此外,前置放大器的噪声也影响到声级测量下限,实际的本底噪声是两种噪声电压的平方和再开平方(均方根),具体参见第6.3节前置放大器的内容。图6-8给出了GRAS40HF型传声器(包括前置放大器)本底线性和A计权噪声1/3倍频程频谱图。

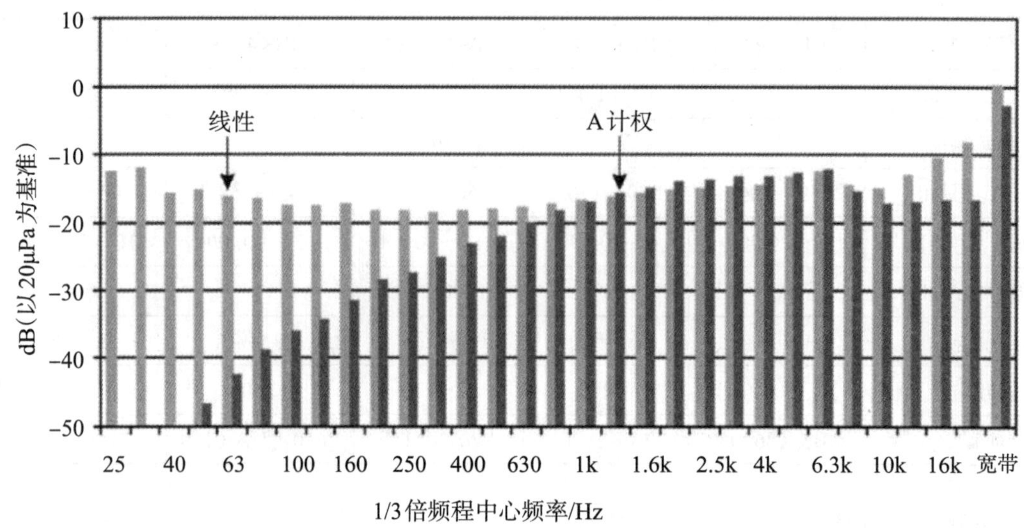

图6-8 GRAS40HF型传声器本底线性和A计权噪声频谱图

4. 次声传声器

次声研究需要具备高精度、高灵敏度的数字化次声传感器系统，而目前的次声传感器系统存在着灵敏度低、温度漂移大、一致性差等缺点。为了检测并定位次声源，需要使用传感器建立永久式大区域次声监测阵列，以及信号传输网络和处理中心，研究次声源定位算法。

次声波传感器，又叫次声传感器，就是能够接收次声波的传声器。通常有多种换能类型的传感器可用作次声传感器，只要有足够低的下限频率。目前常见的次声传感器类型有电容式、波纹管膜盒型式、光纤等。其中，电容式次声传感器具有体积小、灵敏度高、频响宽、通带内特性平坦、非接触式测量等优点，可以直接与记录器或信号实时模数转换器联结，使用方便。其他类型的传感器普遍存在灵敏度低、频率响应不容易平直以及装置笨重等问题。例如，电动型次声传感器由质量控制，其频率下限由质量决定，为得到足够低的下限频率，就要求振动系统有足够大的质量和顺性，这样系统必然就很笨重。

电容式次声波传感器是利用电容原理检测次声波的传感元件。典型的电容式传感器由上下电极、绝缘体和衬底构成。当薄膜受压力作用时，薄膜会发生一定的变形，上下电极之间的距离发生一定的变化，从而使电容发生变化，在此基础上利用检测电路将电容变化量转化成电压信号。电容式次声传感器其频率响应由劲度控制，系统的高频由系统的劲度（弹性的倒数）控制，有平直的频率响应，其下限频率很容易做得很低，甚至为零赫兹，灵敏度可以做得非常高。电容式传感器只对声波敏感，对振动不敏感，这使传感器有很好的抗干扰性能。电容式传感器还有一个特别的优越性——其膜片可以工作于弹性区，而且不会因为外界（如温度、时间等）影响改变其长期稳定性，这是因为其上限频率低，膜片劲度可以很低，张力也可以很低。

电容式传感器广泛应用于位移、角度、振动、速度、压力、成分分析、介质特性等方面的测量，在声学领域具有广阔的发展前景，国内多数次声观测站采用电容式次声传感器，并在冰雹预报、地震次声预报及地球物理等研究领域中多有使用。

根据传感器的工作原理，电容式传感器可分为变极距型、变面积型和变介电常数型三种类型。它们又可按位移的形式分为线位移和角位移两种，每一种又依据传感器极板形状分成平（圆形）板形和圆柱（圆筒）形，虽然还有球面形和锯齿形等其他形状，但一般很少用。

一般测量电容传声器通过控制均压孔的阻尼，可以使测量频率下限达到次声的范围。表6-11中列出了几种次声传声器的主要技术性能。

表6-11　几种次声传声器的主要技术性能

产品型号	HBK4193	HBK4964	AWA14423C	AWA14424C
外径 ϕ /mm	12.7（1/2"）			
频率响应	声压	自由场	自由场	声压
动态范围/dB	19～162	14.6～146	17～145	21～153
频率范围/Hz	0.07～20 000	0.02～20 000	0.125～20 000	0.2～20 000
极化电压/V	200	0	0	0
灵敏度/（$mV\cdot Pa^{-1}$）	12.5	50	50	26.6

5. TEDS传声器

TEDS传声器由一个传声器极头及其前置放大器和一个TEDS存储芯片组成。TEDS存有传声器的型号、出厂序号、灵敏度、工作电压、最大声压级、本底噪声等信息。当连接到数据采集系统后，系统可直接读取这些信息，自动调整系统的灵敏度和工作状态，不需要进行灵敏度调整等操作，这对于多通道测量系统尤其方便。

TEDS（transducer electronic data sheet，传感器电子数据表）是由IEEE 1451系列定义的记录传感器固有信息的格式表。目前它有IEEE 1451.4 V0.9版本和V1.0版本可供选择。除此之外，还有许多非标准供应商存在特定的模板。

6. 表面传声器

当使用传统的传声器测量固体表面声压级时，为了减少传声器对流场的影响，需在固体表面钻一个小孔，以便将传声器嵌于内部；若不改变固体的表面形状，则需把传声器安置于非常靠近固体表面的位置。此时，传声器必然对流场产生影响，造成测量误差，进而使测量系统的频率响应也随之变差。为了克服这个问题，人们研发出了表面传感器，它是薄片形状的新型传声器，厚度很小，只需用适当的胶带或黏合剂就能将其固定在物体表面，对流场的影响很小。

表面传声器主要应用在航天、汽车等需要进行固体表面声压级测试的领域中。图6-9为两种表面传声器。它将传声器和前置放大器集成到一圆形薄片上，其体积与厚度都远小于传统的传声器。传声器外壳和振膜、背板的金属部件都是由钛或不锈钢制作的，所以具有独特的高耐腐蚀性。尽管其外形小巧，却坚固而稳定。振膜与传声器外壳齐平，可将传声器的风致噪声降至最低。传声器的压力均衡口刚好位于传声器前部的振膜旁边。因为传声器暴露于湍流脉动压力时，静压会随位置而快速变化。

为了便于将高内阻的传声器与外部仪器直接连接，传声器内安装有前置放大器，用于连接CCLD(constant current supply,恒流源供电)输入。传声器支持IEEE 1451.4(TEDS)远程识别传感器和读取校准灵敏度。有的还支持电荷注入校准(CIC),可以远程验证整个已校准测量通道。HBK4948型航空表面传声器适用于飞行试验期间飞机表面声压测量,HBK4949型汽车表面传声器适用于汽车表面声压测量。它们都非常适合在风洞测试期间直接安装在飞机、汽车表面上和在有限空间或靠近硬反射面(如防火墙上或汽车底面)进行声压测量。可选的安装垫,使传声器能轻松安装在汽车的曲面上。

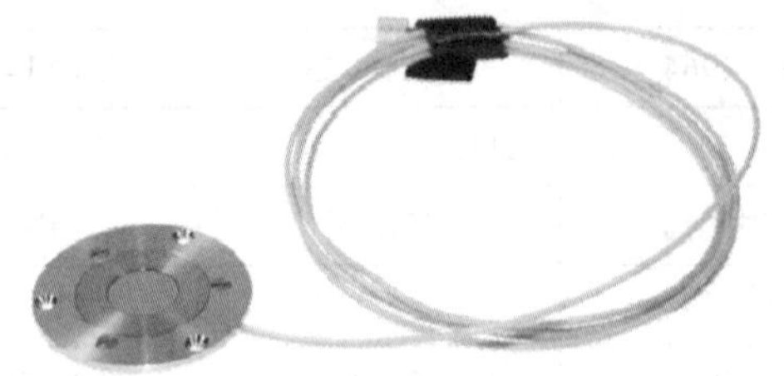
HBK4948型

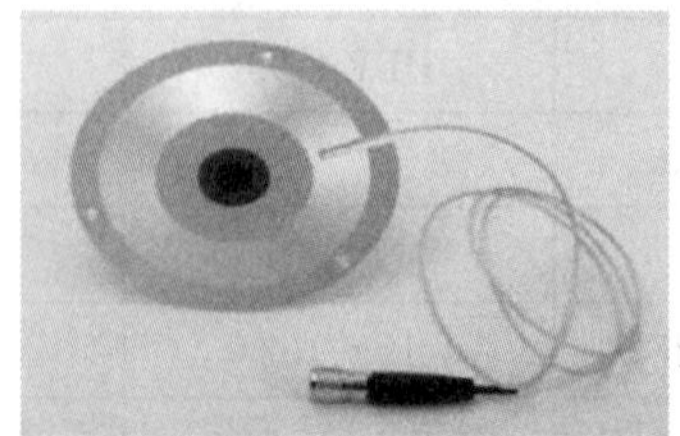
AWA14428

图6-9　表面传声器

表6-12列出了几种表面传声器的主要技术性能。

表6-12　几种表面传声器的主要技术性能

产品型号	HBK4948	HBK4949	GRAS40LA	GRAS40LS	PCB130B40	AWA14428
外径 ϕ /mm	12.7(1/2")		6.35(1/4")		12.7(1/2")	
动态范围/dB	55～160	30～140	56～178	46～167	32～150	36～156
频率范围/Hz	5～20 000	5～20 000	10～20 000	5～70 000	20～10 000	10～16 000
灵敏度 /(mV·Pa^{-1})	1.4	11.2	0.5	1.8	8.5	4.0
极化电压/V	0	0	0	0	0	0
温度范围/ºC	-55～100	-30～100	-55～100	-55～100	-40～80	-30～70
输入形式	CCLD IEPE	CCLD IEPE	CCP	CCP	CCLD IEPE	CCLD IEPE
型式	声压	特殊	高声压	精密型	声压	声压
直径/mm	20	20	16.2	16.2	13	20
高度/mm	2.5	2.5	2.5	2.5	3	5.0
重量(不含电缆)/g	2.3	2.3	3	3	0.85	3.8

注:CCLD、CCP为一类前置放大器,具体介绍详见第6.3节。

与传统传声器相比,表面传声器是有以下优点:

(1)便于安装在机器设备的表面,并且对流场的影响小;

(2)能用于风洞测量;

(3)能在极低和极高的温度(-55 ℃～+100 ℃)和高湿度的环境下正常工作;

(4)具有半球形的指向性。

7. 数字测量传声器

数字测量传声器(如杭州爱华仪器的iSV1610)把传声器产生的模拟信号转换成数字信号,直接通过USB接口连接到手机、平板电脑或计算机,由它们进行数字信号处理,来实现噪声测量和分析。由于数字化传声器不需要另外的供电电源和采集卡,所以大大方便了用户的使用。

8. 无线网络传声器

为适应物联网、云平台的需要,无线网络传声器应运而生,它主要由传声器、数据处理模块、网络传输模块和后端平台组成,通过Wi-Fi、4G或蓝牙等无线传输到手机或计算机、平板电脑。具有体积小、便于固定安装、成本低、可以大规模布点等优点,适宜于工作场所、公共环境、智慧楼宇等噪声测量和监测以及室内长期噪声测量和监测。图6-10为iSV1102、AWA3301型无线网络传声器。

图6-10 两种无线网络传声器

iSV1102型无线网络传声器是一种新型的噪声监测仪。它具有以下特点:①采用数字信号处理技术,动态范围宽、精度高;②安装简便,无须外接市电;③多种供电方式,自带高性能电池,续航时间15 d以上,搭配太阳能模块,能24 h不间断运行;④成本低,可大规模进行布点;⑤兼容原有噪声自动监测软件平台。

iSV1102型无线网络传声器可广泛应用于各种噪声监测、监控的场合;可短期监测,也可长期固定点位监测;可单独组网,也可方便集成到各类原有环境监测系统中;可广泛用于工业噪声测量和环境噪声测量。

表6-13列出了几种无线网络传声器的主要技术性能。

表6-13　几种无线网络传声器的主要技术性能

产品型号	iSV1102	AWA3301A	AWA3301B	AWA3301C
符合标准	GB/T 3785.1—2023 /IEC 61672-1:2013 1级		GB/T 3785.1—2023 /IEC 61672-1:2013 2级	
适配传声器	AWA14425		AWA14421	MEMS传声器
频率范围/Hz	10～20 000		20～12 500	20～10 000
测量范围/dB(A)	27～135	30～135	30～135	35～125
频率计权	A、C、Z			A
时间计权	F、S			F
测量指标	L_p、$L_{eq,T}$、L_{max}、L_{min}、L_5、L_{10}、L_{50}、L_{90}、L_{95}、SD、L_d、L_n、L_{dn}	L_p		
存储	支持365天的分、小时、天的统计数据存储	—	—	—
网络传输	4G、蓝牙	Wi-Fi		
电源	内部自带锂电池，可工作24 h，也可5V USB供电	5V USB供电		
工作温度/℃	-20～+50	-10～+50	0～+40	0～+40
外形尺寸/mm	ϕ65×370	ϕ28×150	ϕ28×150	ϕ28×150
重量/g	874	51	51	51
适用范围	户外长期使用和远距离数据传输	大规模布点	大规模布点	对精度要求一般的客户

6.2.6　其他类型的传声器

1. 驻极体传声器

驻极体传声器(electret capacitor microphone，简称ECM)也是一种电容传声器，俗称咪头，其膜片是由一种可以永久极化的电介质(例如聚丙烯)膜片镀上一层金属(黄金或铝)膜制成。膜片与金属后极板之间的电容量比较小，一般在传声器内接入结型场效应管进行阻抗转换，可以直接连接到音频放大器。

驻极体传声器的频率范围通常为50 Hz～10 kHz，由于膜片等材料是塑料材质，所以其温度稳定性较差，一般只用于手机、电话机等作为送话器使用，亦有在非标声级计中使用的。

2. 压电传声器

压电传声器又称晶体传声器，它是利用某些晶体所具有的压电性质来完成声电转换的。压电效应是指压电晶体在一定方向上受到外力作用而变形时，内部会产生极化现象，同时在其表面上产生电荷。因此，压电传声器所使用的换能元件是用压电晶体在某一方向的切片制成的。当切片受声波作用而发生形变时,在切片两侧产生电量相等、极性相反的电荷,形成一个电势差。压电传声器的结构如图6-11所示。

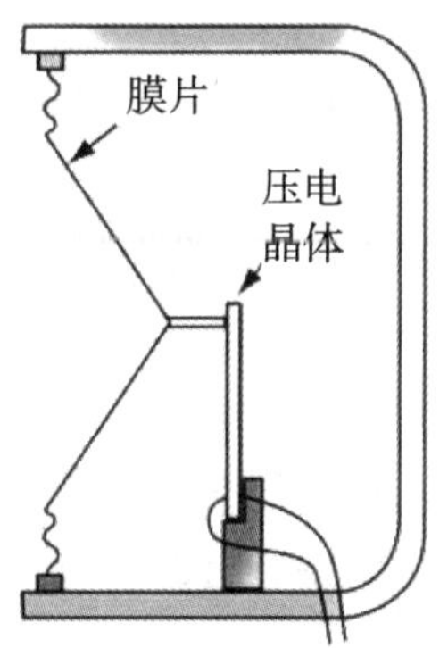

图6-11　压电传声器的结构图

压电晶体切片置于膜片后,声压通过膜片作用于压电晶体,使压电晶体按声压的相位和强弱产生振动变形,并输出电压信号。

压电晶体的种类很多,如天然石英、电石、罗谢尔盐、压电陶瓷等。罗谢尔盐晶体的发电效率高,用它制作的传声器灵敏度高,但不能在温度高于45 ℃的环境中工作。同时,在相对湿度为84%的条件下,罗谢尔盐晶体会因潮解而失效。用钛酸钼陶瓷制成的压电传声器适用于高温条件,但其灵敏度比罗谢尔盐晶体压电传声器低10 dB～20 dB。总的来说,压电传声器具有结构简单、成本低、输出阻抗低、电容量大(可达1000 pF)、灵敏度较高等优点,但也存在性能受温度、湿度影响较大的缺点,其频率响应曲线较不平滑。因此,以前压电传声器多用于2级声级计,现在已经不再使用了。

3. MEMS传声器

微机电系统(microelectro mechanical systems,简称MEMS),是在微电子技术基础上发展起来的多学科交叉的前沿研究领域。MEMS传声器(图6-12)是基于微电子和微机械加工技术制造出来的一种新型传声器。简单来说,MEMS传声器就是电容器微硅晶片的集成,可以采用表贴工艺进行制造,能够承受很高的回流焊温度,容易与CMOS工艺及其他音频电路集成,并具有改进的噪声消除性能与良好的射频(RF)及电磁干扰(EMI)抑制能力。与传统的驻极体传声器(ECM)相比,它具有体积小、重量轻、成本低、功耗低、可靠性高、适于批量化生产、易于集成以及实现智能化的特点。同时,其微米量级的特征尺寸使它具有某些传统机械传感器没有的功能。这种产品已经在多种应用中表现出了诸多优势,特别是在中高端手机中的应用。

图6-12为两种MEMS传声器。

图6-12　MEMS传声器

由于MEMS传声器的良好性能，它也被用于2级声级计和个人声暴露计中，以及手持式声阵列和声学照相机等场合。但是其低频性能较差，在63 Hz以下时频率响应无法满足2级声级计的要求。

美国楼氏电子（Knowles Electonics）和国内歌尔声学等是MEMS传声器的主要生产厂家，有SiSonic™贴片MEMS麦克风、超小型麦克风、智能麦克风、悬挂式麦克风、汽车级SiSonic™ MEMS麦克风，以及模拟输出或数字输出可供选择。麦克风的灵敏度级可达–26 dB，最高声压级为135 dB，信噪比为70 dB，3 dB带宽约为13 kHz，一般在100 Hz～10 kHz范围内可以保持基本平直的频率响应。贴片式体积约在4 mm×3 mm×1 mm，电流消耗很低（微安级）。

表6-14列出了歌尔声学公司的几种MEMS传声器的主要技术性能。表中AOP（声学过载点）通常定义为THD超过10%时的声压级，用dB SPL表示。

表6-14　歌尔声学公司的几种MEMS传声器的主要技术性能

型号	尺寸/mm×mm×mm	灵敏度	信噪比/dB	AOP/dB SPL	输出	特点
S18OB381-046	3.50×2.65×0.98	(–38±1)dB	70	135	模拟	超高性能
SD28OB341-009	3.60×2.50×1.00	(–34±1)dB FS	69	128	数字	超高性能
SD07OT261	4.00×3.00×1.00	(–26±1)dB	65	120	数字	高灵敏度
SD33OT261	4.00×2.00×1.00	(–26±1)dB	65	120	数字	高灵敏度
S08OB381	3.71×3.0×1.1	(–38±1)dB	62	123	模拟	一般用途
SD18OB371-075	3.50×2.65×1.10	(–37±1)dB FS	64	132	数字	防水

4. 矢量传声器

矢量传声器由声压传感器和质点振速传感器复合而成。声压传感器为常规无指向性声压传感器；质点振速传感器通过特别设计的敏感结构可直接感测声场质点的振速，具有偶极子指向性。其中，质点振速传感器基于MEMS技术设计制作于硅基衬底上，细丝通常采用金属铂（Pt）材料制备，一般长几毫米、宽几微米、厚几百纳米，相距数十微米，是矢量传声器的核心部件。目前，质点振速传感器中的敏感结构主要有两丝型（SS型）和三丝型（SHS型）两种，如图6-13所示。所谓两丝型（或三丝型）是指用于感测声场质点振速的敏感单元由相距很近的两根金属细丝（或三根金属细丝）组成。

(a)SS型　　(b)SHS型

图6-13　质点振速传感器敏感结构扫描电子显微镜图

SS型质点振速传感器工作时，在两根金属铂丝上施加直流电压，电流通过金属铂丝产生焦耳热，将电能转换为热能。当无声波入射时，金属铂丝既可作为热源向四周空间热扩散形成稳定且对称的温度场分布，又可作为热敏单元。由于对称的温度场分布，两根金属铂丝具有相同的初始温度。当有声波入射时，声场传播引起媒质质点在平衡点附近振动，与两根金属铂丝发生受迫对流-导热耦合传热，从而改变两铂丝周围空间温度场的分布，导致处于声波入射方向上下游的两根铂丝的温度发生非对称变化，即处于质点振速上游的铂丝的部分热量传递给下游的铂丝。此时上游铂丝的温度降低，而下游的铂丝温度升高，从而使两铂丝产生一定的温度差ΔT，该温度差值与声场质点的振速正相关。两根铂丝温度差ΔT随入射声波声压变化情况如图6-14所示。

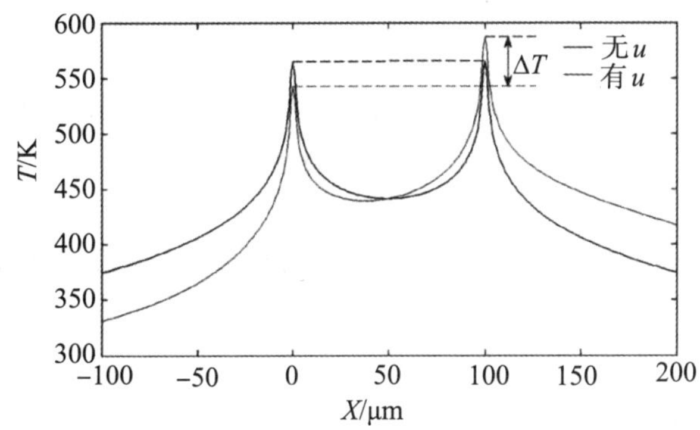

图6-14 两根铂丝温度差ΔT随入射声波声压变化示意图

MEMS矢量传声具有如下特点：

(1)可直接测量连续介质表面的法向振速，且与频率无关，频带覆盖更宽；

(2)能够覆盖全频带的“8”字形指向性，在测量声学量时可抑制环境噪声的影响；

(3)没有阵列孔径的限制；

(4)不仅可应用于声场测量领域，而且在分析某些振动问题时比传统手段具有更好的测量质量。

因此，可以利用质点振速的矢量性，通过声信号处理技术有效地抑制各向同性噪声，获得信号增益，提升噪声振动测量和声源定位等综合性能。

MEMS矢量传声器有一维振速传感器、一维矢量传声器(又称PU传声器)及三维矢量传声器(又称USP传声器)等类型。一维振速传感器仅由一支质点振速传感器构成，可以直接测量声场一维方向的质点振速，结构紧凑，形似探针，非常适合用于复杂结构中的近场非接触式振动噪声测量。一维矢量传声器集成了1个1/10"声压传感器和1个质点振速传感器，可同时测量声场声压和空间一维方向的质点振速。声压传感器和质点振速传感器分别置于特别设计的两个圆柱形基体上，一方面确保两个传感器的声中心重合，另一方面利用2个圆柱形基体构成狭缝产生的声波挤压效应，有效提升一维矢量传声器的声场响应灵敏度和信噪比。三维矢量传声器集成了1个1/10"声压传感器和3个质点振速传感器，可同时测量声场声压和空间三维方向的质点振速，能够提供完整的声场信息。3个质点振速传感器置于特别设计的方柱形基体顶端外侧面，并按照笛卡尔坐标系进行正交排列；声压传感器内嵌于方柱形顶端中心，被3支质点振速传感器围绕，确保4支传感器的声中心重合，以减小测量误差。

南京粒子声学科技有限公司研制的PA-VM-PU1型1/2"矢量传声器和PA-VM-PUQ1型1/4"矢量传声器都是由1个声质点振速传感器和1个声压传感器集合而成，PA-VM-USP1型1/2"三维声矢量传声器由3个相互正交的声质点振速传感器及1个声压传感器组成。如图6-15所示为三种矢量传声器，它们的性能参数见表6-15所列。

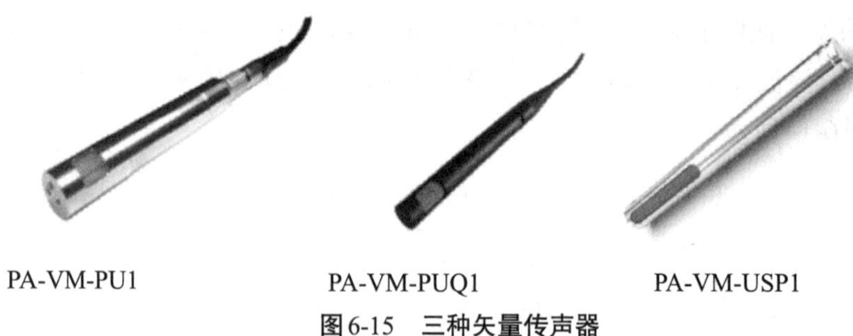

PA-VM-PU1　　PA-VM-PUQ1　　PA-VM-USP1

图6-15　三种矢量传声器

表6-15　南京粒子声学三种型号的矢量传声器的主要性能参数

型号	直径/mm	动态范围上限		频率范围/Hz	灵敏度		使用温度上限/℃
		声压/dB	最大振速级dB（PVL参考：50 nm/s）		声压/（mV·Pa^{-1}）	振速 v/（m·s^{-1}）（在1 kHz处）	
PA-VM-USP1（三维）	12.7			声压：20～10 000 振速：10～10 000	50	25	−20～60
PA-VM-PUQ1（一维）	6.35	124	114		50	11	
PA-VM-PU1（一维）	12.7	124	130		25	22.7	

MEMS矢量传声器不仅可以测量声压，还可以直接精确测量声场质点的振速，从而实现声强、声功率、声能流、材料声吸收以及反射系数等参量的物理测量，比传统手段具有更好的测量质量。此外，矢量传声器受背景噪声和反射的影响较小，使其能够在实际条件下进行现场测量，所以它适用于大多数工程测量。目前，矢量传声器已广泛应用于声源定位、近场声全息成像以及声学材料特性原位测试等工业和国防领域。

矢量传声器的使用形式有单支或成阵应用。基于质点振速原位法，矢量传声器可以现场直接测量相关材料的声吸收、声反射等特性参数，准确、快捷、方便，可免去繁杂的测试环境搭建和待测材料样品准备工作。例如，将单支矢量传声器用于飞机舱室内部表面材料的声学特性测试。此外，物体表面结构速度与质点振速成正比，矢量传声器非常适用于非接触式振动测量、高分辨率声源定位和故障排除等。

6.3　传声器前置放大器

由于电容传声器的电容量很小、内阻很高，而后级衰减器和放大器的输入阻抗不可能很高，因此中间需要加前置放大器进行阻抗变换。前置放大器的增益通常近似为1，也有做成具有固定的增益（例如20 dB）。前置放大器通常由场效应管接成源极跟随器，加上自举电路，使其输入电阻达到几千兆欧，输入电容小于1 pF，甚至可小于0.1 pF。输入电阻低影响低频响应，输入电容大则降低传声器的灵敏度。

前置放大器一般都要通过一段电缆连接到测量仪器，为了减小电缆负载的影响，要求前置放大器具有低的输出阻抗。放大器输出是电阻性的（典型值为10 Ω～100 Ω），电缆负载是电容性的（典型值为50 pF/m～100 pF/m），在最高频率处负载的影响将最明显。

电容传声器和前置放大器连接的简化等效电路图如图6-16所示。

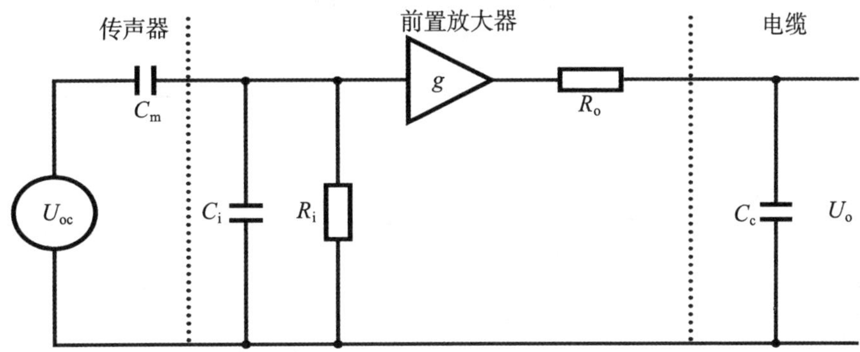

U_{oc}—开路传声器电压，典型值为1 μV～50 V；
C_m—传声器电容，对1/2″传声器典型值为15 pF；
C_i—前置放大器输入电容，典型值为0.2 pF；
R_i—前置放大器输入电阻，典型值为10 GΩ；
g—放大器增益，典型值为0.995，即−0.05 dB；
R_o—前置放大器输出电阻，典型值为30 Ω；
C_c—电缆电容，对于30 m电缆，典型值为3 nF；
U_o—输出电压，典型值为1 μV～50 V。

图6-16　电容传声器和前置放大器连接的简化等效电路图

由此简化等效电路可以计算传声器连同具有电缆负载的前置放大器的电频率响应，并由式（6-7）～（6-9）给出。

$$\frac{U_o}{U_{oc}}=\frac{C_m}{C_m+C_i}\cdot\frac{j\omega(C_m+C_i)R_i}{1+j\omega(C_m+C_i)R_i}\cdot g\cdot\frac{1}{1+j\omega C_c R_o} \tag{6-7}$$

$$G=\frac{C_m}{C_m+C_i}\cdot g \tag{6-8}$$

$$G=20\lg\left(\frac{C_m}{C_m+C_i}\right)+g\,(\text{dB}) \tag{6-9}$$

可以看出，在中频范围具有恒定的电频率响应，其幅度由电容比值和前置放大器增益（g）决定，它们的乘积称为总增益G。低频截止频率决定于输入电路，高频截止频率决定于输出电路。由以上公式和图6-16参数的典型值可以计算出其幅度和相位的频率响应，如图6-17和6-18所示。从图中可以看出，它们具有较宽的平坦响应，能满足大多数声学测量的要求。

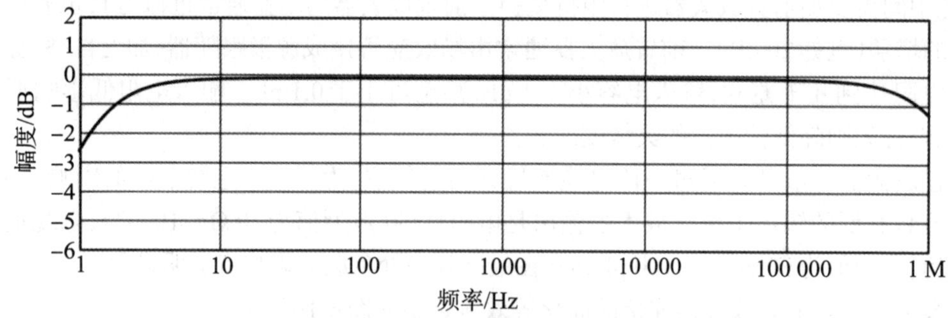

图6-17 传声器和前置放大器组合的电幅度频率响应

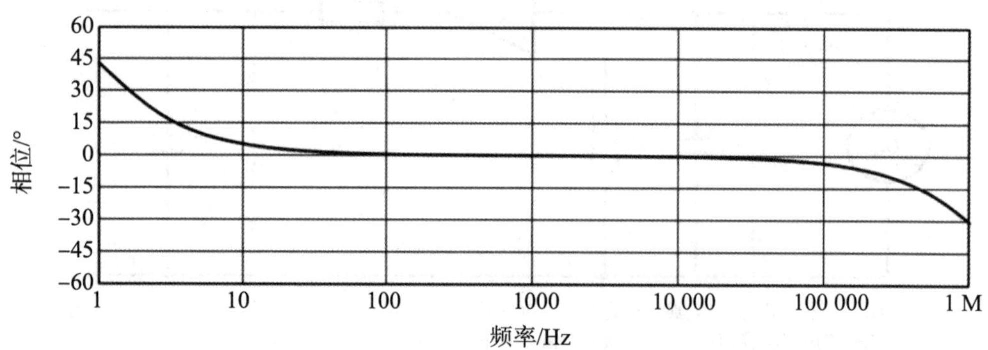

图6-18 传声器和前置放大器组合的电相位频率响应

还有一类前置放大器是CCLD放大器（如AWA14604型和B&K2671型），又称CCP（constant current power）或ICP（为PCB公司的注册商标）放大器，它由恒流源供电，供电电流为2 mA ～20 mA，供电电压为24 V～28 V。它可以用于各种传感器，如测量传声器、加速度计和转速探头等，在多通道噪声振动分析仪中的使用较多。与传统前置放大器相比，它具有以下优点：

（1）它将输出信号线和电源线合为一根线，这样就可以使用单根同轴电缆线和BNC插头座与传感器相互连接；

（2）电压灵敏度与电缆长度或电容无关，是固定的；

（3）输出阻抗低（＜100 Ω），允许信号通过长至100 m的电缆传输，而且几乎不会损失信号质量；

（4）可以与按IEEEP 1451.4最新发展的包含传感器电子数据表（TEDS）的智能传感器接口（smart transducer interface）配合使用；

（5）每通道的成本低，因为传感器仅需要低成本的恒定电流信号调节器。

它的缺点是仪器内部必须有恒流源供电，否则要另加一个转换装置。

如图6-19所示为CCP放大器的接线示意图，如图6-20所示为几种传声器前置放大器。

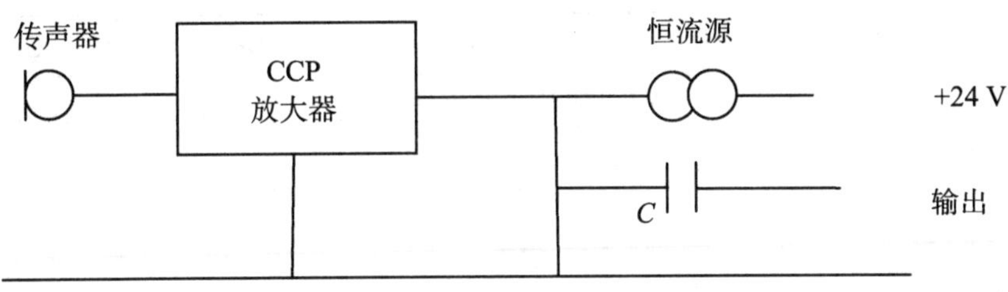

图6-19　CCP放大器的接线示意图

图6-20　几种传声器前置放大器

表6-16列出了几种前置放大器的主要技术性能，表6-17列出了国外的几种前置放大器的主要技术性能。

表6-16　几种前置放大器的主要技术性能

型号	AWA14600(E)	AWA14601(E)	AWA14603	AWA14604(E)	AWA14614E
外径	ϕ 12.7 mm (1/2")(可加1"、1/4"适配器)				ϕ 6.35 mm (1/4")
频率范围	5 Hz～200 kHz	5 Hz～200 kHz	5 Hz～50 kHz	6 Hz～200 kHz	10 Hz～100 kHz
最大输出电压	10 V_{RMS}@50 V供电 35 V_{RMS}@150 V供电	10 V_{RMS}@50 V供电	10 V_{RMS}@30 V供电	5 V_{RMS}@30 V供电	
本底噪声/μV (20 Hz～20 kHz)	A计权：≤2.2 Z计权：≤5	A计权：≤2.2 Z计权：≤7	A计权：≤2 Z计权：≤7	A计权：≤4 Z计权：≤7	A计权：≤5 Z计权：≤12
传输增益/dB	-0.2	-0.1	+20	-0.2	-0.2
输入阻抗	≥10 GΩ//0.3 pF	≥2 GΩ//0.5 pF	≥10 GΩ//0.35 pF	≥10 GΩ//0.5 pF	≥10 GΩ//0.35 pF
输出阻抗	≤50 Ω	≤50 Ω	≤5 Ω	≤50 Ω	
工作电压	±14 V～±75 V 28 V～150 V	9 V～45 V	9 V～30 V	ICP 2 mA～20 mA	
极化电压	200 V、28 V、0 V	0			
输出接口	LEMO插头	X9-6T插头		BNC插头	
TEDS	支持	支持	无	支持	支持

表6-17 国外的几种前置放大器的主要技术性能

型号	HBK 2669	HBK 2670	HBK 2671	GRAS 26CF
外径	1/2"(可加1"、1/4"和1/8"适配器)	1/4"(可加1"、1/2"和1/8"适配器)	1/2"	1/2"(可加1/4"适配器)
频率范围	3 Hz～200 kHz	15 Hz～200 kHz	20 Hz～50 kHz	2.5 Hz～200 kHz
校准功能	CIC	CIC	无	无
电源电压	28 V～120 V或±14 V～±60 V		28 V(CCLD)	4 m～20 mA(CCP)
最大输出电压	55 V_{peak}@120 V或±60 V供电		7 V_p	3.5 V_p
衰减	<0.35 dB	<0.4 dB	-0.35 dB	-0.25/+20 dB
A计权噪声	1.9 μV	4 μV	4 μV	1.8 μV
极化电压	0 V,200 V	0 V,200 V	0 V	0 V
输出接口	LEMO	LEMO	BNC	BNC
TEDS	支持	支持	支持	支持
滤波器	—	—	—	A计权和20 Hz高通

对于前置放大器,要求它有较大的动态范围。这就要求最大不失真输出电压尽量大。最大不失真输出电压与允许施加的工作电压有关,当供电电压为±60 V(或120 V)时,一般最大不失真输出为50 V_{peak},即35 V_{RMS};当供电电压为±75 V(或150 V)时,一般最大不失真输出可达到40 V_{RMS}。另外,如果接延伸电缆,作为负载的电缆电容使工作电流增加,导致不失真输出降低,电缆长度越长,降低得越大。

一般来说,最大输出声压级

$$SPL_{max}=20\lg\left(\frac{U_{max}}{S_V p_0}\right)=\left[94+20\lg\left(\frac{U_{max}}{S_V}\right)\right] \tag{6-10}$$

式中,U_{max}——前置放大器最大有效值输出电压(3%失真);

S_V——传声器极头的负载灵敏度,单位为V/Pa;

p_0——基准声压,一般取p_0=20 μPa。

对于后面的信号处理单元,主要是要求其能提供适合前置放大器的供电电压和电流,输入电阻不要太小(如不小于1 MΩ),输入电容不要太大(如不大于几十pF)。信号调理器的主要作用是给前置放大器提供电源,并对信号做相应的放大处理,以与后端的信号分析仪的输入匹配。但是一般的信号分析仪主要为常规测量设计,测量上限一般不大于10 V,供给前置放大器的电源电压也偏低,无法支持前置放大器工作在较高的线性范围内。因此,高声级测量时,可能需要一个能提供较高电源电压并可对前置放大器输出信号做一定衰减的信号调理器,例如AWA1710型前置级电源。通过这些选择后,就可以满足测量180 dB的声压级要求,甚至最高可以达到190 dB。

前置放大器的动态范围还与输入等效噪声有关。以HBK2669型前置放大器为例(如图6-21所示),在它的输入端端接20 pF电容(相当于1/2"传声器的电容)时,它的输入等效A计权噪声约为2 μV,相当于A声级为6 dB;在它的输入端端接6 pF电容(相当于1/4"传声器的电容)时,它的输入等效A计权噪声约为3.2 μV,相当于A声级为10 dB;对HBK 2660型前置放大器,在它的输入端端接47 pF电容(相当于1"传声器的电容)时,它的输入等效A计权噪声约为0.8 μV,相当于A声级为–2 dB。

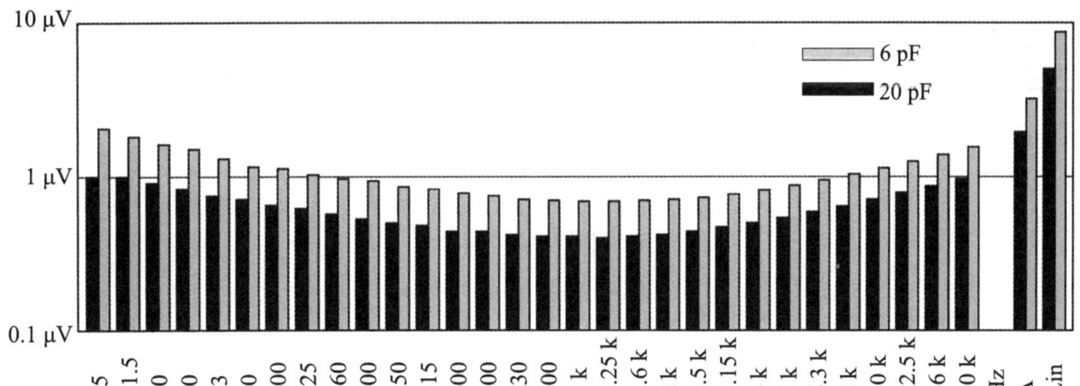

图6-21 HBK2669型前置放大器连接到两个不同传声器(模拟6 pF和20 pF)时的典型1/3倍频带噪声谱

有些产品将电容传声器极头和前置放大器组合为一个套件,且内置有TEDS模块和CIC校准,该套件的特定属性、类型和校准数据等可储存在模块里,是一种智能传声器套件。对于支持IEEE1451.4(TEDS)标准测试平台的,只需直接插入智能传声器套件,就能识别TEDS模块储存的信息,并自动进行校准。这种套件既适用于CCLD(ICP)输入,也适用于LEMO输入。这在多通道分析仪中尤其适用,可以免去每个通道的声校准和检查。

6.4 计权放大器

计权放大器的作用是将微弱信号放大,按要求进行频率计权(频率滤波)。A、B、C及D计权的频率响应见第3章的图3-2。声级计中一般均有A计权,另外也可有C计权或不计权(Zero,简称Z)及平直特性(F)。

C计权特性在频率f_1处有两个低频极点,在频率f_4处有两个高频极点,在0 Hz处有两个零点。通过这些极点和零点,C计权特性的功率响应,相对于参考频率f_r=1 kHz的响应,在频率点$f_L=10^{1.5}$ Hz和$f_H=10^{3.9}$ Hz处降低了D^2=1/2(约–3 dB)。A计权特性是在C计权上加两个相连的一阶高通滤波器来实现的,每个附加的高通滤波器的截止频率为$f_A=10^{2.45}$ Hz。

表6-18中的C、A和Z频率计权值可以分别由式(6-11)~(6-13)的分析表达式作为频率的函数推导出来。

对任何频率f,C计权$C(f)$可以由式(6-11)计算,单位为dB。

$$C(f)=10\lg\left[\frac{f_4^2 f^2}{(f^2+f_1^2)(f^2+f_4^2)}\right]^2-C_{1000} \tag{6-11}$$

而A计权$A(f)$可由式(6-12)计算,单位为dB。

$$A(f)=10\lg\left[\frac{f_4^2 f^4}{(f^2+f_1^2)(f^2+f_2^2)^{1/2}(f^2+f_3^2)^{1/2}(f^2+f_4^2)}\right]^2-A_{1000} \tag{6-12}$$

式中，C_{1000} 和 A_{1000} 是以dB表示的归一化常数，对应于在1 kHz提供0 dB频率计权所需的电增益，单位为dB。

Z计权$Z(f)$由式(6-13)计算，单位为dB。

$$Z(f)=0 \tag{6-13}$$

极点频率f_1和f_4由解二次方程得到，单位为Hz，即

$$f_1=\left(\frac{-b-\sqrt{b^2-4c}}{2}\right)^{1/2} \tag{6-14}$$

$$f_4=\left(\frac{-b+\sqrt{b^2-4c}}{2}\right)^{1/2} \tag{6-15}$$

常数b和c由式(6-16)确定。

$$b=\left(\frac{1}{1-D}\right)\left[f_r^2+\frac{f_L^2 f_H^2}{f_r^2}-D(f_L^2+f_H^2)\right] \tag{6-16}$$

式中，$D=+\sqrt{D^2}=+\sqrt{1/2}$；而

$$c=f_L^2 f_H^2 \tag{6-17}$$

为实现A计权特性而加入高通滤波器后，f_2和f_3频率处响应的极点由截止频率f_A导出，并由式(6-18)和式(6-19)确定，单位为Hz。

$$f_2=\left(\frac{3-\sqrt{5}}{2}\right)f_A \tag{6-18}$$

$$f_3=\left(\frac{3+\sqrt{5}}{2}\right)f_A \tag{6-19}$$

注：对于A频率计权，在C计权特性上加相连的高通滤波器相当于在0 Hz处加两个零点和在频率f_2和f_3处加极点。

式(6-11)和式(6-12)中的极点频率f_1至f_4的近似值为：f_1=20.60 Hz，f_2=107.7 Hz，f_3=737.9 Hz ，f_4=12 194 Hz。

归一化常数C_{1000}和A_{1000}修约到最近的0.001 dB，分别为−0.062 dB和−2.000 dB。

GB/T 3785.1—2023/IEC 61672-1：2013声级计标准规定的A、C和Z计权特性和接受限见表6-18所列。

表6-18　频率计权和接受限

标称频率/Hz	频率计权/ dB			接受限/dB 性能级别	
	A	C	Z	1级	2级
10	−70.4	−14.3	0.0	+3.0；−∞	+5.0；−∞
12.5	−63.4	−11.2	0.0	+2.5；−∞	+5.0；−∞
16	−56.7	−8.5	0.0	+2.0；−4.0	+5.0；−∞
20	−50.5	−6.2	0.0	±2.0	±3.0

续表

标称频率/Hz	频率计权/dB			接受限/dB	
				性能级别	
	A	C	Z	1级	2级
25	−44.7	−4.4	0.0	+2.0；−1.5	±3.0
31.5	−39.4	−3.0	0.0	±1.5	±3.0
40	−34.6	−2.0	0.0	±1.0	±2.0
50	−30.2	−1.3	0.0	±1.0	±2.0
63	−26.2	−0.8	0.0	±1.0	±2.0
80	−22.5	−0.5	0.0	±1.0	±2.0
100	−19.1	−0.3	0.0	±1.0	±1.5
125	−16.1	−0.2	0.0	±1.0	±1.5
160	−13.4	−0.1	0.0	±1.0	±1.5
200	−10.9	0.0	0.0	±1.0	±1.5
250	−8.6	0.0	0.0	±1.0	±1.5
315	−6.6	0.0	0.0	±1.0	±1.5
400	−4.8	0.0	0.0	±1.0	±1.5
500	−3.2	0.0	0.0	±1.0	±1.5
630	−1.9	0.0	0.0	±1.0	±1.5
800	−0.8	0.0	0.0	±1.0	±1.5
1000	0	0	0	±0.7	±1.0
1250	+0.6	0.0	0.0	±1.0	±1.5
1600	+1.0	−0.1	0.0	±1.0	±2.0
2000	+1.2	−0.2	0.0	±1.0	±2.0
2500	+1.3	−0.3	0.0	±1.0	±2.5
3150	+1.2	−0.5	0.0	±1.0	±2.5
4000	+1.0	−0.8	0.0	±1.0	±3.0
5000	+0.5	−1.3	0.0	±1.5	±3.5
6300	−0.1	−2.0	0.0	+1.5；−2.0	±4.5
8000	−1.1	−3.0	0.0	+1.5；−2.5	±5.0
10 000	−2.5	−4.4	0.0	+2.0；−3.0	+5.0；−∞
12 500	−4.3	−6.2	0.0	+2.0；−5.0	+5.0；−∞
16 000	−6.6	−8.5	0.0	+2.5；−16.0	+5.0；−∞
20 000	−9.3	−11.2	0.0	+3.0；−∞	+5.0；−∞

注：频率计权由上述式(6-11)～(6-13)计算出来，频率f由$f=f_r[10^{0.1(n-30)}]$计算，其中$f_r=1000$ Hz，n是10～43之间的一个整数。计权修约到1/10 dB。

声级计的相关规范没有规定在高于20 kHz时的频率响应特性，所以这些声级计不适于测量由工作频率高于20 kHz的超声清洗机、超声机床和超声焊接机等设备所发射的超声空气能。这些声级计也不适于测量超声设备(如超声清洗机)产生的可听声噪声，因为声级计的频率响应有可能延伸到了超声设备的工作频率，这样就会由于存在的超声而使可听声声压级读数偏大。为此，IEC 61012：1990《用干超音波声音测量的滤波器》规定了一个在高于20 kHz

时具有非常陡峭的截止特性的低通滤波器,将高于20 kHz的超声成分予以过滤,该滤波器称为U频率计权。配合使用U频率计权与A计权特性时,其综合响应称为AU计权。AU计权的标称值是A计权和U计权的相对频率响应之和,用dB表示。频率为25 kHz、31.5 kHz和40 kHz时,AU计权的标称值应分别为−50.0 dB、−65.4 dB和−81.1 dB,总的接受限为+3.0 dB、−∞ dB。

6.5 声级计

噪声测量仪器中最常用的仪器是声级计。声级计是根据国际标准和国家标准按照一定的频率计权和时间计权测量声压级的仪器,适用于工厂噪声、环境噪声、机器噪声、建筑噪声等各种噪声的测量。

声级计按功能可分为测量指数时间计权和频率计权声级的时间计权声级计,测量时间平均和频率计权声级的积分平均声级计,测量频率计权声暴露级的积分声级计(又称噪声暴露计)。另外,具有噪声统计分析功能的称为噪声统计分析仪,具有采集功能的称为噪声采集器(记录式声级计),具有频谱分析功能的称为频谱分析仪。目前新设计的声级计往往会同时拥有多种功能,也常称为多功能声级计。

根据最新声级计标准GB/T 3785.1—2023/IEC 61672-1:2013和国家计量检定规程JJG 188—2017,声级计按性能等级分为1级和2级两种。在参考条件下(包括在参考频率处),1级声级计的准确度为±0.7 dB,2级声级计的准确度为±1.0 dB(不考虑测量不确定度)。

用于测量指数时间计权声级的常规声级计是最早出现并使用的,这种声级计的功能相对比较单一,通常只能测量瞬时声级和最大声级。

杭州爱华仪器生产各种声级计,作为一般用途的声级计有1级和2级多个品种,而且都实现了数字化,即频率计权、检波、时间计权等都可通过数字信号处理方法实现。这些声级计不仅性能稳定,而且通过更换软件可以附加更多性能,如积分、统计、频谱分析等。

AWA5662型声级计是一种模块化的多功能声级计。它具有如下特点:115 dB超大动态范围,无须切换量程;2.6英寸彩屏显示器,可同时测量及显示多个指标;配合AWA14411型传声器可用于低声级测量,配合AWA14435型传声器可用于高声级测量;存贮容量大,有录音等功能;可广泛应用在环境噪声测量、职业卫生噪声测量、机器设备噪声测量等。

iSV1101型声级计既是一个独立的常规声级计,也可以通过Wi-Fi连接到智能手机、平板电脑、笔记本电脑和台式电脑,配合PC软件或手机App,可实现总值分析、统计、频谱分析及其他测量。

湖南声仪的HY108系列的声级计采用了先进的数字处理技术,动态范围宽、无须换挡,适用于环境噪声、机器噪声、交通噪声和作业场所噪声的现场监测,也适用于高校的教学演示。电池供电,结构小巧坚固,便于现场使用和随身携带。它可以是1级声级计,换用HY205传声器后成为2级声级计。

如图6-22所示为几种常规声级计。

AWA5662-1

iSV1101

HY108

HS5633T

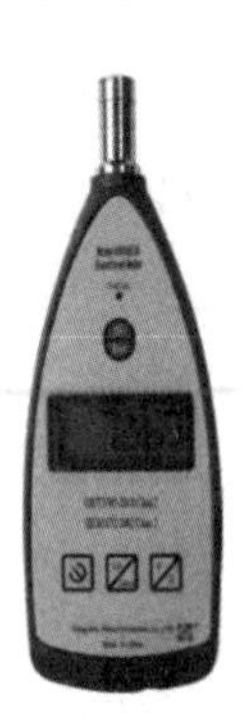

AWA5636-0

图6-22　几种常规声级计

表6-19中列出了几种常规声级计的主要技术性能。

表6-19　几种常规声级计的主要技术性能

型号	AWA5662-1	iSV1101	HY108	HS5633T	AWA5636-0	AWA5636-1
符合标准	GB/T 3785.1/IEC 61672-1,1级			GB/T 3785.1/IEC 61672-1,2级		
频率范围/Hz	10～20 000			20～10 000	20～12 500	
测量范围/dB(A)	25～140	28～133	30～130	30～130	40～130	30～130
传声器型号	AWA14425	AWA14425	HY207	ϕ 12.7 mm 驻极体测量传声器	AWA14421B	AWA14421
频率计权	A、C、Z		A、C	A、C、Z	A	A、C、Z
时间计权	F、S、I、Peak、10 s	F、S、I	F、S	F、S、I、Peak	F、S	
显示器	2.6英寸彩显	128×64点阵OLED	128×64点阵LCD	128×64点阵LCD	3位半LCD	128×64点阵OLED
测量指标	L_p、L_{max}、L_{min}	L_p、L_{max}、L_{peak}	L_p、L_{max}、L_{min}	L_p、L_{max}	L_p、L_{max}	L_p、L_{max}
输出	AC、DC、RS232、PWM、UBS、蓝牙	UBS	AC、DC、RS232	AC、DC	AC、DC	AC、DC、PWM
电源	4×LR6或外接5 V电源	4×7#或选配锂电池	2×LR6	4×LR6	4×7#或外接5 V电源	
外形尺寸/mm×mm×mm	250×76×33	227×75×24	210×68×31	260×72×32	190×68×27	210×68×27
工作温度范围/℃	-20～+60		-10～+50	-10～+50		
特点	基本型,功能可扩展	Wi-Fi通信	可为2级配置	—	基本型	标配型,功能可扩展

6.6 积分平均声级计和积分声级计（噪声暴露计）

积分平均声级计是一种直接显示某一测量时间内被测噪声的时间平均声级即等效连续声级(L_{eq})的仪器，通常是通过在一般用途声级计上附加软件来实现的。其性能应符合GB/T 3785.1/IEC 61672-1声级计标准和JJG 188声级计检定规程的要求。

积分平均声级计通常具有自动量程控制器，使量程的动态范围扩大到80 dB～100 dB，在测量过程中无须人工调节量程衰减器。积分平均声级计可以预置积分时间，例如设置为10 s、1 min、5 min、10 min、1 h、4 h、8 h等，当到达预置时间时，测量会自动中断。积分平均声级计除显示L_{eq}外，还能显示暴露声级L_{AE}和测量经历时间，当然它还可显示瞬时声级。暴露声级L_{AE}是在1 s内保持恒定的声级，它与某段时间内变化的噪声具有相同的能量。暴露声级用来评价单发噪声事件，例如飞机飞越、轿车和卡车开过时的噪声。知道了测量经历时间和此时间内的等效连续声级，就可以计算出暴露声级。

积分平均声级计不仅可以测量出噪声随时间的平均值，即等效连续声级，而且可以测出噪声在空间分布不均匀时的平均值，只要在需要测量的空间移动积分平均声级计，就能测量出随地点变动的噪声的空间平均值。

积分平均声级计主要用于环境噪声和工厂噪声的测量，尤其适宜作为环境噪声超标排放监测。典型产品有AWA5662-2型声级计（1级）和AWA5636-2型声级计（2级），其主要技术性能见表6-20所列。它们有的还具有测量噪声暴露量或噪声剂量的功能，并可升级软件进行频谱分析。

用于测量声暴露的声级计称为积分声级计，又称噪声暴露计。噪声暴露量E是噪声A计权声压值平方的时间积分（详见第3章3.6节）。已知等效连续声级及噪声暴露时间T，可由式(6-20)计算声暴露量，单位为Pa^2h。

$$E = TP_0^2 \lg^{-1}\frac{L_{eq}}{10} \tag{6-20}$$

YSD130型噪声分析仪、YSD132本安型声级计都是数字化、模块化的多功能积分声级计。它们具有动态范围宽、无须量程转换和使用方便等优点。具有较高级别的防爆等级，温度组别达到T4，可在除矿井外的爆炸性气体环境中使用，如符合条件的石油、化工、油库、钢铁、焦化等场所，也可用于各种机器、车辆、船舶、电器等工业噪声的测量，以及环境噪声、职业卫生噪声的测量。

英国CASELLA的CEL-62X系列声级计可以有1级和2级两种配置（表6-20中列出的是1级配置指标）。主要应用于职业噪声监测、噪声暴露的计算、机械噪声监测，依据ISO 9612和OSHA 29CFR 1910.95的工作场所噪声测量，帮助选择听力保护措施，确保工作场所噪声的合规性。

如图6-23所示为几种积分声级计。表6-20列出了几种积分声级计和噪声暴露计的主要技术性能。

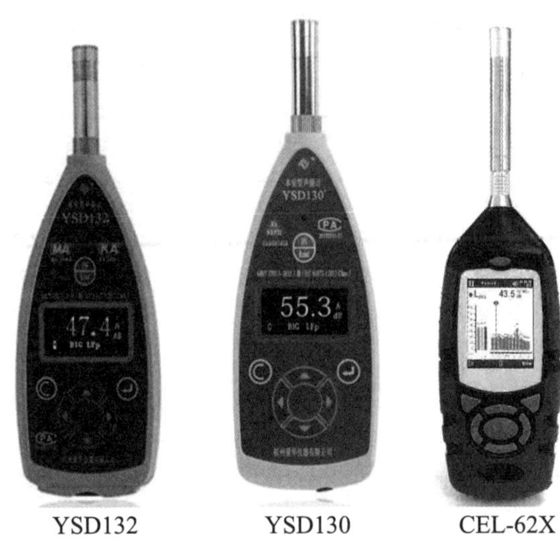

图6-23 几种积分声级计

表6-20 几种积分声级计和噪声暴露计的主要技术性能

<table>
<tr><td colspan="2">型号</td><td>AWA5662-2</td><td>YSD132</td><td>YSD130</td><td>AWA5636-2</td><td>CEL-62X系列</td></tr>
<tr><td colspan="2">符合标准</td><td colspan="2">GB/T 3785-1/IEC 61672.1，1级</td><td colspan="2">GB/T 3785-1/IEC 61672.1，2级</td><td>1级(或2级)</td></tr>
<tr><td colspan="2">频率范围/Hz</td><td colspan="2">10～20 000</td><td colspan="2">20～12 500</td><td>10～20 000</td></tr>
<tr><td rowspan="4">测量范围</td><td>声压级/dB(A)</td><td>25～140</td><td>30～132</td><td>30～130</td><td>30～130</td><td>25～140</td></tr>
<tr><td>C计权峰值声级/dB(C)</td><td colspan="2">60～135</td><td>60～133</td><td>60～135</td><td>上限143</td></tr>
<tr><td>声暴露/(Pa^2h)</td><td colspan="4">0.1～99.9</td><td></td></tr>
<tr><td>噪声剂量/%</td><td colspan="4">0～9999%</td><td></td></tr>
<tr><td colspan="2">交换率</td><td colspan="2">3、4、5</td><td>3</td><td>3</td><td>3、4、5</td></tr>
<tr><td colspan="2">传声器</td><td colspan="2">AWA14425</td><td colspan="2">AWA14421</td><td>CEL251</td></tr>
<tr><td colspan="2">频率计权</td><td colspan="2">A、C、Z</td><td colspan="2">A、C、Z</td><td>A、C、Z</td></tr>
<tr><td colspan="2">时间计权</td><td>F、S、I 、Peak、10 s</td><td colspan="2">F、S、I 、Peak</td><td colspan="2">F、S、I</td></tr>
<tr><td colspan="2">显示器</td><td colspan="4">128×64点阵OLCD</td><td>真彩TFT 320×240</td></tr>
<tr><td colspan="2">测量方式</td><td>L_p、$L_{eq,T}$、$L_{eq,t}$、L_{max}、L_{min}、L_N、SD、SEL、L_{peak}</td><td colspan="2">L_p、L_{eq}、L_{peak}、L_{max}、L_{min}、SEL、E，$L_{Ex\cdot 8h}$、L_{avg}、TWA、D、L_{n1}、L_{n2}、L_{n3}、L_{n4}、L_{n5}、SD、T_s、T_m</td><td>L_p、L_{eq}、L_{peak}、L_{max}、L_{min}、SEL、E、T_m</td><td>L_p、L_{max}、L_{min}、L_{eq}、L_{peak}、L_{avg}、L_C-L_A、L_{leq}、L_{TM5}、L_{AE}</td></tr>
<tr><td colspan="2">滤波器选配</td><td colspan="2">—</td><td>1/1 OCT：31.5 Hz～8 kHz</td><td>—</td><td>1/1 OCT：16 Hz～16 kHz</td></tr>
</table>

续表

型号	AWA5662-2	YSD132	YSD130	AWA5636-2	CEL-62X系列
储存	选配	2 GB Flash，最多8000组数据		选配	SD 1 GB
输出	AC、DC、IO扩展口、USB及蓝牙	PWM、AC、DC、RS232、UBS		AC、DC、RS232、PWM、蓝牙（选配）	USB 2.0
电池	4×LR6，或外接5 V电源	4×7$^{\#}$，续航10 h 可外接5 V电源		4×7$^{\#}$，可选配锂电池或外接5 V电源	4×LR6，续航20 h
外形尺寸/mm×mm×mm	250×76×33	210×68×27		210×68×27	229×72×31
防爆类型	—	本安型、矿用本安型		—	—

6.7 个人声暴露计和个人噪声剂量计

作为个人佩戴使用的测量噪声暴露量的仪器叫个人声暴露计。个人声暴露计用于测量声暴露，即瞬时A频率计权声压平方的时间积分。其工作原理是以GB/T 3785.1测量的声暴露为基础，也就是“等能量交换率”，对于恒定声级，积分时间加倍（或减半），声暴露也加倍（或减半）；同样，对于恒定积分时间，输入声级增加（或减小）3 dB，声暴露将加倍（或减半）。GB/T 15952/IEC 61252《电声学　个人声暴露计规范》规定了它们的特性要求。该标准适用于测量稳态的、间歇的、波动的、无规的和脉冲声的A计权声暴露的仪器。在按GB/T 14366/ISO 1999和GB/T 21230/ISO 9612确定职业噪声暴露时需要在工作场所测量声暴露。

标准GB/T 15952规定了一个准确度等级的个人声暴露计的电、声性能要求，当A计权声压级量程为80 dB～130 dB、标称频率范围为63 Hz～8 kHz时，此准确度等级相当于IEC 61672.1对2级积分声级计的要求。新版本IEC 61252:2017主要增加了电磁兼容性要求。

另一种测量并指示噪声剂量的仪器叫噪声剂量计。噪声剂量计是在某一时间段对声压积分而测定噪声暴露并显示为评判标准声暴露的百分数或法定声暴露限值的百分数的噪声测量仪器。噪声剂量表示法定的允许噪声暴露量的百分比。如规定每天工作8 h，噪声允许标准为85 dB，也就是噪声暴露量为1 Pa^2·h，则以此为100%。对于其他噪声暴露量，可以计算相应的噪声剂量值。但是各国的噪声允许标准不同而且还可能会修改，又例如美国、加拿大等国家暴露时间减半，允许噪声声级增加5 dB，而我国及其他大多数国家仅允许增加3 dB。因此不同国家、不同时期所指的噪声剂量不能互相比较。

个人声暴露计和噪声剂量计通常由测量传声器、前置放大器、信号处理器和显示器组成。信号处理器包括具有A频率计权的放大器、平方装置、积分装置、阈电路（可能有）以及自锁过载指示器等，通常无须指数时间计权，但也有一些采用了S或F时间计权。现在的个人声暴露计和噪声剂量计往往都具有测量噪声暴露量和噪声剂量的功能，只是仪器的名称不同而已。

个人声暴露计和噪声剂量计主要用在职业卫生和工厂、企业对职工作业场所的噪声进行监测。主要应用是测量人头部附近的声暴露，例如按GB/T 14366等标准评估可能的听力损失。个人声暴露计的传声器或整机可佩戴在肩上、衣领上或其他靠近耳朵的部位。对于许多具体情形,譬如在工厂内,声入射角在工作日内会有很大的变化,佩戴于人体的仪器所指示的声暴露可能会与人员不在场时的测量值不同。当估算人体不在场时的声暴露时,应考虑佩戴个人声暴露计的人体的影响。

AWA5920型和ASV5910型是典型的个人声暴露计。它们是采用数字信号处理技术的声学测量仪器,可以同时测量时间计权声压级、等效声级、统计声级、暴露声级等多项指标,还可在测量的过程中记录声压级随时间的变化情况及录音;集声级计、积分声级计、统计分析仪、个人声暴露计、噪声剂量计、记录仪、数字录音机等多种仪器的功能于一体;可以直接显示声暴露量、瞬时声级、等效声级、暴露时间以及归一化8 h平均声级;也可以选用倍频程或1/3倍频程分析,测试结果先储存在机内再送计算机进行分析处理。

AWA5912型是简化版的个人噪声剂量计,它只有2个按键,操作非常简单。可以选择“锁定”模式以防止佩戴者随意操作。它和AWA 5920型一样,都可以按GBZ 2.2—2007的要求测量并计算工作日接触脉冲噪声峰值声级超过120 dB、130 dB和140 dB的次数。

湖南声仪的HY106型个人声暴露计采用全数字化设计,兼具个人噪声剂量计、积分平均声级计、倍频程和1/3倍频程分析仪(选配)等的功能,适用于作业场所的噪声测量和职业卫生的噪声评价,也适用于环境噪声与机器噪声的测量与分析。可提供本安型、矿用本安型防爆型产品,可选配录音、蓝牙功能。

如图6-24所示为个人声暴露计的佩戴示意图。

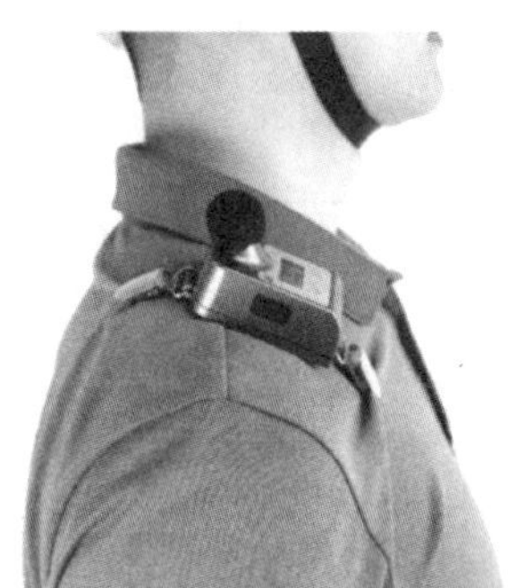

图6-24　个人声暴露计的佩戴示意图

如图6-25所示为几种个人声暴露计。

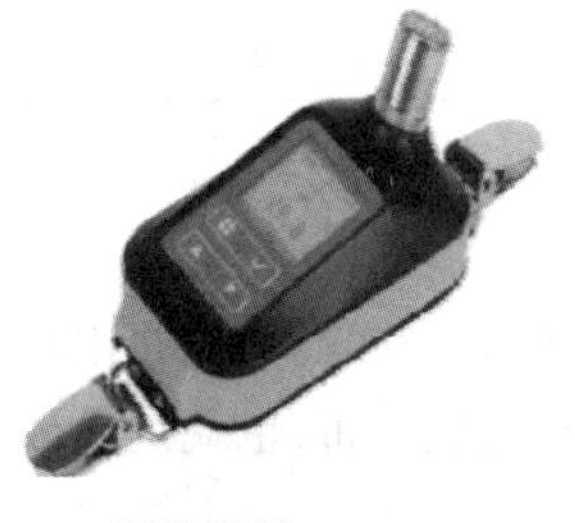

AWA5920

AWA5912

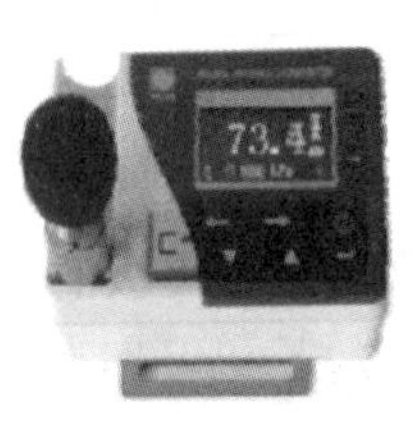

ASV5910/5911

HY106

图6-25　几种个人声暴露计

表6-21列出了几种个人声暴露计和噪声剂量计的主要技术性能。

表6-21　几种个人声暴露计和噪声剂量计的主要技术性能

型号		AWA5920	AWA5912	AWA5910	HY106
测量传声器		AWA14421(1/2")	AWA14421B(1/2")	AWA14435(1/4")	HY247(1/4")
测量范围	声压级/dB(A)	54～143	60～140	50～141	60～145
	C计权峰值声级/dB	71～146	70～143	80～144	—
	声暴露/(Pa^2h)	0.01～99.99	0.01～99.99	0.01～99.99	0.278～9999
	噪声剂量/%	0～9999	0～9999	0～9999	0.001～9999
频率范围/Hz		20～12 500			
频率计权		A、C、Z			
时间计权		F、S、I、Peak			F、S、I
显示器		TFT点阵LCD	128×64点阵OLED		128×64点阵LCD
测量指标		L_p、$L_{eq,T}$、L_{max}、L_{min}、L_N、SEL、$L_{EX,8h}$、L_{avg}、TWA、D、SD、L_{Cpeak}、$N_{Lpeak\geq120}$、$N_{Lpeak\geq130}$、$N_{Lpeak\geq140}$	L_p、$L_{eq,T}$、L_{max}、L_{min}、E、$L_{EX,8h}$、D、L_{Cpeak}、$N_{Lpeak\geq120}$、$N_{Lpeak\geq130}$、$N_{Lpeak\geq140}$	L_p、$L_{eq,T}$、L_{max}、L_{min}、L_N、SEL、$L_{EX,8h}$、L_{avg}、TWA、D、SD、L_{Cpeak}	L_p、L_{max}、L_{min}、L_{Cpeak}、L_{eq}、$L_{eq,1s}$、L_E、E、D、$L_{eq,8hn}$、L_N、TWA、L_{avg}、N_{Lpeak}、s、L_f
交换率		3、4、5	3、4、5	3、4、5、6	3、4、5、6
滤波器		1/1和1/3OCT(选配)	—	1/3OCT(选配)	1/1和1/3OCT(选配)
存贮		TF卡,4 G(或32 G)	128 kB Flash RAM,可储存16组数据	最多储存96组数据	SD卡,8 G(或32 G)
其他选配功能		录音	—	数据记录和录音	录音、蓝牙
外形尺寸/mm×mm×mm		90×49×52	68×42×44	65×55×25	105×52×33
防爆类型		本安型	本安型	本安型、矿用本安型	本安型、矿用本安型

6.8　噪声统计分析仪

噪声统计分析仪是用来测量噪声级的统计分布的一种积分声级计,它同样能测量并用数字显示A声级、等效连续声级L_{eq},以及用百分数显示声级的概率分布和累计分布,也就是统计声级和累计百分数声级L_N。通常它还能进行24 h监测。传统的噪声统计分析仪由声级测量及计算处理两大部分构成。随着科学技术的进步,尤其是大规模集成电路的发展,噪声统计分析仪的测量及计算都由数字信号处理技术实现,其功能也越来越强,使用也越来越方便。

国产的噪声统计分析仪已完全能满足环境噪声自动监测的需要。

AWA5688-3型多功能声级计是采用数字信号处理技术的噪声测量仪器，既可用于一般积分测量，也可用于统计分析和24 h环境监测和噪声暴露测量。其主要优点如下。

（1）A、C、Z三种并行（同时）的频率计权及F、S、I三种并行（同时）的时间计权。

（2）2.6英寸彩屏显示，分辨率高，可以同时测量并显示多种评价指标。

（3）可以配置倍频程数字滤波器，实现实时频谱分析和二次辐射低频噪声的倍频程分析。

（4）多种启动方式，可设置定时自动开关机。

（5）仪器具有动态范围大、存贮容量大、录音、U盘、读卡器等功能。

（6）模块化设计，用户可以根据需要选购相应的模块。

（7）还可选配内嵌GPS定位系统，测量噪声的同时，提供位置信息及测点运动速度。

（8）选配微型打印机，现场既可只打印数据，又可同时打印统计分布图、累计分布图或24 h分布图。

（9）选配GSM无线数据传输模块，可通过短信将测量结果发到指定的手机或计算机上。

（10）整机性能既符合IEC 61672-1：2013和JJG 188—2017对2级声级计的标准，也符合JJG 778—2019对噪声统计分析仪的要求。

（11）工作温度范围为-10℃～+50℃，与1级仪器相同，更适合环境监测工作。

（12）外壳防护等级为IP44，可选防爆本安型。

AWA5688-5型多功能声级计除具有AWA5688-3型多功能声级计的所有功能外，还能直接计算并显示机场噪声有效感觉噪声级。

如图6-26所示为AWA5688和HS6288E多功能声级计。表6-22列出了AWA5688-3型多功能声级计和红声器材厂嘉兴分厂的HS6288E型多功能噪声分析仪的主要技术性能。

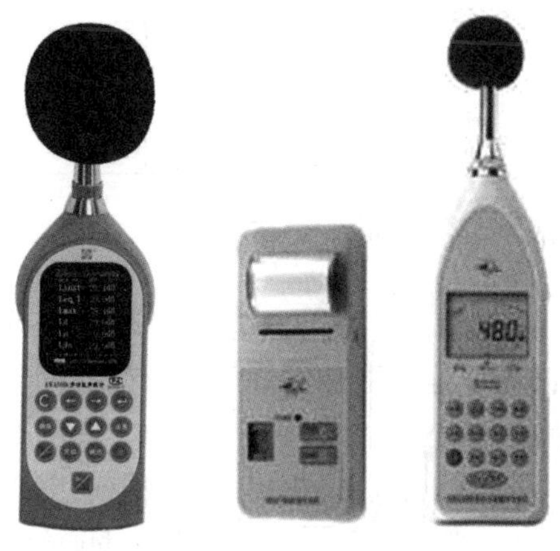

AWA5688　　HS6288E

图6-26　两种噪声统计分析仪

表6-22 两种噪声统计分析仪的主要性能指标

型号	AWA5688-3	HS6288E
符合标准	GB/T 3785.1/IEC 61672-1和JJG 188,2级	
传声器	AWA14421	1/2"预极化
频率范围/Hz	20～12 500	20～12 500
测量范围/dB(A)	28～133	30～135
频率计权	A、C、Z	A、C
时间计权	F、S、I、Peak	F、S、最大值保持
指示器	2.6英寸彩屏,分辨率240×320	54 mm×42 mm LCD
测量方式	L_p、L_{eq}、L_{max}、L_{min}、L_N、SD、T、SEL、E、L_{Cpeak}、L_d、L_n、L_{dn}、D	L_p、L_{eq}、L_5、L_{10}、L_{50}、L_{90}、L_{95}、L_{max}、SD、L_d、L_n、L_{dn}等
24 h自动监测	每小时测量1次,每次测量时间可设定	24 h、regular(整时)
积分测量时间	手动,1 s到99 h任意设置或分挡设置	Man(人工),10 s,1 min,5 min,10 min,15 min,20 min,1 h,8 h,24 h
滤波器	1/1 OCT和FFT(选配)	—
储存	标配3 MB	500组以上数据
输出	AC、DC、RS232、USB	RS232C
选配功能	蓝牙、录音、GPS定位	—
电池	4×LR6,可外接5 V电源	5×LR6,可外接5 V电源
外形尺寸/mm×mm×mm	240×80×30	210 ×68 ×31
工作温度范围/℃	−10～+50	−10～+50
防护	防爆本安型,外壳防护等级 IP44(可选)	—

6.9 滤波器和频谱分析仪

噪声是由许多频率成分组成的,为了了解这些频率成分,需要进行频谱分析,通常采用倍频程滤波器或1/3倍频程滤波器。这是两种恒百分比带宽的带通滤波器,倍频程滤波器的带宽是100%,1/3倍频程滤波器的是23%。为了统一起见,GB/T 3241.1/IEC 61260-1《电声学 倍频程和分数倍频程滤波器 第1部分:规范》规定了滤波器的中心频率、频带宽度和衰减特性等要求(见表6-23～6-25所列)。符合本部分性能要求的带通滤波器可以是各种测量系统中的一部分或者是诸如谱分析仪的某一特定仪器中的一个组成部件。

该标准规定了组成滤波器组或谱分析仪的模拟的、取样数据和数字方法得到的带通滤波器的性能规范和测试方法。对于给定带宽的所有滤波器,滤波器的相对衰减特性的通带区域范围是准确中心频率的恒定百分数。符合该标准要求的仪器可包含覆盖所要求频率范围的多个相邻带通滤波器。

与前一版本标准不同的是,新的标准只给出了1级和2级两种滤波器等级的性能要求,取消了对0级滤波器的规定。通常,对1级和2级滤波器的规范具有相同的设计目标,主要的不同是接受限和工作温度范围。2级的接受限大于或等于1级的接受限。还规定了最大允许扩展测量不确定度。

标准给出的设计性能要求是基于以10为底的倍频程比和中心频率,也就是倍频程频率比G应由式(6-21)给出。

$$G=10^{3/10} \tag{6-21}$$

由式(6-21)计算到六位有效数字的倍频程频率比为1.995 26。按此比值设计的滤波器称为以10为底的滤波器,按惯例称为倍频程和分数倍频程滤波器。由于前一版本标准的规定和技术上的原因,以前有些滤波器精确地设计为$G=2$,这种滤波器设计称为以2为底的滤波器。以2为底的滤波器符合本部分要求的概率随着中心频率和参考频率之间差值的增加而降低。新设计的滤波器应以10为底进行设计。

滤波器的参考频率f_r的准确值为1000 Hz。

滤波器的准确中心频率:当带宽指示值的分母为奇数时,滤波器组中任何一个滤波器的准确中心频率f_m应由式(6-22)确定。

$$f_m=f_rG^{x/b} \tag{6-22}$$

式中,f_r为参考频率,$1/b$为带宽指示值,例如,对倍频程和1/3倍频程滤波器分别为1/1或1/3。

当带宽指示值的分母为偶数时,滤波器组中任何一个滤波器的准确中心频率应由式(6-23)确定。

$$f_m=f_rG^{(2x+1)/(2b)} \tag{6-23}$$

式(6-22)和式(6-23)中的x为任何的正整数、负整数或零。

滤波器的标称中心频率:倍频程和分数倍频程滤波器应用它们的标称中心频率来标识。标准的附录E提供了倍频程和1/3倍频程滤波器在常用的声频范围内的准确中心频率和标称中心频率(见表6-23所列)。准确中心频率是以式(6-21)给出的倍频程频率比G,再根据式(6-22)计算的,取五位有效数字。通过选择指数x或适当地改变小数点的位置,该表中的频率可扩展为任意的十倍频程。标准的附录E还规定了确定其他带宽指示值的分数倍频程滤波器的标称中心频率的程序。

表6-23 在声频范围内倍频程和1/3倍频程滤波器的中心频率

指数x	准确中心频率/Hz	计算得到的准确中心频率/Hz	标称中心频率/Hz	倍频程	1/3倍频程
−16	$10^{1.4}$	25.119	25		*
−15	$10^{1.5}$	31.623	31.5	*	*
−14	$10^{1.6}$	39.811	40		*
−13	$10^{1.7}$	50.119	50		*
−12	$10^{1.8}$	63.096	63	*	*
−11	$10^{1.9}$	79.433	80		*
−10	10^{2}	100.00	100		*
−9	$10^{2.1}$	125.89	125	*	*
−8	$10^{2.2}$	158.49	160		*

续表

指数x	准确中心频率/Hz	计算得到的准确中心频率/Hz	标称中心频率/Hz	倍频程	1/3倍频程
−7	$10^{2.3}$	199.53	200		*
−6	$10^{2.4}$	251.19	250	*	*
−5	$10^{2.5}$	316.23	315		*
−4	$10^{2.6}$	398.11	400		*
−3	$10^{2.7}$	501.19	500	*	*
−2	$10^{2.8}$	630.96	630		*
−1	$10^{2.9}$	794.33	800		*
0	10^{3}	1000.0	1000	*	*
1	$10^{3.1}$	1258.9	1250		*
2	$10^{3.2}$	1584.9	1600		*
3	$10^{3.3}$	1995.3	2000	*	*
4	$10^{3.4}$	2511.9	2500		*
5	$10^{3.5}$	3162.3	3150		*
6	$10^{3.6}$	3981.1	4000	*	*
7	$10^{3.7}$	5011.9	5000		*
8	$10^{3.8}$	6309.6	6300		*
9	$10^{3.9}$	7943.3	8000	*	*
10	10^{4}	10 000	10 000		*
11	$10^{4.1}$	12 589	12 500		*
12	$10^{4.2}$	15 849	16 000	*	*
13	$10^{4.3}$	19 953	20 000		*

注：1. “*”表示适用。

2. 准确中心频率由式(6–22)计算至5位有效数字。

对具有带宽指示值$1/b=1/2$的1/2倍频程滤波器，准确中心频率应使用式(6-23)计算，标称中心频率应通过修约至前三位有效数字获得。对从1/4到1/24(包括)的带宽指示值，准确中心频率用式(6-22)或式(6-23)计算。

滤波器的截止频率：带通滤波器的下截止频率f_1和上截止频率f_2应分别由式(6-24)和式(6-25)确定。

$$f_1=f_mG^{-1/(2b)} \tag{6-24}$$

$$f_2=f_mG^{+1/(2b)} \tag{6-25}$$

式中，G——由式(6-21)给出的倍频程频率比；

f_m——由式(6-22)或式(6-23)确定的准确中心频率。准确中心频率是相应的截止频率的几何平均值，由$f_m=\sqrt{f_1f_2}$给出。

截止频率之比由$f_2/f_1=G^{1/b}$给出，例如，对倍频程滤波器为$10^{3/10}$，对1/3倍频程滤波器为$10^{1/10}$。

滤波器的归一化带宽由$(f_2-f_1)/f_m=G^{+1/(2b)}-G^{-1/(2b)}$给出。

滤波器的相对衰减见表6-24所列，滤波器的其他性能见表6-25所列。

表6-24 倍频程滤波器的相对衰减的限值

归一化频率 $\Omega=f/f_m$		相对衰减的最小和最大接受限/dB	
		1级	2级
Ω_l	$\leqslant G^{-4}$	+70;+∞	+60;+∞
Ω_l	G^{-3}	+60;+∞	+54;+∞
Ω_l	G^{-2}	+40.5;+∞	+39.5;+∞
Ω_l	G^{-1}	+16.6;+∞	+15.6;+∞
$\Omega_{1-\varepsilon}$	$G^{-1/2}-\varepsilon$	+1.2;+∞	+0.8;+∞
$\Omega_{1+\varepsilon}$	$G^{-1/2}+\varepsilon$	−0.4;+5.3	−0.6;+5.8
Ω_l	$G^{-3/8}$	−0.4;+1.4	−0.6;+1.7
Ω_l	$G^{-1/4}$	−0.4;+0.7	−0.6;+0,9
Ω_l	$G^{-1/8}$	−0.4;+0.5	−0.6;+0,7
Ω_l,Ω_h	$G^0=1$	−0.4;+0.4	−0.6;+0.6
Ω_h	$G^{+1/8}$	−0.4;+0.5	−0.6;+0,7
Ω_h	$G^{+1/4}$	−0.4;+0.7	−0.6;+0.9
Ω_h	$G^{+3/8}$	−0.4;+1.4	−0.6;+1.7
$\Omega_{2-\varepsilon}$	$G^{+1/2}-\varepsilon$	−0.4;+5.3	−0.6;+5.8
$\Omega_{2+\varepsilon}$	$G^{+1/2}+\varepsilon$	+1.2;+∞	+0.8;+∞
Ω_h	G^{+1}	+16.6;+∞	+15.6;+∞
Ω_h	G^{+2}	+40.5;+∞	+39.5;+∞
Ω_h	G^{+3}	+60;+∞	+54;+∞
Ω_h	$\geqslant G^{+4}$	+70;+∞	+60;+∞

注:ε是一个在归一化下截止频率和归一化上截止频率附近,接近于零的任意小的数字。

表6-25 滤波器的其他性能比较

性能	滤波器等级	
	1级	2级
积分响应	≤±0.3 dB	≤±0.5 dB
线性工作范围	≥60 dB	≥50 dB
级线性误差接受限	≤±0.5 dB	≤±0.6 dB
线性工作范围重叠	≥40 dB	≥30 dB
时不变工作偏差接受限	≤±0.4 dB	≤±0.6 dB
输出信号和的误差	+0.8 dB和−1.8 dB	+1.8 dB和−3.8 dB
平坦的频率响应	≤±0.3dB	≤±0.5dB
气温变化的影响	≤±0.3dB	≤±0.5dB
湿度变化的影响	≤±0.3dB	≤±0.5dB

最早的滤波器是采用*LC*元件制作的，如B&K的1613型倍频程滤波器；后来采用*RC*有源滤波器，如B&K的1616型1/3倍频程滤波器和1618型带通滤波器，红声器材厂嘉兴分厂的HS5721型倍频程滤波器和HS5731型1/3倍频程滤波器；后来又采用新型组件——开关电容滤波器模块设计制造，如杭州爱华仪器的AWA5721型倍频程滤波器和AWA5722A型分数倍频程滤波器。它们不需任何外部组件，只需改变时钟频率，就能改变滤波器的中心频率；性能良好，完全满足GB/T 3241对2级滤波器的要求，大部分指标达到1级要求；与声级计或测量放大器等配合，适用于进行带通滤波和频谱分析。

有的仪器将声级计和滤波器装在一个机壳内组成频谱分析仪，如以前的AWA6270+型噪声分析仪，是一种1级性能优良的声学测试仪器，有不同硬件和软件模块组合。不同配置可以分别或同时进行倍频程、1/3倍频程谱分析和混响时间测量、环境噪声测量和24 h自动监测，以及数据积分采集和机场噪声测量。随着电子技术和软件技术的发展，以前的*LC*滤波器、*RC*有源滤波器及开关电容类滤波器已逐渐被淘汰，现在更多的是采用数字信号处理技术对信号进行滤波分析处理。

6.10 实时信号分析仪

在信号频谱分析中，前面介绍的不连续挡级滤波器分析方法对稳态信号是完全适用的。但对于瞬态信号的分析，则只能借助磁带记录器将瞬态信号记录下来，做成磁带环后反复重放，使瞬态信号变成“稳态信号”，然后再进行分析。如果用实时信号分析仪，则只要将信号直接输入分析仪，就可以立刻在荧光屏上显示出频谱变化，并可将分析得到的数据输出并记录下来。有些实时信号分析仪还能做相关函数、相干函数、传递函数等分析，其功能也就更多。实时信号分析仪有模拟的、模拟数字混合的以及采用数字技术的，而现在普遍采用数字技术来进行信号的实时分析。

数字信号分析仪是一种采用数字滤波、检波和平均技术代替模拟滤波器来进行频谱分析的分析仪。数字滤波器是一种数字运算规则，当模拟信号通过采样及A/D转换成数字信号后，进入数字计算机进行运算，使输出信号变成经过滤波的信号，也就是说，这种运算起了滤波器的作用。我们将这种起滤波器作用的数字处理机称为数字滤波器。

快速傅里叶变换（FFT）是一种用以获得离散傅里叶变换（DFT）的快速算法或运算程序。与直接计算方法相比，它大大减少了运算次数。最初，FFT算法是在大型计算机上用高级语言（如Fortran）实现的，后来以汇编语言在小型计算机上实现。自从微处理器出现以后，计算机和仪器成为一个整体的小型FFT分析仪。

FFT分析仪现在已有许多种，不仅有单通道的，而且有双通道甚至多通道的。单通道FFT分析仪可用于正反FFT变换、功率谱密度、自相关、传递函数等分析。双通道FFT分析仪则还可以进行相关函数、相干函数、互相关功率谱、倒功率谱的分析和声强测量。

有关FFT分析仪的指标参数有频率范围、分辨率、带宽和动态范围。现介绍如下：

（1）频率范围。FFT分析仪的频率范围上限频率f_n是采样频率f_s的一半，$f_n=f_s/2$，f_n称为奈奎斯特频率。也就是说FFT分析仪的频率范围是0～f_n。

(2)分辨率β。β为频谱中谱线间的频率增量,它与原始时间序列的采样数N的关系为

$$\beta=\frac{f_s}{N}=\frac{2f_n}{N} \tag{6-26}$$

(3)带宽B。带宽B由分辨率和加于数据上的任一时间计权函数(时间窗)所确定。对于线性计权数据,有效噪声带宽等于分辨率,即

$$B_{有效}=\beta \tag{6-27}$$

对于其他计权,其带宽等于计权函数的带宽。

(4)动态范围。动态范围由表示输入数据的有效位数及用于计算的比特数来确定。做一个粗略估计,每位输入数据得到6 dB的动态范围,12位的A/D转换器给出72 dB的动态范围,24位的A/D转换器给出144 dB的动态范围。

早期FFT算法用微型计算机来承担运算,其运算速度相对来讲还不够快,无法达到实时分析处理的要求。由此,专门设计了一种用于数字信号处理的超大规模集成电路芯片——数字信号处理器(DSP)。它的处理速度与微机相比有很大提高,如TI公司的TMS 320C30处理器每秒可进行3300万次浮点运算,从而在声频范围以至更高的频率范围进行实时分析处理。

在FFT分析中,为了减小或消除谱泄漏及栅栏效应,常在时间信号上加一个窗函数来解决。由傅里叶变换的性质我们知道,时域内加窗函数相当于频域内信号的频谱和窗函数的频谱的卷积。可见,加窗虽减小了谱泄漏,但频谱分析的结果与所加窗函数有关,所以应详细了解和分析窗函数的属性,以确定窗函数选择的依据。常用的窗函数有矩形窗、汉宁窗、凯塞窗、平顶窗,它们的介绍和选择详见第5章5.8节。

6.11　手持式信号分析仪(多功能声级计)

科学技术的发展,尤其是大规模集成电路和软件技术的发展,使得声学测量仪器的功能大大扩展。即便是手持式的声级计也具有以前只有台式仪器才可能具有的非常强大的功能,不仅具有积分声级计、声暴露计、噪声统计分析仪、噪声频谱分析仪等的功能,而且可能具有建筑声学甚至振动测量的功能。这些功能都可以根据用户的需要,通过选择不同的软件配置来实现。现在的手持式的声级计实际上就是一台手持式实时信号分析仪,往往也被称为多功能声级计。适用于工业机器和产品噪声测量、环境噪声测量、工作场所噪声测量、机场噪声测量、厅堂声学特性测量等。

杭州爱华仪器研制的AWA6292型多功能声级计是一种采用数字信号处理技术和网络技术的新一代手持式实时信号分析仪器,技术性能符合1级声级计的要求。4.3英寸超大电容型触摸屏,界面清新。外壳采用工业级ABS+PC材料,坚固耐用。超强数据分析能力,可以同时测量多种评价指标。自带地图定位功能,集成4G、Wi-Fi、蓝牙、串口、USB多种数据传输方式,可以通过4G、Wi-Fi一键接入噪声测量云平台直到数据库。采用最新数据加密技术,保证数据安全有效;20 W快速充电,超长待机,充电2 h即可满足1次24 h测量。防水防尘设计IP65。模块化设计,用户可以根据需要选购相应的模块,有以下6种配置软件包及测量项目可选。

（1）声级测量软件包，同时测量L_{pA}、L_{pC}、L_{pZ}三种频率计权声压级、等效连续声级L_{eq}、L_{max}、L_{min}、L_{AE}等，适用于一般声学测量。

（2）环境噪声测量软件包，测量等效连续声级L_{eq}、L_{max}、L_{min}、统计声级L_N（N为任意数）、L_d、L_n、L_{dn}、SD和倍频程分析等；适用于环境噪声测量，尤其是定点24 h噪声监测和二次发射低频噪声测量。

（3）机场周围环境噪声测量软件包。

（4）职业卫生噪声测量软件包，除一般功能外，还能测量E、D、TWA、$L_{Aeq,8\,h}$，以及倍频程分析，滤波器中心频率为16 Hz～16 kHz；适用于作业场所噪声测量和分析。

（5）工业噪声测量软件包，除一般功能外，还有倍频程和1/3倍频程分析、FFT分析；适用于工业噪声频谱分析、产品和设备异常噪声检测。

（6）室内声学测量软件包，除能测量扩声特性相关的最大声压级、平均声压级和噪声声压级外，还有利用反向脉冲积分法测量室内混响时间，使用STIPA方法测量语音可懂度指数*STI*。

嘉兴恒升电子有限公司的HS5671D型噪声频谱分析仪既能测量指数时间计权声级，又能测量时间平均声级、声暴露级和累计百分声级（统计声级），还能进行倍频程和1/3倍频程实时测量频谱分析。采用了先进的数字滤波和数字检波技术，具有较宽的频响范围和动态范围，更低的本底噪声；具有噪声数据采集功能，在测量噪声的同时显示噪声的时域曲线，并可按照有关标准进行机场噪声的测量。仪器内部带有2M容量的FLASH存储器，可选用32 G大容量的TF卡存储。仪器适用于环境噪声测量、机场噪声测量、机器设备噪声测量以及建筑声学测量。

北京声望的BSWA308声级计，是在老款声级计基础上升级硬件，并完善功能后的改进型通用声级计。声级计将老款的双芯片（DSP+ARM）架构升级为单芯片架构，使用一颗浮点型处理器完成所有运算和信号处理，升级所有定点算法为浮点算法，提高了运算的精确性和稳定性。另外重新优化了模拟电路设计，从而降低了仪器本底噪声和线性测量下限。另有符合Ex ib IIB T4 Gb等级的防爆型号。

湖南声仪测控科技有限公司的HY128系列多功能声级计是全数字化声级计，适用作为积分声级计、噪声统计分析仪、个人声暴露计、噪声剂量计、24 h环境噪声自动监测，可自动启停测量。可选配倍频程和1/3倍频程数字滤波器进行实时频谱分析，特别设计的低频A频率计权224.5 Hz低通滤波器，适用于建筑物二次辐射噪声测量。可提供防爆型产品，防爆标志：和Ex ib IIb T4 Gb。可选用充电宝供电以进行长时间测量。可选配录音、定时关机、GPS定位、蓝牙等功能。选配HY205型预极化测量传声器成为2级声级计。

杭州兆华的CRY2851声级计专为环境和产品噪声测量而开发，满足1级声级计标准，能够实现准确、可靠的声学测量。还具备频谱分析、声音记录、无线数据传输与设备控制等。

如图6-27所示为几种国产手持式实时信号分析仪（多功能声级计），表6-26列出了它们的主要技术性能。

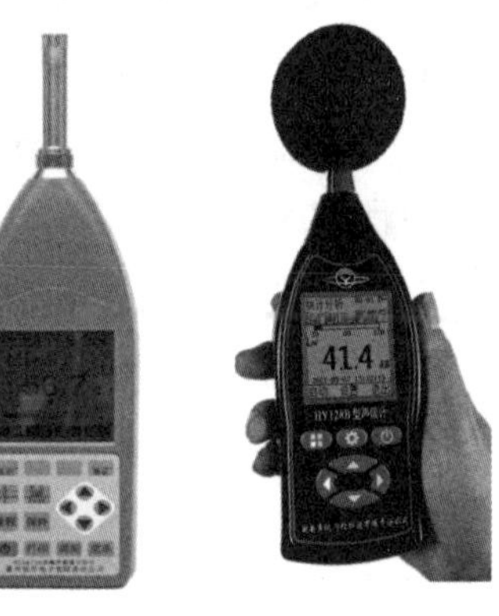

AWA6292 HS5671D HY128 CRY2851 BSWA308

图6-27 国产的几种多功能声级计

表6-26 国产手持式实时信号分析仪性能比较

产品型号	AWA6292型多功能声级计	HS 5671D型噪声频谱分析仪	HY128系列声级计	CRY2851型声级计	BSWA308型声级计
准确度等级	1级				
传声器	AWA14425型(1/2")	ϕ12.7mm(1/2")	HY207型(1/2")	CRY333型(1/2")	ϕ12.7mm(1/2")
频率范围/Hz	10～20 000				
测量范围/dB(A)	20～143	20～130	30～130	19～135	19～136
频率计权	A、B、C、Z	A,C,Z	A、C、Z	A、C、Z	A、B、C、Z
时间计权	F、S、I、Peak	F、S、I、Peak	F、S、I	F、S	F、S、I
显示器	4.3英寸触摸彩屏,分辨率480×800	160×160点阵式LCD	128×128点阵式LCD	触摸彩屏	白色背光LCD
滤波器	1/1和1/3 OCT、FFT	1/1和1/3 OCT	1/1和1/3 OCT	1/1和1/3 OCT、FFT	1/1和1/3 OCT
主要测量功能	积分、统计、24 h监测、机场周围噪声、室内声学测量、混响时间、STI	积分、统计、24h监测、机场周围噪声	积分、统计、24 h监测、低频A计权噪声测量	积分、统计、24 h监测、声暴露测量	积分、统计、24 h监测、时间历程等
储存	16 GB,可选配64 GB TF卡	SD卡最大32 G	SD卡,8 GB(可选最大32 GB)	4 GB,SD卡	4 GB SD卡
通信接口	4G、Wi-Fi、蓝牙、RS232、USB	AC、RS232、USB	AC、DC、RS232、USB	AC、DC、USB	AC、DC、RS232、USB
电源	18650型锂电池,10 000 MAH	5×LR6续航24h	2×LR6,可外接充电宝供电	锂电池,600 MAH,续航9.5 H	4×LR6,可外接充电宝供电
外形尺寸/mm×mm×mm	288×95×40	290×82×40	210×68×31	260×90×40	300×70×36
工作温度/℃	-20～+60	-10～+50	-10～+50	-10～+50	-10～+60
防护等级	IP65(不含传声器)	—	EX IB I MB和EX IB IIB T4 GB	—	可选EX IB IIB T4 GB防爆等级
选配功能	录音、GPS、地图	—	录音、定时关机、GPS定位、蓝牙	以太、蓝牙、Wi-Fi、GPS	GPS授时

HBK2255型声级计是最新款单通道1级声级计。可配用4966-Z-041型一般用途传声器（自由场和扩散场），也可配用4952型户外型传声器（0°或90°入射），并自动检测风罩和补偿，针对无人值守监控应用预定多频CIC自校准。工作温度范围为–25 ℃~70 ℃。可同时进行3个频率计权的宽带声级测量，1/1和/或1/3倍频程频率分析。以1 s～1 h的间隔记录所有参数，以1 ms～1 s的间隔快速记录宽带L_{eq}、L_{XF}和L_{XS}声级。使用中断或脉冲噪声激励测量混响时间。通过Wi-Fi和蓝牙连接到手机和PC端，开放式接口能够实现实时远程控制、设备配置以及实时测量数据甚至传输音频。可用于基本噪声测量、环境噪声测量、工作场所噪声测量、产品噪声测量、建筑声学测量等。

如图6-28所示为国外的几种多功能声级计。

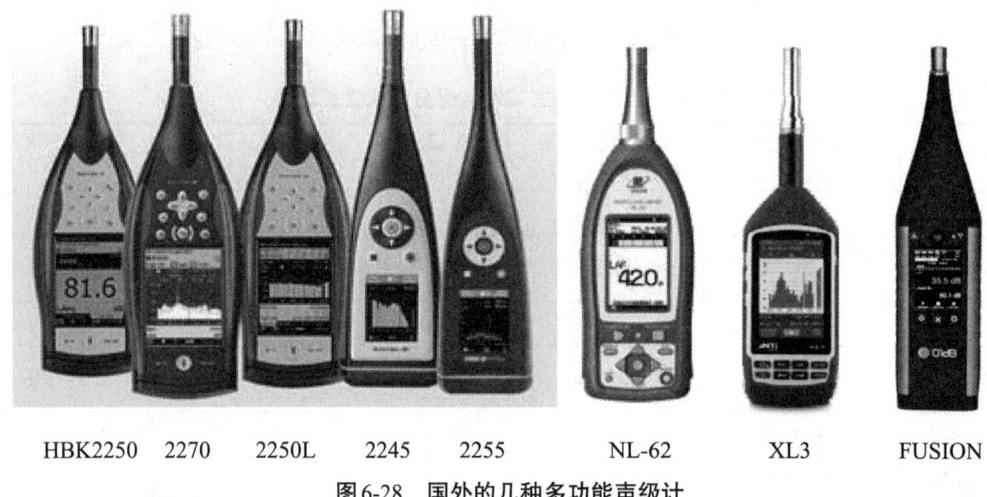

HBK2250　2270　2250L　2245　2255　NL-62　XL3　FUSION

图6-28　国外的几种多功能声级计

HBK2245型声级计可选4种平台软件，即Noise Partner、Work Noise Partner、Enviro Noise Partner和Product Noise Partner，量身定制，操作简便，轻松完成噪声测量。其单一测量范围超过120 dB(A)，无须切换量程。具有扩散场修正、风罩自动探测与修正功能，16 G内部存储器。防尘防水等级达到IP 55，即使在恶劣的环境下也能安全使用。集成蓝牙和Wi-Fi功能，利用手机软件进行远程控制，内置GPS可提供时间和位置信息。频率范围为0.5 Hz～20 kHz，内置符合ISO 7196要求的G频率计权；配合4193或4964传声器和ZC-0032前置放大器可以进行次声测量。

HBK的2270、2250和2250L系列声级计，选配不同的软件模块可满足噪声测量、CPB和FFT频谱分析、纯音评估、数据记录和混响时间测试等应用。它们的特点是120dB以上的动态范围无须进行量程切换、高分辨率彩色触摸屏、中文用户界面、风罩和声场修正，锂电池8小时以上连续测量，标准USB和局域网接口连接到PC进行数据传输、在线和远程控制，支持SD卡和USB记忆棒用于数据存储，底部输入接口可接入CCLD传感器。此外，2270型还具有双通道输入，用于声强测量和隔声测量，内置CCD摄像头拍摄测量现场的图片。标配的BZ-5503测量套组软件可为分析仪提供数据浏览、导出和维护应用功能。通过在2250或2270仪器的USB接口插入Wi-Fi加密狗添加无线通信，就能够快速轻松地将声级计数据上传到测量云平台，在测量平台中进行后期处理工作。

日本RION公司的NL-62型声级计是一种宽频率范围的1级声级计，频率范围为1 Hz～20 kHz，内置G频率计权特性，可以在测量A计权声级等参数的同时测量次声的G声级。通过更换不同的功能SD卡，可以分别实现1/1和1/3倍频程分析、FFT、波形记录、波形分析、混响时间测量、环境噪声测量和数据管理等功能。

瑞士NTi公司的XL3声学分析仪是用于噪声测量、室内和建筑声学等测量的专业声级计和声学分析仪，它既是1级声级计和1/3倍频程频谱分析仪，也是混响时间分析仪和建筑声学分析仪。标配支持以 T_{20} 或 T_{30} 方法测量倍频程分辨率混响时间，频率范围 为63 Hz～8 kHz。单个测量点或整个房间的测量结果由 XL3 自动平均。室内声学扩展选件可将分辨率扩展至1/3 倍频程，同时增加 T_{15}或EDT支持。可使用脉冲声或闸控粉红噪声作为测试信号。建筑声学扩展选件可以在现场直接测量空气声和撞击声隔声，满足 ISO 16283 等标准。只需在声源室和接收室分别测量，即可直接在屏幕读取建筑隔声结果。建筑隔声报告分析软件还能一键生成专业报告。

法国01dB公司的FUSION 声级计是最新设计的多用途声级计，118 dB大动态范围，可在5个频率2个声级上进行电荷注入自动检测（CIC），允许连接到WLS振动传感器同时在1轴（Z）或3轴（X、Y和Z）上记录振动信号。可以记录和存储平行的三轴振动、音频信号和所有的声学指示值（瞬时值、谱值）。适用于噪声暴露、工厂噪声测量、城市噪声、施工现场噪声、工业噪声、风车噪声、娱乐活动噪声、机器振动、结构振动、建筑声学和运输噪声的评估、分析和监测。使用智能手机、平板电脑、笔记本电脑等通信工具，通过互联网浏览器访问FUSION 声级计。可使用以太网、Wi-Fi或3G集成调制解调器（可选）进行远程连接和访问。可以配用户外传声器单元用于环境噪声自动监测；配用全指向声源、标准撞击器用于建筑声学测量。

国外几款实时信号分析仪性能比较见表6-27所列。

表6-27　国外实时信号分析仪性能比较

产品型号	HBK2255声级计	HBK2245声级计	HBK 2250声级计和2270（双通道）	RION NL-62型声级计	NTi XL3声学分析仪	01dB FUSION声级计
准确度等级	1级					
传声器	1/2"4966-Z-041或4952户外型	4189型，1/2"	4189型，1/2"	UC-59型，1/2"	M2340自校准（CIC）	MCE3自校准（CIC）
频率范围/Hz	与传声器有关	6～20 000	0.5～20 000	1～20 000	4.3～23 000	10～20 000
测量范围/dBA	15.8～140.9	16～141	16.6～140	17～138	17～137	19.5～138
频率计权	A、B、C、Z	A、C、G、Z	A、B、C、G、Z	A、C、G、Z	A，C，Z	A、B、C、Z
时间计权	F、S、I			F、S、I和10 s	F、S、I	F、S、I、Peak
显示器	彩色液晶显示屏，分辨率240×320		彩色触摸屏，分辨率320×240	3英寸触摸彩屏，分辨率400×240	4.3英寸触摸彩屏，分辨率480×800	38 mm×50 mm触摸彩屏，分辨率320×240

续表

产品型号	HBK2255声级计	HBK2245声级计	HBK 2250声级计和2270（双通道）	RION NL-62型声级计	NTiXL3声学分析仪	01dB FUSION声级计
滤波器	1/1和1/3 OCT（可同时分析）	1/1和1/3 OCT、FFT		1/1和1/3 OCT、FFT	1/1和1/3 OCT	1/1和1/3 OCT
主要测量功能	基本噪声测量、环境噪声测量、工作场所噪声测量、产品噪声测量、建筑声学测量	排气噪声测量（X）、环境噪声（E）、工作噪声（W）、带噪声平台（N）	积分、统计、24 h监测、混响时间、次声（G计权）、振动测量和声强测量（2270）	积分、统计、声暴露、次声、混响时间、次声（G计权）等	积分、统计、声暴露、混响时间、室内声学测量、空气声和撞击声隔声测量	积分、统计、声暴露、混响时间
储存	16 GB		512 MB、SD卡	最多1000组、32 GB SD卡	32 GB SD卡	2 GB SD卡
通信接口	Wi-Fi、蓝牙、USB		USB、LAN、4G、Wi-Fi	RS232、USB	USB-C、4G/5G、Wi-Fi	RJ45、RS232、Wi-Fi、3G
电源	6700 mAh，可使用13 h		3.7 V，5200 mAh，可使用10 h	4×R6碱性或镍氢充电电池，可使用16 h	可拆卸锂电池，可使用8 h	锂电池6750 mAh，可使用20 h
外形尺寸/mm×mm×mm	281×68×37		300×93×50	255×76×33	210×85×45	300 ×70 × 52
防护等级	IP54	IP55	IP44	IP54		IP40
选配功能	GPS定位		GPS定位，照相机（仅2270）	内置噪声发生器		GPS

6.12 多通道信号分析仪

在声学测量中的多通道信号分析仪通常由多通道信号采集器、信号发生器、计算机和数字信号分析软件组成。当它配合适当的测量传声器就是一台多通道声级计，当它配合适当的振动传感器（如加速度计）就是一台多通道振动计，配用其他各种传感器又可用于不同的测量目的。通常都是更换不同软件来实现不同测量功能。通道数量可以从2通道至上千通道，可以代替测量放大器、频谱分析仪、信号发生器、数字频率计、失真度测试仪等多种仪器，功能非常强大，应用非常广泛。

HBK公司的PULSE多通道分析仪是1996年推出的首个噪声与振动多分析仪，其系统能够同时进行多通道、实时、FFT、CPB、总级值等分析。信号发生器可以输出正弦、扫描正弦、随机、伪随机、白噪声、粉红噪声及导入wav格式为波形文件。

PULSE系统（如图6-29所示）的平台包括软件、硬件两个部分。

硬件部分为3560 B/C/D/E型智能数据采集前端，前端中的模块可以按照用户的测量和分析任务来选择，其中必须包含一个网络接口模块，如7533、7536或者7537、7539型模块。

软件部分为7700型平台软件及其应用软件(7700型还可以细分为7770型FFT分析和7771型CPB分析)。与PULSE平台上的其他应用软件相结合,可以满足用户在数据记录与管理、结构动力学分析(如模态分析)、机械故障诊断(如包络分析、阶次分析、转子动平衡、飞行器振动检测)、声品质、声学材料测试、电声测试等方面的多种要求。

PULSE的新的结构版本LAN-XI数据采集硬件与HBK Connect或Sonoscout软件匹配,可实现直观的数据采集、实时的测量分析和强大的后处理功能。支持在多个工业应用领域,比如电声测试、结构动力学测试和风洞测试等,进行故障诊断和目标性能优化等工作。

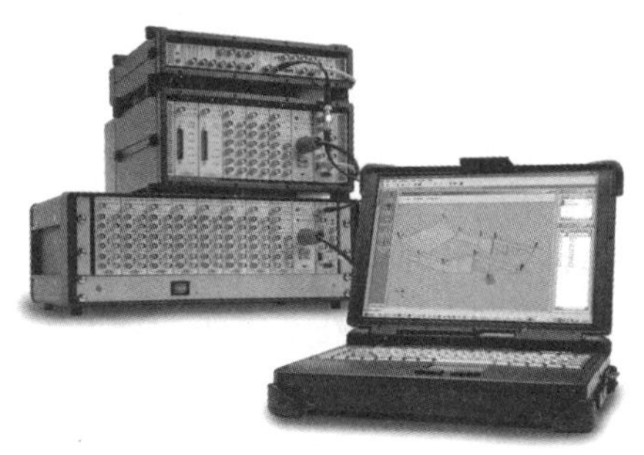

图6-29 PULSE系统(左图为老结构,右图为新结构)

LAN-XI系列模块和前端作为HBK Connect数据采集的硬件,配合相应软件单个模块即可组成小型采集系统,也可以将多个模块置于一个机箱或局域网内同步采集,具备POE以太网直接供电功能,只需一根网线即可同时实现数据传输和供电。

支持PTP精确时间协议,只需采用符合要求的交换机即可实现亚微秒级的同步。除3053模块和LAN-XI Light之外,所有LAN-XI模块采用Dyn-X技术,具有单一量程内160 dB的动态范围。此外,所有的输入模块均支持TEDS,可自动读入传感器的灵敏度等信息。综合TEDS与Dyn-X技术,大大节省测量前的安装准备时间,使工程师集中精力于测量本身以及分析数据。

AWA6290系列多通道信号分析仪是利用计算机多媒体技术开发的信号分析仪器。分析仪前端提供多种供电方式,以支持各种传感器工作。根据需要可选择不同的通道数,多台设备可组合使用,实现更多通道测量。通道间严格同步,高精度采样,可应用于噪声、振动等模拟信号的采集、频谱分析及相关应用,可实现以下功能。

(1)量值测量:产品送检时进行的测量一般为量值测量。主要包括总值测量、1/3 OCT频谱分析、声功率测量以及响度、尖锐度、粗糙度、调制度等声品质测量。

(2)性能分析:振动、噪声信号均有频率、幅值特性,产品不同部件的不同运转状态会在这两个特性上表征。通过深入分析,可根据信号的不同频率成分及幅值大小,定位产品异常部件及故障原因。分析方法有:FFT分析、频域测量分析、瀑布图分析、声源定位以及吸声系数、阻尼系数、固有频率分析等。

北京东方振动噪声技术研究所先后推出云系列、智系列和慧系列多通道数据采集分析仪,其中最新推出的慧系列INV3065N2多通道数据采集分析仪设备内置2个千兆以太网接口,无须交换机即可实现多台仪器级联,通道无限扩展;支持IEEE 1588同步,所有通道并行同步采样，最高采样频率可达256 kHz/通道；全功能采样卡，同时可对外接传感器或调理器供电；具有应力、应变及IEPE现场通道自检功能，可实时获知并显示通道当前状态；具备TEDS功能，自动识别TEDS传感器参数；支持脱机离线自动工作模式，各采集仪独立存储，不受网络限制；依托计算机硬盘海量存储，长时间实时、无间断记录全通道数据；抗干扰能力强，稳定性好；全面兼容DASP各类测试和分析软件。可应用于：接入各种形式的应变计，完成全桥、半桥、1/4桥状态的应力应变的测试和分析；接入各种桥式传感器，实现振动、温度、压力、力和位移等物理量的测试和分析；系统内置24 V/4 mA偏置电路，采集IEPE压电式加速度传感器或传声器的输出信号，实现振动、噪声等信号的测试和分析；与电涡流传感器、磁电式速度传感器、磁致伸缩位移传感器配合，实现对速度、位移的测试和分析；配合热电阻适调器，连接热电阻（如铂电阻、铜电阻等）温度传感器，对温度进行测试和分析；配合电流环适调器，连接4 mA～20 mA输出的传感器测试信号可对电压信号进行精确测量。适用于大型结构的振动、噪声、冲击和应变测试、强度环境试验及振动模态试验等。单台实现8～64通道可选，采用标准机箱机架设计，多台采集仪可通过千兆以太网同步级联，轻松实现上千通道的同步测试和分析。系统可广泛应用于航空航天、汽车工业、高端装备、轨道交通和桥梁建筑等行业的多种测试和分析场景。

如图6-30所示为两种多通道信号分析仪，如图6-31和图6-32所示为多通道分析的相关应用示例。

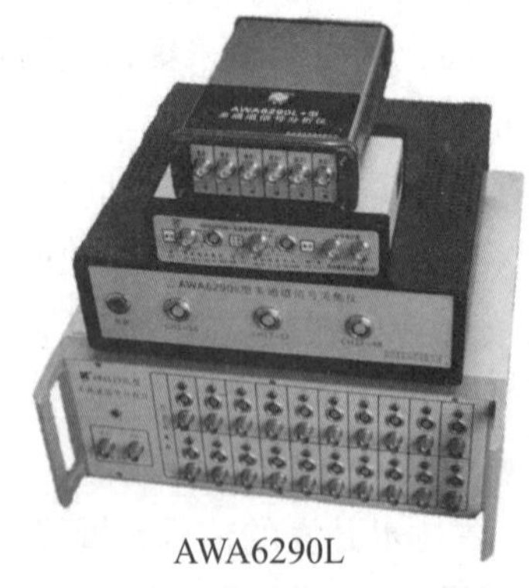

AWA6290L

INV3065N2

图6-30 多通道信号分析仪

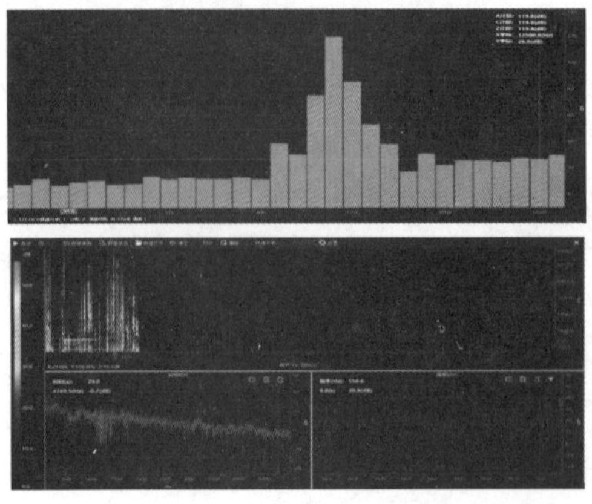

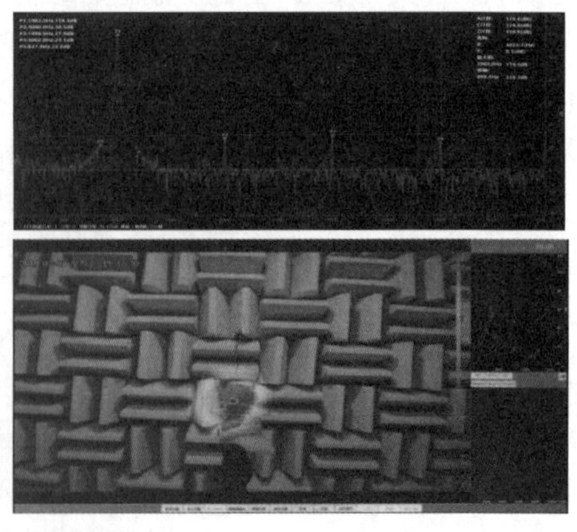

图6-31 多通道分析图例

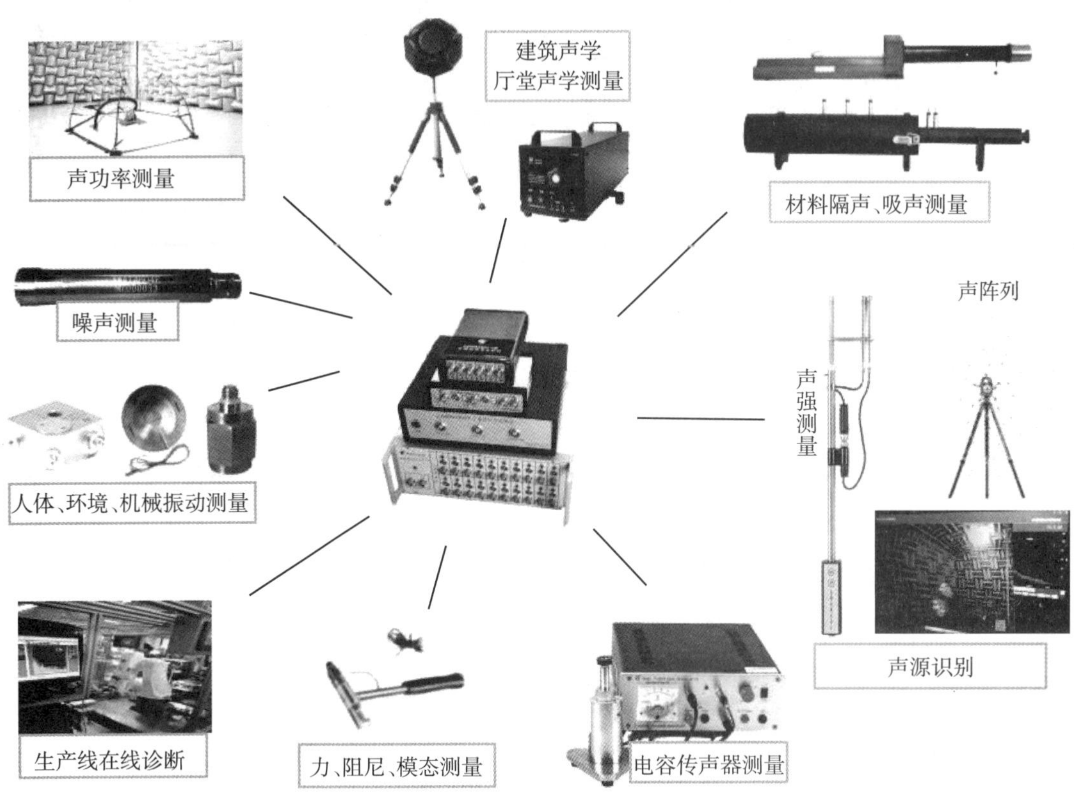

图6-32　AWA6290L系列多通道分析仪应用示意图

表6-28列出了几种多通道分析仪的主要技术性能。

表6-28　几种多通道分析仪的主要技术性能

产品型号	AWA6290L型 多通道信号分析仪	INV3065N2 多通道数据采集分析仪	HBK3660型 LAN-XI系列
典型应用环境	噪声、振动、应变测量等声强、声功率、建筑声学、阻抗管、扬声器、传递损失、故障诊断、模态等	模拟阵列、声功率、应变、故障诊断、模态等	实时多通道声音和振动数据采集、实验室和现场测量、车内NVH记录
信号采集单元			
单台输入通道数	2～20	8通道/卡	6通道/卡
多台扩展	路由器	路由器	路由器
通道间相位	<0.1° @1 kHz	<0.1°（DC～50 kHz）	8° 从下限频率至204.8 kHz
输入插座	LEMO及BNC（ICP）	多芯LEMO	DB62接口
AD位数	24位	24位	2×24位

续表

产品型号	AWA6290L型 多通道信号分析仪	INV3065N2 多通道数据采集分析仪	HBK3660型 LAN-XI系列
支持传感器类型	传声器、压电加速度计、力传感器等	压电加速度计、速度、温度、力、压力传感器、传声器等	传声器、压电加速度计
频率范围（主机）	0.5 Hz～80 kHz;±0.1 dB	0～100 kHz	0～102.4 kHz: ±0.1 dB 0～204.8 kHz: ±0.25 dB
采样频率	8192 Hz～192 kHz	最高256 kHz	65.5 kHz～524 kHz
动态范围	＞160 dB	＞120 dB	160 dB
最大输入电压	20 V_{RMS}	±10 V	10 V_{peak}可扩展至31.6 V_{peak}
本底噪声/μV_{RMS}	22.4 Hz～22.4 kHz线性:＜2.5	3	10 Hz～25.6 kHz线性:＜3 10 Hz～204.8 kHz线性:＜8.5
极化电压	0 V或200 V	0 V	0 V或200 V
传感器供电	30 V 或 ICP:4 mA，28 V	3.3V/5V/10V/12V及IEPE	±33 V或±15 V,或CCLD
TEDS	支持		
信号发生单元			
输出	2路,输出正弦波、白噪声、粉红噪声、扫频正弦波、扫幅正弦波、猝发音、MLS,可选1/3倍频带窄带噪声等		单个正弦波、猝发声、扫频正弦波、双固频正弦波、固频加扫频正弦波、步级正弦波、无规、伪无规、周期无规、下载的波形
频率范围	0.2 dB,0.5 Hz～75 kHz		±0.1 dB, 1 mHz~102.4 kHz ±0.3 dB, 102.4 kHz~204.8 kHz
谐波失真	＜0.1%		＜-80 dB(＜ 51.2 kHz时); ＜-76 dB(51.2 kHz～204.8 kHz时)
结构			
输出接口	RJ45	USB,RJ45	RJ45
电源供电	12 V/3 A	85 V～264 V AC/ 18 V～36 V DC	市电:90 V～264 V DC: 11 V ～32 V
无线扩展	支持		LAN

6.13　声强测量和测量仪器

6.13.1　概述

在声学测量中，一般是测量声压（或声压级），声压测量的原理简单、方法简便，测量仪器也比较成熟。但是，声压测量受环境的影响（背景噪声、反射等）较大，往往需要进行修正，有时还需要在特定的声学环境（如消声室、混响室）中进行测量。通过声压传声器对或者声矢量传感器采集到的数据，可以得到声强、声强级、声功率、声功率级。

随着电子技术的发展，各种直接测量声强的仪器相继问世。由于声强测量及其频谱分析对噪声源的研究有着独特的优越性，能够有效地解决许多现场声学测量问题，因此声强测量仪器成为噪声研究的一种有力工具。国际标准化委员会已公布了利用声强测量噪声源声功率级的国际标准，即ISO 9614-1：1993、ISO 9614-2：1996和ISO 9614-3：2002，分别规定了离散点上的测量、扫描测量和扫描测量精密法，对应国家标准GB/T 16404—1996、GB/T 16404.2—1999和GB/T 16404.3—2006。关于声强测量仪器，国际电工委员会则公布了IEC 1043：1993《电声学　声强测量仪　用声压传声器对测量》，对应国家标准GB/T 17561—1998。

6.13.2　声强测量的原理

声场中某一点上，单位时间内，通过垂直于指定方向或声传播方向单位面积上的平均声能量，称为声强。在没有流动的介质中，声强 $\boldsymbol{I}$ 等于瞬时声压 $p(t)$ 和同一点上相应的质点速度 $\boldsymbol{u}(t)$ 乘积的时间平均，其数学表达式为

$$\boldsymbol{I}=\frac{1}{T}\int_0^T p(t)\boldsymbol{u}(t)\mathrm{d}t$$

在声传播方向上的声强是

$$I_{\mathrm{r}}=\frac{1}{T}\int_0^T p(t)u_{\mathrm{r}}(t)\mathrm{d}t \tag{6-28}$$

式中，$p(t)$——传播方向 r 上某一点的瞬时声压；

$u_{\mathrm{r}}(t)$——传播方向 r 上某点空气的瞬时质点速度；

T——声波周期的整数倍。

声场中某点的质点速度的测量可以通过两只适当安放的传声器组成的探头来进行，其测量简图如图6-33所示。图中1和2为两个相同的传声器，两者中心的距离为Δr；O为传声器之间的中点，也即声强的理论测点；$p(t)$ 和 $u_{\mathrm{r}}(t)$ 为该点的声压和质点的速度。两传声器测出的声压分别为$p_1(t)$和$p_2(t)$。

当两只传声器之间的距离Δr远小于声波波长时，有

$$p(t)=\frac{p_1(t)+p_2(t)}{2} \tag{6-29}$$

在声波的传播方向上，质点速度与声压梯度的积分成正比，即

$$u_{\mathrm{r}}(t)=-\frac{1}{\rho_0}\int\frac{\partial p}{\partial r}\mathrm{d}t \tag{6-30}$$

式中，ρ_0——空气密度。

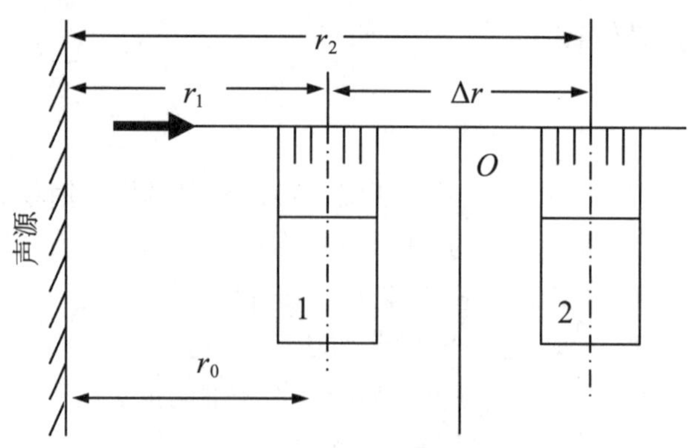

图6-33　双传声器测量简图

因为Δr很小，所以可以用有限差分$\frac{p_2 - p_1}{\Delta r}$来近似声压梯度，于是质点速度为

$$u_{\mathrm{r}}(t) = -\frac{1}{\rho_0}\int \frac{p_2(t) - p_1(t)}{\Delta r}\mathrm{d}t \tag{6-31}$$

测量点的声强可表示为

$$I_{\mathrm{r}} = -\frac{p_1(t) + p_2(t)}{2\rho_0}\int \frac{p_2(t) - p_1(t)}{\Delta r}\mathrm{d}t \tag{6-32}$$

利用电子线路完成上述运算，就可以测量出声强的平均值。

通常的双传声器探头有多种形式，如图6-34所示，有对置式、并列式、串联式及背置式等。每种形式的双传声器都是安装在专门的支架上，再配合前置电路，组成声强探头。

对置式声强探头一般由两个传声器组成。在定义时，带弯管一端的传声器称为A传声器，带直管一端的传声器称为B传声器，如图6-35所示。请注意传声器的编号，这将有助于判断声强方向。由传声器A向传声器B方向传递的声强为正，反方向为负。

对置式探头具有操作灵活，便于测试的优点。其间距是用一段和传声器直径相同的圆柱体隔离棒来保证的。圆柱体使被测的声音只能通过传声器保护罩周边的窄槽对膜片起作用，这样就使得两传声器声学中心的距离得到精确的保证。

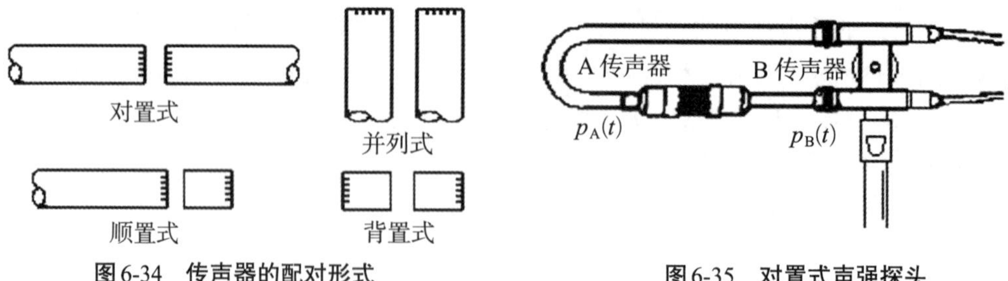

图6-34　传声器的配对形式

图6-35　对置式声强探头

如图6-36所示为各种不同直径的传声器在保证测量精度条件下的间距及其适用的频率范围。常用针对用于1/2" 传声器的隔离棒长度有50 mm和12 mm两种，用于1/4" 传声器的隔离棒的长度有12 mm和6 mm两种。

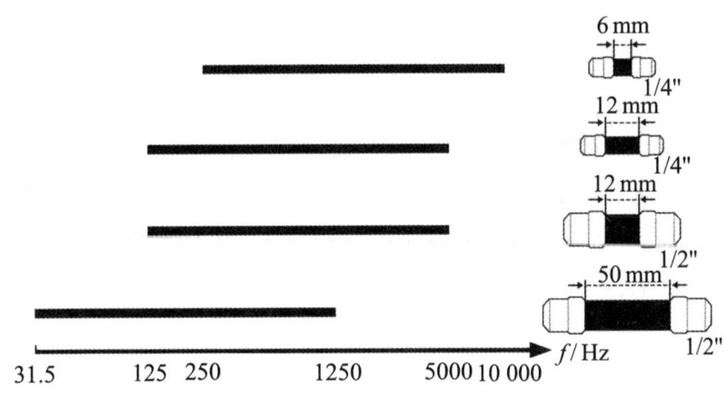

图6-36　不同直径传声器保证测量精度的间距和频率范围

根据随机信号分析理论，两个平稳随机信号$p(t)$和$u(f)$的互相关函数Rpur(0)与互功率谱密度函数Gpur(t)(单边谱)之间存在如下关系：

$$\text{Rpur}(0)=\int_0^{\infty}\text{Gpur}(f)\text{d}f \tag{6-33}$$

对于单一频率，有

$$\text{Rpur}(0)=\text{Gpur}(f)\Delta f \tag{6-34}$$

式中，Δf——有限傅里叶变换相关频率分辨率。

对于非单一频率，有

$$\text{Rpur}=\sum_{i=1}^{n}\text{Gpur}(f_i)\Delta f \tag{6-35}$$

由于互相关函数即为两信号乘积的数学期望，因此可得声强在频域中的表达式为

$$I_{\text{r}}(f)=\text{Gpur}(f)\ \Delta f \tag{6-36}$$

将互功率谱密度函数的估计值

$$\text{Gpur}(f)=I\lim_{T\to\infty}\frac{1}{T}\sum[F_p^*\cdot Fur] \tag{6-37}$$

代入式(6-36)后可得声强，即

$$I_{\text{r}}(f)=I\lim_{T\to\infty}\frac{1}{T}\sum[F_p^*\cdot Fur]\Delta f \tag{6-38}$$

将式(6-29)与式(6-30)进行傅里叶变换后代入式(6-38)，经整理后得到声强的互谱表达式为

$$\begin{aligned}I_{\text{r}}(f)&=\frac{1}{2\pi\rho\Delta rf}\text{Im}[G_{21}(f)\cdot\Delta f]\\&=\frac{1}{2\pi\rho\Delta rf}\text{Im}[G_{\text{II}\cdot\text{I}}(f)]\end{aligned} \tag{6-39}$$

式中，$G_{21}(f)$——传声器1与2测出的声压$p_1(t)$和$p_2(t)$的互功率谱密度函数；

$G_{\text{II}\cdot\text{I}}(f)$——两声压的互功率谱；

Im——取虚部。

从声强表达式中可以清楚地看到，只要获得了两个声压信号的互功率谱，就可以测出声强及其频谱。而通过双通道FFT分析仪，不难进行互功率谱的测量与计算。

6.13.3 声强测量仪

声强测量仪是一种测量空气介质中声强在某一方向的分量的仪器，可在设备现场通过测量声强来测定声源的声功率级，同时提供声强及声压的实时倍频程、1/3倍频程频谱分析结果、声强强度图等。通过多点的声强测量，可获得声源附近某一平面上的声能流强弱分布，以研究声源的辐射特性。依据GB/T 14604.1/ISO 9614-1、GB/T 14604.2/ISO 9614-2和GB/T 14604.3/ISO 9614-3，在普通声学环境中准确测定声源和各种设备的声功率，从而可节约一大笔建造消声室的费用，并且可以完成诸多在消声室内使用声压法无法完成的测量工作。利用声强探头的强指向性进行噪声源定位，现场测定声能传递损失（隔声测量）等。

声强测量仪大致有三种：一种是模拟式声强计，它能给出线性或A计权声强或声强级，也能进行倍频程或1/3倍频程声强分析，适用于现场声强测量；另一种是利用数字滤波技术的声强计，由两个相同的1/3倍频程数字滤波器获得实时声强分析；还有一种是利用双通道FFT分析仪，由互功率谱计算声强，并能进行窄带频率分析。

如图6-37所示为小型模拟式声强计工作原理方框图。这种仪器应用模拟倍乘方法，能实时测量声压级、质点速度和声强级，测量结果都用dB表示。声强探头的两只传声器测得的声压$p_1(t)$和$p_2(t)$，经放大器放大，通过f_c=100 Hz的高通滤波器滤去寄生的低频信号，以避免电路过载。两信号在通道1中相减，在通道2中相加，分别得到(p_2-p_1)和(p_1+p_2)，再各自通过A计权滤波器（或外接带通滤波器做特殊分析）。其中通道1的(p_2-p_1)再进入积分电路，输出信号u，它与$(p_1+p_2)/2=p$的信号相乘，就得到声强I。经过线性/对数转换器转换，在电表上以dB指示声强级。

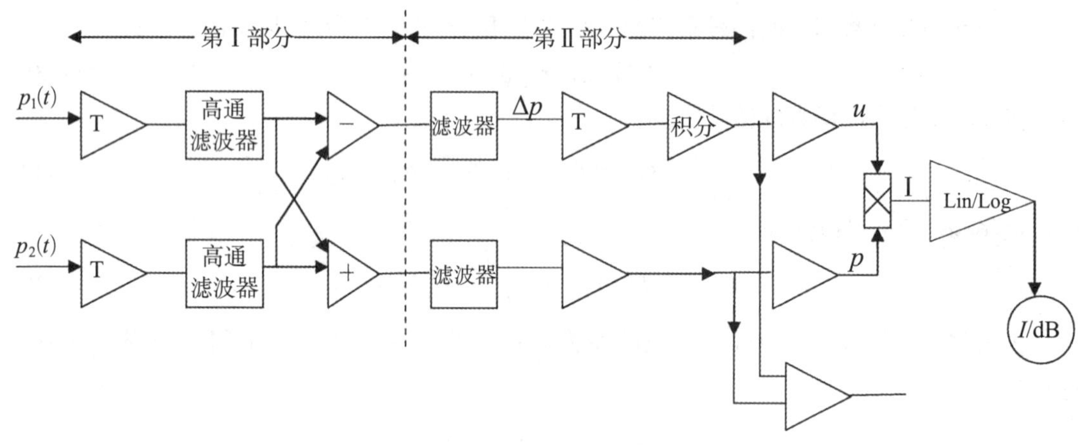

图6-37　小型模拟式声强计工作原理方框图

为了减小实际测量中由于相位失配引起的误差，声强探头的两只传声器的相位失配要小（100 Hz ～ 10 000 Hz的频率范围要小于0.5°），同时使p和u信道在相位上精确地匹配，再根据所研究的频率范围调节距离Δr，使两个信道之间的相位失配在100 Hz～10 000 Hz的频率范围低于1°。

声强测量设备中对两个测量通道的幅度和相位匹配要求甚严。如果采用模拟滤波器进行声强分析，将会由于相位失配使测量误差大大增加；而使用数字滤波器，则可能完全避免相位失配。虽然数字滤波器具有与一般滤波器相类似的相位响应曲线,但通过将同一滤波器单元在两测量通道之间平分时间,使两个滤波器通道的相位函数完全相同,就可避免两通道之间的相位失配。

标准GB/T 17561/IEC 1043对声强测量仪器及组成该仪器的处理器和声强探头,按能达到的测量准确度分为1级和2级,而且2级的允许误差比1级的大。另外还规定了2x级,但该级的处理器和仪器不能实时测量。当处理器和探头同时提供成为规定等级仪器时,探头和处理器都要满足该等级的要求。当处理器和探头分别提供时,1级仪器应配置1级处理器和1级探头;2级仪器应配置1级处理器和2级探头,或2级处理器和1级探头,或2级处理器和2级探头。2x级仪器应配置2x级处理器和1级探头,或2x级处理器和2级探头。该标准还规定了声强处理器的指标及性能要求(见表6-29所列)。1级声强计用于ISO 9614标准规定的精密级和工程级声功率测量,2级则用于调查级测量。

表6-29 声强测量仪中处理器的主要性能指标

测量准确度	1级	2级	2x级
滤波器类型	1级1/3倍频程(模拟或数字)	2级倍频程或1/3倍频程(模拟或数字)	2级倍频程或1/3倍频程(模拟或数字)
实时信号处理	必须具备。如果频带由FFT分析合成,则要求重叠处理		时间窗、数据采集和处理时间要求的全部信息
指示器准确度/dB	±0.2	±0.3	±0.3
各个传声器的准确度/dB	±0.1	±0.2	±0.2
时间平均	10 s～180 s连续或以1 s或更小分挡	10 s～180 s连续或分挡	30 s～600 s
在环境条件下提供声强校准	必须具备	任选	任选
频率范围	45 Hz～7.1 kHz(对1/3倍频程),45 Hz～5.6 kHz(对倍频程)		
计权特性	A计权,符合IEC 6167-1标准,计权误差为1级声级计误差的一半		
分辨率/dB	0.1		
峰值因子容量	>5(14 dB)		
量程选择	自动或手动		
过载指示	应提供		
工作环境/℃	5～40		

声强法测定噪声源声功率级的三种方法:离散点上的测量法、扫描测量法和扫描测量精密法。其中,扫描测量法的精度高于离散点上的测量法的精度,但扫描测量法要求移动速度均匀,要避免操作人员的身体妨碍声源的自由辐射。离散点上的测量法可以用三脚架固定探头进行测量,当测点适当多时,精度也比较高。扫描测量精密法则可以达到1级准确度(精密级)。

声强法适用于稳态声源,大多数机械设备都可以用声强法测量。而且这种方法受环境和背景噪声的影响较小,测量的准确度较高,特别适宜于生产车间和机械设备厂的现场测量,是值得推崇的方法。

AWA6290S型声强测量仪(图6-38)由AWA8451声强探头、AWA6290L多通道声学分析仪及声强分析软件组成,符合GB/T 17561—98及IEC 1043:1993《声强测量仪 用声压传声器对测量》标准。AWA8451声强探头采用3个固定间距的声压传声器,实现全频带的一次声强测量。测量仪可以同时提供声强及声压的实时倍频程、1/3倍频程频谱分析结果和声强强度图等;内置相位信息存储,具自动修正功能,精度更高;体积小,按键遥控,操作灵活,使用方便;气压及温度自动修正;红绿色曲线突出显示声强的正负方向。其主要技术指标见表6-30所列。

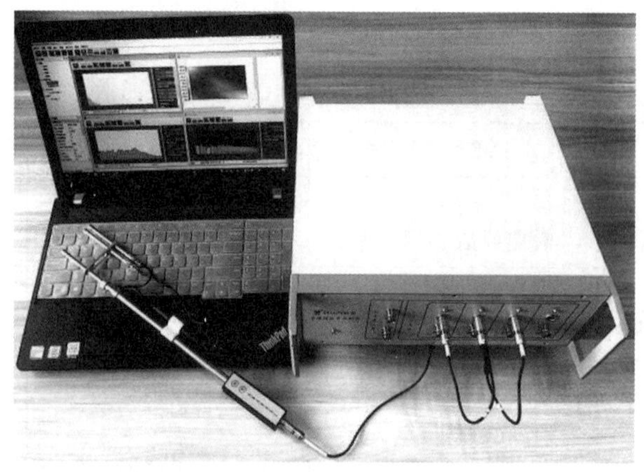

图6-38 AWA6290S型声强测量仪

表6-30 AWA6290S型声强测量仪的主要技术指标

符合标准	声强测量	GB/ T 17561及IEC 1043
	声强法声功率测量	GB/T 16404及ISO 9614
传声器	类型	1/4"自由场型,0 V极化电压
	灵敏度级	约-48 dB,3个传声器之间的差异小于1 dB
	测量范围	40 dB～160 dB
	频率范围	20 Hz～20 kHz
	传声器对之间的相位差	<0.2°(50 Hz～250 Hz) <[f(Hz)/3000]°(250 Hz～6.3 kHz)
声强测量频率范围		50 Hz～6.3 kHz

6.14 环境噪声自动监测系统和噪声显示屏

一套环境噪声自动监测系统通常由噪声自动监测子站、传输线路(有线或无线)、中心站主控计算机等部分组成。

目前，在用的以噪声统计分析仪或多功能声级计为代表的手持环境噪声监测仪器，虽然能自动采集数据、储存数据、计算和分析测量结果，但它并不是环境噪声自动监测系统中的噪声自动监测子站。噪声自动监测子站至少应具有以下几方面的功能。

(1)它应具有合格的户外防护装备，不管刮风下雨、天冷天热，都能在保证测量准确度的状态下长期连续正常工作。

(2)它应是无人值守的，也就是不需要有人值班看护它。

(3)它应能自动将数据传输到中心站，而无须通过人工采集或将仪器带回中心站再将数据输入计算机。

(4)它应能多点联网工作，因为噪声测量往往是许多测点同时进行的，它们的数据都要传送到中心站，并自动生成各种形式的报告。

噪声自动监测子站的测量结果经数据传输单元传输到中心站的服务器，中心站服务器又通过数据传输单元对终端进行控制。传输线路可以选用光纤宽带通信、无线通信模块、局域网络或直接使用串口RS232传输，它们各有优缺点，适用于不同的场合。目前，较多的是采用4G无线通信模块通过互联网传输到中心站的主控计算机或服务器。

对中心站的主控计算机没有特别的要求，一般使用服务器电脑。主控计算机通过环境噪声数据管理软件对噪声自动监测子站进行遥控与遥测，测试数据传输到主控计算机，经处理后自动生成各种报表文件。一台主控计算机可以同时监控多点测量，使噪声监测工作进入自动化、智能化。

环境噪声自动监测系统可以按照GB 3096—2008《声环境质量标准》中的定点测量方法，应用于一个或多个测点，进行长期噪声定点监测，以获得某一区域或整个城市的环境噪声的平均水平和噪声污染的时间分布。这时只需将噪声自动监测子站安装在规定的测点上，通过通信网络，由中心站主控计算机对它进行遥控与遥测，监测点现场不需要任何人值守。

近年来，机场周围飞机噪声问题越来越受到人们关注，环境噪声自动监测系统可以用于测量机场周围由于飞机起飞、降落或低空飞越时所产生的噪声。依据标准GB 9661—88《机场周围飞机噪声测量方法》，一般情况下使用简易测量，即只需经频率计权的测量即可。要求高需要进行精密测量时，可以配置较高档的噪声自动监测子站，进行实时1/3倍频程频谱分析的测量，由这些测量结果计算每次飞行事件的感觉噪声级L_{PN}和有效感觉噪声级L_{EPN}。再计算一系列相继飞行事件的噪声级和一段监测时间内的计权等效连续噪声级L_{WECPN}，并可进行等值曲线绘制。

环境噪声自动监测系统的另一个应用是监测噪声污染源的噪声排放，这类污染源有建筑施工噪声、工业企业厂界噪声及社会生活噪声等。只要将噪声自动监测子站安装在监测点，它会自动记录下每时每刻的噪声级变化情况，从而有效地监测有无违规施工、偷偷排放噪声的情况。

杭州爱华智能的AHAI 6218J型环境噪声自动监测系统主要由噪声自动监测子站(包括户外传声器单元、数据采集控制单元和电源部分)、数据传输单元、中心服务器(计算机)、环境噪声数据管理软件等组成(如图6-39所示)。前端采用实时信号分析技术,可对噪声信号进行实时1/1和1/3倍频程频谱分析,并可以监测与分析环境噪声的特征,判断噪声来源,通过无线或有线的网络传输实现远程数据遥测、噪声事件监测、系统自动校准,最终形成报告。可精密测量和计算机场噪声的感觉噪声级和有效感觉噪声级。系统的硬件和软件采用模块化结构,主要功能可根据用户的需要进行配置,可以只要噪声统计分析功能,也可以选配实时频谱分析功能,还可以加入气象模块、车流量模块、定位模块和显示屏。户外传声器单元具有防风、防雨、防鸟停功能,工作温度范围宽,还配有静电激励器校准装置。AHAI 6218J型环境噪声自动监测系统适用于城市功能区噪声监测、工业企业厂界噪声监测、交通噪声监测、机场噪声监测、施工场界噪声监测、社会生活噪声监测及其他环境噪声研究领域。性能符合JJG 1095—2014《环境噪声自动监测仪检定规程》的1级要求。

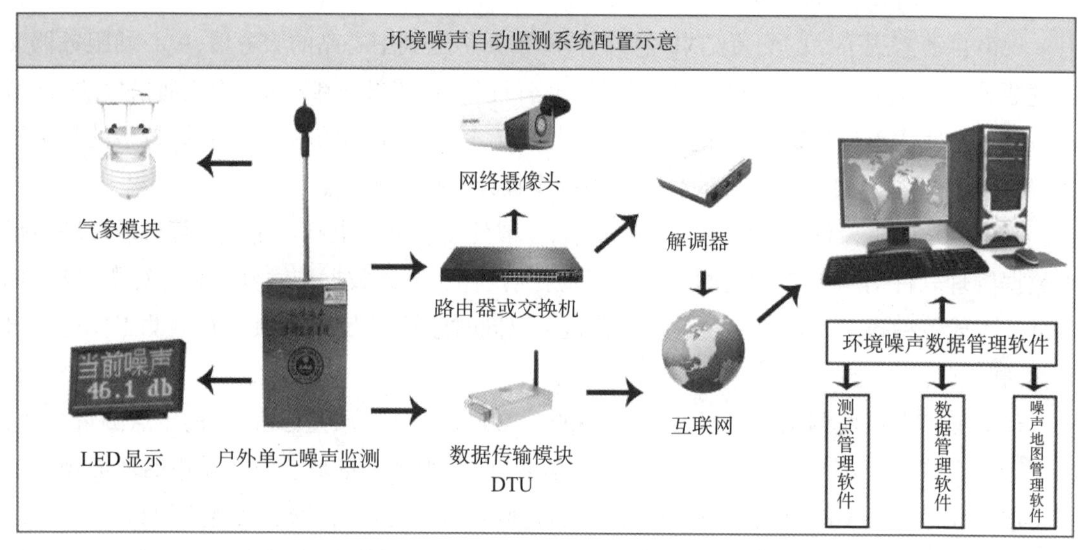

图6-39 AHAI6218J型环境噪声自动监测系统组成示意图

珠海高凌信息科技股份有限公司是从事军用电信网通信设备、环保物联网应用产品以及网络与信息安全产品的研发、生产和销售,并能为用户提供综合解决方案的高新技术企业。该公司的NGL04 ENS环境噪声自动监测系统基于噪声场物理信息模型与信号特征构建城市噪声数据库,利用大数据分析与人工智能技术,实现对环境自然声和建筑施工、社会生活、交通运输、工业生产场景的智能声源识别、噪声事件解析和多维度统计评价分析。系统性能符合《功能区声环境质量自动监测技术规范》(HJ 906—2017)、《环境噪声自动监测系统技术要求》(HJ 907—2017)等国家相关标准的要求。可扩展视频监控、气象监测、车流量监测、声音类型识别和声源定位等单元。配有噪声移动监测车、各种噪声自动监测子站,以及噪声自动监测识别系统。

AHAI6218J和NGL04ENS环境噪声自动监测系统的主要技术指标见表6-31所列。

表6-31 两款环境噪声自动监测系统的主要技术指标

项目	AHAI6218J	NGL04ENS
准确度等级	GB/T 3785.1/IEC 61672-1，1级 GB/T 3241.1/IEC 61260-1，1级 JJG 1095，1级	符合HJ 906和HJ 907等国家相关标准的要求
户外传声器单元	AWA14801A型户外传声器单元1级（含传声器AWA14424B）	—
传声器指向性	0°或90°入射	—
频率范围	10 Hz～20 kHz	0 Hz～20 kHz
测量范围	27 dB(A)～132 dB(A)	动态范围≥110 dB
频率计权	并行（同时）：A、C、Z	A、C、Z
时间计权	并行（同时）：F、S、I	F、S
主要测量指标	瞬时声级：L_p、L_{peak}、L_{max}、L_{min}； 等效声级：$L_{eq,1s}$、$L_{eq,T}$（T=1 min～60 min）、$L_{eq,h}$、$L_{eq,d}$； 统计声级：L_5、L_{10}、L_{50}、L_{90}、L_{95}、L_d、L_n、L_{dn}、SD	L_{eq}、L_N（可任选百分比）、L_{max}、L_{min}、SD、L_d、L_n等
主要测量功能	总值分析功能、积分测量功能（包括自定义积分时间功能）、统计分析功能（包括小时统计分析功能、天统计分析功能）、倍频程和1/3倍频程滤波器功能等	总值分析功能、积分测量功能、统计分析功能、24 h测试功能、倍频程和1/3倍频程滤波器功能等
其他功能	远程通信功能，超标报警、超标录音、超标频谱分析功能，自动电校准功能，集成多种外部设备功能	可扩展视频监控、气象监测、车流量监测、声音类型识别和声源定位等单元
滤波器（选配）	倍频程滤波器，标称中心频率：16 Hz～16 kHz；1/3倍频程滤波器，标称中心频率：10 Hz～20 kHz	频谱分析
CPU	全志A20双核处理器（1.5 GHz）	—
操作系统	Linux 3.3.0	—
显示	3.5英寸彩色LCD触摸屏，分辨率240×320；可外接不同尺寸的LED显示屏	7英寸全彩触摸显示屏
数据存储	存储方式：SD卡4 GB或8 GB（可扩展至16 GB）；存储长度：不删除存储时间大于90天（不录音）	
输出接口	AC/耳机接口；RS232接口（6个）；RJ45网口；USB 2.0接口（2个）；Wi-Fi天线接口；GPS天线接口	—
远程通信	有线传输：RS232串口传输、RJ45网口传输；无线传输：2G/3G/4G网络传输；数据内容：所有能存储的内容、视频、远程设置	支持跨级传输和一点多传，支持HJ212与HJ660双协议通信
录音	标准WAV格式，可设置启动阈值，可上传服务器	支持噪声超标事件录音、拍照录像

续表

项目	AHAI6218J	NGL04ENS
供电方式	市电交流220 V±20 V供电，内置不间断电源，停电后可保证仪器正常工作24 h以上，太阳能辅助供电（选配）	多种供电方式保障
工作环境	温度：-30 ℃～+55 ℃；相对湿度：0～100%（不凝结）；大气压：65 kPa～108 kPa	温度：-30 ℃～60 ℃；相对湿度：0～100%（不凝结）；大气压：65 kPa～108 kPa
机箱	符合IP55标准，不锈钢外壳。外形尺寸：悬挂式500 mm×320 mm×180 mm，落地式700 mm×430 mm×250 mm	符合IP65标准；抗风等级：大于40 m/s不损坏

环境噪声自动监测系统也可以与大屏幕噪声显示屏连接，一方面自动监测环境噪声，另一方面又把噪声监测值用大屏幕实时显示，起到普及和宣传噪声污染防治知识，提高人们的环境保护意识的作用。显示屏上还可以显示大气污染指数，气温、风力、风向等气象资料。

噪声显示屏可以做成单面，也可做成双面、三面或四面。显示器件一般采用发光二极管，室外的采用像素管，显示会更加明亮清晰，而且防雨水。可以只显示瞬时声级，也可同时显示L_p和10分钟L_{eq}。它还可以储存多天数据，储存数据可通过人工采集送到计算机，也可通过电话线路或无线网络传输到计算机。显示屏还可以做成环境质量公告牌，不仅显示环境噪声的测试值，而且显示空气污染指数。污染指数是由计算机通过电话线或无线网络传输到显示屏进行显示的，并按要求更新。

6.15 利用手机测量噪声

经过多年的发展，手机已经从单纯的通信设备转变为智能服务的终端。从手机的组成来看，它具有传声器、放大器、信号处理器和显示器等结构，如果在手机上安装噪声测量的软件，就可以用手机屏幕显示噪声测量值。

但是由于手机机壳里安装的是一般通话用麦克风（咪头），因此它的自由场响应和指向性都不能符合国标对声级计标准的要求，也无法进行声校准。而且大部分手机考虑到通话质量，会有意对低频进行衰减以抑制不需要的噪声，因此低频频响普遍比较差。再者，手机也会对高声级进行自动音量控制，使得级线性范围也较小。虽然可使用外置麦克风接到手机外接传声器插座来代替手机内置麦克风，频响和级线性范围有所提高，且能够通过校准器校准，但是其他问题还是不能得到解决，所以用手机内置麦克风或外接麦克风都不可能满足标准GB/T 3785声级计最低2级的要求，因此单用手机无法做专业噪声测量。

为了解决以上问题，可以通过以下两种方法来实现。

一种方法是采用带USB接口的iSV1610型数字传声器（图6-40）。它由测量传声器、前置放大器、24位A/D、CPU和USB接口组成，用来与智能手机或平板电脑App配套使用以测量声信号。测量传声器将声信号转换为电压信号，经前置放大和A/D变换将模拟信号转换为数字信号，再通过USB接口将数字信号传输到手机或平板电脑等智能设备，配合智能设备上安装的噪声测量分析软件，成为一台数字化声级计和实时信号分析仪。

另一种是iSV1101型声级计作为无线网络传声器，通过Wi-Fi将被测噪声的原始波形数字信号传输到智能手机，组成一台实时信号分析仪，由手机对被测噪声信号进行各种分析运算。也可以采用AWA3301系列智能传声器(图6-41)，通过Wi-Fi或蓝牙将传声器测得的噪声数据发送到智能手机，由手机对这些数据进行分析处理并显示结果。AWA3301系列可以选择3301A(1级)、3301B和3301C(2级)。

图6-40　iSV1610型数字传声器　　　图6-41　AWA3301系列智能传声器

由于数字传声器和智能传声器是将模拟信号转换为数字信号再传输到手机的，所以测量与手机自身模拟部分无关，避免了智能设备硬件的不足，使得声级计性能可以符合GB/T 3785.1/IEC 61672-1的1级标准，数字滤波器符合GB/T 3241/IEC 61260的1级标准。

为了配合硬件测试，又开发了S8452手机噪声分析软件，可安装在带有Android或iOS操作系统的手机上，实现积分测量、统计测量、倍频程、1/3倍频程、FFT分析等功能。该分析软件采用的是模块化结构，用户可以根据需要选择，既可以只选择噪声总值和积分测量，也可以加上倍频程和1/3倍频程分析、FFT分析、混响时间测量等功能。

当测量数据传输到手机后，可以利用手机的GPS与摄像头将测量结果相关联，实现现场取证的功能。也可以通过手机将测量结果上传到云服务器，就能在电脑上直接查看这些数据，分析人员也能够从云服务器中读取数据进一步处理。

6.16　飞机噪声认证中声压级测量系统的性能要求

6.16.1　概述

IEC 61265:2018《电声学　飞机噪声测量仪器　飞机噪声认证中声压级测量系统的性能要求》提供了飞机在飞行中或在地面上，或是安装在室外试验台上，测量其发动机声音的仪器的电声性能要求。其中有些要求与IEC 61672-1对声级计的要求不同，特别是有关频率响应、方向响应、线性工作范围和对各种环境的敏感性的要求。这些不同是由于认证试飞飞机经过时，要求仪器在声音到达的宽角度范围内有均匀的响应。如果符合该标准的测量系统的输出信号是由所有频带合成的总声压级，该声级与符合IEC 61672-1的声级计得到的声级可能会有所不同。

该标准的要求适用于测量认证协议，如国际民航组织《国际民航公约》的附件16“环境保护，第1卷飞机噪声”，第7版，2014年7月（ICAO Annex 16 to the Convention on International Civil Aviation. *Environmental Protection. Volume I, Aircraft Noise.* Seventh Edition-July 2014），所涵盖的各类飞机噪声（见表6-32所列）的测量仪器。其中提出了三种不同的测量协议，分别以EPNdB、L_{ASmax}和L_{AE}作为噪声评价量。

表6-32　ICAO测量协议

ICAO附件16的章序号	飞机类型和质量	传声器配置	噪声量	ICAO附件16的附录序号
3、4或14	亚音速喷气式飞机和>8618 kg的螺旋桨飞机	掠入射	EPNdB	2
8	直升机	掠入射	EPNdB	2
10	≤8618 kg的螺旋桨飞机	地平面	L_{ASmax}	6
11	≤3175 kg的直升机	掠入射	L_{AE}	4
13	倾转旋翼机	掠入射	EPNdB	2

6.16.2　测量系统

1. 测量系统组成

测量系统包括声校准器、传声器系统、信号记录和调节装置，以及1/3倍频程谱分析或A频率计权、S时间计权声压级测量。实际装置可能包括多个传声器系统，其输出由多通道记录装置同时记录下来。每一个由各自传声器系统以及仪器中的各个数据记录和分析通道组成，都是一个独立且完整的测量系统，因而都应满足性能要求。

测量系统应提供与规定的分析方法相适应的1/3倍频程频带或A计权声级的时间序列测量值。

对用于计算有效感觉噪声级EPNL值的测量，测量系统应提供至少覆盖中心频率从50 Hz～10 kHz范围的时间平均1/3倍频程频带声压级。

对于L_{AE}和L_{ASmax}测量，测量系统应提供1/3倍频程级或由符合IEC 61672-1的仪器提供的A计权声压级。1/3倍频程级能由后续数据分析程序转换为所要求的L_{AE}或L_{ASmax}值。

应使用符合IEC 60942要求的1级或1/M级声校准器检查整个测量系统的声灵敏度。

2. 传声器

（1）掠入射传声器配置

用于掠入射配置中的传声器，在与传声器的主轴成90°角时，至少在1/3倍频程中心频率为50 Hz～5 kHz范围内，其自由场灵敏度级应在参考频率时的±1.0 dB之内；中心频率为6.3 kHz、8 kHz和10 kHz时，应在±2.0 dB之内。

在50 Hz～10 kHz范围内的每个1/3倍频程中心频率处，掠入射配置所用传声器，当声入射角为30°、60°、90°、120°和150°时的自由场灵敏度级与声入射角为0°时（“正入射”）的差值不应超过表6-33给出的值。声入射角在表6-33中所列任意两相邻声入射角之间时，自由场灵敏度级差不应超过其中较大角度的接受限。IEC 61672-1声级计标准只对30°、90°和150°的声入射角进行了相关规定，而且允许差值几乎大一倍。

表6-33　掠入射传声器配置中所用传声器在正入射时与指定声入射角时的自由场灵敏度级之间的最大差值

1/3倍频程中心频率/kHz	正入射时的自由场灵敏度级与指定声入射角时自由场灵敏度级之间的最大差值/dB				
	声入射角/°				
	30	60	90	120	150
0.05～2.0	0.5	0.5	1.0	1.0	1.0
2.5	0.5	0.5	1.0	1.5	1.5
3.15	0.5	1.0	1.5	2.0	2.0
4.0	0.5	1.0	2.0	2.5	2.5
5.0	0.5	1.5	2.5	3.0	3.0
6.3	1.0	2.0	3.0	4.0	4.0
8.0	1.5	2.5	4.0	5.5	5.5
10.0	2.0	3.5	5.5	6.5	7.5

（2）地面传声器配置

符合ICAO附件16中附录6要求的测量用传声器系统安装于地面上，且具有基本为半球状的拾音面，对于从航线任何方向到达的，且与地平线的仰角约大于10°的声都具有均匀的特性。在这种配置中，具有基本均匀声压响应的传声器，放置在略高于放在地面的金属板上，且膜片与金属板平行。

地面配置中所用传声器，至少在1/3倍频程中心频率为50 Hz～5 kHz范围内，其声压灵敏度级应在参考频率时的±1.0 dB之内；对于6.3 kHz、8 kHz和10 kHz的中心频率，应在±2.0 dB之内。

3. 传声器之外的测量系统

（1）频率响应

将相当于参考级范围上的参考声压级5 dB之内的稳态正弦电信号施加于测量系统（包括传声器前置放大器，但不包括传声器）输入端，在50 Hz和10 kHz之间的任何1/3倍频程中心频率，读出的时间平均1/3倍频带信号级与参考频率时的指示值的差值在±1.5 dB以内。

（2）线性工作范围

稳态正弦电信号施加于传声器之外的测量系统输入端，在50 Hz和10 kHz之间的1/3倍频程中心频率处，至少在参考级范围的50 dB线性工作范围，级线性不应超过±0.4 dB，其他的级范围不应超过±0.5 dB。

4. 谱分析系统

（1）1/3倍频程分析

在1/3倍频程中心频率为50 Hz～10 kHz范围内，1/3倍频程频谱分析系统应符合IEC 61260的1级电性能要求，包括相对衰减、归一化滤波器积分响应、线性工作范围、实时工作、抗混叠滤波器和对环境条件的敏感性。

声压级序列样本之间的间隔应为500 ms±5 ms，样本应为每个1/3倍频程频带在该时间间隔中声压的均方根值。任何不超过5 ms的间隔都应在平均时删去。

(2)时间常数

用于EPNdB分析的1/3倍频程频带数据使用S时间计权。可在测量时计权,也可分别在数据采集期间或采集之后计权。

(3)时间偏移

描述S时间计权声压级特性的即时时间(instant in time)比实际读出时间早0.75 s。当发出噪声并考虑到S时间计权的平均周期时,该即时时间规定用于将记录的噪声与发出噪声时的飞机位置关联。对于每半秒的数据记录,该即时时间也能确定为相关的2 s平均周期开始后的1.25 s。

(4)抗混叠

将模拟输入信号转换为数字信号的测量系统应在模-数转换前设置抗混叠滤波器。抗混叠滤波器的截止频率应小于采样频率的0.5倍。抗混叠滤波器可以内置于模-数转换器中。

5. 读出设备分辨力

读出设备显示的或数据输出的声压级的分辨率应为0.1 dB或更优。

6.17 声校准器

6.17.1 概述

声校准器是一种当耦合到规定型号和结构(例如带与不带保护栅罩)的传声器上时,能在一个或多个规定频率上产生一个或多个已知的声压级的装置。声校准器有两个主要用途:一是校准规定型号和结构的测量传声器的声压灵敏度;二是检查或调节声级计和其他声学测量装置或系统的声压灵敏度。有时候还将它作为声测量装置的一部分来保证声测量的精度。声校准器作为一种校准器,对其准确度和稳定度都比一般仪器有更高的要求。为了能满足声学测量的校准要求,GB/T 15173和IEC 60942《电声学 声校准器》将声校准器的准确度等级分为三种:LS级、1级、2级。LS级声校准器一般只在实验室中使用,而1级和2级声校准器为现场使用。对于实验室用和符合1级要求的活塞发声器特别标识为LS/M和1/M,它产生的声压级与静压有关,使用中需要对静压的影响进行修正。1级声校准器可以与GB/T 3785.1/ IEC 61672-1规定的1级和2级声级计配套使用,2级声校准器主要与2级声级计配套使用。

声校准器的级别和标识见表6-34所列。

表6-34 声校准器的级别和标识

级别	标识	描 述
LS	LS	设计满足实验室标准装置规范的声校准器,无须对环境条件的影响进行修正
	LS/M	设计满足实验室标准装置规范的活塞发声器,只需对静压的影响进行修正
1	1	设计满足1级装置规范的声校准器,无须对环境条件的影响进行修正
	1/M	设计满足1级装置规范的活塞发声器,只需对静压的影响进行修正
2	2	设计满足2级装置规范的声校准器,无须对环境条件的影响进行修正

要求声校准器至少在160 Hz～1250 Hz频率范围内产生一个不低于90 dB的声压标称值。根据最新的声校准器标准IEC 60942:2017，在该频率范围内不同等级声校准器的主要性能指标见表6-35所列，表中也列出了最大允许测量扩展不确定值。

表6-35　不同等级声校准器的主要性能指标

	指标			最大允许测量扩展不确定度		
声级校准器级别	LS级	1级	2级	LS级	1级	2级
声压级接受限/dB（在参考环境条件及附近时）	0.10	0.25	0.4	0.10	0.15	0.35
短期级漂移接受限 /dB	0.03	0.07	0.15	0.02	0.03	0.05
频率接受限/%（在参考环境条件及附近时）	0.7	0.7	1.7	0.2		
最大总失真+噪声/%	2.0	2.5	3.0	0.5		1.0
电源电压对声压级影响的接受限/dB	0.02	0.06	0.16	0.02	0.04	
静压/kPa	65 ～108			0.2		
环境温度范围/℃	+16～+30	−10～+50	0～+40	0.5		
相对湿度/ %	25～90			5		
工频或射频场影响/dB	0.10	0.25	0.45	0.05		

表6-35中声压级接受限和频率接受限分别是指声校准器产生的声压级和频率与规定声压级和频率之差的绝对值，这些接受限适用于在参考环境条件或其附近的以下范围内进行的测量：大气压97 kPa～105 kPa，温度20 ℃～26 ℃和相对湿度40%～65%。所有接受限都不包括测量不确定度。

测得的声压级与相应的规定声压级之差的绝对值不应超过表6-35为各级别声校准器给出的接受限。对标识为LS/M或1/M级的声校准器，应对测得声级进行静压修正，并修正至参考静压。

声压级的漂移应采用时间计权F（IEC 61672-1规定标称时间常数为125 ms）测量，通过在声校准器工作60 s内至少采样30次，来测定其平均声级、最大声级和最小声级。最大声级和最小声级与平均值之差的绝对值均不应超过表6-35为各级别声校准器给出的短期级漂移接受限。如果声校准器在大于60 s的时段上工作，需要规定长时段的级漂移接受限。

表6-35中规定的最大总失真+噪声限值不仅仅是总谐波失真，它是测得的总失真分量+噪声的均方根与整个信号（或基波）的均方根之比。在从标称频率22.4 Hz～ 22.4 kHz的频率范围内测得的总失真+噪声不应超过表6-35中给出的最大值。

对于具有多个频率的1级声校准器，在其他频率范围的主要指标见表6-36所列。

表6-36　1级多频声校准器在其他频率范围的主要指标

频率范围/Hz	31.5～63	＞63～＜160	**160～1250**	＞1250～4000	＞4000～8000	＞8000～16 000
在参考环境条件及附近时声压级接受限/dB	0.30		**0.25**	0.35	0.45	0.50
短期级漂移接受限 /dB	0.20	0.10	**0.07**	0.07	0.07	0.07
在参考环境条件及附近时频率接受限/%	0.7					
电源电压对声压级影响的接受限/dB	0.06					
在规定环境条件范围内的声压级接受限/dB	0.25		**0.25**	0.30	0.45	0.60
在规定环境条件范围内的频率接受限/%	0.7					
最大总失真+噪声/%	3.0		**2.5**	3.0		

6.17.2　声校准器的类型

按照工作原理，声校准器主要有以下几种类型：活塞发声器、带声负反馈的声级校准器和带温度补偿的声级校准器。

1. 活塞发声器

(1)活塞发声器的工作原理

活塞发声器是通过体积速度已知的一个或多个活塞的运动，而在固定的空气体积中产生声压的一种声校准器。活塞发声器的工作原理如图6-42所示。

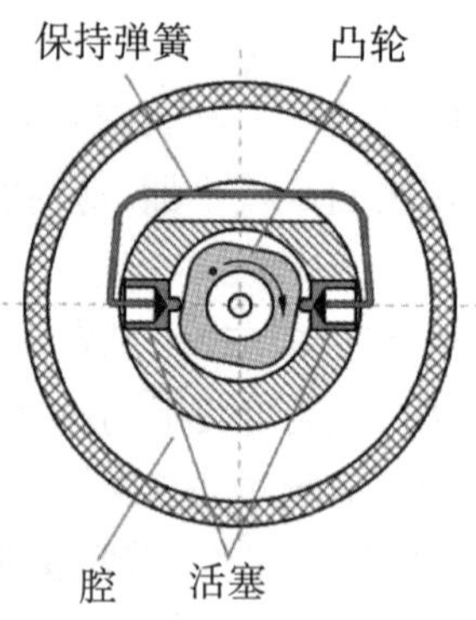

图6-42　活塞发声器工作原理截面图

两个活塞通过弹簧紧贴在特殊形状的凸轮表面，凸轮安装在一个微型电动机的转轴上。当电动机转动时，凸轮使活塞以4倍旋转速度的频率做正弦往复运动，从而腔的容积按正弦变化，产生的有效值(RMS)声压按式(6-40)计算，单位为Pa。

$$p=\gamma P_0\frac{2A_{\mathrm{p}}S}{V\sqrt{2}} \tag{6-40}$$

式中，γ—— 空腔里气体的比热（在20 ℃和一个大气压时，$\gamma=1.402$）；

P_0—— 大气压力，单位为Pa；

A_P—— 一个活塞面积；

S—— 一个活塞从中间位置移动的峰值幅度；

V—— 活塞处于中间位置时腔体的容积+传声器的等效容积。

在上述公式中，假定 $A_pS \ll V$，且压缩是绝热的。

用声压级 SPL 表示：

$$SPL = 20\lg\frac{p}{p_0} \tag{6-41}$$

式中，p_0——基准声压，一般取 p_0=20 μPa。

凸轮的形状如图6-43所示，特种不锈钢材料的凸轮按式（6-42）制造。

$$r = a + b\sin 4\phi \tag{6-42}$$

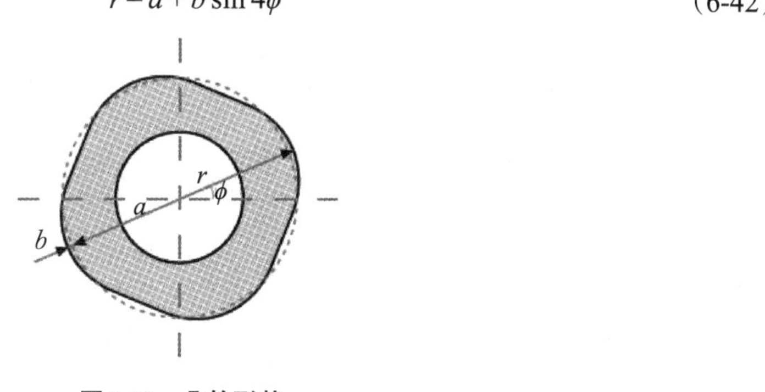

图6-43 凸轮形状

由于活塞的表面积、活塞行程和空腔容积（活塞在平均位置时）都保持不变，因此它产生的声压也非常稳定。活塞发声器的缺点是随着大气压的变化，它产生的声压级也会发生变化。活塞的直径远大于冲程时，活塞与壁面空隙的影响可以忽略（直到20 Hz，不要任何润滑材料，活塞的密封都已足够）。环境压力 P_0 的可能误差远低于要求的限值，因为气压表刻度上的10度相当于0.04 dB。这些特征使得活塞发声器在250 Hz标称频率产生的声压级误差小于0.2 dB。

（2）非线性失真和噪声

活塞驱动的设计使得活塞发声器的非线性失真很低。要求严格按式（6-42）对凸轮进行加工，因为凸轮的加工精度会影响活塞发声器声压级的一致性和信号的总失真。总失真主要是二次谐波和三次谐波。目前产生的失真主要不是由于凸轮上的瑕疵，它可被认作是相当完美的正弦形状。由于凸轮上的活塞尖头在凸轮上滑行时会有一定的磨损，尖头部的磨损就会造成活塞运动的轻微失真。

活塞是用特殊合成材料制造的，它与不锈钢之间的摩擦系数非常低。凸轮与活塞用高质量油润滑，保持弹簧的弹力很小，并调节到既保持活塞尖头与凸轮接触，又不会压力过大。通过这些预防措施，活塞发声器在250 Hz处的失真系数保持低于1.5%。其中主要是二次谐波失真有1.0%。

两只活塞对称地置于凸轮上，这样不仅能使声压提高一倍，而且可以互相抵消由于安装和电机轻微晃动造成的机械偏差，从而不影响产生的声压级。AWA6011型活塞发声器的总谐波失真控制在1.2%以下。当工作较长时间后，活塞的磨损会使谐波失真增大。

驱动电机采用无刷直流低噪声微电机，电机内置稳速装置，再使电机转速保持在3768 r/min（对应活塞发声器工作频率251.2 Hz）。电机的噪声和振动会在活塞发声器产生的声压上叠加噪声信号。微电机的噪声在高频（7 kHz～8 kHz）有一个谐振峰值，但是它至少比信号低40 dB，对总声压级没有影响，但是会使总失真+噪声的指标增大，典型值为1.5%，最大不超过2%。

（3）耦合器容积的设计和容积修正

耦合器容积设计使其尺寸与研究频率范围内的声音波长相比是很小的。耦合器的开孔直径ϕ 23.8 mm，可放置ϕ 23.77 mm标准直径的1"传声器（按ASA.Z 24-8-1949），例如HBK 4131型和4132型、WE640 AA型、MR103型传声器。活塞发声器可以耦合几乎任何类型的传声器，但其腔的尺寸应保持比$\lambda/4$小，以避免腔内声波运动的干扰（空气中在250 Hz的$\lambda/4$约为34 cm，在800 Hz约为10 cm）。耦合腔总的深度与直径的比值建议在1～3.5，以获得尽可能好的频率响应。

由式（6-40）可见，由活塞发声器产生的声压p反比于腔体的容积V，活塞发声器的标准声压级对应于插入具有通常保护栅的HBK传声器。在这种情况下，腔体的总容积是19.6 cm^3，包括HBK4131型和4132型传声器的等效容积0.15 cm^3。对于容积V的任何变化，例如变化为V'，必须在活塞发声器给出的声压级上给予相应的修正。修正值ΔL为

$$\Delta L = 20\lg\frac{V}{V'} \tag{6-43}$$

表6-37列出了HBK4228型活塞发声器校准几种传声器时腔体积的修正值。

表6-37　HBK4228型活塞发声器校准几种传声器时腔体积的修正值

传声器的型号	腔体积修正值/dB	
	不带保护栅	带保护栅
WE640AA	−0.3	−0.42
MR103	−0.3	−0.42
HBK4131、4132	−0.25（带DB0111适配环）	−0.05
HBK4144、4145	−0.25（带DB0111适配环）	−0.05
HBK4160	−0.28	−0.43
HBK4180	−0.08	—
HBK4133、4134	−0.08（带UA0825）	0.00
HBK4135、4136	—	0.00

(4)工作频率的范围

由于电机转速的限值,活塞发声器的工作频率不能做得很高,通常是250 Hz。如果被校准仪器只有A频率计权,用它来校准就会有较大误差。马达的转速正比于连接的电压,通过外接24 V电源,活塞发声器的频率最高可以达到800 Hz,这个频率只能短时间使用而且决不能再超过。低频限取决于耦合器容积的泄漏时间常数,当没有特别仔细地进行密封时,大约为20 Hz(利用简单的一层油脂就可以降到2 Hz或更低)。转速和频率的稳定性与马达端之间的电压稳定性直接相关。特别是在低频时,直流电源应该具有低内阻(小于2 Ω)。在给出的频率范围内,由活塞发声器产生的声压级是恒定的且与频率无关。可是当马达运行到最高速度(即800 Hz)时,噪声谐振峰可能使耦合腔中总声压级约升高0.2 dB。HBK4228属于1/M级,配外加气压表可达到LS/M级,标称耦合腔容积为19.733 cm^3(250 Hz),包括标称有效负载容积1.333 cm^3,总谐波失真<3%。

(5)气压修正

活塞发声器的缺点是随着大气压的变化,它产生的声压级也会发生变化。如图6-44所示为活塞发声器在低气压或高海拔地工作时的修正曲线图。如在1000 m高原,它产生的声压级比在海平面约低1.0 dB,2000 m约低2.0 dB,3000 m约低3.0 dB。在海拔1890 m的昆明市,它产生的声压级要比在参考的海平面约低1.8 dB;在海拔3650 m的拉萨市,则约低4 dB。所以用活塞发声器进行声校准时,需要对大气压的变化进行修正,才能达到规定的等级要求。AWA6011型活塞发声器内置气压传感器,在测量并显示大气压的同时,用数字显示活塞发声器的气压修正值,方便用户使用。

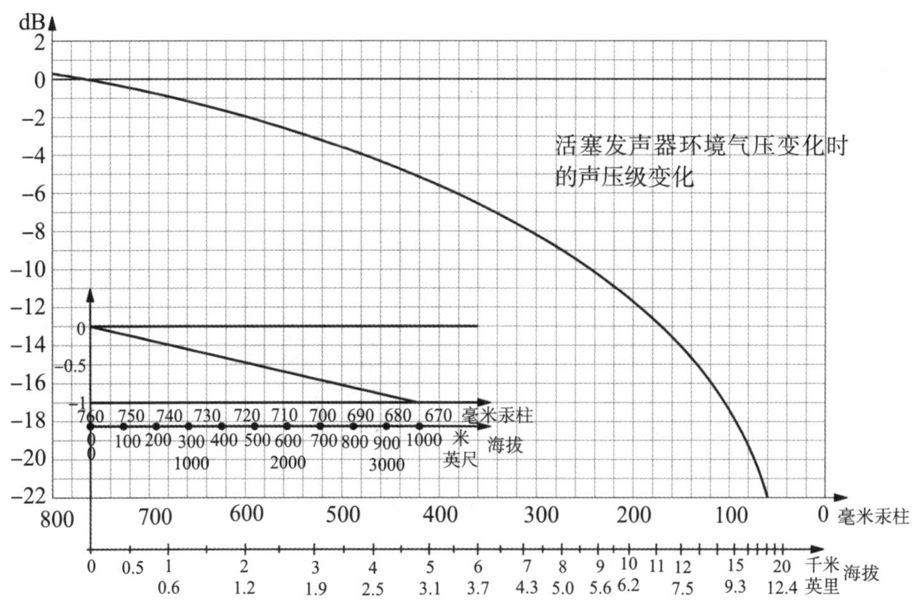

图6-44 活塞发声器在低气压或高海拔工作时的修正曲线图

2. 带声负反馈的声校准器

带声负反馈的声校准器的工作原理框图如图6-45所示,由电路产生频率为1000 Hz的电信号经可控增益放大器放大后驱动一只小型扬声器发声。该声压被参考传声器接收,并反馈到放大器,控制加到扬声器上的电压,使其产生的声压恒定。由于参考传声器具有较高的稳定性,因此这类声校准器具有较好的稳定性,可以达到1级声校准器的要求。同时,由于参考传声器的灵敏度随大气压的变化而很小变化,因此该声校准器产生的声压级一般不需要对大气压的变化进行修正,这是它的最大优点。HBK4231型和AWA6021A型声级校准器就属于这类声校准器,它们除产生94 dB声压级外,还可以产生114 dB(或104 dB)声压级。

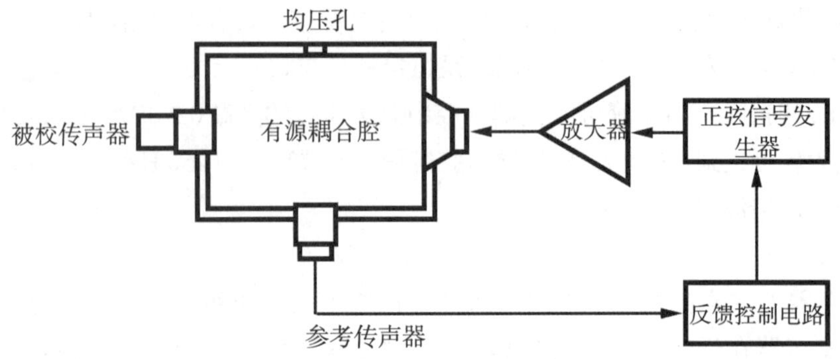

图6-45 带声负反馈的声校准器的工作原理框图

3. 带温度补偿的声校准器

这种声校准器如早期的B&K4230型和ND9型声级校准器,由电路产生频率为1000 Hz的电信号,经放大器放大后驱动一只小型扬声器(压电陶瓷型或动圈型)发声。考虑到扬声器声压会随温度的变化而发生变化,因此加入温度补偿,使声压保持不变。这种声校准器一般只能达到2级声校准器的要求,而且它还受大气压的影响,这种影响难以修正,在新的声校准器标准中也不容许修正,所以一般厂家已经不再生产这类声校准器。

如图6-46所示为常用的几种声校准器,其主要技术性能见表6-38所列。

HBK 4228　　AWA6011　　AWA6021A　　GRAS42AG

图6-46 几种声校准器

表6-38 几种声校准器的主要技术性能

型 号	HBK4228型活塞发声器	AWA6011型活塞发声器	HBK4231型声校准器	AWA6021A型声校准器	GRAS 42AG型多功能声校准器
按IEC 60942等级	1/M(LS/M)级	LS/M级	1级	1级	1级
标称声压级/dB	124	124	94和114	94和114	94和114
声压级准确度/dB(参考环境条件下)	±0.09	±0.10	±0.2	±0.25	±0.2
频率/Hz	251.2	251.2	1000	1000	251.2和1000
频率准确度/%	0.1	0.7	0.1	0.7	0.1
总失真/%	<3	≤2.0	≤1	≤2.5	≤2.0
显示器	—	LCD,分辨率128×64	—	—	OLED,分辨率128×64
使用温度范围/℃	-10～+50	+16～+30	-10～+50	-10～+50	-10～+50
适用传声器	ϕ 23.77 mm(1")、ϕ 12.7 mm(1/2")、ϕ 6.35 mm(1/4")				
特点	气压表气压修正	提供气压修正	声负反馈	声负反馈	声负反馈

注:以上指标所有误差都不包括测量不确定度。

4. 多频声校准器

为了测量和校准传声器和声级计的频率响应,另有能产生多个频率的声校准器,如杭州爱华仪器的AWA6028型多功能声校准器和HBK公司的4226型多用途声校准器。它们还能产生多个声压级,用于测量和校准传声器和声级计的线性度。它们都符合1级声校准器的要求,内置反馈传声器,自动调整温度、湿度和大气压力对产生的声压的影响。它可以作为一种便携式声级计检定装置,按照JJG 188的要求对声级计进行频率计权、级线性、时间计权等的检定校准。

另有GRAS 42AE型低频校准器可以对传声器低频声压响应和低频相位响应进行校准,频率范围为0.01 Hz～250 Hz(取决于前置放大器和传声器),利用双传声器插口也可以进行比较校准。适用于1/8"、1/4"、1/2"和 1"传声器,以及前均压孔和背均压孔传声器。

如图6-47所示为三种多功能声校准器,其主要技术性能见表6-39所列。

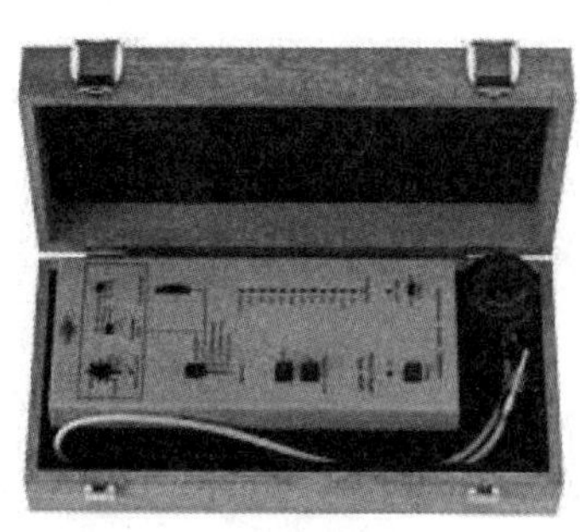

HBK4226

AWA6028

GRAS42AE

图6-47 几种多功能声校准器

表6-39 多功能声校准器的主要技术性能

型号	HBK4226型声校准器	AWA6028型声校准器	GRAS42AE型 低频校准器
按IEC 60942等级	1级	1级	
标称声压级/dB	94、104、114	94、104、114	最大140
声压级准确度/dB(参考环境条件和1000 Hz处)	94±0.2	94±0.25	±1.0(0.01 Hz～100 Hz) ±2.0(0.01 Hz～250 Hz)
频率/Hz	31.5、63、125、250、500、1000、2000、4000、8000、12 500、16 000	31.5、63、125、250、500、1000、2000、4000、8000、12 500、16 000	0.01～250
频率准确度/%	1	0.1	—
谐波失真/%	2	2.5	—
频率响应	压力场:线性(94 dB, 104 dB和114 dB)以及A计权(在1 kHz处94 dB声压级); 等效0°自由场:线性(94 dB, 104 dB 和 114 dB)以及倒A计权(在1 kHz处94 dB声压级)	压力场:线性(94 dB, 104 dB和114 dB)以及A计权(在1 kHz处94 dB); 等效0°自由场:线性(94 dB, 104 dB和114 dB)	信号输入:±1V_{max},阻抗1 MΩ; 信号输出:模拟耦合腔中声压,1 mV/Pa,阻抗1 Ω
猝发音和重复猝发音延时/ms	200、500	—	—
使用温度范围/℃	-10～+50	-10～+50	

注:以上指标所有误差都不包括测量不确定度。

6.18 声强校准器

声强校准器是指可以在实验室或现场校准声强的一种测量仪,如HBK3541A型和HBK4297型声强校准器(如图6-48所示)。

HBK3451A型声强校准器由模拟自由声场中平面声波的声强耦合器,用于声强、质点速度和声压级校准的HBK4228型活塞发声器等组成。声强校准器主要用于声强质点速度校准和声压校准,校准时不需要拆下声强探头。

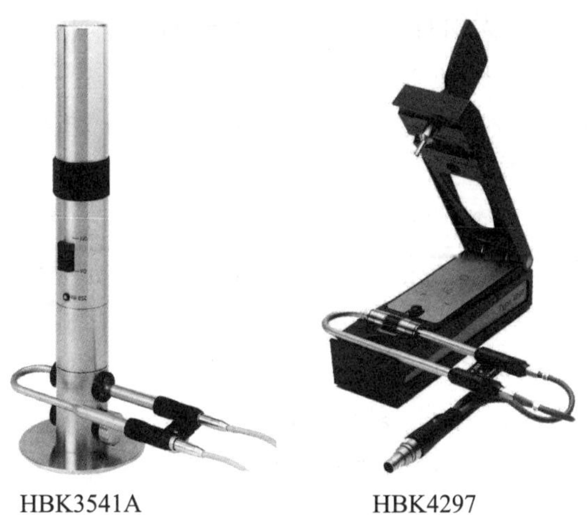

图6-48 两种声强校准器

简化的声强耦合腔截面图如图6-49所示，它包括两个通过耦合单元连接的室(上室和下室)。当活塞发声器放到耦合腔，声强探头传声器放置在与活塞发声器连接的耦合腔中，这样就模拟了自由声场中前进的平面声波。在上室的声压与下室的声压之间有一个相位差，但每个室内的声压的幅度是相等的。

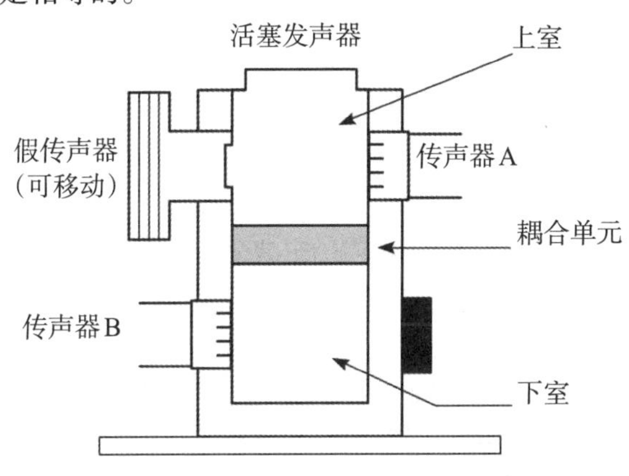

图6-49 简化的声强耦合腔截面图

假如两个传声器都放置在上室(如HBK3541A型声强校准器)，活塞发声器在每个传声器上产生相同的声压级，耦合腔和活塞发声器就校准了声压灵敏度。由于腔体容积扩大了，所以声压级就不是原来的124 dB，而是118 dB。

假如一个传声器放在上室，另一个传声器放在下室(如图6-49所示)，两传声器之间相距50 mm的标称间隔，在没有反射存在时，耦合腔在两个传声器上的声压之间造成相位变化。这个声压之间的相位变化模拟了声强和质点速度级，那么这个模拟声波就能够用来校准测量仪器的声强和质点速度的灵敏度。

HBK3541A型声强校准器还可以测量250 Hz中心频率的1/3倍频带的声压-残余声强指数。对于宽频带声压-残余声强指数的测量推荐使用HBK4297型声强校准器。

HBK4297型声强校准器主要用于现场声压校准和在宽频范围内测量声压-残余声强指数。内置用于声压校准的声源做成一体式结构，声反馈系统自动调节大气压力变化的影响以保持声压级为一恒定值,所以无须对大气压力变化进行修正。内置用于声压–残余声强指数测量的宽带粉红噪声源,满足IEC 61043要求。宽频带声源产生粉红噪声,在整个宽频率范围测量它在耦合腔里的每个倍频程带宽的声压谱是恒定的。两个传声器暴露在同一声压,这样检测的任何声强都是残余声强。

残余声强由两个传声器和两个输入通道的相位响应的微小差异引起,并与入射到传声器的声压级有关,而且随着入射声压级的上升(或下降)而上升(或下降)。对于同一传声器间隔和频率,测量的声压级和检测的残余声强级之间的差是恒定的,这个恒定差就称为残余声强指数。利用图6-48声强校准仪同时测量声压级和声强级,从测得的声压级谱减去检测的声强级谱就可绘出仪器和传声器声压–残余声强指数谱(图6-50),用来表征测量系统的特征。如图6-51实例为用HBK4297型校准过的仪器在现场测得的声强和平均声压谱,图中同时画出通过从测量的声压级谱中减去图6-50中的声压–残余声强指数谱得到残余声强级谱。残余声强级谱用于评价声强测量的准确性。将残余声强级与测得的声强级相比较,对于某一频率,为了使测量误差小于1 dB,测到的声强级必须高于残余声强级7 dB。

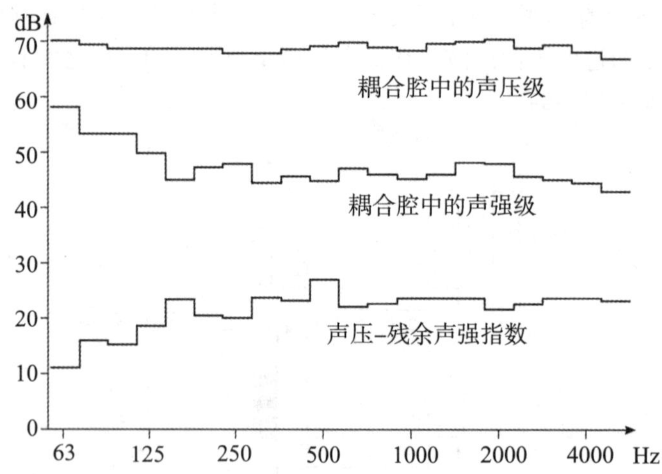

图6-50　采用图6-48声强校准器测得的声强级和声压级谱以及导出的声压–残余声强指数谱

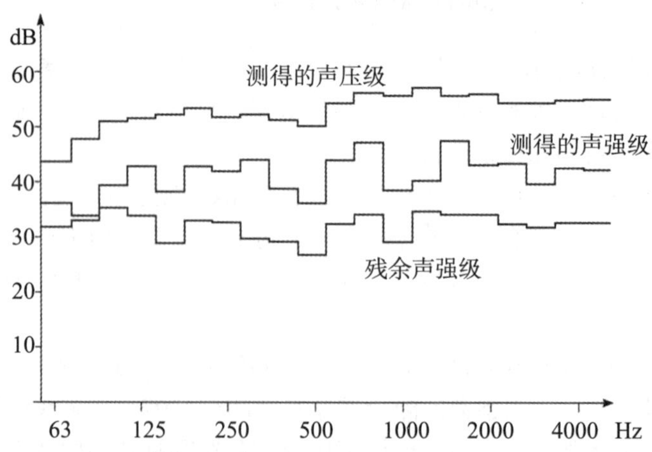

图6-51　采用HBK4297型声强校准器校准过的仪器在现场测得的声强级和声压级谱以及导出的残余声强级谱

表6-40列出了两种声强校准器的主要技术性能。

表6-40 两种声强校准器的主要技术性能

指标	HBK3541A(在声强耦合腔UA0914中)		HBK4297	
	指标	校准误差	指标	校准误差
频率	251.2 Hz	±0.1%	251.2 Hz	±0.1%
声压级	118.0 dB ± 0.4 dB	± 0.2 dB	94 dB	±0.2dB
模拟声强级	117.85 dB ± 0.5 dB (参考1 pW/m²)	± 0.25 dB 标称传声器间隔:50 mm	无	—
模拟质点速度级	117.7 dB ± 0.6 dB (参考50 nm/s)	± 0.3 dB 标称传声器间隔:50 mm	无	—
粉红噪声声压级(1/3倍频带)	74 dB (仅HBK3541型)	± 2.0 dB(250 Hz) ± 3.0 dB(20 Hz~1 kHz) ±6.0 dB(1.25 kHz~5 kHz)	75 dB	± 2.0 dB(250Hz) ± 3.0 dB(20 Hz~3.15 kHz)
声场的声压-残余声强指数	>30 dB >24 dB (仅HBK 3541型)	标称传声器间隔:50 mm 标称传声器间隔:12 mm	>24 dB >24 dB	标称传声器间隔:12 mm (20 Hz~3 kHz) 传声器无间隔(20 Hz~6.3 kHz)

6.19 音频信号发生器

声学与振动测量中常常需要音频信号发生器作为测试信号源,或者用于激励扬声器发声,激励振动台或激振器产生振动。声学测量中一般只要求其频率范围为20 Hz~20 kHz,为了分析音频的谐波成分,或者为了测量声级计和滤波器的特性,频率范围需要扩展到2 Hz~200 kHz。在振动测量中往往需要将下限延伸到1 Hz及以下。

以前的音频正弦信号由两个高频*LC*振荡器产生差频而产生,称之为拍频信号发生器;或者由*RC*振荡电路产生,称之为*RC*振荡器。随着科学技术的发展,现在的音频信号基本上都是通过数字信号处理技术产生的。如图6-52所示为两种信号发生器。

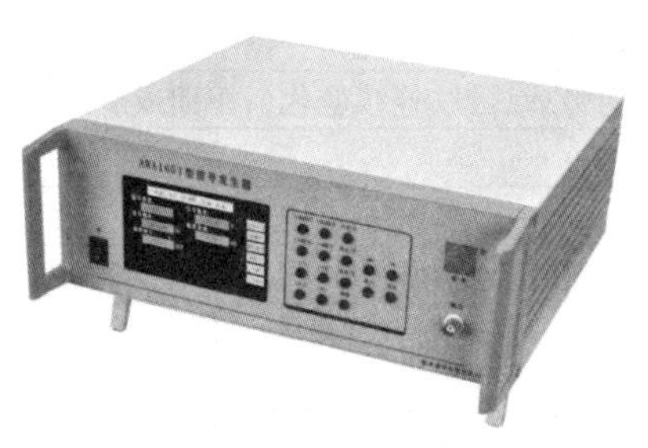

AWA1651

AWA1653

图6-52 两种信号发生器

AWA1651是一款利用数字信号处理技术产生信号的多功能音频信号发生器。它可以产生正弦波、扫频正弦波、扫幅正弦波、正弦波猝发音、白噪声、粉红噪声(含模拟节目信号)、窄带白噪声(选配)和窄带粉红噪声等多种信号,其频率和幅度非常稳定,而且内置有精密衰减器。可在传声器和声学测量仪器的检定和校准中作为正弦信号发生器、猝发音发生器和精密衰减器等计量器具,也可作为通常音频信号发生器使用。现在已经利用它做成声级计自动检定系统。

AWA1653型是一款利用数字信号处理技术的手持式多功能信号发生器。它可以产生正弦波、猝发音、扫频、扫幅、白噪声、粉红噪声、窄带白噪声、窄带粉红噪声以及STIPA等多种信号。用户可以通过触摸屏或者按键进行操作,使用简单,携带方便。其性能满足JJG 188—2017、JJG 607—2003、JJG 602—2014、JJG 199—1996、JJG 449—2014等检定规程对信号发生器的要求,可应用于声级计、倍频程和分数倍频程滤波器、环境噪声自动监测系统等现场检定,也可以作为轻便信号源用于厅堂音质等建筑声学测量和电声测量。AWA1651型和AWA1653型信号发生器的主要技术性能见表6-41所列。

表6-41 AWA1651型和AWA1653型信号发生器的主要技术性能

<table>
<tr><th>输出信号</th><th>项目</th><th>AWA1651</th><th>AWA1653</th></tr>
<tr><td rowspan="6">正弦信号</td><td>频率范围</td><td>1 Hz～200 kHz(±0.2 dB)</td><td>1 Hz～80 kHz(±0.1 dB)</td></tr>
<tr><td>频率准确度</td><td>1×10^{-5}+1字</td><td>±0.1%</td></tr>
<tr><td>信号电压输出</td><td>10 μV～15 V_{RMS}</td><td>0.1 V～20 V</td></tr>
<tr><td>功率输出</td><td>10 W,内阻小于1 Ω</td><td>—</td></tr>
<tr><td>衰减器</td><td>程控,衰减幅度0～100 dB,
最小分挡0.01 dB;</td><td>程控,衰减幅度0～100 dB,
最小分挡0.1 dB;</td></tr>
<tr><td>谐波失真</td><td>小于0.03%(10 Hz～40 kHz)</td><td><0.03%(10 Hz～50 kHz)</td></tr>
<tr><td rowspan="3">猝发音</td><td>频率范围</td><td colspan="2">1 Hz～20 kHz</td></tr>
<tr><td>猝发方式</td><td colspan="2">单个或连续</td></tr>
<tr><td>延时和周期</td><td>0.125 ms～99.999 s</td><td>0.1 ms～99999 ms</td></tr>
<tr><td>白噪声</td><td>频率范围</td><td colspan="2">20 Hz～20 kHz</td></tr>
<tr><td>粉红噪声</td><td>频率范围</td><td colspan="2">20 Hz～20 kHz</td></tr>
<tr><td>窄带噪声</td><td></td><td>1/3倍频程白噪声或粉红噪声</td><td>1/3倍频程白噪声或粉红噪声</td></tr>
<tr><td rowspan="3">扫频正弦波</td><td>起始或终止频率</td><td colspan="2">20 Hz～20 kHz</td></tr>
<tr><td>扫频时间</td><td colspan="2">扫频时间:1 s～100 s;对数或线性(连续变化)</td></tr>
<tr><td>扫频方式</td><td colspan="2">单向或双向,单次或连续</td></tr>
<tr><td rowspan="4">扫幅正弦波</td><td>频率范围</td><td>1 Hz～20 kHz</td><td>20 Hz～20 kHz</td></tr>
<tr><td>扫幅时间</td><td>1 s～80 s</td><td>1 s～100 s</td></tr>
<tr><td>起始和终止幅度</td><td>0.01 V～5 V</td><td>0.001 V～10 V</td></tr>
<tr><td>扫幅模式</td><td colspan="2">对数或线性(连续变化);单向或双向,单次或连续</td></tr>
<tr><td rowspan="2">STIPA</td><td>频率范围</td><td>—</td><td>20 Hz～20 kHz</td></tr>
<tr><td>信号幅度</td><td>—</td><td>0.1 V～2 V(有效值,未经过衰减)</td></tr>
<tr><td colspan="2">显示器</td><td>3英寸电容触摸屏,分辨率800×480</td><td>3.5英寸IPS触摸屏,分辨率320×480</td></tr>
<tr><td colspan="2">电源</td><td>220 V/110 V,50 Hz</td><td>内部锂电池,充满电可持续使用
8小时,外部充电器</td></tr>
<tr><td colspan="2">外形尺寸/mm×mm×mm</td><td>240×94×244</td><td>193.5×73×37</td></tr>
</table>

6.20 测量放大器

测量放大器是声学测量中的常用仪器,它与一般放大器相比有以下不同;一是它必须有用于声学测量并符合声级计标准的频率计权和时间计权;二是它需要具有连接前置放大器的插座和供电电源;三是它需要提供传声器用的极化电压(例如200 V);四是它的指示器按声压级刻度;五是一般应能连接到外接滤波器或已内置滤波器等。

由杭州爱华仪器研制的AWA5812型测量放大器(如图6-53所示),是通用型实验室声学测量仪器,具有双通道输入、动态范围大、精度高、稳定性好、操作简单等优点;采用数字信号处理技术,可以对电信号、声信号等进行精密测量,也可以同时测量两个通道的交流电压、计权声压级等多项指标,还具有FFT分析、倍频程和1/3倍频程滤波器分析等功能。另外,AWA5812型测量放大器配备5英寸带有触摸功能的彩色显示屏,屏幕分辨率800×480,可实时显示多种测量结果,使用既简单又方便。这款仪器主要应用于计量检测实验室、科研教学、工业企业、职业卫生等方面。

该仪器首先是个宽频率范围、低失真、高放大倍数(120 dB)的测量放大器,可以作为双路五位数字交流电压表,测量交流电压有效值和电压电平(dBV,以1 V为参考0 dB),测量频率范围为5 Hz~80 kHz,覆盖了整个声频电压测量范围及部分超声测量范围。测量电压范围为10 μV~50 V(-100 dBV~+34 dBV)。输出交流信号可以连接至频率计和失真度测量仪,以测量频率和失真度。

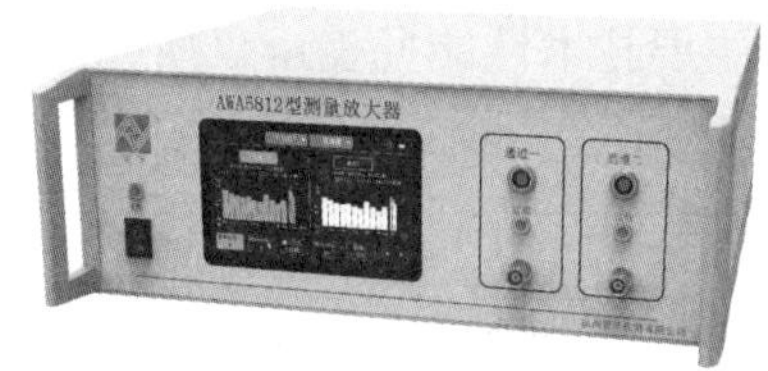

图6-53 AWA5812型测量放大器

该仪器配合精密级电容传声器和前置放大器又可组成1级声级计,性能符合GB/T 3785.1/ IEC 61672-1。可以同时测量单通道或双通道A、C和Z计权声级,时间计权有F、S可选,还可选用8 s时间常数。显示声级分辨率为0.01 dB,比一般声级计高一个数量级,不必再使用外接数字电压表来提高分辨率。

该仪器内置倍频程和1/3倍频程滤波器分析功能,可对电信号和声信号进行频谱分析。倍频程和1/3倍频程滤波器采用以10为底的数字滤波器设计,性能符合GB/T 3241.1/IEC 61260-1对1级滤波器的要求,可以图形形式同时显示各个频带的电压电平或声压级值,或者列表显示各个频带的电压电平或声压级值。

该仪器还提供网口输出和串口通信接口,可连接到打印机打印测量结果,也可与计算机连接并由计算机控制实现测量选择和数据传输,达到自动测量的目的。

AWA5812型测量放大仪主要应用于以下几个方面。

(1)声级计检定校准

AWA5812型测量放大器可与AWA1651型信号发生器、AWA6153S+型低频耦合腔、标准传声器、声校准器和消声箱(室)等组成声级计检定装置,用于声级计的出厂检定及周期检定,且装置性能符合JJG 188—2017《声级计检定规程》、JJG 778—2019《噪声统计分析仪检定规程》的要求。此装置已被我国各地计量检测部门使用,具有性价比高、操作方便等优点。该套系统加上计算机和专用软件等又可组成声级计自动检定装置,使操作更加简单便捷。

(2)听力计检定校准

根据JJG 388《纯音听力计检定规程》,AWA5812型测量放大器可与适用的耳模拟器(仿真耳、声耦合器)、力耦合器等组成听力计检定系统,进行听力计的检定校准,既可检定基准等效听阈声压级RETSPL(气导听力零级)和基准等效阈力级RETFL(骨导听力零级)准确度、掩蔽噪声级范围和频谱,也能测量不需要的声的1/3倍频带分贝值。

(3)工业产品噪声测试分析

电动机、家用电器等工业产品在生产和研制过程中需要对其进行噪声测量,以判断噪声指标有没有超标。AWA5812型测量放大器既可以测量噪声声级以确定噪声声级是否符合规定,还可以通过倍频程和1/3倍频程分析其噪声频谱,了解其噪声成分,判断其噪声来源。

(4)宽频带声频放大器

AWA5812型测量放大器可用于放大声频范围的交流信号,放大倍数高达120 dB(一百万倍),也可以放大声频声压、超声声压和振动信号。

(5)交流电压表

AWA5812型测量放大器可以作为声频范围的五位交流数字电压表,用于测量交流电压的有效值(RMS),还可以测量频率计权电压的有效值,例如卡拉OK和广播话筒的A计权本底噪声,最低可测量到2 μV。

AWA5812型测量放大器的主要技术性能见表6-42所列。

表6-42　AWA5812型测量放大器主要技术性能

指标	性能
电压测量范围	10 μV_{RMS}～50 V_{RMS}
声压测量范围	20 dB(A)～154 dB(A)
频率范围	5 Hz～80 kHz(±0.2 dB)
信号输入	直接输入(BNC)、前置输入(LEMO 7芯插座)和ICP前置输入
频率计权	A、C、Z(符合GB/T 3785.1的1级要求)
时间计权	F、S(符合GB/T 3785.1的1级要求)、8 s
滤波器	1/1 倍频程滤波器,中心频率16 Hz ～ 16 kHz 1/3 倍频程滤波器,中心频率 5 Hz ～ 20 kHz;符合GB/T 3241.1/IEC 61260-1的1级要求
极化电压	0 V、28 V、200 V
显示屏	5英寸电容触摸屏,分辨率为800 × 480
信号输出	交流输出(BNC插座)、直流输出(BNC插座)、RS232C(DB9M插座),网口输出(RJ45插座)
电源	内置聚合物锂电池模组,充满电可以持续使用8 h; 外部充电器:输出电压12 V_{DC},功耗小于10 W

6.21　动态范围和测量范围

6.21.1　动态范围

动态范围最早是信号与系统里的概念,一个信号系统的动态范围被定义为最大不失真电压和噪声电压的比值。而在实际用途中,多用对数来表示一个信号系统的动态范围,比如在音频工程中,一个放大器的动态范围D可以表示为

$$D = 20\lg\left(\frac{V_{max}}{V_n}\right) \tag{6-44}$$

式中,V_{max}——最大不失真电压;

V_n——噪声电压。

动态范围如果用电平表示,就是最大不失真电平与噪声电平之差值。

在声学测量中,对测量传声器规定的就是动态范围,并定义为最大不失真输入声压级与本底噪声级之差值,并且规定不失真不大于3%,这样失真造成的测量误差就不超过0.045%(0.004 dB)。例如,最大不失真输入声压级为146 dB(A),而本底噪声主要指热噪声,对于灵敏度为50 mV的1/2" 传声器,本底噪声约为15 dB(A),则动态范围为15 dB(A)~146 dB(A),或者说是131 dB(A)。

6.21.2 测量范围

声级计的测量范围应该是最大可测量声压级与最小可测量声压级之差值。最大可测量声压级与动态范围的最大不失真电平类似,最小可测量声压级有的是指自生噪声(本底噪声),那么测量范围就与动态范围相同。需要注意的是,如果输入与自生噪声(本底噪声)相等的声压级,例如都为16 dB(A),该输入声压级将与自生噪声叠加产生19 dB(A)示值,造成3 dB的误差。在以前的声级计标准GB/T 3785—1983中,不管是哪一级的声级计,都将自生噪声加5 dB作为测量下限,这时自生噪声的影响由第1章的图1-10可查得约为1.2 dB。

在新的声级计标准中规定了总范围的要求,并将总范围定义为“响应正弦信号的A计权声级范围,从最灵敏级范围上的最小声级到最不灵敏级范围上的最大声级,测量时无过载或欠范围指示且级线性偏差不超过规定的接受限。总范围用分贝(dB)表示”。这里的总范围应该就是声级计的测量范围。

新的声级计标准中的测量范围的最大声级和动态范围是一样的,而最小声级就不一样了,它是指能满足级线性要求的最小声级。对1级声级计,为了满足级线性偏差接受限±0.8 dB的要求,最小声级应比自生噪声高7 dB;对2级声级计,为了满足级线性偏差接受限±1.1 dB的要求,最小声级应比自生噪声高5 dB。对于前述动态范围15 dB~146 dB,可以看出,对1级声级计,测量范围为22 dB~146 dB,对2级声级计,测量范围为20 dB~146 dB。显然测量范围要比通常给出的动态范围小。

由于A计权特性在不同频率时的响应值(衰减值)不同,因此不同频率时的测量范围也不相同。例如,某声级计的A计权声级测量范围如下:

31.5 Hz:25 dB~100 dB;

1 kHz:25 dB~140 dB;

4 kHz:25 dB~141 dB;

8 kHz:25 dB~139 dB;

12.5 kHz:25 dB~135 dB。

对于提供的其他频率计权(如C计权和Z计权),测量范围可能与A计权时不同。考虑到各个频率计权在不同频率点的测量范围是不同的,所以一般都是给出1 kHz频率处的测量范围。

另外,声级计的自生噪声可分为两种:一种是包括传声器在内的整机自生声噪声(等效噪声声压级),它是将声级计放置在不会引起自生噪声明显增加的低声级声场(例如消声室)中时,声级计在最灵敏的级范围上可能指示的声级;另一种是自生电噪声,它是用一个电输入装置(等效电阻抗)代替传声器后,声级计上指示的自生噪声级。一般情况下自生电噪声小于整机自生声噪声。对于同一声级计,装配不同传声器和不同频率计权,其自生噪声也是不同的。一般情况下，对于装配灵敏度为50 mV的1/2" 传声器的声级计，它的自生电噪声约为8 dB(A)(2.5 μV)。整机自生声噪声是它的自生电噪声与所用传声器的等效热噪声的合成，例如前述传声器本底噪声是15 dB(A)，与之合成的自生声噪声由图1-10查得为15 dB(A)+0.8 dB(A)=15.8 dB(A)。

6.21.3 自生噪声的修正和低声级测量方法

当使用声级计测量噪声时，可能会遇到被测噪声级接近甚至低于仪器测量下限的情况。因为仪器的测量下限决定于仪器的自生噪声，因此可按环境噪声测量时对背景噪声影响的修正办法，对仪器自生噪声的影响进行修正(具体修正值见表6-43所列)。这样不仅可提高低声级测量的准确性，而且可以测量低于仪器测量下限的低声级噪声。

假定仪器测量下限为25 dB，通常1级声级计的自生噪声应比它低7 dB，也就是自生噪声稍低于18 dB，假定其为18 dB。如果仪器读数为22 dB，它表示被测噪声与自生噪声之和(即下表中的L_{S+N})，比自生噪声声级L_N高4 dB，修正值$\Delta = L_{S+N} - L_S$为−2.2 dB，则被测噪声声级$L_S = L_{S+N} - \Delta$=22 dB−2.2 dB=19.8 dB。

表6-43 低声级测量时自生噪声影响的修正值 单位：dB

$L_{S+N} - L_N$	3.0	3.5	4.0	4.5	5.0	5.5	6.0	6.5	7.0	8.0	9.0	10	12	15	20
$\Delta = L_{S+N} - L_S$	−3	−2.6	−2.2	−1.9	−1.6	−1.4	−1.2	−1.1	−1	−0.8	−0.6	−0.5	−0.3	−0.2	−0.1

中间读数的修正值可由内插法得到。但是如果仪器读数比自生噪声高不到3 dB，也就是被测噪声低于仪器的自生噪声(比测量下限低4 dB)，理论上仍可进行修正，但将有较大误差，这时应选用测量下限更低的仪器或更换灵敏度更高的传声器或低噪声传声器进行测量。

利用双传声器-互相关法，由两个传声器同时测量噪声信号，应用互相关法计算两个信号的相关程度，抵消传声器自生噪声的影响，分离出真实的被测噪声，可以准确测得低于传声器自生噪声10 dB以上的低噪声声压级。参见第5章5.14.6节。

6.22 风罩和鼻锥

室外噪声测量经常受到风噪声的干扰。风吹到传声器上会在传声器膜片附近产生涡流，引起传声器膜片振动，产生额外的噪声信号，这就是风噪声。风噪声的大小与风速、风向有关。风速越高，风噪声就越大，风向与传声器膜片平行时风噪声略小。减少风噪影响的一个简单方法是在传声器(以及前置放大器、声级计)上安装风罩。风罩由经过特殊处理的开孔聚氨酯泡沫制成，在室外测试通常可接受的风速(0～6 m/s)下，它们可使风噪声衰减10 dB～12 dB。因此在进行户外噪声测量时，一般建议给传声器带上风罩，风速超过5 m/s时应停止测量。如图6-54所示为几种风罩。

图6-54 风罩

GB/T 3222.2—2022《声学　环境噪声的描述、测量与评价　第2部分：声压级测定》指出，即使佩戴了风罩，测量的声压级仍可能受到风噪声的影响。例如，一个佩戴有90 mm直径风罩的13 mm传声器暴露于v(m/s)的风速中，当风垂直吹过传声器膜片时的风噪声A计权声压级L_{pA}近似为$(-18+70\lg v)$dB，当风平行吹过传声器膜片时的风噪声A计权声压级L_{pA}近似为$(-32+83\lg v)$dB。假设风速是5 m/s，当风垂直吹过传声器膜片时产生的L_{pA}约为31 dB，当风平行吹过传声器膜片时产生的L_{pA}约为26 dB。

表6-44列出了装上S80风罩后传声器频率响应的修正值，对应的修正曲线如图6-55所示。

表6-44　装上S80风罩后传声器频率响应的修正值

频率/Hz	风罩修正值/dB	频率/Hz	风罩修正值/dB
500	−0.17	4000	0.07
630	−0.30	5000	−0.33
800	−0.23	6300	0.20
1000	−0.23	8000	0.10
1250	−0.40	10 000	0.60
1600	−0.40	12 500	0.93
2000	−0.53	16 000	0.57
2500	−0.43	20 000	1.23
3150	−0.33		

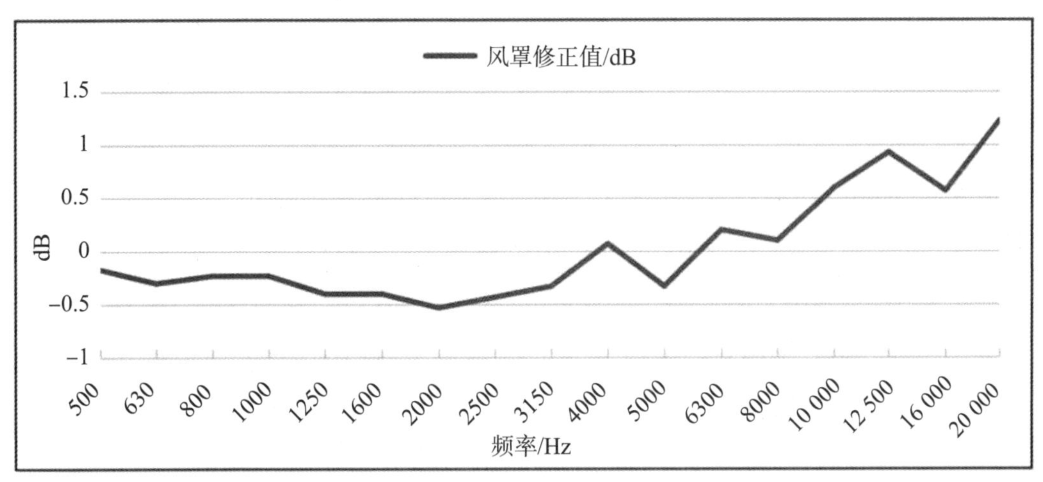

图6-55　装上S80风罩后传声器频率响应的修正曲线

由于传声器周围的空气动力学噪声影响，风洞中的声学测量通常非常困难。当传声器暴露在已知方向的高风速下时，可以通过使用鼻锥取代普通的防护栅来减少干扰。鼻锥具有流线型的外形、高度光洁的表面，对气流的阻力最小，可尽可能减少空气动力学引起的传声器本身产生的噪声。鼻锥周围的细金属丝网允许声压传输到传声器振膜，而网后面的截锥减少了振膜前面的空气容积。HBK公司的几款鼻锥外形图如图6-56所示，UA-0387、UA-0386、UA-0385、UA-0355分别用于1"、1/2"、1/4"和1/8"传声器。

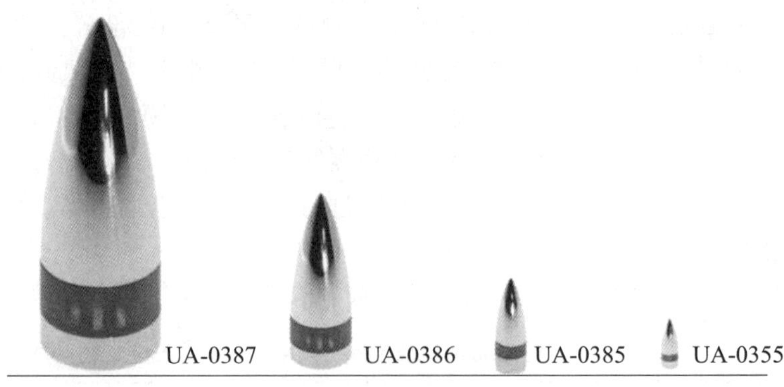

图6-56　鼻锥

6.23　信号的传输和接口

6.23.1　概述

在噪声与振动测量中，测量的信号经常需要通过各种方式传输到外部设备，如打印机、显示器、计算机和中心站。信号传输的基本方式是有线传输和无线传输，传输的信号可以是模拟信号，也可以是数字信号。

有线传输是指通过电线、电缆、同轴电缆、光纤等介质进行的传输；无线传输则是指通过空间电磁波进行的传输。

模拟信号传输是指将信息在传输介质中以模拟信号的形式进行的传输。模拟信号传输是不考虑传输内容的，它是传导能量的一种传输方式。在传输的过程中必定有能量的损失，所以需通过放大器放大信号强度。在长途传输中需一级级地放大其能量，但杂音和失真也会随其增大。

数字信号传输是指将信息在传输介质中以数字信号的形式进行的传输。数字信号传输在传输过程中也需要放大信号，数字信号利用一种电路构成的门限电压将接收到的信号简单重组，生成完全消除衰减或畸变的新信号。

6.23.2　声级计国标GB/T 3785.1对模拟或数字输出的要求

（1）如果提供了模拟或数字输出，使用说明书应给出输出的特性。对模拟输出，特性应包括频率计权、输出信号级范围、输出端的内部电阻抗及推荐的负载阻抗范围。

（2）在模拟输出端连接任何不储存电能的无源阻抗或者短路，对任何正在测试的影响不应大于0.1 dB。

（3）如果模拟或数字输出不提供作为一般应用，则应提供输出给1级声级计性能试验中使用，也可提供给2级声级计性能试验中使用。

（4）对于在1级或2级声级计范围内的任何频率稳态正弦电输入信号，对频率计权A、C和Z，以及对任何适用级范围线性工作范围内的任何输入信号级，显示器指示的信号级与模拟和数字输出指示的相应信号级之差，设计目标是0.0 dB，接受限是±0.1dB。

6.23.3 模拟信号传输

在声学测量仪器中,传输的模拟信号主要是交流信号(AC)和直流信号(DC)。交流信号反映了被测信号的原始波形和幅度大小,表现在从传声器和前置放大器传输到声级计或其他仪器的主机,以及从主机将信号传输到外部设备。由于传输线路存在电阻和分布电容,因此对信号会产生衰减作用,电缆线越长,信号频率越高,衰减就越大。

直流电压信号是经过检波(通常是对数有效值检波)后的直流电压信号,可以外接直流数字电压表显示测量结果。

在工业现场,用一个仪表放大器来完成信号的调理并进行长线传输,会产生以下问题:第一,由于传输的信号是电压信号,传输线会受到噪声的干扰;第二,传输线的分布电阻会产生电压降;第三,在现场如何提供仪表放大器的工作电压也是个问题。为了解决上述问题和避开相关噪声的影响,我们用电流来传输信号,因为电流对噪声并不敏感。使用电流变送器可以直接将被测主回路的交流电压或者直流电压转换成按线性比例输出的DC 4 mA～20 mA恒流环标准信号,再输送到接收装置(计算机或显示仪表)。DC 4 mA～20 mA恒流环便是用4 mA表示零信号,用20 mA表示信号的满刻度,而低于4 mA高于20 mA的信号用于各种故障的报警。DC 4 mA～20 mA恒流环标准信号是通过250 Ω 电阻转换DC 1 V～5 V电压信号或通过500 Ω电阻转换DC 2 V～10 V电压信号。在声学测量时,可以将0 dB SPL对应的经对数变换的交流电压或经对数检波的直流电压变换为4 mA,140 dB SPL变换为18 mA,再在传输终端通过100 Ω电阻转换为DC 0.4 V～1.8 V,经适当移位再转换为DC 0.0 V～1.4 V,就可以直接显示声压级的分贝数。

6.23.4 数字信号传输

1. 通信介质

通信是通过信号的传输实现的,信号传输的通道称为通信介质或媒体。不同的通信方式其信号也不同,常见的有电信号、光信号、无线电波等。电信号传输的介质有双绞线、同轴电缆等,光信号通过光纤传输,而无线电波通过空间传输。

2. 串行通信与并行通信

在数字通信中,数据以二进制方式实现,如果是一次同时在多根信号线上传输多位二进制数据称为并行通信;如果将若干位二进制数据分时(按顺序)在一根信号线上传输则称为串行通信。由于串行通信的结构简单、成本低,所以其非常常见。我们以下讨论的都是串行通信。

3. 接口

接口是指两台设备或装置之间实现交互、连接的部件。

4. 通信协议与分层

为了实现不同厂家、不同设备之间的正常通信,需要对通信过程中的细节做一些约定,这些约定就是通信协议。由于通信过程非常复杂,一般将通信过程按一定的标准划分成若干层,每层分别完成一定的功能。国际标准化组织将通信模型划分为7层,分别为物理层、链路层、网络层、传输层、表示层、会话层、应用层,但一般在实际工作中只用到其中的一部分。

5. **通信速率**

通信速率是指单位时间内传输的数据量，一般用波特率(baud rate)表示，其单位为b/s(位/秒)。常见的串行接口的标准波特率有1200、2400、4800、9600、19 200、38 400、43 000等，单位为b/s。通信速率越高，每位数据持续的时间就越短，信号变化的速率就越高。b是bit的意思，b/s或bps一般表示位传输速率，与B表示Byte(字节)不同，1 Byte=8 bit，B/s或BPS表示字节每秒，1 MB/s(兆字节/秒)=8 Mbps(兆位/秒)。

6.23.5 常用接口介绍

1. **RS485接口**

RS485是IEC制定的推荐标准，这是一个通信接口的物理层协议，符合该协议的通常称为RS485接口。RS485接口使用双绞线、差分方式传输电信号，具有抗干扰能力强、通信距离远、成本低、可以在一条双绞线上实现一主多从的通信模式等优点。其最大通信距离为1200 m，在工业上的应用十分广泛。但由于其仅实现了物理层，不能解决通信介质的共享问题，需要应用程序通过“轮询”的方式实现多机通信。

2. **RS232接口**

RS232接口是现在主流的串行通信接口之一，符合美国电子工业联盟(EIA)制定的串行数据通信的接口标准。它被广泛用于计算机串行接口外接设备的连接。

在RS232接口中，数据是一位一位地顺序传送，优点是传输线少、配线简单、传送距离可以较远。

串行通信需要在软件里做多项设置，最常见的设置包括波特率、奇偶校验和停止位。典型的波特率是110、300、600、1200、2400、4800、9600、14 400、19 200、38 400、57 600、115 200、230 400、460 800和921 600等，单位为b/s。一般地，两端通信设备都要设为相同的波特率，但有些设备也可以设置为自动检测波特率。

由于RS232标准出现得较早，难免存在不足。不足之处主要有以下四点：

(1)接口的信号电平值较高，易损坏接口电路的芯片；

(2)传输速率较低，在异步传输时，比特率为20 kbps，综合程序波特率只能采用19 200 b/s。

(3)接口使用一根信号线和一根信号返回线与地线构成共地的传输形式，这种共地传输容易产生共模干扰，所以抗噪声干扰性弱；

(4)传输距离有限，最大传输距离标准值为50英尺(15.24 m)，实际不到15 m。

RS232接口最常用的DB9插头引脚如图6-57所示，各引脚的作用见表6-45所列。

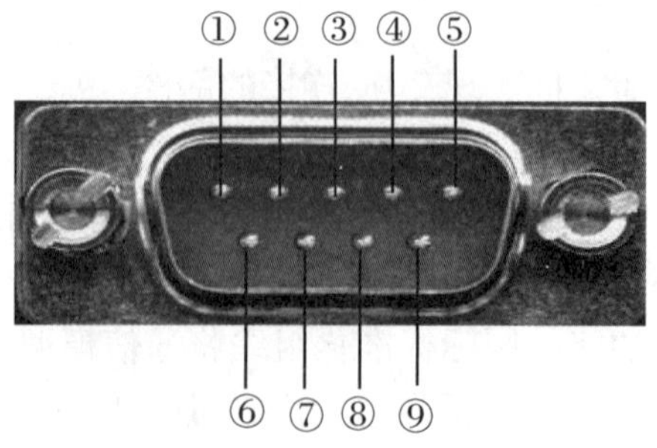

图6-57 RS232常用的DB9插头

表6-45 RS232引脚说明

引脚编号	名称	说明	引脚编号	名称	说明
1	DCD	数据载波检测	6	DSR	数据准备好
2	RXD	接收数据	7	RTS	请求发送
3	TXD	发送数据	8	CTS	清除发送
4	DTR	数据终端准备好	9	RI	振铃提示
5	SGND	信号地线			

3. USB接口

USB是universal serial bus(通用串行总线)的简称。USB是一种串口总线标准,规范电脑与外部设备的连接和通信;也是一种输入输出接口的技术规范,被广泛地应用于个人电脑和移动设备等信息通信产品,并扩展至其他相关领域。USB接口具有热插拔功能,可连接多种外部设备,如鼠标、键盘等。USB由英特尔等多家公司于1994年年底联合推出,现已成功替代串口和并口,成为当今电脑与大量智能设备的必配接口。USB经历了多年的发展,出现了多个版本,到如今已经发展为USB 3.1。

最早的版本USB 1.0是在1996年出现的,速度只有1.5 Mb/s;1998年升级为USB 1.1,速度也提升到12 Mb/s。

USB 2.0的传输速率达到了480 Mb/s,足以满足大多数外部设备的速率要求。USB 2.0可以兼容USB 1.1设备。也就是说,所有支持USB 1.1的设备都可以直接在USB 2.0的接口上使用而不必担心兼容性问题,USB线、插头等附件也都可以直接使用。

USB 3.0的理论速度为5.0 Gb/s,实际速度只有2.5 Gb/s,但也接近于USB 2.0的10倍了。USB 3.1Gen2完全向下兼容现有的USB连接器与线缆。近几年,又相继研发出USB 3.2 Gen 1、USB 3.2 Gen 2、USB 3.2 Gen 2x2。

USB接口主要具有以下优点:

(1)可以热插拔;

(2)小、轻、薄,携带方便;

(3)标准统一,与手机等智能设备通用;

(4)可以连接多个设备,最多可连接127个设备。

如图6-58所示为USB接口和miniUSB接口,USB接口对应引脚的说明见表6-46所列。

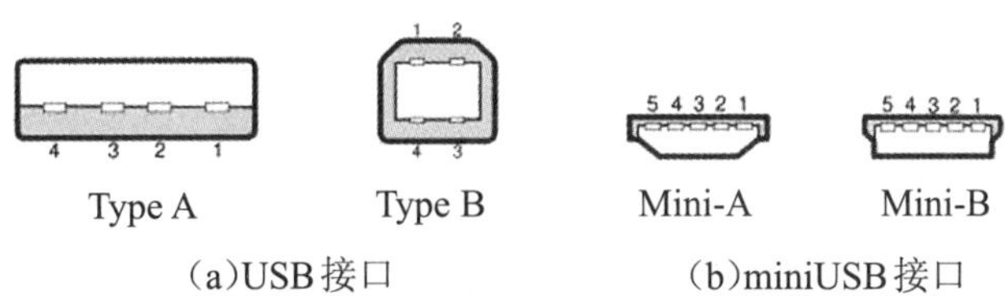

图6-58 USB接口和miniUSB接口

表 6-46　USB 接口的引脚说明

针脚序号	名称	说明	接线颜色
1	VCC	+5 V 电压	红色
2	D−	数据线负极	白色
3	D+	数据线正极	绿色
4	ID	接地	黑色

4. **网口**

网络接口简称网口，指网络设备的各种接口，现今正在使用的网络接口都为以太网接口，形式是以太网100Base-T4接口。常见的以太网接口类型有RJ45接口（图6-59）、RJ11接口、SC光纤接口、FDDI接口、AUI接口、BNC接口和Console接口。

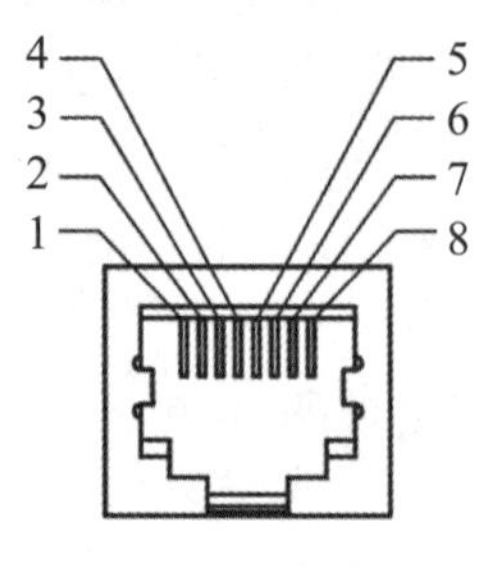

图 6-59　RJ45 接口

以太网 100Base-T4 接口引脚说明见表 6-47 所列。

表 6-47　以太网 100Base-T4 接口引脚的说明

引脚序号	名称	说明
1	TX_D1+	Tranceive Data+（发送数据+）
2	TX_D1-	Tranceive Data-（发送数据–）
3	RX_D2+	Receive Data+（接收数据+）
4	BI_D3+	Bi-directional Data+（双向数据+）
5	BI_D3-	Bi-directional Data-（双向数据–）
6	RX_D2-	Receive Data-（接收数据–）
7	BI_D4+	Bi-directional Data+（双向数据+）
8	BI_D4-	Bi-directional Data-（双向数据–）

6.23.4　无线传输方式

1. **无线网络传输**

无线网络是指使用无线信道作为传输介质把各个节点互连所形成的网络。通常使用无线网络的设备包括便携式计算机、台式计算机、手持计算机、个人数字助理（PDA）、移动电话、笔式计算机和寻呼机等。无线网络技术涵盖的范围很广，既包括允许用户建立远距离无线连接的全球语音和数据网络，也包括为近距离无线连接进行优化的红外线技术及射频技术。无线网络技术有多种实际用途。例如，手机用户可以使用移动电话查看电子邮件；使用便携式计算机的旅客可以通过安装在机场、火车站和其他公共场所的基站连接到 Internet；在家中，用户可以连接桌面设备来同步数据和发送文件。

与有线网络一样，无线网络可根据数据传输的距离分为无线广域网（WWAN）、无线城域网（WMAN）、无线局域网（WLAN）和无线个人网（WPAN）。从网络拓扑结构角度，无线网络又可分为有中心网络和无中心网络、自组织网络。

无线网络的移动传输技术已经从CDMA、GPRS（通常称为2.5G）、3G、4G发展到现在的5G。从3G到5G伴随着的是更快的网速和更多的使用场景，预计在5G普及之后会带来高速率、低延时、物联网等特性，会有相比于目前更多的网络设备接入和应用范围。

3G是第三代移动通信技术（3rd-generation）的简称，是指支持高速数据传输的蜂窝移动通信技术。3G服务能够同时传送声音及数据信息，速率一般在几百千比特率以上。目前3G存在四种标准：CDMA2000、WCDMA、TD-SCDMA、WiMAX。

4G是第四代移动通信技术的简称。相比3G，4G的带宽更高，能够传输更高质量的视频及图像。4G使用的 LTE 系统由于数据传输率很高，可以直接将语音数据切割成封包来传送。在4G时代，得益于更高的传输速度，流媒体、直播都成为常见的使用场景。

5G将有更大的容量和更快的数据处理速度，使通过手机、可穿戴设备和其他联网硬件推出更多的新服务成为可能。5G的容量预计是4G的1000倍。4G是专为手机打造的，没有对物联网进行优化。5G为物联网提供了超大带宽，与4G相比，5G可以支持10倍以上的设备。

使用无线网络技术具有以下优势。

(1) 综合成本低，性能稳定。只需一次性投资，无须挖沟埋管，特别适合室外距离较远及已装修好的场合。可以摆脱线缆的束缚，安装周期短，维护方便，扩容能力强，可迅速收回成本。

(2)组网灵活，可扩展性好，即插即用。管理人员可以迅速将新的无线监控点加入现有网络中，不需要为新建传输铺设网络、增加设备，可轻而易举地实现远程无线监控。

(3)维护费用低。无线监控的维护由网络提供商负责，前端设备即插即用、免维护。

(4)无线监控系统是监控和无线传输技术的结合，它可以将不同地点的现场信息实时通过无线通信手段传送到监控中心，并且自动形成视频数据库便于日后的检索。

(5)在无线监控系统中，无线监控中心实时得到被监控点的视频信息，并且该视频信息是连续的、清晰的。在无线监控点，通常使用摄像头对现场情况进行实时采集，摄像头通过无线网络与视频传输设备相连，并通过无线电波将数据信号发送到监控中心。

2. 蓝牙

蓝牙（Bluetooth）是一种支持设备短距离通信的无线电技术，基于跳频扩频（FHSS）技术，非常适合耗电量低的数码设备之间进行无线信息交换。现在具备蓝牙通信功能的产品已经很多。手机、掌上电脑、GPS蓝牙、无线耳机、笔记本电脑内置蓝牙等一般为CLASS2 10 m功率级别，工业用蓝牙应用100 m级的多一些，如GC-06、KC-03蓝牙模块。

蓝牙技术规定，每一对设备之间进行蓝牙通信时，必须一个为主角色，另一为从角色，才能进行通信。通信时，必须由主端进行查找，发起配对，建链成功后，双方才可收发数据。理论上，一个蓝牙主端设备可同时与7个蓝牙从端设备进行通信。

一个具备蓝牙通信功能的设备，可以在两个角色间切换，平时工作在从模式，等待其他主设备来连接,需要时,转换为主模式,向其他设备发起呼叫。一个蓝牙设备以主模式发起呼叫时,需要知道对方的蓝牙地址、配对密码等信息,配对完成后,可直接发起呼叫。蓝牙主端设备发起呼叫,首先是查找,找出周围处于可被查找的蓝牙设备;找到从端蓝牙设备后,与从端蓝牙设备进行配对;配对完成后,从端蓝牙设备会记录主端设备的信任信息,此时主端即可向从端设备发起呼叫。根据应用不同,可能是ACL数据链路呼叫或SCO语音链路呼叫,已配对的设备在下次呼叫时,不再需要重新配对。链路建立成功后,主从两端之间即可进行双向的数据或语音通信。

蓝牙也可以实现一对一的串口数据传输应用,蓝牙设备在出厂前即提前设好两个蓝牙设备之间的配对信息,主端预存有从端设备的PIN码、地址等,两端设备加电即自动建链,透明串口传输,无须外围电路干预。这种一对一的串口数据传输应用中,从端设备可以设为两种类型:一是静默状态的,即只能与指定的主端通信,不被别的蓝牙设备查找;二是开发状态的,既可以被指定主端查找,也可以被别的蓝牙设备查找。

蓝牙技术的优点:全球免费,成本低且效率高,对一些低成本设备非常友好;它的功耗非常低,可以保证电池供电设备工作;还可以同时管理数据和传输声音,延时也比较低,在一些需要大量传输数据的设备上使用效果非常好。

蓝牙技术的缺点:其传输距离有限,传输速率也不如Wi-Fi,不同设备之间有些协议不兼容;如果需要数据不间断地可用,还需要与本地数据记录保持一致。

蓝牙技术规范由蓝牙技术联盟(SIG)组织开发维护,1999年发布蓝牙1.0版本,确定使用2.4 GHz频段,传输速率为748 kbit/s～810 kbit/s。2016年发布蓝牙5.0版本,支持最高48 Mbit/s的传输速度,传输距离增加到300 m。2023年1月31日发布蓝牙5.4版本,主要改进之一是从单个接入点与数千个终端节点进行双向通信,还增加了带响应的周期性广播(PAwR)、广播数据加密(EAD)、LE GATT安全级别特征和广播编码选择等4个新特性,进一步增强了蓝牙无线通信技术的安全性,有助于提升蓝牙Mesh网络及基于GATT的各类蓝牙应用的用户体验,并将在新特性的基础上开发全新蓝牙应用规范。

3. Wi-Fi

Wi-Fi与蓝牙技术一样,同属于短距离无线网络传输技术,是一种基于IEEE 802.11标准实现无线局域网络技术的网络传输标准。由IEEE LAN / MAN标准委员会(IEEE 802)进行维护。Wi-Fi采用无线电波进行双向传输,最常使用的设备是无线路由器。Wi-Fi可以将电子终端以无线方式互相连接,具有高带宽、强射频信号、低功耗等特性。

Wi-Fi使用的频段是ISM频段,ISM是industrial(工业的)、scientific(科学的)、medical(医学的)的简称。顾名思义,ISM频段就是各国挪出某一段频段主要开放给工业、科学和医学机构使用。应用这些频段无须许可证或费用,只需要遵守一定的发射功率(一般低于1 W),并且不对其他频段造成干扰。Wi-Fi使用的频段主要是2.4G和5G(不同于运营商的5G)。

2019年9月16日,国际Wi-Fi联盟组织宣布启动Wi-Fi 6认证计划。与上一代的Wi-Fi技术标准相比,Wi-Fi 6的数据传输速度提高了四成,能够支持增强现实技术(AR)和虚拟现实技术(VR),扩大了网络容量,即使我们身处拥挤的火车站也能享受到优质的网络服务。

4. 物联网

物联网概念最早出现于比尔·盖茨的《未来之路》(1995年)一书。1998年,美国麻省理工学院创造性地提出了当时被称作EPC系统的“物联网”的构想。1999年,美国麻省理工学院成立自动识别中心(Auto-ID),提出“物联网”的概念,并阐明了其含义。当时的物联网主要是建立在物品编码、射频识别技术和互联网基础上的。2005年,国际电信联盟(ITU)发布了《ITU 互联网报告2005:物联网》,正式提出“物联网”的概念,包括了所有物品的联网和应用。目前,较为公认的物联网的定义是:通过射频识别技术和信息传感设备(红外感应器、全球定位系统、激光扫描器等),按照约定的协议,将物品与互联网连接起来,以实现物品的智能化识别、定位、跟踪、监控、管理以及信息交换的一种网络。

从狭义角度来看,只要是物品之间通过传感网连接而成的网络,不论是否接入互联网,都应算是物联网的范畴。从广义角度来看,物联网不局限于物与物之间的信息传递,必将和现有的电信网络实现无缝的融合,最终形成人与物无所不在的信息交换,形成泛在网络。

6.24 电磁兼容性要求

6.24.1 概述

任何电子电气设备在工作时都有可能发射电磁波,这些电磁波可能发射到空间,或者通过供电电源线传导到公共电网上,对其他设备造成干扰。另一方面,由于家用电器、手机、通信基站等发射的电磁波又会对电子电气设备造成干扰,影响其工作及测量准确度。声学振动测量仪器,尤其是手持仪器往往会在工厂、工地、交通、公共场所等现场使用,所以声级计等有关标准对它们的电磁兼容性(EMC)规定了相关要求。

为规定射频场最大允许发射和暴露于射频场影响的抗扰度,将声级计按其配置方式分为以下三类。

(1)X 类声级计:包括满足声级测量功能的独立仪器,对于标称工作模式规定由内部电池供电,测量声级不需连接到其他外部设备。

(2)Y 类声级计: 包括满足声级测量功能的独立仪器,对于标称工作模式规定连接到公共电源,测量声级不需连接到其他外部设备。

(3)Z 类声级计:包括由两台或多台设备构成声级计的必要组成部分并满足声级测量装置要求的仪器,对于标称工作模式需要通过某些方法将它们连接到一起。单台设备可以是内部电池或公共电源供电。

6.24.2 射频发射和对公共电源的骚扰

从声级计外壳端口发射的射频电场强度的准峰值电平(相对于1 μV/m 参考值),对30 MHz～230 MHz 频率不应超过30 dB,对从230 MHz～1 GHz 频率不应超过37 dB,在230 MHz 适用较低限值。这个要求适用于X类和Y类完整的声级计和10 m的距离。使用说明书应说明产生最大射频发射的声级计的工作模式和任何连接设备。

对 Y 类和 Z 类声级计,在交流电源端口传导至公共电源的最大骚扰不应超过表6-48给出的准峰值和平均值电压电平限值。如果声级计传导至公共电源的最大骚扰准峰值电平不超过平均值电压限值,就应认为声级计符合准峰值和平均值电压电平限值。

表6-48 对公共电源电压传导骚扰的限值

频率范围/MHz	骚扰电压电平限值/dB(以1 μV为参考)	
	准峰值电平	平均值电平
0.15～0.50	66～56	56～46
0.50～5	56	46
5～30	60	50

注:1. 在交叉频率处适用较低的电压电平限值。

2. 从0.15 MHz～0.50 MHz范围内,骚扰电压电平的限值随频率以10为底对数的20倍线性减小。

6.24.3 静电放电

声级计或多通道声级计系统,经高达4 kV静电电压的接触放电和高达8 kV静电电压的空气放电后,应能继续工作。静电电压的极性是相对于大地而言的。暴露于上述规定的静电放电不应引起声级计永久性的性能降低或功能损失。如使用说明书有规定,声级计的性能或功能可以因静电放电而暂时降低或损失,这种特定的功能降低或损失不应包括工作状态的任何变化、配置的改变或存储数据的改变或丢失。

6.24.4 工频场和射频场

声级计暴露于规定的工频场和射频场时不应引起工作状态的任何变化、配置的改变或存储数据的改变或丢失。该要求适用于完整的声级计或适用的部分,或多通道声级计系统,以及符合标称工作的任何工作模式。应在使用说明书中说明声级计对工频场和射频场最大敏感度(最小抗扰度)的工作模式和任何连接装置。

对暴露于工频场影响的抗扰度规范,适用于暴露在频率为50 Hz和60 Hz的80 A/m均匀的均方根磁场强度中。磁场的均匀性应在声级计不在场时评定。对暴露在工频场的要求适用于使用说明书规定的声级计方位,该方位对该暴露影响的抗扰度最小。

对暴露于射频场中影响的抗扰度规范,适用于载波频率从26 MHz～1 GHz范围。射频场载波频率信号应用1 kHz稳态正弦信号调幅,调制度为80%。当不调制和声级计不在场时,射频场应具有均匀的10 V/m均方根电场强度。

另外,暴露于射频场影响的抗扰度应从1.4 GHz～2.0 GHz频率范围进行试验,均方根磁场强度3 V/m(未调制),应用1 kHz正弦信号调幅,调制度为80%;还要在大于2.0 GHz～2.7 GHz频率范围进行试验,均方根磁场强度1 V/m(未调制),应用1 kHz正弦信号调幅,调制度为80%。声级计可以在非调制均方根电场强度大于规定场强时符合标准要求,如是,应在使用说明书中说明适用的场强。

声级计暴露于工频场和射频场影响的抗扰度,应在传声器上施加一个925 Hz的正弦声信号来验证。在没有施加工频场或射频场时,调节声源使F时间计权或时间平均的A计权声级指示为74 dB±1 dB。如果声级计具备多个级范围,声级应显示在下边界最靠近但又不大于70 dB的级范围上。测得的显示声级与不存在工频场或射频场时显示声级的偏差,对1级声级计不应超过±1.0 dB,对2级声级计不应超过±2.0 dB。

对具有交流电源输入端和交流电源输出端(如有的话)的Y类或Z类声级计,射频共模干扰的抗扰度应在频率范围从0.15 MHz～80 MHz进行验证。射频场应用1 kHz正弦信号调幅,调制度为80%。当不调制时,由输出阻抗为150 Ω的信号源发射的均方根射频电压应为10 V。电源快速瞬变影响的抗扰度应按IEC 61000-6-2:2016中的表4,用2 kV峰值电压和5 kHz重复频率的信号进行。IEC 61000-6-2:2016中的表4给出的附加要求也适用于电压瞬时跌落、电压中断和电压浪涌的抗扰度。

对带有信号或控制端口的Z类声级计,IEC 61000-6-2:2016的表2中的要求适用于从0.15 MHz～80 MHz频率范围未调制均方根电压10 V的射频共模干扰的抗扰度。这些要求适用于声级计各部分之间相互连接电缆长度超过3 m的情况。按IEC 61000-6-2:2016中的表2在公共供电系统上快速瞬变影响的抗扰度要求适用于具有2 kV峰值电压和5 kHz重复频率的信号。

使用说明书可以规定声级计在小于74 dB声级时能符合标准对暴露于射频场的规范。这时,对于小于74 dB直到降至规定的更低声级,测得的显示声级与不存在射频场显示声级的偏差不应超过前述的适用接受限。此要求适用于所有级范围内对相应类声级计的所有规范。在使用说明书中规定的最接近分贝数的更低声级应适用于声级计的所有工作模式。

6.24.5 提高产品电磁兼容性的有关措施

电磁干扰不仅影响电子电气设备自身的正常工作,而且有可能影响到其他电子电气设备的正常工作,因此电磁兼容性是电子电气设备设计中必须考虑的问题。只有对电磁干扰产生的原因进行充分的分析和认识,然后采取相应的抗干扰措施,方可保证电子电气设备和电子系统正常工作。

提高电子电气设备电磁兼容性的措施可以从三方面入手:一是抑制电磁干扰源;二是切断电磁干扰耦合途径;三是降低电磁敏感装置的敏感性。诸如选择抑制电磁干扰的电路,采用合适的工作状态;实施正确的搭接、接地、屏蔽、滤波、分层防护;采用合理分类布线等方法都能有效地抑制电磁干扰或降低敏感。这些方法在电子电气设备中不仅可独立使用,而且相互之间又存在着关联。

下面主要从接地、屏蔽和滤波等方面对抑制干扰的技术进行简介。

1. 接地

在电子电气设备中,接地是抑制电磁噪声和防止电磁干扰以及保护人员和设备安全的重要方法之一。要求电子电气设备的机座、金属外壳必须可靠地接地,这是为了保护人员和设备的安全,称为“保护接地”;另一类接地称为“屏蔽接地”,指为抑制干扰而采用的屏蔽层(体)的接地,以起到良好的抗干扰作用。接地的主要目的如下:

(1)保护设备和人身安全,防止雷电危害和电源故障时发生电击;

(2)泄放静电荷,以免设备内部放电造成干扰;

(3)提高电子电气设备电路系统工作的稳定性。

接地方式有多种,可以采用悬浮接地、单点接地、多点接地、混合接地。通过变压器耦合、用同轴电缆传输信号、使用光耦合器等措施来减小地线干扰。

2. 屏蔽

屏蔽是提高电子系统和电子设备电磁兼容性的重要措施之一，它能有效地抑制通过空间传播的各种干扰，既可阻止或减少电子设备内部的辐射电磁能对外的传输，又可阻止或减少外部辐射电磁能对电子设备的影响。所以几乎所有测量仪器的外壳都是采用金属材料或者采用塑料材料再涂镀导电层，以屏蔽电磁干扰。

屏蔽按机理可以分为电场屏蔽、磁场屏蔽和电磁场屏蔽。屏蔽体必须接地，而且最好直接接地。

3. 滤波

滤波器既可抑制从电子设备引出的传导干扰，又能抑制从电网引入的传导干扰。EMI滤波器的主要作用是抑制干扰。它由线性元件电路组成，安装在电源线与电子设备之间。它可使电源频率通过，而阻止高频噪声通过，对提高设备的可靠性有重要作用。

6.25 频率特性图和极坐标图的绘制

6.25.1 概述

在产品设计和测试报告中，经常要绘制频率特性图和极坐标图，例如传声器、放大器、扬声器、助听器、声级计、记录仪以及振动测量仪等的各种响应特性，以及如传声器、扬声器和声级计的指向特性。如果没有相关标准要求，绘制的图就比较零乱，不好比较。《电声学 绘制频率特性图和极坐标图的标度和尺寸》(GB/T 3769—2010/IEC 60263:1982)，规定了以分贝表示的对数或级特性与对数频率轴的标准纵横比，以及级的极坐标图半径的范围。这些规定应用于硬拷贝打印输出、电子文件(如PDF文件)、科学出版物、计算机程序和应用程序中的屏幕显示，以及标准中的图表，应该也包括仪器显示的频率响应图。IEC已有新的版本IEC 60263:2020，内容有所增加。

标准的首要目的是采用尽可能少的纵横比比例的数量。以前，在模拟级(电平)记录仪上，分别用1 mm、2 mm或5 mm表示1 dB，分别对应50 dB、25 dB或10 dB级范围。这三个级范围在绘图纸的对数频率刻度上等于1个10倍频程的长度，以此限制了可用的纵横比。

标准的另一个目的是对纵横比做出具体规定。例如绘制频率(对数标度)-幅度(dB)图时，横坐标上每10:1频率比的标度长度应等于纵坐标上10 dB、20 dB、25 dB或50 dB级差的标度长度，即纵横比应为10 dB/10倍频程、20 dB/10倍频程、25 dB/10倍频程或50 dB/10倍频程。

将坐标的比例进行标准化是十分重要的，这样就可以从一幅以对数坐标绘制的幅度(以dB表示)频率响应曲线图中获得一个明晰印象。否则，由于某个标度的压缩或扩展，频谱图或响应曲线可能会过于平坦或过于陡峭。如果我们将每个特性都用标准的比例来绘制，通过缩小或放大电脑屏幕、移动设备、仪器显示器或其他资料上的图形，可以比较不同来源的图形和数据。

表示频响特性需要用不同的范围，例如，10 dB的范围对于一个标准传声器的响应可能已经足够，而对于一个滤波器可能需要大于60 dB的范围。

6.25.2　对数量值–对数频率绘制

绘制频率(对数标度)–幅度(dB)图时,横坐标上每10∶1频率比的标度长度应等于纵坐标上10 dB、20 dB、25 dB或50 dB级差的标度长度,即纵横比应为10 dB/10倍频程、20 dB/10倍频程、25 dB/10倍频程或50 dB/10倍频程。第3章的图3-1就是50 dB/10倍频程的等响度曲线图。

绘制对数量值–对数频率图时,在y轴对数刻度上绘制幅度绝对值或百分比,而x轴上是对数频率,纵横比应为0.5个十倍程/10倍频程、1个十倍程/10倍频程、1.25个十倍程/10倍频程或2.5个十倍程/10倍频程。这些纵横比分别对应于前述10 dB/10倍频程、20 dB/10倍频程、25 dB/10倍频程、50 dB/10倍频程。图6-21是2个十倍程/10倍频程(40 dB/10倍频程)的噪声频谱图。图6-60描绘了扬声器总谐波失真的频率响应,在y轴对数坐标上总谐波失真以百分比表示,x轴是对数频率刻度,图中坐标的纵横比为2.5个十倍程/10倍频程(50 dB/10倍频程),即y轴的316倍刻度宽度与x轴的10倍频程宽度相等。

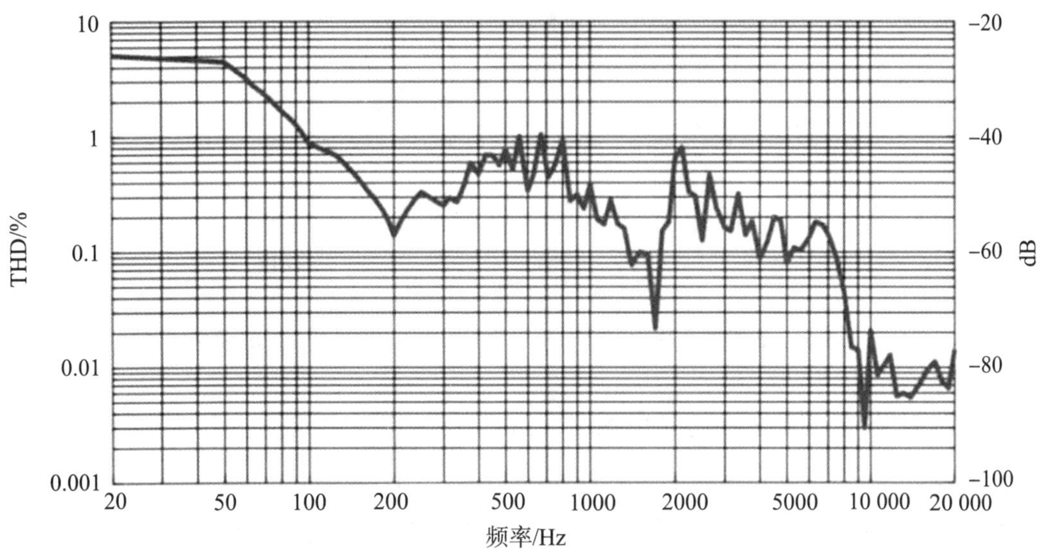

图6-60　扬声器总谐波失真的频率响应

6.25.3　极坐标图

极坐标级图沿径向向外表示级增加,入射角相对于参考方向逆时针移动增加。参考方向的角度应指定为0°。主要的角应至少以30°的间隔划分,并应标示。

对于以参考量为参考的绝对级(例如dB,以20 μPa为参考)的极坐标图,图的级范围应为到原点60 dB或30 dB(旧标准是50 dB和25 dB)。对于到原点范围为60 dB的绝对级的极坐标图,最大级应绘制在最大半径圆以下小于10 dB处。主要级分度应绘制成半径为10 dB的倍数的同心圆,并予标示。可选的小分度以2 dB间隔绘制,不用标示。对于到原点范围为30 dB的绝对级的极坐标图,最大级应绘制在最大半径圆以下小于5 dB处。主要级分度应以半径为5 dB的倍数的圆表示,并予标示。可选的小分度以1 dB间隔绘制,不用标示。

对于相对级的极坐标图，例如传感器的绝对级与参考方向上的绝对级之间的差值，该图的级范围应为距离原点30 dB。参考圆应代表0 dB的相对级，其半径应为10 dB、15 dB、20 dB或25 dB。最大高度应在最大半径圆以下，且不大于5 dB处。主要级分度应以半径为5 dB的倍数的圆表示，并予标示。可选的小分度以1 dB间隔绘制，不用标示。参考方向上的标度为0 dB。如图6-61所示为参考圆半径为25 dB、相对级范围为30 dB的极坐标图示例，表示一个高指向性枪式传声器在2.5 kHz处的指向响应。

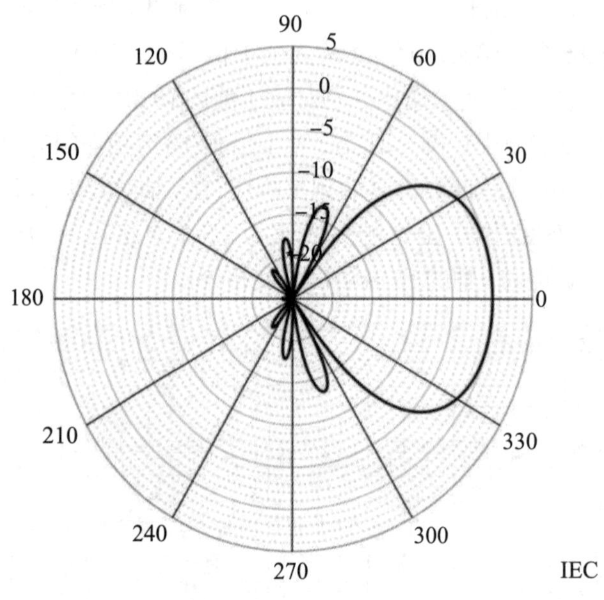

图6-61　参考圆半径为25 dB，相对级范围为30 dB的极坐标图示例

6.25.4　线性分度y轴与对数频率图

具有线性分度y轴与对数频率的图，如相位、群延迟等，通常可参照标准规范部分描述的级的标准纵横比图。如果两条曲线以不同的y轴尺度和单位（例如幅度和相位）绘制在同一张图上，两张附图应有相同的对数频率刻度，而且每十倍应该有相同数量的y轴划分。

相位图优选以度为单位。主轴y轴的分度应该是15°、45°、90°或180°的倍数，这取决于图的总范围。对于最小相位系统，图的范围最好足够大，以显示相位“展开”。例如图6-17和图6-18分别是传声器和前置放大器组合的电幅度频率响应和电相位频率响应示例，图中电幅度频率响应是5 dB/10倍频程，电相位频率响应是60°/10倍频程，它们的纵坐标都是8分度。

群延迟图的主轴y轴的分度应该是5或10的倍数。y轴单位不限于秒，可以按要求以毫秒或微秒为单位，以便在图中显示适当的细节。

第7章　声场条件和声学实验室

7.1　概述

声学测量并不是在任意环境下都能进行的，它必须具备特定的声学环境，除了要求具有较安静的环境，即较低的背景噪声外，还要求测试环境能满足如下三个“理想化声场”条件之一。它们是：

(1)平面波声场；

(2)自由场；

(3)扩散场。

在这三种声场中，声学量之间的关系都十分简单，因此从原理上便可使测量方法大大简化并且保证有效。

7.2　平面波声场

平面波是指波阵面平行于与传播方向垂直的平面的波。平面波场一般比较容易获得，在一定频率范围内，声波在刚性管壁的管道中传播时，声波的波形主要呈平面波模式。关于声波在管道中呈平面波模式传播的高频截止频率，对于矩形截面管，截止频率 f_c 由式(7-1)确定。

$$f_c = \left(\frac{c_0}{2l_x}\right) \tag{7-1}$$

式中，l_x——矩形截面中较宽的一个边线长度，单位为m；

c_0——声速，单位为m/s。

对于圆形管，截止频率 f_c 由式(7-2)确定。

$$f_c = 1.84\frac{c_0}{\pi d} \tag{7-2}$$

式中，d——管道的内径，单位为m。

吸声材料与结构的垂直入射吸声系数及声阻抗率比就是通过在驻波管中的测量而获得的，我们将在第13章13.3.2节中详细介绍。

至于自由场和扩散场，几乎都难以从通常的环境中获得，一般需要经过专门的声学设计。消声室就是模拟自由场条件，而混响室可以形成近似的扩散场。

7.3　自由场和消声室

7.3.1　概述

自由场的定义：均匀各向同性媒质中，边界影响可以不计的声场，即声场中只有直达声而没有反射声。

半自由场的定义：无限大刚性平面一侧的均匀各向同性媒质中其他边界影响可以忽略不计的声场。

为了准确地测量出声源的特性，应把声源放在一个没有干扰的理想空间中。在这个空间内，传播声波的媒质均匀地向各个方向无限延伸，使声源辐射的声波能"自由"地传播，既无障碍物的反射，也无环境噪声的干扰。这样的空间称为"自由场"。这种理想的自由空间当然无法完全实现。有时人们选择良好的气候条件和避开环境噪声的干扰，设法利用高空或广场上的半自由空间进行近似的自由场或半自由场条件下的声学测量。

如果在普通房间里进行与声源有关的测量和分析，会因为房间各个界面和室内物体的反射而使测量不准确。这是因为接收传声器除了接收到直接从声源传来的声波，还会接收到反射声波以及从室外传来的其他干扰声。为了创造一个良好而方便的测试条件，人们设法在室内建立近似的自由场条件，这就是"消声室"。

消声室是常用的声学设施之一，它能为声学测量提供不受外界环境影响的可控制的自由场。在这个空间内，传播声波的介质均匀地向各个方向无限延伸，使声源辐射的声能"自由"地传播，既无障碍物的反射，也无环境噪声的干扰。

为了消除室内的反射声，消声室内除了没有障碍物外，室内各面（墙壁、天花、地面）都要铺设高效能的吸声材料，使入射到界面上的声波，在一定频率范围内几乎百分之百被吸收。当然消声室还必须有良好的隔声及隔振措施，以阻断从外界来的各种噪声与振动的传入，使室内的本底噪声达到远低于被测声信号的声压级。

消声室内各界面都要铺以宽频带、高效能的吸声结构，这是设计中的一个最重要环节。现在消声室常用的吸声结构是多孔吸声材料，例如将各种超细玻璃棉制作成尖劈状的吸声结构，其吸声系数一般要求达到0.99以上。尖劈状吸声结构能使入射声波以逐渐过渡的方式，达到良好的阻抗匹配状态，从而使声波几乎完全进入吸声体，并在吸声体内被充分吸收。然而多孔吸声材料的吸声系数在低频时是会下降的，因此消声室也有低频截止频率，即吸声系数达0.99的最低频率。

消声室建立以后，还必须对其是否接近自由场的要求进行检验。自由场的基本特性是当一球面声源辐射声波时，其辐射声压值应遵循与声源中心的距离成反比的规律，或者说离声源距离增加一倍，其声压级应降低6 dB。在建成的消声室中，一般将"球面声源"放在室中央（地面为反射面的半消声室，将球面声源置于地面中心），在不同传播方向上测量声压级与传播距离的衰减规律，与理想值相比可得到消声室内与声源中心不同距离处的自由场的近似程度，或者给出消声室的自由场的误差值。一般距声源越远，这一误差就越大。不同测试标准规定了自由场误差的容许值。例如GB/T 12060.4—2012/IEC 60268-4：2004《声系统设备　第4部分：传声器测量方法》中要求自由场误差不超过0.5 dB；IEC　60268-21 ：2018(E)《声系统设备　第21部分：（基于输出的）声测量》的9.2条除要求声压级幅度不超过0.5 dB外，还要求相位不超过±10°；GB/T 12060.5—2011/IEC 60268-5：2007《声系统设备　第5部分：扬声器主要性能测量方法》要求自由声场误差不超过± 10%；GB/T 6882—2016/IS0 3745：2012《声学　声压法测定噪声功率级和声能量级　消声室和半消声室精密法》对不同频率范围规定了最大允许误差，详见表7-1所列。

为了能便于安置较重的待测机器，也有一种半消声室的设计，即室内除地面以外其余五个壁面铺装有高吸声的尖劈，而坚硬又平整的地面犹如声的全反射面，形成一近似半空间的自由声场。这是刚性地面上方半空间的均匀各向同类媒质中，边界影响可忽略不计的声场。半消声室的自由声场近似要求一般可以更低一些，因此表7-1中表示的对半消声室的允许误差值也有所放宽。

表7-1 测量声压级和理论声压级之间的最大允许误差值

测试室类型	1/3倍频程中心频率/Hz	允许误差值/dB		
		噪声测量用（GB/T 6882/ISO 3745）	传声器和声学测量用（GB/T 12060.4/IEC 60268-4，IEC 60268-21）	扬声器测量用（GB/T 12060.5/IEC 60268-5）
消声室（自由场）	≤630 800～5000 ≥6300	±1.5 dB ±1.0 dB ±1.5 dB	0.5 dB	±10%
半消声室（半自由场）	≤630 800～5000 ≥6300	±2.5 dB ±2.0 dB ±3.0 dB	—	—

作为自由场的条件，要求除了待测物体外，应不允许有会引起声干扰的其他物体存在，实际上这是难以达到的。例如安置被测试件的支撑件和测量传声器的支架等物件会对声波产生反射和散射，尤其是在高频时更为严重。一般频率越高，同样大小的物体的散射或反射的影响就越显著。为了减小这种影响带来的测试误差，要求消声室内辅助设备和支架的截面尺寸应尽可能小，最好甚小于主要被测声信号的波长。

7.3.2 消声室的功能指标

1. 净空尺寸

消声室的净空尺寸是指消声室内挂装吸声材料后实际存在的空间容积。

净空尺寸通常由以下三个因素来决定：

(1)按照测试规范的要求，对于进行精密测量的消声室，其净空尺寸至少应该等于被测声源(设备)体积的200倍；

(2)在声源声功率测量时，测点离开吸声壁面的距离不得小于$\lambda/4$，其中λ是最低测试频率声波的波长；

(3)测量点应位于自由场半径区域内。

实际确定的净空尺寸必须同时满足这三个条件。

2. 自由场半径

自由场半径是指在某临界距离范围内，声波传播规律基本上满足反平方定律，即距离增加一倍，声压级降低6 dB，则该临界距离称为自由场半径。自由场是指声波在无限大空间里传播时，不存在任何反射体和反射面。消声室的主要功能是为声学测试提供一个近似自由场空间或半自由场空间。自由场半径是用于衡量自由场大小的指标，自由场半径的大小与消声室的净空尺寸和壁面吸声材料的吸声系数密切相关。对于精密测量的实验室，通常采用吸声尖劈作为壁面的吸声结构(材料)，要求在所测频段范围内壁面吸声材料的吸声系数α达到0.99。这时，差值小于±1 dB的自由场半径$d_A \approx 0.2L$，差值小于±2 dB的自由场半径$d_A \approx 0.4L$，其中L是标定方向所对应的消声室净空边长。一个设计良好的消声室，自由场半径应为从中心点到离尖劈1.0 m的距离。

3. 截止频率

消声室的低频特性主要由壁面的吸声性能决定。对于较低的下限频率，要求有较长的尖劈和较大的净空尺寸。墙面的吸声系统能保证0.99的吸声系数时，可保证消声室在截止频率以上是满足自由场条件的。在消声室设计中，通常把尖劈吸声系数为0.99的最低频率称为下限截止频率。在截止频率以下的，可根据ISO 3746和ISO 3747的标准对测量进行修正。消声室的高频特性主要取决于室内所用的玻璃布、地网钢丝和支架的高频散射。常选的频率范围是100 Hz～8000 Hz，对用于噪声源声功率测量的，一般要求高频至10 kHz，对专门用于电声产品等测量的，一般要求高频至20 kHz。

4. 背景噪声

背景噪声又称本底噪声，是指待测声源不发声时消声室内的噪声级。消声室另一个功能是提供低背景噪声的环境以适应测试环境的要求。在测试频率范围内，背景噪声的声压级至少要比被测声源的声压级低10 dB。背景噪声主要取决于消声室所建场所的环境噪声和消声室的隔声(隔振)性能。因此消声室常常采用双层复合隔声结构，底部采取相应的隔振措施。同时在选址时尽量将消声室建在远离交通干道和强振源的区域。设计建造良好的消声室，其背景噪声能做到0 dB(A)以下。

对于设备声功率测量不要求进行单频精密测量，只是要求1/3倍频程或倍频程测量，甚至只要求A计权声级测量，可不必苛求壁面的吸声系数达到0.99，也不一定需要采用吸声尖劈，可以考虑采用平板结构，就是将吸声材料(如超细玻璃棉板等)逐层平铺安装在壁面上，靠近壁面处铺容重大些的材料，远离壁面处铺容重小些的材料，阻抗逐挡过渡。

根据需要，消声室和半消声室还可以配置温湿度自动控制，但是必须配套相应的进出风消声器，以保证室内足够低的背景噪声级。另外，还应考虑照明、通风、电源等辅助需求，以及控制室等附属区域的布局。

消声室和半消声室的设计按照GB 50800—2012《消声室和半消声室技术规范》执行。

7.3.3 消声室声学设计的一般规定

(1)消声室和半消声室的声学设计应满足使用要求，声学设计的技术指标应包括自由场和背景噪声。

(2)消声室和半消声室采取的主要声学技术措施应包括吸声、隔声和隔振。

(3)消声室和半消声室的自由场应根据测试内容和使用要求确定。自由场技术指标应包括消声室和半消声室下限频率。

(4)消声室和半消声室的背景噪声的总声级值和测量范围内的每个频带噪声值均应低于被测信号10 dB；背景噪声低于被测信号20 dB时，可不进行背景噪声的修正。

(5)消声室和半消声室内不应产生有害反射或散射。与最高测试频率对应波长可比的物件，不得直接进入声场。

(6)消声室的悬置地面结构，宜采用钢丝绳设计成格栅式地网结构；钢丝绳直径及格栅式地网间距对声场的影响，应控制在满足使用要求的范围内。

7.3.4 消声室的自由场设计

1. 消声室和半消声室体形与尺寸设计要求

消声室和半消声室体形与尺寸设计，应符合下列要求。

(1) 消声室和半消声室的体形应主要根据使用要求确定。用于测试电声产品声学性能时，消声室宜设计为长方体；用于测量机械辐射声功率级或噪声级及其指向性时，消声室可设计为正方体。

(2) 用于设备声功率测量时，半消声室的净空体积与待测量声功率级的声源体积之比不应小于200。

(3) 用于纯音测试的消声室和半消声室，体形接近于正方体时，应按式(7-3)计算偏离自由场的允差值。

$$\Delta L_p = 20\lg\left(1 + 6|R|\frac{r_A}{L}\right) \tag{7-3}$$

式中，L_p——偏离自由场的允差，单位为dB；

L——消声室和半消声室空间的边长，单位为m；

$|R|$——消声室和半消声室吸声结构的反射系数模量；

r_A——测量要求的最大测量距离，单位为m。

(4) 用于宽带噪声测试的消声室和半消声室的偏离自由场的允差值，应按式(7-4)估算。

$$\Delta L_p = 10\lg\left(1 + 6|R|^2\frac{r_A^2}{L^2}\right) \tag{7-4}$$

(5)消声室和半消声室空间的长度不应小于高度，且边长尺寸应满足式(7-5)要求。

$$L \geqslant r_A + \lambda/2 \tag{7-5}$$

式中，λ——消声室和半消声室的下限频率所对应的波长，单位为m。

(6)长度大于高度和宽度的消声室和半消声室，其高度或宽度应满足式(7-6)要求。

$$h \geqslant \lambda/1.2 \tag{7-6}$$

式中，h——消声室和半消声室的高度或宽度，单位为m。

2. 消声室和半消声室的吸声结构的设计要求

消声室和半消声室的吸声结构应符合下列要求。

(1)应根据测试的频率范围和下限频率的要求设计消声室和半消声室的吸声结构。声学性能要求高的消声室和半消声室的吸声结构，宜选用尖劈状吸声体。

(2)对于纯音信号的测试，吸声结构的吸声系数不应小于0.99。对于工程级宽带噪声信号的测试，吸声结构的吸声系数可低于0.99，吸声结构的吸声系数应根据偏离自由场的允差、测量要求的最大测量距离、消声室和半消声室空间的边长等因素进行综合设计。

(3)吸声尖劈底部的尺寸宜为400 mm× 400mm，长度应按式(7-7)计算。

$$L_1+L_2+D=\lambda/4 \tag{7-7}$$

式中，L_1——吸声尖劈的尖部长度，单位为m；

L_2——吸声尖劈的基部长度，单位为m；

D——吸声尖劈底部与刚性壁面间的空腔深度，单位为m；

λ——消声室和半消声室的下限频率所对应的波长，单位为m。

（4）半消声室刚性面的法向入射吸声系数在工作频率范围内不应大于0.06。

7.3.5 吸声尖劈

在消声室中，要求内壁面的吸声材料的吸声系数不低于0.99，也就是说要求声波在垂直入射时壁面的反射系数不大于0.1，或者说反射声波声压应比入射声波小20 dB。可是对于多孔吸声材料，例如超细玻璃棉等的吸声系数可以做到0.9以上，但是要超过0.99却是非常困难的。因为吸声良好的材料应该不仅要对声波具有极强的吸声性能，而且材料的特性阻抗要与介质（如空气）的特性阻抗接近，使声波能充分透入材料，对于通常的平面厚度型的吸声材料很难同时满足这两个要求。

吸声尖劈是一种特殊吸声体，它由基部（截面不变部分）和劈部（截面变化部分）组成，基部为底部截面不变部分，劈部为截面从尖头开始逐渐增大部分。由于吸声尖劈的劈部截面从小逐渐增大，使之与空气特性阻抗比较匹配，从而达到入射声波几乎毫无反射地全被吸收。

尖劈的基部不仅是安装结构上的考虑，也是尖劈吸声体有效吸声的要求。尖劈的基部长度l_2与尖劈的劈部长度l_1的比例通常控制在1∶4左右，过大和过小都是不适宜的。由于尖劈的尺寸一般比较长，因此需要有骨架以便于安装，通常是选用直径为3 mm～4 mm的钢筋焊接而成，直径太小和太大都是不合适的。太小影响骨架刚度，太大虽然能增加骨架刚度，但会产生对高频声波的反射，影响尖劈的吸声性能。

目前，使用最多的尖劈吸声材料是玻璃棉，将玻璃棉按其尖劈骨架的尺寸进行切割，然后放入骨架中。在尖劈长度和底部空腔相同的情况下，劈内所填吸声材料的容重为90 kg/m³，与85 kg/m³相比，在频率为125 Hz以上及以下，性能有高有低，但均在0.99以上，这说明差别不大。为了防止纤维的散落，再用织物做一尖劈套。通常为玻璃纤维布套，最外层再套一塑料窗纱，以遮挡布套可能产生的皱褶，可起一定的装饰作用，这种尖劈的覆面材料比较便宜。也可以用透声的阻燃化纤布套，布套有多种颜色可选，具有比较好的装饰效果，但价格较贵。有时为了使吸声尖劈的边角分明挺括，用金属丝网或穿孔金属板代替塑料窗纱外套。特别是穿孔金属板护面的吸声尖劈具有很好的强度和刚度，不会变形，坚固耐用。金属丝网和穿孔金属板护面的吸声尖劈还具有一定的电磁屏蔽作用。

与通常吸声材料一样，在吸声尖劈后面留有适当深度的空间，将会使截止频率向更低频移动。这时整个吸声体的总长度应包括背腔深度D，即总长度$l=l_1+l_2+D$［如图7-1（a）所示］。

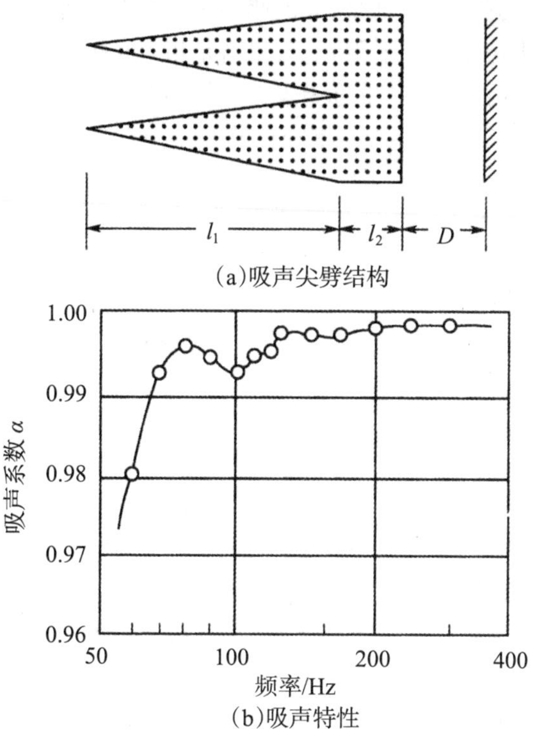

图7-1　尖劈的结构和吸声特性

吸声尖劈按形状的不同,可分尖头和平头;根据吸声尖劈一个单元劈数的不同,可分单劈、双劈和三劈;根据尖劈长度的不同,可分长尖劈和短尖劈;根据尖劈吸声材料的不同,可分无机纤维吸声材料(如玻璃棉、岩棉、矿渣棉等)、有机纤维吸声材料(如合成树脂纤维棉)以及吸声泡沫塑料(如聚氨酯吸声泡沫塑料)等。

平头吸声尖劈是将尖劈尖端部分切去一段,实验表明,对于1 m长的尖劈切掉8 cm～10 cm,对吸声性能影响不大。平头尖劈可以增加消声室的有效空间,对于小型消声室或消声箱还是可取的。图7-2就是一个平头双劈内装玻璃棉的吸声尖劈。

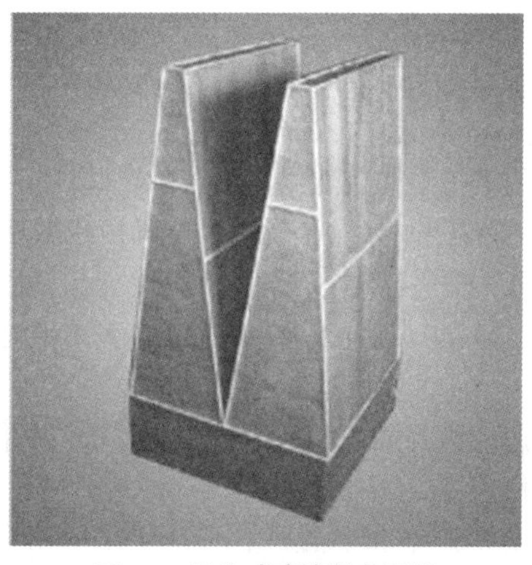

图7-2　平头玻璃棉吸声双劈

吸声尖劈对中、高频的吸声系数由填充的吸声材料的吸声系数所决定，而且通常吸声都较好。其吸声性能主要决定于低频下限频率，也就是指400 Hz以下的吸声频率特性，尖劈垂直入射吸声系数$\alpha_0 \geqslant 0.99$时的最低频率称为尖劈的低频截止频率 f_c。一般来说，尖劈的低频截止频率与它的长度(包括安装的空腔深度)有如下的关系：

$$f_c = \frac{c}{4l} \tag{7-8}$$

式中，l——尖劈的长度；

c——尖劈结构中的声速。

尖劈结构中的声速一般比空气中的声速小。如果以空气中声速 c_0 表示，低频截止频率可近似表示为

$$f_c = \frac{c_0}{\beta l} \tag{7-9}$$

式中，β——一般介于4～5。

由此可见，尖劈的长度越长，截止频率越低，例如一般用超细玻璃棉做成的总长为1 m的尖劈吸声体，截止频率通常可以达到70 Hz左右。如图7-1(b)所示为用一种酚醛胶合的玻璃纤维板(平均纤维直径为15 μm～20 μm)做成的尖劈吸声体的吸声系数频率特性曲线。吸声体的容重为85 kg/m³～90 kg/m³，基底部分面积为40 cm×40 cm，上部有两个尖劈，各占面积20 cm×40 cm，尖劈部分长1 m，背腔深度D=15 cm，测得的低频截止频率在74 Hz附近。

但实际上尖劈的截止频率除了与其长度有关外，还与形状、制作的吸声材料等有关。因此，尖劈的截止频率均通过特别的方形的大驻波管所测得的正入射吸声系数来验证。由于测试尖劈的驻波管截面面积较大，其高频的截止频率较低，在300 Hz～400 Hz；低频的截止频率取决于驻波管的长度，管越长，截止频率就越低。

7.3.6 消声室的噪声控制

(1)消声室和半消声室选址时，附近应无明显的噪声和振动源，应避开地铁轨道交通、交通主干线和冲击振动源。

(2)消声室和半消声室拟建场地的环境噪声进行测量时，应包括总声级值和每个频带的声压级值。

(3)消声室和半消声室设计所要求的最低隔声量，应为环境噪声和测量允许的背景噪声之差。

(4)消声室和半消声室的围护结构应选择高隔声性能材料。

(5)消声室和半消声室的隔振设计，在周围有环境噪声或振动干扰时，消声室或半消声室应建成房中房的结构形式，其内壳体应建于弹性隔振系统上。房中房结构应避免内壳体与围护结构的刚性连接而造成固体传声。房中房结构的消声室和半消声室的工作检修夹道内侧，宜设置吸声构造。

(6)消声室和半消声室门应满足隔声和室内自由场要求。门作为测试扬声器单元的障板使用时，应设置使用功能转换装置。

(7)声闸的总隔声量应与消声室和半消声室总隔声要求相匹配，且声闸内表面宜做强吸声构造。

7.3.7 消声室的性能测试

1. 相关标准

消声室或半消声室性能测量和验收，按JJF 1147《消声室或半消声室声学特性校准规范》的有关规定执行。主要校准自由场的频率范围和空间范围，以及本底噪声测量。GB/T 34828—2017/ISO 26101：2012《声学 自由场环境评定测试方法》规定了用于评定消声空间和半消声空间性能的离散频率法和宽带法，规定了采用无指向性声源进行自由声场评定的流程，详细阐述了得到测试结果的过程，并给出了测量不确定度的评定方法。适用于评定消声室和半消声室等声学空间是否满足自由声场条件。ISO的新版本有ISO 26101：2017，最新版本为ISO 26101-1：2021《声学 声环境评定的试验方法 第1部分：自由场的评定》和《声学 声环境评定的试验方法 第2部分：环境修正的确定》。

2. 自由场频率范围和空间范围测试有关要求

自由场频率范围和空间范围的校准采用发散衰减法来量化和确定某个测试环境内的消声或半消声空间的性能和自由场范围。自由声场的性能通过将测试声源辐射的声压随空间距离的衰减与理想自由声场中声压的衰减进行比较，量化所有直达和反射声能的贡献来进行评估，即在消声室和半消声室用室内测得的声压级与反平方律理论值之间的最大允许偏差（见表7-1所列）来确定自由场频率范围和空间范围。有关测试要求见表7-2和表7-3所列。

表7-2 自由场频率范围和空间范围测试有关要求

<table>
<tr><th colspan="2" rowspan="2">项目</th><th colspan="2">消声室</th><th>半消声室</th></tr>
<tr><th>电声测量用</th><th>噪声源声功率级测量用</th><th>噪声源声功率级测量用</th></tr>
<tr><td rowspan="2">测试声源</td><td>基本要求</td><td colspan="3">（1）在所用频率范围内近似为点声源；
（2）具有可认定的声中心；
（3）近似为无指向性，允许偏差满足表7-3的要求；
（4）在所用频率范围内，在每个传声器路径上所有测点的声压级都高于本底噪声6 dB以上，最好高15 dB以上；
（5）在任何1/3倍频带上，辐射声功率变化不大于±0.5 dB</td></tr>
<tr><td>放置</td><td>测试声源假定的声中心可位于距离工作人员行走网以上1.2 m左右并与行走网平行的平面的中心</td><td>测试声源假定的声中心尽可能位于房间的几何中心（可取声源辐射振膜的中心或球形声源的几何中心）</td><td>测试声源假定的声中心尽可能位于房间反射面的中心</td></tr>
<tr><td rowspan="2">测试仪器</td><td>声级计</td><td colspan="3">使用符合IEC 61672-1规定的1级声级计</td></tr>
<tr><td>滤波器</td><td colspan="3">使用符合IEC 61260-1规定的1级滤波器</td></tr>
<tr><td rowspan="2">传声器</td><td>指向性和直径</td><td colspan="3">无指向型，测试频率高于5 kHz时传声器直径与WS2S（1/2″）相当或更小</td></tr>
<tr><td>路径</td><td colspan="3">传声器至少沿5条直线路径离开声源，直线路径的延长线穿过声源中心</td></tr>
<tr><td>测试信号</td><td>类型</td><td>选用正弦信号</td><td colspan="2">一般采用随机噪声，有时也可采用正弦信号</td></tr>
<tr><td>测试声压级</td><td>使用1/3倍频程滤波器</td><td colspan="3">在传声器路径上所有测点上产生的声压级都比本底噪声高6 dB以上，最好高15 dB以上</td></tr>
</table>

续表

项目		消声室		半消声室
		电声测量用	噪声源声功率级测量用	噪声源声功率级测量用
测试频率	频率间隔	按1/3倍频程中心频率测量(<125 Hz和>4 kHz)		
		可按倍频程中心频率测量(125 Hz～4 kHz)		
	低端起始频率	为消声室或半消室设计或用户实际需要的最低频率		
	高端终止频率	一般测量至20 kHz中心频率	一般测量至10 kHz中心频率	
空气吸收修正		中高频段需修正(按ISO 9613-1)	较长路径高频时需修正，一般不需修正	

表7-3 测试声源指向性的允许偏差

测试室类型	1/3倍频程中心频率/Hz	允差/dB
消声室	≤630	±1.5
	800～5000	±2.0
	6300～10 000	±2.5
	＞10 000	±5.0
半消声室	≤630	±2.0
	800～5000	±2.5
	6300～10 000	±3.0
	＞10 000	±5.0

3. 实测声压级与理论声压级偏差的计算

每一个测量频率，每一传声器路径上的每个测点，基于反平方律的理论声压级按公式(7-10)计算。

$$L_p(r_i)=20\lg\left(\frac{a}{r_i-r_0}\right)=b-20\lg\left(\frac{r_i}{r_0}\right) \tag{7-10}$$

式中，$L_p(r_i)$——基于反平方律计算的距离声中心r_i处的声压级，单位为dB；

r_i——测点i距离声中心的距离，单位为m；

r_0——参考值，r_0=1 m；

$b=20\lg a$——测点与声中心距离的修正。

参数b可由下面的迭代公式(7-11)表示。

$$b=\frac{\sum_{i=1}^{N}20\lg\left(\frac{r_i}{r_0}\right)+\sum_{i=1}^{N}L_{p_i}}{N} \tag{7-11}$$

式中，L_{pi}——测点i处测得的声压级，单位为dB；

N——传声器测量路径上测点的数目。

实际测得的声压级与理论声压级的偏差ΔL_{pi}由式(7-12)给出。

$$\Delta L_{pi} = L_{pi} - L_{p(r_i)} \tag{7-12}$$

4. 本底噪声

消声室和半消声室室内本底噪声至少应比被测声源的声压级低15 dB。

测试时在消声室或半消声室内选择3至5个测点，测点数量根据房间大小决定，测点一般位于房间几何中心及常规工作位置。测量时，消声室或半消声室的密闭隔声门应关闭。

依次测量各测点处的A计权声压级和1/1倍频带声压级，取相应的算术平均值作为该房间的本底噪声级。

由于消声室本底噪声比较低，通常能做到10 dB(A)以下，好的消声室本底噪声可以做到0 dB(A)以下，所以测试时要使用低噪声传声器和前置放大器，或者使用双传声器-互相干法测试，参见第5章5.14.6节。

7.3.8　消声室实例

1. 实例一

位于美国华盛顿州雷德蒙德微软总部87楼设置了一间特殊的实验室——消声室，经过测定，这里的背景噪声只有-20.6 dB，被认为是世界上最安静的实验室。据说在该实验室里甚至可以听到自己的心跳、血液流动和肠胃蠕动的声音。该实验室6个面都是30 cm厚的混凝土结构，安装在独立减震板上的68个减震器弹簧的顶部，这意味着周围建筑的任何响动都不会对它产生撞击或振荡的影响。实验室内部空间是一个长宽高均为6.36 m的立方体，6个面都覆盖有吸声泡沫尖劈，有助于吸收从房间内部产生的任何声音。房间内的空气供应、消防设备、电缆配备等都采用了特别的隔离方式，再加上一个特殊的密封门，都力求做到极度安静。该实验室主要用于测试电子设备运行时产生的声音，还可以进行扬声器的测试、检查计算机噪声——从电源到冷却风扇以及增加背光时显示屏的声音等。最近还开始用该实验室来训练其智能语音助理Cortana，实验室的无声环境可以为这类测试提供最为理想的测试条件。

2. 实例二

某公司的消声室(图7-3)属于全消声室，其主要技术参数见表7-4所列。图7-4给出了该消声室使用HBK4179传声器、2660前置放大器和PULSE测得的本底噪声的1/3倍频程频谱，A计权本底噪声达到-2.6dB。

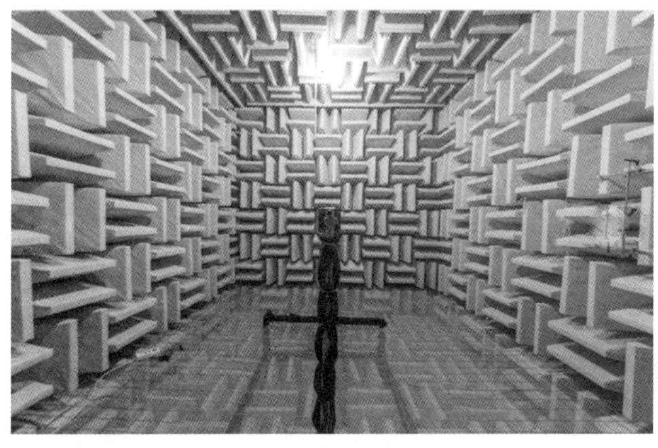

图7-3　消声室实景

表 7-4　某公司的消声室主要技术参数

技术参数		指标
自由场的空间范围		距离吸声壁面0.5 m内的空间
内部可使用尺寸(长×宽×高)		5.52 m×4.28 m×4.32 m
尖劈	尺寸	400 mm×400 mm×500 mm,基座厚度 100 mm,双尖结构,尖顶宽度 40 mm,空腔尺寸 150 mm
	材料	环保超细玻璃棉
截止频率		≤200 Hz
本底噪声		≤2.6 dB(A)
门		500 mm双层复合结构隔声门,尖劈安装在结构门内侧
地网		4 mm钢丝拉网
墙		400 mm厚实心砖墙
照明、监控系统		照明采用100 W节能LED灯,高清网络球形摄像头

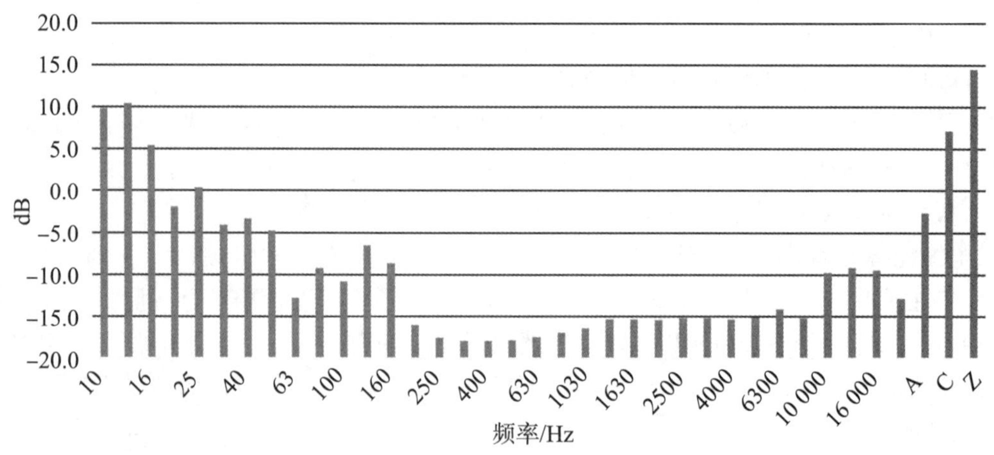

图 7-4　某消声箱本底噪声的 1/3 倍频带频谱

7.4　扩散场和混响室

7.4.1　概述

扩散场的定义:能量密度均匀、在各个传播方向做无规分布的声场。

扩散场是由声波在一封闭空间内多次漫反射而引起的,它满足下列条件:①空间各点声能密度均匀;②从各个方向到达某一点的声能流的概率相同;③到达某点的各方向来的波束之间的相位是无规的。

消声室是模拟自由场的实验室。另有一些实验需要扩散场的实验条件,所以要建造混响室来获近似扩散场条件。混响室的用途主要是:测定材料的吸声系数,空气中的声吸收,声源和机器、设备等的声功率及频谱,测量某些电声器件和设备的效率等声学性能,以及对灵敏机件做噪声疲劳试验等。

与消声室的壁面材料性能相反,混响室的各个界面都是吸声系数很小的建筑材料。经常使用的材料有大理石、瓷砖、水磨石、金属板等，也可以在水泥粉刷壁面后再涂多层油漆。声波在混响室内传播时，因壁面反射系数很大，因此要来回反射很多次才逐渐衰减掉，从而产生充分的混响。

如果一个声源在混响室内连续稳定地辐射一定频谱的声波，它就激发起室内许多个不同的简正振动模式，声波按不同模式在许多方向来回反射地传播，在先的声波逐渐衰减，在后的声波不断补充，达到动态平衡状态。这时，除紧靠壁面处和邻近声源处外，室内声场有可能就是扩散场。

7.4.2 混响室的技术要求

1. 足够的容积

混响室的体积可以按需要设计得不同，但是为了保证低频端能激发出足够多的简正振动模式，混响室的体积不能太小；同时为了避免在高频时因空气的吸收使声能损耗过大以至于扩散声场条件难以满足，室内体积也不能过大。为了能对不同混响室测量结果做相互比对，国际标准ISO 354对混响室的体积做出规定（见表7-5所列）。一般要求体积应大于180 m^3，并最好在200 m^3左右，并且要求最大不超过300 m^3。

表7-5 最小测试室体积与最低频带的关系

最低的1/3倍频程中心频率/Hz	测试室最小体积/m^3
100	200
125	150
160	100
200及以上	70

2. 在所考虑频率范围内适当小的声吸收

混响室所有表面的平均吸声系数应不超过0.16。在下限频率f以上平均吸声系数应不超过0.06。

3. 较长的混响时间

混响时间的定义：声能密度降为原来的$1/10^6$时所需的时间，相当于声压级衰变60 dB。某频率的混响时间是室内声音达到稳定状态，声源停止发声后残余声音在房间内反复经吸声材料吸收，平均声能密度自原始值衰变到百万分之一（声能密度衰减60 dB）所需的时间，用T_{60}或者R_T表示。各个频率时，空室时的混响时间的最低值见表7-6所列。

表7-6 混响室空室时混响时间的最低值

f/ Hz	125	250	500	1000	2000	4000
T_{60}/ s	5.0	5.0	5.0	4.5	3.5	2.0

4. 适当的形状和/或扩散体

要满足扩散场条件，除了混响室界面有足够大的反射系数外，还需在测试的频率间隔内有足够多的简正振动模式。同时为了尽量增加室内形成驻波的模式，对房间的几何尺寸的相对比例也有适当限定。此外，为了使室内声波能充分扩散，特别对低频，也有把内壁做成各种大的凸弧形或者在室内安装可旋转的扩散体等。如果房间不是矩形,其表面之间不平行。如果房间是矩形,则其比例的选择应使任意两个尺寸比例不要相等或不接近于一个整数,经常用$1:2^{1/3}:4^{1/3}$这一比例。容积接近于200 m³的比较满意的其他房间尺寸比例见表7-7所列。

表7-7 混响室矩形房间尺寸的推荐比例

l_y/l_x	l_z/l_x
0.83	0.47
0.83	0.65
0.79	0.63
0.68	0.42
0.70	0.59

注:符号l_x、l_y、l_z代表房间长、宽、高的尺寸。

混响室也有低频截止频率,一般当房间的尺寸与声波波长在同一数量级时,室内出现的驻波模式十分稀少,以致很难达到扩散场条件。与这一波长相对应的频率就可作为混响室工作的低限频率,这在相关的标准中也有规定。混响室的频率下限可用式(7-13)计算。

$$f > 125\left(\frac{180}{V}\right)^{\frac{1}{3}} \tag{7-13}$$

式中,V——混响室容积,单位为m³。

5. 声场的均匀性

根据GB/T 6881.1—2002《声学 声压法测定噪声源声功率级 混响室精密法》的附录E,对用于噪声源声功率级精密测量的混响室,在混响室测量频率范围内,用标准声源校准混响室声压级的均匀性,其声压级均匀性用室内声压级的标准偏差(S_M)表示,最低要求见表7-8所列。

表7-8 混响室室内声压级的标准偏差最低要求

倍频程中心频率/Hz	1/3倍频程中心频率/Hz	最大允许标准偏差(S_M)/dB
125	100 ~ 160	1.5
250、500	200 ~ 630	1.0
1000、2000	800 ~ 2500	0.5
4000、8000	3150 ~ 10 000	1.0

6. 足够低的本底噪声

作为声学实验室,混响室同样要求采取必要的隔声与隔振措施,尽量降低室内的本底噪声。混响室在测量频率范围内,所有频带的本底噪声应比该混响室所设计测量噪声的下限声压级至少低12 dB。

7.4.3 混响室的实例

如图7-5所示的某混响室,其主要技术参数及实测结果见表7-9所列,实测结果表明该混响室满足GB/T 6881.1的要求。

图7-5　混响室实景

表7-9　某混响室的主要技术参数及实测结果

技术参数		在各频率的标准要求和实测结果					
频率/Hz		125	250	500	1000	2000	4000
混响时间/s	标准要求	≥5	≥5	≥5	≥4.5	≥3.5	≥2
	实测结果	7.91	8.43	6.96	8.12	5.59	3.46
室内声压级的标准偏差(S_M)/ dB	标准要求	1.5	1.0	1.0	0.5	0.5	1.0
	实测结果	1.29	0.87	0.65	0.46	0.28	0.42
实测本底噪声/dB(A)		26					
容积和面积		总容积240 m^3,表面积210 m^2					
形状		采用不规则形状,部分壁面采用半球形的凸形墙面和斜墙面					

7.4.4　消声室和混响室的选用

对于严格避免反射声干扰的实验,如传声器的自由场互易校准、声源的指向性测量、某些听力测试等,都必须在消声室内进行。有些实验在消声室或混响室中均可进行,如声源的输出功率及其平均频谱等。若声源辐射指向性比较复杂,则声功率的消声室测试方法就很繁复。因此,一般只要求测出声源的输出功率及其平均频谱,而不需要知道声源指向性的测试,则应用混响室是既快又好的方法。一般安装在地面上使用的机器设备,可用半消声室来测量它的噪声,如家用电器噪声的测量。有些必须有大的支承或连接轴的机械,若在消声室中测量它的噪声,其辅助装置会破坏自由场,不可能有高的测量精度,倒不如应用混响室测量。此外,消声室的造价比较昂贵,所以在可以用混响室代替消声室进行测量的情况下,应尽量选用混响室。

在某些现场测试条件下,不可能达到自由场或扩散场的条件,但在掌握了这两种声场的特征之后,对测试环境尽可能做些改进,以接近某种声场条件下进行测试,并做出合理的修正,使现场测量也能达到规定的准确度。当然,对于那些要按照规范要求直接在现场进行噪声级的测量,或者如室内声学特性等本身需要现场测量,那就不受何种声场条件的限制。不过,仍要注意在测量点附近因声场特性或环境条件使声学参数有变化而影响测量准确度的问题。

7.5 隔声室

隔声室可用于测定楼板、墙板、门窗等对结构和空气声的隔声特性。用于空气声隔声测试的实验室参见第13章13.4.2节,用于楼板撞击声隔声测试的实验室参见第13章13.4.6节。从构造来讲,隔声室通常由隔振垫(弹簧)、隔声板、隔声门、隔声窗、通风消声器等组成。根据隔声量的不同,又分为单层隔声室和双层隔声室。

(1)隔振垫:根据设计要求的偏振系数、荷载等参数选择合适的隔振垫或隔振弹簧。选用的组数多为4组或5组。

(2)组装式隔声板:隔声室的主体隔声板通常都是组装结构,隔声板的厚度多为50 mm、75 mm、100 mm等。隔声板的外层为镀锌钢板,内层为穿孔板,中间的吸声材料多用岩棉、玻璃棉等纤维性材料。当隔声室为双层结构时,两隔声板之间的间隙约在100 mm。

(3)隔声门、窗:对门、窗的隔声量通常要求较高,多为30 dB、35 dB或40 dB。隔声窗多采用双层结构,窗的整体厚度在100 mm以上;隔声室的隔声量依赖于各构件的综合隔声量,因此门、窗的隔声量以及隔声板的组合方式、密封方式是否合理,对隔声室的隔声量起着关键的作用。

隔声室以室内外的声级差作为它的评价指标,根据隔声室的用途或室内声源噪声量的不同来确定隔声室的隔声量大小,通常在20 dB～45 dB不等。当高于35 dB以上时,通常就需要双层隔声室结构才可以达到。

7.6 高声强实验室

高声强实验室主要用于高噪声环境的模拟实验、高声强下吸声材料及结构的研究、大振幅声波的研究、金属板材在强声场下的疲劳实验等。

高声强实验室通常包括声压级为160 dB的小型混响室和一套截面不同、声压级为170dB的行波管。产生高声强声场的声源可以使用旋笛或气流扬声器。旋笛的效率高,但频谱不能改变,气流扬声器则能产生任意频谱的无规噪声,使用方便。

7.7 声学风洞

声学风洞可以理解为有气流的消声室,或者说是处于消声室内的低噪声、低紊流度并有开口工作段的风洞。它是一种地面装置,可用来研究飞行速度对风扇气流噪声和螺旋桨噪声的影响以及研究流过物体的噪声。它既具有常规风洞的特点,具有适宜的管道和气流控制装置,以最小能量损失在试验段产生达到实验要求的气流;又符合声学要求,满足自由场条件,有足够的尺寸条件以满足远场声测量和非常低的试验段背景噪声。为了达到小的紊流度,喷口应做成收缩形式。而低噪声是靠选用低噪声风扇并前后安装消声器的方法,使工作段噪声不超过60 dB～70 dB。

第8章　声学测量仪器的校准与检定

8.1　国家法规关于试验的有关规定

8.1.1　关于计量器具管理的相关规定

1. 有关计量器具管理的相关法律法规

计量器具是指能用以直接或间接测出被测对象量值的装置、仪器仪表、量具和用于统一量值的标准物质，包括计量基准、计量标准、工作计量器具。声学与振动测量仪器大多属于计量器具，应该遵循以下相关法律法规：

(1)《中华人民共和国计量法》(1985年9月6日第六届全国人民代表大会常务委员会第十二次会议通过，2018年10月26日十三届全国人大常委会第六次会议第五次修正，后文简称《计量法》)；

(2)《中华人民共和国计量法实施细则》(1987年1月19日国务院批准，2022年3月29日国务院令第752号第四次修订，后文简称《计量法实施细则》)；

(3)《市场监管总局关于调整实施强制管理的计量器具目录的公告》(2020年市场监管总局第42号，后文简称《目录》)；

(4)《中华人民共和国强制检定的工作计量器具检定管理办法》(国发〔1987〕31号)；

(5) GB/T 19022—2003/ ISO 10012:2003《测量管理体系　测量过程和测量设备的要求》。

2. 有关计量器具管理的具体规定

(1)《计量法》和《计量法实施细则》对计量器具管理的规定

①《计量法》第三条规定："国家实行法定计量单位制度。国际单位制计量单位和国家选定的其他计量单位，为国家法定计量单位。国家法定计量单位的名称、符号由国务院公布。"

②《计量法》第九条规定："县级以上人民政府计量行政部门对社会公用计量标准器具，部门和企业、事业单位使用的最高计量标准器具，以及用于贸易结算、安全防护、医疗卫生、环境监测方面的列入强制检定目录的工作计量器具，实行强制检定。未按照规定申请检定或者检定不合格的，不得使用。对前款规定以外的其他计量标准器具和工作计量器具，使用单位应当自行定期检定或者送其他计量检定机构检定。"

③《计量法》第十条规定："计量检定必须按照国家计量检定系统表进行。国家计量检定表由国务院计量行政部门制定。计量检定必须执行计量检定规程。"

④《计量法》第十三条规定："制造计量器具的企业、事业单位生产本单位未生产过的计量器具新产品，必须经省级以上人民政府计量行政部门对其样品的计量性能考核合格，方可投入生产。"《计量法实施细则》第十五条和第十六条具体化为："凡制造在全国范围内从未生产过的计量器具新产品，必须经过定型鉴定。定型鉴定合格后，应当履行型式批准手续，颁发证书。在全国范围内已经定型，而本单位未生产过的计量器具新产品，应当进行样机试验。样

机试验合格后，发给合格证书。凡未经型式批准或者未取得样机试验合格证书的计量器具，不准生产。”“计量器具新产品定型鉴定，由国务院计量行政部门授权的技术机构进行；样机试验由所在地方的省级人民政府计量行政部门授权的技术机构进行。”《计量法实施细则》第十九条：“外商在中国销售计量器具，须比照本细则第十五条的规定向国务院计量行政部门申请型式批准。”

⑤《计量法》第十五条规定：“制造、修理计量器具的企业、事业单位必须对制造、修理的计量器具进行检定，保证产品计量性能合格，并对合格产品出具产品合格证。”

(2)《市场监管总局关于调整强制管理的计量器具目录的公告》(2020年第42号)对计量器具管理的规定

①列入《目录》且监管方式为“型式批准”和“型式批准、强制检定”的计量器具应办理型式批准或者进口计量器具型式批准；其他计量器具不再办理型式批准或者进口计量器具型式批准。

②列入《目录》且监管方式为“强制检定”和“型式批准、强制检定”的工作计量器具，使用中应接受强制检定，其他工作计量器具不再实行强制检定，使用者可自行选择非强制检定或者校准的方式，保证量值准确。

③根据强制检定的工作计量器具的结构特点和使用状况，强制检定采取以下两种方式：

一是只做首次强制检定。按实施方式分为：只做首次强制检定，失准报废；只做首次强制检定，限期使用，到期轮换。

二是进行周期检定。

《目录》的附件《实施强制管理的计量器具目录》中将用于环境监测(噪声的测量)的声级计列入“型式批准+强制检定”监管方式，强检方式是“周期检定”；用于医疗卫生(医疗机构对人体听力的测量)的听力计(包括纯音听力计和阻抗听力计)也被列入“型式批准+强制检定”监管方式，强检方式为“周期检定”。

(3)《中华人民共和国强制检定的工作计量器具检定管理办法》对计量器具管理的规定

该办法的第九条规定：“执行强制检定的机构对检定合格的计量器具，发给国家统一规定的检定证书、检定合格证或者在计量器具上加盖检定合格印；对检定不合格的，发给检定结果通知书或者注销原检定合格印、证。”

8.1.2 国家和国际标准关于试验的相关要求

以声级计为例，GB/T 3785/IEC 61672关于声级计的试验规定了两种试验要求，即型式评价试验和周期试验。

型式评价试验(pattern evaluation tests)是对标准规定的且制造者声称具备的所有性能进行试验。当已通过型式批准的声级计因变更设计而要求新的型式批准时，则根据实验室的判断，不必重复那些不会因变更设计而受影响的电声性能特性的试验。执行型式评价试验的实验室应按ISO/IEC GUIDE 98-3：2008给出的导则，评估所有的测量不确定度。如果测量不确定度超过了最大允许测量不确定度，则试验结果不应用于对规范符合性的评价，亦不应通过型式批准。试验报告应给出测得的与设计目标的偏差和关联的实际测量不确定度，以及符合或不符合的指示。并应说明该型号的整个声级计符合或不符合其所声明的GB/T 3785.1—2023

性能级别的必备规范，以及该型号声级计是否通过型式批准。如果该型号声级计通过型式批准，则该项批准宜予以公告以便在随后的周期试验中使用。

周期试验（period tests）的目的是向用户证明，对于限定的一组关键试验和在进行试验的环境条件下，声级计的性能满足GB/T 3785.1规定的适用要求。本部分中试验的范围是慎重且有意地限制到周期试验所必需的最小范围。由于周期试验的范围有限，如果不能公开获得型式评价的证据，即便周期试验的结果符合GB/T 3785.3的所有适用要求，也不能做出符合GB/T 3785.1规范的总结论。

具体在试验报告中分以下三种情况进行表述。

（1）如有公开的资料表明按GB/T 3785.2进行了型式评价试验证明该型声级计符合GB/T 3785.1中所有适用规范，而且按本部分中所有周期试验的结果也满足要求，则表述如下："提交试验的声级计在试验环境下成功完成了GB/T 3785.3—2018的周期试验。由于有符合GB/T 3785.2—2023型式评价试验认可的独立试验机构出具的证据，可证明该型声级计完全符合GB/T 3785.1—2023的Y级规范，提交试验的该声级计符合GB/T 3785.1—2023的Y级规范。"这里Y表示声级计的级别是1级或2级。

（2）如没有公开的资料能表明按GB/T 3785.2进行了型式评价试验证明该声级计型号符合GB/T 3785.1中所适用的规范，或者说明书中未提供频率计权声信号试验的修正数据，但按本部分中所有周期试验是符合规范的，则表述如下："提交试验的声级计在试验环境下已成功完成了GB/T 3785.3—2018的周期试验。然而，并不能给出该声级计性能符合GB/T 3785.1—2023所有规范的一般性声明和结论，因为：①无法获得负责型式认可的独立试验机构公开的资料证明此型号声级计完全符合GB/T 3785.1—2023的Y级规范，或说明书中未提供频率计权声信号试验的修正数据；②GB/T 3785.3—2018中周期试验只是做了GB/T 3785.1—2023中有限的试验。"

（3）当声级计周期试验结果不满足设计的相应级别时，则表述如下："提交周期试验的声级计未能成功完成GB/T 3785.3—2018的Y级试验。声级计不符合GB/T 3785.1—2023的Y级规范。"

在JJG 188《声级计检定规程》中规定，计量器具控制包括首次检定、后续检定和使用中检查。首次检定项目比后续检定项目略多，使用中检查只进行外观检查和指示声级调整（声校准）。

8.1.3　定型鉴定、计量检定和计量校准

定型鉴定对应国家标准GB/T 3785.2中的型式评价试验。《计量法实施细则》中对定型鉴定的定义：定型鉴定是指对计量器具新产品样机的计量性能进行全面审查、考核。因此只有通过定型鉴定（型式评价试验）合格后才能证明计量器具是全部符合性能要求的。

《计量法实施细则》中对计量检定的定义：计量检定是指为评定计量器具的计量性能，确定其是否合格所进行的全部工作。计量检定类似于GB 3785.3中的周期试验。周期试验是国际上通用的一种试验，许多产品标准在规定型式评价计量试验的同时，也规定了周期试验。

计量检定里讲的计量性能通常指计量检定规程规定的计量性能，而不是全部性能，因此计量检定（周期试验）合格只能表明计量器具对计量检定规程规定的计量性能是合格的。检

定规程规定的试验是“限定的一组关键试验和在进行试验的环境条件下”,其他很多试验项目以及各种环境条件(例如高低温、潮湿、电磁场)等都没有经过试验,所以不能表明它的所有性能都是合格的。例如,声级计按JJG 188《声级计检定规程》试验合格,并不能声称该声级计满足GB/T 3785.1《电声学　声级计　第1部分:规范》的要求。

显然型式评价试验是验证仪器全面性能的必要试验,国外订货时常常要求厂家提供型式评价试验报告。越来越多的产品标准都制定了型式评价试验要求,例如声校准器标准(IEC 60942:2017)在附录A中规定了型式评价试验,个人声暴露计标准(IEC 2CD 61252©IEC:2023)新增了第5章型式评价试验,倍频程和分数倍频程滤波器标准(IEC 61260-2:2016)更是将型式评价试验作为标准的单独一部分。我国有关部门和生产厂家应该按照《计量法》第十三条和《计量法实施细则》第十五条和第十六条严格执行有关新产品型式批准和样机试验的规定,以保证产品质量。

校准(calibration)也称计量校准,系指在规定条件下,为确定测量仪器或测量系统所指示的量值,或实物量具或参考物质所代表的量值,与对应的由标准所复现的量值之间关系的一组操作。通常在没有相应的检定规程而只有校准规范的情况下,应按校准规范进行校准。另一种情况是已知或预知检定可能不合格,改为进行校准。

校准与检定的区别有以下几点。

(1)检定,尤其是强制检定具有法制性,属于法制计量行为,必须到有资格的计量部门或法定授权的单位进行,非国家机关或者相关部门很难拿到授权。校准不具法制性,是企业自愿溯源的行为,可以在计量部门或法定授权的单位进行,也可以在第三方检测机构进行。在具备条件的情况下,使用方也可自行进行校准。

(2)检定依据计量检定规程,由国家市场监督管理总局发布;校准依据校准规范、计量检定规程、产品标准等,也可自行制定。

(3)检定要对计量器具进行全面的评定并做出合格与否的结论,并发检定证书、加盖检定印记或检定结果通知书(不合格情况);而校准主要是确定其量值,颁发校准证书或校准报告,并且只给出数据和示值误差,并不判断计量器具的合格与否。

(4)检定后可以根据合格与否的结论直接确认计量器具能否投入使用;而在校准后还需要进行“认证”,将测量设备读数产生的误差与计量要求规定的最大允许误差比较。如果误差小于最大允许误差,说明设备符合要求,能够确认使用。如果误差大于最大允许误差,就应采取措施消除这种不合格,或确认设备不能满足预期用途。

8.2　测量传声器的校准

8.2.1　校准分类

校准一般分为三大类:互易法校准、比较法校准和现场校准。

1. 互易法校准

互易法校准又称原级校准,用于实验室标准传声器校准。互易法校准又可细分为以下两种:

(1)互易法(或原级)声压校准;

(2)互易法(或原级)自由场校准。

2. 比较法校准

比较法校准又称次级校准，用于工作标准传声器校准，也可用于实验室标准传声器校准。比较法校准又可细分为以下两种：

(1)耦合器比较法(或次级)校准；

(2)自由场比较法(或次级)校准。

3. 现场校准

现场校准是指利用声校准器，如活塞发声器、声级校准器、多功能声校准器等进行校准，用于声级计等声学仪器的现场校准。

参考传声器的校准类型和相关的典型测量结果的扩展不确定度见表8-1所列。

表8-1　参考传声器的校准类别和相关的典型测量不确定度

<table>
<tr><th rowspan="2">参考传声器类型</th><th rowspan="2">校准方法</th><th rowspan="2">参考(文件)</th><th colspan="2">扩展不确定度(k=2)/dB</th></tr>
<tr><th>1 kHz</th><th>10 kHz</th></tr>
<tr><td rowspan="4">LS</td><td>原级声压校准</td><td>IEC 61094-2</td><td>0.05</td><td>0.1</td></tr>
<tr><td>原级自由场校准</td><td>IEC 61094-3</td><td>0.25</td><td>0.10</td></tr>
<tr><td>原级声压校准加自由场与声压灵敏度级差值</td><td>IEC 61094-2 和 IEC/TS 61094-7</td><td>0.12</td><td>0.4</td></tr>
<tr><td>次级声压校准加自由场与声压灵敏度级差值</td><td>IEC 61094-5 和 IEC/TS 61094-7</td><td>0.15</td><td>0.5</td></tr>
<tr><td rowspan="3">LS和WS</td><td>次级声压校准</td><td>IEC 61094-5</td><td>0.1</td><td>0.2</td></tr>
<tr><td>次级自由场校准</td><td>IEC 61094-8</td><td>0.2</td><td>0.5</td></tr>
<tr><td>静电激励器校准加自由场与激励器响应级差值</td><td>IEC 61094-6</td><td>0.3</td><td>0.6</td></tr>
<tr><td rowspan="3">WS和PM</td><td rowspan="3">现场校准</td><td>LS级声校准器</td><td>0.1</td><td rowspan="3">注：在校准器规定的主要工作频率和在参考环境条件及附近时</td></tr>
<tr><td>1级声校准器</td><td>0.25</td></tr>
<tr><td>2级声校准器</td><td>0.4</td></tr>
</table>

8.2.2　耦合器互易法校准

耦合器互易法校准参照GB/T 20441.2/IEC 61094-2《电声学　测量传声器　第2部分：采用互易技术对实验室标准传声器声压校准的原级方法》。

通常，传声器互易校准过程烦琐且耗时很长，而使用B&K4143型互易校准装置进行互易校准，因为它将200 V精密极化电压、比率电压表、检波器和高精度衰减器等装置集成在仪器内，所以使校准更加容易，测量也更加准确。其互易校准示意图如图8-1所示。

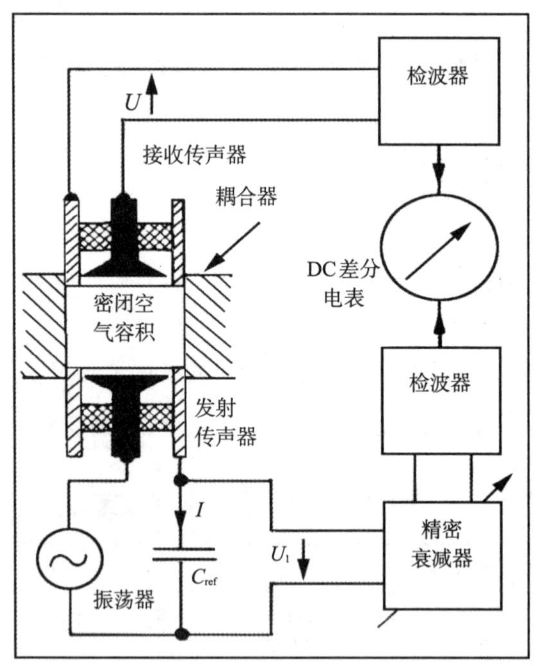

图8-1　使用B&K4143型互易校准装置进行互易校准的示意图

在使用B&K4143型互易校准装置进行互易校准时，使用了3个传声器。所进行的基本测量是U/I，其中U是来自接收传声器的开路电压，I是通过发射传声器的电流，这时两个传声器通过密闭空气容积互相声学耦合。通过测量与发射传声器串联的参考电容器(C_{ref})上的电压(U_1)，可以得到流过发射传声器的电流(Kjerbye Nielsen博士的方法)。这意味着频率不会直接进入计算。然后，这些电压被馈送到一个内置的比率电压表，经过一些初步的调整，两个电压之间的dB差值可以直接读出。通过将3个传声器彼此轮换耦合，得到3个灵敏度乘积值L_{12}、L_{13}和L_{23}。L_{12}是以传声器1作为发射、传声器2作为接收获得的值，L_{13}、L_{23}同理。

传声器声压灵敏度级M_p(以dB表示，参考1 V/Pa)可以由下列公式计算。

$$M_{p1}=L_{ref}-1/2(L_{12}+L_{13}-L_{23}) \tag{8-1}$$

$$M_{p2}=L_{ref}-1/2(L_{12}+L_{23}-L_{13}) \tag{8-2}$$

$$M_{p3}=L_{ref}-1/2(L_{23}+L_{13}-L_{12}) \tag{8-3}$$

L_{ref}值(参考声压级值)由参考电容器和所用耦合器确定。在使用B&K4143型互易校准装置的情况下，对1"传声器校准，L_{ref}是−23 dB(以1 V/Pa为参考)，对1/2"传声器校准，L_{ref}是−33.203 dB(以1 V/Pa为参考)。

在计算传声器绝对声压灵敏度前应按IEC R327对静压力、温度、热传导等的影响进行修正。

使用B&K4143型互易校准装置，对于HBK4160型1"电容传声器，在低频和中频下，互易校准的总准确度约为±0.05 dB，在10 kHz时降至±0.1 dB左右；对于HBK4180型1/2"电容传声器，在低频和中频下，互易校准的总准确度估计优于±0.07 dB，在20 kHz时优于±0.12 dB。

对于HBK4160型和4180型传声器的互易校准，可重复性通常为±0.02 dB。

B&K4143型互易校准装置除了用于传声器的互易校准之外，还可用于1/2"和1"传声器的精密比较校准，它附带的两个静电激励器及附件可用于1"、1/2"、1/4"和1/8"传声器的静电激励器校准。配合提供的4160型电容传声器信号发生器可用作传声器、声级计、分析系统等快速校准的稳定和准确的声源，还可以用于传声器前端等效容积的测量。

HBK9699型互易校准装置（图8-2）可以校准所有符合GB/T 20441.1/IEC 61094-1的LS1P和LS2aP实验室标准传声器。1"传声器校准的频率范围为20 Hz ～ 10 kHz，1/2"传声器校准为20 Hz ～ 25 kHz。选用特殊附件，低频可扩展至2 Hz，高频可扩展至31.5 kHz。1"传声器在125 Hz ～ 4 kHz频率范围，1/2"传声器在125 Hz ～ 8 kHz频率范围，扩展不确定度（k=2）均为0.05 dB。

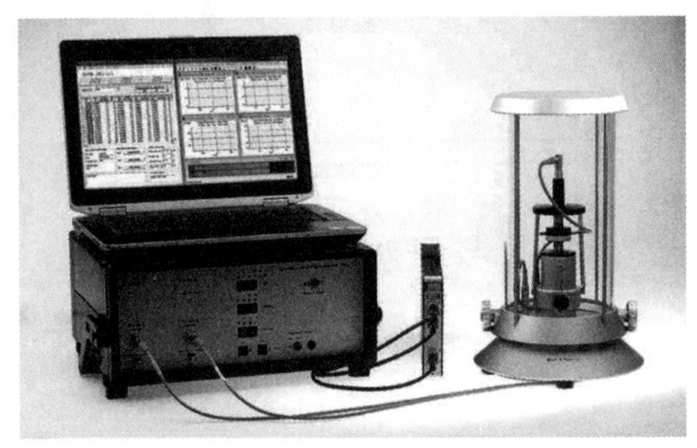

图8-2　HBK9699型互易校准装置

8.2.3　耦合器比较校准

GB/T 20441.5/IEC 61094-5《电声学　测量传声器　第5部分：工作标准传声器声压校准的比较法》和JJG 1019—2007《工作标准传声器（耦合器比较法）》规定了通过比较法测定测量电容传声器灵敏度和频率响应的规范和测量方法。

当已知灵敏度参考传声器和被测传声器同时或依次暴露于相同声压时，它们的声压灵敏度之比由其开路输出电压之比给出，被测传声器的灵敏度（包括模和相位）根据参考传声器的灵敏度计算得到。

改变信号发生器的频率测量出各频率点上的声压灵敏度级，进而获得声压灵敏度级的频率响应。对于WS1型工作标准传声器，检定的频率范围一般为20 Hz～10 kHz，对于WS2型工作标准传声器，检定的频率范围一般为20 Hz～20 kHz。

如果使用宽带声源而传声器的输出电压用窄带分析，则可迅速地完成多频率测量。

耦合器比较校准的具体测试方法有两种：同时激励法和依次激励法。

1. 同时激励法

（1）同时激励法的一般原理

将传声器面对面地安装在耦合器或支架装置上，使两个传声器同时暴露于基本相同的声压中。一般要求两个传声器膜片之间的距离小于拟测量的最高频率波长的1/10，在频率达20 kHz时，小于1 mm。

耦合器一般包含声源，而支架装置安装的传声器一般暴露于外部产生的声场中。

用于WS2型传声器频率达10 kHz的耦合器如图8-3 所示。耦合器允许传声器面对面地插入，两个暴露的膜片约相隔2 mm。该耦合器包含一个在膜片之间产生径向对称声场的径向声源。本例中被测传声器的保护栅罩已经除去，并用一个适配环代替。

为了减小两传声器位置之间，例如由于某些不对称性引起的声压系统差的影响，应采用以下操作程序：首先测定两个传声器的声压灵敏度之比，然后将它们互相交换重复测量，最后利用两个灵敏度之比的平均值计算被测传声器的灵敏度。

在频率达20 kHz时，可将传声器面对面安装在耦合器或支架装置上（图8-4），两传声器之间的距离小于1 mm。

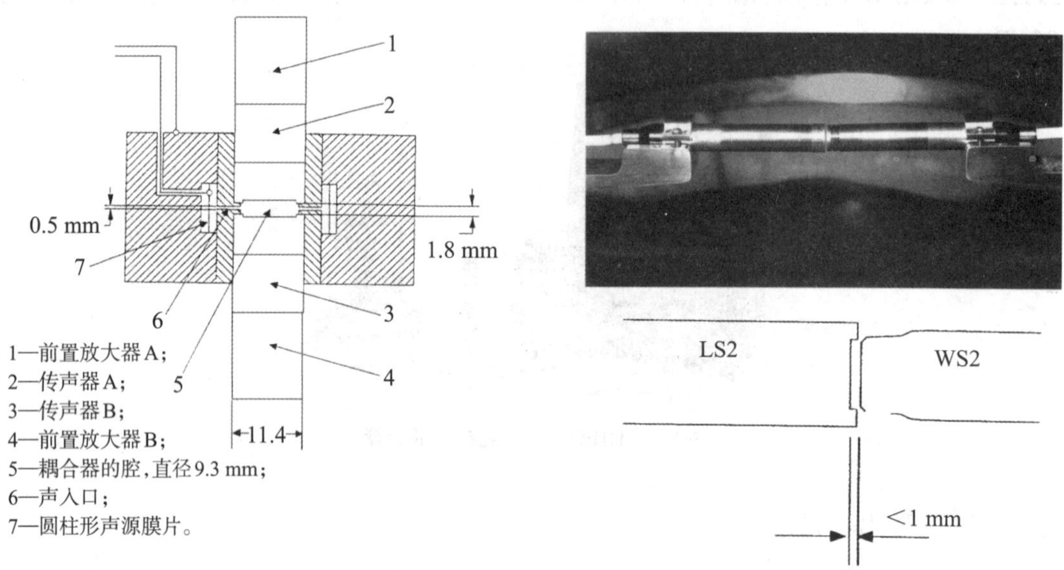

图8-3　用于WS2型传声器频率达10 kHz的耦合器

图8-4　用于WS2型或WS3型传声器频率达20 kHz的支架装置

（2）同时激励法测量

同时激励法测量方框示意图如图8-5所示。

逆时针旋松耦合器两侧的锁紧圈，将标准传声器插入左发声端口，被测传声器插入右发声端口，使传声器面对面地安装在耦合器中，两个传声器同时暴露于基本相同的声压中。被测传声器的保护栅罩可以除去，并用一个适配环代替，但插入时应小心谨慎，避免损坏传声器，而且要保证传声器插到底。最后顺时针旋紧两边的锁紧圈。两个传声器分别经前置放大器连接到测量放大器。

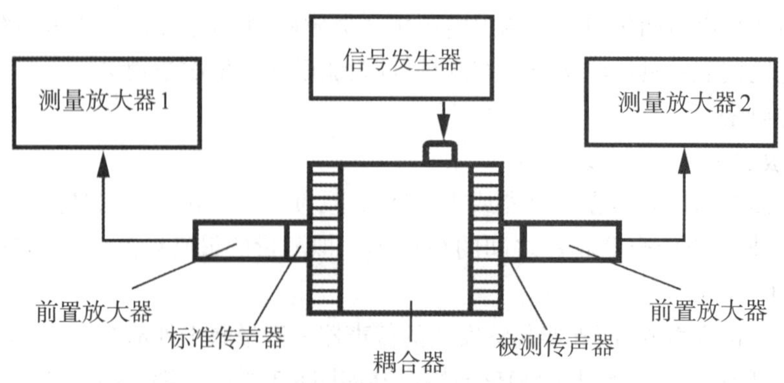

图8-5　同时激励法测量方框示意图

AWA6158型有源耦合器的信号输入插座通过AWA8741线缆的L5接头连接到信号发生器的BNC输出端（注意信号发生器的输出阻抗应不大于50 Ω），推荐使用AWA1651型信号发生器。测量放大器可以使用AWA5812型，它具有两个通道，读数分辨率为0.01 dB，不需外加数字电压表来提高分辨率；而且有倍频程和1/3倍频程滤波器，可以用来减小环境噪声的影响。调节信号发生器的信号幅度及频率，在测量放大器1上读出标准传声器上的声压级L_1，为了减小环境噪声的影响该声压级应不低于94 dB；再在测量放大器2上读出被测传声器的声压级L_2。两个传声器声压级之差$\varDelta_1$为

$$\varDelta_1 = L_2 - L_1 \tag{8-4}$$

然后将两个传声器互相交换重复测量它们的声压级之差$\varDelta_2$，最后以两个声压级之差的平均值计算被测传声器的灵敏度级：

$$L_{px} = L_{pref} + \frac{1}{2}(\varDelta_1 + \varDelta_2) \tag{8-5}$$

式中，L_{px}——被测传声器灵敏度级，单位为dB（以1 V/Pa为参考）；

L_{pref}——标准传声器灵敏度级，单位为dB（以1 V/Pa为参考）；

$\varDelta_1$和$\varDelta_2$——分别为两次测量得到的声压级差值，单位为dB。

改变信号发生器的频率，测量各个频率的传声器灵敏度，可以测量出传声器的频率响应。这里测量得到的是传声器的声压响应，如果要自由场或扩散场响应，需要加上相应频率的修正值，这些修正值一般由传声器供应商提供。

将图8-5中的测量放大器、信号发生器连接到计算机，可以组成传声器自动检定校准系统，在相应软件的支持下，可以完成传声器的自动检定校准。

2. 依次激励法

（1）依次激励法的一般原理

为了使两个传声器依次暴露于基本相同的声压中，变换传声器时不应引起明显的声压变化，任何明显的变化都应进行测定和修正。这能通过将声源、监视传声器、被测/参考传声器组合进同一个耦合器的方式来实现。耦合器的任何设计都应保证监视传声器能准确检测出被测/参考传声器位置处的声压变化。

用于LS2型传声器频率达16 kHz的耦合器如图8-6所示，用作声源的是一个环型扬声器，标准传声器和被测传声器依次放入耦合腔同一位置，监视传声器用于监视腔内声压。

用于LS1型传声器频率达8 kHz的耦合器如图8-7所示，用作声源的是一个WS1P型传声器，不带任何保护栅罩或适配环，直接旋入耦合器上端的孔中。一个探管传声器从耦合器侧面插入腔内，其探头的顶端与腔壁的距离为腔内半径的1/3，该传声器用于监视腔内声压。

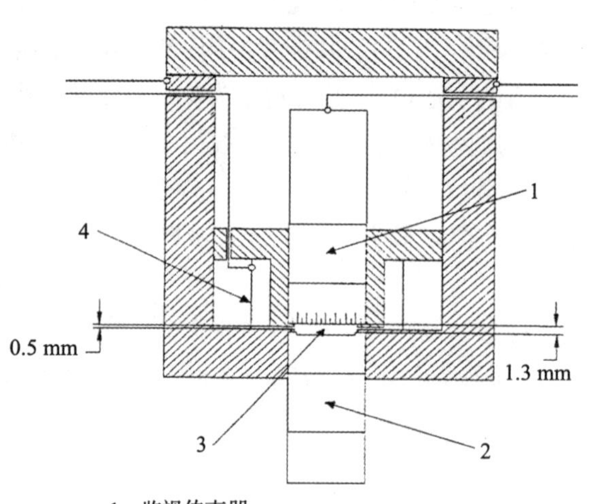

1—监视传声器；
2—被测/参考传声器；
3—耦合器的腔，直径9.3 mm；
4—圆柱形声源膜片。

图8-6 用于LS2型传声器频率达16 kHz的耦合器

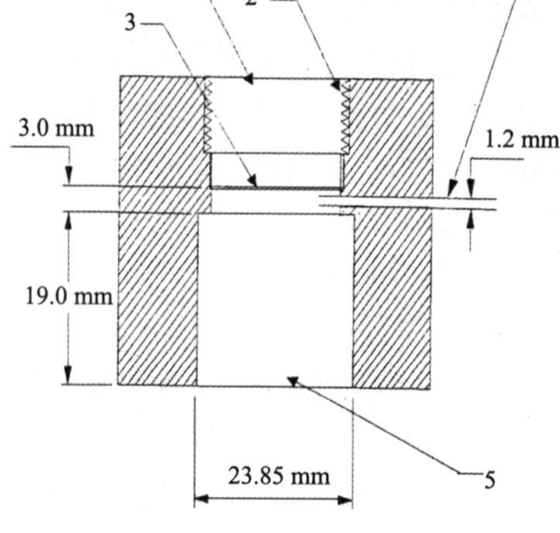

1—声源传声器的安装孔；
2—配合声源传声器的螺纹；
3—声源传声器膜片的位置；
4—探管；
5—被测传声器和参考传声器的安装孔。

图8-7 用于LS1型传声器的耦合器

（2）依次激励法测量

依次激励法测量方框示意图如图8-8所示。

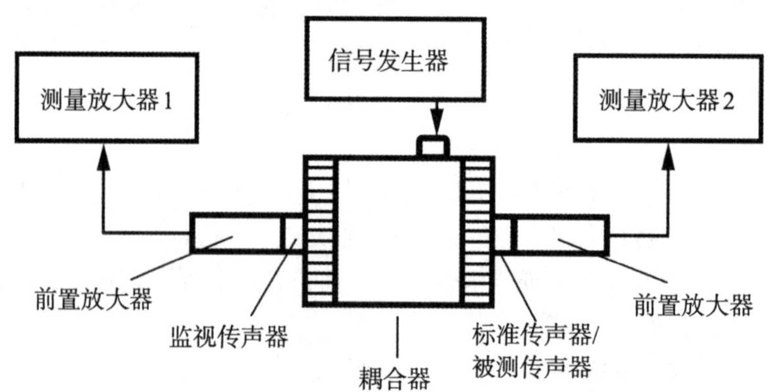

图8-8 依次激励法测量方框示意图

在耦合器一端放入监视传声器，由测量放大器1监视耦合器内的声压级变化，另一端依次放入标准传声器和被测传声器，分别由测量放大器2读出它们的声压级 L_{p_1} 和 L_{p_2}，再按式(8-6)计算被测传声器的灵敏度级。

$$L_{p_x} = L_{p_{ref}} + (L_{p_1} - L_{p_2}) \tag{8-6}$$

为了使两个传声器依次暴露于基本相同的声压，变换传声器时不应引起明显的声压变化，任何明显的变化都应进行测定和修正，监视传声器能准确检测出被测/参考传声器位置处的声压变化。

3. 声压比较法不确定度

在标准传声器按GB/T 20441.5/IEC 61094-5校准的情况下，对工作标准传声器声压灵敏度级的测定中，对于直径相同的传声器的比较校准，在包含因子k=2时[见测量不确定度的表述指南(GUM)]，其合成不确定度在低、中频时约为0.1 dB；WS1P型和WS2P型工作标准传声器分别在10 kHz和20 kHz时，不确定度大约增至0.2 dB。

使用HBK9721A型比较法传声器校准系统进行灵敏度校准，典型的扩展不确定度(k=2)分别是0.08 dB～0.10 dB(1"传声器)、0.07 dB～0.10 dB(1/2"传声器)、0.20 dB～0.25 dB(1/4"传声器)和0.40 dB～0.50 dB(1/8"传声器)。耦合腔比较法校准频响的频率范围为20 Hz ～20 kHz，静电激励法校准频响的频率范围为20 Hz～100 kHz。

8.2.4 比较法自由场校准

1. 比较法自由场校准的原理

GB/T 20441.8/IEC 61094-8《电声学 测量传声器 第8部分：测定工作标准传声器自由场灵敏度的比较法》规定了工作标准传声器自由场灵敏度的比较法。当一个已校准的参考传声器和一个被测传声器同时或依次暴露在相同的自由场声压和相同的环境条件下时，它们的自由场灵敏度之比由它们的开路输出电压之比给出。根据已知的参考传声器的自由场灵敏度，可以计算出被测传声器的自由场灵敏度的模量和相位。

同时激励法时，参考传声器和单支或多支被测传声器同时置于声场中克服了声场随时间变化的问题，但是需要鉴定声场中不同点位声压是相同的。这可以通过限制测试空间和使声源确保一个均匀的声场来实现。如果要消除声源扰动的影响，在确定开路输出电压比的时候必须同时测量被测传声器和参考传声器的输出电压。

依次激励法时，为使两个传声器在相同的声压被依次激励，声源的输出和环境条件不应改变。声场中潜在的变化应被测定和修正，例如，使用监测传声器。

2. 建立自由场的方法

建立自由场测量有两种常规方法：第一种方法是使用声吸收表面，阻止声源直达声的反射，以此来建立一个用于测试空间的自由场环境；第二种方法是使用信号处理法，将非直达声的信号内容消除，以此来模拟自由场环境。

这两种方法的实现有多种方式。对于最苛刻的测量，这两种方法也可以组合使用。

3. 声源

(1)典型的声源

①典型的声源通常由扬声器安装在箱体内或障板上构成。通过电驱动的互易传声器也可以作为声源来使用。

②声源应能在测量位置产生平面行波。在实际中声源不能辐射平面波，但是在距离声源足够远处，可认为是平面波。

③声源应能在测试位置的全部关注的频率点上产生足够的声压级，通常在70 dB～80 dB。对于一个直径ϕ100 mm的扬声器，其额定灵敏度为1 W的电功率可在1 m处产生85 dB的声压级，校准可在距声源1 m～2 m的距离内进行。

④可使用辅助监测传声器监测声源的稳定性，也可重复测试结果。好的经验是，在进行测量前先使扬声器工作约10 min，以使其输出稳定。

⑤失真应尽量小，可采用合适的带通滤波减小其影响。

⑥声源的尺寸应小于它到测量位置的距离。

⑦必要时,可使用各自覆盖频率范围不同部分的多只声源。

(2)理想的扬声器

①扬声器应足够小,以便作为点声源并在感兴趣的最高频率处都可保持全指向性特征。

②其灵敏度应足够高,以在测量位置处产生所需的声压,并且其输出随时间应是稳定的。

③频率响应在所需的校准范围内应是平直的。

(3)实际扬声器

①一个设计良好的 ϕ 30 mm的扬声器具有远高于20 kHz的平直频率响应,但辐射效率随频率的降低而降低,导致低于2 kHz时可能无法使用。相反,一个 ϕ 75 mm的扬声器可在125 Hz产生足够的声压,但因为灵敏度降低和响应呈现更强的指向性,高于10 kHz时就会失效。

②当扬声器尺寸变大和接收传声器的距离减小时,声源和接收传声器之间的传播距离会有微小变化,导致接收的声波会有相位扰动。

③因为扬声器辐射的声波是全方向的,扬声器箱体或安装装置的边缘可能成为次级辐射位置,从而偏离所需的平面行波声场。

④电动式扬声器的特点是提供更好的灵敏度,但音圈内的发热会使其稳定性降低。静电式扬声器不会产生太多的热量,但是尺寸有限并且不适合在低频工作。

⑤两个(或多个)扬声器振膜同心安装的同轴单元也可使用,每个单元覆盖了频率范围特定的部分。

图8-9展示了两只为降低箱体衍射而设计的扬声器箱。

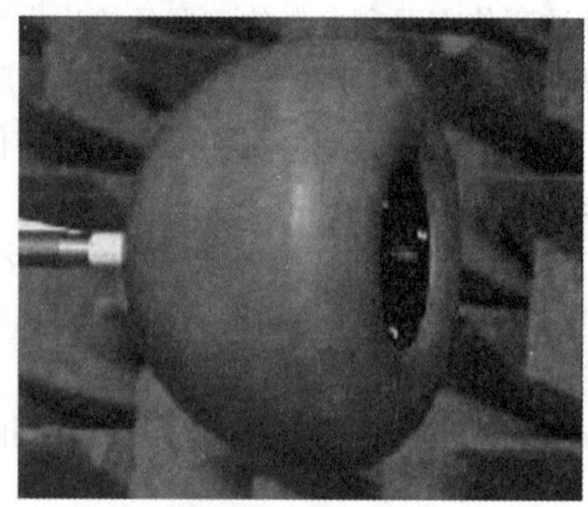

图8-9　扬声器箱声源示例

4. 参考传声器和被测传声器的安装结构

传声器应安装在与其直径相同的半无限的圆杆上,与此结构的任何差异,包括用于支撑安装杆的引线或其他部件,都可能影响到传声器的自由场灵敏度。

为达到最高的精度,前置放大器应与安装杆安装在一起,几何尺寸保持相同。水平方向安装传声器时优选轻质杆,如铝或碳纤维管。

8.2.5　自由场房间中的替代法校准

首先用参考传声器测定自由场中指定点的声压,然后用被测传声器替换参考传声器再进行测量。假定两只传声器的声中心置于声场中同一点,并且此点的声场保持不变,那么被测传声器的自由场灵敏度可通过被测传声器的输出电压与参考传声器的输出电压的比值,以及参考传声器的自由场灵敏度来确定。

如图8-10所示为在高质量自由场房间中建立的装置(监测传声器已被整合到扬声器内),图8-11为在半消声室中建立的传声器灵敏度测试装置,声源安装在地板上,并与地板平齐。

图8-10 在自由场房间中声源与接收器的放置

图8-11 在半消声室内声源安装与地板平齐的位置

8.2.6 时选法获得自由场灵敏度

通常,反射的声波要经历更长的路径到达传声器,因此所需的时间也更多。用适当的测试装置可以区分直达声和来自反射的非直达声产生的输出信号分量。某些形式的时选或时闸技术通常只对直达声有响应,从而模拟了在理想自由场里的情况。这种确定自由场响应的方法有时也称为准自由场技术。如图8-12所示为时选技术测量装置示意图。

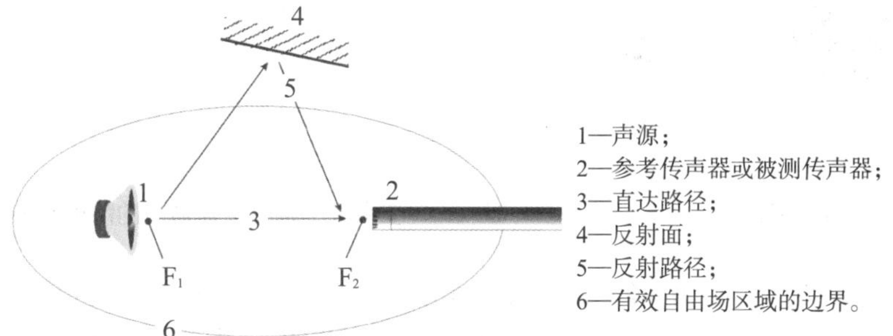

图8-12 时选技术测量装置示意图

时选技术的基础是测量从参考传声器或被测设备的输出获得脉冲响应(IR),将直达(声)的和反射(声)的能量分量进入截然不同的区域,这样就可以使用时间窗口将两者隔离开,从而只考虑直达信号的响应。使用脉冲响应技术的这种测量,可以在自由场房间中进行,也可以在合适的类似空间中进行。

多种时选技术已经被开发出来,例如:①时间窗口;②阶跃正弦法;③扫频激励法;④随机噪声激励方法;⑤最长序列(MLS)法;⑥直接脉冲激励法。

8.2.7 静电激励器频率响应测量

利用静电激励器可以测量电容传声器和完整的声音测量系统的静电激励器频率响应。

我们知道，传声器有三种声场灵敏度，即声压场灵敏度、自由场灵敏度和扩散场灵敏度，也就是测量传声器的灵敏度和频率响应取决于声场的类型，理论上要用与测量场所相同类型的声场来校准传声器。但是，要在感兴趣的频率范围内建立适合于测量传声器校准的理想声场，在技术上是困难的，且需要昂贵的声学实验设备。因此，静电激励器法被用于测定传声器的相对频率响应。这种测量方法，用预先确定的特定修正值来表征不同的声场类型，而无须特别的声学实验设备。

膜片性能的影响，可能导致同一型号的传声器个体之间的相对频率响应明显不同，故要求每个传声器都采用静电激励器法来测定其频率响应。在较高的频率，传声器的自由场灵敏度取决于其膜片的性能和由传声器引起的声衍射和声反射。衍射和反射的影响取决于声场的类型和传声器的形状及尺寸，因为这些参数对同一型号的所有传声器是基本相同的，所以在同一型号的传声器个体间，其衍射和反射的影响不会有明显的差异。因此，一旦测定了某种型号传声器对某类特定声场的修正值，即可用于该型号中任意一只传声器的静电激励器响应。可以采用如 IEC 61094-2 和 IEC 61094-3 中所介绍的声校准方法，测定一只或多只同型号的传声器的频率响应，并减去各自的静电激励器频率响应，就可计算出自由场修正值和声压场修正值。

通常有两种静电激励器，分别用于校准 1"（除了 4160 型和 4179 型）和 1/2"（除了 4180 型）；附加适配器还可用于校准 1/4 和 1/8" 传声器。如图 8-13 所示为两种静电激励器。

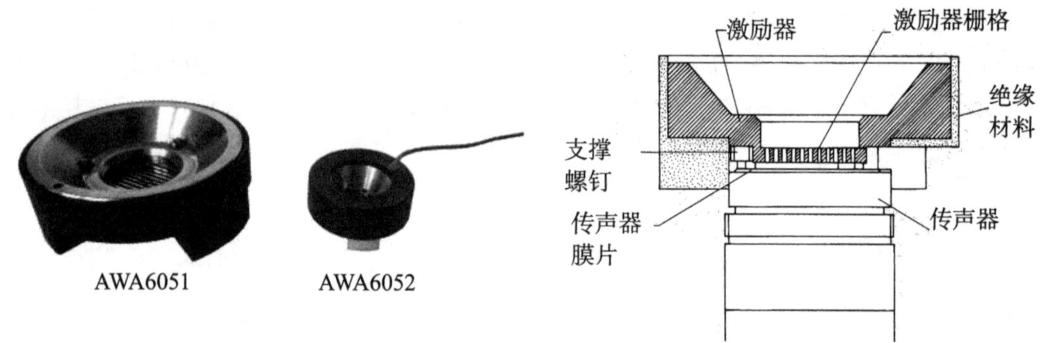

图 8-13　静电激励器

图 8-14　安装在 1"电容传声器上的静电激励器截面图

安装在 1" 电容传声器上的静电激励器的截面图如图 8-14 所示。将静电激励器置于传声器上（传声器的保护罩移去），激励器的极板紧靠传声器膜片。当将直流极化电压 U_0 叠加交流信号 u（30 V～50 V）施加到静电激励器的极板上时，由于库仑力的作用，在膜片上产生瞬时静电压强 $p(t)$，如式（8-7）所示。

$$p(t)=-\frac{\varepsilon_{\text{gas}}a}{2d^2}[U_0+u\sqrt{2}\sin(\omega t)]^2 \tag{8-7}$$

它包括所希望的基频声压 p 和两个非希望的分量——二次谐波声压 p_{d} 和静压强 p_{stat} 的均方根值，见式（8-8）。

$$\begin{cases} p=\dfrac{\varepsilon_{\text{gas}}a}{d^2}U_0u \\ p_{\text{d}}=\dfrac{\varepsilon_{\text{gas}}a}{2\sqrt{2}d^2}u^2 \\ p_{\text{stat}}=-\dfrac{\varepsilon_{\text{gas}}a}{2d^2}(U_0^2+u^2) \end{cases} \tag{8-8}$$

式中，$p(t)$——等效瞬时声压，单位为Pa；

ε_{gas}——静电激励器和膜片间气体的介质常数，单位为F/m(在空气中，$\varepsilon_{gas}=8.85\times10^{-12}$ F/m)；

d——静电激励器与膜片间的有效距离，单位为m；

$a=S_{act}/S_{dia}$——静电激励器有效面积与膜片有效面积之比；

p——基频声压的均方根值，单位为Pa；

p_d——二次谐波频率声压的均方根值，单位为Pa；

p_{stat}——静压强，单位为Pa；

t——时间，单位为s；

U_0——施加于静电激励器和传声器膜片间的直流电压(极化电压)，单位为V；

u——施加于静电激励器和传声器膜片间的交流电压的均方根值，单位为V；

ω——角频率，单位为rad/s。

二次谐波分量与基频分量的幅值的比值就是它的失真：

$$D=\frac{u}{2\sqrt{2}U_0}\times100\% \tag{8-9}$$

在静电激励器中，为了避免极板与膜片之间因空气压缩和膨胀产生的作用力，必须在极板上开缝或穿孔。因而，式(8-8)中的d应该用等效距离d_1来代替。

极化电压一般都为800 V。当在激励器和传声器膜片之间施加30 V_{RMS}(3 V_{RMS}输入信号经10倍放大)的信号电压时，在膜片上作用的声压约为1 Pa(94 dB SPL)。施加50 V_{RMS}(5 V_{RMS}输入信号经10倍放大)的信号电压时，可以获得约98 dB的最大声压级。AWA6050型静电激励器电源就是用于提供800 V静电激励器极化电压和10倍信号放大，它的原理方框图如图8-15所示。

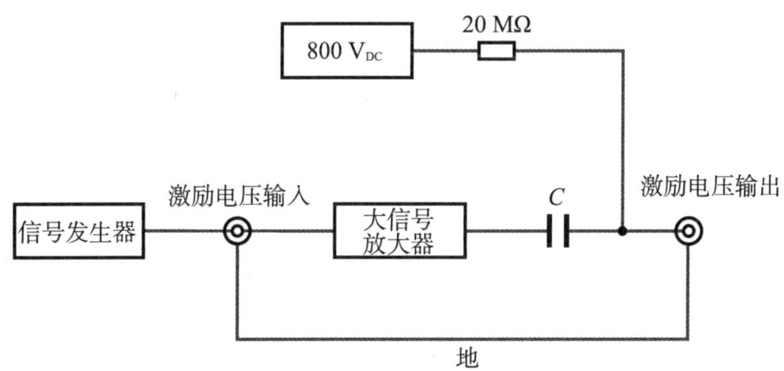

图8-15 AWA6050型静电激励器电源的原理方框图

由式(8-8)可知，静电激励器产生的等效声压均匀作用在膜片表面，而且与频率、大气压力等因素无关，适宜用于测量传声器频率响应的测量。使用合适的信号发生器，静电激励器的校准可以在2 Hz ～ 200 kHz的频率范围内进行。通过扫描振荡器和声级记录器等设备，很容易获得传声器响应的记录。

如果只有交流信号施加到激励器(省掉800 V直流)上，将在传声器膜片上作用两倍于交流信号频率的等效声压，这可以用来将测量频率范围扩大到信号发生器的两倍。可是，即使

100 V_{rms}交流电压，等效声压级仅为72 dB～84 dB，在嘈杂的地方这可能是不够的。可通过变压器将交流信号升到300 V，使等效声压级约升高10 dB，但是变压器的频率响应在低频和高频时可能满足不了要求。

按理论来说，静电激励器校准法可用于从很低到很高的频率，但是在低频时，传声器膜片上小的穿孔将对静电激励器频率响应和声压场或自由场中的声学响应产生不同的影响。由于静电激励器仅激励于传声器的膜片，而不作用于静压均衡孔，而在自由场中测量时，静压均衡孔通常暴露于作用声波之下。静电激励器的激励相当于声压场，而不能用于测定自由场时的下限频率。只有当频率至少为由传声器均压孔系统的时间常数决定的下限频率的10倍以上时，静电激励器才可用于自由场响应的测定。在高频时，静电激励器激励与声压场的近似程度取决于传声器膜片的声阻抗和放置静电激励器时传声器膜片的声辐射阻抗之间的关系。因为除静电压强之外，由静电激励引起的传声器膜片的运动也会在传声器膜片上产生声压。此声压是频率的函数，它取决于膜片阻抗和辐射阻抗。对具有高膜片阻抗的传声器，附加的声压相对较低，所测得的响应基本上等于传声器的声压响应。辐射阻抗和测得的响应会受静电激励器自身机械结构的影响。为使这种影响尽可能低，通常是在静电激励器上穿孔或开槽。高开孔率将减小静电激励器对辐射阻抗的影响，但也会导致在膜片上产生的压强降低和非均匀分布。

8.2.8 插入电压校准

测量传声器开路灵敏度S_o的定义：传声器不加负载时，传声器的开路输出电压与作用在它上面的声压之比。当传声器连接到前置放大器后，前置放大器的输入电容和传输衰减都会降低传声器的灵敏度，这时测量得到的就不是传声器的开路灵敏度，而是负载灵敏度S_l。由于前置放大器具有一定的衰减，前置放大器的输入电容也会降低传声器的灵敏度，因此，负载灵敏度会比开路灵敏度低，而且不同的前置放大器的输入电容和传输衰减都不相同，就会导致同一传声器测得不同的负载灵敏度。所以在传声器出厂时，一般都是给出它的开路灵敏度，以便客观地评价传声器的灵敏度。在考核传声器的稳定性时，最好也用开路灵敏度。

在日常使用中，如果你要根据传声器的开路灵敏度来设定整机的灵敏度，则要考虑前置放大器的衰减和输入电容对测量传声器灵敏度的影响，而不能直接使用开路灵敏度来设定。比较方便的是使用声校准器对包括传声器在内的整机进行现场校准，以确定整机的灵敏度。

为了校准传声器的开路灵敏度，需要使用插入电压校准方法，通常只能在计量部门或实验室进行。校准时要用专门的前置放大器，它在与传声器的导电触点保持可靠接触的同时，通过一绝缘环使传声器外壳与前置放大器外壳绝缘而不接地，以便从传声器外壳加入校准电压。通过开关也可以使传声器外壳与前置放大器外壳相连而接地，作为正常的声测量使用。这种前置放大器有HBK的2627型和杭州爱华仪器的AWA14600C型，一般前置放大器不能用于传声器开路灵敏度的校准。

插入电压校准原理示意图如图8-16所示。

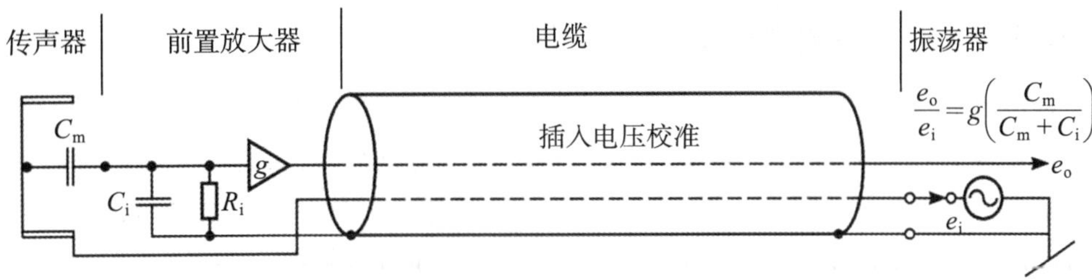

e_o—输出电压；

e_i—输入电压；

g—前置放大器增益，典型值为0.98；

C_m—传声器本体电容，对于1/2" 传声器，典型值为15 pF；

C_i—前置放大器输入电容，典型值为0.3 pF；

R_i—前置放大器输入电阻，典型值为15 GΩ。

图8-16　插入电压校准原理示意图

校准时，首先将开关置于“地”，传声器的外壳与前置放大器的外壳连接而接地，再将活塞发声器套入传声器并打开电源，活塞发声器产生251.2 Hz、124.0 dB声压级（声压为31.62 Pa）加到传声器上，传声器经前置放大器输出电压送到测量放大器，调节测量放大器的前置输入灵敏度电位器，使测量放大器上的示值为124.0 dB，记下这一读数。

使活塞发声器停止发声并取下，开关置于“e_i”，信号发生器输出信号加到与前置放大器外壳绝缘的传声器外壳上，传声器作为一个几pF至几十pF的电容器将信号耦合到前置放大器，前置放大器的输出电压e_o与e_i的比值见式(8-10)。

$$\frac{e_o}{e_i}=g\left(\frac{C_m}{C_m+C_i}\right) \tag{8-10}$$

再将前置放大器的输出送到测量放大器，将信号发生器的频率调节到251.2 Hz、信号幅度调节到使测量放大器上的示值与活塞发声器校准时相同（例如124.0 dB），记下连接在信号发生器的输出端的交流数字电压表的电压指示值（例如1452 mV），将此电压除以活塞发声器产生的声压（31.62 Pa），即为被测传声器的开路灵敏度S_o，即

$$S_o=\frac{1452\ \text{mV}}{31.62\ \text{Pa}}=45.9\ \text{mV/Pa} \tag{8-11}$$

之所以优先选用活塞发声器作为校准声源，一方面是它的声压非常稳定，同时124 dB的声压级受环境噪声的影响较小；二是通常传声器的开路灵敏度都是对250 Hz标称频率给出的，因为任何种类的测量传声器在250 Hz附近频率响应都是平直的。当然也可以使用1000 Hz、94 dB的声校准器来进行校准，因为94 dB正好是1 Pa，所以毫伏表指示的毫伏值就是传声器的开路灵敏度值。但是如果被校准的是自由场响应测量传声器，它在1000 Hz的声压响应比在250 Hz时要低，对于1/2" 传声器低0.15 dB～0.2 dB，对于1" 传声器低0.4 dB～0.5 dB。

插入电压校准一般都是通过具有插入电压校准功能的测量放大器或专用仪器进行的。杭州爱华仪器的AWA6050型静电激励器电源具有插入电压校准功能，只需配合信号发生器、交流数字电压表、声校准器和AWA14600C型前置放大器就可对测量传声器进行插入电压校准。还可以使用静电激励器进行传声器和声级计等声学测量仪器的频率响应测量。

8.2.9 不用插入电压法测定测量传声器的开路灵敏度

在比较校准时，可不用插入电压法测定被测传声器的开路灵敏度。这需要已知参考传声器的开路灵敏度和由于被测传声器和参考传声器对于前置放大器呈现不同的电负载而产生的任何差值的修正（或不确定度）。该方法的原理是通过在两个测量通道之间交换传声器并重复进行测量，消去两个通道增益的所有差别（包括其他系统影响）。

假定传声器的灵敏度不相同，但其他机械和电性能相同。当两个传声器的膜片面对面相互紧密接近时，在两个测量通道上测量它们的输出，并读出两个通道之差L_{C12}，用级表示。

$$L_{C12}=(L_1+L_{m1}+L_{d1}+L_{WA})-(L_2+L_{m2}+L_{d1}+L_{WB}) \tag{8-12}$$

式中，L_1、L_2——传声器的声压灵敏度；

L_{m1}、L_{m2}——测量系统的增益；

L_{d1}——激励声源在两传声器膜片之间的中心处产生的声压级；

L_{WA}——在位置A处传声器膜片的声压级与L_{d1}之差；

L_{WB}——在位置B处传声器膜片的声压级与L_{d1}之差。

交换传声器后，读出的两通道之差为

$$L_{C21}=(L_2+L_{m1}+L_{d2}+L_{WA})-(L_1+L_{m2}+L_{d2}+L_{WB}) \tag{8-13}$$

式中，L_{d2}——激励声源在传声器交换后的两膜片之间的中心处产生的声压级。

方程(8-12)与方程(8-13)相减，整理得两传声器的灵敏度级之差为

$$(L_1-L_2)=(L_{C12}-L_{C21})/2 \tag{8-14}$$

如果L_1是参考传声器的声压灵敏度级，则被测传声器灵敏度级L_2的推导不需要L_{m1}、L_{m2}、L_{d1}、L_{d2}、L_{WA}及L_{WB}的任何信息。

8.2.10 电荷注入校准

对于室外传声器，常在传声器极头的膜片前面安装一只静电激励器，再加一个大幅度的交流信号来进行声校准。这时为了简化电路，静电激励器上通常不加800 V极化电压，而是加约300 V的交流信号，频率为校准频率的一半。但是正是由于加上的电压很高，同时静电激励器又很靠近膜片，所以存在误报和损坏传声器的风险。有时使用插入电压到前置放大器的方法来检查通道的电气部分（不包括传声器电容），这些前置放大器通常用于传声器开路灵敏度校准，该方法称为插入电压校准（insert voltage calibration，简称IVC）。后来，将传声器电容包括在检查中，这种方法称为电荷注入校准（charge injection calibration，简称CIC）。

电荷注入校准由B&K公司于20世纪90年代中期发明并获得专利，是用于验证电容传声器测量通道（包括传声器本体）是否工作正常的一种简便方法。在电荷注入校准中，信号是通过内置在前置放大器中的高稳定小电容器C_c引入，该电容器与传声器本体和前置放大器输入的组合串联在一起（如图8-17所示）。信号在小电容器和该组合的阻抗之间分配，即

$$\frac{e_o}{e_i}=g\left(\frac{C_c}{C_m+C_i+C_c}\right) \tag{8-15}$$

式中，e_o——输出电压；

e_i——输入电压；

g——前置放大器增益，典型值为0.98；

C_c——电荷注入电容器，典型值为0.2 pF；

C_m——传声器本体电容，对于1/2" 传声器典型值为15 pF；

C_i——前置放大器输入电容，典型值为0.3 pF；

R_i——前置放大器输入电阻，典型值为15 GΩ。

C_i和R_i构成前置放大器的输入阻抗，由于R_i很大，所以它的影响可以忽略不计。

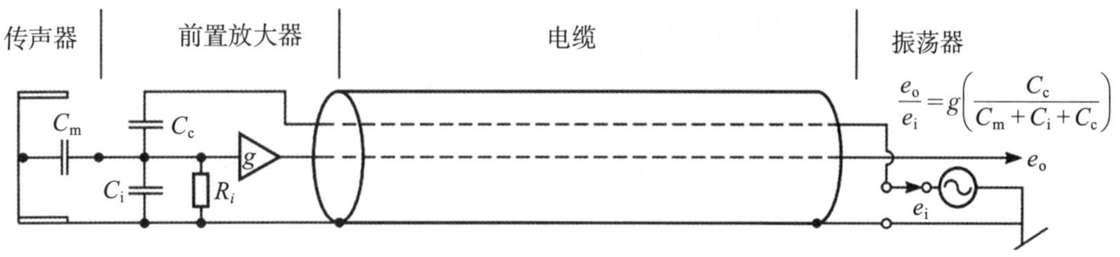

图8-17　电荷注入校准原理示意图

由于C_c和C_i都远小于C_m，所以输出与传声器本体的电容C_m近似成反比。传声器电容的任何变化都将反映在测量通道输出的变化中，而且对所连接的前置放大器(和电缆)的任何变化都很敏感，它们显示了传声器通道的状况。

使用电荷注入校准时，需要存储测量通道对电荷注入校准信号的响应以供参考。施加信号进行验证时，将电荷注入校准响应与参考响应进行比较。如果没有差异，则表明该通道仍处于良好状态。如有明显偏差，则意味着测量通道中存在故障，需要对通道进行检查。电荷注入校准可以检测到的典型故障包括膜片破裂、传声器短路、本体与前置放大器之间的接触故障以及电缆断裂。如果使用的是优质稳定的传声器，只要电荷注入校准响应是稳定的，则表示测量通道运行正常。如果电荷注入校准响应变化了，很可能是传声器发生了严重故障。电荷注入校准不仅是记录严重故障的有用工具，还可以延长常规声学校准之间的间隔。

振膜张力或极化电压的变化直接影响传声器的灵敏度和频率响应，但是这种变化对传声器本体电容的影响相对较小。例如，典型的声级计传声器的振膜张力变化为2 dB，其电容(以及电荷注入校准信号)变化约为0.5 dB。电荷注入校准不能检查传声器灵敏度的微小变化，也不能检查传声器频率响应，因此电荷注入校准不能替代声学校准。

8.2.11　测量传声器生产中的检验

在生产线上对测量传声器进行检验，主要是测量传声器的灵敏度和频率响应。灵敏度可以使用声校准器来校准，频率响应可以用静电激励器或声耦合器来测量。不过使用声校准器直接校准的传声器灵敏度是负载灵敏度，如要获得开路灵敏度，需要对前置放大器的衰减进行修正。

使用静电激励器测量得到的是传声器的静电激励器频率响应，如需得到声压响应或自由场响应，需要根据生产厂商提供的修正值进行修正，得到等效声压响应或等效自由场响应。

同样，使用声耦合器测量得到的是传声器的声压频率响应，如需得到自由场响应，需要根据生产厂商提供的修正值进行修正，得到等效自由场响应。

杭州爱华仪器生产的测量传声器自动测试系统(图8-18)可方便、准确地测量传声器性能，可应用在传声器的生产线测试、实验室检定等场合。该系统主要由AWA6290L型多通道信号分析仪、AWA6051/6052型静电激励器、AWA6158型有源耦合器(选购)和AWA6050型静电激励器电源、AWA6021A型声校准器、AWA14600C型前置放大器、计算机等硬件部分组成。配上相应测试软件,可使用插入电压法测量传声器的开路灵敏度,通过静电激励法或耦合腔比较法测量传声器的频率响应曲线。

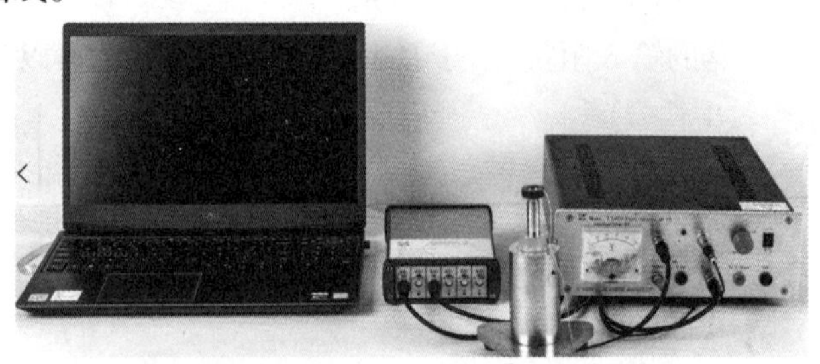

图8-18　测量传声器自动测试系统

测量传声器自动测量系统具有以下特点:

(1)能自动修正系统误差;

(2)能快速精确扫频测量频响,频率范围可以达到70 kHz;

(3)有1/3倍频程至1/48倍频程多个频率分辨率可选;

(4)自动合格与否判断;

(5)自动生成报告;

(6)有数据库存储、查找、比对功能,配对方便。

8.3　声级计的试验与检定

8.3.1　声级计的主要性能指标

根据GB/T 3785.1—2023《电声学 声级计 第1部分:规范》,声级计的主要技术指标汇总于表8-2。

表8-2　声级计的主要技术指标汇总

序号	项目	技术要求	指标/接受限	
			1级	2级
环境、静电和射频试验	静压的影响	从85 kPa～108 kPa范围内测得的指示声级与参考静压时指示声级的偏差	≤±0.4 dB	≤±0.7 dB
		从65 kPa～85 kPa范围内测得的指示声级与参考静压时指示声级的偏差	≤±0.9 dB	≤±1.6 dB
	空气温度的影响	规定的温度范围	-10 ℃～+50 ℃	0 ℃～+40 ℃
		在任何温度上测得的显示声级与参考空气温度时显示声级的偏差	≤±0.5 dB	≤±1.0 dB
	相对湿度的影响	从25%～90%范围的任何相对湿度上测得的显示声级与参考相对湿度时显示声级的偏差	≤±0.5 dB	≤±1.0 dB
	静电放电的影响	经高达±4 kV静电电压的接触放电和高达±8 kV静电电压的空气放电后	应能继续工作	

续表

<table>
<tr><th rowspan="2">序号</th><th rowspan="2">项目</th><th rowspan="2" colspan="2">技术要求</th><th colspan="2">指标/接受限</th></tr>
<tr><th>1级</th><th>2级</th></tr>
<tr><td rowspan="7">环境、静电和射频试验</td><td>交流工频场的影响</td><td>频率为50 Hz和60 Hz的80 A/m均匀的均方根磁场强度</td><td rowspan="4">参考信号74 dB±1 dB测得的显示声级与不存在工频场或射频场时显示声级的偏差</td><td rowspan="4">±1.0 dB</td><td rowspan="4">±2.0 dB</td></tr>
<tr><td rowspan="3">射频场的影响</td><td>载波频率从26 MHz～1 GHz，用1 kHz稳态正弦信号调幅，调制度为80%。不调制和声级计不在场时，应具有均匀的10 V/m均方根电场强度</td></tr>
<tr><td>载波频率从1.4 GHz～2.0 GHz，用1 kHz稳态正弦信号调幅，调制度为80%。不调制和声级计不在场时，应具有均匀的3 V/m均方根电场强度</td></tr>
<tr><td>载波频率从2.0 GHz～2.7 GHz，用1 kHz稳态正弦信号调幅，调制度为80%。不调制和声级计不在场时，应具有均匀的1 V/m均方根电场强度</td></tr>
<tr><td rowspan="3">射频发射和公共电源骚扰</td><td colspan="2">对从30 MHz～230 MHz频率发射的射频电场强度的准峰值电平（离声级计10 m处测量）</td><td colspan="2">≤30 dB（以1 μV为参考）</td></tr>
<tr><td colspan="2">对从230 MHz～1 GHz频率发射的射频电场强度的准峰值电平（离声级计10 m处测量）</td><td colspan="2">≤37 dB（以1 μV为参考）</td></tr>
<tr><td colspan="2">对Y类和Z类声级计，在交流电源端口传导到公共电源的最大骚扰</td><td colspan="2">不应超过GB/T 3785.1中表6的限值</td></tr>
<tr><td rowspan="14">电声性能试验</td><td>校准检查频率上的示值</td><td colspan="2">使用声校准器测量的调整数据与使用说明书提供的调整数据之间的差值</td><td colspan="2">≤±0.3 dB</td></tr>
<tr><td>指向性响应</td><td colspan="2">在入射角30°、60°、90°时，在不同频率范围</td><td colspan="2">详见GB/T 3785.1中表1</td></tr>
<tr><td rowspan="5">频率计权</td><td colspan="2">A计权</td><td>有</td><td>有</td></tr>
<tr><td colspan="2">C计权</td><td>有</td><td>任选</td></tr>
<tr><td colspan="2">频率范围</td><td>10 Hz～20 kHz</td><td>20 Hz～8 kHz</td></tr>
<tr><td colspan="2">1 kHz时的响应为0 dB</td><td>≤±0.7 dB</td><td>≤±1.0 dB</td></tr>
<tr><td colspan="2">在其他频率的响应</td><td>见表6-18</td><td>见表6-18</td></tr>
<tr><td>1 kHz时的频率计权C或Z</td><td colspan="2">1 kHz时频率计权C或Z与频率计权A响应偏差</td><td colspan="2">≤±0.2 dB</td></tr>
<tr><td rowspan="5">级线性</td><td colspan="2">1 kHz处的级线性范围</td><td colspan="2">≥60 dB</td></tr>
<tr><td colspan="2">对时间计权声级计，相邻级范围互相重叠</td><td colspan="2">≥30 dB</td></tr>
<tr><td colspan="2">对积分平均声级计或声暴露计，相邻级范围互相重叠</td><td colspan="2">≥40 dB</td></tr>
<tr><td colspan="2">整个级范围及频率范围内的任何频率，以及所提供的任何频率计权或频率响应的级线性偏差</td><td>≤±0.8 dB</td><td>≤±1.1 dB</td></tr>
<tr><td colspan="2">1 dB～10 dB任意变化时测得的与设计目标的偏差</td><td>≤±0.3 dB</td><td>≤±0.5 dB</td></tr>
<tr><td>欠范围指示</td><td colspan="2">指示的时间应与欠范围状态存在的时间</td><td colspan="2">一样长或者为1 s，二者取其大</td></tr>
</table>

续表

<table>
<tr><th rowspan="2">序号</th><th rowspan="2">项目</th><th rowspan="2">技术要求</th><th colspan="2">指标/接受限</th></tr>
<tr><th>1级</th><th>2级</th></tr>
<tr><td rowspan="21">电声性能试验</td><td rowspan="2">自生噪声级</td><td>声级计放置在低声级声场中时，声级计在较灵敏的级范围上可能指示的声级</td><td colspan="2">由使用说明书给出，对所有可用频率计权</td></tr>
<tr><td>当用电输入装置代替传声器且输入按使用说明书的规定端接后的最高期望自生噪声级</td><td colspan="2">由使用说明书给出，对所有可用频率计权</td></tr>
<tr><td rowspan="3">时间计权</td><td>F的指数时间常数为0.125 s，衰减速率为34.7 dB/s</td><td colspan="2">+3.8 dB/s；−3.7 dB/s</td></tr>
<tr><td>S的指数时间常数为1s，衰减速率为4.3 dB/s</td><td colspan="2">+0.8 dB/s；−0.7 dB/s</td></tr>
<tr><td>S的A计权声级和A计权时间平均声级（如适用）示值与时间计权F的A计权声级示值的偏差</td><td colspan="2">≤±0.1 dB</td></tr>
<tr><td>测量时间计权声级的声级计的猝发音响应</td><td>对F时间计权，使用4 kHz，持续时间T_b为1000 ms～0.25 ms的猝发音试验；
对S时间计权，持续时间T_b为1000 ms～2 ms</td><td colspan="2" rowspan="3">详见GB/T 3785.1中的表3</td></tr>
<tr><td>测量暴露声级或时间平均声级的声级计的猝发音响应</td><td>使用4 kHz，持续时间T_b为1000 ms～0.25 ms的猝发声试验，猝发音响应$d_r=10\lg(T_b/T_0)$，式中$T_0=1$ s</td></tr>
<tr><td>测量时间平均声级的声级计对重复猝发音序列的响应</td><td>使用4 kHz，持续时间T_b为1000 ms～0.25 ms的猝发声试验，猝发音响应$d_r=10\lg(nT_b/T_m)$，式中T_m为总的测量持续时间，n为猝发音个数</td></tr>
<tr><td>过载指示</td><td>对正半个周期和负半个周期信号，首次引起过载指示的输入信号级之间的测量差值不应超过1.5 dB</td><td>频率范围从31.5 Hz～12.5 kHz</td><td>频率范围从31.5 Hz～8 kHz</td></tr>
<tr><td rowspan="2">C计权峰值声级</td><td>峰值声级的范围</td><td colspan="2">≥40 dB</td></tr>
<tr><td>参考偏差$L_{Cpeak}-L_C$</td><td>不超过规定限值</td><td>不超过规定限值</td></tr>
<tr><td>连续工作时的稳定性</td><td>稳态1 kHz电信号在工作开始和工作30 min测得的初始和最终的A计权声级指示值之间的差值</td><td>≤0.1 dB</td><td>≤0.3 dB</td></tr>
<tr><td>高声级稳定性</td><td>使用在最不灵敏级范围上边界低1 dB的声级的1 kHz稳态电信号连续施加5 min，测量开始和结束时A计权声级指示值的差值</td><td>≤0.1 dB</td><td>≤0.3 dB</td></tr>
<tr><td>复位</td><td>用于测量时间平均声级、暴露声级、最大时间计权声级和峰值声级的声级计</td><td colspan="2">应包括一个清除数据存储并重新启动测量的装置</td></tr>
<tr><td>阈值</td><td>由使用说明书说明</td><td>—</td><td>—</td></tr>
<tr><td rowspan="2">显示器</td><td>测量分辨率</td><td colspan="2">≤0.1 dB或更优</td></tr>
<tr><td>显示范围</td><td colspan="2">≥60 dB</td></tr>
</table>

续表

序号	项目	技术要求	指标/接受限	
			1级	2级
电声性能试验	电输出	连接任何不储能的无源阻抗或短路，对测试的影响	≤0.1 dB	
		显示器指示的信号级与模拟和数字输出指示的相应信号级之间的差值	≤±0.1 dB	
	计时功能	应能显示积分所经历的时间或积分时间间隔	使用说明书规定	
		也可显示日历时间，在24 h显示时间的标称漂移	使用说明书规定	
	多通道声级计中的串音	从10 Hz～20 kHz的任何频率处	至少相差70 dB	
	电源	电压从最大降至最小时，测得的显示声级的变化	≤± 0.1 dB	≤± 0.2 dB

注：接受限(acceptance limit)指规定的允许测得值的上边界或下边界。

8.3.2 声级计的型式评价试验

型式评价试验是对标准规定的且制造者声称具备的所有性能进行试验。所以声级计的型式评价试验不应省略标准或文件所规定的试验项目，除非声级计不具备该项试验所描述的功能。当已通过型式批准的声级计因变更设计而要求新的型式批准时，则根据实验室的判断，不必重复那些不会因变更设计而受影响的电声性能特性的试验。

进行型式评价试验，应至少提交型号相同的3台声级计样机。实验室应至少选择2台样机进行试验，其中1台应完整地按照规定程序试验，并决定第2台样机是做完整的试验，还是只做有限且足够的试验。

实验室应使用已对适用的量进行了有效校准的仪器，且校准应能溯源至国家计量标准。

同时满足下列判据时，声级计的性能规范的符合性得到验证：

(1)测得的与设计目标的偏差不超过适用的接受限；

(2)相关的测量不确定度不超过GB/T 3785.1以相同的包含概率95%给出的相应的最大允许测量不确定度。

判据评价符合性的示例见本章8.12节或GB/T 3785.1—2023附录C。

对每台被试声级计，型式评价报告应给出试验配置(包括所安装的风罩和附件)的所有细节，以及声级计的方位，包括环境条件在内的试验条件和试验结果。每个试验结果应给出测得的与设计目标的偏差和关联的实际测量不确定度，以及符合或不符合的指示。最好是使用标准的格式报告型式评价试验的结果。

型式评价试验报告应说明该型号的整个声级计符合或不符合其所声明的GB/T 3785.1—2023/IEC 61672-1:2013性能级别的必备规范，以及该型号声级计是否通过型式批准。如果该型号声级计通过型式批准，则该项批准宜予以公告以便在随后的周期试验中使用。

8.3.3 声级计的周期检定

1. 概述

为保证声级计的计量性能，需要对声级计进行周期检定，在IEC中称为周期试验。周期试验的目的是在进行试验的环境条件下，用一组限定最小范围的必要关键试验，就能向用户证明，声级计的性能满足GB/T 3785.1规定的适用要求。但这是建立在被试验的声级计的生产商宣称该型号声级计符合GB/T 3785.1规范，或者其型号已经或者还未由独立试验机构按照GB/T 3785.2试验程序进行型式评价试验。由于周期试验的项目有限，如果不能公开获得型式评价的证据，即便周期试验的结果符合GB/T 3785.3规定的所有适用要求，也不能做出符合GB/T 3785.1规范的总结论。

声级计的检定主要参照JJG 188《声级计检定规程》，该规程参照GB/T 3785.3《电声学 声级计 第3部分：周期试验》。

2. 检定条件

检定环境条件：温度为(23±3)℃；相对湿度为(30～90)%；静压为(97～103)kPa。

参考环境条件：温度为23 ℃；相对湿度为50%；气压为101.325 kPa。

3. 检定项目

声级计的首次检定、后续检定和使用中检定项目见表8-3所列。

表8-3 声级计的首次检定、后续检定和使用中检查项目一览表

检定项目	首次检定	后续检定	使用中检查
外观检查	+	+	+
指示声级调整	+	+	+
频率计权和频率响应	+	+ （上限频率、下限频率和标称倍频程频率上）	–
级线性	+	+	–
自生噪声	+	+	–
时间计权F和S	+	+	–
猝发音响应	+	+ （F：200 ms、2 ms、0.25 ms； S：200 ms、2 ms； L_{AE}：200 ms、2 ms、0.25 ms）	–
重复猝发音响应	+	+ （200 ms、2 ms、0.25 ms）	–
过载指示	+	–	–
峰值C声级	+（如适用）	–	–

注：1. “+”表示需检定项目，“–”表示不需检定项目。

2. 后续检定栏中括号表示仅需在这些频率或持续时间上检定。

4. 检定方法

(1)外观检查

目视检查或手动操作：产品标识是否准确、完整，以及传声器有无磕碰、膜片损坏。不通过的话，以退检处理。

(2)指示声级调整

在参考级范围上的参考声压级和160 Hz～1250 Hz范围内的校准检查频率上使用声校准器进行。声级计应能得到所要求的响应于声校准器的示值，其偏差不应超过±0.3 dB。对于1级声级计应该使用1级或LS级声校准器，对于2级声级计可使用2级、1级或LS级声校准器。

(3)频率计权

频率计权指显示装置上指示的频率计权信号级与相应恒幅正弦输入信号级的差值，单位为dB，它是频率的特定函数。对1级声级计，频率范围应为10 Hz～20 kHz；对2级声级计，频率范围至少应为20 Hz～8 kHz。

(4)1 kHz处的频率计权

对于含有多个计权的声级计，用1 kHz的连续正弦信号输入，在C计权和Z计权上测得的指示声级与在A计权上测得的指示声级之间的差值不应超过±0.2 dB。

(5)级线性

级线性范围指用声级计控制器的特定挡测量的标称声级的范围。在参考级范围内，1 kHz频率处的线性工作范围至少应为60 dB。对于1级声级计，全量程的级线性偏差不应超过±0.8 dB，输入信号在1 dB～10 dB变化时，不应超过±0.3 dB；对于2级声级计，全量程的级线性偏差不应超过±1.1 dB，输入信号在1 dB～10 dB变化时，不应超过±0.5 dB。

(6)时间计权F和S

时间计权指规定时间常数的时间指数函数，该函数对声压信号的平方进行计权。声级计时间计权F的指数时间常数设计目标为0.125 s，衰减速率应在31.0 dB/s和38.5 dB/s之间；时间计权S为1 s，衰减速率应在3.6 dB/s和5.1 dB/s之间。

(7)猝发音响应

猝发音是指波形起始和终止在零点上的一个或多个完整周期的正弦信号。其响应是用猝发音测量得到的最大时间计权声级或暴露声级，减去用相应稳态正弦信号输入时测得的声级。猝发音是从该稳态输入信号中提取的。

基准信号为4 kHz时参考量程线性工作范围的上边界以下3 dB，分别测试持续时间200 ms、2 ms、0.25 ms的猝发音的最大F时间计权声压级，持续时间200 ms、2 ms的猝发音的最大S时间计权声压级。测试信号与基准信号的差值应符合规程要求。

(8)重复猝发音响应

猝发音周期是单个猝发音的倍数关系，总测量时间为10 s，测试信号与基准信号的差值遵循公式$\delta=10\lg(nT_b/T_m)$dB。例如周期是单个猝发音信号的5倍，$\delta=10\lg(1/5)=-7.0$ dB。

以上项目除频率计权有电信号试验和声信号试验外，其余项目都是使用电信号进行测量。

5. 声级计的声信号试验

在500 Hz及以上频率，声信号试验在消声箱/室(图8-19)中进行；对500 Hz以下频率，声信号试验可在低频耦合腔(图8-20)中进行。

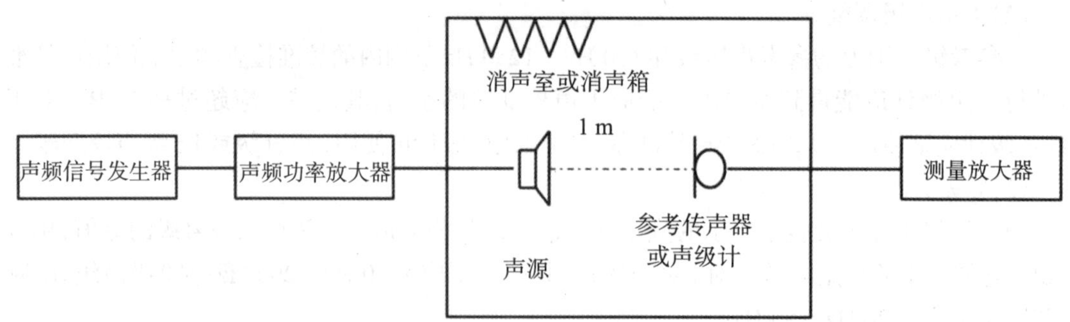

图8-19　消声箱/室试验方框图

GB/T 42553—2023/IEC 62585:2012《电声学　确定声级计自由场响应修正值的方法》中规定了声级计在自由声场中的安装要求。具体要求如下。

(1)参考传声器在内的所有传声器和传声器/前置放大器组合,应安装在标称直径与传声器直径相同的杆上。

(2)声源与传声器的距离应大于1 m,且至少应为声级计最长尺寸的6倍,声应从参考方向入射。

(3)建议传声器和杆的任何固定点之间的安装杆长度至少为1 m。

(4)声级计应利用背后非垂直的安装杆悬置在自由场中,且应精确地定位,例如使用激光校准。

如图8-21所示为两种适宜的声级计安装方法。对安装方法2,角θ应小于60°,安装方法3是不合适的,不应采用。

图8-20　低频耦合腔试验

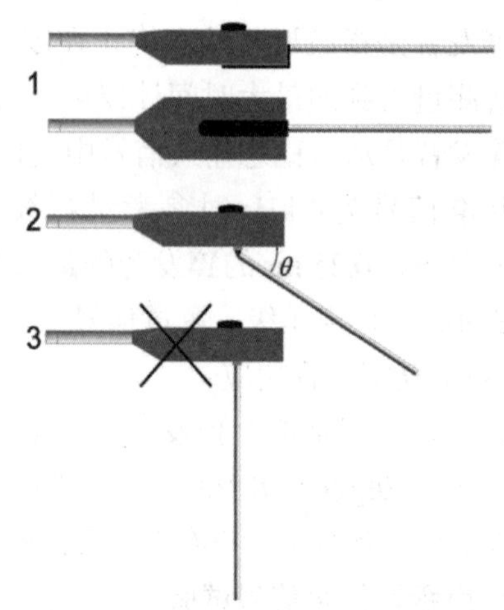

图8-21　声级计的安装方法

制造者可以建议将多频声校准器、比较耦合器或静电激励器,用于声级计各测试频率上声响应的周期试验,使用说明书应该提供在参考环境条件下,为获得与参考方向或无规方向(如适用)入射的正弦平面行波所显示计权声级等效的调整数据。使用这些调整数据去调节声级计的示值使之与自由场响应或扩散场响应(如适用)等效。

至少应在125 Hz、1 kHz和8 kHz频率上提供要求的调整数据，并适用于声级计的规定配置（包括传声器和前置放大器），以及某一型号的多频声校准器、比较耦合器或静电激励器。对使用说明书规定的使声级计符合标准GB/T 3785.1/IEC 61672-1性能要求的所有传声器型号和传声器风罩组合都应给出修正数据。修正数据的不确定度至少应对上述频率和配置提供。适用的修正数据和相应不确定度应按GB/T 42553/IEC 62585给出的程序予以确定，而且应通过型式评价试验予以验证。

JJG 188—2017附录B中规定，如合适的自由场或扩散场修正数据有效，可使用校准过的多频率声校准器、比较耦合器、静电激励器测量频率计权。多频率声校准器应满足JJG 176—2022中1级声校准器的要求，如适用，1/M级多频声校准器可用于大部分环境条件；用于比较耦合器的工作标准传声器应符合JJG 1019—2007的要求；静电激励器应满足JJF 1293—2011中的要求，比较耦合器应符合JJF 1734—2018的要求。

多频声校准器、比较耦合器或静电激励器用于声级计周期试验的频率响应声信号试验显然比用自由场试验用时少，实验室可根据自己的判断选择进行频率计权的试验方法。若以上方法与自由场法的测量结果不一致，以自由场法为准。

杭州爱华仪器提供的AWA6028型多频声校准器、AWA6158型有源耦合器和AWA6051/6052型静电激励器可以满足上述要求，可以用于声级计的声信号试验。

AWA6158型有源耦合器用于声级计周期检定中同时激励法比较声校准测量方框示意图如图8-22所示。

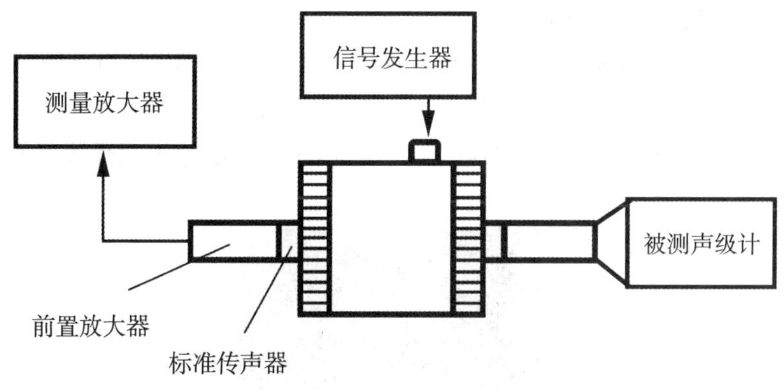

图8-22　声级计耦合器比较校准示意图

调节信号发生器的信号幅度及频率（一般从1000 Hz开始），在测量放大器上读出标准传声器上的声压级L_1，L_1一般取参考声压级94.0 dB；同时在被测声级计上读出声压级L_2，L_2加上该频率时的自由场（或扩散场）修正值就是声级计在该频率的自由场（或扩散场）响应。

改变信号发生器的频率，测量各个频率的被测声级计指示值，分别加上各频率相应的自由场（或扩散场）修正值，可以测量出被测声级计的计权或不计权频率响应。

将图8-22中的测量放大器、信号发生器和声级计连接到计算机，可以组成声级计自动检定校准系统，在相应软件的支持下，可以完成声级计的电信号和耦合器比较法声信号检定校准。

6. 声级计检定所需计量标准和配套仪器

（1）声校准器：性能等级应符合JJG 176—2022中的1级要求。

(2)参考传声器:符合JJG 790—2005或JJG 482—2017要求的实验室标准传声器。

(3)声频信号发生器:频率范围为10 Hz～20 kHz,频率误差应优于±0.25%,输出信号的总失真不大于0.1%。

(4)测量放大器:频率范围为10 Hz～20 kHz,频率响应优于±0.2 dB,总失真不大于0.3%。

(5)前置放大器:频率响应在检定频率范围内不超过±0.1 dB,输入端线性短路噪声不大于10 μV,A计权短路噪声不大于3 μV。

(6)猝发音信号发生器:可输出符合JJG 188中表2和表3要求的信号,持续时间误差不应超过±1%,频率误差不应超过±0.25%,输出信号的总失真不大于2.0%。

(7)精密衰减器:在检定范围内,衰减1 dB误差不应超过±0.05 dB,衰减30 dB误差不应超过±0.10 dB,衰减60 dB误差不应超过±0.20 dB。

(8)声源:在检定频率范围内,所需的声压级上总失真不大于3.0%。

(9)声频功率放大器:在检定频率范围内,频率响应不应超过±0.2 dB,总失真小于0.5%。

(10)消声室或消声箱:满足JJF 1147—2006的要求。

(11)低频耦合器:在10 Hz～125 Hz频率范围内总失真不大于4.0%,160 Hz～400 Hz频率范围内总失真不大于3.0%。

(12)气压计:在检定环境条件内,气压计的最大允差不应超过±0.2 kPa。

(13)温度计:在检定环境条件内,温度计的最大允差不应超过±0.3 ℃。

(14)湿度计:在检定环境条件内,温度计的最大允差不应超过±4%。

7. AWA188型声级计检定和校准装置

杭州爱华仪器生产的AWA188型声级计检定和校准装置(图8-23)可用于声级计的周期检定和出厂检定。该套装置既可人工检定,也可自动检定;既可由声级计数字输出接口读取数据,也可由视频直接读取指示器上的数据。用户可根据需求自主选择装置的配置(见表8-4所列)。

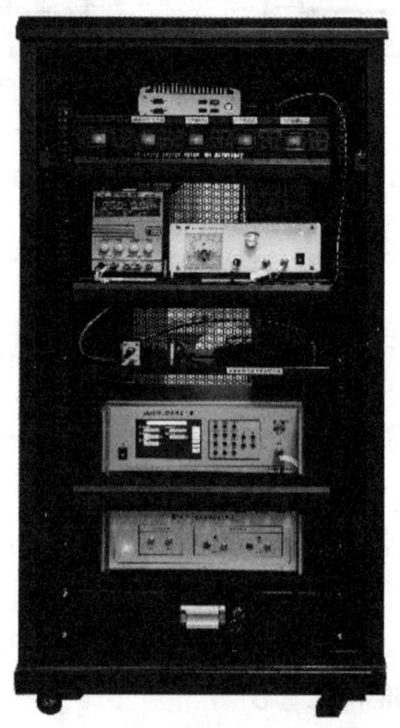

图8-23　AWA188型声级计检定校准装置

表8-4　声级计检定和校准装置配置的设备

设备名称	型号	备注	设备名称	型号	备注
标准传声器	HBK4180	可选AWA14404	消声箱(室)	—	—
前置放大器	AWA14600	可选HBK2669L	工控机	—	—
声校准器	AWA6021A	可选HBK4231	相关软件	—	—
信号发生器	AWA1651	含猝发音、精密衰减器	多频声校准器	AWA6028	选配
测量放大器	AWA5812	—	有源耦合器	AWA6158	选配
功率放大器	AWA5871	—	静电激励器	AWA6051/6052	选配
低频耦合腔	AWA6153S+	—	静电激励器电源	AWA6050	选配
测试声源	AWA5511B	—	活塞发声器	AWA6011	选配(LS级,250 Hz)

计算机通过串行口控制AWA1651型信号发生器发出指定频率及幅度的信号，输入被检声级计，被检声级计通过串行口将测量结果送到计算机，程序根据收到的数据计算误差，判定被检仪器是否合格，并可自动保存测量结果，打印检定证书。检测项目根据仪器的配置可以进行选择，操作更加简单、便捷。

声级计自动检定系统示意图如图8-24所示。

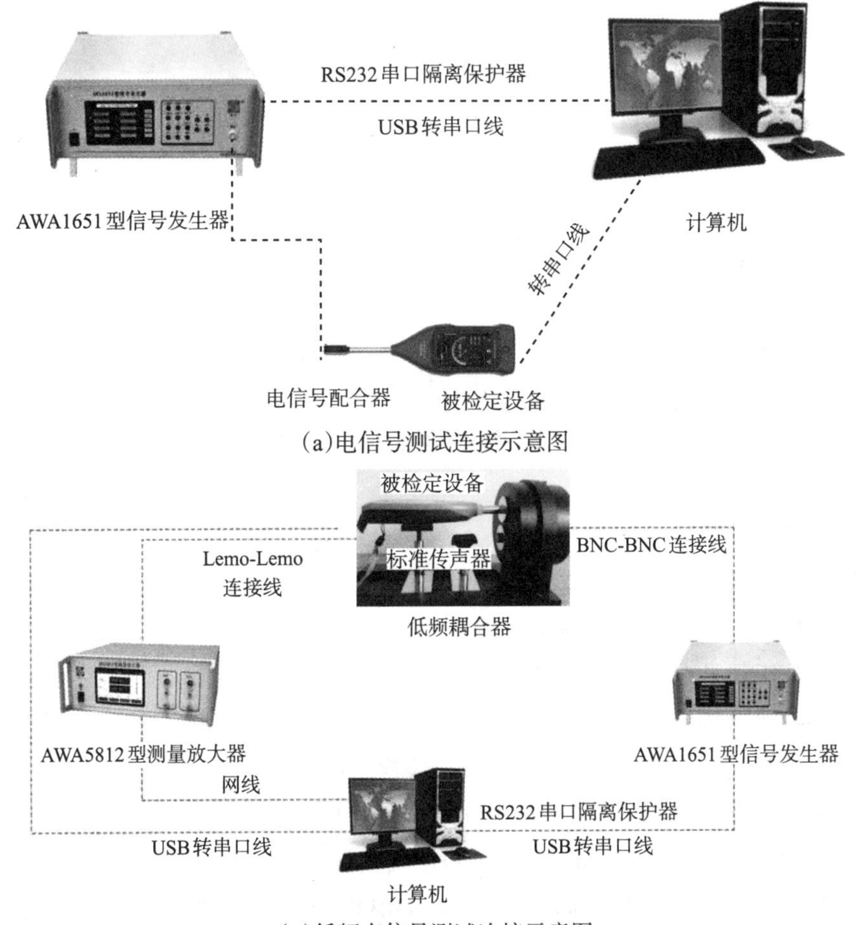

(a)电信号测试连接示意图

(b)低频声信号测试连接示意图

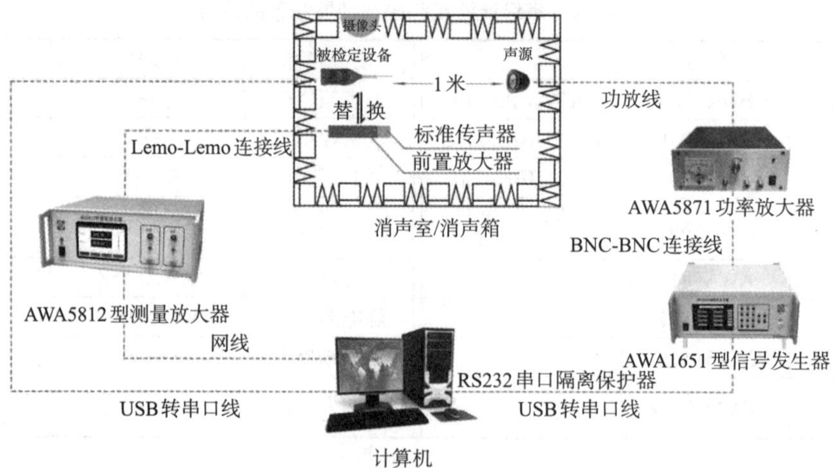

(c)自由场高频声信号测试连接示意图

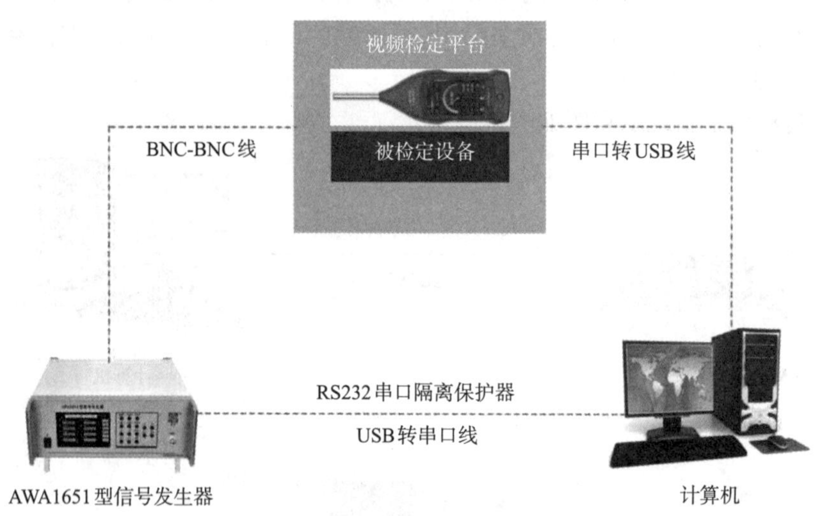

(d)电信号检定(视频检定)连接示意图

图8-24　声级计自动检定系统示意图

8.4　噪声统计分析仪的检定

噪声统计分析仪是用于环境监测,具有统计分析功能,能根据选择的采样时间和采样间隔进行自动采样,并可自动计算、显示时间平均声级和累计百分数声级等参数的声学测量仪器。噪声统计分析仪是在积分声级计的基础上增加了统计分析功能,因此对于噪声统计分析仪检定只需在声级计检定项目中增加一项计算功能,以检查统计声级、累计百分数声级等参数。具体操作见JJG 778—2019《噪声统计分析仪检定规程》。

声级计项目接受限和测试方法等同JJG 188—2017的要求。

JJG 778—2019规定的计算功能采用4 kHz扫幅正弦电信号试验,扫幅模式为对数双向(图8-25),终止幅值L_{m1}为线性工作范围上边界3 dB以下、下边界50 dB以上的时间计权指示级，起始幅值为终止幅值的1/100，扫幅周期为60 s。因为统计功能的采样时间间隔通常不大于0.2 s，测量时段可设为扫幅周期的3倍。

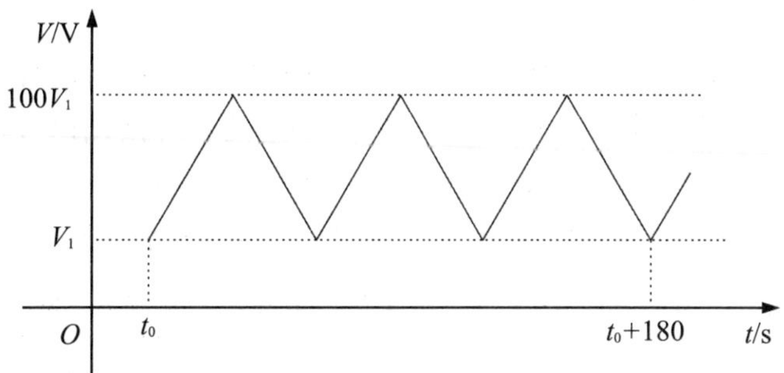

图8-25　扫幅信号示意图

启动统计功能，至测量结束，检查试验值应符合检定规程的要求。

$$L_{m1}-L_{10}=4\ \text{dB};\ L_{m1}-L_{50}=20\ \text{dB}$$

$$L_{m1}-L_{90}=36\ \text{dB};\ L_{m1}-L_{eq,T}=9.6\ \text{dB}$$

式中，L_{m1}——扫幅终止幅值的时间计权声级指示级，单位为dB；

L_{10}、L_{50}、L_{90}——累计百分数声级的理论计算值，单位为dB；

$L_{eq,T}$——时间平均声级的理论计算值，单位为dB。

1级仪器的接受限为±0.7 dB，2级仪器的接受限为±1.0 dB。

检定噪声统计分析仪的主要计量器具与检定声级计的计量器具相同。不同的是，声频信号发生器还应具备扫幅功能，可输出4 kHz的扫幅信号，最大输出电压不应小于1 V，最小输出电压不应大于0.01 V；扫幅方式为对数双向；扫幅周期不应小于60 s，扫幅周期误差不应超过±0.2%。AWA1651型信号发生器能满足使用要求。AWA188型自动测试系统的测量界面如图8-26所示。

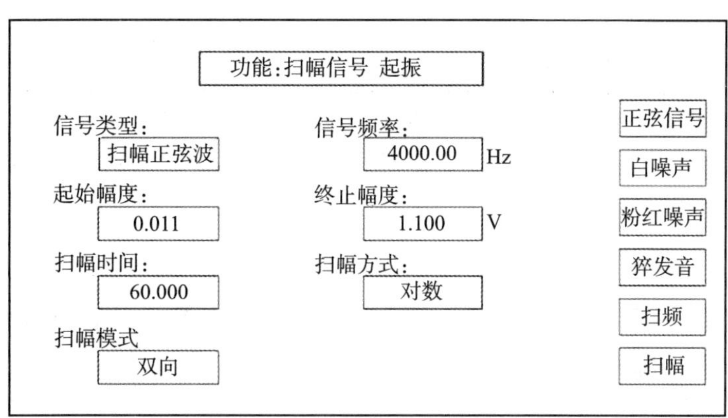

图8-26　自动测试系统的测量界面

8.5 个人声暴露计和噪声剂量计的检定

8.5.1 个人声暴露计的检定

GB/T 15952—2010/IEC 61252:2017《电声学　个人声暴露计规范》规定了一个准确度等级的声暴露计的计量性能要求，对应于GB/T 3785.1对2级积分平均声级计的要求。个人声暴露计的检定与校准参照JJG 980—2003《个人声暴露计检定规程》。

根据JJG 980—2003的规定，个人声暴露计主要计量项目见表8-5所列。

表8-5　声暴露计首次检定、后续检定和使用中检验项目一览表

序号	检定项目			首次检定	后续检定	使用中检验
1	外观检查			+	+	+
2	绝对声灵敏度			+	+	+
3	频率计权			+	+	–
4	对稳态信号响应的线性	声压级/dB	积分时间			
		$80-\Delta R_L$	按需要	+	–	–
		80	8 h	+	–	–
		90	4 h	+	–	–
		100	30 min	+	+	–
		110	15 min	+	+	–
		120	6 min	+	+	–
		130	1 min 12 s	+	+	–
		$130+\Delta R_U$	按需要	+	–	–
5	对短持续信号的响应			+	+	–
6	自锁过载指示器			+	–	–

注：1. 需检定或检验的项目用"+"表示，不需检定或检验的项目用"–"表示。

2. 当制造者规定的声级范围扩展到80 dB以下或130 dB以上时，80–ΔRL为声级范围的低限，$130+\Delta R_U$为高限。

1. 外观检查

通常指产品标识是否准确、完整，有无机械损伤、操作失灵等现象，电池电压应在规定范围内，以及传声器有无磕碰、膜片损坏。

2. 绝对声灵敏度

声暴露计绝对声灵敏度检定装置与声级计检定装置相同。在参考环境条件下，对于从参考方向入射频率为1 kHz、声压级为114 dB的平面行波，经过6 min的积分时间后，声暴露计的指示值应在7.9 Pa^2h～12.6 Pa^2h。在其他频率、声压级和积分时间情况下应在理论声暴露的–21%～+26%的范围内。声暴露计绝对声灵敏度可以采用耦合腔声压校准装置检定，但要按制造者提供的修正值修正为等效自由场响应。

3. 频率计权

声暴露计频率计权的检定与声级计相同，对500 Hz及以上频率声信号检定应在自由声场中进行，对500 Hz以下频率声信号检定可在低频耦合腔中进行。也可用电信号检定频率计权，但应对传声器的自由场响应进行修正。计算在各频率测得的声暴露与频率为1 kHz时测得的声暴露之比，其比值应符合表8-6中的规定。

表8-6 声暴露与频率为1 kHz时声暴露的比值的设计目标及允差

测试频率/Hz	声压级/dB	积分时间/min	声暴露计算值/Pa^2h	声暴露比		
				最小值	设计目标	最大值
63	127.0	25	2.0	0.037 8	0.060 0	0.095 0
125	127.0	3	2.5	0.052 1	0.073 6	0.104
250	127.0	1	4.6	0.098	0.138	0.195
500	127.0	1	16.0	0.339	0.479	0.676
1000	127.0	1	33.4	—	1.000	—
2000	127.0	1	44.1	0.832	1.318	2.089
4000	127.0	1	42.1	0.631	1.259	2.512
8000	127.0	1	26.0	0.246	0.776	2.455

注：如不采用上述声压级和积分时间，则可按JJG 980—2003《个人声暴露计检定规程》中的公式(3)和表1规定的A计权的允差计算。

4. 对稳态信号响应的线性

声暴露计对稳态信号响应的线性采用频率为1 kHz的稳态电信号与积分时间的不同组合来测试。按表8-7给出的等效输入声压级，经过规定的积分时间后，记录声暴露计显示的声暴露。

表8-7 对不同声压级和积分时间组合的声暴露及允差

等效输入声压级/dB	积分时间	声暴露/$Pa^2\cdot h$		
		最小值	计算值	最大值
$80-\Delta R_L$	按需要	0.24	0.300	0.38
80	8 h	0.25	0.320	0.40
90	4 h	1.26	1.600	2.02
100	30 min	1.58	2.000	2.52
110	15 min	7.90	10.000	12.6
120	6 min	31.6	40.000	50.4
130	1 min 12 s	63.2	80.000	100.8
$130+\Delta R_U$	按需要	63.2	80.000	100.8

注：1. 当制造者规定的声级范围扩展到80 dB以下或130 dB以上时，$80-\Delta R_L$为声级范围的低限，$130+\Delta R_U$为高限。

2. 在$80-\Delta R_L$和$130+\Delta R_U$时的目标积分时间按JJG 980—2003《个人声暴露计检定规程》中的式(3)计算。

5. 对短持续信号的响应

输入4 kHz正弦信号，幅度为A计权声压级100 dB，经过15 min的积分时间之后，声暴露计所显示的声暴露即为E_{4k}；输入4 kHz的猝发音信号，猝发音持续时间为1 ms(10 ms)，猝发音持续时间与猝发音重复时间之比为1∶1000，信号幅度为A计权声压级130 dB，经过15 min的积分时间之后，声暴露计所显示的声暴露应为对稳态信号响应的声暴露E_{4k}的0.71倍至1.41倍。

6. 自锁过载指示器

输入1 kHz正弦信号，幅度为声暴露计声级范围的上限，此时，过载指示器应不启动；向声暴露计输入频率为1 kHz、持续时间为4 ms、信号的等效声压级为声暴露计声级范围的上限以上3 dB的单个猝发音，此时，过载指示器应启动并自锁 。

8.5.2 噪声剂量计的检定

JJG 655—2021《噪声剂量计检定规程》规定了评判标准声级为85 dB或90 dB和交换率为3 dB、4 dB或5 dB的噪声剂量计的首次检定、后续检定和使用中检查。采用其他评判标准声级和/或交换率的噪声剂量计可参照执行。主要检定项目与个人声暴露计相同，主要区别是检定噪声剂量，而噪声剂量又与不同评判标准声级和交换率有关。例如声灵敏度检定时，施加1 kHz声信号至噪声剂量计，对评判标准声级为85 dB和90 dB，分别调节输出声压为109.0 dB和114.0 dB，按表8-8对不同交换率施加不同持续时间，它们应在噪声剂量计上都显示100%噪声剂量值，接受限应符合表中要求。

表8-8　噪声剂量计声灵敏度检定

评判标准声级L_c	交换率Q	施加声压L	持续测量T	理论示值	接受限
85 dB	3	109.0 dB	1 min 53 s	100%	−21%～+26%
	4		7 min 30 s	100%	−16%～+19%
	5		17 min 14s	100%	−13%～+15%
90 dB	3	114.0 dB	1 min 53 s	100%	−21%～+26%
	4		7 min 30 s	100%	−16%～+19%
	5		17 min 14 s	100%	−13%～+15%

对于使用中检查，使用频率1 kHz、声压级114 dB的声校准器施加信号到噪声剂量计进行检查，对于不同评判标准声级和交换率按表8-9中持续时间，噪声剂量计示值偏离理论值的接受限比前述接受限扩大1.25倍(见表8-9所列)。

表8-9　噪声剂量计使用中检查施加信号和接受限

评判标准声级L_c	交换率Q	施加声压L	持续测量T	理论示值	接受限
85 dB	3	114.0 dB	35.5 s	100%	(−21%～+26%)×1.25
	4		3 min 9 s	100%	(−16%～+19%)×1.25
	5		8 min 37 s	100%	(−13%～+15%)×1.25
90 dB	3	114.0 dB	1 min 53 s	100%	(−21%～+26%)×1.25
	4		7 min 30 s	100%	(−16%～+19%)×1.25
	5		17 min 14 s	100%	(−13%～+15%)×1.25

个人声暴露计和噪声剂量计的主要计量标准及主要配套设备与声级计相同。

8.6 滤波器的检定

在声学测量中主要使用倍频程和分数倍频程滤波器。它们的检定与校准参照JJG 449—2014《倍频程和分数倍频程滤波器检定规程》执行。

8.6.1 滤波器检定项目和使用中检查项目

滤波器的检定项目和使用中检查的项目及接受限见表8-10所列。

表8-10 滤波器检定项目和使用中检查项目及接受限一览表

<table>
<tr><th colspan="2" rowspan="2">项目名称</th><th rowspan="2">首次检定和
后续检定</th><th rowspan="2">使用中检查</th><th colspan="2">性能指标/接受限</th></tr>
<tr><th>1级</th><th>2级</th></tr>
<tr><td colspan="2">外观及工作正常性检查</td><td>+</td><td>+</td><td></td><td></td></tr>
<tr><td colspan="2">中心频率处的相对衰减</td><td>+</td><td>+</td><td>≤±0.4 dB</td><td>≤±0.6 dB</td></tr>
<tr><td colspan="2">相对衰减</td><td>+</td><td>–</td><td></td><td></td></tr>
<tr><td rowspan="3">级线性</td><td>线性工作范围</td><td>+</td><td>–</td><td>≥60 dB</td><td>≥50 dB</td></tr>
<tr><td>级线性误差
（从线性工作范围的上边界至低于上边界40 dB）</td><td>+</td><td>–</td><td>≤±0.5 dB</td><td>≤±0.6 dB</td></tr>
<tr><td>级线性误差
（从低于线性工作范围的上边界40 dB至下边界）</td><td>+</td><td>–</td><td>≤±0.7 dB</td><td>≤±0.9 dB</td></tr>
</table>

注：1. 需检定或检查的项目用“+”表示，不需检定或检查的项目用“–”表示。

2. 对于滤波器组，相对衰减和级线性在标称中心频率等于或最接近于31.5 Hz、1 kHz和16 kHz三个滤波器中检定。

3. 使用中检查时，对滤波器组的滤波器中心频率处相对衰减可仅检查标称中心频率等于或最接近于1 kHz、31.5 Hz和16 kHz三个滤波器准确中心频率处的相对衰减。

8.6.2 需要使用的计量标准器和主要配套设备

1. 正弦信号发生器

正弦信号发生器的频率范围应大于10 Hz～40 kHz，以1 kHz为参考，幅频特性应优于±0.2 dB。输出信号的总失真不应大于0.03%；检定期间的幅值漂移不应大于0.02 dB。

值得注意的是，信号发生器的总失真一定要比较小，不然谐波或噪声成分可能叠加在某些阻带频率上，影响到滤波器阻带衰减达不到规定要求。另外，为了完整测量滤波器的衰减特性，对被测1/3倍频程滤波器，如果最高中心频率为20 kHz，滤波器标准规定应该在5.392倍中心频率及以上频率处测量它的衰减特性，测试信号的频率至少为5.392×20 (kHz)=108 kHz；对倍频程滤波器，如果最高中心频率为16 kHz，为了测量它在≥G^{+4}(G=2)处的衰减特性，测试信号频率至少为16×16 (kHz)=256 kHz。显然40 kHz的频率范围上限是不够的；同样，对于中心频率为31.5 Hz的倍频程或1/3倍频程滤波器的相对衰减测量，10 Hz的频率下限也是不够的。

2. 交流电压表

交流电压表在频率为10 Hz～40 kHz范围内的测量误差不应超过±0.2%。

3. 数字频率计

数字频率计在10 Hz～40 kHz频率范围内，频率或周期测量误差不应超过±0.01%。

4. 精密衰减器

精密衰减器在检定频率范围内，总衰减量不应小于80 dB，最小衰减步值不应大于0.1 dB；30 dB改变量的误差不应超过±0.10 dB，60 dB改变量的误差不应超过±0.20 dB。现阶段精密衰减器已集成在声频信号发生器中。

8.7 声校准器的校准与检定

8.7.1 概述

为规范声校准器的计量性能，编制了JJG 176—2022《声校准器》，适用于LS(实验室标准)级、1级和2级声校准器的首次检定、后续检定和使用中检查。该检定规程参照国际标准IEC 60942:2017《电声学　声校准器》。检定项目和使用中检查项目及接受限见表8-11所列。

表8-11　检定项目和使用中检查项目及接受限一览表

项目名称	首次检定	后续检定	使用中检查	性能指标/接受限		
				LS级	1级	2级
外观检查	+	+	+			
声压级(在160 Hz～1250 Hz频率范围内)	+	+	+(仅使用比较法)	0.10 dB	0.25 dB	0.40 dB
短期级漂移(在160 Hz～1250 Hz频率范围内)	+	–	–	0.03 dB	0.07 dB	0.15 dB
频率	+	+(仅在主声压级上)	–	0.7%	0.7%	1.7%
总失真+噪声(在主声压级的各规定频率上)	+	+	–	2.0%	2.5%	3.0%

注：1. 需检定或检查的项目用“+”表示，不需检定或检查的项目用“–”表示。

2. 外观检查：通常指检查产品标识是否准确、完整，外观是否有机械损伤、声漏等现象。

8.7.2 声压级的校准

1. 概述

声校准器产生的声压级的校准方法有两种：传声器直接测量法(简称传声器法)和声校准器比较测量法(简称比较法)。

对LS级声校准器，应采用传声器法，并以校准过的实验室标准传声器为参考传声器。

对1级和2级声校准器，可采用传声器法，并以校准过的实验室标准传声器（对1级声校准器）或工作标准传声器（对2级声校准器）为参考传声器。也可采用声校准器比较法，对1级声校准器应以校准过的LS级声校准器为参考声校准器，对2级声校准器应以校准过的1级声校准器或LS级声校准器为参考声校准器。

对具有多个规定声级和/或多个规定频率的声校准器，应就每个声压级和频率组合测量声压级，或按客户要求的那些组合测量声压级。1级多频声校准器在其他频率范围的主要性能指标详见第6章的表6-36。

2. 传声器直接测量法

（1）测量方法

传声器法声压级检定装置的示意图如图8-27所示。图8-27中，前置放大器的输出连接至测量放大器的"前置放大器输入"端口，声频信号发生器的信号连接至测量放大器的"直接输入"端口，数字电压表连接在测量放大器的直流（或交流）输出端口，以提高测量的准确度。

注：对于显示分辨率为0.01 dB的测量放大器，如AWA 5812型测量放大器，准确度已经够高，可以不要数字电压表。

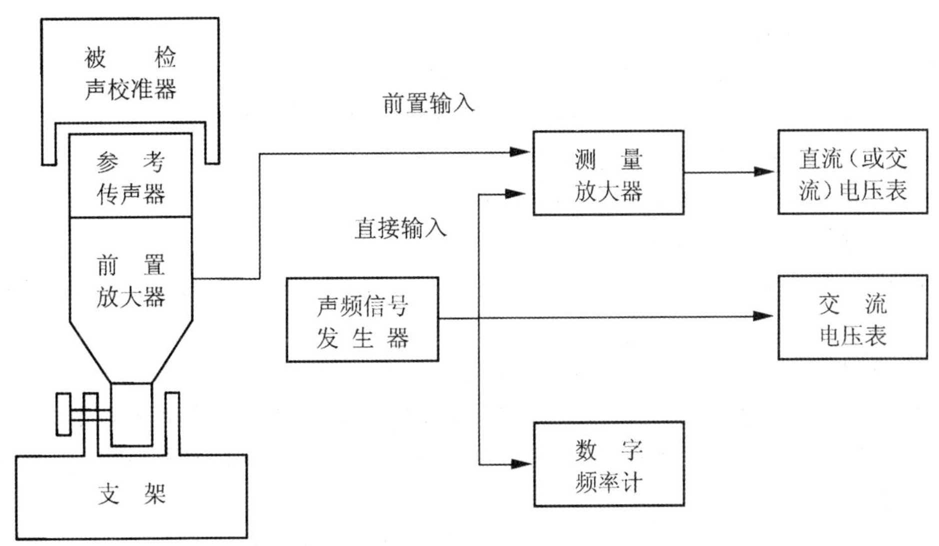

图8-27　传声器法声压级检定装置示意图

检定装置按规定时间预热后，将测量放大器置于"内校"，调节"前置放大器输入"或"直接输入"通道的灵敏度，使其增益相同，数字电压表应有相同的示值。

将测量放大器置于与被检声校准器的标称声压级相应的测量范围，使用时间计权F，频率响应置于"线性"（指22.4 Hz～22.4 kHz）。将参考传声器（实验室标准传声器或工作标准传声器）紧密地插入被检声校准器的耦合腔内，声校准器按参考平面与水平面保持平行或按制造者规定的工作方位放置。

接通被检声校准器的电源，经规定的稳定时间之后，先将测量放大器置于"前置放大器输入"，记录连接在测量放大器输出端的数字电压表在声校准器稳定工作后的5 s平均电压示值。然后将测量放大器置于“直接输入”，调节声频信号发生器的输出信号频率与被检声校准器的规定频率相同，调节其输出电压使连接在测量放大器输出端的数字电压表的示值与前述平均示值相同，记录连接在声频信号发生器输出端的数字电压表的示值 U_i，并按式(8-16)计算声压级。

$$L_{p_i}=20\lg\frac{U_i}{U_0} \tag{8-16}$$

式中，L_{p_i}——第 i 次测得的声压级，单位为dB；

U_i——第 i 次测得的声频信号发生器的输出电压，单位为V；

U_0——参考电压，U_0=1 μV。

上述过程重复3次，并求出3次测量的算术平均声压级 $\overline{L_{pi}}$。每一次重复均应重新耦合与分离参考传声器与声校准器，且每次耦合时传声器应绕其轴线旋转，以使参考传声器的方位在测量中是均匀分布的。

(2)测得声压级的修正计算

测得的平均声级还需要按式(8-17)计算声校准器实际产生的声压级。

$$L_p=\overline{L}_{p_i}+K_0+D+K_p+K_V \tag{8-17}$$

式中，L_p——声校准器产生的声压级，单位为dB；

$\overline{L}_{p_i}$——重复测得的算术平均声压级，单位为dB；

K_0——参考传声器的开路声压灵敏度级的修正值，单位为dB；

D——前置放大器的插入损失，单位为dB；

K_p——声校准器的静压修正值，单位为dB；

K_V——腔体积修正值，单位为dB。

测得的声校准器产生的声压级与规定声压级之差的绝对值不应超过表8-11给出的适用接受限，实际测量不确定度不应超过最大允许测量不确定度。

(3)参考传声器开路声压灵敏度级的修正值

应根据参考传声器使用说明书提供的环境影响修正方法，将参考传声器在参考环境条件下的传声器开路声压灵敏度级修正为实际检定环境条件下的传声器开路声压灵敏度级。也可按式(8-18)进行修正。

$$L_{p_x}=L_{p_0}+\alpha_p(p-101.325)+\alpha_t(t-23) \tag{8-18}$$

式中，L_{p_x}——参考传声器在实际检定环境条件下的开路声压灵敏度级，单位为dB；

L_{p_0}——参考传声器在参考环境条件下的开路声压灵敏度级，单位为dB；

α_p——参考传声器的静压修正系数，单位为dB/kPa；

α_t——参考传声器的温度修正系数，单位为dB/℃；

p——检定时的静压，单位为kPa；

t——检定时的空气温度，单位为℃。

注：常用的参考传声器在250 Hz时的静压修正系数 α_p 和温度修正系数 α_t 参见JJG 176—2022中的表B.1。

参考传声器的开路声压灵敏度级的修正值 K_0 按式(8-19)计算。

$$K_0=-26-L_{p_x} \tag{8-19}$$

(4)前置放大器的插入损失

前置放大器的插入损失可用插入电压法测定,也可由图8-28所示的测量装置来测定。

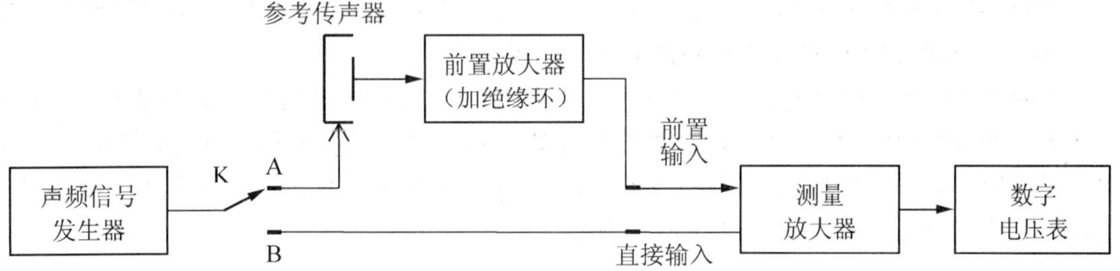

图8-28　前置放大器插入损失测量装置示意图

在测量装置开机前,先在参考传声器与前置放大器之间加接一个绝缘环和一个延长导体,以保证参考传声器外壳与前置放大器外壳绝缘隔离,且参考传声器的电输出端与前置放大器输入端保持有效接触。

测量装置预热后,将测量放大器置于"内校",调节"前置放大器输入"和/或"直接输入"通道的灵敏度,使其增益相同,观察连接在测量放大器输出端的数字电压表应有相同的示值。

调节声频信号发生器的输出信号的频率和幅度,使其和被检声校准器的声信号频率和幅度相当。先将开关K置于位置A,声频信号发生器的输出电压经参考传声器外壳,通过传声器振膜与后极板组成的电容耦合到前置放大器,再送至测量放大器的"前置放大器输入",并使测量放大器上产生合适的指示,记录数字电压表的示值U_A。然后将开关K置于位置B,声频信号发生器的输出信号直接送到测量放大器的"直接输入",记录数字电压表的示值U_B。

按式(8-20)计算前置放大器的插入损失D,单位为dB。

$$D = 20\lg\frac{U_B}{U_A} \tag{8-20}$$

(5)声校准器的静压修正值

对LS/M级和1/M级声校准器,应根据使用说明书提供的静压影响修正方法,将在实际检定时静压p条件下测得的声压级修正为参考静压条件p_0(101.325 kPa)下的声压级。

目前,国内常见LS/M级和1/M级声校准器(活塞发声器)的静压修正值K_p(dB)可按式(8-21)计算。

$$K_p = 20\lg\frac{p}{p_0} \tag{8-21}$$

(6)腔体积修正

声校准器产生的声压级可能与耦合后的腔体积(包括传声器的前腔等效体积及热传导附加体积)有关,当声校准器的耦合腔体积与标准体积V(cm^3)的改变量为ΔV(cm^3)时,腔体积修正值K_V可按式(8-22)计算,单位为dB。

$$K_V = -20\lg\frac{V}{V+\Delta V} \tag{8-22}$$

对于常用的标准传声器,可根据标准JJG 176—2022中的表B.2提供的腔体积修正值进行修正。

目前,需要进行腔体积修正的一般为活塞发声器,对具备自动声压缩功能的声校准器和腔体积修正可以忽略不计的声校准器，则无须进行腔体积修正。

3. 声校准器比较法

对1级声校准器，声压级的检定可通过与LS级的参考声校准器进行比较，对2级声校准器，可通过与1级或LS级的参考声校准器进行比较来实现。

声校准器比较法检定装置示意图如图8-29所示。图8-29中，前置放大器的输出连接在测量放大器的"前置放大器输入"端口，数字电压表连接在测量放大器的直流(或交流)输出端口。图8-29中的声校准器为交替使用的参考声校准器和被检声校准器。测量传声器可以是工作标准传声器，也可以是实验室标准传声器。

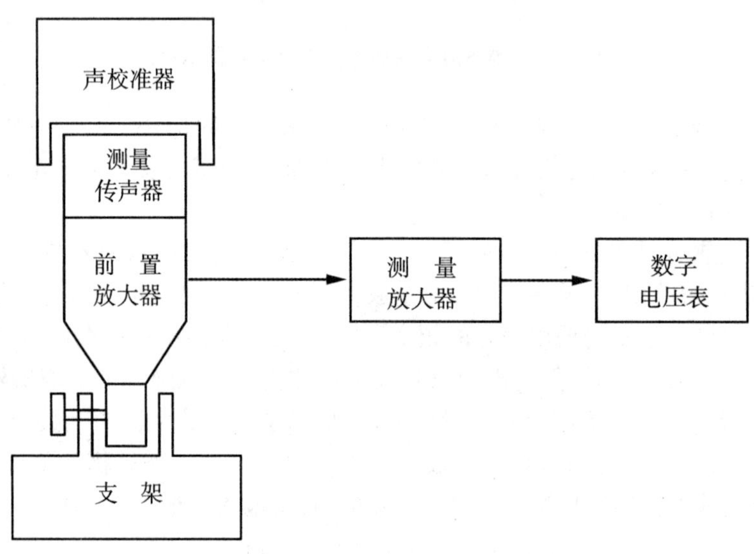

图8-29 声校准器比较法检定装置示意图

测量放大器置于相应的测量范围，时间计权置于F，频率响应置于"线性"挡。将测量传声器紧密地插入被检声校准器的耦合腔内，参考平面与水平面保持平行或按制造者规定的工作方位放置。

接通被检声校准器的电源，经规定的稳定时间之后，记录数字电压表上5 s平均电压示值U_m，然后用参考声校准器替代被检声校准器，同样记录数字电压表的5 s平均电压示值U_r。

按式(8-23)计算声压级。

$$L_{p_i}=L_{p_0}+20\lg\frac{U_m}{U_r} \tag{8-23}$$

式中，L_{p_i}——第i次测得的声压级，单位为dB；

L_{p_0}——参考声校准器声压级的校准值，单位为dB；

U_m——被检声校准器引起的电压示值，单位为V；

U_r——参考声校准器引起的电压示值，单位为V。

校准注意事项：

(1)上述测量重复3次，求出3次测量的算术平均声压级$\overline{L}_{p_i}$。每一次重复均应包括参考传声器与校准器的重新耦合与分离，且传声器应绕其轴线旋转。

(2)当被检声校准器与参考声校准器的规定声压级和/或规定频率不同时，应根据测量传声器、前置放大器和测量放大器的级线性和频响特性对算术平均声压级进行修正。

(3)对1/M级声校准器应将在实际检定静压条件下测得的声压级修正为参考静压条件下的声压级。

(4)必要时,应进行腔体积修正。

(5)修正后的算术平均声压级即为被检声校准器产生的声压级。

测得的声校准器产生的声压级与规定声压级之差的绝对值不应超过表8-11给出的适用接受限,实际测量不确定度不应超过适用的最大允许测量不确定度。

8.7.3 短期级漂移

声校准器产生的声压级的短期级漂移应在声校准器的主声压级和主频率挡检定。对LS级声校准器,应以校准过的实验室标准传声器为参考传声器,对1级和2级声校准器可使用校准过的工作标准传声器或实验室标准传声器为参考传声器。

短期级漂移的检定装置示意图如图8-29所示。

接通被检声校准器的电源,经规定的稳定时间之后,在声校准器的60 s工作时段内,以随机的时间间隔记录数字电压表上的电压示值30次。按式(8-16)将记录电压示值转换成声压级。计算平均级(算术平均)并确定最大级和最小级。

计算最大级或最小级与平均级之差的绝对值,均不应超过表8-11给出的适用接受限,实际测量不确定度不应超过适用的最大允许测量不确定度。

8.7.4 频率的检定

对声校准器产生的声信号频率的检定应在各规定频率的主声压级上进行。

频率检定装置类似图8-29,只是将接至测量放大器输出端口的数字电压表换成数字频率计。测量传声器只需要工作标准传声器。

接通被检声校准器的电源,经规定的稳定时间之后,记录数字频率计在声校准器稳定工作后的5 s平均示值f_m。按式(8-24)计算测得的声校准器产生的声信号频率f_m与规定频率f_s相对误差的绝对值δ_f。

$$\delta_f = \left| \frac{f_m - f_s}{f_s} \right| \times 100\% \tag{8-24}$$

测得的频率与规定频率之差的绝对值不应超过表8-11给出的适用接受限,实际测量不确定度不应超过适用的最大允许测量不确定度。

8.7.5 总失真+噪声的测量

对声校准器产生的声信号的总失真+噪声的检定应在各规定频率的主声压级上进行。

失真检定装置示意图类似于图8-29,只是将测量放大器频率响应置于“线性”,测量放大器输出端口的数字电压表换成失真测试仪。测量传声器只需要工作标准传声器。

接通被检声校准器的电源,经规定的稳定时间之后,记录失真测量仪在声校准器稳定工作之后5 s的平均示值d_{t+n}。

测得的总失真+噪声不应超过表8-11给出的适用接受限,实际测量不确定度不应超过适用的最大允许测量不确定度。

这里规定的总失真+噪声指包含任何谐波和亚谐波的总失真和噪声分量的均方根值与整个信号的均方根值之比。失真是与非线性相关的信号分量，而噪声是不相关分量。声校准器产生的声信号的总失真+噪声在频率为22.4 Hz～22.4 kHz的范围内（“线性”挡）测量，一般的测量放大器都会有这个频率范围。失真测量仪的要求见第8.7.7节“计量标准器和主要配套设备”的内容，要求采用基波抑制法失真测量仪，不能用测量总谐波失真的失真测量仪器，因为它忽略了噪声分量，测得的值偏小。

8.7.6 环境噪声对测试的影响

在声校准器的测量中，难免会受到测试环境噪声的影响，尤其是对声压级较低的声校准器。所以，在IEC 60942:2017《声校准器》的附录A型式评价试验中规定，为减小环境噪声影响任何测量，测试应仅在传声器耦合到声校准器之后但在开机之前测得的声压级至少比被测的规定声压级低40 dB的地方进行。但是在该标准的附录B周期试验中规定，为避免环境噪声影响任何测量，测试应仅在传声器耦合到声校准器之后但在开机之前测得的声压级至少比被测的规定声压级低30 dB的地方进行。而在JJG176—2022中，要求环境噪声声压级至少比待测标称声压级低30 dB。

环境噪声对测量的影响有两种：一是对被测声压级测量的影响，二是对总失真+噪声测量的影响。声校准器外壳套入测量传声器后可以对中高频噪声起到较好的隔声作用，但是对低频的隔声作用非常有限，因此不能以环境噪声的A声级来衡量对测量的影响，而是要用不计权的声压级来衡量。如果按上述测得的环境噪声声压级比声校准器声压级低40 dB，则它对声压级测量的影响是+0.0004 dB，对总失真+噪声测量的影响是

$$L_I=\sqrt{(D+N)^2+1^2}\%$$

式中，$(D+N)\%$——声校准器本身的总失真+噪声；

1%——环境噪声的影响。

如果测得的环境噪声声压级比声校准器声压级低30 dB，则它对声压级测量的影响是+0.004 dB，对总失真+噪声测量的影响是

$$L_I=\sqrt{(D+N)^2+3.16^2}\%$$

式中，$(D+N)\%$——声校准器本身的总失真+噪声；

3.16%——环境噪声的影响。

显然，环境噪声对声压级测量的影响不是太大，而对总失真+噪声的影响较大，往往会造成总失真+噪声检测不合格的错误判断。

8.7.7 计量标准器和主要配套设备

（1）实验室标准传声器：符合JJG 790要求的LS2P型实验室标准传声器。

（2）工作标准传声器：符合JJG 175或JJG 1019要求的WS2P型工作标准传声器，仅用于1级和2级声校准器的传声器法测量。

（3）声校准器：符合JJG 176《声校准器检定规程》要求的LS（实验室标准）级或1级声校准

器。LS级声校准器能用于1级和2级声校准器的比较法测量，而1级声校准器仅能用于2级声校准器的比较法测量。

(4)测量放大器：在22.4 Hz～22.4 kHz的频率范围内，频率响应不超过±0.2 dB，总失真不大于0.1%，在检定期间内的稳定性优于±0.01 dB。可用符合要求的声分析仪取代测量放大器。

(5)声频信号发生器：频率范围为31.5 Hz～16 kHz，总失真不大于0.1%，在检定期间内的幅值稳定性优于±0.02 dB。可用符合要求的声分析仪的信号输出通道取代声频信号发生器。

(6)前置放大器：在22.4 Hz～22.4 kHz的频率范围内，频率响应不超过±0.1 dB，总失真不大于0.1%，在检定期间内的稳定性优于±0.01 dB。

(7)数字电压表：在31.5 Hz～16 kHz的频率范围内，交流电压示值的最大允许误差不超过±0.2%，直流电压示值的最大允许误差不超过±0.05%。可用符合要求的声分析仪取代数字电压表。

(8)失真度测量仪：采用基波抑制法。在22.4 Hz～22.4 kHz的频率范围和0.1%～3.0%的测量范围内，总失真＋噪声示值的最大相对误差不超过±10%(参考值为测量范围的上限)。

(9)数字频率计：在31.5 Hz～16 kHz的频率范围内，频率示值的最大允许误差不超过±0.05%。

(10)气压计：在检定环境条件内，静压示值的最大允许误差为±0.2 kPa。

(11)温度计：在检定环境条件内，温度示值的最大允许误差为±0.2 ℃。

(12)湿度计：在检定环境条件内，相对湿度示值的最大允许误差为±4%。

如图8-30所示为一套声校准器检定校准仪器，它由标准传声器、前置放大器、参考声校准器、AWA5812型测量放大器、KH4135A型自动失真分析仪和安捷伦34401A型六位半数字多用表等组成。它可以按照检定规程的要求对声校准器进行校准测试。

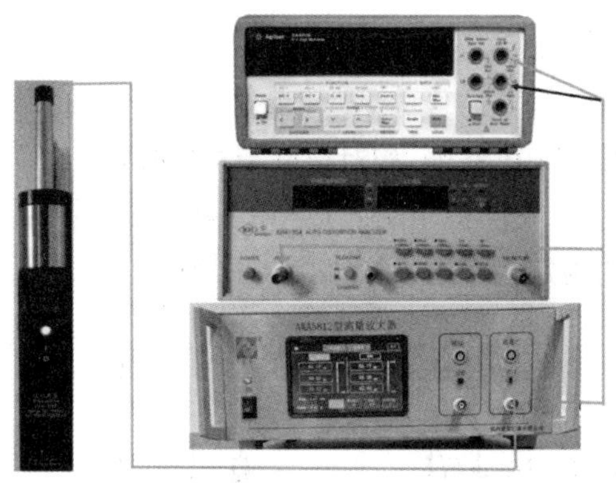

图8-30　声校准器比较法校准使用仪器

8.8　声强测量仪的校准与检定

声强测量仪的检定按JJG 992—2004《声强测量仪检定规程》进行，检定项目主要有频率范围、滤波、A计权、时间平均、峰值因数处理、声压频率响应和声强频率响应、声压-残余声强指数等。

声强测量仪的声压频率响应和声强频率响应的检定装置示意图如图8-31所示。

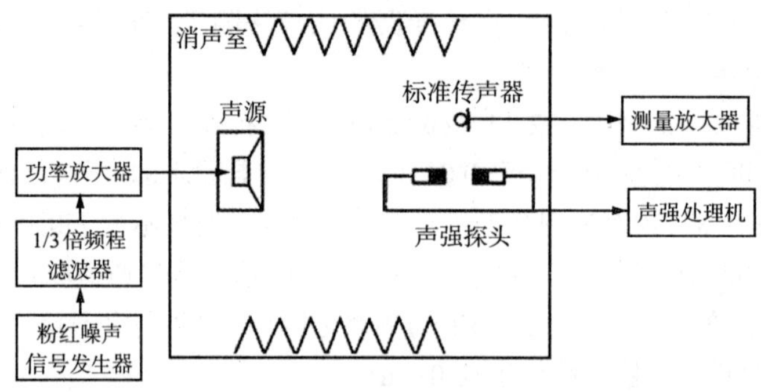

图8-31　声压频率响应和声强频率响应的检定装置示意图

标准传声器放置在距离声强探头40 cm～50 cm处，并使其到声源中心的距离等于声强探头参考点到声源中心的距离。开启声源，将滤波器中心频率调整到50 Hz，记录测量放大器显示的声压级和声强测量仪测得的总声压级和总声强级。顺序向上改变滤波器的中心频率，做同样的测量。用声强测量仪测得的声压级减去测量放大器测得的声压级，得到各1/3倍频程声压级的偏差。用声强测量仪测得的声强级减去由式(8-25)计算的声强级，得到各1/3倍频程声强级的偏差。

$$L_I = L_p + 10\lg\left(\frac{k}{\rho c}\right) \tag{8-25}$$

式中，L_I——声强级，单位为dB；

L_p——声压级，单位为dB；

k——$k=\dfrac{P_0^2}{I_0}=400\ \mathrm{kg/(m^2\cdot s)}$；

ρ——介质密度，单位为$\mathrm{kg/m^3}$；

c——声速，单位为m/s。

在温度为23℃、大气压为101.3kPa、相对湿度为50%时，有

$$L_I = L_p - 0.15\ \mathrm{dB} \tag{8-26}$$

声压–残余声强指数的检定装置示意图如图8-32所示。

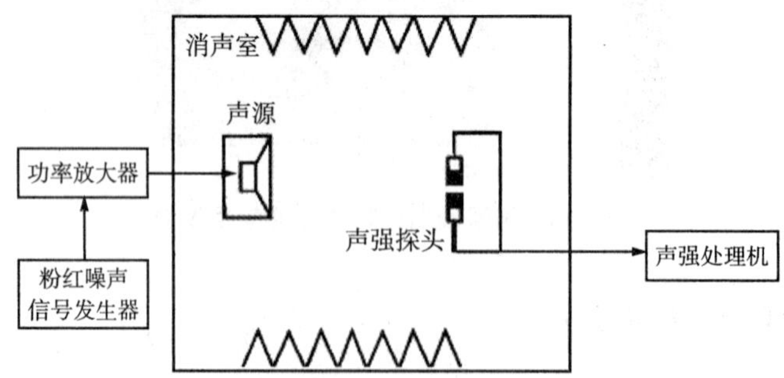

图8-32　声压–残余声强指数的检定装置示意图

将粉红噪声直接输入功率放大器。将声强探头的隔离柱去掉，并将两个传声器相互贴紧。将声强探头置于声源中轴线附近，且距离声源声中心2 m左右。声强探头轴与入射声波

的方向垂直，使两传声器接收到相同的声压信号。用被检定的声强测量仪测量声压级和声强级，中心频率分别从50 Hz～6.3 kHz。此时测得的声压级减去声强级即为声压–残余声强指数，它应符合表8-12中的要求。

表8-12　声压–残余声强指数的最低要求

频带中心频率/Hz	声压–残余声强指数/dB		频带中心频率/Hz	声压–残余声强指数/dB	
	1级	2级		1级	2级
50	12	6	630	19	16
63	13	7	800	19	16
80	14	8	1000	19	16
100	15	9	1250	19	16
125	16	10	1600	19	16
160	17	11	2000	19	16
200	18	12	2500	19	16
250	19	13	3150	19	16
315	19	14	4000	19	16
400	19	14.5	5000	19	16
500	19	15	6300	19	16

在日常使用中，可以使用声强校准装置来进行校准。HBK3541-A型声强校准器用于在251.2 Hz处校准声强仪的声压级、声强级、质点速度和声压–残余声强指数；HBK4297型声强校准器用于多频点声压校准和宽频带声压–残余声强指数测量。

8.9　高声压的校准

德国科学家奥伯斯特（Oberst）在1940年提出了一种在闭管中获得大振幅纯净声波的方法，即将半径不同的两圆柱管相连，利用变截面谐振管的共振强声特性，可以有效地抑制其内部高次谐波振动，进而很大程度地提高了压比。当声源在粗管端处激励时，在共振条件下细管末段处将会产生高声压、低畸变的声波。杭州爱华仪器推出的AWA8552T型高声压校准系统就是基于Oberst变截面管原理。

AWA8552T型高声压测试系统由高声压管、信号发生器、功率放大器、监视传声器、前置放大器、测量放大器以及失真度测量仪组成。其实物及系统的连接示意图如图8-33所示，工作原理方框图如图8-34所示。

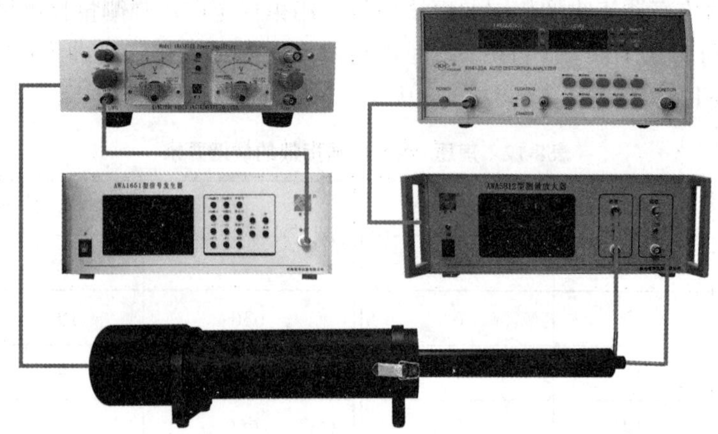

图 8-33　AWA8552T型高声压校准系统及系统的连接示意图

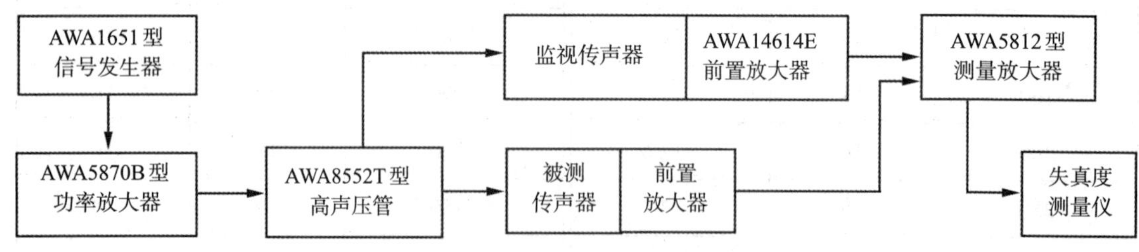

图 8-34　高声压校准系统工作原理方框图

将相关测试设备按照设备示意图连接。使用前对监视传声器及测量传声器进行校准，再分别插入AWA8552型高声压管的相应通道内。开启信号发生器和功率放大器，调节信号发生器的输出电压和功率放大器的增益，直到监视传声器通道指示的AWA8552型高声压管的幅值达到相关测试要求。此系统可以同时测量监测传声器和待测传声器的声压级和总失真，校准频率约为500 Hz，声压级校准范围为130 dB～178 dB；在155 dB以下，总失真≤0.4%，在170 dB以下，总失真≤1.0%，在178 dB以下，总失真≤3.0%。

类似地，HBK 9719型高声压校准系统的声压级校准范围为94 dB～171 dB RMS，最大声压级在171 dB时的失真为0.5%。

JJF 1243《高声压传声器校准器校准规范》规定了采用电磁激励原理的高声压传声器校准器的计量特性、校准条件和校准方法。

8.10　次声传感器的校准

次声传感器是一种能够有效探测次声波的传感器，工作频率范围一般在0.01 Hz～20　Hz。特殊应用要求（如地震前预测）时，传感器的下限工作频率可低至0.001 Hz。在JJF1955—2021《次声传感器校准规范（耦合腔比较法）》中规定了三个校准项目：声压灵敏度级、声压灵敏度级的频率响应、总谐波失真。

8.10.1　*声压灵敏度级*

声压灵敏度级校准装置的示意图如图8-35所示。校准步骤如下。

(1)将参考传感器和待校传感器经由适配器耦合到标准次声源的声输出插口,参考传感器和被校传感器的电信号输出分别连接多通道声分析仪的输入通道1和输入通道2。

(2)设置多通道声分析仪的两个输入通道参数:灵敏度设置为1V/V,根据传感器的供电方式设置相应的输入方式。

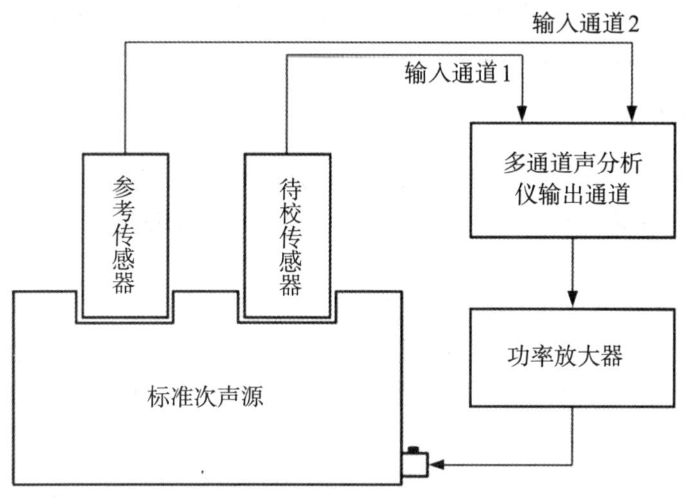

图8-35　声压灵敏度级校准装置的示意图

(3)多通道声分析仪输出频率为参考频率的正弦信号,经功率放大器连接到标准次声源,根据校准声压要求调节正弦信号的幅值及功率放大器的增益。

(4)待标准次声源输出声压稳定后,采用多通道声分析仪的FFT分析模块采集参考传感器和被校传感器的输出电压。设置FFT分析模块的频率间隔和线数得到合适的频率分辨率,分别读取电压示值U_1和U_2,按式(8-27)计算被校传感器与参考传感器的电压级之差。

$$\Delta L = 20\lg \frac{U_2}{U_1} \tag{8-27}$$

式中,ΔL——被校传感器与参考传感器的电压级之差,单位为dB;

U_1——参考传感器的输出电压,单位为V;

U_2——被校传感器的输出电压,单位为V。

以上步骤重复测量3次,求出ΔL的平均值$\overline{\Delta L}$。

(5)按式(8-28)计算被校传感器的声压灵敏度级。

$$L_{fx} = L_{f0} + \overline{\Delta L} \tag{8-28}$$

式中,L_{fx}——被校传感器的声压灵敏度级,单位为dB;

L_{f0}——参考传感器修正到校准环境条件下的声压灵敏度级,单位为dB;

$\Delta\overline{L}$——被校传感器与参考传感器的电压级之差的平均值,单位为dB。

参考传感器声压灵敏度级需要根据制造厂提供的环境修正参数,将参考传感器在校准证书中所列环境条件或参考环境条件下的声压灵敏度级修正到校准环境条件下的声压灵敏度级,修正方法见JJF 1955—2021的附录A。

如无特别说明,被校传感器和参考传感器均指包含解调器、前置放大器等信号调理模块在内的次声传感器单元或整机。

8.10.2 声压灵敏度级的频率响应

在校准频率范围内，0.01 Hz ≤ f <0.1 Hz时，校准频率点选取0.01 Hz、0.02 Hz、0.04 Hz和0.08 Hz；0.1 Hz≤ f ≤20 Hz时，校准频率点按1/3倍频程选取。按第8.10.1节的方法测出每个校准频率上的声压灵敏度级，再减去参考频率的声压灵敏度级，就得到声压灵敏度级的频率响应。

8.10.3 总谐波失真

（1）采用多通道声分析仪的输出通道产生正弦信号，将正弦信号频率设置为参考频率f_0，以参考传感器测量标准次声源产生的声压级；调节正弦信号的幅值，使得标准次声源产生的声压级达到94 dB。

（2）设置多通道声分析仪的输入通道参数。被校传感器的灵敏度级采用8.10.1节的校准结果，根据被校传感器的供电方式设置相应的输入方式，高通滤波器设置选择DC（直流）。

（3）采用FFT分析模块测量被校传感器的基波及谐波分量幅值（宜测量至6次谐波），按式（8-29）计算被校传感器的总谐波失真。

$$d=\frac{\sqrt{P_2^2+P_3^2+P_4^2+P_5^2+P_6^2}}{P_1} \tag{8-29}$$

式中，d——被校传感器的总谐波失真，单位为%；

P_1——被校传感器输出声压的基波幅值，单位为Pa；

P_2～P_6——被校传感器输出声压中2～6次谐波的幅值，单位为Pa。

（4）以不超过10 dB的步级增加标准次声源产生的声压级，声压级自94 dB步进至134 dB，重复步骤（3），依次得到各声压级时被校传感器的总谐波失真。

8.11 测量不确定度

JJF 1001—2011《通用计量术语及定义》对测量不确定度的定义：测量不确定度简称不确定度，根据所用到的信息，表征赋予被测量量值分散性的非负参数。测量不确定度用来表征被测量的真值所处量值范围的评定。测量不确定度表示测量结果附近的一个范围或区间，而被测量真值以一定的概率落于其中。

测量不确定度包括由系统影响引起的分量，如与修正量与测量标准所赋量值有关的分量及定义的不确定度。有时对估计的系统影响未做修正，而是当作不确定度分量处理。

测量不确定度可以是诸如称为标准测量不确定度u_c的标准偏差（或其特定的倍数），或是说明了包含概率的区间半宽度。

测量不确定度一般由若干分量组成，其中一些分量可根据一系列测得值的统计分布，按测量不确定度的A类评定进行评定，并可用标准差表征；另一些分量则可根据基于经验或其他信息所获得的概率密度函数，按测量不确定度的B类评定进行评定，也可用标准偏差表征。

通常，对于一组给定的信息，测量不确定度是相应于所赋予被测量的值的。该值的改变将导致相应的不确定度的改变。测量不确定度是说明被测量估计值的不可确定程度或可信程度的参数，它是可以通过评定得到的。

以前一直使用的测量误差表示测量结果减去被测量的真值，也就是测量误差是测得值偏离真值的程度。测量误差包括两类不同性质的误差：系统误差和随机误差。系统误差是在重复测量中保持恒定不变的测量误差的分量。随机误差是在重复测量中按不可预见的方式变化的测量误差的分量。表8-13列出了测量不确定度与测量误差的主要区别。

表8-13　测量不确定度与测量误差的主要区别

序号	测量误差	测量不确定度
1	测量误差表明被测量估计值偏离参考量值的程度	测量不确定度表明测得值的分散性
2	是一个有正号或负号的量值，其值为测得值减去被测量的参考量值，参考量值可以是真值或标准值、约定值	是被测量估计值概率分布的一个参数，用标准偏差或标准偏差的倍数表示该参数的值，是一个非负的参数。测量不确定度与真值无关
3	参考量值为真值时，测量误差是未知的	测量不确定度可以由人们根据测量数据、资料、经验等信息评定，从而可以定量评定测量不确定度的大小
4	误差是客观存在的，不以人的认识程度而改变	评定的测量不确定度与人们对被测量和影响量及测量过程的认识程度有关
5	测量误差按其性质可分为随机误差和系统误差，涉及真值时，随机误差和系统误差都是理想概念	测量不确定度分量评定时一般不必区分其性质，若需要区分时应表述为："由随机影响引入的测量不确定度分量"和"由系统影响引入的测量不确定度分量"
6	测量误差的大小说明赋予被测量的值的准确程度	测量不确定度的大小说明赋予被测量的值的可信程度
7	当用标准值或约定值作为参考量值时，可以得到系统误差的估计值，已知系统误差的估计值时，可以对测得值进行修正，得到已修正的被测量估计值	不能用测量不确定度对测得值进行修正，已修正的被测量估计值的测量不确定度中应考虑由修正不完善引入的测量不确定度

合成标准不确定度的定义：由在一个测量模型中各输入量的标准不确定度获得的输出量的标准不确定度。

标准不确定度的定义：以标准偏差表示的测量不确定度。

扩展不确定度（expanded measurement uncertainty）又称总不确定度，是指定义测量结果区间的有关量，即被测量的值以某一可能性（即置信水平）落入该区间中。它一般是该区间的半宽，我们过去常说的误差界限与此类似。JJG 1001对扩展不确定度的定义：合成标准不确定度与一个大于1的数字因子（指包含因子）的乘积。其数学表达式为

$$U=ku_c \tag{8-30}$$

式中，U——扩展不确定度；

u_c——标准不确定度；

k——包含因子(coverage factor)。它是为获得扩展不确定度，对合成标准不确定度所乘的倍数因子，也称覆盖因子。该因子取决于测量模型中输出量的概率发布类型及所选取的包含概率。当正态分布时，包含因子取值见表8-14所列。其取值一般在2与3之间。一般情况下，取$k=2$，则由$U=2u_c$所确定的区间具有的包含概率约为95%。若$k=3$，则由$U=3u_c$所确定的区间具有的包含概率约为99%。

表8-14 假设正态分布时具有包含概率p的区间的包含因子k_p值

包含概率p/%	包含因子k_p
68.27	1
90	1.645
95	1.960
95.45	2
99	2.576
99.73	3

执行声级计型式评价试验的实验室应按ISO/IEC Guide 98-3给出的导则，评估所有的测量不确定度。实际的测量不确定度应按95%的包含概率计算。就特定的试验评估实际的测量不确定度时，宜至少考虑以下分量。

(1)由于试验所用各仪器和设备的校准所引起的不确定度，包括所用的声校准器。

(2)由环境影响或修正所引起的不确定度。

(3)在施加的信号中可能出现的微小误差所引起的不确定度。

(4)与测量结果重复性相关联的不确定度。如仅要求实验室做单次测量，需评估实验室总测量不确定度的随机贡献。这种评估宜由对类似声级计先前所做的几次测量的评价来确定。

(5)与被试声级计显示装置分辨力关联的不确定度。对以0.1 dB的分辨力指示信号级的数字式显示装置，不确定度分量宜取半区间为0.05 dB的矩形分布。

(6)与自由场试验设备中用于安装声级计的装置相关联的不确定度。

(7)自由场试验设备中的声场偏离理想的自由声场而引起的不确定度。

(8)与用于测量数据的各修正值相关联的不确定度。

如果测量不确定度超过了最大允许测量不确定度，则试验结果不应用于对规范符合性的评价，亦不应通过型式批准。

表8-15给出了GB/T 3785.1—2023规定的最大允许不确定度，包含概率为95%，适用于声级计的型式评价试验和周期试验。

表8-15 包含概率为95%的最大允许测量不确定度

要求	在GB/T 3785.1—2023中的表或条款	最大允许测量不确定度
指向响应:θ=30°	表2;250 Hz～1 kHz	0.25 dB
指向响应:θ=30°	表2;>1 kHz～2 kHz	0.25 dB
指向响应:θ=30°	表2;>2 kHz～4 kHz	0.35 dB
指向响应:θ=30°	表2;>4 kHz～8 kHz	0.45 dB
指向响应:θ=30°	表2;>8 kHz～12.5 kHz	0.55 dB
指向响应:θ=90°和150°	表2;250 Hz～1 kHz	0.25 dB
指向响应:θ=90°和150°	表2;>1 kHz～2 kHz	0.45 dB
指向响应:θ=90°和150°	表2;>2 kHz～4 kHz	0.45 dB
指向响应:θ=90°和150°	表2;>4 kHz～8 kHz	0.85 dB
指向响应:θ=90°和150°	表2;>8 kHz～12.5 kHz	1.15 dB
频率计权A、C、Z	表3;10 Hz～4 kHz	0.60 dB
频率计权A、C、Z	表3;>4 kHz～10 kHz	0.70 dB
频率计权A、C、Z	表3;>10 kHz～20 kHz	1.00 dB
在1 kHz处,A相对C或Z	5.5.9	0.20 dB
级线性偏差	5.6.5	0.30 dB
1 dB至10 dB级变化	5.6.6	0.25 dB
F和S衰减速率	5.8.2	对F为3.50 dB/s,对S为0.40 dB/s
在1 kHz处,F声级相对S声级	5.8.3	0.20 dB
猝发音响应	5.9.2;表4	0.30 dB
重复猝发音响应	5.10.1;表4	0.30 dB
过载指示	5.11.3	0.25 dB
C计权峰值声级	5.13.3,表5	0.35 dB
连续工作时的稳定性	5.14.2	0.10 dB
高声级稳定性	5.15.2	0.10 dB
模拟电输出	5.19.2	0.15 dB
电源电压	5.23.2	0.20 dB
静压影响	6.2.1、6.2.2	0.30 dB
空气温度影响	6.3.3、6.3.4	0.30 dB
湿度影响	6.4	0.30 dB
温度与湿度组合	6.3.3、6.3.4、6.4	0.35 dB
工频和射频场	6.6.6	0.30 dB

注:1. 对指向响应的最大允许测量不确定度依照GB/T 3785.1—2023的5.4条和表2的要求。

2. 对指向响应和频率计权的最大允许测量不确定度,不包括传声器内部采样变更引入的不确定度,或者与使用安装在传声器周围的附件有关的任何不确定度。

3. 表中最大允许测量不确定度不等于有关声级测量的不确定度。

8.12 规范的符合性评价

任何测量仪器的测量结果都会存在误差，或者叫作测量不确定度。那么如何评判测量结果是否在允许的接受限以内？在早期发布的声级计等声学仪器国家标准在验证规范符合性时只提供允许误差，符合性是基于测量偏差是否超过或不超过限值来确定的，不提供有关测量不确定度的任何要求和建议。由于有关测量不确定度要求和建议的缺失，当测得的与设计目标的偏差接近允许偏差限值时，规范符合性就变得模糊，声级计最终用户就会遭受偏离设计目标的实际偏差超过限值的风险。为了消除这一歧义，GB/T 3785.1—2010采纳了国际标准中符合性评价时要考虑测量不确定度的原则，并给出两个确定规范符合性的清晰评判准则。两个评判准则：

一是测得的与设计目标的偏差加上扩展测量不确定度后，不超过适用的允差极限；

二是扩展测量不确定度不超过规定的最大值。

声级计国标最新版本GB/T 3785.1—2023使用改进的规范符合性评定准则。当同时满足以下条件时，符合性得以确认：

一是测得的与设计目标的偏差不超过适用接受限；

二是测量不确定度不超过相应的最大允许不确定度。

接受限类似于在GB/T 3785.1—2010中隐含的设计和制造允差。实际不确定度和最大允许不确定度按包含概率95%确定。

改进的符合性评价准则，不需为符合GB/T 3785.1的规范而对声级计设计做任何更改。

最大允许测量不确定度不等于与声级测量有关的不确定度。测量声级的不确定度由声级计的电声性能与有关设计目标的预期偏差来评定，也要评估与具体测量条件相关的不确定度。除非有更多具体信息可用，具体声级计对总的测量不确定度贡献能够在GB/T 3785.1规定的接受限和最大允许不确定度的基础上进行评价。

为了使得在声级计等仪器型式评价试验（GB/T 3785.2）或周期试验（GB/T 3785.3）对GB/T 3785.1规范的符合性评价中，明白测量结果和测量不确定度的使用，这里用一些常用的实例来解释符合性验证评价。

利用GB/T 3785.1—2023中的两条评判准则，有以下四种可能结果。

（1）测得的偏差不超过接受限且实际不确定度不超过最大允许不确定度：**符合规范**。

（2）测得的偏差不超过接受限且实际不确定度超过最大允许不确定度：**不符合规范**。因为实际不确定度超过最大允许不确定度。

（3）测得的偏差超过接受限且实际不确定度不超过最大允许不确定度：**不符合规范**。因为测得的偏差超过接受限。

（4）测得的偏差超过接受限且实际不确定度超过最大允许不确定度：**不符合规范**。因为两个准则都不满足。

实际上，实验室有时能够预先确定测量不确定度。假如预先确定的不确定度超过最大允许不确定度，实验室就不要试图进行型式评价试验或周期试验。

表8-16列出了10个试验结果的例子，用以解释确定符合或不符合GB/T 3785.1规范的方法。这个方法适用于GB/T 3785.1规定了接受限和最大允许不确定度的任何试验。

表8-16　符合性评价实例

序号	与设计目标的测量偏差/dB	接受限/dB	实际不确定度/dB	最大允许不确定度/dB	是否符合规范	符合或不符合的理由
1	+1.7	+1.0;−1.2	0.3	0.5	否	偏差超过接受限
2	+1.1	+1.0;−1.2	0.3	0.5	否	偏差超过接受限
3	+1.0	+1.0;−1.2	0.3	0.5	是	偏差在接受限内且不确定度在最大允许值内
4	0.0	+1.0;−1.2	0.3	0.5	是	偏差在接受限内且不确定度在最大允许值内
5	0.0	+1.0;−1.2	0.9	0.5	否	偏差在接受限内但不确定度超出最大允许值
6	−0.5	+1.0;−1.2	0.3	0.5	是	偏差在接受限内且不确定度在最大允许值内
7	−1.2	+1.0;−1.2	0.3	0.5	是	偏差在接受限内且不确定度在最大允许值内
8	−1.3	+1.0;−1.2	0.3	0.5	否	偏差超出接受限
9	−2.0	+1.0;−1.2	0.3	0.5	否	偏差超出接受限
10	−2.0	+1.0;−1.2	0.7	0.5	否	偏差超出接受限且不确定度超出最大允许值

图8-36为表8-16中符合性评价的10个实例的图示形式。图中下接受限和上接受限分别用粗水平线c、d表示。测得的与设计目标的偏差用菱形和叉形实线标记表示,菱形标记表示符合规范,叉形标记表示不符合规范。实际的测量不确定度用垂直误差条表示,最大允许不确定度用垂直阴影条表示。表8-16和图8-36中对于符合性评价的解释实例同样适用于型式评价试验和周期试验。

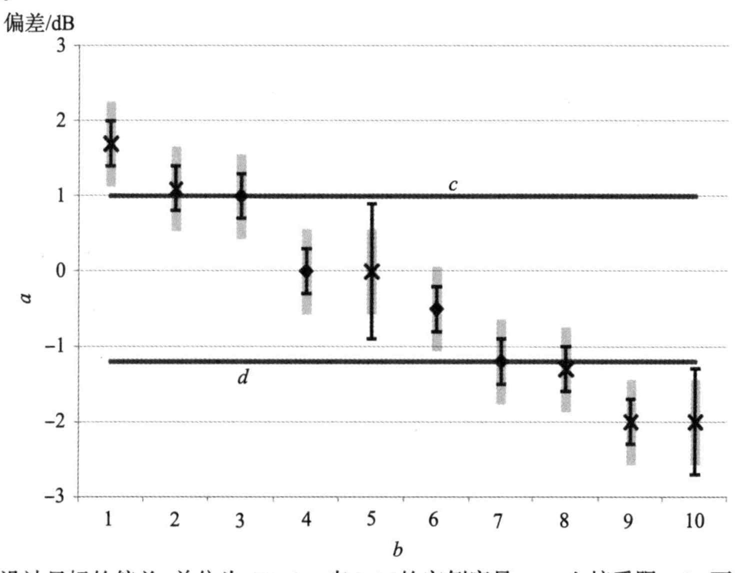

a—与设计目标的偏差,单位为dB；b—表8-16的实例序号；c—上接受限；d—下接受限。
菱形标记表示符合规范,叉形标记表示不符合规范。
实际的测量不确定度用垂直误差条表示,最大允许不确定度用垂直阴影条表示。

图8-36　符合性评价实例的图示

第3篇

测量方法篇

第9章　职业卫生噪声监测

9.1　职业噪声暴露的测定

9.1.1　概述

在GB/T 21230—2014/ISO 9612：2009《声学　职业噪声暴露的测定　工程法》中提供了一种根据噪声级测量分步确定职业噪声暴露的方法。主要包括工作分析、方案选择、测量、误差处理和不确定度评估、计算，以及结果的表述等步骤。标准规定了三种不同的测量方案：基于作业的测量、基于工种的测量和全天的测量。标准还提供了如何针对特定工作情况和研究目的选择合适的测量方案指南。标准规定了测量工作人员在工作环境中的噪声暴露及计算暴露声级的工程级方法，适用于噪声暴露的详细研究、听力损伤及其他有害影响的流行病学的研究等要求工程级的噪声暴露测定的场合。

9.1.2　测量仪器

可以使用积分平均声级计或个人声暴露计进行测量。

声级计，包含传声器和相应的连接线，应符合GB/T 3785.1中对1级或2级仪器的要求。在温度非常低或噪声以高频为主的情况下测量时，优先使用1级仪器。

个人声暴露计，包含传声器和相应的连接线，应符合GB/T 15952的要求。在温度非常低或噪声以高频为主的情况下测量时，建议使用满足GB/T 3785.1中1级要求的个人声暴露计。

声校准器应满足GB/T 15173规定的1级要求。

9.1.3　基本测量量

基本的测量量为$L_{p,\mathrm{A,eq}T}$，如果需要还要测量$L_{p,\mathrm{Cpeak}}$，以及8 h额定工作日归一化A计权暴露声级$L_{\mathrm{A}E,8\,\mathrm{h}}$。

9.1.4　测量方案

标准提供了以下3个确定工作场所噪声暴露的测量方案：

（1）基于作业的测量：对执行的工作进行分析并分解成多个代表性的作业，分别测量每个作业的声压级；

（2）基于工种的测量：在特定工种执行期间，进行多次声压级的随机采样；

（3）全天测量：进行整个工作日的声压级连续测量。

表9-1提供了根据工作方式选择基本测量方案的指南。

表9-1 基本测量方案的选择

工作类型或方式	测量方案		
	方案1 基于作业的测量	方案2 基于工种的测量	方案3 全天测量
固定工作位置、简单的或单一的作业	√*	—	—
固定工作位置、复杂或多种作业	√*	√	√
移动的工作人员、可预计方式、少量作业	√*	√	√
移动的工作人员、可预计方式、大量作业或复杂工作方式	√	√	√*
移动的工作人员、不可预见的工作方式	—	√	√*
固定或移动工作人员、作业持续时间不定的多项作业	—	√*	√
固定或移动工作人员、无固定作业	—	√*	√

注:“√”表示可用的方案,“*”表示推荐的方案。

9.1.5 测量

应使用第9.2.2节确定的仪器进行测量,并进行现场校准。

1. 个人声暴露计

个人声暴露计供需要测定噪声暴露的工作人员佩戴,可用于所有工况类型的测量。对一个从事复杂或不可预料的作业或进行大量离散作业的流动工作人员进行长时间持续测量时,最好的方法是使用个人声暴露计。其优点在于不必紧跟受试人员,并且可以同时对几个工作人员进行测量。

操作时应注意以下事项。

(1)传声器应安装在受试人员的肩上,距受声暴露最大的耳朵一侧外耳道入口至少0.1 m,肩之上约0.04 m。传声器和连接线应固定好,以避免机械干扰和衣服覆盖导致的错误结果。应保证传声器或风罩不被任何东西碰倒或击倒,以避免因传声器受到机械性撞击引起的误差。

(2)应告知受测人员测量的目的。要提醒受测人员在整个测量期间不要移动测量设备并正常执行其工作。

(3)个人声暴露计应在校准完毕、仪器已安装好并将传声器固定到位之后进行清零并按厂家说明书启动,以保证在安装个人声暴露计的同时不会引入额外的噪声。

(4)应记录测量开始的时间。当完成测量后,应按厂家说明书,在拿掉仪器和传声器之前先关掉设备,并要注明测量停止的时间。

(5)仪器记录到而观察认为无效的任何高峰值声级,都应加以调查并在报告中进行说明。

2. 积分平均声级计

积分平均声级计供对在固定工作位置的单个或多个作业进行测量,可用手持式或固定的声级计,将其放在选定的离散位置或手持声级计跟随流动的工作人员。

测量的声级应能代表工作人员耳朵处的噪声级。如果声场是均匀的,测量位置的准确性并不十分重要。在工种或作业的正常执行期间，应当将传声器置于工作人员头部位置进行测量，如有可能，传声器最好放在工作人员头部位置的中心平面，与眼睛在同一条线上，传声器轴应平行于工作人员的视线，并且工作人员不在现场。应考虑工作人员头部各个有关的空间位置，声级计围绕测试区域移动（通过扫描）也可得到工作位置的平均声压级。扫描可以用恒定速度沿着"∞"形状的路线移动传声器来实现。

如果工作人员必须在工作的现场，则传声器应放置或手持在受声暴露最大的耳朵一侧，距离外耳道入口0.1 m～0.4 m处。如果无法使距离小于0.4 m，则建议使用工作人员佩戴的仪器。

如果工作位置的头部位置很难确定，可使用下列传声器的高度：

（1）站姿工作人员：距工作人员站立地面的上方（1.55±0.075）m；

（2）坐姿工作人员：距椅面正中的上方（0.80±0.05）m，座椅处在它的水平和垂直调节线的中点或尽可能接近中点。

即使工作人员在一固定的工作位置处工作，当工作人员围绕机器移动时，应使用个人声暴露计。

当距声源很近时，传声器位置即使有很小的变化，也会导致声压级显著变化，甚至可能会出现驻波。为测定局部声压级的变化，应移动传声器穿过靠近声源的相应工作活动区域。在传声器的移动过程中，测到的声压级的变化可按照时间变化声级进行平均处理。通常是通过把整个测量拆分为3个最好是6个具有相同持续时间的时间段，并在计算中用每个时间段的声级，从而得到可进行不确定度评估的噪声数据。

对于佩戴耳机（如秘书、话务员、飞行员、空管人员）或头盔（如飞行员、摩托车头盔）的噪声暴露测量需要特殊的测量方法。对于贴近耳朵的噪声源，可根据ISO 11904-1或ISO 11904-2在耳道内进行测量。

9.1.6 测量计算示例

下面介绍全天测量的日暴露声级计算示例。本示例展示了全天测量方案在仓储公司里工作的叉车司机的噪声暴露的测量计算。

1. 工作分析

叉车司机的工作主要涉及生产、储存和发货等工作区域之间的原料和生产成品的运输。叉车可能是空载、半载或满载，司机会在不同地面驾驶叉车。司机的大部分工作时间都在驾驶室内，但为了帮助装卸或与同伴、管理者讨论工作等，也需要间歇地离开驾驶室。叉车装有可听的倒车警报，属强制使用。

该仓储公司共有3名叉车司机，每10 h为一个班次，中间包括20 min、45 min和20 min三个休息时段。两个较短的休息选在工区内方便的位置和司机合适的时间，较长的休息选在职工食堂的固定时间。因此司机一个班次的有效工作时间为9.25 h。

通过观察编制工作活动说明，并同司机及其管理者进行讨论加以确认。这3名叉车司机可以看作是一个同类暴露组。

2. 方案选择

由于工作形式相对复杂且不可预见，因此采用全天测量方案最为合适。

3. 测量

(1)测量计划

首先对每名司机进行全天测量。

上班一开始，就给每名司机佩戴好经过校准的个人声暴露计，并告知司机测量仪器如何操作，要求其正常工作，不要有意或无意地接触、干扰测量仪器。而且要避免工作时间内不必要的交谈或喧哗。

在两次短暂休息期间，个人声暴露计仍由司机佩戴保持运行，但要避免干扰。午餐休息期间的噪声暴露被认为与声暴露无关，则由测量技术人员将仪器置于“暂停”模式。

上班结束时，卸掉个人声暴露计，并进行相应的校准。

由于在上班开始和结束需要装卸仪器并对工作人员进行说明，所以实际测量持续时间比一个满班时间略短，但测量足以覆盖全部声暴露的重要时段。

跟踪前3天的全天测量之后发现，3个测量结果之差大于3dB。因此使用上述相同的方法又补充进行了3个附加全天测量，这样就得到6个全天测量。

(2)观察工作活动和监控测量

为评估可能影响结果的任何不确定度来源，测量人员在测量期间定期观察每名司机，并对他们的活动做适当记录。

在该班结束时，卸下个人声暴露计，测量人员与每名司机交流，以确认这个工作日是否有代表性，并调查司机是否进行了非典型的作业或是否发生了影响测量的意外事件。

4. 误差处理

没有发现潜在误差来源。

5. 结果和不确定度的计算和表达

(1)测量结果

表9-2列出了6个测量结果。

表9-2　测量结果

司机/天	等效连续声压级$L_{p,\mathrm{A,eq}T,n}$	测量持续时间t
1/1	88.0 dB	8 h 15 min
2/1	91.9 dB	8 h 10 min
3/1	87.6 dB	8 h 15 min
1/2	90.4 dB	8 h
2/2	89.0 dB	8 h 5 min
3/2	88.4 dB	8 h 10 min

(2)A计权日暴露声级的计算

叉车司机同类暴露组的A计权日暴露声级按式(9-1)，由表9-2中的6个$L_{p,\mathrm{A,eq}T,n}$测量值的能量平均计算得到。

$$L_{p,\mathrm{A,eq}Te}=10\lg\left(\frac{1}{N}\sum_{n=1}^{N}10^{0.1L_{p,A,\mathrm{eq}T,n}}\right)=89.5\ (\mathrm{dB}) \tag{9-1}$$

A计权日暴露声级$L_{\mathrm{AE,8\,h}}$由式(9-2)导出。工作日的有效持续时间T_e=9.25 h，参考时间为8 h。因此

$$L_{\mathrm{AE,8\,h}}=L_{p,\mathrm{A},eqTe}+10\lg\left(\frac{T_e}{T_0}\right)=89.5+10\lg\left(\frac{9.25}{8}\right)=90.1\ (\mathrm{dB}) \tag{9-2}$$

(3)不确定度的计算

对全天测量方案，扩展不确定度U由GB/T 21230—2014附录C.3规定的方法确定。由式(C.10)，可以得出能量平均值$L_{p,\mathrm{A,eq}T}$的标准不确定度u_1，即

$$u_1=\sqrt{\frac{1}{5}[(-1.2)^2+2.7^2+(-1.6)^2+1.2^2+(-0.2)^2+(-0.8)^2]}=1.65\ (\mathrm{dB})$$

根据GB/T 21230—2014附录中的表C.4，对N=6和u_1=1.65 dB，不确定度贡献量c_1u_1=1.0 dB。

仪器的标准不确定度$u_{2,\mathrm{m}}$从GB/T 21230—2014的附录C中的表C.5得到。由于测量中使用的是个人声暴露计，则u_2=1.5 dB。

传声器位置的标准不确定度u_3从GB/T 21230—2014的附录C.6得到，u_3=1.0 dB。

灵敏度系数c_2和c_3从GB/T 21230—2014的附录中的表C.3得到，c_2=c_3=1。

结果的合成标准不确定度$u(L_{\mathrm{AE,8h}})$由GB/T 21230—2014的附录中的式(C.9)导出。

$$u(L_{\mathrm{AE,8\,h}})=\sqrt{(1.0^2+1.5^2+1.0^2)}=2.06\ (\mathrm{dB})$$

扩展不确定度为

$$U(L_{\mathrm{AE,8\,h}})=1.65u=3.4(\mathrm{dB})$$

(4)结论

3名叉车司机受到的A计权日暴露声级为90.1 dB，其单边置信区间为95%(k=1.65)的扩展不确定度为3.4 dB。

9.2 工作场所噪声测量

GBZ/T 189.8—2007《工作场所物理因素测量　噪声》规定了工作场所生产性噪声的测量方法。

9.2.1 测量仪器

要求2级或以上声级计、积分声级计或个人噪声剂量计，具有A计权，“S(慢)”挡和“Peak(峰值)”挡。固定的工作岗位选用声级计，流动的工作岗位优先选用个体噪声剂量计，或对不同的工作地点使用声级计分别测量，并计算等效声级。测量前应对仪器进行校准。

9.2.2 测量方法

1. 现场调查

为正确选择测量点、测量方法和测量时间等，必须在测量前对工作场所进行现场调查。调查内容主要包括：

(1)工作场所的面积、空间、工艺区划、噪声设备布局等，绘制略图；

(2)工作流程的划分、各生产程序的噪声特征、噪声变化规律等;

(3)进行预测量,判定噪声是否稳态、分布是否均匀;

(4)工作人员的数量、工作路线、工作方式、停留时间等。

2. 测点选择

(1)工作场所声场分布均匀[测量范围内A声级差别<3 dB(A)],选择3个测点,取平均值。

(2)工作场所声场分布不均匀时,应将其划分若干声级区,同一声级区内声级差<3 dB(A)。每个区域内,选择2个测点,取平均值。

(3)劳动者工作是流动的,在流动的范围内,对工作地点分别进行测量,计算等效声级。使用个人噪声剂量计时进行抽样。

3. 测量

(1)传声器应放置在劳动者工作时耳部的高度,站姿为1.50 m,坐姿为1.10 m。

(2)传声器的指向为声源的方向。

(3)测量仪器固定在三脚架上,置于测点;若现场不适于放置三脚架,可手持声级计,但应保持测试者与传声器的间距>0.5 m。

(4)当使用个人噪声剂量计时,将传声器佩戴于人耳旁或肩膀上。

(5)测量时间:稳态噪声的工作场所,每个测点测量3次,取平均值。非稳态噪声的工作场所,根据声级变化(声级波动≥3 dB)确定时间段,测量各时间段的等效声级,并记录各时间段的持续时间。

(6)测量脉冲噪声时,应测量脉冲噪声的峰值和工作日内脉冲次数。

(7)测量应在正常生产情况下进行。工作场所风速超过3 m/s时,传声器应戴风罩。应尽量避免电磁场的干扰。

4. 测量声级的计算

(1)全天等效声级 $L_{\mathrm{Aeq},T}$ 的计算

非稳态噪声的工作场所,按声级相近的原则把一天的工作时间分为n个时间段,用积分声级计测量每个时间段的等效声级 L_{Aeq,T_i},按式(9-3)计算全天的等效声级。

$$L_{\mathrm{Aeq},T}=10\lg\left(\frac{1}{T}\sum_{i=1}^{n}T_i10^{0.1L_{\mathrm{Aeq},T_i}}\right) \tag{9-3}$$

式中,$L_{\mathrm{Aeq},T}$——全天的等效声级,单位为dB(A);

L_{Aeq,T_i}——时间段T_i内的等效声级,单位为dB(A);

T——这些时间段的总时间,单位为h;

T_i——i时间段的时间,单位为h;

n——总的时间段的个数。

也可以利用积分声级计或个人噪声剂量计直接测量一天工作时间的等效声级$L_{\mathrm{Aeq},T}$、测量经历时间T、噪声剂量D或噪声暴露量E。

(2)一天8 h等效声级$L_{\mathrm{EX,8\,h}}$的计算

根据等能量原理将一天实际工作时间内接触噪声强度规格化到工作8 h的等效声级,按式(9-4)计算。

$$L_{\mathrm{EX,8\,h}}=L_{\mathrm{Aeq},T_e}+10\lg\frac{T_e}{T_0} \tag{9-4}$$

式中，$L_{EX,8h}$——一天实际工作时间内接触噪声强度规格化到工作8 h的等效声级，单位为dB(A)；

T_e——实际工作日的工作时间，单位为h；

L_{Aeq,T_e}——实际工作日的等效声级，单位为dB(A)；

T_0——标准工作日时间，8 h。

(3) 每周40 h的等效声级

通过$L_{EX,8h}$计算规格化每周工作5天(40 h)接触的噪声强度的等效连续A计权声级，公式为

$$L_{EX,w} = 10\lg\left[\frac{1}{5}\sum_{i=1}^{n}10^{0.1(L_{EX,8h})_i}\right] \tag{9-5}$$

式中，$L_{EX,w}$——每周平均接触值，单位为dB(A)；

$L_{EX,8h}$——一天实际工作时间内接触噪声强度规格化到工作8 h的等效声级，单位为dB(A)；

n——每周实际工作天数，单位为d。

(4)脉冲噪声

使用积分声级计，“Peak(峰值)”挡，可直接读峰值声级L_{peak}。

9.3 公共场所噪声测量方法

GB/T 18204.1—2013《公共场所卫生检验方法　第1部分：物理因素》规定了公共场所噪声测量方法(数字声级计法)，使用声级计在规定时间内测量一定数量的室内环境A计权声级值，经过计算得出等效A声级L_{Aeq}，即为室内噪声值。

9.3.1 测量仪器

数字声级计，测量范围(A声级)30 dB～120 dB，精度±1.0 dB。

9.3.2 测点设置

(1)对于噪声源在公共场所外的，室内面积不足50 m²的设置1个测点并设置在中央，50 m²～200 m²的设置2个测点并设置在室内对称点上，200 m²以上的设置3～5个测点，3个测点的设置在室内对角线四等分的3个等分点上，5个测点的按梅花布点，其他按均匀布点原则布置。

(2)对于噪声源在公共场所内的，设置3个测点，在噪声源中心至对侧墙壁中心的直线四等分的3个等分点上设置。

(3)测点距地面高度1 m～1.5 m，距墙面和其他主要反射面不小于1 m。

(4)测量时声级计可以手持，也可以放在三脚架上，并尽可能减少声波反射影响。

9.3.3 读数方法

(1)对于稳态噪声用声级计“F”挡读取1 min指示值或平均值；

(2)对于脉冲噪声读取峰值和脉冲保持值；

(3)对于周期性噪声，用声级计“S”挡每隔5 s读一个瞬时A声级值，测量一个周期；

(4)对于非周期非稳态噪声，用声级计“S”挡每隔5 s读一个瞬时A声级值，连续读取若干个数据。

9.3.4 结果计算

(1)室内环境噪声为稳态噪声的,声级计指示值或平均值即为等效A声级L_{Aeq};

(2)室内环境噪声为脉冲噪声的,声级计测得的峰值即为等效A声级L_{Aeq};

(3)室内环境噪声为周期性或其他非周期非稳态噪声的,等效A声级L_{Aeq}的计算见式(9-6)。

$$L_{Aeq}=10\lg\left(\sum_{i=1}^{n}10^{0.1L_{Ai}}\right)-10\lg n \tag{9-6}$$

式中,L_{Aeq}——室内环境噪声等效A声级,单位为dB;

n——在规定时间t内测量数据的总数,单位为个;

L_{Ai}——第i次测量的A声级,单位为dB。

9.3.5 结果表达

一个区域的测定结果以该区域内各测点等效A声级的算术平均值给出。

9.4 城市轨道交通车站站台声学要求和测量方法

GB/T 14427—2006《城市轨道交通车站站台声学要求和测量方法》规定了城市轨道交通车站列车进、出站时站台的噪声限值、混响时间、测量方法和试验报告的主要内容。该标准适用于城市轨道交通系统中地铁和轻轨车站的声学环境设计和评价。

9.4.1 声学要求

地铁和轻轨车站列车进、出站时站台上噪声等效声级L_{eq}的最大容许限值均为80 dB。

地铁和轻轨车站站台上500 Hz倍频程中心频率混响时间的最大容许限值为1.5 s。

9.4.2 噪声测量方法

1. 测量的量

噪声测量的量为列车进站、出站时规定测量条件下的"F"挡等效声级L_{eq}。

2. 测量仪器

测量应采用1级积分式声级计,其性能应符合GB/T 3785的规定,也可采用性能等效的其他仪器。声级校准器的性能应符合GB/T 15173的规定。测量前和测量结束后应使用1级声级校准器校准声级计,两次校准偏差应不大于0.5 dB,否则测量无效。

3. 环境条件

(1)露天站台测量时,应选择在无雨、无雪、风速小于5 m/s的气象条件下测量。测点周围2 m以内不应有声反射物。

(2)测量时应避开会车。

(3)测量时站台的背景噪声应低于被测噪声10 dB以上,否则应进行修正。差值小于5 dB时应重新测量。

4. 传声器位置

测量时传声器应置于车站站台中部、距地面高度为1.6 m的位置。传声器前端应朝向被测列车轨道一侧，其轴向与线路方向垂直。测量时传声器应使用风罩。

5. 测量时间间隔

列车进站的测量时间间隔为列车头部进站到停止的时间。列车出站的测量时间间隔为列车起动到列车尾部离站的时间。

6. 测量次数

每种列车运行状态的测量次数不应少于10次。

7. 数据处理

每种列车运行状态的测量数据经算术平均后，按照GB/T 8170《数值修约规则与极限数值的表示和判定》的规则修约到整数位的数值作为评定值。

9.4.3 混响时间测量方法

（1）混响时间的测量按照（GB/T 50076—2013《室内混响时间测量规范》）中的方法进行，同时还应符合该标准的规定。

（2）测量混响时间所选取的倍频程中心频率为500 Hz。

（3）测量时站台应保持空场状态。

（4）测点应在站台上有代表性的位置布设，并应偏离站台纵向中心线1.5 m。测点应不少于3个。传声器距地面的高度应为1.6 m。

（5）测量用声源应置于站台一端，距地面的高度应为1.5 m。

9.5 职业卫生相关标准对测量仪器的要求

职业卫生相关标准对测量仪器的要求汇总于表9-3。

表9-3 职业卫生相关标准对测量仪器的要求

标准	标准要求
GBZ/T 189.8—2007《工作场所物理因素测量 噪声》	对声级计要求：2级或以上，具有A计权、“S”挡； 对积分声级计或个人噪声剂量计的要求：2级或以上，具有A计权、“S”挡和“Peak”挡
国卫办职健发〔2021〕2号《国家卫生健康委办公厅关于贯彻落实职业卫生技术服务机构管理办法的通知》	甲级资质认可条件： 个人噪声剂量计（包括防爆）10（4）台； 积分声级计（包括防爆）2（1）台； 倍频程声级计1台； 手传振动测定仪1台
	乙级资质认可条件： 个人噪声剂量计（包括防爆）5（2）台， 积分声级计（包括防爆）2（1）台； 倍频程声级计1台； 手传振动测定仪1台
国卫办监督函〔2019〕670号《关于国家卫生健康委办公厅印发职业卫生执法装备标准的通知》	对声级计的要求（至少1台）：需2级或以上精度且具有倍频程功能，具有防爆性能。配备声校准器
GB/T 18204.1—2013《公共场所卫生检验方法 第1部分：物理因素》	对噪声测量仪器的要求：测量范围（A声级）30 dB ~ 130 dB，精度±1 dB。另提到：对于非周期非稳定噪声，用声级计“S”挡每隔5 s读一个瞬时A声级值，连续读取若干数据

9.6 工作场所噪声监测云平台

《中华人民共和国噪声污染防治法》第三十八条规定:“实行排污许可管理的单位应当按照规定,对工业噪声开展自行监测,保存原始监测记录,向社会公开监测结果,对监测数据的真实性和准确性负责。”“噪声重点排污单位和在噪声敏感建筑物集中区域施工作业的建设单位,应当按照国家规定安装、使用、维护噪声自动监测设备,与生态环境主管部门的监控设备联网。”

传统的噪声检测,特别是全面检测,需要将职业卫生知识进行综合运用,通过收集资料、制订方案、选择仪器、检测前准备、实施检测等几个步骤达到检测目的,监测后需要进行数据的登记和汇总,最后进行分析和上报,这种监测往往需要具有丰富噪声理论知识和实践经验工作的职业卫生工作者进行。传统监测方法受主观因素影响较大,且每次的监测结果受当时环境的影响较大,测试结果只能反映出当下的情况,不能够反映出实时的噪声情况。同时也存在现场数据无法实时查看、原始数据分散、缺少统一的汇总分析平台等问题。

随着物联网、云计算、大数据、5G技术的发展,工作场所噪声数据精细化管理、实时数据分析有了技术保障。工作场所噪声监测系统云平台主要由前端采集设备、网络传输模块、服务器集群以及应用平台组成。根据工作场所噪声监测的要求,可对作业场所噪声进行分组管理、实时数据监测、远程监管、预警防控等。该平台的建立有助于检测企业工作场所的噪声水平,分析评价其危害程度。

企业或者第三方检测机构可以根据要求规划噪声监测点位,在噪声监测点位上部署带有无线传输功能的噪声测量仪器,监测的数据通过网络传输到中心服务器,通过工作场所噪声监测系统进行实时数据查看、原始数据备份和分析等功能,从而实现工作场所噪声的可视、可测、可控、可服务。

9.6.1 云平台的特点

工作场所噪声监测平台主要具有以下特点:

(1)权限分级管理,实现自上而下的监督管理;

(2)仪器分组管理,一张图查看噪声分布情况;

(3)噪声超标报警,实时掌握工作场所的噪声大小;

(4)设备远程运维,当设备出现故障时,系统自动推送事件给负责人;

(5)报表灵活定制,根据用户需要生成日报表、月报表、季报表、年报表等;

(6)数据集成共享,根据管理需要,可以集成粉尘、有害气体、温湿度和监控信息等数据。

9.6.2 系统拓扑图

工作场所噪声监测云平台系统拓扑图如图9-1所示。

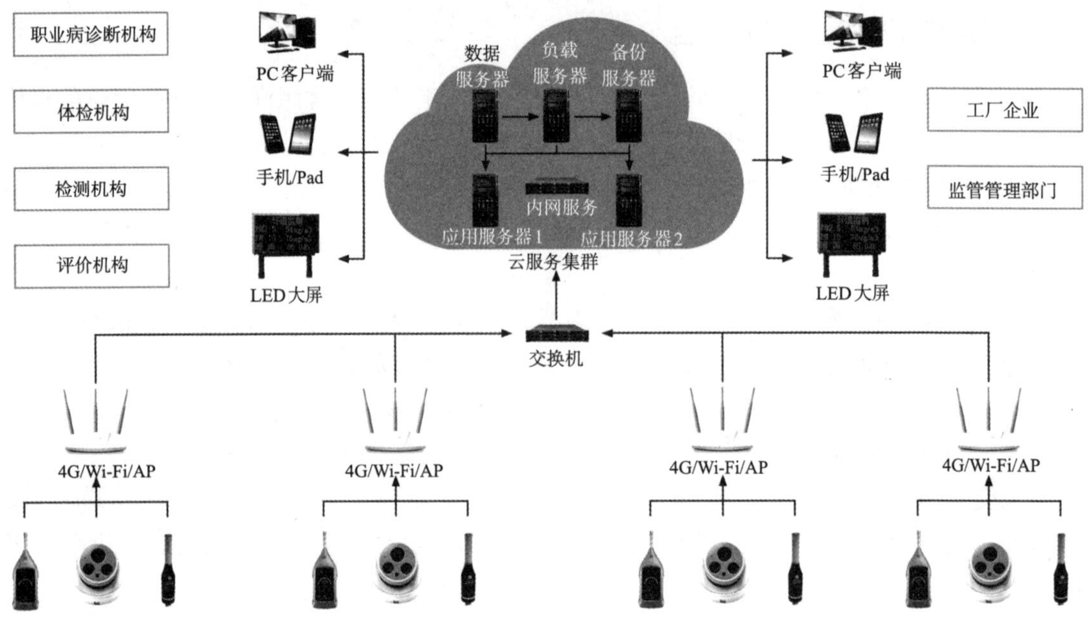

图9-1　工作场所噪声监测云平台系统拓扑图

9.6.3　后台管理

后台管理支持添加部门、用户和权限。通过添加顶层部门然后逐级添加下级部门，可以配置设备的管理权限，同时可设置同级之间数据不能互相查看，上级部门可以查看下级的数据。通过控制可以实现自顶向下逐级管理，同时能够按需实现数据的保密和共享。

9.6.4　设备管理

可添加设备以及对设备进行分组管理。在添加设备时，可以在平面图上对设备所处位置进行定位，可监管反映每个点位的噪声情况。每个分组都有分组负责人及联系方式，这样在发现噪声超标、设备故障时系统可以实时地推送数据给对应的负责人。

9.6.5　实时监测

实时监测每个车间、每个点位的噪声大小和趋势，也可以查看同一时刻各个区域的噪声大小，通过对比便于工厂进行噪声源分析以及改进。云平台的实时监测界面如图9-2和图9-3所示。

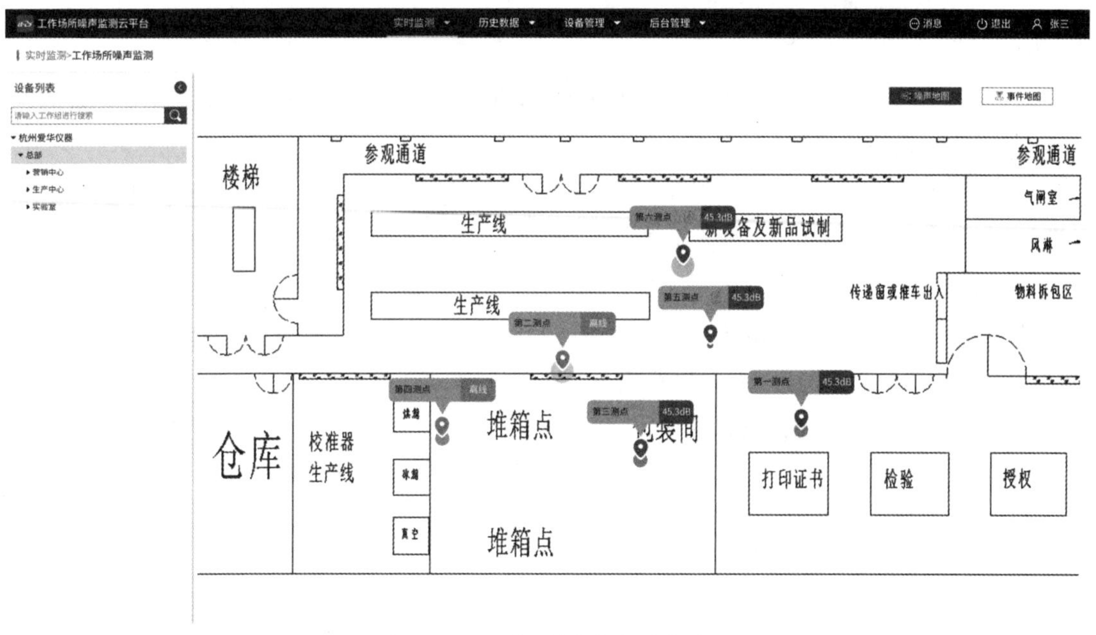

图9-2 工作场所噪声实时监测

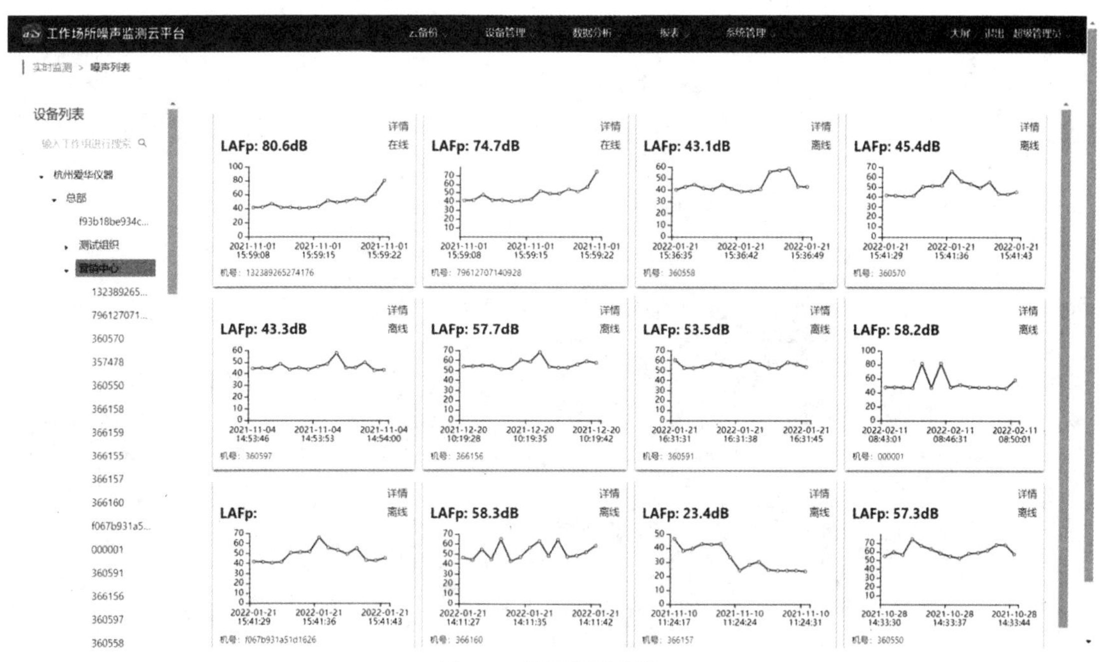

图9-3 噪声监测列表

9.6.6 数据备份

仪器测试的数据可以实时备份到监测云平台，保存原始数据，避免仪器数据丢失，满足原始数据的追溯需求，同时可根据管理的需要可以导出日报表、周报表、月报表、年报表。

9.6.7 事件管理

事件管理包括数据异常监测和设备异常监测，同时支持噪声监测点位现场情况的抓拍。

1. 数据异常监测

用户可以根据管理需求在平台设置超标“限值”，当测得的数据大于设置的“限值”时，系统自动识别噪声超标事件，并且通过钉钉或者短信发送一条事件给提前设置的管理人员。

2. 设备异常监测

当仪器出现断电、断网、存储出错、设备被移动等情况时，系统自动识别异常故障并且推送一条事件给运维人员，便于及时进行设备运维和管理。

3. 噪声监测点位现场情况抓拍

若设备集成了摄像头，事件报警时可以同时截取事件发生时现场的图片或录像，并同事件一起发送给相关人员，便于相关人员实时掌握噪声监控点位的现场情况。

9.6.8 大屏幕展示

如图9-4所示，可在一大屏界面监测噪声分布情况、噪声热力图、超标预警、噪声强度排名等数据，便于进行综合管理和分析，点击对应模块可以进入详细噪声数据模块。

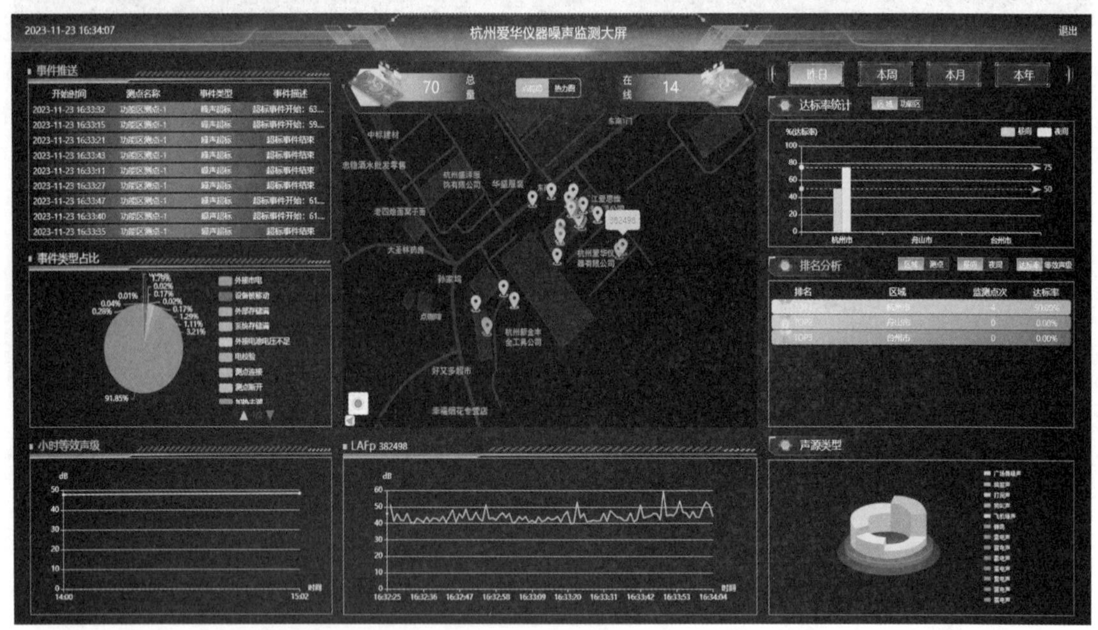

图9-4 大屏监测

9.6.9 应用

工作场所噪声监测云平台的主要应用如下：

(1)作业场所的噪声监测；

(2)厂界的噪声监测；

(3)重点污染源的噪声监测;

(4)机器、设备故障的噪声监测;

(5)与有害气体、粉尘、污水、温度等传感器组合成为多用途。

9.7 本质安全型“i”保护的设备(本安型测量仪器)解析

在煤矿、石油化工、粉尘等场合使用电气设备时,为了防止因自身设备存在的安全隐患而引起燃烧或爆炸,一种办法是仪器设备使用专门的防爆外壳进行隔离,同时使用专门的防爆电缆;另一种办法是通过限制电气设备电路的各种参数,或采取保护措施来限制电路的火花放电能量和热能,使其在正常工作和规定的故障状态下产生的电火花和热效应均不能点燃周围环境的爆炸性混合物,从而实现电气防爆。这种电气设备的电路本身就具有防爆性能,也就是从“本质”上是安全的。采用本安电路的电气设备称为本质安全型电气设备。

由于本安型电气设备的电路本身就是安全的,所产生的火花、电弧和热能都不会引燃周围环境爆炸性混合物,因此本安型电气设备不需要专门的防爆外壳,这样就可以缩小设备的体积和重量,简化设备的结构。同时,本安型电气设备的传输线可以用胶质线和裸线,可以节省大量电缆成本。因此,本安型电气设备具有安全可靠、结构简单、体积小、重量轻、造价低、制造维修方便等特点,是一种比较理想的防爆电气设备。本安型电气设备主要用于通信、监控、信号和控制系统,以及仪器、仪表等。

对于可能在爆炸环境下工作的声级计、个人声暴露计等噪声测量仪器应该进行专门设计以满足本安型防爆要求,这主要从电路设计、元器件和电池选择、结构设计等方面采取措施,一般来说,防爆等级越高,要求电容量越小、而电压越低、工作电流越小,电池的容量也就越小。电容量越小,仪器的测量下限就越高;最高电压越低,仪器的测量上限就越低。这样就会与仪器指标的设计之间发生矛盾,所以需要在性能指标和防爆等级之间确定平衡点,既满足噪声测量仪性能指标的要求,又满足防爆等级的要求。

对于是否符合本安型防爆性能要求,需要由专门机构对仪器设备本身进行本质安全认证,并取得防爆合格证书,以证明所有仪器在那样的环境下可以安全使用。防爆认证依据的标准有:

GB/T 3836.1—2021《爆炸性环境　第1部分:设备　通用要求》;

GB/T 3836.4—2021《爆炸性环境　第4部分:由本质安全型“i”保护的设备》。

GB/T 3836.4规定了爆炸性气体环境用本质安全设备以及与爆炸性气体环境用本质安全电路连接的关联设备的术语、结构、试验和标志等要求。其规定的防爆型式适用于其电路本身不会引燃周围爆炸性环境的电气设备。GB/T 3836.4—2021是对GB/T 3836.1—2021的补充和修改,当两者发生冲突时,GB/T 3836.4—2021的要求优先。

GB/T 3836.4中规定了设备的防爆标志,防爆标志由6部分组成。常见的防爆标志见表9-4所列。

表9-4　防爆标准类型和示例

标志1	标志2	标志3	标志4	标志5	标志6
Ex	ia	Ⅰ	A	T1	Ma
	ib	Ⅱ	B	T2	Mb
	ic	Ⅲ	C	T3	Ga
				T4	Gb
				T5	Gc
				T6	Da
					Db
					Dc

表9-4中各标志的字母均有明确的要求和意思，其具体表示的意思介绍如下。

1. 标志1：防爆标志

Ex是国际电工委员会（IEC）防爆公用标志，表明该产品是防爆型。

2. 标志2：本质安全设备和关联设备的保护等级

本质安全设备和关联设备的本质安全部分分为“ia”“ib”“或”“ic”保护等级，各等级的具体要求见表9-5所列。

表9-5　本质安全设备和关联设备的保护等级

等级	要求
ia	（1）正常工作和施加最不利条件下的非计数故障； （2）正常工作和施加一个计数故障加上最不利条件下的非计数故障； （3）正常工作和施加二个计数故障加上最不利条件下的非计数故障
ib	（1）正常工作和施加最不利条件下的非计数故障； （2）正常工作和施加一个计数故障加上最不利条件下的非计数故障
ic	施加最高电压（U_m）或最高输入电压（U_i）后，在正常工作情况下，“ic”等级电气设备中的本质安全电路应不能引起点燃

3. 标志3：设备分类

爆炸性环境用电气设备分为Ⅰ类、Ⅱ类和Ⅲ类。防爆等级：Ⅰ＞Ⅱ＞Ⅲ。具体分类如下：

Ⅰ类设备——用于煤矿瓦斯气体环境；

Ⅱ类设备——用于除煤矿瓦斯气体环境之外的其他爆炸性气体环境；

Ⅲ类设备——用于除煤矿之外的爆炸性粉尘环境。

噪声测量仪主要申请Ⅰ类和Ⅱ类。

4. 标志4：爆炸性气体环境的分类

爆炸性气体环境中，可燃物的种类很多，有气体、蒸汽、粉尘、纤维或飞絮等，它们与空气形成的混合物，点燃后会爆炸。为测试方便，规定了电气设备各级别的代表性气体。用于煤矿的电气设备，当其环境中除甲烷外，还可能含有其他爆炸性气体时，应按照Ⅰ类和Ⅱ类相应可燃气体的要求进行制造和试验。具体爆炸性气体环境的分类见表9-6所列。

表9-6 爆炸性气体环境的分类

设备的适用环境	类别	代表性气体
用于煤矿瓦斯气体环境	Ⅰ	甲烷
用于除煤矿瓦斯气体环境之外的其他爆炸性气体环境	ⅡA	丙烷
	ⅡB	乙烯
	ⅡC	氢气和乙炔

防爆等级：Ⅰ>ⅡC>ⅡB>ⅡA，标志ⅡB的设备可使用于ⅡA设备的使用条件，标志ⅡC类的设备可适用于ⅡA和ⅡB类设备的使用条件。

5. 标志5：爆炸性气体环境中电气设备温度组别

Ⅰ类和Ⅱ类电气设备表面的温度要求不一样，Ⅰ类只有2个温度级别要求，Ⅱ类电气设备用于除煤矿瓦斯气体之外的其他爆炸性环境中，共有6个温度级别要求，具体温度要求如下。

(1) Ⅰ类表面温度要求

150 ℃，当电气设备表面可能堆积煤尘时；

450 ℃，当电气设备表面不会堆积或采取措施(例如密封防尘或通风)可以防止堆积煤尘时。电气设备的实际最高表面温度应在铭牌标示出来，或在防爆合格证号之后加符号“X”。

(2) Ⅱ类(正常工作条件下)爆炸性气体环境中电气设备温度组别见表9-7所列。

表9-7 Ⅱ类爆炸性气体环境中电气设备温度组别

温度组别	自燃温度/℃	常见爆炸性气体	设备允许最高表面温度/℃
T1	$T \geqslant 450$	氢气、丙烯腈等46种	≤450
T2	$450 > T \geqslant 300$	乙炔、乙烯等47种	≤300
T3	$300 > T \geqslant 200$	汽油、丁烯醛等36种	≤200
T4	$200 > T \geqslant 135$	乙醛、四氟乙烯等6种	≤135
T5	$135 > T \geqslant 100$	二硫化碳	≤100
T6	$100 > T \geqslant 85$	硝酸乙酯、亚硝酸乙酯	≤85

防爆等级：T6>T5>T4>T3>T2>T1。

6. 标志6：设备保护级别

设备保护级别(EPL)是根据设备成为点燃源的可能性和爆炸性气体环境、爆炸性粉尘环境和煤矿瓦斯爆炸性环境所具有的不同特征对设备规定的保护级别。设备保护级别EPL共分为8个级别，具体见表9-8所列。

表 9-8　设备保护级别与危险场所的对应关系

设备保护级别(EPL)	危险场所	保护级别
Ma	煤矿瓦斯气体环境	很高
Mb	煤矿瓦斯气体环境	高
Ga	爆炸性气体环境0区	很高
Gb	爆炸性气体环境1区	高
Gc	爆炸性气体环境2区	一般
Da	粉尘爆炸性环境20区	很高
Db	粉尘爆炸性环境21区	高
Dc	粉尘爆炸性环境22区	一般

例如，杭州爱华仪器的AWA5920型个人噪声剂量的防爆标志是Ex ia IIC T4 Ga，说明它是防爆型，保护等级ia，IIC表示矿井外工厂使用，代表性气体是乙烯；温度组别T4，Ga表示爆炸性气体环境0区，保护级别很高。杭州爱华仪器还有几种产品具有防爆功能，具体见表9-9所列。

表 9-9　杭州爱华仪器防爆类噪声测量仪器列表

<table>
<tr><th>仪器型号
名称</th><th>防爆标志</th><th>取得证书</th><th>符合声级
计等级</th><th>滤波器</th></tr>
<tr><td rowspan="2">ASV 5910型
个人声暴露计</td><td>Ex ib IIB T3 Gb</td><td>本安型防爆证书</td><td rowspan="2">2级</td><td rowspan="2">1/3倍频程中心频率：20 Hz～10 kHz</td></tr>
<tr><td>Ex ia I Ma</td><td>矿用本安型防爆证书
煤矿矿用产品安全标志证书
金属与非金属矿矿用产品安全标志证书</td></tr>
<tr><td>AWA 5912型
个人噪声剂量计</td><td>Ex ia IIC T3 Ga</td><td>本安型防爆证书</td><td>2级</td><td>—</td></tr>
<tr><td rowspan="2">AWA5920型
个人噪声剂量计</td><td>Ex ia IIB T4 Ga</td><td>本安型防爆证书</td><td rowspan="2">2级</td><td rowspan="2">1/1和1/3倍频程</td></tr>
<tr><td>Ex ib I Mb</td><td>矿用本安型防爆证书</td></tr>
<tr><td>AWA 5688型
多功能声级计</td><td>Ex ia IIB T4 Ga</td><td>本安型防爆证书</td><td>2级</td><td>1/1倍频程中心频率：31.5 Hz～8 kHz</td></tr>
<tr><td rowspan="2">YD130型
声级计</td><td>Ex ib IIB T4 Gb</td><td>本安型防爆证书</td><td rowspan="2">2级</td><td rowspan="2">1/1倍频程：31.5 Hz～8 kHz，2级</td></tr>
<tr><td>Ex ib I Mb</td><td>矿用本安型防爆证书</td></tr>
<tr><td rowspan="2">YD132型
声级计</td><td>Ex ib IIB T4 Gb</td><td>本安型防爆证书</td><td rowspan="2">1级</td><td rowspan="2">—</td></tr>
<tr><td>Ex ib I Mb</td><td>矿用本安型防爆证书</td></tr>
</table>

注：AWA6223型声校准器也取得本安型防爆证书(Ex ia IIC　T4　Ga)。

第10章　环境噪声测量

10.1　环境噪声的描述、测量与评价

GB/T 3222/ISO 1996是有关环境噪声的描述、测量与评价的系列标准，GB/T 3222.1—2022/ISO 1996-1：2016是第1部分：基本参量与评价方法，GB/T 3222.2—2022/ISO 1996-2：2017是第2部分：声压级的测量。该系列标准的目的是要使国际上各类声源环境噪声的描述、测量与评价方法取得一致，向管理机构提供描述和评价社会环境噪声的资料。基于该标准所描述的原理，可以制定国家噪声标准、规范和相应的噪声限值。我国已经针对不同对象制定了几十个环境噪声测量方法的国家标准和部颁标准。

10.1.1　基本参量与评价方法

标准第1部分中推荐了环境噪声描述量，A频率计权通常被用于除高能脉冲声或低频成分丰富的声音之外的声音。

对单一事件，首选的3个描述量是：

(1)规定频率计权的暴露声级；

(2)规定时间计权和频率计权的最大声压级；

(3)规定频率计权的峰值声压级(不宜使用A计权峰值声压级)。

对重复性单一事件声源的描述都利用单一事件声的暴露声级及相应事件数来决定评价等效连续声压级。

对连续声更适合用某个特定测量时段内的A计权等效连续声压级来描述。对于起伏声和间歇声，也可用规定时间计权的A计权最大声压级来描述。

标准第1部分还推荐了社区噪声描述量。研究表明，仅以A频率计权来评价具有单频特性、脉冲特性或低频成分丰富的声音是不够的。为了估计人们对某些包含这类特性的声音的长期烦恼反应，A计权暴露声级或A计权等效连续声压级需附加修正量(以dB表示)，即以评价声级来描述。研究还表明，具有同样A计权等效连续声压级的不同交通噪声或工业噪声引起的烦恼反应是不同的。

标准第1部分没有推荐具体的噪声限值，只是提出噪声限值的要求，要求相关部门以噪声对人类身心健康影响的知识(特别是烦恼度的剂量-反应关系)为基础，并考虑社会和经济因素来制订噪声限值。而噪声限值要求的首选噪声描述量是一个或多个给定的参考时段内的评价声级。应用评价声级时，应规定必须考虑的修正量。还应规定评价所涉及的参考时段、噪声限值适用的噪声源和运行工况、噪声限值应当满足的场所和传播条件，并应说明估计预测或测量不确定度的方法。

标准所描述的方法和程序适用于对现场噪声总暴露产生贡献的各种类型的单个或组合噪声源。根据该部分颁布时期的技术水平，认为采用修正后的A计权等效连续声压级(即评

价声级)是评价长期噪声烦恼度的最佳参量,并首次提出社会容忍声级(community tolerance levels)L_{ct}的概念,作为社区公众烦恼度计算的主要参数。有关介绍参见第3章3.14节"评价声级"(L_R)和3.15节"社区容忍声级(L_{ct})和噪声烦恼度"的内容。

10.1.2 声压级的测定

标准第2部分是关于声压级的测定。环境噪声限值评估和空间研究中情景对比以声压级为基础,GB/T 3222.2对如何测定声压级进行了描述。声压级可以通过直接测量和测量结果的外推计算确定。GB/T 3222.2主要用于户外,但也给出了室内测量的一些指南。在很大程度上,每个案例中确定和报告的测量不确定度是变化的,其与用户在测量中付出的努力分不开,因此未对允许的最大不确定度设定限值。由于实际测量期间运行和传播条件与参考运行或传播条件有差异,通常将测量结果与计算相结合,对测量结果进行修正。GB/T 3222.2适用于所有类型的环境噪声源,如道路和轨道交通噪声、飞机噪声和工业噪声。

环境噪声测量比较复杂,因为在计划和执行测量时有许多变量要考虑。由于每次测量都受到现有声源和操作人员以及无法控制的气象条件的影响,因此通常不可能控制最终的测量不确定度。不确定度是在测量之后,根据对声学测量和收集到的有关声源工况及影响声传播的气象参数数据进行分析来确定的。GB/T 3222.2的最佳用途是作为研制服务于特定声源和目标的更专用标准的基础。

10.1.3 对测量仪器的要求

标准规定了测量声压级的仪器,包括传声器、电缆、记录设备和其他使用的附件,应满足GB/T 3785.1/IEC 61672-1为自由场和无规入射使用规定的1级仪器的要求。滤波器应满足GB/T 3241.1/IEC 61260-1对1级仪器的要求。在户外测量时应始终使用风罩。在每次测量开始和结束时,整个声压级测量系统应通过符合IEC 60942的1级要求的声校准器在一个或多个频率下进行检查。在没有任何进一步调整的情况下两次连续检查的读数之差应≤0.5 dB。如果超过此值,则应舍弃之前获得的测量结果。声压级测量仪器、滤波器和声校准器的合格性应通过符合IEC 61672-3、IEC 61260-3和IEC 60942相关测试方法规定的现有测量参数有效鉴定证书来检验。符合性测试应由符合ISO/IEC 17025要求的实验室执行相关测试和校准,确保计量可追溯到适当的测量标准。建议系统检定周期为一年一次,最大允许检定周期为2年。

用于长期监测的气象测量仪器的最大允许误差如下:

—— 温度测量设备为±0.5 K;

—— 相对湿度测量设备为±5.0%;

—— 气压测量设备为±0.5 hPa;

—— 风速测量设备为±0.5 m/s;

—— 风向测量设备为±5.0°。

10.1.4 测量

1. 长期无人值守测量

应连续测量,并以1 s或更短时间平均的声压级的时间序列形式存储全部噪声的A计权声压级。应记录相关气象数据。其他量可选。离散事件噪声的监测系统应包含一个准确的时钟，以识别每个噪声事件测量及相关现象的日期和时刻。

应能可靠和精确地检测到有关的事件并对该事件的测量结果是否应保留还是剔除做出识别，可根据情况采用不同的识别技术。对识别技术引起的不确定度应进行估算并给出报告。

2. 短期有人值守的测量

应测量以下一个或几个量。

（1）时段T内的等效连续声压级$L_{eq,T}$。对于短期平均，为了平均传播途径中的气象变化，至少要按频带进行30 min的测量；如有有利的传播条件，只需测量10 min。考虑到要用预测方法进行修正，可能需要1/3倍频带的数据。

（2）时段T内的暴露声级$L_{E,T}$。要按规定的最小数量对声源事件进行测量，对每个噪声事件测量的时间周期要足够长，以便将所有重要的噪声贡献包括在内。对于一次驶过的事件，要一直测量到声压级低于实际驶过期间记录到的最大声压级10 dB为止。要按相关预测方法规定的不同机动车辆进行分类。考虑到要用预测方法进行修正，要求有1/3倍频带的数据。

（3）时段T内的累积百分数声级$L_{N,T}$。在测量时段内，至少每秒一次记录短期$L_{eq,t}$（这里$t \leqslant 1$ s），或记录采样时间小于所用时间计权时间常数的声压级。记录结果的声级分挡间隔应为1.0 dB或更小。所用的参数基准，还有时间计权、记录时间的长短以及用以确定$L_{N,T}$的声级分挡间隔都要在报告中说明，如“基于10 ms、按0.2 dB分挡的L_F采样”或“基于$L_{eq,1s}$、1.0 dB分挡”。

（4）最大时间计权声压级$L_{F,max}$，$L_{S,max}$。使用规定的F或S时间计权，测量规定数量的声源工况事件的$L_{F,max}$或$L_{S,max}$。应对每个结果做记录。

（5）有调声。如果在接收器位置的噪声特征含有可听到的有调声，则宜进行有调声显著性的客观测量。应在有调声听得最清楚的传声器位置，按照GB/T 3222.2附录J的工程法和附录K的简易法继续进行分析。一般来说，由于室内有调声的模态特性，不建议对室内噪声进行有调声的分析。一些国家法规允许对有调声进行主观评估。

（6）脉冲声。目前还没有使用客观测量来检测脉冲声的国际标准。如果脉冲声存在，要对声源进行识别并将其与GB/T 3222.1中的脉冲声源明细表进行比较。此外，要确认脉冲声具有代表性并在测量时段内出现。在一些文献中有一些地方性脉冲声客观测量方法的示例。

（7）低频声。在室内，要在3个传声器位置上进行测量。室外，要在自由场里或直接在墙面上测量。这里的方法对低至16 Hz的倍频带通常都有效。但对这些低频测量时，为了保证是自由场的测量，除地面外，传声器位置距最近的主要反射面至少为16 m。对于低频率的频谱分析，$BT \gg 1$规则（其中B=带宽，单位为Hz，T=测量时间，单位为s）。更要注意，较低的频率需要更长的平均时间，甚至$BT \approx 10$。

3. 测量的频率范围

如果需要噪声的频率分析，除非另有规定，通常采用下列中心频率的倍频带滤波器测量声压级：63 Hz、125 Hz、250 Hz、500 Hz、1000 Hz、2000 Hz、4000 Hz、8000 Hz。对于低频应用，将范围向下扩展至16 Hz。也可选用中心频率包括上述倍频带的1/3倍频带进行测量。

4. 气象参数的测量

应测量以下气象参数：

（1）风速；

（2）风向、空气温度、相对湿度；

（3）发生的降水；

（4）大气稳定性（可选，也可由云量和一天中的时间来间接确定）。

风速和风向宜在10 m的高度测量。现场实际情况可能必须在较低的高度测量，但是低于10 m的高度测量风速和风向将增加测量不确定度，因为标准中使用的数据和经验是基于10 m处的测量。

10.1.5 测量结果的评估

删除所有干扰事件（参阅GB/T 3222.2附录E）或剩余声过高（参阅GB/T 3222.2附录I）的数据。将测得的所有室外声级值修正至参考传声器位置，这里是不包括紧随传声器后面的外立面的所有反射，但包括除去紧随其后的外立面之外，所有地面和直立障碍物反射的自由场声级。评估步骤如下：

（1）将每个采样值分配到具体窗口（基于气象和/或工况的）；

（2）根据公式修正残余声，去除干扰过大的采样值；

（3）将每个采样值修正到参考条件，包括参考交通条件和参考大气条件；

（4）计算每个窗口上的事件发生的频率，将窗口组合在一起。

（5）确定测量不确定度。

10.1.6 不完整或受损数据的处理

一个监测系统或监测站可能会因为停电、风声过大、设备故障等原因而中断噪声数据的采集或处理。应制定规定去提醒操作人员，恢复操作和尽量减少数据的丢失。在数据丢失无可挽回和失效的情况下，应适当修改数据的计算。例如，遇到几个小时停机的情况，则仅用数据有效的那些小时进行平均处理来确定日累计A计权声压级，而不是用整天来平均。或者仅考虑满足测量条件的昼间和夜间小时。应标记这些情况。

有风时得到的数据将增加测量不确定度。如每个声事件发声期间传声器位置的风速已知，则报告中宜包含风速。当风速产生的噪声与被测声级相差不到5 dB时，被测的数据应做标记。

如果残余声比测量的声压级低3 dB或更少，则不考虑修正。但测量不确定度将会变大。然而仍可将测量结果写入报告，这对确定待测声源声压级的上限有用。如果将这些数据写入报告，则应在报告文本以及结果的图表中明确说明本测试方法的要求未能得到满足。对残余声级比测量的声压级低3 dB以上，应根据公式（10-1）对声级进行修正。

$$L=10\lg(10^{L'/10}-10^{L_{\rm res}/10}) \tag{10-1}$$

式中，L——修正后的声压级，单位为dB；

L'——测量的声压级，单位为dB；

$L_{\rm res}$——残余声压级，单位为dB。

10.1.7 外推到其他位置

测量结果的外推通常用于估计其他位置的声压级。例如，当残余声使得在接收器位置不能直接进行测量时,这种外推是有用的。可以通过计算从声源到测量位置传播过程中发生的衰减进行外推,也可以通过测量的衰减函数进行外推。

10.1.8 计算

在许多情况下,计算能够代替或补充测量。当需要确定长时间平均值以及鉴于过大的残余声压级使得测量不可能进行的情况下,计算要比单个短期测量更可靠。在残余声压级过高的情况下,有时可在离声源较近的地方进行测量,然后用预测方法计算更远距离的结果。

在计算而不是测量声压级时,必须有声源噪声发射的数据,最好是声源声功率级(包括声源指向性),以及在环境中产生与真实源相同声压级的点源位置。对于交通噪声,常用特定条件下确定的声压级来替代声功率级。这些数据通常在建立的预测模型中给定,但在其他情况,它们需重新确定。

使用一个从声源到接收器传播的适当模型,就能够计算评价点的声压级。必须把声传播与适当规定的气象和地面条件联系起来。不同的计算目的需要不同的准确度。作为绘制一个区域噪声级地图基础的网格点,其必需的密度取决于绘图的目的。在声源和大型障碍物附近,噪声级变化最强。因此在这些地方,网格点的密度应该更高。对于总噪声暴露地图的绘制,相邻网格点之间的声压级差不宜大于5 dB。在选择决定降噪测量时,网格点密度的选择应使相邻点之间的声压级变化不超过2 dB。

至于计算方法,虽然有一些能够用于已知声功率声源的声传播的标准,诸如GB/T 17247.1/ISO 9613-1,GB/T 17247.2/ISO 9613-2和ISO 13474,但还没有国际公认的完整预测方法,有一些国家以及欧盟给出了预测的方法,参见GB/T 3222.2附录L。对于特定的分别用于道路、轨道和空中交通噪声,已制定了单独的预测方法,而大多数国家都有各自的方法。许多方法只限于计算A计权声压级和可用于指定的频谱。大多数国家计算基于L_{Aeq}的度量,有时候也会测量L_{max}作为补充,但也有例外。

10.1.9 干扰声的消除

测量时没有单一的、通用的干扰声消除方法。根据实际情况,可选的方法有:

(1)使用指向传声器以抑制来自干扰方向的声音;

(2)将传声器安装在外立面或屏障上,屏蔽来自后面的声音;

(3)排除有干扰声的测量时段(对离散事件的处理另见后文所述);

(4)如果相关且可能,选择一天中干扰声相对安静的测量时段;

(5)记录被测噪声的时间历程,用统计或其他方法排除干扰声;

(6)选择更合适的其他测量地点。

对于离散声事件数据(典型的为飞机和轨道交通噪声)的处理,出现以下情况确认为离散事件:

——在一个连续时段内,A计权声压级超过一定阈值;

——判别测试或操作人员表明,由制造商或供应商规定的几个参数表征的离散事件源。

至少,自动系统应提供处理,以得到第i个事件的最大时间和频率计权声压级$L_{max,i}$、最大声压级发生的当地时间、第i个事件的暴露声级$L_{E,i}$和第i个事件的持续时间ΔT_i。此外,系统可以确定跨越初始阈值和达到最大声压级、跨越最终阈值之间的时段，以及完整的事件历程和其他可能有用的数据。

并非监控器报告的所有事件都与声源的运行有关。在进行任何进一步的数据处理之前，应对事件进行验证，并排除不相关的事件。未知事件可以通过与已知事件相关联、使用之前的经验或更早进行的测量进行验证。

当使用自动事件检测时，应详细描述和记录在任何给定时间用于该程序的算法和相关准则值。因此，应描述并记录操作人员使用的程序（如有）。

10.1.10 残余声测量

1. 概述

残余声指在特定声受到抑制的情况下，某给定条件下一给定位置剩余的总声（实际上就是通常所说的背景噪声或本底噪声）。在测量环境噪声时，残余声通常是一个问题。原因之一是规范常常要求不同类型声源的噪声要分开处理，可是要把交通噪声和工业噪声分开，实际往往很难做到；另一个原因是测量通常在室外进行，风直接作用在传声器上和间接作用在树木、建筑物等上引起的风噪声也会影响测量结果。鉴于这些噪声源的特点，很难甚至不可能进行任何修正。但是，为了进行修正并确定测量不确定度，有必要测量残余声并确定其标准不确定度。

残余声通常很难直接测量，只能通过近似估计来确定。在每种情况下，都应测量或估计测量不确定度。对于所有测量，确保测量系统的背景噪声足够低，最好比待测声级至少低5 dB。

由残余声引起的不确定性根据GB/T 3222.2附录F.2处理。这意味着标准不确定度应在显著影响总体标准不确定度的情况下进行估算。

2. 直接测量

如果待测声源在总测量时间的5%或更多时间内没有显著增加总声压级，则测量在95%时间内超过的声压级，并假设该声压级代表残余声压级（L_{res}）。

3. 由L_{50}和L_{90}或L_{95}的测量结果来计算

如果残余声可以用高斯分布来描述，并导致总声的双峰分布，则可使用式(10-2)和式(10-3)根据分布估算残余声的等效声压级 $L_{eq,\ Gauss}$，单位为dB。

$$L_{eq,\ Gauss}=L_{50}+0.115\left(\frac{L_{50}-L_{90}}{1.28}\right)^2 \tag{10-2}$$

或

$$L_{eq,\ Gauss}=L_{50}+0.115\left(\frac{L_{50}-L_{95}}{1.65}\right)^2 \tag{10-3}$$

这两个公式取自法国标准NF S31-010—2013《声学　环境噪声的表征和测量　专用测量方法》。L_{res}可通过计算进行估算。

如果残余声是由明确的交通噪声或能用可靠的预测方法计算的其他噪声源确定的，则计算该噪声并假设其代表残余声。

4. u_{res}的标准不确定度的估计

通常，我们很难准确测量残余噪声，因此，也很难准确测量标准不确定度。可通过3～5

次重复测量或估算来确定L_{res}，然后计算标准偏差。然而，在许多情况下，测量声级的裕度很大，这意味着灵敏系数变小，只要进行非常粗略的估算就能令人满意。

10.2 声环境噪声测量方法

GB 3096—2008《声环境质量标准》还规定了声环境功能区的环境噪声测量方法。

10.2.1 一般监测要求

1. 测量仪器

精度为2级及以上的积分平均声级计或环境噪声自动监测仪器，其性能需符合GB/T 3785.1的要求，并定期校验。测量前后使用声校准器校准测量仪器的示值偏差不得大于0.5 dB，否则测量无效。声校准器应满足GB/T 15173对1级或2级声校准器的要求。测量时传声器应加防风罩。

2. 测点选择

根据监测对象和目的，可选择以下3种测点条件（指传声器所置位置）进行测量。

（1）一般户外

距离任何反射物（地面除外）至少3.5 m外测量，距地面高度1.2 m以上。必要时可置于高层建筑上，以扩大监测受声范围。使用监测车辆测量，传声器应固定在车顶部1.2 m高度处。

（2）噪声敏感建筑物户外

在噪声敏感建筑物外，距墙壁或窗户1 m处，距地面高度1.2 m以上。

（3）噪声敏感建筑物室内

距离墙面和其他反射面至少1 m，距窗约1.5 m处，距地面1.2 m～1.5 m高。

3. 气象条件

测量应在无雨雪、雷电天气，风速5 m/s以下时进行。

10.2.2 监测类型与方法

根据监测对象和目的，环境噪声监测分为声环境功能区监测和噪声敏感建筑物监测两种类型。下面分别进行介绍。

1. 声环境功能区监测

（1）监测目的

评价不同声环境功能区昼间、夜间的声环境质量，了解功能区环境噪声时空分布特征。

（2）定点监测法

①监测要求

选择能反映各类功能区声环境质量特征的监测点一至若干个，进行长期定点监测，每次测量的位置、高度应保持不变。对于0～3类声环境功能区，监测点应为户外长期稳定、距地面高度为声场空间垂直分布的可能最大值处，其位置应能避开反射面和附近的固定噪声源；对于4类声环境功能区，监测点应设于4类区内第一排噪声敏感建筑物户外交通噪声空间垂直分布的可能最大值处。

声环境功能区每次至少进行一昼夜24小时的连续监测，得出每小时及昼间、夜间的等效声级L_{eq}、L_d、L_n和最大声级L_{max}。用于噪声分析目的的，可适当增加监测项目，如累积百分声级

L_{10}、L_{50}、L_{90}等。监测应避开节假日和非正常工作日。

②监测结果评价

各监测点位测量结果独立评价，以昼间等效声级L_d和夜间等效声级L_n作为评价各监测点位声环境质量是否达标的基本依据。一个功能区设有多个测点的，应按点次分别统计昼间、夜间的达标率。

③环境噪声自动监测系统

全国重点环保城市以及其他有条件的城市和地区宜设置环境噪声自动监测系统，进行不同声环境功能区监测点的连续自动监测。环境噪声自动监测系统主要由自动监测子站和中心站及通信系统组成，其中自动监测子站由全天候户外传声器、智能噪声自动监测仪器、数据传输设备等构成。

(3)普查监测法

①0～3类声环境功能区普查监测

a. 监测要求：将要普查监测的某一声环境功能区划分成多个等大的正方格，网格要完全覆盖住被普查的区域，且有效网格总数应多于100个；测点应设在每一个网格的中心；测点条件为一般户外。

监测分别在昼间工作时间和夜间22:00—24:00进行（时间不足可顺延）。在前述测量时间内，每次每个测点测量10 min的等效声级L_{eq}，同时记录噪声主要来源。监测应避开节假日和非正常工作日。

b. 监测结果评价：将全部网格中心测点测得的10 min的等效声级L_{eq}做算术平均运算，所得到的平均值代表某一声环境功能区的总体环境噪声水平，再计算标准偏差。

根据每个网格中心的噪声值及对应的网格面积，统计不同噪声影响水平下的面积百分比，以及昼间、夜间的达标面积比例。有条件的可估算受影响人口。

②4类声环境功能区普查监测

a. 监测要求：以自然路段、站场、河段等为基础，考虑交通运行特征和两侧噪声敏感建筑物分布情况，划分典型路段（包括河段）。在每个典型路段对应的4类区边界上（指4类区内无噪声敏感建筑物存在时）或第一排噪声敏感建筑物户外（指4类区内有噪声敏感建筑物存在时）选择1个测点进行噪声监测。这些测点应与站、场、码头、岔路口、河流汇入口等相隔一定的距离，避开这些地点的噪声干扰。

监测分昼、夜两个时段进行。分别测量如下规定时间内的等效声级L_{eq}和交通流量，对铁路、城市轨道交通线路（地面段），应同时测量最大声级L_{max}，对道路交通噪声应同时测量累积百分声级L_{10}、L_{50}、L_{90}。

根据交通类型的差异，规定的测量时间如下：

铁路、城市轨道交通（地面段）、内河航道两侧：昼、夜各测量不低于平均运行密度的1小时值，若城市轨道交通（地面段）的运行车次密集，测量时间可缩短至20 min。

高速公路、一级公路、二级公路、城市快速路、城市主干路、城市次干路两侧：昼、夜各测量不低于平均运行密度的20 min值。

监测应避开节假日和非正常工作日。

b. 监测结果评价。

将某条交通干线各典型路段测得的噪声值，按路段长度进行加权算术平均，以此得出某条交通干线两侧4类声环境功能区的环境噪声平均值。

也可对某一区域内的所有铁路、确定为交通干线的道路、城市轨道交通（地面段）、内河航道按前述方法进行长度加权统计，得出针对某一区域某一交通类型的环境噪声平均值。

根据每个典型路段的噪声值及对应的路段长度，统计不同噪声影响水平下的路段百分比，以及昼间、夜间的达标路段比例。有条件可估算受影响人口。

对某条交通干线或某一区域某一交通类型采取抽样测量的，应统计抽样路段比例。

2. 噪声敏感建筑物监测

(1)监测目的

了解噪声敏感建筑物户外（或室内）的环境噪声水平，评价是否符合所处声环境功能区的环境质量要求。

(2)监测要求

监测点一般设于噪声敏感建筑物户外。不得不在噪声敏感建筑物室内监测时，应在门窗全打开状况下进行室内噪声测量，并采用较该噪声敏感建筑物所在声环境功能区对应环境噪声限值低10 dB(A)的值作为评价依据。

对敏感建筑物的环境噪声监测，应在周围环境噪声源正常工作条件下测量，视噪声源的运行工况，分昼、夜两个时段连续进行。

根据环境噪声源的特征，可按以下标准优化测量时间。

①受固定噪声源的噪声影响：稳态噪声测量1 min的等效声级L_{eq}；非稳态噪声测量整个正常工作时间（或代表性时段）的等效声级L_{eq}。

②受交通噪声源的噪声影响：对于铁路、城市轨道交通（地面段）、内河航道，昼、夜各测量不低于平均运行密度的1 h等效声级L_{eq}，若城市轨道交通（地面段）的运行车次密集，测量时间可缩短至20 min。对于道路交通，昼、夜各测量不低于平均运行密度的20 min等效声级L_{eq}。

③受突发噪声的影响：以上监测对象夜间存在突发噪声的，应同时监测测量时段内的最大声级L_{max}。

(3)监测结果评价

以昼间、夜间环境噪声源正常工作时段的L_{eq}和夜间突发噪声L_{max}作为评价噪声敏感建筑物户外（或室内）环境噪声水平，是否符合所处声环境功能区的环境质量要求的依据。

10.3 工业企业厂界环境噪声排放测量方法

GB 12348—2008《工业企业厂界环境噪声排放标准》还规定了工业企业和固定设备厂界环境噪声测量方法。

10.3.1 测量方法

1. 测量仪器

测量仪器为积分平均声级计或环境噪声自动监测仪，其性能应不低于GB/T 3785.1对2级仪器的要求，测量35 dB以下的噪声应使用1级声级计。每次测量前、后必须在测量现场进行声学校准，其前、后校准示值偏差不得大于0.5 dB，否则测量结果无效。当需要进行噪声的频谱分析时，仪器性能应符合GB/T 3241.1中对滤波器的要求。测量时传声器加防风罩。测量仪器时间计权特性设为“F”挡，采样时间间隔不大于1 s。

2. 测量条件

测量应在无雨雪、无雷电天气，风速为5 m/s以下时进行。不得不在特殊气象条件下测量时，应采取必要措施保证测量准确性，同时注明当时所采取的措施及气象情况。测量应在被测声源正常工作时间进行，同时注明当时的工况。

3. 测点位置

根据工业企业声源、周围噪声敏感建筑物的布局以及毗邻的区域类别，在工业企业厂界布设多个测点，其中包括距噪声敏感建筑物较近以及受被测声源影响大的位置。一般情况下，测点选在工业企业厂界外1 m、高度1.2 m以上、距任一反射面距离不小于1 m的位置。当厂界有围墙且周围有受影响的噪声敏感建筑物时，测点应选在厂界外1 m、高于围墙0.5 m以上的位置。当厂界无法测量到声源的实际排放状况时（如声源位于高空、厂界设有声屏障等），除在厂界外1m、高度1.2 m以上、距任一反射面距离不小于1 m的位置设置测点外，同时在受影响的噪声敏感建筑物户外1m处另设测点。室内噪声测量时，室内测量点位设在距任一反射面至少0.5 m以上、距地面1.2 m高度处，在受噪声影响方向的窗户开启状态下测量。

固定设备结构传声至噪声敏感建筑物室内，在噪声敏感建筑物室内测量时，测点应距任一反射面至少0.5 m以上、距地面1.2 m、距外窗1 m以上，窗户关闭状态下测量。被测房间内的其他可能干扰测量的声源（如电视机、空调机、排气扇以及镇流器较响的日光灯、运转时出声的时钟等）应关闭。

4. 测量时段

分别在昼间、夜间两个时段测量。夜间有频发、偶发噪声影响时同时测量最大声级。被测声源是稳态噪声，采用1 min的等效声级。被测声源是非稳态噪声，测量被测声源有代表性时段的等效声级，必要时测量被测声源整个正常工作时段的等效声级。

5. 背景噪声测量和修正

测量环境不受被测声源影响且其他声环境与测量被测声源时保持一致。测量时段与被测声源测量的时间长度相同。噪声测量值与背景噪声值相差大于10 dB(A)时，噪声测量值不做修正。噪声测量值与背景噪声值相差在3 dB(A)～10 dB(A)时，噪声测量值与背景噪声值的差值取整后，按表10-1进行修正。噪声测量值与背景噪声值相差小于3 dB(A)时，应采取措施降低背景噪声后，重新测试。如仍无法满足要求的，应按环境噪声监测技术规范的有关规定执行。

表10-1　测量结果修正表　　单位：dB（A）

差值	3	4～5	6～10
修正值	–3	–2	–1

10.3.2　测量结果评价

各个测点的测量结果应单独评价。同一测点每天的测量结果按昼间、夜间进行评价。最大声级L_{max}直接评价。

10.4　社会生活噪声排放测量方法

GB 22337—2008《社会生活环境噪声排放标准》还规定了社会环境噪声测量方法。

10.4.1　测量方法

1. 测量仪器

测量仪器为不低于2级积分平均声级计或环境噪声自动监测仪。测量35 dB以下的噪声应使用1级声级计，且测量范围应满足所测量噪声的需要。每次测量前、后必须在测量现场进行声学校准，其前、后校准示值偏差不得大于0.5 dB，否则测量结果无效。当需要进行噪声的频谱分析时，仪器性能应符合GB/T 3241.1对滤波器的要求。测量时传声器加防风罩。测量仪器时间计权特性设为“F”挡，采样时间间隔不大于1 s。

2. 测量条件

测量应在无雨雪、无雷电天气，风速为5 m/s以下时进行。不得不在特殊气象条件下测量时，应采取必要措施保证测量准确性，同时注明当时所采取的措施及气象情况。测量应在被测声源正常工作时间进行，同时注明当时的工况。

3. 测点位置

根据社会生活噪声排放源、周围噪声敏感建筑物的布局以及毗邻的区域类别，在社会生活噪声排放源边界布设多个测点，其中包括距噪声敏感建筑物较近以及受被测声源影响大的位置。一般情况下，测点选在社会生活噪声排放源边界外1 m、高度1.2 m以上、距任一反射面距离不小于1 m的位置。当边界有围墙且周围有受影响的噪声敏感建筑物时，测点应选在边界外1 m、高于围墙0.5 m以上的位置。当边界无法测量到声源的实际排放状况时（如声源位于高空、边界设有声屏障等），除在厂界外1 m、高度1.2 m以上、距任一反射面距离不小于1 m的位置设置测点外，同时在受影响的噪声敏感建筑物户外1 m处另设测点。

室内噪声测量时，室内测量点位设在距任一反射面至少0.5 m、距地面1.2 m高度处，在受噪声影响方向的窗户开启状态下测量。

社会生活噪声排放源的固定设备结构传声至噪声敏感建筑物室内，在噪声敏感建筑物室内测量时，测点应距任一反射面0.5 m以上、距地面1.2 m、距外窗1 m以上，窗户关闭状态下测量。被测房间内的其他可能干扰测量的声源（如电视机、空调机、排气扇以及镇流器较响的日光灯、运转时出声的时钟等）应关闭。

4. 测量时段

分别在昼间、夜间两个时段测量。夜间有频发、偶发噪声影响时同时测量最大声级。被测声源是稳态噪声，采用1min的等效声级。被测声源是非稳态噪声，测量被测声源有代表性时段的等效声级，必要时测量被测声源整个正常工作时段的等效声级。

5. 背景噪声测量和修正

同第10.3节“工业企业厂界环境噪声测量方法”中的相关内容。

10.4.2 测量结果评价

各个测点的测量结果应单独评价。同一测点每天的测量结果按昼间、夜间进行评价。最大声级L_{max}直接评价。

10.4.3 室内噪声测量实例

测量地点:杭州市某小区三楼主卧(如图10-1所示)。

测量时间:夜间22:30。

声环境功能区:2类。

主要污染源:地下一层的水泵房。

结构传播固定设备室内噪声测量结果见表10-2所列。图10-2为测量结果的统计图。

结论:A声级不超标,但是250 Hz频带声压级超标。

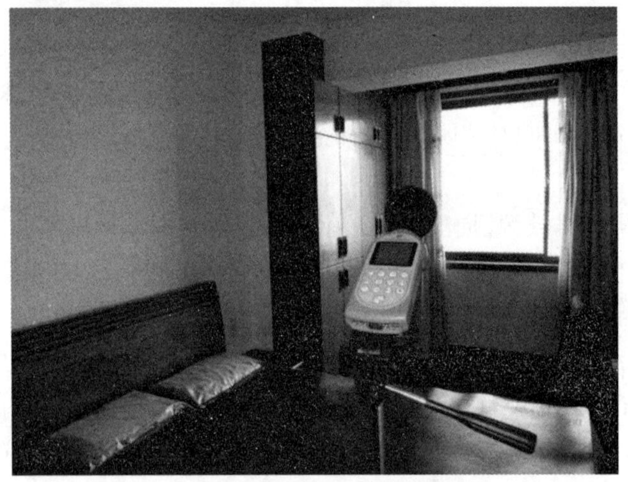

图10-1 测量室内结构传播固定设备室内噪声

表10-2 结构传播固定设备室内噪声测量结果 单位:dB

倍频带中心频率	31.5 Hz	63 Hz	125 Hz	250 Hz	500 Hz	A计权
$L_{eq,1\ min}$	45.4	45.5	41.2	37.9	26.8	32.2
L_{max}	52.9	51.8	48.3	44.5	33.9	37.6
L_{min}	40.8	40.7	36.8	33.9	23.5	29.6
噪声排放限值	72	55	43	35	29	35
背景声级	32.5	30.2	32.0	28.1	20.6	26.3

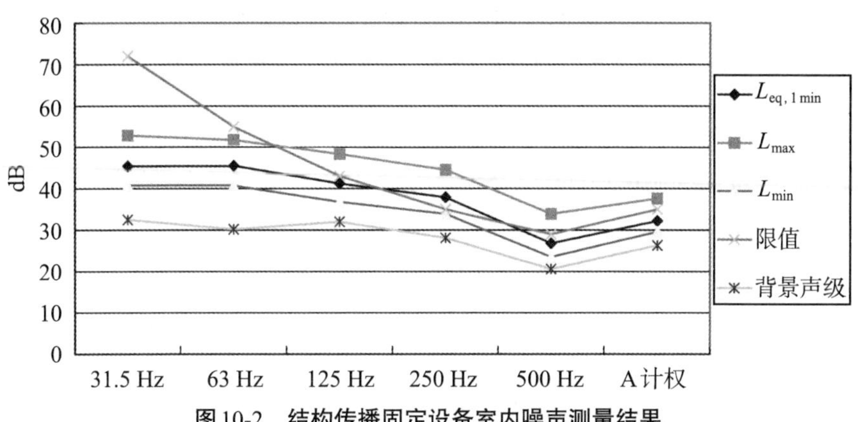

图10-2 结构传播固定设备室内噪声测量结果

从以上测量实例可以得出以下结论:

(1)水泵房的噪声通过结构传播的方式引起了三楼的声环境质量问题;

(2)结构传播固定设备室内噪声以低频成分为主,虽然A声级达标,但还是引起了投诉;

(3)按标准进行倍频程频谱分析后发现,250 Hz频带声压级超标;

(4)被测噪声是非稳态的,必须用实时频谱分析仪才能保证测量的准确性。

10.5 建筑施工场界噪声测量方法

GB 12523—2011《建筑施工场界环境噪声排放标准》还规定了建筑施工场界环境噪声测量方法。

10.5.1 测量方法

1. 使用仪器

符合GB/T 3785.1中2级及以上积分平均声级计或噪声自动监测仪。测量时传声器加风罩,时间计权特性设为“F”挡。

2. 气象条件

无雨雪、无雷电天气,风速在5 m/s以下时进行。

3. 测点布设

根据施工场地周围噪声敏感建筑物位置和声源位置的布局,测点应设在对噪声敏感建筑物影响较大、距离较近的位置。一般情况,测点设在建筑施工场界外1 m、高度1.2 m以上的位置。当场界有围墙且周围有噪声敏感建筑物时,测点应设在场界外1 m、高于围墙0.5 m以上的位置,且位于施工噪声影响的声照射区域。当场界无法测量到声源的实际排放时,如声源位于高空、场界有声屏障、噪声敏感建筑物高于场界围墙等情况,测点可设在噪声敏感建筑物户外1 m处的位置。在噪声敏感建筑物室内测量时,测点位于室内中央、距室内任一反射面0.5 m以上、距地面1.2 m高度以上,在受噪声影响方向的窗户开启状态下测量。

4. 测量时段

施工期间,测量连续20 min的等效声级,夜间同时测量最大声级。

5. 背景噪声测量

测量环境:不受声源影响且其他声环境与测量被测声源时保持一致。

测量时段:稳态噪声测量1 min的等效声级,非稳态噪声测量20 min的等效声级。

10.5.2 测量结果评价

各个测点的测量结果应单独评价。

最大声级L_{max}直接评价。

10.6 铁路环境噪声测量

10.6.1 概述

TB/T 3050—2022《铁路环境测量 环境噪声测量》规定了铁路沿线环境噪声测量的术语和定义、测量技术要求和测量报告。该标准适用于铁路沿线主要受铁路噪声影响区域的噪声测量。铁路噪声指铁路机车车辆运行和铁路沿线站、场、段、所作业中产生的噪声。

10.6.2 测量方法

1. 测量仪器

测量应采用符合GB/T 3785.1—2023中对1级设备技术要求的声学设备,采样频率不应低于40 kHz,传声器频率响应范围为16 Hz～20 kHz,测量过程中应加戴防风罩。每次测量前后应对声学设备进行校准,校准偏差不大于0.5 dB,否则测量无效。

仪器的动态范围应满足测点噪声波动的要求。测量铁路噪声时,对于距离边界较近的测点,动态范围可选择30 dB～120 dB;对于较远的测点,动态范围可选择30 dB～100 dB。

2. 测量的量和测量内容

采用等效连续A声级作为铁路噪声测量的量。测量内容应包括:

(1)各测点昼间和夜间相应测量时段内的等效连续A声级,单位为dB;

(2)各测点昼间和夜间相应测量时段内背景噪声的等效连续A声级,单位为dB。

3. 测点布设

测点布设根据测量目的和要求的不同,可以只布设边界测点或声环境保护目标测点。铁路噪声测量边界指距铁路近侧线路中心线30 m处或铁路沿线站、场、段、所的厂界。声环境保护目标指医院、学校、机关、科研单位、住宅等需要保持安静的噪声敏感建筑物。

以列车运行噪声为主的边界测点按照GB 12525《铁路边界噪声限值及其测量方法》相关规定测量;

以作业噪声为主的边界测点按照GB 12348《工业企业厂界环境噪声排放标准》相关规定测量。

声环境保护目标测点应根据声环境保护目标覆盖面积以及与铁路的相对位置布设,且能够反映受铁路噪声影响的最不利情况。当声环境保护目标覆盖面积较小(如只有一栋建筑物)且与铁路的相对位置基本相同时,可设置1个与铁路线路方向垂直的测量断面,并应至少设1个测点。当声环境保护目标覆盖面积较大时,根据标准中4.4.2.2条的原则确定若干个与铁路线路方向垂直的测量断面,每个断面至少应有3个代表性测点。同一测量断面内的测点，应采用同步测量的方法。

4. **传声器位置**

(1)边界测点传声器一般应置于高于地面1.2 m，距离反射物不小于1 m。

(2)声环境保护目标测点位于建筑群中时，传声器的位置应尽量远离周围建筑物。

(3)厂界测点有围墙时，传声器应置于围墙外1 m、高于围墙0.5 m上的位置。

(4)测量建筑物受声状况时，传声器应置于相应建筑物一层朝向铁路一侧的室外窗前1 m处，当建筑物高于3层(含)时，还应选取代表性楼层设置测点。

5. **测量时段**

至少应在昼间和夜间各选择一次有代表性的时段进行测量。昼间应在06:00至22:00，夜间应在22:00至次日06:00进行。对昼间、夜间的划分另有规定时，应按规定进行。测量时段不应小于1 h。

以列车运行噪声为主的测点，代表性时段内车流密度不应小于昼间或夜间的平均车流密度。测量时段内通过的列车不宜小于6列车。对于车流密度较低的线路，可测量各类型列车通过时的暴露声级，计算昼间或夜间的连续等效A声级。

以作业噪声为主的测点，应按照GB 12348—2008中5.4条的规定确定测量时间。铁路边界昼间或夜间等效声级计算方法见式(10-4)。

$$L_{eq}=10\lg\left(\frac{1}{T}\sum_{i=1}^{n}10^{0.1L_{AE,i}}\right) \tag{10-4}$$

声环境保护目标昼间或夜间等效声级计算方法见式(10-5)。

$$L_{eq}=10\lg\left(\frac{1}{T}\sum_{i=1}^{n}10^{0.1L_{AE,i}}+10^{0.1L_{eq,b}}\right) \tag{10-5}$$

式中，L_{eq}——昼间或夜间等效声级，单位为dB(A)；

n——昼间或夜间通过的列车数量；

T——昼间或夜间对应的评价时间，单位为s；

$L_{AE,i}$——第i列列车通过时的暴露声级，单位为dB(A)；

$L_{eq,b}$——昼间或夜间背景噪声等效声级，单位为dB(A)。

6. **气象条件**

测量时的气象条件应满足无雨、无雪，风速应小于5 m/s。应记录测点的温度、湿度、气压、最大风速和风向。

7. **背景噪声值修正**

铁路噪声测量值与背景噪声值的差值大于10 dB时，铁路噪声测量值不做修正；差值在3 dB～10 dB之间时，应进行修正。

10.6.3 GB 12525—90中有关铁路边界噪声测量方法

GB 12525—90(2008年修改)中有关铁路边界噪声测量方法简单介绍如下。

(1)使用2型及以上积分声级计。

(2)用“F”挡，采样间隔不大于1 s。

(3)气象条件：无雨雪、加风罩、4级风以上停止测量。

(4)测量时间:昼间、夜间各选在接近其机车车辆运行平均密度的某一个小时,用其分别代表昼间、夜间。必要时,昼间、夜间分别进行全段时间测量。

(5)测点选在铁路边界(距铁路外侧轨道中心线30 m处)高于地面1.2 m、距反射物不小于1 m处。

(6)测量1 h的L_{eq}值。

10.7 机场周围环境噪声测量方法

10.7.1 概述

GB 9661—88《机场周围环境噪声测量方法》规定了机场周围飞机噪声的测量条件、测量仪器、测量方法和测量数据的计算方法。该标准适用于测量机场周围由于飞机起飞、降落或低空飞越时所产生的噪声,包括三方面的内容:一是测量单个飞行事件引起的噪声,二是测量相继一系列飞行事件引起的噪声,三是在一段监测时间内测量飞行事件引起的噪声。

10.7.2 测量条件

1. 使用仪器

2级及以上声级计或机场噪声监测系统及其他适当仪器。

2. 传声器位置

高于地面1.2 m、离其他反射壁面1 m以上的开阔平坦地方,注意避开高压电线和大型变压器,传声器膜片基本位于飞机标称飞行航线和测点所确定的平面内,即是掠入射。

3. 气象条件

无雨、无雪,地面上10 m高处风速不大于5 m/s,相对湿度不应超过90%、不应小于30%。

4. 背景噪声级

要求测量的飞机噪声级最大值至少超过环境背景噪声级20 dB,测量结果才被认为可靠。

10.7.3 测量方法及信号分析处理

1. 单个飞行事件引起的噪声测量

(1)精密测量——需要作为时间函数的频谱分析的测量

标准规定要通过声级计将飞机噪声信号送到测量录音机记录在磁带上,再在实验室按原速回放录音信号并对信号进行频谱分析。现在都可由实时信号分析仪来完成,实时信号分析仪可以按不大于0.5 s的时间间隔直接测量并记录飞机噪声的1/3倍频带声压级,再直接计算或将数据送到计算机由计算机计算感觉噪声级。计算时将50 Hz~10 kHz中24个频带的声压级L_{psi},换算成相应的噪度N_i,再按式(10-6)计算总噪度N,单位为noy。

$$N = N_{\max} + 0.15\left(\sum_{i=1}^{24} N_i - N_{\max}\right) \tag{10-6}$$

式中,$N_{\max}$——N_i中的最大值。

感觉噪声级L_{PN}按式(10-7)计算,单位为dB。

$$L_{PN} = 40 + 10(\lg N/\lg 2) \tag{10-7}$$

如果在频谱中有显著纯音成分要计算纯音修正值C(dB)。经纯音修正的感觉噪声级

L_{TPN}按式(10-8)计算。

$$L_{TPN}=L_{PN}+C \tag{10-8}$$

在一次飞行事件中找出经纯音修正的最大感觉噪声级L_{TPNmax}和在最大值L_{TPNmax}下10 dB的持续时间T_d,一次飞行事件的有效感觉噪声级L_{EPN}按式(10-9)计算,单位为dB。

$$L_{EPN}=10\lg\left[(1/T_0)\left(\sum_{i=1}^{n}0.5\times10^{L_{TPNi}/10}\right)\right] \tag{10-9}$$

式中,L_{TPNi}——T_d时间内、0.5 s间隔的L_{TPN};

T_0——标准时间,T_0= 10 s;

n——实际持续时间T_d内的采样数。

等效持续时间T_e按式(10-10)计算,单位为s。

$$T_e=\frac{\sum_{i=1}^{n}0.5\times10^{L_{TPNi}/10}}{10^{L_{TPNmax}/10}} \tag{10-10}$$

(2)简易测量——只需经频率计权的测量

使用声级计读取一次飞行过程的A声级最大值L_{Amax}或D声级最大值L_{Dmax},以及在最大值L_{Amax}或L_{Dmax}下10 dB的持续时间T_d,再按式(10-11)计算有效感觉噪声级L_{EPN},单位为dB。

$$\begin{aligned}L_{EPN}&=L_{Amax}+10\lg\left(\frac{T_d}{20}\right)+13\\&=L_{Dmax}+10\lg\left(\frac{T_d}{20}\right)+7\end{aligned} \tag{10-11}$$

2. 相继一系列飞行事件引起的噪声测量

一系列相继飞行事件的噪声级是N个有效感觉噪声级的能量平均值,对某一测点通过N次飞行事件的有效感觉噪声级的能量平均值$\overline{L}_{EPN}$,按式(10-12)计算,单位为dB。

$$\overline{L}_{EPN}=10\lg\left[(1/N)\times\left(\sum_{i=1}^{n}10^{L_{TPNi}/10}\right)\right] \tag{10-12}$$

3. 在一段监测时间内测量飞行事件引起的噪声测量

对一段监测时间内的连续噪声级用计权有效连续感觉噪声级L_{WECPN}表示,它既考虑了一段监测时间内通过一固定点的飞行引起的总噪声级,同时也考虑了不同时间内飞行所造成的不同社会影响。以一昼夜24 h定为单位监测时间,L_{WECPN}按式(10-13)计算,单位为dB。

$$L_{WECPN}=\overline{L}_{EPN}+10\lg(N_1+3N_2+10N_3)-39.4 \tag{10-13}$$

式中,$\overline{L}_{EPN}$——N次飞行的有效感觉噪声级的能量平均值;

N_1——白天的飞行次数;

N_2——傍晚的飞行次数;

N_3——夜间的飞行次数。

这三段时间的具体划分由当地政府决定。

10.7.4 选用仪器

1. 精密测量

选用AWA6292型多功能声级计或AWA6228+型多功能声级计,加上机场周围飞机噪声分析软件，或者选用AWA6218J型环境噪声自动监测系统。

AWA6292型和AWA6228+型多功能声级计可以在监测人员的控制下或按设定条件自动启动，记录每一架次飞机飞过时1/3倍频程频带声压级随时间的变化，测量完毕后将数据输入计算机中，由机场周围飞机噪声分析软件对采集的数据进行分析，自动计算出每一架次的L_{EPN}、每天的L_{WECPN}、每周的L_{WECPN}。AWA6218J型环境噪声自动监测系统可以长期架设到机场周围，对每个飞行架次自动进行测量，计算出每一架次的L_{EPN}、每天的L_{WECPN}、每周的L_{WECPN}。

2. 简易测量

选用AWA5688型多功能声级计或AWA6228+型多功能声级计，这两种仪器有机场周围飞机噪声测量界面，监测人员按标准要求设好测点，在飞机要飞过来时按下启动键，飞机飞过去时按下暂停键后再按输出键，仪器自动测量计算出本架次的T_d值和L_{EPN}值。如果AWA6228+型多功能声级计配上SD卡，就可以记录瞬时声级随时间的变化，将这个文件输入机场周围飞机噪声分析软件后，软件可以自动分析出每一架次的L_{EPN}及一天的L_{WECPN}。

利用AWA6292型多功能声级计加上相应软件对机场周围噪声进行测试的系统界面如图10-3所示。

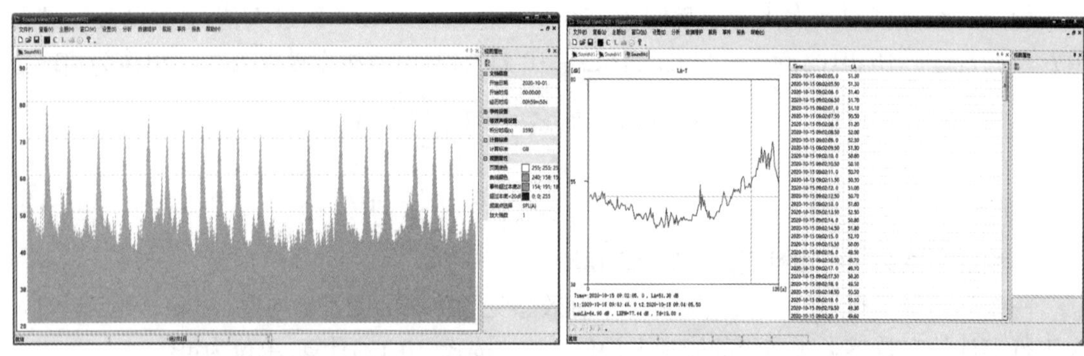

(a)噪声级的时间历程

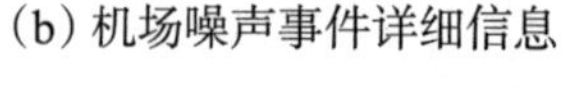

(b) 机场噪声事件详细信息

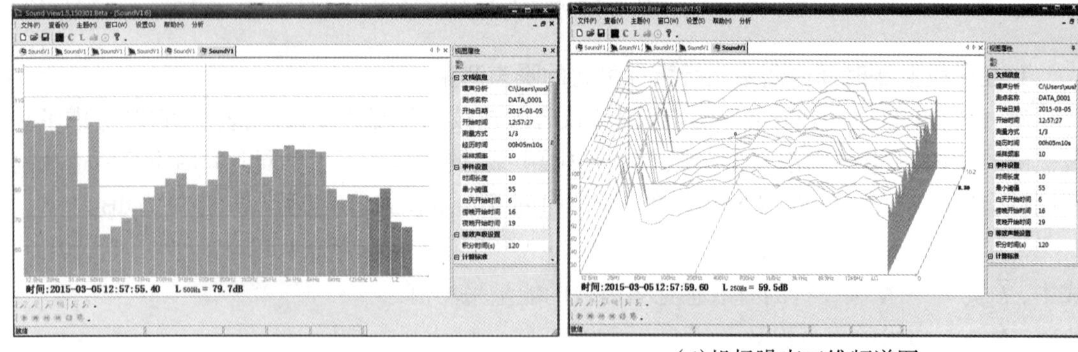

(c)机场噪声二维频谱图

(d)机场噪声三维频谱图

图10-3　机场噪声测量系统显示界面

GB 9661—88发布已经30多年，有关内容和标准值都已不符合现在的要求，所以有关部门正在对该标准进行修订，并初步改名为《机场周围区域飞机噪声环境质量标准》。其主要变化是测量单次飞机噪声事件在测点处产生的暴露声级(L_{AE})和最大声级(L_{max})，最后以年均昼夜等效声级YL_{dn}规定限值。

10.8 机场航空器运行与噪声监控系统技术规范

10.8.1 概述

我国民航局制定的标准《机场航空器运行与噪声监控系统技术规范》(MH/T 5109—2013)规定了机场航空器运行与噪声监控系统的数据获取、数据处理、测量的不确定度、数据报告和指导手册。该标准适用于机场航空器运行与噪声监控系统,不适用于为确定或批准航空器噪声审定数据提供方法,以及为描述航空器在地面所产生噪声(包括地面移动或使用辅助动力装置)提供方法。在技术内容上与ISO 20906:2009《机场附近飞机声音的无人值守监测》相同。

10.8.2 仪器设备

1. 总的要求

全自动噪声监测系统中每一个使用的测量通道应符合GB/T 3785.1/IEC 61672-1中对1级声级计的电声学性能要求。系统应能够进行A计权参量的测量。频率计权应符合对从基准方向(即0°入射角)传入传声器的平面声波的响应规范。检测结果可在中央工作站或其他地方打印或显示。可选1/3倍频带频谱噪声测量值。

2. 传声器组件

全部传声器组件(包括传声器、前置放大器、防雨器、风罩、传声器支架、防鸟设备、避雷装置和校准器)应满足以下要求:避雷装置应距离传声器至少0.5 m;所有其他设备(例如风速计)应至少低于传声器1 m,且与传声器支架杆水平距离至少为1.5m。加上风罩及其安装件的测量传声器风罩组件,对风速为10 m/s的风产生的A计权1 min等效连续声压级不应大于65 dB。

3. 测量范围

噪声监测终端声压级的测量范围至少应为30 dB～120 dB。1 kHz频率上的线性工作范围应不小于60 dB。应标记仪器过载时测量的声压级和声音事件。

10.8.3 传声器的安装和选址

无人值守的传声器测量点应选择在所产生的残余声(如非航空器噪声)影响最小的地点。由于残余声的存在,总会有一些噪声低的航空器不能被准确地测量到。为了仅依据声级识别技术就能进行可靠的噪声事件检测,测量点的选择应满足被检测的最安静的航空器的A计权最大声压级应高于残余声的长时间平均声压级15 dB以上。典型的残余声声源包括主干道、工厂、空调设备、各种泵、刮风时沙沙作响或引来鸟类驻足的树,以及下暴雨或冰雹时的金属屋顶等。

图10-4显示的是一个典型的直线航迹和监测终端的方位关系。最短距离s(通常称为斜距)与航迹垂直。在不留空斜距s处,航空器产生一个特定的声压级L_{AS}。由于声音是球形传播的,在航空器距监测终端$3s$处,监测终端测到的声压级至少会衰减10 dB。因此可以在航迹上找出声压级高于“$L_{p,\mathrm{AS},\max}$−10 dB”或“$L_{p,\mathrm{Aeq,1s},\max}$−10 dB”的部分。在图10-4中,$s$与$3s$之间的夹角约为70°。因此,使用下面的程序来描述从无障碍的监测终端看到的区域:

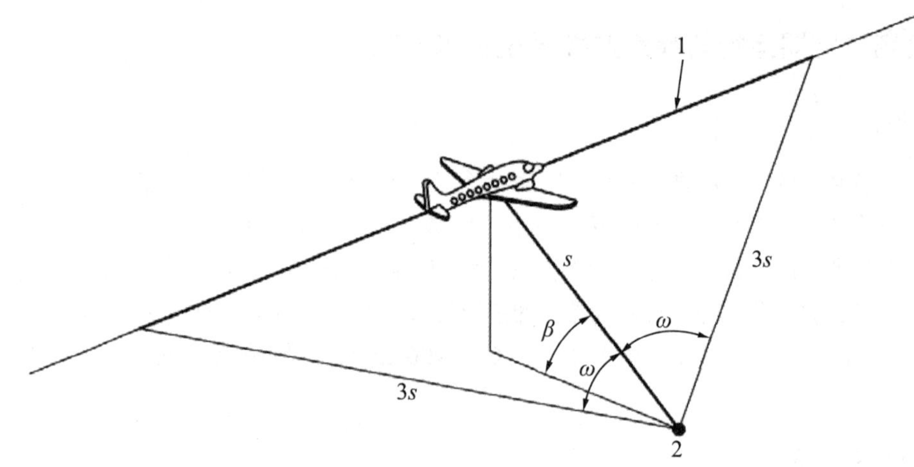

s—斜距；β—飞机相对水平面的仰角；ω—视线角；

1—航迹；2—噪声监测终端。

图10-4　与噪声监测终端之间无障碍物的最为重要的航迹段的视线示意图

首先，确定航路，该航路包括所监测航空器所有航迹的最大部分。如果监测终端用来记录多条航路的噪声事件，则应对每一条航路重复以上步骤。然后，从监测终端位置观察航路，观察位于航路的边界的航迹，这代表着几何末端的情况，例如具有最大和最小仰角β时的航迹。确定从传声器至每一条航迹上最小距离点（斜距s）之间的视线，同时确定航迹上距监测终端$3s$远处的点。对于直线航迹，这对应着斜距两侧各约70°的视线角ω。2倍70°的扇形面的估计仅仅考虑球面传播。它表示的是一个上限。在实际中，由于大气吸收和指向性影响测量到的声压级，因此，10 dB降时间段t_{10}，通常大约出现在（航空器进近时）60°和（航空器起飞时）50°的范围内。

由于各种原因，噪声监测点经常预先确定并且有时不完全符合上述要求。在这种情况下，使用者应认识到在这些噪声测量点的噪声测量具有更大的不确定度。

在为传声器选择合适的位置时，应将除地面以外的反射面的反射影响降为最小。除地面外，所有声学相关的反射面距传声器最少宜10 m。标准的传声器高度最少应高于地面6 m。为了减少地面反射的影响，传声器高度可以在6 m～10 m。

10.8.4　数据采集

1. 推荐的监测参数

（1）连续声级

监测终端应连续监测，并按要求以1 s或更小等效连续声压级和AS计权声压级序列来显示总声的A计权声压级。

（2）单个噪声事件的声压级

一个航空器噪声事件用暴露声级$L_{E,\mathrm{A}}$和最大声压级$L_{p,\mathrm{AS,max}}$或$L_{p,\mathrm{Aeq,1s,max}}$表征。应以0.1 dB或更高的分辨率计算噪声事件的暴露声级。

（3）百分数声级$N\%$

如果要计算超过声级，应在说明书中明确说明计算$N\%$超过声级的时间间隔和方法，建议采用AS计权声压级，最小采样率为每秒8次。

(4)气象条件

应测量以下气象条件并提供1 h的平均值：

①风速；

②空气温度、相对湿度；

③降水量。

2. 时间标识

航空器噪声监测系统应包含一个可靠的时钟，以便记录每次噪声事件和相关现象测量的日期和时间。在一天内的所有时刻，时钟与真实时间的误差不应大于2 s。如果发生断电，时钟应能继续工作直到系统重新启动。时间记录的中断应有明确的显示。如有多个时钟，它们之间的差异不得超过2 s。任何时钟的时间分辨率应为1 s或更高。

时间应为当地时间。噪声监测系统应能自动采用协调世界时(UTC)计算并能够进行当地标准时间与夏令时之间的相互转换。

3. 航空器噪声事件的检测和分类

噪声自动监控系统应可靠、准确地检测航空器噪声事件并将其分类。根据情况需要，有多种技术方法可以用于航空器噪声事件的检测。所选技术方法应能够对航空器噪声事件进行准确的分类，以满足以下3个准则：

(1)所有被测量的航空器噪声事件的累积暴露声级的扩展不确定度(U_{95})不应大于3 dB；

(2)至少50%的航空器噪声事件被正确归类为航空器噪声事件；

(3)被错误归类为航空器噪声事件的非航空器噪声事件的数量应低于实际航空器噪声事件数目的50%。

为了评估上述准则(2)和(3)，在实际中，是由人工确定每架航空器单独出现的时间(而非雷达数据)以及现场观测或记录的各自暴露声级，来实现将航空器噪声事件进行分类的。如果噪声监测终端包含噪声事件识别功能，则产生的“出错率”将远小于上述准则(1)和(3)所给出的数值。试验阶段最少应包括20个相同类型航空器的噪声事件，每个事件产生的A计权暴露声级应至少比地面背景噪声级高5 dB。

4. 数据传输

数据从监测终端向中央工作站传输可以是连续传输，也可以是间断传输。传输声压级数据的硬件和软件的分辨率应为0.1 dB或更小，并能对所有传输数据进行有效性验证。应能够对校准状态和因内存溢出、断电或设备故障而造成数据丢失的时间段加以显示。超出测量范围的无效声压级数据应被标注。数据传输不应增加噪声测量的不确定度。

如果数据是间断地以成组的形式传输，则每次声学数据传输至少应包括以下数据集之一。每一个数据集合规定的数据是最低要求，也可以传输任何其他的数据。数据类型可同时被传输。

(1)对每一个噪声事件：A计权暴露声级$L_{AE,i}$，最大AS计权声压级($L_{p,\mathrm{AS,max},i}$和/或$L_{p,\mathrm{Aeq,1\,s,max},i}$)，时间标识(每个事件的开始时间或最大声压级出现的时间)和事件检测临阈值$L_{\mathrm{threshold}}$的实际声压级(如果有的话)；

(2)航空器噪声事件声压级的时间序列；

有关总声的统计数据(例如N%超过声级)以及各个数据时段的起止时间应从噪声监测终

端传出。

5. 声学校准与验证

(1)声学校准

应对每个传声器提供由1级声校准器产生的声校准信号以检查并校准测量系统的声学灵敏度。声校准信号应为250 Hz～1000 Hz的纯音。纯音的声压级应在90 dB～125 dB。每个噪声监测终端每年至少进行一次声校准,建议经常校准,如每季度校准一次。

(2)自动校准检查

应通过将已知的电信号与传声器串联,或使用传声器振膜上激励的方法,对所有噪声监测终端及其连接的系统的工作情况进行检查。传声器的输出信号应为正弦波,频率在990 Hz～1010 Hz,等效声压级大于80 dB。应在监测终端和中央工作站都能实施校准检查。

通过远程检查噪声监测终端的电灵敏度和功能,对于检测故障是有用的,但其不能替代声灵敏度检查。传声器的静电激励是首选方法。

自动噪声监测终端的声学灵敏度检查应至少每天自动进行一次(建议在航空器活动较少的时段进行)。应存储并报告初始校准灵敏度级,以及该灵敏度级与随后每天测量的灵敏度级之间的差异。噪声监测系统应至少存储最近12个月的此类灵敏度数据。一般来说,灵敏度级变化超过1 dB的就认为是显著的且为发生故障的症候。应在合理可行的情况下尽快确定原因,并排除故障。

(3)电声性能验证

系统电声性能验证的时间间隔建议为每年一次,最长允许间隔为2年。一个噪声监测终端如果在前24个月时间段内没有进行以上检验,就应认为其不满足标准要求(设备安装使用的前两年除外)。

6. 环境特性

以下(1)～(3)给出的要求说明了噪声监测终端在各种环境中所允许的敏感度。安置在户外的噪声监测终端的部件应符合IEC 61672-1的规范,在偏离参考环境条件时的改变量处于1级接受限之内。这个要求适用于相对湿度、大气压力、交变磁场、静电放电、射频场以及对电源电压波动等改变所造成的影响。

(1)大气温度

安置在户外的噪声监测终端的部件应符合IEC 61672-1的1级要求,应能在-10 ℃～+50 ℃的温度范围内使用。如果机场周围的温度经常超过-10 ℃～+50 ℃的范围,制造厂商应向机场或用户提供由于温度过低或过高而引起的测量不确定度可能增加的详细说明。在某些情况下,除了一些处于特殊条件下的传声器组件,当监测终端温度超出规定范围时,可通过在监测终端室内加热或降温的方法,将温度调节到规定的范围。这时应注意,如发生电源中断等故障,测量不确定度会显著增加。

(2)其他室外影响

室外噪声监测终端的设计和安装应尽量减少生物引起的破坏。建议所有电缆装入金属管,传声器应安装风罩,在所有容易接近的地点安装坚固的锁,将设备安装在大多数当地生物不容易接近的地方。

噪声监测终端工作人员应了解监测点处的动植物,并采取保护措施防止它们破坏设备。

(3)电源

应采用连续供电的方式,如太阳能、电池等。在机场附近,通常可使用公共电网。噪声监测系统的电源应符合IEC61672-1的要求。任何备份电源应能够在外部电源故障时连续工作,并应考虑到能够持续不低于当地公共假期的最长时间,因为假期内不会正常恢复供电。

10.8.5 数据处理

1. 基本要求

图10-5显示了数据采集和处理的步骤。

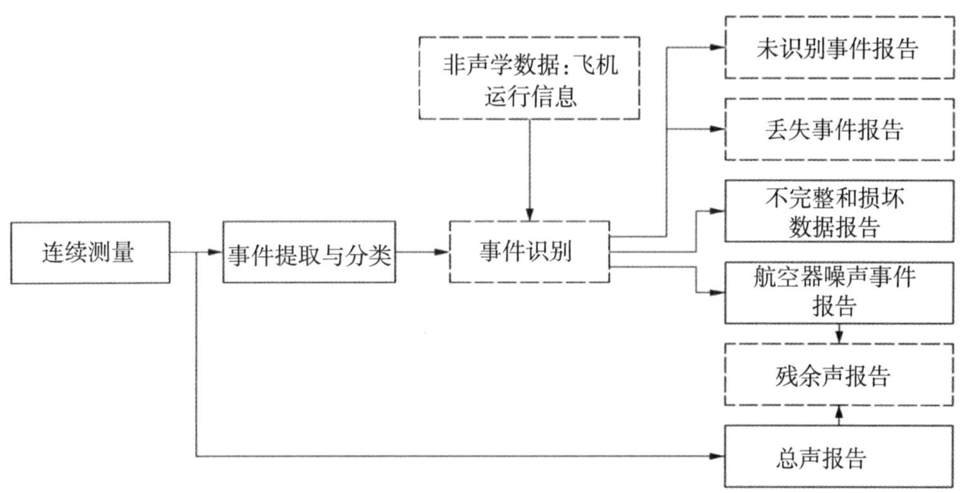

注:图中实线框表示强制性报告,虚线框表示可选报告。

图10-5 飞机声音事件数据采集和处理

航空器噪声监测系统可能会在若干个地点连续采集噪声数据,可能产生大量各种形式的声学数据。其中有两类数据在所有情况下都是必需的,因此对所有的系统都有强制性的规定:一是航空器噪声事件数据,二是不完整或被损坏的数据。

应报告规定时间段内总声,并以适当时间段内的A计权等效连续声压级表征。它也可以N%超过声级表示。

不同时间段的百分数声级不应与更长时间段的数据合并在一起。因此,如果测量百分数声级,则1 h、1 d和其他时段声压级应分开计算。

噪声监测系统应记录短时$L_{p,\mathrm{Aeq},1\,\mathrm{s}}$值的时间函数作为进一步分析的原始数据。

噪声监测系统的功能可能远超出这些基本功能,如提供航空器识别、跑道使用、飞行轨迹和其他非声学数据。

2. 航空器噪声事件数据

通常,噪声监测系统首先从连续测量中提取每个噪声事件,然后应用声学准则将这些事件分为航空器或非航空器噪声事件。

当符合以下所有声学准则时,则检测到了一个噪声事件:

(1)声音不是稳定的,但也不是脉冲的,即其持续时间处在规定的限制内;

(2)声压级至少超过一个规定的阈值;

(3)当事件终止后,声压级在指定时段内不会再次超过规定的声压级。

以上准则的解释如图10-6所示。

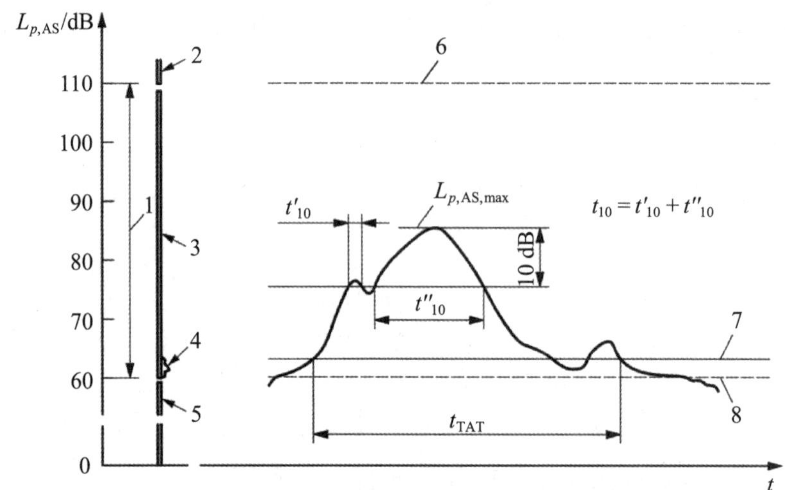

$L_{p,\mathrm{AS}}$—AS计权声压级;$L_{p,\mathrm{AS,max}}$—最大AS计权声压级;t—时间;t_{10}—下降10 dB的时间;t_{TAT}—高于临阈级的时间。
1—主要参量的范围(动态范围);2—过载范围;3—所考虑的范围;4—忽略的范围;5—非传输的范围;
6—主要参量的范围(动态范围)的上限;7—声压级临阈级;8—线性工作范围下限。

图10-6 飞机事件检测准则示例

噪声事件分类所需的噪声事件i的数据集合至少包括最大AS计权声压级($L_{p,\mathrm{As,max},i}$和/或$L_{p,\mathrm{Aeq,1s,max},i}$)、暴露声级($L_{\mathrm{AE},i}$)、持续时间($\Delta T_i$)和时间($t$),时间是最大声压级发生或噪声事件起始时的当地时间。

此外,噪声监测终端应能够确定初始临阈级点和取得最大声压级之间的时间间隔、终止临阈级点以及其他可能有用的数据。

3. 航空器噪声分类

并非每个提取的噪声事件都与航空器事件相关。主要基于声学特性的分类有助于将非航空器噪声事件从航空器事件中分离出来。航空器分类可基于以下一个或多个准则:

(1)飞行速度的范围和传声器到航空器距离的范围,进而噪声事件的典型持续时间;

(2)最大声压级($L_{p,\mathrm{AS,max},i}$和/或$L_{p,\mathrm{Aeq,1\,s,max},i}$)和暴露声级($L_{\mathrm{AE}}$)之间的典型关系;

(3)频谱信息;

(4)和另一个监测终端监测事件的关联性;

(5)超风速下试验;

(6)倾听所记录的噪声事件的声音。

4. 事件识别

如果可以获得飞机运行的非声学数据,如航班时刻表、跑道使用情况、航空器型号和飞行轨迹,和/或飞机位置数据,则所记录的航空器噪声数据可被用于以下方面:

(1)通过噪声事件与出现在传声器附近航空器的关联性,进一步检查它们确实是由航空器引起的;

(2)并且识别与特定航空器运行之间的关联性。

经识别的航空器噪声事件不仅包括噪声事件的基本数据，还包括有关于航空器型号、飞行轨迹和跑道等数据。

航空器噪声事件识别可通过自动程序或人工操作方式完成。

5. 不完整或损坏的数据

噪声监测终端可能由于电源故障、过大的风声、设备故障等原因停止采集或处理有效的噪声数据。在这种情况下，应有相应预防措施向工作人员发出警报以提醒恢复设备运行，使数据损失降至最低。当数据无可挽回地丢失或无效时，声压级参数计算应适当修正以便估算该值，使之就像数据损失没有发生一样。无论何时，如果数据丢失超过1/3，则不应进行计算，记录应保持空白，并应有适当的标记说明这种情况。

在有风的情况下得到的数据将增加测量数据的不确定度。报告中应记录每个航空器噪声事件发生时的风速。当风速大于10 m/s时，测得的数据应标注。在某些情况下，风的影响可通过风噪声的特定频谱来识别(通常是一种以低频为主的宽带声音)。

6. 总声和残余声

噪声监测系统应能测量总声(包括所有声源)。噪声监测系统同时能计算残余声(非航空器声源)，通过以上两个数据就可计算累计航空器事件数据的平均声压级或在同时间段内的百分数声级$N\%$。

7. 数据存储

所有的噪声监测数据都应暂时存储和存档。所有噪声事件和每小时的声暴露数据应该保存足够的时间，以便能进行各种辨识试验和对航空器噪声事件进行识别(如系统有此功能)。如果数据存储在远端监测终端并定期向中央工作站传输数据，则每个远端监测终端应有足够的空间存储以下持续时间(取其最大)内的所有基本噪声事件数据和每小时声暴露数据：

(1)2倍正常传输间隔时间；

(2)24小时；

(3)噪声监测系统管理和维护人员最长缺勤时间(如假期)，以防止在其缺勤期间发生数据传输故障而导致数据丢失。

10.9 城市轨道交通引起建筑物二次辐射噪声测量方法

在JGJ/T 170—2009《城市轨道交通引起建筑物振动与二次辐射噪声限值及其测量方法标准》中，要求测量频率范围16 Hz～200 Hz的室内二次辐射噪声，通常情况下，使用具有1/3倍频程滤波器分析功能的积分声级计，测量16 Hz～200 Hz各个1/3倍频程中心频率的频带等效连续声压级，再按第6章表6-18的声级计频率计权，加上各个中心频率对应的A计权因子(分贝数)，得到16 Hz～200 Hz各个1/3倍频程中心频率的频带计权声级，然后再将这些计权频带声压级合成，就得到在16 Hz～200 Hz频率范围的等效连续计权A声级[参见第2章公式(2-2)]。不过这里16 Hz～200 Hz的1/3倍频程中心频率覆盖的频率范围应该是14.2 Hz～224.6 Hz。

利用AWA6292型多功能声级计的自定义频率计权功能，该仪器具有2个自定义频率计权U和T的功能，用于测量的声压级表示为SPL(U)和SPL(T)。出厂时U计权已预设为Z计权（全部计权因子都设定为0），T计权在16 Hz～200 Hz频率范围内的各个1/3倍频程中心频率的计权因子设定为表6-18对应的A计权因子，同时将其他中心频率点的计权因子设置为$-\infty$，仪器在测量其他参数的同时，测量出自定义的计权声压级，用SPL（T）表示，并与其他参数一起在1/3 OCT分析列表和图形界面显示出来。该声压级值既可以是瞬时值，也可以是等效声级、最大声级或最小声级。如果检查发现自定义计权没有预先设置好，用户可以根据说明书自行设定或调整。

10.10 内河航道及港口内船舶辐射噪声的测量

10.10.1 概述

GB/T 4964—2010《内河航道及港口内船舶辐射噪声的测量》规定了内河航道和港口内船舶辐射噪声级和频谱的测量方法，以取得准确和可比的数据。该标准适用于内河航道及港口内各类民用船舶，以及小型沿海船舶、港务船和工程船，不包括带动力的休闲娱乐船舶。

10.10.2 测量的量

（1）在验收试验和监测试验中，测量船舶操作过程中的A计权暴露声级L_{AE}和AS计权最大声压级$L_{p,\mathrm{AS,max}}$，单位为dB。如需测定船舶的某些声学特性，需做频谱分析时，可测无计权或C计权倍频带或1/3倍频带最大声压级，也可测无计权或C计权倍频带或1/3倍频带暴露声级，单位为dB。

（2）对于稳态噪声，如停泊船舶的主机辐射噪声，可测量等效连续A声压级$L_{p\mathrm{Aeq},T}$，单位为dB。

10.10.3 测量仪器

（1）包括传声器、电缆和记录设备的仪器系统应符合GB/T 3785.1对1级仪器的要求。

（2）测量频带声压级时，倍频程或1/3倍频程滤波器应符合GB/T 3241.1对1级仪器的要求。

（3）每次测量前后，传声器应用声校准器校准，声校准器应符合JJG 176的规定。

10.10.4 测量环境条件

1. 测量场所说明

对于航行船舶，传声器周围30 m以内没有大的声反射体，测量时注意避免其他声源噪声的影响，传声器周围不应有扰乱声场的障碍物。对于停泊船舶，传声器周围30 m以内没有大的声反射体。

2. 气象条件

测量时风速应小于5 m/s，下雨雪时不宜进行测量。有风影响时传声器应带风罩。

3. 背景噪声

对于验收试验，背景噪声至少比测得船舶的辐射噪声值低10 dB。对于监测试验，背景噪声应比船舶航行通过时测得的辐射噪声低6 dB，并进行修正。

4. 航行航线和距离测量

测试时，船舶的航向应尽可能保持直线，并符合第10.10.6节所规定的距离。内河测量时，船舶应在逆流、逆潮或平潮时航行。传声器与船舷的距离可采用光学仪器或其他测距仪测量，也可在已测量好距离并做好标志的航道上进行测量，距离误差不超过±1 m。

5. 船舶操作条件

(1)传声器的距离

船舶应距传声器远处开始航行，以便船舶通过测量位置时发动机处于稳定状态。

(2)负载

船舶的负载状态应在试验报告中说明。对于小型船舶，质量的配置，包括数量和人员座位的数量也应当记录。对于验收试验，船舶应为最小负载状态。

(3)主机

在验收试验中，主机至少在额定转速的95%或者额定功率95%以上运转。如果使用可调螺距和平旋式螺旋桨，则应在全功率下运转。

在正常港口条件下，停泊船舶于测量位置时，推进装置应该停止运行。

(4)辅机

所有辅机按正常航行状态开动或关闭。

(5)门窗

验收试验中，机舱的门窗应在关闭和通常敞开就敞开下分别测量。在监测试验时，船舶正常航行，门、窗处于通常敞开就敞开。

10.10.5 传声器位置

(1)传声器位置应高出水面3.5 m±0.5 m。若放置在固体表面上，应至少高出表面1.2 m。传声器应放置在安装平面的边缘±0.5 m范围内。

(2)当被测量船舶通过传声器正前方时，船的舷侧与传声器的基准距离为25 m±5 m，偏离此距离时，其读数应按式(10-14)进行修正。

(3)对于停泊船舶(如挖泥船、救助船及深潜船)，传感器应在离船舷四周25 m±2 m处最大噪声区置若干点进行测量。此时主辅机也应按正常状态运转或关闭。

10.10.6 测量过程

1. 航行船舶

(1)每次独立船舶航行，测量暴露声级的开始时间t_1为船舶靠近测量点时辐射噪声第一次超出背景噪声的时刻，结束时间t_2为船舶远去测量点时辐射噪声低于背景噪声的时刻。AS计权最大声级也应在船舶通过测量点时测出。

(2)对验收试验，至少要做两次通过试验。两次测量结果，其差别不应大于3 dB，否则应重新测量。而测量的平均值的小数部分做四舍五入。对监测试验做一次测量即可。

(3)如果船舶的两舷声辐射对船的纵剖面具有明显的不对称性，则应在声压级高的一侧进行测量。

(4)如果通过船舶不能保证基准距离25 m，则应对测得的A计权暴露声级$L_{AE,d}$和AS计权最大声压级$L_{pASmax,d}$按式(10-14)加以修正。

$$L_{AE,25}=L_{AE,d}+k\lg(d/25) \tag{10-14}$$

式中，对于L_{pASmax}，k=20；对于L_{AE}，k=10；

$L_{AE,25}$——相当于距离25 m的A计权暴露声级，单位为dB；

d——测量时传声器距船侧舷的实际距离，单位为m；

$L_{AE,d}$——距离为d时测量的A声级，单位为dB。

（5）出现明显的脉冲噪声或纯音时应在测量报告中说明。

2. 停泊船舶

根据10.10.5（3），整船和/或特定组件的等效连续A声级$L_{pAeq,T}$测量时间应不少于30 s。出现明显的脉冲噪声或纯音时应在测量报告中说明。

10.11 环境噪声数据管理系统

10.11.1 概述

环境噪声数据管理系统是一套对环境噪声数据进行收集、汇总、管理、分析的软件。该系统可以通过多种途径采集环境噪声数据，对历年的环境噪声监测数据进行科学管理，自动生成各种图表，有效提高噪声监测数据的分析及应用水平，为数字环保奠定基础。模块化的设计，可以根据需要选取相应的功能，开放的接口有利于数据的共享及交换。

该系统将用户权限分级，可全程记录重要的操作；可从声级计、噪声统计分析仪、噪声自动监测仪、文档中录入噪声监测数据；有数据查询功能，方便快速查找所需信息；具备强大的数据分析和报表功能；噪声分布地图功能可形象反映区域的噪声污染水平；采用Microsoft SQL Server专业数据平台，安全、稳定、可靠。

环境噪声数据管理系统包括以下模块：

——噪声自动监测终端管理模块；

——客户端软件；

——声级计数据管理模块；

——数据调阅模块；

——自定义报表模块；

——Web数据发布模块；

——噪声强度分布地图模块；

——机场噪声自动监测模块。

10.11.2 系统结构示意图

环境噪声数据管理系统结构示意图如图10-7所示。

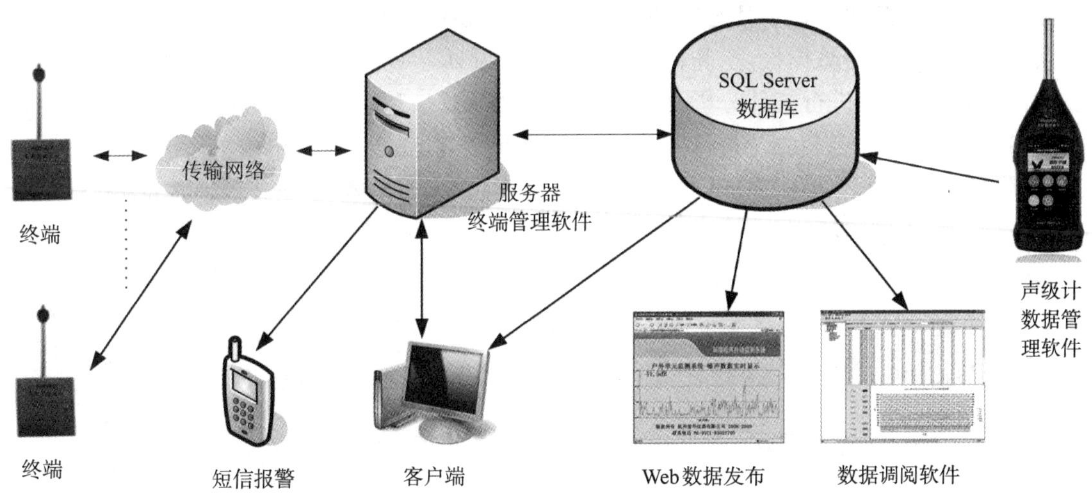

图10-7 环境噪声数据管理系统结构示意图

10.11.3 噪声自动监测终端管理模块

可以通过Internet、RS485、电话线等通信网络控制噪声自动监测仪器。噪声自动监测终端管理模块采用多线程技术,可同时对多个测点进行管理;既能自动读取各种数据,又可人工读取,无须担忧数据遗失。结合短信模块,重要事件可直接发送至手机。该模块主要由设备管理、用户管理、报警设置、噪声监测等部分组成。噪声监测有多种噪声值显示模式,既可同时看到所有测点的数据,也可查看某一测点的数值或变化趋势,并可将全部测点的噪声值实时显示在城市地图上。

10.11.4 客户端软件

用户只要一台能连接中心服务器的电脑,所有登录用户均可查看终端的参数设置和数据。高级用户登录后还可对终端参数进行设置。客户端软件的界面与服务器软件的界面基本一样,用户只要会操作服务器软件便能轻松操作客户端软件。

10.11.5 声级计数据管理模块

可将手持声级计的测量结果导入本系统数据库中,通过数据调阅程序进行分析。并可根据此数据绘制噪声分布地图,方便用户对全城市历年噪声测量数据的查询、对比、统计,自动生成各种报告,有效提高数据的利用率。

10.11.6 数据调阅模块

数据调阅模块可以对从噪声自动监测仪器、手持仪器接收到的数据库数据进行查询、统计、比较分析。可以按时间及测点对保存在数据库的各种噪声数据进行统计数据查看、历史事件查看、瞬时数据查看。对保存在数据库中的数据进行不同测点及不同时间的对比分析。分析结果可以图片或记事本、Excel的形式保存。可以用曲线或柱状图对同一测点不同时间或不同测点同一时间的各种噪声数据进行比较,帮助分析噪声的时间变化趋势及噪声的分布形势。也可以用圆饼图显示任意时间段的噪声昼夜超标情况。用列表分析生成由用户指定测点及时间段的噪声数据报表,超标数据使用红色显示。还可以由用户任选测点、指定时间段,对读回的瞬时值进行统计分析,计算任意时间段的L_{eq}、L_{max}、L_{min}、L_N、SD等。还可以对用户指定多个测点的频谱分析结果进行列表比较,显示单个测点的三维瀑布图(如图10-8所示)。

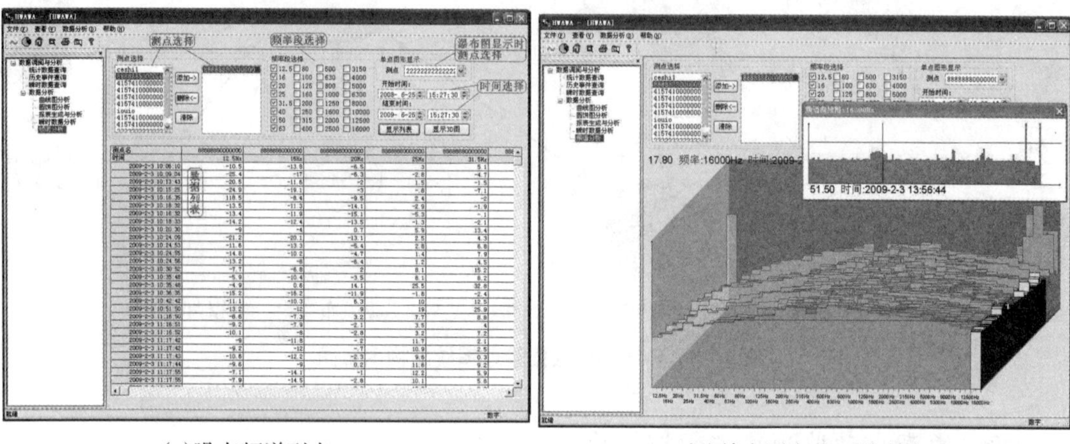

(a)噪声频谱列表　　(b)单个测点的三维瀑布图

图10-8　噪声频谱列表显示与单个测点的瀑布图显示

10.11.7　自定义报表模块

系统结合Word技术开发,开放式的模板设计理念,实现报表可视化设计,所见即所得。用户可以自行设计、修改报表,以最简单的方法满足不同用户对各种格式模板的要求。

10.11.8　Web数据发布模块

经过管理员授权,用户只需通过Internet访问Web服务器,便可查看瞬时值、历史值、各种统计值以及各种事件,并可打印简单的日、月、年报表。网站管理员可根据需要对不同的用户设置不同的权限。

10.11.9　噪声强度分布地图模块

用户根据城市区划、测点网格的分布等情况对城市地图进行分块,软件可以自动将数据库中保存的数据读出,根据GPS定位信息或测点编号将相应的颜色填入相应的区块中,生成噪声分布图。用户可以自定义噪声的强度与颜色的关系。噪声数据可以是从噪声自动监测仪中自动读出的,也可以是从手持仪器中读出的,减少了过去烦琐的手工操作,准确、形象、客观地反映出城市的噪声污染水平。

10.12　机动车鸣笛监测

机动车鸣笛监测系统是一套电子监控设备,用于对机动车在禁止鸣喇叭区域内的鸣喇叭行为进行声源识别、定位和记录。其主要由3部分构成:声源定位单元、图像与视频采集单元和信号处理单元。鸣笛监测系统中的声源定位单元是系统的核心部分,一般由几十个传声器组成,同步采集道路声音信号。图像与视频采集单元对道路机动车通行情况进行拍照与录像。信号处理单元根据声音信号判断是否有鸣笛声并计算鸣笛声源位置，在光学图片和视频中标记鸣笛声定位位置，实现基于传声器阵列和图像与视频的声光采集测量系统对机动车鸣笛行为的记录取证。

JJG 1184—2022《机动车鸣笛监测系统》规定，机动车鸣笛监测系统计量性能主要有以下几方面。

（1）声压级测量误差：在1.8 kHz～3.55 kHz频率范围内，鸣笛监测系统对声压级的测量误差不应超过±3 dB。

（2）空间分辨力：鸣笛监测系统在距离声源3 m距离处，对于2 kHz频率的空间分辨力不应大于0.1 m。

（3）定位误差：鸣笛监测系统对声源在X方向定位误差不应超过0.6 m，在Y方向的定位误差不应超过1.5 m。

（4）有效识别区域：在X方向不应少于1个车道，在Y方向不应小于15 m。

（5）声光图像时间一致性：鸣笛声开始时刻与鸣笛声定位图片中所记录的鸣笛声发声时刻的时间差绝对值的最大值不应超过80 ms，3次平均值不应超过50 ms。

另外，检定规程要求机动车鸣笛监测系统应在其自动生成的鸣笛声定位图片中给出有效识别区域，建议用红色或其他对比明显颜色的封闭多边形框出。鸣笛声定位图片应使用十字形标记或其他可明显得出位置信息的标记作为鸣笛监测系统识别出的鸣笛声源中心位置标记。

杭州爱华智能的AHAI1001型机动车鸣笛违章监控系统是采用被动声源目标探测技术研发的一套针对汽车违法鸣笛抓拍取证的识别定位系统。该系统利用视频与声音阵列设备以及高性能信号处理手段进行现场信息获取、现场车辆定位和车牌识别。系统对道路交通中的乱鸣笛行为进行准确实时抓拍、证据存储、数据平台统一管理，同时可以无缝接入交警现有执法系统，解决困扰交警行业多年的难题。该系统的组成如图10-9所示。

图10-9　汽车鸣笛抓拍系统

上海其高科技、北京东方所等单位也都研发有机动车鸣笛违章监控系统。

就监控系统的安装方式而言，机动车鸣笛违章监控系统可以分为固定式、移动式和车载式三种。

固定式鸣笛抓拍系统：该系统由鸣笛车辆定位子系统、网络传输子系统以及后端数据管理子系统组成。鸣笛车辆定位子系统包括传声器阵列采集单元、高清抓拍单元和鸣笛车辆定位软件，对鸣笛车辆进行实时定位，并保存图像、视频和音频等信息。抓拍信息通过网络传输到后端数据管理子系统，并可通过网页或者手机App实时查询并接收鸣笛抓拍信息。

移动式鸣笛抓拍系统：移动式鸣笛抓拍系统采用32通道传声器阵列，采用自带的高清摄像头以及Windows平板，进行鸣笛车辆的实时定位和测试。整套设备自带可充电电池且支持无线传输，响应快速。设备可以与不同的三脚架和升降设备配合使用。支持Wi-Fi、以太网以及4G传输；定位精准，抑制干扰噪声，准确识别鸣笛声音，精准定位鸣笛车辆；安装便捷，利用现有电警杆或信号灯杆即可安装，也可安装在立杆或移动平台上；工业级芯片，环境适应性强，运行稳定，24小时不间断抓拍；接口开放，提供灵活的接口以接入交警执法系统，为鸣笛违章取证提供依据。

车载式鸣笛抓拍系统：具备折叠升降和多维度旋转功能，适用于多种车辆顶部，可弥补固定式鸣笛抓拍无法迅速改变部署位置的不足，便于交警随时随地进行违法鸣笛监管，为警力资源的指挥调度、部署以及信息化建设提供支持和服务。该系统主要包含声学探头、视频探头和升降支架，可通过云台调整鸣笛抓拍监控区域，根据实际需要进行抓拍场景设置。抓拍系统可生成违法鸣笛过程照片、音频和视频等证据，并存储到中心后台进一步核实与存储。

两款机动车鸣笛违章监控系统的主要技术性能见表10-3所列。

表10-3　机动车鸣笛违章监控系统主要技术性能

参数	AHAI1001		上海其高
	固定式鸣笛抓拍	移动式鸣笛抓拍	机动车鸣笛违章监控系统
传声器数量	32个MEMS	32个MEMS	32个MEMS，64个MEMS
动态范围	＞65 dBA	＞65 dBA	30 dB(A)～120 dB(A)
频率范围	200 Hz～8000 Hz	200 Hz～8000 Hz	200 Hz～8000 Hz
传输接口	网口	网口，Wi-Fi和USB接口	—
防水等级	IP54	IP54	—
重量	4 kg	4 kg	—
证据链	图像、音频、视频、车牌多种证据记录	图像、音频、视频多种证据记录	横向分辨率：可区分有效探测区域内相邻车道并排车辆的鸣笛声； 纵向分辨率：可区分有效探测区域内前后车辆的鸣笛声； 行进车辆鸣笛：典型城市道路车辆行进速度下均可抓拍
抓拍范围	3～5车道	抓拍范围根据高度和角度可调	3～5车道
抓拍距离	10 m～50 m	60°	安装投影位置前方50 m
分辨力	可分辨两辆并排车辆(横向)，可分辨前后两辆车(纵向)		可区分有效探测区域内相邻车道并排车辆的鸣笛声
捕获率	95%(视环境)		有效探测位置：安装投影位置

10.13 噪声地图

10.13.1 概述

噪声地图是指利用声学仿真模拟软件绘制,并通过噪声实际测量数据检验校正,最终生成的地理平面和建筑立面上的噪声值分布图,一般以不同颜色的噪声等高线、网格和色带来表示。作为数字化城市管理手段的重要组成部分,噪声地图综合了两项信息科技前沿技术——计算机软件仿真模拟与地理信息系统,以数字与图形的方式再现了噪声污染在交通干道沿线和城市区域范围内的分布状况。噪声地图在欧美日等发达地区已经得到广泛应用,《欧盟2002年噪声指引》明确要求成员国必须绘制符合条件的噪声地图。目前,伦敦、巴黎、柏林、东京等城市都绘制了十分详细的噪声地图。

噪声地图展示了城市区域环境噪声污染普查和交通噪声污染模拟与预测的成果,为城市总体规划、交通发展与规划、噪声污染控制措施提供了科学的决策依据。城市规划、交通主管、环境保护等政府部门和居民均可获益良多。

在不久的将来,看看自己房屋周边的噪声地图,打造更安静个性的方案将不再难;而有了噪声地图的指引,选择更安静的区域择优买房将成为现实。有关部门还计划在噪声地图相关的网站上标记出城市境内所有街道上的噪声分贝级。他们还将以这些资料为依据,制订提高城镇居民生活品质的方案。

10.13.2 国外噪声地图情况

英国伯明翰市是较早制作全城范围噪声地图的城市,在英国政府环保部门的支持下,已于2000年完成。2004年又启动了一个地图更新的项目,2005年英国出版了一本世界上最大的官方噪声地图——《伦敦道路交通噪声地图》。在噪声地图上,不同的颜色代表不同的声压级。同时人们只要登录噪声地图网站并输入邮编,就可以知道相关街道上噪声的大小。

德国也是发展噪声地图较早的国家,在德国已经有500个以上的城镇绘制了噪声地图,其中大部分城镇已基于噪声地图,提出了可行措施来控制环境噪声。

葡萄牙将噪声地图与城市规划密切联系起来,将噪声管理纳入城市规划建设,综合治理同时兼顾其技术特点和经济效益,现已应用在新区的规划和现有城区的管理中。

爱尔兰发展了一项改进的可视化噪声地图,基于三维模型,可以直观观察到安装声屏障对声场分布的作用,以预测使用声屏障等措施后对噪声污染带来的改善。

土耳其颁布了噪声控制法,要求在铁路、航空和工业等方面使用噪声地图技术降噪。

美国在绘制噪声地图的同时,宣传噪声控制意识,吸引公众参与,作为环境评价体系的一部分。许多美国保护区都已经使用降噪策略,比如加开班车以减少交通运输噪声或将高速公路和飞行路径集中在一个“噪声通道”中。

亚洲噪声地图的绘制稍晚于欧洲,目前日本、韩国、中国香港等均绘制了本地噪声地图。

10.13.3 我国噪声地图情况

1. 深圳市

我国第一个城市区域噪声地图描绘的是深圳市中心、面积12 km²的福田南片区噪声情况。该地图包括深圳河(香港与深圳市界河)以北、滨河路以南区域,是集商贸、工业、文教、居住于一体的综合区,区内分布有广深高速、滨河路等多条繁忙交通干道,有福田保税区等工业区,还有政府安居小区(益田村)、居民城中村等。初步估计,受环境噪声影响的人口超过20万人。

在福田南噪声地图看到,最南面的广深高速位置已成了一条火红的噪声带,这表示该处噪声已至少高达75 dB;与广深高速相交的几条城市道路附近显示为鲜黄色,这表明该区域噪声为70 dB左右。而在益田村等住宅小区位置显示为绿色和蓝色相交,这表明该地段噪声值分别为65 dB左右和45 dB左右,越靠近路边的居民楼噪声值越高。

这样的噪声地图采用的是凯纳仿真模拟技术,由此生成的噪声地图与实测噪声值之间的误差控制在2 dB～5 dB。近期,该项技术将有望被深圳市环保局采纳并作为数字环保和"我的家园"的创新配套服务项目,且噪声地图的覆盖范围有望拓展到深圳"7纵13横"城市主干道周边住宅区,市民上网查询自己房屋的噪声值将更加方便。

2. 广州市

广州市交通噪声地图由中山大学工学院智能交通中心交通噪声研究团队于2011年8月绘制完成,现已经在完善其网络版。绘制出的广州市交通噪声地图共包括20 450个路段和104 461栋建筑物,总面积达2391 km²,覆盖广州市荔湾、天河、越秀、海珠、白云、黄埔等多个区域。绘制出的广州市的昼夜道路交通噪声地图,直观地展示了广州市道路交通噪声的污染程度和分布情况。地图制作后还对广州市的昼夜交通噪声进行分区域分道路等级的实地监测,对地图的可信度进行了校验。

广州市交通噪声地图主要采用了以下技术。

(1)交通噪声预测模型:在车辆排放模型的基础上,根据不同的道路场景与交通流特征建立相应的交通噪声预测模型,同时考虑建筑物、绿化带和声屏障等障碍物的影响,并研究交通噪声在传播过程中的反射衍射和吸收现象,最终将数据以直观的形式显示。

(2)地理信息系统:基于GIS的噪声地图渲染方法,通过对ArcGIS Engine组件的二次开发,并改进插值方法,实现噪声地图的快速渲染;基于GIS的噪声地图无缝拼接技术,通过对栅格图层的自动裁剪与合并,实现噪声地图的无缝拼接。

(3)基于WebGIS的噪声地图网络发布技术:采用ArcGIS Server作为WebGIS Server,Microsoft IIS 7作为Web服务平台,Visual Studio C#2010作为系统开发环境,SQL Server 2005作为空间信息和属性信息数据库,并结合Silverlight、HTML等语言进行系统开发。还需通过数据库与WebGIS的交互操作实现对噪声的查询及统计分析等功能。

该噪声地图具有以下特点。

(1)大区域噪声计算,地图城市化。广州市交通噪声地图面积远远超过伦敦、香港、伯明翰等城市的噪声地图。采取了网格智能划分、交通源自动筛选及计算目标快速索引等三个方面优化算法来提高算法的效率。

(2)自动获取数据，地图智能化。研发的“基于GIS的城市交通噪声模拟与评估系统——中大声图”，可以以框选、查询选择等方式从ArcGIS地图中自动获取道路属性信息及建筑物的属性信息，并把这些信息返回到主界面作为噪声计算的输入参数。

(3)网络发布，地图公益化。广州市交通噪声地图可以在网络版交通噪声查询发布系统中直观地显示。该系统可以查询任意地点的噪声数值和噪声污染等级，可为政府部门、企业以及居民查询多样化的交通噪声信息服务。

广州市部分昼夜交通噪声地图如图10-10所示。另外，广州市还绘制了内环路交通噪声地图、天河区交通噪声地图和广州市环市东路东风路区域交通噪声等地图。

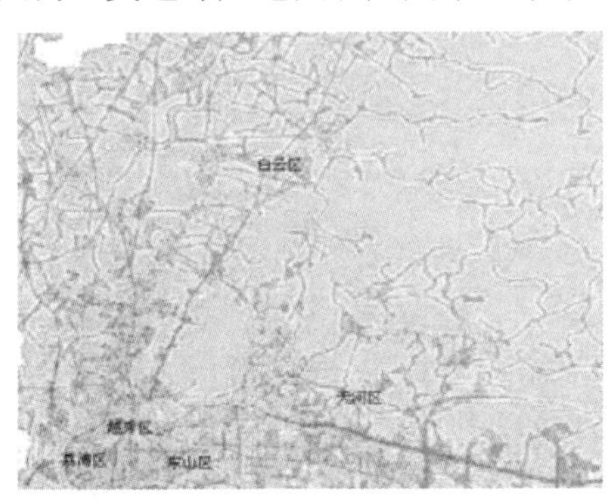

(a)白天

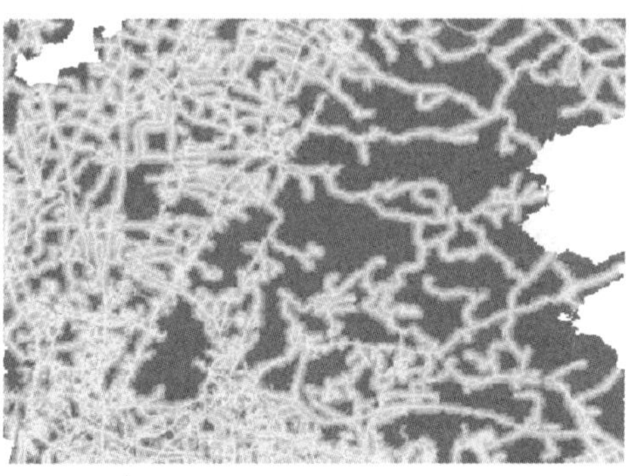

(b)晚上

图10-10　广州市部分昼夜交通噪声地图

3. 北京市

北京城区第一张区域噪声地图由北京市劳动保护科学研究所绘制。这张噪声地图为西直门桥—德胜门桥—马甸桥—健翔桥—学院桥—蓟门桥—西直门桥这样一个“矩形”的12.7 km^2范围，各个地理位置的噪声值分布用不同颜色的噪声等高线、网格和色块来表示，城市各个区域不同的噪声等高线用各异的色块表示出来，整个区域的噪声范围从85 dB到35 dB不等。地处高速公路附近的长带状区域已成了一条蓝色的噪声带，这表示该处噪声已至少高达75 dB；几条城市主干道附近显示为红色和紫色，这表明该区域噪声为70 dB左右；而在一些住宅小区内部为绿色和黄色相交，这表明该地段噪声值分别为40 dB左右和45 dB左右，越靠近路边的居民楼噪声值越高。

该项研究最主要的突破是对国外的预测模型进行了修正，做出了北京自己的道路噪声预测模型。没有直接套用国外的预测模型，在车辆噪声值、车流特性等方面采用了自采数据。了解噪声的分布情况后，可以通过声学技术降噪，经过试验，通过对楼板、墙体、门窗等住宅整体隔音可以有效降噪。为本市的规划、交通发展、噪声污染控制等提供科学决策依据。有利于公众深入了解声环境状况，参与监督。

4. 上海市

上海市在全国首个实现数据自动更新的“城市噪声地图管理系统”，形象来说，就是一张“城市噪声动态地图”，打开它，不同颜色代表上海外环以内城区的噪声高低。

在上海市环境科学研究院的电子屏幕上，偌大地图显示了上海外环以内的中心城区，地图上有些地方是深红色的，有些是蓝紫色的，有些是黄色的，有些是绿色的。地图一角的标注显示，12种不同颜色代表声音高低。比如，浅绿色代表在45 dB至50 dB之间，柠檬黄代表在50 dB至55 dB之间，土黄代表在55 dB至60 dB之间。

从地图上可以了解到，中心城区交通主干道两侧的噪声最大，比如，车流较多时，延安高架、南北高架两侧绝大部分都是深紫色，代表在80 dB以上。渐渐远离交通主干道，噪声也逐渐减弱。

“上海噪声动态地图”项目的团队负责人、上海城市环境噪声控制工程技术研究中心主任周裕德教授介绍，中心城区一些道路、铁路、区域布设有声级计等设备，他们根据这些仪器监测出来的数据，再结合车流量、车型等，推导出一个计算公式，再从相关部门获取实时数据，最后导入模型计算出该处的噪声数据。

黄浦区三维噪声分布图实例如图10-11和图10-12所示。

图10-11　黄浦区固定源及建筑立面噪声分布图实例

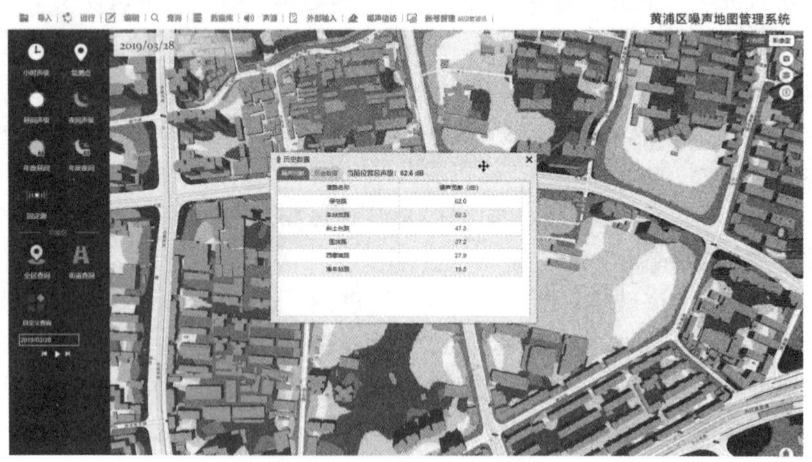

图10-12　按道路分噪声影响图

第11章 机器设备噪声的测量

11.1 概述

表征机器的噪声值通常有两种方式：一种是声功率级，另一种是声压级。声功率级是一个反映机器辐射噪声能量大小的客观量，从理论上讲，它的值与测量距离无关，也与测试环境无关(因已扣除了环境的影响)。它表示了机械特性的不变量，便于不同类产品之间噪声水平的比较。声压级则与测量距离有关，测点离开声源越远，声音越弱，声压级就越低；反之，声音越响，声压级越高。人们能直观感受到的是声压级，因此，声压级测定常参考人耳位置作为布置测点的依据。通常规定机器噪声发射值标准包括工作位置和指定位置的发射声压级及机器的声功率级，用声功率级值反映机器的噪声水平，用发射声压级反映劳动保护的水平。对于大型机器，则仅测量发射声压级。

机器噪声测量的目的主要有两个：一是表述机器噪声值的大小或验证机器的噪声是否符合规定要求，这时通常只需测定A计权声功率级和发射声压级；二是对机器噪声进行比较、分析、鉴别优劣，查明噪声产生的根源，以便采取措施降低噪声，再通过验证，评价减噪措施的实际效果，这时不仅要测定噪声的强度，还需要进行频谱分析。

国际上将机器噪声测量标准分为B类标准和C类标准。B类标准为噪声发射基础标准，规定机械设备发射噪声的测定程序，以获得可靠和具有规定精度等级的再现性结果。C类标准为噪声测试规范，它是在B类标准的基础上，给出被测特定系列设备的安装、负荷和运行条件、工作位置以及其他位置等，在规定的标准条件下进行噪声发射值的测定、标示和验证，同一系列机器的测量值具有可比性。对于特定类型的机器设备，如果有相应的噪声测试规范，应当参考其规范进行测试。

11.2 机器噪声源声功率级测量的有关标准

有关噪声源声功率级测定的B类国际标准和国家标准有：

ISO 3740:2019《声学 噪声源声功率级的测定 使用基础标准的准则》(GB/T 14367—2006)

ISO 3741:2010《声学 声压法测定噪声源的声功率级和声能量级 混响室精密法》(GB/T 6881.1—2002)

GB/T 6881.2—2017《声学 声压法测定噪声源声功率级和声能量级 混响场中小型可移动声源工程法 硬壁测试室比较法》(ISO 3743-1:2010，IDT)

ISO 3743-2:2018《声学 声压法测定噪声源的声功率级 混响场内小型可移动声源工程方法 第2部分：专用混响测试室法》(GB/T 6881.3—2002)

GB/T 6882—2016《声学 声压法测定噪声源声功率级和声能量级 消声室和半消声室精密法》(ISO 3745:2012，IDT)

GB/T 3767—2016《声学 声压法测定噪声源声功率级和声能量级 反射面上方近似自

由场的工程法》(ISO 3744:2010,EDT)

GB/T 3768—2017《声学　声压法测定噪声源声功率级和声能量级　采用反射面上方包络测量面的简易法》(ISO 3746:2010,EDT)

ISO 3747:2010《声学　声压法测定噪声源声功率级和声能量级　使用现场混响环境的工程法/简易法》(GB/T 16538—2008《声学　声压法测定噪声源声功率级　现场比较法》)

ISO 6926:2016《声学　用于声功率级的测定的标准声源的性能要求与校准》(GB/T 4129—2003)

GB/T 16539—1996《声学　振速法测定噪声源声功率级　用于封闭机器的测量》

GB/T 16404—1996《声学　声强法测定噪声源的声功率级　第1部分:离散点上的测量(ISO 9614-1:1993,eqv)

GB/T 16404.2—1999《声学　声强法测定噪声源的声功率级　第2部分:扫描测量(ISO 9614-2:1996,eqv)

GB T 16404.3—2006《声学　声强法测定噪声源的声功率级　第3部分:扫描测量精密法(ISO 9614-3:2002,IDT)

ISO/TS 7849-1:2009 *Acoustics — Determination of airborne sound power levels emitted by machinery using vibration measurement —Part 1:Survey method using a fixed radiation factor*

ISO/TS 7849-2:2009 *Acoustics — Determination of airborne sound power levels emitted by machinery using vibration measurement —Part 2:Engineering method including determination of the adequate radiation factor*

以上方法中,GB/T 6882/ISO 3745消声室和半消声室精密法无疑是最精密的一种测量方法,适用于所有发射特征的噪声源。噪声源类型主要包括户内或户外使用的小型固定式或移动式声源设备。对比较笨重的机械设备,宜在半消声室内进行测量。不过消声室和半消声室造价昂贵,一般厂矿不具备这样的测试条件。

GB/T 6881.1/ISO 3741、GB/T 6881.2/ISO 3741-1、GB/T 6881.3/ISO 3741-2都属于在混响条件下测量声功率级的方法,适用于除脉冲噪声外的所有噪声。GB/T 6881.1/ISO 3741适用噪声源类型包括机器、设备、部件及其装配件;GB/T 6881.2/ISO 3741-1、GB/T 6881.3/ISO 3741-2适用噪声源类型包括小型机器、设备、部件及其装配件,尤其适合于便携式的小型设备,不适合于大型固定设备。混响室法不能测定声源的指向性特征和非稳态声源辐射噪声的时间历程。

声强法适用于稳态声源。绝对稳定的噪声是很难找到的,只要在每个测点的积分平均时间持续至少10个周期以上,周期信号就可以视为平稳信号,所以,大多数机械设备都可以用声强法测量。声强法受环境和背景噪声影响的程度相对其他方法要小得多,特别适宜于生产车间和机械设备厂的现场测量,测量的准确度较高,是值得推崇的一种方法。声强法分离散点测量法、扫描测量法和扫描测量精密法,扫描法的精度高于离散点的精度,但扫描法对操作人员有一定要求,要求移动速度均匀,要避免操作人员的身体妨碍声源的自由辐射。离散点法可以用三脚架固定探头进行测量,当测点适当多时精度也比较高。

GB/T 16538现场比较法对应的国际标准已更改名称为ISO 3747:2010《声学　声压法测定噪声源声功率级和声能量级　使用现场混响环境的工程法/简易法》,它是基于参考声源与被测声源的对比测量。测试环境是任意一种在实验室外可以找到的室内环境，例如宽敞、混响效果好的大厂房，只要背景噪声足够低且声场充分混响。对于制造厂来说，装配车间一般能满足这一要求。检验噪声源种类包括现场不可移动噪声源。对声源尺寸无限制。噪声源发射特征主要包括宽带噪声，但也包含窄带噪声或离散单频噪声。该方法测点少，一般3～4个测点，只要被测声源两面或三面的4～8 m范围内没有阻挡物，就很容易找到满足工程法条件的测点位置，即$\Delta L_f=L_{pr}-L_{wr}+11+20\lg r\geqslant 7$ dB，测量的准确度较高，值得推广。

上述两种方法无需确定环境修正值K_2便可测得机器的声功率级，但需要配备声强仪或标准声源。

反射面上方近似自由场的工程法或简易法只需用声级计便可测量，但前提是要满足一定的测试环境，因此需要预知环境修正值K_2。工程法要求$K_2\leqslant 2$ dB，通常半消声室或室外开阔的场地才能满足这个要求。简易法要求$K_2\leqslant 7$ dB。这两种方法的测量方式和要求相似，在测点布置方面也基本相同，所不同的只是工程法比简易法严格，简易法在工程法的基础上取消了一部分测点。

直观起见，将选择适当声功率级测试方法标准的步骤用流程图表示。对于某一台机器设备，可能只有一种方法可用，也可能有几种方法可用，视具体情况而定。

声功率级有如下不同的用途：

——规定条件下辐射噪声的标示；

——噪声标示值的验证；

——各种型号和尺寸的机器辐射噪声的比较；

——与购买合同或规范中规定的噪声限值的比较；

——降低机器噪声辐射的工程项目；

——工作场所噪声级的预测；

——建立一系列从用户到供应商的要求和／或详尽制定引用标准方法的合同；

——声源特性的表征和描述。

根据任一基础标准测定的声功率级的数据与得到数据的环境或机器及设备的安装环境基本无关。这正是用声功率级表征各种类型机器和设备噪声辐射的一个原因。

表11-1列出了ISO 3740:2019中使用声压法测量确定机器、设备和产品声功率级国际标准的概要；表11-2列出了使用声强测量确定机器、设备和产品声功率级国际标准的概要；表11-3列出了使用振动测量确定机器、设备和产品声功率级国际标准的概要。由于一些现行的国际标准还没有对应的国家标准，所以表中以国际标准来介绍。

表 11-1　使用声压确定机器、设备和产品声功率级国际标准的概要

参数	基于声压级测量方法						
	ISO 3741	ISO 3743-1	ISO 3743-2	ISO 3744	ISO 3745	ISO 3746	ISO3747
方法	精密法	工程法	工程法	工程法	精密法	简易法	工程法/简易法
测试环境	混响室	硬壁室	专用混响测试室	反射面上方近似自由场	消声室或半消声室	反射面上方现场	现场的近似混响场
测试环境要求	合格的试验室体积和混响	体积＞40倍参考箱体积，体积＞40 m^3，吸声系数≤0.20	70 m^3≤房间体积≤300 m^3	K_{2A}≤4 dB	特殊要求	K_{2A}≤7 dB	特殊要求
被试声源体积	小于实验室容积2%	小于实验室容积1%		无限制，仅由适用的测试环境决定	特征尺寸小于测量半径一半	无限制，仅由适用的测试环境决定	
声源的噪声特性	稳态、宽带、窄带或离散频率	任意，但非孤立猝发声	任意，但非孤立猝发声	任意	任意	任意	稳态、宽带、窄带或离散频率
感兴趣频率范围	1/3倍频程中心频率 100 Hz～10 000 Hz	倍频程中心频率 125 Hz～8000 Hz		1/3倍频程中心频率 100 Hz～10000 Hz		倍频程中心频率 125 Hz～8000 Hz	
对背景噪声的限定	ΔL_p≥10 dB K_1≤0.5 dB	ΔL_p≥6 dB K_1≤1.3 dB	ΔL_p≥4 dB K_1≤2 dB	ΔL≥6 dB K_1≤1.3 dB	ΔL_p≥10 dB K_1≤0.5 dB	ΔL_p≥3 dB K_1≤3 dB	ΔL_p≥6 dB K_1≤1.3 dB
仪器：准确度等级	1级	1级	1级	1级	1级	1级	1级
可得到的声功率级	A计权、1/3倍频程或倍频带	A计权和倍频程	A计权和倍频程	A计权和1/3倍频带或倍频带		A计权	由倍频带计算A计权
可再现性标准偏差	σ_{R0}≤0.5 dB对A计权声功率级	σ_{R0}≤1.5 dB对A计权声功率级	σ_{R0}≤2 dB对A计权声功率级	σ_{R0}≤1.5 dB对A计权声功率级	σ_{R0}≤0.5 dB对A计权声功率级	σ_{R0}≤3 dB对没有明显纯音的声音	σ_{R0}≤1.5 dB对A计权声功率级，4dB取决于声场指向性

续表

参数	基于声压级测量方法						
	ISO 3741	ISO 3743-1	ISO 3743-2	ISO 3744	ISO 3745	ISO 3746	ISO3747
测量的量	声压级、时间平均或单次事件时间积分,在规定固定传声器位置处或沿着规定路径的1/3倍频带。测量既可用直接方法或者使用标准声源比较方法	声压级,时间平均或单次事件时间积分,A计权和/或频带,在规定固定传声器位置处或沿着规定路径	1.声压级时间平均或单次事件积分在固定传声器位置或路径; 2.倍频带声压级和由频带值计算的A计权,假如使用比较法测量	声压级,时间平均或单次事件时间积分,A计权和/或频带,在规定固定传声器位置或沿规定路径	1/3倍频带声压级,在规定固定传声器位置或沿着规定路径	A计权声压级,时间平均或单次事件时间积分,在规定固定传声器位置或沿规定路径	声压级,时间平均或单次事件时间积分,在规定固定传声器位置倍频带
能确定的声功率级	1/3倍频带声功率级,由频带值计算的A计权声功率级	1/3倍频带声功率级,由频带值计算的A计权声功率级	声功率级: 1.直接测量A计权 2.比较方法: 倍频带或由倍频带计算的A计权	声功率级,A计权和/或频带值		A计权声功率级	倍频带声功率级,由倍频带级计算的A计权

表 11-2　应用声强测量确定机器、设备和产品声功率级标准的概要

参数	声强法		
	ISO 9614-1	ISO 9614-2	ISO 9614-3
准确度等级	精密级、工程级、简易级 （取决于专门辅助试验）	工程级、简易级 （取决于专门辅助试验）	精密级 （取决于专门辅助试验）
测试环境	满足所用仪器有关规定要求的任何试验环境		
测试环境要求	规定环境：——外部噪声； ——风、气流、温度； ——在试验进行期间试验环境保持不变		
被试声源体积	无限制规定		
声源声特性	时域稳定的宽带、窄带或离散频率		
感兴趣频率范围	1/3 倍频带中心频率从 50 Hz～6.3 kHz		
对背景噪声的限定，分别外来强度或振动速度	级：由仪器动态范围给出的，一般 $\Delta L \geqslant -10$ dB 变化范围：对声场指标 F_1 的特殊要求		级：尽量减小外部的强度以不至测量准确度降低至不能接受程度 变化范围：可再现性检查规定的要求
仪器：准确度等级	声强仪器对精密级和工程级为 1 级，对简易级为 2 级		1 级声强仪器
可得到的声功率级	A 计权、1/3 倍频程或倍频程		
可再现性标准偏差	$\sigma_{R0} \leqslant 0.5$ dB 对 A 计权声功率级	$\sigma_{R0} \leqslant 1.5$ dB 对 A 计权声功率级	$\sigma_{R0} \leqslant 1$ dB 对 A 计权声功率级
测量的量	在包围声源的测量表面上的声强级和声压级		
能确定的声功率级和其他量	声功率级和声场指向性，以倍频程或 1/3 倍频程频带或带限或计权级	声功率级和声场指向性，以倍频程或 1/3 倍频程频带或带限或计权级	声功率级，以 1/3 倍频程频带或带限或计权级

表 11-3　使用振动测量确定机器、设备和产品声功率级标准的概要

参数	ISO/TS 7849-1	ISO/TS 7849-2
准确度等级	简易级	工程级
测试环境	现场任何环境	
测试环境要求	应确定外来振动速度的来源，并可能有必要使用相关测量或比较耦合组件振动谱	
被试声源体积	无限制规定	
声源声特性	任何，但可以忽略空气动力学产生的声音	
感兴趣频率范围	由所用的加速度计特性限值	
对背景噪声的限定，分别外来强度或振动速度	$\Delta L \geq 3$ dB，对平均A计权外来振动速度级和被试噪声源运行时的平均振动速度级之差	至少 $\Delta L \geq 3$ dB，对平均A计权外来振动速度级和被试噪声源运行时的平均振动速度级之差，优选 $\Delta L \geq 15$ dB
仪器：准确度等级	对振动传感器和非接触式传感器规定的要求	对振动传感器和非接触式传感器规定的要求
可得到的声功率级	固体结构振动表面发出的A计权声功率级，不包括空气动力产生的噪声	主要是固体结构振动表面发出的频带声功率级，不包括空气动力产生的噪声
可再现性标准偏差	$\sigma_{R0} \leq 3$ dB，对A计权声功率级	以倍频带中心频率给出，对100 Hz，$\sigma_{R0} \leq 3$ dB；对8000 Hz，$\sigma_{R0} \leq 0.5$ dB；对A计权，$\sigma_{R0} \leq 1.5$ dB
测量的量	在垂直于表面方向的振动表面上测得的A计权振动速度级加上频带的测量	
辐射系数	辐射系数取作为单位（$\varepsilon=1$）与频率、提供的确定声功率级的上限无关	对被试机器使用规定的辐射系数ε数据
能确定的声功率级和其他量	A计权声功率级	主要是频带声功率级和由频带级计算的A计权声功率级

图11-1所示流程图给出了GB/T 6881系列、ISO 3745、GB/T 3767、GB/T 3768、ISO 3747和GB/T 16404系列中恰当标准的选用指南。在特定情形下最终的选用需要细致谨慎,并考虑以下因素:

——用工程方法的可行性(仅在简易法为唯一选择时才选用简易法);

——标准的制定是为了确保标准中的所有要求能被满足;

——经济方面。

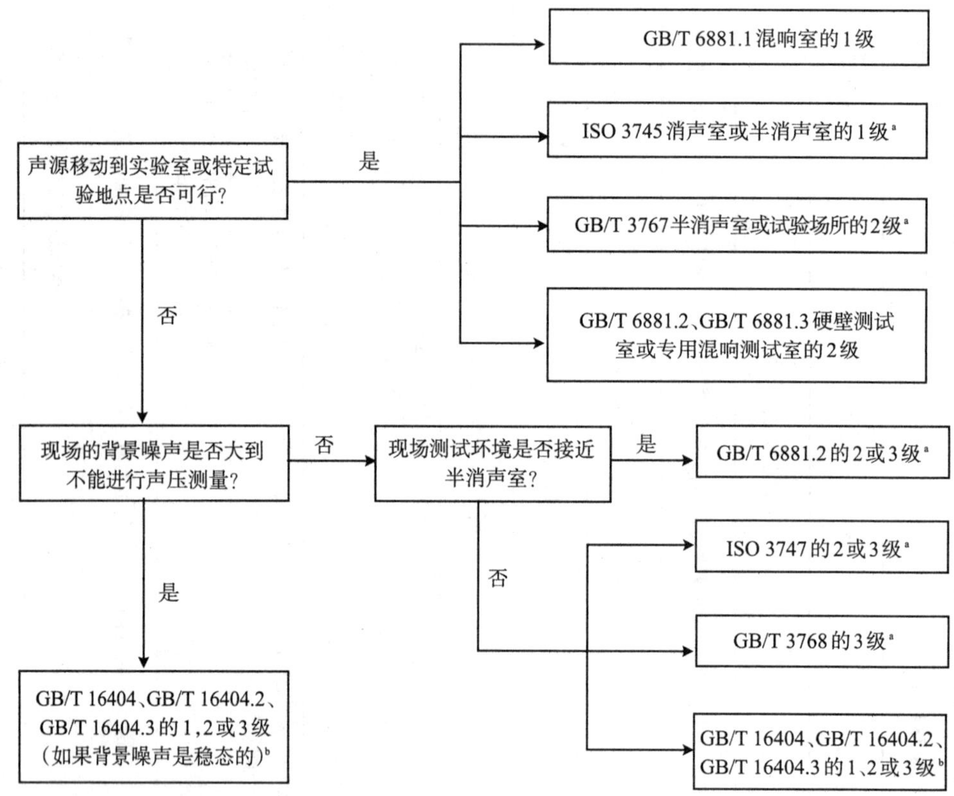

a. 在工作位置或其他指定位置(参见GB/T 17248系列)的发射声压级可以在同一测试地点采用相同准确度等级测量。

b. GB/T 16404、GB/T 16404.2和GB/T 16404.3可在大多数GB/T 6881、ISO 3745、GB/T 3767、GB/T 3768系列标准适用的环境里使用。

图11-1　测定声功率级选用恰当标准流程图

一个几乎没有噪声发射方面测试经验的制造商应做如下工作:

(1) 应寻找关于机器噪声的测试规程是否存在。如果存在,确定声功率级的标准就应采用这个规程所制定的相应标准。如果不存在,建议制造商寻求从一个有声学知识和在测定机器声发射方面有经验的人的协助。

(2) 应调查实验室测试的可行性。实验室测试的费用也许并不昂贵,但要确定其可行性。噪声测试规程的制定者应仔细考虑本标准和GB/T 19052中的要求,以确定在规程中采用GB/T6881、ISO 3745,GB/T3767、GB/T3768、ISO 3747和GB/T16404系列中的哪一个,作为用于特定种类机器的测量标准。

11.3 机器噪声源声功率的测量方法

11.3.1 测量方法分类

机器噪声源声功率的测量有直接法和间接法两种。

1. 直接法

(1) 通过测量表面上的时间平均声压级和表面面积来确定声功率级;适用标准:GB/T 6882《声学 声压法测定噪声源的声功率级 消声室和半消声室精密法》和GB/T 3767《声学 声压法测定噪声源声功率级 反射面上方近似自由场的工程法》。

(2)在专用混响室中,通过测量平均声压级、混响时间和测试室体积来确定声功率级。适用标准:GB/T6881.1《声学 声压法测定噪声源声功率级 混响室精密法》。

(3)通过测量声强来计算声功率级,适用标准:GB/T 14604和ISO 9614系列标准。

2. 间接法

(1)与标准声源比较。通过测试室中被测声源和标准声源分别产生的声压级的平均值进行比较来测定声功率级。标准声源应校准过并已知其声功率输出。适用标准:GB/T 6881.2《声学 声压法测定噪声源声功率级和声能量级 混响场内小型可移动声源工程法 硬壁测试室比较法》和GB/T 6881.3《声学 声压法测定噪声源的声功率级 混响场中小型可移动声源工程方法 第2部分:专用混响测试室法》。

(2)通过测量振动确定声功率,适用标准:GB/T 16539和ISO/TS 7849-1和ISO/TS 7849-2。

11.3.2 测定量:声功率级L_W

声功率级L_W,单位为分贝dB,以1 pW为基准。其测定将用到以下量:

——A计权声功率级L_{WA};

——倍频带声功率级(中心频率125 Hz～8 kHz)。

A计权声功率级L_{WA}可在直接法测量中直接从所测声压级中计算得到,也可在间接法得到的倍频带声功率级计算得到。

11.3.3 声学环境

1. 测试环境的总体要求与评价

对消声室和半消声室的要求按GB/T 6882执行。

对反射面上方的近似自由场环境的要求按GB/T 3767执行:

(1)提供一个反射面上方自由场的实验室;

(2)室外平坦空间;

(3)很大的房间或墙壁和天花板上装有充足吸声材料的房间。

对混响室的要求按GB/T 6881.1执行。

对硬壁测试室的要求按GB/T 6881.2执行。

对专用混响测试室的要求按GB/T 6881.3执行。

2. 背景噪声的要求

与按各传声器位置处的平均值相比，背景噪声级至少应低6 dB(这时还要修正)，最好比所测声压级低15 dB以上(这时不需修正)。

11.3.4 测量仪器

(1)声学测量仪器:应符合GB/T 3785.1中对1级仪器的要求;对于倍频程和1/3倍频程的测量，仪器应符合GB/T 3241的要求;声强的测量应符合GB/T 17561的要求;标准声源应符合GB/T 4219的要求，并每年校准一次。

(2)测量气象条件的仪器:按标准要求。

(3)测量运行条件的仪器:按标准要求。

被测器具的运行与定置:按标准要求。

11.3.5 测量表面的选择

1. 确定基准体

恰好包络声源且终止于一个或多个反射面上的最小矩形平行六面体假想表面。

2. 测量表面的选择

(1)半球形或局部半球形表面

半球中心位于基准体及其在邻接反射面内虚像所构成的箱体的中心Q，半球测量表面的半径r应大于或等于特性声源尺寸d_0的两倍且不小于1 m。

(2)各边与基准体对应平行的矩形平行六面体形表面

测量距离d应优先选择1 m，至少0.25 m。传声器所在的测量表面，是一个面积为S，包络声源，各边平行于基准体的边，与基准体距离为d(测量距离)的一个假想表面。

11.3.6 传声器的布置

1. 反射面上方近似自由场中的传声器的布置

(1)对于自由放置的落地式器具，测量表面是带有9个测点的矩形六面体。

(2)对于靠墙放置的落地式或台式器具，测量表面为矩形六面体，带有6个测点。

(3)对于靠墙放置的落地柜式器具，包括高度大于$2d$但小于或等于$5d$尺寸的较大的嵌入式器具，测量表面为矩形六面体，带有10个测点。

(4)对于基准体的每边长不超过0.7 m，放置于水平反射面上的柜式或台式等落地式器具和手持式器具(固定于测试架)，测量表面为半球面，带有10个测点。半球面测量表面的半径r优选2 m，且在任何情况下不得小于1.5 m。

(5)对于基准体的l_1和l_3边长不超过0.4 m，l_3边长不超过0.8 m，靠墙放置的小型落地式器具(如擦鞋机)，测量表面为四分之一球面，带5个测点。

(6)正常使用时基准体的几何中心离地面的高度超过1.0 m的立式器具，测量表面为矩形六面体，带5个测点。

(7)如果被测器具辐射的噪声稳定，允许采用不固定的测点，而采用可沿一路经移动的传声器进行测量。

2. 硬壁面测试室比较法

硬壁面测试室比较法通常至少要用3个测点。使用可沿一路经移动的传声器通常比使用多个固定的测点更加方便。

3. 专用混响测试室法

专用混响测试室法通常要用6个测点，声源的位置数为1。使用可沿一路经移动的传声器通常比使用多个固定的测点更加方便。采用比较法时，标准声源的测点和位置数与被测器具相同。

11.4 声压级测量和平均声压级及声功率级计算

11.4.1 消声室和半消声室精密法测量声功率

(1)当被测声源本身不带硬的反射面且尺寸与质量足够小，能够放入消声室地网中央附近时，可以采用球形表面进行测量。球形测量表面的中心最好位于被测声源的声中心位置。因为声中心位置通常很难确定，所以要在测试报告中说明假定的声中心。测量球面的半径r应满足下列所有要求：

① $r \geqslant 2d_0$，d_0是被测声源的特征尺寸；

② $r \geqslant \lambda/4$，λ是测量频率范围中最低测量频率的波长；

③ $r \geqslant 1$ m(对于小尺寸低噪声声源，且测量的频率范围有限时，r可小于1 m，但不能小于0.5 m)；

④ 测量面全部位于消声室的自由场区域内。

(2)对笨重的机械设备的声学测量宜在半消声室内进行。半消声室的地面采用混凝土地坪或水磨石地坪，四壁和顶部做强吸声处理，它为声学提供半自由场环境。在半消声室的测量中，将待测设备放置在地坪中央，以声源中心在地面的垂直投影点为圆心作想象的半球面。半球面的半径应至少满足以下所有要求：

① $r \geqslant 2d_0$或$r \geqslant 3h_0$中较大的一个，d_0是被测声源的特征尺寸，h_0声源声学中心距地面的距离；

② $r \geqslant \lambda/4$，λ是测量频率范围中最低测量频率的波长；

③ $r \geqslant 1$ m(对于小尺寸低噪声声源，当测量的频率范围有限时，r可小于1 m，但不能小于0.5 m)；

④ 测量面全部位于半消声室的自由场区域内。

为在球形或半球形测量面获得声压级，应使用下列4种方法之一：

a)位置分布在测量面上的一组固定传声器位置(可以采用单个传声器从一个位置依次移到下一位置，也可以用多个固定传声器相继或同时采集测量)；

b)单个传声器沿测量面上多个间隔规则的环形路径连续移动(或传声器固定而被测声源做360°或多圈旋转)；

c)单个传声器沿测量面上间隔规则的多个子午线移动；

d)单个传声器绕测量面上垂直轴的螺旋形路线移动。

测点的数目取决于所要求的精度和声源的指向性，测量精度的要求越高，声源的指向性越强，所需的测点就越多。在消声室中球形测量面上的固定测点应采用GB/T 6882给出的半径为r的球面上等面积的20个测点的位置（见图11-2和表11-4中1～20点位），选择垂直于水平面的z轴（z=0）向上方向为正方向。在半消声室中半球形测量面上的固定测点应采用GB/T 6882给出的半径为r的半球面上等面积的20个测点的位置（见图11-3和表11-5中1～20点位），对于宽带全指向性声源可以使用代替的测点位置（见图11-4和表11-5中1～20点位）。如果测量频率范围内的所有频带中，在20个位置上测得的最高和最低声压级分贝值之差的数值小于测点数的一半，则测点数是足够的，否则要增加表中编号从21～40的20个测点的阵列。不论是20个测点还是40个测点，每个测点在测量面上占有相等的面积。

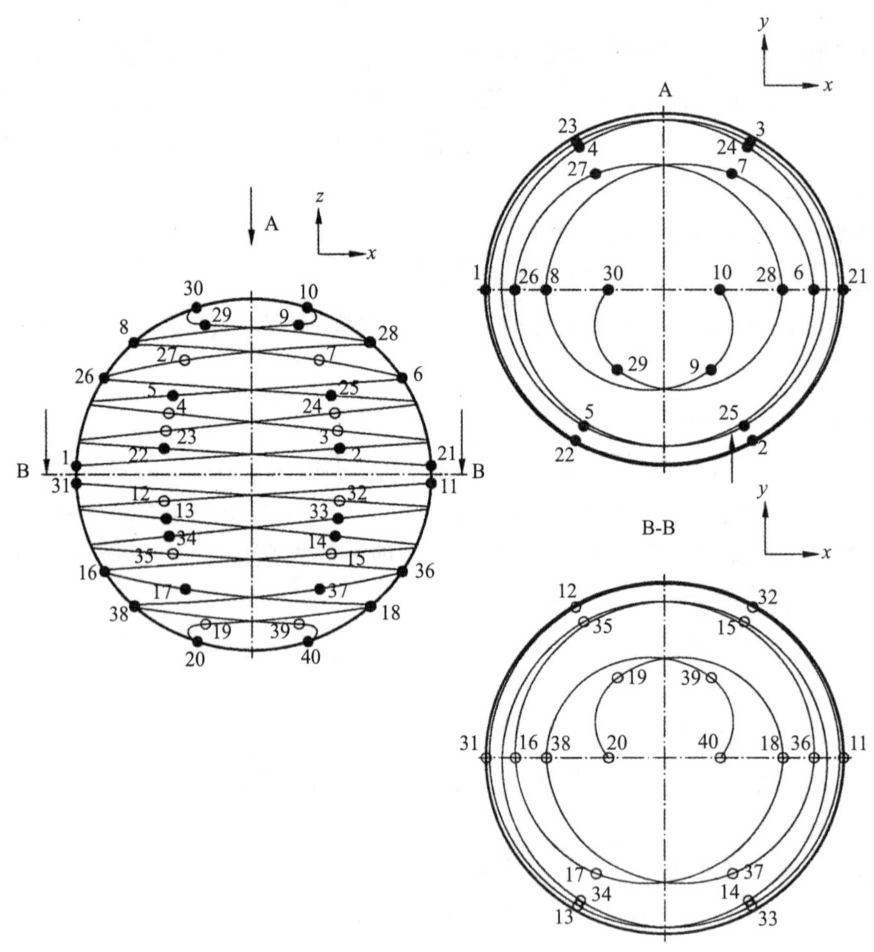

说明：●正面的传声器位置
○背面的传声器位置

图11-2 球形测量面上的传声器位置

表11-4　自由场中球形测量面上40个传声器的位置

序号	x/r	y/r	z/r	序号	x/r	y/r	z/r
1	−0.999	0	0.050	21	0.999	0	0.050
2	0.494	−0.856	0.150	22	−0.494	−0.856	0.150
3	0.484	0.839	0.250	23	−0.484	0.839	0.250
4	−0.468	0.811	0.350	24	0.468	0.811	0.350
5	−0.447	−0.773	0.450	25	0.447	−0.773	0.450
6	0.835	0	0.550	26	−0.835	0	0.550
7	0.380	0.658	0.650	27	−0.380	0.658	0.650
8	−0.661	0	0.750	28	0.661	0	0.750
9	0.263	−0.456	0.850	29	−0.263	−0.456	0.850
10	0.312	0	0.950	30	−0.312	0	0.950
11	0.999	0	−0.050	31	−0.999	0	−0.050
12	−0.494	0.856	−0.150	32	0.494	0.856	−0.150
13	−0.484	−0.839	−0.250	33	0.484	−0.839	−0.250
14	0.468	−0.811	−0.350	34	−0.468	−0.811	−0.350
15	0.447	0.773	−0.450	35	−0.447	0.773	−0.450
16	−0.835	0	−0.550	36	0.835	0	−0.550
17	−0.380	−0.658	−0.650	37	0.380	−0.658	−0.650
18	0.661	0	−0.750	38	−0.661	0	−0.750
19	−0.263	0.456	−0.850	39	0.263	0.456	−0.850
20	−0.312	0	−0.950	40	0.312	0	−0.950

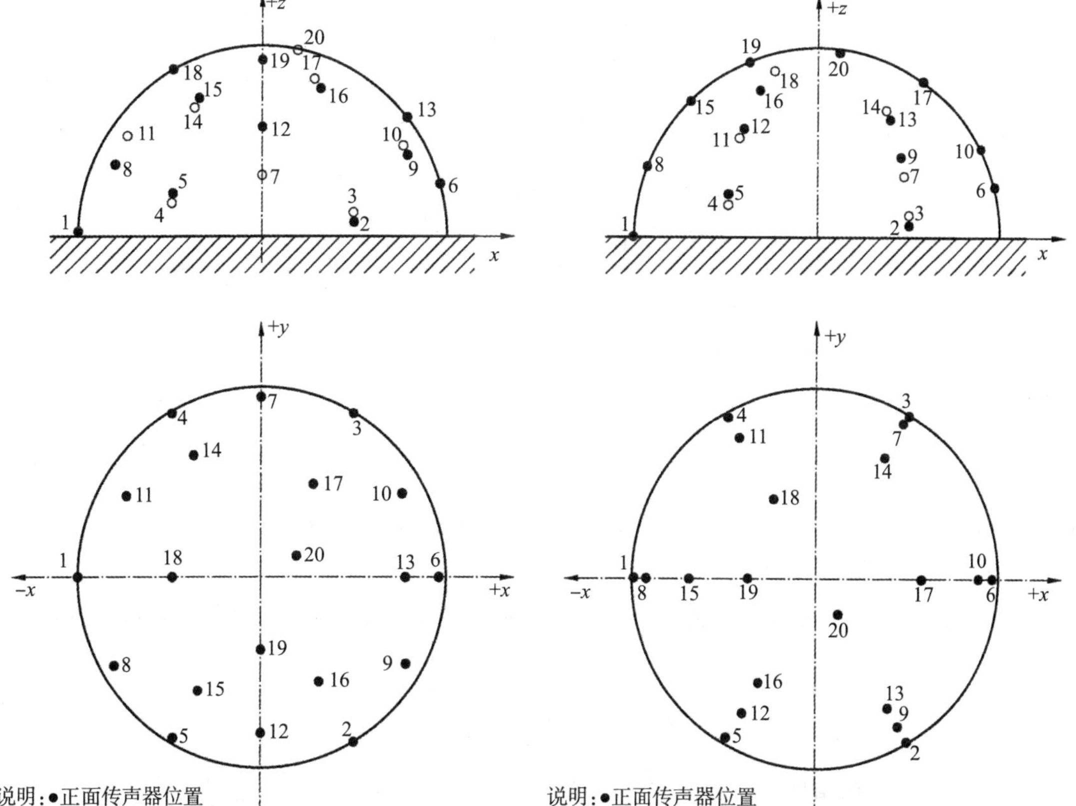

图11-3　半球测量面的传声器位置（一般情况）

图11-4　用于宽带全指向性声源半球测量面传声器位置

表11-5　半自由场半球测量面上传声器的位置

序号	一般情况			宽带全指向声源			序号	一般情况			宽带全指向声源		
	x/r	y/r	z/r	x/r	y/r	z/r		x/r	y/r	z/r	x/r	y/r	z/r
1	−1.000	0.000	0.025	−1.000	0.000	0.025	21	1.000	0.000	0.025	1.000	0.000	0.025
2	0.499	−0.864	0.075	0.499	−0.864	0.075	22	−0.499	0.864	0.075	−0.499	0.864	0.075
3	0.496	0.859	0.125	0.496	−0.859	0.125	23	−0.496	−0.859	0.125	−0.496	−0.859	0.125
4	−0.492	0.853	0.175	−0.492	0.853	0.175	24	0.492	−0.853	0.175	0.492	−0.853	0.175
5	−0.487	−0.844	0.225	−0.487	−0.844	0.225	25	0.487	0.844	0.225	0.487	0.844	0.225
6	0.961	0.000	0.275	0.961	0.000	0.275	26	−0.961	0.000	0.275	−0.961	0.000	0.275
7	0.000	0.947	0.320	0.474	0.820	0.325	27	0.000	−0.947	0.320	−0.474	−0.820	0.325
8	−0.803	−0.464	0.375	−0.927	0.000	0.375	28	0.803	0.464	0.375	0.927	0.000	0.375
9	0.784	−0.453	0.425	0.453	−0.784	0.425	29	−0.784	0.453	0.425	−0.453	0.784	0.425
10	0.762	0.440	0.425	0.880	0.000	0.475	30	−0.762	−0.440	0.425	−0.880	0.000	0.475
11	−0.737	0.426	0.525	−0.426	0.737	0.525	31	0.737	−0.426	0.525	0.426	−0.737	0.525
12	0.000	−0.818	0.575	−0.409	−0.709	0.575	32	0.000	0.818	0.575	0.409	0.709	0.575
13	0.781	0.000	0.625	0.390	−0.676	0.625	33	−0.781	0.000	0.625	−0.390	0.676	0.625
14	−0.369	0.639	0.675	0.369	0.639	0.675	34	0.369	−0.639	0.675	−0.369	−0.639	0.675
15	−0.344	−0.596	0.725	−0.689	0.000	0.725	35	0.344	0.596	0.725	0.689	0.000	0.725
16	0.316	−0.547	0.775	−0.316	−0.547	0.775	36	−0.316	0.547	0.775	0.316	0.547	0.775
17	0.283	0.489	0.825	0.565	0.000	0.825	37	−0.283	−0.489	0.825	−0.565	0.000	0.825
18	−0.484	0.000	0.875	−0.242	0.419	0.875	38	−0.484	0.000	0.875	0.242	−0.419	0.875
19	0.000	−0.380	0.925	−0.380	0.000	0.925	39	0.000	0.380	0.925	0.380	0.000	0.925
20	0.192	0.111	0.975	0.111	−0.192	0.975	40	−0.192	−0.111	0.975	−0.111	0.192	0.975

对面元面积相等的固定测点或环形传声器路径的测量面，测量面平均声压级 $\bar{L}_p$ 的计算公式为

$$\bar{L}_p = 10\lg\left(\frac{1}{N_{\mathrm{M}}}\sum_{i=1}^{N_{\mathrm{M}}}10^{0.1L_{pi}}\right) \tag{11-1}$$

式中，L_{pi}——第 i 个位置测得并经背景噪声修正的声压级，单位为dB；

N_M——测点数。

对面元面积不等的固定测点或环形传声器路径的测量面，测量面平均声压级 $\bar{L}_p$ 的计算公式为

$$\bar{L}_p = 10\lg\left(\frac{1}{S}\sum_{i=1}^{N_{\mathrm{M}}}S_i \times 10^{0.1L_{pi}}\right) \tag{11-2}$$

式中，S_i——第 i 个传声器位置或路径在测试面上占有的子面积，单位为 m^2；

S——测试面的总面积，单位为 m^2，$S=\sum_{i=1}^{N_{\mathrm{M}}}S_i$。

在自由场内，基准气象条件下的每个测量频带的声功率级或A计权声功率级L_W用分贝(dB)表示，计算公式为

$$L_W = \bar{L}_p + 10\lg\left(\frac{S_1}{S_0}\right) + C_1 + C_2 + C_3 \tag{11-3}$$

式中，S_1——球形测量面的面积，$S_1=4\pi r^2$；

$S_0= 1\ \text{m}^2$；

C_1——对测量时气象条件的修正项，用dB表示，是空气特性阻抗的函数；

C_2——声辐射阻抗修正值，用dB表示；

C_3——特定频率下对空气吸收衰减的修正值，用dB表示。

在半自由场内，基准气象条件下每个测量频带的声功率或A计权声功率级L_W用dB表示，计算公式为

$$L_W = \bar{L}_p + 10\lg\left(\frac{S_2}{S_0}\right) + C_1 + C_2 + C_3 \tag{11-4}$$

式中，S_2——半球面的面积，单位为m^2，$S_2=2\pi r^2$。

式中其他符号的意义与自由场相同。

对于脉冲噪声源的声能量级应在固定的传声器位置进行测量，且测量面应为球面或半球面。

在自由场内，在基准气象条件下每个被测频带或A计权的声能量级L_J用dB表示，计算公式为

$$L_J = \bar{L}_\text{E} + 10\lg\left(\frac{S_1}{S_0}\right) + C_1 + C_2 + C_3 \tag{11-5}$$

式中，$\bar{L}_\text{E}$——被测声源的表面单一事件时间积分声压级，单位为dB。

式中其余符号同前。

在半自由场内，在基准气象条件下每个被测频带或A计权的声能量级L_J用dB表示，计算公式为

$$L_J = \bar{L}_\text{E} + 10\lg\left(\frac{S_2}{S_0}\right) + C_1 + C_2 + C_3 \tag{11-6}$$

式中符号含义同前。

11.4.2 近似半自由场的工程法

依据GB/T 3767，如果不具备半消声室的条件，则可以利用室外空阔空间，或在大房间中除地面以外的五个壁面适当铺上吸声材料，近似作为半消声室或半自由声场处理。这种利用近似半自由场条件来测量声源声功率的方法称为工程法。

在这种简易改装的半消声室中，因为室内的总吸声量达不到消声室的要求，室内还有一定的混响存在，需要对测定值进行修正，修正值为K_2，用dB表示，计算公式为

$$K_2 = 10\lg\left(1 + \frac{4S}{A}\right) \tag{11-7}$$

被测声源的声功率级L_W为

$$L_W = \bar{L}_p + 10\lg\frac{S}{S_0} - K_2 \tag{11-8}$$

式中，$\overline{L}_p$——经过背景噪声修正的表面平均声压级，单位为dB；

$S=2\pi r^2$为半球测量面的表面积，单位为m^2；

$S_0=1\ m^2$。

11.4.3 混响室精密法测量

依据GB/T 6881.1，混响室法测量要注意以下几点。

（1）因为测量必须在混响室中进行，混响室的容积可以按需要有所不同。混响室的容积不能太小，也不能过大，依据国家标准，混响室的容积应符合表7-3所列的规定，并且要求最大不超过300 m^3。

（2）混响室各壁面的平均吸声系数 $\bar{a}$，原则上应尽量小，不能超过0.06。但是由于有些声源会辐射出窄带或离散的频率成分，当测量时，如果室内吸声过小，其简正波模式会产生较尖锐的驻波共振，严重影响扩散声场的形成。因此，在低频段还常常希望能附加些吸声量，但是平均吸声系数也不应超过0.16。

（3）背景噪声的修正与消声室精密法要求相同。各频带测得的声压级值都应经过背景噪声的修正。

（4）为了保证测量能在良好扩散声场环境内进行，声源与传声器的位置都不能离混响室的反射壁面太近。传声器与声源之间也有最小距离的限定，这些在国家标准中也都有明确规定。

由混响室中各测点测得的平均声压级$\overline{L}_p$，以及室内的总吸声量A，由这两个量可计算被测声源的各频带的声功率级。从上面的测量原理知道，测量声场中的声压级L_p必须是在远离声源，以混响声场为主的空间中进行。

$$L_W=\overline{L}_p+\left\{10\lg\frac{A}{A_0}+4.34\frac{A}{S}+10\lg\left(1+\frac{Sc}{8Vf}\right)-C_1-6\right\} \tag{11-9}$$

$$\overline{L}_p=10\lg\left(\frac{1}{N_M}\sum_{i=1}^{N_M}10^{0.1L_{pi}}\right)\text{dB}-K_1 \tag{11-10}$$

$$A=\frac{55.26}{c}\left(\frac{V}{T_{60}}\right) \tag{11-11}$$

$$C_1=25\lg\left(\frac{437}{400}\sqrt{\frac{273}{273+\theta}}\cdot\frac{B}{B_0}\right) \tag{11-12}$$

式中，$\overline{L}_p$——室内平均声压级，单位为dB；

N_M——传声器位置数；

L_{pi}——i测点的测得的声压级，单位为dB；

K_1——背景噪声修正值，单位为dB；

A——室内等效吸声面积，单位为m^2，按式（11-11）由测量室内T_{60}来确定；

$A_0=1\ m^2$；

S——混响室总的表面积,单位为m^2;

V——混响室容积,单位为m^3;

T_{60}——给定频带的混响时间,单位为s;

f—— 测量频带的中心频率,单位为Hz;

c——温度θ(℃)时的声速,$c=20.05\sqrt{273+\theta}$,单位为m/s;

C_1——大气条件引起的修正,见式(11-12);

B——大气压;

$B_0=1.013\times10^5$ Pa。

在上述混响室精密法中,也可采用标准声源进行比较测量。标准声源的输出功率是已知并经过标定的,该方法的优点是可以免去对测试室中混响时间的测量。被测声源的声功率级L_W由标准声源和被测声源在室内的平均声压级确定,计算公式为

$$L_W=L_{Wr}+(\bar{L}_p-\bar{L}_{pr}) \tag{11-13}$$

式中,L_W——被测声源的1/3倍频程声功率级,单位为dB;

L_{Wr}——经过相应于特性阻抗ρc=400 N·S/m^3的大气条件下校正的标准声源的1/3倍频程声功率级,单位为dB;

$\bar{L}_p$——被测声源在室内的平均1/3倍频程声压级,单位为dB;

$\bar{L}_{pr}$——标准声源在室内的平均1/3倍频程声压级,单位为dB。

除了精密法外,为了适应各种工程上要求,国家标准中还提出了混响室工程法,用于工程法的专用测试室的设计。原则上,测试室可参考精密法中对混响室的设计要求,也可以考虑将一般房间适当改建而成。工程法的测量方法与精密法相同,只是测量的精度降低。硬壁面测试室比较法测量就是这种工程方法。

11.4.4 现场比较法

依据GB/T 16538—2008,对于有些比较大的声源,特别是不能移动声源的声功率测定可采用现场比较法,所有测量均采用倍频带。这种方法主要适用于辐射噪声是宽频带的噪声源,同时它也可以用于辐射窄带或离散纯音的噪声源,但是不确定度可能要大一些。

被测声源的声功率级由校准过的标准声源(RSS)声功率级值$L_{W(\mathrm{RSS})}$加上该声源和标准声源分别在规定的测量点处产生的声压级测量值之差值$\Delta L_{pi}=L_{pi(\mathrm{ST})}-L_{pi(\mathrm{RSS})}$计算得到。所有的计算都按倍频带进行,A计权声功率级由倍频带值确定。

为了得到较好的比较性,测试环境必须有足够的混响,以使被测声源的指向性对测量得到的声压级的影响很小。用ΔL_f作为测试环境的指示值,ΔL_f受标准声源和传声器位置选择的影响。在某些情况下,通过改变这些位置可以提高测量的准确度,使其从简易级提高到工程级。

标准声源要符合GB/T 4129并按照该标准进行校准,通常选一个标准声源位置就够了。

标准声源的位置要尽可能靠近被测声源的声中心。标准声源要尽可能地放置在被测声源的上部,如果这点不能实现,则沿被测声源的侧面选择一个高度和位置能尽可能模拟被测声源辐射图案的位置。在这些情况下,要避免标准声源位置与参考体侧表面的距离小于0.5 m。测点位置的混响越强,标准声源位置的选择越不苛刻。

对于体积很大的被测声源或含有多个相距较远可明显区别的子声源的被测声源，则需要设置两个或两个以上的标准声源位置。

在被测声源的每一个自由侧面选择一个传声器位置，对要测量的各个倍频带（通常为125 Hz～8000 Hz）进行时间平均声压级测量。当测量标准声源时，设置积分时间T>30 s。通常被测声源不完全稳定，因此需要较长的积分时间，应至少包括被测声源的一个典型运行周期。需要测量每个传声器位置的被测声源声压级$L'_{pi(\mathrm{ST})}$、背景噪声声压级$L'_{pi(\mathrm{B})}$和标准声源的声压级$L'_{pi(\mathrm{RSS})}$。

如果$\Delta L_{pi}=L'_{pi}-L'_{pi(\mathrm{B})}>15$ dB，背景噪声的影响不用修正。如果6 dB≤$\Delta L_{pi}<15$ dB，背景噪声的影响需要修正，修正后的值为

$$L_{pi}=10\lg(10^{L'_{pi}/10}-10^{L'_{pi(\mathrm{B})}/10}) \tag{11-14}$$

修正值K_1见表11-6所列。

表11-6　对背景噪声的修正

ΔL_{pi}/dB	6	7	8	9	10	11	12	13	14	15
K_1/dB	1.3	1.0	0.8	0.6	0.4	0.3	0.3	0.2	0.1	0.1

设置单个标准声源位置时，对于每个倍频带的声功率L_W为

$$L_W=L_{W(\mathrm{RSS})}+10\lg\left(\frac{1}{n}\sum_{i=1}^{n}10^{0.1\Delta L_{pi}}\right) \tag{11-15}$$

式中，$L_{W(\mathrm{RSS})}$——根据校准得到的标准声源声功率级，单位为dB；

n——传声器位置个数；

$\Delta L_{pi}=L_{pi(\mathrm{ST})}-L_{pi(\mathrm{RSS})}$；

$L_{pi(\mathrm{ST})}$——经过背景噪声修正的被测声源在传声器i位置的声压级，单位为dB；

$L_{pi(\mathrm{RSS})}$——经过背景噪声修正的标准声源在传声器i位置的声压级，单位为dB。

当有m个标准声源位置时（j=1，…，m），每个倍频带的声功率级L_W的单位为dB，计算公式为

$$L_W=10\lg\left(\frac{1}{mn}\sum_{j=1}^{m}\sum_{i=1}^{n}10^{0.1(L_{Wj(\mathrm{RSS})}+\Delta L_{pij})}\right) \tag{11-16}$$

式中，$L_{Wj(\mathrm{RSS})}$——标准声源的声功率级，单位为dB；

$\Delta L_{pi}=L_{\mathrm{p}i(\mathrm{ST})}-L_{pij(\mathrm{RSS})}$；

$L_{pij(\mathrm{RSS})}$——经过背景噪声修正的j位置的标准声源在传声器i位置的声压级，单位为dB。

n——传声器位置的个数。

A计权声功率级L_{WA}，单位为dB，计算公式为

$$L_{W\mathrm{A}}=10\lg\left[\sum_{k}10^{0.1(L_{Wk}+A_k)}\right] \tag{11-17}$$

式中，L_{wk}——第k个倍频带的倍频带声功率级，单位为dB；

A_k——第k个倍频带中心频率的A计权值。

11.4.5 声功率的现场简易法测量

依据GB/T 3768，由于各种原因不可能要求所有的声学测试都在消声室、半消声室或混响室内进行，这里介绍采用反射面上方包络测量面的简易法测量。简易法测量的测试环境可以位于室内或室外，被测声源安装在一个或多个声反射平面上或其附近，仅测量噪声源的A计权声功率级和A计权声能量级。表11-7列出了这种方法A计权声功率级再现性标准偏差的最高值。

表11-7 A计权声功率级和声能量级再现性标准偏差的最高值

适用	再现性标准偏差的最高值σ_{R0}/dB
发射没有明显有调声的噪声源	3
发射含有明显离散有调声的噪声源	4

1. 测量表面

测量表面可使用下面两种形状：

第一种，半径为r的半球形或局部半球形表面；

第二种，各边与声源基准体对应平行的矩形平行六面体表面。

噪声源安装场所不同，周围会存在不同数量的反射面。反射面的数量不同，需要布置不同的传声器位置。这里仅介绍只存在一个地面反射面时，测量包络面和传声器位置的两种选取方法。

(1)半球形测量面

半球包络面适用于尺寸不大的机器或室外大空间场合。半球的中心为声源几何中心在反射面(地面)上的垂直投影，如图11-5所示。半球的半径应大于或等于声源特性尺寸a_0的两倍且不小于1 m、不大于16 m。通常在半球表面上选取1～4个基本测点。在下列情况下，需要附加测量位置5～8个。这些测点在测量表面以等面积连接(表11-8)。

①基本位置上测得的最高声压级与最低声压级的差值超过基本测点数的2倍。

②声源辐射具有很强的指向性。

③一个大声源，其噪声仅通过一个很小的局部向外辐射。

表11-8 半球表面传声器位置

传声器位置	x/r	y/r	z/r
1	−0.45	0.77	0.45
2	−0.45	−0.77	0.45
3	0.89	0	0.45
4	0	0	1.0
5	0.45	−0.77	0.45
6	0.45	0.77	0.45
7	−0.89	0	0.45
8	0	0	1.0

(2)平行六面体表面

平行六面体包络面适用于尺寸较大的机器设备。测点数目及布置位置因不同的机器而不同。测量表面包围声源基准体,测量距离d优选1 m或更大,至少0.15 m(图11-6)。将平行六面体的5个测量表面细分成若干矩形单元,每个单元的面积尽量相等,边长不大于3 d。传声器布置位置位于每个单元中心。

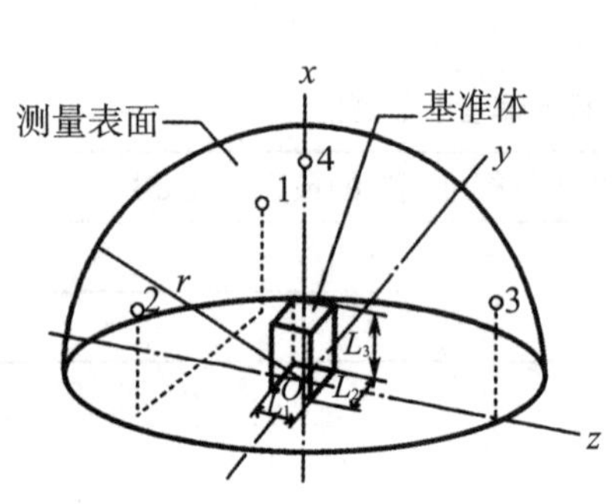

图11-5 半球表面上的传声器位置

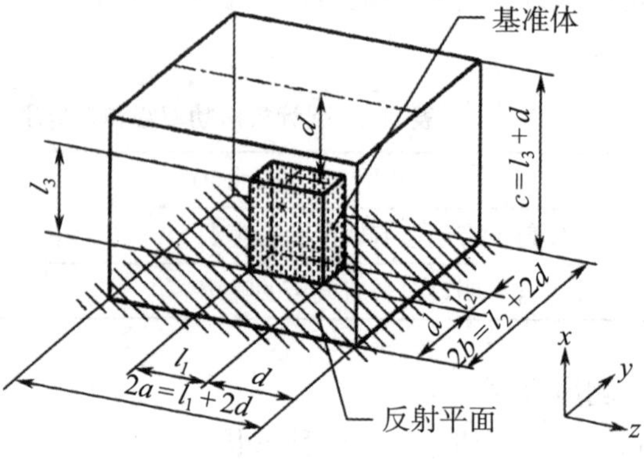

图11-6 平行六面体测量表面

2. A计权声功率测量

分别测量各测点的A计权声级和背景噪声的A计权声级,扣除背景噪声的影响,得到各测点声源的A计权声级L_{pAi},求出平均A计权声级$\bar{L}_{pA}$。

当各传声器位置在测试面上占有的面积相等时,平均A计权声级$\bar{L}_{pA}$(单位为dB)的计算式为

$$\bar{L}_{pA}=10\lg\left(\frac{1}{N_M}\sum_{i=1}^{N_M}10^{0.1L_{pAi}}\right) \tag{11-18}$$

当各传声器位置在测试面上占有的面积不相等时,由式(11-19)得到平均A计权声级$\bar{L}_{pA}$

$$\bar{L}_{pA}=10\lg\left(\frac{1}{S}\sum_{i=1}^{N}S_i\times 10^{0.1L_{pAi}}\right) \tag{11-19}$$

式中,N_M——测量传声器的位置数;

S_i——第i个测试单元的面积;

S——整个测试面的面积。

根据平均A计权声级$\bar{L}_{pA}$,声源的A计权声功率级L_{WA}(单位为dB)的计算式为

$$L_{WA}=\bar{L}_{pA}+10\lg(\frac{S}{S_0})-K_{2A} \tag{11-20}$$

式中,K_{2A}——测试环境修正值,其数值的确定方法在11.4.6节中详细介绍;

S——测量表面面积,单位为m^2,对半球面$S=2\pi r^2$,对矩形六面体包络面是5个测量表面的总面积;

$S_0=1m^2$。

11.4.6 环境修正值K_2的估算和测定

在消声室或半消声室内进行工业产品的噪声声功率级的测量，可以将声音的反射和外部噪声干扰源的影响降到最低程度。声源在普通室内的声场中的分布情况如图11-7所示。一般普通室内能形成近似自由声场的区域很小（有时几乎不存在），大部分区域都是混响声场，即声场中除直达声外，还遍布着反射声。

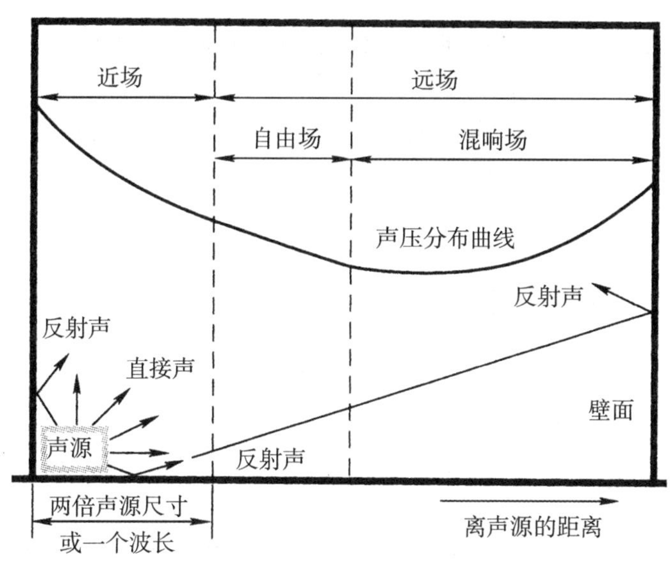

图11-7 普通室内声场的分布

当测量的环境不是理想的自由声场环境，而是存在着一些声反射和声吸收时，仍利用自由声场环境来计算声功率级就会产生较大的误差。为了消除由于环境不理想带来的误差，就需要对环境误差加以修正，修正值K_2是环境修正值，用dB表示，它是考虑测试环境的声反射和声吸收对测量面上所有传声器位置的时间平均声压级的平均值（能量平均）影响的修正。环境修正与频率有关。对频带，修正值记为K_{2f}，其中f表示相关频带的中心频率；在A计权情况下记为K_{2A}。一般情况下，环境修正值取决于测量面的面积S，通常K_2随着S的增大而增大。

在测试环境中的环境修正值K_2必须足够小。在消声室内进行精密级测量时，$K_2<0.5$ dB，因而可以忽略不计。在具有一个或多个反射平面附近的近似自由声场环境中进行工程级测量时，$K_{2A}\leqslant 4$ dB（不考虑频带数据的情况下）。如能对表征环境影响的K_{2A}进行较准确的估算或测定，就能够适当地提高测量的精度。

现场测试的总误差为

$$\Delta=\Delta_1+\Delta_2+\Delta_3+\Delta_4 \tag{11-21}$$

式中，Δ_1——近场误差，特别在低频范围内波长较长，Δ_1的影响较大，但是，只要将测点远离声源，这项误差就可大为降低；

Δ_2——有限测点数的误差，当声源存在明显指向性时，应增加测点，尽量不遗漏声压级的最小值或最大值；

Δ_3——由仪器及其他因素产生的测量误差；

Δ_4——环境误差，它是由测试环境产生的误差，主要取决于测试房间的总吸声量A与测量表面积S的比值。

现场修正值K_{2A}(单位为dB)的测定与估算常用下面几种方法。

1. 由A与S的比值来估算K_{2A}

$$K_{2A}=10\lg\left(1+\frac{4S}{A}\right) \tag{11-22}$$

式中，S——对半球测量取$2\pi r^2$，对矩形六面体是5个测量面的总面积，单位为m^2；

A——房间的吸声量，单位为m^2。

房间吸声量A可通过测量房间的混响时间加以确定，或根据各吸声表面面积S_i和它的吸声系数a_i来估算，计算式为

$$A=\sum_i a_i S_i \tag{11-23}$$

2. 从标准声源的声功率求出修正值K_{2A}

$$K_{2A}=L'_{WAr}-L_{WAr} \tag{11-24}$$

式中，L'_{WAr}——标准声源在现场测得的，不考虑环境修正(令K_2=0)而用式(11-20)计算的A计权声功率级；

L_{WAr}——标准声源的A计权声功率级的校准值。

3. 双表面法测定

对同一声源应用两个测量表面S_1和S_2分别进行测量，S_1和S_2的单位为m^2。这样由式(11-20)和式(11-22)可得

$$L_{WA}=\bar{L}_{pA1}-10\lg\left(\frac{1}{S_1}+\frac{4}{A}\right) \tag{11-25}$$

$$L_{WA}=\bar{L}_{pA2}-10\lg\left(\frac{1}{S_2}+\frac{4}{A}\right) \tag{11-26}$$

上面两个表述式中已考虑S_0 =1 m^2，从中消去A后可得

$$L_{WA}=\bar{L}_{pA1}+10\lg S_1-K_2 \tag{11-27}$$

式中，$K_2=10\lg\left[\frac{G}{G-1}\left(1-\frac{S_1}{S_2}\right)\right]$；

$G=10^{\frac{L_{pA1}-L_{pA2}}{10}}$。

11.4.7 背景噪声的判据与修正

在测试环境中，除了被测声源的声音外，其他噪声称为背景噪声。

背景噪声判据有两种：相对值判据和绝对值判据。在自由声场和近似自由场的测量中，满足这两种判据中的任一种都可以实现声功率级的精密级测定。

1. 相对值判据

在各频带内，所有测点或移动路径上，背景噪声与被测噪声源(在存在该背景噪声的环境中测量)的声级差均应至少为6 dB，对于中心频率从250 Hz到5000 Hz的1/3倍频带的声级差

至少为10 dB,如果满足这些要求,则满足背景噪声判据。

如果某频带的A计权声功率级比任一频带的最大A计权声功率级至少低15 dB,则该频带可以从测量频率范围中剔除。

将不满足第一条相对判据的中心频带剔除后再算一次A计权声功率级或声能量级,如果剔除前后的计算值之差小于0.5 dB,则符合背景噪声判据。

2. 绝对值判据

如果可以确定测量室内所有频带的背景噪声级在测量时段、测量频率范围内,均不高于表11-9所列的值,那么即使不能满足所有频带差值至少为6 dB和10 dB的相对值判据,也可以认为背景噪声是满足测量要求的。

表11-9 绝对值判据中测量室最大背景噪声级

1/3倍频带中心频率/Hz	最大频带声压级/dB	1/3倍频带中心频率/Hz	最大频带声压级/dB
50	44	1250	7
63	38	1600	7
80	32	2000	7
100	27	2500	8
125	16	3150	8
160	13	4000	8
200	11	5000	8
250	9	6300	8
315	8	8000	12
400	7	10 000	14
500	7	12 500	11
630	7	16 000	46
800	7	20 000	46
1000	7		

如果在离声源尽可能小的距离上测得的噪声级不大于表11-9中所列的值,则测量频率范围可以考虑限制在邻近频率范围,该频率范围应包括噪声源声压级超出表11-9所列对应值的最低频率和最高频率。在此情况下,应说明适用的测量频率范围。

相对值判据是优先判据,即相对值判据不能满足的前提下可采用绝对值判据。背景噪声绝对值判据只适用于一般的声功率测量。这些最大背景噪声级超过了听阈值,因此在一些测量中不适用。

在工程级或简易级测量中,测试环境的背景噪声不能满足以上两个判据时,需要进行背景噪声修正。

背景噪声对测量面上所有传声器位置的时间平均声压级的平均值(能量平均)影响的修正称为背景噪声修正,背景噪声修正值用K_1表示。背景噪声修正值与频率有关。对频带,修正值用K_{1f}表示,其中f是相应的中心频率;对A计权,则修正值用K_{1A}表示。

背景噪声修正值K_1的计算公式为

$$K_1 = -10\lg(1-10^{-0.1\Delta L_p}) \tag{11-28}$$

$$\Delta L_p = \bar{L}'_{p(\mathrm{ST})} - \bar{L}_{p(\mathrm{B})} \tag{11-29}$$

式中，$\bar{L}'_{p(\mathrm{ST})}$——被测声源运行时，测量面上传声器阵列的频带或A计权时间平均声压级的均值，单位为dB；

$\bar{L}_{p(\mathrm{B})}$——测量面上传声器阵列的背景噪声频带或A计权时间平均声压级的均值，单位为dB。

如果ΔL_p >15 dB，则可认为K_1为0，无须进行背景噪声修正；如果6 dB≤ΔL_p ≤15 dB，应按照式(11-28)进行修正。

如果一个或多个1/3倍频带的ΔL_p <6 dB，测量结果的准确度会下降，K_1的值在这些频带下为1.3 dB（ΔL_p=6 dB的值）。在这种情况下，需要在测试结果中明确说明这些频带的数据代表被测噪声源声功率级的上限。

11.4.8 对标准声源的要求

标准声源是一个在一定频带内具有均匀声功率谱的特制声源。根据ISO 6926:2016的要求，它产生宽带稳定声音，其1/3倍频程中心频率至少在100 Hz～10 000 Hz频率范围内，在这个频率范围内其所有1/3倍频带声功率级之间的级差应该在12 dB范围内。每一个1/3倍频带声功率级与相邻的较高和较低的1/3倍频带声功率级偏差不超过3 dB。在任何中心频率在100 Hz～10 000 Hz频率范围内的1/3倍频带，所有的指向性指数最高不超过+6 dB。

现在国外所用的标准声源主要是气流式的、不接管道的通风机。这种标准声源的特点是频谱比较平直，功率比较大，在国外有现成产品，缺点是有指向性，在不同条件下功率输出不同。另外一种是用撞击器撞击钢板作标准声源，如图11-8所示，所用的钢板面积为470 mm×200 mm，厚3 mm的冷轧钢板，下面是高100 mm的木盒，使钢板只有一面辐射。这种撞击式标准声源的最大特点是稳定，钢板本身的声阻抗很高，输出不受环境影响并且无指向性。表11-10列出撞击式标准声源的声功率谱，可以作为测量机器噪声功率的根据。

HBK公司的4204型标准声功率源（图11-9）主要由一台由异步电机驱动的专门设计的离心式风机构成。电机为外转子型，由于转子的高惯性矩，其转速非常恒定。电机安装在铸铝底座上，其形状可尽量减少反射。电机和风扇整体安装在装有两个搬运手柄的圆柱形安全栅中。在100 Hz～10 kHz（以1/3倍频程测量）范围内的任何频率下，垂直面内参考声源的方向特性变化小于6 dB。在水平面上，对于高达10 kHz的频率（以1/3倍频程测量）变化小于0.2 dB。参考声源的频率范围为100 Hz～20 kHz。在100 Hz～10 kHz的范围内，在任何1/3倍频程频段输出声功率级大于70 dB（以1 pW为参考）。A计权输出声功率级为91 dB（50 Hz供电频率）或95 dB（60 Hz供电频率）。可作为按照ISO 3741、ISO 3747标准比较法测量声功率时的参考声功率源，也可用于按照ISO 3744标准测量声功率时测量环境修正系数K_2，还可用于测量房间的吸声量和隔声量。

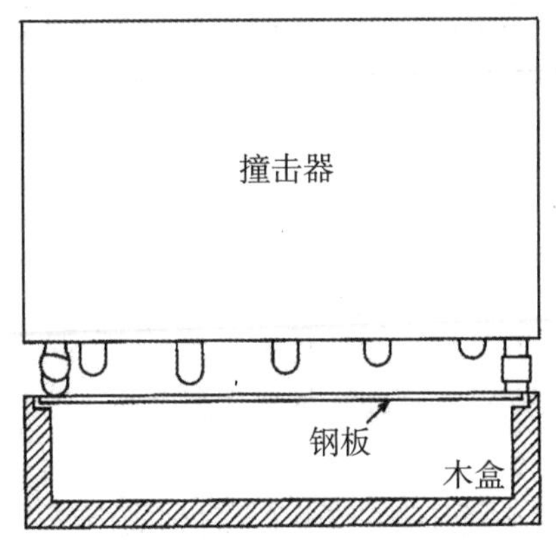

图11-8 撞击式标准声源构造图

图11-9 HBK4204型标准声源

表11-10 撞击式标准声源的声功率谱

中心频率 /Hz	1/3倍频带功率级 /dB(0 dB=1 pW)	1/1倍频带功率级 /dB(0 dB=1 pW)	中心频率 /Hz	1/3倍频带功率级 /dB(0 dB=1 pW)	1/1倍频带功率级 /dB(0 dB=1 pW)
100 125 160	83.5 82.5 84.5	88	1600 2000 2500	94 93.5 94.5	98.5
200 250 315	85.5 85 87	90.5	3150 4000 5000	94 95 92	98.5
400 500 630	88 91.5 97	97	6300 8000 10 000	92 97.5 87	93.5
800 1 000 1 250	93.5 94.5 94.5	99	L L_A	105 dB 105 dB	

标准声源的使用方法有下述三种。

(1)置换法:把机器移开,用标准声源代替它作测量。标准声源的位置最好是机器的声中心,测量点相同。

(2)并摆法:机器如不便移动,可把标准声源放在机器旁边或上面,这样两种声源的位置不完全相同,但如测量点稍远,影响就很小。

(3)比较法:如果机器不便移动、并摆可能引起较大误差,也可以用比较法。这就是把标准声源放在厂房的另一点,周围反射面的位置和机器旁相似,但是没有机器,这样作相似点的测量,用式(11-13)计算声功率级。

标准声源可用在直达声场内、混响声场内或两者混合的声场内,所需设备简单,使用方便,所以适用于现场测量。标准声源基本是点声源,如果未知声源体积庞大,并且各个方向辐射不同,可能因声源位置引起一些误差,因此标准声源的位置要选择适当。

测量时,首先在实验室内用上述方法精确测定标准声源的1/3倍频程声功率级,再由式(11-13)计算噪声源的1/3倍频程声功率级。

测量点的选择和自由场法相同,是用半球面(或半圆柱面)上平均分布的若干点。如果声源的指向性很差,则在这些点中只选择几个点就足够了。

11.5 声强法测量声功率

11.5.1 声强测量原理

在声学测量中,传统的方法是测量声压。但是这种方法易受环境的影响,需要进行修正,甚至需要消声室、半消声室或混响室等特定的声学环境。声强法的最大特点是对测量环境要求低,可以在普通声学环境中准确地测量声源的声功率。

声强是描述声学现象的物理量之一。它定义为声场中某点在给定时刻的声压p(标量)和质点振动速度u(矢量)的积pu。这是一个瞬时值,并且是矢量。

在大多数测量中,人们感兴趣的是瞬时声强的时间平均值I,即在声场中在与某指定方向垂直的单位面积上单位时间所通过的平均声能,计算公式为

$$I=\frac{1}{T}\int_0^T p(t)u_r(t)\,\mathrm{d}t \tag{11-30}$$

式中,$u_r(t)$——某点处瞬时质点速度$u(t)$在r方向(上的分量;

$p(t)$——该点处同一时刻的声压;

T——平均时间。

对于平面声波有

$$I=\frac{\overline{p}^2}{\rho c} \tag{11-31}$$

两个性能一致的声压传声器相距Δr,当$\Delta r\ll\lambda$(λ是待测声波波长)时,有近似关系

$$\begin{cases} u\approx\dfrac{\mathrm{j}(p_2-p_1)}{\omega\rho\Delta r} \\ p=\dfrac{p_1+p_2}{2} \end{cases} \tag{11-32}$$

式中,ρ——空气密度;

c——空气中声速;

ω——声波角频率;

p_1、p_2——由两只传声器分别测得的声压。

对于简谐信号,可以用两只传声器测得声压的算术平均值来代表两只传声器测点位置中心处的声压,用两只传声器测得的声压差分值来求质点速度。然后代入声强公式中进行计算。对于随时间任意变化的信号$p(t)$和$u(t)$,可以利用傅里叶变换转换成频域中的$P(\omega)$和$U(\omega)$,再经过一定的推导运算就可以得到声强的频谱密度,计算公式为

$$I(\omega)=\frac{I_m(G_{12})}{\omega\rho\Delta r} \tag{11-33}$$

式中,G_{12}——互功率谱密度,$G_{12}=[P_1(\omega)P^*{}_2(\omega)]$;

I_m——表示取其虚部。

这就是目前广泛使用的双传声器探头声强测试装置的基本原理，称为双传声器的互谱方法。为了保证测量精度，对于不同的频段要选配直径不同传声器对和不同的传声器间距Δr。如果要求保证测量精度为±1 dB，各种选配适用的频段推荐见表11-11所列。

表11-11　声强探头的适用频段

间距Δr	1/4″ 传声器对	1/2″ 传声器对
6 mm	250 Hz~10 kHz	
12 mm	125 Hz～5 kHz	125 Hz～5 kHz
50 mm		31. 5 Hz～1. 25 kHz

11.5.2　声强法声功率测定

在声功率测量中，要求测量各频带的法向声强级和声压级。测量方法有离散点测量、扫描测量和扫描精密法三种，GB/T 14604的三个部分分别对它们做了规定。由于声强是矢量，因此在测量时认定双传声器探头中的一个传声器，保证在整个测量过程中，这个传声器始终靠近(或远离)测量表面，同时注意测量值的正、负号。

离散点测量、扫描测量和扫描精密法测量在不同频带的各等级声功率测量的标准偏差见表11-2所列。

第一步，根据声源的形状确定测量表面，测量表面应包围被测声源。图11-10所示是可选用的四种测量包络面，实际测试选择测量表面时应注意：不能包含像混凝土地板、砖石墙之类的非吸声表面(扩散声场吸声系数小于0.06)。测量表面与被测声源表面间的平均距离一般应大于0.5 m，当存在明显的外部噪声或混响时，最小的平均距离可以为0.25 m。

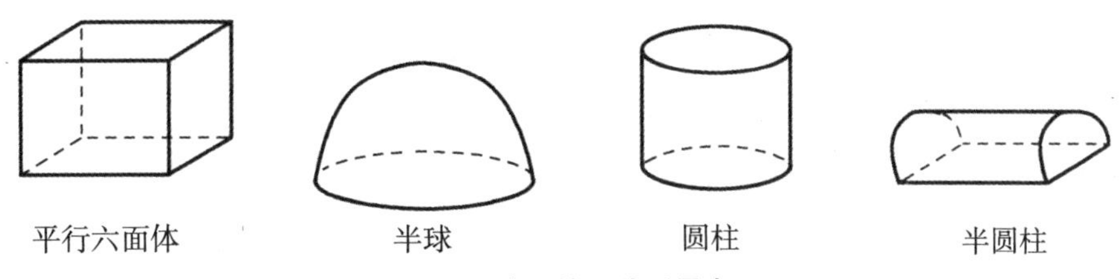

图11-10　可选用的四种测量表面

对于离散点测量，将测量表面分成若干面元，每个面元的面积不应大于1 m^2，设定面元中心为测量点，整个测量表面最少取10个，且应尽可能在面上均匀分布。如果外部噪声比较明显，测点数要多于50个。当测量表面很大，在测点不少于50个的情况下，可以允许降到每2 m^{2}一个测点。如果外部噪声不明显，并且测量表面大于50 m^2，那么整个测量表面上可取50个测点，但要求尽可能均匀。

第二步，测量外部噪声对测量有无影响和声场时间变化指示值F_1。

当外部噪声级在测试期间变化过大时，不宜用声强法来测定声源的声功率级。所以在测试开始前，应首先测量外部噪声对测量有无影响。具体的方法是在测量表面上均匀选择5个测点，如果在这5个测点测得的A计权声压级在关掉被测声源后，降低10 dB以上，则认为外部噪声对测量无影响。

为了评价声场是不是稳态，应当在初始测量表面上选择一个“典型的”测量点，测量声场时间变化指示值F_1。指示值F_1用来确定测量面的最小测量时间。如果$F_1>0.6$，应采取措施以减少F_1，降低外来声强的时间变化性，可以在变化较小期间进行测量或者在每个测点增加测量时间等措施。

当采取措施后还需要重新测量F_1，以确定满足$F_1\leqslant 0.6$。当确定$F_1\leqslant 0.6$时，则可以进入第三步开始测量。

第三步，各测点声强的测量。根据测试面和测试点的信息，对所有测点进行声强级测量。在每个面元S_i的中心测量垂直于面元方向的声强I_i。

第四步，计算测量表面上每个面积元每个频带的局部声功率。

$$P_i=I_{mi}S_i \tag{11-34}$$

式中，P_i——面积元的局部声功率；

I_{mi}——在测点i处测得的有符号的法向声强分量幅值；

S_i——面元i的面积。

当面积元的法向声强级L_{Imi}用××dB来表示的，I_{mi}的值的计算公式为

$$I_{mi}=I_0\times 10^{L_{Imi}/10} \tag{11-35}$$

当面积元的法向声强级L_{Imi}表示为(-)××dB的，I_{mi}的值的计算公式为

$$I_{mi}=-I_0\times 10^{L_{Imi}/10} \tag{11-36}$$

式中，$I_0=10^{-12}\ \mathrm{W/m^2}$。

第五步，完成所有测点的测试后，即可计算各频带的总声功率级。

$$L_W=10\lg\sum_{i=1}^{N}\frac{P_i}{P_0} \tag{11-37}$$

式中，P_i——面元i的局部声功率；

$P_0=10^{-12}\mathrm{W}$，为基准声功率。

如果任何频率的$\sum_{i=1}^{N}P_i$为负值，则说明标准的方法对该频带不适用。

扫描测量时，在选定测量面的每个面元上，用手动或者机械系统将声强探头沿着规定的路线连续移动(图11-11)。手动扫描速度应为0.1 m/s～0.5 m/s，机械扫描速度则应为0～1 m/s。在单个面元上任何一次扫描的持续时间不应小于20 s。测量仪器对每一测量面元，以扫描的总持续时间T对声强和声压做时间平均，时间平均应当从扫描在任一面元上开始就进行，直到扫描在该面元上完成才结束，则各频带的总声功率为

$$P=\sum_i \bar{I}_i S_i \tag{11-38}$$

式中，$\bar{I}_i$——在第i个面元上多次测量的声强平均值。

得到总声功率后即可求得被测声源各频带的声功率级，用分贝(dB)表示，计算公式为

$$L_W = 10\lg\left|\frac{P}{P_0}\right| \tag{11-39}$$

式中，P_0——基准声功率，$P_0=10^{-12}$ W。

计算在标准气象条件下的归一化声功率级 L_{W0}（温度 θ=23℃，大气压力 B=101325 Pa），计算公式为

$$L_{W0} = L_W - 15\lg\frac{B}{101325} \times \frac{296.15}{273.15+\theta} \tag{11-40}$$

式中，θ——实际测量时候的空气温度，单位为℃；

B——实际测量时候的大气压力，单位为Pa。

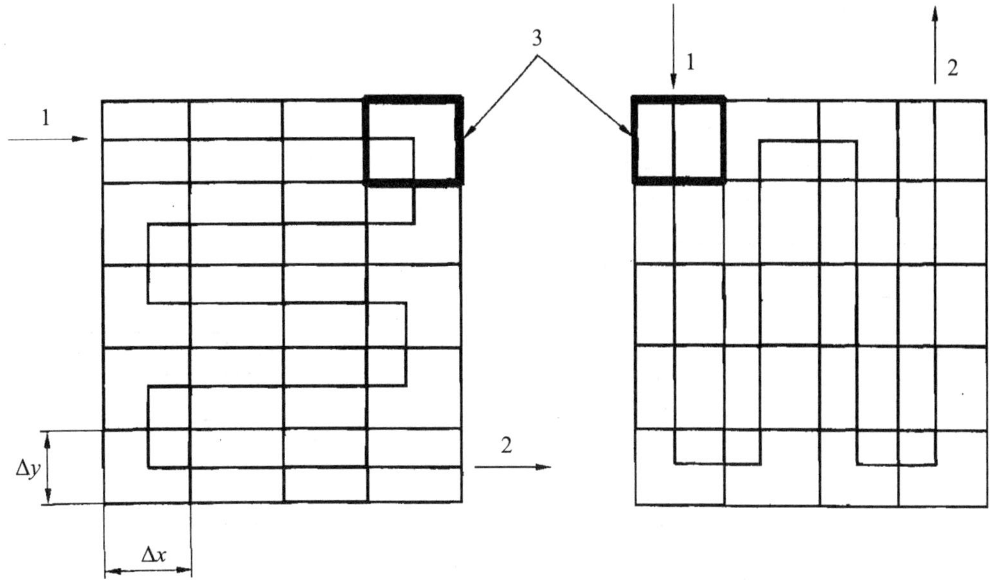

1，2—扫描路径；3—面元

注：这种情况下，面元的数目 N_s 是20

图11-11 矩形局部测量面上的两种正交扫描路径的例子

在完成所有测量表面的测量后，需要根据GB/T 16404—1996附录的要求，对声功率级测定的每个频带计算声场指示值 F_2、F_3 和 F_4；并根据相应的判据确定是否需要进一步划分测量面元或改进测量方法。

应用扫描测量精密法（GB/T 16404.3—2006），初始测量面上的测量位置处的声场条件可能有很大差异。为保证声功率级测定的不确定度的上限，有必要检验仪器及具体测量的声场/环境条件相关的参数（例如：测量面、距离、路径）选择的充分性。获得预期准确度的流程如图11-12所示。可以采取表11-12所列的相应措施来提高声功率级测量的准确度。

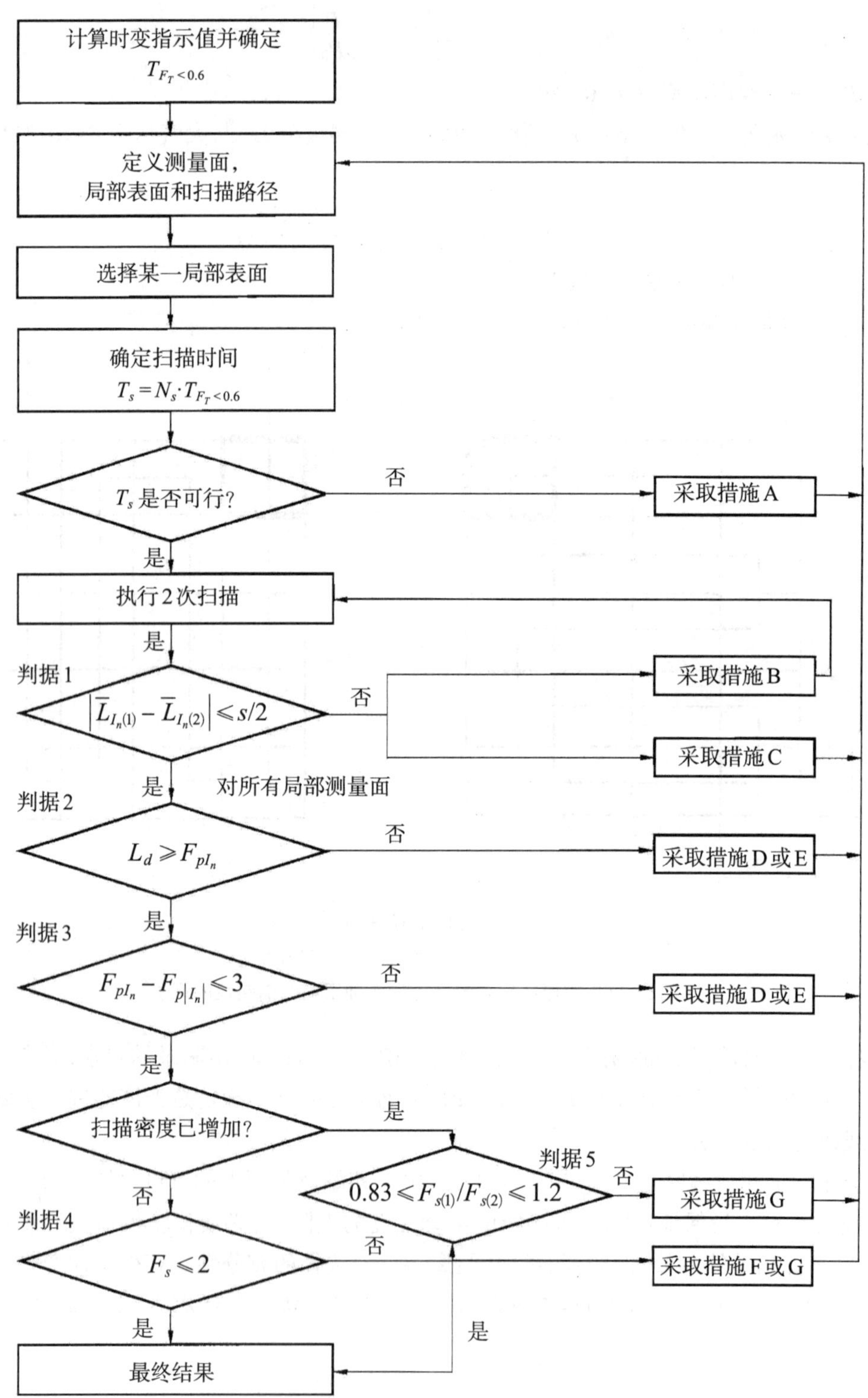

图11-12　获得预期准确度的流程

表 11-12 提高声功率级测量准确度的措施

情况	措施代码	措施	备注
如果T_s不能够满足 $T_s = N_s \cdot T_{F_T < 0.6}$	A	增加扫描时间，和/或降低外部声强的时间变化，或者在外部噪声变化较小的时候测量	
判据 1 如果： $\left\| \overline{L}_{I_n(1)} - \overline{L}_{I_n(2)} \right\| > \frac{s}{2}$	B 和/或 C	调整扫描速度、时间，或扫描路径； 调整局部测量面和/或测量面	$\overline{L}_{I_n(1)}$ 和 $\overline{L}_{I_n(2)}$ 是两次扫描得到的法向声强级； s是给出的不确定度
判据 2 如果：$L_d < F_{pIn}$	D 或	存在有明显的外部噪声和/或混响较强的时候，减小测量面距声源的平均距离（最小为0.25 m）。在没有明显的外部噪声和/或较强混响时，增加测点和声源的距离最大到1 m	L_d是测量仪器的动态范围指数
判据 3 如果：$F_{pIn} - F_{p\|In\|} > 3$	E	把测量面屏蔽起来防止外部的噪声，或者采取措施降低到声源的反射声	F_{pIn}标准附录B对每个频带确定的指示值
判据 4 如果：$F_s > 2$	F 或 G	增加局部测量面与声源的平均距离 增加扫描密度	F_s是测量面上声场非均匀指示值
判据 5 如果：$F_{s(1)}/F_{s(2)} < 0.83$ 或者 $F_{s(1)}/F_{s(2)} > 1.2$	G	增加扫描密度	$F_{s(1)}$和$F_{s(2)}$表示在同一局部测量面上的扫描线密度增加了两倍或更多倍，当前和先前的声场指示值

从理论上讲，声强法在测量包络面上的测点处对声源进行声功率级测定时，外界的环境和噪声干扰源都不会对测量结果产生影响。如图 11-13 所示，当声源被测量面包络时，声强对包络面的积分就是声源的声功率 W；当声源不被测量面包络时，因声强是矢量，在包络面上，声能流从一边流入，声强为负，从另一边流出，声强为正，声强对包络面的积分为 0，即测得的声功率为 0。这个在包络面外面的声源可以是外界不希望被测得的声源，也可以是被测声源的反射声。

表 11-13 所列是在半消声室环境和普通房间内，在无外界干扰源和有外界干扰源的情况下对同一台电动机测量的结果。其中测试对象是型号为 Y100L1-4 的电动机，功率为 2.2 kW，测试时转速调定为 600 r/min。干扰噪声源是 HBK4205 标准声功率源，测试时调定其干扰声功率级为 75 dB。

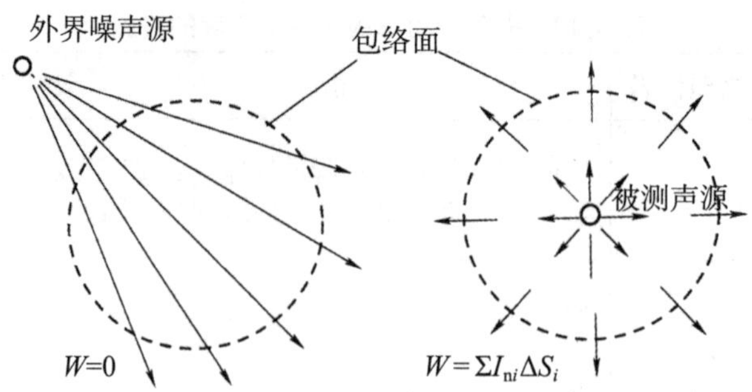

图 11-13　声强法测定声源的声功率示意图

表 11-13　电动机声功率测量对比试验

测量环境		声压法 GB/T 6882	声强法 GB/T 16404
半消声室		72.01 dB(A)	71.46dB (A)
普通房间	无干扰噪声		71.54dB (A)
	有干扰噪声	75.78 dB(dB)	72.15dB (A)

由此可见，在采用声强法测定声源的声功率级时，对测量环境的要求不高。但在采用声压法测定声源的声功率级时，必须注意测量环境的影响。

11.6　振速法测定噪声源声功率级

我们国家还有通过测量表面振动来确定机器表面振动所辐射的空气声功率的测量方法（GB/T 16539—1996《声学　振速法测定噪声源声功率级　用于封闭机器的测量》）。此方法通过测量表面各部分的振动速度，加上声辐射指数、测量面面积和空气特性阻抗等因子，来确定整个机器结构振动辐射的声功率。

$$L_{WS}=\overline{L}_V+\left[10\lg\frac{S_S}{S_0}+10\lg\sigma+10\lg\frac{\rho c}{(\rho c)_0}\right] \tag{11-41}$$

式中，$\overline{L}_V$ ——测量面上的速度级均值（基准速度 50 mm/s），单位为 dB；

S_s——相应测量面面积，单位为 m^2；

$\sigma=\dfrac{p_s}{\rho c S_0 \bar{V}^2}$，辐射因数；

ρc——空气特性阻抗；

$S_0=1\ m^2$；

$(\rho c)_0=400\ N\cdot s/m$（即空气在 20℃，气压为 10^5 Pa 时的阻抗）。

振速法测定 A 计权声功率级结果的准确度为工程级，不确定度不大于 2 dB。主要适用于稳态声源，特别适用于那些基础标准或专业标准规定直接正确测定空气噪声，但由于背景噪声很高或其他环境影响较大而不可能用声压法测定机器噪声的场合。它仅适用于由封闭固体结构表面振动辐射噪声的情况，而不适用于由空气动力产生噪声的情况。

振速法适合在下列情况下确定机器表面振动所辐射的空气噪声：

——当背景噪声(例如其他机器的噪声或房间各面的反射声)比被测机器直接辐射的噪声还要高时；

——当需要将结构噪声与空气动力噪声分离开时(也就是说在声强测试技术不便应用的那些场合)；

——当需要确定整个声源的结构噪声是来自机器的结构噪声还是来自机组的另一部分时；

——当需要确定机器负载时的噪声又要排除被拖动负载及其他噪声影响时；

——主要适用于稳态声源，及由封闭固体结构表面振动辐射噪声的情况；

——不适用于由空气动力产生噪声的情况。

本方法提出的试验程序，特别适用于机器的外表形状比较简单的声源。对于相关性很好的一些简单声源(零阶振源或点振源)则更容易处理，可以按理想化的结构(如球、平板、圆柱体)用相应的理论处理。

对于大多数机器，其振动速度的分布取决于相应频率振动模态、机器结构特性和激励力等因素，而其辐射因数不仅与上述诸因数有关而且还与辐射面尺寸、相关频率声波在空气中的波长有关。因此，通常用实验的方法来求取同种类型机器的辐射因数。

11.7 机械和设备发射噪声声压级测量

有关机械设备发射噪声声压级测量的B类国家标准有：

GB/T 17248.1—2022《声学　机器和设备发射的噪声　测定工作位置和其他指定位置发射声压级的基础标准使用导则》(ISO 11200：2014，IDT)

GB/T 17248.2—2018《声学　机器和设备发射的噪声　在一个反射面上方可忽略环境修正的近似自由场测定工作位置和其他指定位置的发射声压级》(ISO 11201：2010，IDT)

GB/T 17248.3—2018《声学　机器和设备发射的噪声　采用近似环境修正测定工作位置和其他制定位置的声压级》(ISO 11202：2010，IDT)

GB/T 17248.4—1998《声学　机器和设备发射的噪声　由声功率级确定工作位置和其他指定位置的发射声压级》(eqv ISO 11203：1995)

GB/T 17248.5—2018《声学　机器和设备发射的噪声　采用准确环境修正测定工作位置和其他指定位置的发射声压级》(ISO 11204：2010，IDT)

GB/T 17248.6—2007《声学　机器和设备发射的噪声　声强法现场测定工作位置和其他指定位置发射声压级的工程法》(ISO 11205：2003，IDT)

在工业产品的生产者需要根据机械安全规程标示噪声发射，以及用户需要将该数据输入到声暴露预测模型中或需要用该数据对市场上的产品进行比较时，可采用工作位置或其他指定位置的发射声压级来评定它们的发射噪声对环境所产生的影响。

工作位置是指操作者的位置。指定位置是指与机器相关，包括但不局限于操作者的位置，该位置可以是单一固定点，或某一路径上若干点，或相关噪声测试规程描述的距机器规定距离的面上的若干点。

发射声压是指在一个反射平面上，当声源按规定工况和安装条件运行时，声源附近工作位置或其他指定位置的声压。它不包括背景噪声以及反射面以外的其他声反射的影响。发射声压级在工作位置或其他指定位置上测定，该位置要遵守产品的测试安全要求。

机械设备在其安装环境中运行时，工作位置或其他指定位置的声压级会受到环境的影响而使测量的声压级有差别。对于有些类型的工业产品，其安装条件及运行工况也会对发射声压级的测量产生影响，因此测试时还要注意这些工业产品对安装条件及工况的详细要求以及所规定的工作位置和其他指定位置的定位。

考虑被测声源的各种可能情况（移动的机器、固定的机器、不同的测试室、不同的仪器设备和不同工作位置等），测定机器和设备发射声压级有以下五种不同的方法。

(1)在一个可忽略环境修正的反射面上方近似自由场测定工作位置和其他指定位置的发射声压级；

(2)采用近似环境修正测定工作位置和其他指定位置的发射声压级；

(3)采用准确环境修正测定工作位置和其他指定位置的发射声压级；

(4)由声功率级确定工作位置和其他指定位置的发射声压级；

(5)声强法现场测定工作位置和其他指定位置发射声压级的工程法。

这些方法中前3个是描述不同测试环境中直接测量发射声压级的方法，第4个则给出了用声功率级来测定发射声压级的方法，第5个是根据声强级的测量值来测定发射声压级的方法。这五种方法分别对应的国家标准号为：GB/T 17248.2、GB/T 17248.3、GB/T 17248.4、GB/T 17248.5和GB/T 17248.6，它们的有关分析见表11-14所列。

表 11-14　不同发射声压级测量方法标准的概要

参量	GB/T17248.2 1级或2级	GB/T17248.3 2级或3级	GB/T17248.4 2级或3级	GB/T17248.5 2级或3级	GB/T17248.6 2级
测试环境	一个反射面上方近似自由场	无专门测试环境	与声功率级测定标准相同	无专门测试环境	任意房间
测试环境适用准则	半消声室：$K_{2A}\leqslant 2$ dB[a] 户外：	$K_{2A}\leqslant 7$dB[a]	与声功率级测定标准相同	$K_{2A}\leqslant 7$ dB[a]	声压级和声强级之差小于10 dB(F_{plxyz})
声源体积	无规定，仅受可利用的测试环境的限制	无规定，仅受可利用的测试环境的限制	特别适用于小型机器(1 m)和某些大型设备	无规定，仅受可利用的测试环境的限制	无规定
噪声特性	任意	任意	与声功率级测定标准相同	任意	有或没有窄带噪声的稳态宽带噪声
对背景噪声的限定	$\Delta L\geqslant 10$ dB[b]（1级） $\Delta L\geqslant 6$ dB[b]（2级）	$\Delta L\geqslant 6$ dB[b]（2级） $\Delta L\geqslant 3$ dB[b]（3级）	与声功率级测定标准相同	$\Delta L\geqslant 6$ dB[b]（2级） $\Delta L\geqslant 3$ dB[b]（3级）	声压级和声强级之差 $\Delta L\geqslant 10$ dB[b]
对局部环境修正值的限定	不测定K_{3A}，不做环境修正	$K_{3A}\leqslant 4$ dB(2级) 4 dB$<K_{3A}\leqslant 7$ dB(3级) K_3和准确度(2级或3级)作为K_2和声源指向性指数的函数给出	不测定K_{3A}	$K_{3A}\leqslant 4$ dB(2级) 4 dB$<K_{3A}\leqslant 7$ dB(3级) K_3作为K_2和声源指向性指数的函数给出	不适用
传声器位置	在工作位置(和其他指定位置)	主声源可辨识：在工作位置和/或其他指定位置； 主声源无法辨识：被测声源每边至少一个(共4个)及工作位置和/或其他指定位置	不用	3级准确度至少5个，2级准确度至少9个及在工作位置和/或其他指定位置	在3个正交方向的工作位置和其他指定位置(大于2 m的机器可能需要第二组3个正交方向的测量)
仪器[c] 1. 声级计至少满足 2. 积分声级计至少满足 3. 带通滤波器至少满足 4. 校准器至少满足	1. 1级 2. 1级 3. 1级 4. 1级	1. 2级 2. 2级 3. 1级 4. 1级	与声功率级测定标准相同	1. 1级 2. 1级 3. 1级 4. 1级	1级声强计

续表

参量	GB/T17248.2 1级或2级	GB/T17248.3 2级或3级	GB/T17248.4 2级或3级	GB/T17248.5 2级或3级	GB/T17248.6 2级
可得到的资料	A计权声级、C计权峰值声级、频带声压级(可选)	A计权声级、C计权峰值声级	与声功率级测定标准相同	A计权声级、C计权峰值声级、频带声压级(可选)	缩减频率范围为63 Hz～8 kHz倍频带的A计权声级
发射声压级测定方法准确度的再现性标准偏差	σ_R≤0.5 dB(1级) σ_R≤1.5 dB(2级)	σ_R≤1.5 dB(2级) σ_R≤3.0 dB(3级)	等于所采用的声功率级测定方法得到的准确度	σ_R≤1.5 dB(2级) σ_R≤3.0 dB(3级)	近似等于或小于1.5 dB
相关声功率级测量标准	GB/T 6882(1级) GB/T 3767(2级)	GB/T3768	GB/T 6881.2、 GB/T 3767、 GB/T 3768、 GB/T 16538、 ISO 3747:2010、 GB/T 16404、 GB/T 16404.2	GB/T 3767(2级) GB/T 3768(3级)	GB/T 16404

注:a. 发射声压级一般用A计权声压级表示。K_{1A}为背景噪声修正值,K_{2A}为环境修正值,K_{3A}为局部环境修正值。

b. ΔL指被测声源工作期间测得的声压级与背景噪声声压级之差。

c. 考虑到这些标准所适用的设备彼此相差较大,因此这里给出的是试验性建议值。

从这五种方法中选择使用一种方法时需要考虑的影响因素有以下几个。

① 参考GB/T 17248.2～GB/T 17248.6制定的噪声测试规范或方法。

② 声压级测量的重复性和复现性。如果重复性很差，则没必要用精密法。

③ 机械设备的尺寸和可移动性。这影响它在噪声测量的声学实验室内安装的可行性，比如，手持设备足够小可以搬到声学实验室。

④ 是否有与机器相关的特定工作位置。如施工场地使用的空压机没有工作位置。

⑤ 可供测量用的测试环境(表11-15)。采用本标准，户外使用的机械，其声发射在户外测量。

表11-15　不同测试环境适用的方法

环境	户外或半消声室	室内		
环境修正值K_2/dB	K_2近似等于0	$K_2 \leqslant 2$	$2 < K_2 \leqslant 7$	$K_2 > 7$
标准	GB/T 17248.2[a]	GB/T 17248.2[a]	不可用	不可用
	GB/T 17248.3[b]	GB/T 17248.3[a]	GB/T 17248.3[a]	不可用
	GB/T 17248.5[b]	GB/T 17248.5[a]	GB/T 17248.5[a]	不可用
	GB/T 17248.6[a]	GB/T 17248.6[a]	GB/T 17248.6[a]	GB/T 17248.6[a]

a. 可用和首选；
b. 允许但非首选。
注：GB/T17248.4较适于无指定位置的声源，(根据声功率标准)也适用于任意环境。

⑥要求的准确度。通常，对工业应用推荐的准确度为2级(工程级)。

⑦适用的仪器(表11-16)。推荐使用1级仪器，2级仪器只能提供粗略估计和相应的不确定度较大的3级准确度结果。

表11-16　不同标准适用的仪器

标准	GB/T 17248.2	GB/T 17248.3	GB/T 17248.4	GB/T 17248.5	GB/T 17248.6
仪器	1级仪器	1级仪器(2级准确度) 2级仪器(3级准确度)	1级仪器(1级和2级准确度) 2级仪器(3级准确度) (根据声功率标准)	1级仪器	1级仪器

⑧不能避免的背景噪声值(表11-17)。在室内测量时，可能无法关掉所有影响声压级测量的空调设备或附属设备。

⑨确定局部环境修正值K_3和准确度等级的方法(表11-18)。

⑩噪声发射的不稳定性(表11-19)。

表11-17　不同背景噪声级适用的方法

$\Delta L \geqslant 10$ dB	6 dB $\leqslant \Delta L <$ 10 dB	3 dB $\leqslant \Delta L <$ 6 dB	$\Delta L <$ 3 dB
GB/T 17248.2 1级和2级准确度[a]	GB/T 17248.2 2级准确度[a]	不可用	不可用
GB/T 17248.3 2级和3级准确度[a]	GB/T 17248.3 2级和3级准确度[a]	GB/T 17248.3 3级准确度[a]	不可用
GB/T 17248.4[a,b]	GB/T 17248.4[a,c]	GB/T 17248.4 3级准确度[a,d]	GB/T 17248.4[a,e]

续表

$\Delta L \geqslant 10$ dB	6 dB$\leqslant \Delta L <$10 dB	3 dB$\leqslant \Delta L <$6 dB	$\Delta L <$3 dB
GB/T 17248.5 2级和3级准确度[a]	GB/T 17248.5 2级和3级准确度[a]	GB/T 17248.5 3级准确度[a]	不可用
GB/T 17248.6[a,f]	不可用	不可用	不可用

a. 可用；
b. 基于提供1级准确度结果的声功率标准；
c. 基于提供2级准确度结果的声功率标准；
d. 基于提供3级准确度结果的声功率标准；
e. 基于声强法的声功率标准[GB/T 16404（所有部分）规定的]；
f. GB/T 17248.6中用声强级替代声压级，ΔL为声强级之差。
注：ΔL为被测声源运行和关闭时在工作位置测得的声压级之差，用dB表示。

表11-18　测定局部环境修正值K_3和准确度等级的步骤

步骤	标准				
	GB/T 17248.2	GB/T 17248.3	GB/T 17248.4	GB/T 17248.5	GB/T 17248.6
步骤1 声源尺寸	任意尺寸被测声源	方法A.1： 任意尺寸被测声源，但主声源辐射面积小	方法A.2： 任意尺寸被测声源	任意尺寸被测声源	
步骤2 测量	单点测量 （工作位置或其他指定位置）		在围绕声源半高或高度=1.55 m ± 0.075 m的一条路径上多点测量	在一封闭面上多点测量（最好按ISO 3744或ISO 3746建议的5面	单点测量
步骤3 修正值K_2	测定K_2	测定A	测定K_2和$D^*_{1op,approx}$	测定K_2（或A/S）和D10p	不考虑K_2
步骤4 修正值K_3	不考虑K_3	K_3=101g (1+4S/A) dB	用K_2（或A/S）和$D^*_{1op,approx}$测定K_3	用K_2（或A/S）和D^*_{1op}测定K_3	不考虑K_3
步骤5 准确度	1级或2级	若$K_{3\cdot max} \leqslant$4 dB，2级 若$K_{3\cdot max} >$4 dB，3级	2级或3级		2级

注：对GB/T 17248.3和GB/T 17248.5而言，A为测试室的等效吸声面积，声功率标准提供了A的测定方法，如ISO 3744；对GB/T 17248.3而言，如果被测机器主声源的位置很容易辨认，则测量面S为一易于对主声源进行测定的典型面；对GB/T 17248.5 而言，S_M为包围被测声源并在其上面测定声压级的基准测量面的面积。

表11-19　噪声发射稳定性对总不确定度的影响——计算3种情况总标准偏差σ_{tot}的示例

方法的复现性 标准偏差σ_{R0}/dB	工况和安装条件		
	稳定	较不稳定	很不稳定
	标准偏差σ_{omc}/ dB		
	0.5	2.0	4.0
	总标准偏差σ_{tot}		
0.5（1级准确度）	0.7	2.1	4.0
1.5（2级准确度）	1.6	2.5	4.3
3.0（3级准确度）	3.0	3.6	5.0

GB/T 17248.2～GB/T 17248.6可用于所有的机械和设备。方法的选择取决于技术要求和实际情况的限制。我们通过流程图给出了选择不同方法的指导。除非能用GB/T 17248.4(图11-14),否则首先进行重复性研究(图11-15),然后进入如图11-16所示的“开始”框。

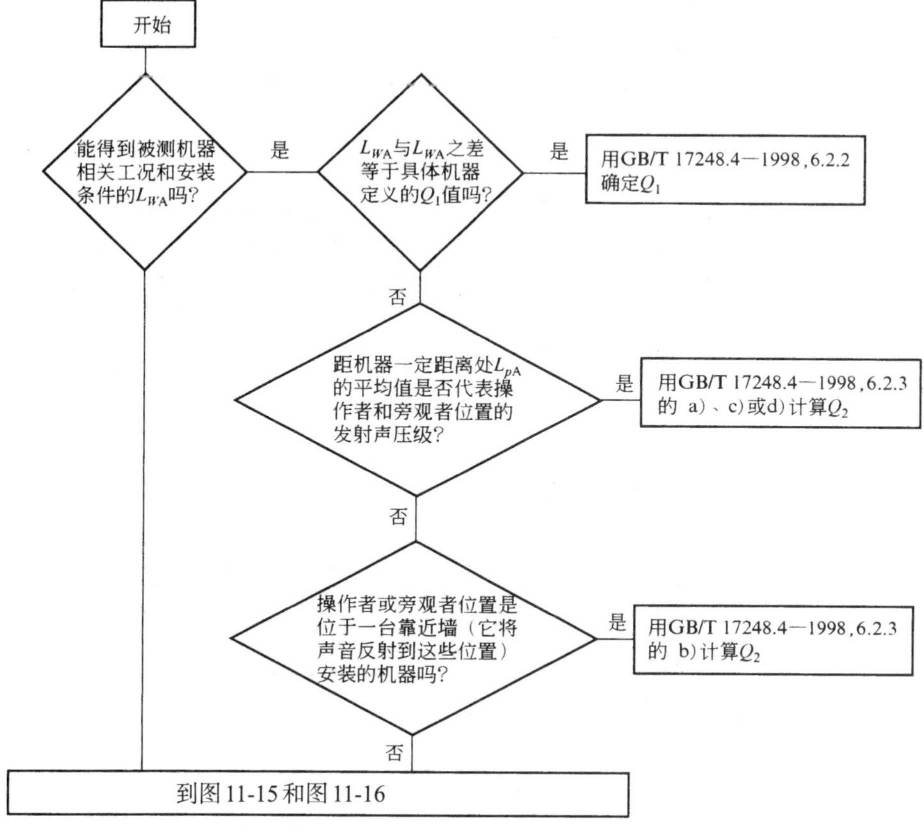

图11-14 能用GB/T 17248.4时,根据声功率级测定发射声压级L_p(无任何附加测量)

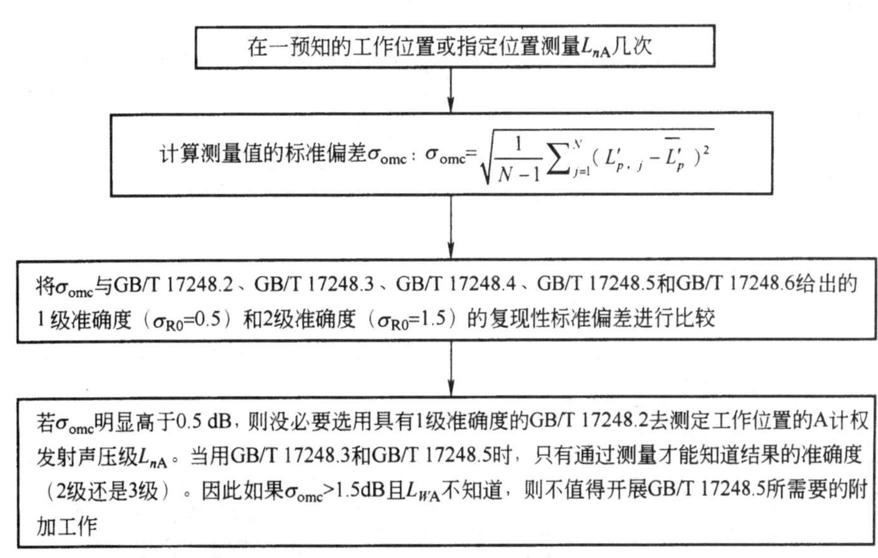

图11-15 通过测量确定——初始重复性

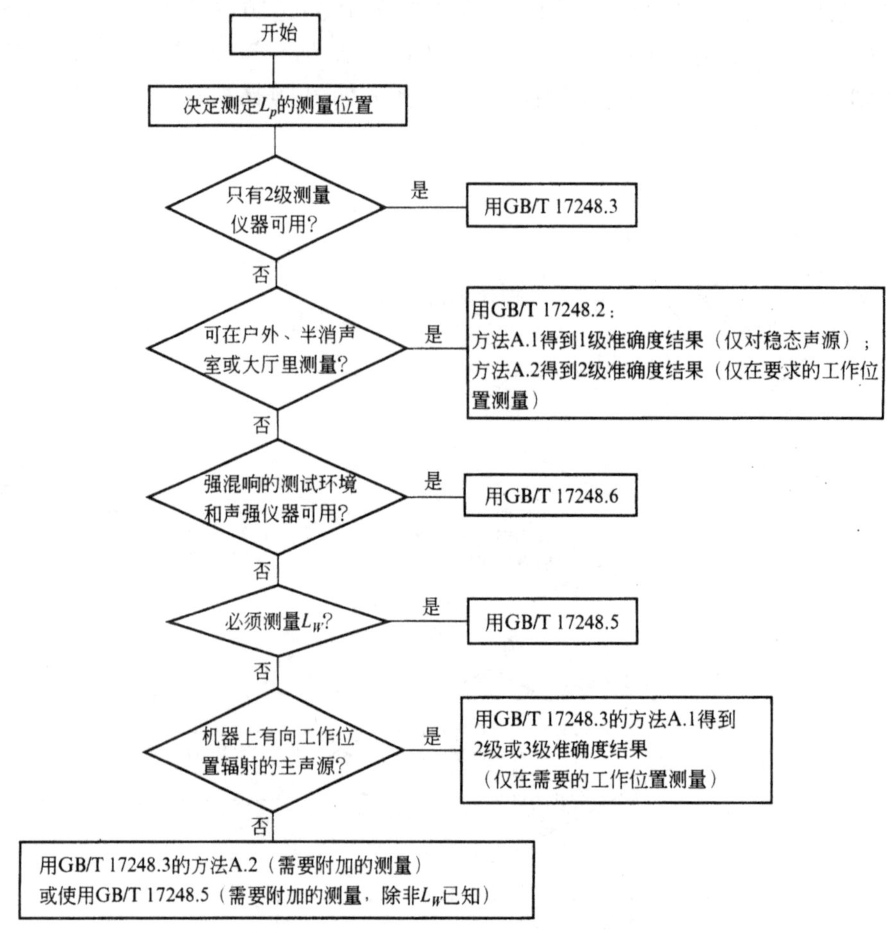

图11-16　通过测量确定——使用标准的选择(GB/T 17248.2～GB/T 17248.6)

表11-20所列为上述各标准对应的方法的优点和局限性。

表11-20　各标准对应方法确定工作位置和指定位置发射声压级的优点和局限性

标准	优点	局限性
GB/T 17248.2	便于户外使用; 1级准确度,测量具有小的不确定度	不允许K_3修正。为了得到1级准确度的结果,对环境有严格的要求
GB/T 17248.3 方法A.1	使用方便; 允许K_3修正; 不需要声学处理(低混响)的测试场所便可得到2级准确度的结果	该方法只限于主声源辐射面积小的机器
GB/T 17248.3 方法A.2	允许K_3修正; 不需要声学处理(低混响)的测试场所便可得到2级准确度的结果	需要附加的测点
GB/T 17248.4	如果声功率级已知,则不需任何附加测量。如果存在会影响测量值L_p的其他声源(如电源),则本方法可提供唯一可用方法。	需要测量声功率级; 如果机器有工作位置,则需要该位置的发射声压与声功率的关系式; 需要给出围绕机器的声压级平均值

续表

标准	优点	局限性
GB/T 17248.5	比GB/T 17248.3更精密； 不需要声学处理(低混响)的测试场所便可得到2级准确度的结果	这种情况在获得的准确度中没有得到系统的反映； 需要许多测点(类似于声功率级的测量)，但不能保证更高的准确度
GB/T 17248.6	特别是对不能移动的机器，可得到好的结果。对高混响的环境，它是唯一可能的方法	需要声强测量仪和良好的声强测量专业技能

声功率级和工作位置或其他指定位置的发射声压级是描述机器或设备的声发射的两个互补量，所不同的是声功率级不随环境变化，而工作位置或其他指定位置的发射声压级与机器、设备的不同固定状况、不同安装环境、不同测量距离和不同工作位置等密切相关。在测量条件许可的情况下，在铭牌的标识上优先标注声功率级；在使用工作位置或其他指定位置的发射声压级标注机器、设备等工业产品的铭牌时，需注明工业产品的运行状况、测量的距离和环境条件。

图11-12～图11-14所示为选择发射声压级测量方法标准的流程图。实际上，测定声功率级标准的选择会对发射声压级标准的选择产生影响。此外，对于某一台机器设备而言，可能有多种测量方法可以选择，因此在选择发射声压级标准时，应根据不同的测试环境和对测量结果的准确度要求，选择那些能够兼顾声功率级和发射声压级两个噪声发射表征量的标准。一般情况下，标准推荐标示的噪声发射值用A计权时间平均发射声压级和A计权声功率级，如果是专业的噪声源分析和噪声控制，则可测量频带声级和详细的噪声特性数据。

发射声压级测定的条件(工作条件、安装条件、测试环境、测量的准确度等)需与声功率级测定的条件相同。

11.8 机床噪声发射的确定

《机床检验通则　第5部分：噪声发射的确定》(GB/T 17421.5—2015/ISO 230-5：2000)中规定了工作场所固定在地基上的机床及其相关辅助装置的噪声测量方法。按该标准规定的方法测试噪声声压级和噪声声功率级，其结果满足2级(工程法)和3级(简易法)精度。测量采用1级声级计(或积分声级计)，也可使用2级测量仪器(简易法)。每次测量前后应使用1级声校准器对整个系统进行校准。

11.8.1 工作位置和其他规定位置噪声发射声压级的测试方法

(1)测量的量：A计权发射声压级、C计权峰值发射声压级和A计权背景噪声声压级，以及背景噪声的频带声压级(如果需要)。

(2)传声器位置：如果操作者在现场测试，传声器应置于距离操作者头部正面的0.20 m±0.02 m处，并与操作者两眼视线平行，或者在距地面高度1.55 m±0.075 m内。

如果在所有传声器位置被测机床工作时测得的声压级和背景噪声的A计权声压级之差ΔL_A大于10 dB(2级精度为15 dB)，则规定位置的发射声压级为

$$L_{pA}=L'_{pA}-K_{A3} \tag{11-42}$$

如果ΔL_A在3 dB～10 dB（2级精度为15 dB）之间，每个规定位置都应进行背景噪声修正

$$L_{pA}=10\lg(10^{0.1L'_{pA}}-10^{0.1L''_{pA}})-K_{3A} \tag{11-43}$$

式中，L'_{pA}——被检机床运转时测得的A计权声压级，单位为dB；

L''_{pA}——背景噪声的A计权声级，单位为dB；

K_{3A}——局部环境修正。

如果ΔL_A大于6 dB，符合2级精度要求，否则符合3级精度要求；如果小于3 dB，测试无效。

11.8.2 机床噪声声功率级的测定方法

按照标准规定应在包络机床和相关装置的测量表面上测出声压级，再计算得到噪声声功率级。测量表面采用矩形六面体表面，面积为S，d的推荐值为1 m，特殊情况下可为0.5 m。按该标准附录A布置传声器测点。

如果在所有传声器位置被测机床工作时测得的声压级和背景噪声的A计权声压级之差ΔL_A大于10 dB（2级精度为15 dB），表面A计权声压级$\bar{L}_{pfA}$的计算方法为

$$\bar{L}_{pfA}=10\lg\left[\frac{1}{N_M}\sum_{i=1}^{N_M}10^{0.1L'pAi}\right]-K_{2A} \tag{11-44}$$

式中，$\bar{L}_{pfA}$——表面A计权声压级，单位为dB；

L_{pAi}——被检机床运转时，第i个传声器位置处测得的A计权声压级，单位为dB；

N_M——传声器位置的数目；

K_{2A}——环境修正值。

A计权声功率级L_{WA}的计算公式为

$$L_{WA}=\bar{L}_{pfA}+10\lg\left(\frac{S}{S_0}\right) \tag{11-45}$$

式中，S——测量表面的面积，单位为m^2；

S_0=1 m^2。

11.9 生产线噪声检测

11.9.1 噪声来源

一般来说，在电机等产品运行时，均会产生噪声。这类噪声主要由电磁噪声、机械噪声、空气动力性噪声三部分组成，其中一部分噪声是在产品正常运行时产生的，不可避免也不能消除，只能采用抑制或降低的办法将其控制在一定范围内，而另一部分噪声，是产品在工作运行过程中产生的异音和杂音，这部分噪声是产品运行不正常时产生的，它会直接影响到产品的寿命和质量，是必须消除的，如果不能消除则应该判断为不良品或废品，从而保证产品的出厂质量。

11.9.2 噪声分析

为了控制机械噪声和振动，必须先判明产生振动或噪声的部位，常用的鉴别方法主要有以下几种。

（1）主观鉴别法，即用耳朵来判断机械噪声源及其主次，因为人的耳脑系统本身就是相当

灵敏的感觉系统,所以人耳能够在一定程度上正确地区分各种声音。这种判断的结果,可做噪声源定位的一般了解。

(2)分步运转法,即对于复杂的机械,可以分步断开某些部件,以区别各部分噪声对整机噪声的影响。

(3)选择隔离法,将机器各部分罩上可分离的密封外壳,然后露出不同的部位,分别测量机器各部位所辐射的噪声及其特性。

(4)近场测量法,即把传声器靠近机械噪声源进行测量,由此得到机器上各噪声源的位置并判明主要噪声源的部位。

(5)表面振速法,即用速度传感器测出机器表面各处的振动速度,通过对振动的频谱分析,并与噪声的频谱分析、比较,鉴别出主要噪声源的部位。

(6)相关函数法,即用自相关函数法检测随机信号中的确定性周期信号,用相关函数法建立时间滞后,以此来确定信号通过系统的时间和传递通道,再用相关函数法来确定噪声的来源。为了控制机械噪声和振动,必须先判明产生振动或噪声的部位。

但以上几种方法宜在静音房中或实验室中进行,且只能是单个产品的测试,人的主观性比较强,故不适合在生产线上直接应用。电机噪声在线上测量系统较好地解决了这一问题。

11.9.3 电机在线检测系统介绍

本系统主要由AWA6290多通道采集分析器和振动、噪声传感器等硬件设备及分析软件组成,如图11-17所示。

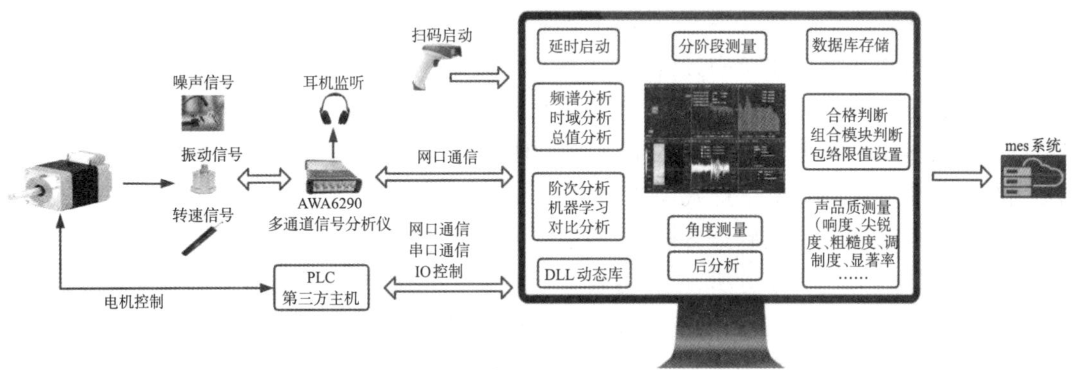

图11-17 电机在线检测系统组成示意图

该系统可实现硬件设置、数据采集、存储、显示、分析、数据回放等功能,分析功能包括频谱分析、FFT分析、声强分析等,用户可灵活设置、指定分析项目,设置分析算法参数,编辑显示方式,设置报警阈值等。根据用户的生产线测试的要求,本系统开发了电机生产线测量软件,它不仅可以在实验室中用于研究分析,还可以直接应用在电机的生产线上,方便、快捷。图11-18所示为电机噪声测试现场。

图11-18　电机噪声测试现场

本系统主要功能如下。

(1)生产线上的合格性判断:本系统一方面通过对振动的测量间接判断其噪声特性,避免由于声音的扩散性引入的外界噪声干扰;另一方面由于噪声与频率的相关性,通过分析噪声的频谱特性,不仅可以从总值上进行判断,还可以由用户自行设定多个频率范围(不低于25个区段),并设置此频率范围的噪声阈值来判断产品是否合格。

(2)数据保存:从条码扫描枪中读取条码号,自动填写到测试机号中,不同型号的电机可能有不同的噪声限值,不同的转速其噪声限值也可能不同。设置不同的限值标准保存为模板,根据不同测量要求调入,方便使用。且每次测量结束后,自动保存本次测量的数据,并可以根据电机型号再次调入系统中分析噪声的来源,改善产品性能。

(3)电机控制:与PLC通信,进行启动或停止超标判断测量。控制电机的正转、反转,记录电机的振动加速度级和噪声总值及各个频率范围内的噪声总值随时间变化的曲线,并在停止测量后将超标信息以高低电平形式反馈给PLC。

(4)系统报告:客户可定制报告模板,测量完成后自动生成测量报告,操作方便。

(5)故障诊断:采用FFT分析,频率分辨率可小于1 Hz,能精确分析振动的频率成分,通过分析机械振动的三个主要特征信息(振动频率分析、振幅的方向特征、振幅随转速的变化),可以分析判断出机械振动的几种主要故障:转子不平衡、转子不对中、松动、摩擦、共振等。

11.9.4　在线检测之机器学习

在线检测的关键是判断依据的确定,但指标的选取、量值的确定、异常数据的筛选等,都对使用人员提出了极高的技术要求。随着机器学习算法的发展,越来越多的应用通过收集产品样本数据,对样本特征集做大数据统计分析,从而生成独有的判断依据,大大降低了对人员的专业技术要求。

一个完整的机器学习系统,往往包含以下几个步骤。

(1)前期取样,搭建样本库。一般挑选熟练的技术工人,根据异音类型、异响程度对产品进行分类。分类可在原有流水线进行,人工分类后直接使用数采仪提取噪声、振动等信号,或者在采集信号的同时进行人工判断,采集结束后通过计算机的快捷键快速将信号标记存储。

如图11-19所示为现场取样照片。

(2)特征库学习。样本库收集完成后,可以进行预分析得到各种评价指标,常规的频谱、谐波、响度、调制度等都可以作为学习的对象;也可以生成频谱三维云图,对云图照片进行学习。预分析后的数据可同时进行逻辑回归、随机森林(random forest)、SVM等多种机器学习算法得到特征库,常用算法模型如图11-20所示。特征库生成后,会根据样本库数据进行测试验证,选出最好的算法模型库作为最终的应用特征库。

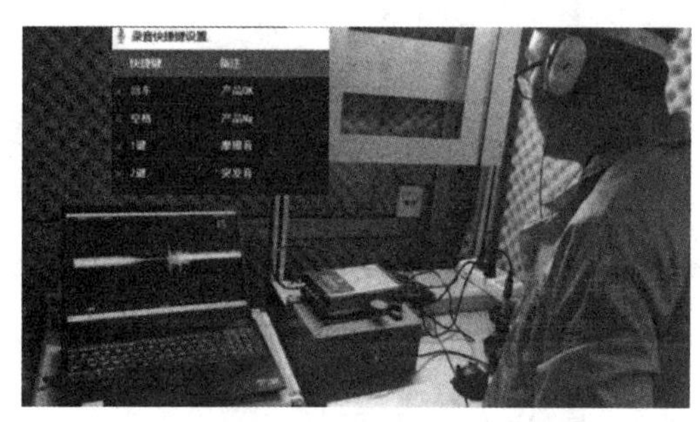

图11-19　现场取样

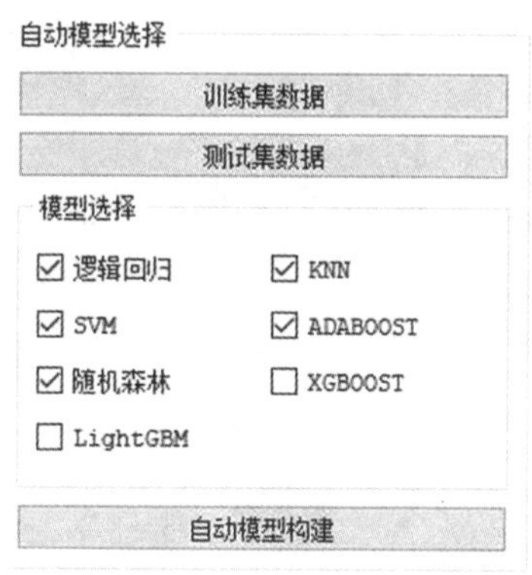

图11-20　常用算法模型

(3)特征库调用检测。特征库犹如一个黑盒子,应用时,系统软件只需将采集的数据信号送入黑盒子输入接口,在输出端会自动给出判断结果。一般结果以评分的形式给出,从而实现了产品的分级。产品线上可以合理设置分数区间,实现产品的质量分类。测试结果一般以散点图、统计图形式给出。如图11-21所示为样本数据测试的散点图。

(4)系统升级。机器学习是基于大数据的统计分析进行的,随着可靠样本数据量的越来越多,特征库的可靠性就越来越高。系统投入使用后,可持续获取样本数据,并持续升级特征库,从而使测试效果趋于完善。

机器学习算法被越来越多地应用在实际工程中。杭州爱测科技有限公司的ACE6403型机器学习系统已成功应用在电机异音测量、电磁继电器异音检测等在线检测领域。

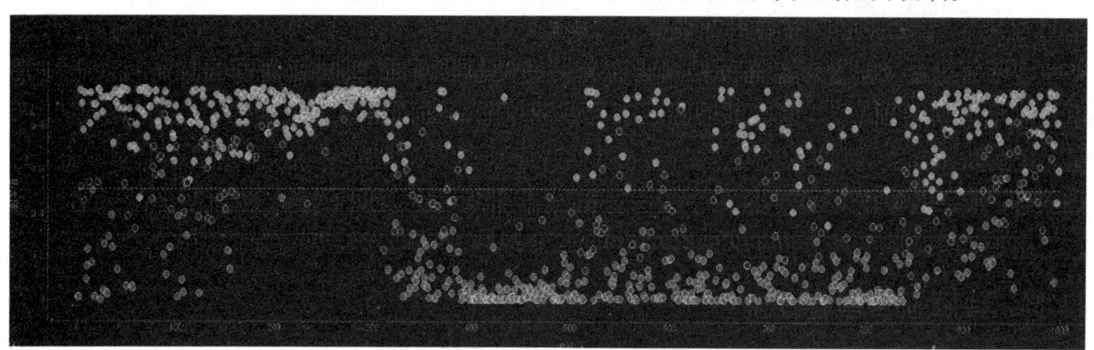

图11-21　样本数据测试的散点图

11.10　声品质的测量

声学的大多数问题或声学的研究方向,都是对声学舒适性的研究,而不是对听力损伤或结构损伤的研究；声信号分析所关心的问题大都指向测量、评价和改善声信号。特别在汽车领域，人们更是重点关注乘坐的声环境舒适性。如图11-22所示为改善汽车声环境所需考虑的发声部件。

图11-22 为改善汽车声环境所需考虑的发声部件

声品质分析的目的是分析我们所听见的不舒服的声音，对声信号做某些特殊的处理，得到各种声品质度量数据，做出声感觉的定量分析。这些声品质度量就成为舒适性分析的组成部分。

为了更科学地评价声品质，声学工作者对声品质的各个度量指标一直在进行研究完善，并尽力标准化，以实现行业数据比对。目前响度的测量指标基本达成一致，如图11-23所示为响度的测量标准演变图。

标准类别	年份 算法	1967	1975	1980	1991	2005	2007	2010	2017
DIN 德国标准	Zwicker稳态	DIN 45631(1967)			DIN 45631(1991)		扩展了瞬态算法	DIN 45631/A1 (2010)	
	Zwicker时变								
	Stevens								
	Glasberg & Moore								
ISO 国际标准	Zwicker稳态		ISO 532 B 1975						
	Zwicker时变								ISO 532-1
	Stevens		ISO 532 A 1975						
	Glasberg & Moore								ISO 532-2
ANS1 美国标准	Zwicker稳态								
	Zwicker时变							增加了双耳总响度计算	
	Stevens			ANSI S3.4- 1980					
	Glasberg & Moore					ANSI S3.4-2005	ANSI S3.4-2007		

图11-23 响度的测量标准演变

ISO 532-1 Zwiker方法是目前响度的主流算法。它主要有三个特点：

①对计算的采样率、频谱算法等进行了严格的参数约束，确保结果的一致性；

②加入了时域掩蔽功能，实现了瞬态声的算法评估，可做静态响度和时变响度；

③加入了人工头数据的处理方法，通过ID均衡，将人工头采集的数据等效到普通声传感器直接采集的时域数据，再进行响度计算。

ISO 532-2 Moore-Glasberg 方法是响度测量的未来发展趋势。它通过人工头推导的算法，更接近人耳；考虑了双耳的互相影响，可得到双耳总响度。但该方法目前仅适用于稳态声，瞬态算法未得到公认，并且人工头价格昂贵，极大增加了测量成本。而要与主流的普通传声器分析的数据做比对，需要乘上额外传递函数（肩膀、头部、外耳等影响）。

响度测量的标准化，使其成为声品质度量中的主要指标，而尖锐度、粗糙度、波动度等声品质指标，目前算法均未达成公认的标准，使其在推广使用中受到一定限制。但在评估特定声环境时，这几个指标有时可以起到比较清晰的量化，因此仍被广泛使用。

杭州爱测科技有限公司的ACE6101型声品质测量系统，可同时实现响度、尖锐度、粗糙度、波动度、调制度、显著率等指标的测量。各指标支持多种常用算法，响度测量支持主流标准ISO 532-1（静态响度、时变响度）。测量界面如图11-24所示。该系统可实现原始信号的录音、滤波、回放、编辑的基本操作，添加不同的声、振测量模块，可进行常规频谱、阶次、模态等分析。

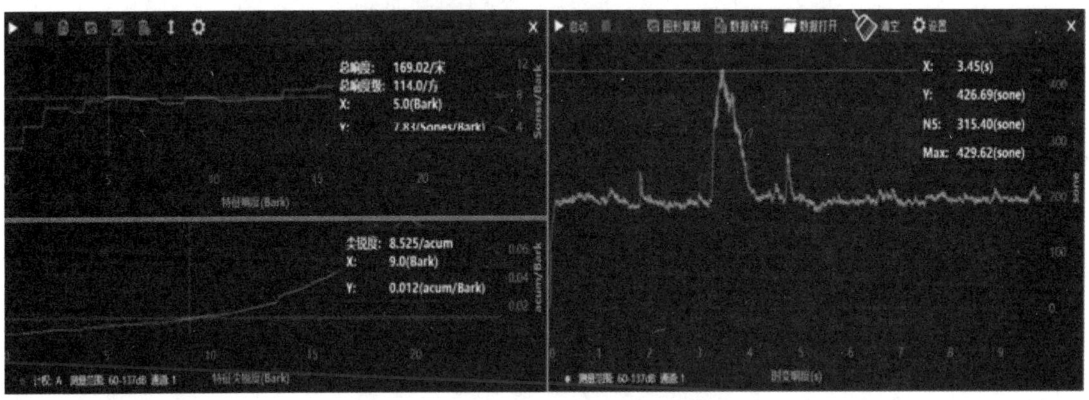

图11-24 ACE6101型声品质测试界面

HBK的声品质分析仪是由人头躯干模拟器、数据采集和记录系统、专业声卡和高保真耳机组成的完整的声品质分析系统。系统支持响度、尖锐度、粗糙度、抖动度等声品质参数计算，支持实时滤波功能，可对声音进行编辑、回放。结合8405-G声品质参数计算软件，可进行稳态、非稳态和双耳响度计算，结合8405-E 阶次分析或8405-F 阶次跟踪选项可进行阶次滤波。综合主客观评估结果并进行相关分析获得综合评价指标，对目标声音应用成对比较法或语义细分法进行试听评比，从而达到工程目标要求，并了解尝试更改后会产生怎样的效果。图11-25所示为声品质分析中的实时滤波器工具。图11-26所示为声品质参数计算。

使用HBK的汽车声品质软件系列产品，能记录、分析、抽查、剖析并合成声音。运用该软件，可以为产品设定目标，进而达成工程上的质量指标。尽管名叫“汽车”声品质软件，但该产品几乎可应用于所有行业。BZ-6047型汽车声品质包内含四个声品质模块，其中包括诊断声品质问题及生成理想设计目标的工具。

所有分析均采用图形方式的处理链概念来设置记录后的分析流程。这包括用于滤波、分析、显示和结果存储的单个单元，每一个单元都可单独配置。处理链可以导出为文件，并通过电子邮件发送给别人,以重复进行已定义且标准化的处理过程。为了提高生产率,HBK Connect可实现对导入的多组数据进行顺序或并行分析的批处理,时间数据也可以从网络驱动器中自动导入,甚至还可以选择自动报告。

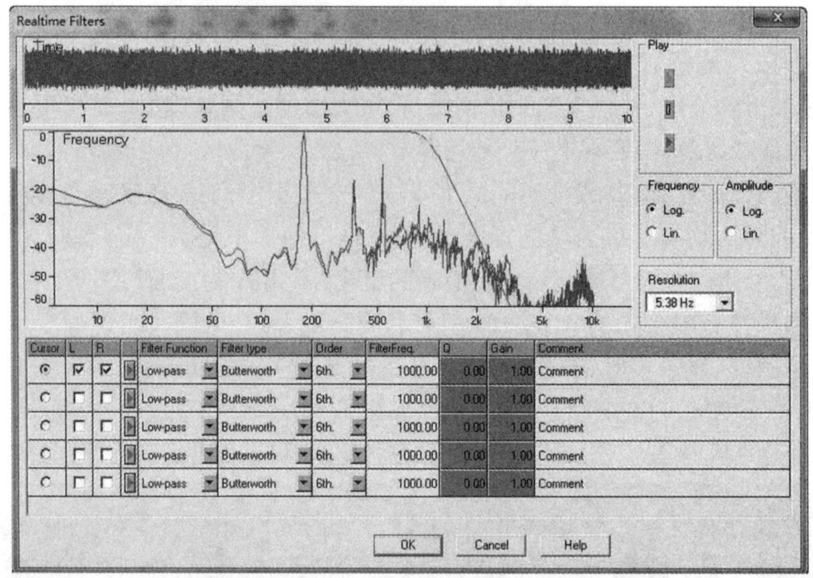

图11-25　声品质分析中的实时滤波器工具

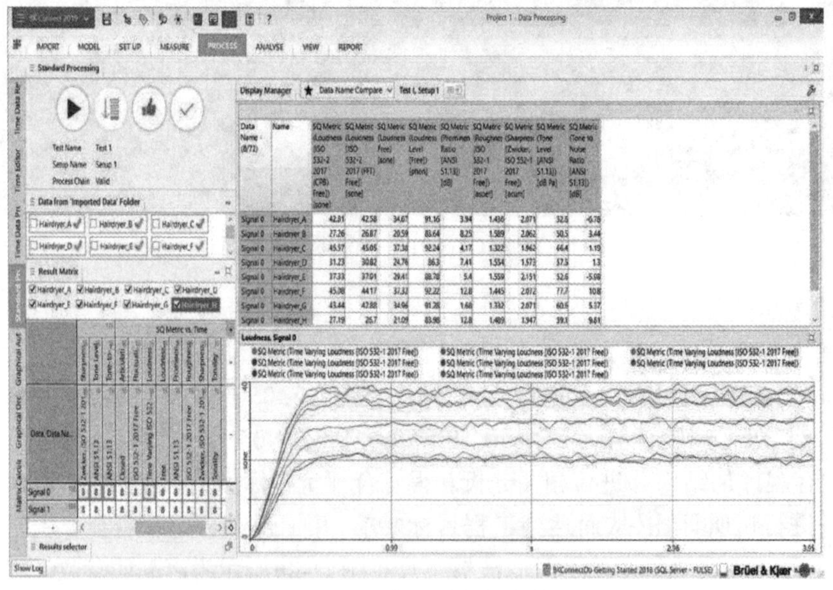

图11-26　声品质参数计算

11.11　声阵列与声源识别

噪声源识别(noise source identification)技术可以用来优化产品及其部件的声辐射特性,在交通、航空等领域及动力设备、家电、风机等行业有着广泛的应用。识别最主要声源的位置、频率和声功率,有助于决定怎样更改设计以便降低总体辐射噪声,对于复杂结构的设备,其主要噪声源的准确定位对于设备的噪声评价、设计改造是非常重要的。

噪声源识别可以采用近场测量法、分步运转法、覆盖法、表面振动速度测量法、频谱分析法、相干分析法、声强法、层次分析法,以及阵列式声源识别方法。主要采用的是传统的用于稳态声源的基于声强测量的噪声源识别技术和以阵列为基础的噪声源识别技术。

基于声强分布的噪声源识别使用一个单独的声强传感器对测量平面上的网格点逐一进行声强测量,获取测量平面的声强分布图(intensity mapping),从而对噪声源进行定位。由于采用声强测量而具有较好的精度,并且对低、中、高频率的信号都具有很好的测量效果。逐点测量的方式可以使得测量面的大小和网格点分布不受限制,仅使用一个声强传感器还具有较低的成本,但同时也要求被测声源必须为稳态和非移动的。基于声强分布的噪声源识别,可以适应从机车到电话的不同大小的机械或电子设备,由于噪声是稳定的,因此可以布置更多的测量点,并使用声强传感器逐个测量,得到详细的声强分布图,准确定位设备的噪声源。测量结果采用三维彩色图形显示,使用不同的色彩清晰显示被测设备的声辐射图像。

基于传声器阵列和波束形成的噪声源识别方法在近些年得到了很大的发展,并且已经越来越多地应用在移动的汽车、列车、飞机,或者具有稳态噪声的炮弹发射系统等设备的声源定位方面。该方法使用由多个传声器组成声阵列系统,声阵列是由若干传声器按一定的几何结构排列而成,同时测量多路具有不同相位延迟的信号,然后通过波束形成(beam forming)等阵列应用软件,抑制噪声、加强声源信号,达到空间声源定位的目的。由于它可以对瞬态声源或移动的声源进行测量,因此被称为"声照相"技术。阵列式声源识别方法具有速度更快、质量更高、覆盖面广、稳态和非稳态均可适用的特点。

声学摄像机是一款完善的实时噪声源识别(NSI)系统,用于稳态测量和非稳态测量。非常适于飞机的NSI故障排除,车辆舱室内异响(BSR)的检测,以及高频泄漏的检测,可保存数据和记录,并可在记录与回放之间顺畅切换,回放时频率范围和谱线等分析参数可调。按照瞄准、拍摄和测量的步骤,使用声学摄像机对瞬态声源进行现场定位和查看。该系统可进行截图并对截图进行保存和分享,还可使用平台分析软件对记录进行分析。

三种主要的阵列应用软件如下。

1. 波束形成技术(beamforming technique)

和光学照相技术原理类似,适合对被测对象进行中远距离和中高频率信号的快速声源识别。波束形成技术基于延时求和算法,采用传声器阵列捕捉声场信息,采用非平面阵列还可有效抑制阵列后方的背景噪声。可对不同尺寸、不同类型的机器设备进行主要噪声源的定位和识别,提供对静止稳态、瞬态声源和移动非稳态声源的不同测量方法。其阵列面可以小于被测面,并且允许较远距离的测量,此外还可以使用不规则的阵列形式来避免空间混叠现象。

当被识别声源可以认为是由若干个不相干声源构成时,采用基于非负最小二乘(NNLS)和 CLEAN-SC 算法的波束形成清晰化方法能够有效提高空间分辨率3倍以上。这种算法从包含非相干声源的声源图中去除主要源,从而有效揭示次要声源并提高空间分辨率。

采用运动声源的波束形成技术(汽车通过噪声声源识别和轨道车辆通过噪声声源识别),特别适用于汽车、火车和飞机等对象的外部噪声以及在风洞中对被测对象或者其缩尺模型进行声源识别。

2. 近场声全息（STSF + SONAH + ESM）

基于空间傅里叶变换的声场空间变换（STSF）是最先获得应用的声全息算法，它利用矩形网格阵列传声器对被测物近距离测量得到的一组声压数据实现对空间声场的数学建模，建模参数包括声压、声强、质点速度等。亦可利用该模型基于亥姆霍兹积分方程（HIE）计算远场响应，沿直线估计远场声压分布。基于统计最优的近场声全息（SONAH）克服了传统近场声全息的空间窗效应和卷绕效应，该算法允许使用不规则的、尺寸小于被测对象的阵列。等效源方法（ESM）非常适合曲面的测量，它能消除SONAH处理非平面表面时产生的赝相。特别适用于进行保形成像、板件声学贡献分析、强度分析、现场吸声测量。

3. 球面波束形成（spherical beamforming）

球面波束形成技术提供360度全方位的声源成像，特别适合汽车、高速列车、飞机或船舶舱室内声场的声源识别。采用经过优化的36通道或50通道的闭口硬质球阵列和基于球谐函数角度域分解算法（SHARP）或滤波与求和算法（FAS），能够实现高分辨率和动态范围及稳定的成像结果。通过内置的12个摄像头，实现对阵列周围场景的全方位空间光学照相，并与声场成像结果自动重叠实现噪声源的快速定位和识别。FAS结合CLEAN - SC清晰化算法，可为非相干声源提供更好的空间分辨率。

11.12 便携式声学照相机

传声器阵列检测技术最早是应用于目标探测与跟踪的。声源定位系统一般包括传声器阵列、摄像头、阵列信号采集分析单元以及阵列信号分析软件等。系统将采集的声音经过一定的信号处理以彩色等高线图谱的方式可视化呈现在屏幕上，将现场光学图像和声压云图进行叠加，形成类似于热影像仪对物体温度的探测效果，通过观察声压云图颜色的深浅可快速准确地看出声源的位置所在，让眼睛“看见”声音。因此，声源定位系统也被称为“声学照相机”，只不过，普通照相机的镜头聚焦的是光波，而声学照相机的传声器阵列聚焦的是声波。声学照相机使声音成为能够通过图片以及颜色亮度等观察到的“有形”物体，方便发声源的定位。正因为直观和应用简单等特点，声学照相机被广泛用于汽车、家电等行业的噪声识别。定位出声源主要位置和主要频带特征，能够协助指导工程师快速查找故障原因。现场测试和应用要求测试设备小巧便携、操作简单，便携式声学照相机抛弃了传统声学照相机的大型笨重的体积，采用符合人体工程学设计，搭配平板电脑分析处理，可手持也可安装在三脚架上，内置可充电电源。

与固定式的大型传声器阵列相比，便携式声学照相机采用MEMS传声器与采集器集合的方式，缩小了体积，被称为数字传声器采集单元。采集单元可以通过网口或Wi-Fi与PC端或者平板端的软件进行数据传输。不管是固定式还是便携式声学相机的基本原理还是波束形成。传声器阵列将各阵元采集来的信号进行加权求和形成波束，计算空间某个平面位置声压分布图与摄像头的光学图像重叠显示，形成类似于热影像仪测试温度的效果。图11-27所示为声学照相机原理示意图。

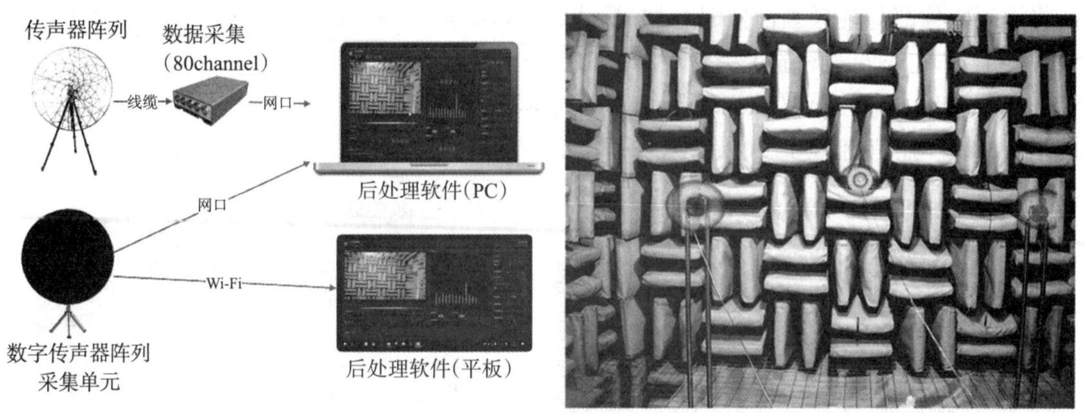

图11-27 声学照相机原理示意图

几种便携式声学照相机的主要指标见表11-21所列。

表11-21 便携式声学照相机的主要指标

主要指标	AHAI1010型 便携式声学照相机	AWA6280型 超声成像仪	CRY2622型 工业声学成像仪	其高DES-T144型 声学相机
声压测量范围	动态范围>65 dB(A)	30 dB～120 dB	30 dB～120 dB(A)	30 dB～124 dB(A)
通道数	32、64、128可选	64或128	128	144
尺寸/mm	400或300	283×172×58	272×174×42	
定位频率范围	2 kHz～80 kHz	2 kHz ~ 50 kHz	CRY2622 :2 kHz～48 kHz	1 kHz～60 kHz
显示屏	PC或平板电脑	7吋电容触摸屏	7吋电容触摸屏	
数据传输	USB 、网口传输、Wi-Fi	USB	USB	Wi-Fi
电源	内置可充电电池	5000 mAh,5 h续航	6600 Ah,7.2V,4 h续航	3.5 h续航

杭州兆华电子有限公司的CRY2612和CRY2622是手持式的工业声学成像仪(图11-28(a)),支持可听声和超声波频段。其中,CRY2612针对气体泄漏应用场景,CRY2622针对局部放电应用场景。这两款仪器利用麦克风阵列波束形成技术获取声源分布数据,并配合高清摄像头实时采集视频画面,通过将声源分布数据同视频图像进行声像融合,把变化的声源动态呈现在显示屏上。在嘈杂的工业现场,使用CRY2612和CRY2622工业声学成像仪能快速检测出可能的带压气体泄漏和真空泄漏;应用于电力系统中,可以快速排查潜在的局部放电故障点。CRY2612和CRY2622工业声学成像仪支持拍照模式、视频模式,作业现场数据灵活记录;可拓展大容量TF数据存储卡,测试结果能快速导出、上报,适用于带压气体空气、真空泄漏检测和定位、局部放电检测和定位和结构振动监测和定位等。

杭州爱华仪器有限公司的AWA6280型超声成像仪(图11-28(b))是一种结合高精度传声器阵列声源定位技术和视频成像技术,用于测量一定范围内声音分布的手持一体化设备。它能将声源成像图与视频画面实时叠加，快速定位可听声声源及超声声源，定位结果拍照保存或视频录制；它还能实时显示当前声源的FFT频谱用于频谱分析。可配备大容量的数据存储卡。AWA6280型超声成像仪可广泛应用于气体泄漏点位监测、局部放电点位监测、机器噪声源识别和故障点位监测等，1秒锁定，快速精准，支持远距离监测，保障人员安全。

(a)CRY2612和CRY2622型　　(b)AWA6280型

图11-28　手持式声学成像仪

JJF 1496—2014声源识别定位系统（波束形成法）校准规范规定声源识别定位系统（声学照相机）的主要计量特性有：

（1）横向空间分辨力：声源定位系统在与声阵列轴向垂直方向的空间分辨力，通常用可分辨的两声中心之间的最小距离来表示。

（2）主旁瓣抑制比：声源定位系统在对单声源识别定位的成像区域内，主瓣与最大旁瓣的声压级之差。

（3）定位误差：声源定位系统定位的声源位置与理论位置的偏差。

AHAI1012型声源定位系统校准装置可以按规范要求对声源定位系统的以上计量指标进行校准。校准装置主要由声频信号发生器、功率放大器、标准声源和测试架等组成（图11-29）。整个装置由计算机控制，能够自动调节声源距离和信号幅度。

图11-29　AHAI1012型声源定位系统校准装置

11.13 机器状态的声发射监测

声发射是一种发生在材料内部或者表面的物理现象，术语“声发射”用来描述自然产生的弹性能量以瞬态弹性波的形式释放的过程。大型汽轮机、水轮机、发电机、飞机或船舰的发动机在运行过程中，以及在金属切削加工过程中，由于轴承、叶片或刀具磨损，会产生一种振幅小至微埃级、频带宽至20 kHz ~ 1 MHz的应力波（stress waves），又称声发射波（acoustic emission waves），简称AE波。在机器监测中的声发射指在材料内部和/或表面由局部源能量的快速释放使波在结构和流体（液体、气体）中传播时所产生的一系列现象。这种释放可能是诸如裂纹扩展、摩擦、冲击和泄漏过程所导致。根据测出的AE波的大小、形状、波谱图及传播方向等，结合专家系统就可以判断机器缺陷（例如裂缝或破碎）的大小和位置，或刀具的磨损程度。声发射监测就是对表明机器运行状态的声发射数据和信息的检测和采集。

声发射（AE）技术可作为一门独立的状态监测技术使用，也可作为其他状态监测技术（振动、红外等）的补充用于机器状态分析和诊断/预测。通过使用合适的传感器可以检测到AE的波形，这种传感器将材料表面的位移转换为电信号。这些电信号可由合适的仪器或数据处理技术来处理，以表征系统的状态并且有助于检测早期的机械缺陷和结构的完整性。根据特定的应用场合，可以从获取的AE中抽取一系列AE特性以指示机器的状态。作为机器状态监测的诊断工具，根据机器的安全程度，AE可采用固定式、半固定式或者便携式系统。一个典型的AE系统包括传感器、放大器、滤波器和数据采集系统（图11-30）。

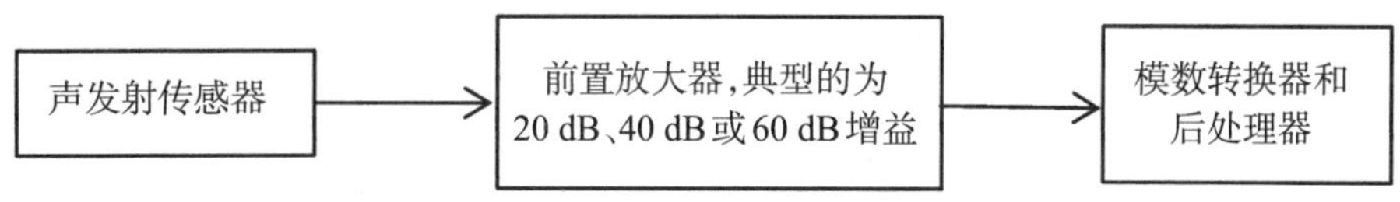

图11-30 声发射采集系统示意图

声发射传感器是用于将弹性波运动转换为电信号的变送元件。传感器的主要类型有：

（1）谐振式高灵敏度传感器是应用最多的一种传感器，也称窄带传感器；

（2）宽频带传感器通常由多个不同厚度的压电元件组成，或采用凹球面形与楔形压电元件达到展宽频带的目的；

（3）差动传感器也称差分传感器，由两个正负极差接的压电元件组成，输出相应变化的差动信号；

（4）微型传感器具有小巧的外形结构，适合探测小型试件的声发射；

（5）三分量传感器在材料表面一点上能同时获得一个纵向振动和两个相互垂直的切变振动的传感器；

（6）电容传感器是一种直流偏置的静电式传感器，用它可以测量试件表面的垂直位移，所以也是一种位移传感器，由于它在很宽的频率范围内具有平坦的响应特性，因此可用于声发射信号的频谱分析和传感器标定，缺点是它的灵敏度不够高；

（7）光纤声发射传感器以激光的干涉来测量弹性波引起样品表面的垂直位移，它不与样品直接接触，因此具有很宽的通频带，并且可以绝对标定。

目前的声发射传感器大都采用压电陶瓷（PZT）或PNDT薄膜来实现，利用它们的压电效应把机械量,例如位移、速度、加速度等变为电量后进行检测。根据不同的检测目的和环境采用不同结构和性能的传感器,有的传感器内置前置放大器。其中,谐振式高灵敏度传感器是声发射检测中使用最多的一种。单端谐振式传感器的结构简单,如图11-31所示,图中也给出了它的频率特性。压电谐振式声发射传感器一般由壳体、耦合面、压电元件、阻尼材料、连接导线及连接端子组成。压电元件通常采用锆钛酸铅、钛酸钡和铌酸锂等材料制成。将压电元件的负电极面用导电胶粘贴在底座上;另一面焊出一根很细的引线与连接端子的芯线连接,外壳接地。

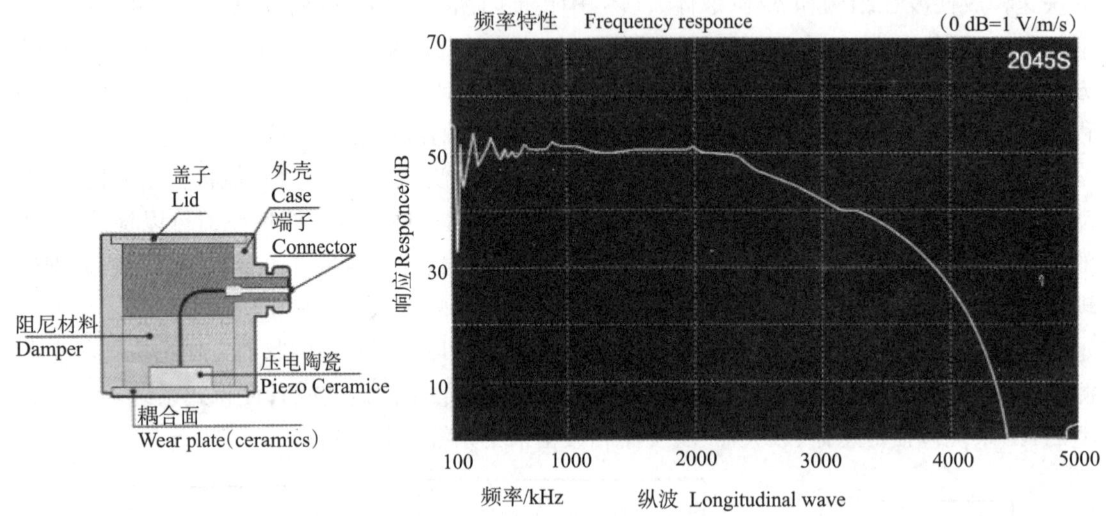

图11-31 单端谐振式传感器及其频响

声发射传感器的灵敏度定义为每单位机械输入(位移、速度、加速度)的输出电压,当机械输入为速度时,传感器的速度灵敏度为

$$S_v = \frac{U}{v} \tag{11-46}$$

式中,S_v——传感器的速度灵敏度,单位为V/(m·s^{-1});

U——传感器的输出电压,单位为V;

v——传感器耦合位置处垂直于试件表面的振动速度,单位为m/s。

声发射传感器的灵敏度也可表达为声压灵敏度,公式为

$$S_p = \frac{U}{p} \tag{11-47}$$

式中,S_p——传感器的声压灵敏度,单位为V/Pa;

p——作用在传感器上的声压,单位为Pa。

速度灵敏度和声压灵敏度在特定条件下可以通过质点的法向振动速度与声压的关系进行换算。

声发射传感器通常采用灵敏度级,速度灵敏度级的参考值为1V/(m·s^{-1}),声压灵敏度级的参考值为1 V/Pa。

20世纪70年代末出现的光纤传感器由于具有体积小、重量轻、响应快、灵敏度高、抗电磁

干扰能力强，以及可进行非接触测量等一系列优点，是测量声发射波的理想手段之一。经理论分析研究和实验研究，采用光纤Fabry-Perot干涉仪（简称F-P干涉仪），可以获得带宽为100 kHz～1 MHz、分辨率为10^{-10} m数量级以及响应时间小于1μs的高性能的声发射传感器。

检测仪器和传感器的特性表征和校准可以依据JJF 1337—2012《声发射传感器校准规范（比较法）》或EN 13477-1、EN 13477-2、ASTM E 1106-86和ASTM E 976-05执行。另外，应考虑的传感器参数包括尺寸、灵敏度、频率响应和环境，在可能的情况下，例如大型的圆形轴承，有必要用传感器阵列来进行源定位，定位可用很多方法，AE波到达时间标定是其中的一种方法。

数据处理时需要参考相关的试验数据库或者已知的机械整体的运行工况、基线。基线就是设备在可接受和稳定的运行条件下所测的或观测到的数据或数据集合。后来的测量数据可与基线数据比较以发现其变化。基线数据必须准确定义机器的初始稳定状态，在正常运行状态下更好。对于有多种运行工况的机器，很有必要建立每个工况下的基线。

声发射技术可广泛用于机器的状态监测，提供了一条从测点到感兴趣部位的传递路径。这对于结构声发射监测来说尤其重要，详例见表11-22所列。这种方法并不依赖于所测AE参数的绝对值，而是依赖于在特定的运行状态下AE参数的变化趋势。例如，在稳定运行状态下检测到的AE信号级有增加的趋势，这预示机器状态恶化。轴承故障频率调制的AE信号幅值指示轴承元件发生早期故障，而这用振动和冲击脉冲的方法可能检测不到。应该注意到声发射活性将会因机器、运行状态和机器负荷的不同而变化。

表11-22 应用声发射进行机器状态监测的举例

机器类型	故障						
	轴承损伤	机械密封异常摩擦	磨损	润滑剂污染和润滑剂损耗	严重不对中	安装故障	过程监测，包括泄漏、性能等
泵	√	√	√	√	√	√	√
齿轮箱	√	—	√	√	√	√	√
电机	√	—	—	√	√	√	—
汽轮机	√	√	—	√	√	√	√
工业燃气轮机	√	√	—	√	√	√	√
发电机	√	—	—	√	√	√	—
柴油机	—	—	√	—	—	—	√
机械加工	√	—	√	√	—	—	—
风扇或风机	√	—	—	√	√	—	√
低速旋转机器（转速通常小于60 r/min）	√	—	—	√	√	√	√
机器部件，例如阀、热交换器	—	—	√	√	—	√	√
压缩机（空气、燃气等）	√	√	√	√	√	√	√

声发射的优点：它是非介入式的，能提供实时过程信息；由于灵敏度较高，可以比振动分析提前发现故障信息，可以监测动态性能；它适用于较宽的转速范围，特别在低转速[低于1 Hz(60 r/min)]时更能显示出其优点；可以监测到摩擦/磨损过程，例如，松动的配合部件间的摩擦或者润滑状况的恶化。

但是声发射也有一定局限性，它易受衰减的影响，易受高的运行背景噪声的影响，且不能将监测到的AE缺陷特征与准确的故障机理相联系。

11.14 风力发电机组噪声测量方法

11.14.1 概述

风电噪声主要来源于叶片切割空气所产生的气动噪声。不合理的叶片设计或者风机故障，很容易产生超出城市环境噪声标准的巨大噪声，对风场附近居民的日常生活产生很大困扰。长期处于高噪声环境下生活，居民可能会出现头痛、头晕、失眠、乏力、记忆力减退、反应迟钝、心情抑郁等不良症状。

GB/T 22516—2015(IEC 61400-11+AMD1：2018)《风力发电机组噪声 测量方法》提供了一种统一的风力发电机组声辐射测试和分析方法，适用于风力发电机组的制造、安装、规划、许可、运营、使用和监管的各方。标准中所给出的程序可以用于全面地描述风力发电机组的噪声辐射。适用于测量单台风力发电机组在位于轮毂高度和10 m高度的不同风速区间中心风速所对应的视在A计权声功率级、频谱和音调可听度。这种以表征风力发电机组噪声辐射的特点的测量程序，在某些方面与区域环境噪声研究中所采用的程序不同。该测量程序包括：

- 声学测量位置的定位；
- 声学、气象以及风力发电机组运行相关数据的采集要求；
- 对所采集数据的分析，测试报告的内容；
- 特定噪声辐射参数的定义，以及环境评价时采用的相关术语的定义。

音调可听度可给出噪声中具有音调的信息。

本标准中的方法适用于所有风速。轮毂高度的风速范围至少涵盖风力发电机组85%最大功率对应风速所在的风速区间中心的0.8～1.3倍。对应的10 m高度的风速范围约为6 m/s～10 m/s。该风速范围可以扩展以适应不同的国家标准。

噪声测量应靠近风力发电机组进行，以使地形、大气条件或风噪声的影响最小。考虑到测试中风力发电机组的大小，使用与风力发电机组尺寸相关的基准距离R_0。

对声压级、声压频谱、风速、电功率、风轮转速以及可能需要的桨矩角的测量应在多个短时段内同步进行，并且覆盖较宽的轮毂高处风速范围。经测量确定不同风速区间中心对应的声压级和频谱，并以此来计算视在A计权声功率级和频谱。

11.14.2 测量仪器

1. 声学测量仪器

(1)等效连续A计权声压级测试设备应满足IEC 61672中1级声级计的要求，传声器直径

应不大于 ϕ 13 mm。A计权1/3倍频程频谱测试设备还至少应在中心频率为20 Hz～10 kHz的1/3倍频程带范围内有一致的频率响应,滤波器应满足IEC 61260中1级滤波器的要求。上述频率范围的各1/3倍频程带上的等效连续A声级应同时测定。窄带谱测试设备在20 Hz～11 200 Hz频率范围内应满足IEC 61672中1级仪器的相关要求。

(2)带有测量平板和防风罩的传声器。传声器固定在置于地面的一块硬质平板的中心位置,以减小由传声器产生的风噪声并使不同地表类型的影响最小。传声器振膜应垂直于平板且传声器轴线指向风力发电机组,如图11-32和图11-33所示。该平板应是直径不小于 ϕ 1.0 m的圆形板,由声学硬材料制成,如厚度不小于12 mm的胶合板或刨花板或者厚度不小于2.5 mm的金属板。

置于地面的传声器所用的防风罩,应由主防风罩和次级防风罩(如有必要)组成,主防风罩由直径大约 ϕ 90 mm的开口的泡沫半球壳构成,中心在传声器振膜附近,如图11-32所示。在高风速条件下测量低频噪声,需要获取足够的信噪比时,可采用次级防风罩,并根据次级防风罩对频率响应的影响,在1/3倍频程带内对其进行修正。

(3)声校准器。整个声学测量系统,包括录音、数据记录或计算系统,应使用声校准器在测量之前和之后立即对传声器进行一次或多次校准。该校准器应满足GB/T 15173中1级仪器的要求,而且还可用于特定环境中。

(4)数据记录/回放设备。数据记录/回放设备是测量仪器必要的一个组成部分,如果用于分析(而不是回放),全部测量仪器应满足IEC 61672中1级仪器的要求。

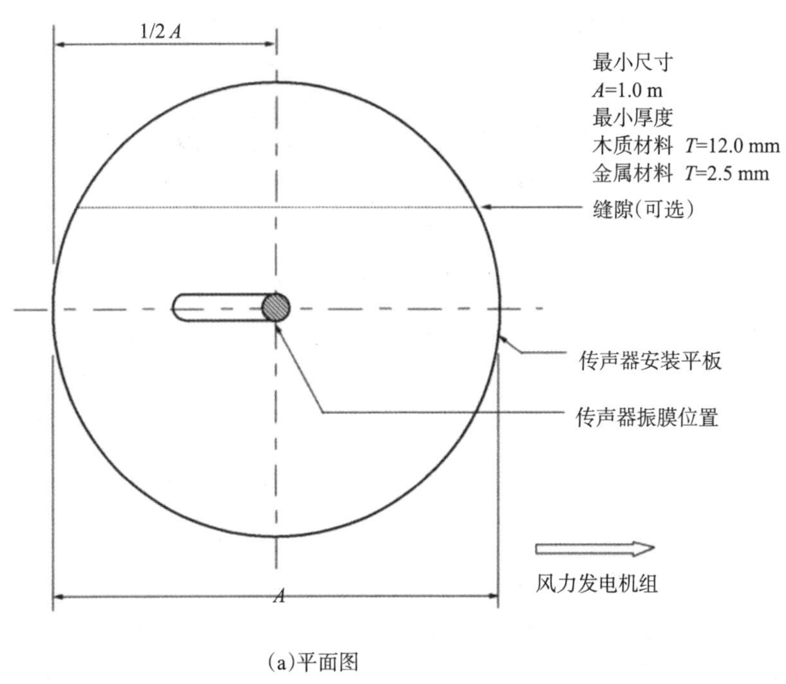

(a)平面图

图11-32 传声器安装图

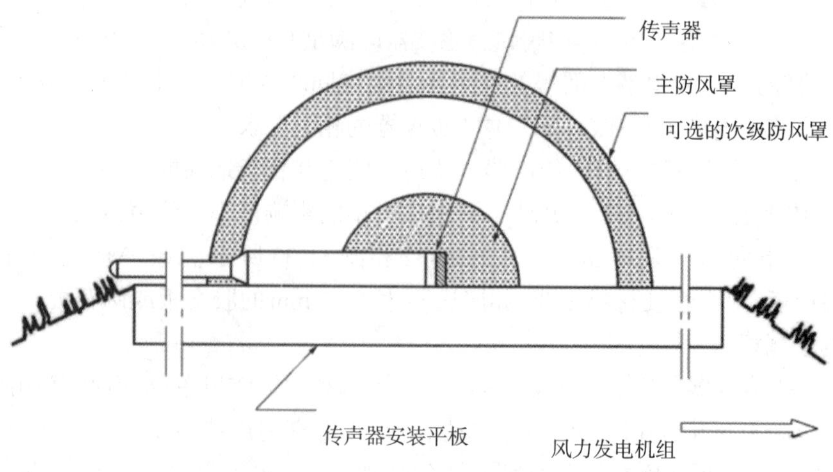

(b)垂直截面图

图11-32　传声器安装图(续)

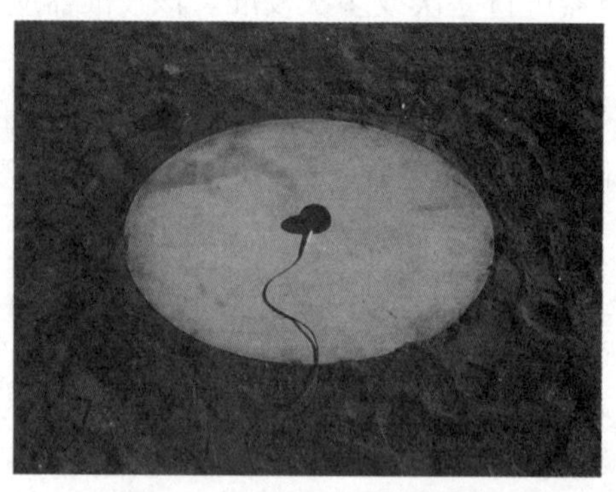

图11-33　传声器安装实物图

2. 非声学测量仪器

(1)风速计。安装在测风塔上的风速计及其信号处理设备在4 m/s～12 m/s风速范围内最大校准偏差应为±0.2 m/s。风速计应能够在进行声学测量的时间段内同步测量平均风速。

(2)电功率传感器,包括电流和电压传感器,应满足IEC 60688中1级精度要求。

(3)其他仪器,包括一部照相机和测量距离用的设备;测量空气温度的温度计,测量准确度为±1℃;测量大气压的气压计,测量准确度为±1 kPa。

11.14.3　声学测量位置

为充分描述单台风力发电机组的噪声辐射特征,要求在以下位置进行测量。

将传声器放在1个基准位置和3个可选位置进行测量,这4个位置应围绕风力发电机组塔架垂直中心分布,其平面图如图11-34所示。定义下风向测量位置为基准位置。所选测量位置相对于风力发电机组下风向的偏差应在±15°以内。下风向可由偏航位置得出。从风力发电机组塔架垂直中心到各个传声器位置的水平距离为R_0,允许偏差为±20%,最大±30 m,测量准确度为±2%。

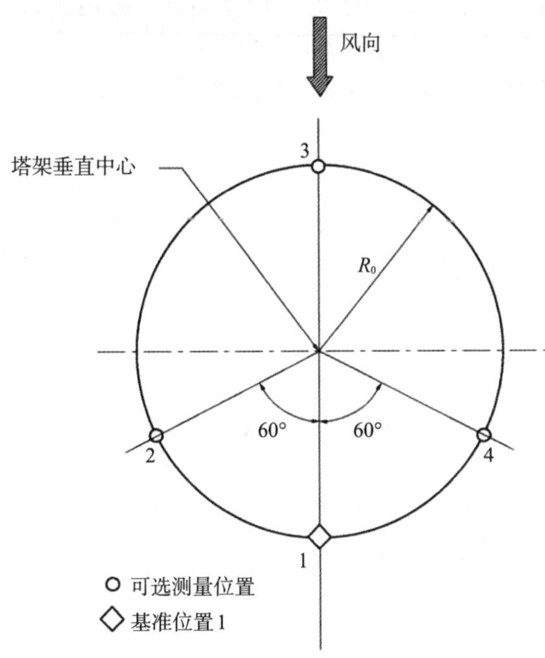

图11-34 传声器测量位置标准布置图(平面图)

如图11-35(a)所示,水平轴风力发电机组的基准距离R_0为

$$R_0 = H + \frac{D}{2} \tag{11-48}$$

式中,H——从地面到风轮中心的垂直距离;

D——风轮直径。

如图11-35(b)所示,垂直轴风力发电机组的基准距离R_0为

$$R_0 = H + D \tag{11-49}$$

式中,H——从地面到风轮赤道平面的垂直距离;

D——风轮赤道直径。

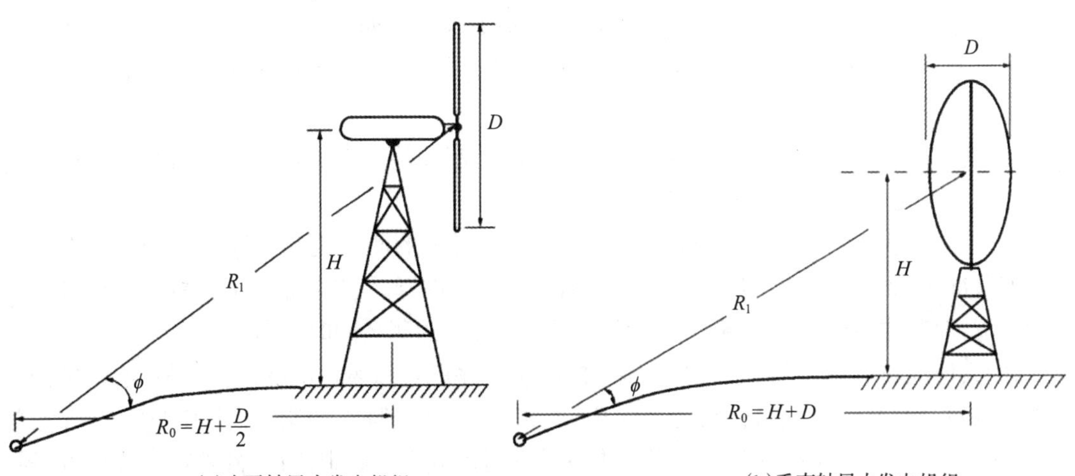

图11-35 定义R_0和R_1的示意图

为了减少测量平板边缘对测量结果的影响，应将测量平板在地面上放平，板下面凸凹不平的土壤要铲平，如图11-35所示，掠射角 ϕ 应在25°～40°之间。当在复杂地形中进行测量时，应采取额外的措施避免障碍物或者地形的遮挡或反射的影响。

11.14.4 声学测量

1. 测量的量

声学测量应当对各区间中心风速下风力发电机组辐射噪声的下列特征信息进行测定：

(1)A计权视在声功率级；

(2)A计权1/3倍频程带声压级；

(3)音调可听度。

其他测量选项包括指向性、次声、低频噪声和脉动特性。

2. 声学测量要求

(1)所有测量仪器应在测试前和测试后或传声器换位断开期间至少进行一次校准；

(2)应去除间歇性背景噪声干扰(如来自飞机的)；

(3)轮毂高度的风速范围至少覆盖85%最大功率时所对应的风速区间中心风速的80%到1.3倍；

(4)当风力发电机组停机时，使用同样的测量设备，在每组测量风力发电机组噪声之前或之后，在相似风况下立刻测量背景噪声；

(5)在对应的风速范围内，背景噪声和运行总噪声都应至少测量180次；

(6)在每一个风速区间内，背景噪声和运行总噪声都应至少测量10次。

3. 每次声学测量的要求

(1)A计权声压级：风力发电机组噪声的等效连续A计权声压级应在基准位置测量。每组测量应以连续的10 s为一个周期进行。

(2)A计权1/3倍频程带测量：与总声压级同步测量，在以10 s为周期的时间段内进行能量平均。至少应测量中心频率为20 Hz～10 kHz的1/3倍频程带。背景噪声的测量应满足同样的要求。

(3)A计权窄带测量：与声压级同步测量，在以10 s为周期的时间段内进行能量平均。窄带谱应经过A计权，并应采用至少有50%重叠率的汉宁窗。频率分辨率应在1 Hz～2 Hz之间。

(4)为了确定可辨识音调的可听度，可能还需要额外的噪声测量。应进行背景噪声测量以确定音调不是来源于背景噪声。

(5)位置2、3和4的声学测量(可选)：非基准位置上的测量也应该满足基准位置上的要求。非基准位置上的测量与基准位置上的测量应同时进行。三个非基准位置上的测量可以单独进行，但其中每个位置上的测量均应与基准位置上的测量同时进行。

(6)其他测量(可选)：对于标准中阐明的测量程序所难以表述的噪声辐射特性，可进行额外测量以对其量化。这些特性可能与次声、低频噪声、宽带噪声调制、脉冲声或异常声(如轰鸣声、嘶嘶声、尖啸声、哼鸣声)以及噪声中各种冲击(如撞击声、卡嗒声、砰然声)，或足以引起人注意的不规则噪声的辐射有关。关于这些方面的讨论和可行量化方法的概述见标准附录

A;这些测量尚难被广泛采纳,故仅以指导性资料给出。

11.14.5 非声学测量

应进行以下非声学测量。风速、电功率和转速应以至少1 Hz的频率采样。如果还需进行其他风力发电机组参数的测量,采样频率应该一致。

1. 风速测量

通过功率曲线,可由风力发电机组输出功率值来确定风速。如无法直接由功率读数得出风速,此时应使用机舱风速计或在机舱上安装风速计。由机舱风速计测量的风速即代表吹向风轮的风速。

为了测量背景噪声,所使用的风速计应置于至少10 m高度的测风塔上。安放测风塔的位置应相对稳定并且可以代表风力发电机组位置的自由风。对风速和功率数据的采集和算术平均应与声学测量同步进行。

2. 下风向

应根据机舱的位置确定测量平板的位置,从而确保只有测量平板或者传声器位于机舱位置下风向的±15°以内所测得的数据被用来进行分析。可通过风力发电机组控制系统测量偏航位置,测量应与其他风力发电机组控制信号同时进行。

3. 其他大气条件

应在不低于1.5 m的地面高度处,至少每两小时测量并记录一次空气温度和气压。

4. 风轮转速以及桨距角的测量

应测量并记录风轮转速,建议测量并记录桨距角。可通过风力发电机组控制系统获得并且应该与声学测量同步进行采集和算术平均。

11.14.6 数据处理程序

1. 声功率级和1/3倍频程带声压级的一般处理方法

此程序的目的是用统计方法获得1/3倍频程带声功率谱以及总声功率级。对于非声学数据采用算术平均方法,对于声学数据采用能量平均方法。还规定了1/3倍频程带声功率谱以及总声功率级的不确定度评估方法。

噪声和风速在以10 s为周期的时间段内进行测量和平均。测量噪声的A计权声压级L_{Aeq}和A计权1/3倍频程频谱$L_{\mathrm{Aeq,o}}$。每一组1/3倍频程频谱都以所测得L_{Aeq}值为基准参量进行规格化处理。

将测得数据点按风速区间划分并平均,可得:

——平均风速;

——平均A计权1/3倍频程频谱;

——相应的标准不确定度。

对于每一个1/3倍频程带,风速区间中心处的噪声级可由相邻的区间内数据的平均值进行线性插值获得。这样可以得到每一个区间中心风速的1/3倍频程频谱。

上述的方法可应用于确定风速区间中心对应的背景噪声和运行总噪声的频谱。

在每一个风速区间中心处,用同一个风速区间中心对应的背景噪声1/3倍频程频谱对运行总噪声频谱进行修正，可得到风力发电机组噪声的1/3倍频程频谱。

2. **声压级计算**

测量噪声的等效声压级L_{Aeq}和中心频率从20 Hz～10 kHz的1/3倍频程频谱。等效噪声级$L_{Aeq,o}$是由1/3倍频程各频带的能量之和来确定的。从而可以通过下列公式确定差值$L_{Aeq}-L_{Aeq,o}$：

$$L_{Aeq,o,j}=10\lg\sum_{i=1}^{28}10^{\left(\frac{L_{Aeq,i,j}}{10}\right)} \tag{11-50}$$

$$\Delta j=L_{Aeq,j}-L_{Aeq,o,j} \tag{11-51}$$

这个差值加在每一个1/3倍频程频谱中的各个频带上，从而得出对应每一个测量周期j的规格化1/3倍频程频谱为

$$L_{Aeq,n,i,j}=L_{Aeq,i,j}+\Delta j \tag{11-52}$$

式中，$L_{Aeq,o,j}$——在测量周期j内由1/3倍频程频谱计算得到的A计权声压级，j对应10 s测量周期序号，每个风速区间应至少含有10个测量点；

$L_{Aeq,i,j}$——在测量周期j内1/3倍频程带i上的A计权声压级，i对应从20 Hz至10 kHz共28个中心频率序号；

$L_{Aeq,j}$——在测量周期j内所测得的A计权声压级；

Δj——从1/3倍频程频谱上计算得到的A计权声压级与测得的A计权声压级之间的差值；

$L_{Aeq,n,i,j}$——在测量周期j内1/3倍频程带i上的规格化A计权声压级。

如果使用了次级防风罩，应在考虑次级防风罩影响的情况下对于1/3倍频程规格化频谱进行修正。

1/3倍频程频谱以不同的风速区间k进行分类。在每一个风速区间k内，可由下面的公式求得相应声压级以及风速的平均值和不确定度。

对于每一个1/3倍频程带i，平均声压级$\bar{L}_{i,k}$的计算公式为

$$\bar{L}_{i,k}=10\lg\left[\frac{1}{N}\sum_{j=1}^{N}10^{\left(\frac{L_{i,j,k}}{10}\right)}\right] \tag{11-53}$$

式中，N——在风速区间k内的测量次数；

$L_{i,j,k}$——在风速区间k，测量周期j内1/3倍频程带i上的声压级。对于每一个风速区间k，这个结果是一个平均的1/3倍频程频谱。

3. **视在声功率级计算**

在计算得每个区间内平均风速、风速区间中心处的声压级后，由与之对应的在同一个1/3倍频程带上的背景修正声压级$L_{V,c,i,k}$计算得到在每一个风速区间内每一个1/3倍频程带上的视在声功率级$L_{WA,i,k}$，单位为dB，以1pW为基准的声功率为

$$L_{WA,i,k}=L_{V,c,i,k}-6+10\lg\left[\frac{4\pi R_1^2}{S_0}\right] \tag{11-54}$$

式中，$L_{V,c,i,k}$——在基准气象条件下，区间中心风速k处，1/3倍频程带i上的背景噪声修正A计

权声压级；

R_1——图11-35中所示，风轮中心到传声器的直线距离，单位为m；

S_0——基准面积，S_0=1 m²。

式(11-54)中的常数6 dB表示由于使用放在地面上测量平板，测量声压约为实际声压的2倍，所以要减去6 dB。

在风速区间k内的A计权视在声功率级，由全部的1/3倍频程带上的声功率值进行能量求和来计算，公式为

$$L_{\mathrm{WA},k}=10\lg\sum_{i=1}^{28}10^{\left(\frac{L_{\mathrm{WA},i,k}}{10}\right)} \tag{11-55}$$

再通过计算轮毂高度处的风速，计算以10 m高度整数风速k时的视在声功率级$L_{\mathrm{WA,10\,m},k}$。

4. 音调可听度

音调可听度(tonal audibility)$\Delta L_{\mathrm{a},k}$，指在每一个风速区间内，音值和可听度判定标准之间的差值。单位为dB，k是此风速区间的中心值。

音值(tonality)ΔL_k，指在每一个风速区间内，靠近该音调的临界频带内音调声级与掩蔽噪声级之间的差值，单位为dB。k为该风速区间的中心值。

可听度判定标准(audibility criterion)L，是由听力试验确定的与频率有关的判据曲线，它反映普通受听人对不同频率音调的主观反应。可听度判定标准的单位为dB，基准声压为20 μPa。

不同风速下噪声中存在的音调应在窄带分析基础上确定。在一个给定风速区间内，当其中至少有6组窄带谱具有同一个可辨识的同源音调时，总音调可听度才可以确定。

同源音调可这样定义：若各频谱中可辨识的音调处在临界频带中心±25%的频率区间内，则这些音调可认为是同源音调。各同源音调作为一个音调进行处理与记录。

通过窄带分析获得10个以上窄带频谱，找出频谱中局部最大值；并以局部最大值所处频率f_c为频带中心的封闭区间作为临界频带，其带宽为

$$\text{临界带宽}=25+75\cdot\left[1+1.4\left(\frac{f_c}{1000}\right)^2\right]^{0.69} \tag{11-56}$$

式中，f_c——局部最大值所在频率，单位为Hz。

- 计算$L_{70\%}$声压级，此处$L_{70\%}$为临界频带内声压级最低的70%谱线的能量平均值(图11-36中点画线)，将$L_{70\%}+6$ dB称之为标准声级(图11-36中细实线)；
- 如果一条谱线的声压级低于标准声级，则归为掩蔽噪声，$L_{\mathrm{pn,avg}}$为全部掩蔽噪声谱线的声压级的能量平均值，如图11-36中长虚线所示；
- 如果一条谱线的声压级超过$L_{\mathrm{pn,avg}}+6$ dB，则该谱线归为音调(图11-36中短虚线)；如有多条被归为音调的毗连的谱线，将其中声压级最高的谱线定为音调。其他的毗连谱线，仅当其声压级比最高声压级$L_{\mathrm{pn,max}}$低10 dB(图11-36中粗实线)以内的谱线归类为音调；
- 既没能归入“音调”也未能归入“掩蔽噪声”的谱线，应归为“其他”。这些谱线在未来的分析中将被忽略掉。图11-36说明了临界带中谱线的分类。

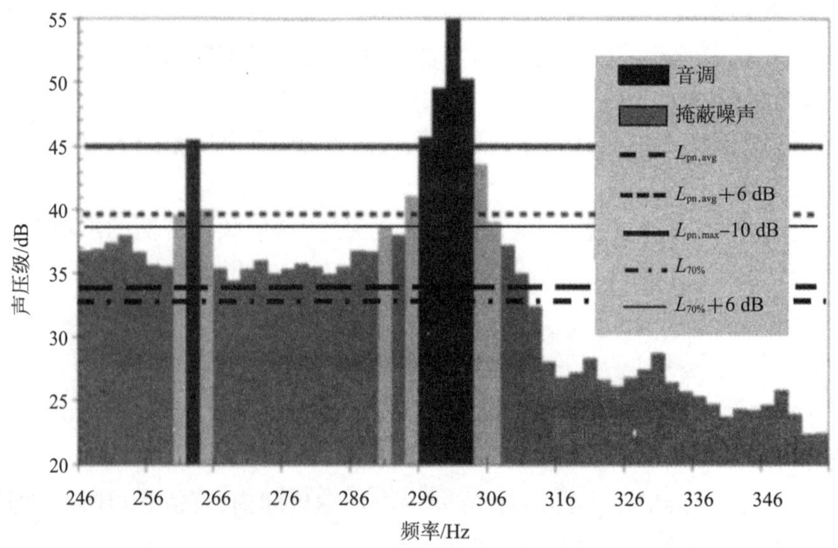

图 11-36　所有频谱线分类的示意图

在每个风速区间，对每一组含有可辨识音调 j 的频谱：

- 应确定音调声压级 $L_{pt,j,k}$；
- 应确定音调所处临界带中的掩蔽噪声声压级 $L_{pn,j,k}$；
- 应确定音值 $\Delta L_{tn,j,k}$，即音调声压级与掩蔽噪声声压级之差；
- 应确定音调可听度 $\Delta L_{a,j,k}$，即音值和音调可听度判定标准之差。

在每个风速区间，对应于每一个同源音调的总音调可听度 $\Delta L_{a,k}$ 由单独的 $\Delta L_{a,j,k}$ 进行能量平均求得。只对含有可辨识音调的频谱进行上述处理。

11.14.7　次级防风罩的特性

当在高风速、低频率的情况下进行测量时，应使用次级防风罩，以减少传声器的风噪声来改善在最高和最低频率时的信噪比。若使用了次级防风罩，则应在结果中记录并修正次级防风罩对频率响应的影响。

次级防风罩有不同的设计方式。例如，它可以由一个近似于半圆的线框构成，线框表面被一层 13 mm～25 mm 厚的多孔泡沫薄膜覆盖，每 10 mm²有 4～8 个小孔。覆盖物也可以是不同种类的纺织品。次级半圆形防风罩应对称地置于较小的主防风罩上。防风罩的直径应该至少为 ϕ 450 mm。图 11-37 所示为两个次级防风罩。

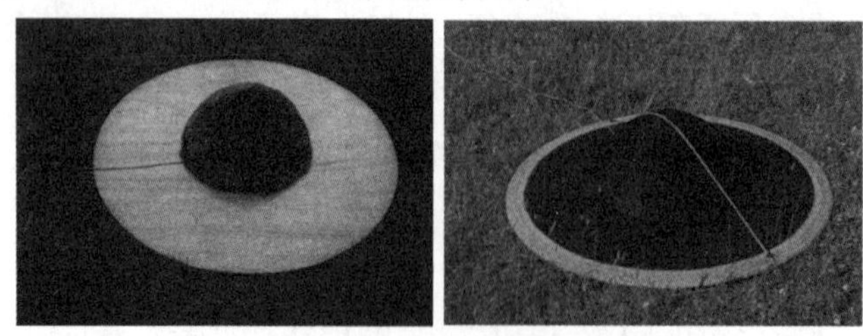
图 11-37　次级防风罩示例

对于任意 1/3 倍频程带，次级防风罩的插入损失的值应在−1.0 dB～3.0 dB 之间。相邻两个 1/3 倍频程带间插入损失之差不应超过 2 dB。

第12章　交通工具噪声测量

12.1　机动车辆定置噪声声压级测量

《声学 机动车辆定置噪声声压级测量方法》(GB/T 14365—2017)规定了发动机转速连续变化时,机动车定置条件下,车外噪声声压级测量方法、所需测试环境和测试所用设备。该标准仅适用于使用内燃机的L、M和N类车辆。定置噪声测量的目的是确保汽车排气消声系统符合要求并状态完好。

定置状态是指车辆不行驶,发动机处于空载运转状态。定置状态适用于车辆认证时的检测、生产阶段的检测、年检时的检测和路边抽样检测时的定置噪声A计权声压级测量。不适用于测量发动机在实际载荷状态下的排气噪声,也不适用于检查各类车辆排气噪声限值是否达标。

1. 测量仪器

(1)声学测量仪器:使用符合GB/T 3785.1规定的1级声级计或其他等效测量系统,测量时使用声级计的A计权和F(快)挡。测量前后应用符合GB/T 15173 中规定的1级声校准器进行校准,前后两次校准读数差值应不大于0.5 dB,否则测量结果无效。

(2)测量发动机转速的仪器在测量的发动机转速范围内,准确度不劣于±2%。

2. 测量场地

测量场地应为由混凝土、密集型沥青或类似的无明显空隙的坚硬材料所构成的平坦开阔地面。避免在雪地、草堆、稀疏的土壤或其他具有吸声特性的地面上进行。待测车辆周边3 m内和传声器3 m之内无较大的反射物,如车辆、建筑物、广告牌、树木、平行的墙、人等。

测量也可在半消声室内进行,半消声室应符合3 m内无较大反射物的声学环境要求,且截止频率低于发动机的最小基频的1/3 倍频带中心频率并低于100 Hz。

3. 气象条件

测量期间风速(包括阵风)不大于5 m/s,在风速超过2 m/s时建议使用风罩。

4. 背景噪声

A计权声压级至少比被测噪声低10 dB,测量结果有效。

5. 测量方法

(1)传声器位置。传声器置于距离排气口参考点(0.5±0.01)m位置,与包含排气口末端轴线的垂直平面成(45±5)°。传声器应与参考点等高,距离地面不得小于0.2 m。传声器的轴线应与地面平行,朝向排气口参考点。如果车辆有两个或两个以上排气口,相互距离不超过0.3 m,并且连接于同一消声器,则只取一个测点位置。如果距离大于0.3 m,或者使用了多个消声器,应对每个排气口进行测量,记录其中最高声压级。

(2)发动机转速目标值。对于L类车辆包括L6和L7类车辆,当额定转速$S \leqslant 5000$ r/min时,为发动机额定转速的75%;当$S > 5000$ r/min时为50%,误差5%。对M、N类车辆,当额定转速$S \leqslant 5000$ r/min时为75%；当5000 r/min $< S <$ 7500 r/min时为3750 r/min；$S \geqslant$ 7500 r/min时为50%，误差5%。如果达不到以上要求，则目标值应比定置试验时能达到的最高转速低5%。

6. 测量

记录测量的最大A计权声压级，按四舍五入约整至个位数。每一个排气口重复测量至连续三次测量数据的变化在2 dB之内为止，取三次值的算术平均值，四舍五入结果为每个排气口的A计权声级。

12.2 摩托车和轻便摩托车定置噪声测量

《摩托车和轻便摩托车定置噪声测量方法》(GB 4569—2005)中规定：

(1)噪声测量采用1级或2级的声级计或与之相当的测量系统，使用A频率计权特性和“F(快)”挡时间计权特性。测量过程中，允许按声级计使用说明书的要求正确使用防风罩。

(2)测量场地(图12-1)应为表面干燥的由混凝土、沥青或具有高反射能力的硬材料构成的平坦地面。场地内应能划出一呈长方形的测量区域，长方形四边距受试车外廓(不包括手柄)至少3 m，在此范围内不得有影响声级计读数的障碍物存在。声级计传声器离道路边缘的距离应不小于1 m。

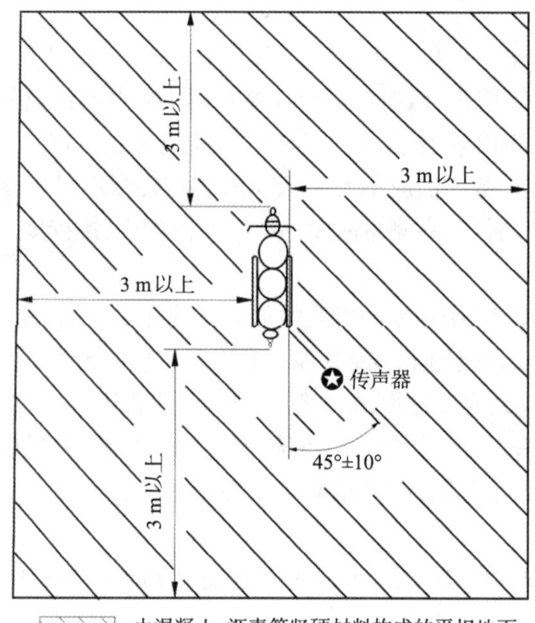

图12-1 定置噪声测量场地及测量区域

(3)测量时除测量人员和驾驶员以外，在测量区域内不得有其他人员。测量人员和驾驶员的位置不应影响仪表读数。

(4)测量应在无雨、无雪且风速不大于3 m/s的气候条件下进行。

(5)测量过程中，背景噪声(A计权声级)至少应比受试车噪声低10 dB(A)。

(6)受试车应放置在长方形测量区域中央(图12-1)，变速器挂空挡，离合器啮合，驾驶员处于正常驾驶状态，后轮不能架空。如果没有空挡，可将驱动轮架空，使驱动轮可以在无负荷状态下运转。如果受试车装有自动风扇，在测量过程中应不受干扰。

(7)在测量以前,受试车应按GB/T 5378的规定预热运转,使发动机温度达到正常运转要求。

(8) 传声器放置和测点选取:

① 传声器的参考轴与地面平行,与通过排气口气流方向且垂直于地面的平面成45°±10°的夹角。相对于这一平面,传声器位于离受试车外廓(不包括手把)距离较大的一侧。传声器朝向排气口,距排气消声器尾管出口0.5 m,并且位于排气消声器尾管出口同一高度,但离地面的高度不得低于0.2 m。当由于车辆结构原因不能满足这一要求时,传声器朝向排气口,放在最接近上述条件并与车体的距离大于0.5 m的地方,应画出测点图,标注传声器位置。

② 受试车装有两个或两个以上的排气消声器,当消声器之间的间距不大于0.3 m时,只取一个测量位置,选择离受试车外廓(不包括手把)最近的消声器尾管出口,或选择离地最高的消声器尾管出口。当消声器之间的间距大于0.3 m时,应对每个消声器出口进行测量。

(9)操作要求:

① 受试车按以下运转条件测量:发动机转速S大于5000 r/min,取为1/2 S;S小于或等于5000 r/min,取为3/4 S。

② 发动机稳定在指定转速后,测量由稳定转速尽快减速到怠速过程的声级。测量的时间范围应包括一小段发动机等速运行及全部减速的过程。

(10)取值要求:

在每一个测量位置重复试验,每次取声级计最大测量值,取连续3次测量值中的最大值作为测量结果。3次测量值相互之差不应超过2 dB(A),否则测量结果无效。受试车装有两个或两个以上的消声器,取各测点噪声级的最大测量值作为测量结果。测量值按GB/T 5378的要求修约到整数位。

12.3 汽车加速行驶车外噪声测量

正在修订的《汽车加速行驶车外噪声限值和测量方法(第三、四阶段)》(GB 1495—20××)规定了汽车加速行驶车外噪声型式检验和汽车生产一致性要求。其中的噪声测量方法修改采用了UN Regulation No.51/02(2007)《关于在噪声方面批准四轮及四轮以上机动车的统一规定》的附录10和国际标准ISO 362-1:2007《道路车辆加速行驶噪声测量方法 工程法 第1部分:M、N类车辆》中有关的技术内容。本标准中关于试验路面的要求参考了ISO 10844:2014《声学 测量道路车辆及其轮胎噪声用试验路面的规定》中的技术内容。

1. 测量仪器

(1)声学测量使用1级声级计或其他等效的测量系统(包括防风罩),使用F时间计权和A频率计权。自动采样时读数时间间隔不大于30 ms。测量前后采用1声校准器校准,如两次校准相差大于0.5 dB,则前一次校准后的测量结果无效。

(2)转速表在测量要求的转速下的准确度应优于2%,车速测量仪器准确度应优于±0.5%。

(3)用于气象测量的仪器的准确度,温度计±1 C°,风速仪±1.0 m/s,大气压力表±5 hPa,相对湿度计±5%。

2. 测量条件

(1)测量场地

使用的测量场地应满足ISO 10844:2014标准要求。图12-2所示为测量场地和测试区以及传声器的布置位置。表12-1所列为标准试验行驶车道延伸长度。

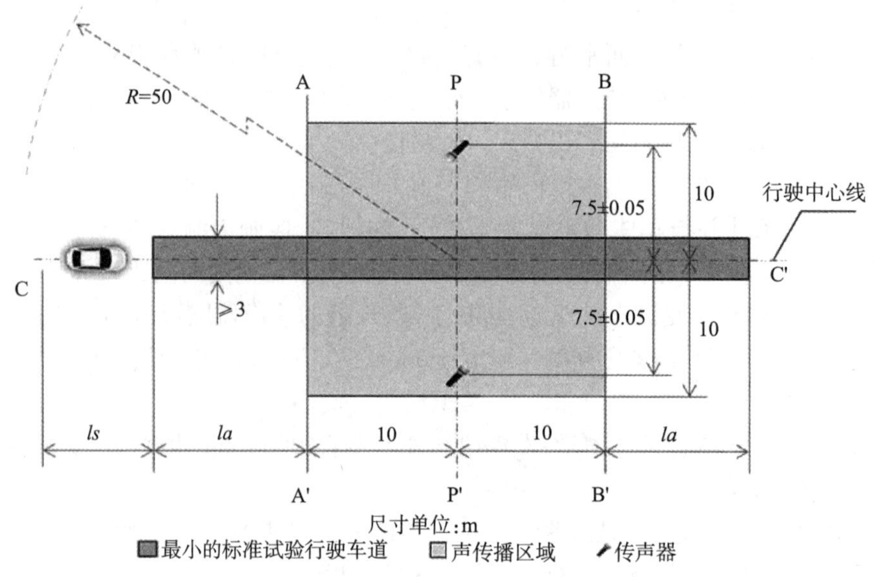

图12-2　测量场地和测试区以及传声器的布置位置

表12-1　试验行驶车道延伸长度

长度	参考点到前轴中心纵向距离超过10 m的后置发动机(驱动电机)汽车	其他汽车
la	20 m[a]	10 m
ls	60 m[b]	

a. 只对测量场地BB'端出口方向的*la*长度做具体要求。
b. 为了保持汽车通过测量场地时的稳定性,建议至少预留60 m的平稳加速连接段。

(2)背景噪声

噪声测量前后,应持续测量10 s背景噪声。应采用测量过程中所用的同一传声器并置于与噪声测量时相同的位置,记录其最大A计权声级。背景噪声(包括风噪)至少比被测汽车噪声低10 dBA。当背景噪声与被测噪声相差10 dBA ～15 dBA时需从声级计读数中减去表12-2中对应的修正值作为测量结果。

表12-2　背景噪声修正值

背景噪声与被测噪声差值(dBA)	10	11	12	13	14	≥15
背景噪声修正值(dB)	0.5	0.4	0.3	0.2	0.1	0

(3)汽车

测量开始之前,被测汽车的技术状况应符合该车型的技术条件(特别是该车的加速性能),并关闭所有车门、天窗、车外各种盖板、空调及车内音响。被测汽车应不带挂车(不可分解的汽车除外),测试质量m_t应按照表12-3要求进行计算及相应加载,并可有±5%的偏差。

表12-3　汽车测试质量计算表

汽车分类	测试质量(m_t,单位kg)
M_1,M_2,M_3,N_1	$m_t=m_{kerb}+75$
N_2,N_3	$m_t=50$ kg/ kW × P_n

注:m_{kerb}为汽车整备质量;
P_n为汽车总功率。

3. 测试方法

测试区和传声器的布置:如图12-2所示,传声器离地面高1.2±0.02 m,其参考轴线必须水平并垂直指向行驶中心线CC′。

针对不同类型汽车选择合适的加速度,也就是合适的挡位。记录每次汽车通过测量区时的最大A声级。汽车在每一侧各挡位至少测量4次,左右两侧可以同时测量或依次测量。如果同一侧连续4次测量的声级相差不大于2 dB(A),测量数据可以用于结果计算。分别计算汽车每侧的平均值,取两侧算术平均值中较高一侧的值并保留到小数点后一位,作为加速、匀速噪声中间结果。测量内容的要求如图12-3所示,汽车加速与匀速示意图如图12-4所示。

(1)M_1,M_2(GVM≤3500 kg),N_1类汽车

这个分类的测试较为复杂,其测试主要为加速噪声测量,其难点在于符合要求加速度的确定,即挡位的选择。而匀速噪声测量,只有在功率质量比系数(PMR)≥25的时候才进行。

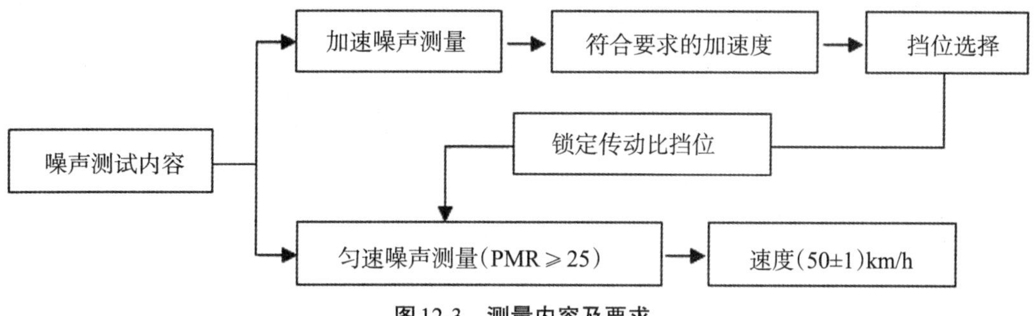

图12-3　测量内容及要求

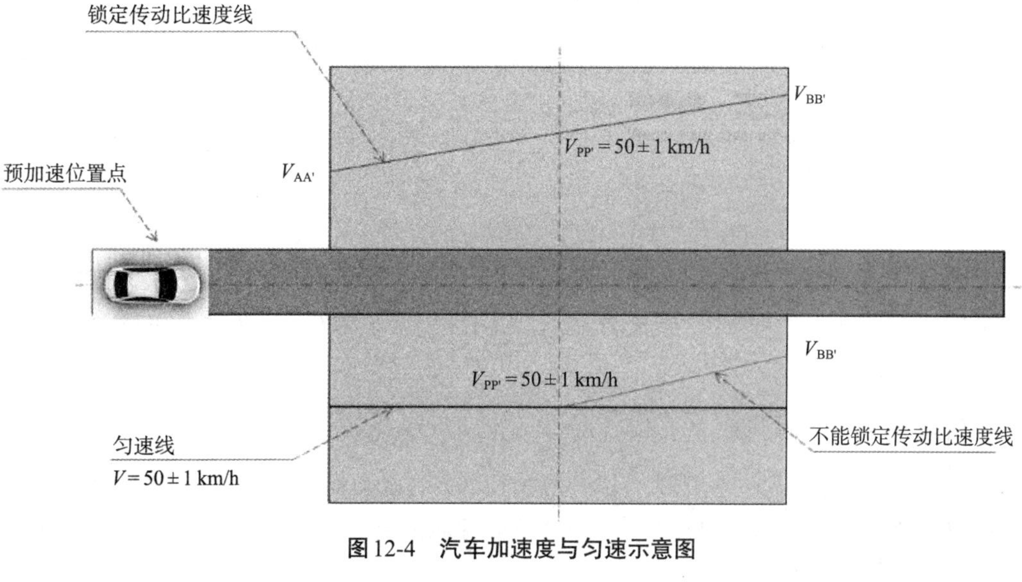

图12-4　汽车加速度与匀速示意图

(2)M_2(GVM≥3500 kg),M_3, N_2,N_3类汽车

试验目标条件:当汽车参考点通过BB′线时,发动机转速与最大净功率转速百分比应满足目标条件,其参数见表12-4所列。此类汽车测试速度线示意图如图12-5所示。

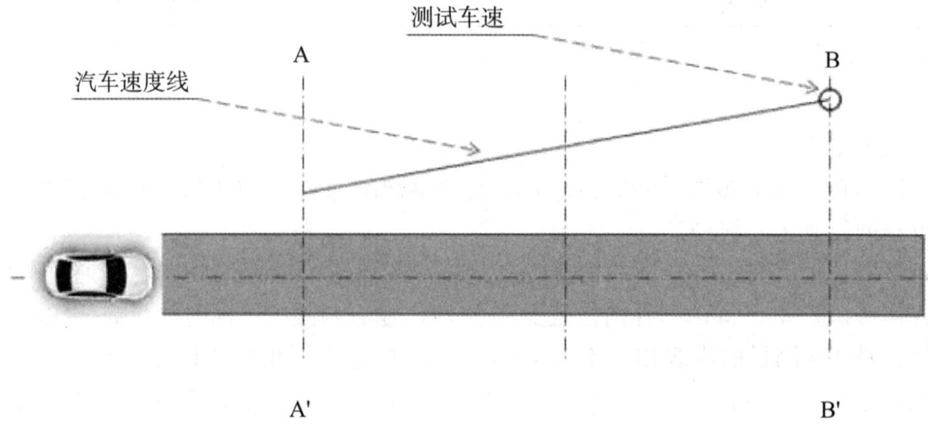

图12-5　M_2(GVM≥3500 kg),M_3,N_2,N_3类汽车速度线示意图

表12-4　汽车测试参数要求

汽车类型	发动机转速n_{test}是最大净功率转速	车速V_{test}	AA'线与BB'之间
M_2,N_2	70%～74%	35±5 km/h	能稳定加速
M_3,N_3	85%～89%	35±5 km/h	能稳定加速

4. 计算方法

计算的方式有较大改变,不仅仅是汽车加速噪声的测量。还将加速度、参考加速度、匀速噪声都引入进来。计算的噪声更符合实际情况。

噪声的计算方式总结如下。

(1)对于M_1,M_2(GVM≤3500 kg), N_1类汽车的计算。

汽车最终结果噪声的计算公式为

$$L_{urban}=L_{wot\ rep}-k_p\times(L_{wot\ rep}-L_{crs\ rep}) \tag{12-1}$$

式中,k_p——部分功率系数;

$L_{wot\ rep}$——加速度噪声值;

$L_{crs\ rep}$——匀速噪声值。

(2)对于M_2(GVM>3500 kg),M_3, N_2,N_3类汽车的计算。

仅采用一个挡位(或速度条件)进行测量时,$L_{wot\ rep}$等于中间结果$L_{wot\ test,i}$、$L_{wot\ test,i+1}$或$L_{wot\ test,D}$。采用两个挡位(或速度条件)进行测量时,$L_{wot\ rep}$为两个中间结果$L_{wot\ test,i}$、$L_{wot\ test,i+1}$的算术平均值,最终结果保留到小数点后一位。

12.4　汽车车内噪声测量

根据《声学　汽车车内噪声测量方法》(GB/T 18697—2002)汽车车内噪声的测量要求如下。

① 使用仪器:1型声级计和倍频程或1/3倍频程滤波器。汽车速度和发动机转速的测量

仪器的准确度应为3%或更优。

② 选用“F(快)”特性。

③ 测量的量:A声级L_{PA},附加专项测量中在所选择的测点上进行频谱分析,测量值用倍频程或1/3倍频程声压级表示,频率范围至少覆盖45 Hz到11200 Hz范围(倍频程滤波器中心频率63 Hz～8 kHz,1/3倍频程滤波器中心频率50 Hz～10 kHz),应优先采用1/3倍频程声压级。

④ 气象条件:测量时气温在-5℃～+35℃之间,沿测量路线在约1.2 m高度的风速不大于5 m/s。

⑤ 声学环境:在进行测量时,汽车与大型建筑物之间的距离应大于20 m,车内背景噪声应比所测噪声至少低10 dB。

⑥ 道路条件:试验的路段应是硬路面,必须尽可能平滑,不得有接缝、凹凸不平或类似的表面结构;道路表面必须干燥,不得有雪、污物、石块、树叶等杂物。

⑦ 车辆的载荷:轿车、货车、牵引车和类似汽车车内人员不应超过2人,8座以上公交车不超过3人。

⑧ 车辆运行条件:从60 km/h或最高车速的40%(取两者较小值)到120 km/h或最高车速的80%(取两者较小值)范围内,至少以等间隔的5种车速匀速行驶,测量A声级,同一车速测量时间至少5 s。

⑨ 测点:一个测点必须选在驾驶员座位,对于轿车,也可以在后排座位上追加一个测点。合适的座位和站立位置都应作为测量点。

⑩ 传声器位置:离车厢壁或座椅垫必须大于0.15 m。座位处传声器的垂直坐标是座椅的表面与靠背表面的交线以上(0.70±0.05) m处,水平坐标应在座椅的中心面上。在驾驶员座位上,水平横坐标向右(左置方向盘)到座位中心面的距离为(0.20±0.02) m。站立位置传声器的垂直坐标在地板以上(1.6±0.1) m处,水平坐标应在所选测点站立的位置上。

12.5 机动车辆用喇叭的声学特性测量

《机动车用喇叭的性能要求及试验方法》(GB 15742—2019)中规定了M、N、L类机动车用电喇叭和气喇叭的性能试验方法。L类机动车包括L_1和L_2轻便摩托车。

1. 声学特性测量

(1)试验仪器与测量内容

① 使用性能符合GB/T 3785.1规定的1级声级计。使用“F(快)”挡,测量喇叭的A声级。

② 声音的频谱用声音信号的傅里叶变换来求得,允许采用符合GB / T 3241规定1/3倍频程滤波器。

③ 电气测量仪表的精度为0. 5级。

(2)测量方法

① 喇叭应按制造厂规定的安装方式牢固地安装在金属基架上,基架的质量至少应为喇叭的10倍,且不小于30 kg。

② 喇叭应与传声器保持同一高度,且高度范围应在1.15 m～1.25 m。传声器最大灵敏度的中心线应与喇叭的最高声压级方向重合在一起。传声器膜片与喇叭声音出口平面相距为2 m±0. 01 m。当喇叭有多个声出口时,以其中最靠近传声器的声出口平面为准。

③ 测量时,喇叭一次连续发声时间不得超过30 s。

(3)测量条件

① 测量应在消声室进行,也可在半消声室或开阔场地上进行。开阔场地可以是半径为50 m的空地。用来进行测量的中心部分半径不小于20 m,应是水平的,并由水泥、沥青或类似材料覆盖,没有长草、松土或灰渣。半消声室或开阔场地都应保证在半径大于5 m的半球内,测量方向及喇叭和传声器的高度上,测量到的最大频率声响,相差不超过1 dB(A)。

② 测量时背景噪声和风噪声至少低于被测喇叭声压级10 dB。

③ 如在室外测量,风速大于5 m/s时应停止测量。

④ 测量时的环境温度建议为23±5 ℃。

⑤ 试验时,除观察仪表人员外,其他人员不应在喇叭和传声器附近停留。

⑥ 喇叭的耐久性试验以鸣叫1 s,休息4 s的周期进行,试验中不准许对喇叭进行调整。

⑦ 电喇叭试验条件如下:

a. 对6 V、12 V、24 V标称电压,试验电压由电源输出端测得,分别取6.5 V±0.1 V、13 V±0.1 V、26 V±0.2 V;

b. 如果采用整流电源进行试验,在喇叭工作时,从电源接线端上测得的电压交流成分应不大于0.1 V(峰/峰值);

c. 包括接头和接触电阻在内的接线电阻,在标称电压为6 V、12 V和24 V时,电阻值分别不大于0.05 Ω、0.10 Ω和0.20 Ω。

⑧ 气动和电-气动喇叭应在制造厂规定的气压或电压条件下进行。

2. 装车性能要求及试验方法

试验环境及试验仪器要求同上。

测量仪器的传声器应放置在接近车辆中心的纵向平面的位置处,并将喇叭刚性安装在车辆的位置上;测量时,车辆停放在尽可能平坦的空地上;对直流推动喇叭,发动机应关掉。

声压级的测量应在车辆前方7 m处,应在离地面0.5 m～1.5 m范围内测最大声压级。

12.6 轨道机车车辆发射噪声测量

《声学 轨道机车车辆发射噪声测量》(GB/T 5111—2011/ISO 3095:2005)规定了铁路机车车辆和其他各种轨道机车车辆发射噪声级和频谱的测量条件,适用于铁路机车车辆的型式试验、周期性监督检验、常规噪声测试和环境评价测量。但不包括运行中的线路养护车辆。本标准规定的测试方法为工程级(2级,准确度为±2 dB)。

1. 测量内容与测量项目

(1)匀速行驶列车测量的量:

①对于整列车(包含单节车厢的列车),可测量通过列车的通过暴露声级TEL或等效连续A计权声级$L_{\mathrm{Aeq},T\mathrm{p}}$;TEL表示在时间段$T$内测试并归一化至$T_\mathrm{p}$(列车通过的时间)的单次列车通过的A计权声级,它与$L_{\mathrm{Aeq},T}$和SEL的关系为

$$\mathrm{TEL}=L_{\mathrm{Aeq},T}+10\lg(T/T_\mathrm{p})=\mathrm{SEL}+10\lg(T_0/T_\mathrm{p}) \tag{12-2}$$

②对于列车中的部分车厢,测量通过时段内的等效连续A计权声级,用$L_{\mathrm{Aeq},T}$表示。

(2)定置车辆的测量量为等效连续A计权声级$L_{\mathrm{Aeq},T}$。

(3)对于加速或制动试验的测量量应为A、F计权的最大声压级L_{AFmax}。

(4)如需要频谱分析,至少应使用符合GB/T 3241要求的1/3倍频带,典型的频率范围是31.5 Hz～8 kHz,并保证$B \cdot T>1$。

(5)如果觉察带有有调特性的噪声,建议在每个传声器位置上进行频谱分析测量。

(6)测量定置车辆时,如存在可疑的脉冲特性噪声,建议对每个传声器位置使用时间计权S(慢)和I(脉冲)做两个测量。

2. 测量仪器

(1)包括传声器、电缆和录音设备在内的仪器系统应符合GB/T 3785.1中1级仪器的要求,并使用适宜的风罩。

(2)1/3倍频程滤波器应满足GB/T 3241中的1级仪器要求。

(3)每次测量前后应使用满足GB/T 15173的1级声校准器进行校准,两次校准之差如大于0.5 dB,则测量结果无效。

3. 传声器位置

(1)传声器轴线应始终处于水平位且垂直指向轨道。可用的标准传声器位置如图12-6所示。按规定选择一个或一个以上的传声器位置。传声器应置于轨道轴线两侧7.5 m、距轨顶面以上1.2 m±0.2 m和距轨道轴线两侧25 m、距轨顶面以上3.5 m±0.2 m。如在被测车辆上部有重要的声源(如排气管或受电弓),应在距轨道中心线两侧7.5 m、距轨顶面以上3.5 m±0.2 m处附加另外的传声器。

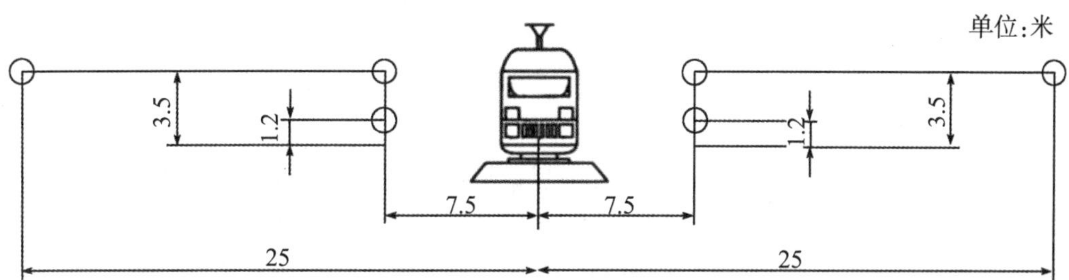

图12-6 用于测量匀速列车的侧面传声器位置

(2) 定置车辆的测量,传声器应置于距轨道中心线7.5 m、距轨顶面以上1.2 m±0.2 m处,并朝向车辆的中部。

(3) 匀速行驶列车的测量,除注明需要双侧进行测量的型式试验(如列车噪声声源分布不对称)以外,不需要同时在双侧测量。

(4) 列车从停止状态加速或减速时的测量,列车从停止到加速和减速试验,传声器侧向与垂向位置与②所述一致,仅需距轨道轴线两侧7.5 m的位置。

4. 测量方法

(1) 型式试验

在每一个测量条件下对于每一个传声器位置,都应至少进行3次测试,取其算术平均值并修约取整数分贝值。如果该组读数之最大差值超过3 dB,则应重新测量。对于监督检验,一次测量即可。对于常规噪声测试和环境评价测量,应至少进行2次测试。若在车辆两侧所测声压级不同,则将较高声级值作为测量结果。

(2) 匀速车辆的测量

推荐的试验车速为20 km/h,40 km/h,60 km/h,80 km/h,100 km/h,120 km/h,140 km/h,160 km/h,200 km/h,250 km/h,300 km/h,320 km/h和350 km/h。在测量区段,受试车辆选定的车速误差不超过±5%。测量时间间隔T定义为第一节被测车辆的中部通过传声器位置开始到最后一节被测车辆中部通过传声器位置为止。整车的测量参数为$L_{Aeq,T}$和TEL,对单节车辆为$L_{As,Tp}$。

(3) 从定置状态到加速过程的列车测量

应在最大牵引力且车轮不打滑情况下进行测试。对于动力集中的列车应从停止加速到30 km/h,测量时间间隔T应起始于动力机车车头距传声器20 m处,终止于列车车尾通过传声器后20 m。牵引机组应在列车头部。对于动力分散的列车,列车应从定置加速到30 km/h,然后保持匀速;测量时间段T应始于列车头距前方第一组传声器20 m处,终于列车尾部动力单元通过第二组传声器20 m之后。均测量AF计权最大声级L_{AFmax}。

(4)减速车辆的测量

列车应以30 km/h的速度匀速行驶;当被测车辆头部通过第一个传声器位置时开始按标准停车情况制动。测量时间间隔T起始于被测车辆距离第一个传声器位置20 m处,终止于列车停止。测量的量为AF计权最大声压级L_{AFmax}。

(5)定置车辆的测量

对于定置车辆,每个测点不需要进行3次连续的测量。定置车辆的测量时间间隔T不应小于20 s。

5. 试验条件

(1)声学环境

试验场地宜符合自由声传播条件,地面要尽量平坦,相对于钢轨顶面高度应在0 m~-1 m。列车两侧的传声器测点周围,至少3倍于测量距离为半径的区域内不应有障碍物、山丘、岩石、桥梁或建筑物等大的反射物体;传声器附近不应有干扰声场的障碍物;传声器与声源中间不能有人,观测者应处于不影响声压级测量的位置;在车辆与传声器中间不应有积水,并应尽可能没有吸声物体(如雪、高的植物,其他轨道)或反射覆盖物(如水、冰)。

(2)气象条件

传声器高度处的风速应小于5 m/s,且无降雨降雪;试验报告中应描述测量时的温度、湿度、气压、风速和风向。

(3)背景声压级

对于型式试验,A计权背景声压级至少应比存在背景噪声时被检车辆发出的噪声低10 dB;频谱分析时,各频带的差值也应符合上述要求;对于监督检验,上述之差至少应为5 dB,如差值小于10 dB,测量结果应修正。

(4)机车车辆条件

车辆应处于正常运行工作状态;车辆除乘务员外,不能载物或载人;动力单元(如机车)应是正常工况下的负载;测量期间,车辆的门、窗应始终关闭;正常运转的试验车辆上的辅助设备应处于工作状态。

(5)线路条件

应在铺有碎石道床和木枕或钢筋混凝土轨枕或列车常用的轨道上进行常规车辆的测量；轨道应干燥、无冻结；测量区段的钢轨应为连续焊接钢轨，钢轨表面无明显缺陷，不宜有焊缝或松动的枕木造成的可听撞击噪声的影响；轨道应保养良好，线路坡度最大不应超过3‰，轨道曲线半径$r \geq 1000$ m(车速$v \leq 70$ km/h)，$r \geq 3000$ m(车速70 km/h$< v \leq$120 km/h)和$r \geq$ 5000 m(车速$v>$120 km/h)。

(6)钢轨粗糙度

当整个测试区段的1/3倍频带粗糙度级满足标准附录B的要求时，则此轨道条件满足型式试验要求。

12.7　铁路机车车辆内部噪声测量

《铁道机车和动车组司机室噪声限值及测量方法》(GB/T 3450—2006)与《铁道客车内部噪声限值及测量方法》(GB/T 12816—2006)规定了铁路机车司机室及客室内部噪声测量的条件和方法，适用于铁路内燃机车、电力机车司机室及客室的内部噪声测量，以评价铁路车辆内部的声学环境。

1. 测量内容与测量项目

(1)使用声级计“F(快)”挡测量A声级，单位dB(A)。

(2)需要进行频谱分析时，测量倍频带声压级或1/3倍频带声压级，单位为dB。

(3)使用积分声级计测量司机室及客室内的等效声级，单位为dB (A)。

2. 测量方法

(1)测点位置

① 测量司机室噪声时，传声器向上，置于司机室中央。

② 测量客车噪声时，在客车的两端和中部，按坐、站位两组人耳高度(卧车按坐、卧位)共取5～6个测点，传声器向上。双层客车上层和下层的测点一致。

(2)测量高度

① 测量司机室噪声时，传声器距地板1.2 m。

② 测量客车噪声时，共选取6个测点。对于座车，取坐位高度为距地板1.1 m～1.2 m，站位高度为距地板1.5 m～1.6 m。

③ 测量卧铺车噪声时，共选取6个测点。取坐位高度为距地板1.1 m～1.2 m，卧位高度为距铺面0.2 m，距侧壁0.2 m。

④ 测量餐车噪声时，共选取3个测点。分别取坐位和站位高度，即1.1 m～1.2 m和1.5 m～1.6 m；对于操作间测点，距地面高度为1.5 m～1.6 m。

⑤ 测量行李车噪声时，共选取5个测点，即：办公室分别取坐位和站位各一个测点，行李间取3个测点，距地面1.5 m～1.6 m。

⑥ 测量邮政车噪声时，共选取9个测点，即：办公室分别取坐位和站位各一个测点，休息室取卧位一个测点，其余6个测点距地面1.5 m～1.6 m。

⑦ 测量双层客车噪声时，共选取6个测点：在上层和下层各取3个测点，分别距地板1.1 m～1.2 m和1.5 m～1.6 m。

3. 测量记录与数据处理

每次测量持续时间不少于5 s,读A声级的中间值,取最接近的整分贝数。每个测点测量三次,以每三次测量值的算术平均值来表示测量结果(按修约规则取整分贝数)。如果相同条件下三次测量数据间的最大差值大于3 dB时,应重新测量。

检验报告内容包括:检验对象和性质,试验区间、线路、轨道、车内环境和气象条件、测量仪器、试验工况、测点位置、背景噪声以及测量记录等。

4. 测量条件

(1)试验区间线路要求平直,坡度不超过6‰,最好为干燥无冻结的碎石道床、木枕或混凝土轨枕。测量时应避免通过隧道、桥梁、道岔、车站及会车。

(2)轨道应为标准短轨或长轨,轨面不得有明显擦伤、局部缺损等非正常缺陷。

(3)轨道两旁附近不应有大面积连续的声反射物,如路堑、山岗、建筑物等。相邻轨道处不应有雪或其他吸声覆盖物。

(4)车内背景噪声应比试验条件下车内噪声低10 dB以上,否则应进行修正。

(5)测量司机室噪声时,室内最多不得超过4人;测量客室噪声时,应尽量在无人的情况下进行,否则应注明车内人数。测量时,司机室与客室的所有门窗均应关闭。

(6)恒速试验车速为(90±5)km/h[牵引货车速度为(70±5)km/h],2/3额定功率,辅助机组开动(如果出现时间不到1 min,或其总声级增加不到5 dB时可不予考虑)。高速试验应在最大速度满负荷情况下进行。定置试验时,电力机车所有机组应启动并在最大负载下运行。内燃机车要在两种工况下检验:柴油机最低空载稳定转速,通风机最高转速,辅助机组最小负载,空气压缩机不工作;柴油机最高空载稳定转速,通风机最高转速,辅助机组正常负载,空气压缩机满负荷运转。

12.8 城市轨道交通列车噪声测量

《城市轨道交通列车噪声限值和测量方法》(GB 14892—2006)规定了城市轨道交通列车内部的噪声测量方法。

1. 测量内容与测量项目

使用声级计“S(慢)”挡测量A声级,单位dB (A)。

当型式检验需要进行频谱分析时,测量倍频带或1/3倍频带声压级,单位为dB。

2. 测量方法

(1)测点位置

① 测量司机室噪声时,传声器应置于司机室中央。

② 测量客室噪声时,传声器应置于客室纵轴中部。

(2)测点高度

传声器距地板高度为1.2 m,一般指向斜前方。

3. 测量记录与数据处理

测量时每次读数应取3~5 s内的中间值,重复五次,对于与平均值偏差大于3 dB的数据应予删去,计算其算术平均值,并按数字修约法取整数。

测量报告的内容包括：测量对象（型号、制造厂、出厂日期等）、测量日期、测量地点（地面或隧道）、检验类别、测量仪器、测量条件（线路条件、声学环境、气象条件等）、车辆状况（车速、负载、有无会车等）、测量位置、背景噪声以及测量数据等。

4. 测量条件

（1）无论在地面还是地下线路上测量，均应在坡度不大于6‰的直线区段进行。地面测量应在铺有枕木的碎石道床接缝钢轨的线路上进行。轨面不得有明显擦伤和缺陷。

（2）轨道两侧附近不应有大面积的声反射物，邻近轨道处不得有吸声性覆盖物。

（3）测量应避免会车、鸣笛和广播。当出现猝发声或读数起伏超过3 dB时应停止测量，待稳定后再继续进行。

（4）测量时司机室和客室的背景噪声应比被测噪声低10 dB以上，若差值低于10 dB时，测量结果应进行修正。

（5）测量时司机室和客室的门、窗以及过道门应全部关闭。司机室不得超过3人，客室内除测量人员外应尽量空载。

12.9 内河航道及港口内船舶辐射噪声测量

《内河航道及港口内船舶辐射噪声的测量》（GB/T 4964—2010）规定了船舶辐射噪声级和频谱的测量方法，适用于内河航道及港口内各类民用船舶，也适用于小型沿海船舶、港务船和工程船在验收试验和监测试验中辐射噪声级和频谱的测量，以评价船舶噪声对社会环境的干扰程度。

1. 测量内容与测量项目

（1）在验收试验和监测试验中，测量“F（快）”挡A声级，单位为dB（A）。

（2）当发现有明显脉冲声时，测量“I（脉冲）”A声级，单位为dB（A）。

（3）在验收试验中需做频谱分析时，可测量倍频带或1/3倍频带声压级，单位为dB。

2. 测量方法

（1）测点位置

传声器应放在码头、岸边或测量船上。当被测量的船舶通过传声器正前方时，船的舷侧与传声器的基准距离为25 m±5 m：在验收试验时距离应尽可能在20 m～35 m之间。

（2）测量高度

高度距站立面1.2 m～1.5 m，高出水面最好大于3 m且小于6 m，传声器方向要垂直于船舶的航向。

（3）测量步骤

① 读数应取接近整数的值。

② 对于验收试验，至少要做两次通过试验，两次测量结果的差别不应大于3 dB，否则应重新测量，测量的平均值取接近整数的分贝数。

⑧ 对于监测试验做一次测量即可。

④ 如果船舷的两侧声辐射对船的纵轴具有明显的不对称性，则应在声压级较高的一侧进行测量。

⑤ 如果通过船舶不能保证基准距离25 m，则应对测得的A声级按式(12-3)加以修正，或按表12-5进行修正。

$$L_{A,25}=L_{A,d}+20\lg\frac{d}{25}=L_{A,d}+\Delta L \tag{12-3}$$

式中，$L_{A,25}$——相当于距离25 m的A声级，单位为dB(A)；

d——测量传声器距船侧沿的实际距离，单位为m：

$L_{A,d}$——距离为d时测得的A声级，单位为dB(A)；

ΔL——距离由d折算到相当于距离25 m时的A声级的修正值，单位为dB (A)。

表12-5　取近似整数的距离d所对应的ΔL值

距离d/m	20	22	25	28	32	35
ΔL/m	−2	−1	0	1	2	3

3. 测量记录与数据处理

测量报告应包括的内容有：测量性质，船舶主要技术数据，航速及装载状态，主机、主要辅机和甲板部分高噪声辅机的主要技术数据及状态，测量仪器(包括声学仪器和测距仪器)，试验地点，传声器的位置，测量数据，测量条件以及环境条件(如潮流、水深、温度、风速、气象、背景噪声等)。

4. 测量条件

(1)试验场所应具备自由声场条件。当传声器周围100 m以内没有大的声反射体，如障碍物、小山、岩石、桥梁、建筑物等时，可以认为满足自由声场条件。

(2)测量时风速应小于5 m/s(相当于风力3级)，最大不应超过10 m/s(相当于风力5级)。

(3)验收试验测量时，背景噪声(包括波浪拍击、其他船只作业、工厂噪声以及风速的影响等)至少应比测得的船舶辐射噪声低10 dB；对于监测试验，背景噪声应比船舶通过时测得的辐射噪声低3 dB，否则应进行修正。

(4)试验航道的水深应满足船舶的正常航行。试验时，船舶的航向应尽可能保持直线，并符合测量距离的要求。内河测量时，船舶应在逆流、逆潮或平潮时航行，传声器与船舷的距离可采用光学仪器或其他测距仪测量。

(5)对于航行船舶，验收试验时，主机应在额定转速的95%以上运转，所有辅机按正常航行状态开动或关闭，机舱的门窗应在关闭和通常敞开的情况下分别测量。监测试验时，门窗应在通常的情况下测量。

(6)对于停泊船只或专用船舶(如工程船、特种船舶)，应在离船舷四周25 m处最大噪声区的位置上进行测量。此时主、辅机也应按正常状态运转或关闭。

12.10　船上噪声测量

《船上噪声测量》(GB/T 4595—2020)规定了船上噪声测量的仪器、测量环境、测量参数、船舶测量状态、测量程序和测量报告。用以各种船舶的比较，在交接船试验中作为与国内或国际的法规、船东的合同技术说明书规定指标的比较，作为进一步研究和采取降噪措施的基础，作为评估噪声暴露和船员所受噪声影响的基础，评估语言的清晰度，评估声报警的可听度。

1. 测量仪器

(1)声压级测量应使用积分声级计，并满足IEC 61672.1中1级的要求。进行声波频谱分析的频程滤波器应满足IEC 61260的要求。

(2)声级计在测量前后均需用±0.3 dB精度的声校准器进行校准，声校准器应满足IEC 60942的要求(实为1级声校准器)。

(3)在室外和有任何显著空气流动的甲板下的处所采集读数时，应使用传声器风罩。风罩在“无风”工况下对噪声声压级的影响应不大于0.5 dB(A)。

2. 基本测量参数

(1)等效连续A计权声压级；

(2)当噪声可能超过130 dB时，采用C计权峰值声压级；

(3)当噪声超过85 dB时，采用等效连续C计权声压级；

(4)如有要求，31.5 Hz～8000 Hz倍频带的等效连续声压级；

(5)脉冲噪声；

(6)调声。

3. 船舶测量状态

(1)航行状态：船舶应处在满载或压载状态，装载状态应予以记录；船舶的航线应尽可能保持直线；海船的主机应在正常的营运速度和不小于最大连续功率(MCR)的80%工况下运行；内河船舶的主机应在不小于MCR的95%工况下运行。

(2)在港作业状态：对易受到船舶起货设备影响的区域和起居舱室进行噪声测量时，应在起卸设备工作时进行。

(3)高噪声设备运行时的状态：当高噪声设备运行时，艏侧推应维持40%的推进功率。

4. 测量

(1)测量时传声器离甲板以上的高度应在1.2 m(人端坐的高度)和1.6 m(人站立的高度)之间。传声器位置至舱室周边界面应不小于0.5 m，应尽可能远离反射面。

(2)测量时间至少为15 s。

(3)货舱内需要有人作业的区域，测量点应尽可能靠近船员实际工作的位置，每个货舱至少应测量3点。

(4)应对工作人员的住所，包括通信站进行噪声测量。

(5)艏侧推、减摇器、货舱通风设备等工作时会产生高强度噪声。当这些机械工作时，应对其周围和相邻近的起居舱室以及值班处所的位置进行噪声测量。如有需要，应测量船员的噪声暴露级或暴露时间，以便计算噪声暴露量。

(6)测量所有居住舱室，每层甲板至少要对最高声压级的一个舱室进行倍频程测量。

(7)主要的工作场所和例行检验、调整和维修时要巡视到的处所都要进行噪声测量。要在离主机和产生特有噪声的任何机器或设备约1 m距离处进行噪声测量。

(8)语言通信与信号可听度重要的处所应做测量。

(9)在人员可能暴露于高噪声级的所有处所应进行测量。

(10)为了航行安全,语言清晰度显得重要的处所应进行倍频程测量。

12.11 飞行中飞机舱内声压级测量

根据《声学 飞行中飞机舱内声压级的测量》(GB/T 20248—2006),飞机舱内噪声测量是在飞机稳态飞行中在机舱内机组人员和乘客位置进行的,测量的声压级可以用于确定描述飞机舱内声学环境的各种参量。测量结果可以用来评价乘务员的听觉噪声暴露量和语言干扰级,及评价机舱外的噪声对空勤人员和乘客的影响。

1. 测量仪器

完整的声学测量系统是由传声器系统、数据记录和分析设备、声压级显示设备和声校准器组成的,测量系统可以包括多通道仪器。传声器系统应符合对无规入射声的相应技术指标。声测量系统至少符合2级声级计性能指标,1/3倍频程分析仪至少符合2级滤波器。声校准器至少满足1级要求。

2. 测量方法

(1) 测量位置

① 客舱:应在没有乘客或乘务员时,测量乘客或乘务员座位典型头部位置处的声压信号;传声器应垂直向上放在座位中心线上,距头枕0.15 m±0.025 m,在空椅垫上方0.65 m±0.05 m。

② 机组人员岗位:测点应放在典型的机组人员头部位置。在飞行员处,传声器要放在坐姿头部高度,距典型的耳朵位置0.1 m以内,那里通常是语言通信的接收位置,测量时要有机组人员就座。机舱人员站立处的测量要在机组人员不在场时进行,传声器位置应高于地板1.65 m±0.1 m。

③ 机组休息室:测点应在机组成员休息状态时的头部位置. 测量时机组成员不应在场。传声器宜放在床垫、毯子或头枕上方0.15 m±0.02 m。如果头部位置靠墙,那么传声器距墙应不小于0.15 m。

(2) 传声器安装

为减少包括持传声器延伸杆或支撑设备的操作人员引起的干扰和遮挡影响,将传声器用支架或延伸杆安装在固定的位置比较合适,测试中如果有气流影响,则传声器应安装风罩。

(3) 声学数据采集

① 数据记录:每次测量的记录持续时间至少为30 s。

② 直接测量:使用具有1/3倍频带滤波器的积分平均声级计或频谱分析仪;如果声压级用传统的声级计来测量,时间计权应使用“S(慢挡)”。

(4) 测试条件

① 飞机内部配置:飞机内部应全部配备地毯、座椅、窗帘,并且要对其配置做记录;如有可能,最好没有人员在场;除了飞行员岗位外,在其他地方的测试中,在传声器1 m范围之内,不能有坐着或站立的人员。

② 飞机系统配置:增压和空调系统应正常运转或处于自动模式;除了正常工作需要打开的之外,所有各个乘客或机组人员的空气出口都应关闭;公共广播系统应当关闭;噪声和振动系统控制应处于正常工作状态。

③ 机组人员休息室：休息室的布置应代表正常使用的状态，并且室内无人，通道门应关闭，室内配有专用的床垫和被毯，公共广播系统关闭；飞机环境控制系统应正常工作以保持休息室内舒适的空气温度；铺位无人占用。

(5) 飞机飞行条件

飞机的飞行条件是指马赫数和指示空速（或两者之一）、发动机功率和轴转速（或两者之一）稳定到指定容许限值的规定值的稳定飞行状态。

测量声压信号时，应以适当的时间间隔记录飞行高度或相应的气压值、飞机马赫数和指示空速、发动机功率设置等信息。

3. 数据处理

(1)平均时间

用于测定1/3倍频带声压级的平均时间最少为16 s。

(2)声谱

应用1/3倍频程滤波器来测定飞机内的声频谱；滤波器的额定中心频率应覆盖相应的飞机频率范围，最小的频率范围应当是50 Hz～10 kHz，对于直升机，低频范围应至少扩展到中心频率16 Hz的1/3倍频带；倍频带声压级可用3个相邻的1/3倍频带声压级合成。

(3)频率响应修正

由于整个测量系统的无规入射频率响应和与频率无关的响应存在偏差，所有1/3倍频带声压级都应进行修正；如果使用了风罩，也要对它们的插入损失影响进行修正。

(4)背景噪声修正

如果需要，当测试的1/3倍频带声压级大于相应的背景电噪声声级3 dB以上时，应从测试的声压级中去除掉电噪声部分；当不大于3 dB时，该测试声压级不记录。

(5)宽带声压级和频率计权声压级

“宽带”或“全频带”声压级要用规定频率范围内1/3倍频带声压级合成；频率计权声压级(如A计权声压级)则可把IEC 61672-1的频率计权因子加到1/3倍频带声压级上。

(6)瞬态声

瞬态声可用记录时段的时间计权“F(快)”挡最大值和A计权声压级来表述。

第13章 建筑声学测量

13.1 概述

建筑声学是研究建筑中声学环境问题的科学。它主要研究室内音质和建筑环境的噪声控制,以保证室内具有良好的听闻条件。

18—19世纪,自然科学的发展推动了理论声学的发展。到19世纪末,古典理论声学发展达到最高峰。20世纪初,美国物理学家赛宾提出了著名的混响理论,使建筑声学进入科学范畴。从20年代开始,电子管的出现和放大器的应用,使非常微小的声学量的测量得以实现,这就为现代建筑声学的进一步发展开辟了道路。

室内声学的研究方法有几何声学方法、统计声学方法和波动声学方法。

建筑声学涉及建筑材料、建筑结构、扩声系统、室外环境及室内布置等多方面内容。它是一个从理论(以波动声学、几何声学、统计声学来研究和说明室内音质问题和隔声原理)到实际(各类厅堂的设计要求和各种材料的吸声、隔声参数测量)的系统学科。

建筑声学测量是使用仪器对建筑环境中声源及其声场特性、材料、构件与建筑空间的声学性能进行测量与分析。

声源及声场特性的测量包括强度特性、频率特性、时间特性及空间特性。

材料、构件与建筑空间声学性能的测量主要包括材料和构件的吸声性能、隔声性能、反射方向和扩散性能,建筑空间的混响时间、衰减过程、反射声的空间时间分布、稳态声压级分布等的测量。

建筑声学测量除了在建筑环境中进行现场测量外,对于声源特性、材料和构件声学性能的测量需要在标准的声学实验室如消声室、半消声室、混响室、隔声室中进行。

13.2 室内混响时间测量

13.2.1 混响时间

混响时间是房间室内音质最重要的声学指标,是声学工程师们非常熟悉的词,通过添加或减少吸声材料(如布艺沙发,地毯,声学画或特殊的天花板涂层等)的方式就可以控制混响时间的大小,从而改变一个地方的声品质。而在隔声量测量、声功率测量等声学测量中都需要用到混响时间来修正声场对测量数据的影响。

房间中从声源发出的声波在各方向来回反射(图13-1),而又逐渐衰减的现象称为室内混响。一般房间中存在两种声:自声源直接到达接收点的声音叫直达声,经过壁面一次或多次反射后到达接收点的声音叫混响声。随着时间的推移,声音逐渐被吸收,声能逐渐衰减,其在室内衰减的过程称为混响过程。用混响时间来描述室内声音衰减快慢的程度。

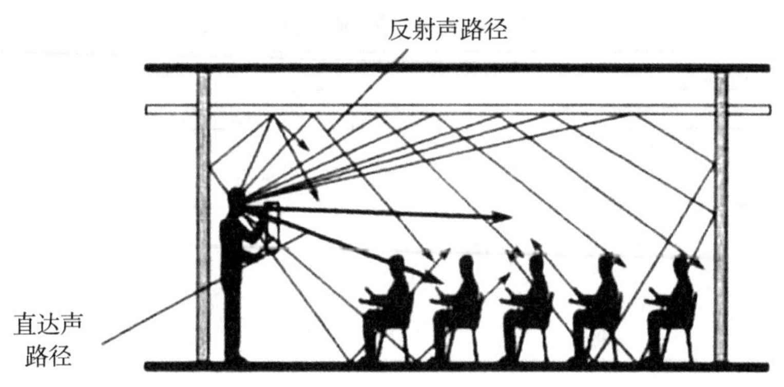

图13-1 声波在室内各方向来回反射示意图

混响时间定义为：室内声音已达到稳态后停止声源，平均声能密度自原始值衰减到其百万分之一（60 dB）所需要的时间，用T_{60}或RT表示，单位为s（秒），如图13-2所示。

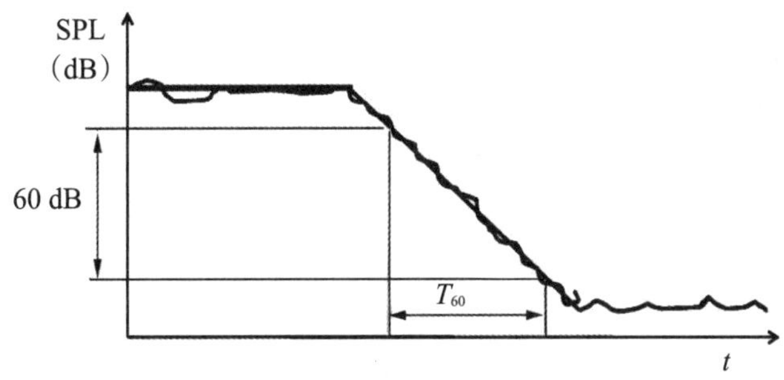

图13-2 声衰变曲线

房间的混响时间长短是由它的吸声量和体积大小所决定的，体积大且吸声量小的房间，混响时间长，吸声强且体积小的房间，混响时间就短。

1900年，赛宾发表著名论文《混响》，提出了混响时间这一概念，并得出计算混响时间的公式——赛宾公式，自此奠定了整个建筑声学的科学基础。混响时间至今仍是厅堂音质评价首选的物理指标。在参考温度为室温23℃时，混响时间为

$$T_{60}=\frac{0.16\times V}{A}=\frac{0.16\times V}{S\times\bar{\alpha}} \tag{13-1}$$

式中，T_{60} ——混响时间，单位为s；

V——房间净容积，单位为m^3；

A——总的等效吸声量，单位为m^2；

S——地板、墙壁和天花板总面积，单位为m^2；

$\bar{\alpha}$ ——平均吸声系数，无单位。

由式（13-1）可知，由于房间的等效吸声量A或平均吸声系数$\bar{\alpha}$都与频率有关，因此混响时间与频率有关。

混响时间过短，声音发干，枯燥无味，不亲切自然；混响时间过长，会使声音含混不清。混响时间合适时声音既清晰又圆润动听。对于不同用途的房间，要求的混响时间也不同。表13-1所列为几种类型房间的参考混响时间。

表 13-1　参考混响室时间

厅堂类型	参考混响时间/s
电影院	1.0 ～ 1.2
会议厅	1.0 ～ 1.4
音乐厅	1.5 ～ 1.8
电视演播室	0.8 ～ 1.0
语言录音室	0.3 ～ 0.4
录音控制室	0.3 ～ 0.4
多轨录音棚	0.6

13.2.2　混响时间测量概述

混响时间测量方法参考的相关标准是《室内混响时间测量规范》(GB/T 50076—2013),该标准代替《厅堂混响时间测量规范》(GBJ 76—84),参考了《声学　室内声学参量测量　第1部分:观演空间》(GB/T 36075.1—2018)和《声学　室内声学参量的测量　第2部分:普通房间混响时间》(GB/T 36075.2—2018)。GB/T 50076—2013适用于语言、演出或音乐用房间,需要吸声降噪的房间,以及有特殊音质要求的居住类建筑的房间的混响时间的测量。不适用于声学实验室等特殊房间的混响时间的测量,也不适用于房间三维尺度中最大尺寸与最小尺寸之比大于5的特殊室内空间和任一维度尺寸小于测量频率半波长的房间的混响时间的测量。

混响时间测量通过记录声压级随时间衰变的曲线(衰变曲线)计算。测量混响时间的频率点不应少于125 Hz～4 kHz的倍频程中心频率;采用1/3 倍频程测量混响时间时,频率点不宜少于100 Hz～5 kHz的1/3 倍频程中心频率范围。

测量时,常用开始一段声压级衰变5 dB至25 dB或5 dB至35 dB的情况外推到衰变60 dB所需的时间。在此种情况下,混响时间可分别用符号T_{20}或T_{30}表示,则T_{60}是通过计算得到的,$T_{60}=3\times T_{20}$或$T_{60}=2\times T_{30}$。

13.2.3　衰变曲线的获取

可使用中断声源法或脉冲响应积分法以及MLS法测得衰变曲线。

1. **中断声源法**(interrupted noise method)

中断声源法也被称为声源切断法,是经典的混响时间测量方法。通过声功率恒定的无指向声源发声产生稳定的声场,然后突然中断声源,直接记录室内声压级衰变曲线(图13-3左图)。测量时应采用窄带噪声信号或粉红宽带噪声测量,在声压级满足测量要求时,宜采用粉红宽带噪声测量。通过声分析仪的频谱分析功能,实时得到所有测量频率的声压级随时间变化的衰变曲线(图13-3右图)。

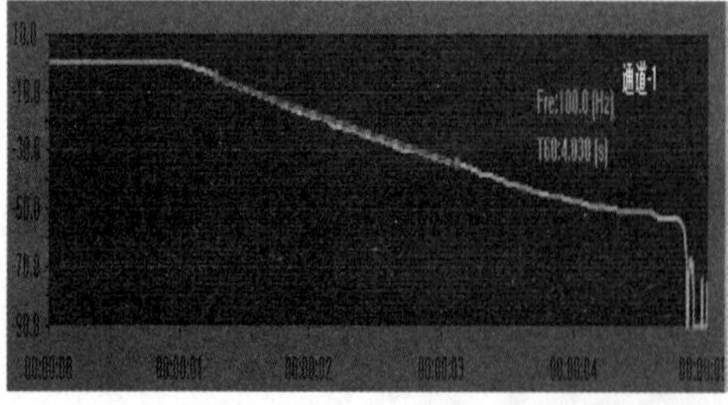

图13-3　记录的衰变曲线

为达到室内声场稳定，对15 000 m^3以下的房间声源持续时间应大于4 s，对15 000 m^3以上的房间声源持续时间应大于6 s。这时接收点平均等效声压级不再改变，其瞬时声压级可能在这一均值上下波动。不得用脉冲声源作为声源切断法的声源，也不得使用无法立即中断的声源，如乐器或带有延时的扬声器等。

每个测量位置至少应测量三次，宜测量六次，取其混响时间的算术平均值。

声源切断法的声源应是无指向性声源，指向性和频率特性应符合国家标准《声学　建筑和建筑构件隔声测量　第3部分：建筑构件空气声隔声的实验室测量》（GB/T 19889.3—2005）中第C.1.3条和《无指向声源校准规范》（JJF 1468—2014）的规定。在测量频段范围内，声源的频率响应应是平直的。无指向声源可为12只电声特性一致的扬声器嵌在正多面体的箱体上并同相位辐射，箱体内填吸声材料，尺寸应小于房间长、宽、高最小尺寸的1/5，使发声时接近于无指向性的点声源。

在自由场中，声源用噪声信号驱动，按1/3倍频程测量距声源约1.5 m处的声压级。测得360°（L_{360}）的能量平均值与所有30°（$L_{30,i}$）滑动平均值之间的差值，得到指向性指数D_1为

$$D_1 = L_{360} - L_{30,i} \tag{13-2}$$

如在100 Hz～630 Hz的频带内，D_1值在±2 dB限值范围内；在630 Hz～1000 Hz频段内，此限值在±2 dB～±8 dB；在1000 Hz～5000 Hz，此限值范围为±8 dB，就可假定它为无指向性。

在剧场、剧院、音乐厅、讲堂等自然声源位于舞台上的厅堂，测量时扬声器位于舞台上。录音室、演播室、办公室、车间等声源位置不确定的房间，测量时扬声器可置于房间某顶角或者典型声源位置，距离三个界面均宜大于0.5 m，房间相当于点声源的1/8象限，因此既可使用球形声源，也可以使用指向性扬声器。

在使用电声系统作为声源测量室内混响时间时，可使用室内现有的扩声系统作为替代测量声源。为保证测量频带范围内全部频率声音信号都能对房间产生激励，要求噪声信号的频率带宽应大于测量滤波器的带宽。

2. 脉冲响应积分法（integrated impulse response method）

房间内某一点发出的狄拉克（Dirac）函数脉冲声在另一点形成的声压瞬时状况，称为脉冲响应。再通过把这个脉冲响应的平方对时间反向积分来获取室内声压级衰变曲线的方法，称为脉冲响应积分法。这个方法基于公式

$$\langle S^2(t) \rangle = N\int_t^{\infty} r^2(x)\,\mathrm{d}x \tag{13-3}$$

式中，$S(t)$——稳态噪声的声压衰减函数，尖括号表示群体平均；

$r(x)$——被测房间的脉冲响应；

N——谱密度。

理论上，脉冲响应积分法得到的衰变曲线比较平滑，波动起伏小，不但能够测量混响时间，而且还能计算其他很多辅助声学参数。ISO 3382认为，一次脉冲响应积分法的测量精度与10次中断声源法的平均值相当。

测量声源可使用脉冲声源发声，使用传声器接收，直接获得脉冲响应；也可使用扬声器发出最大长度序列信号、线性调频信号等，使用传声器接收，通过相关运算获得脉冲响应。图13-4所示是脉冲响应积分法测量原理方框图。

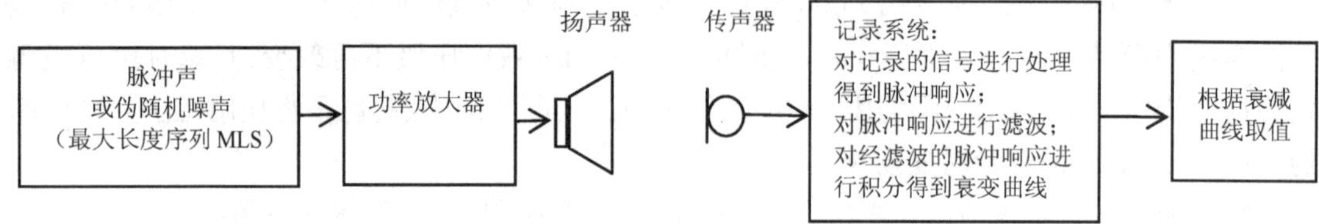

图 13-4　脉冲响应积分法测量原理方框图

脉冲响应通过带通滤波器，平方后反向积分得出各个频带的衰变曲线。在背景噪声极低时，混响衰变曲线计算公式为

$$E(t)=\int_t^{\infty} p^2(\tau)\,\mathrm{d}\tau=\int_{\infty}^{t} p^2(\tau)\,\mathrm{d}(-\tau) \tag{13-4}$$

式中，p ——脉冲响应声压。

当存在背景噪声时，可通过调整反向积分的起始时间来获取相对准确的混响时间测量结果。

脉冲响应积分法应用了现代数字信号处理技术，使用方便、快捷。更重要的是，在原理上，脉冲响应积分法比声源切断法具有更高的稳定性和可重复性，尤其在低频段（小于 250 Hz）测量更具有优势，因此，宜优先选择脉冲响应积分法进行测量。另外，使用脉冲响应积分法还可以同时得到其他辅助声学参数，包括早期衰减时间（EDT）、强度因子（G）、相对声压级、早期声能比、侧向声能比、双耳互相关函数，这些参数尚处于研究阶段。需要指出的是，脉冲响应积分法与传统的中断声源法测得的结果可能存在系统性差异，对于同一房间的测量，两种方法常常得不到完全一致的结果，对比实验显示，一般误差不超过±5%，尚在可接受范围内。

脉冲响应积分法的声源应使用突发声音，可使用电火花、刺破气球、爆竹和发令枪等作为脉冲声源。测量 T_{30} 时，在测量频率范围内，传声器位置上脉冲声源的峰值声压级应至少高于相应频段内背景噪声 45 dB；测量 T_{20} 时，则应至少高于相应频段内背景噪声 35 dB。电火花、刺破气球等脉冲声源声功率较小，常用于容积小于 1000 m^3 的室内。发令枪等脉冲声源声功率较大，常用于容积大于 1000 m^3 的厅堂及体育馆。

脉冲声的信号宽度应足够小，以保证声音在该宽度时间内传播的距离小于房间长、宽、高中最小尺寸的 1/2。这样的瞬时声音才能被认为是近似理想冲击函数。电火花脉宽最小，约 0.1 ms～0.2 ms，适用的房间尺寸可以很小；刺破气球、发令枪等脉宽较大，约 20 ms，适用的房间长宽高最小尺寸宜不小于 5 m。图 13-5 所示为发令枪作为脉冲声源及声衰变图形。

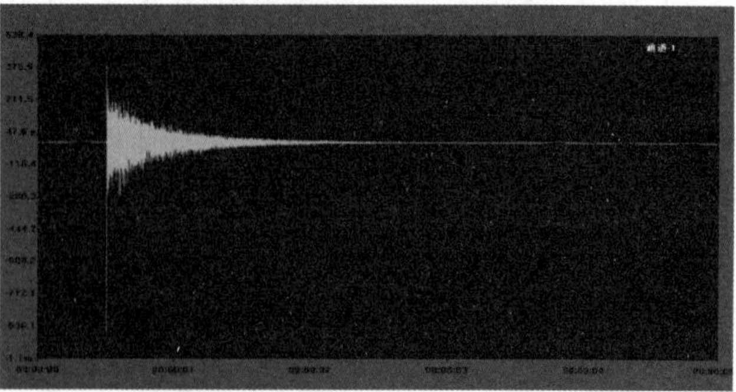

图 13-5　发令枪作为脉冲声源及声衰变图形

3. MLS法

MLS法是《声学　建筑声学和室内声学中新测量方法的应用MLS方法和SS方法》(GB/T 25079—2010/ISO 18233:2006)推荐的一种方法,它是脉冲响应积分法的一种,只是获取脉冲声的方式不同。它通过无指向声源发出MLS信号(确定序列信号),通过相关运算获得脉冲信号,再进行反向积分获得声压级衰变曲线。

最大长度序列MLS是一种周期性伪随机二进制序列(只有+1和–1两种幅值),其自相关函数为冲击函数。对于发出MLS信号的声源,室内接收点的接收信号是MLS信号与房间脉冲响应的卷积,若再与MLS信号进行相关运算,相当于MLS自相关函数与房间脉冲响应的卷积,等于冲击函数与房间脉冲响应的卷积,即为房间脉冲响应。MLS方法测量的优点:一是根据MLS信号二进制序列的特点,相关运算可以使用哈达姆(Hadamard)变换方法,运算中只有加减法,计算速度快,效率高;二是MLS信号是确定性序列,可以精确地重复,所以能够使用同步平均技术计算MLS信号多次重复响应。测量期间,背景噪声是随机的(不具有重复相关性),因此多次同步平均可以降低噪声能量分量,提高信噪比,MLS信号每重复一倍时间,信噪比提高3 dB,有利于在较高噪声环境下的测量。

表13-2所列为几种混响时间测量方法的比较。

表13-2　几种混响时间测量方法的比较

序号	中断声源法	脉冲响应积分法	MLS法
测量指标	T_{20}、T_{30}、T_{60}	T_{20}、T_{30}、T_{60}、C_{50}、C_{80}、D_{50}、D_{80}、EDT等	
声源	无指向声源	脉冲音	MLS序列、无指向声源
每个测点测量次数	3～6次	1次	1次
优点	经典、易验证	声源小、携带方便、测量指标丰富	可提高信噪比、测量指标丰富
缺点	声源携带不便	脉冲音声源质量要求高	受环境影响较大、系统稳定性及时变性要求高、需使用中断声源法验证

表13-2中C_{50}、C_{80}和D_{50}、D_{80}分别是用于音乐和语言明晰度的声学参数。C表示音乐明晰度(clarity),C_{80}表示混响过程中80 ms以内的反射声能与80 ms以后声能之比的以10为底的对数再乘10,单位为dB。D表示语言明晰度(definition),D_{50}表示混响过程中50 ms以内的反射声能占全部声能的百分数。

EDT是早期衰变时间(early decay time),定义为声源停止发声后,室内声场衰变过程早期部分从0 dB～–10 dB的衰变曲线的斜率所确定的混响时间。

13.2.4　使用衰变曲线计算混响时间

测量期间存在偶发噪声时,应在每次测量后立即观察衰变曲线,受影响的测量结果应舍弃。

在衰变曲线衰变范围内,画一条尽可能与其重合的直线。该直线的斜率即衰减率(dB/s),从而可以推算出混响时间。

根据衰变曲线从–5 dB～–25 dB的20 dB衰减范围计算得到的值表示为T_{20},至少需要计算T_{20}。条件许可时，根据衰变曲线从-5 dB～-35 dB的30 dB衰减范围计算得到的值表示为T_{30}。在实验室测量条件下，背景噪声低，信噪比较高，常采用T_{30}的值作为结果。一般地，现场测量时信噪比可能较低，测量T_{20}更容易。另外，有人认为T_{20}代表了前-25 dB的衰减情况，与人耳的清晰度感觉关系更密切，对于语言使用的厅堂，T_{20}更具实际意义。

在GB/T 36075.2中建议首选T_{20}，原因如下：

(1)混响时间的主观评价与衰变过程的早期部分有关；

(2)从房间混响时间估算稳态声压级时宜采用声能衰变的早期部分；

(3)现场测量往往存在信噪比问题，一般很难获得超过20 dB的评估范围，该范围需要至少35 dB的信噪比。

衰变曲线起始部分应高于背景噪声级。计算T_{20}时，背景噪声级应至少低于曲线的起始点35dB；计算T_{30}时，背景噪声级应至少低于起始点45 dB。衰变曲线末端应至少高于背景噪声10 dB。

当衰变曲线不呈直线形状时，不一定存在唯一的混响时间。如果衰变曲线呈现出两段直线的形状，那么根据起始水平建立一个适当的拐点连接两段轨迹(图13-6)。计算上下两段的斜率进而推算各自的混响时间，并在报告中指明其动态区间。用于求斜率的A动态区间和B动态区间声压级衰变量不应小于10 dB。

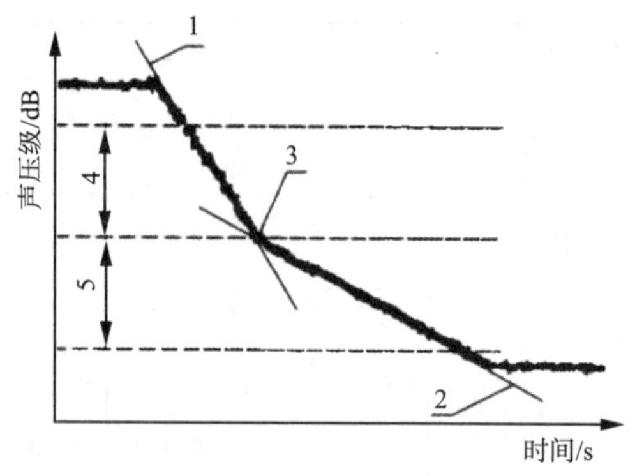

1—A区间直线；2—B区间直线；3—拐点；4—A动态区间；5—B动态区间

图13-6　衰变曲线呈现两段直线形状的拐点及动态区间示意

13.2.5　空间平均

空间平均的方法应为各测点测量值的算术平均。

对于普通矩形房间，应对所有声源和传声器测量位置所得到的测量结果进行平均计算，计算结果作为房间的平均混响时间。

对于剧场、多功能厅等存在舞台或楼座的空间，宜分别对舞台、一层观众厅(池座)、各层楼座所布置的测点分别进行平均计算，计算结果作为各区域的空间平均混响时间。

测量原始记录应精确到小数点后两位数字。作为测量结果的平均值应四舍五入，小于1 s时，应取小数点后2位数字，大于1 s时，应取小数点后1位数字。允许出现测量表观值在其真值附近摆动，这种现象在低频(250 Hz以下)尤为明显，这是因为测量时，每一次发出和接收的声音信号的相位可能存在不一致性，造成衰变曲线出现不一致性。高频测量中相位问题影响较小，但房间反射表面存在微观湿度变化形成吸声系数变化（变化相对较小），造成高频衰变曲线也会出现不一致性。

13.2.6 结果的表达

每个测量位置及各测量中心频率之混响时间的多次测量结果平均值应使用表格列出，不同区域应单独列表，并同时列出其空间平均值。

每个区域空间平均混响时间频率响应应通过曲线图绘制出来。绘制曲线图时，各个点应用直线连接。横坐标为倍频程线性坐标，每个倍频程的距离宜为15 mm，同时纵坐标宜使用每25 mm相当于1 s的线性时间坐标。在横坐标上应注明倍频程或1/3倍频程的中心频率。

13.2.7 测量仪器

传统的混响时间测量仪器包括传声器和滤波器、声记录设备（录音机）、声级计和声级记录仪等，标准中对它们的性能规定了相关要求，这些测量仪器不仅笨重，使用不便，测量费时费力，而且主要只能用于中断声源法测量。

随着科学技术的发展，目前数字化技术发展很快，A/D技术的数字化声记录设备已经普遍使用，不小于44 kHz的采样频率，不小于16位的采样精度都已经不是什么问题。声学测量中常用的声级计大多已采用数字信号处理技术，包含实时频谱分析和测量混响时间的功能，可以以中断声源法或脉冲响应积分法（含MLS法）直接测量和计算并显示混响时间，再不需要庞大的仪器设备，也不需要繁杂的测量计算，使混响时间测量变得简单方便，这样的仪器如AWA6292型和AWA6228+型多功能声级计，HBK的2250、2240和Norsonic Nor145，以及AWA6290L型多通道信号分析仪等。

清华大学建筑学院对国内外主要品牌的混响时间测量设备进行了混响室对比测量，挪威Norsonic、丹麦HBK、法国01dB、国产杭州爱华等品牌测量设备均满足测量要求，测量结果具有很好的一致性，差异一般不大于5%。需要指出的是，对比测量发现，低频（250 Hz以下）混响时间测量差异可能达到15%。

13.2.8 测量方法

1. 测量频率

测量混响时间的频率不应少于125 Hz～4000 Hz共6个倍频程中心频率。作为文艺演出类厅堂、电影院音质验收时，宜加测倍频程中心频率63 Hz和8000 Hz，目的是与扩声系统的设计与测量相适应。因隔声、隔振的要求用于噪声控制目的的房间，测量混响时间的频率不应少于100 Hz～5000 Hz共18个1/3倍频程中心频率。对于音质有特殊要求的房间，如广播录音室、电视演播室等，测量混响时间时参照相关广播电影电视混响测试行业规范的频率范围：63 Hz～10 000 Hz共24个频段。

2. 声源位置

用于降噪计算和扩声系统计算的混响时间测量时，声源应选择有代表性的位置，应在检测报告中说明声源位置。用于降噪计算的混响时间测量时，声源可选择在主要噪声源位置或典型噪声源位置。

用于演出型厅堂，主要包括音乐厅、剧场、多功能厅等，室内自然声源为演出人员及乐队，因此混响时间测量验收时，声源一般位于舞台上。声源位置一般选择在舞台中央或其他合适位置，距地面1.5 m处。不同声源位置间距不宜小于3 m。应在报告中说明声源位置。

用于录音室、琴房、会议室、办公室等非表演型无舞台的房间，室内容积较小，声源宜置于房间的某顶角，且距离三个界面均宜大于0.5 m。这既有利于房间各种简正模式的激发，也便于传声器的布置，且降低了对扬声器指向性的要求。

用于体育馆混响时间验收测量时，声源宜置于场内中央，距地面1.5 m高处；用于测量电声系统时，应采用场内扩声系统扬声器作为替代声源，扬声器工况应处于正常使用状态或比赛使用状态。

3. **传声器位置**

传声器应依据听众的耳朵高度确定，宜置于地面以上1.2 m处。出现前排座椅遮挡传声器时，可将传声器升高到高于前排椅背0.15 m的位置，报告中应说明传声器的高度。

用于降噪计算和扩声系统计算的混响时间测量时，应在房间人员主要活动区域或听众区域均匀布置传声器测点，至少选择3个位置。

用于演出型厅堂音质验收的混响时间测量时，传声器位置宜在听众区域均匀布置。房间为轴对称型时，传声器位置可在观众区域偏离纵向中心线1.5 m的纵轴上及一侧内的半场中选取。一层池座满场时不应少于3个，空场时不应少于5个，并应包括池座前部1/3区域、眺台下和边侧的座席；每层楼座区域的测点不宜少于2个；舞台上测点不宜少于2个（图13-7）。房间为非轴对称型时，测点宜相应增加一倍。

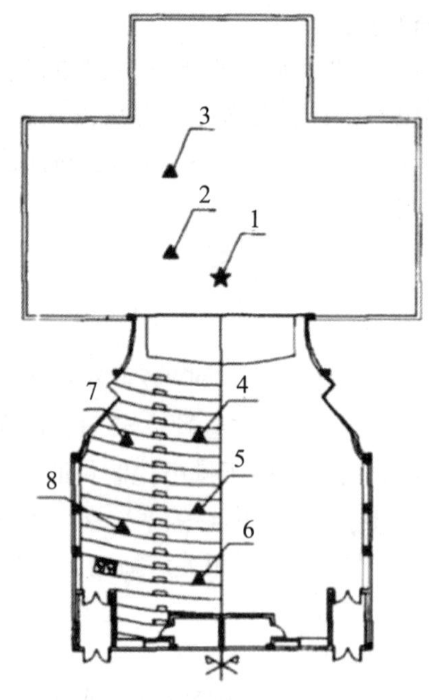

1—声源点；2—舞台测点①；3—舞台测点②；4—观众厅测点①；5—观众厅测点②；6—观众厅测点③；7—观众厅测点④；8—观众厅测点⑤

图13-7　演出型厅堂室内传声器测点示意

用于非表演型且无舞台的房间,对其音质考察而进行混响时间测量时,传声器测点位置宜置于与声源所在房间对角线交叉的另一条对角线上,应至少3个位置,并应均匀布置(图13-8)。房间尺寸较小,且传声器之间距离和传声器至最近反射面距离无法满足规定时,可减少传声器测点数量。

用于体育馆混响指标验收测量,房间为轴对称型时,可选择在对称象限内的观众区布置传声器位置,满场时不宜少于6个,空场时不宜少于9个,并应均匀布置;房间为非轴对称型时,测点宜相应按倍数增加。房间平面为轴对称且声源位于对称轴上,轴位置上的声场可能因对称反射出现周期的极大和极小值,因此测点宜避开轴线。

传声器位置的最小间距不宜小于2 m,从传声器至最近反射面的距离不宜小于1.2 m。

传声器位置不宜靠近声源,距声源最小距离d_{min}的计算公式为

$$d_{min}=2\sqrt{\frac{V}{cT}} \tag{13-5}$$

式中,d_{min}——传声器与声源最小距离,单位为m;

V——房间容积,单位为m^3;

c——声速,单位为m/s;

T——估计的混响时间,单位为s。

对于混响时间短的小房间,如录音室、琴房、练歌房等,且无法满足上述条件规定时,在声源和传声器之间应设置屏障消除直达声。屏障密度宜大于5 kg/m^2,表面吸声系数宜小于0.1,面积宜大于1.5 m^2。

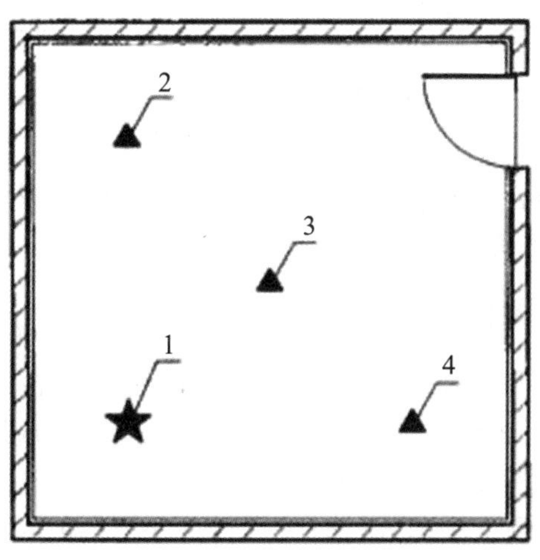

1—声源;2—测点①;3—测点②;4—测点③

图13-8　非表演型用房间室内传声器测点示意

13.3　材料吸声系数测量

13.3.1　概述

材料(结构)的吸声性能一般是指材料的吸声系数、反射系数、表面声阻抗率或表面声导

纳率。其中，吸声系数是应用最广的一个参量。声波遇到壁面或其他障碍物时，一部分声能被反射，一部分声能被壁面或障碍物吸收转化为热能而消耗，还有少部分声能透射到另一侧。某种材料或结构吸收的声能和入射声能的比值称为吸声系数，通常用α表示。

吸声系数是表示吸声材料或结构吸声性能的量，不同材料具有不同的吸声能力。当$\alpha=0$时，表示声能全反射，材料不吸声；当$\alpha=1$时，表示材料吸收了全部声能，没有反射。一般材料的吸声系数在0～1之间，吸声系数α越大，表明材料的吸声性能越好。

吸声系数的大小除了受材料的性能和结构影响外，对同一种材料，还与声波的入射频率、入射方向有关。各种材料的吸声系数是频率的函数，因此对不同的频率，同一材料具有不同的吸声系数。

材料的吸声系数测量方法有混响室法和阻抗管法。混响室法测量声音无规入射时的吸声系数；而阻抗管法测量声音正入射时的吸声系数，两种测量方法的比较见表13-3所列。

表13-3　阻抗管与混响室两种测试方法的比较

比较项目	混响室法	阻抗管法
声音特性	无规入射的吸声系数	90度入射的吸声系数
应用领域	工程应用	材料性能测试
可测指标	吸声系数	吸声系数、声阻抗率、声导纳率
试件要求	较大	与阻抗管横截面等大，较小
无规构件	支持	困难
测试方法	混响时间测量有中断声源法、脉冲响应积分法	驻波比法、传递函数法

使用阻抗管测量材料的垂直入射吸声系数方法简单，所需试样材料较少，是较常用的方法。测量用的阻抗管是一根内壁光滑、材质坚硬、截面均匀的直管。管子末端的刚性后盖板可以拆卸，以便安装被测试样。阻抗管中吸声系数和声阻抗的测量又分为驻波比法和传递函数法两种，其中，驻波比法也称为驻波管法。

13.3.2　驻波比法吸声系数测量

采用驻波比法测量吸声材料法向入射条件下的吸声系数，根据测量到的驻波的峰声级和谷声级值计算吸声系数，是一种较经典的吸声系数测试方法，广泛应用于教学领域及工程实测。

《声学　阻抗管中吸声系数和声阻抗的测量　第1部分：驻波比法》(GB/T 18696.1—2004 / ISO 10534-1：1996)规定了测定法向入射时吸声材料和结构的吸声系数、反射因数和表面声阻抗率或表面声导纳率的方法，这些数据是根据阻抗管中法向入射条件下入射正弦平面波和从试件反射回来的平面波叠加后产生的驻波图测定的。由于只需少量的吸声材料作试件，所以它对于吸声材料的参数研究和设计特别适合。

在阻抗管的一端安装被测材料试样，试样的大小应与管子内截面完全吻合，管壁应表面平整。阻抗管的另一端安装扬声器，产生平面简谐声波 p_i 。声波沿管道传播，并与从试样来的反射声波p_r相叠加，$p=p_i+p_r$，从而在阻抗管中建立起驻波声场。从材料表面开始，沿管轴交替存在声压的极大值和极小值。通过移动探管来测定轴线上声压极大值与极小值的比值，就可确定材料的垂直入射吸声系数(图13-9)。

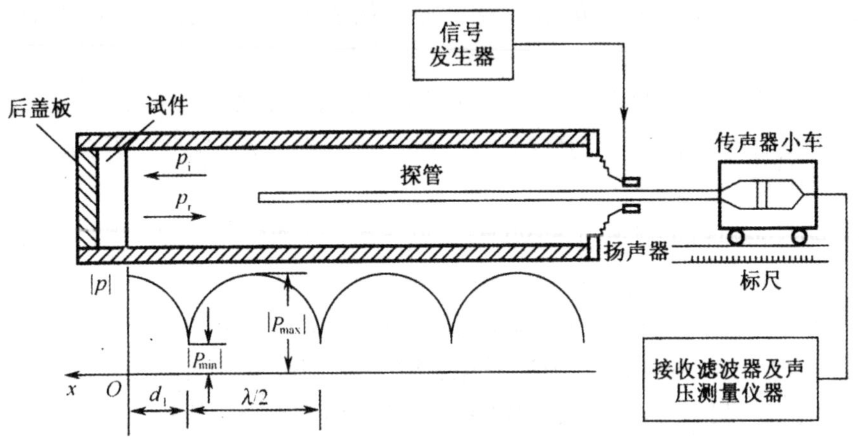

图13-9 驻波比法测量示意图

当$p_i(x)$和$p_r(x)$同相位时，驻波图上出现极大值，即

$$|P_{max}|=|P_0|\cdot(1+|r|) \tag{13-6}$$

式中，r——法向入射声压反射因数。

而当$p_i(x)$和$p_r(x)$反相时，则出现极小值，即

$$|P_{max}|=|P_0|\cdot(1-|r|) \tag{13-7}$$

采用驻波比为

$$s=\frac{|P_{max}|}{|P_{min}|}=\frac{1+|r|}{1-|r|} \tag{13-8}$$

则

$$|r|=\frac{s-1}{s+1} \tag{13-9}$$

吸声系数为

$$\alpha=1-|r|^{2}=\frac{4s}{(1+s)^{2}} \tag{13-10}$$

通过测定第一个声压极小值到基准面(d=0，通常为试件表面)的距离d_1和衰减常数，可以得到复反射因数r和法向声阻抗率Z_s，或法向声导纳率G_s。

驻波管的工作频率范围(f_l<f<f_u)由其长度和横截面尺寸决定。低频f_l的波长比较长，短的管长无法保证驻波极值的产生。同时，扬声器会在管中激发高次谐波，这些高次谐波大约在3倍管径(圆形管)或3倍长边长度(矩形管)的路程内衰减掉。

因此，为了避免高次波，又要在有不利的反射波情况下测量，从试件前表面到扬声器之间的管长l，与工作频率的低限频率f_l和圆形管直径d应满足的关系为

$$l\geqslant 0.75c_o/f_l+3d \tag{13-11}$$

式中，l——管长，单位为m；

f_l——工作频率下限，单位为Hz；

D——圆形管直径，单位为m；

C_o——空气中声速，单位为m/s。

工作频率上限f_u由可能产生传播的高次波的初始条件确定，对直径d的圆形管为

$$d \leqslant 0.58\, c_0/f_u \tag{13-12}$$

因此，为了测量更宽的频率范围，一般阻抗管提供不同长度及直径的管子用于测量。通过拼合不同管径的测试结果，得到最终全频带的吸声系数。AWA8550型驻波管尺寸及测量频率范围设计如下：

L管：ϕ96×1000（mm）频率范围：90 Hz ~ 2075 Hz；

S管：ϕ30×350（mm）频率范围：1500 Hz ~ 6641 Hz。

该驻波管配合传声器、测试主机、显示器等组成AWA6122A型驻波管吸声系数测试仪（图13-10），可以测定垂直入射条件下吸声材料的吸声系数，不需要另外的信号发生器、测量放大器、滤波器等设备。测试仪软件根据测量到的峰声级值和谷声级值自动计算出吸声系数，并能生成吸声系数的频率响应坐标曲线。符合GB/T 18696.1—2004(ISO 10534-1:1996)标准要求。

图13-10　AWA6122A型驻波管吸声系数测试仪

13.3.3　传递函数法吸声系数测量

前面介绍的吸声系数驻波比法的测量只能单个频率逐次进行，比较麻烦。随着电子技术和信号处理技术的发展，后来提出了传递函数法，《声学　阻抗管中吸声系数和声阻抗的测量 第2部分：传递函数法》（GB/T 18696.2—2002 /ISO 10534-2:1998）规定了采用传递函数法测定法向入射条件下吸声材料的吸声系数，涉及阻抗管的使用、两个传声器的位置和数字频率分析系统。本方法也能用来测定吸声材料的表面声阻抗率或表面声导纳率。这种方法能同时测量一定频率范围内所有频率处的材料复反射系数、法向声阻抗率和吸声系数。相比驻波管法，传递函数法测量效率极大提高。

传递函数法测量吸声系数，可采用双传声器法（采用固定位置上的两个传声器做测量）或单传声器法（采用一个传声器依次在两个位置上做测量）。单传声器法，由于只用一个传声器，因此在传递函数的估算中，不需对传声器失配作校正。双传声器法要求测试前或测试期间进行校正，以减小两个通道（包括传声器、前置放大器和分析器）之间的振幅和相位特性差异；但它快捷、准确度高、容易操作，被推荐做一般的测试。下面介绍双传声器测量方法，测量示意图如图13-11所示。

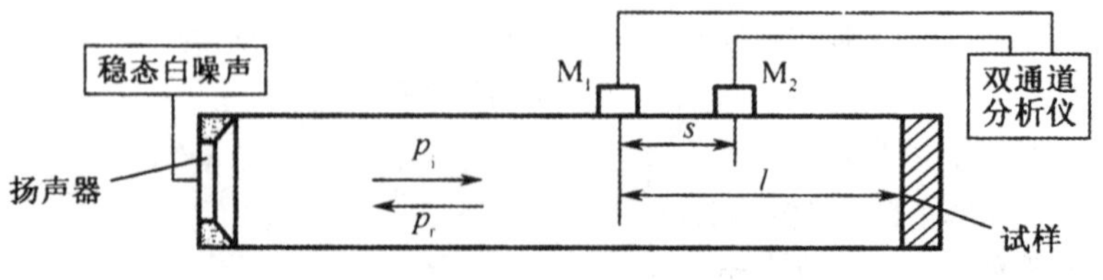

图13-11　传递函数法测量示意图

测试样品装在一支平直、刚性、气密的阻抗管的一端。信号发生器产生在感兴趣的频率范围内具有平直谱密度的平稳信号,例如无规噪声、伪随机噪声、周期性伪随机噪声或线性调频脉冲。将白噪声信号输入扬声器,在管道内形成驻波声场。在管壁处的传声器M_1和M_2同时测得声压信号$p_1(t)$和$p_2(t)$,这两个信号送入双通道分析仪进行FFT分析,进而求得测点1、2之间的传递函数$H_{12}(f)$,用此计算试件的法向入射复反射因数、法向入射吸声系数和声阻抗率。

入射声压 p_i 和反射声压 p_r 分别为

$$p_\mathrm{i}=\hat{p}_\mathrm{i}\mathrm{e}^{\mathrm{j}kl}$$

$$p_\mathrm{r}=\hat{p}_\mathrm{r}\mathrm{e}^{-\mathrm{j}kl}$$

两个传声器位置上的声压 p_1 和 p_2 分别为

$$p_1=\hat{p}_\mathrm{i}\mathrm{e}^{jkl}+\hat{p}_\mathrm{r}\mathrm{e}^{-\mathrm{j}kl}$$

$$p_2=\hat{p}_\mathrm{i}\mathrm{e}^{\mathrm{j}k(l-s)}+\hat{p}_\mathrm{r}\mathrm{e}^{-\mathrm{j}k(l-s)}$$

入射波的传递函数 H_i 为

$$H_\mathrm{i}=\frac{p_{2\mathrm{i}}}{p_{1\mathrm{i}}}=\mathrm{e}^{-\mathrm{j}ks}$$

类似地,反射波的传递函数H_r为

$$H_\mathrm{r}=\frac{p_{2\mathrm{r}}}{p_{1\mathrm{r}}}=\mathrm{e}^{\mathrm{j}ks}$$

总声场的传递函数 H_{12} 由下式求出,注意到 $p_\mathrm{r}=rp_\mathrm{i}$

$$H_{12}=\frac{p_2}{p_1}=\frac{\mathrm{e}^{\mathrm{j}k(l-s)}+r\mathrm{e}^{-\mathrm{j}k(l-s)}}{\mathrm{e}^{\mathrm{j}kl}+r\mathrm{e}^{-\mathrm{j}kl}} \tag{13-13}$$

再由下式求出试样的复反射系数R为

$$R=\frac{H_{12}-H_\mathrm{i}}{H_\mathrm{r}-H_{12}}\mathrm{e}^{2\mathrm{j}kl}=\frac{H_{12}-e^{-\mathrm{j}ks}}{\mathrm{e}^{\mathrm{j}ks}-H_{12}}\mathrm{e}^{2\mathrm{j}kl} \tag{13-14}$$

式中,s——两侧点间的距离;

l——从试样表面到较远一个测点1的距离;

k——波数。

由复反射系数R就可以求得材料的法向声阻抗率Z_s和吸声系数a_p:

$$Z_s=\rho c\frac{1+R}{1-R} \tag{13-15}$$

$$\alpha_p=1-|R|^2 \tag{13-16}$$

为了消除双传声器法测量中传声器间的相位失配,在测量中可采用传声器交换法,即在两次测量中交换两个传声器的位置。在第一次测量时传声器M_1置于远离试样的位置,传声器M_2置于靠近试样的位置,而在第二次测量时传声器M_1置于靠近试样的位置,传声器M_2置于远离试样的位置。假定两次测得的传递函数分别为

$$H_{12}^{(1)}=\left|H_{12}^{(1)}\right|^{e^{j\varphi_1}} \tag{13-17}$$

和

$$H_{12}^{(2)}=\left|H_{12}^{(2)}\right|^{e^{j\varphi_2}} \tag{13-18}$$

那么经校正消除通道相位失配的传递函数为

$$H_{12}=\left|H_{12}\right|^{e^{j\varphi}} \tag{13-19}$$

其中

$$\left|H_{12}\right|=\sqrt{\left|H_{12}^{(1)}\right|\cdot\left|H_{12}^{(2)}\right|} \tag{13-20}$$

$$\varphi=\frac{1}{2}(\varphi_1+\varphi_2) \tag{13-21}$$

在各个传声器位置，所有测量频率的信号幅度至少要比背景噪声高10 dB。

测试频段由阻抗管的几何尺寸确定。例如，主管道内径为100 mm，适用频段为50 Hz～1600 Hz；若加接内径为29 mm的细管，适用频段为500 Hz～6400 Hz。

AWA6290T型传递函数吸声系数测量系统由AWA6290L+型多通道噪声振动分析仪、AWA8551（T）型阻抗管、AWA5871型功率放大器和经严格配对的两只1/4英寸测量传声器和分析软件组成，符合GB/T 18696.2—2002和ISO 10534-2：1998标准。与传统的驻波比法相比，测试效率提高，能够一次性测量整个频段的吸声系数，并可以保存测量值和曲线。还可测量整个测试频段的吸声系数、声阻抗率、声反射因数、声导纳率、隔声量等，可用于实验室及现场材料测试。图13-12为AWA6290T型传递函数吸声系数测量系统外形图片。

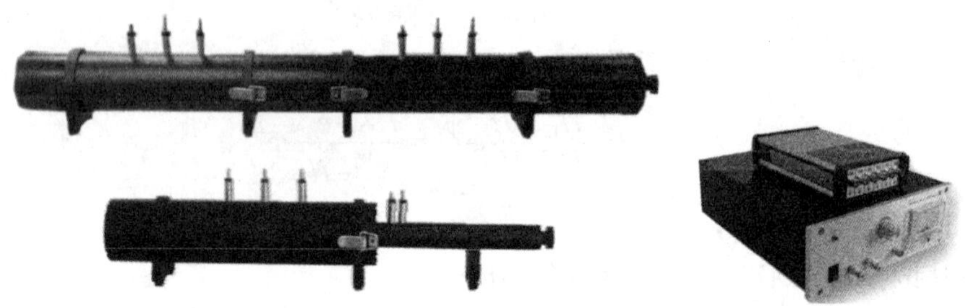

图13-12　AWA6290T型传递函数吸声系数测量系统

阻抗管根据管径及用途不同又分为AWA8551型阻抗管和AWA8551A型阻抗管。配合四传声器和AWA8551T型隔声管和AWA8551AT型隔声管，由传递矩阵法测量计算试件的法向入射透射系数、传声损失、隔声量等相关声学量（见13.4.5）。

用于隔声测量的阻抗管的结构设计与测试频率范围相关，见表13-4所列。

表13-4 阻抗管性能比较

参数	型号			
	AWA8551型阻抗管	AWA8551A型阻抗管	AWA8551T型隔声管	AWA8551AT型隔声管
频率范围	50 Hz～1.6 kHz 500 Hz～6.4 kHz	100 Hz～3.2 kHz	50 Hz～1.6 kHz 500 Hz～6.4 kHz	100 Hz～3.2 kHz
吸声系数测量	有	有	有	有
反射系数测量	有	有	有	有
声阻抗率测量	有	有	有	有
声导纳率测量	有	有	有	有
传递损失/隔声量	无	无	有	有

除以上在试验室中使用外，还可以将传递函数法应用在现场测量中。将阻抗管垂直放置在铺有沥青材料的地面上方，管口处增加密封措施(推荐用黏弹性材料密封)，利用传递函数法测量路面材料的吸声系数。在不同声场条件下的试验结果表明，沥青试件现场的测量结果与实验室的测量结果基本一致。

13.3.4 混响室法吸声系数测量

阻抗管法是测量声音正入射(声音入射角度为90°)时的吸声系数，尽管具有方法简便、所需试样数量少等优点，在一定条件下可近似推算出无规入射时的吸声系数；而混响室法是直接测量声音无规入射时的吸声系数，在工程及建筑的实际使用过程中声音大多为无规入射，考虑到材料的具体安装环境，为了更加接近现场实际，实际工程中常使用混响室法测量材料吸声系数。在混响室内还可以测量座椅、空间吸声体等单体的等效吸声量。

《声学 混响室吸声测量》(GB/T 20247—2006/ISO 354:2003)规定了在混响室内测量用于处理墙壁或顶部等界面的声学材料的吸声系数，或诸如家具、人、空间吸声体等的吸声量的方法。该方法不适用于测量低阻尼共鸣器的吸声特性。测量结果可用于有关室内声学和噪声控制的数据比较及设计计算。

混响室法吸声测量分别测量放入吸声材料前和放入吸声材料后混响时间的差异，根据赛宾公式计算试件的吸声量。再根据吸声系数为试件吸声量与试件面积的比值确定试件的无规入射吸声系数a_s或单体的等效吸声量。混响时间测量可参看混响时间部分介绍。

混响室的混响时间T_{60}的计算公式为

$$T_{60}=\frac{55.3V}{cA} \tag{13-22}$$

式中，V——混响室容积，单位为m^3；

c——声速，c=331.45+0.61t(t为空气温度，℃)，单位为m/s；

A——房间的总吸声量，单位为m^2。

可见室内混响时间与室内的吸声量有关，分别测量空场混响室和放置试件后混响室各频带的混响时间的平均值T_1与T_2，单位为s(秒)，保留小数点后两位数。就可以得出被测试件的总吸声量A_T(单位为m^2)为

$$A_T = A_2 - A_1 = \frac{55.3V}{c}\left(\frac{1}{T_2} - \frac{1}{T_1}\right) \tag{13-23}$$

式中，A_2——放试件后混响室的吸声量，单位为m^2；

A_1——空场混响室的吸声量，单位为m^2；

V——混响室容积，单位为m^3；

c——声速，c=331.45+0.61t（t为空气温度，℃），单位为m/s；

T_2——放试件后混响室的混响时间，单位为s；

T_1——空场混响室的混响时间，单位为s。

由吸声量计算试件的各频带吸声系数a_s为

$$\alpha_s = \frac{A_T}{S} \tag{13-24}$$

式中，S——试件面积，单位为m^2。

对于n个相同被测单体，各频带单体吸声量A_{obj}为

$$A_{obj} = \frac{A_T}{n} \tag{13-25}$$

吸声测试时应保证下面的基本要求。

（1）混响室容积应大于200 m^3，测试的最低频率为100 Hz。容积超过500 m^3的混响室可能由于空气吸收而不能准确测量出高频段的吸声。

（2）试件表面积应为10 m^2～12 m^2，如果混响室容积大于200 m^3，则试件面积上限应乘以（V/200）$^{2/3}$。试件为矩形时，长宽比应控制在0.7～1，距房间任何边界不小于1 m，试件周围边缘应采用反射性强的框架密闭，且其边框宜不平行于最近的房间边界。

13.3.5 小混响舱吸声系数测量

混响室测量材料吸声系数要求试件面积为10 m^2～12 m^2，可是在许多时候试件的面积远小于这一要求，测试的结果就会造成较大的误差。但在汽车行业中，因其需要测量的均为小型不规则试件，不满足标准混响室法测量所要求的标准试件大小。基于这种实际情况，美国汽车工程师学会（Society of Automotive Engineers）提出使用小混响舱来测量小试件无规入射吸声系数的方法，并制定了实验室测量标准，即SAE J2883 2015 *Laboratory Measurement of Random Incidence sound Absorption Tests Using a Small Reverberation Room*，这就是所谓的小混响舱（Alpha-cabin）法。

小混响舱本质上就是一个体积缩小许多的混响室，一般来说，它的容积在6 m^3～25 m^3。小混响舱包括一个主混响室，室内一般有若干个声源及4个以上传声器，外部则包括包裹主混响室的隔声屏体以及信号采集处理系统（图13-13）。小混响舱同样是通过中断声源法与脉冲响应法测量试样放入前和放入后的吸声系数变化，计算试样的吸声系数，其试样测试过程和方法与混响室法基本一致。

相比标准混响室法，小型混响舱的造价低廉，安装施工也较简单，且可以测试小试件；与驻波管法相比，小型混响舱可以测量形状不规则、几何构造复杂的试件的吸声系数，且其可以测量均匀无规则入射的吸声系数，这在实际应用中更有价值。表13-5所列为小混响舱和标准混响室两种方法的比较。

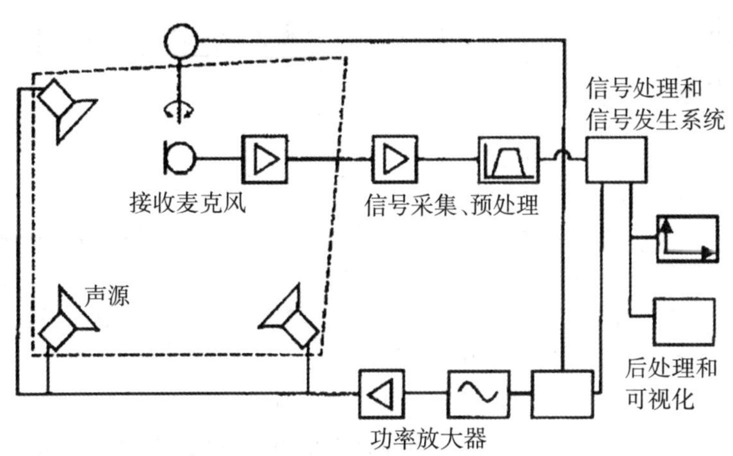

图13-13 小混响舱及测试装置示意图

表13-5 小混响舱和标准混响室两种方法的比较

比较项目	小混响舱	标准混响室
参考标准	SAE J2883-2015	GB/T 20247—2006/ ISO 354:2003
箱体容积	推荐6 m^3～25 m^3	不应小于150 m^3，建议200 m^3
平面样品面积	1 m^2～1.2 m^2，不超过地板面积的30%	10 m^2～12 m^2
声源	声源最好无指向性，如果使用多个声源一般放在角上	声源应为全向辐射声源，不同位置间距3 m，相邻1/3 Octave不超过6 dB
扬声器声压级	每个频段高出本底45 dB	每个频段高出本底35 dB
传声器及放置	至少4个传声器，距离墙至少1/4波长，距离声源和其他传声器至少1/2波长	至少3个传声器位置
传声器位置数×扬声器位置数	至少为10个	至少为12个
每个传声器-扬声器位置	至少测试5次	至少测试3次

小混响舱的测量频率范围一般在250 Hz～8000 Hz，因受到其本身容积大小的限制，其可测量的下限频率较高，低频范围测量误差较大。其测量下限频率由小混响舱内部容积决定（表13-6）。

表13-6 容积和下限截止频率的关系

房间容积/m^3	1/3倍频程截止频率/Hz
6	400
10	315
15	250
25	250

小混响舱测量材料试件的吸声系数的方法在国内的实际应用还并不多，但因其造价较低，体积较小，便于安装，尤其适宜于小试件和形状复杂部件的吸声特性的测量，不仅在汽车

行业用于测量内饰件的吸声特性，在其他行业吸声材料吸声特性的测量应用将越来越普遍。

13.4 建筑隔声测量

13.4.1 概述

隔声是在噪声传播途径中进行控制噪声的重要措施。为了获取安静的声环境，一方面可以降低噪声源能量，另一方面可以增加噪声源与敏感点的隔声量。隔声测量分为建筑构件的隔声实验室测量和现场隔声性能测量。建筑构件的隔声性能是进行隔声设计的主要参数，现场隔声性能测量为建筑的隔声评级提供依据。

为减少民用建筑受噪声影响，保证民用建筑室内有良好的声环境，《民用建筑隔声设计规范》(GB 50118—2010)规定了不同类型房间的允许噪声级，同时规定了不同房间、隔墙的隔声等级。规范适用于全国城镇新建、改建和扩建的住宅、学校、医院、旅馆、办公建筑及商业建筑等六类建筑中的主要用房的隔声、吸声、降噪设计。例如相邻两户之间及住宅和非居住用途房间分割楼板上下的房间之间的隔声性能规定见表13-7所列。卧室、起居室(厅)的分户楼板的撞击声隔声性能，应符合表13-8所列的规定。其他的隔声标准见GB 50118—2010。

表13-7 房间之间空气声隔声标准

房间名称	空气声隔声单值评价量+频谱修正量/dB	
卧室、起居室(厅)与邻户房间之间	计权标准化声压级差+粉红噪声频谱修正量 $D_{nT,w}+C$	≥45
住宅和非居住用途空间分隔楼板上下的房间之间	计权标准化声压级差＋交通噪声频谱修正量 $D_{nT,w}+C_{tr}$	≥51

表13-8 分户楼板撞击声隔声标准

构件名称	撞击声隔声单值评价量/dB	
卧室、起居室(厅)的分户楼板	计权规范化撞击声压级 $L_{n,w}$(实验室测量)	<75
	计权标准化撞击声压级 $L'_{nT,w}$(现场测量)	≤75

墙、楼板、门、窗、建筑外墙构件和建筑外墙等建筑构件的隔声性能测量是声学测量的重要内容之一。测量数据可用来设计具有良好隔声性能的建筑构件，也可用来进行建筑构件隔声性能的比较和分级。

声波在建筑物间存在多种传播途径，其中最为关键的是以下两个传播途径：

① 空气中的声波透过建筑构件进入另一侧空间；

② 楼板等结构受力激发产生的结构声传递。

两类传播途径的特性不同，测量方法也不同。

《建筑隔声评价标准》(GB/T 50121—2005)规定建筑隔声的评价标准和性能分级，《声学　建筑和建筑构件隔声测量》(GB/T 19889)系列标准规定了各类隔声性能的测量方法。下面将介绍建筑构件的空气声隔声和楼板撞击声隔声的实验室测量方法和现场测量方法。

13.4.2 空气声隔声的实验室测量

空气声隔声是指建筑构件隔离空气声的能力。将入射到试件上的声功率W_1与透过试件的透射声功率W_2之比，取以10为底的对数乘以10的量值定义为构件隔声量R，单位为dB。

$$R = 10\lg\left(\frac{W_1}{W_2}\right) \tag{13-26}$$

1. 隔声室

空气声隔声的实验室测量按照GB/T 19889.3—2005执行，是在专门的隔声室内进行的。隔声室由两个相邻的测试房间组成(图13-14)。声源室和接收室之间有一个安装待测试件的洞口，洞口面积10 m²左右。按照GB/T 19889.1—2005的规定，每个房间的体积不应小于50 m³；两者容积不宜相同，至少相差10%；接收室的混响时间在正常测试条件下，不宜过长或过短；低频混响时间T(单位为s)应满足式(13-27)的要求。

$$1 \leqslant T \leqslant 2\left(\frac{V}{50}\right)^{\frac{2}{3}} \tag{13-27}$$

式中，V——房间容积，单位为m³。

因为隔声室是用来测定构件的隔声性能的，所以其本身必须具备良好隔声性能。彼此之间无刚性连接，任何非直接途径的传声与通过试件的传声相比应可忽略。接收室的背景噪声应足够低，以便精确测定从声源室传过来的声音。

待测试件置于两室间的洞口。墙体试件的面积为10 m²，短边长度不小于2.3 m；玻璃试件的尺寸为1250 mm×1500 mm左右，允许偏差±50 mm；门、窗类试件选择实际情况下的代表尺寸。对所有测试频带，试件周围填隙墙的隔声性能至少高于被测试件6 dB，最好高于15 dB。

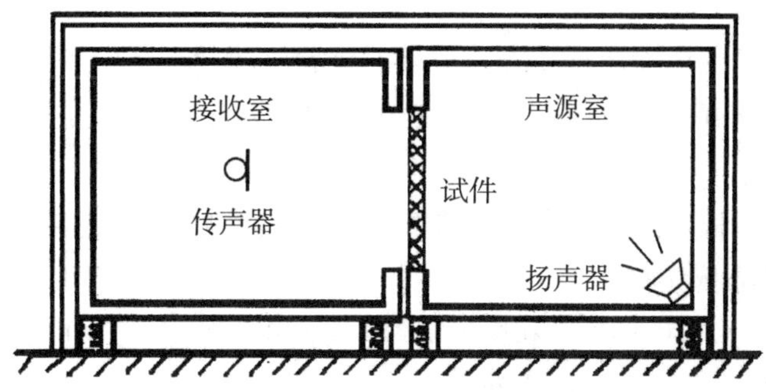

图13-14 隔声测试室

2. 隔声测量

隔声量的定义是隔声构件一面的入射声功率级与另一面的透射声功率级之差。通过测量声源室和接收室的平均声压级即可得到构件的隔声量。

无指向性扬声器在声源室产生连续频谱的稳态声音，其在相邻1/3倍频程之间的声压级差值应不大于6 dB。声源室内应有足够高的声压级，以保证对所有的测试频带，接收室内的声压级都比背景噪声高15 dB。

每个房间至少安排5个传声器位置，均匀分布。传声器位置与相邻物体的最小间距要满足传声器之间0.7 m,与房间边界之间0.7 m,与声源之间1 m,与试件之间1 m。

声压级采用1/3倍频程测量,至少要包括100 Hz～5000 Hz的18个中心频率。分别测得各个1/3倍频程的声源室和接收室的平均声压级 $\bar{L}_1$ 和 $\bar{L}_2$ 为

$$\begin{cases}\bar{L}_1 = 10\lg\left(\dfrac{1}{N}\sum_{i=1}^{N}10^{0.1L_{1i}}\right)\\ \bar{L}_2 = 10\lg\left(\dfrac{1}{M}\sum_{j=1}^{M}10^{0.1L_{2j}}\right)\end{cases} \tag{13-28}$$

式中,L_{1i}——声源室第 i 次测量值;

N——声源室测量的总次数;

L_{2j}——接收室第 j 次测量值;

M——接收室测量的总次数。

则可算得隔声量为

$$R = \bar{L}_1 - \bar{L}_2 + 10\lg\left(\frac{S}{A}\right) \tag{13-29}$$

式中,S——试件的面积,单位为m²;

A——接收室内的总吸声量,单位为m²,可由接收室的混响时间求得。

13.4.3 房间之间空气声隔声的现场测量

房间之间空气声隔声现场测量按照GB/T 19889. 4—2005执行,其基本要求与实验室测量相同。测量应在两个相同形状和尺寸的空房间之间进行,最好在每个房间内布置三四件家具、建筑板材等扩散体。

除非另有约定,空气声隔声现场测量应以1/3倍频程测量,至少包括100 Hz～3150 Hz的16个频带。声源室内的声音应具有稳定、连续频谱,相邻1/3倍频程之间的声压级差均不允许大于6 dB。

声源功率要足够高,以保证接收室内的声压级在任何测量频带比背景噪声声压级至少高10 dB;否则要进行背景噪声修正。

测量声源室内的平均声压级 $\bar{L}_1$ 和接收室内的平均声压级 $\bar{L}_2$(式(13-28))。每个房间至少布置5个测量位置,均匀分布在被测房间内。传声器位置与相邻物体的最小间距为:传声器间0.7 m,与房间边界和扩散体之间0.5 m,与声源之间1 m。在每个传声器位置,对中心频率低于400 Hz的每个频带,读取平均值的平均时间至少6 s;对中心频率较高的频带,平均时间不低于4 s。

分别计算声压级差 D,规范化声压级差 D_n,标准化声压级差 D_{nT} 和表观隔声量 R' 为

$$D = \bar{L}_1 - \bar{L}_2 \tag{13-30}$$

$$D_{\mathrm{n}} = D - 10\lg\left(\frac{A}{A_0}\right) \tag{13-31}$$

$$D_{\mathrm{nT}} = D + 10\lg\left(\frac{A}{A_0}\right) \tag{13-32}$$

$$R' = D + 10\lg\left(\frac{S}{A}\right) \tag{13-33}$$

式中，S——隔墙的面积，单位为m^2；

A——接收室的吸声量，单位为m^2；

A_0——参考吸声量，A_0=10 m^2；

T——接收室混响时间，单位为s；

T_0——参考混响时间，T_0=0.5 s。

房间之间空气声隔声量的表述要求是将所有频率的规范化声压级差D_n、标准化声压级差D_{nT}或表观隔声量R'的数值精确到小数点后面第一位，以表格和曲线形式给出。同时根据GB/T 50121的要求，给出单值评价量。

13.4.4 声强法测量隔声

作为GB/T 19889.3和GB/T 19889.10的可选方法，特别是当侧向传声较高，GB/T19889.3中规定的方法不再使用时，可参照《声学 建筑和建筑构件隔声声强法测量》(GB/T 31004)采用声强法测量建筑和建筑构件的隔声测量。并且声强法的复现性约等于或优于GB/T 19889.3规定的方法。测量方法分实验室测量、现场测量和低频段(50 Hz～160 Hz)的实验室测量，分别在标准的第1部分、第2部分和第3部分说明。

声强法测量隔声的大致原理是在混响室中产生声场，测量发声室声压级平均值；在相邻的消声室中，使用声强探头扫描测量透过试件的声强级平均值，最终计算试件隔声量。使用声强的强指向性，可较好地抑制侧向传声对测量结果的影响。

声强法测量对声源室、测试洞口、被测试件的要求、声场的产生及声源室的平均声压级测量方法等，与GB/T 19889的要求相同。在试件安装时，如果试件的一面有吸声性能，特别要求应将吸声面朝向声源室。

对接收室的要求调整为自由场条件。在测量时，在接收室侧假想一个平行于被测件，且完全包围被测件的测试面，使用声强探头在假想面内进行扫描测量或者离散点测量，对测量结果进行时间和空间平均，得到法向声强级L_{In}。使用表面声压-声强指示值L_{pIn}来检验测量面是否合格，计算公式为

$$F_{pIn} = L_P - L_{In} \tag{13-34}$$

如果测量的声强为负值，或者F_{pIn}不符合要求(即：对于反射型建筑构件，F_{pIn}>10 dB，或者对于接收室中具有吸声表面的建筑构件，F_{pIn}>6 dB)，应考虑改善测量环境。可尝试将测量距离增加5～10 cm，如果无效，应在接收室中增加吸声材料。在采用扫描法测量时，对于每次扫描及每个扬声器位置的表面声压-声强指示值均应满足要求。不过，仅需对整个测量面满足要求即可，不必对每个测量子面一一满足。而对于离散点法，对测量面平均满足要求即可。

根据法向声强级、测量面总面积及事件中被测试件的面积，计算得到声强隔声量。对于一个声源室和一个接收室，或者一个声源室和外部空间，当声源室满足扩散场假设时，由式(13-35)计算传声损失，即声强隔声量R_I，单位为分贝(dB)。

$$R_I = \overline{L}_{p1} - 6 - \left[\overline{L}_{In} + 10\lg\left(\frac{S_m}{S}\right)\right] \tag{13-35}$$

式中，$\overline{L}_{p1}$——声源室中的平均声压级；

$\overline{L}_{In}$——接收室中测量面的平均法向声强级；

S_m——测量面的总面积；

S——试验中的被测试件的面积。

用R_I替换GB/T 50121—2005中的R来计算计权声强隔声量$R_{I,w}$。

由于GB/T 19889中的传统方法测量隔声量时，低估了被测试件向接收室中辐射的声功率，因此测得的隔声量将被高估。为了使声强法测量的结果与GB/T 19889相一致，需要对测得的声强隔声量进行修正，得到修正声强隔声量。

声强测量仪器应能够测量倍频程或者1/3倍频程声强级，扫描时应做到声强实时测量。包括探头在内的仪器，应满足IEC 61043中规定的1级仪器要求。传声器和分析仪的声压-残余声强指数δ_{pI0}应比表面声压-声强指示值F_{pIn}高10 dB。为覆盖所有频段的声强测量，组成声强探头经常的情形是使用一个12 mm定距柱和两个1/2英寸传声器以涵盖100 Hz～5000 Hz频段范围内的声强测量。当频率低于100 Hz时，应改用50 mm的定距柱。声源室中使用的传声器应是扩散场响应。杭州爱测公司的ACE6404型声强法隔声测量系统可完成该测量需求，并且采用3探头的AWA8451型声强探头，大大提高了测量效率。

13.4.5 传递函数法隔声测量

《声学 阻抗管中传声损失的测量　传递矩阵法》(GB/Z 27764—2011)规定了传递矩阵法在阻抗管内测量声学材料或声学结构的法向入射隔声量(或称法向入射传声损失)。该方法适用于海绵、棉毡及软质薄板等局部反应声学材料的入射隔声量测量和法向传声损失的测量，可应用于有关基础研究和产品开发，但不适用于产品隔声性能的鉴定测试。

测量设备的布局图例如图13-15所示。

使用包含前管、后管和试件安置管的隔声测量阻抗管，可用来测量材料的传声损失。前管一端接声源，另一端接试件安置管；后管一端接试件安置管，另一端为具有一定吸声性能的封闭管；测试样品安装在试件安置管中。传声器安装孔有4个，前管、后管各两个，沿管壁布置。

管中的平面波由激励源产生，信号可以是无规噪声、伪随机序列噪声或线性调频脉冲。在前管中靠近样品的两个位置上测量声压，求得两个传声器信号的声压传递函数。同样，在后管中靠近样品的两个位置上测量声压，求得两个传声器信号的声压传递函数。由传递矩阵法计算试件的法向入射透射系数(见标准附录B)、传声损失等相关声学量。

上述这些量都是频率的函数。频率分辨率取决于采样频率和数字采集分析系统的测量记录长度。有效的频率范围与阻抗管的横向尺寸或直径及两个传声器之间的间距有关。用不同的尺寸或直径和间距组合，可得到宽的测量频率范围。

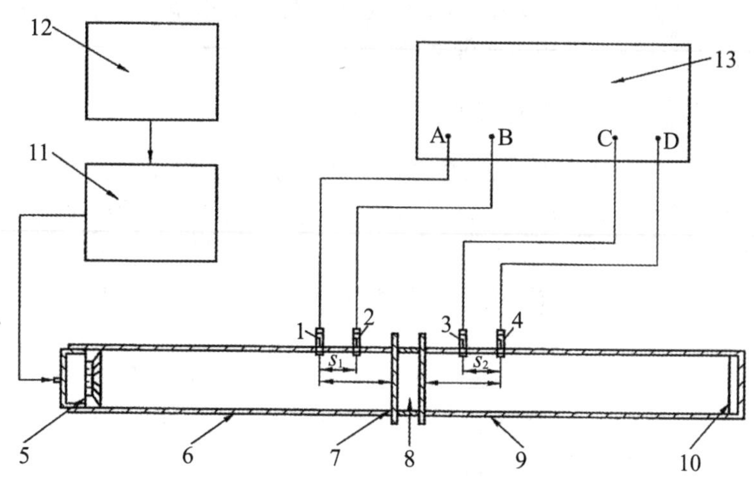

说明：
1—传声器A；
2—传声器B；
3—传声器C；
4—传声器D；
5—扬声器；
6—前管；
7—试管安置管；
8—测试样品；
9—后管；
10—后管吸声末管；
11—功率放大器；
12—信号发生器；
13—频率分析器；

图13-15 测试设备布局图例

测量可采用以下两种方法之一进行：

(1)四传声器法(采用在固定位置上的4个传声器测量)；

(2)单传声器法(采用一个传声器依次在4个位置上测量)。

插入测试样品，按照该指导性技术文件所述的两种方法之一的要求，测量两个传声器位置之间的复传递函数。复传递函数由三种方法定义为

$$H_{1ij}=\frac{S_{ij}}{S_{ii}}=\left|H_{1ij}\right|e^{j\varphi_1}=H_{1r}+j\,H_{1i} \tag{13-36}$$

$$H_{2ij}=\frac{S_{ij}}{S_{ii}}=\left|H_{2ij}\right|e^{j\varphi_2}=H_{2r}+j\,H_{2i} \tag{13-37}$$

$$H_{3ij}=\frac{S_{ij}}{S_{ii}}=\left|H_{3ij}\right|e^{j\varphi_3}=H_{3r}+j\,H_{3i} \tag{13-38}$$

式中，H_r——H_{ij}的实部；

H_i——H_{ij}的虚部。

式(13-36)用于输入、输出端噪声可以忽略的情况。式(13-37)建议用于输入端有噪声的情况。式(13-38)建议用于输入端和输出端都有噪声的情况。

对于几何对称(即两面声学性能相同)的材料，可以采用一次测量，计算法向入射声压透射系数τ_p。对于几何不对称(即两面的入射、反射系数分别不同)的材料，应该采用两次测量法，计算法向入射声压透射系数τ_p。τ_p的计算公式见技术文件附录B。

法向入射传声损失(单位为dB)为

$$\mathrm{TL}=20\lg\left|\frac{1}{\tau_p}\right| \tag{13-39}$$

前面介绍的AWA6290T型传递函数吸声系数测量系统(图13-12)同样适用于隔声测量。阻抗管的结构设计与测试频率范围有关(表13-4)。

13.4.6 楼板撞击声隔声的实验室测量

楼板受到撞击会产生振动,其中一部分沿建筑结构传到远处,另一部分直接辐射到楼下空间。对楼板撞击声隔声性能的测量,是测量楼板在标准撞击器(地板打击器)激励下辐射到楼下空间的平均声压级。楼板撞击声隔声的实验室测量按照《声学　建筑和建筑构件隔声测量　第6部分:楼板撞击声隔声的实验室测量》(GB/T 19889.6—2005)执行。

1. 测试室

测试室由上、下两个房间组成(图13-16)。房间之间有一个安装待测试件的洞口,洞口面积10 m²～20 m²。对接收室的要求与空气声隔声测量的接收室要求相同。实际建造的实验室常是两者结合,共用一个接收室。

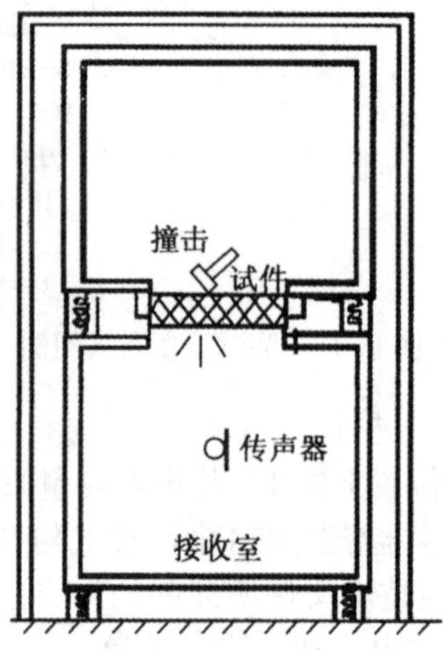

图13-16　撞击声隔声测试室

2. 隔声测量

采用标准撞击器(图13-17,详见13.9.5)作为激发源。标准撞击器具有5个锤子,等间隔排成一列。相邻两锤中心线的距离为(100±3)mm。每个锤子撞击楼板的冲力为500 g有效质量从40 mm高度自由落下的冲力。每秒内撞击被测楼板10次,锤子撞击和锤子提起之间的时间应小于80 ms。测量时撞击器放在被测楼板上,至少随机选择4个撞击位置。撞击位置与楼板边缘的距离应不小于0.5 m。

图13-17　AHAI 2011型标准撞击器

试件尺寸由洞口尺寸决定,为10 m²～20 m²,且试件短边的尺寸不小于2.3 m。为减少侧向传声,要尽量避免试件与测试室楼板间的直接刚性连接。

启动撞击器，待接收室内声场稳定后，测量接收室内的平均声压级。至少要求4个测量位置，测量次数不少于6次，按4个传声器位置和4个撞击位置组合。传声器位置与相邻物体的最小间距为传声器间0.7 m，与房间边界或扩散体之间0.7 m，与试件之间1 m。

测量中心频率为100 Hz～5000 Hz的18个1/3倍频程的接收室内平均声压级 $\overline{L}$ 为

$$\bar{L}=10\lg\left(\frac{1}{n}\sum_{j=1}^{n}10^{L_j/10}\right) \tag{13-40}$$

式中，L_j——室内 n 个不同测点的声压级。

在每个传声器位置，对中心频率低于400 Hz的频带，读取平均值的平均时间至少6 s；对中心频率较高的频带，平均时间不低于4 s。

定义被测楼板在标准撞击声源激励下，接收室内测得的1/3倍频程的平均声压级为撞击声压级 L_{i}，进而计算1/3倍频程的规范化撞击声压级 L_{n} 为

$$L_{\mathrm{n}}=L_{\mathrm{i}}+10\lg\left(\frac{A}{A_0}\right) \tag{13-41}$$

式中，A——接收室实测的吸声量，单位为 m^2；

A_0=10 m^2。

倍频程的规范化撞击声压级 $L_{\mathrm{n,oct}}$ 由对应的三个1/3倍频程规范化撞击声压级计算

$$L_{\mathrm{n,oct}}=10\lg\left(\sum_{j=1}^{3}10^{0.1L_{\mathrm{n,1/3oct},\,j}}\right) \tag{13-42}$$

接收室内要有足够低的背景噪声，若测量值与背景噪声的差值低于15 dB，则要进行背景噪声修正。

13.4.7 楼板撞击声隔声的现场测量

楼板撞击声隔声的现场测量按照《声学　建筑和建筑构件隔声测量　第7部分：撞击声隔声现场》(GB/T 19889.7—2022)执行。

为确定撞击声隔声，应选择一个房间作为接收室，在撞击源撞击间壁时有撞击噪声辐射到该接收室中。撞击源所在的房间或空间称为声源室。

测量的量应包括：在撞击源工作时接收室内的声压级、撞击源关闭时接收室内的背景噪声级和接收室内的混响时间。

测量时用于激励间壁辐射撞击噪声的撞击源可采用撞击器和橡胶球，但这两种撞击源并不能完全代表建筑物楼板或楼梯上所有可能的实际撞击类型。对这两种撞击源的要求见13.9.5。

1. 撞击器作为撞击源

(1)用于评估各种轻而硬的撞击，例如来自穿着硬跟鞋走路者的脚步或掉落物体的撞击。使用撞击器测量的撞击声隔声与住宅建筑楼板或楼梯上通常发生的撞击的主观评价建立了联系，也用于进行撞击声隔声的预测。因此，在工程建设国家标准相关撞击声隔声的规范中，要求使用撞击器作为撞击源进行测量。

(2)频率范围：声压级测量应使用1/3倍频程滤波器，至少包括100 Hz～3150 Hz的16个频带。如需低频测量附加50 Hz、63 Hz和80 Hz频率点；如需高频测量附加4000 Hz和5000

Hz频率点。

(3)室内平均撞击声压级测量:可选用固定传声器、从一个位置换到另一个位置的手持式传声器、固定传声器阵列、机械化连续移动传声器和手动扫测传声器来获得室内平均撞击声压级L_i。

(4)如果接收室容积小于25 m³(修约至整数),则应采用低频段测量方法进行附加的低频段测量。声压级和背景噪声的低频段测量,除应采用常规测量方法测量中心频率为50 Hz、63 Hz和80 Hz的1/3倍频程外,还应增加室内角落声压级的测量,使用固定传声器或手持式传声器对接收室角落处中心频率为50 Hz、63 Hz和80 Hz的1/3倍频程声压级进行测量。

(5)撞击器作为撞击源时的位置:撞击器应随机分布,放置在被测楼板上至少四个不同的位置,对于有梁或肋等的各向异性楼板结构,可能要放置更多的位置。撞击器的位置与楼板边界之间的距离不应小于0.5 m,撞击锤的连线应与梁或肋的方向呈45°角。

(6)由室内平均撞击声压级L_i减去混响时间修正项,得到标准化撞击声压级L'_{nT}。

$$L'_{nT}=L_i-10\lg\left(\frac{T}{T_0}\right) \tag{13-43}$$

式中,T——接收室混响时间,单位为s;

T_0——基准混响时间,对住宅T_0=0.5 s。

或者由室内平均撞击声压级L_i减去接受室吸声量修正项,得到规范化撞击声压级L'_n为

$$L'_n=L_i+10\lg\left(\frac{A}{A_0}\right) \tag{13-44}$$

式中,A——接收室的吸声量,单位为m³;

A_0——基准吸声量,对住宅A_0=10 m³。

2. 橡胶球作为撞击源

(1)用于评估重而软的撞击,例如来自赤脚行走者或儿童跳跃的撞击,从而根据"F"挡最大声压级来量化与对人产生干扰相关的绝对量值。

(2)频率范围:声压级测量应使用1/3倍频程滤波器,至少包括50 Hz～630 Hz的12个频带。

(3)室内平均声压级测量:可选用固定传声器、从一个位置换到另一个位置的手持式传声器或固定传声器阵列来获得室内平均声压级。

(4)橡胶球作为撞击源时的位置:撞击声应在从橡胶球底部至被测楼板表面的100 cm±1 cm高度处通过橡胶球自由落体方式垂直下落产生。橡胶球的激励应在被测楼板或楼梯上至少4个不同的位置产生。

(5)橡胶球作为撞击源时的测量和计算:测量并计算室内平均最大撞击声压级,计算公式为

$$L_{i,F\max}=10\lg\left(\frac{1}{m}\sum_{j=1}^{m}10^{L_{i,F\max,j}/10}\right) \tag{13-45}$$

式中,m——橡胶球位置的数量,单位为m;

$L_{i,F\max,j}$——橡胶球位置j的最大撞击声压级,单位为分贝(dB)。

室内平均最大撞击声压级$L_{i,F\max}$,加上房间容积的修正项,再减去混响时间的修正项,得到标准化最大撞击声压级$L'_{i,F\max,V,T}$。

13.4.8 建筑隔声评价标准

根据《建筑隔声评价标准》(GB/T50121—2005)的要求,空气声隔声测量的评价应包括以

下三项内容。

(1)测量量

测量得到的一组1/3倍频程或倍频程的空气声频带的隔声量R,见式(13-29),单位为dB,精度0.1 dB;用表格和频率特性曲线的形式表示。

(2)单值评价量

按规定的基准曲线将测量量计权后得出的单值,称为计权隔声量R_w,单位为dB。计算计权隔声量基准曲线有1/3倍频程基准曲线(图13-18)和倍频程基准曲线(图13-19)两种,根据测量量的频带宽度选取对应的基准曲线。单值评价量R_w仅对应于规定的基准曲线频响特性,不能反映对其他频响特性声源的实际隔声效果。

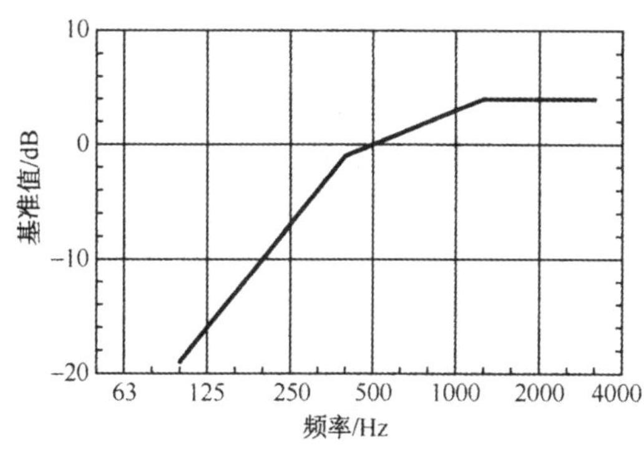

图13-18 空气声隔声的1/3倍频程基准曲线

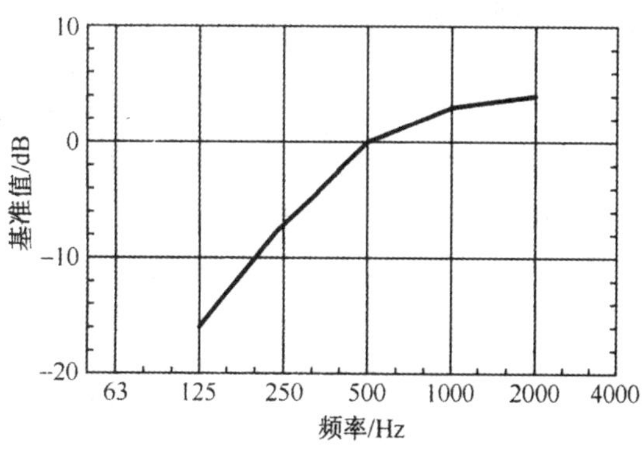

图13-19 空气声隔声的倍频程基准曲线

在下面的比较中提及的不利偏差是指在某频带的中心频率处测量量低于移动选取的基准曲线在该频率处的分贝数。不利偏差之和是指在规定的频率范围内所有不利偏差的总和。

单值评价量的计算方法有数值计算法和曲线比较法两种。

1. 曲线比较法

(1)对于1/3倍频程测量应符合下列规定:

①将一组精确到0.1 dB的1/3倍频带空气声隔声测量量在坐标纸上绘制成一条测量量的频谱曲线。

②将具有相同坐标比例的并绘有1/3倍频程空气声隔声基准曲线(图13-18)的透明纸覆盖在绘有上述1/3倍频带测量量曲线的坐标纸上,使横坐标相互重叠,并使纵坐标中基准曲线0 dB与频谱曲线的一个整数坐标对齐。

③将基准曲线向测量量的频谱曲线移动,每步1 dB,直至不利偏差之和尽量大,但不超过32. 0 dB。

④此时基准曲线上0 dB线所对应的绘有测量量频谱曲线的坐标纸上纵坐标的整分贝数,就是该组测量量所对应的单值评价量。

顺便说明,在原规定中用隔声指数I_a作为单值评价量。其与现规定R_w的区别在于:原规定还要求对任一个1/3倍频程,最大偏差不得大于8 dB。

(2)对于倍频程测量应符合下列规定:

①将一组精确到0.1 dB的倍频带空气声隔声测量量在坐标纸上绘制成一条测量量的频谱曲线。

②将按相同坐标比例的并绘有倍频程空气声隔声基准曲线(图13-19)的透明纸覆盖在绘有上述倍频带测量量曲线的坐标纸上,使横坐标相互重叠,并使纵坐标中基准曲线0 dB与频谱曲线的一个整数坐标对齐。

③将基准曲线向测量量的频谱曲线移动,每步1 dB,直至不利偏差之和尽量大,但不超过10.0 dB。

④此时基准曲线上0 dB线所对应的绘有测量量频谱曲线的坐标纸上纵坐标的整分贝数减去5 dB,就是该组测量量所对应的单值评价量。

2. 数值计算法

当测量量为X,且X用1/3倍频程测量时,其相应单值评价量X_w必须为满足下列公式的最大值,精确到1 dB。

$$\sum_{i=1}^{16} P_i \leqslant 32.0 \tag{13-46}$$

式中,i——频带的序号,i=1～16,代表100 Hz～3150 Hz范围内的16个1/3倍频程;

P_i——不利偏差,计算式为

$$P_i = \begin{cases} X_w - K_i - X_i, & X_w + K_i - X_i > 0 \\ 0, & X_w + K_i - X_i \leqslant 0 \end{cases} \tag{13-47}$$

式中,X_w——所要计算的单值评价量;

K_i——图13-18中第i个频带的基准值;

X_i——第i个频带的测量量,精确到0.1 dB。

当测量量为X,且X用倍频程测量时,其相应单值评价量X_w必须为满足如下公式的最大值,精确到1 dB。

$$\sum_{i=1}^{5} P_i \leqslant 10.0 \tag{13-48}$$

式中,i——频带的序号,i=1～5,代表120 Hz～2000 Hz范围内的5个倍频程;

P_i——不利偏差,按式(13-47)计算,但其中K_i为图13-19中第i个频带的基准值。

3. 频谱修正量

频谱修正量是考虑了噪声频谱特性后所要加到单值评价量的修正值,单位为dB。

建筑构件的隔声量是与频率密切相关的。由于声源的频谱特性不同,同一构件的实际隔声效果会有明显差异。因此引入两个频谱修正量C和C_{tr},其中C对应A计权粉红噪声声源;C_{tr}对应A计权交通噪声声源。考虑噪声频谱特性后,将频谱修正量加到单值评价量。

频谱修正量计算公式为

$$C_j = -10\lg\sum 10^{(L_{ij} - X_i)/10} - X_w \tag{13-49}$$

式中,j——频谱序号,j=1或2,1为计算C的频谱1,2为计算C_{tr}的频谱2;

X_w——按规定的方法确定的单值评价量;

i——100 Hz～3150 Hz的1/3倍频程或125 Hz～2000 Hz的倍频程序号;

L_{ij}——图13-20和图13-21中给出的第j号频谱的第i个频带的声压级;

X_i——第i个频带的测量量。

注:详情请参照GB/T 50121—2005中3.4 频谱修正量计算方法。

图13-20和图13-21是用于计算频谱修正量的1/3倍频程或倍频程声压级频谱曲线。

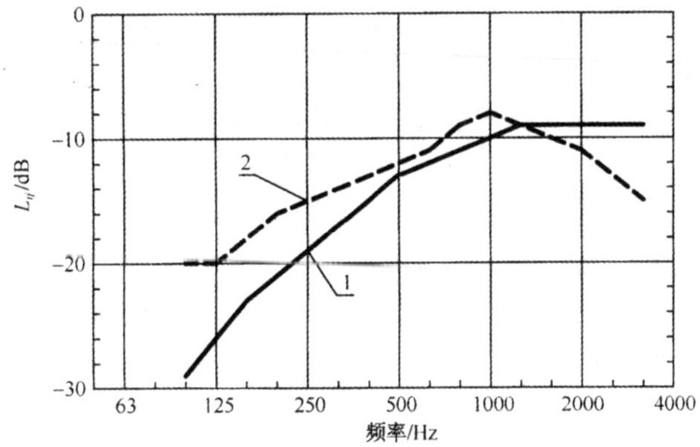

1—用来计算 C 的频谱1；2—用来计算 C_{tr} 的频谱2。

图13-20 计算频谱修正量的声压级频谱（1/3倍频程）

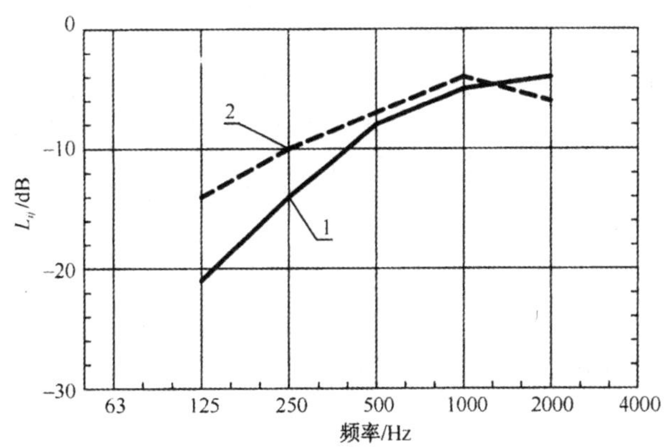

1—用来计算 C 的频谱1；2—用来计算 C_{tr} 的频谱2。

图13-21 计算频谱修正量的声压级频谱（倍频程）

表13-9所列为常见的不同噪声源及其宜采用的频谱修正量。

表13-9 不同种类的噪声源及其宜采用的频谱修正量

噪声源种类	宜采用的频谱修正量
日常活动（谈话、音乐、收音机和电视） 儿童游戏 轨道交通，中速和高速 高速公路交通，速度>80 km/h 喷气飞机，近距离 主要辐射中高频噪声的设施	C（频谱1）
城市交通噪声 轨道交通，低速 螺旋桨飞机 喷气飞机，远距离 Disco音乐 主要辐射低中频噪声的设施	C_{tr}（频谱2）

在对建筑构件空气声隔声特性表述时，应同时给出单值评价量和两个频谱修正量，如$R_w(C;C_{tr})$=41(0;-5)dB。

楼板撞击声的单值评价量和频谱修正量计算方法同空气声一样，只是用于计算的基准值存在差异。

13.5 室内声学参量测量

有关室内声学参量测量的标准是GB/T 36075/ISO 3382《声学　室内声学参量测量》系列标准，共分3个部分，下面分别予以介绍。

13.5.1 观演空间

《声学　室内声学参量测量　第1部分：观演空间》(GB/T 36075.1—2018/ISO 3382-1:2009)规定了观演空间混响时间和其他音质参量的测量方法、测量步骤、测量设备、涵盖范围、结果评价和测试报告式样，适用于采用现代数字技术进行声学测量和对基于脉冲响应得出的室内音质参量的评价。

混响时间一直被视为室内音质的主导性声学性能参量。在混响时间作为重要参量的同时，为了更完整地评价室内音质，还有必要测量其他的声学参量，这些参量包括：相对声压级、早期/后期声能比、侧向声能比、双耳互相关函数及背景噪声级。

在这一部分附录A中介绍了基于脉冲响应的厅堂音质参量。厅堂音质的主观研究表明，由脉冲响应测量得到的几个参量与厅室音质的主观感受有密切关系。混响时间是描述厅堂音质的基础指标，同时一些新参量可以更全面地描述厅堂音质。这里仅涉及那些具有重要的主观感受特性并可由脉冲响应积分直接得到的参量。预计观众进入厅堂后会对混响时间和下面列出的音质参量产生影响。

共有五组(类型)参量，见表13-10所列。每组中包含多个参量，但研究发现每组中不同参量的值彼此具有很强的相关性。因此，每组参量包含了大致相同的测量内容，从而没有必要将所有参量的值全部计算出来，但每组参量中宜至少计算一个值。

表13-10　按听音方面需求的声学参量分组

主观听音方面	声学量	计算单值量的中心频率[a]/Hz	最小可觉差(JND)	典型范围[b]
主观声级	强度因子G/dB	500;1000	1 dB	-2 dB～+10 dB
混响感	早期衰变时间EDT/s	500;1000	相对值:5%	1.0 s～3.0 s
明晰感	明晰度C_{80}/dB 清晰度D_{50} 重心时间T_s/ms	500;1000 500;1000 500;1000	1 dB 0.05 10 ms	-5 dB～+5 dB 0.3～0.7 60 ms～260 ms
表观声源宽度(ASW)	早期侧向声能比J_{LF}或J_{LFC}	125～1000	0.05	0.05～0.35
听者包围感(LEV)	后期侧向声能级L_J/dB	125～1000	未知	-14 dB～+1 dB

a. 计算单值评价量时，除L_J为能量平均值外，其他均为倍频带的算术平均值[见标准中公式(A.17)]。

b. 容积不超过25000 m³的音乐厅或多用途厅堂在空场状态下，测点位置上频带平均值。

强度因子G可采用一个经过校准的无指向性声源进行测量。G定义为测点位置处脉冲响应声能(声压平方的积分)与自由场中距声源10 m处的脉冲响应声能之比取以10为底的对数再乘10,其定义式为

$$G = 10\lg\frac{\int_0^\infty p^2(t)\,\mathrm{d}t}{\int_0^\infty p_{10}^2(t)\,\mathrm{d}t} = L_{pE} - L_{pE,10} \tag{13-50}$$

其中,

$$L_{pE} = 10\lg\left[\frac{1}{T_0}\int_0^\infty \frac{p^2(t)\,\mathrm{d}t}{p_0^2}\right] \tag{13-51}$$

以及

$$L_{pE,10} = 10\lg\left[\frac{1}{T_0}\int_0^\infty \frac{p_{10}^2(t)\,\mathrm{d}t}{p_0^2}\right] \tag{13-52}$$

式中,$p(t)$——脉冲响应在测点位置处的瞬时声压;

$p_{10}(t)$——脉冲响应在自由场中距声源10 m处的瞬时声压;

p_0——等于20 μPa;

T_0——等于1s;

L_{pE}——$p(t)$的声暴露级;

$L_{pE,10}$——$p_{10}(t)$的声暴露级。

上述定义式中,t=0对应于直达声到达的时刻,t=∞对应于衰变曲线衰减30 dB以后的时刻。如果有大型全消声室,可直接测量距脉冲声源10 m处的声压级来获得$L_{pE,10}$。如果10 m的测量条件不能满足,可先测量距离声源d(≥3m)处的声暴露级$L_{pE,\mathrm{d}}$再推算出$L_{pE,10}$。

早期衰变时间(EDT)应通过测量积分脉冲响应曲线的斜率来获得(如同传统的混响时间),该斜率由衰变曲线初始10 dB(0dB～-10 dB)段的最佳拟合的线性回归线的斜率来确定,由此推算到衰减60 dB的衰变时间。

宜同时给出EDT和混响时间T,EDT对于人们的主观混响感更为重要,T则是厅堂的一个客观物理指标。

在早期与后期到达声能的平衡这一组参量中有多个指标,其中最简单的一个参量是早期与后期声能比。根据使用环境是言语用厅堂或音乐用厅堂,可分别计算50 ms或80 ms的早期与后期声能比为

$$C_{t_\mathrm{e}} = 10\lg\frac{\int_0^{t_\mathrm{e}} p^2(t)\,\mathrm{d}t}{\int_{t_\mathrm{e}}^\infty p^2(t)\,\mathrm{d}t} \tag{13-53}$$

式中:C_{t_e} —早期与后期声能比;

t_e——早期时间,为50 ms或80 ms(C_{80}通常称为明晰度);

$p(t)$—脉冲响应在测点位置处的瞬时声压。

清晰度D_{50}与C_{50}具有精确的关系，表示达式为

$$C_{50} = 10\lg\left(\frac{D_{50}}{1 - D_{50}}\right) \tag{13-54}$$

另一参量是重心时间T_S，它是在时间上脉冲响应声压平方的重心，T_S可以避免划分脉冲响应早期和后期的不连续性。T_S的单位为s，定义式为

$$T_S = \frac{\int_0^{\infty} tp^2(t)\,\mathrm{d}t}{\int_0^{\infty} p^2(t)\,\mathrm{d}t} \tag{13-55}$$

早期侧向声能比J_{LF}，是指前80 ms侧面到达声能所占比例，它可根据全指向性传声器和8字形传声器测量的脉冲响应得出。将8字形传声器没有接收的一面指向声源的平均位置或单个声源的位置，这样进入传声器的声音大部分来自侧向声，而受直达声的影响很小。

后期侧向声能级L_J，可通过已校准的无指向性声源、全指向性传声器和8字形传声器测量的脉冲响应得出。后期侧向声能与人们对厅堂包围感或宽敞感的感知相关。

在这一部分标准附录B中还给出基于脉冲响应的双耳厅堂音质参量，主要是双耳互相关系数IACC，它与人们在音乐厅中主观感受到的“空间印象”密切相关，空间印象可分为以下两个方面：一是声源的宽广度，即表观声源宽度（ASW）；二是沉浸或被声音包围的感觉，即听者包围感（LEV）。可以使用仿真头或平均尺度的真人头测量，以仿真头为例，可通过在两耳耳道口放入小的传声器测量IACC。测量IACC可以描述信号到达两耳之间的不同之处，既可以描述早期反射声，也可以描述混响声。但是IACC的使用并没有被一致认可，IACC及它与主观感受的关系依然是研究和讨论的课题。

在这一部分标准附录C中还给出了基于脉冲响应的舞台音质参量：早期舞台支持度（ST_{Early}，单位为dB）和后期舞台支持度（ST_{Late}，单位为dB）。早期舞台支持度涉及合奏时是否易于听到乐队其他成员的声音，但直达声的影响、延时及来自附近表面的反射均未包括在内。后期舞台支持度涉及混响感，即音乐演员所听到的厅堂响应。

13.5.2　普通房间混响时间

《声学　室内声学参量测量　第2部分：普通房间混响时间》（GB/T 36075.2—2018/ISO 3382-2：2008）规定了普通房间混响时间的测量方法、测量步骤、测量设备、测点数量、结果评价和测试报告式样。测量结果可用于声源声压级测量和隔声测量等声学测量中修正项的计算，并可用于与房间的混响时间设计要求进行比较。

混响时间测量的需求主要有两个层面：第一，噪声源的声压级、言语可懂度和房间中声音的私密感均与房间混响时间密切相关，房间包括居室、楼梯间、工作间、工厂车间、学校教室、办公室、餐馆、展览用房、体育用房、旅客站房和机场航站楼等；第二，声学测量中为确定房间吸收的修正项，需测量混响时间。如根据GB/T 19889（所有部分）进行隔声测量和根据GB/T 14367进行声功率测量。

GB/T 36075.2中还规定了3个混响时间测量准确度等级，包括简易级、工程级和精密级，

它们的主要差别在于所要求的测点位置数量不同(见表13-11),因此总测量时间也不同。简易级测量选项的引入旨在可以在相关房间中更加方便地测量混响时间,显然,一个很简单的测量总比不测量好。

3个混响时间测量准确度等级的测量位置和测量次数的最小数量及有关指标见表13-11所列。

表13-11　3个等级混响时间测量位置和测量次数的最小数量及有关指标

<table>
<tr><th colspan="2">项目</th><th>简易级</th><th>工程级[a]</th><th>精密级</th></tr>
<tr><td colspan="2">声源—传声器组合</td><td>2</td><td>6</td><td>12</td></tr>
<tr><td colspan="2">声源位置[b]</td><td>≥1</td><td>≥2</td><td>≥2</td></tr>
<tr><td colspan="2">传声器位置[c]</td><td>≥2</td><td>≥2</td><td>≥3</td></tr>
<tr><td colspan="2">各测点上衰减测量次数
(中断声源法)</td><td>1</td><td>2</td><td>3</td></tr>
<tr><td rowspan="2">测试频率
范围/Hz</td><td>倍频带</td><td>250～2000</td><td colspan="2">125～4000</td></tr>
<tr><td>1/3倍频带</td><td>—</td><td colspan="2">100～5000</td></tr>
<tr><td rowspan="2">标称准确度</td><td>倍频带</td><td>优于10%</td><td>倍频带和优于5%</td><td>优于2.5%</td></tr>
<tr><td>1/3倍频带</td><td>—</td><td>优于10%,</td><td>优于5%,</td></tr>
<tr><td colspan="2">使用场合</td><td>适用于在噪声控制工程中评价房间吸声效果,以及用简易法测量空气声隔声和撞击声隔声</td><td>适用于对建筑和建筑构件隔声性能进行检验,进而判断是否符合混响时间或房间吸声的相关标准要求</td><td>适用于需要高准确度的测量</td></tr>
</table>

注:a. 当测量结果用于作为其他工程级测量的修正项时,仅需要1个声源位置和3个传声器位置。

b. 采用中断声源法时,可同时采用多个不相关声源。

c. 采用中断声源法时,当测量结果用于作为其他测量的修正项时,可采用旋转转杆上的传声器进行扫测代替多个传声器位置测量。

13.5.3　开放式办公室声学性能

《声学　室内声学参量测量　第3部分:开放式办公室》(GB/T 36075.3—2018/1SO 3382-3:2012)规定了有办公家具陈设的开放式办公室的室内声学性能的测量方法,内容包括测量方法、仪器设备、测试要求、评价方法和结果表达。测量结果可用于评价开放式办公室的声学性能。适用于中等及大型的开放式办公室。

房间的混响时间过去被视为其声学性能的主要指标,然而,有证据表明要进行更全面的评价,还需要其他声学参量的测量,例如声压级的空间衰减率、语音传输指数和背景噪声级。如果需要测量混响时间,按GB/T 36075.2进行。

本部分规定了开放式办公室声学性能的测量方法,依据测量结果可计算得出表征开放式办公室整体声学性能的单值评价量。主要目标在于使得工位之间有良好的言语私密性。本测量方法及其导出的单值评价量与工作人员的声学感受有较好的对应关系。

单值评价量所表征的状况是仅一人说话，其他人不说话，故本部分测量采用单只扬声器，如果若干人同时说话，则掩蔽就会增加，使得分心的程度有所减弱。所以，本部分测量结果描述的是最令人分心的情况。然而，本部分也可用于测量呼叫中心之类场所的房间声学品质，这些地方有很多人同时在不间断地连续说话，这样的声环境正好起到了积极的掩藏作用，本部分可能会低估此类情况下感知的言语私密度。

单值评价量是通过测量125 Hz～8000 Hz频率范围的倍频程声压级和语音传输指数STI，再将测量数据转换成4个单值评价量，以供声学设计使用和进一步用于确定设计目标值。STI的测量应符合IEC 60268-16:2011的规定。单值评价量如下。

(1)分心距离r_D，定义为：语音传输指数降至0.50时的位置与说话人之间的距离。

(2)A计权语音声压级空间衰减率$D_{2,S}$，定义为：以具有标准语音声功率谱的声源激发噪声时，A计权声压级随离开声源距离的加倍而降低的分贝数，也称语音空间衰减率。

(3)4 m距离处A计权语音声压级$L_{p,A,S,4m}$，定义为：在距离声源4 m处的标称A计权标准语音声压级。

(4)平均A计权背景噪声级$L_{p,A,B}$，定义为：上班时间内工位无人情况下，工位处的平均A计权噪声级。

此外，还要测定距离最近的工位处的STI和私密距离r_p。

STI定义为：与可懂度相关，表征语音传输品质的物理量。

私密距离r_p定义为：语音传输指数降至0.20时的位置与说话人之间的距离。

应使用可产生粉红噪声的无指向性声源进行测量，也可使用具有粉红噪声频谱特性的最大长度序列(MLS)或扫频信号来测量脉冲响应，从中导出测量结果。

13.6 厅堂扩声特性测量

13.6.1 厅堂扩声系统测量概述

厅堂音质的最终鉴定是听众的反应，在厅堂建成后，组织经过一定训练的人员进行音质的主管听感评价是非常重要的。这里简述的是客观物理参量的定量测量，这对建成后物理参数是否达到预定的设计指标，对电声扩声系统的调试及是否在设计和安装上做一定的改进，都是必要的。

《厅堂、体育场馆扩声系统设计规范》(GB/T 28049—2011)，按三类(文艺演出类、多用途类和会议类)分别对厅堂馆中扩声系统的声学特性指标做出规定，要求其声学特性指标应符合规定，这为厅堂的设计及验收提供了依据。表13-12所列为文艺类扩声系统声学特性指标。

表13-12　文艺类扩声系统声学特性指标

等级	最大声压级（峰值）	传输频率特性	传声增益	稳态声场不均匀度	语言传输指数（STIPA）	系统总噪声级	总噪声级	早后期声能比（可选项）
一级	额定通带内：≥106 dB	以 80 Hz～8000 Hz 的平均声压级为0 dB，在此频带内允许范围：-4 dB～+4dB；40 Hz～80 Hz 和 8000 Hz～16 000 Hz 的允许范围见标准中图1的斜线部分	100 Hz～8000 Hz 的平均值≥-8 dB	100 Hz时≤10 dB；1000 Hz 时≤6 dB；8000 Hz时≤8 dB	>0.5	NR-20	NR-30	500 Hz～2000 Hz内1/1 倍频带分析的平均值≥3dB
二级	额定通带内：≥103 dB	以100 Hz～6300 Hz 的平均声压级为0dB，在此频带内允许范围：-4 dB～+4 dB；50 Hz～100 Hz 和 6300 Hz～12 500 Hz 的允许范围见标准中图2的斜线部分	125Hz～6300 Hz 的平均值≥-8 dB	1000 Hz、4000 Hz ≤8dB	≥0.5	NR-20	NR-30	500 Hz～2000 Hz 内1/1倍频带分析的平均值≥3 dB

《厅堂扩声特性测量方法》(GB/T 4959—2011)规定了厅堂扩声特性和建筑声学指标的测量方法，主要测量指标有三类：扩声特性指标，同扩声特性相关的测量指标，以及与语言可懂度相关的测量项目。

13.6.2　扩声特性的测量方法

1. 传输幅频特性

厅堂内观众席处各测点稳态声压的平均值相对于扩声系统传声器处声压或扩声设备输入端电压的幅频响应。稳态声压的平均值计算方法是将各测点处相同1/3倍频程的声压取算术和后，除以测点数。一般测量得到的是声压级，平均声压级的计算方法如下。

设测点总数为N，第n个测点F频带的声压级为$L_{F,n}$，则N个测点的平均声压级为

$$\bar{L}_F = 20\lg\frac{\sum_{n=1}^{N}10^{\frac{L_{F,n}}{20}}}{N} \tag{13-56}$$

设第i个频带的平均声压级为L_i，则传输频率范围内的各频带平均声压级为

$$\bar{L}_F = 20\lg\frac{\sum_{n=1}^{N_1}10^{\frac{L_i}{20}}}{N_1} \tag{13-57}$$

测量方法有声输入法和电输入法两种。声输入法测量的传输幅频特性包含了系统传声器的幅频特性；电输入法不包含系统传声器的幅频特性。

根据系统输入信号的获取方法，声输入法测量有代替法和比较法两种。代替法使用测量传声器代替系统传声器的位置进行两次测量；比较法测量使用测量传声器与系统传声器同时测量。图13-22所示为声输入法传输幅频特性测试原理图。

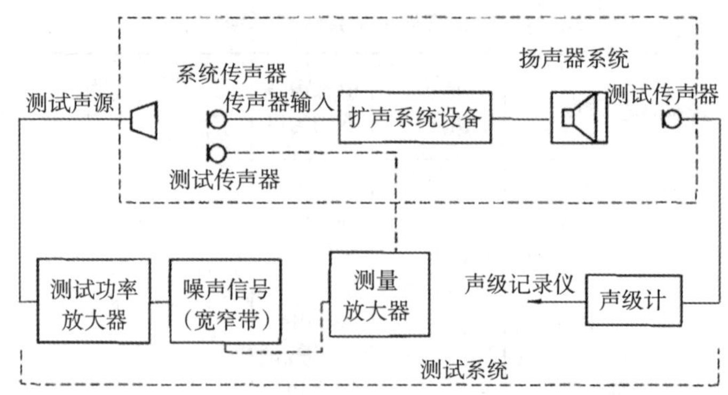

图 13-22　声输入法中用比较法测量传输幅频特性原理框图

测量使用1/3倍频程粉红噪声信号,保持系统传声器处各频点声压恒定,观众席各测点处1/3倍频程声压级。测量时,系统传声器处各1/3倍频程声压级可不相同,通过修正来消除这一相对差值,提高测试效率。测量在传输频率范围内进行,测试信号的中心频率按1/3倍频程中心频率取点。可使用点测法或自动测量法。

从扩声系统的线路输入电噪声信号,就可测量得到电输入的幅频响应。

2. 传声增益

传声增益是指扩声系统达最高可用增益时,厅堂内观众席各测点稳态声压级平均值与系统传声器处稳态声压级的差值。测试原理图与声输入幅频特性测试相同。

3. 声场不均匀度

声场不均匀度是指厅堂内(有扩声时)观众席处各测点稳态声压级的最大差值。它在很大程度上反映了扬声器系统的覆盖是否合理。

测量信号用1/3倍频程粉红噪声,通常采用1 kHz和4 kHz分别进行。对于扩声系统要求高的场所,宜增加100 Hz和8000 Hz进行测试。

根据各测点在不同频带测得的频带声压级,可作出相应的声场分布图。

4. 最大声压级

扩声系统完成调试后,厅堂内各测量点产生的稳态最大声压级的平均值。最大声压级可以用规定峰值因数测试信号的有效值声压级、峰值声压级或准峰值声压级中的一种或多种方式表示。通常,方便的表示方式宜用有效值声压级。

以峰值因数为2限制的额定通带粉红噪声为信号源。测量可用电输入窄带噪声或宽带噪声,也可以用声输入窄带噪声或宽带噪声,测量结果中需注明使用的是哪种方法。电输入法中的宽带噪声法为仲裁方法,用有效值表示。

测试原理图与声输入幅频特性测试相同。以电输入宽带噪声法为例,测量步骤如下:

(1)将模拟节目信号网络的宽带粉红噪声信号直接馈入扩声系统调音台输入端(线路输入口);

(2)调节噪声源及扩声系统输出,使扬声器系统的输入电压相当于系统十分之一至四分之一设计使用功率的电平值,当声压级接近90 dB时,可用小于十分之一的设计使用功率;

(3)用带实时频谱分析的声级计在厅堂内规定测点上测量各个1/3倍频程或1/1倍频程声压级;

(4)按照公式(13-57)的计算方法求出传输频率范围内的平均声压级L_{Faver};

(5)根据测量时所加的功率,通过下式换算成设计使用功率时的最大声压级。

$$L_{max} = L_{Faver} + 10\lg(P_{sy}/P_{cy}) \tag{13-58}$$

式中,P_{cy}——测量使用功率;

P_{sy}——设计使用功率;

L_{Faver}——测量使用功率时的稳态声压级平均值;

L_{max}——设计使用功率时的最大声压级。

注:当设计使用功率不明时可按额定功率计算。

5. 总噪声级

总噪声级是指扩声系统达最高可用增益,但无有用信号输入时,厅堂内各测量点噪声声压级的平均值,平均值可按公式(13-57)的计算方法得到。

测量在空场条件下进行。扩声系统增益控制置于最高可用增益。测量时,厅堂内的设备,例如通风、空调、调光等产生噪声的设备及扩声系统全部开启。

测量可用声级计在63 Hz～8000 Hz范围内按倍频程带宽取值。测量结果与NR评价曲线比较并得到NR数值。测量也可用A计权数据。测量可点测或实现自动记录。

6. 系统总噪声级

扩声系统达最高可用增益,厅堂内各测量点扩声系统产生的各频带的噪声声压级(扣除环境噪声的影响)平均值。平均值可按公式(13-57)的计算方法得到。

使用200 Ω电阻短路扩声系统输入。测量时,通风、空调、灯等全部关闭,仅开启扩声系统。

测量可用声级计在63 Hz～8000 Hz范围内按倍频程带宽取值。以NR曲线评价。

7. 系统总谐波失真

扩声系统由输入声信号到输出声信号全过程中产生的谐波失真。有困难时可以用电信号输入,这时需说明。

测量用窄带噪声法。输入测量时,中心频率为F的1/3oct的粉红噪声信号馈入扩声系统调音台输入端(线路输入端口),调节扩声系统增益,使扬声器系统输入电压相当于四分之一设计使用功率的电平值。在厅堂内规定测点上,通过测试传声器,用声频频谱仪测量中心频率为F、$2F$、$3F$的信号,计算出总谐波失真系数。测试频率可从125 Hz～4 kHz按倍频程中心频率间隔取值。

8. 早后期声能比

扬声器系统发出猝发声衰变过程中,厅堂内各测量点在规定时间(如50 ms、80 ms)以内声能与规定时间(如50 ms、80 ms)以后的声能之比。早后期声能比与混响时间有一定相关性,研究认为,早到的反射声对音质有利。

测量使用由计算机产生的MLS信号(最大长度序列信号,一种周期性伪随机二进制序列信号)经声卡(采样频率不小于44 kHz,采样精度不小于16 bit)反馈给扩声系统的调音台,由主扬声器系统放出。在测点用测量传声器接收,将接收到的信号经声卡送给计算机进行处理和计算。

13.6.3　同扩声特性相关的测量指标

1. 背景噪声

当扩声系统不工作时,厅堂内观众席处各测点室内噪声声压级的平均值。测量系统总噪声级时,关闭扩声系统,进行背景噪声测量。

2. 反射声时间分布

厅堂内测点处反射声的时间分布,可分扩声系统声源和自然声源两种情况测量反射声时间分布。

扩声系统声源测量法使用MLS信号直接馈入扩声系统输入端,测量方法与MLS法测混响相同;自然声源法使用脉冲声源发声,与直接的脉冲反向积分法测量混响时间相同。

3. 混响时间

见本章13.2节室内混响时间测量。一般只做空场测量,条件允许宜做满场测量。可使用扩声系统发声产生稳定的声场,也可以使用模拟自然声源进行混响时间测量。测量时,系统传声器不接,以避免声反馈。

4. 再生混响时间

计入声反馈因素后的混响时间。测量时扩声系统置于最高可用增益状态。使舞台上设置的测试声源发出1/3 oct(或1/1 oct)粉红噪声信号,由系统传声器接收进入扩声系统。当声源停止发声后,记录声压级衰减时的衰减曲线,计算或直接读出混响时间。

13.6.4　与语言可懂度相关的测量项目

与语言可懂度相关的测量项目主要是语言传输指数(STI),它是一个物理量,表示有关可懂度的语言传输质量,是根据模拟实际发话人声学特性的测试信号通过房间时调制指数 m_i 的降低确定。测试信号由位于发话人位置的声源传输到听音人位置上的传声器,此处的调制指数是 m_0 。

对于声源,其重要特性是:物理尺寸,指向性,位置和声压级。

测试信号由一个具有语言频谱的噪声作载波和一个具有调制频率 F 的正弦强度调制组成。调制转移函数输入/输出比较如图13-23所示。具体测量方法见13.7

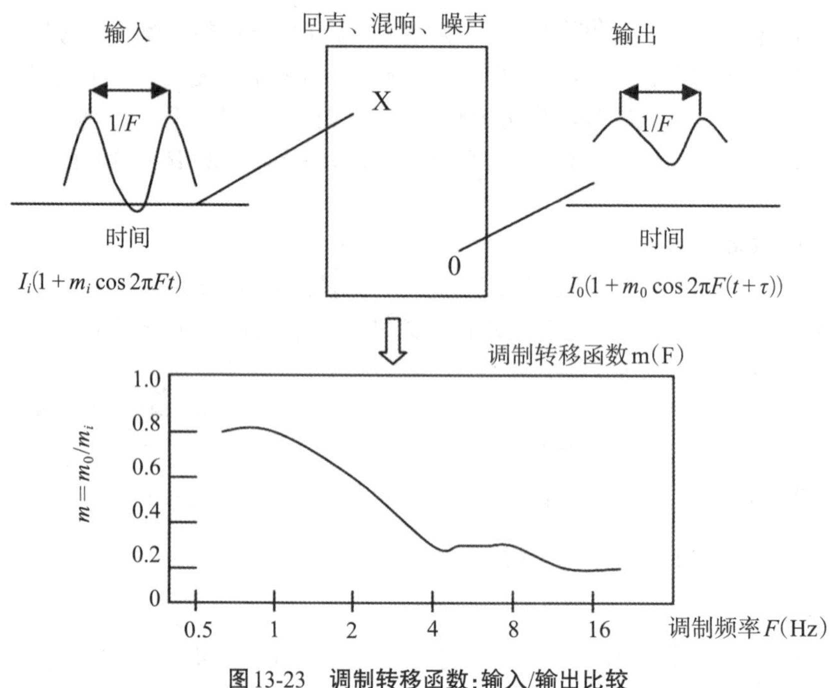

图13-23　调制转移函数:输入/输出比较

13.7 语言传输指数(STI)测量

13.7.1 概述

语言传输指数的测量方法有:语言传输指数(STI)测量方法、房间声学语言传输指数(RASTI)测量方決和扩声系统语言传输指数(STIPA)测量方法。

13.7.2 语言传输指数(STI)测量方法

STI方法是基于98个数据点的调制转移函数$m(f)$而定的。它是通过从0.63 Hz一直到包括12.5 Hz的以1/3倍频程间隔的14个调制频率,在中心频率从125 Hz一直到包括8 kHz在内的7个倍频带的调制而获得的。STI测量方法如下。

(1) 测试信号应是一个有正弦强度调制的噪声载波并具有确定的初始调制指数m_i,调制频率(容差为±5%)为:0.63 Hz、0.8 Hz、1.0 Hz、1.25 Hz、1.6 Hz、2.0 Hz、2.5 Hz、3.15 Hz、4.0 Hz、5.0 Hz、6.3 Hz、8.0 Hz、10.0 Hz和12.5 Hz,在七个倍频带:125 Hz、250 Hz、500 Hz、1 kHz、2 kHz、4 kHz和8 kHz中调制。

(2) 厅堂中应放置全向测试传声器,可以使用厅堂中听音者所占的任何位置。测点的选择同混响时间测量。

(3) 传声器输出接到中心频率为125 Hz、250 Hz、500 Hz、1 kHz、2 kHz、4 kHz和8 kHz倍频程滤波器。

(4) 从滤波信号中得出调制指数m_0。

(5) 得出的调制指数m_0与初始的调制指数m_i之比为$[m(F)\leqslant 1]$

$$m(F)=\frac{m_0}{m_i} \tag{13-59}$$

(6) 然后,将9个m值中的每一个转换成X,计算式为

$$X=10\lg[m(1-m)] \tag{13-60}$$

可以看作视在信噪比,以dB表示。

(7)高于+15 dB的值按+15 dB取值,低于-15 dB的值按-15 dB取值。

(8)确定由此得到的98个值的算术平均值X。

(9)把指数Y从0～1按如下方程归一化

$$Y=\frac{(X+15)}{30} \tag{13-61}$$

得出所选条件下或规定条件下的STI指数。

测量可按无扩声(图13-24)和有扩声(图13-25)进行。

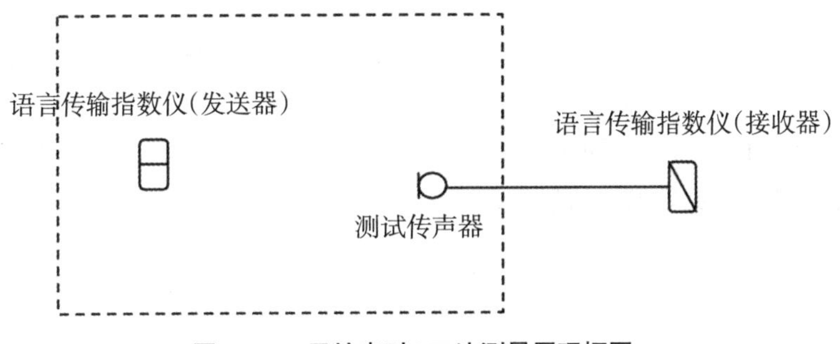

图13-24 无扩声时STI法测量原理框图

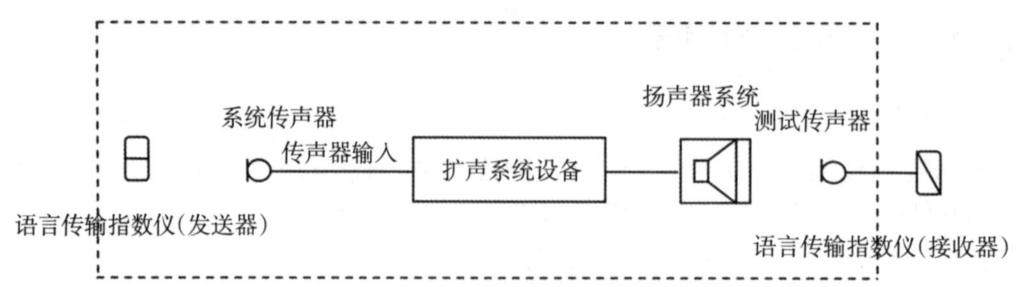

图 13-25　有扩声时STI法测量原理框图

13.7.3　房间声学语言传输指数（RASTI）测量方法

RASTI法是STI法在特定条件下的简化形式,适用于不用扩声系统的人们之间的直接通话的语言可懂度的评价。RASTI法计入了噪声干扰及时域失真(回声,混响)的影响。RASTI测量方法如下。

(1)声学测试信号由一个安装在合适壳体中的声源产生的,壳体尺寸与人头大小相当,指向性指数(以0°方位角和0°仰角为参考轴)为500 Hz时:1 dB～3 dB ;2 kHz时:2 dB～5 dB。在给定的倍频带内(在参考轴上偏离±2 dB),在任何方向上测得的频率响应应相当平坦。

声源位置相当于厅堂中发话人头部位置,参考轴指向正常发话方向。

测试信号声级应调节到使参考语言声级为(65±3)dB。在附加测量时,也可以选用其他的参考语言声级,它可以是从待测厅堂中距发话人唇部前1m距离处实际测量的真实发话人的C计权挡及S(慢)响应。

对中心频率为500 Hz的倍频带,测试信号应调到使长期有效值声压级相对于参考语言声级为–1 dB,对中心频率为2 kHz的倍频带为–10 dB。这些声压级是指声源参考轴相距1 m处为参考的值。

(2)测试信号应是一个有正弦强度调制的噪声载波并具有确定的初始调制指数 m_i ,调制频率(容差为±5%)对500 Hz频带:1 Hz、2 Hz、4 Hz和8 Hz;2 kHz频带:0.7 Hz、1.4 Hz、2.8 Hz、5.6 Hz和11.2 Hz。

(3)传声器输出接到中心频率为500 Hz和2 kHz倍频程滤波器。

(4)其他测量步骤同STI。

13.7.4　扩声系统语言传输指数（STIPA）测量方法

扩声系统语言传输指数(STIPA)是语言传输指数(STI)的简化形式,适用于评价包括扩声系统的房间声学的语言传输质量。

STIPA方法同时对7个倍频带中的每个频带应用2个调频(频率比为5)同时调制,一共使用2×7=14个调制频率,见表13-13所列。

表13-13 STIPA-倍频带的调制频率

载波中心频率/Hz	125	250	500	1k	2k	4k	8k
第一个调制频率/Hz	1.60	1.0	0.63	2.0	1.25	0.8	2.5
第二个调制频率/Hz	8.0	5.0	3.15	10.0	6.25	4.0	12.5

STIPA方法只使用男声频谱，一次测量约需15 s～20 s。STIPA测量方法如下。

(1)测试信号通过扩声传声器输入。

测试声源应置于正常说话距离，传声器的轴线指向正常发话方向；测试信号级与正常说话声压级相当，声压级使用A计权，或距离测试扬声器0.5 m处为66 dB；在传声器输入处检查测试信号频谱，88 Hz～11.3 kHz频率范围内±1 dB，调节人工嘴或测试扬声器的均衡来满足要求。

(2)直接输入测试信号法

测量时，扩声系统处于最高可用增益工作状态，测试信号通过扩声调音台线路输入扩声系统，扩声系统处于稳定工作状态。

测量扩声系统语言传输指数(STIPA)，与测量语言传输指数(STI)相比，大大减少了测量时间，一次测量仅需要10 s～15 s。

测量次数：需要测量多次取平均值。

测量原理框图如图13-26所示。测量方法同STI。

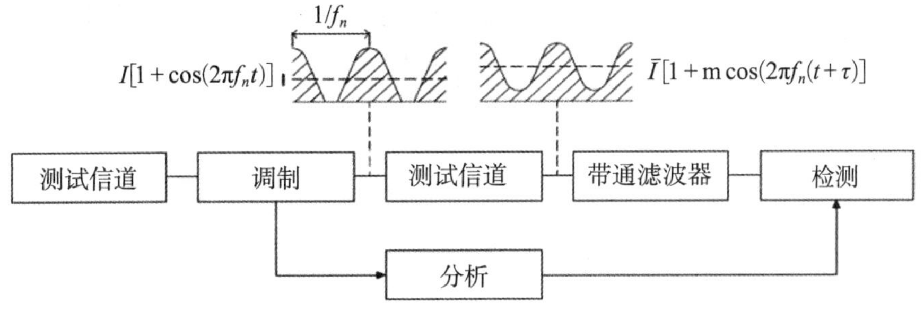

图13-26 STIPA方法测量原理框图

13.7.5 测量仪器

STIPA测量需要一个测试声源和一台STIPA分析仪。测试声源可以是预先录制有STIPA信号的音频文件，再将这个文件输入公共广播系统发声。也可以使用语音音箱或校准过的测试扬声器作为测试声源，它应尽可能与说话者具有相似的方向性。STIPA分析仪主要由传声器、前置放大器、模数转换器以及硬件和软件组成，以提供计算STI所需的处理。所有这些都可以集成到单个设备中，或者是分开的硬件和软件组件的组合。现在，一台安装有STIPA测试软件的声级计就是一台STIPA分析仪。

对语言传输指数仪的要求如下：

(1)测试信号：赝无规粉红噪声(其包络符合IEC60268-16典型语言谱)；

(2)倍频程滤波器：125 Hz、250 Hz、500 Hz、1 kHz、2 kHz、4 kHz和8 kHz；

(3)调制频率

STI法:0.63 Hz、0.8 Hz、1.0 Hz、1.25 Hz、1.6 Hz、2.0 Hz、2.5 Hz、3.15 Hz、4.0 Hz、5.0 Hz、6.3 Hz、8.0 Hz、10 Hz和12.5 Hz;

RASTI法:500 Hz:1.02 Hz、2.03 Hz、4.07 Hz、8.14 Hz;

2 kHz:0.73 Hz、1.45 Hz、2.90 Hz、5.81 Hz、11.63 Hz;

STIPA法:同STI法;

(4)输入灵敏度:30 mV输入产生94 dB;

(5)输入动态范围:20 dB～120 dB(正弦信号);

(6)调制频率精度:±0.1%。

表13-14列出了几种用于STIPA测量的专用测试声源和具有STIPA测试功能的声级计。它们都依据IEC 60268-16测量语言传输指数标准要求,测试声源内置符合STIPA测量要求的信号并能在距离1 m处产生60 dB的A计权声压级。相应的声级计具有STIPA测试软件,可以直接测量并分析显示测得的语言传输指数(STI),对于评价室内场所的声学质量非常有用,而且操作简单,使用方便。图13-27所示为几种测试声源。

图13-27　几种测试声源

表13-14　STIPA测量仪器的生产厂家和型号

仪器	杭州爱华	丹麦HBK	NTi
测试声源	AWA5512型智能声源	4720型Echo语音声源	Talk Box声信号发生器
具有STIPA测试功能的声级计	AWA6292型多功能声级计	2250型声级计	XL2声级计

13.8　MLS和SS方法在声学测量中的应用

13.8.1　概述

《声学　建筑声学和室内声学中新测量方法的应用　MLS和SS方法》(GB/T 25079—2010/ISO 18233:2006)规定了测量建筑物和建筑构件声学特性新方法的应用导则和要求,同时也给出了激励信号的选择、信号处理和环境控制的导则和要求,以及对被测系统线性和时不变性方面的要求。适用于如房间之间和外墙的空气声隔声量、房间混响时间和其他室内声学参量的测量,混响室声吸收、振级差和损耗因子的测量。所定义的方法可以代替如GB/T 19889(所有部分)、GB/T 36075(所有部分)和GB/T 21228.1所定义的传统方法。

符合GB/T 25079标准的MLS方法被定义为“GB/T 25079-MLS”。符合GB/T 25079标准的SS方法被定义为“GB/T 25079-SS”。

1. 新旧方法对比

传统方法是指直接通过记录的无规噪声或脉冲信号的响应来测定声压级或衰变率的传统测量方法;新方法是指利用各种确定性信号首先获得被测系统脉冲响应,从而得到所需的声压级和衰变率的测量方法。

虽然用来测量声音传播现象的随机信号分析方法从1960年开始发展,但是由于当初缺乏有效的计算能力,这些方法只能适用于设备良好的实验室。随着数字电路、计算机的发展,以及数字信号处理元件在现场声学测量中的应用,使得基于扩展的数字信号处理的测量仪器的应用日趋成熟。目前,专用仪器和能够在通用计算机上运行的专业软件已经采用了这些测量方法,并且获得了广泛应用。

与传统方法相比,新方法具有很多优点,例如:能够避免其他声源的噪声干扰、抑制背景噪声和扩展测量范围。同时,与传统方法相比,新方法可能对时变化和环境条件变化更加敏感。

2. 理论

室内和房间之间的声传播通常可视为近似线性时不变系统。因此,适用于该系统的一般理论都可用来建立激励和响应之间的声传播关系。

脉冲响应是所有测量的基础。结构振动速度测量及室内声压级测量均可采用该方法。

(1)室内声

GB/T 19889及GB/T 36075系列标准定义的房间空气声测量的传统方法规定采用随机信号作为激励源。由于随机激励信号的统计分布,使得最终结果有一定的随机变化,因此,通常需要取多次测量结果的平均值来逼近统计意义上的期望值。传统方法是通过空间测点的测量结果取平均来获得房间的平均值。

新方法通过直接处理激励信号源(扬声器)和观测点(传声器)之间的脉冲响应可以获得某特定观测点的期望衰变,无须平均。只要系统是线性和时不变系统,则应用该理论来测量衰变曲线和稳态声压级就能够成立。该理论可以扩展并应用到声源室和接收室的声场测量以及从声源室到接收室的传声测量中。

理论上传统方法测得的基于噪声激励的响应可以描述为激励信号和房间脉冲响应的卷积。但是,在基于噪声激励的传统方法中,可以直接记录的是响应,而一般情况下脉冲响应则是未知的。按照这里所介绍的新方法,可以通过处理脉冲响应本身来得到测量结果。

用稳态白噪声信号激励房间系统,并且持续足够长的时间以获得稳定的声场,在t=0时关闭声源,在$t \geqslant 0$的任意时刻预期声压级$L(t)$(单位为dB)计算式为

$$L(t)=10\lg\left[\frac{W_0}{C_{\mathrm{ref}}}\int_t^{\infty}h^2(t)\,\mathrm{d}t\right] \tag{13-62}$$

式中,W_0——常数,指激励信号单位带宽功率;

$h(t)$——脉冲响应;

C_{ref}——计算声压级而任意选取的参考值。

设式(13-62)中的t=0,则可以计算出关闭声源之前的平均声压级L_0(单位为dB),计算式为

$$L_0 = 10\lg\left[\frac{W_0}{C_{\text{ref}}}\int_0^{\infty} h^2(t)\,\mathrm{d}t\right] \tag{13-63}$$

图13-28所示举例说明了用传统方法和新方法获得声压级与时间之间的函数关系。

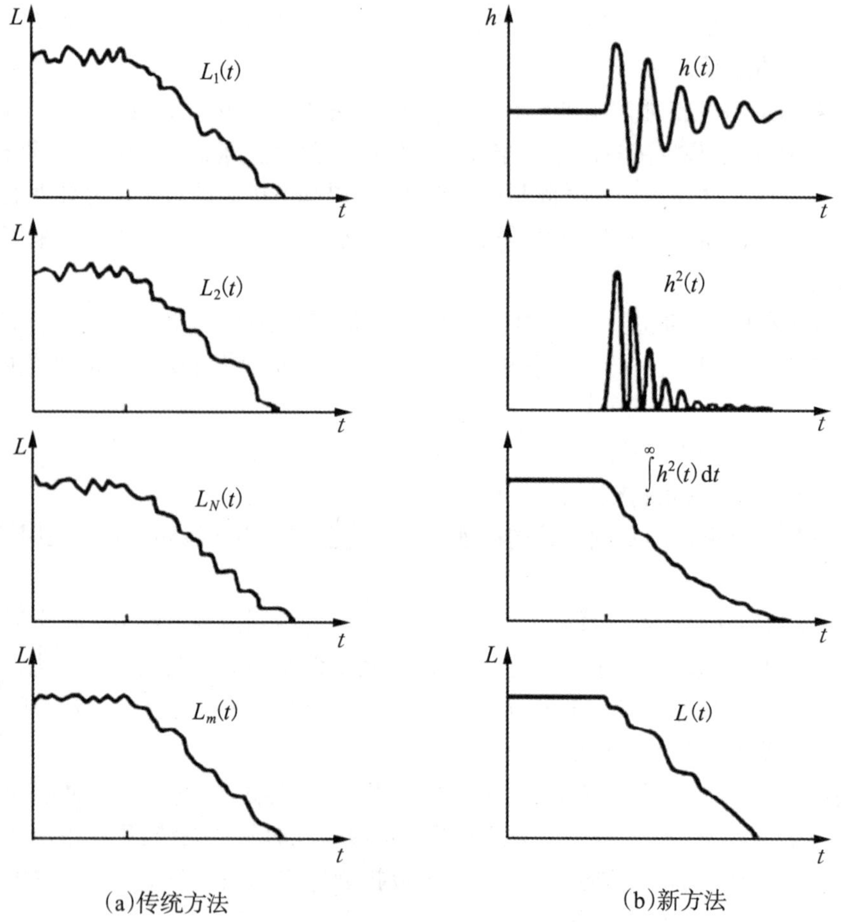

L—声压级；h—脉冲响应；t—时间。

注：在传统方法中，预期衰变曲线的近似值$L_m(t)$为多个基于噪声激励法测得的衰变曲线$L_1(t)$,$L_2(t)$,…,$Lv(t)$的平均值。而在新方法中，预期衰变曲线$L(t)$是通过处理脉冲响应$h(t)$获得。

图13-28　传统方法和新方法之间的差异图解

(2)两室之间声传播

若噪声源放置在声源室中，声压级的测点为S，则可按照式(13-64)由激励点和测点S点之间的脉冲响应$h_1(t)$获得预期声压级L_1(单位为dB)为

$$L_1 = 10\lg\left[\frac{W_0}{C_{\text{ref}}}\int_0^{\infty} h_1^2(t)\,\mathrm{d}t\right] \tag{13-64}$$

同样，若在相邻接收室中的R点测量声压级，则可由激励点和测点R点之间的脉冲响应$h_2(t)$获得预期声压级L_2(单位为dB)为

$$L_2 = 10\lg\left[\frac{W_0}{C_{\mathrm{ref}}}\int_0^{\infty} h_2^2(t)\,\mathrm{d}t\right] \tag{13-65}$$

声源室和接收室之间的预期声压级差D(单位为dB)计算式为

$$D = L_1 - L_2 = 10\lg\left[\frac{\int_0^{\infty} h_1^2(t)\,\mathrm{d}t}{\int_0^{\infty} h_2^2(t)\,\mathrm{d}t}\right] \tag{13-66}$$

由式(13-66)可见,预期声压级差与激励信号功率W_0及参考值C_{ref}无关。

(3)频率响应函数的应用

在信号与线性时不变系统理论中,正弦信号具有独特的作用。如果忽略信号开启和关闭时产生的瞬态现象,线性时不变系统对正弦信号的响应仍为相同频率下的正弦信号,但幅值(增益)和相位会发生变化。将输入和输出信号之间的幅值和相位的变化信息作为频率的函数表示出来,称为系统的频率响应函数。与脉冲响应一样,频率响应函数可给出任意输入信号的全部响应信息。对脉冲响应进行傅里叶变换可以得到频率响应函数。

应用帕塞瓦尔(Parseval)定理,式(13-63)可改为

$$W_0\int_0^{\infty} h^2(\tau)\,\mathrm{d}\tau = \frac{W_0}{2\pi}\int_{-\infty}^{\infty}\left|H(\omega)\right|^2\mathrm{d}\omega \tag{13-67}$$

式中,ω——角频率;

$H(\omega)$——对系统脉冲响应$h(t)$进行傅里叶变换得到的频率响应函数,表示为

$$H(\omega) = F\{h(t)\} = \int_{-\infty}^{\infty} h(t)\,\mathrm{e}^{-\mathrm{j}\omega t}\,\mathrm{d}t \tag{13-68}$$

式中,$\mathrm{j} = \sqrt{-1}$

从式(13-67)中可以看出,声压级计算只与频率响应函数的模有关。而混响时间的测量则与频率响应函数的相位和模有关。

将式(13-66)、式(13-67)联立,即可通过房间的频率响应得到声源室和接收室之间的预期声压级差D。分数倍频程(下限频率为$f_1 = \frac{\omega_1}{2\pi}$,上限频率为$f_2 = \frac{\omega_2}{2\pi}$)的预期声压级差$D$(单位为dB)可表示为

$$D = L_1 - L_2 = 10\lg\left[\frac{\int_{\omega_1}^{\omega_2}\left|H_1(\omega)\right|^2\mathrm{d}\omega}{\int_{\omega_1}^{\omega_2}\left|H_2(\omega)\right|^2\mathrm{d}\omega}\right] \tag{13-69}$$

3. 脉冲响应测量

典型的房间脉冲响应为具有许多周期的振荡信号。可以将房间对很短的声音脉冲的响应作为房间的脉冲响应。为了获得对激励信号的频谱及指向性的必要控制,用已知信号激励房间一段时间,通过数字信号处理计算出房间对激励信号的脉冲响应。激励信号分布在一个很长时间周期内以便增加总辐射能量。这种处理方法可增加所获得的动态范围,减少外部噪

声的影响。

声源的指向性、声源位置数目以及测量传声器应符合所适用的传统方法的规定要求。从对宽带脉冲响应信号的分数倍频程滤波器(符合GB/T 3241规定)输出得到分数倍频程计权脉冲响应。信号处理要有足够的分辨率和动态范围,以满足GB/T 3785中对声压级线性度的要求。反卷积测量技术的应用使测量具有较大的动态范围,常常可扩展到信号声压级低于外部噪声声压级的情况。甚至当信号声压级低于传声器及测量系统的固有噪声的声压级时还能被测量出来。应仔细消除来自不需要信号通道的影响,如采用屏蔽线降低电信号串扰,以及设备内部的串扰。

4. 频率响应函数测量

对脉冲响应进行傅里叶变换可以得到频率响应函数。频率响应函数也可作为所需频率范围内的正弦激励信号的响应进行测量,并以幅值和相位的形式记录下来。声级测量无须相位信息,对于系统时不变性的要求比直接测量脉冲响应小得多。

正常情况下,激励信号的频率会连续变化,即从低于被测最低分数倍频带的下限频率逐渐增加到大于被测最高分数倍频带的上限频率。激励信号的频率随时间呈指数增加的扫频类似于传统方法中的粉红噪声源。

测量通道中窄带示踪滤波器可用于降低噪声和剔除测量系统非线性引起的谐波分量。滤波器带宽应足够宽以避免混响引起衰变率的变化。

13.8.2 最大长度序列法(MLS)

1. MLS信号

最大长度序列是一组二进制序列。此序列作为激励信号时,二进制数值以固定的频率f_c输出,其中f_c为已记录的响应信号的采样频率。最大长度序列是确定性序列,但是其音频特性与白噪声相似,而且每个二进制数值输出均呈现类随机性。

MLS可以由其阶数(整数N)来定义。序列的长度为$l_1=2^N-1$。当序列周期性重放时,其自相关函数与周期性的δ脉冲相似。因此该信号可近似为以重复频率f_{REP}重放的一种白噪声记录信号,其中:

$$f_{\mathrm{REP}}=\frac{1}{T_{\mathrm{REP}}}=\frac{f_c}{2^N-1} \tag{13-70}$$

上述描述假定该序列周期性重放,由此测得的脉冲响应也呈现出周期性,因而,未被记录到的脉冲响应的末尾部分会被叠加到已记录信号的起始部分(时间混叠-循环卷积)。

当使用白噪声激励信号时,任何线性系统的脉冲响应一般可以从输入信号和输出响应的互相关函数得到。当输入信号是周期性MLS时,利用阿达玛(Hadamard)变换可加速互相关函数的计算过程,其计算过程如图13-29所示。

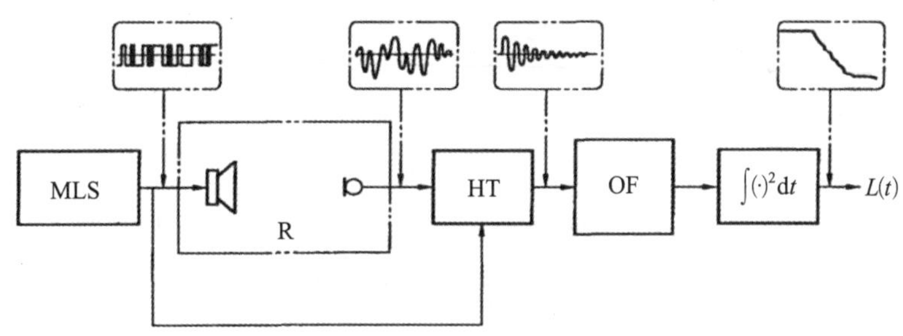

MLS—MLS信号发声器；R—被测房间；HT—Hadamard变换；OF—分数倍频程滤波器。

图13-29　MLS处理示意图

进行Hadamard变换可以像快速Hadamard变换（FHT）一样有效，通过加减运算在已记录响应信号中合成不同的采样。本方法中还包含了对一个额外采样的加法运算，所以输出序列的长度l_2满足2的幂方，计算式为

$$l_2=l_1+1=2^N \tag{13-71}$$

Hadamard变换的输出即为被测系统的脉冲响应。测量系统的输入信号是电激励信号，输出信号则是记录设备的输入信号。因此，除了房间响应，功率放大器、扬声器甚至滤波器网络也是整个系统中的一部分，房间特性决定了响应信号的主要特性。进一步处理脉冲响应，可以获得分数倍频程滤波响应。

2. 序列长度

序列长度应大于或等于被测房间的混响时间。所需频率的上限决定时钟频率f_c的下限，其中时钟频率f_c等于已记录的脉冲响应的采样频率。序列的长度和时钟频率确定MLS的阶数的下限。

所需阶数可以通过示例计算：估计混响时间T为1.5 s，测量频率上限3.55 kHz（3.15 kHz滤波频带的上限频率），时钟和采样频率为12 kHz。阶数的最小值为

$$T_{\text{REP}}=\frac{2^N-1}{f_c}\geqslant T \tag{13-72}$$

等价于

$$N\geqslant\frac{\lg(Tf_c+1)}{\lg 2}=\frac{\lg(1.5\times 12\,000+1)}{\lg 2}\approx 14.2 \tag{13-73}$$

满足要求的最小整数N=15。如果采样频率降低到接近临界2×3.55 kHz或7.1 kHz，而阶数则可降至14。

3. 信噪比

如果已记录的响应或脉冲响应多个周期进行同步平均，那么，在对最后脉冲响应进一步处理之前，对多个脉冲响应进行平均可以提高有效信噪比。如果平均处理的响应信号的数目增加一倍，信噪比将提高3 dB。系统的时变性和非线性将会影响有效信噪比的提高，使其只能达到一个有限值。

在级测量时，与传统方法相比有效信噪比的增量Δ的近似值为

$$\Delta \approx 10\lg\left(\frac{nT_{\text{REP}}}{t_1}\right) \tag{13-74}$$

式中:n——平均次数;

t_1——积分限。

在混响时间测量时,与传统方法相比有效信噪比的增量Δ的近似值为

$$\Delta \approx 10\lg\left(\frac{13.8 \times nT_{\text{REP}}}{T}\right) \tag{13-75}$$

式中:T——混响时间。

5. 时不变性

除线性要求外,被测系统的时不变性在MLS法的应用中也是一个关键的参数,可能会影响得到的有效信噪比,并导致不可靠的结果,应时刻关注。

所有的激励信号源、反射物、传感器、其他设备以及房间边界都应保持不变,不能在测量期间改变它们的位置。

测量需在平均风速小于4 m/s,阵风风速小于10 m/s的情况下进行。

激励信号通道的失真通常会增加噪声本底及峰值,因此,激励信号通道应在线性响应范围内工作。当使用MLS法时,通过减小激励信号幅值,可以获得更高的有效信噪比。

一些非线性的激励信号源可产生非谐波失真或次级谐波失真(如:短促而持续的敲击声),应将其声/电(输出)控制在较低的级。

13.8.3 正弦扫频法(SS)

1. 与MLS方法比较

与MLS方法相比,利用正弦扫频信号作为激励信号有几个优势。例如,可以减少对系统时变性(温度变化和空气流动)的敏感度,也可避免因谐波失真而降低有效信噪比。因为所有的谐波失真都可以从结果中滤除掉,所以正弦扫频激励信号的馈给功率实际上比MLS信号要大。在安静环境下,扫频测量可以提供大于100 dB的信噪比。在有风的条件下测量长距离的脉冲响应,扫频信号有时是唯一可行的选择。

2. 扫频时间

相比利用周期性激励信号进行测量,从混响时间上考虑,对扫频信号的扫频时间没有特别的要求。从短的线性调频脉冲到超过混响时间数倍的扫频信号都可以用作激励信号。但是,记录扫频响应的时间应当比扫频激励信号本身的持续时间长,从而获得更多的混响信号,直到响应信号衰变到噪声本底以下。

在房间和建筑声学中,通常低频的混响时间最长。当利用持续时间较长(数秒)的扫频信号作激励信号时,信号结束后的间隔时间只需要满足最高频率的混响时间即可,因为当扫频激励信号还在向高频扫描时,所有低频成分已经开始衰变。

增加扫频信号的持续时间可以使被测房间的能量增强,从而增加有效信噪比。应该优先选择持续时间较长的扫频信号进行平均,这样可以减少系统时变性所带来的影响,同时容易分离出失真成分。

3. 扫频信号的产生

扫频信号的频谱成分可以随幅度和瞬时扫频速度的改变而变化。一般来说，调整扫频速率比改变包络(幅度)更可取，因为它允许用固定长度来保持功率放大器的削波等级。通过保持幅度不变，而使扫频速度随频率的改变而改变，从而改变激励信号的频谱以满足需要。扫频信号的频率从被测分数倍频程的最低频段的下限一直增加到被测分数倍频程的最高频段的上限。通常扫频需要包含一段无信号的安静时段，该时段也属于激励信号的一部分。

在具有适度的背景噪声情况下，通常扫频信号持续时间为最大混响时间的2～4倍，同时激励信号结束后，记录响应信号的安静测量时间应等于期望的最大混响时间。

幅度不变的线性扫频信号每赫兹频率都具有相等的能量，具有白噪声特性的频谱。如果扫频频率随时间指数增加，那么每个倍频程的扫频时间都相等，这样每个分数倍频程的能量相等，频谱呈粉红噪声特性。指数扫频信号作为一种正常激励信号，对应于可适用的传统方法中的粉红噪声。

如果降低某个特定频段的扫频速率，那么该频段将会集中更多的能量。通过合理控制扫频速率，可以合成幅度谱任意但是时间包络幅度恒定的扫频信号。

扫频激励可以从低频到高频只进行一次，也可以采用周期重复方式扫频。这里对于扫频信号的分析仅限于单个周期之内。如果合适的话，整个频率范围可以分成若干个包含部分频率范围的频段，即每个分数倍频带可分别进行扫频测量。

4. 响应信号的记录

记录扫频激励信号产生的响应的时间应当从扫频信号产生时开始，到因混响而导致声音衰变到一定程度时结束。持续时间长度取决于扫频速率、信号覆盖的频率范围以及房间的混响。对于声级差的测量，记录的信号应当衰变30 dB或者说至少持续到混响时间的一半。

对于混响时间的测量，衰变覆盖的范围与参考的传统方法一致。通常要求动态范围比声级测量的范围大，因而记录时间更长。

5. 反卷积

图13-30和图13-31所示给出了利用反卷积处理获得房间脉冲响应的两种步骤。通过直接反卷积或者响应信号和激励信号频谱的相除可以获得复频域响应函数。

如图13-30所示，反卷积过程是通过接收信号与激励信号的反卷信号之间的卷积来实现的。该反卷信号具有这样的特性，卷积该信号与激励信号可以获得理想的脉冲信号。图13-31中，通过快速傅里叶变换(FFT)实现时域和频域的变换。通过快速傅里叶逆变换(IFFT)回到时域可以获得宽带脉冲响应。

通过进一步处理宽带脉冲响应可以获得式(13-62)中所定义的每个分数倍频带的$L(t)$函数。图13-30和图13-31只阐述了信号处理过程。例如：只要频率计权的要求得到满足，那么获得分数倍频程响应滤波可以在频域进行。

如果利用频谱相除法，激励信号和响应信号都要做相应的快速傅里叶变换，然后利用响应信号的频谱除以激励信号的频谱。对处理的频域结果做快速傅里叶逆变换可以获得所需的脉冲响应，由此而出现在时间轴负半部的响应可以忽略不计。这种方法也可用来消除激励信号通道所产生的谐波失真。

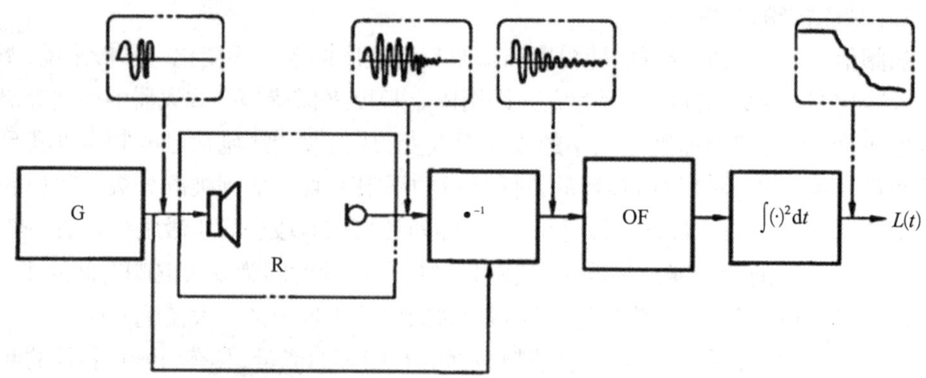

G—扫频信号发生器;R—房间;*-1—反卷积;OF—分数倍频程滤波器。

图 13-30 直接反卷积

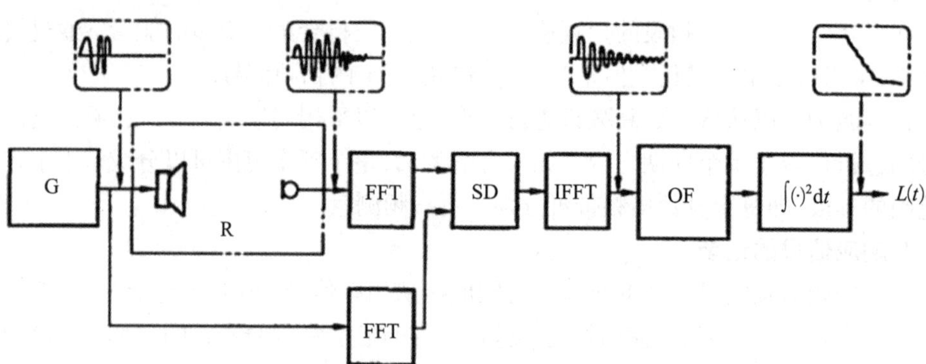

G—扫频信号发生器;R—房间;FFT—快速傅里叶变换;SD—频谱相除;
IFFT—快速傅里叶逆变换;OF—分数倍频程滤波器。

图 13-31 频谱相除

6. 信噪比

除了外界环境噪声,比如激励信号的幅度、扫频速率和信号处理算法等都会影响有效信噪比。通常扫频时间延长一倍可以使有效信噪比增加 3 dB。不建议对更多的脉冲响应作平均以提高信噪比,因为这会使结果对环境条件变化的敏感度提高,这种影响大多出现在峰值级 30 dB 以下。

7. 时不变性

被测系统的时变性可能会限制实际的有效信噪比并且导致不可靠的结果。由于不大的时变性而造成的影响通常都在脉冲响应信号峰值 30 dB 以下,因此,对声级测量影响不大,但是会得到一个不可靠的混响时间。对动态范围要求比较大的一些其他应用,其对环境的灵敏程度会更大一些。

所有的激励信号源,反射物体,传感器和其他的一些设备以及房间的边界都应该保持不变,不要在测量期间改变它们的位置。

本方法对于测量期间环境温度改变和风速的灵敏度显然比 MLS 方法要小得多。为保险起见,测量时应尽量保持环境条件的稳定。

激励信号通道的失真的影响主要取决于所采用的信号处理算法。本节第5条所描述的反卷积方法可以明显地减少谐波失真的影响，提高有效信噪比，并允许所用声源在接近其最大声级状态下工作。一些非线性的声源可能产生非谐波失真或次级谐波失真（如：短促而持续的敲击声），应将其控制在较低的声级。

8. 周期性和重复性扫频信号

原则上，周期性扫频信号可以作为激励信号。这时，信号的周期应当等于或大于所需的混响时间。但是，采用周期性扫频信号会使系统对外界环境的灵敏程度增大。因此，建议采用持续时间更长的单个扫频信号而不是周期性扫频信号来提高信噪比。

13.9 建筑声学测量仪器

13.9.1 常规的建筑声学测量仪器设备

常见的建筑声学测量仪器可分为下列几类。

（1）声源和振动源测量设备。包括振荡器、噪声发生器、滤波器、功率放大器、扬声器、火花发生器和撞击器等。

（2）接收设备。包括传声器、声透镜、声抛物镜和拾振器等。

（3）记录和分析设备。包括声级计、测量放大器、滤波器、声谱仪、频率分析仪、记录仪、录音机、示波器、声功率计算器、数字频率分析仪、声强分析系统、台式计算器和电子计算机等。

13.9.2 声级计是最常用的建筑声学测量仪器

前面已经说过，随着科学技术的发展，上述测量仪器很多已经被淘汰或者被其他仪器所代替。例如现在的声级计（如AWA6292型多功能声级计）具有非常强大的功能，除了测量声级、最大声级和积分功能，还有倍频程和1/3倍频程实时频谱分析功能、数字录音、GPS定位，以及混响时间、EDT和STIPA等测量功能，仍然是建筑声学最基本的测量仪器，可以完成室内声学、隔声和吸声以及混响时间测量等。它还可以与计算机和网络平台连接，实现更多功能。

又如HBK声级计上装上7841型Dirac室内声学测试软件，Dirac基于脉冲响应测量和分析，可采用最大长度序列MLS、扫描正弦信号来驱动扬声器，根据ISO 3382和IEC 60268-16标准进行精密测量。支持闭环、开环等多种不同测量配置。可测量的室内声学参数包括EDT、T_{20}、T_{30}、C_{80}、Cx、D_{50}、Dx、LF、LFC、IACC、IACCx、STI、%ALC、RASTI、STITEL、STIPA等。支持批处理和统计功能，适用于大型厅堂和公共设施室内声学测量。图13-32（a）所示是应用2250、4292-L和Dirac测试软件组成的系统测量室内声学参数的场景，图13-32（b）所示为应用2250、4720和Dirac测试软件组成的系统测量室内声学参数的场景。

(a)

(b)

图13-32　应用2250测量室内声学参数

13.9.3　建筑声学测量系统

为了全面完成更多测量项目，人们研制出了建筑声学测量系统，它们由测量传声器和前置放大器、多通道信号分析仪、电脑和软件，以及功率放大器、无指向声源、撞击器等组成，配套建筑声学测试平台，可完成建筑声学测量的各种应用方案，包括隔声性能测量、阻抗管和驻波管以及混响室法吸声系数测量、混响时间测量、厅堂扩声特性测量等。为了方便测试，在采集和分析仪器之间，既可以通过电缆线连接，也可以通过无线（Wi-Fi）连接。广泛应用于建科院、学校、第三方检测等部门。这样的仪器有ACE6402型建筑声学测量系统和AHAI1002型无线建筑声学测量系统（图13-33）。

AHAI1002

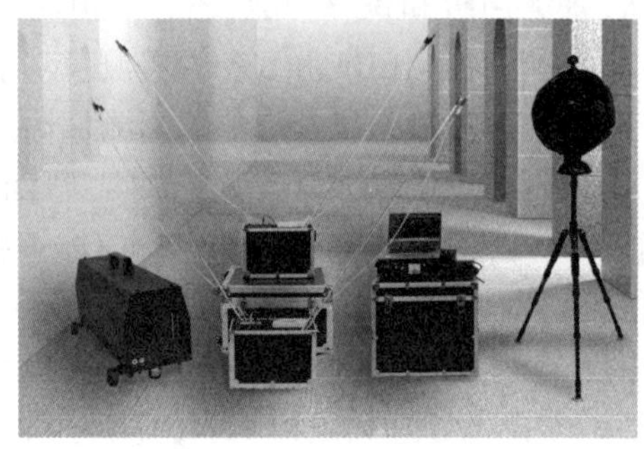

ACE6402

图13-33　建筑声学测量系统

13.9.4　无指向性声源

在建筑声学测量中常常要用到无指向性声源，无指向性声源是指能向各方向发出幅值相同的声波的一类声源，一般可由多个性能大致相同的扬声器构成。用于隔声量、厅堂音质、混响时间及吸声系数或反射系数测量，要求发出的声波的声压级一般远大于房间的背景噪声级。装在多面体（最好是12面体）表面上的扬声器，可产生近似均匀的无指向性辐射。

为了测试一个声源的指向性，将粉红噪声信号加到声源上使其发出粉红噪声，在包含对称轴的一个平面上，测量无指向性声源在自由场中距无指向性声源的声中心1.5 m处的1/3倍频程频带声压级，每间隔5°进行一次测量。然后对30°弧形区域内的测量值进行滑动平均得到$L_{30,i}$，每个值包含了相邻的6个点，按公式(13-76)进行计算。

$$L_{30,i}=10\lg\left(\frac{1}{7}\sum_{n=-3}^{3}10^{0.1L_{\theta+n\times5}}\right) \tag{13-76}$$

式中，$L_{30,i}$——30°弧形区域内的声压级滑动平均值，单位为dB；

θ ——测点角度，θ=0°，15°，30°，…，345°；

$L_{\theta+n\times5}$——在角度为$\theta+n\times5$测点的声压级，单位为dB。

参考值L_{360}是包含对称轴所在的测量平面上360°范围内测量值的能量平均，其计算公式为

$$L_{360}=10\lg\left(\frac{1}{N}\sum_{i=0}^{N}10^{0.1L_{\theta}}\right) \tag{13-77}$$

式中，L_{360}——测量平面上360°范围内所有测点声压级的能量平均，单位为dB；

L_θ——在角度为θ测量点的声压级，单位为dB；

N——测点数。

由参考值L_{360}减去滑动平均值$L_{30,i}$得到的差值，即为指向性指数D_{li}，其计算公式为

$$D_{li}=L_{360}-L_{30,i} \tag{13-78}$$

如在100 Hz～630 Hz的频带内，$D_{\rm l}$值在±2dB限值范围内就可假定它为无指向性。在630 Hz～1000 Hz频段内，此限值可从±2 dB线性地增加到±8 dB。在1000 Hz～5000 Hz，此限值范围为±8 dB。

在不同的平面上进行测试，以保证将“最差”的条件也包括在内。对于多面体声源，在一个平面上进行测试已足够。

《无指向声源校准规范》(JJF 1468—2014)规定的无指向声源指向性指数最大允许误差见表13-15和表13-16。该规范同时规定了额定功率下的声功率级和频带内起伏，但是这些指标不是用于合格性判别，仅供参考。

表13-15　倍频程指向性指数最大允许误差

倍频程中心频率/Hz	125	250	500	1000	2000	4000
最大允许误差/dB	±1	±1	±1	±3	±5	±6

表13-16　1/3倍频程指向性指数最大允许误差

1/3倍频程中心频率/Hz	100～630	800	1000～5000
最大允许误差/dB	±2	±5	±8

HBK 4292-L和4295型全指向性声源(图13-34)，满足ISO 140和ISO 3382建筑声学测量标准全指向性声源，其中，4292-L十二面体声源用于厅堂混响和隔声测试，4295单扬声器声源用于舱室或小型房间混响和隔声测试，并配有相应的功率放大器。其主要性能见表13-17所列，表中也列出杭州爱华智能和北京声望的无指向声源的主要技术指标。

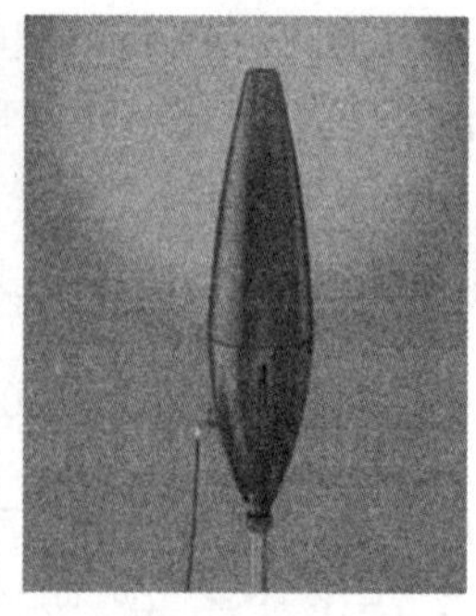

图13-34 HBK4292-L(左)和4295(右)型全指向性声源

表13-17 几种无指向声源的主要技术指标

技术指标	AHAI2032A 正十二面体声源	北京声望OS003A 无指向声源	HBK4292-L 十二面体声源	HBK4295 单扬声器声源
直径/mm	280	285	390	145
质量/kg	7.6	6.5	13.7	3.5
阻抗/Ω	3	6	6	8
指向性指数允差/dB	符合有关标准要求			
最大声功率级/dB	120	120	122	105
最大连续电功率/W		250	300	50
频率工作范围/Hz	100～10 000	125～12 500	50～5000 (1/3倍频程中心频率)	50～6300

13.9.5 撞击源

在楼板撞击隔声测量中使用两种撞击源:标准撞击器和橡胶球。

1. 标准撞击器

撞击器应有五个锤子,且排列在一直线上,相邻两锤中心线的距离为(100±3)mm。撞击器的支脚中心与邻近锤子中心线间的距离不应小于100 mm,支脚应装有隔振垫。

每个锤子撞击楼板的冲力应是500 g的有效质量从40 mm的高度自由地下落的冲击力,冲击力的容许偏差限值为±5%。因为要考虑锤子控制的摩擦力,不仅要保证锤子质量和下落高度,而且应保证锤子撞击速度处于下述范围:若每个锤子质量为(500±12)g,则其撞击速度应为(0.886±0.022)m/s;如果能保证锤子质量容差减小到(500±6)g之内,则撞击速度的容许偏差可放宽到±0.033 m/s。

锤子下落方向应垂直于测试楼板表面,误差在±0.5°范围内。

带有撞击面的撞击锤头应是直径为(30±0.2)mm的圆柱体,锤头的撞击面应是硬质钢材且是曲率半径为(500±100)mm的球面。撞击器是否满足此要求,可通过以下方式进行测试。

(1) 用测量仪沿着至少两条与撞击面中心点相切并相互正交的线移动,对撞击面进行测量。如果测量结果处于图13-35所示的容差范围内,则撞击面的曲率就符合规定要求。

图13-35中的曲线是半径为500 mm的曲率。两曲线之间的距离是使半径为400 mm和600 mm的曲线均落在容差极限范围内的最小距离，测量精度应至少为0.01 mm。

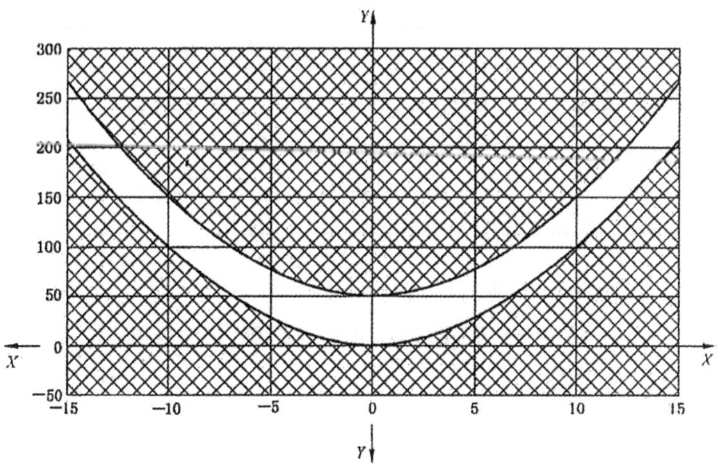

说明：X—离中心的距离，单位为mm；Y—相对高度，单位为μm。

注：为使锤头曲率不超过容差极限，锤头中心的相对高度可在0 μm～50 μm范围内自由选择。

图13-35　锤头曲率的容差极限

(2) 锤头的曲率可以用在直径20 mm圆环上有三个触点的球径计测量。

撞击器应自驱动工作。两锤撞击之间的平均时间应为(100±5)ms。连续两次撞击之间的时间应是(100±20)ms。

锤子撞击和提起之间的时间不应超过80 ms。

当用标准撞击器测量有软质面层或不平整表面楼板的撞击声时，应保证可使锤子下落至撞击器支撑脚平面以下至少4 mm。

撞击器的质量应小于25 kg，以避免给轻质楼板或地板覆面层造成不同负载。

2. 橡胶球

当橡胶球从其底部到被测地板表面的(100±1)cm高度处自由下落时，橡胶球应在每个倍频程内产生如表13-18所列的撞击力暴露级。撞击力暴露级L_m是撞击力的平方与基准力的平方之比的时间积分值取以10为底的对数乘以10，其计算公式为

$$L_{FE}=10\lg\left(\frac{1}{T_{ref}}\int_{t_1}^{t_2}\frac{F^2(t)}{F_0^2}dt\right) \tag{13-79}$$

式中，$F(t)$——当橡胶球落到楼板上时作用在被测楼板上的瞬时力，单位为N；

F_0——基准力(=1N)；

t_2-t_1——撞击力的持续时间，单位为s；

T_{ref}——基准时间间隔(=1s)。

表13-18　橡胶球每个倍频带的撞击力暴露级

倍频程中心频率 /Hz	撞击力暴露级(基准力1N),L_{FE} /dB
31.5	39.0±1.0
63	31.0±1.5
125	23.0±1.5
250	17.0±2.0
500	12.5±2.0

具有以下特性的橡胶球可实现前述规定的条件：

(1)形状和尺寸：直径180 mm、厚度30 mm的空心球(图13-36)；

(2)构成：见表13-19所列；

(3)有效质量：(2.5±0.1)kg；

(4)恢复系数：0.8±0.1。

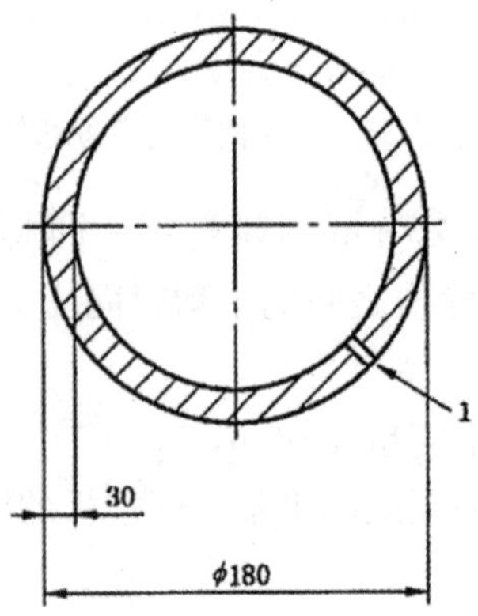

说明：1—销孔(直径ϕ1 mm)

图13-36　橡胶球的截面图(单位：mm)

表13-19　橡胶球的组成

材料	硅橡胶	过氧化物交联剂	颜料	硫化剂
质量分数 w_1[a]	100	2	2	<0.1

a. 指每100质量份橡胶的(配合物)质量份。

第4篇

振动测量篇

第14章　振动与冲击特性

14.1　概述

振动是普遍存在的物理现象，从广义上讲，如果表征一种运动的物理量随时间不断起伏、反复变化，就可称为振动。如果变化的物理量是一些机械量或力学量，如物体的位移、速度、加速度、应力和应变等，这种振动运动就称为机械振动。机械振动是我们经常遇到的，例如机器、车辆、飞机、船舶、大炮等都可能产生机械振动。在声学领域中，弦、膜、梁、板等的振动产生声音，称为声源。声音是空气（或其他介质）中质点的快速振动在人耳中的反映。物体的振动除了辐射噪声外，还直接对人产生影响，特别是1 Hz～100 Hz的低频振动，对人体的危害更为严重。强烈的振动还会使仪器设备、机器设备和建筑物受到损坏。

物体的振动是相对于物体某一参考状态下的振荡。在振动中有三个物理量：位移（s）、速度（v）和加速度（α）。三个量之间的关系见表14-1所列，作为特殊例子，表中也给出了经常遇到的正弦波三个振动量之间的关系表达式。三个振动量中，位移在研究机械结构的强度和变形时较为有用，它亦被经常用来指示旋转机件的不平衡；加速度由于它和作用力及负载成比例，常常在研究机械的疲劳、冲击等方面被采用，现在也普遍用于评价振动对人体的影响；振动的速度和噪声的大小有直接关系。总之，选择测量参数决定于研究对象。

在实用单位制中，位移s的单位是m（米），速度v的单位是m/s（米/秒），加速度α的单位是m/s^2（米/秒^2），另外，常用g来表示加速度单位，g是地球引力所引起的重力加速度。因为重力加速度随纬度和海拔高度而改变，所以，选择标准重力加速度为$1g=9.80665\ m/s^2\approx9.81\ m/s^2$。

表14-1　位移、速度、加速度关系表

已知量	变换为		
	s	v	α
s $s=S_m\sin(\omega t)$	—	$v=\dfrac{ds}{dt}$ $v=\omega S_m\cos(\omega t)$	$\alpha=\dfrac{d^2s}{dt^2}$ $\alpha=-\omega^2S_m\sin(\omega t)$
v $v=V_m\sin(\omega t)$	$s=\int v\,dt$ $s=\dfrac{1}{\omega}V_m\cos(\omega t)$	—	$\alpha=\dfrac{dv}{dt}$ $\alpha=\omega V_m\cos(\omega t)$
a $\alpha=A_m\sin(\omega t)$	$s=\iint\alpha\,dt^2$ $s=\dfrac{1}{\omega^2}A_m\sin(\omega t)$	$v=\int\alpha\,dt$ $v=\dfrac{1}{\omega}A_m\cos(\omega t)$	—

交变振动的加速度、速度和位移都可以是均方根值、峰值和平均值，但是经常使用的是加速度的均方根值并以m/s^2为单位，速度的均方根值并以mm/s为单位，位移的峰-峰值并以

μm为单位。表14.1中可以看出振动的加速度、速度和位移之间的关系都与频率有关。当频率以Hz为单位时，对于以m/s^2为单位的正弦波振动加速度均方根值、以mm/s为单位的正弦波振动速度均方根值和以μm为单位的正弦波振动位移峰-峰值，它们之间的关系如图14.1所示，利用这个图在已知振动频率的情况下，可以从已知的某一振动量值求出另两个量值，例如，已知频率为100 Hz的均方根值振动速度是10 mm/s，由图可以求出其峰-峰值位移约为45 μm，均方根值加速度约为6.3 m/s^2。对于单一频率谐波分量的加速度、速度和位移也可以使用图14-1来进行转换。

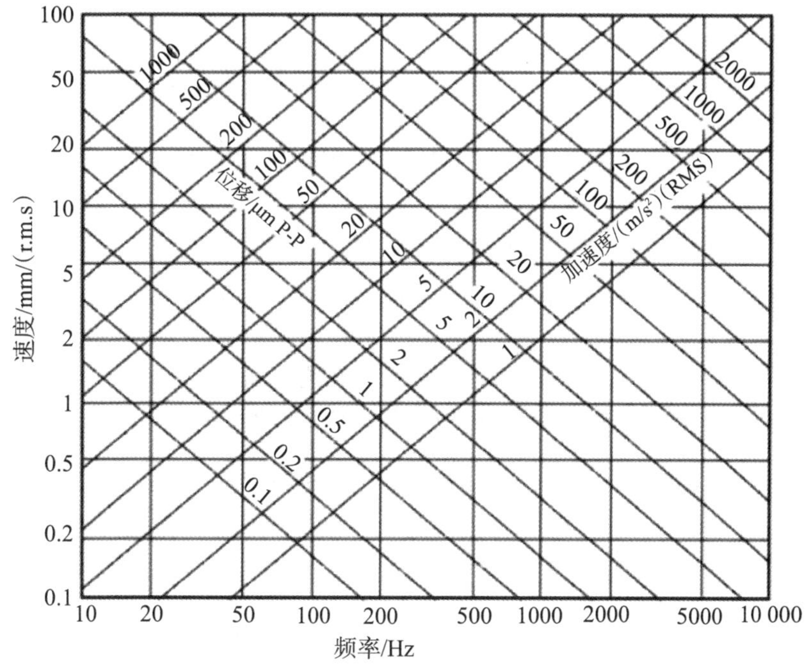

图14-1　单一频率谐波分量的加速度、速度和位移之间的关系

振动分为高频、中频、低频三个频段。高频(5 kHz～50 kHz)主要应用于航空航天领域；中频(20 Hz～5000 Hz)主要应用于交通车辆、机械制造和电子通信等领域；低频(0.1 Hz～120 Hz)主要应用于水利电力、桥梁大坝、人体全身振动和环境振动监测等领域。超低频振动(0.002 Hz～0.1 Hz)，是近年来随着地震观测、地质勘探、环境监测、航空航天、结构和生物动力学等领域的发展而出现的一个新概念。

为了对振动有进一步的了解，下面从简谐振动开始，简单介绍一些振动的基本知识和振动的主要特性。

14.2　简谐振动

14.2.1　弹簧振子

最简单的振动是简谐振动，最简单的振动系统是一个由刚性物体和一个轻质弹簧组成的弹簧振子(图14-2)。在这种模型中，刚性物体只做整体运动而不发生形变，弹簧只发生弹性形变，而不考虑其质量。

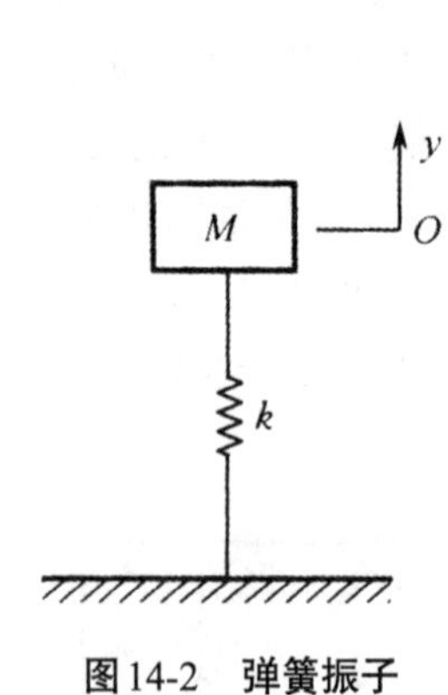

图 14-2 弹簧振子

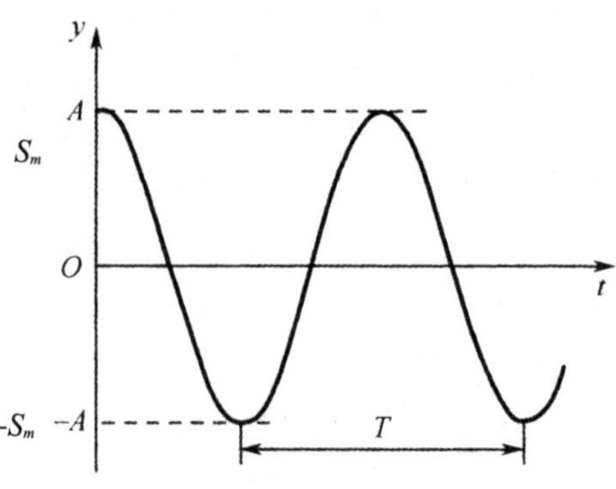

图 14-3 位移随时间的变化曲线

把质量为M的刚体放在弹簧上，弹簧受压缩。静止时物体所受重力与弹簧支撑它的弹性力平衡，物体处在平衡位置。取此位置的量值作为相对比较的起始点y=0。当物体受到一个向下的冲击力作用离开平衡位置形成振动时，物体的位移就是物体离开平衡位置处的距离y，物体所受的弹性力F就是物体所受的合力，单位为N(牛顿)。于是，由弹簧胡克定律得到

$$F=-ky \tag{14-1}$$

式中，k——弹簧的劲度系数(或者叫弹性系数)，单位为N/m。

根据牛顿第二运动定律可以列出弹簧振子的微分运动方程为

$$M\frac{\mathrm{d}^2y}{\mathrm{d}t^2}+ky=0 \tag{14-2}$$

这个方程的普遍解为

$$y=S_m\sin(\omega_0 t+\varphi_0) \tag{14-3}$$

$$\omega_0=\sqrt{\frac{k}{M}} \tag{14-4}$$

式中，S_m和φ_0——积分常数，由振动的初始条件决定；

ω_0——振动的角频率。

式(14-3)就是简谐振动的数学表达式。简谐振动的位移y随时间以正弦(或余弦)函数的规律变化。

14.2.2 简谐振动的物理量

在简谐振动中，位移随时间变化的曲线如图 14-3 所示。描述简谐振动的主要物理量有如下几种。

1. 振幅

物体振动时，位移随时间变化的最大(绝对)值称为振幅，常用S_m表示，单位为m(米)，或者其导出单位。

2. 周期和频率

完成一次振动所需要的时间称周期，常用T表示，单位为s(秒)。单位时间内完成的振动次数称频率，常用f表示，单位为Hz(赫兹)。另用ω表示角频率。它们之间存在的换算关系为

$$f=\frac{1}{T} \tag{14-5}$$

$$\omega=2\pi f \tag{14-6}$$

对弹簧振子有

$$f_0=\frac{1}{2\pi}\sqrt{\frac{k}{M}} \tag{14-7}$$

这种完全由振动系统本身性质所决定的振动频率f_0称为振动系统的固有频率。

3. 相位和初相位

物体做简谐振动时，位移可由正弦(或余弦)函数表述。对应某一时刻t，三角函数括号内的角度($\omega_0 t+\varphi_0$)称为振动的相位，其中t=0时的相位φ_0称为振动的初相位。两个不同时刻的相位之差，称为相位差。

4. 振动速度

物体振动时的速度简称振速，常用符号v表示，单位为m/s(米/秒)，或其导出单位。将位移公式(14-3)对时间求导并略去角频率ω_0的下角标得

$$v=S_m\omega\cos(\omega t+\varphi_0) \tag{14-8}$$

记$V_m=S_m\omega$为振动速度的最大值，其绝对值称为振动的速度幅值。

5. 振动加速度

将速度公式(14-8)对时间再次求导可得振动的加速度，常用a表示，单位为m/s^2(米/秒^2)，或其导出单位，计算式为

$$a=-S_m\omega^2\sin(\omega t+\varphi_0) \tag{14-9}$$

记$A_m=S_m\omega^2=V_m\omega$为加速度的最大值，其绝对值称为加速度幅值。

显然，对于简谐振动，其位移、振速、加速度之间存在简单的换算关系，可以相互推算。对于非简谐振动可以通过位移的一阶导数求出速度，速度的一阶导数求出加速度，位移的二阶导数求出加速度；亦可以反过来由加速度的积分求出速度，加速度的二次积分求出位移，速度的积分求出位移，见表14-1所列。

6. 振动的能量

物体做简谐振动时，它的速度和位移不断变化。在平衡位置，振速最大，位移为零；在振幅处，位移最大，振速为零。在时刻t物体的动能E_k和弹簧的弹性势能E_p分别为

$$E_k=\frac{1}{2}Mv^2=\frac{1}{2}MV_m^2\cos^2(\omega t+\varphi_0) \tag{14-10}$$

$$E_p=\frac{1}{2}ky^2=\frac{1}{2}kS_m^2\sin^2(\omega t+\varphi_0) \tag{14-11}$$

考虑到$V_m=\omega S_m$和$\omega=\sqrt{\frac{k}{M}}$，则对任一时刻动能和势能的总和，也就是振动系统的机械能E等于

$$E=E_k+E_p=\frac{1}{2}MV_m^2=\frac{1}{2}kS_m^2 \tag{14-12}$$

可见在振动过程中弹簧振子的机械能E是保持不变的。它等于最大的动能或最大的势

能。机械能的单位为J(焦耳)。

14.3 阻尼振动和强迫振动

在理想的弹簧振子中,除弹性力以外物体不受其他力的作用。这时振动系统的机械能保持不变,称其为无阻尼振动。由于系统不受任何外力的作用,这种振动也称为自由振动。

14.3.1 阻尼振动

在实际的振动系统中总是存在阻力的,振动的机械能不断转化为其他能量。如果不及时给予能量补充,振动将逐渐停止下来。这种由于阻尼的存在,机械能不断衰减的振动称为阻尼振动,如图14-4所示。

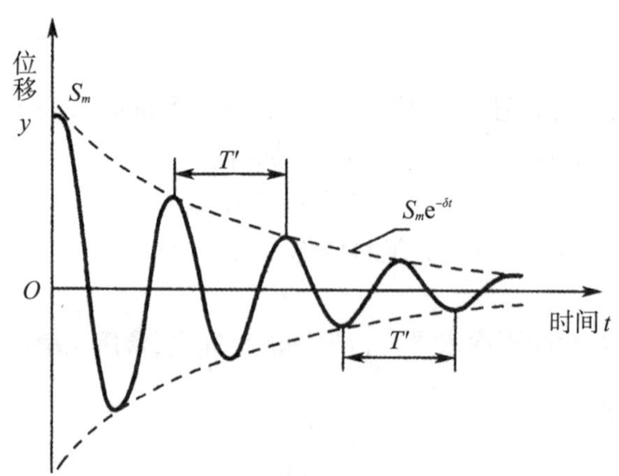

图14-4 阻尼振动

阻尼作用产生的阻力大小与振速有关。对于小振幅振动,一般认为阻力与振速成正比,阻力的方向与速度方向相反,两者间的比例系数R_m称为阻力系数。

这时弹簧振子的微分运动方程为

$$M\frac{d^2y}{dt^2}+R_m\frac{dy}{dt}+ky=0 \tag{14-13}$$

其普遍解为

$$y=S_m e^{-\delta t}\sin(\omega' t+\varphi_0') \tag{14-14}$$

式中,$\delta=\dfrac{R_m}{2M}$;$\omega'=\sqrt{\omega_0^2-\delta^2}$;$\omega_0=\sqrt{\dfrac{k}{M}}$。

同样S_m和φ'_0应由振动的初始条件决定。

与无阻尼的自由振动相比较,阻尼振动有两个重要的特点。首先,阻尼振动的振幅S随时间以指数规律衰减,即$S=S_m e^{-\delta t}$。δ反映衰减的快慢,称为衰减系数。

其次,阻尼作用不仅使振幅衰减,而且使振动周期增长,频率降低。一般称$\delta=\omega_0$的情况为临界阻尼,$\delta<\omega_0$为欠阻尼,$\delta>\omega_0$为过阻尼。

14.3.2 强迫振动

阻尼作用总是客观存在的。人们只能尽量减小它，而不能完全消除它。因此要保持物体持续的机械振动，就要不断地补充能量。最常见的方法是借助周期性外力$F_m \sin \omega t$的作用，这种振动称为强迫振动。强迫振动的运动方程为

$$M\frac{\mathrm{d}^2 y}{\mathrm{d}t^2}+R_m\frac{\mathrm{d}y}{\mathrm{d}t}+ky=F_m \sin \omega t \tag{14-15}$$

其普遍解是该方程的一个特解和相应齐次方程的一般解之和。由于阻尼作用，当时间足够长时，齐次解的影响不断减弱以至消失。当振动状态稳定时，只有特解存在，其解的形式为

$$y=S_m \sin(\omega t+\varphi) \tag{14-16}$$

式中，$S_m=\dfrac{F_m}{\omega\sqrt{R_m^2+(M\omega-k/\omega)^2}}$；

$\tan\varphi=\dfrac{R_m}{M\omega-k/\omega}$。

当周期性外力的角频率ω与振动系统的固有角频率ω_0接近时，位移振幅S_m急骤增大，称为共振。

14.4 多自由度系统和弹性连续系统

所谓一个系统的自由度数是指完全描述该系统一切部位在任何时刻的位置所需要的独立坐标的数目。弹簧振子模型是单自由度振动系统。

对于多自由度系统的讨论，通常也是从运动方程（组）出发的。与单自由度情况相比，这种系统相对复杂，各部分之间相互影响存在能量的交流。一般来讲，n自由度系统具有n个固有频率。对于线性系统，可以利用各个固有频率振动的线性组合来“合成”各种实际振动。

与单自由度情况一样，对多自由度系统也有振幅、频率、振速、加速度、非阻尼振动（自由振动）、阻尼振动和强迫振动等概念。

弹性连续系统，如弦、梁、膜、板等可以看成一个具有无限多的质点而相互间有弹性作用约束的系统。如果仍用常微分方程来加以分析讨论，就需要无限多个坐标（自由度）和无限多个常微分方程，实际上对于弹性连续系统是用偏微分方程来描述系统的运动状态。例如，对于质量处处均匀的柔性弦，其位移y满足的偏微分方程为

$$\frac{\partial^2 y}{\partial t^2}-c^2\frac{\partial^2 y}{\partial x^2}=0 \tag{14-17}$$

式中，$c^2=\dfrac{T}{\varepsilon}$；

T——弦上的张力；

ε——弦的单位长度质量，称为线密度。

对于空间尺寸有限的弹性连续系统，由于边缘对振动波的反射形成驻波，会出现振幅增大的幅点（幅线）和振幅减小的节点（节线）。当材料的阻尼很小时，节点处的振幅接近为零。例如，对于边长是l_x和l_y的薄方板，在边缘无弯曲条件下，薄板上各点的横向位移为

$$\xi_{mn}(x,y)=S_{mn}\sin\frac{m\pi x}{l_x}\cdot\sin\frac{n\pi y}{l_y},\quad m,n=1,2,\cdots \tag{14-18}$$

相对应的谐振频率为

$$f_{mn}=\frac{\pi}{2}\left(\frac{B}{\rho_s}\right)^{\frac{1}{2}}\left[\left(\frac{m}{l_x}\right)^2+\left(\frac{n}{l_y}\right)^2\right] \tag{14-19}$$

式中,B——材料的弯曲刚度;

ρ_s——单位面积材料的质量,称为面密度。

当外界策动力作用在振动模式的幅点处时,就能很容易地激励起相应的振动模式。反之,当外界策动力作用在振动模式的节点处时,就很难激发起对应的振动模式。

14.5 随机振动、冲击和瞬态振动

14.5.1 随机振动

系统在非确定的随机力激励下所做的振动称为随机振动。行驶中的汽车振动就是随机振动的典型例子。

我们常用自相关函数$R_x(\tau)$来分析随机振动。该函数从平均意义上描述了一个特定的瞬时幅值如何依赖于先前发生的瞬时幅值。$R_x(\tau)$的定义为

$$R_x(\tau)=\lim_{T\to\infty}\int_0^T x(t)x(t+\tau)\mathrm{d}t \tag{14-20}$$

从自相关函数可以导出另一个实际上非常有用的函数——均方谱密度函数(功率谱密度函数),具体内容参见5.10节。

根据随机振动的统计特性,又可以将其分成平稳随机振动和非平稳随机振动两类。二者之间的区别是在正确描述其特征所必需的时间间隔内,它们的统计特性是否随时间变化。一个典型的非平稳随机振动的例子是宇宙飞船在发射和重返时被诱发的振动。

14.5.2 冲击和瞬态振动

同随机振动一样,在日常分析中经常会遇到机械冲击和瞬态振动。

冲击的简单定义是动能传递到一个系统的时间短于系统的固有振荡周期。而瞬态振动(又称复冲击)可以持续至系统振荡的数个周期。

冲击和瞬态振动可以用力、加速度、速度和位移来进行描述,而完整的描述则必须取得所研究量的精确的时间历程记录。傅里叶分析形式是一种常用的有效描述方法。设冲击(瞬态)的时间函数是$f(t)$,则其傅里叶变换为

$$F(f)=\int_{-\infty}^{\infty}f(t)\,\mathrm{e}^{-\mathrm{j}2\pi ft}\mathrm{d}t \tag{14-21}$$

14.6 振动的隔离

振动控制可从以下两方面采取措施:①对振动源进行改进,降低振动强度;②在振动的传播途径上采取措施,提高振动的传递损失,减弱振动的传递能量,即振动的隔离。

14.6.1 主动隔振

减弱振动从机器设备向其基础的传递称为主动隔振或积极隔振。要隔离振动的传递，常用的措施是在设备与其基础之间接入弹性元件，形成质量块（包括机器设备和其底座的质量）与弹性元件组成隔振系统。在实际应用时，往往同时引入阻尼，使系统在固有频率附近的隔振性能得到改善。合理设计的隔振结构可以隔离85%～90%的激励力（或振动位移）。

主动隔振效果的表述量是力传递率T_f。如图14-5所示，定义T_f为通过隔振装置传递到设备基础上力F_f的幅值F_{f_0}与作用在质量M上激励力的幅值F_0之比

$$T_f=\frac{F_{f_0}}{F_0} \tag{14-22}$$

经过理论推导，可以得到力传递率T_f的表达式，并绘制成如图14-6所示的曲线图。

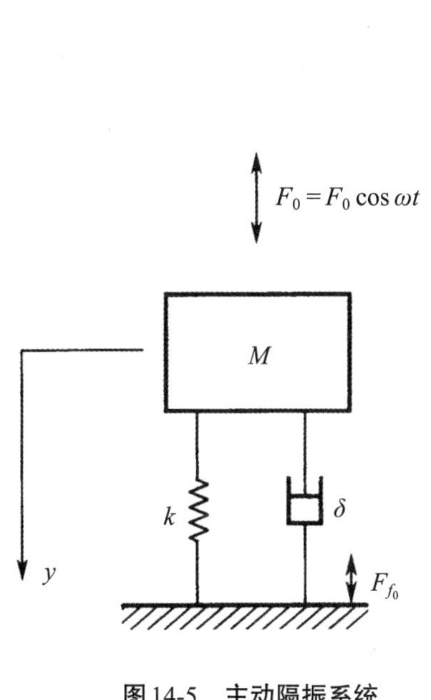

图14-5 主动隔振系统

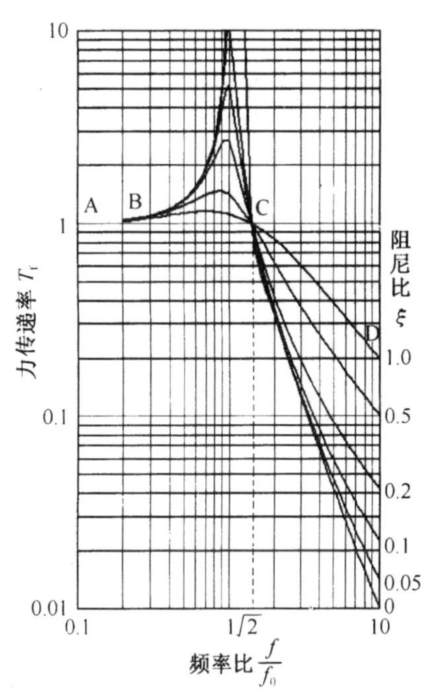

图14-6 振动传递率

从图14-5所示的曲线可以看出：

（1）当频率比关$\dfrac{f}{f_0}\ll 1$时，即图中AB段，此时$T_f\approx 1$，激励力几乎全部传至设备基础，系统不起隔振作用。

（2）当频率比$\dfrac{f}{f_0}\approx 1$时，即图中BC段，此时$T_f>1$，系统不仅不起隔振作用，反而放大了振动的干扰，乃至出现共振。这在隔振设计中应绝对避免。

（3）当频率比$\dfrac{f}{f_0}>\sqrt{2}$时，即图中CD段，$T_f<1$，系统起隔振作用，且$\dfrac{f}{f_0}$比值越大，隔振阻尼比效果越佳。在工程中一般取频率比值为2.5～4.5。通常将这个区域称为隔振区。

(4)在 $\frac{f}{f_0}<\sqrt{2}$ 的区域,增大阻尼比ξ可降低传递率。但在 $\frac{f}{f_0}>\sqrt{2}$ 隔振区,增大阻尼比ξ反而使传递率增加。这说明阻尼比不宜选择太大,工程中一般选用0.02~0.1。

分析表明,要提高系统的隔振效果,关键在于提高频率比 $\frac{f}{f_0}$,即要求系统有尽可能低的固有频率f_0。

此外还需注意,当机器设备的质量较小时,采取积极隔振后,设备的振幅会明显增大,甚至影响设备的正常运转。这时可将设备先固定在较重的机座(质量块)上,然后再在基座与设备基础之间安装弹性元件。

14.6.2 被动隔振

减弱振动从设备基础地面向机器设备的传递称为被动隔振或消极隔振。在振动机械的基础四周,或在被保护区域的四周开挖一定宽度和深度的沟槽,里面填充木屑等松软物质或不加填充,用来隔离振动的传递,这是通常采用的防振沟隔振措施。

被动隔振的分析模型如图14-7所示,当系统基础受到外界振动影响产生位移y_f时,经过隔振系统传递到机器设备上的振动位移为y。

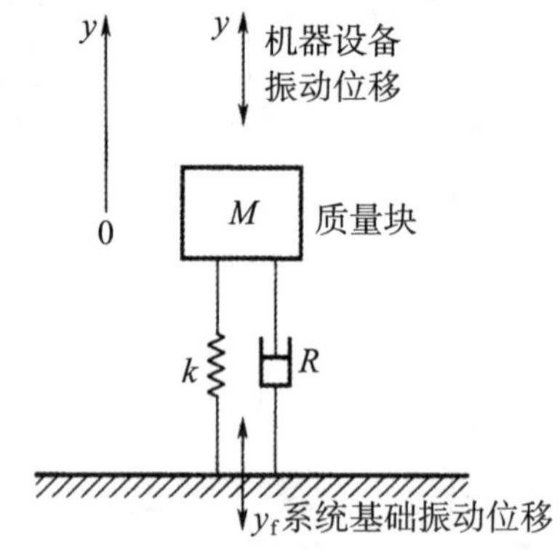

图14-7 被动隔振系统

经过运算,可以得到与主动隔振完全相同的位移传递率表达式。于是,可以直接将主动隔振的讨论引入被动隔振之中。

为便于对比,将主动隔振与被动隔振的对应关系列于表14-2。

表14-2 主动隔振与被动隔振的对应关系

性质	主动隔振	被动隔振
基本参数	作用力F	位移y
激发量	作用在机器设备上的激发力F	系统基础结构的位移y_f
传递量	传递到系统基础结构上的作用力F_f	传递到机器设备的位移y
传递率	$T=\frac{F_{f_0}}{F_0}$	$T=\frac{y_0}{y_{f_0}}$

14.6.3　结构声的隔离

结构声是机械振动在固体结构内的传播。一般而言，固体构件对振动的衰减很小，且振动被约束在有限的结构空间内传播。因此通常结构声可沿固体结构传播很远的距离。这种振动通过构件的表面又会辐射产生“二次”空气声。

当固体结构的截面面积存在突变时，结构声会在截面突变处产生反射，使透射声减弱，产生传声损失。随着两截面面积的差异增加，传声损失明显增大(图14-8)。

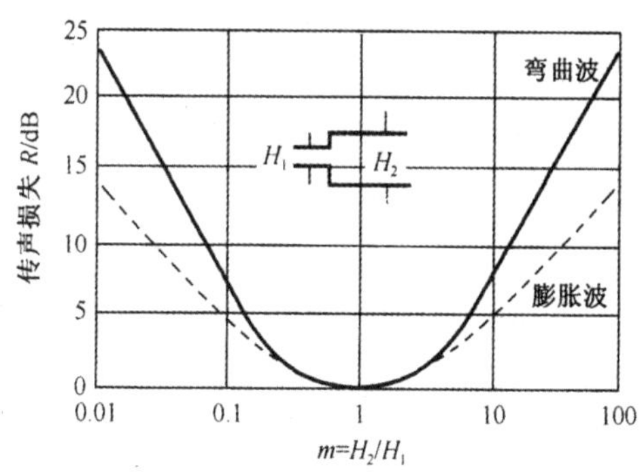

图14-8　截面突变处的传声损失

若断开传递构件，嵌入一段轻质材料(或保留空隙)，就会形成两个阻抗突变的界面，可有效地隔断固体声的传播。显然，两种材质的阻抗比愈大，界面间的距离愈大，固体声的频率愈高，隔断的效果愈明显。

图14-9所示结构件L形直角连接时弯曲波的传声损失。同样，两段构件截面面积的差异增加，传声损失明显增大。

在图l4-8和图14-9中，假定结构截面的宽度相同，厚度H不同；因此截面面积比m就等于厚度比。

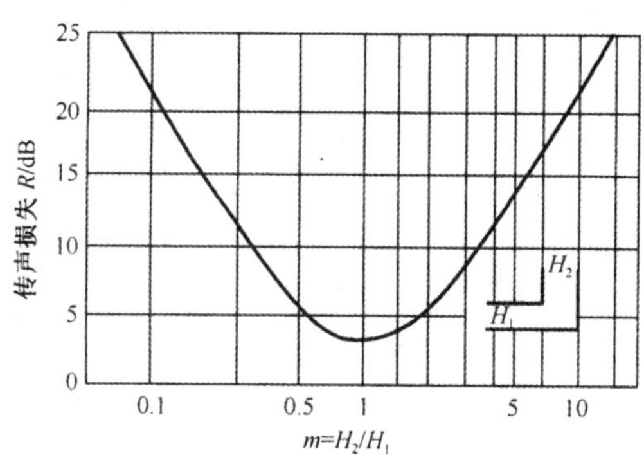

图14-9　L形连接的弯曲波传声损失

第15章　振动测量仪器

15.1　振动传感器

15.1.1　概述

在现代振动测量中，除某些特定情况采用光学测量外，一般用电测的方法，将振动运动转变为电学(或其他物理量)信号的装置称为振动传感器。测量振动使用的传感器主要类型有：①压电加速度计；②压阻加速度计；③应变式加速度计；④可变电阻传感器；⑤静电(电容)传感器；⑥粘丝(箔片)式应变计；⑦可变磁阻传感器；⑧磁致伸缩传感器；⑨动导体传感器；⑩动圈传感器；⑪电感传感器；⑫激光传感器。

根据被测振动运动是位移、速度还是加速度，可以将振动传感器分为位移传感器、速度传感器和加速度传感器。由于位移和速度分别可由速度和加速度积分所得，因而速度传感器还可以用于测量位移，加速度传感器也可用来测量速度和位移。

根据力学原理，振动传感器又可分为绝对式传感器和相对式传感器。绝对式传感器测量振动物体的绝对运动，这时，需将振动传感器基座固定在振动体待测点上。绝对式振动传感器的主要力学组件是一个惯性质量块和支承弹簧，质量块经弹簧与传感器基座相连，在一定频率范围内，质量块相对基座的运动(位移、速度和加速度)与作为基础的振动物体的振动(位移、速度、加速度)成正比，传感器敏感组件再把质量块与基座的相对运动转变为与之成正比的电信号，从而实现绝对式振动测量。相对式传感器测量振动体待测点与固定基准的相对运动，这时，由传感器敏感组件直接将此相对运动(即振动体的运动)转变为电信号。相对式传感器又可分为接触式和非接触式两种。实际上，有时(如振动体在空间宏观移动)很难建立一个测量的固定基准，另外，就现场振动测量的便利条件和应用方便而言，使用得最多的是绝对式传感器。但在某些场合，无法或不允许将传感器直接固定在试件上(如旋转轴、轻小结构件等)，必须采用相对式传感器。

根据电学原理，按照所采用的将力学量转变为电学量的传感器敏感组件的性质，振动传感器又可分为电感型、电动型、电涡流型、压电型等。

目前使用较多的相对式位移传感器为电涡流传感器，它的工作原理是基于高频磁场在金属表面的“涡流效应”。涡流传感器是对金属物体的位移、振动、转速等机械量进行检测和控制的理想传感器，它具有非接触测量、线性范围宽、灵敏度高、抗干扰能力强、无介质影响、稳定可靠、易于处理等明显优点，广泛用于冶金、化工、航天等行业中，也可用于科研和学校实验中的位移、振动、转速、长度、厚度、表面不平度等机械量的检测，尤其是大量应用大型旋转机械上监测轴系的径向振动和轴向振动。

速度传感器应用较广的是电动式速度传感器，它又分为相对式和绝对式。这种传感器的灵敏度比较高，特别是在几百赫兹以下的频率范围内，它的输出电压较大。此外，它的线圈阻抗较低，因而对与它相配的测量仪器的输入阻抗、连接电线的长度及质量要求都较低。通过电子线路的微分或积分可获得振动的加速度值和位移值。

用于测量振动加速度最多的是压电式传感器，又称加速度传感器或加速度计。加速度计是一种压电换能器，它能把振动或冲击的加速度转换成与之成正比的电压(或电荷)。加速度计具有体积小、重量轻、频响宽、耐高温、稳定性好及无须参考位置等优点，由于它的脉冲响应优异，更适合于冲击的测量。

加速度计的结构简图如图15-1(a)所示，图中S是弹簧，M是质量块，B是基座，P是压电元件。换能组件为两个压电晶体片P，压电片上放一重的质量块M，质量块事先用硬弹簧S压住，整个系统放置在具有加厚底的金属壳基座B中。加速度计受到振动时，质量块在压电片上产生一交变压力，这力正比于质量块的加速度，也就是$F=ma$。由于压电效应，在两片压电片上产生一交变电压，此电压正比于所受的力，因此也正比于质量块的加速度。对于频率远低于质量块与整个加速度计系统刚性的谐振频率的振动，质量块的加速度事实上与整个换能器的加速度相同。因此，可以说压电片上产生的电压就正比于整个换能器的加速度。这个电压可以从加速度计输出端引出，并被用来确定振动的幅度、波形和频率。

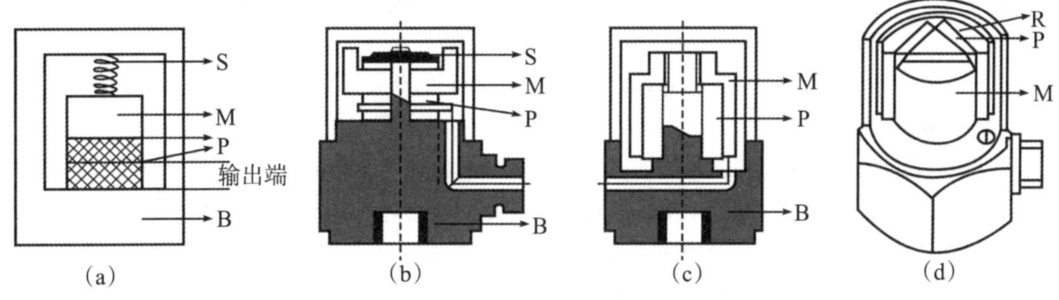

图15-1　加速度计结构简图

常用的压电式加速度计的结构形式有中央安装压缩型、三角剪切型和环形剪切型，如图15-1所示。图15-1(b)所示是中央安装压缩型，压电元件—质量块—弹簧系统装在圆形中心支柱上，支柱与基座连接；这种结构有高的共振频率，然而基座B与测试对象连接时，如果基座B有变形则将直接影响拾振器输出；此外，测试对象和环境温度变化将影响压电元件，并使预紧力发生变化，易引起温度漂移。图15-1(d)为三角剪切型，压电元件由夹持环R将其夹牢在三角形中心柱上。加速度计感受轴向振动时，压电元件承受剪切应力。这种结构对底座变形和温度变化有极好的隔离作用，有较高的共振频率和良好的线性。图15-1(c)为环形剪切型，结构简单，能做成极小型、高共振频率的加速度计，环形质量块粘到装在中心支柱上的环形压电元件上；由于黏结剂会随温度增高而变软，因此最高工作温度受到限制。

加速度计的压电材料一般可分为压电陶瓷和压电晶体。压电陶瓷是压电式加速度计的最常用的压电材料，压电陶瓷中锆钛酸铅(PZT)是目前压电加速度计中最常使用的压电材料，其特点为具有较高的压电系数和居里点，各项机电参数随温度时间等外界条件的变化相对较小。压电晶体为石英，其特点为工作温度范围宽、性能稳定，因此，在实际应用中经常被用作标准传感器的压电材料。由于石英的压电系数比其他压电材料低得多，因此灵敏度比较低。

15.1.2 加速度计的主要性能

1. 灵敏度

加速度计的主要性能之一是灵敏度，它是每单位加速度作用时的输出电压或输出电荷量，前者叫电压灵敏度S_v，单位是mV/m·s^{-2}；后者叫电荷灵敏度S_Q，单位是pC/ m·s^{-2}。它们之间的关系为

$$S_v = \frac{S_Q}{C_a + C_c} \tag{15-1}$$

式中，C_a——加速度计的电容量；

C_c——电缆的电容量。

加速度计的电荷灵敏度仅仅取决于加速度计本身而与电缆的长度无关，因此在使用长电缆时不必修正灵敏度值，使用比较方便，但是测量电荷灵敏度必须与电荷放大器配合使用。电压灵敏度与电缆的关系很大，所给出的电压灵敏度往往是指一定电缆电容而言。当电缆不同时，电压灵敏度也不同，但是只需要用一般放大器进行放大和测量。另外，我们要注意电荷灵敏度或电压灵敏度，常用pC/g或mV/g来表示，所对应的参数可以是平均值、有效值或峰值，它们的关系为

$$V_{\mathrm{RMS}}/g_{\mathrm{peak}}=0.707V_{\mathrm{peak}}/g_{\mathrm{peak}}=0.707V_{\mathrm{RMS}}/g_{\mathrm{RMS}} \tag{15-2}$$

2. 频率响应

加速度计的另一主要性能是频率响应，也就是灵敏度与频率的关系。加速度计的低频响应取决于与之连接的放大器的输入电阻R和加速度计电容量、电缆线电容量和分布电容之和C。RC越大，系统可测低频下限越低。高频响应主要决定于加速度计的谐振频率，谐振频率有两种：一种称为自由悬挂谐振频率，即加速度计不与外界有任何接触的情况下，加速度计内部的谐振频率；另一种是安装谐振频率f_m，即加速度计固定在被测结构（大质量）上时的谐振频率。在实际使用时，安装谐振频率是重要的参数。加速度计出厂时给出的就是安装频响曲线（图15-2）和安装谐振频率。从图15-2所示可以看出，在安装谐振频率五分之一频率以下，灵敏度相对变化小于0.5 dB；安装谐振频率1/3频率处，灵敏度相对变化小于1.0 dB，因此加速度计的工作频率不能高于安装谐振频率的1/3。灵敏度较高的一般用途加速度计谐振频率约为30 kHz，给出的上限工作频率为10 kHz，小型加速度计则具有高达180 kHz的谐振频率。

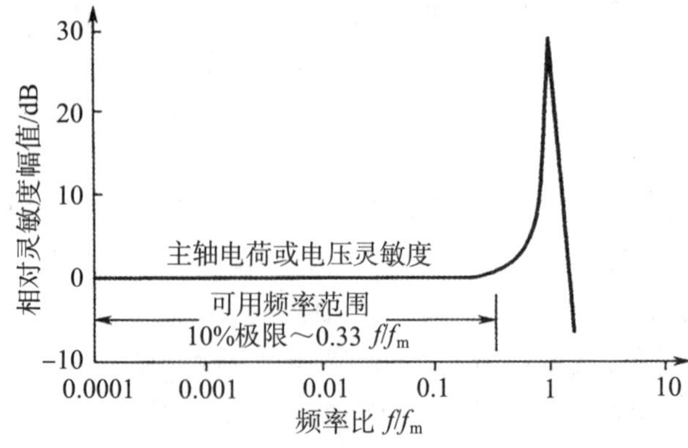

图15-2 压电加速度计的频率响应曲线

3. **动态范围**

加速度计测量加速度的范围(动态范围),其下限决定于连接电缆的噪声和配用的电子仪表的本底噪声,典型的可低至0.01 m/s^2;其上限取决于压电组件的非线性和加速度计的结构强度。对于测量振动的加速度计,规定灵敏度线性变化在5%以内的最大加速度为最大可测上限,典型的可至50 000 m/s^2～100 000 m/s^2;对于测量冲击的加速度计,规定灵敏度线性变化在10%以内的最大加速度为最大可测上限,一种特为冲击测量设计的加速度计最高可达1000 km/s^2。

4. **幅值线性度**

理论上在测量频率范围内传感器灵敏度应为常数,即输出信号与被测振动成正比。实际上传感器只在一定幅值范围保持线性特性,偏离比例常数的范围称为非线性,在规定线性度内可测幅值范围称为线性范围。

5. **横向灵敏度**

加速度是一个矢量,它有三个分量,当我们指定某一方向进行测量时,不希望其他两个正交方向的横向振动也产生输出信号,也就是要求加速度计的横向灵敏度尽可能低。一般用横向灵敏度和主向灵敏度之比的百分数来表示横向灵敏度的高低,叫横向灵敏度比。出厂时加速度计上都标有最小横向灵敏度的方向,并给出横向灵敏度比,通常小于3%～5%。当需要同时测量三个轴向振动时,可选用三轴向加速度计,如AHAI6301和CA-YD-116。

15.1.3 加速度计的安装

正确地将加速度计安装到被测振动物体上是很重要的。要求加速度计和被测物体之间的安装表面平直光滑,机械连接越紧密牢固,其使用的上限频率越高。我们可以用螺栓、磁性吸座、胶粘等方法来安装,如图15-3所示,当指示仪器没有浮动地线时,采用绝缘安装方法比较好,这样可以减小地回路的噪声。

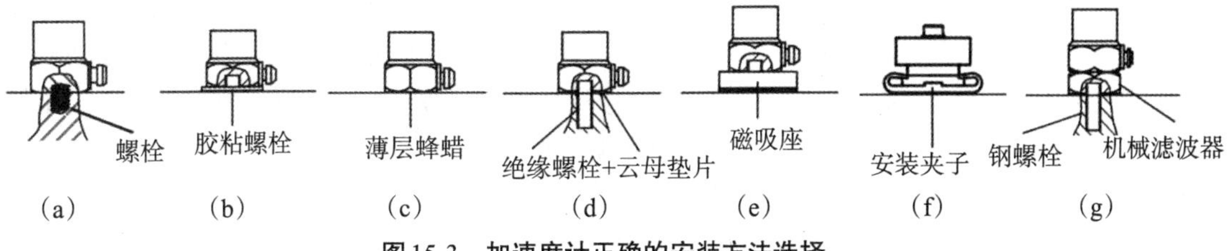

图15-3 加速度计正确的安装方法选择

加速度计使用和安装的基本原则如下。

(1) 安装加速度计的平面应平整光洁,并且与被测对象之间有最直接或短传递路径。对单轴向加速度计,要注意测量的方向,即主轴方向是不是所关心的测量。

(2) 使用螺栓连接时,加速度计可达到最高的安装谐振频率,因此在可能条件下都采用这种安装,安装的螺纹孔应与表面垂直。

(3) 在钻孔和攻丝固定孔不可行的地方,胶粘螺柱可提供最佳安装方案。在环氧树脂或氰基丙烯酸酯水泥的帮助下,可将此类胶粘螺柱固定在试验对象上。频率响应几乎与使用普通螺柱获得的频率响应一样好。必须避免使用软胶,因为它的耦合刚度显著降低,这将大大降低加速度计的有效频率范围。

(4) 蜂蜡固定法适合在常温下、传感器重量小于100 g时使用，非常方便，但温度被限制在40 ℃以下。最大振级为100 m/s²。

(5)加速度计的电气绝缘性能是各不相同的，有的本身带有绝缘底座，大多数则需使用绝缘螺栓外加云母垫片附件来保证绝缘。绝缘螺钉接触面垫以云母垫片固定；绝缘螺钉安装可很好的解决测量系统的地回路问题。

(6)使用黏接剂安装，如快干胶502等，频率特性较宽，但不宜使用软性黏接剂。使用前，安装部位的表面必须用碳氢化合物溶剂（如丙酮）清洗，应使清洗溶剂远离电缆和连接器。应将传感器快速压入黏接剂，以达到薄的黏接层。这种方法的缺点是胶水易弄脏螺孔，温度也受到一定的限制。在拆卸传感器时应从侧面轻轻剪切，而不是从安装的垂直面拔。一般不建议直接黏接加速度计，而是先把加速度计卡到一个塑料垫片上，再把垫片粘接到被测物表面。

(7)磁吸座安装适合快速测量，但使用磁性底座最高振级和测量频率受到限制。这一安装方法使得安装共振频率下降到7 kHz左右，从而使最高可用频率下降到2 kHz（即1/3安装共振频率附近）。磁吸座的吸力也有限，可测振动范围不超过2000 m/s²。

(8)双面胶带安装。其中，666型双面胶工作温度可达+52℃，薄且透明。3M9473型双面胶可耐+125℃，但稍厚。

(9)当电缆线不够长而使用多根电缆串联时，应注意保证连接器不被灰尘、水或导电材料污染。

(10)对小而轻的物体（如小叶片）要考虑安装加速度计后的质量加载效应，一般加速度计与被测物的质量比要小于1/10。

(11)请勿将传感器掉落到结实的坚硬表面。

(12)各种传感器都不能在超出规定的温度范围外工作。

在实际测量中，加速度计的谐振频率往往处于指示仪表频率范围内，如果被测振动的频谱中包含有这一固有频率成分，哪怕强度很微弱，都可能由于受迫作用而产生谐振。此外，被测振动（如风动工具）的频谱中也可能含有高振级的高频成分。这样，在低频，尤其是低频低振级测量时，高频成分可能“淹没”低频成分而无法检测；在窄带测量时，因前置放大器过载而产生很大的测试误差；而瞬时的高强度振动或冲击甚至会毁坏加速度计。为此，在加速度计与被测对象之间安放一个机械滤波器（图15-3(g)），机械滤波器两极间黏弹性阻尼材料丁基橡胶，它还可以有效地防止测试过程中的回路干扰。

15.1.4 加速度计的电缆连接

在振动测量中往往要使用电缆将加速度计与电荷放大器或电压放大器连接，电缆可能以噪声形式出现低振级振动。为了尽可能降低这种噪声，需要使用带有降噪处理的特殊同轴电缆并良好接地，同时避免电缆急剧弯曲或扭曲，因为这不仅会减弱降噪效果，还会损坏连接器。另外，应尽量将电缆远离可能会引起外部噪声的强电磁场源。压电式电荷型加速度计的电缆要可靠固定（图15-4）。电荷型传输电缆在测量过程中发生晃动、弯曲、拉伸将引起电缆的导体与屏蔽层之间的电容和电荷的变化，从而引入更多的干扰。ICP式内置放大电路加速度计的传输电缆受干扰的影响要小得多。

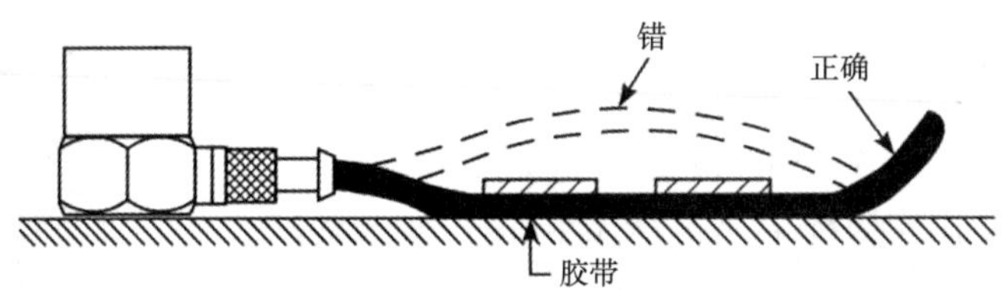

图15-4 加速度计电缆安放示意图

由于电缆线的电容量影响加速度计的高频响应，而电缆线电容与它的长度成正比，对于连接电荷放大器的电缆线最大长度应有限制。图15-5所示显示了输入负载电容（主要是电缆线电容）对电荷放大器高频响应的影响，说明电缆越长高频时衰减越大。

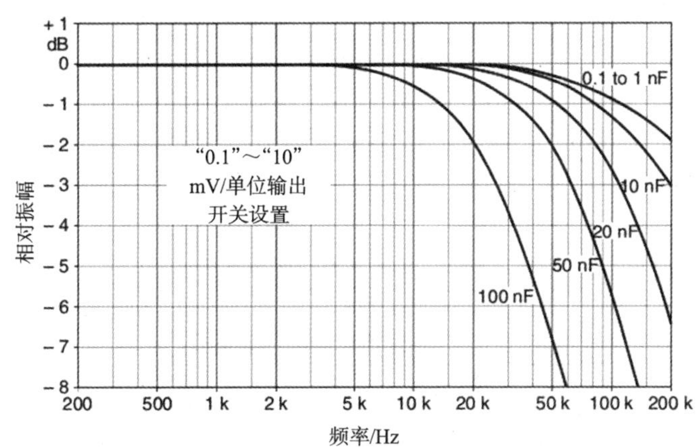

图15-5 输入负载电容对电荷放大器高频响应的影响

对于CCLD加速度计连接长电缆时的最大输出电压取决于其工作时的电源电流，以及连接电缆的电容性负载。

以m为单位的最大电缆长度（对于1%失真）是

$$L = 140\,000 \times \frac{I_s - 1}{f \times V_o \times C_m} \tag{15-3}$$

式中，I_s——电源电流，单位为mA；

f——频率，单位为kHz；

V_o——输出电压，单位为V_{peak}；

C_m——电缆电容，单位为pF/m。

15.1.5 IEPE加速度计

另一内装集成电路的压电式加速度计称为IEPE（integral electronic piezoelectric），又称ICP型或CCLD型加速度计，是自带电荷放大器或电压放大器的加速度传感器（例如AHAI 6103和CA-YD-184）。这种传感器提供低阻抗的输出电压，输出阻抗小于100 Ω，可以直接连接到一般放大器的输入端，不再需要另加高阻抗的电荷放大器或电压放大器。它由2 mA～20 mA恒流源供电，因此输出仍为两线，不需另加电源线，而且可以传输长距离，使用非常方便，已被普遍选用。其缺点是内含微电路，不适宜极高和极低温度，冲击和振动极限通常比较低。

15.1.6 标准加速度计

图 15-6 8305 型标准加速度计

HBK8305(双端安装)(图 15-6)和 8305-001(单端安装)是一种标准加速度计,采用PZ 100石英晶体压电元件,其内部结构为倒置的、中心安装的压缩式设计,敏感元件受基座应变和横向振动的影响极低。8305 及 8305-001 具有极高的长期稳定性,是世界公认的标准加速度计。用比较法校准时,被检加速度计可以直接通过 10-32UNF 螺栓背靠背安装于 8305 之上。每只标准参考加速度计出厂时均提供采用 ISO 16063 标准的激光干涉法校准的参考灵敏度等数据。

HBK8344-B-001 和 8344-B-002 低频标准加速度计适合于低频和低振动量级测试,具有低噪声、高灵敏度的特点,可用作振动校准系统(ISO 16063-21 标准比较法)的参考标准加速度计和工作标准加速度计。其中,8344-B-002 的量传频率下限可低至 10 mHz。8344-B 系列低频参考标准加速度计内部元件采用三角剪切设计,外壳气密,采用CCLD供电,支持TEDS,底部M5螺纹孔可供安装。

表 15-1 所列为几种加速度计的主要性能。

表 15-1 几种加速度计的主要性能

型号	类型	灵敏度/g	频率范围/Hz	使用极限/(m·s^{-2})	温度范围/℃	引出方式	质量/g	内部结构	安装方式	尺寸/mm
HBK8305	标准	1.25pC	0.2～11.5k	10000		L5	40		M5 螺纹	ϕ16×29
HBK8344-B-001	低频参考标准	490 mV	0.5～3k	14	−58～+212	侧端	176		M5 螺纹	
HBK8347-C	宽温工业用	9.8 pC	1～12.8k	1000	−196～+482	TNC	60		3×M4 螺纹	
HBK4520	三轴向	10 mV	2～7k	500 P−P	−51～+121	4 芯 UNF	2.9		胶粘	
AHAI6101	通用型	25 pC	1～10 k	1500	−20～+60	L5	15	压缩	M5 螺纹	ϕ17×23
AHAI6102	通用	50 pC	1～6 k	850	−20～+60	L5	35	剪切	M5 螺纹	ϕ16×26
AHAI6103	通用 IEPE	50 mV	1～5 k	100	−20～+60	BNC	12	压缩	M5 螺纹	ϕ18×35
AHAI6104	低频	400 mV	1～80	10	−10～+60	3 芯	550	压缩	平放/垂直	60×60×65
AHAI6300	三轴向坐垫式	20 mV	0.5～2 k	250	−20～+60	X9−6	550	剪切	平放	坐垫 ϕ205
AHAI6301	三轴向 IEPE	20 mV	0.5～4 k	250	−20～+60	3 向 L5	36	剪切	M5 螺纹	26×26×13
AHAI6303	三轴向 IEPE	500 mV	0.2～500	10	−10～+60	4 芯	800	剪切	M8 螺纹	60×60×61.5

由表15-1所列可知，重量比较轻的加速度计，工作频率高，最大可测加速度值大，但灵敏度低。反之，比较重的加速度计，灵敏度高，可测较低加速度值，但工作频率低。

15.2　其他振动传感器

15.2.1　无线智能振动传感器

YE5955型无线传感器，是集物联网和振动传感器于一体的新型振动测量仪，可以定制三轴向。该测量仪集成了振动温度传感器，高性能低功耗的ARM处理器，16位AD转换器和数字信号处理单元，其中YE5955-W通过2.4G Wi-Fi与上位机直接进行通信，将振动温度特征信息和实时波形传送到上位机，通信距离100 m可视距离。可以输出加速度、速度、位移、峭度、歪度等特征值和实时加速度波形。测量准确度为满度值的±0.5%，采样频率16 kHz(最高32 kHz)，温度测量范围−40℃～120℃，测量误差±1℃。

Geniitek-VB12手持式蓝牙温振复合传感器是一款小型的蓝牙无线振动检测传感器，具备温度、振动、倾角等检测功能。内置智能FFT频谱分析算法，既能采集加速度原始数据，又能采集振动烈度时域和频域波形数据。配套APP和云端软件，方便用户采集振动数据，并上传振动数据到云端。采用有线供电和可充电锂电池供电。外壳采用高强度合金和工程塑料，适应高温强振的恶劣工业现场。搭配三防手持设备和专业APP实现数据采集、传输、存储和分析，代替传统振动点检设备。

Eagle无线智能振动采集器是法国ACOEM公司Oneprod品牌新推出的智能监测系统。无线智能解决方案能分析动态振动信号，发现早期故障，从而实现设备预测性维护和智能化管理，可以很方便地监测更多关键设备。Eagle无线智能振动传感器由单轴或三轴无线传感器、网关、nest分析软件所构成。传感器由无线网络接入路由器，温度测量范围 −20℃到120℃。传感器数据处理功能包括嵌入式FFT、速度总振值和加速度总振值；可以周期采集、基于运行状态采集、基于报警状态采集和智能采集。传感器输出功率3 dBm，中继器和路由器输出功率14 dBm，接收信号灵敏度−101 dBm。

BD1901型轴承故障诊断仪由智能传感器和手机加APP组成，三轴X，Y和Z方向的同步采集测量和FFT显示。可以实现轴承的初级健康评估。凭借其独特的轴承状态快速诊断和计量性能，BD1901确保机器可以无风险地连续运行。所有监测数据来自X、Y、Z三个方向，通过一次测量可以检测出任何方向上产生的故障。根据ISO 10816-3的分类用智能3D指示灯报警状态，绿色指示标表示没有轴承缺陷；红色指示标表示存在不平衡或不对中缺陷；黄色指示标表示需要监控的其他缺陷。除振动读数和智能指示器外，还可将来自三个方向的振动信号组合成一个FFT显示，该显示可以在信号中观察到故障频率和对应的幅值。通过自动定位频率位置，可以很容易地识别轴承是否存在故障。内含基于轴承制造商或轴承型号30000+以上的轴承参考；自动计算轴承故障频率BPFO，BPFI，FTF，BSF。标准移动系统兼容iOS(9.3或以上)，Android(4.4.2或以上)。在手机上显示分辨率为3200线，频率范围为2 Hz～2000 Hz，显示类型为线性或对数，它同时具有触摸屏缩放功能。

AHAI 6031型座垫式三轴向振动传感器是一款数字加速度传感器，内置蓝牙模块，通过蓝牙与电梯振动测量APP以及动态信号分析仪APP配套使用，由智能手机或平板电脑控制仪器工作，并在手机或平板电脑上完成数据采样、存储及分析，测量振动的加速度、速度、位移与频谱等指标。可应用于人体全身振动测量、车辆及电梯乘坐舒适性测量等领域。

几种无线智能传感器如图15-7所示，表15-2列出了它们的主要性能比较。

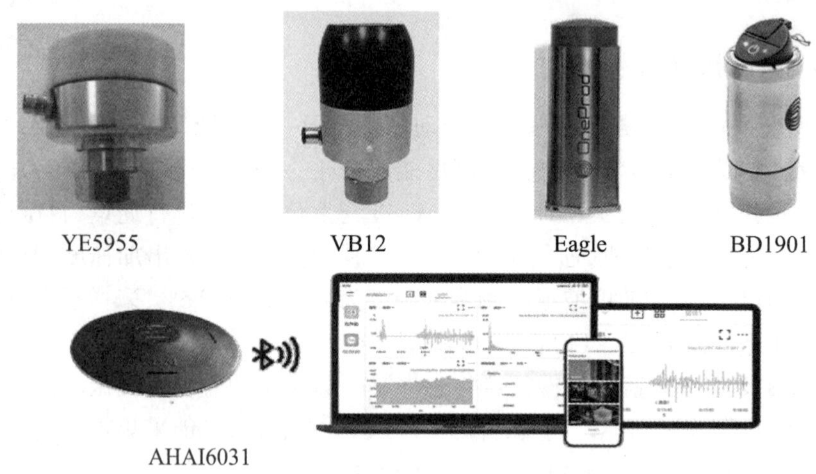

图15-7　无线智能振动传感器

表15-2　无线智能传感器主要性能比较

型号	YE5955 无线传感器	VB12 温振复合传感器	Eagle 智能振动采集器	BD1901 轴承故障诊断仪	AHAI6031 座垫式振动传感器
轴	1或3轴	3轴	1或3轴	3轴	3轴
灵敏度	±25 pC/g			100 mV / g	
频率范围	0.5 Hz～5000 Hz	10 Hz～1000 Hz	Z:1Hz～15 kHz XY:1 Hz～6 kHz	Z：0.4 Hz～15 kHz XY：0.4 Hz～6 kHz	0.5 Hz～400 Hz
使用极限		±16 g	±50 g	满量程 80 g	±2 g~±8 g
传感器数据处理功能	加速度、速度、位移、峭度、歪度等特征值； 实时加速度波形	轴加速度峰值、轴速度有效值（振动烈度）、轴位移峰峰值、轴振动频率、波形、倾角、表面温度、FFT	嵌入式FFT，速度总振值，加速度总振值	振动速度，加速度，位移的RMS值； 轴承缺陷因子（DEF）； 自动计算轴承故障频率	
工作温度范围	-40 ℃～+80 ℃	-40 ℃～85 ℃	-20 ℃～60 ℃	-20 ℃～60 ℃	-10 ℃～50 ℃
传输	2.4 GWi-Fi	蓝牙BLE 5.0	以太网接口10/100Base-T 以太网通道， RJ45接口	蓝牙	蓝牙
无线传输距离	可视距离 100 m	150 m	可视距离100 m、工厂环境60 m	视线环境可达25 m	
防护等级	IP65以上	IP67	满足IP67，IP68	IP65	
电源		充电锂电池或有线供电		可充电锂电池，由USB充电	3.7 V/350 mA锂电池，可连续工作6 h

15.2.2 MEMS加速度计

随着MEMS技术的发展，惯性传感器件在过去的几年中成为非常成功、应用非常广泛的微机电系统器件之一，而微加速度计(microaccelerometer)就是惯性传感器件的杰出代表。微加速度计的理论基础就是牛顿第二定律。根据基本的物理原理，在一个系统内部，速度是无法测量的，但却可以测量其加速度。如果加速度已知，就可以通过积分计算出线速度，进而可以计算出直线位移。结合陀螺仪(用来测角速度)，就可以对物体进行精确定位。根据这一原理，人们很早就利用加速度计和陀螺进行轮船、飞机和航天器的导航，近年来，人们又把这项技术用于汽车的自动驾驶和导弹的制导。汽车工业的迅速发展又给加速度计找到了新的应用领域，汽车的防撞气囊就是利用加速度计来控制的。作为最成熟的惯性传感器应用，现在的MEMS加速度计有非常高的集成度，即传感系统与接口线路集成在一个芯片上。

微加速度计的类型有以下几种。

1. 压阻式微加速度计

压阻式微加速度计是由悬臂梁和质量块以及布置在梁上的压阻组成，横梁和质量块常为硅材料。当悬臂梁发生变形时，其固定端一侧变形量最大，故压阻薄材料就被布置在悬臂梁固定端一侧。当有加速度输入时，悬臂梁在质量块受到的惯性力牵引下发生变形，导致固连的压阻膜也随之发生变形，其电阻值就会由于压阻效应而发生变化，压阻两端的检测电压值发生变化，从而可以通过确定的数学模型推导出输入加速度与输出电压值的关系。压电式微加速度计是最早出现的微加速度计，其优点是：结构简单，芯片的制作相对容易，并且接口电路易于实现。其缺点是：温度系数比较大，对温度比较敏感；和其他原理微加速度计相比，其灵敏度比较低，蠕变和迟滞效应比较明显。

2. 电容式微加速度计

电容式微加速度计是最常见的，也有成熟推广的产品。其基本原理就是将电容作为检测接口，来检测由于惯性力作用导致惯性质量块发生的微位移。质量块由弹性微梁支撑连接在基体上，检测电容的一个极板一般配置在运动的质量块上，一个极板配置在固定的基体上。也有采用梳齿阵列电容作为检测接口。电容式微加速度计的灵敏度和测量精度高、稳定性好、温度漂移小、功耗极低，而且过载保护能力较强；能够利用静电力实现反馈闭环控制，显著提高传感器的性能。

3. 扭摆式微加速度计

扭摆式微加速度计的敏感单元是不对称质量平板，通过扭转轴与基座相连，基座上表面布置有固定电极，敏感平板下表面有相应的运动电极，形成检测电容。当有加速度作用时，不对称平板在惯性力作用下，将发生绕扭转轴的转动。当质量平板发生偏移时，可以利用电容的静电力来调节平板的偏转角度，提高系统的测量范围，改善系统的动态特性。其基本特点与电容式类似。

4. 隧道式微加速度计

隧道效应就是平板电极和隧道针尖电极距离达到一定的条件，可以产生隧道电流。隧道电流与极板之间的间隙呈负指数关系。隧道式微加速度计常用悬臂梁或者双端固支梁支撑惯性质量块，质量块在惯性力的作用下，位置将发生偏移，这个偏移量直接影响到隧道电流的变化，通过检测隧道电流变化量来间接检测加速度值。隧道式微加速度计具有极高的灵敏度、易检测、线性度好、温漂小、抗干扰能力强、可靠性高。但是由于隧道针尖制作比较复杂，所以其工艺比较困难。

还有其他一些新型加速度计，譬如基于热阻抗原理的热加速度计，也具有很好的实验结果。

自1977年美国斯坦福大学首先利用微加工技术制作了一种开环微加速度计以来，国内外开发出了各种结构和原理的加速度计，并实现了各种类型微加速度计的产品化，例如美国AD公司1993年就开始批量生产基于平面工艺的电容式微加速度计，现在更是已经应用在各行各业。MEMS加速度传感器不同于压电加速度传感器，它的响应能达到0 Hz，因此通常被认为是DC响应传感器，在分析低频运动或恒定加速运动时非常适用。此产品的特点是硅MEMS感应元件、电容元器件的均一性与重复性。气体阻尼、机械过载保护、尺寸小、硬质氧化铝外壳等都提高了元件的耐久性。电性能方面，此产品提供的压阻、电容加速度传感器包含各种量程，还提供了差分输出信号可以阻止共模噪声。图15-8所示为HCATM公司的MEMS加速度计。

ADI公司推出了一系列新型低噪声、低功耗、3轴加速度计：提供模拟输出的ADXL354；提供数字输出和±2 g、±4 g、±8 g可编程范围的ADXL355；提供模拟输出的ADXL356；提供数字输出和±10 g、±20 g、±40 g可编程范围的ADXL357。它们是新系列高振级加速度计——ADXL1001 (±100g)、ADXL1002(±50g)、ADXL1004 (±500g)超低噪声和24 kHz超高带宽产品的补充。这些器件可用于IMU(惯性测量单元)、平台稳定系统、倾角计和预测性维护系统。这些中高档传感器专为一些要求极为苛刻的传感器应用而设计，例如地震分析、工业和基础设施预测性维护系统。表15-3所列为ADI公司新系列MEMS加速度计的主要特性。

图15-8 HCATM公司的MEMS加速度计

表15-3 ADI公司新系列MEMS加速度计的主要特性

特性	ADXL354	ADXL355	ADXL356	ADXL357	ADXL1001	ADXL1002	ADXL1004
FSR/g	±2～±8	±2～±8	±10～±40	±10～±40	±100	±50	±500
轴数	3	3	3	3	1	1	1
输出	模拟	数字	模拟	数字	模拟	模拟	模拟
带宽/kHz	1.5	1	1.5	1	11	11	24
谐振频率/kHz	2.4	2.4	5.5	5.5	21	21	45
噪声密度/μg√Hz	20	20	80	80	30	25	125
自检	是						
电源电流测试模式	150 μA	200 μA	150 μA	200 μA	1 mA	1 mA	1 mA
温度范围/℃	−40～+125						

15.2.3　力传感器

如图15-9所示为压电式压力传感器，它是基于压电效应，以压电效应为工作原理的传感器，是机电转换式和自发电式传感器。它的敏感元件是用压电材料制作而成，而当压电材料受到外力作用的时候，它的表面会形成电荷，电荷会通过电荷放大器、测量电路的放大以及变换阻抗以后，就会被转换成为与所受到的外力成正比关系的电量输出。它是用来测量力以及可以转换成为力的非电物理量，例如加速度和压力。压电传感器不可以应用在静态的测量当中，原因是受到外力作用后的电荷，只有当回路有无限大的输入阻抗的时候，才可得以保存下来，但是实际上这是不可能的，因此压电传感器只可以应用在动态的测量当中。力传感器是利用电气元件和其他机械把待测的压力转换成为电量，再进行相关测量工作的精密测量仪器，比如很多压力变送器和压力传感器都是力传感器。它主要的压电材料是磷酸二氢胺、酒石酸钾钠和石英。

图15-9　压电式压力传感器

力传感器有很多优点：重量较轻、工作可靠、结构很简单、信噪比很高、灵敏度很高以及信频宽等等。但是它也存在着某些缺点：有部分电压材料忌潮湿，因此需要采取一系列的防潮措施，而输出电流的响应又比较差，那就要使用电荷放大器或者高输入阻抗电路来弥补这个缺点。

15.2.4　阻抗头

在振动激励试验中经常使用一种名为阻抗头的装置，它集压电式力传感器和压电式加速度传感器于一体。其作用是在力传递点同时测量激振力和该点的运动响应。阻抗头结构如图15-10所示，它安装在激振器项杆与试件之间。阻抗头前端是力传感器，后面是测量激振点响应的加速度传感器，在结构上应当使二者尽量接近。它的优点是，保证测量点的响应就是激振点的响应。

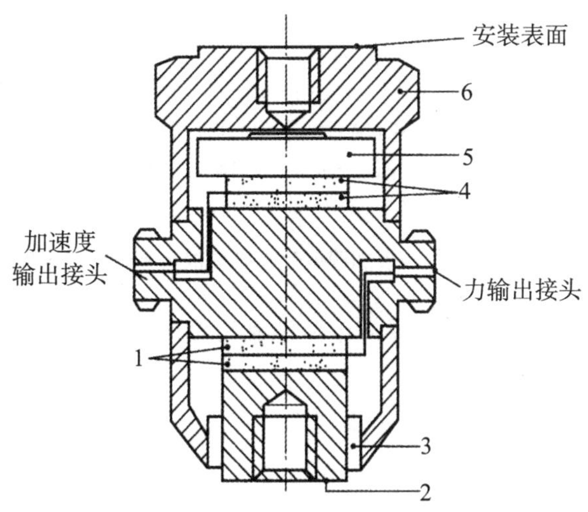

1，4—压电片；2—激振端；3—密封橡胶；5—质量块；6—钛质壳体。

图15-10　阻抗头结构

阻抗头提供了一种简单的方法来测量点的机械移动性和阻抗。它们可以用于多种结构，包括转子叶片、聚合物、人体、仿真乳突、焊缝、木材和金属面板。

阻抗头在使用中需要注意的是，它只能承受轻载荷，因而只可以用于对轻型结构、机械部件以及材料试样的测量。无论是力传感器还是阻抗头，其信号转换元件都是压电晶体，因而其测量电路均为电压放大器或电荷放大器。

15.3　振动前置放大器

振动前置放大器的基本作用是把压电加速度计的高阻抗输出转换为低阻抗的信号，以便直接送至测量仪器或分析仪器中。与压电加速度计配用的前置放大器有两种，即电荷放大器和电压前置放大器。

15.3.1　电荷放大器

电荷放大器给出一个与输入电荷成正比的输出电压，但并不对电荷进行放大。电荷放大器的最明显的优点在于无论使用长电缆还是短电缆都不会改变整个系统的灵敏度，因此在振动测量中优先采用电荷放大器。

电荷放大器采用一个运算放大器，这个运算放大器的反馈回路上接一只电容器，以形成一个积分网络对输入电流进行积分，这个输入电流是由加速度计内部的高阻抗压电元件上产生的电荷形成的，从而形成与电荷，最终也与加速度计的加速度成比例的输出电压。图15-11表示压电加速度计和电荷放大器相连接的等效电路。

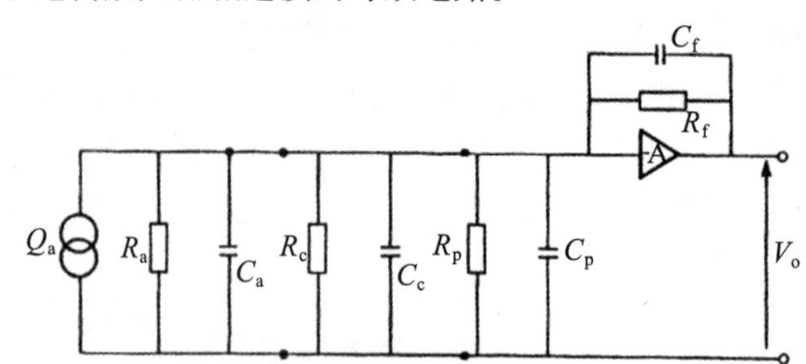

Q_a—压电加速度计产生的电荷（与所加的加速度成比例）；C_a—加速度计的电容量；
R_a—加速度计的电阻值；C_c—电缆和连接插头的电容量；R_c—电缆和连接插头的电阻值；
C_p—前置放大器输入电容量；R_p—前置放大器输入电阻值；C_f—反馈电容量；
R_f—反馈电阻值；A—运算放大器增益；V_o—放大器输出电压。

图15-11　电缆连接加速度计和电荷放大器的等效电路

由于加速度计的电阻值、放大器输入电阻值和反馈电阻值都很大，因此，图15-11所示电路可以简化为图15-12所示电路。

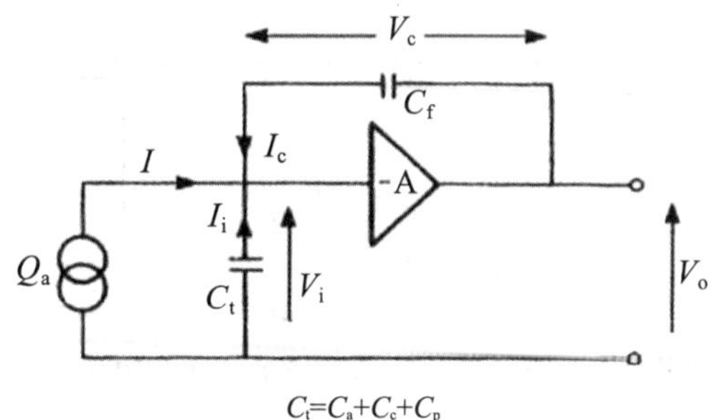

$C_t=C_a+C_c+C_p$

I—从加速度计出来的总电流；I_i—从C_t出来的电流；

I_c—运算放大器反馈回路上的电流。

图15-12 加速度计和电荷放大器相连的简化等效电路

经计算可得

$$V_o=-\frac{Q_a}{C_f} \tag{15-4}$$

从式(15-4)可见，输出电压与输入电荷成正比，也就是输出电压与加速度计的加速度成正比。前置放大器的增益由反馈电容值决定，而输入电容值对输出电压值并不起作用，也就是说改变电缆线长度并不影响系统的灵敏度。由于电荷放大器的这一显著特点，它不仅应用在测振仪内作为前置放大器，而且还作为单独产品与加速度计配合使用，这种电荷放大器还可具有加速度计灵敏度适配、放大、积分以获得速度信号和位移信号，输入、输出过载报警，以及进行低频和高频滤波以去除无用信号等功能，有时称它们为适调放大器。

15.3.2 电压前置放大器

电压前置放大器检测由振动引起的加速度计上的电压变化，并产生与此成比例的输出电压。与电荷放大器相比的缺点是，电缆电容量的变化引起整个灵敏度的变化。

将一个加速度计连到电压前置放大器的等效电路见图15-13。除了运算放大器连接成增益为1的电压缓冲器，其余与图15-11完全一样。同样，R_a、R_c和R_p也很大可视为开路。当加速度计不接电缆，也不与前置放大器相连时，它有一个输出电压V_a。

$$V_a=-\frac{Q_a}{C_a} \tag{15-5}$$

可以计算出加速度计的电压灵敏度S_{va}(mV/ms^{-2})和电荷灵敏度S_{qa}(pC/ms^{-2})的关系，

$$S_{va}=\frac{S_{qa}}{C_a+C_c+C_p} \tag{15-6}$$

$$=S_{va}(\text{开路})\frac{C_a}{C_a+C_c+C_p} \tag{15-7}$$

由于电荷灵敏度S_{qa}和C_a是加速度计的常数，故电压灵敏度S_{va}与电缆的电容量有关，这意味着如果更换电缆，电压灵敏度随之改变，从而需要重新进行校准，使用很不方便。另外，如使用较长电缆线会使信噪比降低。因此它一般不作为单独仪器使用，而是与加速度计配合使用，在加速度计附带电缆线长度固定不变的场合使用电压前置放大器。

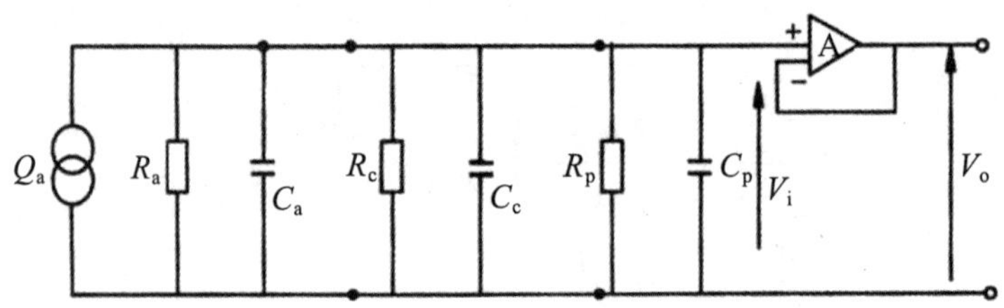

图15-13 用压电加速度计作为一个电压源的电压前置放大器的等效电路

15.4 通用振动计

通用振动计是用于测量振动加速度、速度、位移的仪器，可以测量机械振动和冲击振动的有效值、峰值等，频率范围从零点几赫兹到几千赫兹。模拟通用振动计由加速度传感器、电荷放大器、积分器、高低通滤波器、检波电路及指示器、校准信号振荡器、电源等组成。其工作原理方框图如图15-14(a)所示。

加速度传感器检取的振动信号经电荷放大器，将电荷信号转变为电压信号，送到积分器经两次积分后，分别产生相应的速度和位移信号。来自积分器的信号送到高低通滤波器，滤波器的上下限截止频率由开关选定。之后信号送到检波器，将交流信号变换为直流信号。检波器可以是峰值或有效值检波，在一般情况下，测加速度时选峰值检波，测速度时选有效值(RMS)检波，测位移时选峰-峰值检波。检波后信号被送到表头或数字显示器，直接读出被测振动的加速度、速度或位移值。

通用振动计内的校准信号振荡器使得仪器具有自校的功能，可根据传感器的灵敏度来调节整机灵敏度。而有的振动计具有加速度计灵敏度适调开关，则灵敏度适调功能由该开关完成。模拟振动计还可以外接滤波器进行频率分析。

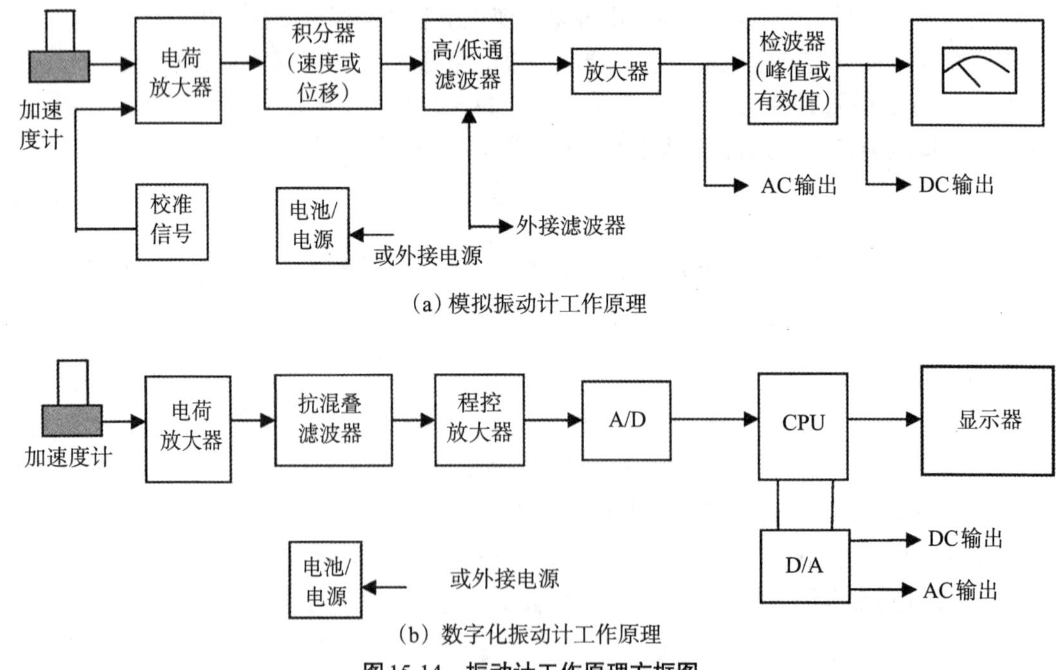

(a) 模拟振动计工作原理

(b) 数字化振动计工作原理

图15-14 振动计工作原理方框图

随着大规模集成电路和软件技术的发展，振动计也已经实现数字化，图15-14(b)为数字化振动计的工作原理方框图。从电荷放大器来的模拟信号经抗混叠滤波器和程控放大器送到A/D变换器，将模拟信号转换为数字信号，由CPU对数字运算实现积分、高低通滤波、检波以及频率分析等功能，运算结果由显示器显示。经D/A变换器可将数字信号变换为模拟的直流和交流信号输出。通过软件还可以实现许多模拟电路无法实现的分析测试，使得仪器的功能大大提高。

振动计的选择首先要依据测量对象的振动类型(周期振动、随机振动和冲击振动)、振动的幅度，以及对于所研究的振动确定合适的测量项目(加速度、速度、位移、波形记录和频谱分析)，选择合适的振动测量或分析系统。有的振动测量研究只需了解振动的位移值(如机械轴系的轴向和径向振动)，有的研究了解振动的速度值(如机械底座、轴承座的振动)，而且常常把振动烈度，即10 Hz～1 kHz频率范围内振动速度的有效值作为评价机器振动的主要评价量。另外还需考虑测量的频率范围，幅值的动态范围，仪器的最小分辨率。对于冲击测量还应考虑振动测量仪的相位特性，这是因为在冲击振动频谱分量所确定的频率范围内，不仅要求测量设备的频率响应必须是线性的，而且要求设备的相位响应不能发生转变。

图15-15所示为几种振动测量仪器。

AHAI3001型工作测振仪是一种具有物联网技术的振动分析仪器。可以对振动加速度、速度、位移的峰值、峰峰值、有效值同时进行测量。测量结果可以保存在仪器内部，也可以实时通过蓝牙、Wi-Fi、4G网络、RS485接口上传到计算机、前端服务器、云服务器上。它既可以用于振动现场测量，也可以用于振动长期在线监测。用户还可以选配振动1/3 OCT频谱分析和手传振动测量功能，用于振动特征分析和人体手传振动测量。

AHAI3002型工作测振仪采用了数字信号处理技术，支持对1s时间和一段时间的振动加速度、速度、位移的峰值、峰峰值、有效值同时进行测量。该仪器符合《测振仪检定规程》(JJG 676—2019)要求，适用于电机、泵、风机、家用电器、压缩机、烟机、发电机、齿轮箱等机械设备的出厂检验、状态监测和故障诊断。该仪器还具有手传振动测量功能。

RION公司的VA-12型振动分析仪是一种便携式手持振动分析仪，适用于现场设备诊断和振动测量，能同时测量并显示振动加速度、速度、位移和峰值系数，能在现场直接进行FFT分析。在振动模式下，通过加速度测量(1 kHz以上)实现对轴承和齿轮等的缺损检测；通过速度的中频范围的测量(10 Hz～1 kHz)，实现对不平衡、偏移、螺栓松动、机械松动、振动烈度和金属疲劳度等的检测；通过低频范围的位移测量(200 Hz以下)发现由拉力或压力等产生的静态变形所引起的损伤问题和影响加工精度。在FFT模式下，可以通过频率分析进行生产线上的产品检验或检测异常振动，例如，着眼于某个特定的频率，判断是否有与其相近的频率成分发生，或者以某个合格产品的频率频谱作为基准数据，通过与基准数据进行比较来判断产品的优劣。通过旋转机械的精密诊断可以具体确定异常的原因、程度以及发生部位等。通过结构体谐振频率的测量，当施加外力的频率与谐振频率接近时，结构体将发生很大的振动，进而导致机械破损或产生不良品。为避免发生以上现象，测量谐振频率具有非常重要的意义。

VM-63C型振动测量仪和TIME7126型笔式测振仪能直接将加速度计顶在被测振动物体上进行测量，可分别读取加速度的峰值、速度的有效值和位移的峰峰值。适用于巡检人员对电机、风机、泵、压缩机、机床等设备的快速检查，对机械设备的预知性故障快速排查。

振动测量仪的主要性能见表15-4所列。

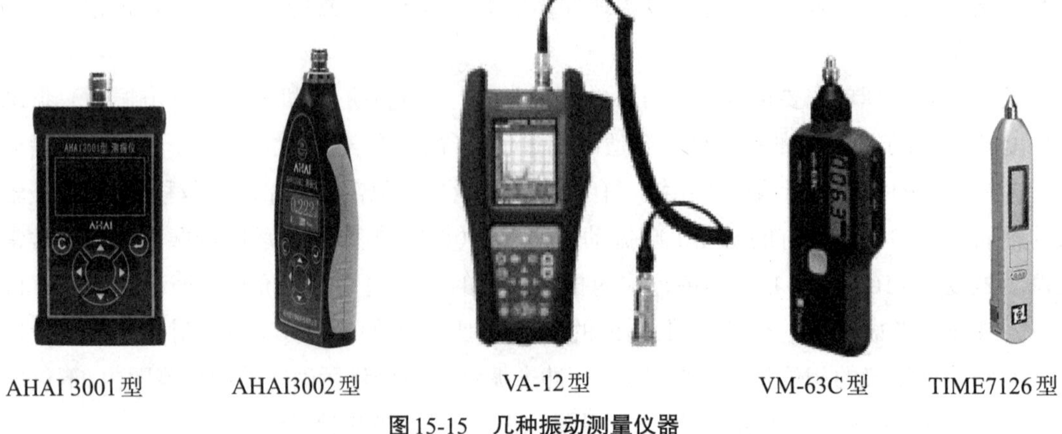

AHAI 3001型　AHAI3002型　VA-12型　VM-63C型　TIME7126型

图15-15　几种振动测量仪器

表15-4列出了几种振动测量仪器的主要性能比较。

表 15-4　几种振动测量仪器的主要性能比较

产品型号		AHAI 3001型 振动计	AHAI 3002型 振动计	VA-12型 振动分析仪	VM-3C型 振动测量仪	TIME 7126型 笔式测振仪
通道数		1	1	1	1	1
传感器		加速度传感器， 灵敏度约：3.0 pC/m·s^{-2}	ICP和电荷型加速度计，支持IEEE1451.4智能传感器	ICP型加速度计 PV-57 I	剪切型加速度计	加速度一体化传感器
测量范围	加速度	0.1～400 m/s^2	0.03～1400 m/s^2	0.02～141.4 m/s^2 RMS	0.1～199.9 m/s^2 Peak （RMS×$\sqrt{2}$）	0.1～199.9 m/s^2 Peak
	速度	0.1～4000 mm/s	0.1～2000 mm/s	0.2～141.4 mm/s RMS	0.1～199.9mm/s RMS	0.1～199.9mm/s RMS
	位移	0.001～40 mm	0.002～12 mm	0.02～40.0 mm P-P	0.0001～1.999 mm P-P （RMS×$\sqrt{2}$）	0.01～1.999 mm P-P
频率范围	加速度	10 Hz～13 kHz	10 Hz～13 kHz	1 Hz～20 kHz	10 Hz～1 kHz(Lo) 1 kHz～15 kHz(Hi)	10 Hz～1 kHz
	速度	10 Hz～1 kHz	10 Hz～5 kHz	3 Hz～3 kHz	10 Hz～1 kHz	10 Hz～1 kHz
	位移	10 Hz～400 Hz	10 Hz～2 kHz	3 Hz～500 Hz	10 Hz～1 kHz	10 Hz～500 Hz
频谱分析		选配：1/3 OCT	选配：1/3 OCT	FFT的时间波形、光谱、加速度包络线处理（1 kHz～20 kHz）	—	—
主要测量指标		同时测量a、v、s的有效值、峰值、峰峰值、最大值、最小值、VLA，T和频率		a的有效值、峰值、峰值系数； v的有效值 s的等效峰峰值	a的正弦波峰值； v的有效值 s的正弦波峰峰值	a的正弦波峰值； v的有效值 s的正弦波峰峰值
显示器		1.5吋128×64点阵OLED	1.5吋128×64点阵OLED	240×320点阵TFT彩色液晶	3-1/2位LCD	3-1/2位LCD
储存		4 MB Flash RAM	基本功能：680组 全功能：220组	SD卡（2G）	松开按钮保持示值	自动关机
外形尺寸/mm		104×55×23		213×105×36	213×105×36	150×22×18
信号输出		RS232/RS485、DC、AC		USB	AC	
电源		锂电池：3.7 V/1 Ah 外接：5 V/2 A	锂电池：6 V/1 Ah 外接：5V/2A	8节5号电池	2节5号电池 耗电约35 mA	2×1.5V （LR44或SR44）

15.5 振动烈度测量仪

15.5.1 概述

《旋转与往复式机器的机械振动对振动烈度测量仪的要求》(GB/T 13824—2015/ISO 2954 : 2012)规定了在机器壳体上，特别是特定机器趋势监测所做重复测量的不确定度不超过规定值时,振动烈度测量仪应满足的要求。它适用于直接显示或记录振动速度均方根(RMS)的仪器。在所规定的测量频率范围内,这些仪器也可以用于测量精度相近的其他场合，例如结构、隧道、桥梁等振动速度的测量，也可以包括相位测量。

振动烈度测量仪器通常包括振动传感器、指示器和电源系统。测量的频率范围是10 Hz～1 000 Hz，也可以包括其他的频率范围,例如使用低至2 Hz甚至更低的频率作为截止频率。

15.5.2 测量参数

仪器应能测量表15-5中列出的测量参数，至少能测量规定频率范围内的振动速度均方根值。

具有合适带宽的带通滤波器可以从宽频带测量中滤波获得离散频率点的量值。还可以通过测量相对于轴触发标记或类似信号源的相位，以及峰值或均方根值表示的振幅来得到振动矢量。

测量参数应以模拟电压信号或数字数据显示和/或输出。

表15-5 非旋转部件测量量

测量量	单位[a]	宽频带[b]	离散频率[c]	
位移[d]	μm	RMS	—	峰峰值
振动速度[e]	mm/s	RMS	峰值	—
加速度[f]	m/s^2	RMS	峰值	—

a. 在某些国家和地区,常使用其他单位如inches、in / s和g_n,但最好使用国际制单位。
b. 在规定的频率范围内。
c. 直接测量或从宽带测量中使用带通滤波器得到。如有第二通道和参考信号可用,还可以通过相位测量给出振动矢量。
d. 尤其适合低速范围。
e. 常作为一个通用测量参数。
f. 尤其适合高速范围及滚动轴承测量。参见GB/T 6075.1—2012图6或GB/T 6075.6—2002附录C。
g. 对于滚动轴承测量,也经常采用最大值。

15.5.3 灵敏度和频率响应

在测量频率范围内的灵敏度应不偏离参考灵敏度值，图15-16所示为相对灵敏度的标称值以及1 Hz～10 000 Hz整个频率范围内允许偏差的限值，参考频率是79.4 Hz。参考频率也可以是1000 rad/s，约160 Hz。

为了限制频率范围,在仪器中加入三阶巴特沃斯低通和高通滤波器特性的组合。其定义为

高通

$$H_h(s)=\frac{1}{1+\frac{\omega_1}{Q_1 s}+\left(\frac{\omega_1}{Q_2 s}\right)^2+\left(\frac{\omega_1}{s}\right)^3} \tag{15-8}$$

低通

$$H_l(s)=\frac{1}{1+\frac{s}{Q_3\omega_2}+\left(\frac{s}{Q_4\omega_2}\right)^2+\left(\frac{s}{\omega_2}\right)^3} \tag{15-9}$$

$H_h(s)$和$H_l(s)$的乘积表示带限传递函数。

测量频率范围10 Hz～1000 Hz的参数如下：

f_1=10 Hz，$Q_1=Q_3=1/2$；

f_2=1000 Hz，$Q_2=Q_4=1/2$。

通过改变滤波器的参数，可以依据GB/T 6075各部分测量振动烈度。为避免错误，在给出测量值的同时应说明测量频率范围内的3 dB截止频率，如v_{RMS}（2 Hz～1000 Hz）=7.5 mm/s。

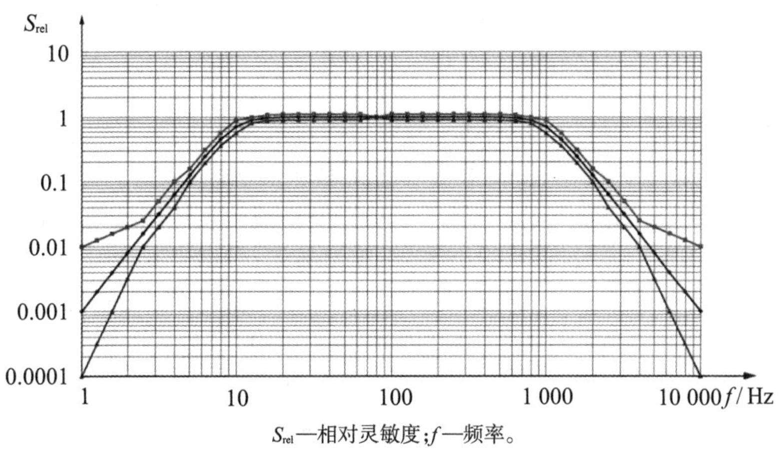

S_{rel}—相对灵敏度；f—频率。

图15-16 相对灵敏度的标称绝对值和允许偏差限值

15.5.4 测量范围

量程的选择应使被测的最低振动烈度值的示值至少等于满量程值的10%。应说明振动烈度仪测量范围的下限与上限，如“振动烈度测量仪测量范围：0.28 mm/s～28 mm/s”。

15.5.5 不确定度和校准

振动烈度测量仪的不确定度包括给定的频率响应允许偏差和参考频率点灵敏度绝对值的不确定度（校准不确定度）。在满量程的10%～100%范围内，包括校准不确定度在内，测量不确定度的最大值为示值的10%。

校准时，应采用正弦振动激励方式对传感器进行校准，且振动方向与传感器灵敏轴的偏差不超过±5°。激励振动速度的总谐波失真应不超过5%。在整个测量频率范围内，已知激励振动速度的扩展不确定度（k=2）应优于3%。

15.5.6 振动传感器

应选用惯性传感器，工作模式为测量被测对象相对于一静止参考系的振动。传感器输出与其相对重力的方向无关。如果使用的传感器输出信号与相对重力的方向有关，应考虑传感器输出信号的重力影响，常见的是电动式速度传感器。

如果所使用的振动传感器是采用附件固定在被测物体上，应采用刚性机械连接，如胶粘、夹具螺纹连接或使用磁座。对于加速度传感器，安装共振频率应高于所测的上限频率。对于速度传感器，结构共振不能出现在所测频率上限以下。传感器横向灵敏度比应小于0.1。传感器线性响应的最大振动速度值应至少为灵敏轴方向上满量程振动速度的3倍。

15.5.7 指示器

指示器可以是指针式仪器、图记录仪、柱形图或数字显示器。

指示器的指示部分应能很容易地读出满量程值1/10以下的值。应标识测量参数和测量单位，例如v_{RMS}，单位mm/s应在显示器上标记或显示出来。

指示器校准的扩展不确定度（ k=2 ）应不超过满量程值的2%。

15.6 便携式智能振动分析仪

图15-17所示为几种便携式智能振动分析仪。

ACE1002型多通道振动仪是一款基于模拟采样技术及数字信号处理技术的振动测量平台，可以同时进行三轴向振动测量，提供实时的频率计权及时间计权分析。可选配6通道同时测量，支持多路机械振动测量，2路三轴手传振动测量或多点环境振动测量。宽量程、高精度、大屏醒目显示，实时掌控数据；全触屏操作，简便易用；数据库支持，查询、索引数据方便；超大空间，存储无忧；蓝牙、Wi-Fi、USB多接口支持，轻松数据共享，一键打印。

YE5942A/B是一种由PDA手持仪、多功能PDA卡、测试分析软件和传感器等组成的振动信号测试和分析仪。功能强大、体积小、重量轻、便于携带。非常适合于现场动态信号测试、显示、分析和存储。YE5942A/B软件主要功能有：Win CE操作平台，提供振动测量和掌上电脑的所有其他功能；时域波形显示，FFT谱分析，矢量谱分析等；总值和多种型式测量；内建数据库，可存储上千点的实时数据；可把保存的数据传输到PC端进行精确分析；支持IEPE加速度计和电涡流位移传感器等多种测量探头测量。

INV3080A采用先进的FPGA/DSP/ARM三处理器协同工作模式，在多处理器高效协调工作、24位模数转换、双核采集技术、数字实时处理和人际交互界面等方面实现了高性能、高精度、多功能、易操作等特点，INV 3080具有与先进数据采集系统相同的高性能特点，采用三处理器协同架构，四通道均在51.2 kHz的采样速率下仍然可以完成大容量连续采集和实时频谱分析等工作，而与其相配的丰富软件更加使之成为多种多样的现场测试设备，使手持式信号分析仪器的性能比肩实验室使用仪器。

FALCON（法康）便携式智能振动分析仪是一个包含了旋转机械状态监测与故障诊断所需的便携式智能振动分析仪，集数据采集、分析和平衡校正于一体，拥有强大的功能且易于使用。无论是状态监测领域专家或者初学者，通过FALCON都可以方便监测设备的振动状态，并得到准确的结果。具有1～4个振动输入通道加1个触发通道，无线测量距离可达10 m。双

DSP数字信号处理器，可以在采集过程中实时显示FFT频谱及振动参数，采样频率204.8 kHz，可选预触发和过触发，1至4096次指数或线性平均，矩形窗、汉宁窗和平顶窗；显示工程单位dB、Hz和RPM。内置带激光瞄准的红外测温传感器，测量温度范围0℃～200℃。频闪仪转速测量范围为0～15 000 rpm，测量距离0.5 m；照相机640×480像素。内置自动诊断模块、可自动诊断常见的机械故障：如不平衡、不对中、松动、共振、轴承故障、齿轮故障、气蚀等。IP65防护标准和Ex Zone2防爆等级。

表15-6所列为几种便携智能振动分析仪性能的比较。

ACE1002型
多通道振动仪

YE5942型手持式信号
测试分析系统

INV3080A
振动分析仪

FALCON
智能振动分析仪

图15-17　便携式智能振动分析仪

表15-6　几种便携智能振动分析仪性能比较

产品型号		ACE1002型 多通道振动测定仪	YE5942型 信号测试分析系统	INV3080A型 振动测试分析仪	FALCON便携式 智能振动分析仪
通道数		3/6	YE5942A型 1 YE5942B型 2	4	1～4个振动输入通道 +1个触发通道
传感器		ACE 8300，灵敏度约10 mV/ms^{-2}	支持IEPE加速度计和电涡流位移传感器等探头测量	通道耦合方式：电压AC、电压DC、IEPE（ICP）	可接ICP加速度，三轴ICP，速度，电涡流位移传感器，及无线三轴加速度传感器（如Eagle）
测量范围	加速度	0.01 m/s^2～1000 m/s^2	140 m/s^2	输入量程：± 100 mV、1 V、10 V	
	速度	0.1 mm/s～10 000 mm/s	300 mm/s	采样频率：51.2 kHz/通道	
	位移	1 μm～100 mm	100 mm	输入噪声：<0.05 mV$_{RMS}$	测量温度：0℃～200℃
	转速			3～3 000 000 rpm	0～15 000 rpm
频率范围	加速度	0.5 Hz～10 kHz	1 Hz～5 kHz		
	速度		1 Hz～2 kHz		
	位移		1 Hz～1 kHz		
频谱分析		1/3 OCT、选配FFT	时域波形显示，FFT谱分析，矢量谱分析等	示波、采样、频谱分析、时域统计、传递函数、互谱、自谱、数据管理等	FFT频谱，高通、低通、带通滤波器和数字滤波，包络分析带宽为中心频率的1/2到1/128
主要测量指标		机械振动及人体振动，各种频率计权支持	总值和多种型式测量		

续表

产品型号	ACE1002型 多通道振动测定仪	YE5942型 信号测试分析系统	INV3080A型 振动测试分析仪	FALCON便携式 智能振动分析仪
显示器	10.5" 触屏		5" 480×800点阵LCD触摸彩屏	7" 显示屏
储存	64G固态硬盘	内建数据库,可存储上千点的实时数据；上传到PC进行分析		24位A/D转换器,4G标准内存
信号输出	蓝牙、Wi-Fi、USB3.0	USB 2.0	USB2.0	USB接口、以太网RJ45接口、Wi-Fi通信接口
电源	可充电锂电池		可充电锂电池,容量12Ah	

15.7 利用声级计测量振动

声级计是测量空气中的振动,振动计是测量固体的振动。把声级计上的电容传声器换成振动传感器(例如加速度计),就可以用于测量固体的振动。1级声级计的频率范围为10 Hz～20 kHz,对于激发噪声的振动已经足够。对振动测量并不需要更高的频率范围,但有时需要测量低至1 Hz的振动,而要将声级计频率下限延伸到1 Hz也不是太困难。对于以前的模拟式声级计,测量振动时需要将声级的分贝示值换算成振动值,对于速度和位移还要用积分器进行积分,再通过专用的振动测量换算尺将声级计上的声级示值换算成加速度、速度和位移值,在《声级计的原理和应用》(张绍栋,孙家麒,1986)一书中比较详细介绍了这种测量的原理和方法,不过现在已经不再使用了。

杭州爱华智能的AHAI3002和AHAI6256噪声振动分析仪,噪声和振动传感器接口均为TNC型,支持IEEE1451.4标准的智能传感器,开机会自动进入振动或噪声分析程序。AHAI3002具有测振仪和手传振动测量功能,AHAI6256可进行手传振动测量、环境振动测量,还具有测振仪、1/3 OCT、低频1/3 OCT、FFT等功能。

现在的声级计基本上都是数字化,只需将测量电容传声器换成加速度计,传声器前置放大器换成电荷放大器,增加内置振动测量软件,就可以实现振动测量和频谱分析,并可直接读取振动测量值,例如AWA6291型信号分析仪。对于采用IEPE型前置放大器的声级计,只需将传声器换成IEPE型加速度计,不需要更换电荷放大器。另外也可以通过USB接口,或者蓝牙和Wi-Fi将智能振动传感器的数字信号传送到声级计,使声级计成为一台振动计,而且可以将性能做得非常强大。

HBK公司的2250型(单通道)和2270型(双通道)声级计只要在它们主机底部连接加速度计,再在原有的包括BZ-7222声级计软件、BZ-7223 CPB分析软件和BZ-7221纯音评估软件外,配置BZ-7230 FFT分析软件和BZ-7234增强型振动和低频软件,就很容易分别组成单通道或双通道振动测量专用系统。

BZ-7230 FFT分析软件,具有高达6400线16 mHz的高分辨率、150 dB动态范围、微积分功能,并具备质量控制和检验的容差窗口功能,是现场机械振动测量的理想工具。

BZ-7234增强型振动和低频软件,使用时域积分,可以测量实际的加速度、速度和位移峰值以及位移的峰-峰值,用于按ISO 10816系列标准评估机器的运行状况。可将1/3倍频程分析延伸至0.8 Hz,以及可进行人体振动(手臂和全身)测量。

选配2981型转速计,还可实时监视转速。图15-18所示是2250-W连接2981转速计和加速度计测量风扇振动的照片。

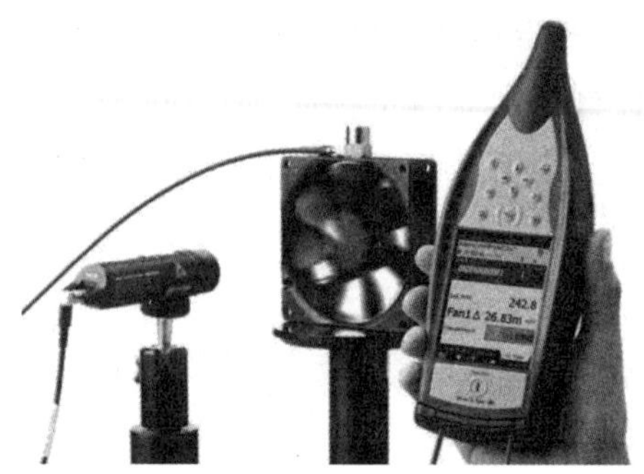

图15-18　2250-W连接2981转速计和加速度计测量风扇振动

15.8　振动数据采集和分析仪

随着大规模集成电路和计算机技术的发展,振动分析仪的发展也非常迅速。振动分析仪是一种智能化振动信号分析仪,通常利用FFT技术进行窄带谱分析和其他分析,或者利用数字滤波器技术进行倍频程、1/3倍频程和更窄相对带宽的频谱分析。分析通道数目可以是单通道,但更多的是双通道及多通道。分析速度很快,可以实现实时分析。前一节介绍的几种手持式振动测试仪也具有振动分析功能,只是由于体积小等原因,通道数一般在1～4通道,功能也不可能做得很强大。

振动分析仪实现振动分析的途径通常有两种:一种是在通用计算机上用软件来实现数字信号处理,这种方式硬件简单、通用,但分析速度较慢,当然它也可以通过采用运算速度更快的计算机及优化软件设计来提高分析速度;另一种是利用信号处理芯片(DSP)进行分析,硬件比较复杂,但分析速度较快。

HBK公司的3560型多分析仪系统是一种带DSP板的通用的、应用很广的分析系统,包括计算机、PULSE软件、Windows NT、Microsoft Office、接口、便携式数据采集前端硬件和DSP板。系统配置有4个输入通道,2个信号发生器输出通道。PULSE软件内容非常丰富,它的基本软件是噪声与振动分析。用户也可以安装其他的软件,如数据记录仪、Vold-kalman阶次跟踪分析仪、模态与结构分析、噪声源识别等等。该仪器借助于多分析仪功能,可以同步地将数据存入硬盘并进行分析,可以同时进行FFT和1/3倍频程分析,前端配置最多可达32通道,可按实时处理能力要求,选择1～4块DSP板,借用MS Word并利用预定义或用户自定义报告设定功能,能快速及自动地生成报告。因此,它是功能非常强、应用很广的分析仪器。

HBK公司最新推出的3560C型便携式PULSE多分析仪系统不带DSP板而使用笔记本电脑,可以用于现场和实验室的分析系统。它用“分析引擎”代替了DSP板,“分析引擎”是PULSE软件的一部分,使计算机处理器(CPU)能够实时处理数据。若计算机CPU速度更快,则分析引擎的分析能力更快,实时通道带宽分析能力增强。系统由内置电池或外部交流/直流供电,可以在恶劣的条件下使用。

北京东方振动和噪声技术研究所的慧系列INV3065N2型多通道数据采集分析仪，内置2个千兆以太网接口，无须交换机即可实现多台仪器级联，通道无限扩展。支持IEEE 1588同步，所有通道并行同步采样，最高采样频率可达256 kHz/通道。全功能采样卡，同时可对外接传感器或调理器供电。具有应力、应变及IEPE现场通道自检功能，可实时获知并显示通道当前状态。具备TEDS功能，自动识别TEDS传感器参数。支持脱机离线自动工作模式，各采集仪独立存储，不受网络限制。依托计算机硬盘海量存储，长时间实时、无间断记录全通道数据无限制。抗干扰能力强，稳定性好。全面兼容DASP各类测试和分析软件。该系统用在小型火箭激振大桥模态分析试验、桩基承载力测试研究、重载铁路货车模态试验等方面都取得了较好效果。

亿恒科技MI-80XX系列多通道振动控制与测试仪器(图15-19(a))将PXI总线和千兆以太网技术结合，集成了多种数据采集卡、信号输出卡，并配有嵌入式实时处理系统和机载板卡DSP，采用多DSP并行处理技术和分布式模块化设计，构成了强大的数据实时分析处理系统。可根据实况需要配置输入、输出硬件模块和分析软件模块，构建了一个性能卓越的输入高达1024通道的测试分析平台，并且1024个通道的数据同步采集与传输。产品还可应用于多输入单输出(MISO)振动控制、多输入多输出(MIMO)振动控制。为航空、航天工程、汽车工程、土木工程以及工业测试等领域提供了测试计量、分析处理、状态监测以及产品环境试验等手段。系统采用模块化设计，通过不同种类数据采集卡、输出卡的灵活搭配和选择合适的软件模块，构建所需的测试分析系统，以满足不同用途的需求。基于分布式的系统结构，采用嵌入式PXI控制实时计算系统以及实时操作系统，通过多DSP并行处理和高速传输进行数据记录和实时信号分析。每块板卡都有一个32位浮点DSP，每一个输入通道都有24位分辨率的ADC，采用低噪声的设计工艺，能达到120 dB动态范围，有效地保证了控制的高精度。通过PXI总线和千兆以太网，可从标配16个通道扩展至成百上千个并行通道。采用先进的PXI总线结构，可靠性高，更适用于工业现场，广泛应用在航空、航天等领域。

AWA6290L+是一款利用计算机多媒体技术开发的便携式信号分析仪器(图15-19(b))。采用网口进行通信，提供6通道的数据采集接口，支持噪声、振动、力、应变等多种模拟量输入；多通道间严格同步，高精度采样；内置大容量锂电池，并提供转速接口，耳机监听接口，12V电源输出、2通道信号发生接口，无线路由通信等功能，可广泛用于科研实验、教学、生产线检测等领域，在噪声、振动等模拟信号的采集、频谱分析及相关应用中。

AHAI2024A动态信号分析仪(图15-20)是一款基于模拟采样技术及数字信号处理技术的高性能声学振动测量仪器，可以同时进行振动与噪声的测量，且无须连接台式电脑就可以实现数据的分析、存贮、自动生成报告、打印等功能。适用作为工作测振仪、人体振动计、低频1/3 OCT和FFT频谱分析等振动测量；统计分析、总值分析、FFT和CPB频谱分析等声学测量；吸声系数测量、空气声隔声、楼板撞击声隔声、混响时间、室内背景噪声、STI语言传输指数、厅堂扩声等建筑声学测量。

(a)MI-80XX 系列

(b)AWA6290L+

图 15-19　多通道数据采集与分析仪

图 15-20　AHAI2024A 动态信号分析仪

15.9　激光干涉测振仪

激光测振仪是基于光学干涉原理，采用非接触式动态干涉测量技术，频率和相位响应都十分出色，足以满足高精度、高速测量的应用。它是目前能够获取位移和速度分辨率的最佳测量方法。它能实现皮米级的振幅分辨率，线性度高，在极高频率范围内（当前已超过 1 GHz）仍能确保振幅的一致性。这些特性不受测量距离影响，因此，无论是近距离的显微测试还是超远距离测试，该原理均适用。系统采用激光作为探测手段，使用非接触测量方式，完全没有附加质量影响，从而能够在极小和极轻质的结构上进行测量，还可以检测液体表面的振动。而且弥补了接触式测量方式无法测量大幅度振动的缺陷。无论是实验室还是户外均能应用在许多其他测振方式无法测量的任务中。

激光测振仪是基于多普勒效应，它的核心是一台高精密激光干涉仪和一台信号处理器。图 15-21 所示为激光测振原理，高精密激光干涉仪内的 He-Ne 激光器发出的偏振光（设频率为 F_0，约为 4.74×10^{14} Hz）由分光镜分成两路，一路作为测量光，一路作为参考光。参考光通过声光调制器具有一定频移（F，约为 40 MHz），测量光聚焦到被测物体表面，物体振动引起测量光频移（Δf_D）称为多普勒频偏。系统收集反射光并与参考光汇聚在传感器上，这样两束光在传感器表面产生干涉，干涉信号的频率为 $F_0+F+\Delta f_D$，携带了被测物体的振动信息，信号处理器将频率信号转换为物体振动的速度和位移信号。

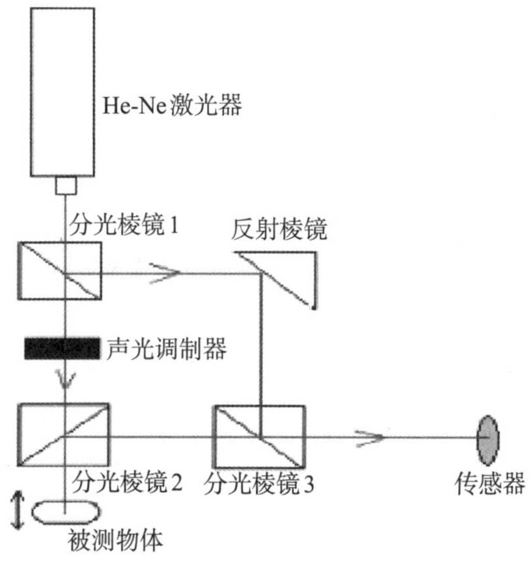

图 15-21　激光测振原理图

如果波被运动物体反射并被仪器检测到，则所测量到的频移Δf_D可以描述为

$$\Delta f_D = \frac{2 \cdot v}{\lambda} \tag{15-10}$$

式中，v——物体速度；

λ——入射波波长，$\lambda=1/F_0$。

通过数字信号处理，可求得多普勒频移Δf_D，在一般情况下，大多数物体的振动速度所引起的多普勒频移在几十千赫到几十兆赫。反过来，为了能确定对象速度，需要在已知波长的情况下测量（多普勒）频移，这正是通过LDV中的激光干涉仪来完成。由此可知，激光多普勒测振原理就是基于测量从物体表面微小区域反射回的相干激光光波的多普勒频率Δf_D，进而确定该测点的振动速度v。

原理上，除可以直接测量振动速度外，激光测振仪还可直接测量位移量。不过不是通过对速度进行积分，而是通过对激光测振仪检测器上的亮/暗条纹进行计数来得出位移量。使用合适的插值技术，激光测振仪的位移分辨率可达2 nm，而在采用数字解调技术后，位移分辨率可达pm级。这种位移解调技术尤其适用于低频测量（在亚赫范围内）。速度解调更适用于高频场合，因为谐波振动的最大振幅可以表示为

$$v = 2\pi fs \tag{15-11}$$

随着频率的增加，振动速度增加，振动位移则减小。

工程中的许多结构和部件的振动是三维的。当进行三维激光振动测量时，需要使用三束激光照射被测点。测试仪可以直接与计算机和OMS软件组成测试系统，也可以作为测量传感器连接到数据采集器。

激光测振仪在以下各方面都有广泛的应用：

——马达回转动态精度测试；

——机床动态精度测试；

——生命科学、医学、动物学研究；

——汽车工业：发动机、齿轮、制动器、轮胎、排气系统、车身等；

——微机电系统（MEMS）动态测试；

——桥梁、建筑振动测试。

激光多普勒测振仪的选择见表15-7所列。

表15-7　激光多普勒测振仪选择

单点激光测振仪	扫描激光测振仪	显微式激光测振仪	多点激光测振仪
分为法向激光测振仪和切向激光测振仪 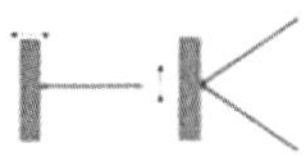	实现二维、三维动画显示及数据分析，快速高效实现模态测试 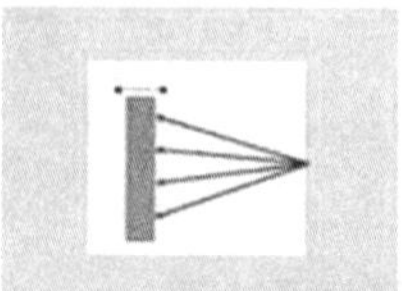	测量小型部件和微系统振动特性，通过显微成像系统实时观察振动状态 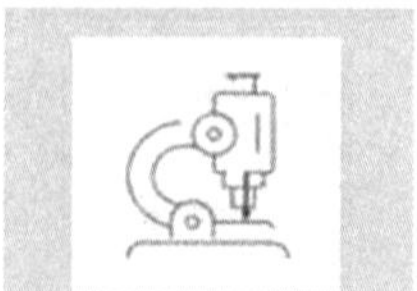	可同时测量多个点的振动，光束排列可根据用户需求选择 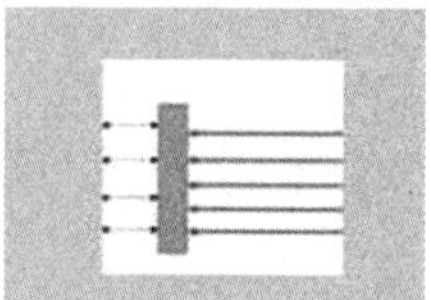

浙江舜宇智能光学技术有限公司的激光测振仪系列产品有单点激光测振仪、多点激光测振仪、光纤激光测振仪、便携式激光测振仪、工业用激光测振仪、远距离激光测振仪、显微激光测振仪、三维扫描激光测振仪等及其相应的支持软件，能适应多种场合使用。舜宇的几种激光多普勒振动测试仪性能比较见表15-8所列。此外LV-R01型机器人激光测振仪安装在机器人机械手上或者巡检机器人上，可实现对电厂巡检、汽车车身、摩托车、太阳能电池板、机械工作台、机床等较大或不规则物体的多方位振动测量。配套相应的分析软件，可对被测结构进行模态分析。LV-MP多点激光测振仪可同时测量多个点的振动，可以测量物体瞬态的振动和实时振动模型，光束排列可根据用户需求选择。

表15-8　几种舜宇激光多普勒振动测试仪性能比较

性能	LV-S01型单点激光测振仪	LV-P10型便携式激光测振仪	LV-RFS型远距离激光测振仪	LV-S01-M型显微激光测振仪	LV-SC300-3D型三维扫描激光测振仪
工作温度	3℃～45℃		3℃～45℃	3℃～45℃	–5℃～+45℃
工作湿度	<90%	<90%	<90%	<90%	<90%
速度分辨率	优于0.02 μm/s	优于0.05 μm/s	优于0.02 μm/s	优于0.01 μm/s	优于0.02 μm/s
位移分辨率	优于15 pm	优于15 pm	优于15 pm	优于15 pm	优于15 pm
最大速度范围	20 m/s	1 μm/s～5 mm/s		±10 m/s	±10 m/s
振动频率范围	DC～24 MHz	DC～100 kHz	DC～3 MHz	DC～3 MHz	DC～1 MHz
最大线性误差	1%	1%	1%	1%	1%
工作距离	0.35 m～20 m（取决于被测表面）	0.2 m～10 m(取决于被测表面）	10 m～100 m		0.35 m～35 m
附注				CMOS数码相机：320万像素	扫描范围：50°×40°

15.10　激振器和振动台

15.10.1　概述

激振器(vibration exciter)是附加在某些机械和设备上用以产生激励力的装置，它利用机械振动使被激物件获得一定形式和大小的振动量，从而对物体进行振动和强度试验，或对振动测试仪器和传感器进行校准。激振器还可作为激励部件组成振动机械，用以实现物料或物件的输送、筛分、密实、成形和土壤砂石的捣固等工作。按激励型式的不同，激振器分为惯性式、电动式、电磁式、电液式、气动式和液压式等型式。激振器可产生单向的或多向的，简谐的或非简谐的激振力。

惯性式激振器利用偏心块回转产生所需的激励力。单向激励力惯性式激振器一般由两根转轴和一对速比为1的齿轮组成。两根转轴等速反向回转，轴上两偏心块在Y方向产生惯性力的合力。工作时将激振器固定于被激件上，被激件便获得所需的振动。在振动机械中还广泛采用一种自同步式惯性式激振器。这种激振器的两根转轴分别由两台特性相近的感应电动机驱动，而且不用齿轮，依靠振动同步原理使两个带偏心块的转轴实现等速反向回转，从而获得单向激励力。

电动式激振器是将交变电流通入动线圈，使线圈在给定的磁场中受电磁激励力的作用而产生振动。电动式激振器(图15-22)的恒定磁场既可以由永磁体产生，也可以是借直流电通入励磁线圈而产生，再将交流电通入动线圈中，动线圈受到周期变化的电磁激励力的作用带动顶杆作往复运动。使顶杆与被激件接触，便可获得预期的振动。

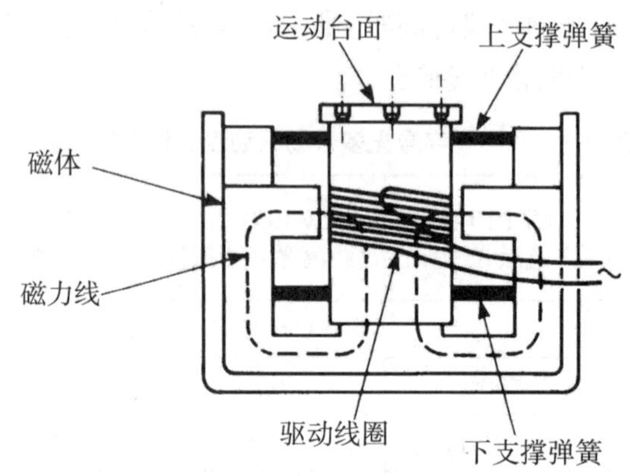

图15-22　电动式激振器结构示意图

电磁式激振器将周期变化的电流输入电磁铁线圈，使被激件与电磁铁之间产生周期变化的激励力。振动机械中应用的电磁式激振器通常由带有线圈的电磁铁铁芯和衔铁组成，在铁芯与衔铁之间装有弹簧。当向线圈输入交流电，或交流电加直流电，或半波整流后的脉动电流时，便可产生周期变化的激励力，这种激振器通常是将衔铁直接固定于需要振动的工作部件上。

电液式激振器是利用小功率电动激振器带动液压伺服阀，控制管道中的液压介质，在液压缸中的活塞上便产生很大的激励力，从而使被激件获得振动。

15.10.2　电动式激振器

如图15-22所示的电动式激振器是一种电-机变换器，即将电能转换为机械能，为试件提供激振力的一种装置。它配合宽频带功率放大器和信号发生器，可广泛地应用于各种工程结构，如火箭、导弹、飞机、船舶、汽车、机床、火车、矿山机械、房屋建筑，等等，特别适用于桩基、桥梁、水坝等结构的振动试验。此外，它可以用作振动台，对小型仪表、零件等作环境振动固有频率试验、疲劳试验以及对传感器进行校验。

1. 电动式激振器工作原理

电动式激振器的工作原理类似于一个扬声器，即通电导体在磁场中受电磁力的作用而运动。对运动部件产生加速度的力是通过均衡地调节驱动电流和磁通量来完成的。因此通过控制驱动电流，就可以实现对振动激励器的控制。当功率放大器供给动圈可变频率电流时，根据电磁感应定律，可得

$$F = 0.102\,BLI \times 10 \approx BLI \tag{15-12}$$

$$F_{\max} = 0.102\,BLI_{\max} \times 10 \approx BLI_{\max} \tag{15-13}$$

式中，F_{max}——激振力F的最大幅值，单位为N（牛顿），即所谓最大激振力；

B——工作气隙中平均磁感应强度，单位为T（特斯拉）；

I——功率放大器供给的电流瞬时值，单位为A；

I_{max}——电流I的最大幅值，单位为A；

L——切割磁力线的线圈导线的有效长度，单位为m。

由式（15-12）、式（15-13）式可得

$$\alpha=F/I=F_{max}/I_{max}=0.102BL\times 10\approx BL \tag{15-14}$$

对于每一型号激振器，B、L均为常数，故α即为定值，通常称为激振器的力常数。

2. 电动式激振器的主要特性

（1）弹簧特性

为了降低零阶共振峰，消除弹簧本身的共振以及减少非线性的谐波失真，激振器往往采用两组线性弹簧作为动圈的悬挂装置。

（2）频响特性

每个激振器都有一定的频率响应特性，它取决于移动组件的质量、支撑弹簧和阻尼等因素。特性不同的区域的响应主要取决于支撑弹簧的刚度、运动质量，而在频率非常高时，取决于运动元件本身的共振。当动圈的驱动电流在频率扫描中保持恒定时，从典型激振器上测量的加速度特性可以清楚地看到这些区域（图15-23）。许多功率放大器是恒压源工作，电压型激振器的加速度响应特性取决于动圈绕组的阻抗和系统中存在的机械阻尼。对于典型的低阻抗、良好阻尼的激振器在恒定电压驱动时，动圈中产生的反电动势通过放大器的低输出阻抗短路，从而引入阻尼效应，使悬架谐振被消除（图15-24）。反电动势与速度成正比，因此支撑弹簧控制区域内的运动元件特性将受到速度限制，该区域内的加速度频率特性的上升斜率将由原来的12 dB/倍频程改变成6 dB/倍频程。

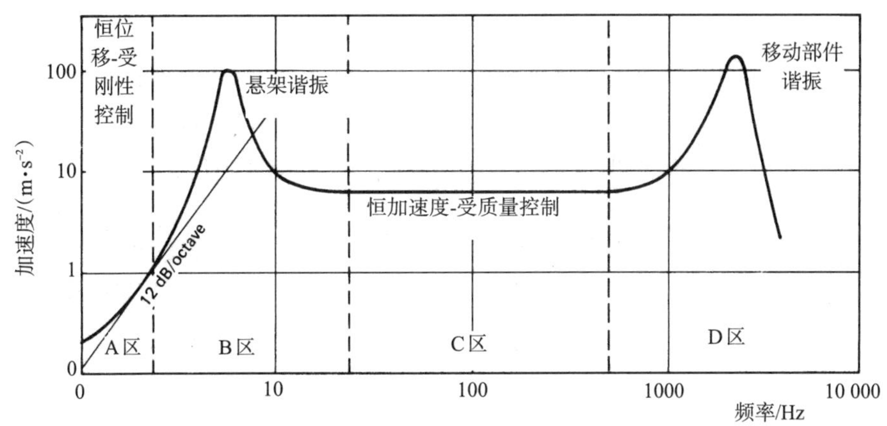

图15-23　电动激振器恒驱动电流时理想化的加速度频率响应

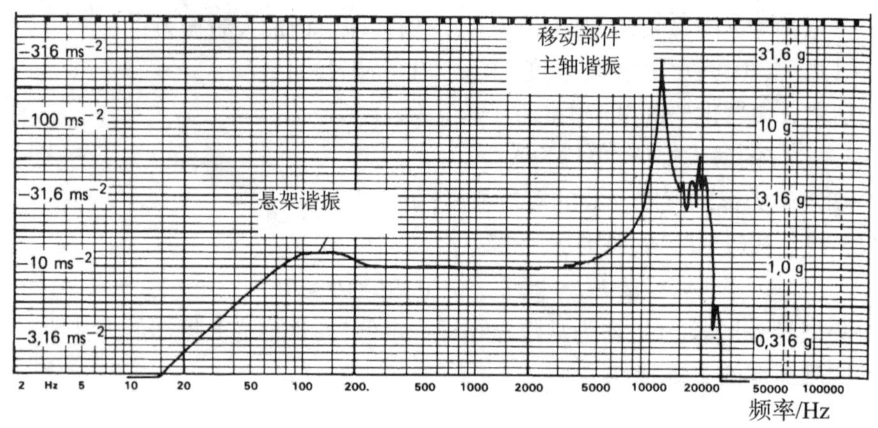

图 15-24　激振器恒驱动电压时实际的加速度频率响应

(3)力常数α

由于每台激振器的线圈匝数,磁感应强度不完全相同,故各台激振器的力常数略有不同,标在合格证上的力常数是在位移S=0,即激振器动圈处于中立位置校测得到的。

(4)磁场

激振器的磁钢采用稀土原料—钕铁硼作为磁钢。磁钢在专门的装置上进行充磁后,经过老化处理,将保持高度稳定的磁感应强度。

3. 电动式激振器的使用

(1)激振器的固定及悬挂

可以采用下列三种方法。

①激振器刚性固定于地面。这种固定方法要求激振器和支架、夹具等形成的振动系统之共振频率高于激振器的工作频率3～4倍。为此,尽可能采用笨重的刚性较好的支架和夹具。对于非临时性的固定或激振器在相当低的频率下工作时,这种方法比较适合。

②激振器弹性地固定于地面。这种固定方法要求激振器和弹簧所形成的振动系统之共振频率低于激振器最低工作频率3～4倍。为此,激振器通常采用橡皮绳或金属弹簧和支架连接。此方法便于多次安装,同时可以大大减少激振器的能量向地面传递。当激振器的工作频率$f>5$ Hz时,建议尽可能采用这种方法。

③激振器弹性地固定在试件本身上。这种办法要求激振器和弹簧所形成的振动系统低于激振器最低工作频率3～4倍。为此,激振器也必须采用橡皮绳或金属弹簧悬挂在试件上。当激振器无法采用上述两方法固定于地面,如桥梁、飞行中的机翼以及其他自由悬挂的结构,这是唯一能够采用的方法。

(2)激振器与试件的连接

随同激振器一起供给连接杆,是专门用作激振器与试件的连接,主要起到传递激振力给试件的作用,同时也起到保护激振器的作用(如由于激振器安装不妥,试件的激振方向和激振器的轴线不一致,连接杆将弯曲甚至断裂,使操作人员发现安装缺陷)。

连接杆和试件、激振器连接时,必须使支持弹簧处于不受载或轻微受载状态。连接好以后,还必须在连接杆的两端并上螺帽,以防止由振动而松动。

轻微小质量试件也可直接用工装固定在激振器台面。

(3)最大行程限制

激振器如超过最大行程，动圈骨架将碰撞限制器发出哒哒的响声。当听到此种响声，须迅速地减小电流。

(4)最大电流的限制

激振器和功率放大器配套使用。不管采用什么功率放大器，通过动圈上的电流须加以监视。长时间使用应小于允许最大有效值电流，短时间使用可用最大有效值电流。(最好强迫通风)。

(5)通风

为了保证线圈工作稳定，防止退磁，需要降低内部温度。40 kg以上激振器底部有风扇。风扇采用直流供电，随机配有一只稳压器插入底座插孔。其他激振器底部有螺钉，卸下即可用气泵或其他方式送风。(压力大于0.5个大气压，流量60～80 kg/min)如：200 W的鼓风机。

(6)作振动台

有的激振器可双面工作。作激振用时有一面可装顶杆，作传感器校准时用台面的一面。

(7)激振器由于是感性负载，它的阻抗会随频率的变化而变化，输出幅值也随之变化。当系统配置后，改变系统频率时，激振器幅值会引起变化，应注意调整功放信号。

(8)保护

激振器不能受大冲击。启动、关闭信号源及功率放大器时要先将其增益开关旋至复位位置，不得突然关闭它们的电源，以避免激振器受瞬态突变。使用中如改变频率，也要将功率放大器的增益开关至复位位置，改变后重新工作。激振器不得在高温下长期运行，运行时满功率与降额功率交替使用。

15.11 便携式振动校准仪

为了快速对加速度计和振动测量仪器进行精确检查和校准，可以使用一种小型、方便、完全独立的振动校准器。校准器由晶体振荡器以一定的频率驱动电磁激励器(振动台)，通过振动台内置的反馈线圈或底部的小型加速度计进行伺服反馈，以保持恒定和准确的振动水平，且不受振动传感器质量的影响。

HBK4294型振动校准仪是一种手持式振动校准仪，产生频率为159.15 Hz、加速度为10 m/s^{2}的振动信号，该振动信号对应的速度为10 mm/s 、位移为10 μm，所以也可以用于速度和位移校准。安装在台面上的传感器质量不应超过70 g，如果超过这一质量，校准器的电源将自动断开以防止过载。校准器的使用非常简单。使用钢制双头螺栓可方便地将传感器固定至校准台面，也允许用蜂蜡或黏合剂连接传感器。按下仪表外壳侧面上的小按钮可启动校准器。校准完成后，再次按下按钮校准器将关闭。为了延长内置电池的使用寿命，校准器在大约开启100 s后自动关闭。杭州爱华智能的AIHI3032和江苏联能的YE5501型振动校准仪的性能与之相似。

YE5503A型便携式振动校准仪能产生10 Hz ～10 kHz连续可调正弦信号，产生的加速度幅值0～50.0 m/s^2(≤1000 Hz时)连续可调。可配接电荷输出型加速度传感器、内置IEPE电压型输出加速度传感器和电压输出速度传感器等多种传感器信号输入；标准信号值和被测输出值都可在LCD直接显示。

AHAI 3011型振动校准器符合GB/T 23716—2009附录A和JJG 1062—2010的要求，特别适宜于校准人体振动和环境振动测量仪器。

这些校准器的外形如图15-25所示，它们的主要技术性能见表15-9所列。

AHAI3011　　YE5503A　　AIHI3032　　HBK4294

图15-25　便携式振动校准仪

表15-9　几种振动校准器主要性能比较

项目		AHAI3011	YE5503A	AHAI3032	HBK4294
频率/Hz		15.915 Hz±1%	10 Hz ～ 10 kHz（正弦信号，连续可调）	159.2 ±1%	159.15±0.02%
幅度	加速度	1 m/s²（RMS）±3% 10 m/s²（RMS）±3%	±3 %（10.0 m/s²，100 g，频率60 Hz～2 kHz ）	10	10 m/s²（RMS）±3%
	速度	10 m/s（RMS）±3% 100 m/s（RMS）±3%	±3 %（10.0 m/s²，100 g，频率30 Hz～2 kHz）		10 mm/s（RMS）±3%
	位移	0.1 mm（RMS）±3% 1 mm（RMS）±3%	±3 %（10.0 m/s²，100 g，频率30 Hz～200 Hz）		10 μm（RMS）±3%
横向振动比		＜5%		＜5%	＜5%
总失真		＜5%	≤1.5%（10.0 m/s²，最大负载100 g，60 Hz～2000 Hz）	≤5%	＜2%（负载10～70 g） ＜7%（负载0～10 g）
负载能力		幅度为10 m/s²时，＜100g，幅度为1 m/s²时，＜1000 g	≤200 g（10.0 m/s²加速度）	70 g	≥70 g
电源		内置 12 V，1.3 Ah充电电池	AC：110 V/220 V 50 Hz；DC：24 V，2.2 Ah 可充电电池（内置）	内置3.7 V，3 Ah充电电池	内置9V电池
外形尺寸/mm		230 ×170 ×140	305 W × 178 H ×305 D	ϕ 54.5×150（H）	ϕ 52×155（H）
质量/kg		6.7	约 5	0.62	0.5

15.12 振动传感器的校准

15.12.1 概述

对于振动传感器的校准有《振动与冲击传感器校准方法》(GB/T 20485)系列标准,对应ISO 16063系列标准,由以下几个部分组成:

第1部分:基本概念;

第11部分:激光干涉法振动绝对校准;

第12部分:互易法振动绝对校准;

第13部分:激光干涉法冲击绝对校准;

第15部分:激光干涉法角振动绝对校准;

第21部分:振动比较法校准;

第22部分:冲击比较法校准。

为对振动传感器进行直接校准,需使用一个振动发生器为传感器提供一个可控制并可测量的输入量,同时还应具备一种对传感器输出信号进行记录和测量的方法。传感器应紧固在振动发生器上(当传感器的输出大小取决于传感器和运动体的相对运动时,传感器应靠近振动台面安装)。为获得所要求的测量不确定度,最好将加速度计和配用的适调仪作为一个整体同时进行检定。

振动发生器可以是一个使传感器与地球重力场方向形成倾斜角的支架,也可以是离心机、电动式振动台或冲击摆的砧子。倾斜支架和离心机可以用于零频校准,转动式校准则用于地球重力场的低频校准;电动式振动台通常被用作稳态正弦校准;冲击摆产生瞬态激励作为电动式振动台的补充,可用来激励共振频率响应,也可用于高加速度和高速度校准。此外,冲击激励还可以在高加速度和高速度变化时验证传感器的性能,检查在瞬变条件下与传感器配套仪器的性能。

不同的校准方法适用于不同目的,推荐使用激光干涉法作为基本校准方法,尤其对标准传感器校准。通常加速度检定按国家计量检定规程《压电加速度计》(JJG 233—2008)执行。

15.12.2 加速度计计量性能要求

加速度计计量性能要求见表15-10所列,常规检定项目见表15-11所列。

表15-10 计量性能要求

序号	项目	指标		参考加速度计	工作加速度计
1	灵敏度幅值和相移测量的不确定度	灵敏度幅值 $U_{ref}(s)$/%	参考条件	0.5	1.0
			其他	1.0	2.0(0.4 Hz≤f≤2 Hz) 1.0(2 Hz<f≤1 kHz) 2.0(1 kHz<f≤2 kHz) 3.0(2 kHz<f≤10 kHz)
		灵敏度相移 $U(\Delta\varphi)$/(°)	参考条件	0.5	—
			其他	1.0	—

续表

序号	项目	指标	参考加速度计	工作加速度计
2	灵敏度频率响应	幅值 / %	±2	±5或±10
		相移 / °	±2	—
3	灵敏度幅值线性度/%	振动检定	±1	±3
		冲击检定	±3	±5或±10
4	参考灵敏度的年稳定度		应小于0.5 %	应小于2%
5	其他性能	包括安装谐振频率、声灵敏度、磁灵敏度、基座应变灵敏度、安装力矩灵敏度、瞬变温度灵敏度、温度响应、横向振动灵敏度比	应满足生产厂家的出厂指标	

表 15-11　常规检定项目

序号	检定项目		参考加速度计			工作加速度计		
			首次检定	后续检定	使用中检验	首次检定	后续检定	使用中检验
1	外观检查		+	+	+	+	+	+
2	参考灵敏度	幅值	+	+	+	+	+	+
		相移	+	—	—	—	—	—
3	灵敏度频率响应	幅值	+	+	+	+	+	+
		相移	+	—	—	—	—	—
4	灵敏度幅值线性度		+	+	+	+	+	—
5	灵敏度幅值的年稳定度		—	+	—	—	+	—

注：表中“+”表示需要检定的项目；“—”表示不需要检定的项目。

15.12.3　检定用仪器的技术要求

检定用仪器的技术要求见表15-12所列。

表15-12　检定用仪器的技术要求

仪器	技术指标项目	绝对法检定装置	比较法检定装置
参考加速度计套组(参考加速度计和适调仪)	应在选定的参考加速度和频率下,采用绝对法进行检定	其灵敏度幅值和相移测量的不确定度应满足表1的要求	
振动激励系统(振动台、功率放大器和函数发生器)	频率的最大允许误差	±0.05%	±0.1%
	频率稳定度(测量周期内读数的)	±0.05%	±0.1%
	加速度幅值稳定性(测量周期内读数的)	±0.05%	±0.1%
	总谐波失真度	≤2%	≤5%(f>20 Hz) ≤10%(全频率范围内)
	横向振动比	≤1%(f:1 Hz～10 Hz) ≤10%(f:10 Hz～1 kHz) ≤20%(f>1 kHz)	≤10%(f≤1 kHz) ≤30%(f>1 kHz)
	信噪比	≥70 dB	≥50 dB(f≥10 Hz) ≥20 dB(f<10 Hz)
真有效值电压表	频率范围	20 Hz～10 kHz	20 Hz～10 kHZ
	最大允许误差	±0.1%	士0.2%
失真度仪	频率范同	1 Hz～50 kHz	1 Hz～10 kHz
	测量能力	远小于1%～5%	1%～10%
	最大允许误差	读数的±10%(失真度范围在0.5%～5%)	读数的±10%
激光干涉仪	激光器	应使用0.63281μm的氦氖或其他波长的稳定单频	
	在激光绝对法中,条纹计数法和贝塞尔(Bessel)函数法	采用具有单个光电接收器的普通迈克尔逊(Mie-helson)干涉仪	
	正弦逼近法	采用具有正交信号输出、并带有两个光电接收器的改进型迈克尔逊干涉仪	
	光电接收器频率响应的最大带宽f_{max}	$f_{max}=\frac{2}{\lambda}\times v_{max}$	
	改进的迈克尔逊干涉仪 注:改进的迈克尔逊干涉仪可用其他适当的两光束干涉仪代替,如改进的马赫一泽德(Mach—Zehnder)干涉仪	在位移小于2 μm时,要求其两路输出幅值的偏移量应不超过±5%,相对幅值偏差应不超过±5%,与90°名义角度的偏差应不超过±5°。当位移较大时,允许增大这些允差的要求	
频比计数器(用于条纹计数法)	频率范围	1 Hz～20 MHz	
	最大允许误差	读数的士0.01%	

续表

仪器	技术指标项目	绝对法检定装置	比较法检定装置
可调谐的带通滤波器或谱分析仪(用于贝塞尔函数法)	频率范围	800 Hz～10 kHz	
	带宽	小于中心频率的12%;	
	滤波器斜率	大于24 dB/oct	
	信噪比	最大信号时,大于70 dB	
	动态范围	大于60 dB	
零值检测仪(用于贝塞尔函数法)	在800 Hz～10 kHz频率范围内	应满足检测带通滤波器输出噪声的要求。系统如有频谱分析仪,可以不用	
示波器	频率范围	1 Hz～20 MHz	
数据采集系统或波形记录仪(用于正弦逼近法)	用于加速度计输出幅值的分辨力	应不小于10位	
	用于干涉仪正交输出信号的分辨力	应不小于8位	
	加速度计输出电压的模—数转换	可以采用与干涉仪输出信号模-数转换相同或较低的采样速率	
	三路信号的采样应同时开始,同时结束	至少应保证两路干涉仪输出信号用同一系统时钟进行同步采样	
冲击标准装置(选用)	主要用于加速度计幅值线性度的检定。根据被检加速度计的冲击加速度范围	采用产生合适脉冲持续时间和峰值脉冲的冲击绝对法或比较法检定装置	
	冲击脉冲	应是一个近似正弦、半正弦正矢或高斯的加速度波形	
其他性能检测设备(选用)	对其他性能检测设备的要求	见附录B和国家标准“振动与冲击传感器校准方法”(GB/T 20485)系列中的相关标准	

15.12.4 绝对法校准

1. 激光干涉法进行绝对校准

激光干涉绝对测量方法包括条纹计数法、贝塞尔函数法和正弦逼近法等。在激光绝对法中,条纹计数法和贝塞尔(Bessel)函数法采用具有单个光电接收器的普通迈克尔逊(Miehelson)干涉仪。正弦逼近法则采用具有正交信号输出,并带有两个光电接收器的改进型迈克尔逊干涉仪。条纹计数法适用于频率范围1 Hz～2 kHz的加速度计参考灵敏度幅值检定;贝塞尔函数法适用于频率范围为800 Hz～50 kHz的加速度计参考灵敏度幅值检定;正弦逼近法适用于频率范围为0.4 Hz～10 kHz的加速度计参考灵敏度幅值和相移的检定。采用激光绝对法检定的方法和数据处理见JJG 233—2008附录A。

基于激光干涉法对位移幅值进行测量的灵敏度计算方法,通常在0.1 Hz～10 kHz频率范围内能够得到较高的准确度(对位移幅值20 nm～0.5 m)。通过采用特殊方法还可以实现绝对相位校准。激光多普勒测速法也可以实现高精度的绝对灵敏度校准和相位校准。

图15-26所示为理想激光干涉仪的工作原理。其中，E_0、E_1和E_2分别代表电场矢量，l_1和l_2代表通过分光镜之后经过的实际光程。被测量的位移幅值用s（反射镜2）表示。

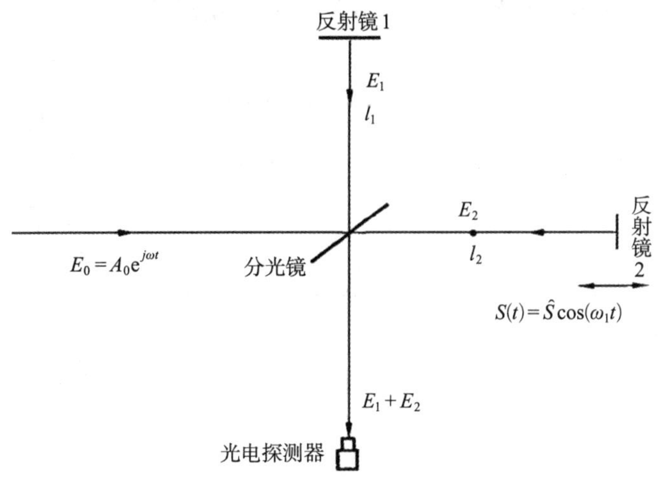

图15-26 理想激光干涉仪的工作原理

电场矢量E_1和E_2可表示为

$$E_1 = A_1 \exp\left[j\left(\omega t + \frac{4\pi}{\lambda} l_1\right)\right] \tag{15-15}$$

$$E_2 = A_2 \exp\left\{j\left[\omega t + \frac{4\pi}{\lambda}(l_2 + s)\right]\right\} \tag{15-16}$$

式中，λ——激光波长。

光电检测器的光电流强度$I(t)$的计算式为

$$I(t) \approx |E_1 + E_2|^2 = A + B\cos\left[\frac{4\pi}{\lambda}(L + s)\right] \tag{13-17}$$

式中，A，B——系统常数；

$L = l_2 - l_1$。

由光电流表达式可以看出，在$\frac{4\pi}{\lambda}(l_2 - l_1 + s) = 2n\pi$时可得到最大值，因此，两个相邻最大值之间对应的位移量为$\Delta s = \frac{\lambda}{2}$。每个振动周期内出现最大值的数目为

$$R_f = \frac{4\hat{s}}{(\lambda/2)} = \frac{8\hat{s}}{\lambda} \tag{15-18}$$

一般称R_f为频率比，它可由1 s内的干涉条纹数除以振动频率求得。

位移幅值计算公式为

$$\hat{s} = R_f \cdot \frac{\lambda}{8} \tag{15-19}$$

除了频率比，如果再测量出振动频率，就可以计算出振动速度和加速度。

图15-27所示是一个测量系统的实例，这里使用的传感器即是所谓参考传感器，并且灵敏

度由上端面来确定(参考安装面)。激光器输出功率为1 mW,检测元件是常用的硅光电管。用脉冲发生器代替内部晶体振荡器以获得一个性能良好的计数输入信号。当使用零值法时,频率分析仪用来选定适当的频率,为避免参考镜或分光镜受振动台支座反作用力的干扰,激光器、干涉系统和振动系统应分别安装在单独的大重量隔振块上(例如:每个重块应达到400 kg以上)。

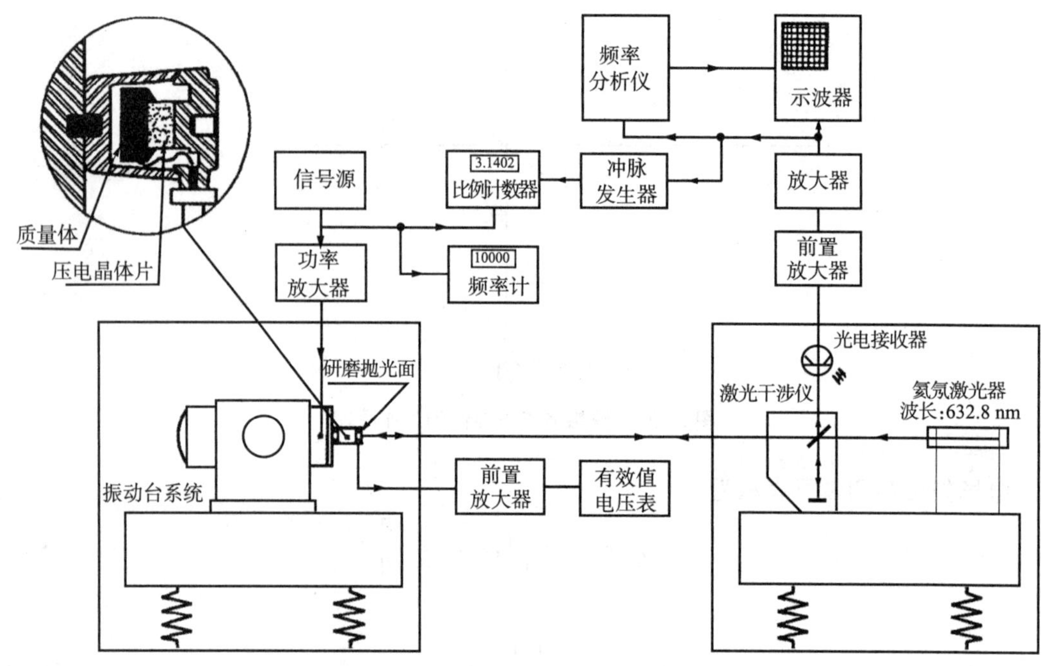

图15-27 激光干涉法测量实例

激光干涉仪使用632.8 nm的氦氖或其他波长的稳定单频激光器。激光干涉仪光电接收器频率响应的最大带宽f_{max}可由速度幅值v_{max}和激光波长λ计算得到,公式为

$$f_{max}=\frac{2}{\lambda}\times v_{max} \tag{15-20}$$

使用条纹计数法,调整激光干涉仪到最佳状态,选择参考频率和参考加速度。调整好适调仪增益等设置,使用频比计数器测量干涉条纹频率和振动频率比值,或使用计数器测量干涉条纹频率,并从电压表读取被检加速度计的输出电压,按照下列方法确定参考加速度灵敏度幅值。

振动位移:

$$A=\frac{\lambda}{8}\times N \tag{15-21}$$

式中:A——正弦振动位移单峰值,单位为m;

λ——激光波长,单位为m;

N——1个振动周期的干涉条纹数。

(1)使用频比计数器计算加速度幅值a。

用振动信号作为闸门信号(输出接通道b),读取的通道a信号周期数即为条纹数N,

$N=R_f=\dfrac{f_f}{f}$。

$$a=(2\pi f)^2\mathrm{A}=\frac{1}{2}\pi^2\lambda f^2R_f \tag{15-22}$$

式中，a——振动加速度幅值（单幅值），单位为$\mathrm{m/s^2}$；

f——振动台振动频率，单位为Hz；

R_f——干涉条纹频率f_f与振动频率f的比值。

（2）使用频率计计算加速度幅值a。

$$a=(2\pi f)^2\mathrm{A}=\frac{1}{2}\pi^2\lambda ff_f \tag{15-23}$$

式中，f_f——干涉条纹频率，即干涉条纹数除以时间间隔，单位为Hz。

采用条纹计数法测量振动位移时，从频比计数器（或频率计）连续读取10次频比数（或条纹数），同时从电压表读取10次被检加速度计输出电压值，计算算术平均值，计算加速度计灵敏度为

$$S=\frac{u}{a}\ 或\ S=\frac{Q}{a} \tag{15-24}$$

式中，S——加速度计灵敏度，单位为$\mathrm{mV/(m/s^2)}$或$\mathrm{pC/(m/s^2)}$；

u——加速度计输出电压（单幅值），单位为mV；

Q——加速度计输出电荷（单幅值），单位为pC。

2. 互易法校准

绝对校准也可以用互易校准方法来实现。GB/T 20485.12—2008/ISO 16063-12:2002规定了使用互易法和SI国际单位制对加速度计进行绝对校准所用的仪器设备及操作程序。

互易法校准机电式传感器是利用被校传感器机电端口间的双向线性关系。为了对两只传感器进行绝对校准，实验共需3只传感器，其中一只仅作为振动传感器，一只仅作为振源，另外一只具有互易性，既作为振动传感器又作为振源（振动发生器）。通常，将电动振动台的线圈作为互易传感器。安装被校传感器时应靠近该线圈。

在传感器电输出与所使用的校准振动发生器的运动成线性正比关系的幅值范围内，互易理论可用来做振动标准的校准。该理论给出了振动发生器驱动线圈的互易关系，即力与电流之比等于电动势与速度之比。

对驱动线圈施加指定频率的电流来驱动校准器时，灵敏度S_{uc}定义为加速度计产生的电动势u_{13}（V）与传感器安装面的加速度$\hat{a}$（$\mathrm{m/s^2}$）的比值

$$S_{\mathrm{uc}}=\frac{u_{13}}{\hat{a}} \tag{15-25}$$

测定了电动势u_{13}后，加速度$\hat{a}$可用式（15-25）来计算。而S_{uc}的计算式为

$$S_{\mathrm{uc}}=S_0+s_ZZ_{\mathrm{m}} \tag{15-26}$$

式中，Z_{m}——传感器的机械阻抗，单位为kg/s；

参数S_0和s_Z由下面两个实验和计算步骤得出。

【实验一】

将几个不同的重块固定到安装台面上，在分别加载每一个重量块和不加重量块时驱动线圈与加速度计之间的传递导纳 Y_e，计算公式为

$$Y_e = \frac{i}{u_{13}} \tag{15-27}$$

式中，i——驱动线圈的电流，单位为A；

u_{13}——加速度计产生的电动势，单位为V。

【实验二】

把校准器安装面与一个振动发生器相连接（电动振动台具有双驱动线圈结构，动圈与安装台面之间为机械连接，在这种情况下就没有必要使用另外的振动台了），然后启动振动发生器，使校准器运动部件随振动发生器做正弦运动，测量加速度计产生的电动势 u_{13} 与校准器驱动线圈开路所产生的电动势 u_{15}，并求出它们的比值 $\frac{u_{13}}{u_{15}}$。

【计算】

以实验一中安装在台面的负荷质量 W 为横坐标作图，确定函数 $W/(Y_{ew}-Y_{eo})$ 的纵坐标截距 J 和斜率 Q，这里 Y_{ew} 是附加有负荷质量 W 的 Y_e 值，Y_{eo} 是 W=0 时的 Y_e 值。将 $W/(Y_{ew}-Y_{eo})$ 的实部和虚部分别作出图形，由此可确定出 J 和 Q 的实部和虚部，方程式（15-26）中的 S_o 和 s_Z 的大小由下式给出：

$$S_o = \sqrt{\frac{\mathrm{j}\omega J u_{13}}{u_{15}}} \tag{15-28}$$

$$s_Z = \sqrt{\frac{(u_{13}/u_{15})}{\mathrm{j}\omega J}} \tag{15-29}$$

式中，ω——角频率，单位为rad/s；

j——虚部单位。

在参考频率160 Hz和参考幅值100 m/s²、50 m/s²、20 m/s²、10 m/s²时，传感器复灵敏度模（幅值）测量的不确定度不大于0.5%，辐角（相移）测量的不确定度不大于1°，在整个校准的频率范围40 Hz～5 kHz和加速度幅值（取决于频率）范围10 m/s²～100 m/s²内，灵敏度幅值测量的不确定度不大于1%，灵敏度相移测量的不确定度不大于2°。

3. 离心机校准法

离心机校准法有单离心机、倾斜离心机、双离心机、倾斜校准支架等方法进行校准，详见GB/T 20485.1。

4. 冲击校准方法

为测量随时间变化的加速度，可以使用基于条纹计数和时间间隔测量的激光干涉法。通过测得的位移值和对应的时间，利用内插多项式并进行两次微分运算即可获得加速度值。实验证明，通过使用一个特制的气动冲击加速度激励器——冲击锤和砧子，可以在冲击加速度峰值或高品质加速度计的冲击灵敏度测量中获得很小的不确定度。多数冲击绝对校准基于速度变化原理，这是因为速度是一个可以进行直接测量的物理参数，通常的结构是把被校传感器安装在处于静止位置的悬吊砧体上，用一个锤子打击这个砧台，使砧台产生一个瞬态运

动。这一冲量是可控的，使得速度变化不要过快或过慢，以免激起仪器响应范围外明显的频率分量，这时可近似应用刚体动力学理论。被校速度或加速度传感器的质量与相连接的砧台质量相比要小，而且要保证碰撞时传感器灵敏轴方向与冲击力方向尽量一致。做冲击试验时，要记录加速度计输出与时间的对应关系，在冲击后随即测得砧台的速度Δv。

测量砧子通过已知距离所用时间来测定砧子的速度。用光电或磁传感器触发电子计时器，在碰撞过程中砧子获得的速度是受到加速度作用的直接结果，计算式为

$$\Delta v=\int_{t_1}^{t_2}a(t)\mathrm{d}t \tag{15-30}$$

式中，Δv——速度增量，单位为m/s；

$a(t)$——随时间变化的加速度，单位为/ms²。

加速度计的输出$u_r(t)$为

$$u_r(t)=S_r a(t) \tag{15-31}$$

式中，S_r——参考标准的灵敏度，单位为输出信号单位/(m·s^{-2})。

由式(15-30)和式(15-31)可解出S_r为

$$S_r=\frac{\int_{t_1}^{t_2}u_r(t)\mathrm{d}t}{\Delta v} \tag{15-32}$$

由碰撞过程所记录下的输出及式(15-32)可以对线运动加速度传感器进行校准。如冲击施加于线性弹性体时，其脉冲为半正弦形，脉冲包络的面积A=0.637 hb，其中h和b分别为脉冲的高度和宽度。改变碰撞件的质量、垫层，及诸如跌落高度、空气压力等初始条件，或改变与冲击发生器特性有关的其他物理参数，可以调整脉冲形状和脉宽。

要得到式(15-32)中的Δv值，两种方法(用砧子做碰撞或用线性弹性体做碰撞)都可行。用记忆示波器或高速示波器加上照相的办法均可记录碰撞过程中加速度传感器输出随时间的变化。通过分别施加已知的电位差信号u_c和已知的时间t_c，测量其对应的y_c和x_c，可以确定电位差标度和时间标度。电位差标度系数k_1和时间标度系数k_2的计算公式为

$$k_1=\frac{u_c}{y_c}\text{，}k_2=\frac{t_c}{x_c} \tag{15-33}$$

所记录的加速度计输出随时间变化曲线下的面积为

$$A=\int_{x_1}^{x_2}y\mathrm{d}x \tag{15-34}$$

式中，x_1和x_2是冲击起始时间和结束时间。

将上述量代入式(15-32)，得

$$S_r=\frac{k_1\cdot k_2\cdot K\cdot A}{\Delta v} \tag{15-35}$$

面积A可以从记录加速度时间历程的图形积分得到，用面积仪也可以测量出加速度随时间变化曲线下的面积。要注意零漂、过冲和振铃对测定面积的影响。

式(15-32)中的积分也可以用电子积分或数字记录求和技术来求得。这样可以加快校准过程，减少主观误差与操作者的劳动强度。

在大多数合理的冲击幅值和持续时间范围内，对高质量加速度计基于速度变化原理的冲击绝对校准不确定度小于5%，前提是传感器在关注的频率范围内具有线性频率响应。如果

不是线性的，会导致难以估计的误差。而且这种方法给出的只是灵敏度，无法得出任何实用的频率响应和相位响应的信息。

15.12.5 比较法校准

比较法校准是将通过绝对校准的振动传感器用作其他传感器校准的参考标准进行比较校准。校准过的参考传感器1和被校传感器2合理安装将感受相同的振动输入，同时测定它们的输出值u_1和u_2或测量两者的输出比。如果两个传感器检测同一振动参数，例如同为速度或同为加速度，并且传感器1和传感器2的响应都是线性的，那么被校传感器2的幅度灵敏度S_2和参考传感器1的幅值灵敏度S_1相应关系为

$$S_2 = \frac{u_2}{u_1} S_1 \tag{15-36}$$

以加速度计检定为例，使用制造商推荐的扭矩值，将被检加速度计与参考加速度计背靠背刚性地安装在振动台台面中心位置，或将其与振动台内装传感器同轴安装，或与装在振动台台面上附加固定装置内的参考加速度计同轴安装。检定频率小于5 kHz时，可采用附加固定装置的安装方式；检定频率大于5 kHz时，则应采用背靠背或振动台内装参考加速度计的安装方式。建议不使用加速度计肩并肩的安装方式。

在参考频率和参考加速度条件下确定被检加速度计的灵敏度。被检加速度计的输出与所承受的加速度值之比即为参考灵敏度幅值。也可以测量两只加速度计的输出比，被检加速度计灵敏度幅值S_2的计算公式为

$$S_2 = \frac{X_2}{X_1} S_1 \tag{15-37}$$

式中，S_1——参考加速度计灵敏度幅值，单位为mV/(m/s^2)或pC/(m/s^2)；

X_1——参考加速度计输出值，单位为mV或pC；

X_2——被检加速度计输出值，单位为mV或pC。

参考加速度计必须经过绝对法检定，作为比较法检定工作加速度计的传递标准。

15.12.6 灵敏度幅频和相频响应的检定

灵敏度幅频和相频响应的检定可采用振动连续扫描法、逐点法或随机激励法。在工作频率范围内，以1/3倍频程频率序列选取7～12个频率点，用15.12.5方法测出不同频率下的灵敏度幅值和相移。灵敏度幅频响应以参考灵敏度幅值的相对偏差表示；灵敏度相频响应以参考灵敏度相移的绝对偏差表示。检定结果应满足表5-10所列的要求。

15.12.7 灵敏度幅值线性度的检定

灵敏度幅值线性度的检定可根据用户要求采用振动或冲击方法，在实际使用的加速度幅值范围内选取5～10个点（包括最大和最小加速度），进行灵敏度幅值线性度的检定。

对加速度幅值范围不大的情况，进行15.12.5的相关振动比较法检定。灵敏度的幅值线性度用检定点的灵敏度幅值相对于参考灵敏度幅值的相对偏差表示。

对加速度幅值范围较大的情况，用冲击法检定，并用最小二乘法计算灵敏度幅值线性

度。由 n 次检定的加速度 a_i 和灵敏度 S_i，求出回归直线为

$$\bar{S} = S_0 + K\bar{a} \tag{15-38}$$

式中，斜率为

$$K = \frac{\sum_{i=1}^{n} a_i S_i - \bar{a}\sum_{i=1}^{n} S_i}{\sum_{i=1}^{n} a_i^2 - \bar{a}\sum_{i=1}^{n} a_i} \tag{15-39}$$

截距为

$$S_0 = \bar{S} - K\bar{a} \tag{15-40}$$

加速度平均值为

$$\bar{a} = \frac{\sum_{i=1}^{n} a_i}{n} \tag{15-41}$$

灵敏度平均值为

$$\bar{S} = \frac{\sum_{i=1}^{n} S_i}{n} \tag{15-42}$$

加速度幅值线性度为

$$\gamma = \frac{Ka_{\max}}{S_0} \times 100\%\Big|_{u_{\max}} \text{ 或 } \gamma = \frac{K \times 10000}{S_0} \times 100\%\Big|_{10000\,\mathrm{m/s^2}} \tag{15-43}$$

式(15-43)中前式表示最大加速度处的幅值线性度，后式表示每10000 $\mathrm{m/s^2}$ 幅值线性变化百分数。检定结果应满足表15-10所列的要求。

15.12.8 参考灵敏度幅值年稳定度的检定

通常用灵敏度的年稳定度评价加速度计的稳定度。即在相同参考频率、参考加速度和适调仪设置的检定条件下，加速度计灵敏度幅值逐年的变化量。

$$\omega_s = \frac{S_2 - S_1}{S_1} \times 100\% \tag{15-44}$$

式中，ω_s—— 灵敏度幅值的年稳定度，%；

S_2——当年检定的灵敏度幅值，单位为mV/(m/s²)或pC/(m/s²)；

S_1——上一年检定的灵敏度幅值，单位为mV/(m/s²)或pC/(m/s²)。

15.13 测振仪的检定

国家计量检定规程《测振仪》(JJG 676—2019)适用于0.1 Hz～10 kHz 频率范围内测振仪的首次检定、后续检定和使用中的检查。

15.13.1 检定的主要计量性能

(1)主要技术要求：测振仪主要技术性能应符合表15-13所列的要求。

表15-13 测振仪主要技术要求

配接振动传感器类型	幅值频率响应 最大允许误差/ %	幅值线性度 最大允许误差/ %	频率 最大允许误差/ %
加速度传感器	±5	±5	±0.5
其他类型传感器	±10	±10	±0.5

(2)幅值频率响应:在不同频率下测振仪的幅值测量示值相对于标准值的相对误差,应满足表15-13所列的要求。

(3)幅值线性度:在推荐的参考频率点处,不同的振动幅值下测振仪的测量示值相对于标准值的相对误差,其最大的相对误差值为幅值线性度,应满足表15-13所列的要求。

(4)频率误差:具有频率分析功能的测振仪,其频率测量示值相对于标准振动频率的相对误差,应满足表15-13所列的要求。

(5)上限和下限截止频率:按生产厂家说明书中给出的可测量范围的上限和下限截止频率处进行检定,其衰减量与出厂指标的偏差应在±1 dB 的范围内。

15.13.2 振动标准装置

振动标准装置分为比较法振动标准装置和绝对法振动标准装置,因此,有两种检定框图,分别如图15-28和图15-29所示。

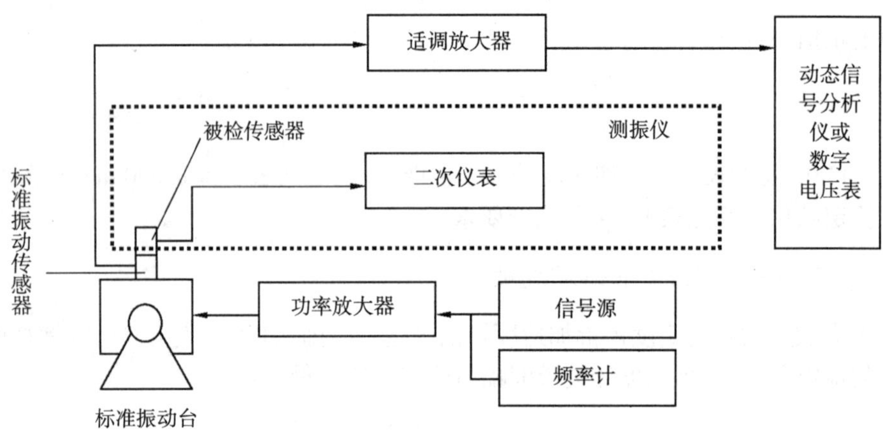

图15-28 测振仪检定框图——比较法振动标准装置

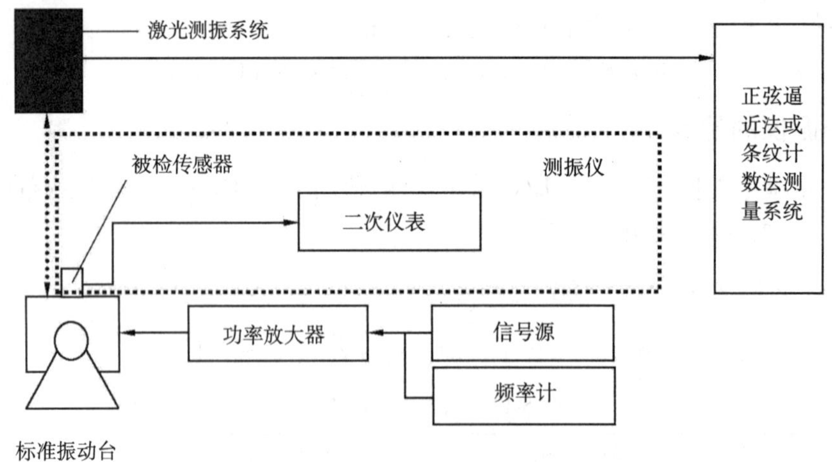

图15-29 测振仪检定框图——绝对法振动标准装置

振动标准装置及配套仪器设备的技术要求如下。

(1)振动标准装置:技术指标见表15-14所列。

表15-14 振动标准装置技术指标一览表

<table>
<tr><th rowspan="3">测量参数</th><th colspan="4">技术指标</th></tr>
<tr><th colspan="2">比较法振动标准装置</th><th colspan="2">绝对法振动标准装置</th></tr>
<tr><th>频率范围</th><th>测量不确定度
(k=2)</th><th>频率范围</th><th>测量不确定度
(k=2)</th></tr>
<tr><td rowspan="2">加速度</td><td rowspan="2">0.1 Hz～10 kHz</td><td rowspan="2">3%</td><td>0.1 Hz～5 kHz</td><td>1%</td></tr>
<tr><td>5 kHz～10 kHz</td><td>2%</td></tr>
<tr><td>速度</td><td>0.1 Hz～1 kHz</td><td>3%</td><td>0.1 Hz～1 kHz</td><td>1%</td></tr>
<tr><td>位移</td><td>0.1 Hz～400 Hz</td><td>3%</td><td>0.1 Hz～400 Hz</td><td>1%</td></tr>
</table>

(2)数字电压表(可选):交流电压幅值测量不确定度优于0.2%(k=2)。

(3)频率计(可选):测量不确定度优于0.1%(k=2)。

(4)动态信号分析仪(可选):交流电压幅值测量误差不超过±0.2%,频率示值误差不超过±0.01%,动态范围应不小于70 dB。

15.14 检定校准仪器

15.14.1 中频振动传感器校准系统

ECS-1815中频振动传感器校准系统替代法是一种改进型的背靠背方法。这种方法基于二次测量原理,将工作标准加速度传感器(WST)分别与标准加速度传感器(STD)、被测加速度传感器(UUT)背靠背安装,其仪器外形如图15-30所示,组成框图如图15-31所示。

图15-30 ECS-1815中频振动传感器校准系统

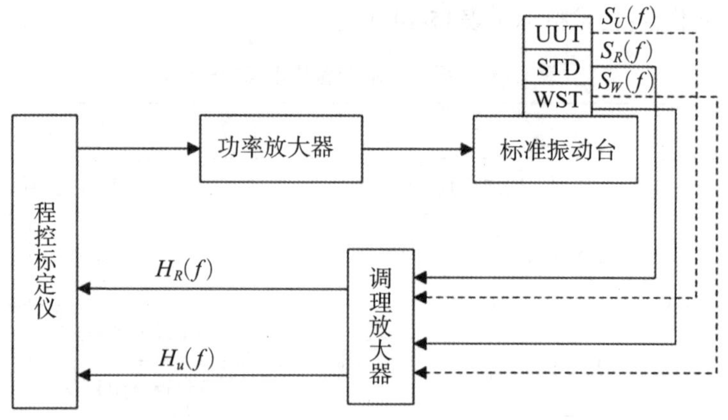

图 15-31 加速度传感器灵敏度替代法校准框图

在进行两次比较时，UUT和STD共用一个调理放大器，调理放大器的影响已被消除。被测加速度传感器的灵敏度只与标准加速度传感器的灵敏度和两次比较的传输函数有关。这样在不确定度的评定中，两个调理放大器的影响误差已不予考虑。而两个传输函数的比值，也将电压比较器由电路带来的系统误差消除。使用替代法，灵敏度显然更为准确。这种“替代法”检定/校准功能，抵消了大部分由于振动台失真和测量仪器误差引起的不确定度分量。

ECS-1815中频振动传感器校准系统依据国家标准《振动与冲击传感器校准方法　第21部分：振动比较法校准》(GB/T 20485.21—2007/ISO 16063：2003)，并按照国家计量检定规程《压电加速度计》(JJG 233—2008)、《测振仪》(JJG 676—2019)等对5 Hz～10000 Hz工作频率范围内的各类振动加速度、速度、位移及冲击传感器进行校准。最低扩展不确定度为1.0%，横向振动比典型值小于5%，谐波失真度小于2%；最多支持7个传感器同时校准，专业校准软件，全自动优化流程、匹配参数、执行项目、输出报告；支持背靠背比较法，肩并肩法和替代法校准，支持正弦扫频法、步进正弦法和随机激励法；支持电压、电荷、IEPE等各类传感器校准，支持振动加速度、速度、位移传感器、测振仪的校准；系统稳定可靠，易操作，易维护；高精度、高效率，10分钟即可自动完成传感器的精密校准。

15.14.2　低频和超低频振动传感器校准系统

随着社会的发展和科学的进步，人们对低频和超低频振动信号的测量需求也越来越广泛。例如载人宇宙飞船和人造卫星的姿态控制和惯性导航系统中，通常包含着可以测量飞行器超低频率(最低可测频率达到准静态)运动的伺服加速度传感器；在地震观测、核试验监视等领域广泛使用的各类甚宽带地震计，下限频率可达0.01 Hz以下；在民用方面，高层建筑、大型桥梁、水坝、海洋平台等状态监测用振动传感器大都为下限频率0.05 Hz以下的超低频振动传感器。为了确保上述情况下所使用传感器测量数据的准确可靠，必须对这些传感器进行出厂检验或者定期校准。低频和超低频振动传感器校准系统可以为广泛应用于航空航天、地震、高层建筑、水利水电、石油勘探等领域的各类低频或超低频振动传感器进行校准测试。

低频和超低频振动传感器校准系统依据国家标准《振动与冲击传感器校准方法　第11部分：激光干涉法振动绝对校准》(GB/T 20485.11—2006/ISO 16063-11:1999)、《振动与冲击传感器校准方法　第21部分：振动比较法校准》(GB/T 20485.21—2007/ISO 16063-21:2003)，并参照国家计量检定规程《压电加速度计》(JJG 233—2008)、《磁电式速度传感器》(JJG 134—2003)、《振动位移传感器》(JJG 644—2003),能源行业标准《低频振动传感器校准规范》(NB/T 42120—2017)等在0.002 Hz～200 Hz频率范围内对各类振动加速度、速度、位移传感器采用绝对法或者比较法进行校准。

由浙江大学制造技术及装备自动化研究所与中国计量科学研究院联合研制的低频和超低频振动传感器校准系统采用了以下关键技术:

(1)气浮轴承技术,实现了振动体大位移、大负载支撑、高导向精度及低运动摩擦阻力的要求;

(2)永磁式双磁路结构,解决了大行程电磁振动台的磁路设计问题;

(3)磁悬浮技术,解决了垂直向振动台大负载支撑问题;

(4) 基于光栅的超低频运动量复合反馈控制技术,降低了全频带范围内的谐波失真度;

(5)基于直流输出的大光程零差正交激光干涉技术,解决了超低频振动信号的绝对测量问题。

该系统主要包括垂直向和水平向低频振动台、功率放大器及反馈控制器、激光测振仪(绝对法选配)、气路控制装置、振动校准测控仪等组成部分,如图15-32所示。其中,低频垂直向和水平向振动台实现垂直向和水平向的机械振动;功率放大器用于驱动振动台工作;反馈控制器结合反馈传感器测得的台面振动量实现对振动台低频振动的精密控制;激光测振用于对振动台台面振动的绝对测量;气路控制装置主要实现向振动台供气及其洁净、稳压等功能;振动校准装置测控仪包括高稳定度程控超低频信号发生器、程控多通道并行高精度数据采集器、激光高速数据采集等硬件系统,控制软件实现对整个校准系统的计算机集中控制,并实现对传感器参考灵敏度、灵敏度幅频特性、灵敏度线性等参数进行绝对法和相对法自动校准,用户可以通过计算机直接对系统进行操作,并将校准结果打印输出来。系统的技术指标见表15-15所列。图15-33所示为低频标准振动台的外观。

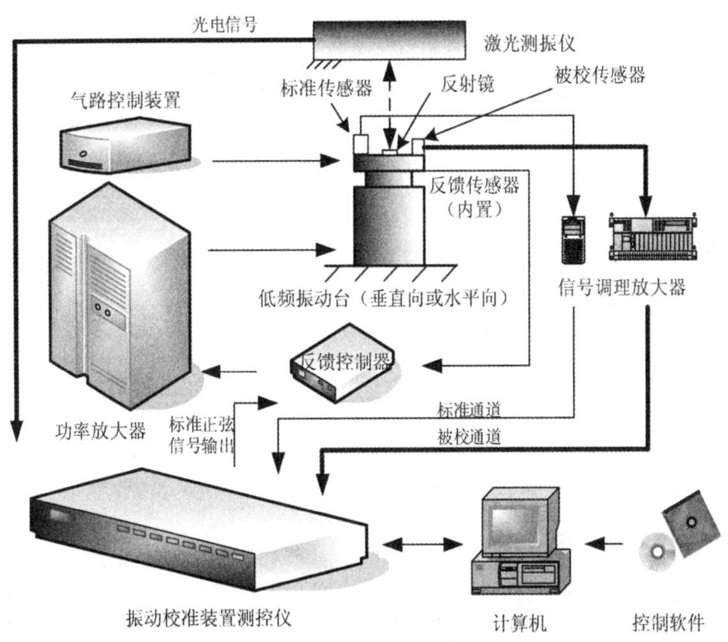

图15-32　低频振动校准系统结构

表 15-15　低频和超低频振动传感器校准系统技术指标

参数名称	垂直向	水平向
频率范围	0.002 Hz～200 Hz	
最大位移(峰峰值)	50 mm～200 mm	50mm～1000 mm
最大速度(峰值)	0.2 m/s	
最大加速度(峰值)	5 m/s²～50 m/s²	5 m/s²～20 m/s²
台面尺寸(典型值)	ϕ250 mm	250 mm×300 mm
最大负载	30 kg	
输出波形谐波失真	≤1%	
横向振动比	≤3%	
校准不确定度	满足 GB/T 20485.11 和 GB/T 20485.21 的要求	

1000 mm行程水平向标准振动台

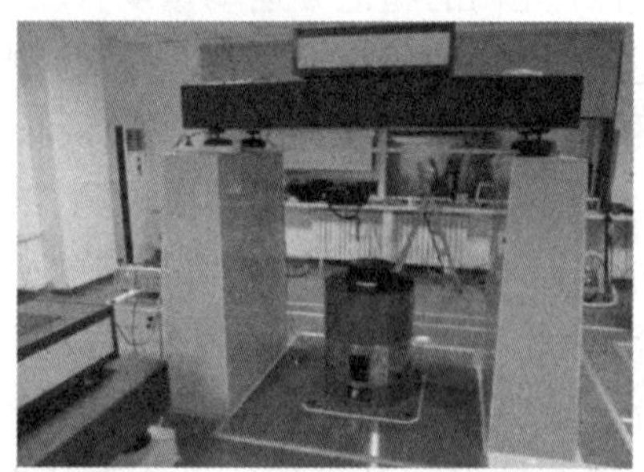
200 mm行程垂直向标准振动台

图 15-33　低频标准振动台

ECS-1812低频振动传感器校准系统由超低频程控标定仪ECI-9308、低频标准振动台VE-4040、线性功率放大器VSA-L1000A、标准传感器、高精度调理放大器MI-2004与专业低频校准软件组成(图15-34)。低频标准振动台VE-4040H频率范围为DC～400 Hz,其余指标同VE-4040。低频振动传感器校准系统主要参数见表15-16所列。

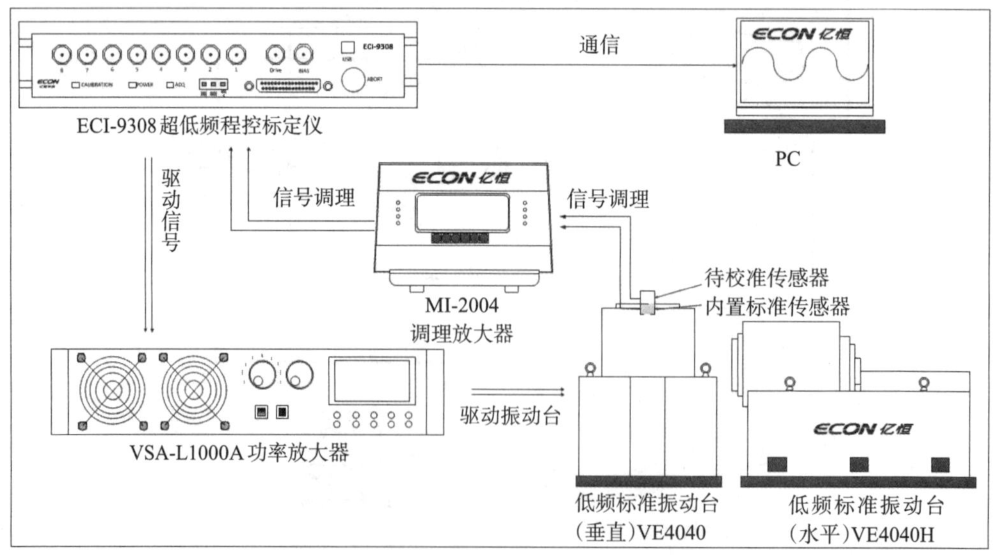

图 15-34　ECS-1812低频振动传感器校准系统

表15-16　ECS-1812低频振动传感器校准系统参数

<table>
<tr><td colspan="2">低频标准振动台</td><td colspan="2">程控标定仪</td></tr>
<tr><td>型号</td><td>VE-4040</td><td>型号</td><td>ECI-9308</td></tr>
<tr><td>频率范围/Hz</td><td>DC~1000</td><td>输出通道</td><td>2个BNC(Drive,COLA)</td></tr>
<tr><td>计量频率范围/Hz</td><td>0.1~200</td><td>信噪比</td><td>＞100 dB(@1 kHz,1V输入)</td></tr>
<tr><td>最大位移/mm</td><td>100</td><td>输入通道</td><td>8个BNC,一个数字I/O</td></tr>
<tr><td>最大加速度/g</td><td>1</td><td>控制频率范围</td><td>DC～2000 Hz</td></tr>
<tr><td>最大速度/m/s</td><td>0.2</td><td>输出幅值精度</td><td>0.1%(@1 kHz,1V输入)</td></tr>
<tr><td>最大负载/kg</td><td>10</td><td>输出频率精度</td><td>0.001%</td></tr>
<tr><td>最大推力/N</td><td>400</td><td>通道串扰</td><td>＜-105 dB</td></tr>
<tr><td>不均匀度</td><td>≤1%(1 Hz~100 Hz)</td><td colspan="2">功率放大器</td></tr>
<tr><td>谐波失真度</td><td>≤1%</td><td>频率响应</td><td>±0.5 dB</td></tr>
<tr><td>横向振动比</td><td>≤1%(1 Hz~100 Hz)</td><td>频率范围</td><td>DC～1 kHz</td></tr>
<tr><td>控制模式</td><td>开环、闭环</td><td>输出功率</td><td>1200 VA</td></tr>
<tr><td>频响控制精度</td><td>≤2%</td><td>输出电压</td><td>$72\ V_{RMS}$</td></tr>
<tr><td>零位控制精度</td><td>≤1 mm</td><td>输出电流</td><td>$18\ A_{RMS}$</td></tr>
<tr><td rowspan="4">传感器类型</td><td rowspan="4">伺服加速度计、
MEMS型加速度计、
电阻式加速度计、
地震检波器等低频振动传感器</td><td>输出接口</td><td>航空插头</td></tr>
<tr><td>输入接口</td><td>BNC</td></tr>
<tr><td colspan="2">调理放大器</td></tr>
<tr><td>型号</td><td>MI-2004</td></tr>
</table>

15.14.3　HBK3629型振动与冲击传感器校准系统

HBK3629 型振动与冲击传感器自动校准系统(图15-35)的组成部分为LAN-XI数据采集前端和分析软件(提供信号源输出并采集、分析输入信号)、校准振动台及功放(或冲击发生装置)、参考传感器及电荷放大器、PC 等硬件,及相应的校准软件。它包括以下各校准模块。

(1) 激光绝对法校准系统;

(2) 比较法低、中、高频振动校准系统;

(3) 横向灵敏度校准系统;

(4) 比较法冲击校准系统(20 g～10 000 g)。

校准方法有替代比较法或直接比较法,满足ISO 16063-21(以前的 ISO 5347-3)的要求;激光干涉绝对法校准,满足ISO 16063-11(以及以前的 ISO 5347-1)的要求。

校准对象包括各种类型的振动传感器,包括电荷、CCLD/IEPE、压阻、变电容、伺服、电压、电动(速度线圈),以及适调放大器等。

校准内容有传感器的灵敏度、幅频特性和相频特性、线性度等。

信号激励方式:定频及正弦扫频(自定义校准频率点,及各频率点的幅度)、随机信号激励。

校准频率范围：振动0.1 Hz～ 60 kHz；冲击最高至200 kHz（取决于所使用的振动台/冲击发生装置、参考传感器和采集前端）。

校准软件功能：自动控制校准过程并具有系统自校准功能；自动计算并存储TEDS（传感器电子数据表）参数；可自动修正耦合刚度的影响，消除因被校传感器质量与耦合面积不同产生的误差；校准结果以图形及表格方式显示，并可自动生成符合 ISO 17025 标准的校准证书（WORD文件）；所有的校准设置及校准结果都存储在数据库中，供日后调用、打印证书或分析比较。

图15-35　HBK 3629型振动与冲击传感器自动校准系统

第16章 机器振动测量和评价

16.1 概述

机器现在正以越来越高的转速和负载运行，而且可能连续运行两年或三年才被要求进行维护。因此，对旋转机械的运行振动值有了更严格的规定，以确保其持续安全可靠地运行。GB/T6075.1/ISO 10816-1是一份基本文件，确立了测量和评估机械振动的一般指南，这些振动是在整个机器的旋转和非旋转，以及非往复部件（如轴或轴承箱）上测量的。ISO 10816的其他部分提供了与特定机器类型相关的测量和评估标准建议。ISO 10816-1：1995已经作废，并与ISO 7919-1：1996（作废）合并成ISO 20816- 1：2016，系列标准名称也改为*Mechanical Vibration — Measurement and Evaluation of Machine Vibration*，相关国家标准尚未发布。原国家标准/采用的国际标准对应的新的国际标准对照表见表16-1所列。

表16-1 机器振动测量与评价标准对照表

<table>
<tr><th colspan="2">原国家标准/采用的国际标准</th><th colspan="2">新的国际标准</th></tr>
<tr><td>GB/T 6075.1—2012/
ISO10816-1:1995</td><td>机械振动 在非旋转部件上测量和评价机器的振动 第1部分：总则</td><td rowspan="2">ISO 20816-1:2016</td><td rowspan="2">Mechanical vibration
— Measurement and evaluation of machine vibration
— Part 1:General guidelines</td></tr>
<tr><td>GB/T 11348.1—1999/
ISO 7919-1:1996</td><td>旋转机械转轴径向振动的测量和评定 第1部分：总则</td></tr>
<tr><td>GB/T 6075.2—2012/
ISO 10816-2:2001</td><td>机械振动 在非旋转部件上测量和评价机器的振动 第2部分：50 MW以上，额定转速1500 r/min、1800 r/min、3000 r/min、3600 r/min陆地安装的汽轮机和发电机</td><td rowspan="2">ISO 20816-2:2017</td><td rowspan="2">—Part 2:Land-based gas turbines, steam turbines and generators in excess of 40 MW, with fluid-film bearings and rated speeds of 1 500 r/min, 1 800 r/min, 3 000 r/min and 3 600 r/min</td></tr>
<tr><td>GB/T 11348.2—2012/
ISO 7919-2:2009</td><td>机械振动 在旋转轴上测量评价机器的振动 第2部分：功率大于50 MW，额定工作转速1500 r/min、1800 r/min、3000 r/min、3600 r/min陆地安装的汽轮机和发电机</td></tr>
<tr><td>GB/T 6075.3—2011/
ISO 10816-3:2009</td><td>机械振动 在非旋转部件上测量评价机器的振动 第3部分：额定功率大于15 kW额定转速在120 r/min至15 000 r/min之间的在现场测量的工业机器</td><td rowspan="2">ISO 20816-3:2022</td><td rowspan="2">—Part 3:Industrial machinery with a power rating above 15 kW and operating speeds between 120 r/min and 30000 r/min</td></tr>
<tr><td>GB/T 11348.3—2011/
ISO 7919-3:2009</td><td>机械振动 在旋转轴上测量评价机器的振动 第3部分：耦合的工业机器</td></tr>
</table>

续表

<table>
<tr><th colspan="2">原国家标准/采用的国际标准</th><th colspan="2">新的国际标准</th></tr>
<tr><td>GB/T 6075.4—2015/ ISO 10816-4:2009</td><td>机械振动 在非旋转部件上测量和评价机器的振动 第4部分:具有滑动轴承的燃气轮机组</td><td rowspan="2">ISO 20816-4:2018</td><td rowspan="2">— Part 4:Gas turbines in excess of 3 MW, with fluid-film bearings</td></tr>
<tr><td>GB/T 11348.4—2015/ ISO 7919-4:2009</td><td>机械振动 在旋转轴上测量评价机器的振动 第4部分:具有滑动轴承的燃气轮机组</td></tr>
<tr><td>GB/T 6075.5—2002/ ISO 10816-5:2000</td><td>机械振动 在非旋转部件上测量和评价机器的机械振动 第5部分:水力发电厂和泵站机组</td><td rowspan="2">ISO 20816-5:2018</td><td rowspan="2">—Part 5:Machine sets in hydraulic power generating and pump-storage plants</td></tr>
<tr><td>GB/T 11348.5—2008/ ISO 7919-5:2005</td><td>旋转机械转轴径向振动的测量和评定 第5部分:水力发电厂和泵站机组</td></tr>
<tr><td>GB/T 6075.6—2002/ ISO 10816-6:1995</td><td>机械振动 在非旋转部件上测量和评价机器的机械振动 第6部分:功率大于100 kW的往复式机器</td><td></td><td></td></tr>
<tr><td>GB/T 6075.7—2015/ ISO 10816-7:2009</td><td>机械振动 在非旋转部件上测量评价机器的振动 第7部分:工业应用的旋转动力泵(包括旋转轴测量)</td><td></td><td></td></tr>
<tr><td></td><td></td><td>ISO 20816-8:2018</td><td>— Part 8: Reciprocating compressor systems</td></tr>
<tr><td></td><td></td><td>ISO 20816-9:2020</td><td>— Part 9: Gear units</td></tr>
</table>

振动测量能用于多种目的,包括日常运行监测、验收测试、诊断和分析研究,这里只提供运行监测、验收测试的准则。标准规定了在整机的非旋转或非往复式部件上测量和评价机器振动的通用条件及方法,说明了振动幅值和振动变化与运行监测和验收测试的关系。提出首先考虑机器安全可靠地长期运行,同时也考虑将对相关设备的有害影响减至最小。标准规定了运行限值。准则仅与机器本身产生的振动有关,而与外部传递给它的振动无关,也不适用于扭转振动。

对于许多机器,在非旋转部件上测量足以描述无故障工作的运行状况。但是对于包含挠性转子的一些机器,在非旋转部件上测量不是非常合适。在这种情况下,有必要在旋转和非旋转两种部件上测量,或者在旋转部件上测量来监测机器。如果两者都可使用,那么通常应使用限制更严的一个。

作为一般指南的有关规定如下。

1. 测量量

通常在测量非旋转部件上的振动或测量相对轴振动,或两者都测时,可以使用以下测量量。

（1）振动位移，单位为μm；

（2）振动速度，单位为mm/s；

（3）振动加速度，单位为m/s^2。

通常，非旋转部件振动测量的首选测量量是均方根速度，而轴振动测量的首选测量量是峰-峰值位移。根据经验通常考虑振动速度的均方根值，因为该值与振动能量有关。其他的量如位移、加速度和代替均方根的峰值也可以选用，但它们与均方根值不一定有简单关系，只有对正弦波才有如表14-1所列的简单关系。

通常在各个测量位置的两个或三个测量方向上进行测量以得到一组不同的振动幅值。在规定的机器支承和运行条件下，所测的宽带最大幅值定义为振动烈度。对于大多数类型的机器，振动烈度值表示了该机器的运行状态。以前振动烈度与10 Hz～1000 Hz范围宽带振动的速度[mm/s(RMS)]有关，现在对于不同类型的机器，可用不同的频率范围和测量值。

2. 频率范围

测量参数是宽带频率范围，以便充分覆盖机器频谱，频率范围应依据所考虑的机器类型确定。过去，10 Hz至1000 Hz范围内的宽带测量是满载验收测试的预期指标。这可能不符合状态监测方案的要求，需要进行修改以用于振动监测和诊断的目的。在某些设备上，例如齿轮箱和滚动轴承，用于验收目的时，需使用不同的频率范围。

3. 仪器仪表

所用仪器的设计应能在其使用的温度和湿度等环境中令人满意地工作。GB/T 13824/ISO 2954给出了测量振动烈度的仪器规范，GBT 21487.1/ISO 108171-1规定了测量轴振动仪器的要求。

应特别注意确保振动传感器的安装正确，并且它的存在不会影响机器的振动响应特性。ISO 5348中给出了安装加速度计的规范，原则上也适用于速度传感器。理想的情况是测量系统具有读数仪器的在线校准功能，此外，还具有合适的隔离输出，以允许根据需要进行进一步分析。

4. 评价准则

两个评价准则用于评价各类机器的振动烈度。一个准则考虑所测得的宽带振动量值；另一个考虑振动量值的变化，不论它们是增加还是减少。

准则Ⅰ：振动量值。这一准则关系到确定绝对振动量值的限值，它应与轴承可接受的动载荷及传入支承结构和底座可接受的振动相符合。在每一轴承或支座上观察到的最大振动量值，对照由国际经验建立的四个评价区域进行评价。所测振动的最大量值定义为振动烈度。

准则Ⅱ：振动量值的变化。本准则提供了用振动量值偏离预先建立的参考值的变化进行评定。即使未达到准则Ⅰ的区域C，宽带振动量值显著增加或减少时，也需采取措施。这些变化或为瞬时的或者随时间而发展，并且可能指示已经发生损坏，或者是给出即将失效或其他不正常的警告。准则Ⅱ是以稳态运行工况下宽带振动量值的变化为基础来规定的。

5. 运行限值

为了长期运行，通常对一些类型机器设定运行振动限值。这些限值采用报警值和停机值（TRIPS）形式。

报警值：警告已达到规定的振动值或已发生显著变化，需要采取补救措施。一般来说，如果发生报警情况,操作可继续运行一段时间,同时,应进行研究以确定振动变化的原因并制定出补救措施。

停机值:规定一个振动量值,超过该值机器继续运行可能会引起损坏。如果超过停机值,应立即采取紧急措施减少振动或停机。

有关在非旋转部件上测量、评价机器的机械振动以及旋转机械转轴径向振动的测量和评定所应参照的相关的现行国家标准,在后面两节中介绍。

16.2　在非旋转部件上测量和评价机器的振动

GB/T 6075.1—2012规定了在非旋转部件上测量和评价机器的振动的总则。对于非旋转部件的测量,测量位置应在轴承、轴承支撑座或其他结构部件上进行,这些部件对从轴承位置的旋转元件传递的动态力有显著响应,并表征机器的整体振动。为了确定每个测量位置的振动行为,需要在三个相互垂直的方向上进行测量。对于旋转轴上的测量,最好将传感器定位在轴横向移动较重的位置。对于相对测量和绝对测量,建议将两个传感器安装在每个机器轴承处或附近。

对于每一轴承或支座上观察到的最大振动幅值(振动烈度),对照由经验建立的A,B,C,D四个评价区域进行评定:

区域A表示新交付使用机器的振动通常属于该区域,即良好运行状态;

区域B表示通常认为振动值在该区域的机器可不受限制地长期运行,即正常运行工作状态;

区域C表示通常认为振动值在该区域的机器不适宜长期持续运行,一般来说,该机器可在这种状态下运行有限时间,直到有采取补救措施的合适时机为止,即可容许工作状态;

区域D表示振动值在该区域中的机器通常被认为振动剧烈,足以引起机器损坏,即不容许工作状态。

虽然大多数情况下振动速度足以表示机器在工作转速较宽范围内的振动烈度,但是只使用单一速度值,不考虑频率,会导致不可接受的大的振动位移值,特别对低速运转的机器,基频占主导时更是如此。同样,对高速运行的机器,或由机器组件产生的高频振动会导致不可接受的加速度。因此,以速度为基础的验收准则将采取图16-1所示的通用形式。

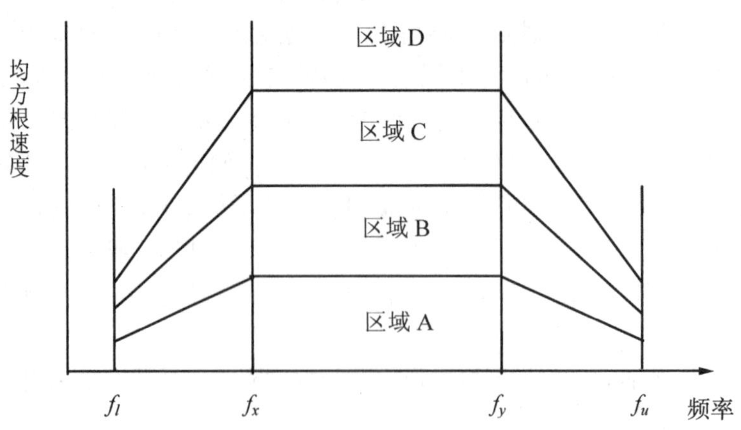

图16-1　振动速度验收准则的通用形式

图16-1中f_u和f_l表示上、下频率限值在小于规定的频率f_x和大于规定频率f_y区间，允许的振动速度是频率的函数

$$V_{r.m.s}=V_A \cdot Z_{bound} \cdot (f_z/f_x)^k (f_y/f_w)^m \tag{16-1}$$

式中，$V_{r.m.s}$—— 允许的速度均方根值，单位为mm/s；

V_A——恒定的速度均方根值，单位为mm/s，对于区域A适用于f_x和f_y之间；

Z_{bound} —区域边界系数（例如区域A的界限可通过设$Z_{bound}=1$得到，区域B的界限可通过设$Z_{bound}=2.56$，区域C的界限可通过设$Z_{bound}=6.4$）；这一系数可以是机器转速或任何其他相关机器运行参数（例如载荷、压力、流量）的函数；

f_x和f_y—— 规定的频率，单位为Hz；在其间应用了恒速度准则：

$$f_w=f_y，对f\leqslant f_y;$$

$$f_w=f，对f>f_y;$$

$$f_z=f，对f<f_x;$$

$$f_z=f_x，对f\geqslant f_x;$$

f—— 频率，单位为Hz，相对于f确定$V_{r.m.s}$；

k，m —— 对于给定类型的机器所规定的常数。

表16-2～表16-7中列出了系列标准中对于各种机器的区域边界的推荐值。

表16-2 大型汽轮机和发电机轴承箱或轴承座振动速度区域边界的推荐值（依据GB/T 6075.2—2012）

区域边界	轴转速/(r/min)	
	1500或1800	3000或3600
	区域边界振动速度均方根值/(mm/s)	
A/B	2.8	3.8
B/C	5.3	7.5
C/D	8.5	11.8

表16-3 现场测量的工业机器振动烈度区域分类（依据GB/T 6075.3—2011）

支承类型	区域边界	第1组机器：额定功率大于300 kW并小于50 MW的大型机组；转轴高度H≥315 mm的电机		第2组机器：额定功率大于15 kW并小于等于300 kW的中型机器；电机转轴高度160 mm≤H<315 mm	
		位移均方根值/μm	速度均方根值/(mm/s)	位移均方根值/μm	速度均方根值/(mm/s)
刚性	A/B	29	2.3	22	1.4
	B/C	57	4.5	45	2.8
	C/D	90	7.1	71	4.5
柔性	A/B	45	3.5	37	2.3
	B/C	90	7.1	71	4.5
	C/D	140	11.0	113	7.1

表 16-4 燃气轮机轴承箱或轴承座振动速度区域边界的推荐值（依据 GB/T 6075.4—2015）

区域界限	区域边界振动速度均方根值/(mm/s)
A/B	4.5
B/C	9.3
C/D	14.7

表 16-5 水力发电厂和泵站机组评价区域边界值（依据 GB/T 6075.5—2002）

<table>
<tr><td rowspan="3">区域边界值</td><td colspan="2">推荐的第 1 类机器的评价区域边界值(安装在刚性基础上的带有座式轴承或端盖轴承的卧式机器，通常工作转速大于 300 r/min)</td><td>推荐的第 2 类机器的评价区域边界值(轴承座只支承在水力机器外壳上的卧式机器，通常工作转速低于 300 r/min)</td><td colspan="2">推荐的第 3 类机器的评价区域边界值(轴承座都支承在基础上的立式机器，通常工作转速在 60~1800 r/min)</td><td colspan="4">推荐的第 4 类机器的评价区域边界值(下导轴承座支承在基础上，上导轴承座支承在发电机定子上的立式机组，通常工作转速在 60~1000 r/min)</td></tr>
<tr><td colspan="2">测点位置 1、2、3 和 4</td><td>测点位置 1 和 2</td><td colspan="2">在所有主轴承处</td><td colspan="2">测点位置 1</td><td colspan="2">所有其他主轴承处</td></tr>
<tr><td>位移峰-峰值/μm</td><td>速度均方根值/(mm/s)</td><td>速度均方根值/(mm/s)</td><td>位移峰-峰值/μm</td><td>速度均方根值/(mm/s)</td><td>位移峰-峰值/μm</td><td>速度均方根值/(mm/s)</td><td>位移峰-峰值/μm</td><td>速度均方根值/(mm/s)</td></tr>
<tr><td>A/B</td><td>30</td><td>1.6</td><td>2.5</td><td>30</td><td>1.6</td><td>65</td><td>2.5</td><td>30</td><td>1.6</td></tr>
<tr><td>B/C</td><td>50</td><td>2.5</td><td>4.0</td><td>50</td><td>2.5</td><td>100</td><td>4.0</td><td>50</td><td>2.5</td></tr>
<tr><td>C/D</td><td>80</td><td>4.0</td><td>6.4</td><td>80</td><td>4.0</td><td>160</td><td>6.4</td><td>80</td><td>4.0</td></tr>
</table>

表 16-6 往复式机器的振动分类和标准值（依据 GB/T 6075.6—2002）

<table>
<tr><td rowspan="3">振动烈度级</td><td colspan="3">机器结构上测得的总振级最大值</td><td colspan="7">机器振动分类</td></tr>
<tr><td rowspan="2">位移 (r.m.s)/μm</td><td rowspan="2">速度 (r.m.s)/(mm/s)</td><td rowspan="2">加速度 (r.m.s)/(m/s²)</td><td>1</td><td>2</td><td>3</td><td>4</td><td>5</td><td>6</td><td>7</td></tr>
<tr><td colspan="7">评 定 范 围</td></tr>
<tr><td>1.1</td><td>17.8</td><td>1.12</td><td>1.76</td><td rowspan="4">A/B</td><td rowspan="5">A/B</td><td rowspan="6">A/B</td><td rowspan="7">A/B</td><td rowspan="8">A/B</td><td rowspan="9">A/B</td><td rowspan="10">A/B</td></tr>
<tr><td>1.8</td><td>28.3</td><td>1.78</td><td>2.79</td></tr>
<tr><td>2.8</td><td>44.8</td><td>2.82</td><td>4.42</td></tr>
<tr><td>4.5</td><td>71.0</td><td>4.46</td><td>7.01</td></tr>
<tr><td>7.1</td><td>113</td><td>7.07</td><td>11.1</td><td>C</td></tr>
<tr><td>11</td><td>178</td><td>11.2</td><td>17.6</td><td rowspan="7">D</td><td>C</td></tr>
<tr><td>18</td><td>283</td><td>17.8</td><td>27.9</td><td></td><td>C</td></tr>
<tr><td>28</td><td>448</td><td>28.2</td><td>44.2</td><td>D</td><td></td><td>C</td></tr>
<tr><td>45</td><td>710</td><td>44.6</td><td>70.1</td><td rowspan="4"></td><td>D</td><td></td><td>C</td></tr>
<tr><td>71</td><td>1125</td><td>70.7</td><td>111</td><td rowspan="3"></td><td>D</td><td></td><td>C</td></tr>
<tr><td>112</td><td>1784</td><td>112</td><td>176</td><td rowspan="2"></td><td>D</td><td></td><td>C</td></tr>
<tr><td>180</td><td></td><td></td><td></td><td></td><td>D</td><td>D</td></tr>
</table>

表16-7 功率大于1 kW，叶轮叶片数z_i≥3旋转动力泵的非旋转部件振动的评价区域限值（依据GB/T 6075.7—2015）

区域	描述	振动速度限值均方根值/(mm/s)			
		1组		2组	
		≤200 kW	>200 kW	≤200 kW	>200 kW
A	在最佳工作范围内运行的新投用泵	2.5	3.5	3.2	4.2
B	在允许工作范围内无限制长期运行	4.0	5.0	5.1	6.1
C	受限的运行	6.6	7.6	8.5	9.5
D	损坏风险	>6.6	>7.6	>8.5	>9.5
最大报警限值(1.25倍区域B上限值)[a]		5.0	6.3	6.4	7.6
最大停机限值(1.25倍区域C上限值)[a]		8.3	9.5	10.6	11.9

a. 推荐值，宜在振动量值超过这些限值后保持约10 s再触发报警或停机，以避免误报和误停。

16.3 旋转机械转轴径向振动的测量和评定

GB/T 11348.1—1999/ISO 7919-1：1996规定了旋转机械转轴径向振动测量和评定的总则。前面已经提到，在非旋转部件上测量足以描述无故障工作的运行状况，但是对于包含挠性转子的一些机器，在非旋转部件上测量不是非常合适。在这种情况下，有必要在旋转和非旋转两种部件上测量，或者在旋转部件上测量来监测机器。如果两者都可使用，那么通常应使用限制更严的一个。

在旋转轴上直接测量转轴的绝对和相对径向振动，扭转振动和轴向振动除外，适用于机器的工况监测及在试验台上和安装后的验收试验。确定轴振动的目的与以下问题有关。

(1)振动特性的变化；

(2)过大的动力负荷；

(3)径向间隙监测。

优先选择的轴振动测量量是位移，单位是μm。相对位移是转轴和相应机构(例如轴承座或机壳)之间的振动位移；绝对位移是转轴相对于一惯性参考系的振动位移。广泛采用的振动位移量有：

$S_{(p-p)}$：测量方向上的振动位移峰-峰值；

S_{max}：测量平面内的最大振动位移值。

转轴振动相对和绝对振动测量应当用宽频带，以便把机器振动的频谱充分包括进去。

测量时传感器应置于能对转轴的径向振动做出评价的重要测点上，推荐在机器的每个轴承处或靠近轴承处安装两个传感器。在垂直于轴线的同一测量平面内沿径向安装，传感器的轴线和转轴径线的夹角应小于±5°。最好把两个传感器安装在同一轴承半瓦相隔90°±5°的位置上，选择的位置在每个轴承上应是相同的。在每个测量平面上也可使用单个传感器，以代替常用的一对正交传感器。

相对振动通常使用非接触式传感器进行测量。非接触式传感器安装在轴承座上开出的孔里，或安装在靠近轴承座的刚性支架上。传感器应安装在轴承内不影响润滑压力楔的位置上，安装在支架上的传感器，支架的固有频率应不对测量轴相对振动的传感器的性能产生不利影响。

可以使用带有惯性传感器的接触结构进行绝对振动测量。惯性传感器(速度计或加速度计)径向安装在轴振触头上，该装置不应产生颤振或使转轴振动受到约束。接触点的转轴表面应当光滑，且没有任何几何不连续(如键槽和螺纹)。

也可以把惯性传感器和非接触式相对振动传感器结合起来测量绝对振动，通过计算两个传感器输出的矢量和，可以得到绝对振动。惯性传感器应当紧靠非接触式传感器刚性安装在机器的结构(如轴承座)上，以保证两个传感器在测量方向上承受相同的支承结构的绝对振动。两个传感器的灵敏度轴线应当平行，以保证它们输出信号的矢量和精确测量转轴绝对振动。

机器应当在整个运转范围内协定的条件(例如热平衡状态和运转状态)下测量转轴的振动。机器的基础和结构型式(例如管道)会对振动测量有重要影响，同类型机器的振动值只有在相似基础和结构形式时才有可比性。如果环境振动值超过工作转速下所规定振动许用值的1/3时，应采取措施消除环境振动的影响。

假如评定指标是转轴振动的变化，则当固定相对运动传感器的支承结构的振动较小(小于转轴相对振动的20%)时，转轴相对振动或转轴绝对振动都可以作为转轴振动的测量。当固定相对运动传感器的支承结构的振动是转轴相对振动的20%或更大时，应进行转轴绝对振动测量，假如发现其值大于转轴相对振动，转轴绝对振动将作为转轴振动的测量。

假如评定指标是轴承上的动力载荷，转轴相对振动将作为转轴振动的测量。

假如评定指标是定子/转子间隙，那么，当固定相对运动传感器的支承结构的振动较小(即小于转轴相对振动的20%)时，转轴相对振动可以用作间隙减小的测量。当固定相对运动传感器的支承结构的振动是转轴相对振动的20%或更大时，转轴相对振动测量仍可以用作间隙减小的测量，除非支承结构的振动不能反映出全部定子振动。

转轴振动的等级范围取决于振动体的尺寸和质量、安装系统的特性及机器的功率和用途。因此，对特定级别的机器规定不同的转轴振动范围时，应考虑不同的目的和有关的环境条件，必要时应在产品说明书中注明。

评定转轴振动的准则有两个：准则Ⅰ是考虑监测的宽带转轴振动的幅值，准则Ⅱ是考虑幅值的变化，不管它们是增加还是减小。

稳定运行状态下额定速度时的振动幅值的准则Ⅰ关系到确定转轴振动幅值的限值，它与轴承许可的动载荷、机器径向间隙及传入支承结构和底座的可接受的振动相符合，在每个轴承处测得的最大振动幅值

对照由国际经验建立的四个评价区域进行定性评定，图16-2所示是以峰-峰值为单位的振动许用值与运转速度范围的对应关系。一般来说，当机器的工作转速增加时，振动许用值将减小，但对不同的机器，比率是不同的。图中各区域的含义如下。

区域A：新交付使用机器的振动通常属于该区域。

区域B：通常认为振动幅值在该区域的机器可不受限制地长期运行。

区域C：通常认为振动幅值在该区域的机器不适宜长期持续运行，一般来说，该机器可在这种状态下运行有限时间，直到有采取补救措施的合适时机为止。

区域D：振动幅值在该区域中的机器通常被认为振动剧烈，足以引起机器损坏。

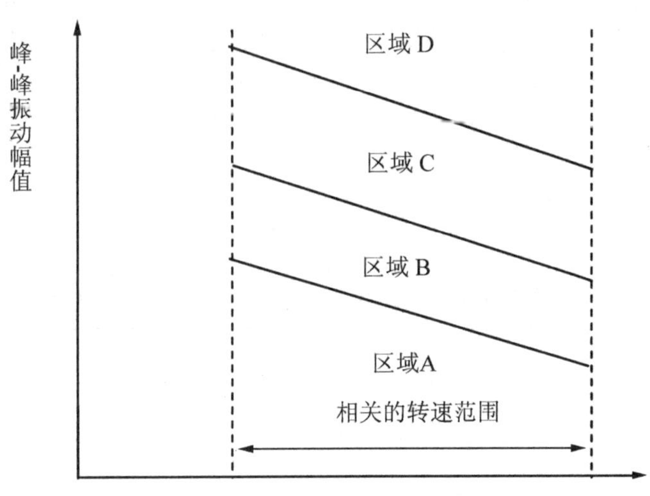

注：对于不同类型的机器，各区域界限上的实际振动幅值和相关的转速范围会有变化。
重要的是选择相关的准则和避免不正确的外推。

图16-2 评价准则的广义例子

考虑幅值的变化的准则Ⅱ提供了根据以前建立的参考值对振动幅值变化的评定。宽带振动值会出现显著的增加或减小，即使未达到准则Ⅰ的区域C，也应采取措施。这种变化或为瞬时的，或者随时间而发展，它可指明故障已经发生或紧急事故的报警或有其他事故的报警。

对于长期运行的设备，通常对一些类型的机器设定运行振动限值，这些限制采用报警和停机形式。报警指已经达到规定的振动幅值或振动已经发生显著变化，需要采取补救措施。对于特定机器的测量位置和方向根据经验设定报警的基线值，推荐报警值应比基线高出某个值，其大小等于区域B上限值的部分量。如果基线低，报警值可能低于区域C。停机振动幅值的设定，指超过该值机器继续运行可能会引起损坏，一般来说停机值在区域C或区域D内。

依据轴振动的正常稳态运行值和这些稳态值所发生的任何变化规定的评定准则，对于有些变化只有通过单个频率分量的矢量分析才可以识别。在转轴上所测的全部稳态振动信号由许多不同的频率分量组成，每一分量是由其频率、幅值和相位所规定的。单个频率分量的变化比宽带振动明显，更容易观测到矢量变化。

GB/T 11348.2规定了50 MW以上，额定转速1500 r/m、1800 r/m、3000 r/m、3600 r/m陆地安装的汽轮机和发电机转轴相对位移和绝对位移的各区域边界值，见表16-8和16-9所列。建议报警值一般不超过区域B/C限值的1.25倍，推荐停机限值一般不超过区域边界C/D限值的1.25倍。如果振动值变化显著（典型的超过区域边界B/C值的25%），不论幅值是增大或减小都应采取步骤查明变化的原因。

表16-8 推荐的汽轮机和发电机转轴相对位移的各区域边界值

区域边界	轴转速/(r/min)			
	1500	1800	3000	3600
	轴相对位移峰-峰值/μm			
A/B	100	90	80	75
B/C	120～200	120～185	120～165	120～150
C/D	200～320	185～290	180～260	180～240

表16-9 推荐的汽轮机和发电机转轴绝对位移的各区域边界值

区域边界	轴转速/(r/min)			
	1500	1800	3000	3600
	轴绝对位移峰-峰值/μm			
A/B	120	110	100	90
B/C	170～240	160～220	150～200	145～180
C/D	265～385	265～350	250～320	245～290

对于最高连续转速从1000 r/m～30 000 r/m的具有滑动轴承耦合的工业机器，包括汽轮机、透平压缩机、汽轮发电机组、轮风机、电力驱动装置及耦合的齿轮变速装置(GB/T 11348.3)，以及具有滑动轴承、输出功率大于3 MW、转轴速度从3000 r/min～30 000 r/min的所有燃气轮机组(包括带有齿轮箱的燃气轮机组)(GB/T 11348.4)，其转轴振动相对位移峰-峰值区域限值$S_{(P-P)}$按下式计算，单位为μm。

$$\text{A/B区域边界}\quad S_{(P-P)}=4800/\sqrt{n}$$

$$\text{B/C区域边界}\quad S_{(P-P)}=9000/\sqrt{n}$$

$$\text{C/D区域边界}\quad S_{(P-P)}=13\,200/\sqrt{n}$$

由于工业机器的旋转频率相当高，通常使用非接触式传感器进行测量，测量系统的上限频率至少为工作转速的2.5倍。

运行时转轴振动的报警值设定为：

①基线值+ B/C区域边界值的25%和B/C边界值二者中的小值；

②相对于基线的变化量不大于B/C区域边界值的25%。

另外规定一个振动幅值为停机值，超过此值再运行机器有可能引起破坏。一般来说，停机值取在C区或D区。

16.4 电机振动的测量

《轴中心高为56 mm及以上电机的机械振动 振动的测量、评定及限值》(GB/T 10068—2020/IEC 60034-14:2018)规定了脱离开任何负载和原动机的旋转电机在规定条件下工厂振动验收试验的方法和振动限值。适用于轴中心高为56 mm及以上、额定输出为50 MW及以下、运行转速为120 r/min～15 000 r/min的直流电机和三相交流电机。

1. **电机振动测量量值**

电机振动测量量值是电机轴承处的振动位移和振动速度以及相关轴在或靠近电机轴承处的振动位移。

电机轴承振动强度的评判是根据规定频率范围内的振动位移(μm)和振动速度(mm/s)的有效值,并由在规定测量点和测量变量中所测得的最大值表示电机的振动强度。感应电动机(特别是2极电机)常常会出现两倍转差频率振动速度拍振,这时振动强度为

$$X_{\mathrm{RMS}}=\sqrt{\frac{1}{2}\left(X_{\max}^{2}+X_{\min}^{2}\right)} \tag{16-2}$$

式中,$X_{\max}$——最大振动速度或位移的有效值;

$X_{\min}$——最小振动速度或位移的有效值。

轴相对振动的判据是沿测量方向的振动位移峰-峰值$S_{\mathrm{p\text{-}p}}$。

2. **测量设备**

测量设备应能测量振动的有效值,其平均响应频率范围在10 Hz～1000 Hz,对速度接近或低于600 r/min的电机,平坦响应频率范围的下限值应不大于2 Hz。

轴相对振动测量设备应符合《转轴振动测量系统　第1部分:径向振动的相对和绝对测量》(GB/T 21487.1/ISO 10817-1)的要求。

振动传感器装置的总耦合质量应小于电机质量的1/50,传感器与电机表面的接触应按照传感器制造厂的规定。不应使用多方向振动传感器,因为仅在一个点安装多方向传感器提供不了合适的在各个方向上的振动测量。

3. **电机安装**

电机的振动与其安装有密切关系,可以自由悬置或刚性安装。

(1)自由悬置是将电机悬挂在弹簧上或安装在有弹性的支撑件(弹簧、橡胶垫等)上。电机及其自由悬置系统的最大固有振动频率(f_{no})应小于相应被试电机转速频率(f_1)的三分之一,弹性支撑的有效质量应不大于被试电机的十分之一。对转速低于600 r/min的电机,使用自由悬置的测量方法是不实际的。

(2)刚性安装。电机装配完成后的车间运行试验,振动测量时电机应牢固安全的安装在大质量厚重基础上或试验基础上,不准许弹性安装电机。全部试验在水平和垂直方向的固有频率不应出现在下列范围之内:

①电机旋转频率的±10%;

②两倍旋转频率的±5%;

③一倍和两倍电网频率的±5%。

制造商可以任选大质量厚重基础上的刚性安装或者地面基础上的刚性安装。大质量厚重基础的特征之一是在电机底脚上(或在座式轴承或定子底脚附近的底座上)的水平与垂直两方向所测得的最大振动速度不超过在邻近轴承上沿水平或垂直方向所测得的最大振动速度的30%。在地面基础上,其共振频率要达到前述固有频率要求。

对于卧式安装的电机，试验时电机应在所有螺孔的位置用螺栓或夹紧装置安装在基础上。

对于立式安装的电机，应安置在坚固的长方形或圆形钢板上，该钢板对应于电机轴伸中心钻孔，带有经过加工的平面与被试电机法兰相配合，并攻螺纹孔以连接法兰螺栓。钢板的厚度至少为法兰厚度的3倍，推荐采用5倍。钢板基础应夹紧且牢固安装在坚硬的基础上。

4. 测试条件

（1）测量位置和方向

①振动测量点：对带端盖式轴承的电机，测量振动强度等级适合的测点和方向如图16-3所示；对不拆卸零部件不可能按图16-3布置测点的电机则按图16-4所示位置；对具有座式轴承的电机见图16-5所示。图16-6所示适用于立式安装的电机。

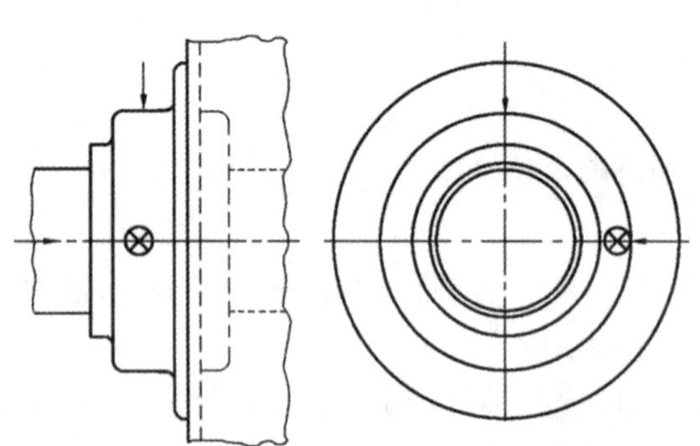

图16-3　用于电机一端或两端的推荐测量点

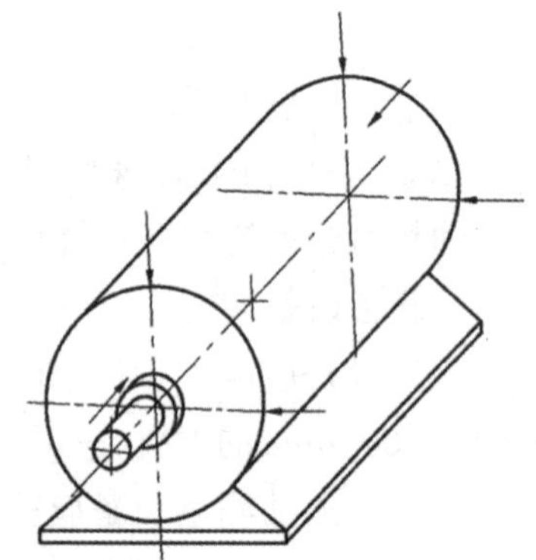

图16-4　不拆卸零部件电机不能按图16-3所示测量时的测量点

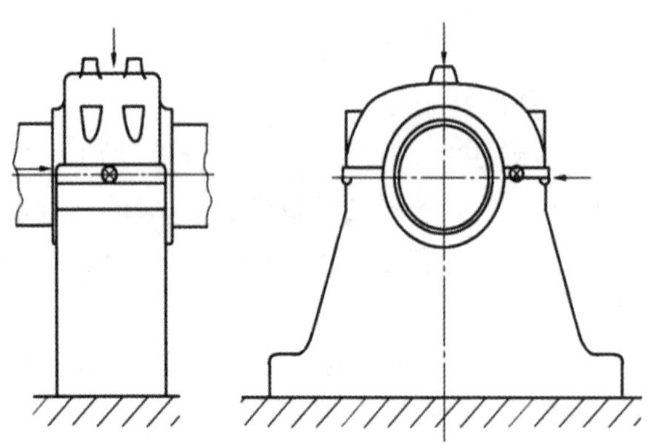

图16-5　座式轴承的测量点

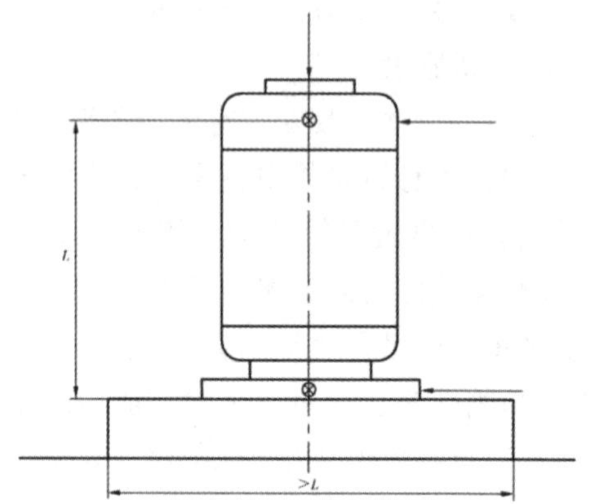

图16-6　立式电机的测点（在轴承室上测量；当轴承室无法测量时，测量点尽可能靠近轴承室）

②轴相对位移的测点：非接触式传感器应安装在轴承内部，或靠近轴承盖（如轴承内无法安装时）处，直接测量轴颈的相对位移。推荐的径向测点位置如图16-7所示。

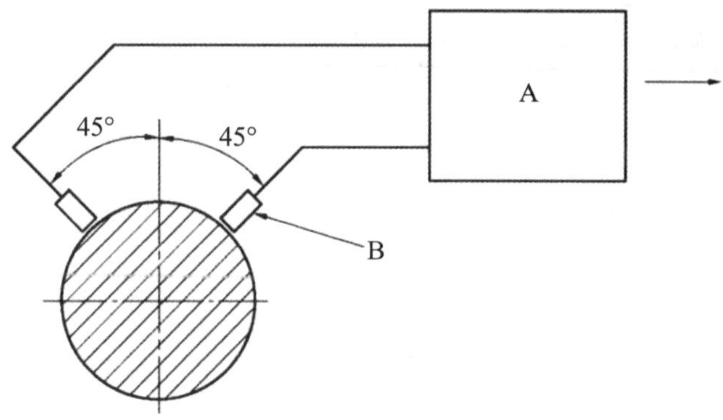

A—信号调节器；B—传感器。

图16-7　测定轴相对位移推荐的传感器圆周位置

(2)测试条件

电机应在空载、各相关参量为额定值的状态下进行测量。固定转速的交流电机应在IEC 60034-1规定的实际正弦波条件下运行。测量应在电机的每一额定转速或变频驱动额定转速范围内进行。对所有的试验转速，振动量值均不应超过表16-10所列规定的限值。

5. 振动限值

(1)轴承座振动强度限值

轴承座振动强度限值适用于规定频率范围内所测得的振动速度和位移的有效值。检查试验时，对转速小于600 r/min的电机只需测量振动的位移；对转速为600 r/min～15 000 r/min的电机只需测量振动速度。

等级“A”适用于对振动无特殊要求的电机，等级“B”适用于对振动有特殊要求的电机。

表16-10　不同轴中心高H用位移和速度表示的振动强度限值（RMS）

振动等级	安装方式	56 mm≤H≤ 132 mm		H>132 mm	
		位移/μm	速度/(mm/s)	位移/μm	速度/(mm/s)
A	自由悬置	45	2.8	45	2.8
	刚性安装	—	—	37	2.3 2.8[a]
B	自由悬置	18	1.1	29	1.8
	刚性安装	—	—	24	1.5 1.8[a]

注：轴中心高H≤132 mm的电机，不考虑刚性安装。

a. 该值为两倍电网频率占主导时的振动速度限值。

(2)轴相对振动限值

建议仅对有滑动轴承且转速大于1200 r/min、额定功率大于1000 kW的电机测量轴相对振动，按特定规定安装振动测量传感器时，其规定的轴相对振动位移的限值见表16-11所列。

表16-11　最大轴相对振动（S_{P-P}）和最大径向跳动的限值

振动等级	转速/(r/min)	最大轴相对位移/ μm	机械振动和电磁振动共同作用引起的最大径向跳动/ μm
A	＞1800	65	16
	≤1800	90	23
B	＞1800	50	12.5
	≤1800	65	16

注1:B级适用于有特殊振动要求的电机。
　2:最大轴相对位移限值包括径向跳动。

16.5　阶次分析

对于旋转机械,其振动和噪声信号的频率、幅度随着转速的变化而变化。旋转频率被称为基频,而基频的比例频率称为阶次频率。旋转机械通常由轴承、齿轮、风叶等部件构成,这些零部件发生振动时,其振动频率通常是旋转频率的倍数,与阶次相对应。因此,从阶次谱可以分析出哪个机械零件存在异常。

16.5.1　阶次分析方法及原理

阶次分析需要两个信号,振动信号和转速信号。这两个信号在时域上同步采样,相关计算。根据计算方法的不同,阶次分析有两种主要方法:基于阶次谱的阶次跟踪分析法和基于频谱的FFT(快速傅里叶交换)分析法。

1. 阶次跟踪分析法

阶次跟踪分析法主要是采用等角度采样信号,即同步采样信号,保证在信号每一周期内都保持同样的采样点数。通过等角度采样的非稳态信号在角度域是稳态信号,再对角度域稳态信号进行FFT变换则可以得到清晰的图谱,即阶次谱。

等角度采样的实现是阶次跟踪分析的主要难题。有两种方法实现等角度采样:转速脉冲触发采样和等时重采样。

转速脉冲触发采样是通过严格的转速脉冲触发采样。在要分析的发动机上固定转速盘,发动机每旋转一定角度,转速表就从固定盘上获取脉冲信号,同时触发振动采样。此种方法能实现严格的同步触发,但实际操作存在困难。根据奈奎斯特定律,信号的采样频率必须是分析频率的两倍以上。假设我们要进行32阶的阶次谱,就需要64个以上的触发信号。对较小的转速盘进行64等分,再保证转速测量比较难实现。

等时重采样有两个采样过程。第一个过程是等时间间隔采样过程,对原始的噪声或振动信号和转速脉冲信号分两路以恒定的采样率进行等时间间隔采样,得到同步采样信号。等时采样时,采样率一般比较高。第二个过程是插值重采样过程,根据转速脉冲序列计算等角度采样发生的时刻序列,在等角度采样时刻附近的时间区间内对同步采样的原始噪声信号进行插值重采样,从而得到阶次分析所需的角度域稳态信号。通过插值法可减少转速触发,但插值不能保证严格的转速同步,对测量精度存在影响。

2. FFT分析法

FFT分析法的采样过程与等时重采样的第一个过程相同,使用较高采样率同步对噪声或振动信号和转速脉冲信号进行等时间间隔采样。采样后同时对两路信号进行常规FFT分析，在转速通道实时获取转速，通过此转速则可在噪声或振动通道确定基频，通过谐波分析则可获取阶次谱。此种方法避免了插值法不均匀插值带来的影响，但测量精度受转速变化率影响较大，在对旋转机械进行振动分析时，也可进行阶比谱分析。分析仪器一般是根据选定的采样频率对待测信号进行采样，经过DFT变换后得到等间距Δf的频率谱。然而，机器的转速常是未知的、可变的，这样等间距的谱线并不是总能恰好等于机械的特征频率。由于同样的原因，依据设定的采样周期往往也不一定能对机械振动信号实现整周期采样。由采样截断产生的泄漏会使振幅的读数不准。此外，转速的波动也会导致频率模糊。

阶比谱分析方法是用等转角间隔$\Delta r=1/z$（z为每转脉冲数）来代替等时间间隔Δt进行采样。离散的时间函数被离散的转角函数所代替。这样离散的转角函数经DFT变换就能得到阶比谱函数。同时只要将每转脉冲数z取2的幂次，就可确保整周期采样，避免泄漏。采用阶比谱分析的另一个优点是在同一旋转机械进行多次反复分析时，不需要严格控制旋转机构的转速绝对相同（这种一致有时是难以实现的）。尽管在各次试验中旋转机构的转速不同，振动频谱会有所变化，但是阶比谱将保持基本不变。而且，在阶比谱中更易观察旋转与振动之间的因果关系。

显然，阶比谱分析要求使用至少是双通道的测量仪器。其中一个通道连接转速传感器拾取旋转信号，另外的通道连接加速度计来拾取试验装置上测点处的振动信号。

16.5.2 实际测量

AWA6290型信号分析仪分别使用阶次跟踪分析法和FFT分析法对阶次分析进行了研究，基于FFT分析法的实际操作方便性，推荐使用FFT分析法进行阶次测量。通过简单的设置便可进行专业的测量分析，可以直接得到转速-时间、阶次-时间、阶次-转速之间的曲线图，用户可选择二维或三维图谱显示频谱结果。图16-8所示为阶次分析现场和分析结果显示。

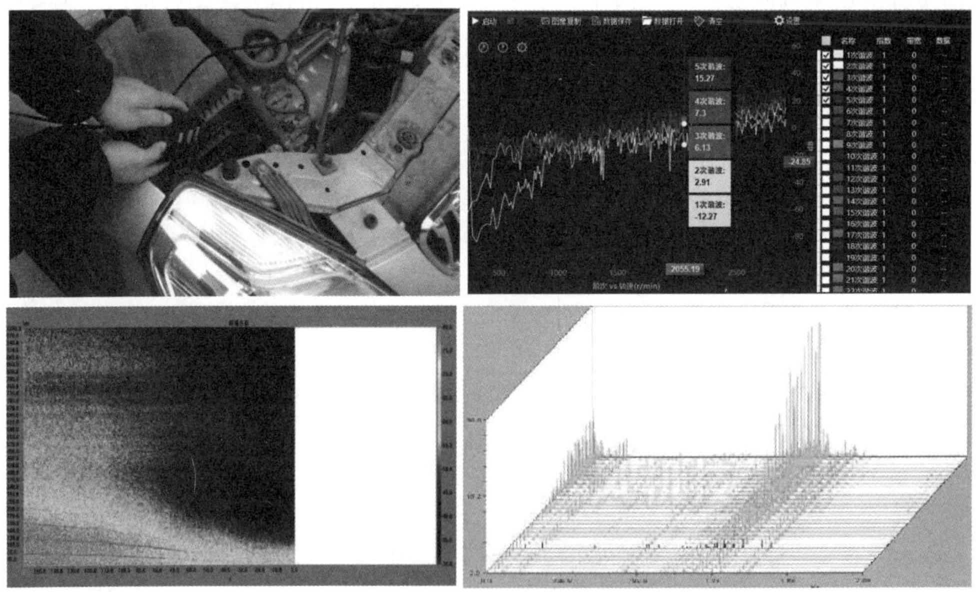

图16-8 阶次分析现场和分析结果显示

16.6 模态分析

模态分析是研究结构动力特性一种近代方法，是系统辨别方法在工程振动领域中的应用。模态是机械结构的固有振动特性，每一个模态具有特定的固有频率、阻尼比和模态振型。这些模态参数可以由计算或试验分析取得，这样一个计算或试验分析过程称为模态分析。这个分析过程如果是由有限元计算的方法取得的，则称为计算模态分析；如果通过试验将采集的系统输入与输出信号经过参数识别获得模态参数，称为试验模态分析。通常，模态分析都是指试验模态分析。

振动模态是弹性结构固有的、整体的特性。通过模态分析方法搞清楚了结构物在某一易受影响的频率范围内的各阶主要模态的特性，就可以预言结构在此频段内在外部或内部各种振源作用下产生的实际振动响应。因此，模态分析是结构动态设计及设备故障诊断的重要方法。

机器、建筑物、航天航空飞行器、船舶、汽车等的实际振动模态各不相同。模态分析提供了研究各类振动特性的一条有效途径。先将结构物在静止状态下进行人为激振，通过测量激振力与响应并进行双通道FFT分析，得到任意两点之间的机械导纳函数(传递函数)。再用模态分析理论通过对试验导纳函数的曲线拟合，识别结构物的模态参数，从而建立起结构物的模态模型。根据模态叠加原理，在已知各种载荷时间历程的情况下，就可以预言结构物的实际振动的响应历程或响应谱。

模态分析的经典定义：将线性定常系统振动微分方程组中的物理坐标变换为模态坐标，使方程组解耦，成为一组以模态坐标及模态参数描述的独立方程，以便求出系统的模态参数。坐标变换的变换矩阵为模态矩阵，其每列为模态振型。

模态分析的最终目标是识别系统的模态参数，为结构系统的振动特性分析、振动故障诊断和预报以及结构动力特性的优化设计提供依据。

模态分析试验框图如图16-9所示。对于小型结构部件，可用力锤敲打待测的弹性结构，如机器设备的面板、壳体、管道等；同时测量敲击激发的振动特性，从而来确定结构的振动模式(振型)的频率及阻尼。

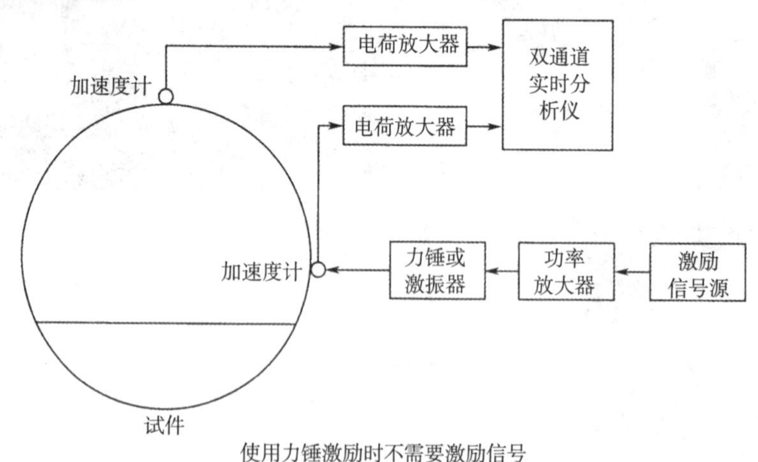

图16-9　模态分析试验框图

力锤外形如小锤(图16-10),端头可调换,一般配有金属端头、硬塑端头和橡皮端头三种,分别用来激励高、中、低频率。力锤内部安装加速度计来测定端头的激发特性。在被测结构的适当部位安装另一个加速度计,测定力锤敲击后激励的振动特性。将这两个信号送入双通道实时分析仪中则可获得结构的模态特性。由于力锤的击打特性较难控制,故要进行多次敲击测量取其平均。考虑到多次敲击的位置不会完全相同,因此在进行多次测量时也应当适当移动接收点的位置。进行模态分析的另一种方法是使用激振器激发,这种方法可以提供稳定可控的激励信号,具有较好的测量一致性。

图16-10 INV931X系列试验力锤

模态分析技术的应用可归纳为以下几个方面:

(1)评价现有结构系统的动态特性;

(2)在新产品设计中进行结构动态特性的预估和优化设计;

(3)诊断及预报结构系统的故障;

(4)控制结构的辐射噪声;

(5)识别结构系统的载荷。

模态试验时,要最佳悬挂点,一般希望将悬挂点选择在振幅较小的位置,最佳悬挂点应该是某阶振型的节点。

最佳激励点视待测试的振型而定,若单阶,则应选择最大振幅点;若多阶,则激励点处各阶的振幅都不小于某一值。如果是需要许多能量才能激励的结构,可以考虑多选择几个激励点。

模态试验时测试点所得到的信息要求有尽可能高的信噪比,因此测试点不应该靠近节点。在最佳测试点位置其平均驱动自由度位移(average driving DOF displacement)值应该较大,一般可用有效独立(effective independance)法确定最佳测试点。

模态参数有模态频率、模态振型、模态质量、模态向量、模态刚度和模态阻尼等。

无阻尼系统的各阶模态称为主模态,各阶模态向量所张成的空间称为主空间,其相应的模态坐标称为主坐标。

理想的情况下我们希望得到一个结构的完整的模态集,实际应用中这既不可能也不必要。实际上并非所有的模态对响应的贡献都是相同的。对低频响应来说,高阶模态的影响较小。对实际结构而言,我们感兴趣的往往是它的前几阶或十几阶模态,更高的模态常常被舍弃。这样尽管会造成一点误差,但频响函数的矩阵阶数会大大减小,使工作量大为减小。这种处理方法称为模态截断。

按照模态参数(主要指模态频率及模态向量)是实数还是复数,模态可以分为实模态和复模态。对于无阻尼或比例阻尼振动系统,其各点的振动相位差为零或180度,其模态系数是实数,此时为实模态;对于非比例阻尼振动系统,各点除了振幅不同外相位差也不一定为零或

180度，这样模态系数就是复数，即形成复模态。

【有限元分析】

（1）利用有限元分析模型确定模态试验的测量点、激励点、支持点（悬挂点），参照计算振型对测试模态参数进行辨识命名，尤其是对于复杂结构很重要。

（2）利用试验结果对有限元分析模型进行修改，以达到行业标准或国家标准要求。

（3）利用有限元模型对试验条件所产生的误差进行仿真分析，如边界条件模拟、附加质量、附加刚度所带来的误差及其消除。

（4）两套模型频谱一致性和振型相关性分析。

（5）利用有限元模型仿真分析解决实验中出现的问题。

用试验模态分析的结果修正有限元分析的结果：

· 结构设计参数的修正，可用优化方法进行。

· 子结构校正因子修正。

· 结构矩阵元素修正，包括非零元素和全元素修正两种。

· 刚度矩阵和质量矩阵同时修正。

十多年来，由于计算机技术、FFT分析仪、高速数据采集系统以及振动传感器、激振器等技术的发展，试验模态分析得到了很快的发展，受到了机械、电力、建筑、水利、航空、航天等许多产业部门的高度重视。已有多种档次、各种原理的模态分析硬件与软件问世。

北京东方振动噪声研究所的DASP-MAS-IMPACT锤击和激振器激励模态分析系统为激励可测的模态试验提供完整的解决方案，适合于锤击激励、激振器激励等试验，推荐方案采用8～56通道并行采集仪，可进行1个通道激励、7～55个并行响应通道的频响函数测量。特有的变时基专利技术和弹性聚能力锤，使得大型低频结构（如桥梁、运载火箭、汽车等）的锤击模态试验成为现实，从而获取完整的模态参数。该系统已经成功完成750吨的神舟飞船发射平台、乌海黄河铁路桥等结构的锤击模态试验。系统可以直接输出含有模态质量、刚度、阻尼、留数、振型、相关矩阵校验系数的模态分析报告，振型可通过多种方式的三维彩色动画进行显示，并可以输出为AVI格式文件。

16.7 电梯运行质量分析

随着高层建筑的增多和电梯额定速度的提升，电梯运行过程中的噪声、振动及乘坐舒适度越来越受到广大用户及电梯生产厂家的重视。了解影响电梯运行舒适度的因素，寻找引起电梯运行质量下降的原因是分析和解决问题的关键。

16.7.1 电梯运行质量的要求

《电梯技术条件》（GB/T 10058—2009）对电梯整机性能做了如下规定。

（1）中段时的速度，不应大于额定速度的105%，宜不小于额定速度的92%。

（2）乘客电梯启动加速度和制动减速度最大值均不应大于1.5 m/s²。

（3）乘客电梯额定速度为1.0 m/s ＜ v ＜ 2.0 m/s时，A95加、减速度不应小于0.50 m/s²；乘客电梯额定速度为2.0 m/s＜ v ＜6.0 m/s时，A95加、减速度不应小于0.7 m/s²。A95指在定义的界限内，95%采样数据的加速度或振动值小于或等于的值。

（4）乘客电梯轿厢运行在恒加速度区域内的垂直（Z轴）振动的最大峰峰值不应大于

0.30 m/s²,A95峰峰值不应大于0.20 m/s²。乘客电梯轿厢运行期间水平(X轴和Y轴)振动的最大峰峰值不应大于0.20 m/s²,A95峰峰值不应大于0.15 m/s²。

(5)乘客电梯的噪声值应符合表16-12所列规定。

表16-12 乘客电梯的噪声值 单位:dB(A)

额定速度v/(m/s)	$v \leqslant 2.5$	$2.5 < v \leqslant 6.0$
额定速度运行时机房内平均噪声值	≤80	≤85
运行中桥厢内最大噪声值	≤55	≤60
开关门过程最大噪声值	≤65	

注:无机房电梯的“机房内平均噪声值”是指距离曳引机1m处所测得的平均噪声值。

16.7.2 舒适感的界定与评估

人体对相同大小但不同振动频率振动的感觉不同。研究表明人体站立时对大约6.3 Hz的垂直振动和1Hz的水平振动比较敏感,对幅度为0.015 m/s²的振动可以感知得到,对于大于0.315m/s²的振动就会感觉不舒适。因此在ISO 2631标准里推荐采用频率计权加速度来评价振动对人体舒适的影响。人体处于不同的姿态有不同的频率计权,具体可以参考ISO 8041。

16.7.3 乘运质量的评价

按《电梯乘运质量测量》(GB/T 24474—2009)标准的定义,电梯乘运质量是指:与乘客感觉和电梯运行有关的轿内声级和轿厢地板的振动。乘运质量的评价主要是将电梯运行过程划分成四个界限,计算加速度/减速度、加加速度、速度、位移。需要注意的是,振动数据应按照ISO 8041定义的全身x、y和z轴计权系数和频带限制对X、Y、Z三个轴向的加速度信号进行频率计权,以模拟人体对振动的响应。

GB/T 24474还对测量仪器做了如表16-13所列的规定。

表16-13 测量仪器的特性

性能参数	振动	加速度	声音
频率计权	全身x、y和z轴(见ISO 8041)	不适用	A计权(见GB/T 3785)
频带限制	见ISO 8041	10 Hz低通滤波 (2阶巴特沃斯)	不适用
准确度[a]	1类(见ISO 8041)	1类(见ISO 8041[b])	2级(见GB/T 3785)
时间计权	不适用	不适用	F(快)(见GB/T3785)
环境	见ISO 8041	见ISO 8041	见GB/T 3785
分辨能力	0.005 m/s²	0.01 m/s²	1 dB
测量范围	最大瞬时加速度以上20%到最小瞬时加速度以下20%[c]	最大加速度以上20%到最小加速度以下20%[d]	从最小值以下2 dB到最大值以上5 dB[e]

a. 信号应经滤波以排除无关信号。
b. 在0 Hz~1 Hz范围内的准确度应与ISO 8041中1 Hz的准确度相同。
c. −1.5 m/s²~+1.5 m/s²的范围应可以满足上述要求。
d. 7 m/s²~13 m/s²的范围应可以满足上述要求。
e. 30 dB(A)~ 90 dB(A)的范围应可以满足上述要求。

16.7.4 解决方案

AHAI 1040电梯运行质量分析仪(图16-11)由三轴向智能加速度传感器、声级计与电梯振动分析APP组成,能记录3轴向的加速度及1路噪声,振动具有原ISO 8041:1990频率计权W.B.z、W.B.x-y和新的GB/T 23716—2009/ISO 8041:2005的频率计权W_d、W_k、W_m。用于电梯运行时的振动、噪声、加速度、速度、位移的测量及分析,主要测量指标有最大加速度、最大减速度、A95加速度、A95减速度、最大加加速度、最大振动峰峰值、A95振动峰峰值、最大速度、V95速度。可对电梯扶梯乘运质量和系统问题进行评价及诊断。符合《电梯乘运质量测量》(GB/T 24474—2009 /ISO 18738:2003)标准要求。振动测量仪器符合GB/T 23716—2009/ISO 8041:2005要求,声级计符合GB/T 3875.1 1级要求。加速度测量上限为8 g,噪声测量上限为140 dB,加速度分辨率0.001 m/s²。自动判别和定义计算范围的界限,支持后处理。一键保存原始波形,波形图片以及测试报告。无线传输,搭载安卓手机或者平板,测试结果可以直接上传用户的业务系统。

图16-11 AHAI1040电梯运行质量分析仪

16.8 滚动轴承振动测量方法

《滚动轴承 振动测量方法》(GB/T 24610)系列标准分为4个部分:

——第1部分:基础;

——第2部分:具有圆柱孔和圆柱外表面的向心球轴承;

——第3部分:具有圆柱孔和圆柱外表面的调心滚子轴承和圆锥滚子轴承;

——第4部分:具有圆柱孔和圆柱外表面的圆柱滚子轴承。

第1部分规定了在所确立的测试条件下,旋转的滚动轴承的振动测量方法以及相关测量系统的标定的一般原则,具有圆柱孔和圆柱外表面的不同类型的轴承振动评定方法的详细内容将在GB/T 24610的其他部分规定。

滚动轴承旋转时的振动是其一个重要运转特性。振动会影响装有轴承的机械系统的性能,当振动向运转的机械系统所处的环境传播时,会产生空气噪声和结构噪声,进而会导致系统损伤,甚至会造成健康问题。

轴承振动可采用许多方法来评定,不同的评定方法使用不同类型的传感器和测试条件。没有任何一组表征轴承振动的数值能够对所有可能的使用条件下的轴承振动性能进行评定。最终，还应根据已知的轴承类型、使用条件以及振动测试目的，例如是作为制造过程诊断或是作为产品质量评定等，来选择最适用的测试方法。

测量旋转轴承结构振动的传感器可为位移、速度、加速度或力型传感器。传感器安装在一个轴承套圈一规定点上，或安装在与一个轴承套圈机械式连接在一起的测试装置上的一个机械零件的一规定点上。传感器相对于一参照系的作用线（即轴向或径向），轴承在规定的载荷条件下以一固定频率旋转，在一规定的时间段内监测传感器的信号，然后对采集的数据进行分析、计算，得出一个或多个用于表征振动的参数。通过这些观测结果，就得出了所选测试条件下的轴承振动数据。

测量时设定的物理量为均方根振动速度 v_{RMS}，单位为μm/s。根据轴承类型，测量方向可为径向或者轴向。速度信号应在一个或多个频带内分析，频带的范围取决于主轴的旋转频率。对于1800/ min（30/s）的旋转频率，频带的范围是50 Hz～10 000 Hz，具体频率范围在GB/T 24610的其他部分中规定。振动信号的窄带频谱分析可作为补充选项。被测轴承中的表面缺陷和/或污染常常造成时域速度信号的脉冲或尖锐脉冲，可以考虑将脉冲或尖锐脉冲的检测作为一种补充选项。

在整个频率范围内，传感器在10 μm/s～3000 μm/s的速度范围内的幅值线性度的最大偏差应小于10%。与信号处理匹配的传感器的灵敏度应限定在±5%以内。信号处理的滤波器特性应在GB/T 24610.1中图6规定的带通滤波器极限范围内。低于下截止频率（f_{low}）64%的所有频率及高于上截止频率（f_{upp}）160%的所有频率，通带的衰减不应小于40 dB。

每一频带范围内速度信号的测量值，是振动示值稳定、旋转频率在1800 r/min时、测试时间不小于0.5 s内的有代表性的时间-平均值读数。最小时间平均周期与主轴的旋转频率成反比。

均方根检波器的精度应在读数的±5%以内，且波峰因数高达5。

测量应在所要求的位置点上进行。各种类型轴承的详细规定见GB/T 24610的其他部分。

通过使用同一测量设备和测试参数对三套轴承进行以下测量来进行系统性能评估：

——选择经过适当润滑的基准轴承；

——测量始终是在轴承相同的方位上进行；

——基准轴承始终沿同一方向旋转；

——测量过程中对轴承卸载、加载，加载时保证静止套圈在所有测试中都处于相同的角位置；

——用至少3套不同的基准轴承重复测量至少10次。

对于这三套轴承，三个频带的测量重复性应在每套轴承平均测值的±15%以内。

用于轴承振动测量的仪器可以有多种选择，对于现场机器设备上的轴承，只要提供测量振动速度及相应分析功能的仪器，一般的手持振动测量仪就能满足要求。如果仅仅给轴承进行振动性能测量，则还要提供轴承的传动机构，这就需要专门的轴承振动测量装置。

杭州轴承试验研究中心有限公司主要从事轴承动态性能和疲劳寿命等应用研究以及轴承相关测试设备的开发和研究工作。该所研制生产的各种类型轴承振动测量仪器已经广泛应用于各个领域，其中BVT-9轴承振动测量仪（图16-12）是测量深沟球轴承、角接触球轴承、圆柱滚子轴承、调心滚子轴承振动速度和振动加速度的专用仪器，由速度型传感器、加速度型传感器、速度型测量放大器、加速度型测量放大器、驱动器、传感器位置调整装置、气动加载器和轴承振动测量分析系统等部件组成。配合BEAT-60型轴承振动测量分析系统，采用计算机数据处理技术对轴承振动进行分析，可自动检测轴承的振动质量等级，具有峰值检测、异音分析、缺陷检查和报告生成等功能，适用于轴承厂计量室及生产现场的振动检测、轴承制造工艺的分析与研究、电机厂等配套用户对轴承振动性能的验收，以及高等院校和科研机构用于轴承振动分析。表16-14列出了BVT-9轴承振动测量仪主要技术性能。

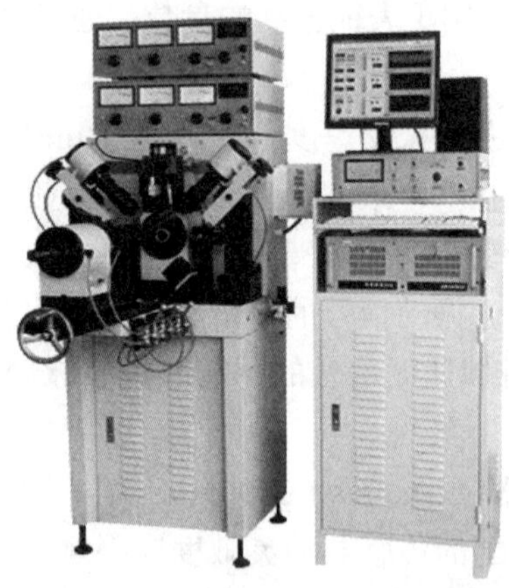

图16-12　BVT-9轴承振动测量仪

表16-14　BVT-9轴承振动测量仪主要技术性能

<table>
<tr><td colspan="2">测量轴承尺寸范围</td><td>90 mm≤内径≤200 mm;190 mm≤外径≤360 mm;宽度≤70 mm</td></tr>
<tr><td colspan="2">动态量程</td><td>0～10 000 μm/s;0～100 dB</td></tr>
<tr><td colspan="2">频率范围</td><td>速度:低频带50 Hz～300 Hz,中频带300 Hz～1800 Hz,高频带1800 Hz～10 000 Hz
速度:低频带50 Hz～150 Hz,中频带150 Hz～900 Hz,高频带900 Hz～5000 Hz
加速度:50 Hz～10000 Hz</td></tr>
<tr><td colspan="2">主轴转速</td><td>900 r/min～1800 r/min</td></tr>
<tr><td colspan="2">轴向加载</td><td>100 N～2500 N</td></tr>
<tr><td colspan="2">径向加载</td><td>300 N～1000 N</td></tr>
<tr><td rowspan="3">供电电源</td><td>主轴电机</td><td>380 V,50 Hz,三相,1.1 kW</td></tr>
<tr><td>油泵电机</td><td>380 V,50 Hz,三相,370 W</td></tr>
<tr><td>测量放大器</td><td>220 V ±10%,50 Hz</td></tr>
<tr><td colspan="2">功率消耗</td><td>约1.7 kW</td></tr>
<tr><td colspan="2">环境温度</td><td>5℃～40℃</td></tr>
<tr><td colspan="2">总质量</td><td>约900 kg</td></tr>
<tr><td colspan="2">整机尺寸</td><td>1500 mm×1500 mm×1800 mm</td></tr>
</table>

16.9 机器转子的动平衡试验

16.9.1 不平衡的原因和危害

现代的动平衡技术是在20世纪初随着蒸汽透平的出现而发展起来的。随着工业生产的飞速发展,旋转机械逐步向精密化、大型化、高速化方向发展,使机械振动问题越来越突出。机械的剧烈振动对机器本身及其周围环境都会带来一系列危害。虽然产生振动的原因多种多样,但普遍认为“不平衡力”是主要原因。据统计,有50%左右的机械振动是由不平衡力引起的。因此,有必要改变旋转机械运动部分的质量,减小不平衡力,即对转子进行平衡。

常用机械中包含着大量的做旋转运动的零部件,例如各种传动轴、主轴、电动机和汽轮机的转子等,统称为动平衡回转体。在理想的情况下回转体旋转时与不旋转时,对轴承产生的压力是一样的,这样的回转体是平衡的回转体。但工程中的各种回转体,由于材质不均匀或毛坯缺陷、加工及装配中产生的误差,甚至设计时就具有非对称的几何形状等多种因素,使得回转体在旋转时,其上每个微小质点产生的离心惯性力不能相互抵消,离心惯性力通过轴承作用到机械及其基础上,引起振动,产生了噪声,加速轴承磨损,缩短了机械寿命,严重时能造成破坏性事故。转子不平衡是旋转机械中的常见问题,也是诱发转子系统故障的主要原因之一。

造成转子不平衡的因素很多,例如:转子材质的不均匀性,联轴器的不平衡,键槽不对称,转子加工误差,转子在运动过程中产生的腐蚀、磨损及热变形等。这些因素造成的不平衡量一般都是随机的,无法进行计算,需要通过重力试验(静平衡)和旋转试验(动平衡)来测定和校正,使它降低到允许的平衡精度等级,或使因此产生的机械振动幅度降在允许的范围内。

16.9.2 许用剩余不平衡度

不平衡用不平衡量和不平衡相角来衡量,不平衡量是不平衡质量与其质心到轴线距离(半径)的乘积,不平衡相角指不平衡质量在旋转坐标系中的极角,该坐标系在垂直于转子的平面上并随转子一起旋转;两者构成大小为不平衡量,方向为不平衡相角的不平衡矢量。仅就轴向长度较短的内质子转子而言,其偶不平衡量可以忽略,则它的不平衡状态能够用一个单独的矢量—不平衡矢量U表示。为使转子良好地运转,该不平衡矢量值(剩余不平衡量U_{res})不宜大于许用值U_{per},即

$$U_{res} \leqslant U_{per} \tag{16-3}$$

U_{per}被定义为质心平面内的总允差,单位为g·mm。相同类型的转子,许用剩余不平衡量U_{per}与转子的质量成比例,则许用剩余不平衡度e_{per}为

$$e_{per}=U_{per}/m \tag{16-4}$$

e_{per}的单位为g·mm/kg = μm。

经验表明,对于相同型式的转子,通常许用剩余不平衡度e_{per}与工作转速n成反比,又可得

$$e_{per} \cdot \Omega = 常量 \tag{16-5}$$

式中,Ω——转子在最高转速时的角速度,单位为弧度/s。

角速度Ω与转速n的关系为$n=60\ \Omega/2\pi$,n的单位为r/min。

16.9.3 平衡精度等级

国际标准化组织(ISO)于1973年制定了世界公认的ISO 1940平衡精度等级,它将转子平衡等级分为11个级别,每个级别间以2.5倍为增量,从要求最高的G 0.4到要求最低的G 4000。单位为g·mm/kg(克·毫米/千克),代表不平衡对于转子轴心的偏心距离,单位为μm。ISO1940-1:2003保留了1973版的平衡精度分级,对适用的机械类型作了一些修改,对应的国家标准《机械振动 恒态(刚性)转子平衡品质要求 第1部分:规范与平衡允差的检验》(GB/T 9239.1—2006),修改后的恒态(刚性)转子平衡品质分级指南见表16-15所列。

表16-15 恒态(刚性)转子平衡品质分级指南

机械类型:一般示例	平衡品质级别G	量值$e_{per}\cdot\Omega$ mm/s
固有不平衡的大型低速船用柴油机(活塞速度小于9 m/s)的曲轴驱动装置	G 4000	4000
固有平衡的大型低速船用柴油机(活塞速度小于9 m/s)的曲轴驱动装置	G 1600	1600
弹性安装的固有不平衡的曲轴驱动装置	G 630	630
刚性安装的固有不平衡的曲轴驱动装置	G 250	250
汽车、卡车和机车用的往复发动机整机	G 100	100
汽车车轮、轮箍、车轮总成、传动轴,弹性安装的固有平衡的曲轴驱动装置	G 40	40
农业机械 刚性安装的固有平衡的曲轴驱动装置 粉碎机 驱动轴(万向传动轴、螺桨轴)	G 16	16
航空燃气轮机 离心机(分离机、倾注洗涤器) 最高额定转速达950 r/min的电动机和发电机(轴中心高不低于80 mm) 轴中心高小于80 mm的电动机 风机 齿轮 通用机械 机床 造纸机 流程工业机器 泵 透平增压机 水轮机	G 6.3	6.3
压缩机 计算机驱动装置 最高额定转速大于950 r/min的电动机和发电机(轴中心高不低于80 mm) 燃气轮机和蒸汽轮机 机床驱动装置 纺织机械	G 2.5	2.5
声音、图像设备 磨床驱动装置	G 1	1
陀螺仪 高精密系统的主轴和驱动件	G 0.4	0.4

注:有些机器可能有专门规定其平衡允差的国际标准。

根据平衡品质级别G和工作转速n可以确定许用剩余不平衡度。

16.9.4　平衡的方法

平衡分为静平衡和动平衡。静平衡是在转子一个校正面上进行校正平衡，又称单面平衡，校正后的剩余不平衡量保证转子在静态时是在许用不平衡量的规定范围内的。校正的办法是在转子的一个地方或几个地方加重或减重，使其平衡。单面平衡时可以不转动转子，不过由于灵敏度和准确度的原因，大多数情况下仍会转动平衡机。动平衡是在转子两个校正面上同时进行校正平衡，又称双面平衡，校正后的剩余不平衡量保证转子在动态时是在许用不平衡量的规定范围内的。在满足转子平衡后用途需要的前提下，能做静平衡的，则不要做动平衡；能做动平衡的，则不要做动静平衡。原因很简单，静平衡要比动平衡容易做，省功、省力、省费用；而动平衡消除振动的效果比静平衡好。

各类机器所使用的平衡方法较多，例如静平衡常使用平衡架，动平衡使用各类动平衡试验机。平衡架做静平衡精度太低，平衡时间长；动平衡试验机虽能较好地对转子本身进行平衡，但是当转子尺寸相差较大时，往往需要不同规格尺寸的动平衡机，而且试验时仍需将转子从机器上拆下来，这样既不经济，也十分费工（如大修后的汽轮机转子）。特别是动平衡机无法消除由于装配或其他随动元件引发的系统振动。

应用最广的平衡方法是工艺平衡法和整机现场动平衡法。

工艺平衡法是起步最早的一种经典动平衡方法，也就是在平衡机上进行平衡试验的方法。工艺平衡法的测试系统所受干扰小，平衡精度高，效率高，特别适合对生产过程中的旋转机械零件作单体平衡，目前在动平衡领域中发挥着相当重要的作用，汽轮机、航空发动机普遍采用这种平衡方法。但是，工艺平衡法仍存在以下问题。

（1）平衡时的转速和工作转速不一致，造成平衡精度下降。

（2）平衡机（特别是高速立式平衡机）价格昂贵。

（3）在动平衡机上平衡好的转子，装机后其平衡精度难以保证。

（4）有些转子，由于受尺寸和重量的限制，以及弹性热翘曲现象，很难甚至无法在平衡机上平衡。

（5）转子要拆下来才能进行动平衡，停机时间长、平衡速度慢、经济损失大。

为了克服上述工艺平衡法的缺点，人们提出了整机现场动平衡法。将组装完毕的旋转机械在现场安装与运转状态下进行的平衡操作称为整机现场平衡。这种方法是将机器作为动平衡机座，通过传感器测得转子有关部位的振动信息，再进行数据处理，以确定在转子各平衡校正面上的不平衡及其方位，然后通过去重或加重来消除不平衡量，从而达到高精度平衡的目的。整机现场动平衡直接在整机上进行，不需要动平衡机，只需要一套价格低廉的测试系统，因而较为经济。此外，由于转子是在实际工况条件下进行平衡，不需要再装配等工序，整机在工作状态下就可获得较高的平衡精度，降低系统振动。国际标准《刚体旋转体的平衡精度》（ISO 1940：1973E）中规定，平衡精度为G0.4的精密转子，必须使用现场平衡，否则平衡毫无意义。

16.9.5 动平衡机和动平衡测试仪

随着电子计算机和测试等技术的迅猛发展，动平衡技术也得到了很大发展，其研究成果对推动旋转机械向高速、高效、高可靠方向发展起到了重要作用。有关转子动平衡技术的研究主要集中在动平衡测试、非对称/非平面模态转子平衡、无试重平衡、自动平衡等技术领域 。

动平衡试验和测试设备有两种，一种是用来按工艺平衡法进行试验的动平衡试验机，目前一般都是测量、自动修正、自动优化参数一并进行，例如全自动平衡仪、激光自动去重平衡机，主要生产企业有杭州集智机电股份有限公司、苏州赛德克测控技术有限公司等(图16-13)。另一种是用来进行动平衡测量的动平衡测试仪，尤其是整机现场动平衡测量，动平衡仪一般由加速度或速度传感器、光电转速传感器、信号采集器和计算软件组成，可以进行单面和双面不平衡校正，检测出不平衡的方向以及加配重的点，自动计算不平衡量，还可以进行振动加速度、速度、位移和转速测量，许多振动测量仪都具有动平衡测试功能，图16-14所示为几种动平衡测试仪。

集智激光自动去重平衡机

赛德克二工位
转子自动去重平衡机

上海剑平曲轴全自动平衡机

图16-13 几种动平衡机

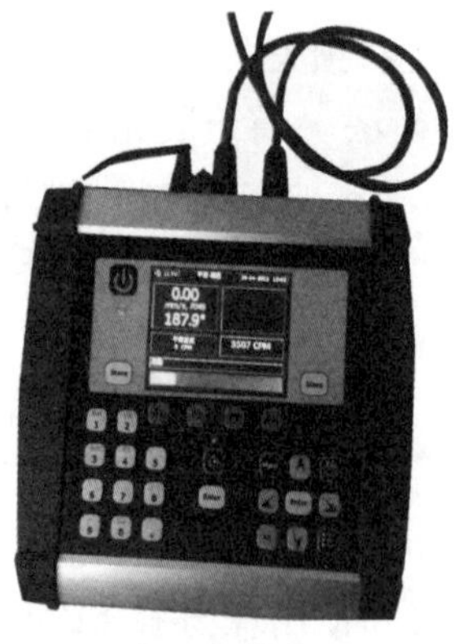

CXBalancer
手持式风机动平衡仪

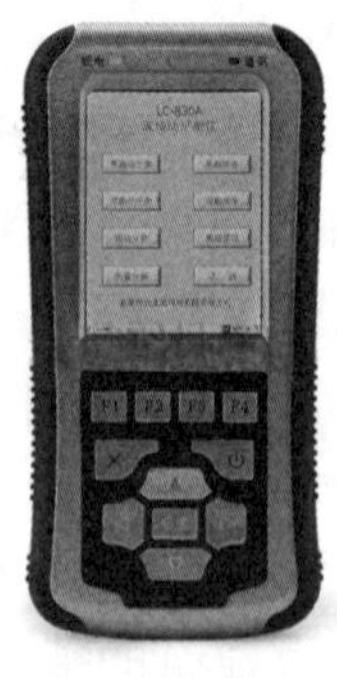

LC-830A型
现场动平衡仪

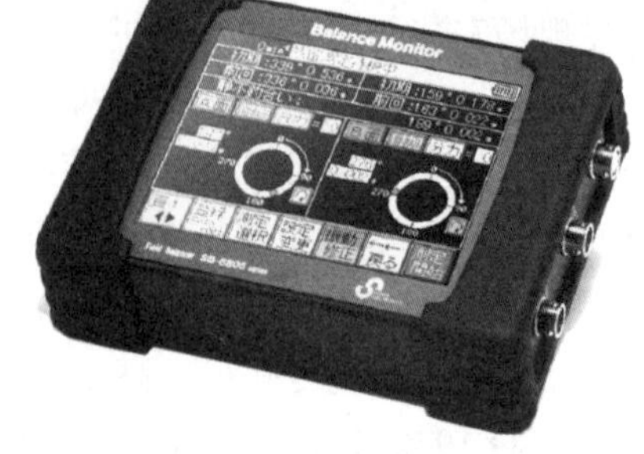

SB8805型
现场动平衡仪

图16-14 几种动平衡测试仪

16.10 机器状态的振动监测

振动状态监测的目的是评定机器持续运行期间的状态是否“健康”。应依据被监测的机器类型和关键部件，选择一个或多个测量参数和合适的监测系统。其目标是当机器部件有某些缺陷而明显降低设备效能、减少机器预期寿命，或在设备完全失效之前，及时识别出“非健康”状态，以便有足够的时间采取补救措施，从而建立一个既经济又有效的维护计划。

传统的状态监测方法是车间领班或维修工把一字旋具的末端压在轴承座上，将手柄贴着自己的耳朵（乳突），这样，由轴承传来的振动信号由他进行分析。这种方法几十年来证明是可依赖的，以致仪器行业试图设计出能起同样作用的仪器。

通过对运转设备振动信号的分析来监测机器的运行状态是故障诊断的一种常用方法。所有机器在运行时都会产生振动。经过一定的传递途径，这些振动会传到机器的表面构件上，这样就可能测量机器的振动。

当机器处于良好状态时，多数机器保持各自的振动特性。当机器开始出现故障时，机器上某些部件的运动过程就会发生变化，从而改变机器的振动特征。这就是机器运行状态监测和故障诊断的基础。

为了得到可信的监测结论，必须寻找合适的振动参数和分析方法，这需要有针对性地探索和丰富的实践经验。有时，不仅需要对单个测点振动信号进行分析处理，而且还需对多个测点振动信号进行综合分析。

一般来说，机器通常远在失效以前已有故障现象出现，而且常常因此引起振级上升。从如图16-15所示的运行机器的振动时间曲线（浴缸曲线）可以看出这一规律。多年来，机器故障检测都是使用振动计测量振动速度的有效值读数（振动烈度）与以前的读数做比较，或与既定标准做比较来进行的。通常认为，当出现的振动级比正常振动级高1～2倍（6 dB～10 dB）时，机器应当进行维修。这种方法有可能识别不平衡、较大的不同心和严重的轴弯曲，因为这些信号的能量较高，而能量低的信号被隐没在较强的振动信号中。但是，早期的滚珠轴承故障或齿轮箱故障都不可能用这种方法检测，至少在它们产生的振动信号高于被测频带中最高成分振级以前检测不出来，因此，宽带振动监测不能检测出发展中的故障。

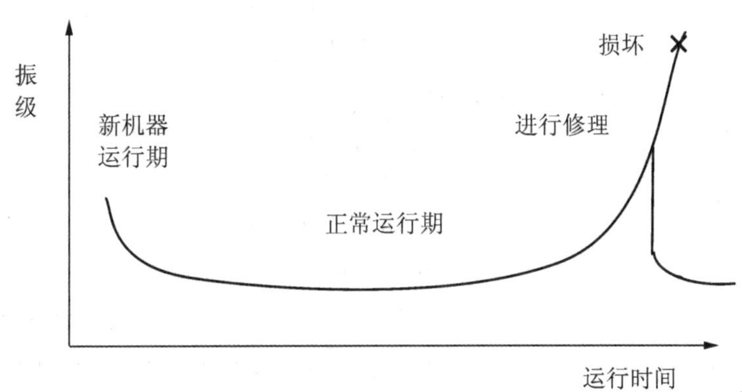

图16-15 运行机器的振动时间曲线

通过对振动信号的频谱分析，并与正常运转状态下的机器频谱进行比较，不仅能解决是否需要修理，而且还能诊断出故障的起因。只要频谱中一个频带增加3 dB～6 dB以上，就能检测出变化，从而提早发出警告。即使使用倍频程滤波器，其结果也远远优于总振级的测量。为了识别齿轮箱和一般轴承中的早期故障，必须有较高的分辨率，而1/3倍频程(≈23%)在有些情况下是很有用的。使用恒百分比带宽频谱检测故障，运用快速数据处理，可简便、准确地检测出早期故障。但这样给出的警告太早了，以致在故障被检测出来以后还允许工作几个月，才有必要送去修理。

一种更加先进的方法是使用FFT(快速傅里叶变换)分析方法，使用FFT的故障诊断具有各种事先和事后处理功能，使它成为今天用于故障诊断的许多有用的仪器之一。另外，它还可以增加诸如谱分析、滤波、时域波形和轨迹、具有幅值和相位的矢量分析和高频振动的包络分析。

另一方面，在机器故障检测过程中，由于轴承内外滚道缺陷，或者滚动体缺陷引起的小幅度、重复性的冲击信号，往往被一些高能量的低频信号，如不平衡、不对中所引起的振动掩盖。通过加速度包络技术提取振动信号中这些小幅度、重复性的冲击信号，能够更早、更清晰地反映轴承故障的程度以及缺陷来源。在仪器中，按轴孔直径和轴转速将机器分为3种类型，分别规定其包络加速度g_E的告警值和危险值。当测量的包络加速度达到这些值时，仪器显示告警(Alert)或危险(Danger)。包络加速度的告警(Alert)或危险(Danger)显示与振动速度均方根值告警(Alert)或危险(Danger)显示是同时工作的，这样不管是包络加速度超标还是速度均方根值超标均会在仪器上分别提示告警或危险。

对于用于机器维护的振动仪器，一个重要的指标是它能在足够宽的频率范围内记录全部重要信息的振动谱。一般要求有10 Hz～10000 Hz，或更宽的频响。经验表明，较高的频段包含故障产生的初始阶段的演变信息，而较低的频段则表征已经出现的故障。

根据机器、机器状态及其他因素，选择其中一种系统或者几种系统组合的方式。状态监测系统有多种形式，可使用永久性安装系统、半永久性系统或便携式监测系统。

(1)永久性安装的系统。这类系统是传感器、信号适配器、数据处理和数据存储装置永久性安装的系统。数据采集可以是连续的或周期的。永久性安装系统通常用于昂贵的和关键的机器或者具有复杂监测任务的机器。

(2)半永久性系统。是永久性系统和便携式系统之间的一种交叉系统。在这类系统中，传感器通常是永久性安装的，而数据采集部件是间歇式连接。

(3)便携式监测系统。该系统与“连续”在线系统功能类似，但较省事且便宜。对于这种配置，采用便携式数据采集器自动或手动地周期性记录数据。便携式监测系统比较普遍地用来在机器预先选定的位置上以一定的时间间隔(周、月等)、周期性地手动记录测量结果。数据通常就地输入并存储在便携式数据采集器上，可以立即进行初步的分析。然而对于更深入的处理和分析，需要把数据下载至有相应软件的电脑上进行。

丹麦B&K公司早期的2515型振动分析仪就是这样一种仪器。它是便携式、电池供电、全天候的分析仪，它能当场回答操作者“机器运行得正常吗?”的问题，其他的如2148、3550和3560等型号分析仪亦可以作机器故障监测诊断使用。

AWA5936型振动计采用数字信号处理技术，可以同时测量振动加速度a、速度v和位移s；测量值可任意设定为峰值(peak value)、峰峰值(peak-peak value)或均方根值(RMS)。还可以按《机械振动 人体暴露于手传振动的测量和评价 第1部分：一般要求》(GB/T 14790.1—2009)和《工作场所物理因素测量 手传振动》(GBZ/T 189.9—2007)等标准测量手传振动计权加速度a_{wh}和日振动暴露量$A(8)$或$A(4)$。为了扩展该仪器用途，更好地满足用户需要，通过软件升级新增了机器故障检测功能。一方面可按《在非旋转部件上测量和评价机器的机械振动 第3部分：额定功率大于15 kW额定转速在120 r/min至15 000 r/min之间的在现场测量的工业机器》(GB/T 6075.3—2001)标准，自行设定4组机器类型，以及是刚性支承(R)还是柔性支承(F)。当测量的振动速度均方根值超过告警值(Alert)或危险值(Danger)时，仪器显示告警(Alert)或危险(Danger)。从而提醒操作人员及时维修设备及作停机处理。

北京自动化研究所、南京汽轮电机厂等亦研制生产机器振动监测和故障诊断仪器，用于对汽轮机、发电机、电动机、压缩机、鼓风机、泵以及其他旋转机械的运行状态进行监测，包括轴向振动监测器、轴向位移监测器、机壳振动监测器和温度监测器，可用于长期在线监测。

苏州捷杰传感技术有限公司是一家工业互联网领域的高新技术企业，他们自主设计研发、生产和销售软硬件一体的智能传感器，提供数据采集+传输+处理+上云+诊断分析、成套软硬件产品和系统解决方案，拥有多传感器融合算法、超低功耗远距离无线传输、边缘(端)计算与数字化输出、微能量采集等关键技术，主要产品为无线智能3轴温振智能传感器、手持式无线智能点检仪、高可靠户外基站、工业捷联APP、IEM-cloud云诊断平台等。

该公司研制生产的各种型号的无线温振一体传感器，提供水平、垂直两种安装模式，可选择磁吸、胶粘、螺栓连接等多种安装方式，振动和温度数据直接上传到云端服务器。采用NB-IOT物联网技术，服务器进行数据处理、建模、分析后，通过Web网页端显示出来，并能进行远程诊断。即装即用、无须布线、无须网关、无须复杂配置、海量入网，尤其适用于区域面积大、零散分布的广大辅机(电机、风机、泵等)的在线健康监测。相较传统的监测设备，极大简化了安装和配置的过程。可实现低成本规模化部署，真正赋予了传感器工业物联网基石的作用。

图16-16所示为使用智能手机的机器振动监测方案。

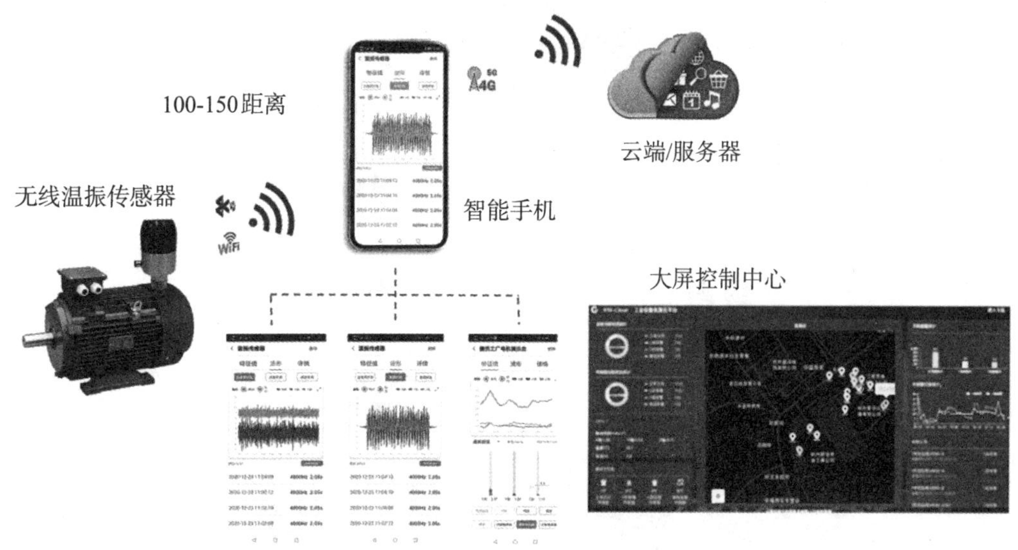

图16-16 使用智能手机的机器振动监测方案

图16-17所示为有线振动监测系统和无线振动监测系统的方案。

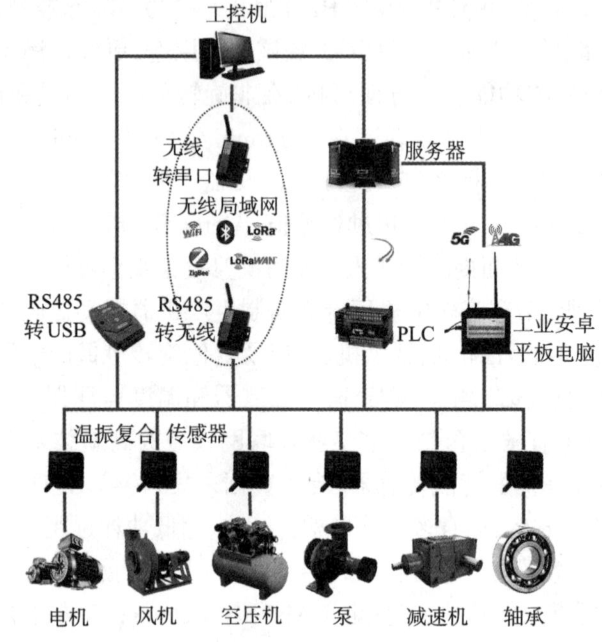

(a)有线振动监测系统

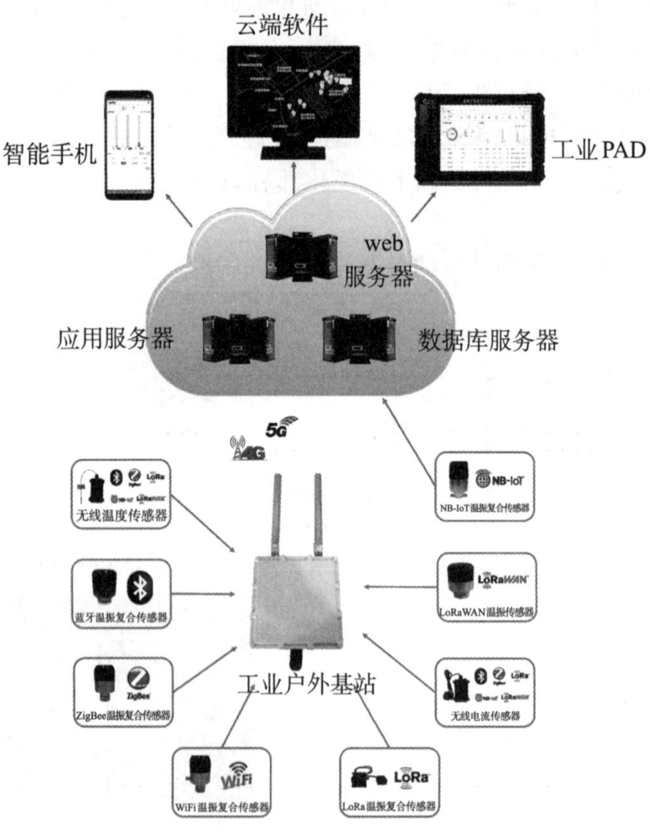

(b)无线振动监测系统

图16-17　有线振动监测系统和无线振动监测系统的方案

在选定被监测的设备和确定合适的测量系统之后，建议确定振动状态监测程序流程并绘制流程图。图16-18所示为一个典型的流程图。

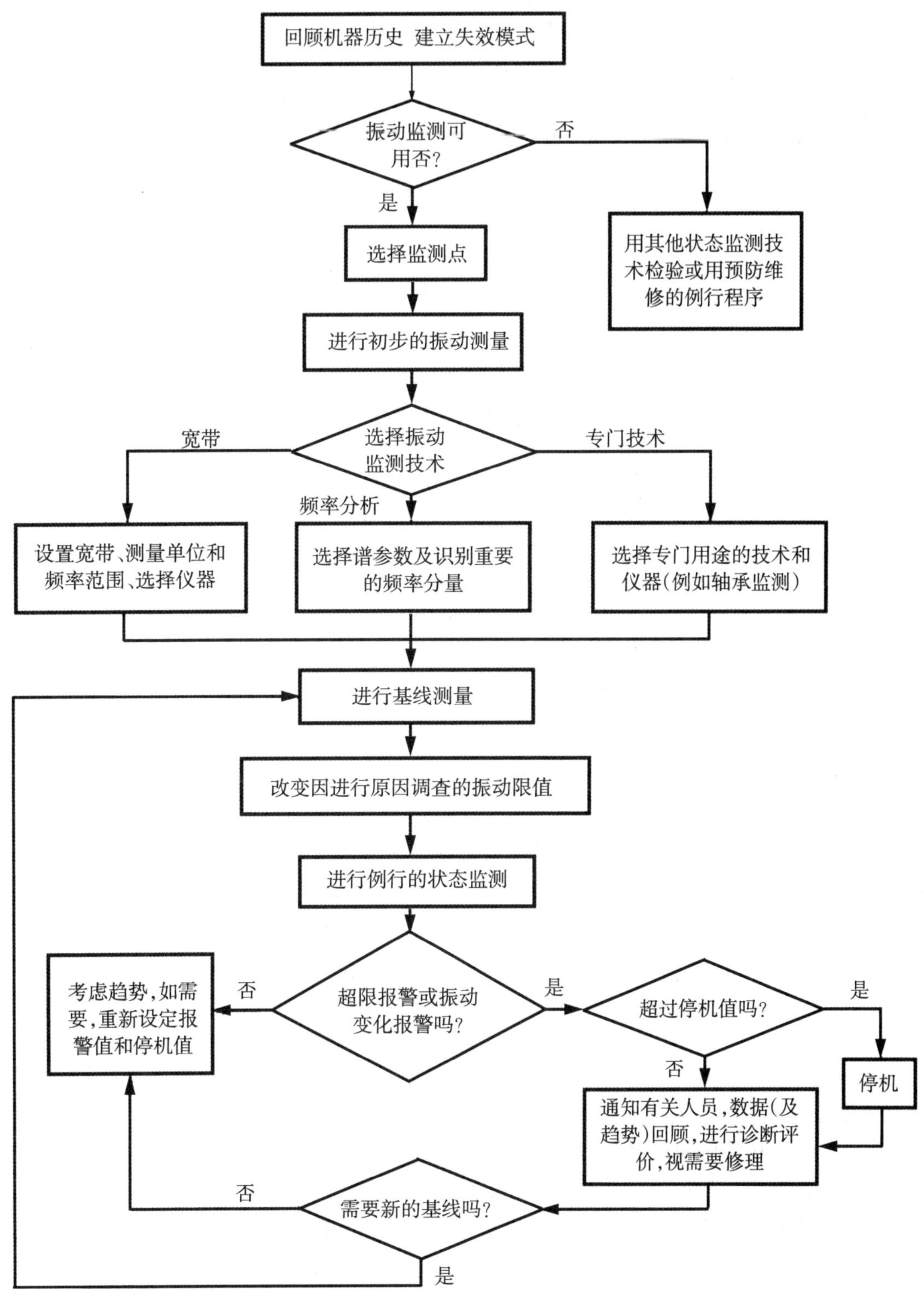

图16-18 机器振动状态监测流程图

16.11 机器故障诊断

机械故障诊断是一种了解和掌握机器在运行过程的状态,确定其整体或局部正常或异常,早期发现故障及其原因,并能预报故障发展趋势的技术。油液监测、振动监测、噪声监测、性能趋势分析和无损探伤等为其主要的诊断技术方式。故障诊断技术发展几十年来,产生了巨大的经济效益,成为各国研究的热点。

从诊断技术的各分支技术来看,美国的一些公司,如Bently、HP等,他们的监测产品基本上代表了当今诊断技术的最高水平,不仅具有完善的监测功能,而且具有较强的诊断功能,在宇宙、军事、化工等方面具有广泛的应用。美国西屋公司的三套人工智能诊断软件(汽轮机TurbinAID,发电机GenAID,水化学ChemAID)对其所产机组的安全运行发挥了巨大的作用。还有美国通用电器公司研究的用于内燃电力机车故障排除的专家系统DELTA;美国NASA研制的用于动力系统诊断的专家系统;Delio Products公司研制的用于汽车发动机冷却系统噪声原因诊断的专家系统ENGING COOLING ADCISOR等。近年来,基于便携机的在线、离线监测与诊断系统的M6000系列产品,得到了广泛的应用。

英国于20世纪70年代初成立了机器保健与状态监测协会,到了80年代初在发展和推广设备诊断技术方面作了大量的工作,起到了积极的促进作用。英国曼彻斯特大学创立的沃森工业维修公司和斯旺西大学的摩擦磨损研究中心在诊断技术研究方面都有很高的声誉。英国原子能研究机构在核发电方面,利用噪声分析对炉体进行监测,以及对锅炉、压力容器、管道的无损检测等,起到了英国故障数据中心的作用。英国在摩擦磨损、汽车、飞机发动机监测和诊断方面也处于领先的地位 。

瑞典SPM公司的轴承监测技术,AGEMA公司的红外热像技术;挪威的船舶诊断技术;丹麦B&K公司的振动、噪声监测技术等都各有千秋。日本在钢铁、化工等民用工业中诊断技术占有优势。东京大学、东京工业大学、京都大学、早稻田大学等高等学校着重进行基础性理论研究;而机械技术研究所、船舶技术研究所等国立研究机构则重点研究机械基础件的诊断研究;三菱重工等民办企业在旋转机械故障诊断方面开展了系统的工作,所研制的“机械保健系统”在汽轮发电机组故障监测和诊断方面已经发挥了有效的作用 。

我国诊断技术的发展始于20世纪70年代末,而真正的起步应该从1983年南京首届设备诊断技术专题座谈会开始。虽起步较晚,但经过努力,加上政府有关部门多次组织外国诊断技术专家来华讲学,已基本跟上了国外在此方面的步伐,在某些理论研究方面已和国外不相上下。我国在一些特定设备的诊断研究方面很有特色,形成了一批自己的监测诊断产品。全国各行业都很重视在关键设备上装备故障诊断系统,特别是智能化的故障诊断专家系统,在电力、石化、冶金行业,以及高科技产业中的核动力电站、航空部门和载人航天工程等应用广泛。工作比较集中的是大型旋转机械故障诊断系统,已经开发了20种以上的机组故障诊断系统和十余种可用来做现场故障诊断的便携式现场数据采集器。透平发电机、压缩机的诊断技术已列入国家重点攻关项目并受到高度重视;而西安交通大学的“大型旋转机械计算机状态监测与故障诊断系统”,哈尔滨工业大学的“机组振动微机监测和故障诊断系统”,东北大学设备诊断工程中心的“轧钢机状态监测诊断系统”,“风机工作状态监测诊断系统”,均取得了可喜的成果 。

可用于机械状态监测与故障诊断的技术以振动诊断、油样分析、温度监测和无损检测探伤为主,其他技术或方法为辅。其中又以振动诊断涉及的领域最广、理论基础最为雄厚、研究得最为充分。在振动信号的分析处理方面,除了经典的统计分析、时频域分析、时序模型分析、参数辨识外,近年来又发展了频率细化技术、倒频谱分析、共振解调分析、三维全息谱分析、轴心轨迹分析以及基于非平稳信号假设的短时傅里叶变换、Winger分布、Hilbert-Huang变换和小波变换等。而当代人工智能的研究成果为机械故障诊断注入了新的活力,故障诊断的专家系统不仅在理论上得到了发展,且已有成功的应用实例。

作为人工智能的一个重要分支,人工神经网络的研究已成为机械故障诊断领域的一个最新研究热点。深度学习与机械故障诊断的结合,是现在比较热门的研究方向。例如,深度残差收缩网络就是一种专门针对机械故障诊断的深度学习方法,能够在强噪声振动信号上取得良好的效果。深度残差收缩网络的工作原理可以理解为通过注意力机制注意到不重要的特征,通过软阈值函数将它们置为零;或者说,通过注意力机制注意到重要的特征,将它们保留下来,从而加强深度神经网络从含噪声信号中提取有用特征的能力。

随着计算机技术、嵌入式技术以及新兴的虚拟仪器技术的发展,故障诊断装置和仪器已经由最初的模拟式监测仪表发展到基于计算机的实时在线监测与故障诊断系统和基于微机的便携式监测分析系统。这类系统一般具有强大的信号分析与数据管理功能,能全面记录反映机器运行状态和变化的各种信息,实现故障的精确诊断。随着网络技术的发展,远程分布式监测诊断系统也成了一个研究开发热点。

有关利用振动监测进行机器状态监测与诊断,国际上和我国已发布以下标准。

GB/T 19873.1—2005/ISO 13373-1:2002《机器状态监测与诊断　振动状态监测　第1部分:总则》。该部分介绍了振动信号分析的基本程序,包括:使用传感器的类型及使用范围、不同类型机器推荐的安装位置、在线和离线振动监测系统和潜在的机械问题。

GB/T 19873.2—2009/ISO 13373-2:2005《机器状态监测与诊断　振动状态监测　第2部分:振动数据处理、分析与描述》。该部分介绍了机器的诊断,包括:须有时域和频域技术的信号调理设备的描述以及振动特性分析时,最常见机械运行现象或遇到机械故障的波形和特征。

GB/T 19873.3—2019/ISO 13373-3:2015《机器状态监测与诊断　振动状态监测　第3部分:振动诊断指南》。该部分给出了进行机器振动故障诊断时所考虑使用的一般方法的指南。可供振动相关行业从业者、工程师和技术人员使用,并提供有用的诊断工具。这些诊断工具包括诊断流程图、进程表和故障表,其中的资料提供了一个最基础的、有逻辑和合理步骤的结构化方法以诊断与机器相关的振动问题。但是这并不排除其他诊断技术的使用。

特定机器的指导在GB/T 19873/ISO 13373的其他部分中给出,例如第4部分:带有流体膜轴承的燃气轮机和汽轮机的诊断技术;第5部分:风扇和鼓风机诊断技术;第7部分:水力发电和抽水蓄能电厂机组的诊断技术;第9部分:电动机的诊断技术。

国内外高校和研究机构经多年的研究,分别建立了故障诊断数据集,例如武汉大学的转子数据集、东南大学的齿轮箱数据集、西安交通大学的轴承故障诊断数据集、美国机械故障预防技术协会(MFPT)轴承故障诊断数据集、美国康涅狄格大学齿轮数据集、德国帕德博恩大学转子故障诊断数据集等。用户可以通过网站链接查阅参考使用。

16.12 振动和冲击试验

从广义的角度来看，振动和冲击试验也可归入振动和冲击测量的范畴。振动和冲击试验是为了试验复杂的电子、机电仪表、控制系统和其他工业产品抗振动和冲击的能力，以及对运行过程中可能遇到的振动的响应状况。

16.12.1 振动试验

为了了解机械结构的强度和可靠性，需要进行振动试验。由受控的振动台产生一定频率或频谱的振级，检查被试结构在不同振动下的响应，寻求共振峰和进行耐久性试验。试验所需的激励信号由激励器提供。对于低频试验，典型的频率范围为0～20 Hz。当需要大的位移行程时，则广泛使用“电动-液压”振动台。液压驱动系统提供长行程和大推力，同时使用电子伺服-控制系统，以便拾取信号并加以调节。

当频率超过10 Hz时，一般使用电动式激励器。一个与工作台面相连接的动圈组位于磁场中，电子控制系统给出的激励信号被放大，并输入动圈来激励工作台面。激励器的工作台面应当是刚性的，以便使台面上各点同相运动。运动部件应该悬置，使运动仅限于一维轴向。

加速度计在被测系统的适当部位拾取系统在激励状态下的响应状况。这些信号或者被分析记录，或者经过必要的处理、反馈来控制激励信号。

激励信号根据需要可选用固定频率或频率扫描的正弦信号、宽带或窄带随机信号。严格地说，产品在运输和实际使用中所遇到的振动一般都是随机振动，利用随机振动试验来考核产品才能更真实地反映产品对振动环境的适应性及其结构的完好性。随机振动和正弦振动相比，随机振动的频域宽，且有连续的频谱，它能同时在所有的频率上对试件进行激励，各种频率的相互作用，远比用正弦振动仅对某些频率或连续扫频模拟实际环境振动的影响更严酷、更真实和更有效。

到目前为止，在振动试验这个领域，正弦振动、随机振动以及混合型的振动试验都能够在试验室内实现。由于正弦振动试验和随机振动试验的各自的特点，使它们成为力学环境试验中的两个重要的试验项目。

《电动振动台》(GB/T 13310—2007)规定了额定正弦激振力或随机激振力不大于200 kN试验用电动振动台的一般要求、基本参数、技术要求、检验方法和检验规则等。标准规定标准随机谱型(standard random spectral shape)如下：

——当f<20 Hz，　$\phi(f)=0$；

——当20 Hz≤f<100 Hz，　$\phi(f)=(f/100)^2\phi_0$　(20 dB每10倍频程)；

——当100 Hz≤f<2000 Hz，　$\phi(f)=\phi_0$　(常量)；

——当f>2000 Hz，　$\phi(f)<\phi_0(2000/f)^4$或$10^{-4}\phi_0$　(允许溢出)。

16.12.2 冲击试验

为了确保精密设备能在实际冲击环境中满意地工作，或能承受运输过程中的撞击，要求对其进行冲击试验。有以下两种可供选用的试验方法：一种是在振动台上用脉冲激励信号进行冲击，加速度控制信号可选用半正弦波、渐升的锯齿波和梯形波；另一种可供选择的试验方法是撞击试验。让试件从一定高度处跌落下来,或者利用液压或气动原理(不是依赖重力作用)产生撞击。对于不同重量的试件,将规定不同的自由坠落高度,或滚动落地高度。

16.12.3 试验设备

杭州亿恒科技的电动振动试验系统由闭环单轴或多轴振动控制器、低噪声和免地基设计的振动台体、全数字式模块化功率放大器三大部件组成(图16-19)。利用先进的振动控制器,基于闭环控制,能够精确地模拟真实的振动、冲击激励对试件可靠性的影响。它的EDS系列风冷电动振动试验系统涵盖了单轴向到多自由度,推力从3 kN到6 kN的多个型号电动振动台。该系统能够准确地复现真实的振动激励对产品可靠性的影响,广泛应用于航空航天、电子、汽车、包装运输等行业和高校科学研究。为现代化的产品设计、验证、生产提供了振动环境模拟试验平台。

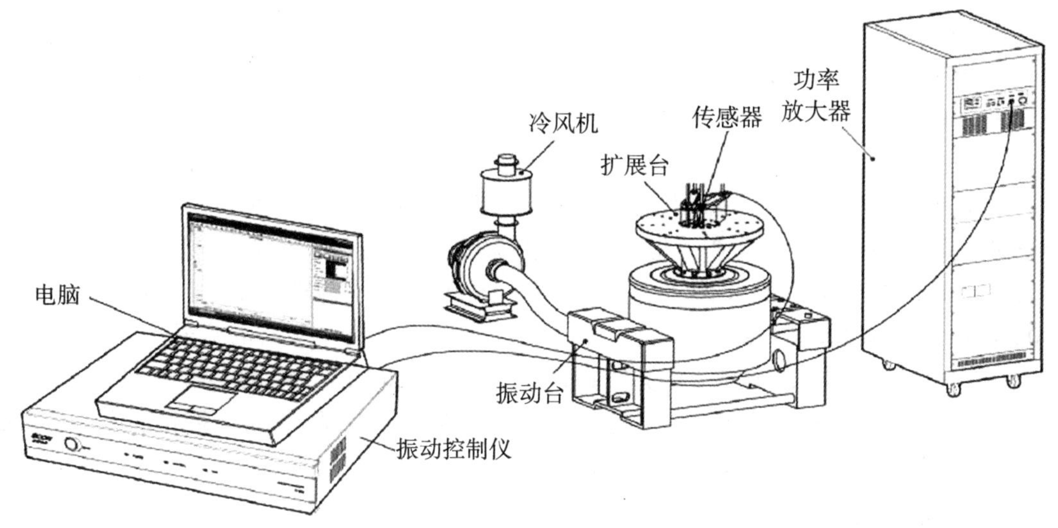

图16-19 EDS系列风冷电动振动试验系统示意图

该公司还有EDM系列电动振动试验系统、大位移振动试验系统、小型精密振动试验系统、三轴向振动模拟系统、多轴向多自由度振动试验系统、地震模拟振动试验系统等多种试验系统可供选择。

第17章 人体振动的评价和测量

17.1 人体振动的评价

17.1.1 振动在人体中的传递

声波来源于振动,振动除了产生噪声外,有些振动对人体有直接影响,特别是1 Hz～100 Hz的低频振动。根据人暴露于不同的振动环境,人体感受有全身振动和局部振动两种情况。全身振动又有站姿、坐姿、卧姿的差别。局部振动最多的情况是振动作用于手和手臂,许多有振动和冲击的工具,在操作时使手和手臂有显著的振动效应。当然,振动还可能通过手臂传至全身,例如振动通过手臂传递至头部、脊柱、内脏等部位。

从振动传递的力学结构来看人体,它是由骨骼、肌肉、关节、韧带等组成的相当于质量-弹簧-阻尼的振动系统,每一个局部系统都有自己的共振频率。当振动在人体中传递时,高频成分很快衰减,低频成分就可能在某些局部产生共振。例如,头和颈组成的振动系统,共振频率约25 Hz,眼球在眼眶内的共振频率为30 Hz～80 Hz,下颌-颅骨的共振频率为100 Hz～200 Hz,胸膛-下腹系统的共振频率为3 Hz～6 Hz,手臂下垂时下手臂的共振频率为16 Hz～30 Hz,手50 Hz～200 Hz,腿弯时的共振频率为2 Hz～20 Hz,脊柱的共振频率为10 Hz～12 Hz,等等。不同人的实验结果会有差异,其中还包含诸如手握紧程度不同使肌肉的紧张状态不同而使共振频率有变化等的各种因素。

17.1.2 人对振动的感受

人主要是以听觉系统来接收空气中传播的声波的。对于振动,人没有专门的感觉器官,似乎全身都可感受振动。站立在地面上,人通过脚可以感受到地面的振动;坐在椅子上,臀部可以感到椅面的振动;手可以感受到振动工具的振动;头部、躯干、内脏等不同的身体部位均可对振动做出反应。当然人体各部位对振动反应的灵敏度不同,一般认为指尖处最敏感。

描述振动的物理量,除了强度、频率、时间特性外,对于人的作用还有垂直振动和水平振动的差别,即振动方向不同,人的感受也有不同。此外,描述振动强度,可以用位移、速度、加速度等物理量,人对这些物理量的忍受会因振动频率不同而不同。很低频率的振动,人可能对位移(振幅)反应更敏感些,而对频率较高的振动,可能对加速度反应更敏感些。

对不同频率、不同强度的振动,人的振感不同。类似人耳对声音响度的感觉,图17-1所示为人体对振动加速度的等振感曲线。图中实线是人对垂直振动的加速度等振感曲线,虚线是人对水平振动的等振感曲线。最低一条是临界值曲线,即低于此线,人体将感受不到振动的存在。

如果以振动的位移幅值作为参考量,则等振感曲线有不同的形状,人体不同部位的局部等振感曲线也不同。

常见振动的计权振级如图17-2所示。

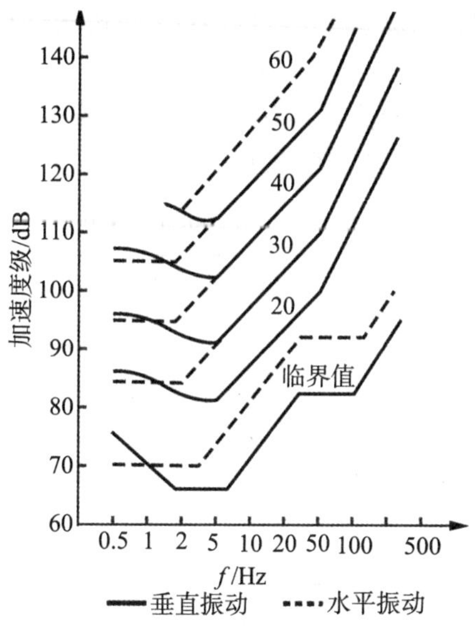

图17-1 振动加速度的等振感曲线

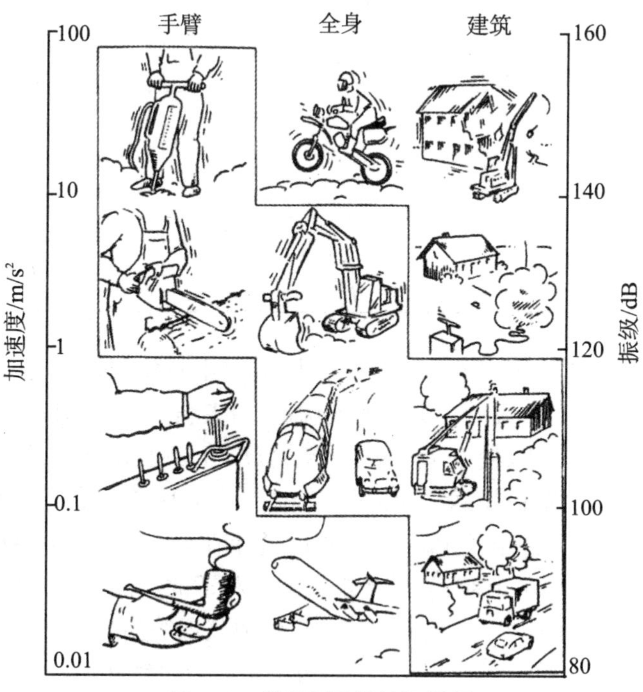

图17-2 常见振动的计权振级

17.1.3 振动的危害

振动对人的影响,与振动的频率、强度、作用时间以及作用部位有关。因为人体的力学结构有许多共振频率,所以振动的影响与频率有很大的相关性。表17-1所列是受到全身振动时人体有不良主观反应的一些实验结果,说明人的主观感觉与频率和强度的关系,某些频率,只要很小的振幅人体就有明显反应,这可能与共振效应有关。

表 17-1 所列只是一些实验的例子。全身振动对人体健康还有多方面的损害,例如强度很大的振动会使骨骼、肌肉、关节、韧带直接产生机械损伤,也可引起内脏损伤,如高速炮艇的战士大多有胃下坠的疾病。振动还对人的循环系统、消化系统、神经系统、呼吸系统等有影响。受全身振动影响的女工,还可能引起一系列妇科疾病。

表 17-1　全身振动的主观反应

主观感觉	频率/Hz	振幅/mm
腹 痛	6～12 40 70	0.094～ 0.163 0.063～0.126 0.032
胸 痛	5～7 6～12	0.6～1.5 0.094～ 0.163
背 痛	40 70	0.63 0.032
尿急感	10 ～20	0.024～0.008
粪迫感	9 ～20	0.024 ～0 12
头部症状	3～10 40 70	0.4～2.18 0.126 0.032
呼吸困难	1～3 4 ～9	1～9.3 2.45～19.6

振动工具的操作工常常因局部振动罹患职业性疾病,如凿岩机手、混凝土捣固机工人、链锯伐木工、铆枪手、砂轮磨工,等等。典型的疾病是“白指病”,因振动使末梢神经、末梢循环受影响,末梢运动机能产生障碍,使手指从末梢(指尖)开始发白,逐渐延及全指,形如白蜡,或出现苍白、灰白、紫绀,故又称“白蜡病”“死指”。有的扩展至手掌、手背,又称“死手”。白指病一开始是一次性发作,有几分钟至几十分钟,发作时常伴有手麻木、发僵等症状。发作次数随病情加重而增多,还会影响整个上肢,最后严重影响手和臂的功能。严重的局部振动也会对中枢神经系统有影响,使人产生头晕、头痛、失眠、记忆力衰退等症状。

振动引起的症状与振动频率有关。部分调查结果认为频率 30 Hz 以下数毫米振幅的振动,对骨骼和关节会造成损害;频率 30 Hz～300 Hz、振幅 1 mm 左右,接触数年后会使血管和运动神经受损害,发生振动性白指;频率 300 Hz 以上的振动,接触数周后,手、上臂和肩部会产生持续性损害。

某些工种的白指病患病率是很高的。表 17-2 所列是辽宁省对九个矿 1150 名凿岩工的调查结果。

表17-2 凿岩工的白指率部分调查结果

矿名	白指发生率/%	平均潜伏期/年	平均接振工龄/年
鞍钢铁矿	79.8	12.9	16. 7
杨杈子矿	75.2	7.8	12.6
红透山矿	73.6	6.9	13.4
柴河铅锌矿	51.5	7.7	10.0
北票煤矿	37.0	12.3	14.5
二道沟金矿	28.1	5.3	9.6
本钢各矿	28.0	10.5	13.3
抚顺煤矿	24.1	8.4	10.5
旅大人防工程	8.4	15.4	11 . 7

以上所述振动对人的影响，主要是劳动岗位上的情况。作为环境振动，会影响人的睡眠、休息，干扰学习。严重的振动，特别是频率较低时，如果与建筑物固有频率一致而产生共振，会造成房屋、桥梁等毁坏的严重事故。

设备仪表有振动时，或观察的人受到振动干扰时，会影响视觉，造成视力下降。在振动和噪声共存的环境中，除了影响观察和思维外，还可能产生负面心理影响，严重的会导致操作失误。同时，振动还对精密仪表的工作有直接影响，会造成设备损坏、精度降低，甚至引起误动作，造成重大事故。

17.2 全身振动的测量和评价

有关人体全身振动评价的国际标准为ISO 2631，对应国家标准GB/T 13441，该系列标准涉及全身振动，不包括直接作用于肢体的振动（例如通过动力工具）。老的标准分为ISO 2631-1：1985《一般要求》；ISO 2631-2：1989《建筑物内连续与冲击引起的振动》；ISO 2631-3：1985《频率范围0.1～0.63 Hz全身Z轴垂向振动暴露的评价》。新的标准将第1部分与第3部分合并为ISO 2631-1：1997，对应《机械振动与冲击 人体暴露于全身振动的评价 一般要求》（GB/T 13441.1—2007），这一部分规定了周期的、无规的和瞬态的全身振动的测量方法（这部分有Amd.1：2010）。增加了《振动和旋转运动对固定导轨运输系统中乘客及乘务员舒适影响的评价指南》（ISO 2631-4：2001），这一部分提供了ISO 2631-1应用于固定轨道系统中对乘客和乘务员影响的评价；ISO 2631-2有2003版本，相应的国家标准《机械振动与冲击 人体暴露于全身振动的评价 第2部分：建筑物内的振动（1 Hz～80 Hz）》（GB/T 13441.2—2008）；此外还有ISO 2631-5：2018《第5部分：包含多次冲击的振动评价方法》。

有关人体全身振动评价的新标准与老标准比较有了很大的改变，主要有以下几方面。

1. 基本评价方法

测量计权方均根（有效值）加速度并作为基本评价方法，而不再采用评级（即比值）的方法。计权有效值加速度对平移振动以m/s^2表示，对旋转运动以rad/s^2表示。计权有效值加速度按下式或它的频域中的当量来计算。

$$a_w=\left[\frac{1}{T}\int_0^T a_w^2(t)\mathrm{d}t\right]^{\frac{1}{2}} \tag{17-1}$$

式中，$a_w(t)$——作为时间函数的计权加速度（平移或旋转），单位分别为m/s²或rad/s²；

T——测量时间，单位为s。

2. **频率计权曲线**

在GB/T 13441.1—2007中规定了三种基本计权的频率计权曲线和三种补充计权因子的频率计权曲线，以及它们的应用指南，见表17-3和表17-4所列。

W_k适用于有关健康、舒适与感知的z轴方向和卧姿垂直方向（头部除外）；

W_d适用于有关健康、舒适与感知的x轴和y轴方向以及卧姿水平方向；

W_f适用于有关运动病的基本频率计权。

W_c适用于座椅-靠背的测量；

W_e适用于旋转振动的测量；

W_j适用于卧姿人体头部下面振动的测量。

它们适用于通过以下支撑表面传递到人体全身的运动：站姿人体的脚，坐姿人体的臂部、背部和脚，或卧姿人体的支撑区域。这类振动在车辆、机器、建筑物及在工作机器附近都可遇到。

表17-3　基本计权的频率计权曲线应用指南

频率计权	健康	舒适	感知	运动病
W_k	z轴，座椅表面	z轴，座椅表面 z轴，立姿垂直，卧姿（头部除外） x、y、z轴，坐姿脚部	z轴，座椅表面 z轴，立姿垂直，卧姿（头部除外）	—
W_d	x轴，座椅表面 y轴，座椅表面	x轴，座椅表面 y轴，座椅表面 x、y轴，立姿水平，卧姿 y、z轴，座椅-靠背	x轴，座椅表面 y轴，座椅表面 x、y轴，立姿水平，卧姿	—
W_f	—	—		垂直方向

表17-4　补充计权因子的频率计权曲线应用指南

频率计权	健康	舒适	感知	运动病
W_c	x轴，座椅-靠背	x轴，座椅-靠背	x轴，座椅-靠背	—
W_e	—	r_x、r_y、r_z轴，座椅表面	r_x、r_y、r_z轴，座椅表面	—
W_j	—	垂直，卧姿（头部）	垂直，卧姿（头部）	—

W_k与老标准全身垂向z计权相接近，W_d与老标准全身水平x-y计权相接近，但不完全相同，而且对它们（以及W_c，W_e，W_j）的频率范围均为0.5 Hz～80 Hz，而老标准为1 Hz～80 Hz；W_f也有类似情况且频率范围为0.1 Hz～0.5 Hz，老标准为0.1 Hz～0.63 Hz。

在《人体对振动的响应　测量仪器》(GB/T 23716—2009/ISO 8041:2005)中以上频率计权表述为:

频率计权 W_k,基于GB/T 13441.1(ISO 2631-1),用于垂直向全身振动,z轴,坐姿、立姿或卧姿的人;

频率计权 W_d,基于GB/T 13441.1(ISO 2631-1),用于水平全身振动,x或y轴,坐姿、立姿或卧姿的人;

频率计权 W_f,基于GB/T 13441.1(ISO 2631-1),用于垂直向全身振动,z轴,运动病,坐姿或立姿的人;

频率计权 W_c,基于GB/T 13441.1(ISO 2631-1),用于水平全身振动,x轴,座椅-靠背,坐姿的人;

频率计权 W_e,基于GB/T 13441.1(ISO 2631-1),用于旋转全身振动,所有方向,坐姿的人;

频率计权 W_j,基于GB/T 13441.1(ISO 2631-1),用于垂向头部振动,x轴,卧姿的人;

它们的频率计权曲线分别如图15-3和图15-4所示。图中的频率计权也包括了频带限定,对于 W_k、W_d、W_c、W_e和 W_j所用的频带限定滤波器高通为0.4 Hz,低通为100 Hz;对于 W_f所用的频带限定滤波器高通为0.08 Hz,低通为0.63 Hz。

频率计权也可以通过等比带宽频谱分析的频带声压级求和得到,由1/3倍频带分析得到的方均根加速度值,可以用来获得相应的频率计权加速度 a_w为

$$a_w = \sqrt{\sum_{i=1}(W_i \times a_i)^2} \tag{17-2}$$

式中,W_i——1/3倍频程中第i个频带的计权因子,参见GB/T 13441.1—2007中的表3和表4;

a_i——相应的第i个频带的加速度。

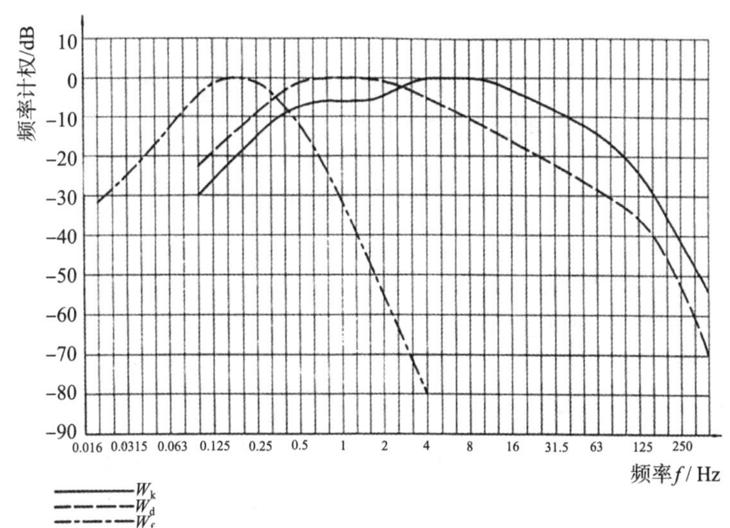

图17-3　基本计权值的频率计权曲线

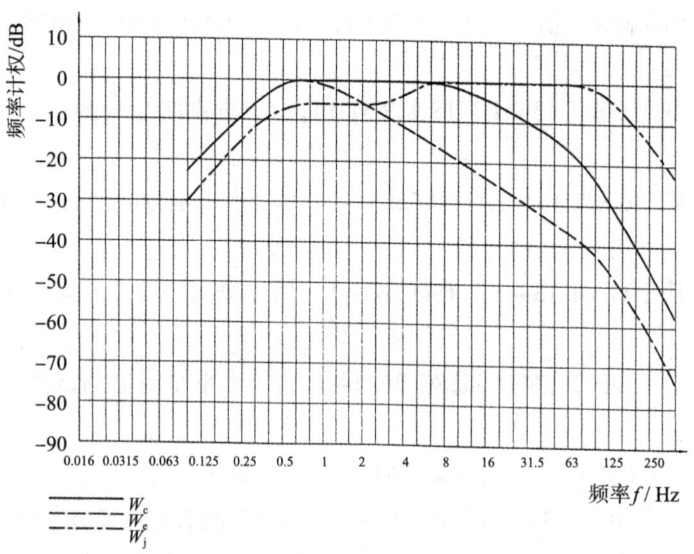

图 17-4 补充计权值的频率计权曲线

3. 高峰值因数振动

近年来的研究表明，在振动暴露中的加速度峰值是重要的，它尤其能反映振动对健康的影响。某些实验已经表明评价振动的均方根方法对于具有重要峰值振动的影响估计过低。对于具有这种高峰值特别是对于峰值因数大于9的振动，提出了补充的或另一种测量程序，而均方根方法适用于峰值因数小于或等于9。

峰值因数定义为在某一测量时间内，频率计权加速度信号的最大瞬时峰值与其有效值之比的模。对于高峰值因数（>9）的振动使用运行有效值（the runing r.m.s）或四次方振动剂量值进行补充评价。

（1）运行有效值评价方法

通过使用一短积分时间常数来评价偶然冲击和瞬态振动。振动幅度定义为最大瞬态振动值（*MTVV*），并定义为$a_w(t_o)$时间中的最大值。

$$a_w(t_o)=\left\{\frac{1}{\tau}\int_{t_o-\tau}^{t_o}\left[a_w(t)\right]^2\mathrm{d}t\right\}^{\frac{1}{2}} \tag{17-3}$$

式中，$a_w(t)$——瞬时频率计权加速度；

τ——运行平均的积分时间；

t——时间（积分变量）；

t_o——观测时间（瞬时时间）。

这一定义线性积分的公式可用ISO 8041中定义的指数积分近似为

$$a_w(t_o)=\left\{\frac{1}{\tau}\int_{-\infty}^{t_o}\left[a_w(t)\right]^2\exp\left[\frac{t-t_o}{\tau}\right]\mathrm{d}t\right\}^{\frac{1}{2}} \tag{17-4}$$

该式应用于与τ相比很短持续时间的冲击的结果差值很小，如应用于较长时间的冲击与瞬态振动则有时差异很大（最大到30%）。

最大瞬态振动值*MTVV*定义为

$$MTVV=\max[a_w(t_o)] \tag{17-5}$$

也即在测量时间$a_w(t_o)$读数的最高幅值。

建议在测量*MTVV*时取τ=1s,这与声级计中“S”的积分时间常数相对应。

(2)四次方振动剂量值方法

该方法通过使用加速度时间过程的四次方代替平方作为平均基础,使得四次方振动剂量方法比基本评价方法对峰值更敏感。四次方振动剂量值(*VDV*),单位为$m/s^{1.75}$(米每秒1.75次方)或$rad/s^{1.75}$(弧度每秒1.75次方),定义为

$$VDV=\left\{\int_0^T[a_w(t)]^4\,dt\right\}^{\frac{1}{4}} \tag{17-6}$$

式中,$a_w(t)$——瞬时频率计权加速度;

T——测量持续时间。

当振动暴露包括两个以上不同幅度的持续时间时,总暴露的振动剂量应由各个振动剂量值的四次方和的四次方幂来计算:

$$VDV_{总}=\left(\sum_{\tau}VDV_i^4\right)^{\frac{1}{4}} \tag{17-7}$$

已经证明,对于健康或舒适度评估,当超过以下近似比率(取决于使用的附加方法)时,使用附加评估方法对于判断振动对人体的影响非常重要。

$$\frac{MTVV}{a_w}=1.5 \tag{17-8}$$

$$\frac{VDV}{a_wT^{\frac{1}{4}}}=1.75 \tag{17-9}$$

这些比率并不表示振动的严重程度,而只是为了表明被测振动信号中的脉冲性的程度。

应该将基本评价方法用于评价振动。在补充方法也使用时,基本评价值和补充评价值都应报告。

4. 人体基本中心坐标系及方向

在GB/T 13441.1—2007中定义的人体基本中心轴及方向如图17-5所示。图中表示了平移或直线振动的参考方向x、y、z;对于旋转振动转轴r的x、y、z的参考方向,分别围绕称作为左右摇摆、前后颠簸和左右摇转的x、y和z轴旋转。

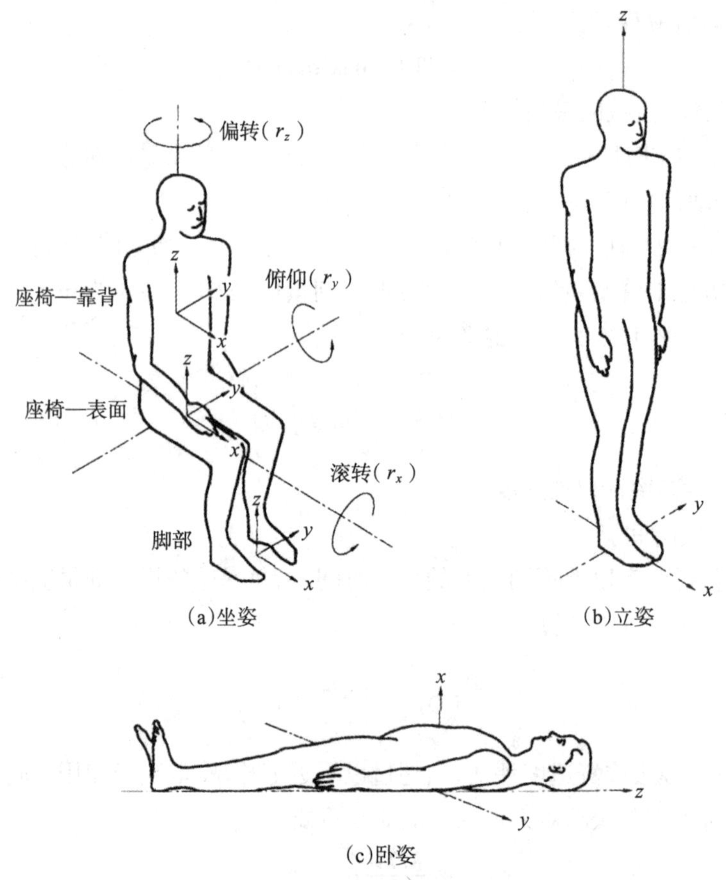

注：Amd.1:2010将俯仰(r_y)方向改为反向

图 17-5　人体基本中心坐标系

振动应该按照某一点的坐标系统来进行测量，从该点振动进入人体。如果振动传感器不能精确对准推荐的基本中心轴，可以允许传感器的灵敏轴偏离推荐轴最多不超过15°。对于坐在倾斜座位上的人，应由人体坐标轴来确定取向，z轴向不必是垂向。基本中心轴相对于重力场的取向应予说明。在某一测量位置的传感器应正交放置，而且不同轴向的直线加速度计应尽可能靠近。

5. 振动对健康、舒适和感知的影响

在ISO2631-1：1985中，为了简化起见，相应于振动对健康、工作熟练度和舒适的不同影响，假设其对人的各种影响的暴露时间的依赖关系是相同的。实验室研究结果并不支持这一概念，因此予以删除。在新标准的三个附录中提供了振动对健康、舒适和感知，以及运动病可能影响的有关信息。但不包括暴露的边界值或限值，而且删除了由于振动暴露的“疲劳-熟练降低”这一概念。

6. 多方向的合成振动

正交坐标系下的振动所决定的计权均方根加速度的振动总量计算为

$$a_v = \sqrt{{k_x}^2 {a_{wx}}^2 + {k_y}^2 {a_{wy}}^2 + {k_z}^2 {a_{wz}}^2} \tag{17-10}$$

式中，a_{wx}、a_{wy}、a_{wz}——分别为正交坐标轴x、y、z上的计权均方根加速度；

k_x、k_y、k_z——方向因数。

对坐姿人体使用的频率计权和方向因数k为

$$x\text{轴}:W_d, k=1.4$$
$$y\text{轴}:W_d, k=1.4$$
$$z\text{轴}:W_k, k=1$$

7. 每日振动暴露$A(8)$

振动暴露评估可基于以8小时内的等效连续加速度来计算的每日振动暴露$A(8)$。每个方向l的每日振动暴露量$A_l(8)$，单位为m/s²，定义为

$$A_l(8)=k_l\sqrt{\frac{1}{T_0}\sum_i a_{wli}^2 T_i} \tag{17-11}$$

式中，a_{wli}——在时间段T_i内确定的频率计权加速度的RMS值；

$l=x,y,z$；

k_l——方向因数，对于l为x和y方向，$k_x=k_y=1.4$；对于z方向，$k_z=1$；

T_0——参考持续时间，8 h(28800 s)。

17.3 建筑物内连续与冲击引起的振动

《机械振动与冲击 人体暴露于全身振动的评价 第2部分：建筑物内的振动(1 Hz~80 Hz)》(GB/T 13441.2—2008/ISO2631-2:2003)规定的频率计权W_m，基于ISO 2631-2，用于建筑物内全身振动，所有方向。振动应在三个正交方向上同时测量。振动方向应相对于建筑物而不是相对于人体来确定，x、y和z轴的指向应是立姿人体的指向。图17-6所示为W_m频率计权曲线示意图。

振动测量位置应选取房间中发生频率计权振动最大幅值处或者专门指定的建筑结构表面上的适当位置。只要确定了居住者的姿势，就应对相关位置测量得到的三个方向的振动进行相应的频率计权，用最大频率计权振动幅值确定振动轴，并用该方向得到的振动幅值进行评价。不考虑测量方向时推荐使用频率计权W_m，W_m以前定名为W.B.combine。

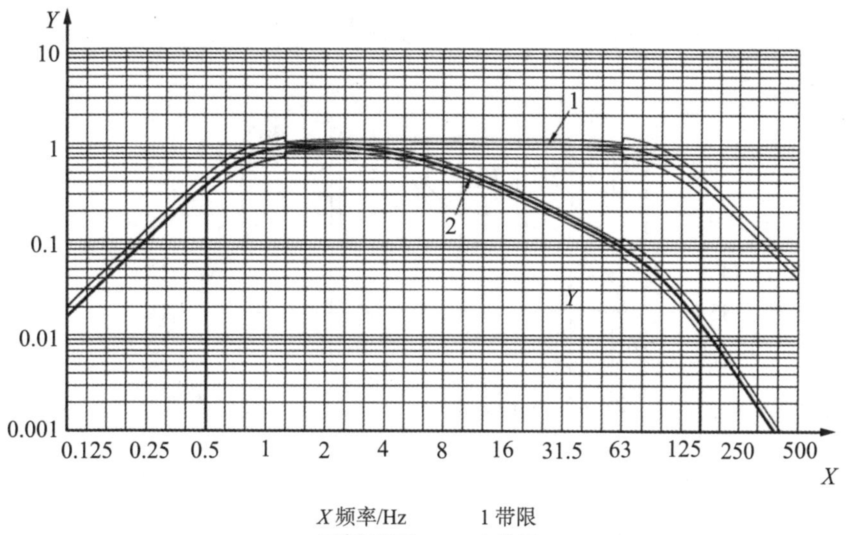

X 频率/Hz　　1 带限
Y 计权因子　　2 计权

图17-6 W_m频率计权曲线示意图

17.4 振动和旋转运动对固定导轨运输系统中乘客及乘务员舒适影响的评价

《机械振动与冲击　人体暴露于全身振动的评价　第4部分：振动和旋转运动对固定导轨运输系统中的乘客及乘务员舒适影响的评价指南》(GB/T 13441.4—2012/ISO 2631-4：2001)，适用于暴露于沿x、y和z轴的平移振动，以及围绕着这些(人体中心)轴的旋转振动的正常健康人。该标准只给出了基于运动环境的乘坐舒适性评价指南，并提供了舒适度作为沿着或围绕产生人体运动的轴运动的关系的评价指南，不适用于可能引起外伤的高振幅单次瞬态振动，也不适用于可能影响健康的高振幅振动。

轨道、车轮、悬挂、车身结构和室内装备(座位和卧铺)都对乘客与乘务员所受振动有影响。当座位和卧铺的舒适性有相当影响时，在座位/人体或卧铺/人体界面处进行测量。对于立姿、坐姿或卧姿的人，总的振动值的评价应在包括表17-5所列的人体界面上进行测量。

表17-5　人体界面

位置	界面
站着	地板/脚
坐着	座位支撑表面 座位/背部 地板/脚
躺着	支撑骨盆、背和头部的表面

测量的轴向规定为：

z轴：垂向，垂直于地面向上(正向)/向下(负向)；

x轴：纵向，沿车辆方向向前(正向)/向后(负向)；

y轴：横向，正交于车辆方向；

旋转：围绕x轴的旋转运动。

用于进行轨道车辆舒适度评价的W_b计权曲线，已被许多欧洲和某些非欧洲国家所采用。该曲线很接近通常的W_k曲线(图17-7)。在ISO 8041中称为频率计权W_b，基于ISO 2631-4，用于垂向全身振动，z轴，坐姿、立姿或卧姿的人。

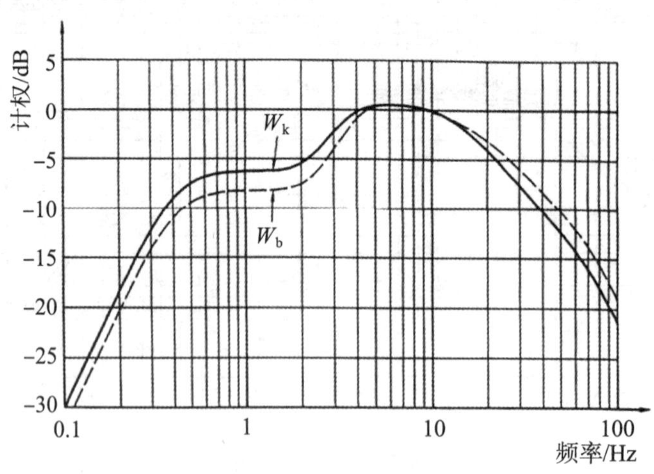

图17-7　W_b与W_k频率计权曲线

尽管在新的标准中做了大量的改变和改进，大多数的报告或研究都指出老标准ISO 2631-1:1985中建议的指南和暴露边界值还是预防了非所希望的影响，已经存在的数据资料仍然是非常有用的。

ISO2631-1该部分的Amd 1:2010主要补充了附录B统计分析方法，并以概率$h(m)$直方图和累积概率$h_c(m)$直方图表示。

17.5 工业企业设计卫生标准对全身振动的要求

《工业企业设计卫生标准》(GBZ 1—2010)要求采用新技术、新工艺、新方法避免振动对健康的影响，应先控制振动源，使手传振动接振强度符合《工作场所有害因素职业接触限值 第2部分：物理因素》(GBZ 2.2—2007)的要求，全身振动强度不超过表17-6规定的卫生限值。采用工程控制技术措施仍达不到要求的，应根据实际情况合理设计劳动休息时间，并采取适宜的个人防护措施。

受振动(1 Hz～80 Hz)影响的辅助用室(如办公室、会议室、计算机房、电话室、精密仪器室等)，其垂直或水平振动强度不应超过表17-6中规定的设计要求。

表17-6 工业企业设计卫生标准对全身振动的要求

工作日接触时间(t)/h	全身振动强度卫生限值	辅助用室垂直或水平振动强度卫生限值	
	卫生限值/(m/s^2)	卫生限值/(m/s^2)	工效限值/(m/s^2)
4<t≤8	0.62	0.31	0.098
2.5<t≤4	1.10	0.53	0.17
1.0<t≤2.5	1.40	0.71	0.23
0.5<t≤1.0	2.40	1.12	0.37
t≤0.5	3.60	1.8	0.57

17.6 手传振动的测量和评价

《机械振动 人体暴露于手传振动的测量与评价 第1部分：一般要求》(GB/T 14790.1—2009 / ISO 5349-1:2001)规定了在三个正交轴手传振动暴露测量与报告的一般要求，定义了频率计权和带限滤波器以便对测量进行统一比较。获得的结果能够用于预测覆盖频带从8 Hz至1000 Hz频率范围手传振动的有害影响。适用于周期的和随机的或非同期振动，暂时也适用于重复的冲击类型激励(碰撞)。该标准规定了以频率计权振动加速度(m/s^2)和暴露时间作为手传振动暴露的评价指南，但不规定振动暴露安全限值。ISO 5349-2:2001则是有关工作场所测量的操作指南。表17-7所列为影响手传振动的生物学效应的严重程度的因素。

表 17-7 工作条件下人体暴露于手传振动效应的影响因素

在工作条件下人体暴露于手传振动的效应的影响因素	另外可能受到的影响因素	可能特别影响由手传振动引起的血液循环改变的因素
a. 振动的频谱	a. 传向手的振动方向	a. 气候条件和其他影响手或身体温度的因素
b. 振动的幅值	b. 工作方法和操作者的技巧	b. 影响循环的疾病
c. 每个工作日的暴露时间	c. 个体的年龄或在他/她体质或健康方面的任何易感因素	c. 影响末槽循环的物质,例如尼古丁、某些药物或在工作环境中的化学剂
d. 到调查时为止的累计暴露时间	d. 暂时的暴露方式和工作方法,即工作和休息轮换的时间长度及频率;在休息时工具是放在一边或是拿在手中空转	d. 噪声
	e. 连接力,诸如操作者通过手施加到工具或工件上的握力和推进力及施加到皮肤的压力	
	f. 在暴露期间手和臂的姿势及身体的姿势(腕、肘和肩关节的角度	
	g. 产生振动的机械、手持式工具和安装的附件或工件类型和状态	
	h. 暴露于振动的手的部位面积和位置	

在对手传振动进行测量和评价时,应同时报告全部因素及用于振动评价的测量方法和统计技术。

GB/T 14790.1—2009 修订并替代了 GB/T 14790—1993,大部分内容与上一版一样,但在技术上有一些重要差异。

1. 振动暴露的评价

在以前的版本中,振动暴露的评价是基于具有最大频率计权方均根加速度方向的成分。在新的版本中,评价是基于振动总值的,也就是三个方向频率计权均方根加速度值的方根和,这是考虑到一种动力工具的振动特性并不是由某一方向成分决定的。基于方根和的振动暴露值将大于单方向振动暴露值,三个方向测量得的振动总值通常为最大方向值的 1.2 至 1.5 倍,最大 1.7 倍。对于按 ISO 5349:1986 获得的三个轴向值数据可按下式计算振动总值。

$$a_{\mathrm{hv}} = \sqrt{a_{\mathrm{hwx}}^2 + a_{\mathrm{hwy}}^2 + a_{\mathrm{hwz}}^2} \tag{17-12}$$

式中，a_{hwx}、a_{hwy}和a_{hwz}分别是x、y和z轴的频率计权方均根加速度值。

如果只提供最大的单轴向计权加速度值，那么可将该值乘以适当的倍乘系数来估算振动总值，倍乘系数的取值范围由1.0至1.7。

2. 正交坐标系的三个轴向定义（图17-8）

手臂振动的坐标系应当按图17-8所示的生物动力学坐标系报告传向手的振动方向。以第三掌骨头作为坐标原点，z轴（Z_h）由该骨的纵轴方向确定。当手处于正常解剖位置时（手掌朝前），x轴垂直于掌面，以离开掌心方向为正向。y轴通过原点并垂直于x轴。

3. 频率计权

以前频率计权的曲线形状为频率16 Hz以下斜率为0，频率高于16 Hz，每倍频程降低6 dB，而且适用倍频带从8 Hz到1000 Hz的频率范围。现在的频率计权由数学公式定义为一理论滤波器特性，称为W_h，带限滤波器截止频率为6.3 Hz和1250 Hz。在ISO 8041中称之为频率计权W_h，基于ISO 5349-1，用于手臂振动所有方向。

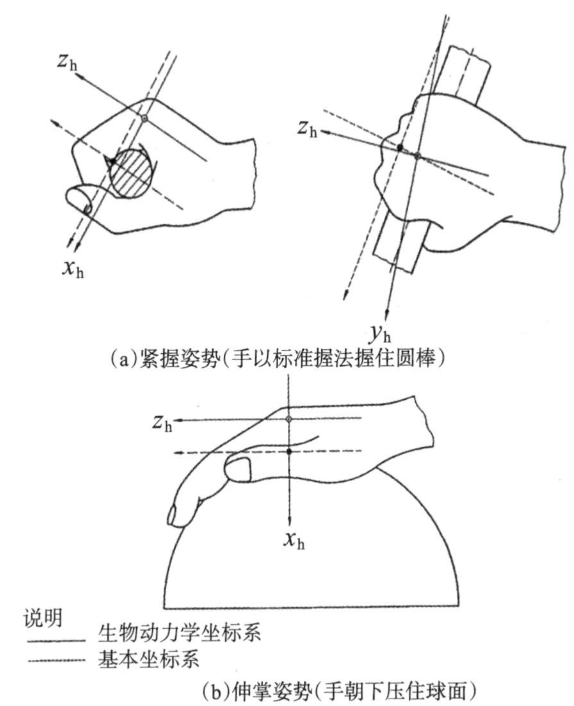

图17-8 手臂振动坐标系的三个轴向定义

频率计权曲线如图17-9所示，频率计权因子见表17-8所列，这些值与以前版本的标准略有不同，但与ISO 8041-1:2017完全相同。

表 17-8 包括带限的手传振动频率计权因子 W_{hi}

频带指数 i	标称中间频率/Hz	计权因子 W_{hi}	频带指数 i	标称中间频率/Hz	计权因子 W_{hi}
6	4	0.3754	20	100	0.1602
7	5	0.545	21	125	0.127
8	6.3	0.7272	22	160	0.1007
9	8	0.8731	23	200	0.07988
10	10	0.9514	24	250	0.06338
11	12.5	0.9576	25	315	0.05026
12	16	0.8958	26	400	0.0398
13	20	0.782	27	500	0.03137
14	25	0.6471	28	630	0.02447
15	31.5	0.5192	29	800	0.01862
16	40	0.4111	30	1000	0.01346
17	50	0.3244	31	1250	0.00894
18	63	0.256	32	1600	0.005359
19	80	0.2024	33	2000	0.00295

a. 滤波器响应及误差见 ISO 8041-1。
b. 频带指数按IEC61260。

由 1/3 倍频带分析得到的均方根加速度值，可以用来获得相应的频率计权加速度 $a_{h,w}$ 和频率计权加速度级 $L_{h,w}$（下标h表示手传振动）：

$$a_{h,w} = \sqrt{\sum_{i=1}^{n}(W_{hi} \times a_{h,i})^2} \tag{17-13}$$

式中，W_{hi}——1/3 倍频程中第 i 个频带的计权因子，见表 17-8 所列；

a_{hi}——相应的第 i 个频带的加速度；

n——所用的频带数。

$$L_{h,w} = 20\lg\sqrt{\sum_{i=1}^{n}\left(W_{hi} \times 10^{\frac{L_{h\cdot i}}{20}}\right)^2} \tag{17-14}$$

$$= 10\lg\left[(10^{0.1(L_{h,1}+\Delta L_1)} + 10^{0.1(L_{h,2}+\Delta L_2)} + \cdots + 10^{0.1(L_{h,n}+\Delta L_n)}\right] \tag{17-15}$$

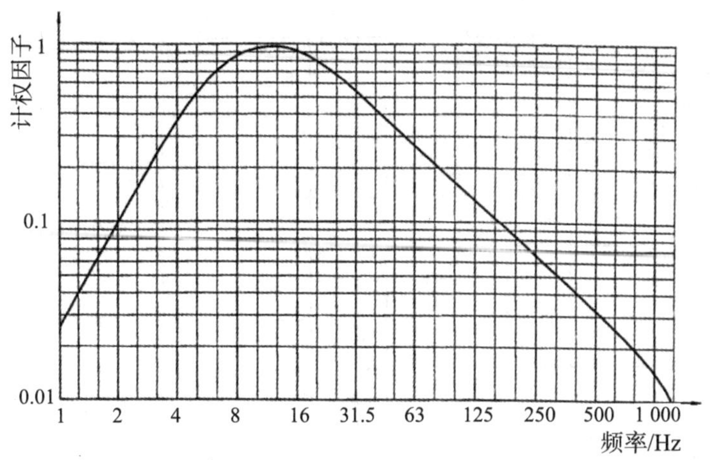

图17-9 包括带限的手传振动频率计权曲线 W_h

式中，L_{hi}——1/3倍频程或倍频程中第i个频带加速度级；

W_{hi}——第i个频段计权因子；

ΔL_i——第i个频段计权因子，单位为dB，见表17-13所列W_h。

同样的，手传计权振动加速度和计权振级也可以通过在测量仪器中插入计权网络进行加权（频率滤波）后直接得到。

4. 日振动暴露

GB/T 14790.1—2009中，日振动暴露是基于8 h等能量加速度值$a_{hv(eq,8\,h)}$，简称$A(8)$，而以前的版本使用4 h参考时间。采用更常规的8 h参考时间使得振动暴露的评价与通常在人体暴露于噪声和化学物的评价中使用的“时间计权平均”程序一致。使用8 h参考时间仅仅是一种惯例，这并不是指暴露时间就是8 h，而且只要将4 h等效值乘以0.7就很容易得到8 h的等效值。一般情况下，$A(8)$计算公式为

$$A(8)=a_{hv}\sqrt{\frac{T}{T_0}} \tag{17-16}$$

式中，T——振动a_{hv}总的暴露时间；

T_0——8 h参考时间（28000 s）。

如果工作中总的振动暴露包含几个不同振动强度的工作，那么振动暴露$A(8)$为

$$A(8)=\sqrt{\frac{1}{T_0}\sum_{i=1}^{n}a_{hvi}{}^2T_i} \tag{17-17}$$

5. 振动暴露与白指病变的关系

在新版标准附录C中提供的振动暴露与白指病变关系的指南（图17-10），与以前版本附录A中内容相当一致，但是这里10%预期的病变是考虑了可能存在不恰当地使用工具这一关系。与以前版本比较，现在的振动暴露以8 h等能量值表示，它等于4 h等效值的0.7倍，同时引用的数值乘以系数1.4，以估价从使用最大单轴向值评价改变到使用振动总值评价导致的评价值的增加。

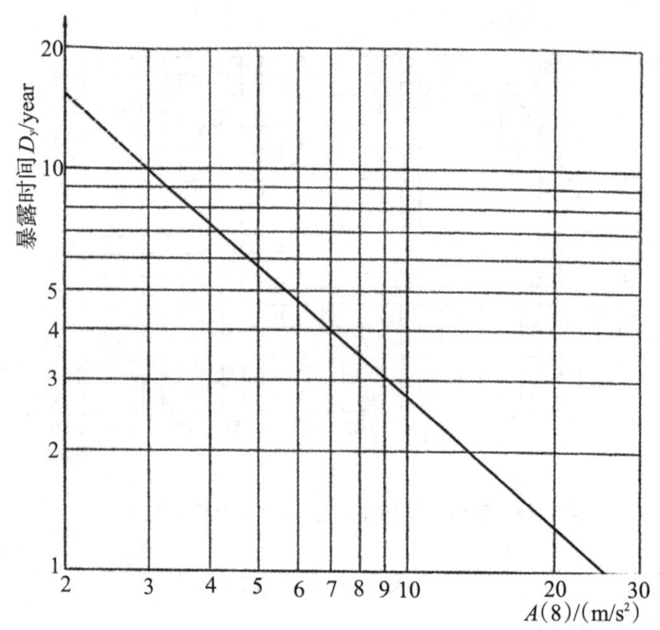

图17-10　在一组暴露人中预期有10%因振动导致白指病变的振动暴露

在《作业场所局部振动卫生标准》(GB/T 10434)(已废止)中,规定$(a_{h,w})_{eq(4)}$不能超过5 m/s²。

在《工作场所有害因素职业接触限值 第2部分:物理因素》(GBZ 2.2—2007)中规定了生产中使用手持振动工具或接触受振工件时,直接作用或传递到人的手臂的机械振动或冲击4 h等能量频率计权振动加速度限值(表17-9)。在《工业企业设计卫生标准》(GBZ 1—2010)中规定手传振动接振强度符合GBZ 2.2的要求。

表17-9　工作场所手传振动职业接触限值

接触时间	等能量频率计权振动加速度/(m/s²)
4 h	5

若日接振时间不足或超过4 h时,将其换算为相当于接振4 h的频率计权振动加速度值。

当振动工具的8 h等能量频率计权振动加速度高于接触限值时,手传振动每天的最高可接触时间见表17-10所列。

表17-10　工作场所手传振动接触时间限值

三轴频率计权振动加速度总值a_{hv}/(m/s²)	接触时间/h
4	6
5	4
6	2.7
8	1.5
10	1
>10	<1

测量方法按《工作场所物理因素测量　手传振动》(GBZ/T 189.9—2007)规定,分别测量三个轴向振动的频率计权加速度,以三个轴向中的最大值作为被测工具或工件的手传振动。

使用手传振动专用测量仪时，可直接读取计权加速度值(m/s²)；若测量仪器以计权加速度级(dB)表示振动幅值，则计权加速度可换算为

$$a = 10^{(L_h/20)} \cdot a_0 \tag{17-18}$$

式中，L_h——加速度级，单位为dB；

a——振动加速度有效值，单位为m/s²；

a_0——振动加速度基准值，$a_0=10^{-6}$ m/s²。

正在报批的中华人民共和国国家职业卫生标准《手传振动职业接触限值》(代替GBZ 2.2—2007)，与GBZ 2.2—2007相比，增加了多轴向振动的振动总值计算；等能量计权振动总值的参考时间由4 h改为8 h；等能量频率计权振动加速度限值更改为3.5 m/s²，增加了当工作日由不同振动幅值的作业组成时，振动总值的计算方法。修改后的国家职业卫生标准与国家标准和国际标准一致。

17.7 人体响应振动计

17.7.1 概述

测量振动对人体影响的仪器叫人体响应振动计。人体响应振动计主要用于劳动卫生、职业病防治等部门研究分析振动对人体的危害。人体响应振动计是根据振动对人体影响的特点来设计的。国际标准化委员会根据ISO 2631和ISO 5349标准，制定了用于人体振动测量的仪器标准，即《人体对振动的响应——测量仪器》(ISO 8041：2005)，对应国家标准《人体对振动的响应——测量仪器》(GB/T 23716—2009)。近年，ISO 8041已经分成2个部分，即ISO 8041-1：2017《人体对振动的响应—测量仪器 第1部分：一般用途测量仪器》，它对测量人体振动暴露的仪器做了规定，这些仪器用于临时、短时测量或受控测量；ISO 8041-2：2021《人体对振动的响应—测量仪器 第2部分：个人振动暴露计》，它对个人振动暴露测量仪(缩写为PVEM)做了规定，这些仪器用于测量长时间的振动暴露，例如整个工作班次。

标准中规定的振动仪器用于测量一种或多种应用的振动，并可根据每种应用中定义的一个或多个频率计权进行测量。例如：

——手传振动(见ISO 5349-1)；

——全身振动(见ISO 2631-1、ISO 2631-2和ISO 2631-4)；

——低频全身振动，频率范围为0.1 Hz～0.5 Hz(见ISO 2631-1)。

标准规定了三个级别的性能测试：

(1) 型式评价或验证：

① 型式评价，即根据本文件规定的规范对仪器进行全面测试；

②一次性仪器的验证，即根据本文件中定义的相关规范对单个振动测量系统进行有限的测试。

(2)周期验证，即安排其中的一组测试，旨在确保仪器保持在要求的性能规范内；

(3)现场检查，即最低程度要求的测试，以表明仪器有可能在要求的性能规范内运行。

17.7.2 人体响应振动计的组成

人体响应振动计由振动传感器、信号处理机和显示器组成。它可以是一台仪器，也可以是仪器的组合，包括具有采样和分析功能的计算机系统。基于时域信号处理的振动测量仪或

测量系统的基本功能如图17-11所示,基于频域信号处理的振动测量仪或测量系统的基本功能路径如图17-12所示。

传感器通常采用压电加速度计。为了测量三个方向的全身振动,配有坐垫式三轴向加速度计。为了测量手传振动,使用三轴向加速度计或三只微型加速度计。振动传感器的横向灵敏度比应小于5%。人体响应振动计具有三个轴向输入端,其灵敏度可分别设定,通过手控开关或自动控制分别或同时测量三个轴向的计权加速度。

信号频率限止电路由高通和低通滤波器组成,它将振级测量的频率范围限制在表17-11所规定的范围内,例如将全身振动限制在0.5 Hz～80 Hz,手传振动限制在8 Hz～1000 Hz,以避免受到频率范围以外信号的干扰和影响。

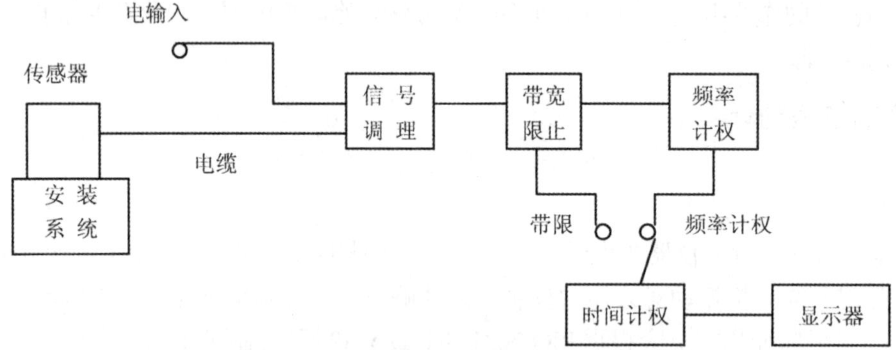

图17-11 基于时域信号处理的振动测量仪或测量系统的基本功能路径示意图

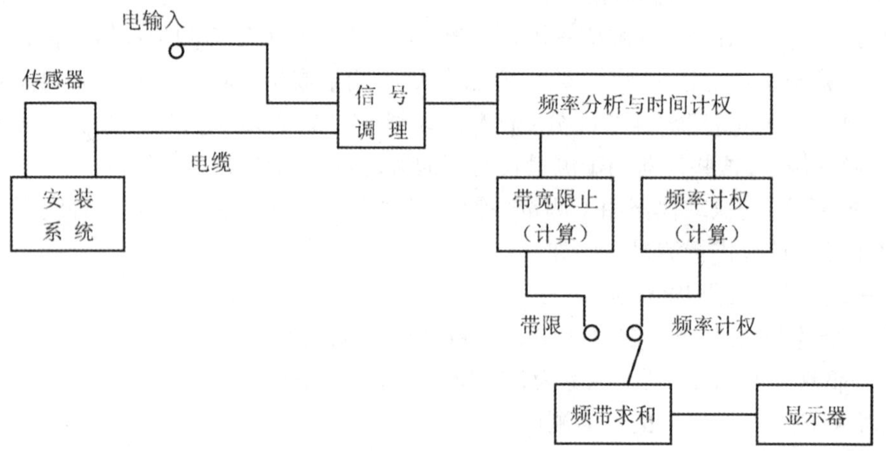

图17-12 基于频域信号处理(不适用VDV处理)的振动测量仪或测量系统的基本功能路径示意图

17.7.3 基本性能要求

人体振动测量仪至少应显示以下信息:

——整个测量期间的时间平均计权振动加速度值,a_w;

——整个测量期间的时间平均带限振动加速度值;

——测量时间,T。

人体振动测量仪还应有过载和欠量程指示,具有设定和调整灵敏度的功能等。

在新的标准中，不再按照准确度将人体响应振动计分为两种类型，只规定一种准确度类型，且在参考环境条件下，在参考频率及参考振动值处，对手臂和全身振动指示值的误差±4%，对低频全身振动±5%。

人体响应振动计的参考振动值和参考频率见表17-11所列。

表17-11 参考振动值和频率

应用	频率计权	标称频率范围/Hz	参考		参考频率处计权因子	参考频率处计权加速度值/(m/s²)
			频率	方均根加速度值/(m/s²)		
手传振动	W_h	8～1000	500 rad/s（79.58 Hz）	10	0.2020	2.020
全身振动	W_b	0.5～80			0.8126	0.8126
	W_c		100 rad/s (15.915 Hz)	1.0	0.5145	0.5145
	W_d				0.1261	0.1261
	W_e				0.06287	0.06287
	W_j				1.019	1.019
	W_k				0.7718	0.7718
	W_m	1～80			0.3362	0.3362
低频全身振动	W_f	0.1～0.5	2.5 rad/s（0.3979 Hz）	0.1	0.3888	0.03888

人体振动测量仪通过数据处理单元可计算并显示三轴向计权加速度及它们的矢量和、运行加速度级、最大瞬态振动值（*MTVV*）、运动病剂量值（*MSDV*）、振动剂量值（*VDV*）、等效连续振级，或手传振动的等效暴露等等。

17.7.4 频率计权和频率响应

人体响应振动计至少应具备表17-12所列的一种或几种频率计权，包括带限计权。表17-12中列出了频率计权的参数和传递函数。频率$\omega_1,\cdots,\omega_6$（$f_1,\cdots,f_6$，这里$\omega_i=2\pi f_i$）和品质因数Q_1、Q_2、Q_4、Q_5、和Q_6是确定整个频率计权传递函数的参数（参考作为输入量的加速度），传递函数表达为几个因子的乘积。

表17-12 频率计权的参数和传递函数

计权	带限				*a-v*转换			往更高过渡				增益
	f_1/Hz	Q_1	f_2/Hz	Q_2	f_3/Hz	f_4/Hz	Q_4	f_5/Hz	Q_5	f_6/Hz	Q_6	K
W_b	0.4	$1/\sqrt{2}$	100	$1/\sqrt{2}$	16	16	0.55	2.5	0.9	4	0.95	1.024
W_c	0.4	$1/\sqrt{2}$	100	$1/\sqrt{2}$	8	8	0.63	∞	1	∞	1	1
W_d	0.4	$1/\sqrt{2}$	100	$1/\sqrt{2}$	2	2	0.63	∞	1	∞	1	1
W_e	0.4	$1/\sqrt{2}$	100	$1/\sqrt{2}$	1	1	0.63	∞	1	∞	1	1
W_f	0.08	$1/\sqrt{2}$	0.63	$1/\sqrt{2}$	∞	0.25	0.86	0.0625	0.80	0.10	0.80	1
W_h	$10^{8/10}$	$1/\sqrt{2}$	$10^{31/10}$	$1/\sqrt{2}$	$100/(2\pi)$	$100/(2\pi)$	0.64	∞	1	∞	1	1
W_j	0.4	$1/\sqrt{2}$	100	$1/\sqrt{2}$	∞	∞	1	3.75	0.91	5.32	0.91	1
W_k	0.4	$1/\sqrt{2}$	100	$1/\sqrt{2}$	12.5	12.5	0.63	2.37	0.91	3.35	0.91	1
W_m	$10^{-0.1}$	$1/\sqrt{2}$	100	$1/\sqrt{2}$	$1/(0.028\times2\pi)$	$1/(0.028\times2\pi)$	0.5	∞	1	∞	1	1

1. 带限滤波器

带限元素是高通和低通二阶巴特沃斯滤波器特性的组合。

(1)高通

$$H_h(s)=\frac{1}{1+\frac{\omega_1}{Q_1 s}+\left(\frac{\omega_1}{s}\right)^2} \tag{17-19}$$

(2)低通

$$H_l(s)=\frac{1}{1+\frac{s}{Q_2\omega_2}+\left(\frac{s}{\omega_2}\right)^2} \tag{17-20}$$

乘积$H_h(s)H_l(s)$表达带限传递函数。

2. *a*-*v*转换滤波器

低频时正比于加速度,高频时正比于速度,计算公式为

$$H_t(s)=\frac{\left(1+\frac{s}{\omega_3}\right)K}{1+\frac{s}{Q_4\omega_4}+\left(\frac{s}{\omega_4}\right)^2} \tag{17-21}$$

当f_3和f_4(ω_3和ω_4)都等于无穷大时,$H_t(s)=1$。

3. 升阶滤波器

$$H_s(s)=\frac{1+\frac{s}{Q_5\omega_5}+\left(\frac{s}{\omega_5}\right)^2}{1+\frac{s}{Q_6\omega_6}+\left(\frac{s}{\omega_6}\right)^2}\left(\frac{\omega_5}{\omega_6}\right)^2 \tag{17-22}$$

当f_5和f_6(ω_5和ω_6)都等于无穷大时,$H_s(s)=1$。

4. 总的频率计权

对于每个计权W_x,总的频率计权函数的计权传递函数是带限、*a*-*v*转换和升阶滤波器的组合,计算公式为

$$H(s)=H_h(s)\cdot H_l(s)\cdot H_t(s)\cdot H_s(s) \tag{17-23}$$

这些公式最常见的解释是在频域中,它们将频率计权的模量(幅度)和相位描述为虚角频率$s=\mathrm{j}2\pi f$的函数。

s可以解释为拉普拉斯变换的变量。有时用字符p来替代s。

表17-13所列为由表17-11～表17-12和式(17-19)～式(17-23)定义的振动频率计权特性期望值。

表17-13　振动频率计权特性　　单位：dB

x	标称频率/Hz*	W_b	W_c	W_d	W_e	W_f	W_j	W_h	W_k	W_m
-17	0.02					-32.37				
-16	0.025					-28.40				
-15	0.0315					-24.41				
-14	0.04					-20.34				
-13	0.05					-16.06				
-12	0.063					-11.45				
-11	0.08					-6.86				
-10	0.1	-32.06	-24.10	-24.09	-24.08	-3.16	-30.18		-30.11	-36.00
-9	0.125	-28.09	-20.12	-20.12	-20.09	-0.92	-26.20		-26.14	-32.00
-8	0.16	-24.15	-16.19	-16.18	-16.14	0.04	-22.27		-22.21	-28.01
-7	0.2	-20.31	-12.34	-12.32	-12.27	-0.06	-18.42		-18.37	-24.02
-6	0.25	-16.69	-8.71	-8.68	-8.60	-1.41	-14.79		-14.74	-20.05
-5	0.315	-13.50	-5.51	-5.47	-5.36	-4.22	-11.60		-11.55	-16.12
-4	0.4	-11.06	-3.05	-2.98	-2.86	-8.22	-9.15		-9.11	-12.29
-3	0.5	-9.51	-1.47	-1.37	-1.27	-13.05	-7.58		-7.56	-8.67
-2	0.63	-8.72	-0.64	-0.50	-0.55	-18.73	-6.77		-6.77	-5.51
-1	0.8	-8.39	-0.25	-0.08	-0.52	-25.30	-6.42	-36.00	-6.44	-3.09
0	1	-8.29	-0.08	0.10	-1.11	-32.57	-6.30	-31.99	-6.33	-1.59
1	1.25	-8.26	0.00	0.06	-2.29	-40.26	-6.28	-27.99	-6.29	-0.85
2	1.6	-8.14	0.06	-0.26	-3.91	-48.14	-6.32	-23.99	-6.13	-0.59
3	2	-7.60	0.10	-1.00	-5.80	-56.11	-6.34	-20.01	-5.50	-0.61
4	2.5	-6.09	0.15	-2.23	-7.81		-6.22	-16.05	-3.97	-0.82
5	3.15	-3.54	0.19	-3.88	-9.85		-5.60	-12.18	-1.86	-1.19
6	4	-1.06	0.21	-5.78	-11.89		-4.08	-8.51	-0.31	-1.74
7	5	0.22	0.11	-7.78	-13.93		-1.99	-5.27	0.33	-2.50
8	6.3	0.46	-0.23	-9.83	-15.95		-0.47	-2.77	0.46	-3.49
9	8	0.23	-0.97	-11.87	-17.97		0.14	-1.18	0.32	-4.70
10	10	-0.22	-2.20	-13.91	-19.98		0.26	-0.43	-0.10	-6.12
11	12.5	-0.87	-3.84	-15.93	-21.99		0.22	-0.38	-0.93	-7.71
12	16	-1.78	-5.74	-17.95	-23.99		0.16	-0.96	-2.22	-9.44
13	20	-2.99	-7.75	-19.97	-26.00		0.10	-2.14	-3.91	-11.25
14	25	-4.48	-9.80	-21.98	-28.01		0.06	-3.78	-5.84	-13.14
15	31.5	-6.18	-11.87	-24.01	-30.04		0.00	-5.69	-7.89	-15.09
16	40	-8.07	-13.97	-26.08	-32.11		-0.08	-7.72	-10.01	-17.10
17	50	-10.12	-16.15	-28.24	-34.26		-0.25	-9.78	-12.21	-19.23
18	63	-12.44	-18.55	-30.62	-36.64		-0.63	-11.83	-14.62	-21.58
19	80	-15.22	-21.37	-33.43	-39.46		-1.45	-13.88	-17.47	-24.38
20	100	-18.75	-24.94	-36.99	-43.01		-3.01	-15.91	-21.04	-27.93
21	125	-23.19	-29.39	-41.43	-47.46		-5.45	-17.93	-25.50	-32.37
22	160	-28.36	-34.57	-46.62	-52.64		-8.64	-19.94	-30.69	-37.55
23	200	-33.98	-40.20	-52.24	-58.27		-12.26	-21.95	-36.32	-43.18
24	250	-39.82	-46.04	-58.09	-64.11		-16.11	-23.96	-42.16	-49.02
25	315	-45.76	-51.98	-64.02	-70.04		-20.04	-25.98	-48.10	-54.95
26	400	-51.73	-57.95	-70.00	-76.02		-24.02	-28.00	-54.08	-60.92
27	500							-30.07		
28	630							-32.23		
29	800							-34.60		
30	1000							-37.42		
32	1250							-40.97		
33	1600							-45.42		
34	2000							-50.60		
35	2500							-56.23		
36	3150							-62.07		
37	4000							-68.01		

*准确频率由公式$f_c(x)=10^{x/10}$求得，x是频带指数。

17.7.5 频率计权滤波器的实现

GB/T 23716附录C中给出频率计权滤波器的实现。

1. 频域

任何形式的频率分析，模拟的或数字的、实时的、1/3倍频程或FFT，都可以通过计权RMS频谱成分a_i的平方求和，来产生计权RMS加速度值a_w，单位为m/s²，计算公式为

$$a_w=\left[\sum_i (w_i a_i)^2\right]^{\frac{1}{2}} \tag{17-24}$$

式中，w_i——i频带的计权因子。

（1）1/3倍频带分析

1/3倍频带的中心频率应如表17-13所列，1/3倍频带范围至少比标称频率范围高一个倍频程及低一个倍频程。在按（17-24）式平方和求和前，加速度值应乘以表17-13所列的频率计权因子（表中分贝值要换算成因子值，或参照ISO 8041-1：2007附录B中表B1～表B9）。

（2）快速傅里叶变换（FFT）

计权r.m.s.加速度值a_w，可使用式（17-24）从FFT RMS频谱成分获得，或者使用式（17-25）从功率谱密度成分（P_i）获得。可是，计权因子w_i必须通过式（17-19）～式（17-23）得到，而不是由该标准附录B中表B1～表B9给出。

$$a_w=\left[\sum_i (w_i)^2 P_i \Delta f\right]^{\frac{1}{2}} \tag{17-25}$$

式中，Δf——频率分辨率。

在功率谱求和过程中，应考虑时间窗引起的频谱重叠。对于宽带频谱，根据式（17-25）计算的频率加权加速度a_w应除以一个因子，该因子对应于通过白噪声声源相同功率的等效理想滤波器的带宽，对汉明窗噪声，带宽因子为1.5，应用于一般用途和非稳态无规程序；对平顶窗噪声，带宽因子为3.77，应用于周期的或正弦信号（例如校准）。时间窗噪声带宽因子通常在FFT分析仪的功率谱函数中考虑。

FFT频率分辨率必须小于标称频率范围内最低频率的40%，推荐采用20%。采样频率至少是标称频率范围内最高频率的5倍。

2. 时域

有关人体响应加速度信号的评价涉及使用规定的一种滤波器进行频率计权。对于线性时间平均，可在时间历程RMS平均前，或者在RMS平均频谱的计算后进行频率计权，两种方法得到相同的结果。可是，对于诸如*MTVV*参数，需要运行RMS信号的最大值。在这种情况下，必须在积分之前对时间历程进行频率计权，因为这种情况，确定的是计权加速度的最大值。

在时域中采用数字滤波器而不采用模拟滤波器，因为后者成本高而且笨重，尤其是在多通道系统中。

（1）滤波器从频域到时域的转换

拉普拉斯变换适合频域中模拟滤波器的设计，z变换通常用于用软件实现数字滤波器。数字滤波器的传递函数由它的z变换$H(z)$来表示。在z域，从数字滤波器输出的变换$Y(z)$与输入信号的变换$X(z)$的关系为

$$Y(z)=H(z)\cdot X(z) \tag{17-26}$$

$H(z)$可表达为

$$H(z)=\frac{\sum_{i=0}^{M}b_i z^{-i}}{1+\sum_{i=1}^{N}a_i z^{-i}} \tag{17-27}$$

式中，a_i和b_i——系数；

M和N——分别是零点和极点数。

以时域表达的公式为

$$Y(t_i)=\sum_{k=0}^{M}b_k x(t_i-k)-\sum_{j=1}^{N}a_j y(t_{i-j}) \tag{17-28}$$

式中，$x(t_i)$和$y(t_i)$——分别是在时间t_i时采样的输入和输出信号。

（2）滤波器系数的计算

滤波器系数a_i和b_i可以通过复线性转换方法或脉冲不变方法获得（参见参考文献[30]）。复线性变换方法最适合GB/T 23716标准中5.6条所述巴特沃斯高通与低通滤波器。这些两极滤波器的z变换也可由该条所述传递函数的拉普拉斯公式代入拉普拉斯变量s，计算公式为

$$s=\frac{z-1}{T_s(z+1)} \tag{17-29}$$

式中，T_s——采样间隔。

类似的近似或脉冲不变方法可用于a-v变换和升阶滤波器。

17.7.6　人体响应振动计其他主要指标

1. 幅度线性度

人体响应振动计在参考频率处，在整个线性工作范围内线性误差应不超过输入值的6%。在参考测量范围和参考频率处，线性工作范围至少为60 dB，对手传振动测量较高冲击的振动信号需要更大的线性范围。具有多个手动选择测量范围的仪器，相邻测量指示范围的振动值重叠至少应为40 dB。

2. 仪器噪声

对于时间平均频率计权振动，仪器文件应该说明当仪器的振动传感器放在一个不足以增加示值的不振动的物体上时的典型指示值，这个示值对应于人体振动计中推荐的振动传感器和其他附件组合的总的内部噪声。

3. 信号猝发音响应

信号猝发音响应以参考频率的锯齿波信号响应给出。

4. 运行RMS加速度

对于提供运行RMS加速度的仪器应检查时间常数。在输入端加上稳态参考频率正弦电信号，然后突然中断，检查输出信号值的降低速率，见表17-14所列。时间常数可为0.125 s、1 s或8 s。

表17-14 时间计权衰减速率

时间常数/s	线性时间平均	指数时间平均	
	到达初始信号10 %的时间/s	到达初始信号10 %的时间/s	等效衰减速率/(dB/s)
0.125	0.124±0.005	0.58±0.03	31~40
1	0.99±0.05	4.61±0.25	3.8~4.9
8	7.92±0.2	36.8±2	0.49~0.62

5. 工作温度

工作温度为-10℃～50℃，在规定温度范围内温度变化对灵敏度的影响不大于±5%。对于仪器文件规定在受控环境（如室内）使用的振动计某些部件，温度范围可以限制在+5℃～+35℃。这个温度限制不适用整个仪器。

17.7.7 对振动传感器的要求

表17-15所列为振动传感器技术指标。

表17-15 振动传感器技术指标

特性	规定要求，影响测量不确定度	手臂振动	全身振动		低频全身振动
			车辆	建筑物	
最大总质量（振动传感器和安装系统的）	小于振动结构有效质量的10%	30 g	座位上450 g，其他地方50 g	1 kg	1 kg
最大振动传感器质量		5 g	50 g	200 g	200 g
最大总尺寸（所有振动传感器和安装系统的）	无特别要求，对正常行动最小的干扰	25 mm立方体	座位上：ϕ300 mm×12 mm（半刚性的圆盘，见标准F.2）其他位置：30 mm立方体	200 mm×200 mm×高50 mm	200 mm×200 mm×高100 mm
最大安装高度	振动传感器安装在振动面上方（如安装块上）成直线，测量与该面平行的振动。振动传感器的测量轴和安装面间的距离应尽可能小。这样将减小旋转加速度分量的幅度	10 mm	10 mm	25 mm	50 mm

续表

特性	规定要求，影响测量不确定度	手臂振动	全身振动		低频全身振动
			车辆	建筑物	
温度范围		−10℃～50℃			
电磁场(50 Hz或60 Hz处30 mT)		＜30 m/s^2/T	＜5 m/s^2/T	＜2 m/s^2/T	＜2 m/s^2/T
声灵敏度		＜0.05 m/s^2/kPa	＜0.01 m/s^2/kPa	＜0.01 m/s^2/kPa	＜0.01 m/s^2/kPa
横向灵敏度	单轴向传感器对沿着与主轴方向90°轴的振动的灵敏度见注1和2	＜5%	＜5%	＜5%	＜5%
最大不计权的冲击加速度	振动传感器需要有能力承受可能暴露的不计权的高冲击加速度，在测量频率范围内能提供准确的信息，见注3和4	30 000 m/s^2(气锤可能到50 000 m/s^2)	1000 m/s^2	500 m/s^2	500 m/s^2
相位响应	对非均方根值参数*VDV*、*MTVV*、和峰值的测量是重要的	在振动仪器的特性相位偏差要求范围内(在标称频率范围内相位不随频率快速变化)			
最小共振频率	应该大于标称上限频率约10倍	10 kHz	800 Hz	800 Hz	5 Hz
最低密封规范	建议的密封规范是预防水和灰尘侵入。 某些应用可能需要其他规范，例如：基于实验室的测量可能不需要任何IP指标，而暴露在大气中的测量则需要较高的IP等级	IP 55	IP 55	无	IP 55

注：1. 横向灵敏度取决于轴向、可达的频率和幅值；通常给出最差情况下的单一值。

2. 进行多轴向(3或6轴向)测量时，可以根据提供的相关详细信息，修正振动传感器横向灵敏度对测量结果的影响。

3. 由于短时间冲击中的高频成分可在其共振频率处激励加速度计，因此使用机械(低通)滤波器是有用的。这也防止加速计的传感元件损坏和限制测量的不确定性。如果在冲击持续时间T内满足$T \geq 5/f_n$，则传感器共振频率f_n可能不会被激励。

4. 高冲击振动可能需要不同于低振动的传感器。

17.8 个人振动暴露计

17.8.1 概述

个人振动暴露计(PVEM)是通过检测暴露事件和测量相关人体振动及暴露时间来测量和记录个人振动暴露的仪器。ISO 8041-2:2021规定了它的最低性能要求。该标准适用于工业卫生应用背景的全身振动(按ISO 2631-1、ISO 2631-2和ISO 2631-4)和/或手传振动(按ISO 5349-1)测量，连同相关暴露时间测量的仪器。它提供了测量个人日振动暴露的仪器的最低性能和基本要求的设计目标及允许误差。

个人振动暴露计是满足ISO 8041-1有关要求以及增加监测整个工作日的个人暴露的振

动测量系统。它简单、实用(内部是复杂的)和自动(即不需要手动后处理或计算),能显示准确和真实的结果。与一般用途人体振动计比较,PVEM利用算法来尽可能代替所需的人工信号后处理。它的另一个特点是,能够确定需要剔除的测量事件或周期,并使用伪影抑制算法(artefacts rejection algorithms)从振动暴露计算中自动将其剔除。在运行中,PVEM通常无人看管。

17.8.2 PVEM组成

PVEM可能由分开的部分组成(参见图17-13中的A和B部分)。PVEM的A部分是传感器部分,B部分提供了呈现测量结果的方法。结果的呈现可以是连续"实时"显示,或在测量周期结束时将测量值上传到专用显示单元或计算机。B部分是PVEM的固有部分,对于PVEM的形式评价和周期验证是必须的。在暴露测量期间,它不需要与A部分一起使用。

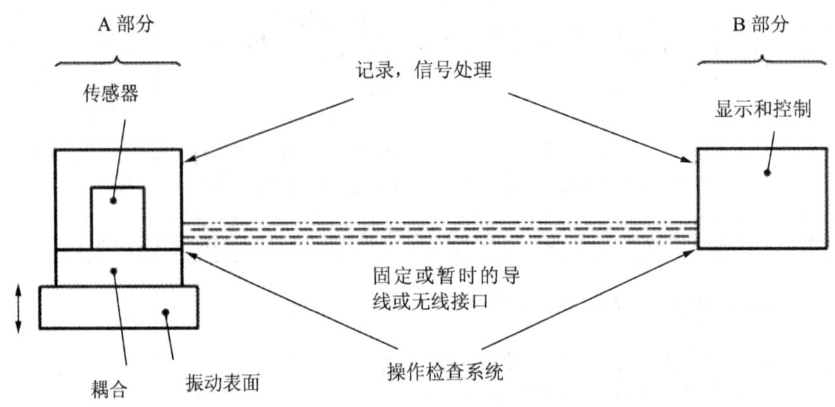

图17-13 个人振动暴露计的组成

17.8.3 PVEM的特殊要求

除ISO 8041-1的相关要求外,PVEM还应满足如下要求:

——通过测量振动量值和直接相关的暴露时间得出振动暴露;

——同时测量三个方向(x、y、z)的振动;

——提供在整个工作日期间(至少12 h)测量能力而不需要使用者干预;

——包括实时时钟;

——以不大于1 s的适用可编程间隔在全部测量期间连续记录相关数据历程;

——将记录的振动暴露数据贮存在非易失性存储器中,使得即使电源切断(例如电池电压低或更换)数据也不会受损。

——输出有关贮存的相应实时的振动幅值信息和总的日振动暴露以及日暴露时间;

——提供有关协助使用者从暴露测量中剔除瞬时伪影的信息。

从仪器上读取测量数据的装置可以在仪器上直接显示或者遥控显示,也可以两种都有。

PVEM应提供暴露超标告警,制造厂应提供有关告警触发点的条件和调节暴露触发级能力的信息。

人体振动计中有些功能要求在个人振动暴露计中是不需要的,例如:AC电输出、欠量程指示、运行RMS加速度等。

17.8.4 全身振动测量的特殊性能

对于设计用于全身振动的仪器,PVEM应满足如下要求:

——测量机器和操作员身体之间接触处的振动(根据IS0 2631-1)。

——能够响应高达50 m/s²的振动峰值。在特殊应用中,可观察到高达200 m/s²的振动峰值。

——基于$A(8)$暴露测量暴露特征。

——任选,基于振动剂量值(VDV)测量暴露特性。

——任选,基于最大瞬态振动值($MTVV$)测量暴露特性。

——任选,基于晕动病剂量值($MSDV$)测量暴露特性。

——允许所有A部分部件(图17-13)以不显眼的方式安装在机器座椅或机器操作员上。

——(对于非永久性测量系统和永久性测量系统,可选)将仪器的A部分组件纳入符合1SO 10326-1要求的座椅垫中。

——(对于不使用座椅垫的永久性测量系统)将PVEM的A部分部件整合到座椅结构中,其方式不会对座椅悬架系统或驾驶员体感的舒适性产生不利影响,但提供的测量与ISO 2631-1要求的健康影响等效。

三个正交轴的方向应标记在传感器上。

17.8.5 手臂振动测量的特殊性能

对于设计用于手臂振动的仪器,PVEM应满足如下要求:

——测量机器和操作员手之间接触处的振动(根据ISO 5349-1)。三个正交轴的方向应标记在传感器上。

——根据仪器的最大峰值振动能力定义PVEM的应用范围。在任何情况下,传感器至少应能够响应高达2000 m/s²的峰值加速度。冲击式机器上的测量需要更高的峰值加速度能力(例如,高达30000 m/s²)。

——允许所有A部分部件(图17-13)以不显眼的方式安装在机器操作员或振动机器上(见ISO 5349-2)。

仪器的A部分部件应符合ISO 5349-1的要求,并考虑ISO 5349-2中给出的指南。仪器的A部分部件可并入或安装在机器或电动工具上。如果将A部分组件并入设备,则需要操作员识别系统。

如果PVEM设计用于评估耦合力,则其应符合ISO 15230-1的适用要求。

17.8.6 瞬态加速度伪影的处理

1. 识别和处理伪影

瞬态加速度伪影(transient acceleration artefact)指可能改变工人每日振动暴露计算的事件或影响,就是我们通常所说的干扰信号。对于PVEM,必须记录足够的信息来识别瞬态加速度伪影,以便实时或在后处理中对其进行处理。由于识别和处理(如消除伪影)的方法取决于PVEM的策略和/或设计,因此无法指定程序以及测试它们的方法。因此,这里的目的是解释基本原则及其区别。根据这些原则，仪器制造商应向用户解释PVEM中使用的程序，并提供如何检查使其顺利运行的指导。

2. 伪影处理原则

用户可以选择将基于不同原理的处理进行组合。

(1)人工识别和处理(矫正)伪影。在整个测量过程中使测量信号与视频记录同步，需要以不同的应用形式在时域中追溯和处理测量信号。

(2)通过捕获和处理附加参数，伪影会被自动识别和处理。为此，用户可能需要设置边界数据或阈值，即根据他的经验或之前的测试，例如全身PVEM的接触力阈值。

(3)通过信号识别和信号分析算法，伪影被自动识别和处理。为此，用户可能需要根据自己的经验或之前的测试结果设置边界数据或阈值，例如，识别出由于直流偏移或被暴露操作员自身移动造成的某些频率成分。

3. 伪影的处理

由于瞬态加速度伪影的原因和影响各不相同，为了实现高精度测量，有必要采用专门的处理方法和校正方法来消除这些伪影。可以采用如下处理方法，也可以用其他方法补充。

(1)切出伪影

切出伪影(图17-14)，减少了测量暴露时间。

(2)线性化伪影

将伪影发生起点和终点之间信号进行线性化(图17-15)不减少测量暴露时间。

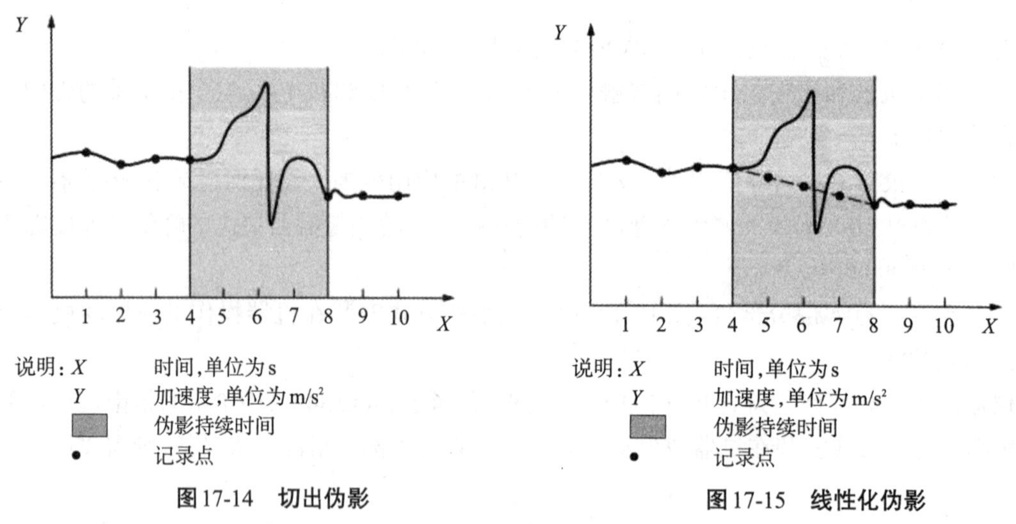

图17-14 切出伪影　　**图17-15 线性化伪影**

(3)替代伪影

作为替代的结果(图17-16)，伪影期间的某部分信号用伪影发生开始前的信号替代，即伪影期间的第二部分信号用后面的信号替代。这样做也不减少测量暴露时间。

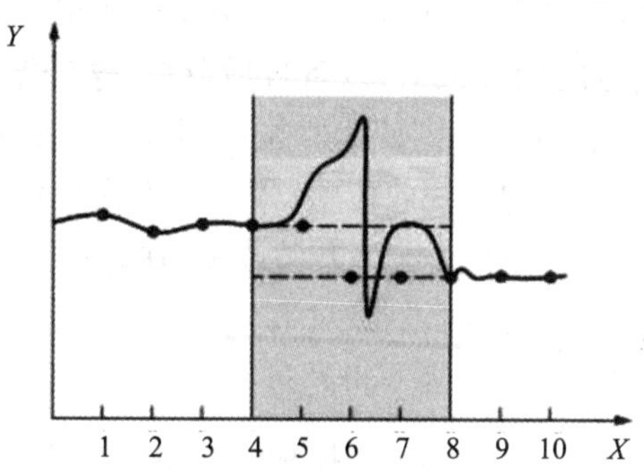

说明：X　　时间，单位为s
　　　Y　　加速度，单位为m/s^2
　　　▇　　伪影持续时间
　　　●　　记录点

图17-16　替代伪影

下面介绍典型手臂伪影的处理方法示例和典型全身伪影的处理方法。PVEM应具有输出已识别和处理的伪影的数量和持续时间的方法。显示已识别和处理的伪影的总持续时间占总时间的百分比可能会有所帮助。

4. 手臂伪影剔除示例

表17-16所列为一例手臂振动瞬时加速度伪影和剔除方法。

表17-16　手臂振动瞬时加速度伪影列表

ID	说明	方法
HA1	手不在发送点上	(1)
HA2	操作者自己随摇晃的运动	(2)
HA3	操作者自己不随摇晃的运动	(3)
HA4	短期存在的接触响应	(2)
HA5	其他短期存在的骚扰变量	(3)

5. 全身伪影剔除示例

表17-17所列为一例全身振动瞬时加速度伪影和剔除方法。

表17-17　全身振动瞬时加速度伪影列表

ID	说明	在下面的标准中寻找
WB1	司机就座	EN 14253
WB2	司机离开座位	EN 14253
WB3	司机因为颠簸没有接触座位	EN 14253
WB4	驾驶员在座垫传感器上跳跃	—
WB5	其他司机/工人使用车辆/移动设备	—

应丢弃WB 1至WB 4类瞬态加速度伪影。以下策略可能很有用。

计算并存储计权振动信号的均方根值,以备日后分析,这是振动的时间历程。座椅占用信息同时存储。如果检测到座位占用,则认为座位占用开启。如果无法仅从存储的RMS信号检测到占用情况,则应使用额外的系统或传感器(座椅传感器)来检测座椅占用情况。它可以是一个额外的力传感器、一个受弹簧影响的开关或类似的系统。

表17-18所列为基于占用检测的伪影剔除对策。

对于稳定的结果,RMS值的存储间隔不得超过1 s。

表17-18　基于占用检测的伪影剔除策略

ID	描述	对策
WB1	驾驶员就座	在占用检测从关闭到打开的转换过程中,某些时段被丢弃
WB2	驾驶员离开座椅	在占用检测从打开到关闭的转换过程中,某些时段被丢弃
WB3	驾驶员因颠簸未与座椅接触	在占用检测的开启到关闭和关闭到开启转换期间,一些时段被丢弃
WB4	驾驶员在座椅传感器上跳跃	

也可以定义伪影的最大持续时间,以明确伪影不会影响结果,参见图17-17所示的一些示例。

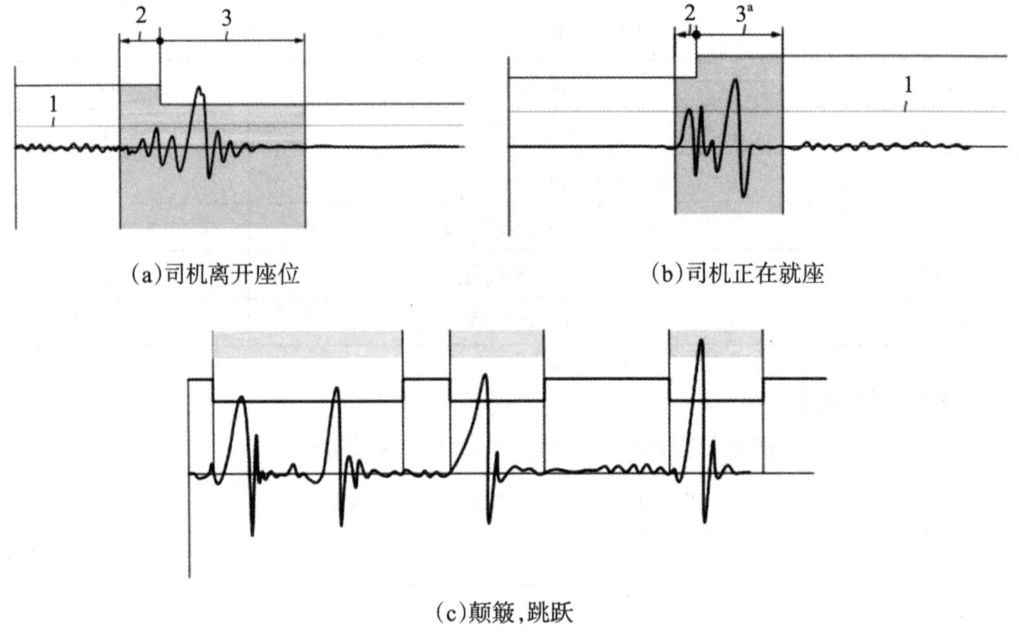

(a)司机离开座位　(b)司机正在就座

(c)颠簸,跳跃

说明:1 —触发值

2 —预置时间

3 —过去时间

▇ 因伪影不予评价

a　="最大-时间"

图17-17　全身振动伪影剔除的时间历程示例

用于信号评价的开关ON-OFF-ON取决于伪影之间的最大和最小时间。应该确定触发值、前期和后期以及伪影之间的最大和最小时间。

这里介绍的瞬时振动伪影处理在噪声测量中也有类似情况,可以参考使用。

17.9 现场振动校准器的技术要求

ISO 8041-1:2017附录A给出了人体振动计用现场振动校准器的技术规范。

现场振动校准器提供产生具有规定特性的机械振动。这个振动提供给振动传感器进行振动灵敏度现场检查。现场振动校准器应有一个耦合平面(振动台面)用来安装振动传感器。

现场振动校准器应满足下列要求:

(1)振动矢量方向:相对于耦合平面的法线。

(2)相交轴/横向振动:<10%(在规定的有效载荷范围内)。

(3)空间取向:任意。

(4)预热时间:从开机到符合制造厂规定和本标准规定要求之间的时间应小于10 s。

(5)频率:校准器应工作在表17-19所列的一个或多个频率,也可以提供其他频率。

(6)幅值:见表17-19所列,也可提供其他振动幅值。

(7)负载能力,允许质量:足以承载被校振动传感器(如果适用,包含耦合装置),但是不应小于使用标准传感器检定所需的70 g质量。应在仪器文件中指出最小和最大负载能力。

(8)总失真:<5%(在规定的负载能力范围内)。

(9)台面的平面度:通常是平坦的,这样测量不受基座应变影响,并在失真度允差范围内。

(10)安装螺孔:90º±1º。

(11)在任何方向靠近振动传感器的交变磁场强度:<1 mT。

(12)电磁兼容:IEC 61000-4-3:2006规定的试验2级。

(13)防尘、防水保护等级:根据应用情况,应在仪器文件中给出。

(14)温度范围:0 ℃~40 ℃。

(15)相对湿度范围:10%~90%,无冷凝。

随现场振动校准器提供的技术数据(如以校准证书或者仪器文件的形式)应列出校准器可选频率和振动幅值所有组合的计权加速度(振动计的所有可用模式)的预期读数。表17-19所列是现场振动校准器的优选值和误差限。

表17-19 现场振动校准器的优选值和误差限

特性	测量类型			
	手臂		全身	低频全身
频率	500 rad/s±0.5% (79.58Hz)	1000 rad/s±0.5% (159.15 Hz)	100 rad/s±0.5% (15.915 Hz)	2.5 rad/s±0.5%[a] (0.3979 Hz)
均方根(RMS)加速度	10 m/s^2±3 %	10 m/s^2±3 %	1 m/s^2±3 %	0.1 m/s^2±5%

a. 众所周知,现场振动校准器通常不适用于如此低的频率,振动传感器的校准标准目前还不能提供在该频率点的有效校准方法。为了进行低频全身振动可靠的测量,在测量的频率范围内的某个频率点进行校准检查是必要的。另一种办法是进行静态加速度性能检查(即传感器倒置提供2g加速度变化)或者在比测量范围更高的频率点处进行测试;但是这两种选择都不理想。

AHAI 3011型振动校准器符合以上的要求，特别适宜于校准人体振动和环境振动测量仪器，技术性能见表15-9。

17.10 人体振动测量仪器

AHAI3401型四通道振动分析仪，最多可以实现四个通道同时测量振动信号，可以在三轴向模式和四通道模式之间任意进行切换，为了用户能更方便地测试，仪器可配置不同的三轴向IEPE型传感器：AHAI6300通用3轴向IEPE型座垫式传感器、AHAI6302通用3轴向IEPE型传感器、AHAI6303振动3轴向IEPE型传感器。可应用全身振动测量、手传振动测量、机器振动测量、环境振动测量、建筑物振动测量。

AWA6258型多功能振动分析仪安装人体振动测量软件，配置三轴向座垫式加速度计，可对0.5 Hz～100 Hz的全身振动进行测量，内置7种频率计权、4种时间计权测量及统计分析。配置三轴向手传振动加速度计可对5 Hz～1600 Hz的手传振动进行测量。配置三轴向加速度计和机器振动分析软件，可用于三轴向机器振动测量和1/3 OCT频谱分析。

波兰Svantek公司SV 106型是一台数字式、六通道的人体手臂及全身振动分析仪，符合ISO 8041:2005，ISO 2631-1，2，5与ISO 5349。SV106型可以同时测量2个三轴加速度传感器，包括三轴手臂振动或三轴全身（座垫）振动，测量不同振动计权的RMS，Peak，P-P，VDV，MTVV，A(8)或Dose数值。此外，还可以选配1/1或1/3倍频程实时分析功能，测量结果也可以保存在内置的Micro SD记忆卡，提供几乎无限的记忆容量。

秦皇岛市信恒电子科技有限公司（原北戴河电子仪器厂）是我国最早生产人体振动计的单位，它的ZDJ-1型便携式人体振动计与YD23Z型三轴向座垫传感器配合使用，用于测量车辆行驶过程中人体的全身振动、车辆座垫振动。YD23Z座垫传感器的突出特点是厚度薄、低频响应好。手传振动采用YD23Z型三轴向传感器。根据网上数据，它还是采用的老的国际标准，功能也比较单一。

图17-18所示为几种人体振动计。

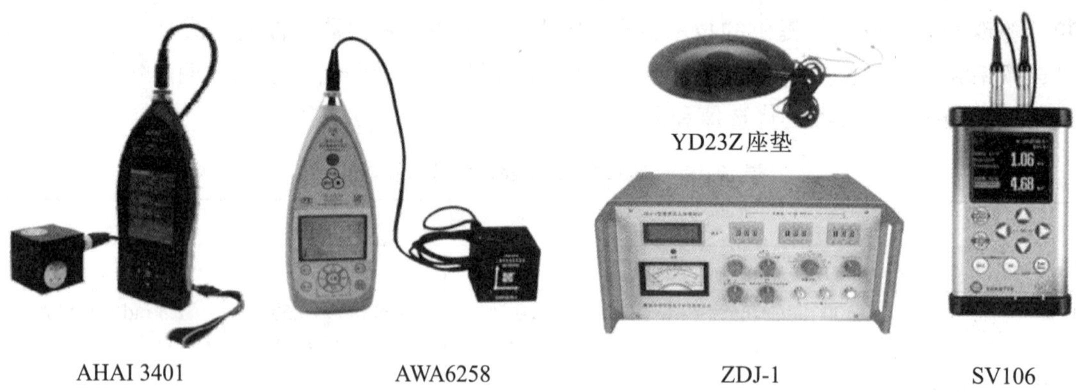

图17-18 几种人体振动计

表17-20 几种人体振动计技术性能比较

产品型号	AHAI3401型 振动分析仪	AWA6258型 多功能振动分析仪	ZDJ-1型便携式 人体振动计	SV106型 人体测振分析系统
用途	三轴向全身振动测量/三轴向手传振动测量	三轴向全身振动测量/三轴向手传振动测量	三轴向全身振动测量/三轴向手传振动测量	三轴向全身振动测量/三轴向手传振动测量
符合标准	GB/T 23716/ISO 8041 GB/T 13441.1/ISO 2631-1 GB/T 14790.1/ISO 5349-1 GBZ/T 189.9		ISO/DP8041:1982 ISO 2631:1978 ISO/DIS5349:1983	ISO 8041 ISO 2631 ISO 5349
通道数	4	3	准3	6
传感器	AHAI6300型三轴向IEPE型座垫加速度计/AHAI6302型三轴向IEPE型加速度计	AWA84410型三轴向座垫加速度计/AWA84152型三轴向加速度计	YD23Z型三轴向座垫传感器和YD23型三轴向传感器	SV 38V座垫加速度传感器 SV 50(Dytran 3023M2加速度传感器
频率范围	全身:0.5 Hz～125 Hz 手传:5 Hz～1.6 kHz	全身:0.5 Hz～250 Hz 手传:5 Hz～1.6 kHz	0.3 Hz~10 kHz	0.1 Hz～2828 Hz
测量范围	全身:41 dB～158 dB(以10^{-6} m/s²为参考) 手传:0.01 ms^{-2}～3000 ms^{-2}	全身:60 dB～170 dB/70 dB～185 dB	0.01 ms^{-2}～100 ms^{-2} (80 dB～160 dB)	W_d计权:0.01 $m/s^2{}_{RMS}$～50 $m/s^2{}_{Peak}$ W_h计权:0.1 $m/s^2{}_{RMS}$～5000 $m/s^2{}_{Peak}$
频率计权	全身:并行W_b、W_c、W_d、W_e、W_j、W_k、W_m 手传:W_h、BL(带限)	全身:并行W_b、W_c、W_d、W_e、W_j、W_k、W_m 手传:W_h、BL(带限)	全身振动Z向,全身振动X-Y向,手传振动	W_d,W_k,W_m,W_b,W_c,W_j,W_g,W_f(ISO 2631),W_h(ISO 5349)及带限滤波器
频谱分析	1/3 OCT实时频谱分析	1/3 OCT实时频谱分析	—	1/1& 1/3倍频程实时,FFT分析和互谱测量
主要测量指标	计权振级和时间平均的瞬时值、Max、Min、$L_{eq,T}$、5个Ln、SD;手传的Max、Min、$L_{eq,T}$、$L_{eq,4h}$、$L_{eq,8h}$。	计权振级和时间平均的瞬时值、最大值、最小值、等效值、Peak值和VDV值等以及手传的A(4)或A(8)	计权加速度	RMS,VDV,MTVV或Max,Peak,P-P,Vector,A(8),Dose,ELV,EAV
显示器	240×320彩色TFT,LED背光	240×160点阵LCD,LED背光	数字和电表	彩色OLED 2.4″ 320×240像素

第18章　环境振动标准和测量

18.1　我国环境振动标准

我国制定的《城市区域环境振动标准》(GB 10070—88)采用铅垂向Z振级作为环境振动的评价量,它采用ISO 8041DP(ISO 8041:1990的草案)中的"全身,Z:称为W.B.z"计权振级。采用铅垂向Z振级这一点与日本采用的评价量是一致的(但日本采用的振级的参考加速度为10^{-5} m/s^2)。这是因为环境振动的影响和干扰主要由地面铅垂向振动所引起,另外,环境振动的频率成分一般在8 Hz以上,这样铅垂向Z振级要比水平X-Y方向振级高9 dB左右。采用铅垂向Z振级既可以反映振动环境,又使得测量方法简单易行。

实际遇到的环境振动往往不是一个连续的稳定振动,而是起伏的或不连续的振动,对于这种振动,可以根据等能量原理用等效连续振级VL_{Weq}来表示为

$$VL_{\mathrm{weq}} = 10\lg\left\{\frac{1}{T}\int_0^T \frac{\left[a_{\mathrm{w}}(t)\right]^2}{a_0^2}\mathrm{d}t\right\} = 10\lg\left(\frac{1}{T}\int_0^T 10^{0.1VL_{\mathrm{w}}}\mathrm{d}t\right) \tag{18-1}$$

式中,$a_{\mathrm{w}}(t)$——计权加速度值;

VL_{w}——计权加速度级或计权振级;

$a_0 = 10^{-6}$ m/s^2。

仿效环境噪声统计分析方法,在环境振动中也使用累计百分Z振级VL_{IN}的概念,它定义为在规定的测量时间T内,有N%时间的Z振级超过某一VL_{Z}值,这个VL_{Z}值就叫作累计百分振级VL_{ZN}单位为dB。常用的有VL_{Z10}、VL_{Z50}和VL_{Z90},分别表示有10%时间的Z振级超过VL_{Z10},有50%时间的Z振级超过VL_{Z50},有90%时间的Z振级超过VL_{Z90}。但是在环境振动标准GB 10071—88中只是将VL_{Z10}值作为无规振动评价量,其他累计振级值没有要求测量。

我国城市区域环境振动标准(GB 10070—88)是根据居民的反应、我国环境振动现状及今后标准执行的可行性,给出的城市区域室内振动标准值。标准中规定的城市各类区域铅垂向Z振级标准值如表18-1所列。

表18-1　城市区域环境振动标准值　　单位:dB

适用地带范围	昼间	夜间
特殊住宅区	65	65
居民、文教区	70	67
混合区、商业中心区	75	72
工业集中区	75	72
交通干线道路两侧	75	72
铁路干线两侧	80	80

表中所列标准值适用于连续发生的稳态振级、冲击振动和无规振动。对于每日发生几次的冲击振动，其最大值昼间不允许超过标准值10 dB，夜间不超过3 dB。

“特殊住宅区”是指特别需要安宁的住宅区。“居民、文教区”是指纯居民区和文教、机关区。考虑到以上区域对环境质量要求较高及今后达标的可行性，规定居民、文教区中居住室内铅垂向Z振级标准值昼间为70 dB，夜间67 dB，特殊住宅区昼间和夜间都为65 dB。当Z振级低于70 dB时，振动基本上已不成为干扰居民日常生活的因素。

“混合区”是指一般商业区与居民混合区，工业、商业、少量交通与居民混合区。根据在混合区中进行调查的结果，并参考国外有关标准，混合区中居住室内昼间铅垂向Z振级标准值定为75 dB。为保证夜间居民的睡眠及休息，夜间标准定为比昼间低3 dB，即为72 dB。

“商业中心区”是指商业集中的繁华地区。商业中心区振源较少，主要是服务性行业中的工业设备及交通，振动影响不大，因而标准值与混合区相同。

“工业集中区”是指在一个城市或区域内规划明确确定的工业区。工业集中区虽然振源较多，但由于厂区范围大，振源距居民较远，其影响一般是有限的，所以它的标准值定为与混合区相同。

“交通干线道路两侧”是指车流量在每小时100辆以上的道路两侧。根据对我国几个城市现场测量资料表明，交通振动对居民的影响和干扰不很严重，重型车（如大卡车等）经过时，在道路两侧测得铅垂向Z振级为70 dB～80 dB；小轿车、小面包车行驶时为60 dB～70 dB；其他车辆为65 dB～75 dB。考虑多种因素后，交通干线道路两侧居民室内铅垂向Z振级标准值定为与混合区相同。

“铁路干线两侧”是指距每日车流量不少于20列的铁道外轨80 m外两侧的住宅区。由于铁路运行情况白天和夜间差不多，故昼间与夜间振级标准都定为80 dB。

18.2　城市区域环境振动测量方法

《城市区域环境振动测量方法》（GB 10071—88）有关规定如下。

（1）测量的量：铅垂向Z振级（VL_Z）。

（2）测量仪器：环境振级计或环境振动分析仪，性能符合ISO 8041标准，时间常数1 s。

（3）测点位置：置于各类区建筑物室外0.5 m以内振动敏感处，必要时可置于建筑物室内地面中央。

（4）拾振器安装：拾振器平稳地安放在平坦、坚实的地面上，避免置于如地毯、草地、沙地或雪地等松软的地面上。拾振器的灵敏度主轴方向应与测量方向一致。

（5）读数方法和评价量：

①稳态振动：每个测点测量1次，取5 s内的平均示数作为评价量。

②冲击振动：取每次冲击过程中的最大示数为评价量。对于重复出现的冲击振动，以10次读数的算术平均值为评价量。

③无规振动：以VL_{Z10}值作为评价量。

④铁路振动：读取每次列车通过过程中的最大示数，每个测点连续测量20次列车，以20次读数值的算术平均值为评价量。

18.3 铁路环境振动测量

《铁路环境振动测量》(TB/T 3152—2007)有关规定如下。

(1)测量仪器：测量应采用精密等级不低于2型的环境振动计或其他相当的振动仪器，性能应符合ISO 8041:1990的规定，量程应满足50 dB～110 dB。

(2)测量的量：测量铅垂向的$VL_{Z,max}$、$VL_{Z,eq}$和$VL_{Z,10}$。

(3)测量内容：

①各测点每次列车通过时段的$VL_{Z,max}$；

②各测点每次列车通过时段的$VL_{Z,eq}$，不采用等效Z振级作为评价量和参考量时，可不做此项测量；

③各测点背景振动的$VL_{Z,10}$。

(4)测点布设：测点的选择应具有代表性，能够使测量结果正确反映所代表区段的铁路振动状况。

测点布设分为两类：

①距铁路外轨中心线30 m处测点——反映铁路两侧30 m处的振动状况；

②敏感测点——布设在敏感点或敏感区内的测点，反映敏感点或敏感区的铁路振动状况。

划定典型区段和典型位置时，应考虑以下因素：

a. 与振动源变化有关的因素，如列车运行速度、轨道类型、路堤、路堑、桥梁、道岔群、弯道位置及列车类型、机车牵引类型、地质条件等；

b. 敏感区和敏感点的分布情况；

c. 沿线两侧地面状况；

d. 建筑物分布和类型；

e. 其他特殊要求。

根据铁路列车类型、运行速度、线路状况、地面状况及周围环境条件等情况，基本相同的区段可划定为一个典型区段。对于振动源有显著变化的位置，如铁路桥梁、线路交会处、道岔群等，可以划定为一个典型位置。

距铁路外轨中心线30 m处测点应设在距铁路外轨中心线30 m处。每个典型位置和典型区段至少应设1个测点。对于仅用于评价敏感点或敏感区的测量，可不布设距铁路外轨中心线30 m处的测点。

每个敏感点或敏感区至少应在距铁路最近的建筑物室外设1个敏感测点。敏感区内应在相应的距铁路外轨中心线30 m测点位置设置垂直于铁路走向的测量断面，每个测量断面上应布设2～3个敏感测点。距离铁路最远的测点位置不宜大于100 m。

(5)测点位置：测点置于建筑物室外0.5 m以内振动敏感处。必要时，测点置于建筑物室内。测点布设宜远离公路、工厂、施工现场等非铁路振动源。当无法远离时，应在测量时间上避开这些非铁路振动的干扰。

(6)振动传感器的放置：振动传感器应平稳地安放在平坦、坚实的地面上。避免置于如草地、沙地、雪地或地毯等松软的地面上；振动传感器的灵敏度主轴方向应与测量方向一致；需要测量建筑物内受振状况时，振动传感器宜置于相应建筑物室内中央。

(7) 测量条件：同一测量断面内的测点，应采用同步测量的方法。应避免足以影响环境振动测量值的其他环境因素，如剧烈的温度梯度变化、强电磁场、强风、地震或其他非振动污染源引起的干扰。

(8) 测量方法：测量每次列车车头至车尾通过测点时的$VL_{Z,max}$和$VL_{Z,eq}$。每个测点分别连续测量昼间、夜间20次列车；对于车流密度较低的线路，可以测量昼间不小于4 h、夜间不小于2 h内通过的列车。测量结果以昼间、夜间所测数据的算术平均值表示。测量时，每个测点测量时间不少于1000 s。为避免铁路振动的影响，允许采用间断测量的方法，但累计测量时间应不少于1000 s。测量采用仪器自动采样的方法，采样间隔应不大于1 s。测量数据经算术平均后的结果，应按照GB/T 8170的规则修约到整分贝数。

(9)背景振动：铁路振动与背景振动的差值小于10 dB时，测量结果应按表18-2所列进行修正。若差值低于5 dB以下，测量结果仅作参考值。

表18-2　背景振动修正值　　单位：dB

铁路环境振动与背景振动差值	试验读数的修正值
≥10	0
6～9	−1
5	−2

18.4 住宅建筑室内振动限值及其测量方法

在我国国家标准《住宅建筑室内振动限值及其测量方法》(GB/T 50355—2005)规定了安装在住宅建筑物(含商住楼)内部的各种振动源(如电梯、水泵、风机等)对住宅建筑内部的容许振动限值标准，以确保居住者有一个良好的居住条件。同时也为住宅建筑内各种振动源的振动控制提供了可靠的依据。

住宅建筑室内的铅垂向振动加速度级应符合表18-3所列的规定的限值。

表18-3　住宅建筑室内的铅垂向振动加速度级限值

1/3倍频程中心频率/Hz			1	1.25	1.6	2	2.5	3.15	4	5	6.3	8
*La*限值(dB)	1级限值	昼间	76	75	74	73	72	71	70	70	70	70
		夜间	73	72	71	70	69	68	67	67	67	67
	2级限值	昼间	81	80	79	78	77	76	75	75	75	75
		夜间	78	77	76	75	74	73	72	72	72	72
1/3倍频程中心频率/Hz			10	12.5	16	20	25	31.5	40	50	63	80
*La*限值(dB)	1级限值	昼间	72	74	76	78	80	82	84	86	88	90
		夜间	69	71	73	75	77	79	81	83	85	87
	2级限值	昼间	77	79	81	83	85	87	89	91	93	95
		夜间	74	76	78	80	82	84	86	88	90	92

表18-3中1级限值为适宜达到的限值，2级限值为不得超过的限值。昼间为06:00～22:00，夜间为22:00～06:00，也可按当地政府的规定划分。

测量的量为频率1 Hz～80 Hz范围内，1/3倍频程的铅垂向振动加速度级（*La*）dB值。测量仪器应符合《城市区域环境振动测量方法》（GB 10071—88）中测量仪器的规定，1/3倍频程带通滤波器应符合《倍频程和分数倍频程滤波器》（GB/T 3241）的规定。这里使用的频率计权因子是W.B.z的计权因子，与环境振动标准相同。如以4 Hz～8 Hz对应限值来看，似乎所列1级限值相当于GB 10070—88中居民、文教区要求的环境振动标准值，2级限值相当于GB 10070—88中混合区、商业中心区、工业集中区和交通干线道路两侧要求的环境振动标准值，但是所不同的是GB 10070—88中规定的是1 Hz～80 Hz频率范围内的计权振级，这里要求的是各个频带振级。根据各频带振级加上相应的Z计权因子可以换算成单值的Z计权振级VL_z，单位为dB。

设一个测点，置于住宅建筑室内地面中央或室内地面振动敏感处，拾振器应平稳地安放在平坦、坚实地面上，灵敏度主轴方向应与地面（或楼层地面）的铅垂方向一致。仪器动态特性为“快”，采样时间间隔不大于1s，测量平均时间不少于1000 s。

18.5 城市轨道交通引起建筑物室内振动限值及其测量方法

《城市轨道交通引起建筑物室内振动限值及其测量方法》（JGJ/T 170—2009）要求测量频率范围4 Hz～200 Hz的城市轨道交通引起建筑物室内振动，评价量为1/3倍频程中心频率上的最大振动加速度级（简称分频最大振级），单位为dB。轨道交通引起建筑物室内振动限值见表18-4所列。

表18-4　轨道交通引起建筑物室内振动限值　　单位：dB

区域	昼间	夜间
0类	65	62
1类	65	62
2类	70	67
3类	75	72
4类	75	72

Z频率计权因子见表18-5所列。

表18-5　Z频率计权因子

1/3倍频程中心频率/Hz	4	5	6.3	8	10	12.5	16	20	25	31.5	40	50	63	80	100	125	160	200
计权因子/dB	0	0	0	0	0	−1	−2	−4	−6	−8	−10	−12	−14	−17	−21	−25	−30	−36

利用具有1/3倍频程分析功能的振动测量仪器，测量4 Hz～200 Hz频率范围内的各个1/3倍频程中心频率的振级，再分别加上各个1/3倍频程中心频率对应的计权因子，其中最大振动加速度级（简称分频最大振级）就是评价值。

18.6 上海市城市轨道交通（地下段）振动评价

上海市制定的《城市轨道交通（地下段）列车运行引起的住宅建筑室内结构振动与结构噪

声限值及测量方法》(DB 31/T 470—2009)中,有关振动的限值见表18-6所列。

表18-6 上海市城市轨道交通(地下段)列车运行引起的住宅建筑室内结构振动限值 单位:dB

<table>
<tr><td rowspan="2">声环境功能区类别</td><td colspan="2">限值($VL_{Z\max}$)</td></tr>
<tr><td>昼间</td><td>夜间</td></tr>
<tr><td>1类区</td><td>70</td><td>67</td></tr>
<tr><td>2类区</td><td>72</td><td>69</td></tr>
<tr><td>3类区</td><td rowspan="2">75</td><td rowspan="2">72</td></tr>
<tr><td>4类区</td></tr>
</table>

说明:上述限值适用于需要安静的房间,包括卧室、书房、起居室。
注:频率范围为1 Hz~80 Hz

测量仪器系统应满足1 Hz~80 Hz频率范围,符合GB 10071—88中测量仪器的有关规定。

每个测点应连续测量不少于5列轨道交通列车,测量每次列车通过时的$VL_{Z\max}$值,取算术平均值。

18.7 环境振动测量仪器

用于测量和评价环境振动的仪器称为环境振动测量仪器。根据国家标准《城市区域环境振动测量方法》(GB 10071— 88)规定,环境振级计性能必须符合ISO 8041标准有关要求。该标准1990年正式发布,此后又做了两次修订,在具体内容上做了较大的改动。但是由于我国的环境振动标准尚在修订中,还没有正式发布,因此,目前仍以老标准为准。

由于环境振动振级和频率都较低,因此选用高灵敏度低频压电加速度计,它内部通常带有前置放大器,起阻抗变换和划一增益输出的作用,而且可以接较长电缆线。由于环境振动只要测量全身垂向振级VL_z,因此它只需单轴向拾振器,将它垂向安放于地面,频率计权也只需具有"全身垂直"计权特性(W.B.z)。有些仪器也有全身水平计权特性,这时将拾振器水平放置并将频率计权置于"全身水平(W.B.x-y)"就可测量水平方向振级$VL_{x\text{-}y}$。另外,仪器也可有平直频率响应以测量非计权加速度。

AHAI 6256型和AWA 6256B+型环境振动分析仪(图18-1)是和采用数字信号处理技术的智能化环境振动分析仪器,它们的频率计权、检波、时间计权等都由内置的高档单片机完成,同时它还对测量数据进行采集、计算、处理,可直接测量并显示瞬时振级VL_p、等效连续振级VL_{eq}、统计振级VL_N(N=5、10、50、90、95)及均方偏差SD等。还可以进行24 h测量,每遇整点测量一次,每次测量时间可设定。测量结果既可以通过微型打印机打印出来,也可以储存在机内供日后打印或送微机进一步处理、打印、存储。

我国现行的环境振动标准和测量方法(GB 10070—88和GB 10071—88)还是三十多年以前制订的,该标准所参考的国际标准ISO 8041已有新的ISO 8041:2005版本,对应的有国家标准GB/T 23716—2009,最新又有ISO 8041-1:2017和ISO 8041-2:2021版本。环境振动国家标准也在修订中。由于这两种仪器都是采用数字信号处理技术实现的,因此通过软件更改可很容易符合新标准的要求。

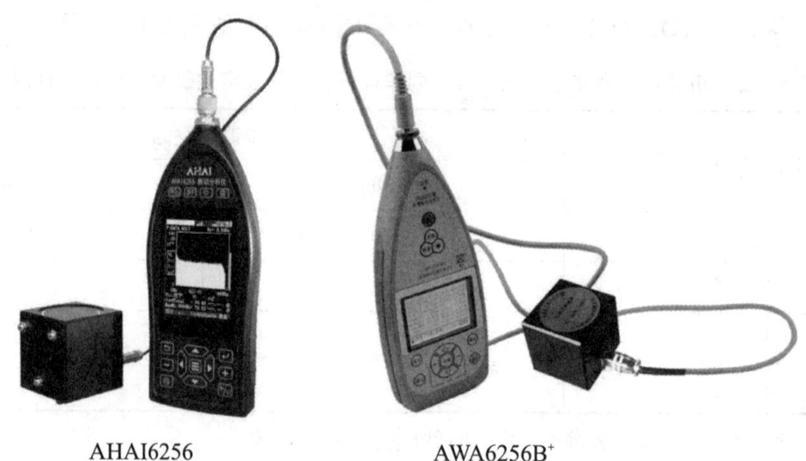

图18-1　环境振动分析仪

表18-7　环境振动分析仪主要技术性能

性能指标	AHAI6256型振动分析仪	AWA6256B+型环境振动分析仪
执行标准	ISO 8041:1990,GB 10071—88	
传感器	AWA14400型环境振动加速度计 灵敏度:40 mV/m·s^{-2},质量:550g	
频率范围	1 Hz ~ 63 Hz±1 dB 1 Hz ~ 80 Hz±2 dB	1 Hz ~ 80 Hz
测量范围	48 dB ~ 158 dB(以10^{-6}m/s^{2}为参考)	
频率计权	并行:W.B.z(全身垂向,简称z计权)、W.B.x-y(全身水平,简称x计权)	并行W.B.z(全身垂直)、W.B.x-y(全身水平)、平直频率响应,以及W_k和W_b
主要测量指标	(并行)瞬时VL、VL_{max}、VL_{min}、VL_{eq}、VL_5、VL_{10}、VL_{50}、VL_{90}、VL_{95}、SD	
显示器	240×160点阵LCD显示器,分辨率0.01 dB	
数据存贮	64 k字节的FLASH RAM可以保存128组测量结果,也可将数据转存到U盘中	
输出接口	RS232,可接微型打印机打印测量结果,也可将数据导入电脑	
工作电源	6节LR6碱性电池或可充电电池,可连续使用16 h以上,也可使用5 V外接电源	

18.8　环境振动分析仪的检定

环境振动分析仪的检定依据是《环境振动分析仪检定规程》(JJG 921—2021)。该检定规程既考虑按GB 10071—88规定,环境振动测量使用的振动铅垂向Z频率计权,以及有的仪器还具有振动水平方向X-Y频率计权及不计权加速度级;又考虑了以后标准修改可能代替上述对应计权的GB/T 23716—2009中的W_k计权和W_d计权,它们的频率计权响应见表18-8所列。

表18-8　频率计权响应

标称频率/Hz	准确频率/Hz	按GB 10071—88			按GB/T 23716—2009		
		全身垂直方向 L_z /dB	全身水平方向 L_{x-y} /dB	最大允差/dB	全身垂直方向 W_k/dB	全身水平方向 W_d/dB	最大允差/dB
1.00	1.000	−7.40	+1.82	±2	−6.33	0.10	±1
1.25	1.259	−5.87	+2.56	±1	−6.29	0.06	±1
1.60	1.585	−4.59	+2.61	±1	−6.13	−0.26	±1
2.00	1.995	−3.34	+2.01	±1	−5.50	−1.00	±1
2.50	2.512	−2.06	+0.82	±1	−3.97	−2.23	±1
3.15	3.162	−0.84	−0.81	±1	−1.86	−3.88	±1
4.00	3.981	+0.12	−2.76	±1	−0.31	−5.78	±1
5.00	5.012	+0.53	−4.78	±1	0.33	−7.78	±1
6.30	6.310	+0.19	−6.84	±1	0.46	−9.83	±1
8.00	7.943	−0.86	−8.901	±1	0.32	−11.87	±1
10.00	10.00	−2.39	−10.94	±1	−0.10	−13.91	±1
12.50	12.59	−4.17	−12.97	±1	−0.93	−15.93	±1
16.00	15.85	−6.08	−14.99	±1	−2.22	−17.95	±1
20.00	19.95	−8.03	−17.01	±1	−3.91	−19.97	±1
25.0	25.12	−10.02	−19.03	±1	−5.84	−21.98	±1
31.50	31.62	−12.04	−21.06	±1	−7.89	−24.01	±1
40.00	39.81	−14.10	−23.13	±1	−10.01	−26.08	±1
50.00	50.12	−16.25	−25.29	±1	−12.21	−28.24	±1
63.00	63.10	−18.63	−27.66	±1	−14.62	−30.62	±1
80.00	79.43	−21.44	−30.48	±2	−17.47	−33.43	±2

环境振动分析仪主要检定的计量性能有以下几个。

1. 整机灵敏度

在参考频率16 Hz、参考加速度(有效值)1 m/s²时，调整整机灵敏度，加速度级示值应在(120±0.35)dB的范围内。整机灵敏度检定连接示意图如图18-2所示。

2. 频率计权响应误差

振级测量频率范围：1 Hz～80 Hz，振级频率计权响应最大允许误差应符合表18-8所列的要求。

3. 幅值线性误差

在给定的振级测量范围内，幅值线性最大允许误差为±0.5 dB。

4. 统计振级（可选）

环境振动分析仪应具备等效连续计权振级L_{eq}和累积百分数振级L_N的测量功能。L_{eq}和L_N与理论计算得到的值之差不超过±1.1 dB。

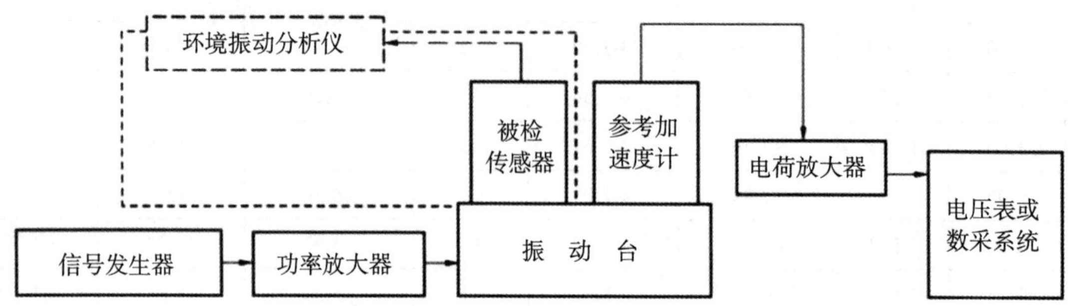

图 18-2　环境振动分析仪整机灵敏度检定连接示意图

附录　声学与振动测量相关标准和规程

1　声学基础

国家标准	标准名称	代替标准	国际标准
GB/T 3947—1996	声学名词术语	GB 3947—1983	
GB/T 2900.86—2009	电工术语　声学和电声学		IEC 60050-801:1994
GB/T 4963—2007	声学　标准等响度级曲线	GB/T 4963—1985	ISO 226:2003
GB/T 17247.1—2000	声学　户外声传播衰减　第1部分:大气声吸收的计算		ISO 9613-1:1993
GB/T 17247.2—1998	声学 户外声传播的衰减 第2部:分一般计算方法		ISO 9613-2:1996
GB/T 16406—1996	声学　声学材料阻尼性能的弯曲共振测试方法		ISO 6721-3:1994
GB/T 21228.1—2007	声学　表面声散射特性　第1部分:混响室无规入射声散射系数测量		ISO 17497-1:2004
GB/T 21228.2—2023	声学　表面声散射特性　第2部分:自由场方向性扩散系数测量		ISO17497-2:2012
GB/T 42473—2023	声学　噪声烦恼度的评价和预测方法		
GB/Z 21233—2007	声学　应用社会调查和社会声学调查评价噪声烦恼度		ISO/TS 15666:2003 ISO/TS 15666:2021
	Acoustics—Methods for calculating loudness Part 1: Zwicker method		ISO 532-1:2017
	Acoustics—Methods for calculating loudness Part 2: Moore-Glasberg method		ISO 532-2:2017

2　噪声源声功率级和发射声压级测量

国家标准	标准名称	代替标准	国际标准
GB/T 6881.1—2002	声学　声压法测定噪声源声功率级　混响室精密法	GB/T 6881—1986	ISO 3741:2010
GB/T 6881.2—2017	声学　声压法测定噪声源声功率级和声能量级　混响场中小型可移动声源工程法　硬壁测试室比较法	GB/T 6881.2—2002	ISO 3743-1:2010
GB/T 6881.3—2002	声学　声压法测定噪声源声功率级　混响场中小型可移动声源工程法　第2部分:专用混响测试室法	GB/T 6881—1986	ISO 3743-2:1994 ISO 3743-2:2018
GB/T 14367—2006	声学　噪声源声功率级的测定　基础标准使用指南	GB/T 14367—1993	ISO 3740:2000 ISO 3740:2019

续表

国家标准	标准名称	代替标准	国际标准
GB/T 4129—2003	声学　用于声功率级测定的标准声源的性能与校准要求	GB/T 4129—1995	ISO 6926:1995 ISO 6926:2016
GB/T 6882—2016	声学　声压法测定噪声源声功率级和声能量级　声室和半消声室精密法	GB/T 6882—2008	ISO 3745:2003 ISO 3745:2012
GB/T 3767—2016	声学　声压法测定噪声源声功率级和声能量级　反射面上方近似自由场的工程法	GB/T 3767—1996	ISO 3744:1994 ISO 3744:2010
GB/T 3768—2017	声学　声压法测定噪声源声功率级和声能量级　采用反射面上方包络测量表面的简易法	GB/T 3768—1996	ISO 3746:1995 ISO 3746:2010
GB/T 16538—2008	声学　声压法测定噪声源声功率级　现场比较法	GB/T 16538—1996	ISO 3747:2000
	Acoustics — Determination of sound power levels and sound energy levels of noise sources using sound pressure —Engineering/survey methods for use in situ in a reverberant environment		ISO 3747:2010
GB/T 16404—1996	声学　声强法测定噪声源的声功率级　第1部分:离散点上的测量		ISO 9614-1:1993
GB/T 16404.2—1999	声学　声强法测定噪声源的声功率级　第2部分:扫描测量		ISO 9614-2:1996
GB/T 16404.3—2006	声学　声强法测定噪声源的声功率级　第3部分:扫描测量精密法		ISO 9614-3:2002
GB/T 16539—1996	声学　振速法测定噪声源声功率级　用于封闭机器的测量		
	Acoustics—Determination of airborne sound power levels emitted by machinery using vibration measurement -Part 1: Survey method using a fixed radiation factor		ISO/TS 7849-1:2009
	Acoustics—Determination of airborne sound power levels emitted by machinery using vibration measurement-Part 2: Engineering method including determination of the adequate radiation factor		ISO/TS 7849-2:2009
GB/T 14573.1—93	声学　确定和检验机器设备规定的噪声辐射值的统计学方法　第一部分:概述与定义		ISO 7574-1:1985
GB/T 14573.2—93	声学　确定和检验机器设备规定的噪声辐射值的统计学方法　第二部分:单台机器标牌值的确定和检验方法		ISO 7574-2:1985
GB/T 14573.3—93	声学　确定和检验机器设备规定的噪声辐射值的统计学方法　第三部分:成批机器标牌值的确定和检验简易(过渡)法		ISO 7574-3:1985
GB/T 14573.4—93	声学　确定和检验机器设备规定的噪声辐射值的统计学方法　第四部分:成批机器标牌值的确定和检验方法		ISO 7574-4:1985

续表

国家标准	标准名称	代替标准	国际标准
GB/T 17248.1—2022	声学　机器和设备发射的噪声　测定工作位置和其他指定位置发射声压级的基础标准使用导则	GB/T 17248.1—2000	ISO 11200:2014
GB/T 17248.2—2018	声学　机器和设备发射的噪声　在一个反射面上方可忽略环境修正的近似自由场测定工作位置和其他指定位置的发射声压级	GB/T 17248.2—1999	ISO 11201:2010
GB/T 17248.3—2018	声学　机器和设备发射的噪声　采用近似环境修正测定工作位置和其他指定位置的发射声压级	GB/T 17248.3—1999	ISO 11202:2010
GB/T 17248.4—1998	声学　机器和设备发射的噪声　由声功率级确定工作位置和其他指定位置的发射声压级		ISO 11203:1995
GB/T 17248.5—2018	声学　机器和设备发射的噪声　采用准确环境修正测定工作位置和其他指定位置的发射声压级	GB/T 17248.5—1999	ISO 11204:2010
GB/T 17248.6—2007	声学　机器和设备发射的噪声　声强法现场测定工作位置和其他指定位置发射声压级的工程法		ISO 11205:2003
GB/T 19052—2003	声学　机器和设备发射的噪声　噪声测试规范起草和表述的准则		ISO 12001:1996

3　机器和设备噪声

国家标准/行业标准	标准名称	代替标准	国际标准
GB/T 14574—2000	声学　机器和设备噪声发射值的标示和验证	GB/T 14574—1993	ISO 4871:1996
JB/ T 10046—2017	机床电器噪声的限值及测定方法	JB 10046—1999	
GB/T 17421.5—2015	机床检验通则　第5部分:噪声发射的确定		ISO 230-5:2000
GB/T 10069.1—2006	旋转电机噪声测定方法及限值　第1部分:旋转电机噪声测定方法	GB/T 10069.1—1988 GB/T 10069.2—1988	ISO 1680:1999 ISO 1680:2013
GB/T 10069.3—2008	旋转电机噪声测定方法及限值　第3部分:噪声限值	GB 10069.3—2006	IEC 60034-9:2007 IEC 60034-9:2021
GB/T 14097—2018	往复式内燃机　噪声限值	GB 14097—1993 GB/T 15739—1995	
GB/T 20062—2017	流动式起重机　作业噪声限值及测量方法	GB 20062—2006	
GB 19872—2005	凿岩机械与气动工具　噪声限值	JB 8551—1997	
GB/T 5898—2008	手持式非电类动力工具　噪声测量方法　工程法(2级)	GB/T 5898—2004	ISO 15744:2002

续表

国家标准/行业标准	标准名称	代替标准	国际标准
GB/T 10491—2010	航空派生型燃气轮机成套设备噪声值及测量方法	GB/T 10491—1989	
GB 11871—2009	船用柴油机辐射的空气噪声限值	GB 11871—1989	
GB/T 9911—2018	船用柴油机辐射的空气噪声测量方法	GB/T 9911—2009	
GB/Z 25425—2010	风力发电机组　公称视在声功率级和音值		IEC/TS 61400-14:2005
GB/T 22516—2015	风力发电机组　噪声测量方法	GB/T 22516—2008	IEC 61400-11:2012 IEC 61400-11:2018
GB/T 1094.10—2022	电力变压器　第10部分:声级测定	GB/T 1094.10—2003	IEC 60076-10:2016
GB/T 2888—2008	风机和罗茨鼓风机噪声测量方法	GB/T 2888—1991	
GB/T 7441—2008	汽轮机及被驱动机械发出的空间噪声的测量	GB/T 7441—1987	IEC 61063:1991(作废),由ISO 10494 : 2018(代替)
GB/T 4980—2003	容积式压缩机噪声的测定	GB/T 4980—1985 GB/T 7022—1986	
GB/T 16769—2008	金属切削机床　噪声声压级测量方法	GB/T 16769—1997	
GB/T 23281—2009	锻压机械噪声声压级测量方法		ISO 11202:1995 ISO 11202:2010/AMD 1:2020
GB/T 17483—1998	液压泵空气传声噪声级测定规范		ISO 4412-1:1991
GB/T 9069—2008	往复泵噪声声功率级的测定　工程法	GB/T 9069—1988	
GB/T 29529—2013	泵的噪声测量与评价方法		
GB/T 1859—2000	往复式内燃机　辐射的空气噪声测量　工程法及简易法		ISO 6798:1995(作废)
	Reciprocating internal combustion engines—Measurement of sound power level using sound pressure—Part 1: Engineering method		ISO 6798-1:2020
	Reciprocating internal combustion engines—Measurement of sound power level using sound pressure— Part 2: Survey method		ISO 6798-2:2020
	Reciprocating internal combustion engines—Measurement of sound power level using sound pressure— Part 3 : Survey method for in situ		ISO 6798-3:2022
GB/T 21231—2007	声学　小型通风装置辐射空气噪声的测量方法		ISO 10302-1:1996(作废)

续表

国家标准/行业标准	标准名称	代替标准	国际标准
	Acoustics-Measurement of airborne noise emitted and structure—borne vibration induced by small air-moving devices—Part 1: Airborne noise measurement		ISO 10302-1:2011
	Acoustics—Measurement of airborne noise emitted and structure—borne vibration induced by small air-moving devices—Part2: Structure-borne vibration measurements		ISO 10302-2:2011
GB/T 4583—2007	电动工具噪声测量方法　工程法	GB/T 4583—1995	ISO 3744:1994 ISO 3744:2010
GB/T 5898—2008	手持式非电类动力工具　噪声测量方法　工程法(2级)	GB/T 5898—2004	ISO 15744:2002
GB/T 20431—2006	声学　消声器噪声控制指南		ISO 14163:1998
GB/T 4760—1995	声学　消声器测量方法		
GB/T 19512—2004	声学　消声器现场测量		ISO 11820:1996
GB/T 16405—1996	声学　管道消声器无气流状态下插入损失测量　实验室简易法		ISO 11691:1995 ISO 11691:2020
GB/T 25516—2010	声学　管道消声器和风道末端单元的实验室测量方法　插入损失、气流噪声和全压损失		ISO 7235:2003
GB/T 21229—2007	声学 风道末端装置、末端单元、风道闸门和阀噪声声功率级的混响室测定		ISO 5135:1997 ISO 5135:2020
GB/T 21231—2007	声学 小型通风装置辐射空气噪声的测量方法		ISO 10302:1996
GB/T 18182—2012	金属压力容器声发射检测及结果评价方法	GB/T 18182—2000	
GB/T 10894—2004	分离机械　噪声测试方法	GB/T 10894—1989	ISO 3744:1994 ISO 3744:2010
GB/T 28543—2012	电力电容器噪声测量方法		
GB/T 25371—2010	铸造机械　噪声声压级测量方法		
GB/T 7441—2008	汽轮机及被驱动机械发出的空间噪声的测量	GB/T 7441—1987	IEC 61063:1991(作废)由ISO 10494:2018代替
GB/T 3871.8—2006	农业拖拉机　试验规程　第8部分:噪声测量		
GB 19997—2005	谷物联合收割机　噪声限值		
GB/T 10284—2016	林业机械　便携式风力灭火机　噪声的测定	GB/T 10284—2008	
GB/T 5390—2008	林业机械　便携式动力机械噪声测定规范　工程法(2级精度)	GB/T 5390—1995 GB/T 14178—1993	ISO 22868:2005 ISO 22868:2021
GB/T 5265—2009	声学　水下噪声测量	GB/T 5265—1985	

续表

国家标准/行业标准	标准名称	代替标准	国际标准
GB/T 18698—2002	声学 信息技术设备和通信设备噪声发射值的标示		ISO 9296:1988 ISO 9296:2017
GB/T 18313—2001	声学 信息技术设备和通信设备空气噪声的测量		ISO 7779:1999 ISO 7779:2018
GB/T 17213.8—2015	工业过程控制阀 第8-1部分:噪声的考虑 实验室内测量空气动力流流经控制阀产生的噪声	GB/T 17213.8—1998	IEC 60534-8-1:2005
GB/T 17213.14—2018	工业过程控制阀 第8-2部分:噪声的考虑 实验室内测量液动流流经控制阀产生的噪声	GB/T 17213.14—2005	IEC60534-8-2:2011
GB/T 17213.15—2017	工业过程控制阀 第8-3部分:噪声的考虑 空气动力流流经控制阀产生的噪声预测方法	GB/T 17213.15—2005	IEC60534-8-3:2010
GB/T 17213.16—2015	工业过程控制阀 第8-4部分:噪声的考虑 液动流流经控制阀产生的噪声预测方法	GB/T 17213.16—2005	IEC60534-8-4:2005 IEC60534-8-4:2015
GB/T 25078.1—2010	声学 低噪声机器和设备设计实施建议 第1部分:规划		ISO/TR 11688-1:1995
GB/T 25078.2—2010	声学 低噪声机器和设备设计实施建议 第2部分:低噪声设计的物理基础		ISO/TR 11688-2:1998
GB/T 6404.1—2005	齿轮装置的验收规范 第1部分:空气传播噪声的试验规范	GB/T 6404—1986	ISO 8579-1:2002
GB/T 25611—2010	土方机械 机器液体系统作业的坡道极限值测定 静态法		ISO 10266:1992
GB/T 25612—2010	土方机械 声功率级的测定 定置试验条件	GB/T 16710.2—1996	ISO 6393:2008
GB/T 25613—2010	土方机械 司机位置发射声压级的测定 定置试验条件	GB/T 16710.3—1996	ISO 6394:2008
GB/T 25614—2010	土方机械 声功率级的测定 动态试验条件	GB/T 16710.4—1996	ISO 6395:2008
GB/T 25615—2010	土方机械 司机位置发射声压级的测定 动态试验条件	GB/T 16710.5—1996	ISO 6396:2008
GB 16710—2010	土方机械 噪声限值	GB 16710.1—1996	
GB/T 7111.1—2002	纺织机械噪声测试规范 第1部分:通用要求	GB/T 7111—1986 FZ/T 90071—1995	ISO 9902-1:2001
GB/T 7111.2—2002	纺织机械噪声测试规范 第2部分:纺前准备和纺部机械	GB/T 7111—1986 FZ/T 90071—1995	ISO 9902-2:2001
GB/T 7111.3—2002	纺织机械噪声测试规范 第3部分:非织造布机械	GB/T 7111—1986 FZ/T 90071—1995	ISO 9902-3:2001
GB/T 7111.4—2002	纺织机械噪声测试规范 第4部分:纱线加工、绳索加工机械	GB/T 7111—1986 FZ/T 90071—1995	ISO 9902-4:2001

续表

国家标准/行业标准	标准名称	代替标准	国际标准
GB/T 7111.5—2002	纺织机械噪声测试规范 第5部分:机织和针织准备机械	GB/T 7111—1986 FZ/T 90071—1995	ISO 9902-5:2001
GB/T 7111.6—2002	纺织机械噪声测试规范 第6部分:织造机械	GB/T 7111—1986 FZ/T 90071—1995	ISO 9902-6:2001 ISO 9902-6:2018
GB/T 7111.7—2002	纺织机械噪声测试规范 第7部分:染整机械	GB/T 7111—1986 FZ/T 90071—1995	ISO 9902-7:2001
GB/T 39479—2020	海洋平台辐射噪声预报方法		
GB/T 14098—2020	燃气轮机和燃气轮机机组 气载噪声的测量 工程法/简易法	GB/T 14098-1993	ISO 10494:2018
GB/T 34370.8—2020	游乐设施无损检测 第8部分:声发射检测		
GB/T 33643—2022	无损检测 声发射泄漏检测方法	GB/T 33643—2017	
GB/T 32524.1—2016	声学 声压法测定电力电容器单元的声功率级和指向特性 第1部分:半消声室精密法		

4 家用电器噪声限值和测量

国家标准	标准名称	代替标准	国际标准
GB 19606—2004	家用和类似用途电器噪声限值		
GB/T 4214.1—2017	家用和类似用途电器噪声测试方法通用要求	GB/T 4214—2000	IEC 60704-1:2010 IEC 60704-1:2021
GB/T 4214.2—2020	家用和类似用途电器噪声测试方法 真空吸尘器的特殊要求	GB/T 4214.2—2008	IEC 60704-2-1:2014 IEC 60704-2-1:2020
GB/T 4214.3—2008	家用和类似用途电器噪声测试方法 洗碗机的特殊要求		IEC 60704-2-3:2005 IEC 60704-2-3:2017
GB/T 4214.4—2020	家用和类似用途电器噪声测试方法 洗衣机和离心式脱水机的特殊要求	GB/T 4214.4—2008	IEC 60704-2-4:2011
GB/T 4214.5—2008	家用和类似用途电器噪声测试方法 电动剃须刀的特殊要求		IEC 60704-2-8:1997 IEC 60704-2-8:2020
GB/T 4214.6—2008	家用和类似用途电器噪声测试方法 毛发护理器具的特殊要求		IEC 60704-2-9:2003
GB/T 4214.7—2020	家用和类似用途电器噪声测试方法 滚筒式干衣机的特殊要求	GB/T 4214.7—2008	IEC 60704-2-6:2012
GB/T 40362—2021	电动牙刷 一般要求和检测方法		ISO 20127:2020 NEQ
GB 6675.2—2014	玩具安全 第2部分:机械与物理性能	部分代替GB 6675—2003	ISO 8124-1:2000 MOD
	Acoustics —Measurement of air borne noise emitted by information technology and telecommunications equipment		ISO 7779:2018
GB/T 8059—2016	家用和类似用途制冷器具		
GB/T 4288—2018	家用和类似用途电动洗衣机		
GB/T 7725—2022	房间空气调节器		
GB/T 17713—2011	吸油烟机		
GB/T 13380—2018	交流电风扇和调速器		

5　车辆和交通噪声

国家标准/行业标准	标准名称	代替标准	国际标准
GB/T 20248—2006	声学　飞行中飞机舱内声压级的测量		ISO 5129:2001
GB/T 25982—2010	客车车内噪声限值及测量方法		
GB/T 18697—2002	声学　汽车车内噪声测量方法		ISO 5128:1980
GB 1495—20××	汽车加速行驶车外噪声限值及测量方法(中国第三、四阶段)	GB 1495—2002	
	Measurement of noise emitted by accelerating road vehicles — Engineering method — Part 1: M and N categories		ISO 362-1:2015
	Measurement of noise emitted by accelerating road vehicles — Engineering method — Part 2:L category		ISO 362-2:2009
	Measurement of noise emitted by accelerating road vehicles — Engineering method — Part 3:Indoor testing M and N categories		ISO 362-3:2016
GB 19757—2005	三轮汽车和低速货车加速行驶车外噪声限值及测量方法(中国Ⅰ、Ⅱ阶段)		
GB/T 19118—2015	三轮汽车和低速货车　噪声测量方法	GB/T 19118—2003	
GB 24929—2010	全地形车加速行驶噪声限值及测量方法		
GB/T 17250—1998	声学　市区行驶条件下轿车噪声的测量	GB/T 17250—1979	ISO 7188:1994(作废)修订为:ISO 362-1:2015和ISO 362-2:2009
GB 16170—1996	汽车定置噪声限值		
GB/T 14365—2017	声学　机动车辆定置噪声声压级测量方法	GB/T 14365—1993	ISO 5130:2007
	Acoustics—Measurements of sound pressure level emitted by stationary road vehicles		ISO 5130:2019
GB 4569—2005	摩托车和轻便摩托车　定置噪声限值及测量方法	部分替代 GB 4569—1996, GB 16169—1996, GB 4569—2000, GB 16169—2000	
GB 16169—2005	摩托车和轻便摩托车　加速行驶噪声限值及测量方法	部分代替 GB 16169—1996, GB 4569—1996, GB 16169—2000, GB 4569—2000	
GB 14892—2006	城市轨道交通列车噪声限值和测量方法	GB 14892—1994, GB /T 14893—1994	

续表

国家标准/行业标准	标准名称	代替标准	国际标准
GB 14227—2006	城市轨道交通车站站台声学要求和测量方法	GB 14227—1993，GB/T 14228—1993	
GB/T 3449—2011	声学　轨道车辆内部噪声测量	GB/T 3449—1994	ISO 3381:2005 ISO 3381:2021
GB/T 5111—2011	声学　轨道机车车辆发射噪声测量	GB/T 5111—1995	ISO 3095:2005 ISO 3095:2013
GB/T 3450—2006	铁道机车和动车组司机室噪声限值及测量方法	GB/T 3450—1994	
GB/T 4595—2020	船上噪声测量	GB/T 4595—2000	ISO 2923:1996
GB/T 12303—2009	海船声号器具的声压级测量	GB/T 12303—1990	
GB/T 4964—2010	内河航道及港口内船舶辐射噪声的测量	GB/T 4964—1985	ISO 2922:2000 ISO 2922:2020
GB 6376—2008	拖拉机　噪声限值	GB 6376—1995	
GB/T 3871.8—2006	农业拖拉机　试验规程　第8部分:噪声测量	GB/T 3871.8—1993	OECD R5:2002
GB/T 22157—2008	声学　用于测量道路车辆发射噪声的试验车道技术规范		ISO 10844:1994 ISO 10844:2021
GB/T 12816—2006	铁道客车内部噪声限值及测量方法		
JB/T 10421—2004	摩托车齿轮　噪声测量方法		
MH/T 5109—2013	机场航空器运行与噪声监控系统技术规范		
GB/T 41318—2022	通风消声器		

6　建筑声学

国家标准/行业标准/地方标准	标准名称	代替标准	国际标准
GB 55016—2021	建筑环境通用规范	GB 50118—2010 第4.1.1条废止	
GB 50800—2012	消声室和半消声室技术规范		
GB/T 34828—2017	声学　自由场环境评定测试方法		ISO 26101:2012
	Acoustics — Test methods for the qualification of the acoustic environment —Part 1: Qualification of free-field environments		ISO 26101-1:2021
GB/T 39526—2020	建筑幕墙空气声隔声性能分级及检测方法		
GB/T 20430—2006	声学　开放式工厂的噪声控制设计规程		ISO 15664:2001
GB/T 50076—2013	室内混响时间测量规范	GBJ 76—84	
GB/T 4959—2011	厅堂扩声特性测量方法	GB/T 4959—1995	

续表

国家标准/行业标准/地方标准	标准名称	代替标准	国际标准
GB/T 36075.1—2018	声学　室内声学参量测量　第1部分:观演空间		ISO 3382-1:2009
GB/T 36075.2—2018	声学　室内声学参量测量　第2部分:普通房间的混响时间		ISO 3382-2:2008
GB/T 36075.3—2018	声学　室内声学参数的测量　第3部分:开放式办公室		ISO 3382-3:2012
GB/T 50121—2005	建筑隔声评价标准	GBJ 121—88	
GB/T 19889.1—2005	声学　建筑和建筑构件隔声测量　第1部分:侧向传声受抑制的实验室测试设施要求		ISO 140-1:1997 AMD 2004-12-01
GB/T 19889.2—2022	声学　建筑和建筑构件隔声测量　第2部分:测量不确定度评定和应用	GB/T 19889.2—2005	ISO 12999-1:2020MOD
GB/T 19889.3—2005	声学　建筑和建筑构件隔声测量　第3部分:建筑构件空气声隔声的实验室测量		ISO 140-3:1995 AMD 2004-12-01
GB/T 19889.4—2005	声学　建筑和建筑构件隔声测量　第4部分:房间之间空气声隔声的现场测量		ISO 140-4:1998
GB/T 19889.5—2006	声学　建筑和建筑构件隔声测量　第5部分:外墙构件和外墙空气声隔声的现场测量		ISO 140-5:1998
GB/T 19889.6—2005	声学　建筑和建筑构件隔声测量　第6部分:楼板撞击声隔声的实验室测量		ISO 140-6:1998
GB/T 19889.7—2022	声学　建筑和建筑构件隔声测量　第7部分:撞击声隔声的现场测量	GB/T 11988.7—2005	ISO 16283-2:2020MOD
GB/T 19889.8—2006	声学　建筑和建筑构件隔声测量　第8部分:重质标准楼板覆面层撞击声改善量的实验室测量		ISO 140-8:1997
GB/T 19889.10—2006	声学　建筑和建筑构件隔声测量　第10部分:小建筑构件空气声隔声的实验室测量		ISO 140-10:1991
GB/T 19889.14—2010	声学　建筑和建筑构件隔声测量　第14部分:特殊现场测量导则		ISO 140-14:2004
GB/T 19889.18—2017	声学　建筑和建筑构件隔声测量　第18部分:建筑构件雨噪声隔声的实验室测量		ISO 140-18:2006
	Acoustics — Laboratory measurement of sound insulation of building elements — Part 1: Application rules for specific products		ISO 10140-1:2021
	Acoustics — Laboratory measurement of sound insulation of building elements — Part 2: Measurement of airborne sound insulation		ISO 10140-2:2021
	Acoustics — Laboratory measurement of sound insulation of building elements — Part 3: Measurement of impact sound insulation		ISO 10140-3:2021

续表

国家标准/行业标准/地方标准	标准名称	代替标准	国际标准
	Acoustics — Laboratory measurement of sound insulation of building elements — Part 4: Measurement procedures and requirements		ISO 10140-4:2021
	Acoustics — Laboratory measurement of sound insulation of building elements — Part 5: Requirements for test facilities and equipment		ISO 10140-5:2020
	Acoustics — Determination and application of measurement uncertainties in building acoustics — Part 1: Sound insulation		ISO 12999-1:2020
	Acoustics — Determination and application of measurement uncertainties in building acoustics— Part 2: Sound absorption		ISO 12999-2:2020
GB/T 31004.1—2014	声学　建筑和建筑构件隔声声强法测量　第1部分:实验室测量		ISO 15186-1:2000
GB/T 31004.2—2014	声学　建筑和建筑构件隔声声强法测量　第2部分:现场测量		ISO 15186-2:2003
GB/T 31004.3—2014	声学　建筑和建筑构件隔声声强法测量　第3部分:低频段的实验室测量		ISO 15186-2:2002
GB/T 19884—2005	声学　各种户外声屏障插入损失的现场测定		ISO 10847:1997
GB/T 19885—2005	声学　隔声间的隔声性能测定　实验室和现场测量		ISO 11957:1996
GB/T 19886—2005	声学　隔声罩和隔声间噪声控制指南		ISO 15667:2000
GB/T 19887—2005	声学　可移动屏障声衰减的现场测量		ISO 11821:1997
HJ/T 90—2004	声屏障声学设计和测量规范		
GB/T 18696.1—2004	声学　阻抗管中吸声系数和声阻抗的测量　第1部分:驻波比法		ISO 10534-1:1996
GB/T 18696.2—2002	声学　阻抗管中吸声系数和声阻抗的测量　第2部分:传递函数法		ISO 10534-2:1998
GB/Z 27764—2011	声学　阻抗管中传声损失的测量　传递矩阵法		
GB/T 20247—2006	声学　混响室吸声测量		ISO 354:2003
GB/T 8485—2008	建筑门窗空气声隔声性能分级及检测方法	GB/T 16730—1997 GB/T 8485—2002	
GB/T 18699.1—2002	声学　隔声罩的隔声性能测定　第1部分:实验室条件下测量(标示用)		ISO 11546-1:1995
GB/T 18699.2—2002	声学　隔声罩的隔声性能测定　第2部分:现场测量(验收和验证用)		ISO 11546-2:1995

续表

国家标准/行业标准/地方标准	标准名称	代替标准	国际标准
GB/T 19513—2004	声学　规定实验室条件下办公室屏障声衰减的测量		ISO 10053:1991 作废
GB/T 21232—2007	声学　办公室和车间内声屏障控制噪声的指南		ISO 17624:2004
GB/T 16731—1997	建筑吸声产品的吸声性能分级		
GB/T 25077—2010	声学　多孔吸声材料流阻测量		ISO9053:1991 作废
	Acoustics — Determination of airflow resistance — Part 1: Static airflow method		ISO 9053-1:2018
	Acoustics — Determination of airflow resistance — Part 2: Alternating airflow method		ISO 9053-2:2020
GB/T 25079—2010	声学　建筑声学和室内声学中新测量方法的应用MLS和SS方法		ISO 18233:2006
GB/T 17249.1—1998	声学　低噪声工作场所设计指南　噪声控制规划		ISO 11690-1:1996 ISO11690- 1:2020
GB/T 17249. 2—2005	声学　低噪声工作场所设计指南　第2部分:噪声控制措施		ISO 11690-2:1996 ISO 11690-2:2020
GB/T 17249.3—2012	声学　低噪声工作场所设计指南　第3部分:工作间内的声传播和噪声预测		ISO/TR 11690-3:1997
GB/T 27763—2011	声学　评价工作间声学性能的空间声场分布曲线的测量方法及参量表述		ISO 14257:2001
GB/T 28047—2011	厅堂、体育场馆扩声系统听音评价方法		
GB/T 28048—2011	厅堂、体育场馆扩声系统验收规范		
GB/T 28049—2011	厅堂、体育场馆扩声系统设计规范		
GB/T 50356—2005	剧场、电影院和多用途厅堂建筑声学设计规范		
DGJ32/TJ 194—2015	绿色建筑室内环境检测技术规范(江苏省)		
GB/T 50378—2019	绿色建筑评价标准		
GB 50118—2010	民用建筑隔声设计规范		
T/CECS 669—2020	医院建筑噪声与振动控制设计标准		
GB/T 50356—2005	剧场、电影院和多用途厅堂建筑声学设计规范		
GB/T 51091—2015	试听室工程技术规范		

7 环境噪声和振动

国家标准/行业标准	标准名称	代替标准	国际标准
GB 3096—2008	声环境质量标准	GB 3096—93 GB/T 14623—93	
GB/T 15190—2014	声环境功能区划分技术规范	GB/T 15190—94	
GB 12348—2008	工业企业厂界环境噪声排放标准	GB 12348—90 GB 12349—90	
GB 22337—2008	社会生活环境噪声排放标准		
GB 12523—2011	建筑施工场界环境噪声排放标准	GB 12523—90, GB 12524—90	
GB 12525—90	铁路边界噪声限值及其测量方法	2008年7月30日修订	
GB 9660—88	机场周围飞机噪声环境标准		
GB 9661—88	机场周围飞机噪声测量方法		ISO3891:1978 作废
	Acoustics—Unattended monitoring of aircraft sound in the vicinity of airports		ISO 20906:2009 AMD 1-2013
MH/T 5109—2013	机场航空器运行与噪声监控系统技术规范		
GB/T 4964—2010	内河航道及港口内船舶辐射噪声的测量	GB/T 4964 —1985	ISO 2922:2000 ISO 2922:2020
GB/T 3222.1—2022	声学 环境噪声的描述、测量与评价 第1部分:基本参量与评价方法	GB/T 3222.1—2006	ISO 1996-1:2016
GB/T 3222.2—2022	声学 环境噪声的描述、测量与评价 第2部分:声压级测定	GB/T 3222.2—2009	ISO 1996-2:2017
GB/T 20246—2006	声学 用于评价环境声压级的多声源工厂的声功率级测定 工程法		ISO 8297:1994/ AMD 1:2021
GB/T 34834—2017	声学 环境噪声评价中脉冲声事件暴露声级分布的计算方法		ISO 13474:2009
GB/T 20243.1—2006	声学 道路表面对交通噪声影响的测量 第1部分 统计通过法		ISO 11819-1:1997
GB/T 20243.2—2015	声学 道路表面对交通噪声影响的测量方法 第2部分:近距法(未发布)		ISO 11819-2 2017
	Acoustics Measurement of the influence of road surfaces on traffic noise—Part 3:Reference tyres		ISO 11819-3: 2021
	Acoustics Method for measuring the influence of road surfaces on traffic noise—Part 4: SPB method using backing board		ISO/PAS 11819-4:2013
JGJ/T 170—2009	城市轨道交通引起建筑物室内振动和二次辐射噪声限值及测量方法标准		
GB/T 41283.1—2022	声学 声景观 第1部分:定义和概念性框架		ISO 12913-1:2014
	Acoustic—Soundscape— Part 2: Data collection and reporting requirements		ISO 12913-2:2018

续表

国家标准/行业标准	标准名称	代替标准	国际标准
	Acoustic—Soundscape— Part 3: Data analysis		ISO 12913-3:2019
	Acoustics—Objective method for assessing the audibility of tones in noise-engineering method		ISO/PAS 20065:2016
GB/T 41311.1—2022	声学　描述船舶水下噪声的量及其测量方法　第1部分:用于比对目的的深水精密测量要求		ISO 17208-1:2016
	Acoustics—Noise from shooting ranges—Part 1: Determination of muzzle blast by measurement		ISO 17201-1:2018
	Acoustics—Noise from shooting ranges—part 2: Estimation of muzzle blast and projectile sound by calculation		ISO 17201-2:2006
	Acoustics—Noise from shooting ranges—Part 3: Sound propagation calculation		ISO 17201-3:2019
	Acoustics—Noise from shooting ranges—Part 4: Prediction of projectile sound		ISO 17201-4:2006
	Acoustics—Noise from shooting ranges—Part 5: Noise management		ISO 17201-5:2010
	Acoustics—Noise from shooting ranges—Part 6: Sound pressure measurements		ISO 17201-6:2021
GB 10070—88	城市区域环境振动标准		
GB 10071—88	城市区域环境振动测量方法		
TB/T 3050—2022	铁路环境测量　环境噪声测量	TB/T 3050—2002	
TB/T 3152—2007	铁路环境振动测量		

8　职业噪声标准

国家标准	标准名称	代替标准	国际标准
GBZ 2.2—2007	工作场所有害因素职业接触限值　第2部分:物理因素		
GBZ/T 189.8—2007	工作场所物理因素测量　噪声		
GB/T 21230—2014	声学　职业噪声暴露的测定　工程法	GB/T 21230—2007	ISO 9612:2009
GB/T 18204.1—2013	公共场所卫生检验方法　第1部分:物理因素	GB/T18204.13—2000～GB/T18204.22—2000, GB/T 18204.28—2000	
GB/T 50087—2013	工业企业噪声控制设计规范	GBJ 87—1985	

续表

国家标准	标准名称	代替标准	国际标准
GB/T 14259—93	声学　关于空气噪声的测量及其对人影响的评价的标准的指南		ISO 2204:1979(作废)
GB/T 14366—2017	声学　噪声性听力损失的评估	GB/T 14366—1993	ISO 1999:2013
GB/T 7584.1—2004	声学　护听器　第1部分:声衰减测量的主观方法	GB/T 5893.3—1986 GB/T 7584—1987	ISO 4869-1:1990 ISO 4869-1:2018
GB/T 7584.2—1999	声学　护听器　第2部分:戴护听器时有效的A计权声压级估算		ISO 4869-2:1994 ISO 4869-2:2018
GB/T 7584.3—2011	声学　护听器　第3部分:使用专用声学测试装置　测量耳罩式护听器的插入损失		ISO 4869-3: 2007
	Acoustics — Hearing protectors — Part 5: Method for estimation of noise reduction using fitting by inexperienced test subjects		ISO/TS 4869-5: 2006
	Acoustics — Hearing protectors— Part 6: Determination of sound attenuation of active noise reduction earmuffs		ISO 4869-6:2019

9　声学测量仪器

国家标准/行业标准	标准名称	代替标准	国际标准
GB/T 3785.1—2023	电声学　声级计　第1部分:规范	GB/T 3785.1—2010	IEC61672-1 :2013
GB/T 3785.2—2023	电声学　声级计　第2部分:型式评价试验	GB/T 3785.2—2010	IEC61672-2 :2013 add 1:2017
GB/T 3785.3—2018	电声学　声级计　第3部分:周期试验		IEC61672-3 :2013
	Acoustics —Frequency-weighting characteristic for infrasound measurements		ISO 7196:1995
GB/T 15173—2010	电声学　声校准器	GB/T 15173—1994	IEC 60942:2003 IEC 60942:2017
GB/T 3241—2010	电声学　倍频程和分数倍频程滤波器	GB/T 3241—1998	IEC 61260:1995
GB/T 3241.1—202×	电声学　倍频程和分数倍频程滤波器　第1部分:规范	GB/T 3241—2010	IEC 61260-1:2014
GB/T 3241.2—202×	电声学　倍频程和分数倍频程滤波器　第2部分:型式评价试验	GB/T 3241—2010	IEC 61260-2:2016
GB/T 3241.3—202×	电声学　倍频程和分数倍频程滤波器　第3部分:周期试验	GB/T 3241—2010	IEC 61260-3:2016
GB/T 42553—2023	电声学　确定声级计自由场响应修正值的方法		IEC 62585:2012

续表

国家标准/行业标准	标准名称	代替标准	国际标准
GB/T 15952—2010	电声学　个人声暴露计规范	GB/T 15952—1995	IEC 61252:2002 IEC 61252:2017
GB/T 17561—1998	声强测量仪　用声压传声器对测量	GB/T 17561—1998	IEC 61043:1993
GB/T 20441.1—2010	电声学　测量传声器　第1部分:实验室标准传声器规范	GB/T 11670—1989	IEC 61094-1:2000
GB/T 20441.2—2018	电声学　测量传声器　第2部分:采用互易技术对实验室标准传声器声压校准的原级方法		IEC 61094-2:2009
GB/T 20441.3—2010	电声学　测量传声器　第3部分:采用互易技术对实验室标准传声器的自由场校准的原级方法	GB/T 6511—1986	IEC 61094-3:1995 IEC 61094-3:2016
GB/T 20441.4—2006	电声学　测量传声器　第4部分:工作标准传声器规范		IEC 61094-4:1995
GB/T 20441.5—2017	电声学　测量传声器　第5部分:工作标准传声器声压校准的比较法		IEC 61094-5:2001
GB/T 20441.6—2017	电声学　测量传声器　第6部分:用于测定频率响应的静电激励器		IEC 61094-6:2004
	Measurement microphones—Part 7: Values for the difference between free-field and pressure sensitivity levels of laboratory standard microplones		IEC 61094-7:2001
	Measurement microphones—Part 8: Methods for determining the free-field sensitivity of working standard microphones by comparison		IEC 61094-8:2012
	Electroacoustics—Measurement microphones- Part 10: Absolute pressure calibration of microphones at low frequencies using calculable pistonphones		IEC TR 61094-10:2022
SJ/T 10724—2013	电声学　测量电容传声器通用规范	SJ/T 10724—1996	
SJ/T 10725—2013	电声学　测量电容传声器电声性能的测量方法	SJ/T 10725—1996	
GB/T 25498.1—2010	电声学　人头模拟器和耳模拟器　第1部分:校准压耳式耳机用耳模拟器	GB/T 7614—1987	IEC 60318-1:2009
GB/T 25498.3—2010	电声学　人头模拟器和耳模拟器　第3部分:校准压耳式测听耳机用声耦合器	GB/T 7342—1987	IEC 60318-3:1998 IEC 60318-3:2014
	Electroacoustics— Simulators of human head and ear - Part 4: Occluded-ear simulator for the measurement of earphones coupled to the ear by means of ear inserts		IEC 60318-4:2010

续表

国家标准/行业标准	标准名称	代替标准	国际标准
GB/T 25498.5—2017	电声学 人头模拟器和耳模拟器 第5部分:测量助听器和以插入方式与人耳耦合的耳机用2 cm^3声耦合器		IEC 60318-5:2006
GB/T 15951—1995	骨振器测量用力耦合器		IEC 60318-6:2007
	Electroacoustics -Simulators of human head and ear-Part 7: Head and torso simulator for the measurement of sound sources close to the ear		IEC 60318-7: 2022
	Electroacoustics -Simulators of human head and ear-Part 8: Acoustic coupler for high-frequency measurements of hearing aids and earphones coupled to the ear by means of ear inserts		IEC 60318-8:2022
GB/T 3769—2010	电声学 绘制频率特性图和极坐标图的标度和尺寸	GB/T 3769—1983	IEC 60263:1982
	Scales and sizes for plotting frequency characteristics and polar diagrams		IEC 60263:2020
	Electroacoustics -Instruments for measurement of aircraft noise -Performance requirements for systems to measure sound pressure levels in noise certification of aircraft		IEC 61265:2018

10 测听设备

国家标准/行业标准	标准名称	代替标准	国际标准
GB/T 7341.1—2010	测听设备 第1部分:纯音测听设备	GB/T 7341.1—1998	IEC 60645-1:2001 IEC 60645-1:2017
	Electroacoustics—Audiometric equipment—Part 1: Equipment for pure- tone and speech audiometry		IEC 60645-1:2017
GB/T 7341.2—1998	听力计 第二部分:语音测听设备		IEC60645-2:1993 IEC 60645-1:2017
GB/T 7341.3—1998	听力计 第三部分:用于测听与神经耳科的短持续听觉测试信号		IEC 60645-3:2007 IEC 60645-3:2020
GB/T 7341.4—1998	听力计 第四部分:延伸高频测听的设备		IEC 60645-4:1994 Ed.1.0 IEC 60645-1:2017
GB/T 7341.5—2018	电声学 测听设备 第5部分:耳声阻抗/导纳的测量仪器	GB/T 15953—1995	IEC 60645-5:2004
	Electroacoustics—Audiometric equipment—Part 6: Instruments for the measurement of otoacoustic emission		IEC 60645-6:2022

续表

国家标准/行业标准	标准名称	代替标准	国际标准
	Electroacoustics—Audiometric equipment—Part 7:Instruments for the measurement of auditory brainstem responses		IEC 60645-7:2009
GB/T 20242—2006	声学　助听器真耳声特性的测量方法		ISO 12124:2001 IEC 61669:2015
	Electroacoustics -Measurement of real-ear acoustical performance characteristics of hearing aids		IEC 61669:2015
GB 9706.1—2020	医用电气设备　第1部分:基本安全和基本性能的通用要求	GB 9706.1—2007 GB 9706.15—2008	IEC 60601-1:2012 IEC 60601-1:2020
YY 9706.102—2021	医用电气设备　第1-2部分:基本安全和基本性能的通用要求　并列标准:电磁兼容　要求和试验.	YY 0505—2012	IEC 60601-1-2:2007 IEC 60601-1-2:2014
	Medical electrical equipment—Particular requirements for the basic safety and essential performance of hearing instruments and hearing instrument systems		IEC 60601-2-66:2015
GB/T 19888.1—2005	声学　户外用固定式听觉报警器　第1部分:声发射量的现场测定		ISO 13475-1:1999
	Acoustics—Stationary audible warning devices usedoutdoors— Part 2: Precision methods for determination of sound emission quantities		ISO/TS 13475-2:2000

11　纯音基准等效阈声压级和振动力级

国家标准	标准名称	代替标准	国际标准
GB/T 4854.1—2004	声学　校准测听设备的基准零级　第1部分:压耳式耳机纯音基准等效阈声压级		ISO 389-1:1998 ISO 389-1:2017
GB/T 16402—1996	声学　插入式耳机纯音基准等效阈声压级		ISO 389-2:1996
GB/T 4854.3—2022	声学　校准测听设备的基准零级　第3部分:骨振器纯音基准等效阈振动力级	GB/T 4854.3—1998	ISO 389-3:2016
GB/T 4854.4—1999	声学　校准测听设备的基准零级　第4部分:窄带掩蔽噪声的基准级		ISO 389-4:1994
GB/T 4854.5—2008	声学　校准测听设备的基准零级　第5部分:8 kHz～6 kHz频率范围纯音基准等效阈声压级		ISO 389-5:2006
GB/T 4854.6—2014	声学　校准测听设备的基准零级　第6部分:短时程测试信号的基准听阈		ISO 389-6:2007
GB/T 4854.7—2008	声学　校准测听设备的基准零级　第7部分:自由场与扩散场测听的基准听阈		ISO 389-7:2005 ISO 389-7:2019

续表

国家标准	标准名称	代替标准	国际标准
GB/T 4854.8—2007	声学　校准测听设备的基准零级　第8部分：耳罩式耳机纯音基准等效阈声压级		ISO 389-8:2004
GB/T 4854.9—2016	声学　校准测听设备的基准零级　第9部分：确定基准听阈级的优选测试条件		ISO 389-9:2009
GB/T 16296.1—2018	声学　测听方法　第1部分：纯音气导和骨导测听法	GB/T 16403—1996	ISO 8253-1:2010
GB/T 16296.2—2016	声学　测听方法　第2部分：用纯音及窄带测试信号的声场测听	GB/T 16296—1996	ISO 8253-2:2009
GB/T 16296.3—2017	声学　测听方法　第3部分：言语测听	GB/T 17696—1999	ISO 8253-3:2012 ISO 8253-3:2022

12　电声学与声系统设备

国家标准/行业标准	标准名称	代替标准	国际标准
GB/T 15508—1995	声学　语言清晰度测试方法		
GB/T 14199—2010	电声学　助听器通用规范	GB/T 14199—1993	
GB/T 25102.100—2010	电声学　助听器　第0部分：电声特性的测量	GB/T 6657—1986	IEC 60118-0:1983 IEC 60118-0:2015
GB/T 25102.1—2010	电声学　助听器　第1部分：具有感应拾音线圈输入的助听器	GB/T 6658—1986	IEC 60118-1:1999 IEC 60118-0:2015
GB/T 25102.2—2010	电声学　助听器　第2部分：具有自动增益控制电路的助听器	GB/T 6659—1986	IEC 60118-2:1983 IEC 60118-0 :2015
GB/T 25102.4—2010	电声学　助听器　第4部分：助听器用音频感应回路的磁场强度	GB/T 11454—1989	IEC 60118-4:2006 IEC 60118-4:2014
GB 6661—86	插入式耳机的乳头状接头		IEC 60118-5 Ed.1.0:1983
GB/T 25102.6—2017	电声学　助听器　第6部分：助听器输入电路的特性		IEC 60118-6:1999 IEC 60118-0:2015
GB/T 25102.7—2017	电声学　助听器　第7部分：助听器生产、供应和交货时质量保证的性能特性测量	GB/T7263—1987	IEC 60118-7 Ed.2.0:2005
GB/T 25102.8—2017	电声学　助听器　第8部分：模拟实际工作条件下的助听器性能测量方法	GB/T 11453—1989	IEC 60118-8 Ed.1.0:2005
SJ/Z 9143.2—87	电声学　助听器　第9部分：带有骨振器输出的助听器特性测量方法		IEC60118-9 :1985 IEC 60118-9:2019
GB/T 25102.12—2018	电声学　助听器　第12部分：电器连接器的尺寸		IEC 60118-12 Ed.1.0:1996

续表

国家标准/行业标准	标准名称	代替标准	国际标准
GB/T 25102.13—2010	电声学　助听器　第13部分:电磁兼容(EMC)		IEC 60118-13:2004 IEC 60118-13:2019
	Hearing aids—Part 14: Specification of a digital interface device		IEC 60118-14:1998
	Hearing aids—Part 15: Methods for characterising signal processing in hearing aids with a speech-like signal		IEC 60118-15:2012
	Hearing aids—Part 16: Definition and verification of hearing aid features		IEC 60118-16:2022
GB/T 12060.1—2017	声系统设备　第1部分:概述		IEC 60268-1:1985/ AMD 1-1988
GB/T 12060.2—2011	声系统设备　第2部分:一般术语解释和计算方法	GB/T 12060—1989	IEC 60268-2:1987/ AMD 1-1991
GB/T 12060.3—2011	声系统设备　第3部分:声频放大器测量方法	GB/T 9001—1988	IEC 60268-3:2000
	Sound system equipment—Part3:Amplifiers		IEC 60268-3:2018
GB/T 12060.4—2012	声系统设备　第4部分:传声器测量方法	GB/T 9401—1988	IEC 60268-4:2004 IEC 60268-4:2018
GB/T 12060.5—2011	声系统设备　第5部分:扬声器主要性能测试方法	GB/T 9396—1996	IEC 60268-5:2007
	Sound system equipment—Part 6:Auxiliary passive elements		IEC 60268-6:1971
GB/T 12060.7—2013	声系统设备　第7部分:头戴耳机和耳机测量方法	GB/T 6832—1986	IEC 60268-7:2010
	Sound system equipment—Part8: Automatic gain control devices		IEC 60268-8:1973
GB/T 12060.9—2011	声系统设备　第9部分:人工混响、时间延迟和移频装置测量方法	GB/T 6448—1986 GB/T 6449—1986	IEC 60268-9:1977
GB/T 17182—1997	峰值节目电平表		IEC 60268-10:1991
GB/T 12060.11—2012	声系统设备　第11部分:声系统设备互连用连接器的应用	GB/T 14947—1994	IEC 60268-11:1987
	Sound system equipment—part12: Application of connectors for broadcast and similar use		IEC 60268-12:1987/ AMD1:1991
GB/T 12060.13—2011	声系统设备　第13部分:扬声器听音试验	GB/T 12058—1989	IEC 60268-13:1998
GB/T 12060.16—2017	声系统设备　第16部分:通过语言传输指数客观评价言语可懂度	GB/T14476—1993 GB/T15485—1995	IEC60268-16:2011 IEC60268-16:2020

续表

国家标准/行业标准	标准名称	代替标准	国际标准
GB/T 17311—1998	标准音量表		IEC60268-17:1990
	Sound system equipment—Part 18: Peak programme level meters - Digital audio peak level meter		IEC/TR3 60268-18:1995
	Sound system equipment—Part 21: Acoustical (output-based) measurements		IEC 60268-21:2018
	Sound system equipment—Part 22: Electrical and mechanical measurements on transducers		IEC60268-22:2020
GB/T 6278—2012	声系统设备　概述　模拟节目信号	GB/T 6278—1986	IEC 60268:1986
GB/T 14198—2012	传声器通用规范	GB/T 14198—1993	
GB/T 15528—2013	语音通信用传声器和耳机测量方法	GB/T 15528—1995	IEC 61842:2002
GB 15742—2019	机动车用喇叭的性能要求及试验方法	GB 15742—2001	
GB/T 17147—2012	声音广播中音频噪声电平的测量	GB/T 17147—1997	ITU-R BS.468-4:2002
GB/T 15658—2012	无线电噪声测量方法	GB/T 15658—1995	
	Microspeaker		IEC 63034:2020
	Digital audio interface—Part 1 : General		IEC 60958-1:2014
	Digital audio interface—Part 3 : Consumer applications		IEC 60958-3:2015
	Digital audio interface—Part 4-1 : Professional applications—Audio content		IEC 60958-4-1:2016
	Digital audio interface—Part 4-2 : Professional applications-Metadata and subcode		IEC 60958-4-2:2016
	Digital audio interface—Part 4-4 : Professional applications-Phisical and electrical parameters		IEC 60958-4-4:2016

13　**机械振动与冲击　基础标准**

国家标准	标准名称	代替标准	国际标准
GB/T 2298—2010	机械振动、冲击与状态监测　词汇	GB 2298—1991	ISO 2041:2009 ISO 2041:2018
GB/T 15168—2013	振动与冲击隔离器静、动态性能测试方法	GB/T 15168—1994	
GB/T 11349.1—2018	振动与冲击　机械导纳的试验确定　第1部分:基本术语与定义、传感器特性	GB/T 11349.1—2006	ISO 7626-1:2011
GB/T 11349.2—2006	振动与冲击　机械导纳的试验确定　第2部分:用激振器作单点平动激励测量	GB/T 11349.2—1989	ISO 7626-2:1990 ISO 7626-2:2015

续表

国家标准	标准名称	代替标准	国际标准
GB/T 11349.3—2006	振动与冲击　机械导纳的试验确定　第3部分:冲击激励法	GB/T 11349.3—1992	ISO 7626-5:1994 ISO 7626-5:2019
GB/T 14465—93	材料阻尼特性术语		
GB/T 17809—1999	阻尼材料　复模量图示法		ISO 10112:1991
GB/T 18258—2000	阻尼材料　阻尼性能测试方法		ASTM E756:1993
GB/T 22159.1—2012	声学与振动　弹性元件振动-声传递特性实验室测量方法　第1部分:原理与指南		ISO 10846-1:2008
GB/T 22159.2—2012	声学与振动　弹性元件振动-声传递特性实验室测量方法　第2部分:弹性支撑件平动动刚度的直接测量方法		ISO 10846-2:2008
GB/T 22159.3—2008	声学与振动　弹性元件振动-声传递特性实验室测量方法　第3部分:弹性支撑件平动动刚度的间接测量方法		ISO 10846-3:2002
GB/T 22159.4—2017	声学与振动　弹性元件振动-声传递特性实验室测量方法　第4部分:弹性非支撑件平动动刚度		ISO 10846-4:2003
GB/T 22159.5—2017	声学与振动　弹性元件振动-声传递特性实验室测量方法　第5部分:弹性支撑件低频平动动刚度的驱动点测量方法		ISO 10846-5:2008
GB/T 19875—2005	机械振动与冲击　固定结构的振动在振动测量和评价方面质量管理的具体要求		ISO 14964:2000 作废
GB/T 19847—2005	机械振动与冲击　评价机械系统冲击阻抗的分析方法　分析的提供者和使用者之间的信息交换		ISO 9688:1990

14　传感器的使用与校准

国家标准	标准名称	代替标准	国际标准
GB/T 7665—2005	传感器通用术语	GB/T 7665—1987	
GB/T 7666—2005	传感器命名法及代码	GB/T 7666—1987	
GB/T 20485.1—2008	振动与冲击传感器校准方法　第1部分:基本概念	GB/T 13823.1—2005	ISO16063-1:1998
GB/T 20485.11—2006	振动与冲击传感器校准方法　第11部分:激光干涉法振动绝对校准	GB/T 13823.2—1992	ISO16063-11:1999
GB/T 20485.12—2008	振动与冲击传感器校准方法　第12部分:互易法振动绝对校准	GB/T 13823.18—1997	ISO 16063.12:2002

续表

国家标准	标准名称	代替标准	国际标准
GB/T 20485.13—2007	振动与冲击传感器校准方法　第13部分:激光干涉法冲击绝对校准		ISO 16063-13:2001
GB/T 20485.15—2010	振动与冲击传感器校准方法　第15部分:激光干涉法角振动绝对校准		ISO 16063-15:2006
GB/T 20485.16—2018	振动与冲击传感器校准方法　第16部分:地球重力法校准	GB/T 13823.19—2008	ISO 5347-7:1993 ISO 16063-16:2014
GB/T 13823.14—1995	振动与冲击传感器校准方法　离心机法一次校准		ISO 5347-7:1993 ISO 16063-17:2016
GB/T 20485.21—2007	振动与冲击传感器校准方法　第21部分:振动比较法校准	GB/T 13823.3—1992	ISO 16063-21:2003
GB/T 20485.22—2008	振动与冲击传感器校准方法　第22部分:冲击比较法校准	GB/T 13823.10—1995	ISO 16063-22:2005
GB/T 20485.31—2011	振动与冲击传感器校准方法　第31部分:横向振动灵敏度测试	GB/T 13823.8—1994	IS0 16063-31:2009
GB/T 20485.32—2021	振动与冲击传感器校准方法　第32部分:谐振测试用冲击激励测试加速度计的频率和相位响应		ISO 16063-32:2016
GB/T 20485.33—2018	振动与冲击传感器的校准方法　第33部分:磁灵敏度测试	GB/T 13823.4—1992	ISO 16063-33:2017
	Methods for the calibration of vibration and shock transducers — Part 34: Testing of sensitivity at fixed temperatures		ISO 16063-34:2019
GB/T 20485.41—2015	振动与冲击传感器校准方法　第41部分:激光测振仪校准		ISO 16063-41:2011
GB/T 20485.42—2018	振动与冲击传感器的校准方法　第42部分:高精度地震计的重力加速度法校准		ISO 16063-42:2017
GB/T 20485.43—2021	振动与冲击传感器校准方法　第43部分:基于模型参数辨识的加速度计校准		ISO 16063-43:2015
	Methods for the calibration of vibration and shock transducers — Part 44: Calibration of field vibration calibrators		ISO 16063-44:2018
	Methods for the calibration of vibration and shock transducers—Part 45: In-situ calibration of transducers with built in calibration coil		ISO 16063-45:2017
GB/T 13823.5—92	振动与冲击传感器的校准方法　安装力矩灵敏度测试		ISO 5347-16:1993
GB/T 13823.6—92	振动与冲击传感器的校准方法　基座应变灵敏度测试		ISO 5347-13:1993
GB/T 13823.9—94	振动与冲击传感器的校准方法　横向冲击灵敏度测试		ISO 5347-12:1993

续表

国家标准	标准名称	代替标准	国际标准
GB/T 13823.12—1995	振动与冲击传感器的校准方法　安装在钢块上的无阻尼加速度计共振频率测试		ISO 16063-32：2016
GB/T 13823.15—1995	振动与冲击传感器的校准方法　瞬变温度灵敏度测试法		
GB/T 13823.16—1995	振动与冲击传感器的校准方法　温度响应比较测试法		
GB/T 13823.17—1996	振动与冲击传感器的校准方法　声灵敏度测试		ISO 5347-15：1993
GB/T 13823.20—2008	振动与冲击传感器的校准方法　加速度计谐振测试　通用方法		ISO 5347-22：1997
GB/T 13866—92	振动与冲击测量　描述惯性式传感器特性的规定		ISO 8042:1988
GB/T 14412—2005	机械振动与冲击　加速度计的机械安装	GB/T 14412—1993	ISO 5348:1998 ISO 5348：2021

15　**振动测量仪器和设备**

国家标准	标准名称	代替标准	国际标准
GB/T 13824—2015	旋转与往复式机器的机械振动　对振动烈度测量仪的要求	GB/T 13824—1992	ISO 2954:2012
GB/T 21487.1—2008	转轴振动测量系统　第1部分:径向振动的相对和绝对检测		ISO 10817-1：1998
GB/T 23715—2009	振动与冲击发生系统　词汇		ISO 15261:2004
GB/T 13436—2008	扭转振动测量仪器技术要求		
GB/T 7670—2009	电动振动发生系统(设备)性能特性	GB/T 7670—1987	ISO 5344:2004
GB/T 18328.1—2009	振动发生设备选择指南　第1部分:环境试验设备	部分代替GB/T 18328—2001	ISO 10813-1：2004
GB/T 13310—2007	电动振动台	GB/T 13310—1991	IEC 60068-2-6：1995
GB/T 13309—2007	机械振动台　技术条件	GB/T 13309—1991	
GB/T 14123—2012	机械冲击　试验机　性能特性	GB/T 14123—1993	ISO 8568:2007
GB/T 10179—2009	液压伺服振动试验设备　特性的描述方法	GB/T 10179—1988	ISO 8626:1989
GB/T 25713—2010	机械式振动时效装置		

16　机器振动测量

国家标准	标准名称	代替标准	国际标准
GB/T 6075.1—2012	机械振动　在非旋转部件上测量和评价机器的振动　第1部分:总则	GB/T 6075.1—1999	ISO 10816-1:1995 ISO 20816-1:2016
GB/T 6075.2—2012	机械振动　在非旋转部件上测量和评价机器的振动 第2部分:50MW以上,额定转速1500 r/min、1800 r/min、3000 r/min、3600 r/min陆地安装的汽轮机和发电机	GB/T 6075.2—2007	ISO 10816-2:2001 ISO 20816-2:2017
GB/T 6075.3—2011	机械振动　在非旋转部件上测量评价机器的振动　第3部分:额定功率大于15kW额定转速在120 r/min至15000r/min之间的在现场测量的工业机器	GB/T 6075.3—2001	ISO 10816-3:2009 ISO 10816-3:2017
GB/T 6075.4—2015	机械振动 在非旋转部件上测量和评价机器的振动 第4部分:具有滑动轴承的燃气轮机组	GB/T 6075.4—2001	ISO 10816-4:2009 ISO 20816-4:2018
GB/T 6075.5—2002	在非旋转部件上测量和评价机器的机械振动　第5部分:水力发电厂和泵站机组		ISO 10816-5:2000 ISO 20816-5:2018
GB/T 6075.6—2002	在非旋转部件上测量和评价机器的机械振动　第6部分:功率大于100kW的往复式机器		ISO 10816-6:1995
GB/T 6075.7—2015	机械振动　在非旋转部件上测量评价机器的振动　第7部分:工业应用的旋转动力泵(包括旋转轴测量)		ISO 10816-7:2009
	Mechanical vibration — Measurement and evaluation of machine vibration — Part 1: General guidelines		ISO 20816-1:2016
	Mechanical vibration — Measurement and evaluation of machine vibration— Part 2: Land-based gas turbines, steam turbines and generators in excess of 40 MW, with fluid-film bearings and rated speeds of 1 500 r/min, 1 800 r/min, 3 000 r/min and 3 600 r/min		ISO 20816-2:2017
	Mechanical vibration — Measurement and evaluation of machine vibration—Part 3: Industrial machinery with a power rating above 15 kW and operating speeds between 120 r/min and 30000 r/min		ISO 20816-3:2022
	Mechanical vibration — Measurement and evaluation of machine vibration—Part 4: Gas turbines in excess of 3 MW, with fluid-film bearings		ISO 20816-4:2018
	Mechanical vibration — Measurement and evaluation of machine vibration—Part 5: Machine sets in hydraulic power generating and pump-storage plants		ISO 20816-5:2018

续表

国家标准	标准名称	代替标准	国际标准
	Mechanical vibration — Measurement and evaluation of machine vibration— Part 8: Reciprocating compressor systems		ISO 20816-8:2018
	Mechanical vibration — Measurement and evaluation of machine vibration— Part 9: Gear units		ISO 20816-9:2020
GB/T 6404.2—2005	齿轮装置的验收规范　第2部分:验收试验中齿轮装置机械振动的测定	GB/T 8543—1987	ISO 8579-2:1993 ISO 20816-9:2020
GB/T 11348.2—2012	机械振动　在旋转轴上测量评价机器的振动　第2部分:功率大于50MW,额定工作转速1500 r/min、1800 r/min、3000 r/min、3600 r/min陆地安装的汽轮机和发电机	GB/T 11348.2—2007	ISO 7919-2:2009 ISO 20816-2:2017
GB/T 11348.3—2011	机械振动　在旋转轴上测量评价机器的振动　第3部分:耦合的工业机器	GB/T 11348.3—1999	ISO 7919-3:2009
GB/T 11348.4—2015	机械振动　在旋转轴上测量评价机器的振动　第4部分:具有滑动轴承的燃气轮机组	GB/T 11348.4—1999	ISO 7919-4:2009 ISO 20816-4:2018
GB/T 11348.5—2008	旋转机械转轴径向振动的测量和评定　第5部分:水力发电厂和泵站机组	GB/T 11348.5—2002	ISO 7919-5:2005 ISO 20816-5:2018
GB/T 10068—2020	轴中心高为56 mm及以上电机的机械振动　振动的测量、评定及限值	GB/T 10068—2008	IEC 60034-14:2018
GB/T 17189—2017	水力机械(水轮机、蓄能泵和水泵水轮机)　振动和脉动现场测试规程	GB/T 17189—2007	IEC 60994:1991
GB/T 25631—2010	机械振动　手持式和手导式机械　振动评价规则		ISO 20643:2005
GB/T 24610.1—2019	滚动轴承　振动测量方法　第1部分:基础	GB/T24610.1—2009	ISO 15242-1:2015
GB/T 24610.2—2019	滚动轴承　振动测量方法　第2部:具有圆柱孔和圆柱外表面的向心球轴承	GB/T24610.2—2009	ISO 15242-2:2015
GB/T 24610.3—2019	滚动轴承　振动测量方法　第3部分:具有圆柱孔和圆柱外表面的调心滚子轴承和圆锥滚子轴承	GB/T24610.3—2009	ISO 15242-3:2017
GB/T 24610.4—2019	滚动轴承　振动测量方法　第4部分:具有圆柱孔和圆柱外表面的圆柱滚子轴承	GB/T24610.4—2009	ISO 15242-4:2017
GB/T 32333—2015	滚动轴承　振动(加速度)测量方法及技术条件		
GB/T 29531—2013	泵的振动测量与评价方法		
GB/T 13364—2008	往复泵机械振动测试方法	GB/T 13364—1992	
GB/T 18051—2000	潜油电泵振动试验方法		
GB/T 7184—2008	中小功率柴油机 振动测量及评级	GB/T 7184—1987 GB/T 10397—2003	
GB/T 10398—2008	小型汽油机　振动评级和测试方法	GB/T 10398—1989 GB/T 10399—1989	
GB/T 7777—2021	容积式压缩机机械振动测量与评价	GB/T 7777—2003	
GB 16768—1997	金属切削机床　振动测量方法		
GB/T 10895—2004	离心机　分离机　机械振动测试方法	GB/T 10895—1989	ISO 10816-1:1995
JB/T 10490—2016	小功率电动机机械振动　振动测量方法、评定和限值	JB/T 10490—2004	

17　状态监测与诊断

国家标准	标准名称	代替标准	国际标准
GB/T 2298—2010	机械振动、冲击与状态监测　词汇	GB/T 2298 —1991	ISO 2041:2009 ISO 2041:2018
GB/T 20921—2007	机器状态监测与诊断　词汇		ISO 13372:2004 ISO 13372:2012
GB/T 22393—2015	机器状态监测与诊断　一般指南	GB/T 22393—2008 GB/T 20471—2006	ISO 17359:2011 ISO 17359:2018
GB/T 23713.1—2009	机器状态监测与诊断　预测　第1部分:一般指南		ISO 13381-1:2004 ISO 13381- 1:2015
GB/T 22281.1—2008	机器状态监测与诊断　数据处理、通信和表达　第1部分:总则		ISO 13374-1:2003
GB/T 22281.2—2011	机器的状态监测和诊断 数据处理、通信和表达 第2部分:数据处理		ISO 13374-2:2008
	Condition monitoring and diagnostics of machines —Data processing,communication and presentation— Part 3: Communication		ISO 13374-3:2012
	Condition monitoring and diagnostics of machines —Data processing,communication and presentation— Part 4: Presentation		ISO 13374-4:2015
GB/T 23718.1—2009	机器状态监测与诊断　人员培训与认证的要求　第1部分:对认证机构和认证过程的要求		ISO 18436-1:2004 ISO 18436- 1:2021
GB/T 23718.2—2009	机器状态监测与诊断　人员培训与认证的要求　第2部分:振动状态监测与诊断		ISO 18436-2:2003 ISO 18436-2:2014
GB/T 23718.3—2010	机器状态监测与诊断　人员资格与人员评估的要求　第3部分:对培训机构和培训过程的要求		ISO 18436-3:2008 ISO 18436-3:2012
GB/T 19873.1—2005	机器状态监测与诊断 振动状态监测 第1部分:总则		ISO 13373-1:2002
GB/T 19873.2—2009	机器状态监测与诊断 振动状态监测 第2部分:振动数据处理、分析与描述		ISO 13373-2:2005 ISO 13373-2:2016
GB/T 19873.3—2019	机器状态监测与诊断 振动状态监测 第3部分:振动诊断指南		ISO 13373-3:2015
	Condition monitoring and diagnostics of machines — Vibration condition monitoring — Part 4: Diagnostic techniques for gas and steam turbines with fluid-film bearings		ISO 13373-4:2021
	Condition monitoring and diagnostics of machines — Vibration condition monitoring— Part 5: Diagnostic techniques for fans and blowers		ISO 13373-5:2020
	Condition monitoring and diagnostics of machines — Vibration condition monitoring— Part 7: Diagnostic techniques for machine sets in hydraulic power generating and pump-storage plants		ISO 13373-7:2017

续表

国家标准	标准名称	代替标准	国际标准
	Condition monitoring and diagnostics of machines — Vibration condition monitoring— Part 9：Diagnostic techniques for electric motors		ISO 13373-9:2017
GB/T 25889 —2010	机器状态监测与诊断　声发射		ISO 22096:2007
GB/T 30831.1—2014	机器状态监测与诊断　热成像　第1部分:总则		ISO18434-1:2008
GB/T 23714—2009	机械振动与冲击　结构状态监测的性能参数		ISO 16587:2004
GB/T 12604.4—2005	无损检测　术语　声发射检测	GB/T 12604.4—1990	ISO 12716:2001
GB/T 24474—2009	电梯乘运质量测量		ISO 18738:2003 ISO 8100-34:2021
	Lifts for the transport of persons and goods — Part 34：Measurement of lift ride quality		ISO 8100-34:2021

18　**平衡和平衡机**

国家标准	标准名称	代替标准	国际标准
GB/T 4201—2006	平衡机的描述检验与评定		ISO 2953:1999 ISO 21940-21:2012
GB/T 6444—2008	机械振动　平衡词汇	GB/T 6444—1995	ISO 1925:2001 ISO 21940-2:2017
GB/T 6557—2009	挠性转子机械平衡的方法和准则	GB/T 6557—1999	ISO 11342:1998/Cor.1:2000 ISO 21940-12:2017
GB/T 9238—2010	平衡机及其仪器仪表用图形符号	GB/T 9238—1998	ISO 3719:1994（作废）
GB/T 9239.1—2006	机械振动　恒态(刚性)转子平衡品质要求　第1部分:规范与平衡允差的检验	GB/T 9239—1988	ISO1940-1:2003
GB/T 9239.2—2006	机械振动　恒态(刚性)转子平衡品质要求　第2部分:平衡误差		ISO 1940-2:1997 ISO 21940-11:2016
GB 12977—2008	平衡机　防护罩和测量工位的其他保护措施	GB 12977—1991	ISO 7475:2002 ISO 21940-23:2012
GB/T 16908—1997	机械振动　轴与配合件平衡的键准则		ISO 8821:1989 ISO 21940-32:2012
GB/T 19874—2005	机械振动　机器不平衡敏感度和不平衡灵敏度		ISO 10814:1996 ISO 21940-31:2013

续表

国家标准	标准名称	代替标准	国际标准
GB/T 28785—2012	机械振动　大中型转子现场平衡的准则和防护		ISO 20806:2009 ISO 21940-13:2012
GB/T 9239.1-2006	机械振动　恒态(刚性)转子平衡品质要求　第1部分:规范与平衡允差的检验	GB/T 9239-1988	ISO 1940-1:2003
	Mechanical vibration—Rotor balancing—Part1: Introduction		ISO 21940-1:2019
	Mechanical vibration—Rotor balancing—Part2: Vocabulary		ISO 21940-2:2017
	Mechanical vibration—Rotor balancing—Part11: Procedures and tolerances for rotors with rigid behaviour		ISO 21940-11:2016
GB/T 9239.12-2021	机械振动　转子平衡　第12部分:具有挠性特性的转子的平衡方法与允差	GB/T 6557-2009	ISO 21940-12:2016
GB/T 9239.13-2023	机械振动　转子平衡　第13部分:大中型转子现场平衡的准则和安全防护		ISO 21940-13:2012
GB/T 9239.14-2017	机械振动　转子平衡　第14部分:平衡误差的评估规程	GB/T 9239.2—2006	ISO 21940-14:2012
GB/T 9239.21-2019	机械振动　转子平衡　第21部分:平衡机的描述与评定	GB/T 4201-2006	ISO 21940-21:2012
	Mechanical vibration — Rotor balancing— Part 23: Enclosures and other protective measures for the measuring station of balancing machines		ISO 21940-23:2012
	Mechanical vibration — Rotor balancing— Part 31: Susceptibility and sensitivity of machines to unbalance		ISO 21940-31:2013
GB/T 9239.32—2017	机械振动　转子平衡　第32部分:轴与配合件平衡的键准则	GB/T 16908—1997	ISO 21940-32:2012

19　车辆和运输工具振动

国家标准	标准名称	代替标准	国际标准
GB/T 13860—92	地面车辆机械振动测量数据的表述方法		ISO 8002:1986
GB/T 19846—2005	机械振动　列车通过时引起铁路隧道内部振动的测量		ISO 10815:1996 ISO 10815: 2016
GB/T 13670—2010	机械振动　铁道车辆内乘客及乘务员暴露于全身振动的测量与分析	GB/T 13670—2000	ISO 10056:2001 ISO 2631-4:2001/AMD 1:2010

续表

国家标准	标准名称	代替标准	国际标准
GB/T 18707.1—2002	机械振动　评价车辆座椅振动的实验室方法　第1部分:基本要求		ISO 10326-1:1992 ISO 10326-1:2016
GB/T 18707.2—2010	机械振动　评价车辆座椅振动的实验室方法　第2部分:应用于机车车辆		ISO 10326-2:2001 ISO 10326-2:2022
GB/T 7927—2007	手扶拖拉机　振动测量方法	GB/T 7927—1987	
GB/T 7452—2007	机械振动　客船和商船适居性振动测量、报告和评价准则		ISO 6954:2000 ISO 20283-5:2016
GB/T 28784.2—2014	机械振动　船舶振动测量　第2部分:结构振动测量	GB/T 7453—1996	ISO 20283-2:2008
GB/T 28784.3—2012	机械振动　船舶振动测量　第3部分:船上设备安装前的振动测量		ISO 20283-3:2006
GB/T 28784.4—2017	机械振动　船舶振动测量　第4部分:船舶推进装置振动的测量和评价		ISO 20283-4:2012
GB/T 28784.5-2022	机械振动　船舶振动测量　第5部分:客船和商船适居性振动测量、评价和报告准则	GB/T 7452—2007	
GB/T 19845—2005	机械振动　船舶设备和机械部件的振动试验要求		ISO 10055:1996
GB/T 7031—2005	机械振动　道路路面谱测量数据报告	GB/T 7031—1986	ISO 8608:1995 ISO 8608:2016

20　人体暴露于机械振动与冲击

国家标准/地方标准	标准名称	代替标准	国际标准
GB/T 15619—2005	机械振动与冲击　人体暴露　词汇	GB/T 15619—1995	ISO 5805:1997
GB/T 13441.1—2007	机械振动与冲击　人体暴露于全身振动的评价　第1部分:一般要求	GB/T 13441—1992 GB/T 13442—1992	ISO 2631-1:1997 Amd.1:2010
GB/T 13441.2—2008	机械振动与冲击　人体暴露于全身振动的评价　第2部分:建筑物内的振动(1Hz～80Hz)		ISO 2631-2:2003
GB/T 13441.4—2012	机械振动与冲击　人体暴露于全身振动的评价　第4部分:振动和旋转运动对固定导轨运输系统中的乘客及乘务员舒适影响的评价指南		ISO 2631-4:2001
GB/T 13441.5—2015	机械振动与冲击　人体暴露于全身振动的评价　第5部分:包含多次冲击的振动评价方法		ISO 2631-5:2004 ISO 2631-5:2018
GB/T 14790.1—2009	机械振动　人体暴露于手传振动的测量与评价　第1部分:一般要求		ISO 5349-1:2001

续表

国家标准/地方标准	标准名称	代替标准	国际标准
GB/T 14790.2—2014	机械振动　人体暴露于手传振动的测量与评价　第2部分:工作场所测量的实用指南		ISO 5349-2:2001
	Mechanical vibration—Measurement and evaluation of human exposure to hand transmitted vibration —Supplementary method for assessing risk of vascular disorders		ISO/TR 18570:2017
	Mechanical vibration and shock—Coupling forces at the man-machine interface for hand-transmitted vibration Part 1 ：Measurement and evaluation		IS0 15230-1:2021
GBZ/T 189.9—2007	工作场所物理因素测量　第9部分:手传振动		
GB/T 23716—2009	人体对振动的响应　测量仪器		ISO 8041:2005
	Human response to vibration — Measuring instrumentation — Part 1：General purpose vibration meters		ISO 8041.1:2017
	Human response to vibration — Measuring instrumentation— Part 2：Pesonal vibration exposure meters		ISO 8041.2:2021
	Mechanical vibration and shock —Coupling forces at the man-machine interface for hand-transmitted vibration —Part 1:Measurement and evaluation		ISO 15230-1:2021
	Mechanical vibration—Measurement and calculation of occupational exposure to whole-body vibration with reference to health—Practical guidance		EN 14253:2003 +A1
GB/T 18703— 2002	手套掌部振动传递率的测量与评价		ISO 10819:1996 ISO 10819：2013
GB/T 19739—2005	机械振动与冲击　手臂振动　手臂系统为负载时弹性材料振动传递率的测量方法		ISO 13753:1998
GB/T 19740—2005	机械振动与冲击　人体手臂系统驱动点的自由机械阻抗		ISO 10068:1998 ISO 10068：2012
GB/T 16440—1996	振动与冲击　人体的机械驱动点阻抗		ISO 5982:1981 ISO 5982：2019
GB/T 19875—2005	机械振动与冲击　固定结构的振动在振动测量和评价方面质量管理的具体要求		ISO 14964:2000（作废）
GB/T 13921—92	关于固定结构特别是建筑物和海上结构的居住者对低频(0.063～1Hz)水平运动响应的评价导则		ISO 6897:1984
GB 50868—2013	建筑工程容许振动标准		

续表

国家标准/地方标准	标准名称	代替标准	国际标准
GB/T 14124—2009	机械振动与冲击　建筑物的振动　振动测量及其对建筑物影响的评价指南	GB/T 14124—1993	ISO 4866:1990 ISO 4866: 2010
GB/T 50355—2018	住宅建筑室内振动限值及其测量方法	GB/T 50355—2005	
GB/T 14125—2008	机械振动与冲击　振动与冲击对建筑物内敏感设备影响的测量和评价	GB/T 14125—1993	ISO 8569:1996（作废）
GB/T 23717.1—2009	机械振动与冲击　装有敏感设备建筑物内的振动与冲击　第1部分:测量与评价		ISO/TS 10811-1:2000
GB/T 23717.2—2009	机械振动与冲击　装有敏感设备建筑物内的振动与冲击　第2部分:分级		ISO/TS 10811-2:2000
GB/T 33521.1—2017	机械振动　轨道系统产生的地面诱导结构噪声和地传振动　第1部分:总则		ISO 14837-1:2005
GB/T 33521.31-2023	机械振动　轨道系统产生的地面诱导结构噪声和地传振动　第31部分:建筑物内人体暴露评价的现场测量指南		
DB 11/T 838—2019	地铁噪声与振动控制规范	DB11/T 838—2011	
GB/T 13437—2009	扭转振动减振器特性描述	CB/T 13437—1992	

21　国家计量检定规程

规程编号	规程名称	代替规程	国际标准
JJG 176—2022	声校准器	JJG 176—2005	
JJG 188—2017	声级计	JJG 188—2002	
JJG 449—2014	倍频程和分数倍频程滤波器		
JJG 676—2019	测振仪	JJG676—2000	
JJG 778—2019	噪声统计分析仪	JJG778—2005	
JJG 921—2021	环境振动分析仪	JJG 921—1996	
JJG 1178—2021	人体振动计		
JJG 980—2003	个人声暴露计		
JJG 655—2021	噪声剂量计	JJG 655—1990	
JJG 173—2003	信号发生器		
JJG 175—2015	工作标准传声器(静电激励法)		
JJG 183—2017	标准电容传声器		

续表

规程编号	规程名称	代替规程	国际标准
JJG 277—2017	标准声源		
JJG 388—2012	测听设备　纯音听力计		
JJG 991—2017	测听设备　耳声阻抗导纳测量仪器		
JJG 199—2003	仿真耳		
JJG 482—2017	实验室标准传声器(自由场互易法)		
JJG 602—2014	低频信号发生器		
JJG 790—2005	实验室标准传声器(耦合腔互易法)		
JJG 994—2004	数字音频信号发生器		
JJG 1062—2010	便携式振动校准器		
JJG 1095—2014	环境噪声自动监测仪		
JJG 199—1996	猝发音信号源		
JJG 607—2003	声频信号发生器		
JJG 992—2004	声强测量仪		
JJG 1019—2007	工作标准传声器		
JJG 1184—2022	机动车鸣笛监测系统		
JJG 233—2008	压电加速度计	JJG 233—1996	
JJG 834—2006	动态信号分析仪		

22　**计量技术规范**

规范编号	规范名称	代替规范	国际标准
JJF 1001—2011	通用计量术语及定义		
JJF 1015—2014	计量器具型式评价通用规范		
JJF 1034—2020	声学计量术语及定义	JJF 1034—2005	
JJF 1051—2009	计量器具命名与分类编码		
JJF 1071—2010	国家计量校准规范编写规则		
JJF 1059.1—2012	测量不确定度评定与表示	JJF1059—1999	ISO/IEC GUIDE 98—3:2008及ISO/IEC GUIDE 99:2007
JJF 1059.2—2012	用蒙特卡洛法评定测量不确定度		ISO/IEC GUIDE 98—3 Supplement 1:2008

续表

规范编号	规范名称	代替规范	国际标准
JJF 1069—2012	法定计量检定机构考核规范		
JJF 1104—2003	国家计量检定系统表编写规则		
JJF 1137—2005	传声器前置放大器校准规范		
JJF 1143—2006	混响室声学特性校准规范		
JJF 1147—2006	消声室和半消声室声学特性校准规范		
JJF 1288—2011	多通道声分析仪校准规范		
JJF 1446—2014	阻抗管校准规范(传递函数法)		
JJF 1142—2006	建筑声学分析仪校准规范		
JJF 1157—2006	测量放大器校准规范		
JJF 1167—2007	杂音计校准规范		
JJF 1200—2008	声频功率放大器校准规范		
JJF 1346—2012	次声及超声滤波器校准规范		
JJF1955—2021	次声传感器校准规范		
JJF 1734—2018	有源耦合腔校准规范		
JJF 1201—2008	助听器测试仪校准规范		
JJF 1202—2008	驻极体传声器校准规范		
JJF 1203—2008	电声产品(扬声器类)功率寿命试验仪校准规范		
JJF 1216—2009	音波式皮带张力计校准规范		
JJF 1293—2011	静电激励器校准规范		
JJF 1337—2012	声发射传感器校准规范(比较法)		
JJF 1468—2014	无指向性声源校准规范		
JJF 1954—2021	体积声源校准规范		
JJF 1143—2006	混响室声学特性校准规范		
JJF 1145—2006	驻极体传声器测试仪校准规范		
JJF 1223—2009	驻波管校准规范(驻波比法)		
JJF 1228—2009	声功率计校准规范		
JJF 1288—2011	多通道声分析仪校准规范		
JJF 1289—2011	耳声发射测量仪校准规范		
JJF 1293—2011	静电激励器校准规范		

续表

规范编号	规范名称	代替规范	国际标准
JJF 1653—2017	电容式工程测量传声器校准规范		
JJF 1395—2013	音频分析仪校准规范		
JJF 1496—2014	声源识别定位系统(波束形成法)校准规范		
JJF 1970—2022	测试声源校准规范		
JJF 1555—2015	倍频程和1/3倍频程滤波器型式评价大纲		
JJF 1592—2016	纯音听力计型式评价大纲		
JJF 1642—2017	个人声暴露计型式评价大纲		
JJF 1681—2017	声级计型式评价大纲		

23　国家生态环境标准

标准编号	标准名称
HJ 2.4—2021	环境影响评价技术导则 声环境
HJ 706—2014	环境噪声监测技术规范 噪声测量值修正
HJ 640—2012	环境噪声监测技术规范-城市声环境常规监测
HJ 707—2014	环境噪声监测技术规范—结构传播固定设备室内噪声
HJ 906—2017	功能区声环境质量自动监测技术规范
HJ 793—2016	城市轨道交通(地下段)结构噪声监测方法
HJ 907—2017	环境噪声自动监测系统技术要求
HJ 918—2017	环境振动监测技术规范

参 考 文 献

[1] 马大猷,沈壕. 声学手册[M]. 北京:科学出版社,2004.
[2] 马大猷. 噪声与振动控制工程手册[M]. 北京:机械工业出版社,2002.
[3] 杜功焕,朱哲民,龚秀芬. 声学基础(第二版)[M]. 南京:南京大学出版社,2003.
[4] 吕玉恒. 噪声与振动控制技术手册[M]. 北京:化学工业出版社,2019.
[5] 何琳,朱海潮,邱小军,等. 声学理论与工程应用[M]. 北京:科学出版社,2006.
[6] 陶擎天,赵其昌,沙家正. 音频声学测量[M]. 北京:中国计量出版社,1986.
[7] 方丹群,张斌,孙家麒,等. 噪声控制工程学[M]. 北京:科学出版社,2013.
[8] 孙广荣,吴启学. 环境声学基础[M]. 南京:南京大学出版社,1995.
[9] 王佐民. 噪声与振动测量[M]. 北京:科学出版社,2009.
[10] 陈克安. 声学测量[M]. 北京:科学出版社,2005.
[11] 卢庆普,罗钦平. 室内声环境质量评价方法探讨与实践[M]. 北京:中国科学技术出版社,2007.
[12] 潘仲麟. 环境声学与噪声控制[M]. 杭州:杭州大学出版社,1997.
[13] 翟国庆. 低频噪声[M]. 杭州:浙江大学出版社,2013. 4
[14] 陈青松. 工作场所噪声检测与评价[M]. 广州:中山大学出版社,2015. 10
[15] 吴胜举,张明铎. 声学测量原理与方法[M]. 北京:科学出版社,2014.
[16] 黄志坚. 机械设备故障诊断与监测技术[M]. 北京:化学工业出版社,2020.
[17] 张绍栋,孙家麒. 声级计的原理及其应用[M]. 北京:中国计量出版社,1986.
[18] 刘云飞,周瑜,涂其捷,等. MEMS 矢量传声器研究进展[J]. 电声技术,2021,45(7):10-17.
[19] 张凯帆,郑缘芬,周立波. 利用智能手机测量噪声的解决方案[J]. 电声技术,2016,40(11):67-71.
[20] 许力. 小型混响舱测量材料吸声系数[J]. 噪声与振动控制,2022,42(2):236-240.
[21] 熊文波,袁芳,周立波. MLS信号测量脉冲响应的原理及应用[J]. 中国环保产业,2019,10.
[22] 沈松,应怀樵,刘进明. 声品质的应用分析方法[G]. 全国振动与噪声高技术及应用学术会议,2019.
[23] 高鹏,黄国胜. MEMS加速度计的原理及运用[OL]. 百度文库,2006.
[24] 钱梦騄,方启文. 电容传声器相位特性的测定[J]. 声学技术,1986,5(4):5-7.
[25] 赵强,侯孝民,廉昕. 基于Zoom-FFT的改进Rife正弦波频率估计算法[J]. 数据采集与处理,2017,32(4):731-736.
[26] J. R. Hassall, K. Zaveri. Acoustic noise measurements[M]. Brüel & Kjær,1979.
[27] J T Broch, J Courrech. Mechanical Vibration and Shock Measurements Brüel & Kjær,1980.
[28] C Harris. Handbook of Noise Control (Second Edition) [M]. McGRAW-HILL BOOK COMPANY, 1979.
[29] Microphone Handbook B&K Technical Documentation
[30] T. W. Parks, C.S.Burns. Digital filter design[M]. John Wiley&Sons Inc., New York, NY, 1987.

后　　记

1986年，张绍栋与孙家麒先生一起编著了《声级计的原理和应用》一书，该书由中国计量出版社出版，迄今已经37年了。30多年来国家和社会发生了显著的变化，得益于改革开放声学测量仪器领域也取得长足的发展。张绍栋先生一直没有脱离声学测量仪器这一行业，见证和参与了其成长和发展。

从2003年开始，杭州爱华仪器有限公司考虑员工学习和用户培训的需要，由张绍栋与熊文波合编《噪声和振动测量技术讲义》，后来经过多次修改印发了一万余册。这本书对推广噪声与振动测量知识和应用起到了一定作用。2004年9—10月，南京大学杜功焕、赵其昌两位教授先后专程来公司给爱华员工讲授声学基础、声学测量课程，对员工声学知识水平的提高帮助很大。

随着科学技术的进步和产品的不断更新换代，噪声与振动测量技术也有突飞猛进的发展，噪声与振动测量仪器更加数字化、智能化、网络化，无论是产品功能，测量精度，还是配套和外观都有很大变化。

目前噪声与振动测量专业，尤其是噪声与振动控制专业的工程技术人员已经有相当大的规模，更不要说还有一大批学习这一专业的各级在校学生，他们在工作中或学习时都需要学习这方面的知识，查阅相关技术文献，本书就是为了满足这一需要而编写，希望对广大读者有所裨益。

测量离不开标准和计量文件，所以本书较多引用国家和国际标准、计量检定规程或校准规范。不过由于篇幅所限只能摘录其中关键内容，具体执行还需查看标准原文。另外，虽然我们尽可能参照最新版本的标准和规程，但是标准版本总是在不断更新，所以请读者注意最新的版本发布。

在本书编写过程中，我们较多参考了同济大学王佐民老师编著的《噪声与振动测量》一书中的内容，因为该书编写的内容深入浅出，简明扼要，很适合读者的需求。我们也较多地参考了国际知名声学仪器厂家丹麦HBK(包括以前的B&K)公司的技术文献和其他厂家的产品介绍材料，在此深表感谢。

我们要特别感谢中国科学院院士、华南理工大学建筑学院吴硕贤教授为本书作序。

本书虽然主要由张绍栋先生编写，但是其中很多内容是杭州爱华仪器有限公司多年来技术研发和试验成果的总结，凝结着爱华仪器员工的辛勤劳动。在本书编写过程中，他们积极参与编写、校对，唐子凡帮助重画了许多插图并参与封面设计，浙江省计量院张志凯高工对计量器具管理的相关内容提出宝贵意见，为本书的出版做出了重要贡献，一并表示感谢！

2022年是张绍栋先生从事声学测量仪器事业60周年，也是杭州爱华仪器有限公司成立30周年，谨编纂此书作为纪念！同时感谢这些年来全国各地、各行各业的专家学者、老师朋友、同事亲人的厚爱和帮助！

最后感谢电子科技大学出版社的大力支持，感谢编辑高小红、李倩和刘愚老师认真负责审稿，使本书得以顺利出版。

由于编者知识水平有限，错误遗漏之处在所难免，请读者和各位朋友多多指正。

编　者

2023年11月